U0861729

AutoCAD
完全学习手册系列

中文版……

AutoCAD 2012 机械设计 完全学习手册

★ 王宇 翟元盛 编著 ★

★ **专业老师传授**

一线专业老师全力打造，配合专业视频教学，盘书结合，如同一对一授课

★ **理论全面贯穿**

全书共**分17章**，全面系统地讲解了与机械设计相关的AutoCAD软件的功能和命令，同时介绍了相关案例的制作方法和操作技巧

★ **提升专业技能**

全书通过**近150**个边学边练和**近50**个相关机械设计的实例制作，更加快捷地提升读者的专业技能水准

附赠超值**DVD**视频教学

★ **近300分钟**的AutoCAD机械设计视频教学以及超值赠送的**500多分钟**相关机械设计视频课件

★ 近**4GB**的**400**多个原始文件和最终文件

兵器工业出版社

北京希望电子出版社
Beijing Hope Electronic Press
www.bhp.com.cn

内 容 简 介

本书介绍了 AutoCAD 2012 中文版在机械设计中的应用方法。

全书共 17 章，第 1 章~第 11 章介绍 AutoCAD 2012 的入门知识、绘制基本二维图形的命令、二维图形的初级编辑、二维图形的高级编辑、图层管理、图块应用、图案填充、创建文字说明和表格、尺寸标注等内容；第 12 章~第 13 章内容为综合应用实例，包括常见零件图和装配图的创建；第 14 章~第 16 章讲解了三维图形的创建、编辑和渲染等操作方法；第 17 章介绍了图形的打印和输入、输出方面的内容。每个章节都穿插了大量的实例，并在章尾安排了练习，读者可以轻松学会 AutoCAD 的功能。

本书以实例的方式讲解知识，适合初学者及有一定基础的读者使用；同时可以作为在校学生和工程设计人员的参考用书。

本书配套光盘中提供了部分案例的视频教学，以及案例的原始文件和最终文件，方便读者学习。

图书在版编目（CIP）数据

中文版 AutoCAD 2012 机械设计完全学习手册 / 王宇，翟元盛编著. —北京：兵器工业出版社，2011.10

ISBN 978-7-80248-649-2

Ⅰ. ①中… Ⅱ. ①王… ②翟… Ⅲ. ①机械设计—AutoCAD 软件—手册 Ⅳ. ①TH122-62

中国版本图书馆 CIP 数据核字（2011）第 185984 号

出版发行：兵器工业出版社　北京希望电子出版社
邮编社址：100089　北京市海淀区车道沟 10 号
　　　　　100085　北京市海淀区上地三街 9 号
　　　　　嘉华大厦 C 座 611
电　　话：（010）82702660（发行）（010）82702675（邮购）
经　　销：各地新华书店　软件连锁店
印　　刷：北京瑞富峪印务有限公司
版　　次：2011 年 10 月第 1 版第 1 次印刷

封面设计：付　巍
责任编辑：宋丽华　刘秀青
责任校对：小　亚
开　　本：787mm×1092mm　1/16
印　　张：30（彩插 6 面）
印　　数：1—3500
字　　数：711 千字
定　　价：55.00 元（配 1 张 DVD 光盘）

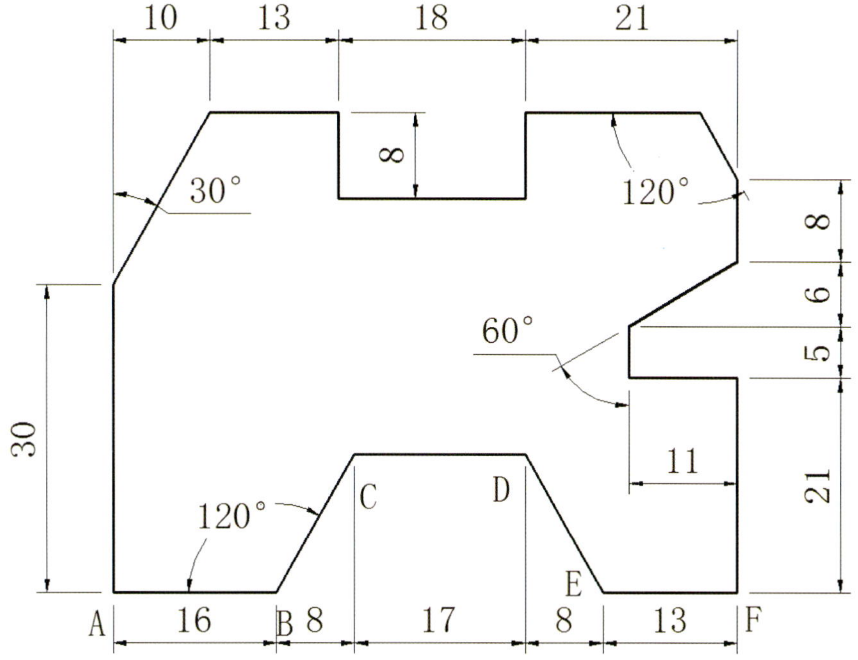

第9章　连续标注

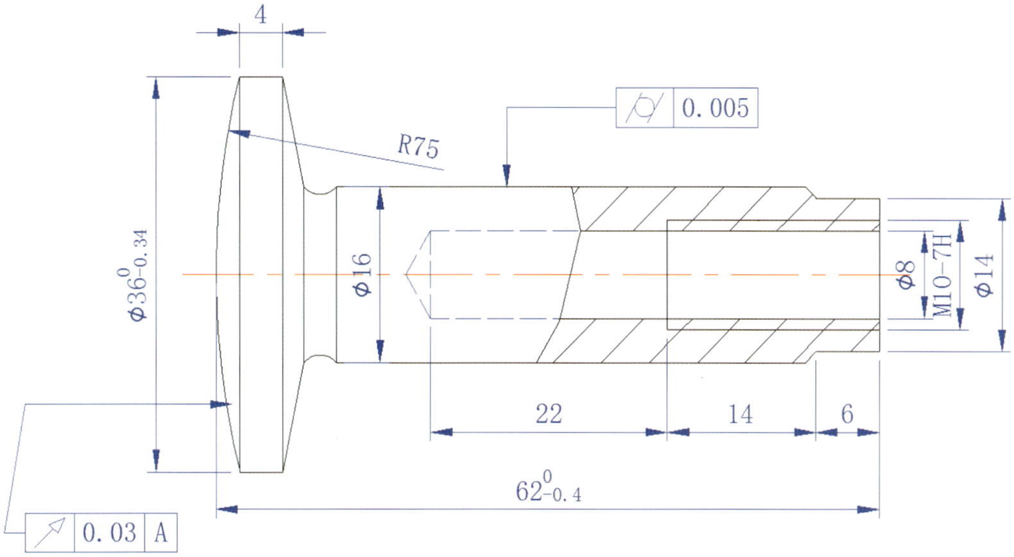

第10章　综合标注

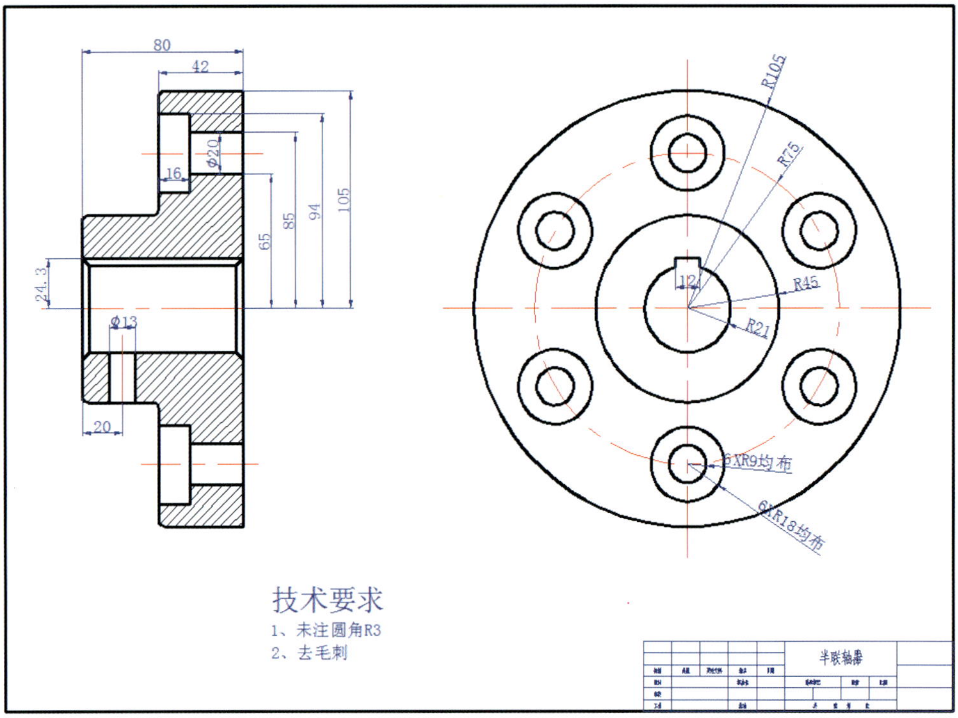

第12章　半联轴器

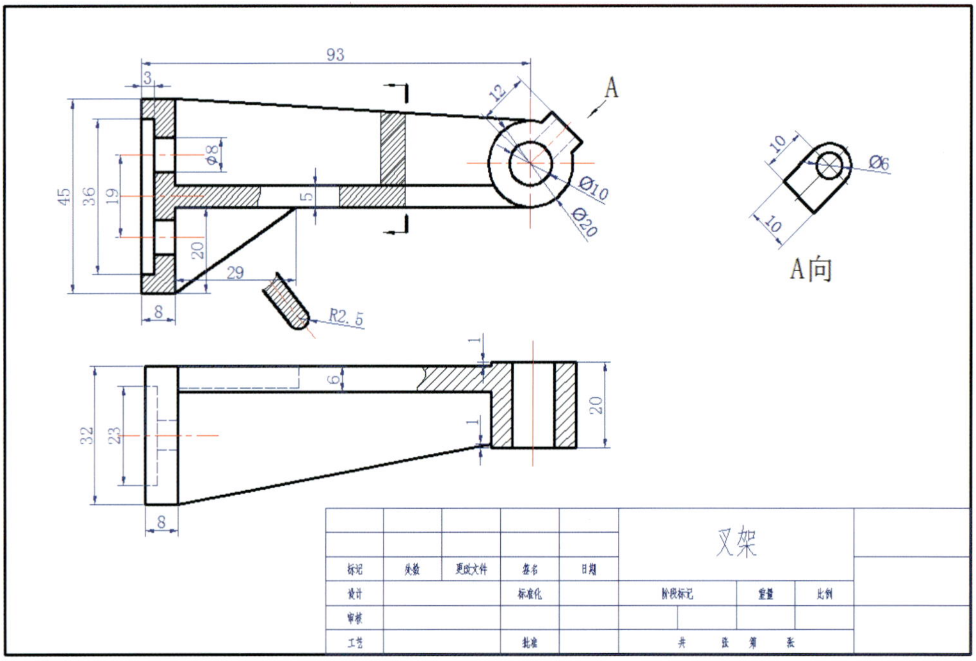

第12章　叉架

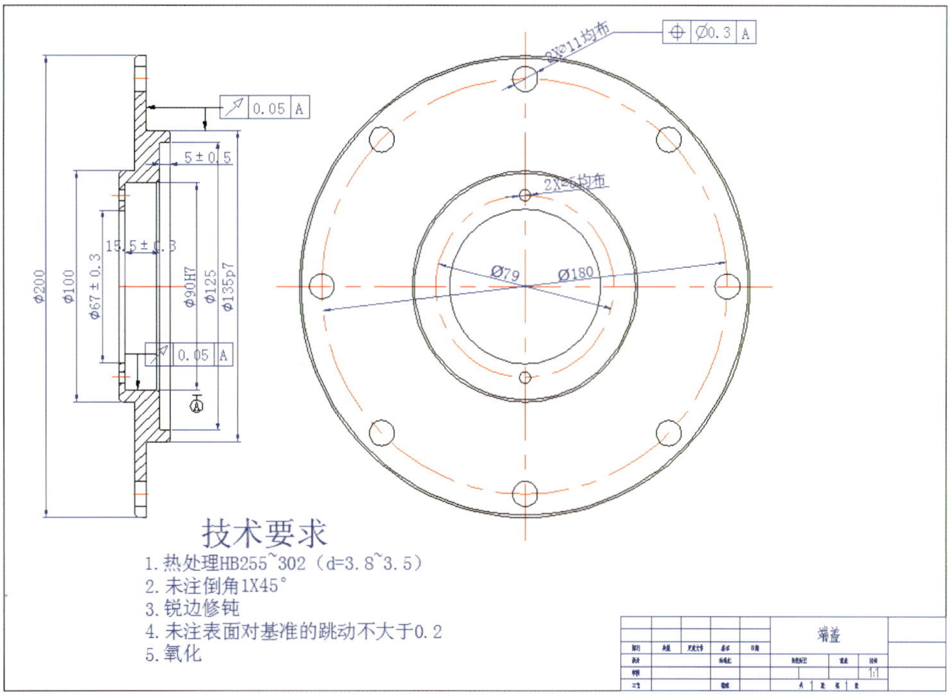

第12章　端盖

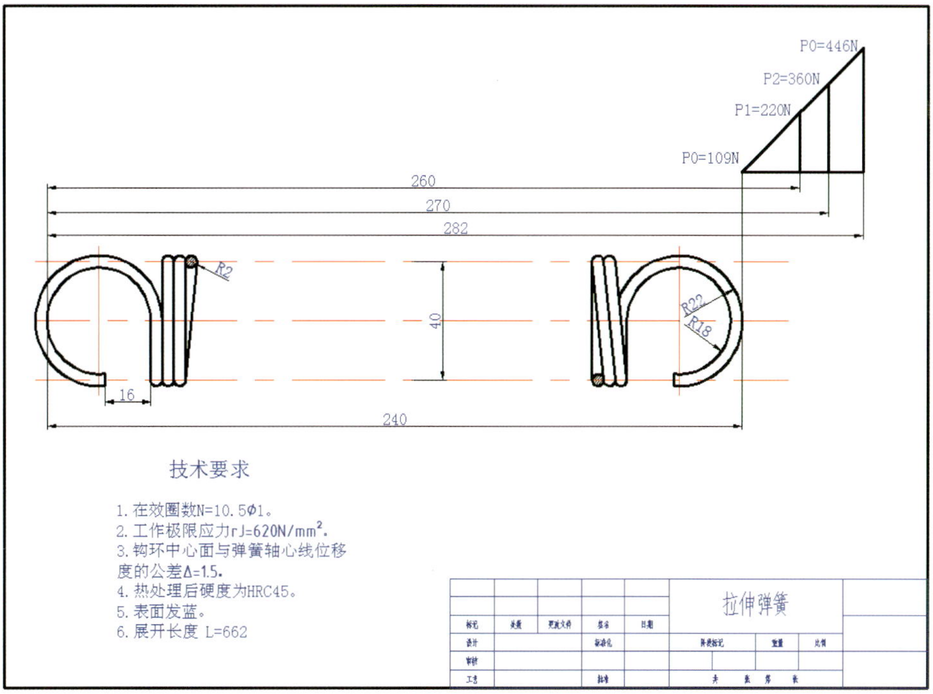

第12章　拉伸弹簧

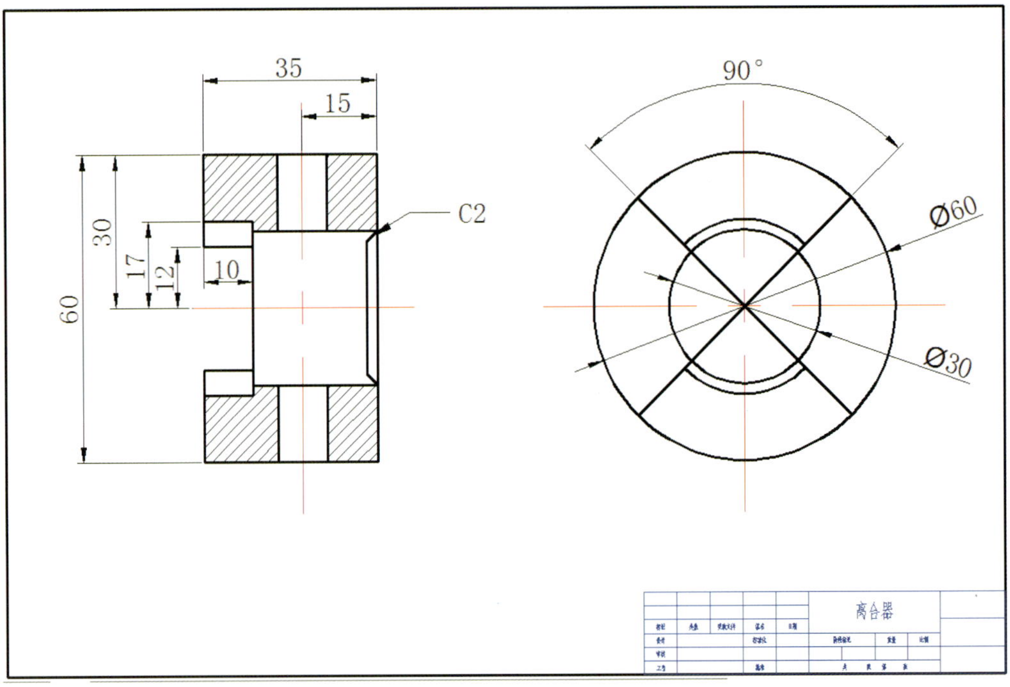

第12章　离合器

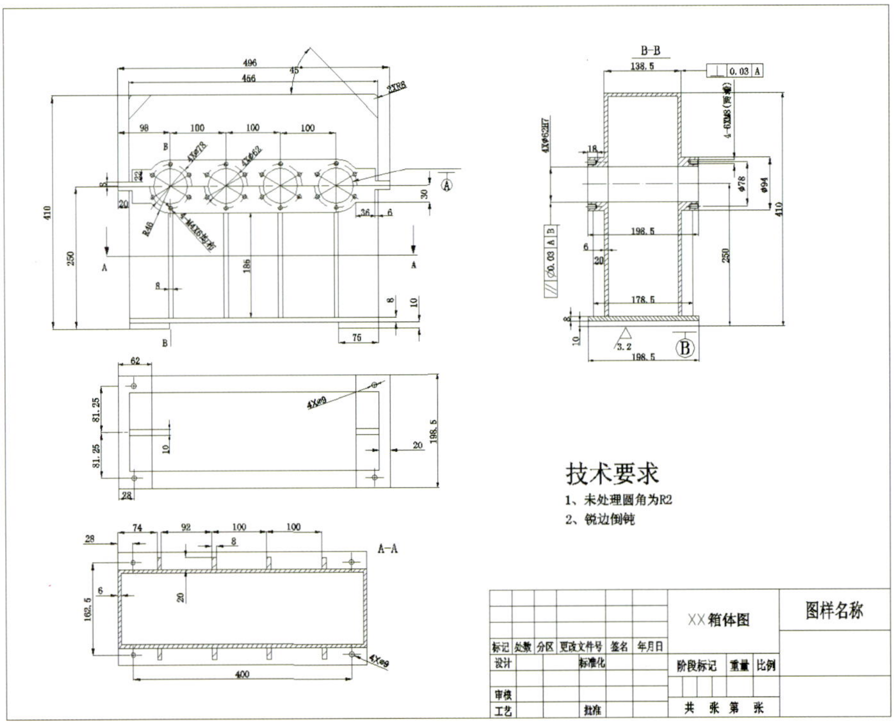

第12章　箱体

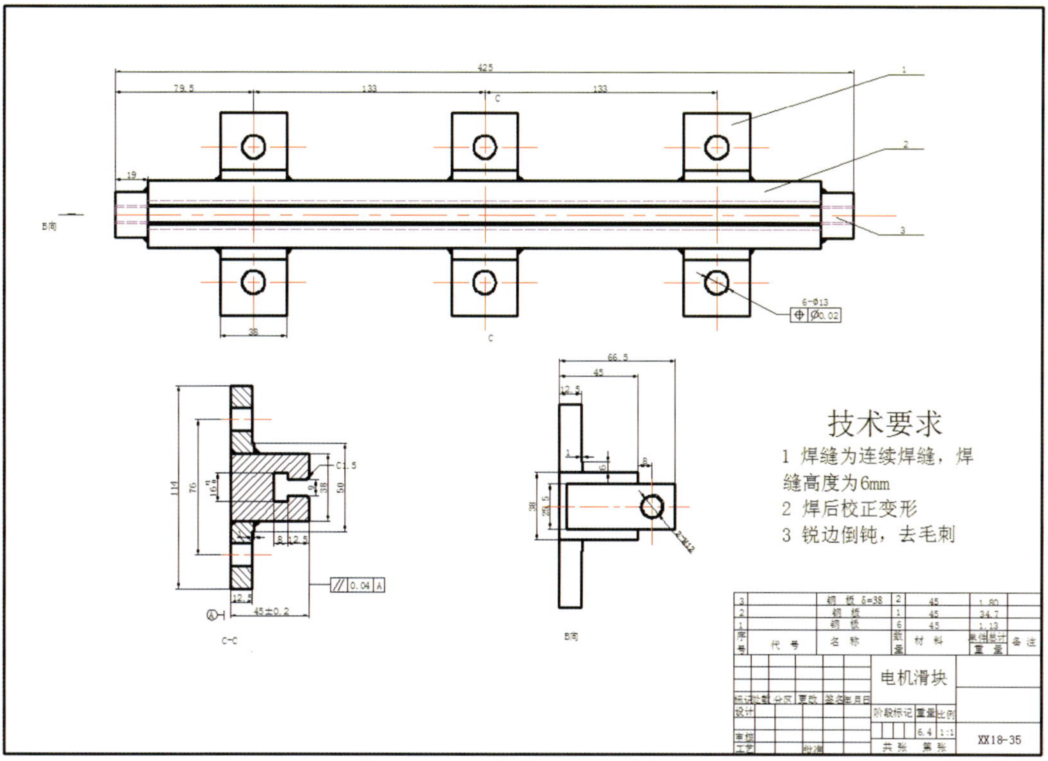

第13章　电机滑块

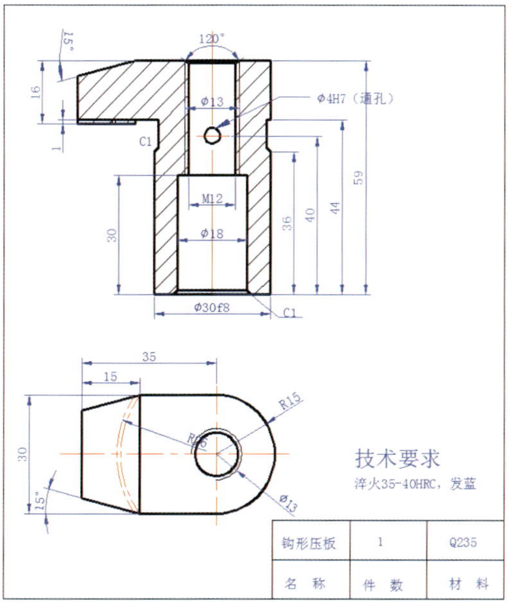

第13章　钩形压板

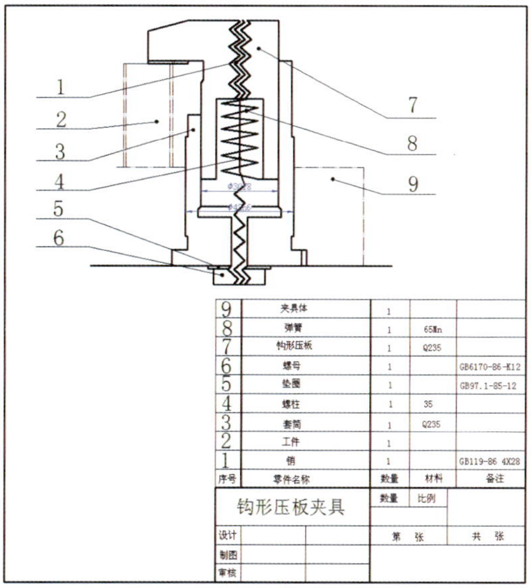

第13章　装配图

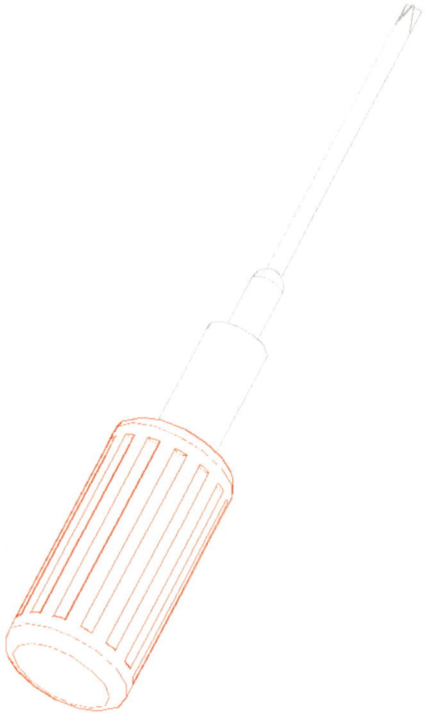

第14章　螺丝刀

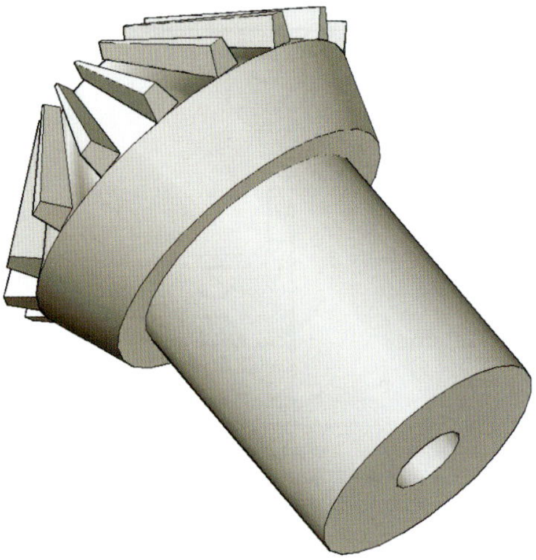

第15章　偏移面

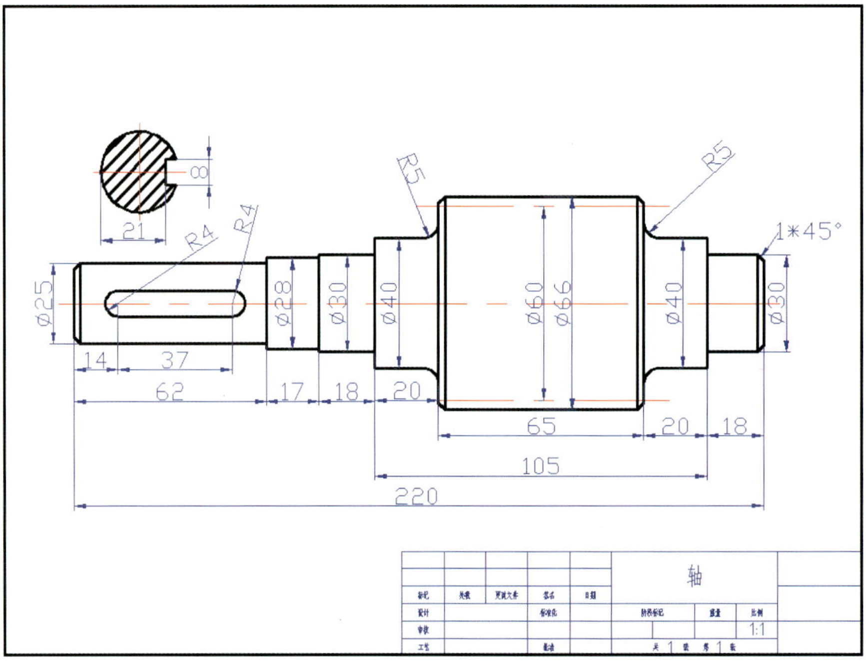

第17章　轴

前言

AutoCAD是美国Autodesk公司开发的著名计算机辅助设计应用软件，也是世界上使用最广泛的计算机辅助设计软件。它具有易于掌握、使用方便、体系结构开放等优点，能进行二维及三维图形的绘制、编辑、标注和渲染等操作，在机械、建筑、航空、水利、电子、化工等行业都有广泛的应用，现已成为各个行业设计师的得力工具。AutoCAD 2012较之前的版本在功能及界面上有了改进，使得软件功能更加强大。

本书讲解细致，内容设置合理，安排了大量的实例供读者学习借鉴，读者学习时易轻松上手。此外，书中实例已录制成视频，让读者从视觉上感受AutoCAD的强大及绘图的操作方法，轻松掌握AutoCAD的使用技巧。

本书内容

本书知识结构合理，讲解由浅入深、循序渐进，将复杂问题简单化，让知识更加易学。全书共17章，首先介绍AutoCAD分别在二维及三维图形中的应用，然后是绘制和编辑各类图形的具体操作，最后是图形的修改和输出。具体到每一章，内容穿插了大量的实例，并且在章尾安排了尽量多的实例供大家练习，读者可以轻松学会AutoCAD的所有功能。此外，在第12章~第13章安排了两个完整案例，从实际应用角度巩固本书知识。

本书特点

- **结构合理**：本书按照软件的特点，由浅入深、分步骤、按顺序地编写内容。每章都安排了很多讲解细致的实例，章后提供实际应用中的综合实例，然后给出练习供读者检验该章的学习成果。
- **通俗易懂**：本书图文并茂，所介绍的内容让读者有亲自操作的感受。每一个重要知识点都设置了实例，及时巩固读者所学知识。实例步骤详细，容易理解和掌握。
- **实用性强**：本书采用“基础知识+操作实战+典型实例”的教学模式，帮助读者分层次地将知识真正应用到实际中去，达到学以致用的目的。

配书光盘

光盘中提供了部分案例的原始文件、最终文件、视频教学文件和赠送的相关机械设计视频课件，手把手地把知识讲解给读者。这样，就像一位老师在身旁一对一指导，您不仅可以通过本书了解每一个细节，而且可以通过多媒体教学演示学习到更多实用的绘图技巧。

读者对象

（1）AutoCAD各水平读者。

（2）在校学生和工程设计人员。

本书由哈尔滨理工大学机械动力工程学院王宇和翟元盛合作完成，其中王宇编写第1章~第10章内容，翟元盛编写第11章~第17章内容。此外，本书编写过程中还得到了王永忠、周中一、高羡明、李永华、李日强、于德江、韦亮、史爽、于秀芝、张才祥、张中耀、张金忠、王娟、陈可义、王亚威、于舒春、张慧萍、张玉华、赵平、范依航、周艳山、程耀南等人的大力帮助，在此表示诚挚的谢意。

由于笔者水平有限，书中难免存在疏漏之处，敬请广大读者指正，并衷心感谢各位读者能够提出宝贵意见。

编著者

目录

第1章　AutoCAD 2012入门

第2章　绘制基本二维图形

第7章 图案填充

第8章 创建文字说明及表格

第9章 尺寸标注（上）

第10章 尺寸标注（下）

第11章 AutoCAD 2012的其他功能

第12章 绘制常见机械零件图

第13章 绘制机械零件装配图

第14章 创建三维图形

第15章 编辑三维图形

第16章 渲染三维图形

第17章 打印及输出图形

第1章 AutoCAD 2012入门

学习导航

AutoCAD 作为当前最流行的图形辅助设计软件，以其强大的功能、简便快捷的操作在各领域得到了广泛的应用，越来越多的用户在学习和研究它。本章通过对AutoCAD的界面、基础操作命令等内容的介绍，希望用户能够对CAD有一个全面的认识，为以后的学习打下良好的基础。

学习目标

通过本章的学习，读者应掌握AutoCAD 2012的基本功能，熟悉AutoCAD 2012工作界面的组成元素，熟练掌握AutoCAD的基本操作，能够达到AutoCAD 2012的学习入门。

学习重点与难点

- □ AutoCAD 2012在机械设计中的应用
- □ AutoCAD 2012绘制机械图形的一般步骤
- □ AutoCAD 2012操作界面
- □ 图形文件的创建、打开、保存方法，了解什么是图形样板
- □ 命令的使用方法
- □ 鼠标左键、右键和滚轮在AutoCAD中的作用
- □ 操作的取消、确认、重复和撤消方法，以及对象的常用选择方法

本章主要介绍AutoCAD 2012的基础知识，为后续的学习做好准备。通过本章的学习，读者也应该熟练掌握AutoCAD 2012的基础知识。

1.1 AutoCAD 2012概述

AutoCAD是Autodesk公司开发的专门用于计算机绘图设计工作的软件。自20世纪80年代公司推出AutoCAD R1.0以来，因其简单易学、精确高效等优点，深受广大工程设计人员的青睐。今天，AutoCAD已广泛应用于科学研究、电子、机械、建筑、航天、纺织、轻工、服装、造船等设计领域，极大地提高了设计人员的工作效率。

AutoCAD 2012是Autodesk公司推出的最新版本。经历了多次升级，AutoCAD 2012的绘图功能有了很大的提高。本章将概括介绍AutoCAD 2012的功能和使用界面、文件操作、命令输入方式等基本知识。

1.2 AutoCAD 2012功能

AutoCAD功能强大、结构体系开放、操作简便，用户不仅可以用它来绘制和编辑二维图形，同时还可以进行三维图形的设计。总的来说，AutoCAD的基本功能有：绘制工程图、绘制轴测图、标注图形尺寸、渲染图形、控制图形显示、数据库管理、打印输出图形互用、图形审核等。

拥有了这些功能之后，AutoCAD应用非常广泛，涉及工学中各学科的绘图设计，可以大到航空、航天、航海、气象等领域，小到机械、建筑、汽车等领域的工程设计。

AutoCAD的特点非常明显：使用方便、简单易行、用户界面友好、体系结构开放等。它是许多工程技术人员绘图的首选软件，也是目前功能最强大的通用型辅助设计绘图软件，主要用于二维绘图，也具备三维建模能力。利用AutoCAD的辅助设计功能，可以方便地查询绘制好的图形的长度、面积和体积等。该软件提供了在三维空间中的各种绘图和编辑功能，具备三维实体和三维曲面的造型功能，便于用户对设计有直观的了解和认识，是一款可以应用于二维和三维的软件之一。

此外，AutoCAD还可以进行二次开发。AutoCAD软件提供了外接接口，便于用户进行个性化的定制及开发。下面对AutoCAD 常用的功能进行介绍。

1.2.1 绘制与编辑图形

在AutoCAD中，用户可以根据需要绘制出不同类型的图形，如二维图形、三维图形及轴测图。

1. 绘制与编辑二维图形

AutoCAD的绘图命令中包含了大量的绘图工具，可以绘制直线、构造线、多线段、多边形、圆形等基本图形，还可以使用“修改”工具栏中的修改工具对其进行编辑。图1-1为用AutoCAD绘制并标注的的二维图形。

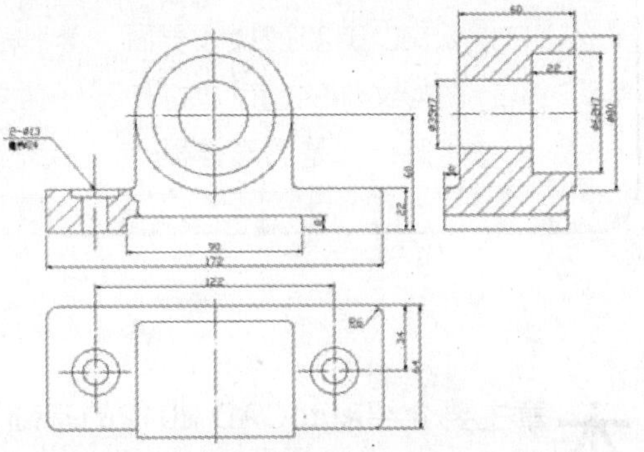

图1-1　用AutoCAD绘制并标注的二维图形

2. 绘制与编辑三维图形

利用AutoCAD软件，用户不仅可以通过“拉伸”等命令将平面图形转换为三维图形，还可以使用“曲面”命令绘制三维曲面或者使用实体命令中的“圆柱体”、“长方体”等进行三维图形的绘制，也可以应用“修剪”等命令进行图形的编辑。图1-2为利用AutoCAD绘制的一个三维图形和标注。

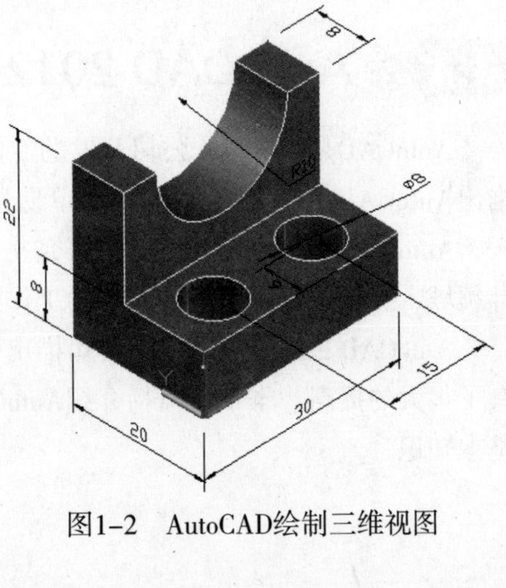

图1-2　AutoCAD绘制三维视图

3. 绘制轴测图

利用AutoCAD软件可以进行轴测图的绘制。轴测图看似三维图形，但却是二维图形，在工程上应用比较多。轴测图有着很强的立体感，是一种模拟三维对象沿特定视点产生的二维平行投影效果，但是它的绘制方法与普通的二维图形不同。绘制轴测图时，可以选择将直线与坐标轴成30°、150°、90°等角度。图1-3为AutoCAD绘制的轴测图。

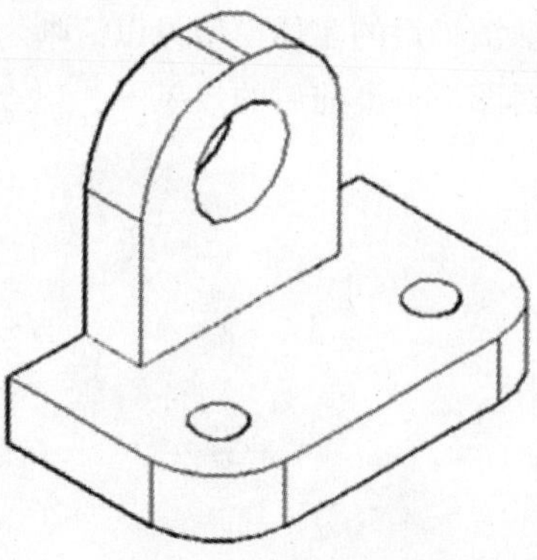

图1-3　用AutoCAD绘制并标注的轴测图

4. 绘制三维投影图

除了常规的几种图形的创建，还可以利用AutoCAD软件进行三维视图的投影创建。它类似于机械制图中的三视图，利用它可以更直观地看清楚图形。图1-4为示意图。

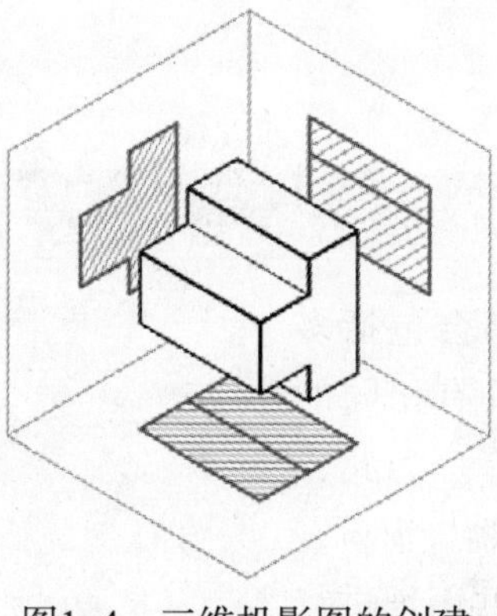

图1-4　三维投影图的创建

1.2.2　标注尺寸

图形的尺寸标注是连接设计者与读者之间的纽带。没有尺寸标注，图形就失去所有意义。标注尺寸是绘图过程中的重要环节，是指标注图形对象的长度、宽度、半径、直径、角点及对象之间的位置关系，是整个图形绘制过程中不可缺少的一步。AutoCAD的“标注”菜单中包含了一套完整的尺寸标注和编辑命令，用户可以用它们在图形的各个方向上创建各种类型的标注。图1-5为图形尺寸标注效果。

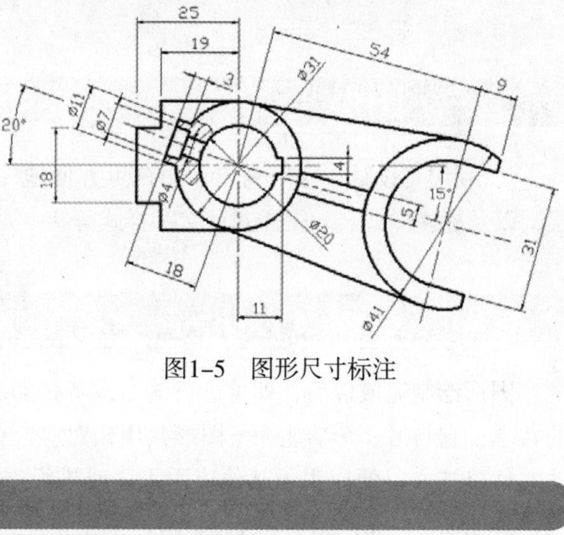

图1-5　图形尺寸标注

1.2.3　渲染图形

在AutoCAD中，用户可以运用几何图形、光源和材质，对模型进行具有真实感觉的渲染。AutoCAD经过多次升级后，在三维图形绘制方面有了更好的表现。利用其强大的三维绘图功能，可以创建各种各样的三维实体模型。通过对模型进行渲染，可以得到着色逼真、清晰的图形效果。渲染后的实体模型可以清晰地显示出模型的轮廓、材质、光线等效果。如图1-6和图1-7所示为对图形渲染前后的效果图。

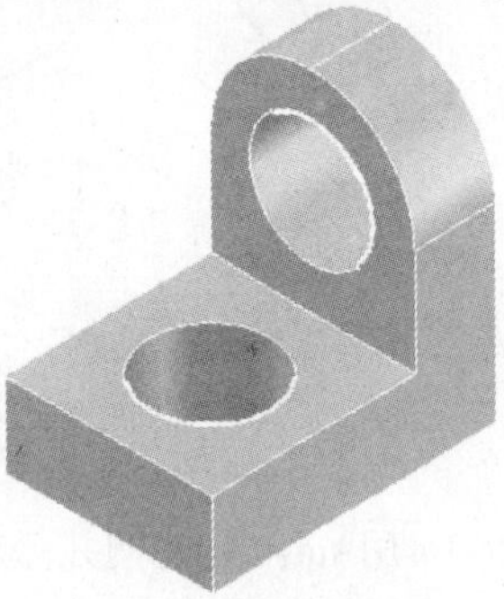

图1-6　原效果图

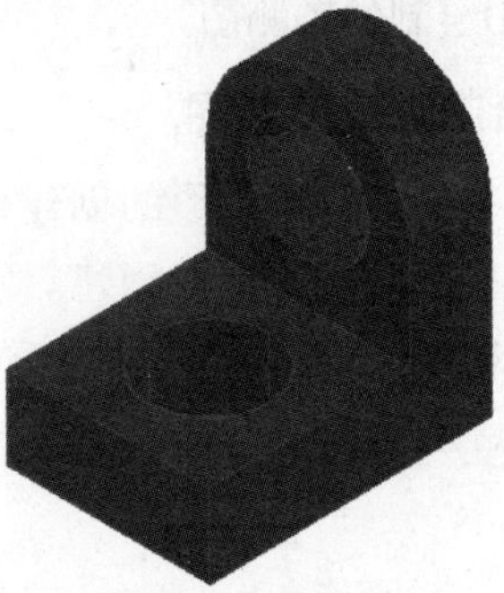

图1-7　渲染后效果

1.2.4　图纸集管理

在实际工作中，每项工程都会包括多张图纸，并且这些图纸通常都具有相同的尺寸、很多内容一致的标题栏等。为此，AutoCAD提供了一个“图纸集管理器”窗口，利用该管理器，可以方便地对这些图纸进行分门别类地管理。如图1-8所示为图纸集管理向导。

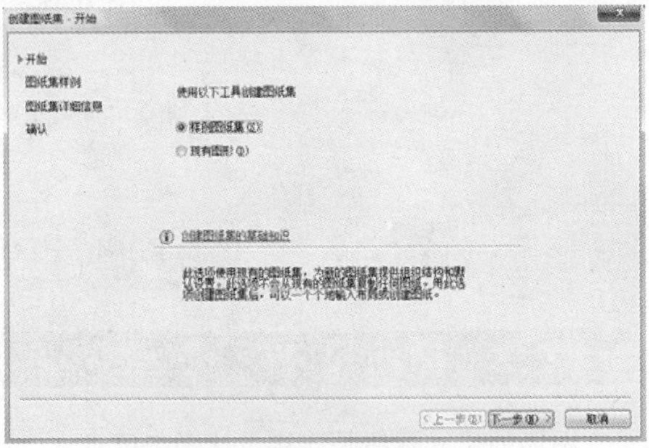

图1-8　图纸集管理向导

1.2.5　图形共享

利用“设计中心”窗口，用户可方便地在当前文档中使用其他文档中的图块、线型、图层，以及标注样式、表格样式、文字样式等。

1.2.6　输出与打印

图形绘制完成以后，即可进行输出或者打印。AutoCAD提供了打印输出的功能，以完成图形的共享，它与另一个功能——图形共用相对应。在AutoCAD中绘制的图形可以输出为本格式或其他文件格式，以便应用于其他应用程序或进行进一步的处理。AutoCAD文件一般保存为DWG格式，其他输出的格式有wmf、sat、stl、eps、dxx、bmp、3ds等。

与Word文档等相同，AutoCAD文件还可以进行打印输出。不仅如此，所绘制的图形也可以不同格式通过绘图仪或打印机输出，还能将不同格式的图形导入或导出AutoCAD，增加了灵活性。因此，当图形绘制完成后，可以使用多种方法将其输出。如图1-9所示为输出效果。

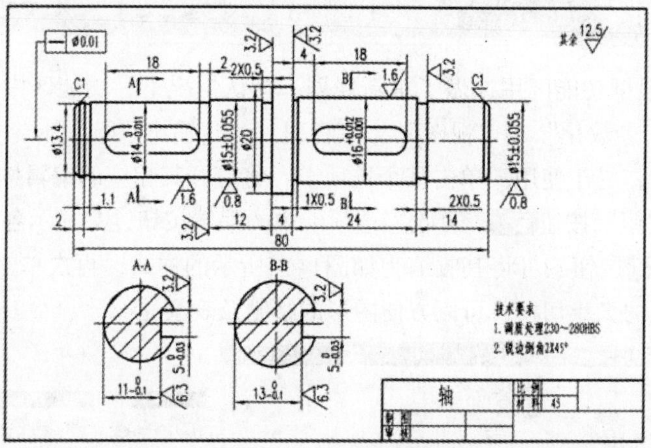

图1-9 图形输出效果

AutoCAD还有很多功能，比如控制图形显示、数据库管理功能、Internet功能等，这里不再一一具体介绍。

1.3 AutoCAD 2012工作界面

安装好AutoCAD后，双击桌面上的AutoCAD 2012快捷图标，即可启动AutoCAD 2012。其操作界面由几部分组成：标题栏、状态栏、绘图区、工具栏、命令行与文本窗口、功能区等。启动AutoCAD 2012后，将打开其工作界面，并自动新建一个名称为Drawing1.dwg的图形文件，具体的工作界面构成如图1-10所示。

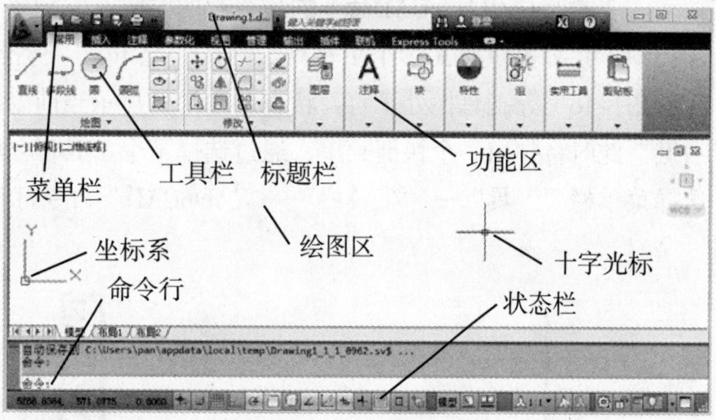

图1-10 工作界面

下面根据AutoCAD 2012工作界面各组成部分的位置，介绍其功能。

1.3.1 标题栏

标题栏位于应用程序窗口的最上面，用于显示当前正在运行的程序名及文件名等信息。如图1-11所示，名称为Drawing1.dwg，其中Drawing1为文件名，.dwg为AutoCAD扩展名。通过右端的  可以进行文件的最大化、最小化和关闭程序的操作。标题栏左端是快速访问工具栏，可以通过它来进行新建、保存、打印等操作。

图1-11 标题栏

1.3.2 功能区

AutoCAD 2012根据功能区用途做了重新规划。默认情况下，功能区中包括“常用”、“插入”、“注释”、“参数化”、“视图”、“管理”和“输出”选项卡，如图1–12所示。这样的功能区更简单明了，易于使用。单击某个选项卡，将打开其相应的编辑按钮。单击选项卡的右侧“最小化为面板按钮”按钮，可收缩选项卡中的编辑按钮，只显示各组名称，如图1–13所示，此时再次单击按钮，可将其收缩为如图1–14所示的样式；再次单击按钮，将展开功能区。通过对功能区的大小切换，可以方便图形的绘制及观察。

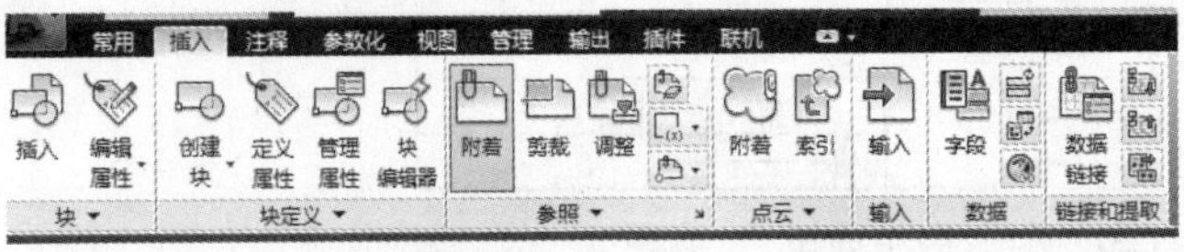

图1–12 AutoCAD 2012功能区

图1–13 最小化为面板

图1–14 最小化为标题的功能区

1.3.3 工具栏

工具栏是调用AutoCAD命令的最直观的方式，它包含许多用图标表示的命令按钮。在AutoCAD 2012中，系统提供了30多个工具栏，默认情况下，“标准”、“绘图”（见图1–15）和“修改”（见图1–16）等工具栏处于打开状态。如果要显示当前隐藏的工具栏，可在任意工具栏上单击鼠标右键，此时将弹出一个快捷菜单，通过选择某个工具栏名称，可以显示或关闭相应的工具栏。或者选择菜单栏“工具”→“工具栏”→“AutoCAD”命令打开工具栏子菜单，如图1–17所示。

图1–15 “绘图”工具栏

图1–16 “修改”工具栏

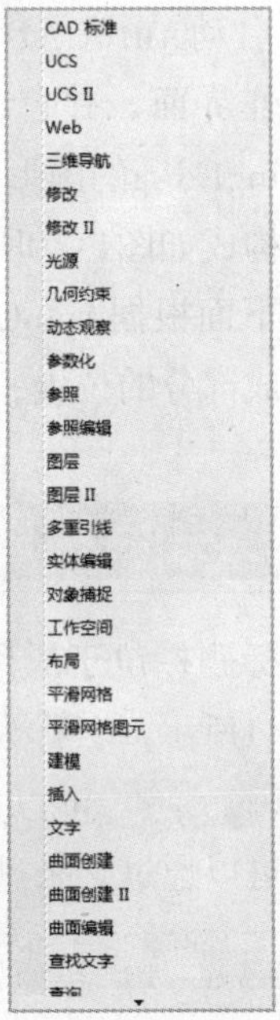

图1–17 子菜单

1.3.4 绘图区

绘图区是用户绘图的工作区域，类似于手工制图时的图纸，用户所绘制的图形都显示在该区域中。绘图区中显示了十字光标和坐标系图标，AutoCAD通过十字光标显示当前位置。绘图区的左下方显示了当前使用的坐标系图标，它反映了当前坐标系的原点和X、Y、Z轴正向。默认情况下，系统采用世界坐标系（WCS）。

单击绘图区下方的“模型”或“布局”标签，可以在“模型”空间或“图纸”空间之间相互切换，如图1-18所示。

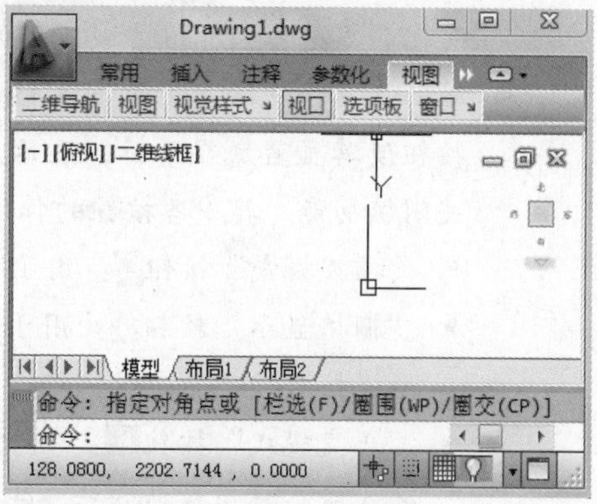

图1-18 绘图区

默认情况下，绘图区颜色为米白色（R=254，G=252，B=240），其标题栏右侧有3个控制按钮，同标题栏上的控制按钮功能相同，这里不再赘述。

1.3.5 命令行与文本窗口

命令行位于绘图窗口的底部，用于接收用户输入的命令，并显示提示信息。对于AutoCAD 2012来说，命令行可以拖放为浮动窗口，如图1-19所示。

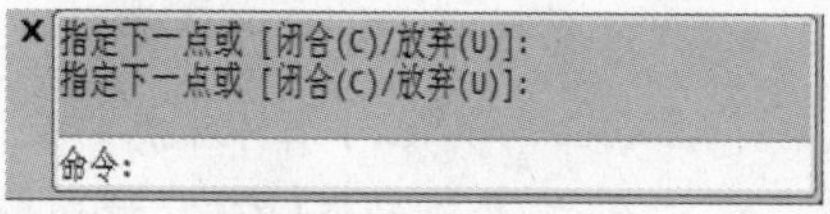

图1-19 命令窗口

“AutoCAD文本窗口”是记录AutoCAD命令的窗口，是放大的命令行窗口。它记录了用户已执行的命令，也可以用来输入新命令。按F2键即可显示该窗口，如图1-20所示。再按F2键，即可关闭该文本窗口。

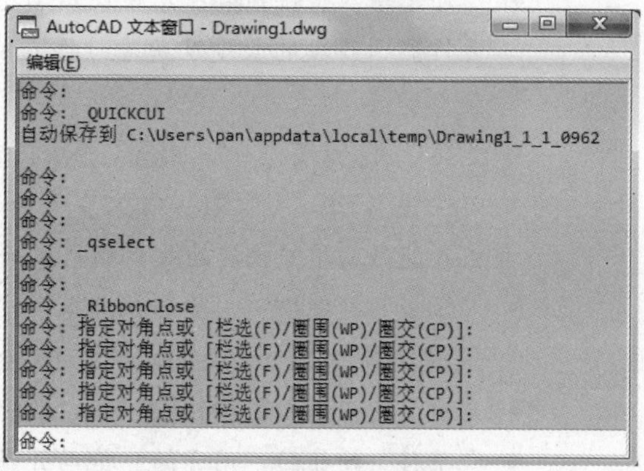

图1-20 AutoCAD文本窗口

1.3.6 状态栏

状态栏位于AutoCAD操作界面的最下方，主要用于显示当前十字光标的坐标值，以及控制捕捉、栅格、正交、UCS、线宽等选项的打开或关闭。AutoCAD状态栏如图1-21所示。

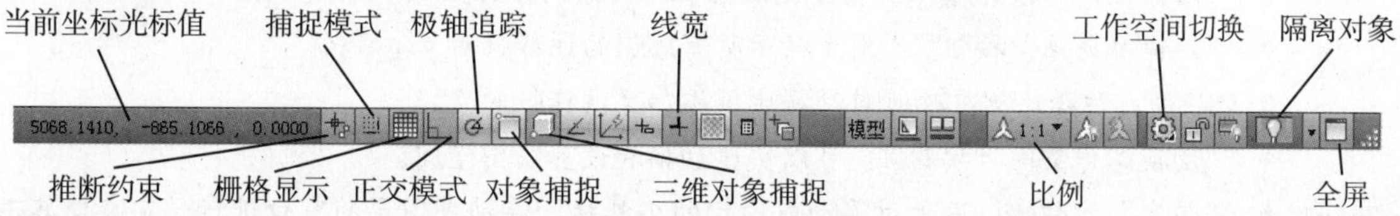

图1-21 状态栏

下面介绍状态栏各部分的作用。

- 当前光标坐标值：方便用户快速查看当前光标的位置，移动鼠标光标，坐标值也将随之变化。单击该坐标值区域，可关闭该显示功能。
- 辅助工具按钮组：用于设置AutoCAD的辅助绘图功能，均属于开关型按钮，即单击某个按钮使其呈蓝底显示时，表示启用该功能；再次单击该按钮使其呈灰底显示时，则表示关闭该功能。其中各按钮的作用如下。
  - “捕捉模式”按钮：用于捕捉设定的间距的倍数点和栅格点。
  - “栅格显示”按钮：用于在绘图区内显示栅格点。启用该功能后，绘图区内自动显示栅格点。
  - “正交模式”按钮：用于绘制二维平面图形的水平和垂直线段，以及正等轴测图中的线段。启用该功能后，光标只能在水平或垂直方向上确定位置，从而快速绘制水平线和垂直线。
  - “极轴追踪”按钮：用于捕捉和绘制与起点水平线成一定角度的线段。
  - “对象捕捉”按钮：用于捕捉对象中的特殊点，如圆心、中点等。
  - “对象捕捉追踪”按钮：该功能和对象捕捉功能一起使用，用于追踪捕捉点在线性方向上与其他对象特殊点的交点。
  - “允许/禁止动态UCS”按钮：用于使用或禁止动态UCS。
  - “动态输入”按钮：用于使用动态输入。当开启此功能并输入命令时，十字光标附近将显示线段的长度及角度，按Tab键可在长度及角度值间切换，并可输入新的长度及角度值。
  - “显示/隐藏线宽”按钮：用于在绘图区显示绘图对象的线宽。
  - “快捷特性”按钮：用于禁止和开启快捷特性选项板。显示对象的快捷特性选项板，能帮助用户快捷地编辑对象的一般特性。
  - “模型”按钮：用于转换到模型空间。
  - “快速查看布局”按钮：用于快速转换和查看布局空间。
  - “快速查看图形”按钮：用于快速查看和在不同空间下查看图形。
  - “平移”按钮：用于随意拖动并查看图形。
  - “缩放”按钮：用于放大或缩小图形的显示状态。
  - SteeringWheels按钮：单击该按钮，可以打开控制盘来追踪光标在绘图窗口中的移动，并且提供了控制二维和三维图形显示的工具，一般称其为“操纵轮”。
  - ShowMotion按钮：用于访问当前图形中已存储的并按类别组织起来的一系列活动的命名视图。
  - “注释比例”按钮：用于更改可注释对象的注释比例。
  - “注释可见性”按钮：用于显示所有比例的注释性对象。
  - 按钮：注释比例更改时自动将比例添加至注释性对象。
  - “切换工作空间”按钮：可以快速切换和设置绘图空间。
  - “锁定”按钮：用于对浮动或固定的工具栏、浮动或固定的窗口进行锁定，使其不会被用户不小心移到其他地方。当有工具栏或窗口被锁定后，该图标变为。

◆ “应用程序状态栏菜单”按钮▾：用于改变状态栏的相应组成部分。

◆ “全屏显示”按钮□：用于隐藏AutoCAD窗口中功能区选项卡等界面元素，使AutoCAD的绘图窗口全屏显示。

● 状态栏菜单：在状态栏上单击右键，系统弹出如图1-22所示的快捷菜单。图1-23为“状态托盘设置”对话框。

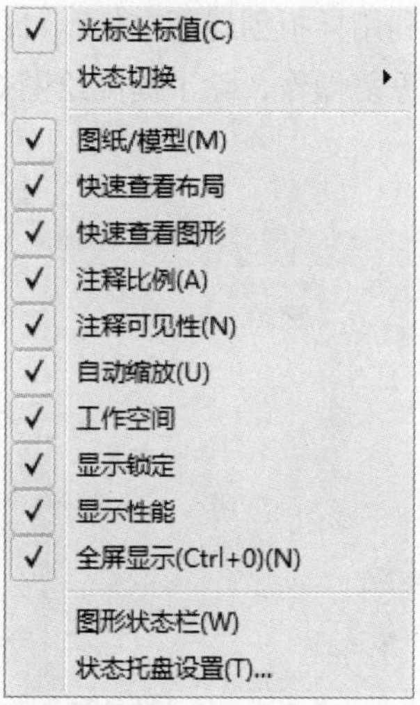

图1-22　状态栏快捷菜单

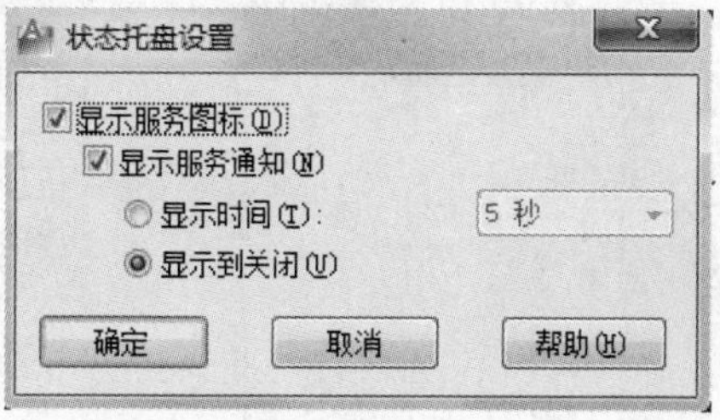

图1-23　“状态托盘设置”对话框

1.4 AutoCAD 2012图形文件操作基础

在AutoCAD 2012中，图形文件操作基础包括创建新的图形文件、打开已有的图形文件和保存图形文件等操作。

1.4.1　新建图形文件

要新建图形文件，可单击“标准”工具栏中的“新建”按钮，或选择“文件”→“新建”菜单，都将打开 “选择样板”对话框。在“名称”列表框中选中某一样板文件，这时在其右面的“预览”框中将显示出该样板的预览图像。单击“打开”按钮，将以选中的样板文件为样板创建新图形，并显示图形文件的布局（选择样板文件acad.dwt或acadiso.dwt除外）。AutoCAD 2012默认新建了一个以acad.dwt为样板的Drawing1图形文件。为了更好地完成更多的绘图操作，用户可以自行新建图形文件，新建图形文件有如下几种方法：

● 单击快速访问工具栏中的“新建”按钮□。

● 单击“菜单浏览器”按钮▲，在弹出的菜单中选择“新建”→“图形”命令，如图1-24所示。

● 在命令行中执行NEW命令。

● 按Ctrl+N组合键。

使用以上任意一种新建方式，都将弹出如图1-25所示的“选择样板”对话框。若要创建基于默认样板的图形文件，单击“打开”按钮即可。用户也可以在“名称”列表框中选择其他样板文件。单击“打开”按钮右侧的按钮，在弹出的下拉列表中可选择图形文件的绘制单位，若选择“无样板打开－英制”命令，将以英制单位为计量标准绘制图形；若选择“无样板打开－公制”命令，将以公制单位为计量标准绘制图形。

样板文件中通常包含与绘图有关的一些通用设置，如图层、线型、文字样式、尺寸标注样式等设置。此外还包含一些通用图形对象，如标题栏、图幅框等。利用样板创建新文件，可以避免每次绘制新图形时要进行的有关绘图设置、绘制相同图形对象等重复操作，除了提高绘图效率，还可以保证图形的一致性。

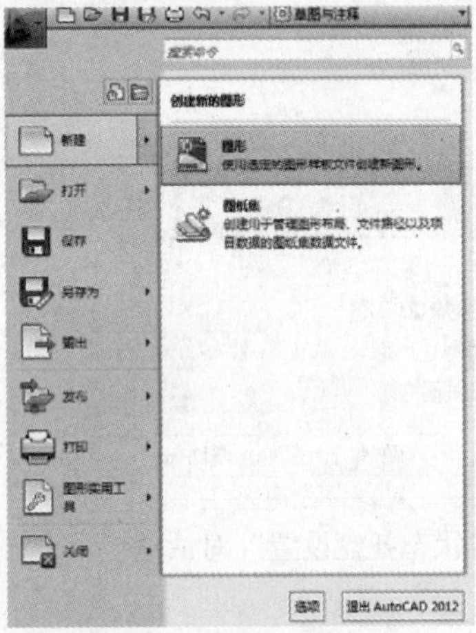

图1-24　新建图形文件

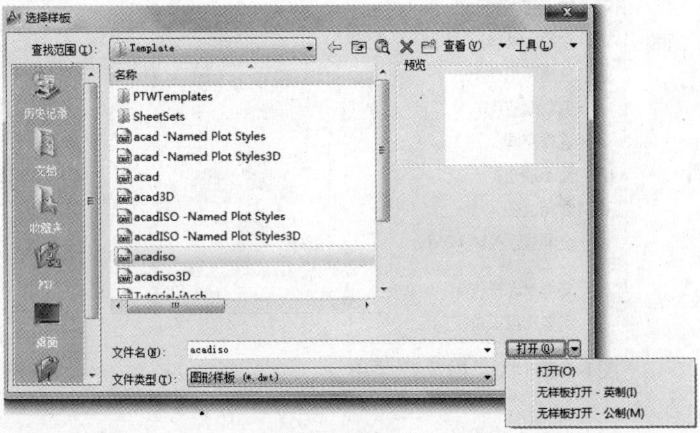

图1-25　“选择样板”对话框

注意

样板文件主要定义了图形的输出布局、图纸边框和标题栏，以及单位、图层、尺寸标注样式和线型设置等。

1.4.2　打开图形文件

1. 打开单个图形文件

若计算机中有保存过的AutoCAD图形文件，用户可以将其打开进行查看和编辑，方法如下：

- 单击快速访问工具栏中的“打开”按钮。
- 单击“菜单浏览器”按钮，在弹出的菜单中选择“打开”命令。
- 直接在命令行中输入OPEN命令。
- 按Ctrl+O组合键。

执行以上任意一种操作后，系统都将自动弹出“选择文件”对话框，如图1-26所示。在“查找范围”下拉列表框中选择要打开文件的路径，在中间的列表框中选择要打开的文件，单击“打开”按钮将打开该图形文件。

单击“打开”按钮右侧的按钮，系统将弹出下拉列表，在其中可以选择图形文件的打开方式。

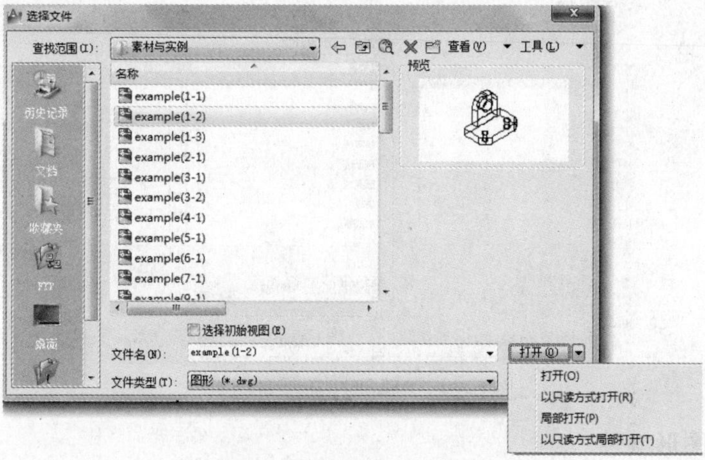

图1-26　打开方式选择

该菜单中为用户提供了以下几种打开方式。

- 打开：选择该命令将直接打开图形文件。
- 以只读方式打开：选择该命令，文件将以只读方式打开，可以对以此方式打开的文件进行编辑操作，但保存时不能覆盖原文件。
- 局部打开：选择该命令，系统将弹出“局部打开”对话框。如果图形中图层较多，可采用“局部打开”方式，只打开其中某些图层。
- 以只读方式局部打开：以只读方式打开图形的部分图层。

边学边练 001　打开图形文件

01 启动AutoCAD 2012，单击快速访问工具栏中的“打开”按钮，弹出“选择文件”对话框，在“名称”列表框中选择“摇把.dwg”图形文件（光盘:\原始文件\第1章\摇把.dwg），然后单击打开(O)按钮，如图1-27所示。

02 返回工作界面，即可看到所选的“摇把.dwg”图形文件已被打开，效果如图1-28所示。

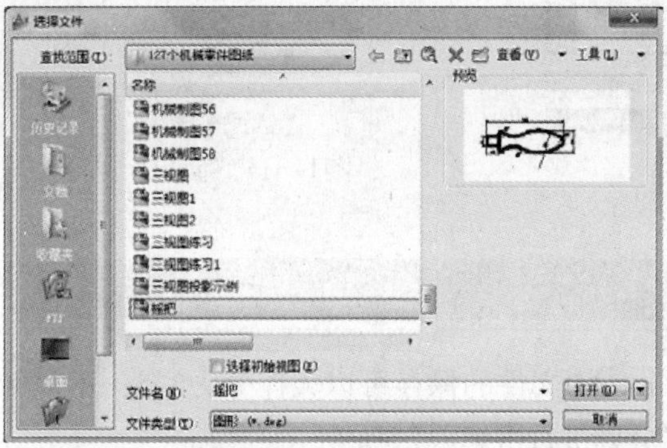

图1-27　选择图形

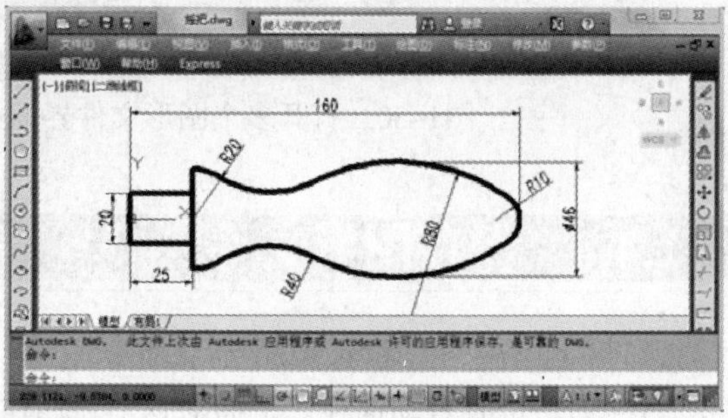

图1-28　打开效果

如果用户选择了“局部打开”或“以只读方式打开”打开图形，这时将打开“局部打开”对话框，如图1-29所示。用户可以在“要加载几何图形的视图”选项组中选择要打开的视图，然后单击“打开”按钮，这样即可打开选定对象。

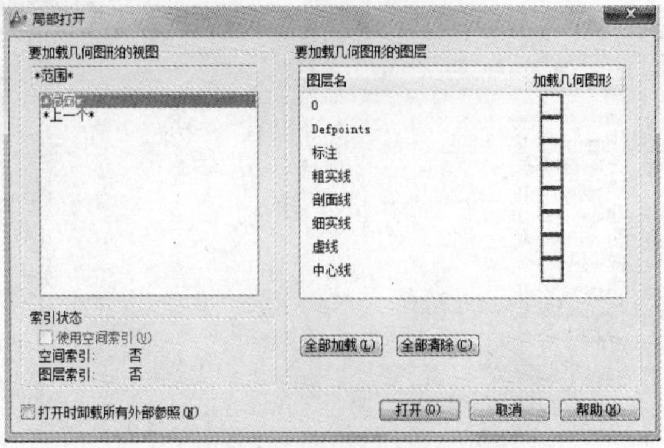

图1-29 “局部打开”对话框

2. 打开多个图形文件

当用户需要快速参照其他图形、在图形之间进行复制和粘贴、使用定点设备、将所选对象从一个图形拖动到另一个图形中时，可以在单个AutoCAD任务中打开多个图形。如图1-30所示为以垂直平铺的方式打开多个图形。

如果打开了多个图形，只要在某图形的任何位置单击便可激活它。使用Ctrl+F6组合键或Ctrl+Tab组合键可以在打开的图形之间进行切换。但在某些时间较长的操作期间，不能进行图形切换。

使用“窗口”菜单可以控制在AutoCAD中显示多个图形的方式。既可以使打开的图形层叠显示，也可以垂直或水平平铺，如图1-31所示。还可以从“窗口”菜单底部打开的图形列表中选择图形。

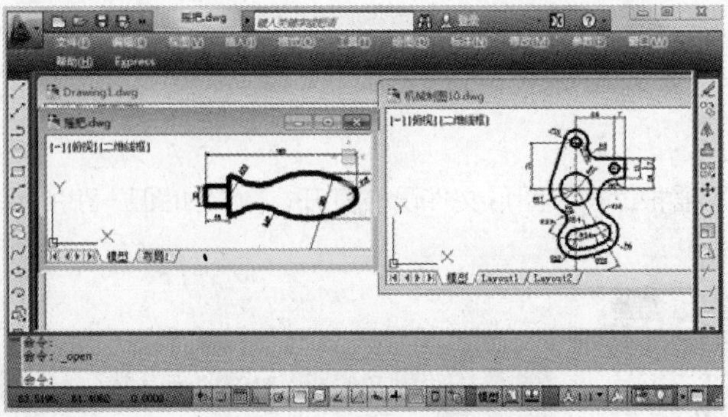

图1-30 打开多个图形文件界面

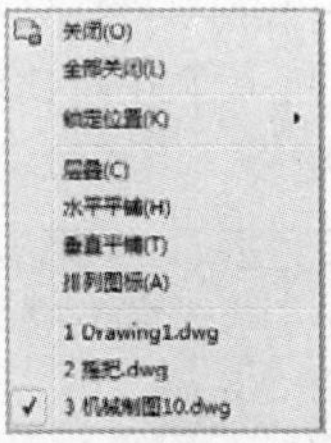

图1-31 “窗口”菜单

1.4.3 保存图形文件

文件的保存对于AutoCAD操作也非常重要。AutoCAD文件的保存可以大体分为3类：正常保存、另存为、定时自动保存。下面对这3种保存方式分别进行讲解。

1. 保存新图形文件

保存新图形文件也就是保存从未保存过的图形文件，主要有以下几种方法：

- 单击快速访问工具栏中的“保存”命令图标。

- 单击“菜单浏览器”按钮，在弹出的菜单中选择“保存”命令。
- 在命令行中执行SAVE命令。
- 按Ctrl+S组合键。

执行任意上述操作后，都将弹出如图1-32所示的“图形另存为”对话框。在该对话框的“保存于”下拉列表中选择要保存的路径，在“文件名”文本框中输入文件名，在“文件类型”中选择要保存的文件类型，然后单击“保存”按钮，保存文件并关闭对话框。返回到工作界面，即可在标题栏显示文件的保存路径和名称。

在AutoCAD 2012中，用户可以保存如图1-32所示的几种不同类型扩展名的图形文件，各扩展名的含义如下所示。

- DWG：AutoCAD默认的图形文件类型。
- DXF：包含图形信息的文本文件或二进制文件，可供其他CAD程序读取该图形文件的信息。
- DWS：二维矢量文件，使用这种格式可以在网络上发布AutoCAD图形。
- DWT：AutoCAD样板文件，新建图形文件时，可以基于样板文件进行创建。

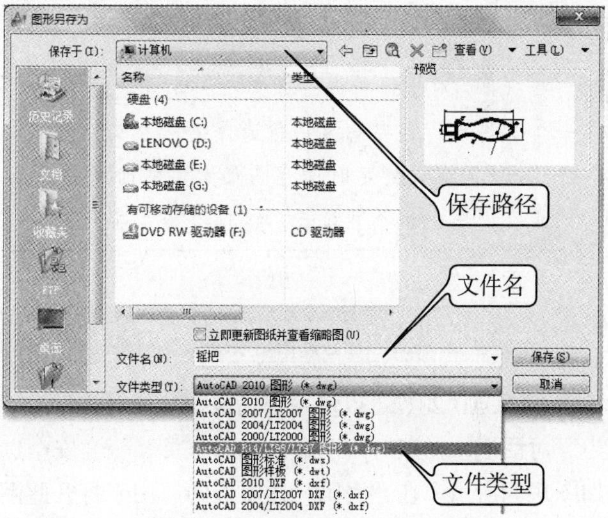

图1-32　“图形另存为”对话框

2. 另存为其他图形文件

将修改后的文件另存为一个其他名称的图形文件以便于区别，方法如下：

- 单击“菜单浏览器”按钮，在弹出的菜单中选择“另存为”命令。
- 在命令行中执行SAVE AS命令。

执行以上任意一个操作，都将弹出图1-32所示的“图形另存为”对话框，然后按照前面保存新图形文件的方法保存即可，用户可在该基础上任意改动，而不影响原文件。

3. 定时保存图形文件

定时保存图形文件就是通过一定的时间间隔设置，自动保存图形文件，免去了手动保存的麻烦。

边学边练 002　定时保存文件

01 在AutoCAD绘图区中单击右键，从弹出的快捷菜单中选择“选项”命令，弹出“选项”对话框，切换至“打开和保存”选项卡。

02 在“文件安全措施”选项组中选择“自动保存”复选框，再在下面的文本框中输入所需的间隔时间，如图1-33所示。然后单击“确定”按钮，关闭该对话框，完成自动保存设置。

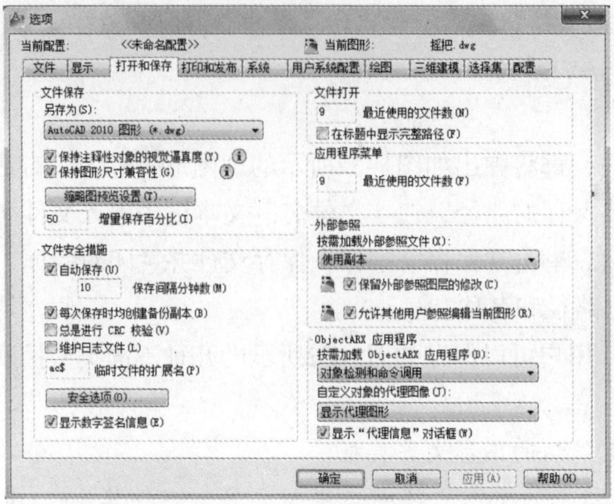

图1-33 “选项”对话框

注意

保存图形文件应该注意如下问题：

（1）对于每种保存方式，一定注意保存的文件名称，而且不能在同一个目录中使用同一个文件名；还要看清楚所选择的保存文件的格式及版本。

（2）在设置定时保存图形文件的时间时，不宜过短，因为频繁的保存操作会影响软件的正常使用；也不宜过长，这样不易于实时保存，一般在10min左右比较适宜。

1.4.4 加密保护图形文件

AutoCAD 2012可以使用密码保护功能对文件进行加密保存。打开如图1-32所示的“图形另存为”对话框，在该对话框中选择“工具”→“安全选项”命令，此时打开“安全选项”对话框，如图1-34所示。在“密码”选项卡的“用于打开此图形的密码或短语”文本框中输入密码，然后单击“确定”按钮，打开“确认密码”对话框，如图1-35所示。在“再次输入用于打开此图形的密码”文本框中输入确定密码。

为文件设置好密码后，在打开文件时系统将打开“密码”对话框，要求输入正确的密码，否则无法打开，这对保密等级较高的文件非常重要。

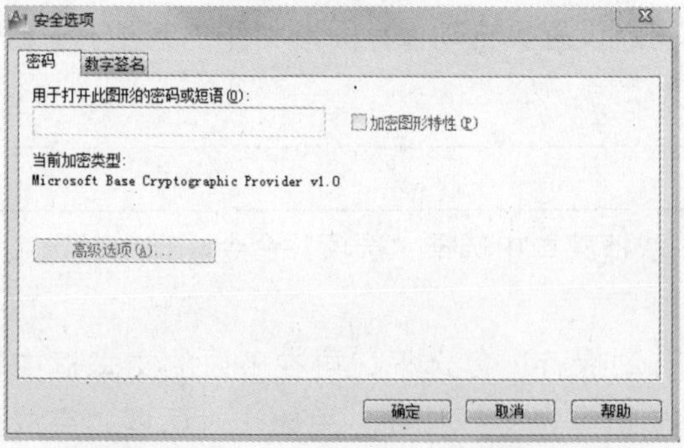

图1-34 “安全选项”对话框

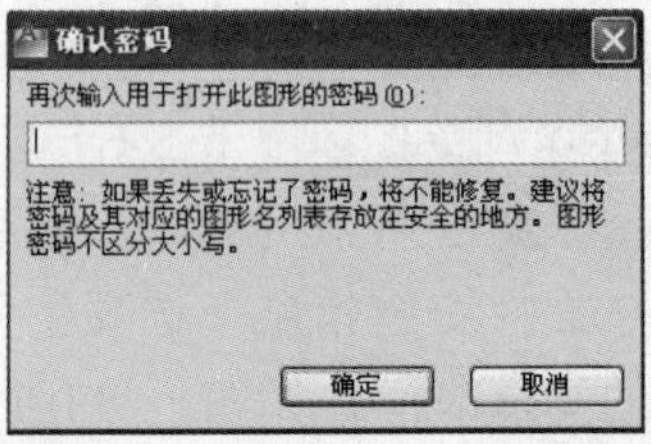

图1-35 “确认密码”对话框

1.4.5 输出图形文件

有时AutoCAD绘图的目的并不是要打印出来，而是要将绘图结果用于其他程序。要输出图形文件，可选择“文件”→“输出”菜单命令，系统将打开“输出数据”对话框。在“文件类型”下拉列表中选择输出的文件格式，在“文件名”文本框中输入文件名，然后单击“保存”按钮，即可将AutoCAD图形对象保存为用户所需的文件格式。如图1-36所示为“输出数据”对话框。

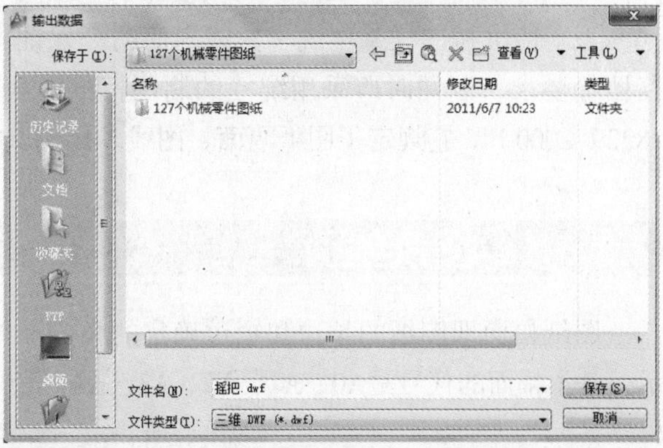

图1-36 “输出数据”对话框

1.4.6 关闭图形文件并退出系统

编辑完当前图形文件后，应将其关闭，主要有如下几种方法：

- 单击绘图区右上角的“关闭”按钮☒。
- 在命令行中执行CLOSE命令。

将图形文件关闭后，需要退出系统。退出AutoCAD 2012主要有以下几种方法：

- 单击标题栏的“关闭”按钮☒。
- 在命令行中执行CLOSE命令。
- 在标题栏上右击，从弹出的快捷菜单中选择“关闭”命令，如图1-37所示。
- 按Ctrl+F4组合键。

如果图形的最后一次保存后没再修改，即可直接退出AutoCAD。如果图形已经修改，则在退出系统之前要对图形文件进行保存后才可退出系统，否则会丢失数据。

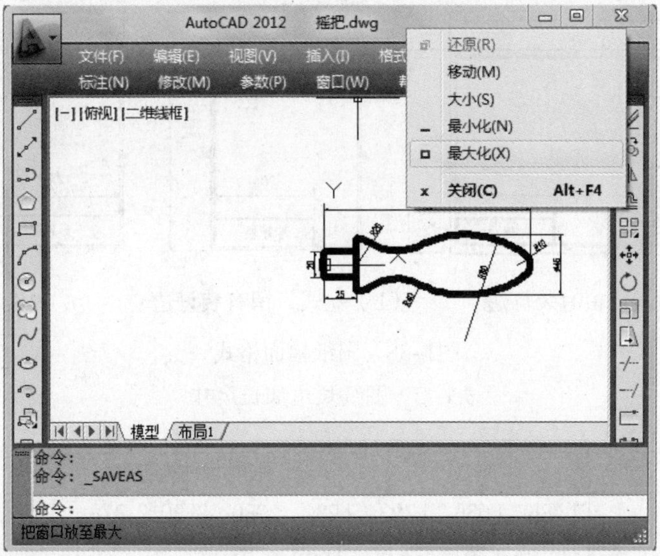

图1-37 关闭方法

1.5 AutoCAD 2012机械设计环境

为了使机械图样基本统一，清晰简明，保证图面质量，提高绘图效率，符合设计、施工、存档等要求，制图时应采用统一的制图标准。我国现行标准是《CAD工程制图规则》（GB/T 18229-2000）。它规定了图纸幅面、图线、比例、字体、尺寸标注等方面的制图要求。

1.5.1 图纸幅面

图纸幅面即图纸的长边和短边确定的长方形图纸的大小。图纸幅面的大小用幅面代号来表示，基本幅面的代号是A0、A1、A2、A3、A4，表1-1中给出了基本幅面的尺寸。

表1-1 基本幅面尺寸

（单位：mm）

幅面代号	A0	A1	A2	A3	A4
b×l	841×1189	594×841	420×594	297×420	210×297
a	25				
c	10			5	

每张图纸都要画出图框，图框线用粗实线绘制，图框格式分为留有装订边和不留装订边两种。图纸分横式和立式两种幅面，图纸长边置于水平方向为横式，图纸短边置于水平方向为立式（见图1-38）。一般A0～A3幅面的图纸宜横式使用，必要时也可立式使用。4个边上均应附有对中标志，对中标志应画在幅面线中点处。

如图1-38所示，b、l为图纸短边、长边尺寸，a、c为装订边、非装订边和不留装订边的尺寸（即图框线与图幅线的间隔）。基本幅面长边与短边的比例是$b:l=1:\sqrt{2}$。A0号图纸的面积为1m^2，A1号是A0号的对开，A2号是A1号的对开，依此类推。画图时应优先选择基本幅面，需要时也可选择表1-2中规定的加长幅面。

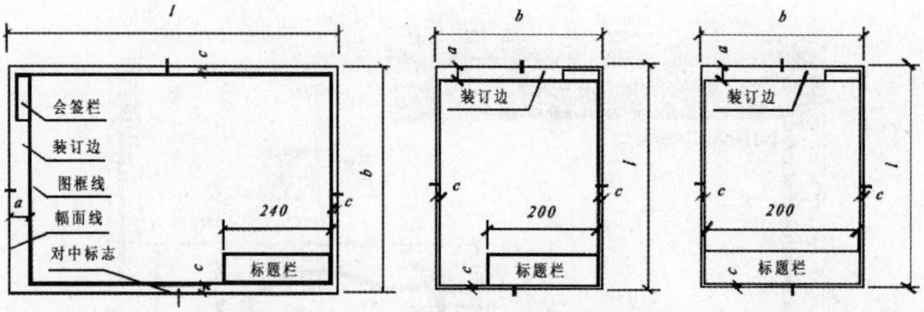

（a）横式，留有装订边　（b）立式，留有装订边　（c）A4立式幅面

图1-38 图纸幅面格式

表1-2 图纸长边加长尺寸

（单位：mm）

幅面尺寸	长边尺寸	长边加长后尺寸
A0	1189	1486 1635 1783 1932 2080 2230 2 378
A1	841	1051 1261 1471 1682 1892 2102

续表

A2	594	743 891 1041 1189 1338 1486 1635 1783 1932 2080
A3	420	630 841 1051 1261 1471 1682 1892

加长幅面的尺寸是由基本幅面的短边成整数倍增加后得出的（如A3×3的幅面尺寸是A3幅面的长边尺寸420和3倍的短边尺寸891）。加长幅面的图框尺寸，按所选用的基本幅面大一号的图框尺寸确定。

图纸标题栏简称图标。各种幅面的图纸，不论竖放或横放，均应在图框内画出标题栏，标题栏的内容和格式按照机械制图中的标准即可。

1.5.2 图线

在机械CAD制图中，应根据图样的内容选用不同形式和不同粗细的图线。机械CAD制图中常用的图线有粗实线、中实线、细实线、虚线、点画线、双画线、折断线和波浪线等。表1-3列出了这些图线的线型、线宽和一般用途。

表1-3 常用图线的种类及用途

名称	线型	线宽	用途
粗实线		d	主要可见轮廓线
中实线		0.5d	可见轮廓线
细实线		0.35d	可见轮廓线、图例线等
中虚线		0.5d	不可见轮廓线
细点画线		0.35d	中心线、对称线等
细双点画线		0.35d	假想轮廓线、成型前原始轮廓线
折断线		0.35d	断开界线
波浪线		0.35d	断开界线

图线的线宽是指图线的粗细程度，分粗、中、细3个层次，粗线、中粗线和细线的宽度比率为1：0.5：0.35，在同一图样中，同类图线的宽度应一致。每个图样都应根据复杂程度与比例大小，先确定基本线宽d，再选用表1-4中适当的线宽粗。制图作业常取0.7线宽粗。

各种图线的画法如下：

（1）在同一张图纸内，相同比例的各图样，应选用相同的线宽粗。

（2）相互平行的图线，其间隙不宜小于其中粗线的宽度，且不宜小于0.7mm。

（3）虚线、点画线或双点画线的线段长度和间隔，宜各自相等。

（4）如果图形较小，画点画线或双点画线有困难时，可用细实线代替。

（5）点画线或双点画线的两端不应是点，点画线与点画线交接或点画线与其他图线交接时，应是线段交接。

（6）虚线与虚线交接或虚线与其他图线交接时，应是线段交接。虚线为实线段的延长线时，不得与实线连接。

（7）图线不得与文字、数字或符号重叠、混淆，当不可避免时，应首先保证文字等的清晰。

表1-4　图线的宽度

（单位：mm）

线宽比	线宽粗					
粗d	2.0	1.4	1.0	0.7	0.5	0.35
中0.5d	1.0	0.7	0.5	0.35	0.25	0.18
细0.35d	0.7	0.5	0.35	0.25	0.18	

1.5.3　比例

图样中图形与实物相对应的线性尺寸之比称为比例。比例应以阿拉伯数字表示。比值等于1的比例（即1：1）称原值比例，比值大于1的比例（如2：1）称放大比例，比值小于1的比例（如1：2）称缩小比例。比值的大小就是比例的大小（如1：50大于1：100）。

一般情况下，一个图样应选用一种比例。根据专业制图的需要，同一图样可选用两种比例，并将比例注写在图名的右下方，字的底边线要取平，比例的字号应比图名的字号小一号或两号。如图1-39所示，左例是将比例直接写在图名的右侧，图名下应该加一条水平的粗实线；右侧是用详图符号兼作图名，比例也是写在它的右侧。

图1-39　比例的注写

需要按比例绘制图样时，应从表1-5规定的系列中选取适当的比例。

表1-5　绘图所用的比例

常用比例	1：1、1：2、1：5、1：10、1：20、1：50、1：100、1：150、1：200、1：500、1：1000、1:2000、1:5000、1：:10000、1：20000、1：50000、1：100000、1：200000
可用比例	1：3、1：4、1：6、1：15、1：25、1：30、1：40、1：60、1：80、1：250、1：300、1：400、1：600

1.5.4　字体

图样和技术文件中书写的汉字、数字、字母或符号必须做到笔画清晰、字体端正、排列整齐、间隔均匀。字迹潦草，不仅影响图样质量，而且可能导致不应有的差错，给国家、集体造成损失。制图中常用的字有汉字、阿拉伯数字和拉丁字母，有时也会出现罗马数字、希腊字母等。

1. 汉字

图样中的汉字，应采取国家正式公布的简化字，并用长仿宋体书写，如图1-40所示。

（1）汉字的规格

汉字的字高用字号来表示，如高为5mm的字就是5号字。常用的字号有2.5、3.5、5、7、10、14、20号等。若需要书写更大的字，则字高应以$\sqrt{2}$的比值递增。汉字的字高应不小于3.5mm。汉字的笔画粗度约为字高的1/20。

长仿宋体字应写成直体字，其字高与字宽应符合表1-6的规定，写字前要预先打好格子（机械制图中的规定）。

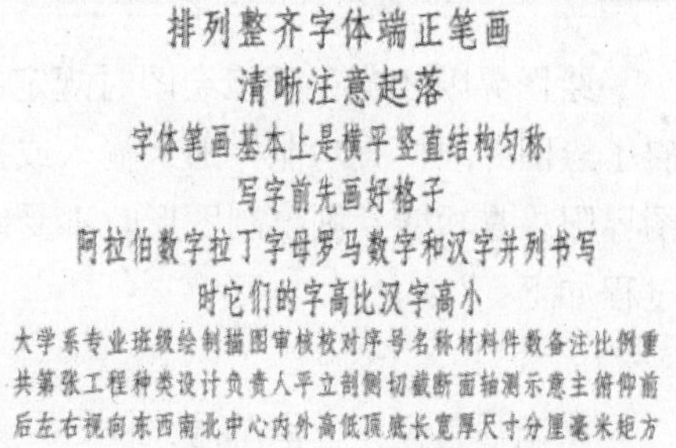

图1-40　汉字长仿宋体示例

表1-6　长仿宋体字的字号、字高和字宽

（单位：mm）

字号（字高）	20	14	10	7	5	3.5	2.5
字宽	14	10	7	5	3.5	2.5	1.8

（2）长仿宋体字的基本笔画及笔法

长仿宋字的基本笔画和笔法与机械制图中的要求相同。

（3）长仿宋体字的写法

书写长仿宋体字时，其要领是：高宽足格、注意起落、横平竖直、结构均匀、笔画清楚、字体端正、间隔均匀、排列整齐。

书写长仿宋体字时，要注意字形结构，如偏旁、部首在字格中所占的位置和比例关系，起笔、落笔、转折和收笔务必做到干净利落，笔画不可有歪曲、重叠和脱节等现象。同时要根据字的整体结构灵活地调整笔画间隔，以增强字的匀称和美观。

2. 数字和字母

数字和字母包括拉丁字母、阿拉伯数字和罗马数字，其书写应符合表1-7的规定。

拉丁字母、阿拉伯数字和罗马数字分一般字体和窄字体两种，又可写成斜体和直体两种，当与汉字混写时，宜写成直体。斜体字的斜度应从字的底线逆时针向上倾斜75°，斜体字的高度与宽度应和相应的直体字相等。数字和字母的字高应不小于2.5mm，笔画的粗细等于字高的1/10（一般字体）或1/14（窄字体）。

表1-7　阿拉伯数字、拉丁字母、罗马数字的规格

		一般字体	窄字体
字母高	大写字母	h	h
	小写字母（上下均无延伸）	(7/10) h	(10/14) h
小写字母向上或向下延伸部分		(3/10) h	(4/14) h
笔画宽度		(1/10) h	(1/14) h
间隔	字母间	(2/10) h	(2/14) h
	上下行底线间最小间隔	(14/10) h	(20/14) h
	文字间最小间隔	(6/10) h	(6/14) h

注：①小写拉丁字母如a、c、m、n…，上下均无延伸，而j则上下均有延伸。

②字母的间隔，若在视觉上需要更好的效果，可以减小一半，即和笔画的宽度相等。

1.5.5 绘图界限

绘图界限相当于手工绘图时规定的图纸大小，AutoCAD中默认的绘图界限为无限大。如果开启了绘图界限检查功能，那么输入或拾取的点超出绘图界限时，操作将无法进行。如果关闭了绘图界限检查功能，则绘制图形时不受绘图范围的限制。设置绘图界限的命令是LIMITS，具体操作过程如下：

命令：LIMITS （执行LIMITS命令）
重新设置模型空间界限： （系统提示将要进行的操作）
指定左下角点或 [开(ON)/关(OFF)] <0.0000，0.0000>:
（设置绘图区域左下角的坐标，这里保持默认直接按Enter键，则表示左下角点坐标位置为（0，0））
指定右上角点 <420.0000，297.0000>: 297,210 （设置绘图区域右上角的坐标）

在执行命令过程中，各选项的含义如下所示。

- 开（ON）：选择该选项，表示开启图形界限功能。
- 关（OFF）：选择该选项，表示关闭图形界限功能。

1.5.6 绘图单位

绘图单位直接影响绘制图形的大小，所以绘图前需要对其进行设置。设置绘图单位的方法如下：

- 选择AutoCAD 2012菜单栏中的“格式”→“单位”命令。
- 在命令行执行UNITS、DDUNITS或UN命令。

执行以上操作后，都将弹出如图1-41所示的“图形单位”对话框。通过该对话框，可以设置长度和角度的单位与精度。其中各选项的含义如下所示。

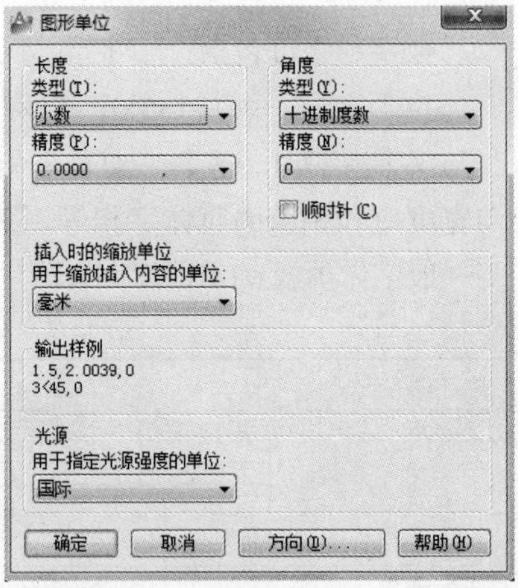

图1-41 “图形单位”对话框

- “长度”选项组：在“类型”下拉列表中选择长度单位的类型，如分数、工程、建筑、科学和小数等；在“精度”下拉列表中可选择长度单位的精度。
- “角度”选项组：在“类型”下拉列表中选择角度单位的类型，如百分度、度/分/秒、弧度、勘测单位和十进制度数等；在“精度”下拉列表中可选择角度单位的精度。
- □顺时针(C)复选框：系统默认取消选择该复选框，即以逆时针方向旋转的角度为正方向；选择该复选框，则以顺时针方向为正方向。
- “插入时的缩放单位”选项组：在“用于缩放插入内容的单位”下拉列表中可选择插入图块时的单位，这也是当前绘图环境的尺寸单位。

- “方向”按钮：单击该按钮，将弹出“方向控制”对话框，如图1-42所示。在其中设置基准角度，例如设置0°的角度，在“基准角度”选项组中选择“西”单选按钮，那么在绘图时的0°实际在180°方向上。

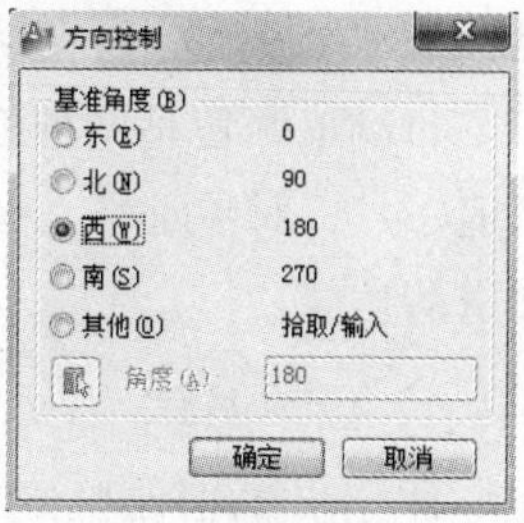

图1-42 “方向控制”对话框

1.6 AutoCAD 2012机械设计辅助工具

进行图形绘制时，除了AutoCAD提供的基本的绘图工具和命令，软件还提供了一些辅助工具或功能，例如正交功能、极轴追踪等。通过这些功能，可以将图形完成得更精确。使用辅助定位功能可以使绘制的图形更加准确，更有效地提高绘图效率。辅助定位包括捕捉和栅格、极轴追踪、对象捕捉、动态输入和正交模式等，下面分别进行讲解。

1.6.1 正交功能

该功能用于打开和关闭正交模式。在正交模式开启的状态下，只能绘制出平行于坐标轴的直线。命令使用方法如下：

命令：ORTHO

输入模式[开（ON）/关（OFF）]<关>:

各选项的含义如下所示。

- 开（ON）：打开正交模式。
- 关（OFF）：默认方式，关闭正交模式。

单击状态栏上的“正交”命令图标，可以在正交模式的开与关两种状态之间切换。另外，按F8键也可以进行正交模式打开与关闭的切换。打开正交模式后，可以很方便地画出水平线和垂直线。画线时，光标的位置不一定是线段的终点，它可以确定线段的方向。这取决于在X和Y两个方向上，哪个方向的增量大。图1-43和图1-44为开、关正交功能的效果。

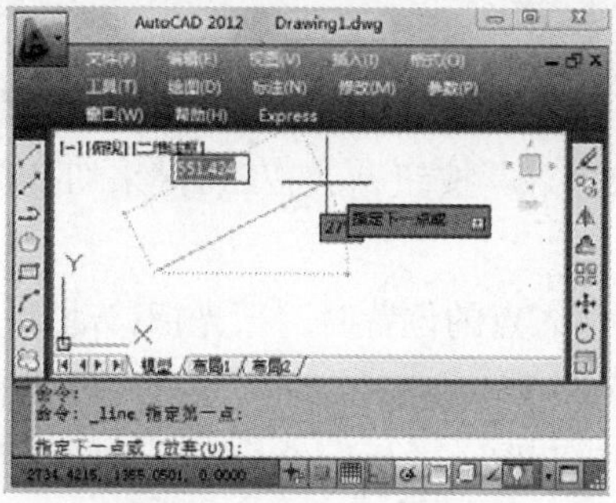

图1-43 关闭正交功能

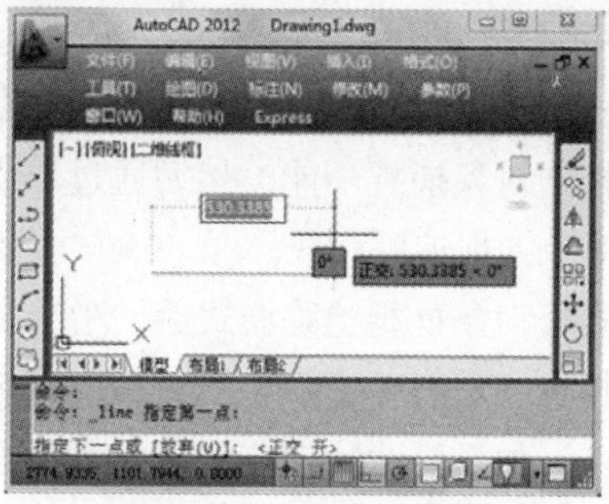

图1-44 启动正交功能

1.6.2 自动追踪

此功能可以帮助用户按指定的角度或与其他对象特定的位置关系来确定点的位置。自动追踪能够显示出许多临时辅助线，帮助用户在精确的角度或位置上创建图形对象。

自动追踪包括两种追踪方式：极轴追踪和对象捕捉追踪。极轴追踪是按事先给定的角度增量来追踪点；对象追踪是按与目标对象某种特定的关系来追踪，这种特定的关系确定了一个事先不知道的角度。

1. 极轴追踪

使用极轴追踪的功能可以用指定的角度来绘制对象。用户在极轴追踪模式下确定目标点时，系统会在鼠标光标接近指定角度时显示临时的对齐路径，并自动在对齐路径上捕捉距离光标最近的点，同时给出该点的信息提示，用户可据此准确地确定目标点。调用该命令的方法如下：

- 单击状态栏中的“极轴追踪”按钮。
- 按F10键。

边学边练 003 设置极轴追踪相关参数

01 启动AutoCAD 2012，在状态栏的“极轴追踪”按钮上右击，从弹出的快捷菜单中选择“设置”命令，系统将会弹出如图1-45所示的对话框。

02 切换至“极轴追踪”选项卡，选择“启用极轴追踪”复选框，开启极轴追踪功能。

03 在“极轴角设置”选项组的“增量角”下拉列表中选择追踪角度，如选择30°，表示以角度为30°或30°的整数倍进行追踪。选择“附加角”复选框，然后单击“新建”按钮，可添加极轴追踪角度增量。

04 在“对象捕捉追踪设置”选项组中单击“仅正交追踪”单选按钮，当极轴追踪角度增量为90°时，则只能在水平和垂直方向建立临时捕捉追踪线；在“极轴角测量”选项组中单击“绝对”单选按钮，单击“确定”按钮完成设置。

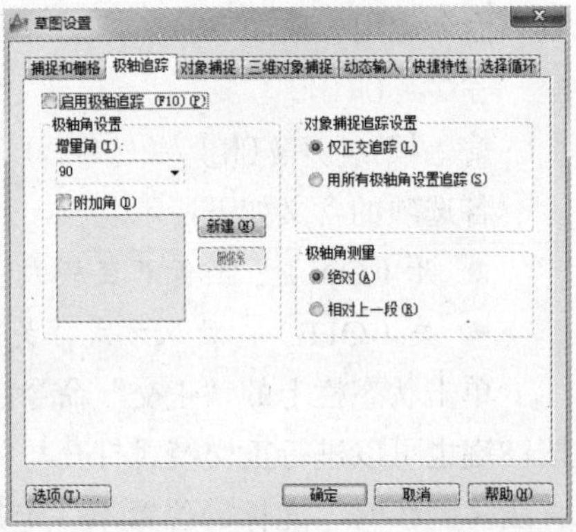

图1-45 “极轴追踪”设置

2. 对象捕捉追踪

对象捕捉追踪将沿着基于对象捕捉点的辅助线方向追踪。在打开对象捕捉追踪功能之前，必须先打开对象捕捉功能，然后通过单击状态栏上的“对象追踪”按钮或按F11键来切换打开或关闭对象捕捉追踪模式。

打开对象捕捉追踪模式后，激活一个绘图命令。当要输入点的位置时，把光标移动到一个对象捕捉点，不要单击它，只是暂时停顿即可获取。已获取的点显示一个“+”标记。可同时获取多个点。如果要清除已获取的点，则可将光标再次移动到该获取点的标记处，于是系统便会清除该获取点。

1.6.3 栅格

在AutoCAD 2012中，栅格是由许多可见但不能打印的小网格线组成。开启该功能后，在绘图区中的某块区域中会显示网格线，如图1–46所示，这些网格即栅格。调用栅格命令的方法如下：

- 单击状态栏中的“栅格显示”按钮。
- 按F7键。
- 在命令行中执行GRID命令。

在命令行中执行GRID命令后，具体操作过程如下：

命令：GRID　　　　　　　　　　　　　　（执行GRID命令）

指定栅格间距(X) 或 [开(ON)/关(OFF)/捕捉(S)/主(M)/自适应(D)/界限(L)/跟随(F)/纵横向间距(A)] <10.0000>:　　　　　　（输入栅格间距或选择其他选项）

在执行命令的过程中，部分选项含义如下所示。

- 开（ON）：选择该选项，将按当前间距显示栅格。
- 关（OFF）：选择该选项，将关闭栅格显示。
- 捕捉（S）：选择该选项，将栅格间距定义为与SNAP命令设置的当前光标移动间距相同。
- 纵横向间距（A）：选择该选项，将设置栅格的X向间距和Y向间距。
- <10.0000>：选择该选项，表示默认栅格间距为10，可在提示后输入一个新的栅格间距。栅格过于密集时，屏幕上不显示出栅格，对图形进行局部放大观察才能看到。

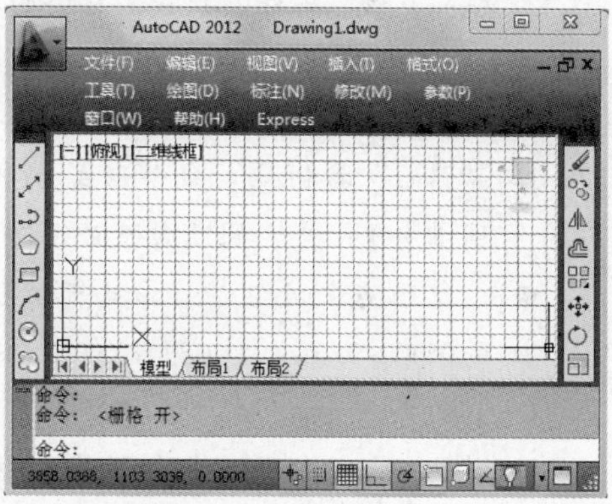

图1–46　栅格

单击状态栏上的“栅格”按钮，可以在栅格的打开和关闭两种状态下切换。另外，用F7键或Ctrl+G组合键也可以切换状态。

1.6.4　对象捕捉

对象捕捉功能顾名思义即是捕捉对象，主要用于辅助用户精确地拾取图形对象上的某些特定点。例如，要在已经画好的图形上拾取直线的中点和端点、圆心点、切点等，就必须使用对象捕捉功能，并且要事先设置好相应的对象捕捉模式，便于精确绘图。

当处于对象捕捉模式时，只要将光标移动到一个设置的捕捉点，AutoCAD就会显示出一个几何图形和捕捉模式。通过在捕捉点上显示的捕捉标记和捕捉提示，可以了解所选的点以及捕捉模式是否正确。AutoCAD将根据所选模式来显示捕捉标记，不同的捕捉模式，捕捉标记也不相同。

1. 对象捕捉模式

AutoCAD提供了多种对象捕捉模式，其中常用的几种模式如下所示。

- “临时追踪点”按钮：命令形式为TT。用于临时使用对象捕捉跟踪功能，在未开启对象捕捉跟踪功能的情况下可临时使用该功能一次。
- “自”按钮：命令形式为FROM。在执行命令的过程中使用该命令，可以指定一个临时点，然后根据该临时点来确定其他点的位置。
- “端点”按钮：命令形式为END。用于捕捉圆弧、直线、多段线、网格、椭圆弧、射线或多段线的最近端点。还可以捕捉到延伸边的端点，以及有3D面、迹线和实体填充线的角点。

- “中点”按钮：命令形式为MID。用于捕捉圆弧、椭圆弧、直线、多线、多段线、面域、实体、样条曲线或参照线的中点。
- “交点”按钮：命令形式为INT。用于捕捉直线、多段线、圆弧、圆、椭圆弧、椭圆、样条、曲线、结构线、射线或平行多线等任何组合体之间的交点。
- “外观交点”按钮：命令形式为APPINT。用于捕捉两个在三维空间实际并未相交，但是由于投影关系在二维视图中相交的对象的交点，这些对象包括圆、圆弧、椭圆、椭圆弧、直线、多线、射线、样条曲线和参照线等。
- “延长线”按钮：命令形式为EXT。用于以用户选定的实体为基准，显示出其延长线，用户可捕捉此延长线上的任一点。
- “圆心”按钮：命令形式为CEN。用于捕捉圆弧、圆、椭圆、椭圆弧或实体填充线的圆（中）心点，圆及圆弧必须在圆周上拾取一点。
- “象限点”按钮：命令形式为QUA。用于捕捉圆弧、椭圆弧、填充线、圆或椭圆的0°、90°、180°、270°的1/4象限点。象限点是相对于当前UCS用户坐标系而言的。
- “切点”按钮：命令形式为TAN。用于捕捉选取点与所选圆、圆弧、椭圆或样条曲线相切的切点。
- “垂足”按钮：命令形式为PER。用于捕捉选取点与选取对象的垂直交点，垂直交点并不一定在选取对象上定位。
- “平行线”按钮：命令形式为PAR。用于以用户选定的实体为平行的基准，当光标与所绘制的前一点的连线方向平行于基准方向时，系统将显示出一条临时的平行线，用户可捕捉到此线上的任一点。
- “节点”按钮：命令形式为NOD。用于捕捉点对象，包括POINT、DIVIDE、MEASURE命令绘制的点，也包括尺寸对象的定义点。
- “插入点”按钮：命令形式为INS。用于捕捉块、外部引用、形、属性、属性定义或文本对象的插入点。也可通过选择“对象捕捉”快捷菜单中的图标来激活该捕捉方式。
- “最近点”按钮：命令形式为NEA。用于捕捉最靠近十字光标的点，此点位于直线、圆、多段线、圆弧、线段、样条曲线、射线、结构线、视区或实体填充线、迹线或3D面对应的边上。
- “无”按钮：命令形式为NON。用于关闭一次对象捕捉。
- “对象捕捉设置”按钮：命令形式为DSETTINGS。单击该按钮，将弹出“草图设置”对话框，在该对话框中，用户可以将经常使用的对象捕捉设置为一直处于启用状态。

2. 对象捕捉模式的设置

在状态栏中的“对象捕捉”按钮上右击，选择快捷菜单中的“设置”命令，如图1-47所示，弹出“草图设置”对话框。切换至“对象捕捉”选项卡，在该对话框中可以增加或减少对象捕捉模式，如图1-48所示。

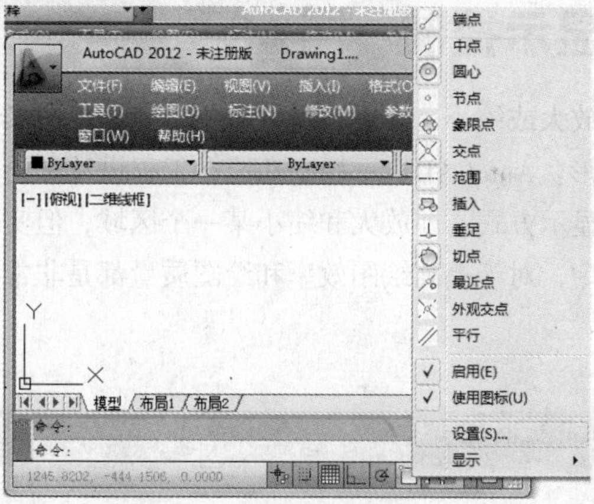

图1-47 “草图设置”打开

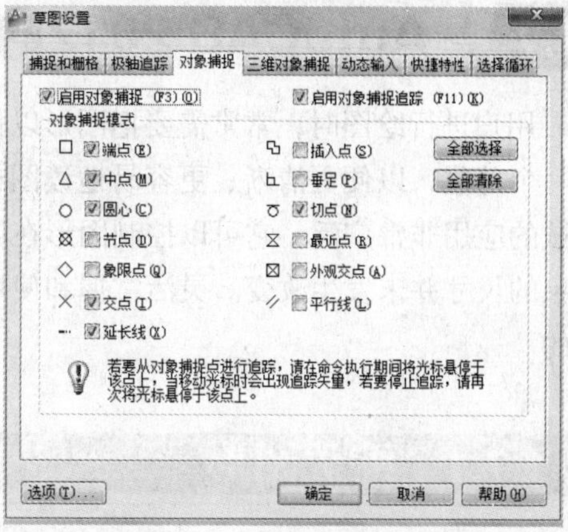

图1-48 “草图设置”对话框

在“草图设置”对话框中的“对象捕捉”选项卡中，可以选择一种或多种捕捉模式，每个复选框前面都有一个小几何图形，这就是捕捉标记。如果要全部选取所有的对象捕捉模式，可单击对话框中的“全部选择”按钮；要清除掉所有的对象捕捉模式，则单击对话框中的“全部清除”按钮。另外，通过设置“启用对象捕捉”复选框，可以控制对象捕捉的打开和关闭。

3. 对象捕捉的执行方式

对象捕捉模式可以用两种方式来执行：自动捕捉和临时捕捉。

（1）自动捕捉方式

自动捕捉的对象模式一旦设置，则在用户关闭系统、改变设置或者使用临时捕捉方式之前一直有效。在设置对象捕捉模式时，用户可以同时设置多种对象捕捉模式。例如，同时可以设置端点、中点、切点和圆心等多种模式。在同时设置多种模式的情况下，AutoCAD将捕捉离用户指定点最近的模式点。另外，当对象上有多个符合条件的捕捉目标时，可按Tab键来循环选择该对象上的捕捉目标。

（2）临时捕捉方式

假如画图过程中系统需要指定一点，可以用所需要的对象捕捉模式来响应，则此时的对象捕捉模式为临时捕捉模式。临时捕捉模式为最优选的方式，它将终断任何当前的对象捕捉模式，而执行临时捕捉方式所设定的捕捉模式。

临时捕捉方式是临时打开了相应的对象捕捉模式，对于在命令运行过程中选择单个点极为有用。用户可以按照以下方式设置临时捕捉模式。

- 使用“对象捕捉”工具栏。在“对象捕捉”工具栏中，含有各种用于设置对象捕捉模式的按钮，供用户设置临时捕捉方式，如图1-49所示。
- 使用快捷菜单。按住Shift键并单击鼠标右键，将在当前光标所在位置弹出快捷菜单。快捷菜单中包含各种对象捕捉模式，可用该快捷菜单设置对象捕捉模式。
- 通过键盘在命令行输入每一种对象捕捉模式名字的头3个字母，例如END表示端点，CEN表示圆心等。

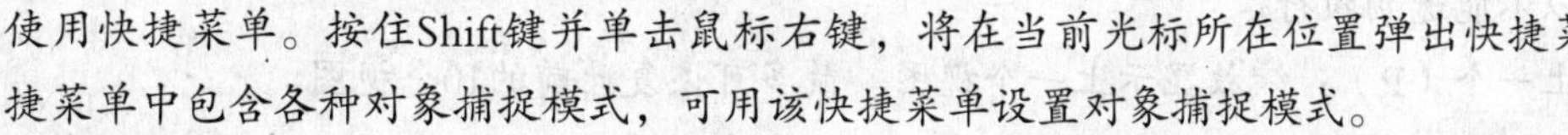

图1-49 “对象捕捉”工具栏

1.7 AutoCAD 2012的图形显示控制

用户进行绘图时，常常需要把图形以任何比例放大或缩小，或需要在视口中重点显示图形的某一个部位，以便更清晰、更容易地读图或编辑图形。AutoCAD显示控制功能在工程设计和绘图领域的应用非常广泛，它可以控制图形在屏幕上的显示方式，即放大和缩小某一个区域，但实体对象的尺寸并未发生改变。灵活掌握和使用这些命令，对于提高绘图效率和绘图质量都是非常必要的。

1.7.1 缩放图形

缩放命令用来改变视图的显示比例，以便操作者可以在不同比例下观察图形。启动图形缩放的命令可以按照以下方式实现：

- 选择菜单栏上的“视图”→“缩放”命令。
- 在“标准”工具栏上单击“缩放”命令图标。
- 在命令行输入ZOOM。

用任一种方式激活缩放命令，命令行会出现如下提示：

指定窗口的角点，输入比例因子（nX或nXP），或者[全部（A）/中心（C）/动态（D）/范围（E）/上一个（P）/比例（S）/窗口（W）/对象（O）]<实时>:

各选项的含义如下所示。

- 全部（A）：用于在当前视图中显示整个图形，大小取决于图形界限设置或有效绘图区域的大小。在平面视图中，将图形缩放到栅格界限或者当前范围两者中较大的区域中。在三维视图中，ZOOM的“全部”选项与“范围”选项相同。
- 中心（C）：缩放显示由中心点和放大比例（或高度）所定义的窗口。高度值较小时增大放大比例，高度值较大时减小比例，该选项要求确定一个中心点和放大比例。命令行中继续提示信息：

指定中心点：　　　　　　　　　　　　　　（指定点）
输入比例或高度<当前值>:　　　　　　　（输入值或按Enter键默认当前值）

- 动态（D）：动态缩放是通过定义一个视图框显示选定的图形区域，而且用户可以移动视图框和改变视图框的大小。进入动态缩放模式时，在屏幕中将出现一个带X的矩形方块，该矩形方块表示新的窗口，移动鼠标可以确定矩形框的大小。
- 范围（E）：该选项将图形在视图内最大限度地显示出来。由于它总是引起视图重生，所以不能透明执行。
- 上一个（P）：缩放显示上一个视图。最多可恢复此前的10个视图。
- 比例（S）：以指定的比例因子缩放显示。系统提示：

输入比例因子（nX或nXP）：

输入的值后面跟着X，根据当前视图指定比例。例如输入0.5X表示使屏幕上的每个对象显示为原来的一半。输入值后跟XP，指定相对于图纸空间单位的比例。例如，输入0.5XP表示以图纸空间单位的一半显示模型空间。

- 窗口（W）：缩放显示由两个角点定义的矩形窗口框定的区域。
- 对象（O）：缩放图像以便尽可能大地显示一个或多个选定的对象并使其位于绘图区的中心，可在ZOOM命令之前或之后选择对象。
- 实时：该选项用于交换缩放当前图形窗口。选择该项后，光标变为带有加号（+）和减号（-）的放大镜，按住光标向上移动将放大视图，按住光标向下移动将缩小视图。

1.7.2　平移视图

该命令是指在不改变显示窗口的大小、图形中对象的相对位置关系，只是重新定位图形的位置。就像一张图纸放在面前，我们可以手动地将它移动，把要观察的那一部分移动到眼前一样，使图中的特定部分位于当前视图中，以便查看。用户除了上、下、左、右平移外，还可以使用“实时”平移和“定点”平移两种模式。

1. 实时平移

- 在菜单栏中选择“视图”→“平移”→“实时”命令。
- 在“标准”工具栏中单击“实时平移”命令图标。
- 在命令行中输入PAN。

用以上任何一种方式均可执行实时平移命令，此时光标变成了手形光标。按住鼠标上的拾取键，可锁定光标于相对视口坐标系的当前位置，图形显示随光标向同一方向移动。当显示到所需要的部位时，释放拾取键即可停止移动。单击Esc键可以退出实时平移命令。

2. 点平移

在菜单栏中选择“视图”→“平移”→“点”命令，即可启动点平移命令，该模式可以通过指定基点和位移值来移动视图。按命令行上的提示，给定两个点的坐标或在屏幕上拾取两个点，AutoCAD会计算出这两个点之间的距离和移动方向，相应地把图形移动到指定位置。

1.7.3　重画和重生成图形

重画和重生成从表面上看都会对图形的视觉效果产生影响，但究其本质来说又有明显的不同，下面对这两个命令做简单的介绍。

1. 重画

在图形编辑过程中，删除一个图形对象时，其他与之相交或重合的图形对象从表面上看会受到影响，如留下对象的拾取标记，或者在绘图过程中可能会出现光标痕迹。用“重画”刷新可达到“图纸干净”的效果，清除这些临时标记。命令可以通过选择菜单“视图”→“重画”来执行。该命令是透明命令，并且可以同时更新多个窗口。

2. 重生成

为了提高显示速度，图形系统采用虚拟屏幕技术，保存了当前最大显示窗口的图形矢量信息。由于曲线和圆暂时分别用折线和正多边形矢量代替，相对于屏幕较小的圆，多边形的边数也较少。因此放大以后就显得很不光滑。重生成即按照当前的显示窗口对图形进行裁剪、变换运算，这样得到的曲线比较光滑。

重生成本质上与重画是不同的，利用“重生成”命令可以重生成屏幕，此时系统从磁盘中调用当前图形的数据，比“重画”命令执行的速度慢，更新屏幕时间较长。

1.7.4 使用视口显示图形

对于一个较复杂的图形，读者往往希望在屏幕上同时比较清楚地观察图形的不同部分。AutoCAD可以在屏幕上同时建立多个窗口，即视口。视口可以被单独地进行缩放、平移。对应于不同的空间，视口分成平铺视口和浮动视口。

平铺视口是指把绘图区分成多个矩形部分，从而创建多个不同的绘图区域，其中每一个区域都可以用来查看图形的不同部分。在AutoCAD中，可以同时打开多达32000个视口，屏幕上还可以保留菜单栏和命令行提示窗口。

平铺视口的创建方法有两种：一是在菜单栏中选择“视图”→“视口”“新建视口”命令，或者直接单击“布局”工具栏中的“显示视口对话框”命令图标。

执行上述任何一种命令后，系统会弹出如图1-50所示的“视口”对话框。打开“新建视口”选项卡，左边显示标准视口配置列表，右边的预览窗口中显示了相应的布局效果。在创建多个平铺视口时，需要在“新名称”文本框中输入新建的平铺视口的名称，在“标准视口”列表框中选择可用的标准视口配置，此时“预览”区中将显示所选视口配置及赋给每个视口的默认视图预览效果。此外，还需要设置以下选项。

- 应用于：在下拉列表框中设置所选的视口配置是用于整个显示屏幕还是当前视口，包含“显示”和“当前视口”两个选项。
- 设置：在下拉列表框中包含“二组”和“三维”两项设置。

打开“命名视口”选项卡，可显示已命名的视口配置。选择一个视口配置后，当前配置的布局情况将显示在预览窗口中，如图1-51所示。

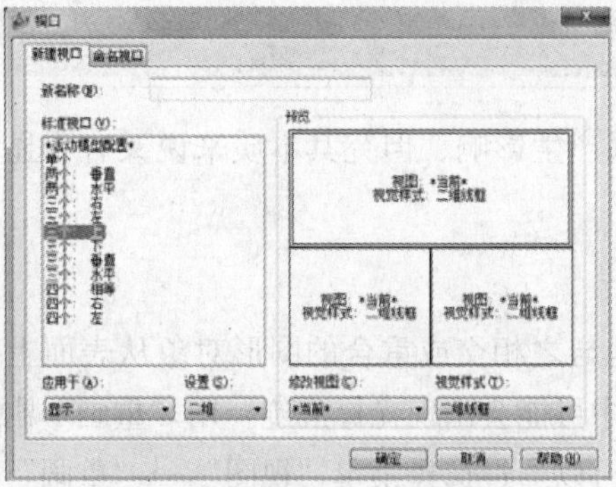

图1-50 “视口”对话框

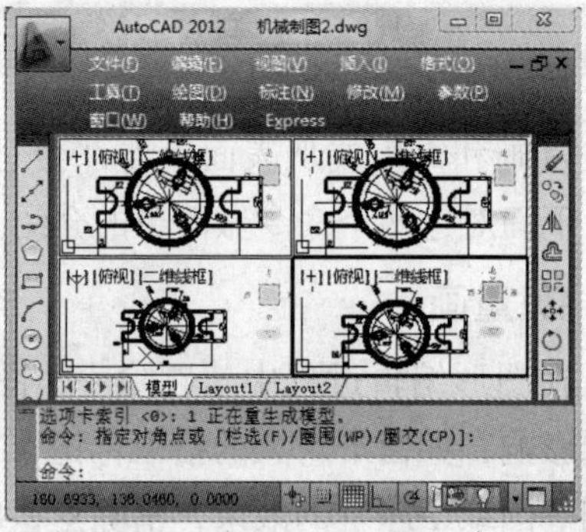

图1-51 多视口效果

1.8 实例应用

通过本章的学习，读者应掌握了AutoCAD入门知识，本节就针对本章所学内容进行一次系统的实例应用。通过这些应用，希望读者能对本章知识的掌握有一个提高。

1.8.1 实例1：创建文件

利用本章所学的内容知识创建一个2010版的.dwg文件，并设置密码。

01 单击桌面上的AutoCAD2012快捷方式图标，启动AutoCAD 2012，这样即可新建一个.dwg文件。然后单击“另存为”命令图标，系统弹出如图1-52所示的对话框。

02 在“保存于”下拉列表框中选择“E盘”为文件存放地点；“文件名”设置为“加密文件.dwg”；“文件类型”选择“AutoCAD 2010图形（*.dwg）”。

03 在“工具”下拉列表中选择“安全选项”选项，弹出1-53所示的对话框。设置密码，重复设置密码后单击“保存”按钮，这样一个新的带密码的2010版AutoCAD文件创建完成。

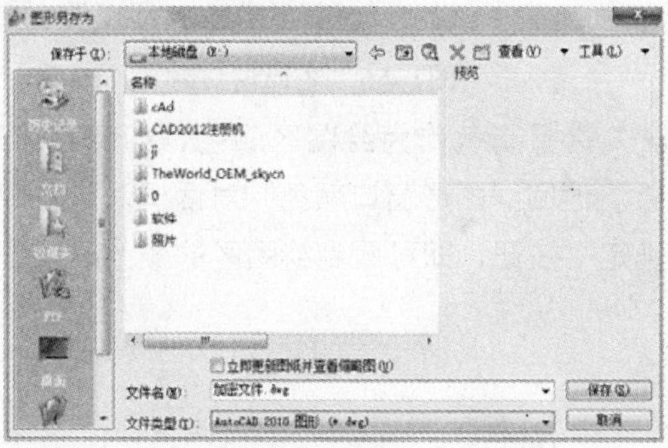

图1-52 “图形另存为”对话框

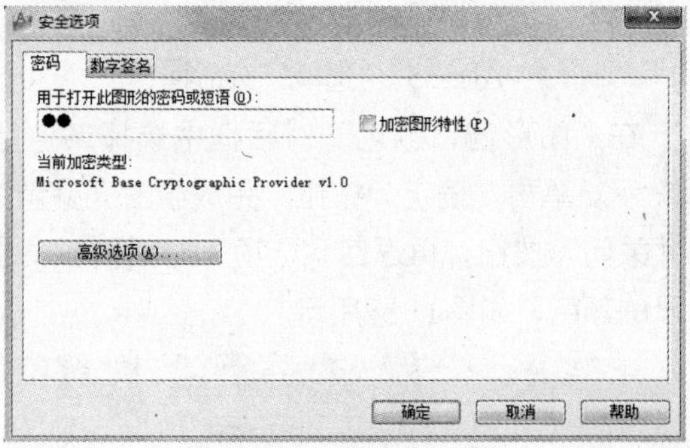

图1-53 密码设置

1.8.2 实例2：设置绘图区颜色

AutoCAD提供了各种绘图颜色供不同用户的选择，这里就通过一个实例来练习绘图区颜色的设置。

01 首先新建一个.dwg文件。打开文件，进入绘图区后单击右键，在弹出的快捷菜单中选择“选项”命令，如图1-54所示。

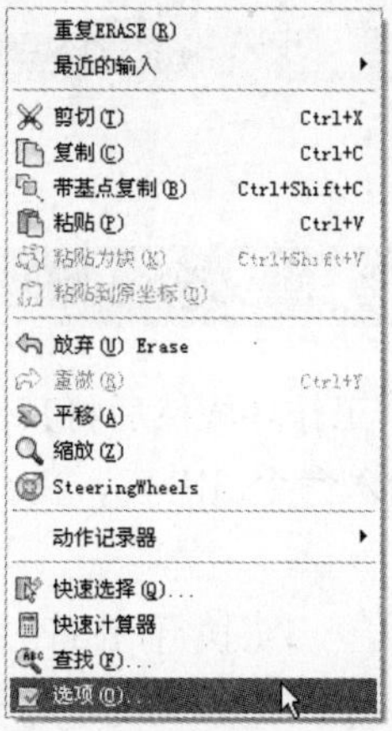

图1-54 选择“选项”命令

02 弹出“选项”对话框，效果如图1-55所示。切换至“显示”选项卡，在“窗口元素”选项组中单击“颜色”按钮，系统弹出“图形窗口颜色”对话框，如图1-56所示。

图1-55 “选项”对话框

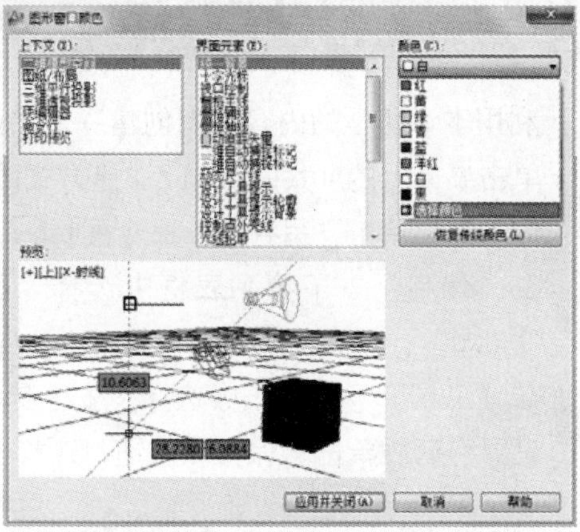

图1-56 图形窗口颜色

03 在“图形窗口颜色”对话框中选择颜色即可。如选择青色作为绘图区颜色，如图1-57所示。单击“确定”按钮，完成绘图区颜色的设置。返回“图形窗口颜色”对话框，单击“应用并关闭”按钮，再返回“选项”对话框，单击“确定”按钮，即可看到绘图区的颜色改为了所设置的颜色，如图1-58所示。

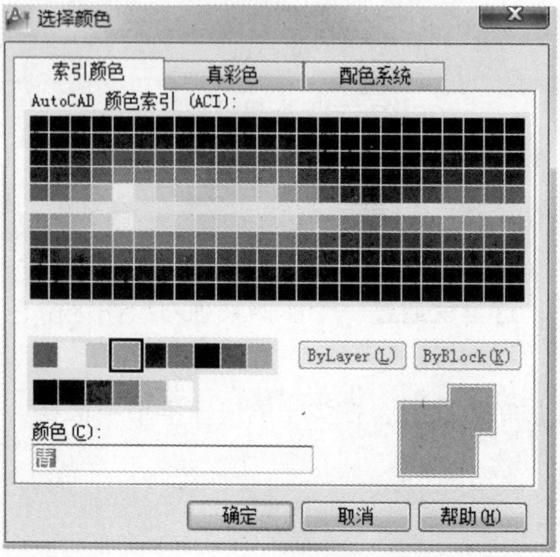

图1-57 绘图区颜色设置

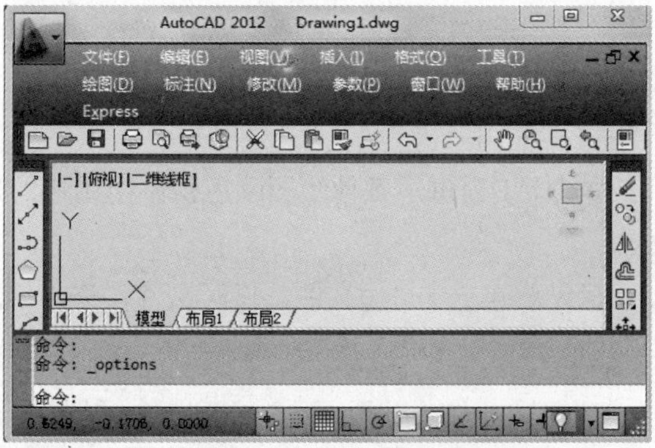

图1-58 颜色设置完成

1.8.3 实例3：设置工作环境

下面使用本章讲解的知识设置一个工作环境然后将其保存，复习绘图环境的设置。

01 启动AutoCAD 2012，在命令行输入命令LIMITS，执行绘图界限创建命令，具体操作过程如下：

命令: LIMITS　　　　　　　　　　（执行LIMITS命令）

重新设置模型空间界限:　　　　　　（系统提示将要进行的操作）

指定左下角点或 [开(ON)/关(OFF)] <0.0000，0.0000>:

（设置绘图区域左下角的坐标，这里保持默认直，接按Enter键，表示左下角点坐标位置为（0，0））

指定右上角点 <420.0000，297.0000>：（按Enter键设置绘图区域右上角的坐标）

02 下面进行绘图单位的设置。在命令行输入命令UN，系统弹出“图形单位”对话框，在“长度”选项组的“精度”下拉列表中选择0选项，同时在“角度”选项组的“精度”下拉列表中选择0，如图1-59所示，其余选项选择默认设置。然后单击“确定”按钮，完成绘图单位的设置。

03 下面进行十字光标大小的设置。在绘图区中右击，从弹出的快捷菜单中选择“选项”命令，弹出“选项”对话框。切换至“显示”选项卡，在“十字光标大小”文本框中输入30，如图1-60所示。

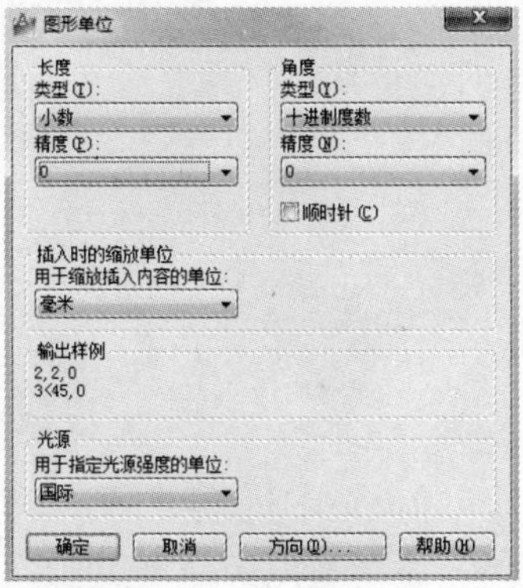

图1-59 图形单位

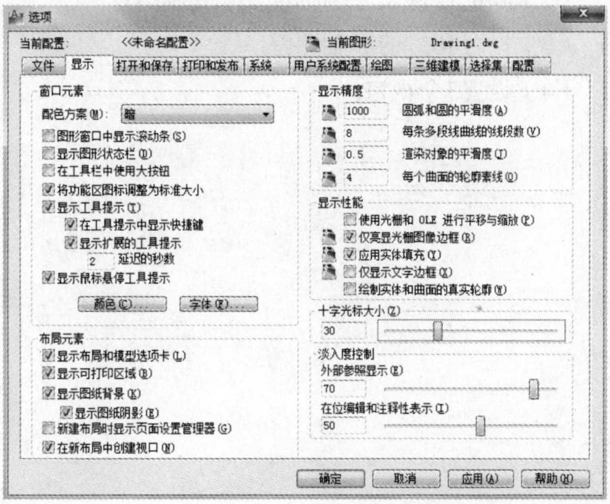

图1-60 设置十字光标大小

04 同样的方法可以对其他选项进行设置，例如切换至“选择集”选项卡，向右拖动“拾取框大小”滑块即可设置其内容，这里不再赘述。

05 单击状态栏中的“切换工作空间”按钮，在弹出的菜单中选择“三维建模”命令，将工作空间切换至“三维建模”模式，效果如图1-61所示。通过这种方法可以在各种绘图环境中切换，非常方便。

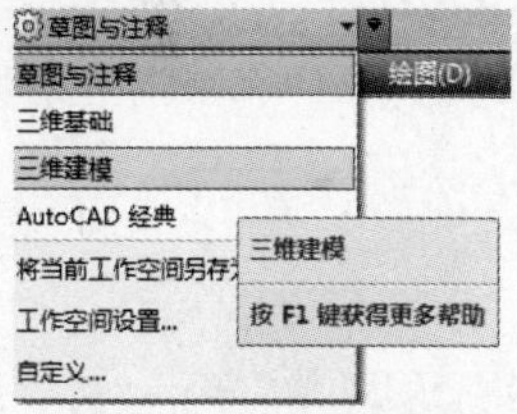

图1-61 切换工作环境

1.9 本章小结

本章对AutoCAD 2012做了一个初步介绍，比如本软件的发展历程、应用领域等；同时介绍了AutoCAD软件的工作界面，让读者对AutoCAD界面有一个初步的认识；还介绍了软件的启动与退出；此外，还对AutoCAD的一些辅助功能做了介绍。大体上，本章的主要内容可归结为以下几个方面：

（1）介绍了AutoCAD 2012的概述性内容，使读者对该软件有一个简单的认识。

（2）介绍了AutoCAD的工作界面，包括界面的构成及主要作用。

（3）讲解了AutoCAD文件的管理，读者可以从大局上了解该软件。

（4）讲述了绘图环境的设置，只有设置合理的绘图环境，才能绘制出更合理的图形。

（5）介绍了AutoCAD的一些辅助功能，使读者能绘制出更精确合理的图形。

（6）讲述了图形的显示问题，以便更容易观察图形，也更有利于对图形进行操作。

1.10 课后练习

读者可以做以下几个练习，进一步掌握AutoCAD 2012的基础入门知识。

（1）试着默背出AutoCAD工作界面的组成部分，并且回忆出它们的位置及作用。

（2）默记各种尺寸的标准图纸的大小。

（3）设置40° 的极轴追踪。

（4）设置3个视口。

第2章 绘制基本二维图形

学习导航

AutoCAD 2012可以用于二维图形的创建，也可以用于三维图形的创建，本章将对AutoCAD绘制二维图形进行介绍。用户可以通过“绘图”菜单中的命令，完成点、直线 、圆弧、多线、多边形等图形绘制。通过本章的学习，可以为三维图形的绘制及图形的编辑打下基础。

学习目标

通过本章的学习，读者应了解并掌握基本点线绘图命令，并能够使用它们绘制一些简单图形。通过将不同类型的图形对象放在不同的图层中，可以快速调整同类对象的颜色、线型、线宽等属性。掌握非连续线型的使用，并学会如何在绘图过程中调整视图。

学习重点与难点

- □ 相对坐标点及绝对坐标点的插入
- □ 绘制简单的直线及图形
- □ 正多边形、圆形等图形的创建
- □ 绘制样条曲线
- □ 图案填充
- □ 等分点的创建

本章将从点、直线和射线、正多边形、圆、多线的绘制与编辑等多个方面来介绍二维图形的绘制。AutoCAD的二维绘图功能非常强大，通过本章的学习，读者可以为熟练应用AutoCAD绘制三维图形打下基础。

2.1 点

点是AutoCAD中组成图形对象最基本的元素，默认情况下点是没有长度和大小的，但是点的重要性却众所周知。因此在绘制点之前可以对其样式进行设置，以便更好地显示及应用点。要介绍点的绘制，首先来了解一下AutoCAD中的坐标系。在AutoCAD中，坐标系可以分为两大类：WCS和UCS。

2.1.1 WCS和UCS

1. WCS

WCS即世界坐标系的英文缩写，它是进入AutoCAD 2012绘图区时，系统默认的坐标系。该坐标系是由*X*轴、*Y*轴和*Z*轴组成的，WCS坐标轴的交汇处显示“口”形标记，但坐标原点并不在坐标系的交汇点，而位于图形窗口的左下角，所有的位移都是相对于原点来计算的，并且规定沿X轴正向及Y轴正向的位移为正方向。世界坐标系分为二维或三维坐标系，如图2-1所示为二维坐标系，如图2-2所示为三维坐标系。

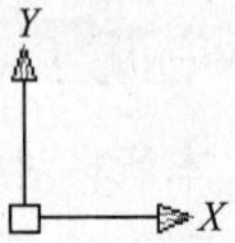

图2-1　二维世界坐标系

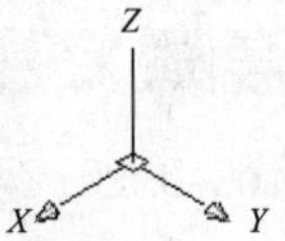

图2-2　三维世界坐标系

2. UCS

UCS即用户坐标的英文缩写。在AutoCAD 2012中进行绘图时，为了更好地绘制图形对象，经常需要修改坐标系的原点和方向，此时世界坐标系将转变成用户坐标系。它是一种可自定义的坐标系，X轴、Y轴、Z轴方向都可以移动及旋转，在绘制三维平面图时非常有用；而在绘制二维平面图时，可不输入Z轴。如果输入坐标点，应在英文状态下输入逗号“,”，输入完一点的坐标参数后，必须按Enter键确认输入完毕。其命令的调用方法如下：

- 在“视图”选项卡的“坐标”组中，单击USC按钮。
- 在命令行中执行UCS命令。

执行上述操作后，命令行提示：

指定 UCS 的原点或［面（F）/命名（NA）/对象（OB）/上一个（P）/视图（V）/世界（W）/X/Y/Z/Z 轴（ZA）］<世界>:

在该提示下可以选择相应的坐标系进行操作。

用户坐标系包括绝对直角坐标、相对直角坐标、绝对极坐标和相对极坐标4种，下面进行详细讲解。

- 绝对直角坐标：绝对直角坐标体现在二维或三维平面中距离两个或3个点彼此相交的垂直坐标轴的距离，它与数学中表示点的方法一样。当系统提示用户输入点的位置时，可输入如（10，20，18）。
- 相对直角坐标：相对直角坐标与绝对直角坐标的表示方法大致一样，只是在表示相对直角坐标时，要在坐标值前加上@符号。
- 绝对极坐标：绝对极坐标表现在距原点的距离和角度，距离与角度之间需用<符号隔开。
- 相对极坐标：相对极坐标与绝对极坐标的表示方法大致一样，只是在表示相对极坐标时，要在坐标值前加上@符号。

在AutoCAD 2012中，切换至“视图”选项卡，在如图2-3所示的“坐标”组中，可以帮助用户自定义需要的用户坐标系。

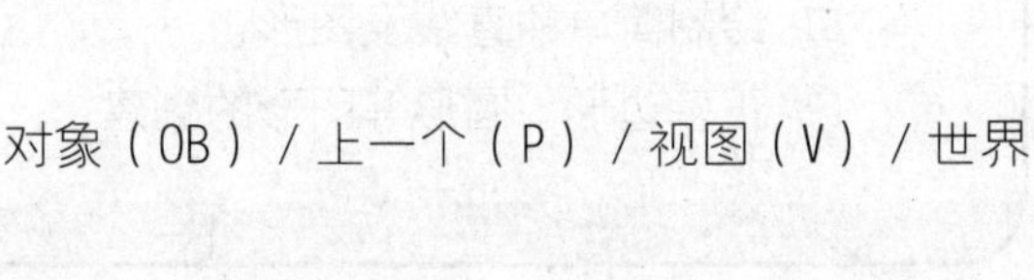

图2-3　“坐标”组

其中各项含义介绍如下所示。

- UCS按钮：启动UCS图标。
- “已命名”按钮：管理已定义的用户坐标系。
- “世界”按钮：将UCS设置为世界坐标系。

- “原点”按钮：移动原点来定义新的UCS。
- X按钮：绕X轴旋转当前UCS。
- Y按钮：绕Y轴旋转当前UCS。
- Z按钮：绕Z轴旋转当前UCS。
- “Z轴矢量”按钮：用指定的正Z轴定义UCS。
- “在原点处显示UCS图标”按钮：仅在原点处显示UCS图标。
- “视图”按钮：建立新的坐标系，使其XY平面平行于屏幕。
- “对象”按钮：基于选定对象定义新坐标系。
- “面UCS”按钮：基于选定的面定义新坐标系。
- “三点”按钮：指定新的UCS原点及X轴、Y轴方向。
- “UCS图标”按钮：指控制UCS图标样式、大小和颜色等属性。

对于点的输入，可以分为相对坐标点与绝对坐标点。

（1）绝对坐标的输入。以坐标原点（0，0，0）为基点来定位其他所有的点，就是绝对坐标的输入。用户可以通过输入（X，Y，Z）坐标来确定点在坐标系中的位置。其中（X，Y，Z）分别表示输入点在X、Y、Z轴方向到原点的距离，若Z值为0，则可省略。

（2）相对坐标的输入。相对坐标是以某一特定点为参考点，然后输入相对于该点的位移坐标来确定另一点。相对特定坐标点（X，Y，Z）增量为（ΔX，ΔY，ΔZ）的坐标点的输入格式为：@ΔX，ΔY，ΔZ。

2.1.2　点样式的设置

在了解了AutoCAD中的坐标系以后，下面介绍点的创建。可以通过在绘图区中单击某处插入点或者在命令行中输入坐标值来完成点的插入。坐标也因坐标系的不同而输入方式不同。

如果在绘制点之前用户没有对点的样式及大小进行设置，绘制出来的点太小，不可见。AutoCAD提供了很多种点样式供用户选择使用，用户可以根据不同的需要进行选择，设置点的样式操作方法如下：

- 在菜单栏中选择“格式”→“点样式”命令。
- 在命令行中输入DDPTYPE。

执行以上两种方式中的任何一种，系统都弹出如图2-4所示的对话框。在该对话框中，可以对点样式进行设置，单击“确定”，关闭对话框，退出系统。

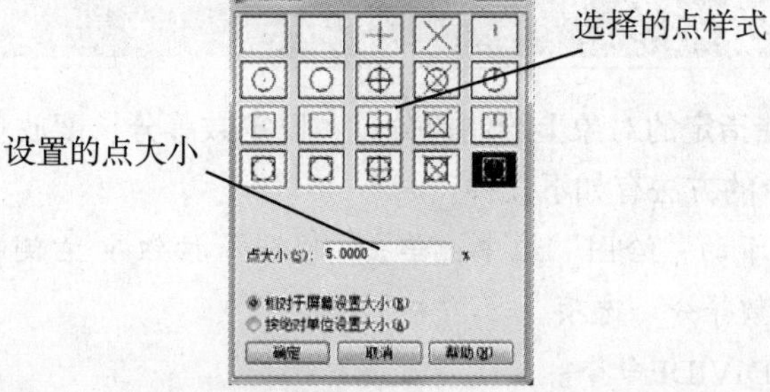

图2-4　“点样式”对话框

2.1.3 绘制单点和多点

1. 绘制单点

绘制单点就是在执行命令后只能绘制一个点。在命令行中执行POINT或PO命令，具体操作过程如下：

命令：POINT （执行POINT命令）

当前点模式：PDMODE=0 PDSIZE=0.0000 （系统提示当前的点模式）

在执行命令过程中，各选项的含义如下。

- PDMODE：控制点的样式，与“点样式”对话框中的第1行与第4行点样式相对应，不同的值对应不同的点样式，其数值为0~4、32~36、64~68、96~100，对应关系如图2-5所示。其中值为0时，显示为1个小圆点；值为1时不显示任何图形，但可以捕捉到该点，系统默认为0。

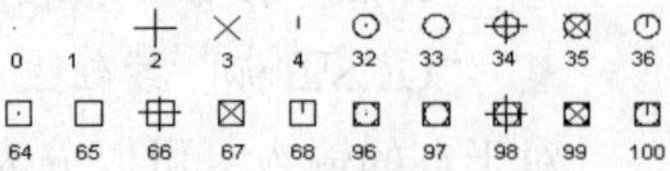

图2-5 点样式

- PDSIZE：控制点的大小，当该值为0时，点的大小为系统默认值，即为屏幕大小的5%；当该值为负时，表示点的相对尺寸大小，相当于单击“点样式”对话框中的“相对于屏幕设置大小”单选按钮；当该值为正时，表示点的绝对尺寸大小，相当于单击“点样式”对话框中的“按绝对单位设置大小”单选按钮。

> **注意**
>
> 在命令行分别输入PDMODE和PDSIZE后，可以重新指定点的样式和大小，这与在“点样式”对话框设置点的样式效果是一样的。

2. 绘制多点

绘制多点就是在输入命令后一次能绘制多个点，直到按Esc键手动结束命令为止。绘制多点命令的调用方法如下：

- 在“常用”选项卡的“绘图”组中，单击“多点”按钮右侧的按钮，在弹出的下拉列表中选择“多点”选项。
- 在“常用”选项卡的“绘图”组中，单击“多点”按钮。
- 在命令行中执行POINT命令，然后按Enter键，在绘图区任意位置单击鼠标，按Enter键，再在绘图区任意位置单击鼠标，依此类推。

2.1.4 定数等分对象

绘制定数等分点即在指定的对象上绘制等分点，以定数等分长度放置点或图块，一般用于辅助绘图图形。调用该命令的方法有如下几种：

- 在“常用”选项卡的“绘图”组中，单击“多点”按钮右侧的按钮，在弹出的下拉列表中选择“定数等分”选项。
- 在命令行中执行DIVIDE命令。

执行任一上述操作，具体操作过程如下：

命令：DIVIDE　　（执行等分线段命令）
选择要定数等分的对象：　　（拾取要等分的图形对象）
输入线段数目或 [块(B)]:　　（输入要等分的线段数目）

边学边练 004　绘制定数等分点

01 打开“定数等分点.dwg”图形文件（光盘:\原始文件\第2章\定数等分点.dwg），如图2-6所示。在命令行中执行DIVIDE命令，具体操作过程如下：

命令：DIVIDE　　（执行定数等分命令）
选择要定数等分的对象：　　（选择圆）
输入线段数目或 [块(B)]: 8　　（输入8，按Space键）

02 返回绘图区，即可看到绘制定数等分点后的效果，如图2-7所示（光盘:\最终文件\第2章\定数等分点.dwg）。

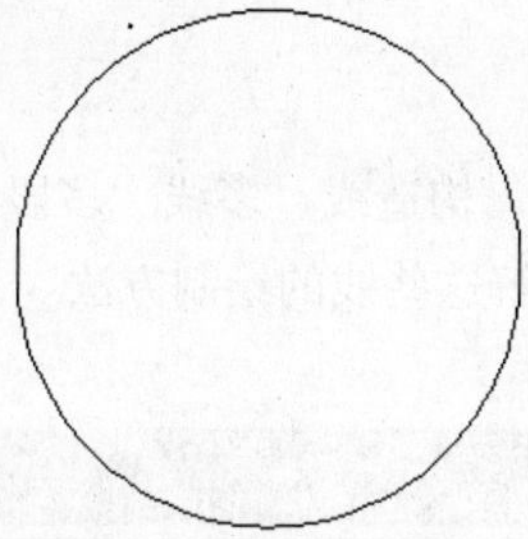

图2-6　绘制定数等分点

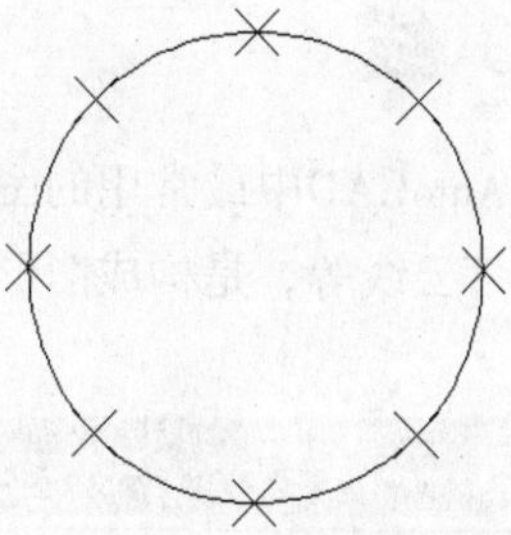

图2-7　定数等分后

2.1.5　定距等分对象

绘制定距等分点是指在选定的对象上按指定的长度绘制多个点对象，即该操作是先指定所要创建的点与点之间的距离，然后系统按照该间距值分割所选对象，但不是将对象断开，而是在相应的位置上放置点对象，以辅助绘制其他图形。绘制定距等分点有如下两种方法：

- 在“常用”选项卡的“绘图”组中，单击“多点”按钮 右侧的按钮，在弹出的下拉列表中选择“定距等分”命令。
- 在命令行中执行MEASURE或ME命令。

执行上述命令后，具体操作过程如下：

命令：MEASURE　　（执行MEASURE命令）
选择要定数等分的对象：　　（拾取要等分的图形对象）
输入线段长度或 [块(B)]:　　（输入各点间的距离或指定需要插入的图块）

边学边练 005　绘制定距等分点

01 打开“定距等分点.dwg”图形文件（光盘:\原始文件\第2章\定距等分点.dwg），如图2-8所示。在命令行中执行MEASURE命令，具体操作过程如下：

命令：MEASURE　　（执行MEASURE命令）

选择要定数等分的对象：　　　　　　　　　（选择圆弧）
输入线段长度或［块(B)］：50　　　　　　　（输入50，按Space键）

02 返回绘图区，即可看到绘制定距等分点后的效果，如图2-9所示（光盘:\最终文件\第2章\定距等分点.dwg）。

图2-8　定距等分圆弧

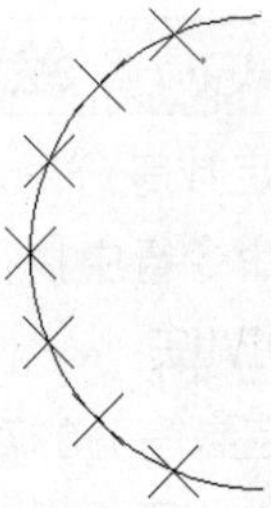

图2-9　定距等分后效果图

2.2 线

线是AutoCAD中最常用的图形对象之一，它包括直线、射线、构造线、多线、多段线、样条曲线和修订云线等，是构成图形最基本的元素之一。下面分别讲解这些线的绘制方法。

2.2.1 直线

直线命令用于绘制两点之间的线段，用户可以通过鼠标或键盘来确定直线的起点和终点。直线是AutoCAD中比较简单的对象，当绘制一条线段后，可继续以该线段的终点作为起点，然后指定另一终点，从而绘制首尾相连的封闭图形。调用该命令的方法如下：

- 在"常用"选项卡的"绘图"组中，单击"直线"按钮。
- 在命令行中执行LINE或L命令。

执行上述命令后，具体操作过程如下：

命令：L　　　　　　　　　　　　　（执行LINE命令）
指定第一点：　　　　　　　　　　（在绘图区用鼠标拾取一点或直接输入坐标值指定点）
指定下一点或［放弃(U)］：　　　　（用鼠标拾取下一点或输入下一点坐标值）
指定下一点或［放弃(U)］：　　　　（用鼠标拾取下一点或输入下一点坐标值）
指定下一点或［闭合(C)/放弃(U)］：（指定下一点，或选择"闭合"、"放弃"选项）

在执行命令的过程中，各选项的含义如下所示。

- 闭合：如果绘制了多条线段，最后要形成一个封闭的图形时，选择该选项并按Enter键，可将最后确定的端点与第1个起点重合，形成一个封闭的图形。
- 放弃：选择该选项，将撤销刚才绘制的直线而不退出LINE命令。

边学边练 006　绘制直线 >>

01 打开"直线.dwg"图形文件（光盘:\原始文件\第2章\直线.dwg），如图2-10所示，在命令行中执行L命令，具体操作过程如下：

命令:L　　　　　　　　　　　（执行LINE命令）
指定第一点:　　　　　　　　　（选择左端缺少直线的一个点）
指定下一点或 [放弃(U)]:　　　（选择左端缺少直线的另一个点，按Esc键，见图2-11）
命令:L　　　　　　　　　　　（执行LINE命令）
指定第一点:　　　　　　　　　（选择中间缺少的直线的一个点）
指定下一点或 [放弃(U)]:　　　（选择中间缺少的直线的另一个点，按Esc键，见图2-12）
命令:L　　　　　　　　　　　（执行LINE命令）
指定第一点:　　　　　　　　　（选择右端缺少的直线的一个点）
指定下一点或 [放弃(U)]:　　　（选择右端缺少的直线的另一个点，按Esc键，见图2-13）

02 返回绘图区即可看到绘制的效果，如图2-13所示（光盘:\ 最终文件\第2章\直线.dwg）。

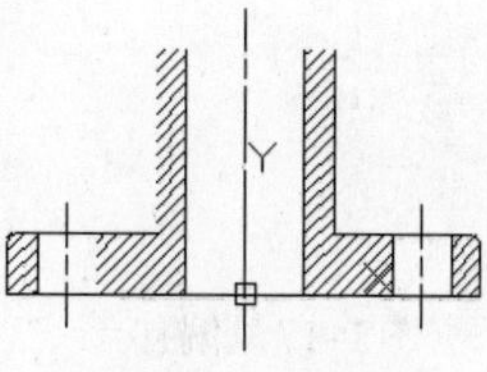

图 2-10　原图

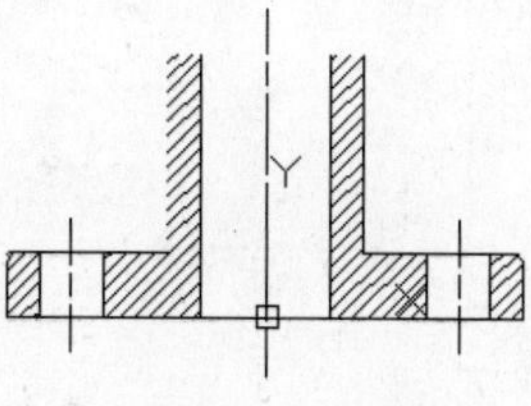

图2-11　效果1

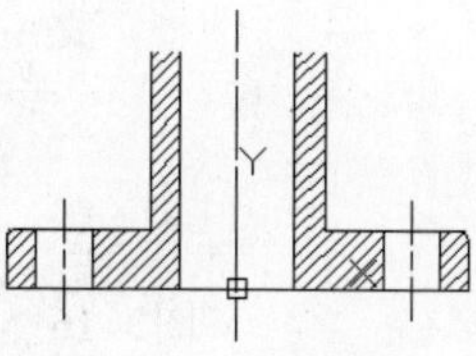

图2-12　效果2

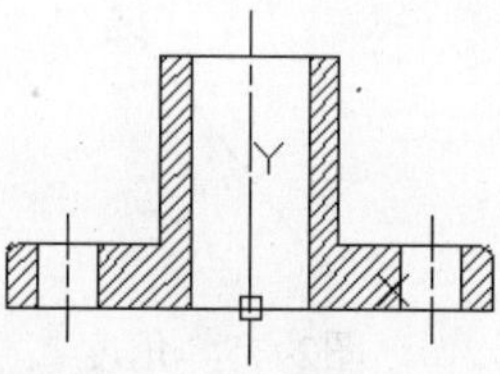

图2-13　完成直线绘制

2.2.2　射线

射线是只有起点和方向、没有终点的直线，即射线为一端固定，而另一端无限延伸的直线，一般作为辅助线。绘制射线后，按Esc键退出绘制状态，如图2-14所示。调用该命令的方法如下：

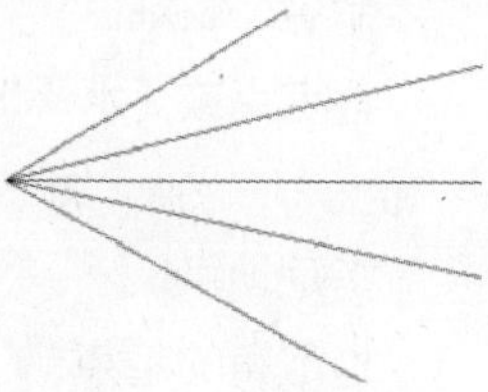

图2-14　射线绘制

- 在“常用”选项卡的“绘图”组中，单击右下角的▾按钮，再单击“射线”按钮。
- 在命令行中执行RAY命令。

执行上述命令后，具体操作过程如下：

命令: RAY　　　　　　　　　　（执行RAY命令）
指定起点:　　　　　　　　　　（指定起点坐标）
指定通过点:　　　　　　　　　（通过指定点坐标确定射线方向）

2.2.3　构造线

构造线只有方向，没有起点和终点，一般作为辅助线使用。调用该命令的方法如下：

- 在“常用”选项卡的“绘图”组中，单击右下角的▾按钮，再单击“构造线”按钮。
- 在命令行中执行XLINE命令。

执行上述命令后，具体操作过程如下：

命令: XLINE　　　　　　　　　（执行XLINE命令）

指定点或 [水平(H)/垂直(V)/角度(A)/二等分(B)/偏移(O)]：（指定方向和位置）
指定通过点：　　（通过指定点坐标确定构造线方向）

在执行命令的过程中，各选项的含义如下所示。

- 水平：选择该选项即可绘制水平的构造线。
- 垂直：选择该选项即可绘制垂直的构造线。
- 角度：选择该选项即可按指定的角度创建一条构造线，如图2-15所示。
- 二等分：选择该选项即可创建已知角的角平分线。使用该选项创建的构造线平分指定的两条线间的夹角，且通过该夹角的顶点，如图2-16所示。绘制角平分线时，系统要求用户依次指定已知角的顶点、起点及终点。
- 偏移：选择该选项即可创建平行于另一个对象的平行线，如图2-17所示。这条平行线可以偏移一段距离与对象平行，也可以通过指定的点与对象平行。

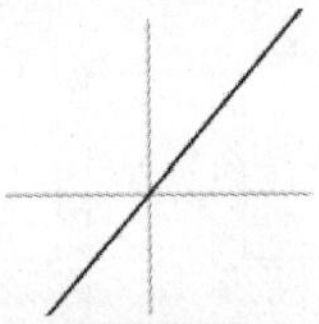
图2-15　角度

图2-16　二等分

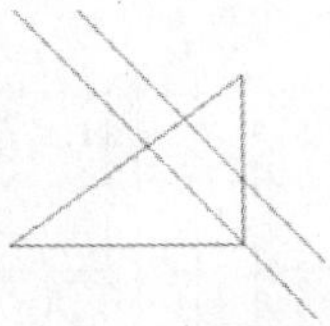
图2-17　偏移

边学边练 007　绘制构造线

01 打开“构造线.dwg”图形文件（光盘:\原始文件\第2章\构造线.dwg），在命令行中执行XLINE命令，具体操作过程如下：

命令：XLINE　　（执行XLINE命令）
指定点或 [水平(H)/垂直(V)/角度(A)/二等分(B)/偏移(O)]:B　　（选择“二等分”选项，并按Space键）
指定顶点：　　（单击两条辅助线的交点）
指定角的起点：　　（单击如图2-18所示的O点）
指定角的端点：　　（单击如图2-18所示的A点）
指定角的端点：　　（单击如图2-18所示的B点）
指定角的端点：　　（按Space键，结束命令）

02 返回绘图区即可看到绘制的效果，如图2-19所示（光盘:\ 最终文件\第2章\构造线.dwg）。

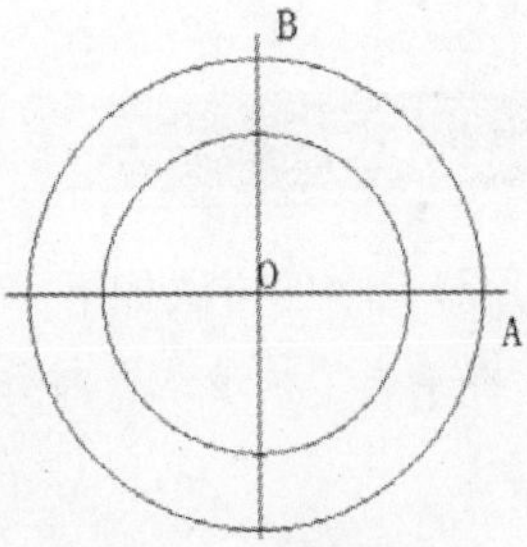

图2-18　原效果图

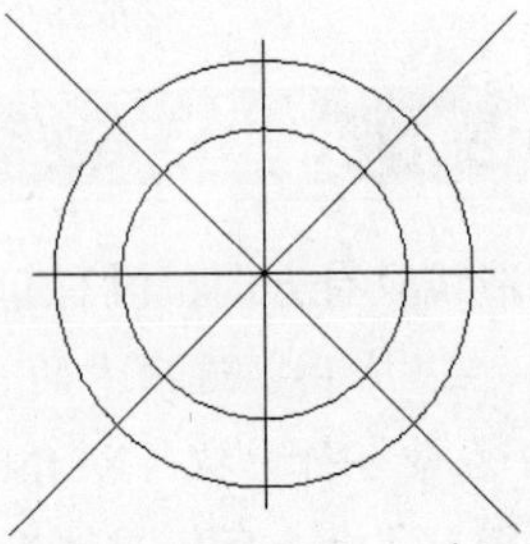
图2-19　绘制的构造线

2.2.4　多线

多线是由多条平行线构成的线段，具有起点和终点。多线是AutoCAD中最复杂的直线段对象。它同绘制点的方法一样，在绘制多线之前应先设置多线样式。

1. 设置多线样式

设置多线样式包括设置每条单线的偏移距离、颜色、线型及背景填充等特性。

边学边练 008　新建多线样式

01 首先打开一个图形文件或创建一个新文件。在命令行中执行MLSTYLE命令，弹出“多线样式”对话框，如图2-20所示，单击“新建”按钮，弹出“创建新的多线样式”对话框。

02 如图2-21所示，在“新样式名”文本框中输入文本“多线样式”，然后单击“继续”按钮。

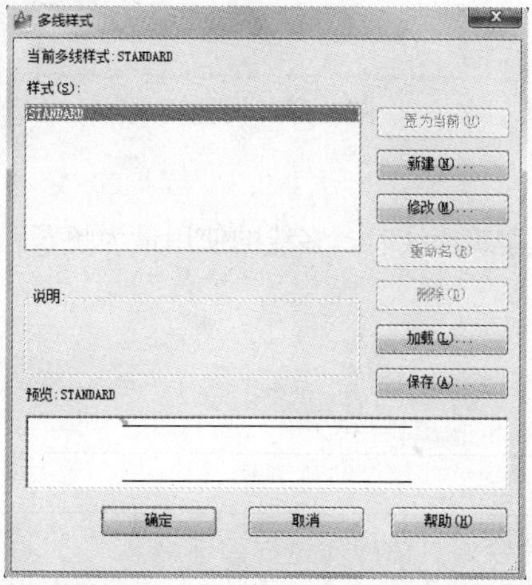

图2-20　“多线样式”

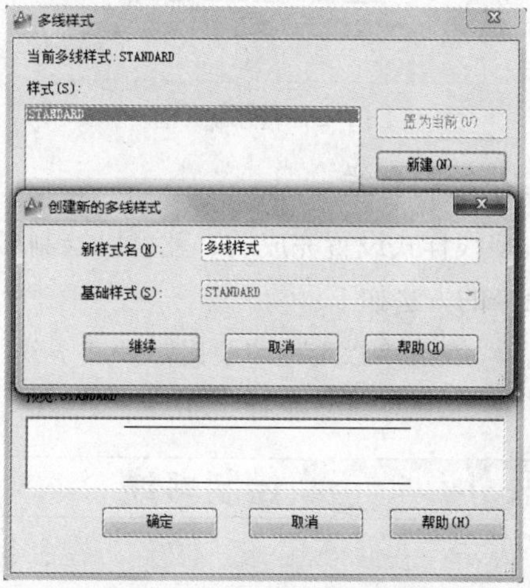

图2-21　新建多线样式

03 如图2-22所示，弹出“新建多线样式：多线样式”对话框。在“说明”文本框中可以输入需要的说明文本，这里输入文本“120”。

04 在“图元”选项组中选择第1个线型，在“偏移”文本框中输入120。再在“图元”选项组中选择第2个线型，在“偏移”文本框中输入-120，如图2-23所示。

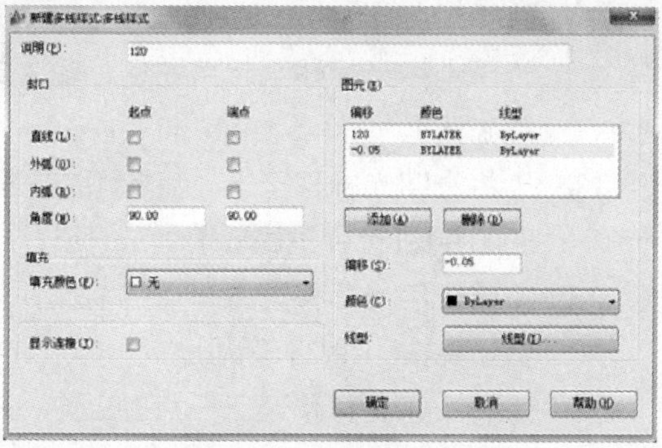

图2-22　设置偏移1

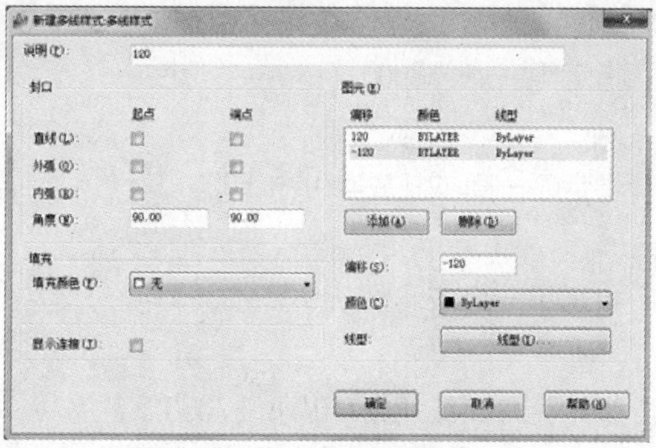

图2-23　设置偏移2

05 单击“确定”按钮，返回“多线样式”对话框。此时，在“多线样式”对话框的“样式”列表框中将显示刚设置完成的多线样式。选择需要使用的多线样式，单击“置为当前”按钮，如图2-24所示，将该多线样式设置为当前系统默认的样式。完成多线样式设置后，单击“确定”按钮即可，如图2-25所示。

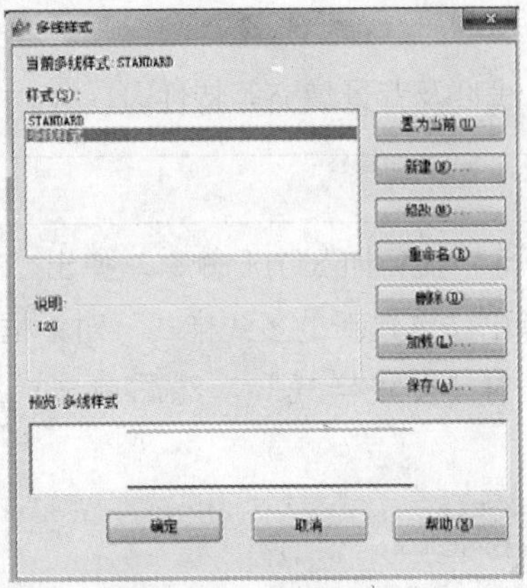

图2-24 置为当前

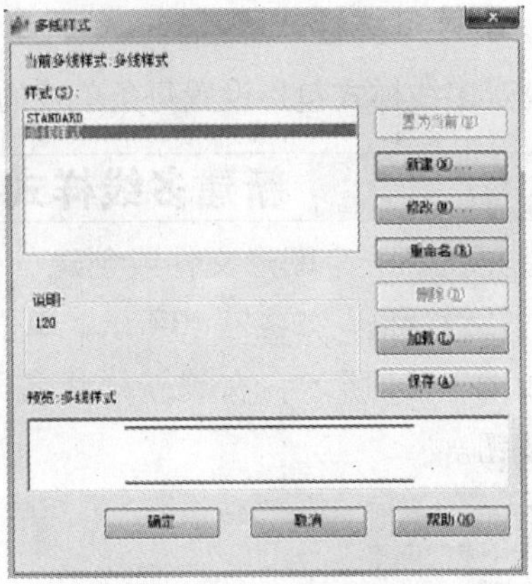

图2-25 设置完成

2. 绘制多线

多线样式设置完成后，就可以绘制多线了。在绘制建筑墙线时，多线的使用最为频繁。调用该命令的方法如下：

- 在菜单栏选择“绘图”→“多线”命令。
- 在命令行中执行MLINE。

边学边练 009 绘制多线

01 新建“多线.dwg”图形文件，在命令行执行MLINE命令，具体操作过程如下：

命令：MLINE	（执行MLINE命令）
当前设置:对正=上，比例=20.00，样式=STANDARD	（系统提示当前的多线样式、对正方法与比例）
指定起点或 [对正(J)/比例(S)/样式(ST)]:	（在绘图区的适当位置拾取一点作为多线的起点）
指定下一点：8000	（将十字光标移至起点左侧，输入数值并确认）
指定下一点或 [放弃(U)]: 5000	（将十字光标移至上一点的下方，输入5000并按Enter键确认）
指定下一点或 [放弃(U)]: 20000	（将十字光标移至上一点的右侧，输入数值并按Enter键确认）
指定下一点或 [放弃(U)]: 17000	（将十字光标移至上一点的上方，输入17000并按Enter键确认）

02 绘制完成后的效果如图2-26所示（光盘:\最终文件\第2章\多线.dwg）。

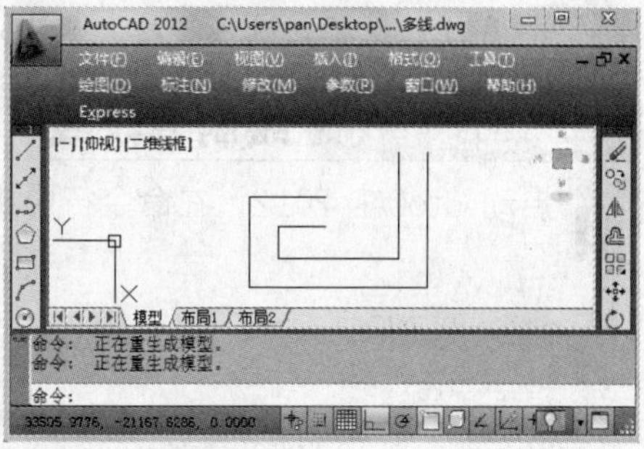

图2-26　多线效果

在执行命令的过程中，各选项的含义如下所示。

- 对正：设置绘制多线时相对于输入点的偏移位置。该选项有上、无和下3个选项，各选项含义如下。
  - 上：多线顶端的线随着光标移动。
  - 无：多线的中心线随着光标移动。
  - 下：多线底端的线随着光标移动。
- 比例：设置多线样式中平行多线的宽度比。例如，一个值为2的比例因子产生的宽度是定义样式中“偏移”值的两倍，而负的比例因子则会将偏移方向反向。
- 样式：设置绘制多线时使用的样式，默认的多线样式为STANDARD。选择该选项后，可以在提示信息“输入多线样式名或[?]”后面输入已定义的样式名，输入“?”则会列出当前图形中所有的多线样式。

2.2.5　多段线

多段线是由等宽或不等宽的直线或圆弧等多条线段构成的特殊线段，所构成的图形是一个整体，可对其进行整体编辑。调用该命令的方法如下：

- 在“常用”选项卡的“绘图”组中，单击“多段线”按钮。
- 在命令行中执行PLINE或PL命令。

执行上述命令后，具体操作过程如下：

命令: PLINE	（执行PLINE命令）
指定起点:	（指定一点作为多段线的起点）
当前线宽为 0.0000	（显示当前多段线线宽为0，即没有线宽）
指定下一个点或 [圆弧(A)/半宽(H)/长度(L)/放弃(U)/宽度(W)]:	（指定多段线的下一点位置或选择一个选项绘制不同的线段）
指定下一点或 [圆弧(A)/闭合(C)/半宽(H)/长度(L)/放弃(U)/宽度(W)]:	（接着指定多段线的下一点位置或按Space键结束命令）

在执行命令的过程中，各选项含义如下所示。

- 圆弧：选择该选项，需以绘制圆弧的方式绘制多段线，其下的“半宽”、“长度”、“放弃”与“宽度”选项与主提示中的各选项含义相同。
- 半宽：选择该选项，需指定多段线的半宽值，AutoCAD将提示用户输入多段线的起点半宽值与终点半宽值。
- 长度：选择该选项，需定义下一条多段线的长度，AutoCAD将按照上一条线段的方向绘制这一条多段线。若上一段是圆弧，将绘制与此圆弧相切的线段。
- 放弃：选择该选项，将取消上一次绘制的一段多段线。

● 宽度：选择该选项，接下来可以设置多段线宽度值。

边学边练 010 绘制多段线

01 启动AutoCAD 2012，在命令行中执行PLINE命令，具体操作过程如下：

命令：PLINE （执行PLINE命令）
指定起点： （在绘图区中任意位置单击）
当前线宽为 0.0000 （系统自动显示当前线宽）
指定下一个点或 [圆弧(A)/半宽(H)/长度(L)/放弃(U)/宽度(W)]: W
（选择“宽度”选项，并按Space键）
指定起点宽度 <0.0000>: 10 （输入10，并按Space键）
指定端点宽度 <10.0000>: （按Space键）
指定下一个点或 [圆弧(A)/半宽(H)/长度(L)/放弃(U)/宽度(W)]: 100
（向右移动鼠标并输入100，按Space键）
指定下一点或 [圆弧(A)/闭合(C)/半宽(H)/长度(L)/放弃(U)/宽度(W)]: W
（选择“宽度”选项，并按Space键）
指定起点宽度 <5.0000>: 50 （输入50，并按Space键）
指定端点宽度 <50.0000>: 0 （输入0，并按Space键）
指定下一点或 [圆弧(A)/闭合(C)/半宽(H)/长度(L)/放弃(U)/宽度(W)]: 50
（向右移动鼠标并输入50，按Space键）
指定下一点或 [圆弧(A)/闭合(C)/半宽(H)/长度(L)/放弃(U)/宽度(W)]: W
（选择“宽度”选项，并按Space键）
指定起点宽度 <5.0000>: 0 （输入0，并按Space键）
指定端点宽度 <50.0000>: 50 （输入50，并按Space键）
指定下一点或 [圆弧(A)/闭合(C)/半宽(H)/长度(L)/放弃(U)/宽度(W)]: 50
（向右移动鼠标并输入50，按Space键）
指定下一点或 [圆弧(A)/闭合(C)/半宽(H)/长度(L)/放弃(U)/宽度(W)]: W
（选择“宽度”选项，并按Space键）
指定起点宽度 <5.0000>: 10 （输入10，并按Space键）
指定端点宽度 <50.0000>: 10 （输入10，并按Space键）
指定下一点或 [圆弧(A)/闭合(C)/半宽(H)/长度(L)/放弃(U)/宽度(W)]: 100
（向右移动鼠标并输入100，按Space键）

02 绘制完成的效果如图2-27所示（光盘:\最终文件\第2章\多段线.dwg）。

图2-27 多段线效果

2.3 曲线类图形

前面介绍了直线类图形的创建，接下来继续介绍简单图形的绘制——曲线类图形。这些图形包括圆和椭圆、圆弧和椭圆弧、样条曲线等。通过对这些曲线类图形的学习，可为后续复杂图形的创建打下基础。

2.3.1　圆

圆是机械设计中常用的图形对象之一，主要用来绘制孔、轴、轮、柱等。AutoCAD提供了多种绘制圆的方式供用户选择，系统默认通过指定圆心和半径进行绘制，调用该命令的方法如下：

- 在“常用”选项卡的“绘图”组中，单击“圆”按钮⊙。
- 在“常用”选项卡的“绘图”组中，单击“圆”按钮⊙右侧的▾按钮，在弹出的下拉列表中选择相应的命令绘制圆，如图2-28所示。

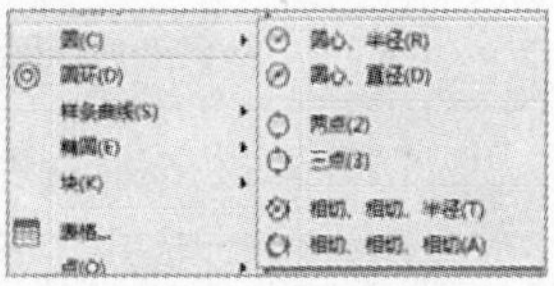

图2-28　画圆命令

- 在命令行中执行CIRCLE或C命令。

若在命令行执行CIRCLE命令绘制圆，具体操作过程如下：

命令：CIRCLE　　（执行CIRCLE命令）
指定圆的圆心或[三点(3P)/两点(2P)/相切、相切、半径(T)]:
　　（在绘图区拾取一点作为圆心）
指定圆的半径或[直径(D)] <0>:　　（输入半径值并按Space键确认）

图2-28中各选项含义如下所示。

- 圆心、半径：首先选定某一点为圆心，然后输入圆的半径，通过指定圆心和半径的方式画圆。
- 圆心、直径：首先选定某一点为圆心，然后输入圆的直径，通过指定圆心和直径的方式画圆。
- 三点：通过已知的3个点作为将要绘制的圆周上的3个点来绘制圆，系统会陆续提示指定第1点、第2点和第3点。
- 两点：利用已知的两个点绘制圆，系统将分别提示指定圆直径方向的两个端点。
- 相切、相切、半径：利用两个已知对象的切点和圆的半径来绘制圆，系统会分别提示指定圆的第1切线、第2切线上的点和圆的半径。在使用该选项绘制圆时，由于圆的半径限制，绘制的圆可能与已知对象不实际相切，而与其延长线相切；如果输入的圆半径不合适，也可能绘制不出需要的圆。
- 相切、相切、相切：创建相切于3个对象的圆。

如图2-29所示为用6种不同的方法绘制圆的效果。

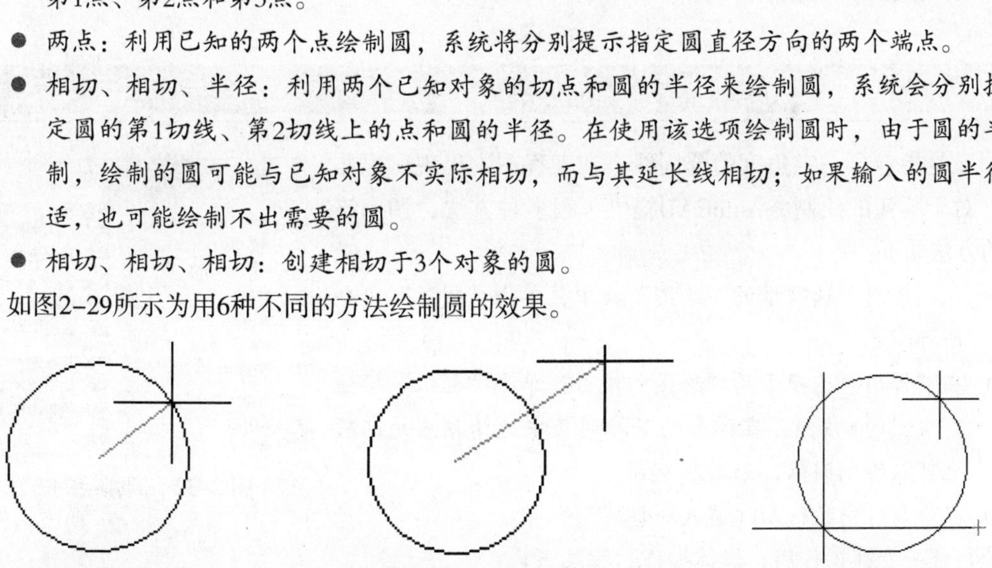

（a）给定圆心和半径　　（b）给定圆心和直径　　（c）给定两点

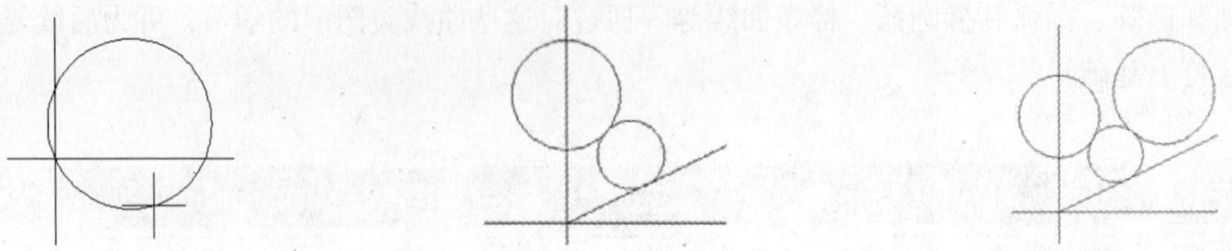

（d）给定三点　　（e）给定两相切对象及半径　　（f）给定三相切对象

图2-29　6种绘制圆的方法

边学边练 011　绘制圆

01 打开素材文件“圆.dwg”的图形文件（光盘:\原始文件\第2章\圆.dwg），如图2-30所示。在命令行中执行C命令，具体操作过程如下：

命令: CIRCLE　　（执行CIRCLE命令）

指定圆的圆心或[三点(3P)/两点(2P)/相切、相切、半径(T)]:

（捕捉如图2-30所示的上面的中心线交点）

指定圆的半径或[直径(D)] <0>: 2　　（输入2，并按Space键确认）

按Esc键退出命令。同样的方法创建左、右两个圆，半径分别为6和5。

02 完成的最终效果如图2-31所示（光盘:\最终文件\第2章\圆.dwg）。

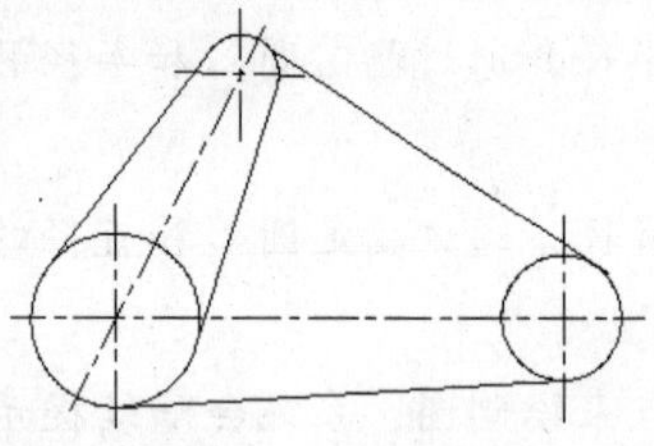

图2-30　原图

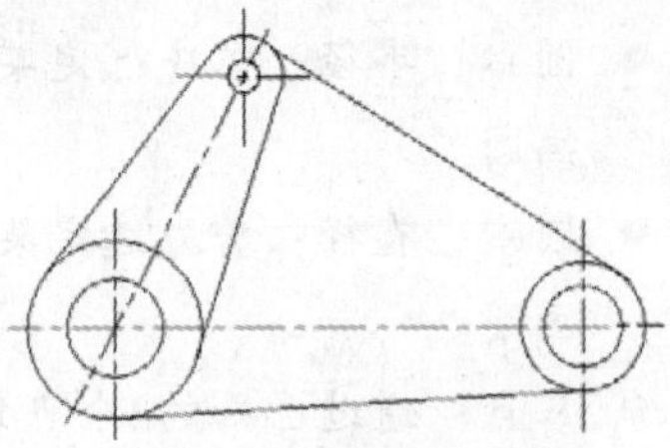

图2-31　画圆效果图

2.3.2　圆弧

圆弧是指包含一定角度的圆周线，在工程图中出现得也非常多。对于圆弧的绘制，AutoCAD提供了很多种方法，调用该命令的方法如下：

- 在“常用”选项卡的“绘图”组中，单击“圆弧”命令图标。
- 在“常用”选项卡的“绘图”组中，单击“圆弧”按钮右侧的▾按钮，在弹出的下拉列表中选择相应的选项也可以绘制圆弧，如图2-32所示。
- 在命令行中执行ARC或A命令。

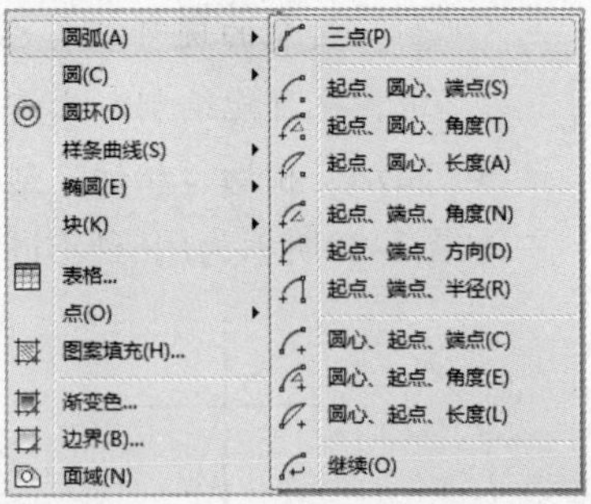

图2-32　圆弧绘制方法

执行任一上述操作后，具体操作过程如下：

命令：A　　（执行ARC命令）

指定圆弧的起点或［圆心(C)］: （在绘图区的任意位置单击，将该点作为圆弧的起点）
指定圆弧的第二个点或［圆心(C)/端点(E)］: C （输入圆心命令C，并按Space键）
指定圆弧的圆心: （再在绘图区的任意位置单击，将该点作为圆弧的中心）
指定圆弧的端点或［角度(A)/弦长(L)］: A （输入角度命令A，并按Space键）
指定包含角: （输入角度值，并按Space键）

单击"圆弧"按钮右侧的按钮，AutoCAD 2012给出了很多绘制圆弧的方式，这些方式都是根据起点、方向、中点、角度、终点、弦长等参数来确定。其中各选项的含义如下所示。

- 三点：以指定3个点的方式绘制圆弧，如图2-33所示。
- 起点、圆心、端点：以圆弧的起点、圆心、端点方式绘制圆弧，如图2-34所示。
- 起点、圆心、角度：以圆弧的起点、圆心、圆心角方式绘制圆弧，如图2-35所示。

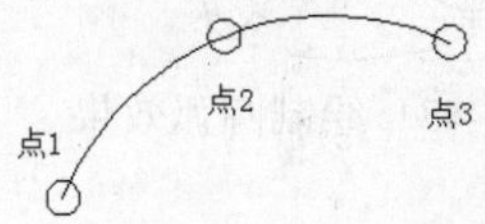

图2-33 三点

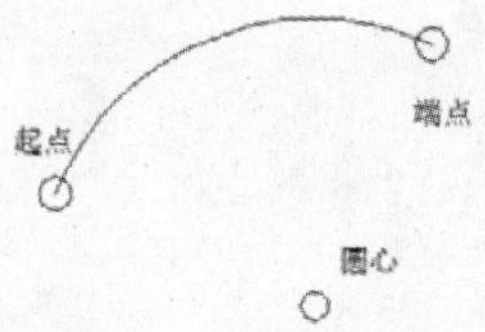

图2-34 起点、圆心、端点

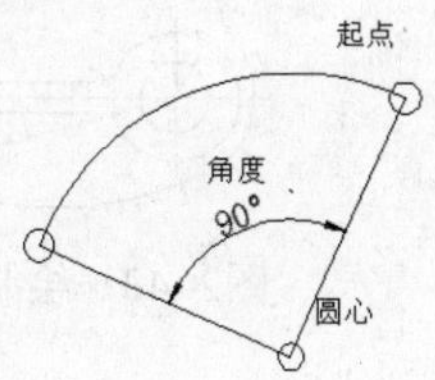

图2-35 起点、圆心、角度

- 起点、圆心、长度：以圆弧的起点、圆心、弦长方式绘制圆弧，如图2-36所示。
- 起点、端点、角度：以圆弧的起点、端点、圆心角方式绘制圆弧，如图2-37所示。
- 起点、端点、方向：以圆弧的起点、端点、起点的切线方向方式绘制圆弧，如图2-38所示。

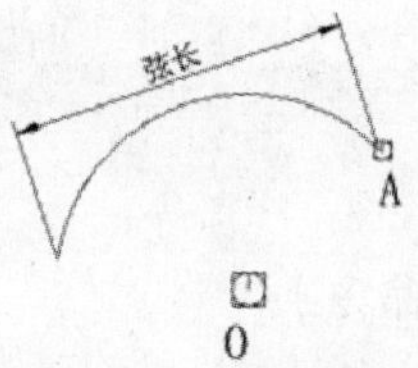

图2-36 起点、圆心、长度

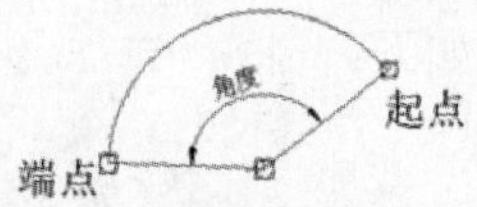

图2-37 起点、端点、角度

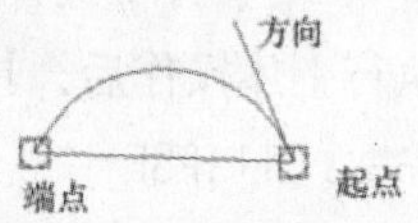

图2-38 起点、端点、方向

- 起点、端点、半径：以圆弧的起点、端点、半径方式绘制圆弧，如图2-39所示。
- 圆心、起点、端点：以圆弧的圆心、起点、终点方式绘制圆弧，如图2-40所示。
- 圆心、起点、角度：以圆弧的圆心、起点、圆心角方式绘制圆弧，如图2-41所示。

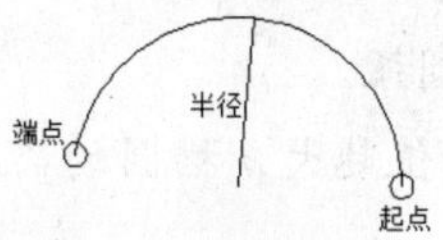

图2-39 起点、端点、半径

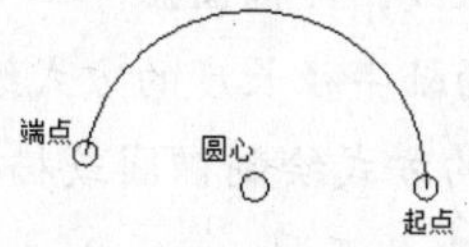

图2-40 圆心、起点、端点

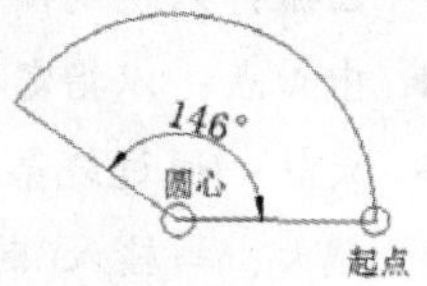

图2-41 圆心、起点、角度

- 圆心、起点、长度：以圆弧的圆心、起点、弦长方式绘制圆弧，与之前的"起点、圆心、长度"方法类似。
- 继续：绘制其他直线或非封闭曲线后，选择"绘图"→"圆弧"→"继续"命令，系统将自动以刚才绘制的对象的终点作为即将绘制的圆弧起点。

注意

设置逆时针为角度方向，并输入正的角度值，则所绘制的圆弧是从起始点绕圆心沿逆时针方向给出；如果输入负角度值，则沿顺时针方向绘制圆弧。

边学边练 012 绘制圆弧

01 打开“圆弧.dwg”图形文件（光盘:\原始文件\第2章\圆弧.dwg），选择菜单栏中的“绘图”→“圆弧”→“起点、圆心、端点”命令，选择如图2-42所示的缺失上方的点为起点，选择下方的同心圆的圆心为圆心，选择右侧缺失的圆弧的点为端点，绘制圆弧。

02 绘制后的效果如图2-43所示（光盘:\最终文件\第2章\圆弧.dwg）。

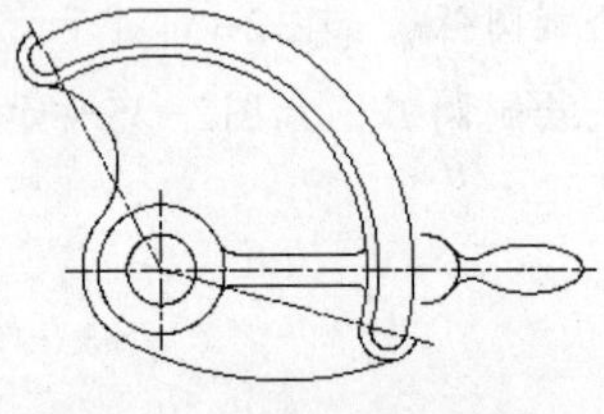

图2-42 绘制圆弧素材

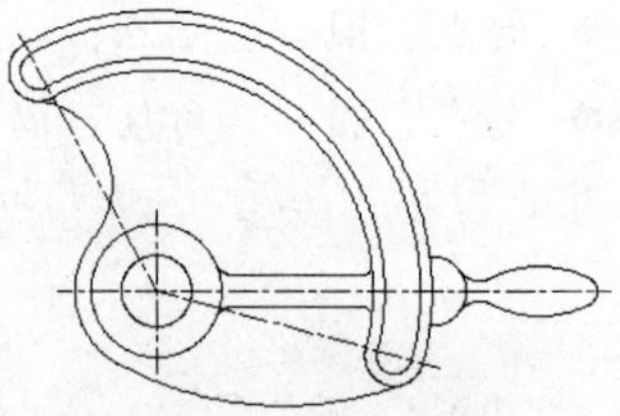

图2-43 绘制圆弧效果

2.3.3 椭圆

绘制椭圆时，系统默认需指定椭圆长轴与短轴的尺寸，绘制椭圆时可以通过轴端点、轴距离、绕轴线、旋转的角度或中心点集中不同的组合来绘制。调用该命令的方法如下：

- 在“常用”选项卡的“绘图”组中，单击“椭圆”按钮。
- 在命令行中执行ELLIPSE或EL命令。

执行上述操作后，具体操作过程如下：

命令：ELLIPSE （执行ELLIPSE命令）
指定椭圆的轴端点或 [圆弧(A)/中心点(C)]: （指定端点）
指定轴的另一个端点: （指定另一个端点）
指定另一条半轴长度或 [旋转(R)]: （指定另一条半轴长度）

在执行命令的过程中，各选项含义如下所示。

- 圆弧：只绘制椭圆上的一段弧线，即椭圆弧。
- 中心点：以指定椭圆圆心和两轴半径长度的方式绘制椭圆或椭圆弧。
- 旋转：通过绕第一条轴旋转的方式绘制椭圆或椭圆弧。输入的值越大，椭圆的离心率就越大，当输入0时，绘制的图形是正圆。

边学边练 013 绘制椭圆

01 打开“椭圆.dwg”图形文件（光盘:\原始文件\第2章\椭圆.dwg），在命令行中执行ELLIPSE命令，具体操作过程如下：

命令：ELLIPSE （执行ELLIPSE命令）

02

指定椭圆的轴端点或 [圆弧(A)/中心点(C)]:　　（单击如图2-44所示的A点）
指定轴的另一个端点:　　（单击如图2-44所示的B点）
指定另一条半轴长度或 [旋转(R)]:　　（单击如图2-44所示的C点）

绘制完成的效果如图2-45所示（光盘:\最终文件\第2章\椭圆.dwg）。

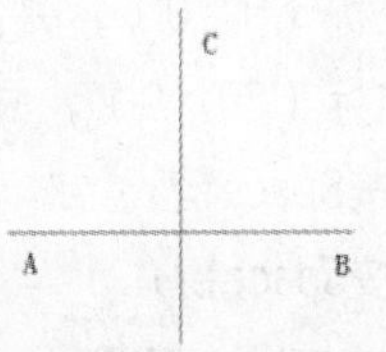

图2-44　椭圆素材

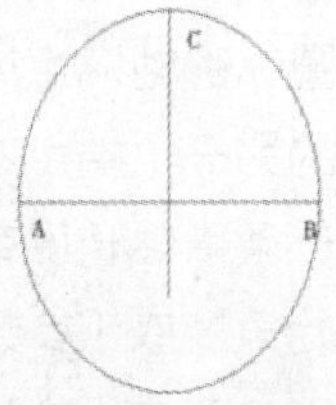

图2-45　椭圆

2.3.4　椭圆弧

绘制椭圆弧与绘制椭圆的方法类似。在AutoCAD 2012中，椭圆弧与椭圆命令相同，都是ELLIPSE，但是命令行里的提示不同。调用该命令的方法如下：

- 在“常用”选项卡的“绘图”组中，单击“椭圆”按钮右侧的▾按钮，在弹出的下拉列表中选择“椭圆弧”选项。
- 在命令行中执行ELLIPSE或EL命令。

执行上述操作后，具体操作过程如下：

命令: ELLIPSE　　（执行ELLIPSE命令）
指定椭圆的轴端点或 [圆弧(A)/中心点(C)]:a　（选择“圆弧”选项）
指定椭圆弧的轴端点或 [中心点(C)]:　　（在绘图区中拾取一点作为椭圆弧轴的一个端点）
指定轴的另一个端点:　　（拾取另一点作为轴的另一个端点）
指定另一条半轴长度或 [旋转(R)]:　　（指定椭圆弧另一条轴线的半长）
指定起始角度或 [参数(P)]:　　（指定椭圆弧起点角度值，可手动拾取一点来确定）
指定终止角度或 [参数(P)/包含角度(I)]:　　（指定椭圆弧端点角度值）

在执行命令的过程中，各选项含义如下所示。

- 中心点：以指定圆心的方式绘制椭圆弧。选择该选项后，指定第一根轴的长度时也只需指定其半长即可。
- 旋转：通过绕第一条轴旋转圆的方式绘制椭圆，再指定起始角度与终止角度绘制出椭圆弧。
- 参数：选择“参数”选项后同样需要输入椭圆弧的起始角度，但系统将通过矢量参数方程式“p(u) = c+a cos(u)+b sin(u)”来绘制椭圆弧。其中，c表示椭圆的中心点，a和b分别表示椭圆的长轴和短轴。
- 包含角度：定义从起始角度开始的包含角度。

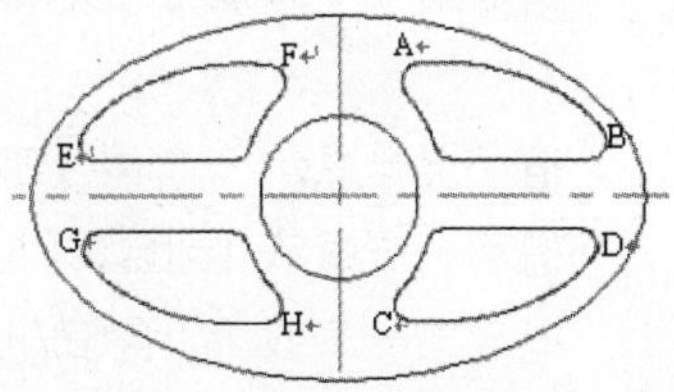

图2-46　椭圆弧效果

如图2-46所示为椭圆弧效果。

边学边练 014 绘制椭圆弧

01 打开名为“椭圆弧.dwg”的图形文件（光盘:\原始文件\第2章\椭圆弧.dwg），如图2-47所示，在命令行中执行ELLIPSE命令，具体操作过程如下：

命令: ELLIPSE　(执行ELLIPSE命令)
指定椭圆的轴端点或 [圆弧(A)/中心点(C)]: A　(选择“圆弧”选项，并按Space键)
指定椭圆弧的轴端点或 [中心点(C)]: 0, 0　(输入端点坐标（0，0），并按Space键)
指定轴的另一个端点: 20, 0　(输入端点坐标（20，0），并按Space键)
指定另一条半轴长度或 [旋转(R)]:4　(输入4，并按Space键)
指定起始角度或 [参数(P)]: 0　(输入0，并按Space键)
指定终止角度或 [参数(P)/包含角度(I)]: 180　(输入180，并按Space键)

02 绘制完成的效果如图2-48所示（光盘:\最终文件\第2章\椭圆弧.dwg）。

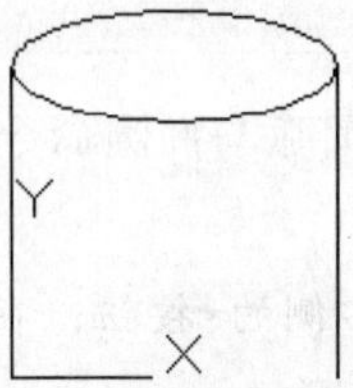

图2-47　绘制椭圆弧素材

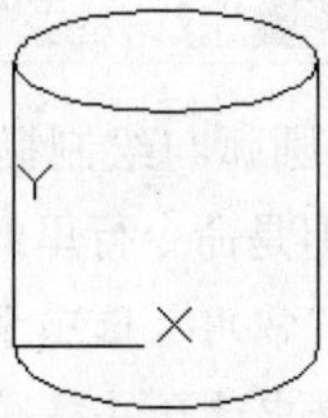

图2-48　效果图

2.3.5 样条曲线

样条曲线主要用于绘制机械图形的波浪线、地形外貌轮廓线等。样条曲线的形状主要由数据点、拟合点与控制点控制。其中数据点在绘制样条曲线时确定，拟合点和控制点由系统自动产生，它们主要用于编辑样条曲线。

1. 绘制样条曲线

样条曲线可以生成拟合光滑曲线，使绘制的曲线更加真实、美观，常用来设计某些曲线型工艺品的轮廓线，调用该命令的方法如下：

- 在“常用”选项卡的“绘图”组中，单击右下角的▾按钮，再单击“样条曲线”按钮。
- 在命令行中执行SPLINE命令。

执行上述命令后，具体操作过程如下；

命令: SPLINE　（执行SPLINE命令）
指定第一个点或 [对象(O)]:　（在绘图区中拾取一点作为样条曲线的起点）
指定下一点:　（指定样条曲线的下一个顶点）
指定下一点或 [闭合(C)/拟合公差(F)] <起点切向>:　（再次指定样条曲线的下一个顶点）
指定下一点或 [闭合(C)/拟合公差(F)] <起点切向>:　（结束绘制后，按Enter键结束指定样条曲线的顶点）

指定起点切向: （指定样条曲线起点的切点方向）

指定端点切向: （指定样条曲线端点的切点方向）

在执行命令的过程中，各选项含义如下所示。

- 对象：将样条曲线拟合多段线转换为等价的样条曲线。样条曲线拟合多段线是指使用PEDIT命令中的“样条曲线”选项，将普通多段线转换成样条曲线对象。
- 闭合：将样条曲线的端点与起点闭合。
- 拟合公差：定义曲线的偏差值。值越大，离控制点越远；值越小，离控制点越近。
- 起点切向：定义样条曲线的起点和结束点的切线方向。

边学边练 015 绘制样条曲线 >>

01 打开“样条曲线.dwg”图形文件（光盘:\原始文件\第2章\样条曲线.dwg），效果如图2-49所示。在命令行中执行SPLINE命令，具体操作过程如下：

命令：SPLINE （执行SPLINE命令）

指定第一个点或 [对象(O)]: （单击如图2-50所示的A点）

指定下一点: （单击如图2-50所示的B点）

指定下一点或 [闭合(C)/拟合公差(F)] <起点切向>: （单击如图2-50所示的C点）

指定下一点或 [闭合(C)/拟合公差(F)] <起点切向>: （单击如图2-50所示的D点）

指定下一点: （单击如图2-50所示的E点）

指定下一点或 [闭合(C)/拟合公差(F)] <起点切向>: （单击如图2-50所示的F点）

指定下一点或 [闭合(C)/拟合公差(F)] <起点切向>: （单击如图2-50所示的G点）

指定下一点或 [闭合(C)/拟合公差(F)] <起点切向>: （按Space键确认）

指定起点切向: （按Space键确认）

指定端点切向: （按Space键，结束命令）

02 绘制样条曲线后的效果如图2-50所示（光盘:\最终文件\第2章\样条曲线.dwg）。

图2-49 样条曲线素材

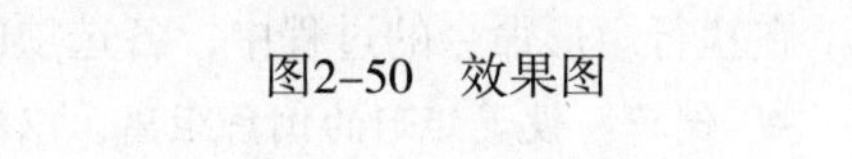

图2-50 效果图

2. 编辑样条曲线

对于样条曲线的编辑可以通过以下两种方式启动：

- 选择菜单栏中的“修改”→“对象”→“样条曲线”命令。
- 在命令行中输入SPLINEDIT。

样条曲线编辑命令是一个单对象编辑命令，用户一次只能编辑一个样条曲线对象。执行该命令并选择需要编辑的样条曲线后，在曲线周围将显示控制点，如图2-51所示。

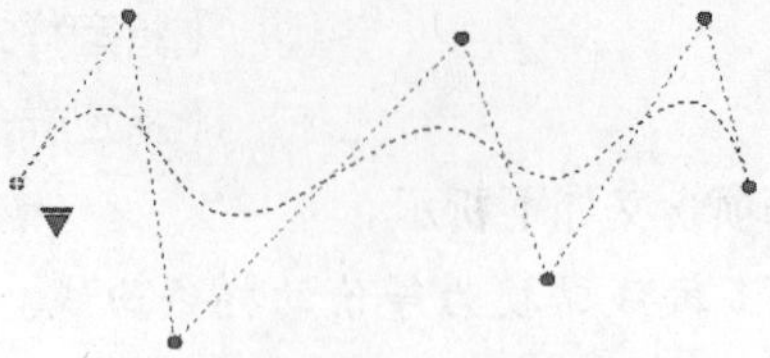

图2-51　样条曲线的控制点

命令行中的各个提示选项都有着具体的功能。比如“添加”指增加拟合点，此时将改变样条曲线的性状，且增加拟合点符合当前公差；“移动”指移动拟合点；“精度”指对样条曲线的控制点进行细化操作；“反转”指改变样条曲线的方向，始末点交换。

2.4 多边形

在AutoCAD中，用户可以绘制多种矩形，如倒角矩形、圆角矩形，并可以设置边线的宽度与厚度。要绘制正多边形，可以使用内接圆法、外切圆法，或者通过指定边线位置与长度来进行。

2.4.1 矩形

矩形也就是长方形，在AutoCAD中不但可以绘制常见的矩形，还可以绘制具有倒角、圆角等特殊效果的矩形，调用该命令的方法如下：

- 在“常用”选项卡的“绘图”组中，单击“矩形”按钮□。
- 在命令行中执行RECTANG或REC命令。

执行上述操作后，具体操作过程如下：

命令：REC　　（执行REC命令）

指定第一个角点或 [倒角(C)/标高(E)/圆角(F)/厚度(T)/宽度(W)]:

（指定一个角点或选择另一种绘制矩形的方式）

指定另一个角点或 [面积(A)/尺寸(D)/旋转(R)]:

（直接指定另一个角点位置或坐标值，或选择一种参数来确定另一个角点）

在执行矩形命令的过程中，各选项的含义如下所示。

- 倒角：设置矩形的倒角距离，以对矩形的各边进行倒角。倒角后的矩形效果如图2-52所示。
- 标高：设置矩形在三维空间中的基面高度，用于三维对象的绘制。
- 圆角：设置矩形的圆角半径，以对矩形进行圆角操作。一般在设计机械零件时，为了不使其棱角分明，以避免给用户带来伤害，在绘制矩形时，一般都会对每条边进行圆角操作；该圆角为工艺倒角，大小依据实际情况而定，进行圆角操作后的效果如图2-53所示。
- 厚度：设置矩形的厚度，即三维空间Z轴方向的高度。该选项用于绘制三维图形对象。
- 宽度：设置矩形的线条宽度，设置宽度后的效果如图2-54所示。
- 面积：指定将要绘制的矩形的面积，在绘制时系统要求指定面积和一个维度（长度或宽度），AutoCAD将自动计算另一个维度并完成矩形的绘制。

- 尺寸：通过指定矩形的长度、宽度和矩形另一角点的方向来绘制矩形。
- 旋转：指定将要绘制的矩形旋转的角度。

图2-52　倒角矩形

图2-53　圆角矩形

图2-54　设置矩形线宽

边学边练 016　绘制矩形

01 新建“矩形.dwg”图形文件，在命令行中执行REC命令，具体操作过程如下：

命令：REC　　（执行REC命令）

指定第一个角点或 [倒角(C)/标高(E)/圆角(F)/厚度(T)/宽度(W)]：W

　　（选择“宽度”选项，并按Space键）

指定矩形的线宽 <0.0000>：0.5　　（输入0.5，并按Space键）

指定第一个角点或 [倒角(C)/标高(E)/圆角(F)/厚度(T)/宽度(W)]：

　　（在绘图区的任意位置单击）

指定另一个角点或 [面积(A)/尺寸(D)/旋转(R)]：D　（选择“尺寸”选项，输入长宽分别为50和60，并按Space键，效果如图2-55所示）

命令：　　（按Space键，再次执行REC命令）

命令：RECTANG

当前矩形模式：宽度=0.5000　　（系统自动显示当前宽度）

指定另一个角点或 [倒角(C)/标高(E)/圆角(F)/厚度(T)/宽度(W)]：

　　（单击如图2-55所示的矩形左下角点）

指定另一个角点或 [面积(A)/尺寸(D)/旋转(R)：D

　　（输入长宽分别为10和30，并按Space键）

按Esc键，完成的绘制效果如图2-56所示。

02 同样道理绘制大小相等的右下角的矩形，绘制的电冰箱最终效果如图2-57所示。将所绘制文件进行保存即可（光盘:\最终文件\第2章\矩形.dwg）。

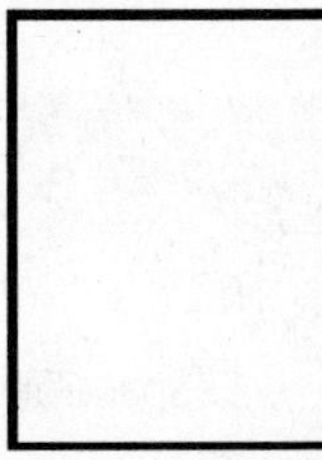

图2-55　绘制矩形1

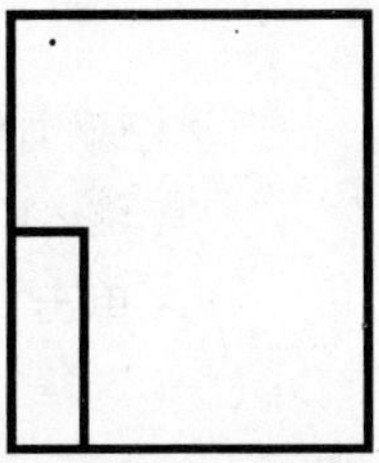

图2-56　绘制矩形2

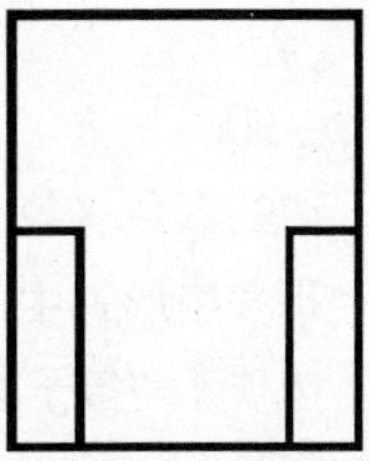

图2-57　绘制矩形3

2.4.2 正多边形

正多边形是很多机械设计图纸中必不可少的表达元素，例如六角螺母、八边形等。在AutoCAD中，可以绘制边数为3~1024的正多边形，该命令有以下几种调用方法：

- 在“常用”选项卡的“绘图”组中，单击“正多边形”按钮⬠。
- 在命令行中执行POLYGON或POL命令。

在绘制正多边形的过程中，可以通过指定多边形的边长或指定多边形中心点，以及其与圆相切/相接等方式来进行绘制。在实际绘图过程中，应根据实际情况选择相应的方式。

执行上述命令后，具体操作过程如下：

```
命令：POL                                          （执行POLYGON命令）
输入边的数目 <4>:                                  （输入需要的边数，按Space键确定）
指定正多边形的中心点或 [边(E)]:                    （指定中心点）
输入选项 [内接于圆(I)/外切于圆(C)] <I>:            （默认选择“内接于圆”选项）
指定圆的半径:                                      （输入圆半径，按Space键确定）
```

在执行命令的过程中，各选项的含义如下所示。

- 边：通过指定多边形边数的方式来绘制正多边形。该方式将通过边的数量和长度确定正多边形。
- 内接于圆：通过指定多边形内接圆半径的方式来绘制多边形，效果如图2-58所示。
- 外切于圆：通过指定多边形外切圆半径的方式来绘制多边形，效果如图2-59所示。

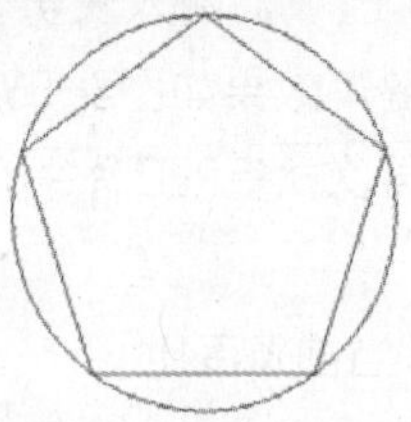

图2-58 内接正五边形

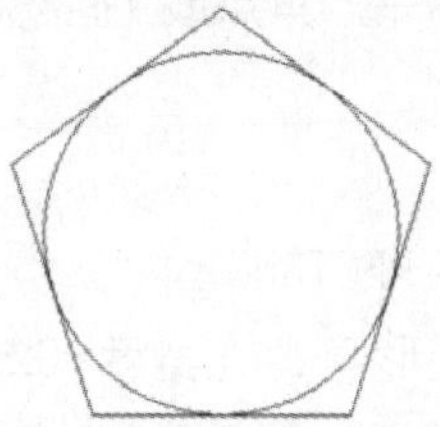

图2-59 外切正五边形

边学边练 017 绘制正多边形

01 打开“正多边形.dwg”图形文件（光盘:\原始文件\第2章\正多边形.dwg），效果如图2-60所示。在命令行中输入C执行直线绘制命令，输入圆半径为50，完成的圆的绘制效果如图2-61所示。

02 在命令行中执行POL命令，具体操作过程如下：

```
命令：POL                                          （执行POLYGON命令）
输入边的数目 <4>: 6                                （输入6，并按Space键确定）
指定正多边形的中心点或 [边(E)]:                    （单击如图2-61所示的圆心）
输入选项 [内接于圆(I)/外切于圆(C)] <I>: C          （选择“外切于圆”选项，并按Space键）
指定圆的半径: 50                                   （输入50，按Space键确定）
```

03 按Enter键，绘制完成的效果如图2-62所示（光盘:\最终文件\第2章\正多边形.dwg）。

图2-60　原效果

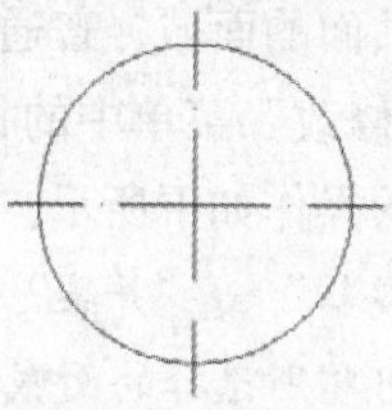

图2-61　绘制圆

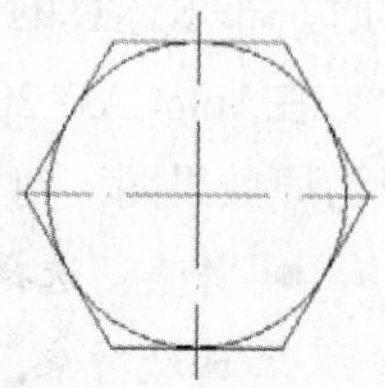

图2-62　绘制正六边形

2.5 面域

在AutoCAD 2012中，可以将由某些对象围成的区域转换为面域，这些封闭区域可以是圆、椭圆、封闭的二维多段线、封闭的样条曲线等对象，也可以是圆弧、直线、椭圆弧、样条曲线等构成的封闭区域。

2.5.1 创建面域

创建面域的命令是：在菜单栏中选择“绘图”→“面域”命令，激活命令后，选择一个或多个用于转换面域的封闭图形，按Enter键后它即转换为了面域。因为圆、多边形等封闭图形属于线框模型，而面域属于实体模型，因此它们在选中时表现的形式也不同，如图2-63所示为选中圆与圆形面域时的效果。

（a）原图　（b）面域

图2-63　原图与创建面域后

对于面域的创建还有一种方式，那就是在菜单栏中选择“绘图”→“边界”命令，打开“边界创建”对话框，在“对象类型”下拉列表中选择“面域”选项，如图2-64所示。单击“确定”按钮后，创建的图形将是一个面域，而不是一个边界。

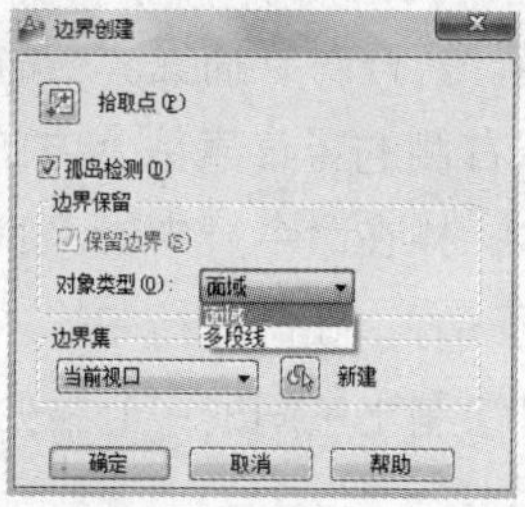

图2-64　“边界创建”对话框

在AutoCAD中，面域是二维实体模型，它不但包含边的信息，还有边界内的信息。可以利用这些信息计算工程属性，如面积、质心、惯性等。

2.5.2 编辑面域

由于面域属于实体，所以对面域的编辑主要指对面域进行布尔运算。布尔运算是数学上的一种逻辑运算，在AutoCAD绘图中使用，对提高绘图效率有很大的作用，尤其当绘制比较复杂的图形时。布尔运算的对象只包含实体和共面的面域，普通的线条图形对象则无法使用布尔运算。

在AutoCAD 2012中，可以使用“修改”菜单中的相关命令进行布尔运算。如图2-65（a）所示为原效果图。对面域进行布尔运算的操作如下所示。

- 并集：选择“修改”→“实体编辑”→“并集”命令，此时需要连续选择要进行并集操作的面域对象，直接按Enter键，即可将所选择的面域合为一个整体，结果如图2-65（b）所示。
- 交集：选择“修改”→“实体编辑”→“交集”命令，创建多个面域的交集即创建各个面域的公共部分，此时需要同时选择两个或两个以上的面域对象，然后按Enter键即可，结果如图2-65（c）所示。
- 差集：选择“修改”→“实体编辑”→“差集”命令，创建面域的差集，用一个面域减掉另一个面域，如果如图2-65（d）所示。

（a）原图　（b）并集　（c）交集　（d）差集

图2-65　面域的布尔运算

2.6 实例应用

下面我们用几个实例来练习本章学习的内容。

2.6.1 实例1：绘制六角螺母

利用本章学习的知识绘制如图2-66所示的六角螺母。

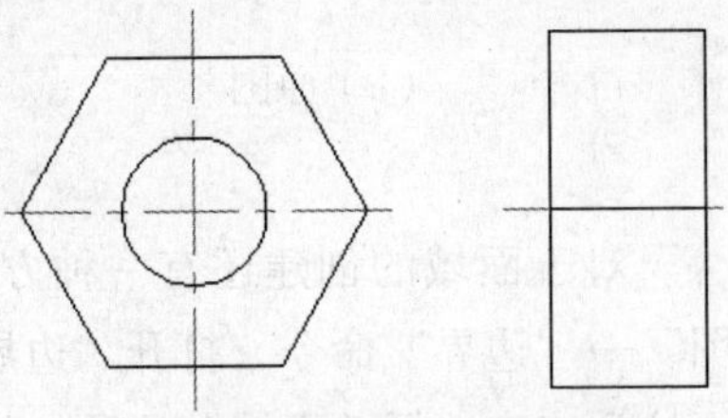

图2-66　六角螺母

01 启动AutoCAD 2012，打开“六角螺母.dwg”文件，效果如图2-67所示。在状态栏中单击“对象捕捉”命令图标，打开对象捕捉。在命令行中输入L执行直线绘制命令，选择右侧的竖直直线上方的点作为直线起点。将鼠标移向正右方，并在命令行中输入10.8；按Enter键；然后再将鼠标移向正下方，在命令行中输入24；然后将鼠标移向左方，在命令行中输入10.8，完成直线的绘制。同时绘制出中间的中心线处的直线，完成的效果如图2-68所示。

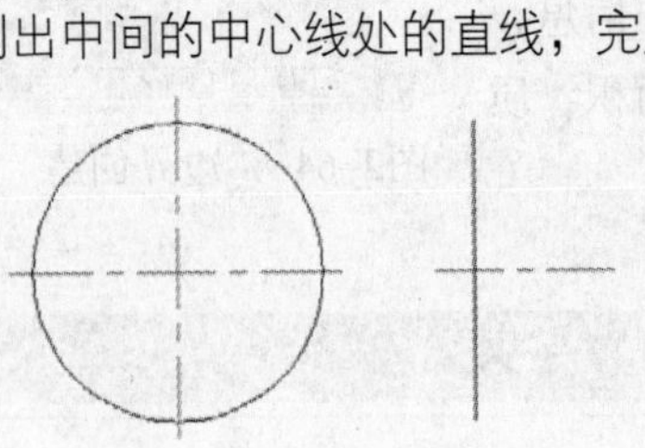

图2-67　原效果图

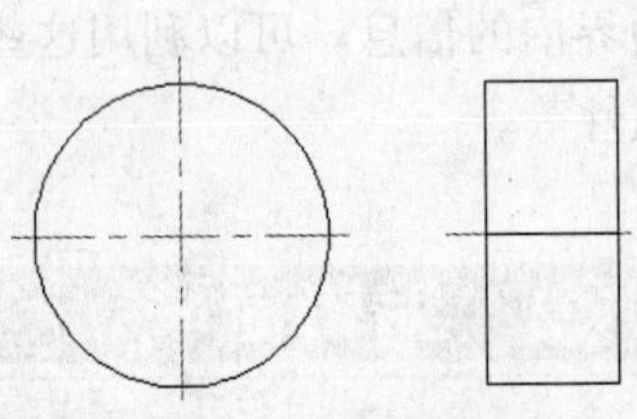

图2-68　绘制直线效果

02 在命令行中输入C执行画圆命令，选择左侧的中心线的交点为圆心，并且在命令行中输入半径5。按Enter键完成圆的绘制，效果如图2-69所示。

03 在命令行中执行POL命令，具体操作过程如下：

命令：POL	（执行POLYGON命令）
输入边的数目 <4>: 6	（输入6，并按Space键确定）
指定正多边形的中心点或 [边(E)]:	（单击如图2-69所示的圆心）
输入选项 [内接于圆(I)/外切于圆(C)] <I>: I	（选择“内接于圆”选项，并按Space键）
指定圆的半径: 12	（输入12，按Space键确定）

04 按Enter键完成绘制。选择外侧大圆，单击右键，选择“删除”命令，最终效果如图2-70所示。

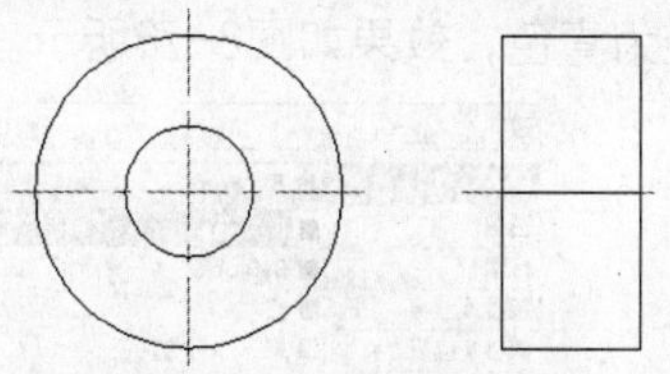

图2-69　绘制圆

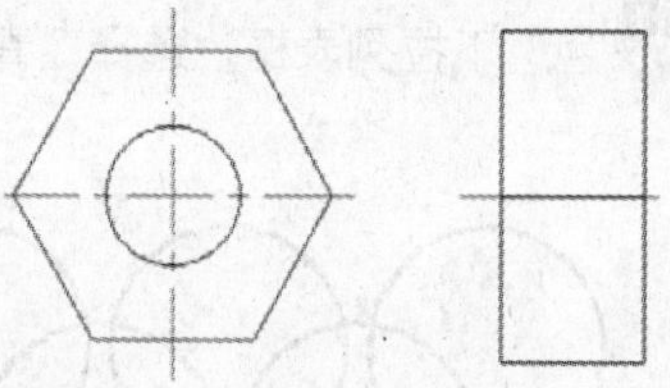

图2-70　最终效果图

2.6.2　实例2：绘制五环

利用本章学习的知识绘制如图2-71所示的五环。

01 启动AutoCAD 2012，新建名为“五环.dwg”文件。在状态栏中单击“对象捕捉”命令图标，打开对象捕捉。首先在命令行中输入C执行圆的绘制，在绘图区中任意单击一点作为圆的圆心，在命令行中输入半径为25。完成的效果如图2-72所示。

图2-71　五环

02 按Enter键继续执行圆的绘制命令。在命令行中输入FROM，选择原来的圆心作为基点，然后在命令行中输入偏移量为“@55，0”，再输入半径为25，按Enter键完成圆的绘制，效果如图2-73所示。

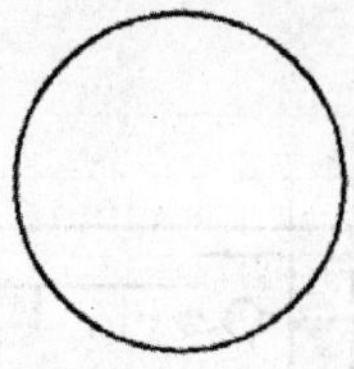

图2-72　绘制圆

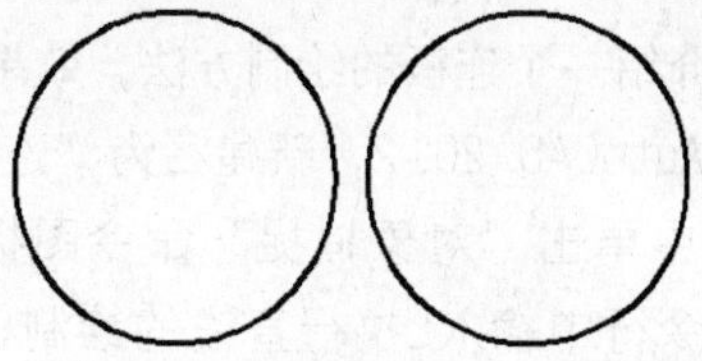

图2-73　绘制第二个圆

03 按Enter键继续执行圆的绘制命令。在命令行中输入FROM，选择第一个圆的圆心作为基点，然后在命令行中输入偏移量为“@110，0”，再输入半径为25，按Enter键完成圆的绘制，效果如图2-74所示。

04 按Enter键继续执行圆的绘制命令。在命令行中输入FROM，选择第一个圆的圆心作为基点，然后在命令行中输入偏移量为“@27.5，-20”，再输入半径为25，按Enter键完成圆的绘制，效果如图2-75所示。

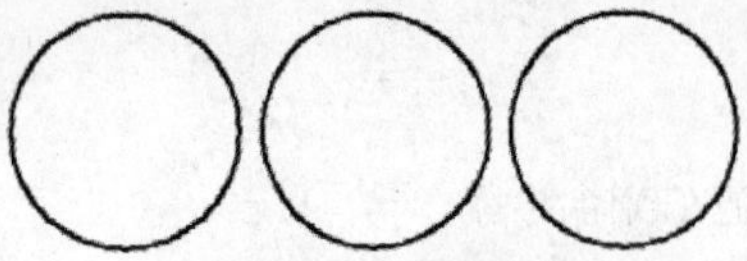

图2-74　绘制第三个圆

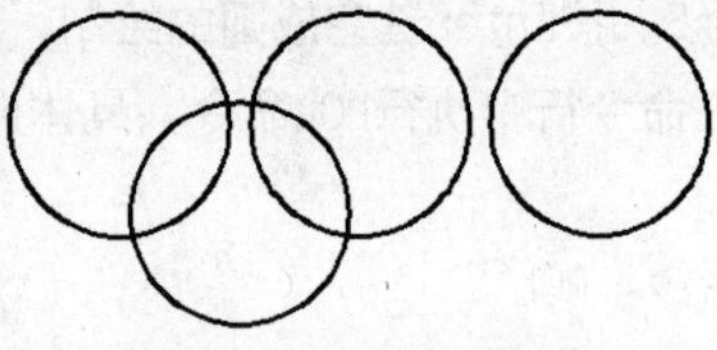

图2-75　绘制第四个圆

05 按Enter键继续执行圆的绘制命令。在命令行中输入FROM，选择第一个圆的圆心作为基点，然后在命令行中输入偏移量为“@82.5，-20”，再输入半径为25，按Enter键完成圆的绘制，效果如图2-76所示。

06 下面进行圆颜色的改变。双击其中第一个圆，系统会弹出如图2-77所示的对话框，单击“颜色”下拉列表框，选择“青”，即将第一个圆的颜色改变为青色，效果如图2-78所示。

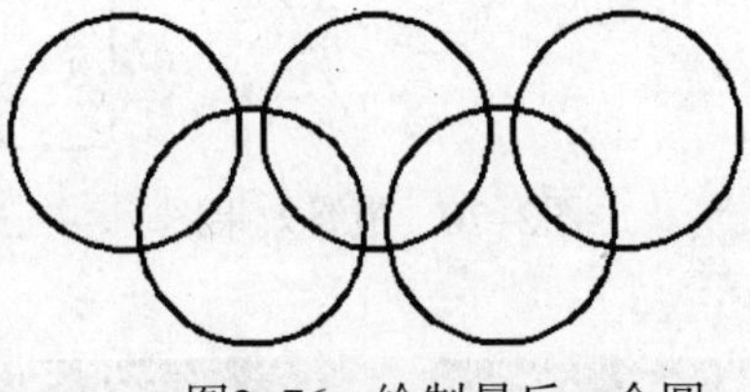

图2-76　绘制最后一个圆

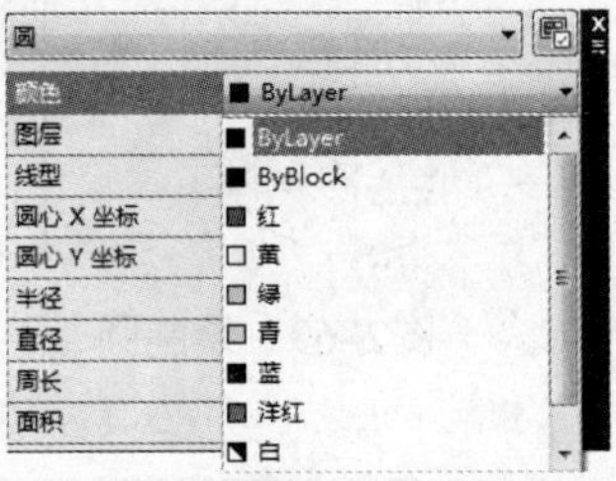

图2-77　改变颜色

07 同样的方法将其余4个圆的颜色改变成对应的颜色，完成最终的绘制。最终效果如图2-79所示。

图2-78　更改颜色

图2-79　最终效果

2.6.3　实例3：绘制连板

下面介绍一个连板的绘制方法，效果如图2-80所示。

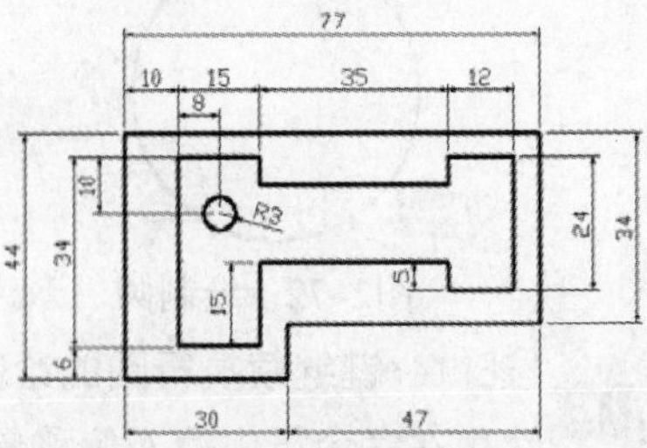

图2-80　连板效果图

01 启动AutoCAD 2012，新建名为“连板.dwg”文件。在状态栏中单击“对象捕捉”命令图标，打开对象捕捉。首先在命令行中输入L执行直线的绘制，在绘图区中任意单击一点作为直线的起点。将鼠标移向正右方，在命令行输入77，按Enter键；将鼠标移向正下方，在命令行中输入34，按Enter键；将鼠标移向左方并在命令行中输入47，按Enter键；将鼠标移向下方并在命令行中输入10，按Enter键；将鼠标移向左方，在命令行中输入30，按Enter键；再向上方绘制一条长为44的直线，按Enter键完成绘制，效果如图2-81所示。

02 用同样的方法创建内侧的形状。在命令行中输入L执行直线绘制命令，然后在命令行中输入FROM，这时系统提示选择基点，这里选择最左上角的点作为基点。在命令行中输入“@10，-4”作为直线的起点，将鼠标移向右侧并输入15，再向下绘制5的长度，向右绘制35的长度，向上绘制5，向右绘制12，向下绘制24，向左绘制12，向上绘制5，再向左绘制35，再向下绘制15，向左绘制15，向上绘制34，按Enter键完成创建，效果如图2-82所示。

03 最后进行内侧圆的绘制。在命令行中输入C执行绘制圆的命令，然后输入FROM，选择内侧图形左上角的点作为基点，在命令行中输入“@8，-10”作为圆心，输入3作为半径。按Enter键完成绘制，最终效果如图2-83所示。

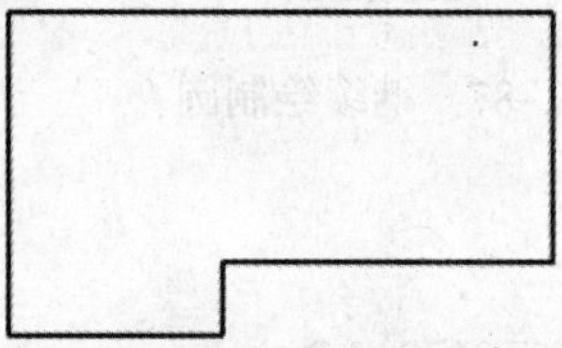
图2-81　绘制直线效果

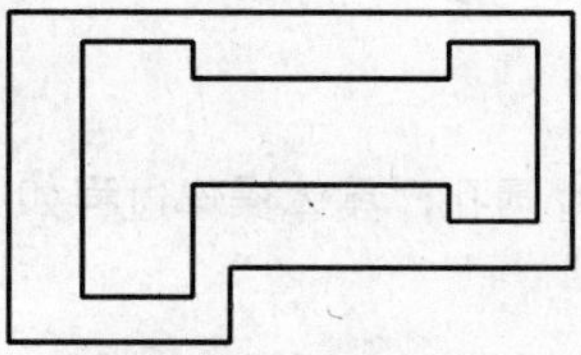
图2-82　绘制直线

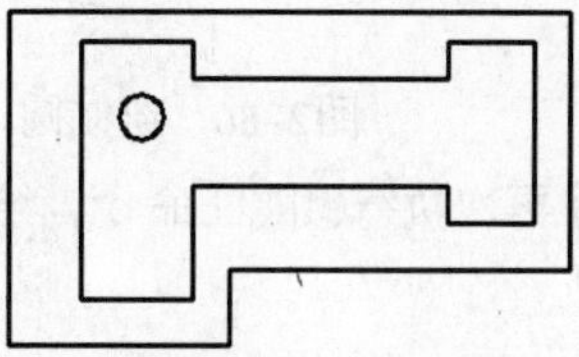
图2-83　最终效果

2.6.4　实例4：绘制垫片

下面进行垫片的创建，主要用到圆及椭圆的绘制内容。

01 打开“垫片.dwg”图形文件（光盘:\原始文件\第2章\垫片.dwg），在命令行执行ELLIPSE命令，具体操作过程如下：

命令：ELLIPSE　（执行ELLIPSE命令）
指定椭圆的轴端点或 [圆弧(A)/中心点(C)]:C　（选择“中心点”选项）
指定椭圆的中心点:　（单击如图2-84所示的中心点）
指定轴的端点：@25，0　（输入端点坐标“@25，0”，按Space键确认）
指定另一条半轴长度或 [旋转(R)]：10　（输入10，按Space键确认，绘制完成的效果如图2-85所示）

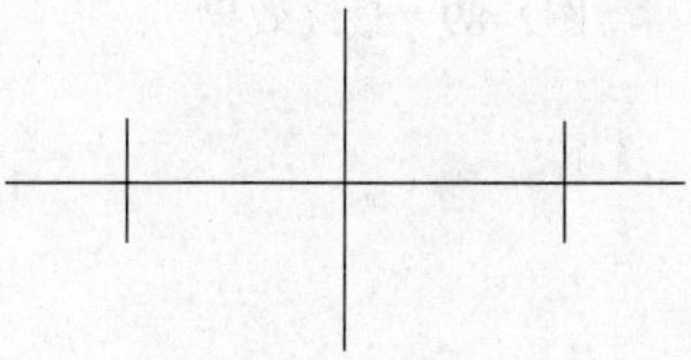
图2-84　原效果

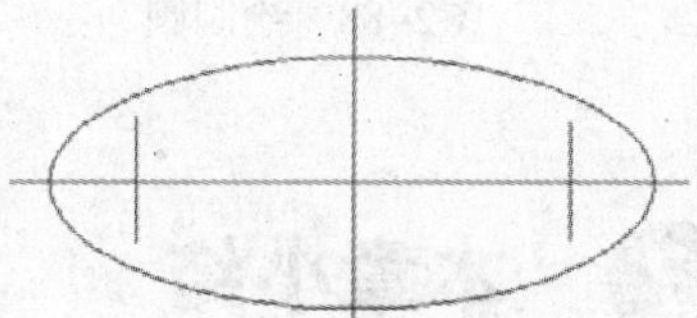
图2-85　绘制椭圆

02 执行CIRCLE命令，绘制圆，具体操作过程如下：

命令：CIRCLE　（执行CIRCLE命令）
指定圆的圆心或[三点(3P)/两点(2P)/相切、相切、半径(T)]：（单击椭圆的中心作为圆心）
指定圆的半径或[直径(D)]：5　（输入半径5，并按Enter键确认，绘制完成的效果如图2-86所示）

03 再次执行CIRCLE命令，具体操作过程如下：

命令：CIRCLE （执行CIRCLE命令）
指定圆的圆心或[三点(3P)/两点(2P)/相切、相切、半径(T)]：（以上一圆的圆心为圆心）
指定圆的半径或[直径(D)]：7 （输入半径7，并按Enter键确认，绘制完成的效果如图2-87所示。）

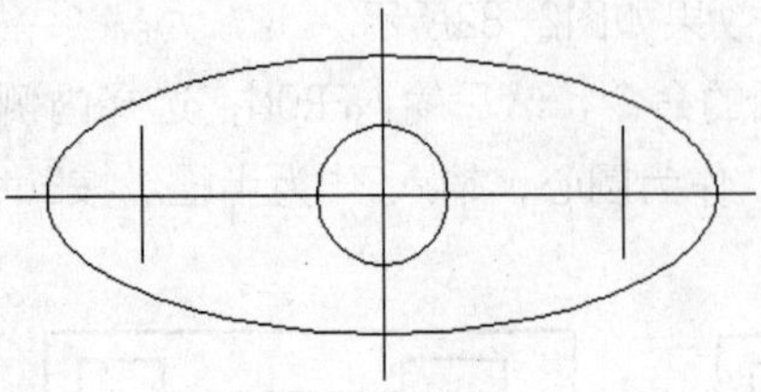

图2-86 绘制圆

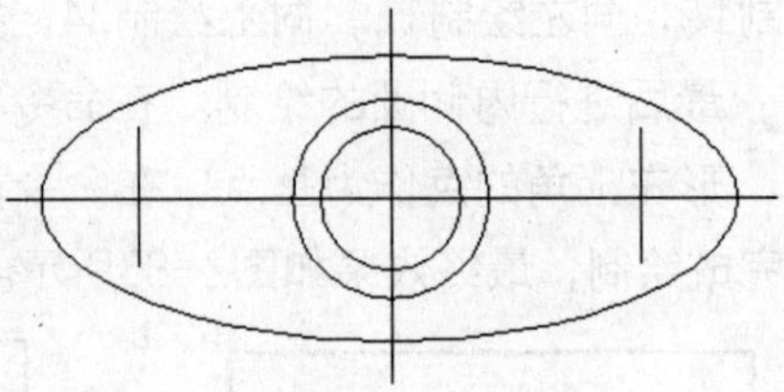

图2-87 继续绘制圆

04 再次执行CIRCLE命令，绘制垫片圆孔，具体操作过程如下：

命令：CIRCLE （执行CIRCLE命令）
指定圆的圆心或[三点(3P)/两点(2P)/相切、相切、半径(T)]： （单击左侧竖直中心线与水平中心线的交点处）
指定圆的半径或[直径(D)]：D （选择“直径”选项）
指定圆的直径 <15.0000>：5 （输入5，并按Enter键确认，绘制完成的效果如图2-88所示）

05 按照相同的方法，绘制垫片右边的孔，绘制完成的效果如图2-89所示（光盘:\最终文件\第2章\垫片.dwg）。

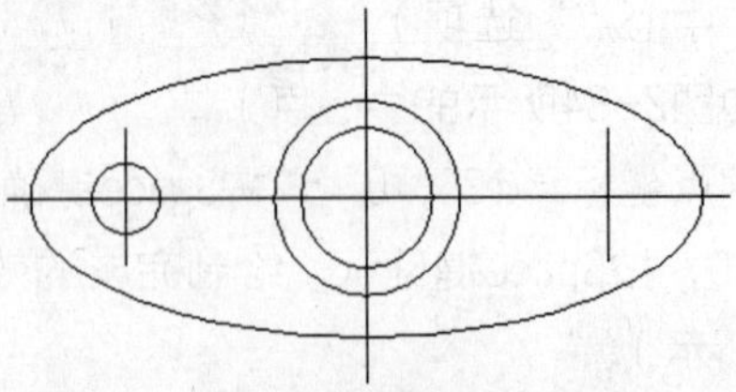

图2-88 绘制圆

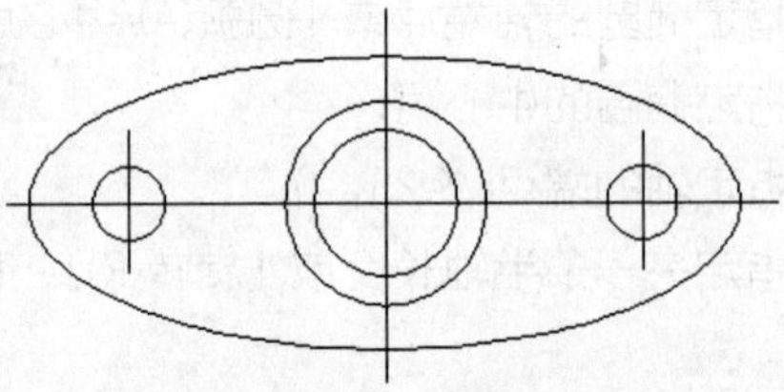

图2-89 最终效果

2.7 本章小结

本章主要介绍了AutoCAD如何绘制二维图形。从最基础的单点、多点到比较复杂的直线、射线、构造线等，再到圆、多边形，以及样条曲线、多段线等，这些操作都是AutoCAD最核心的部分，能否学好AutoCAD本章是最关键的章节之一。大体上，本章的主要内容可归纳为以下几个方面：

（1）介绍了世界坐标系（WCS）和用户坐标系（UCS）。

（2）学习了点的设置及点的插入。

（3）讲解了用AutoCAD进行直线类图形的创建。

（4）讲解了用AutoCAD进行曲线类图形的创建。

（5）学习了面域的基础知识及对面域的基本编辑。

2.8 课后练习

下面给出了3个练习题（见图2-90），希望读者可以根据之前学过的知识内容绘制，达到学以致用的目的。

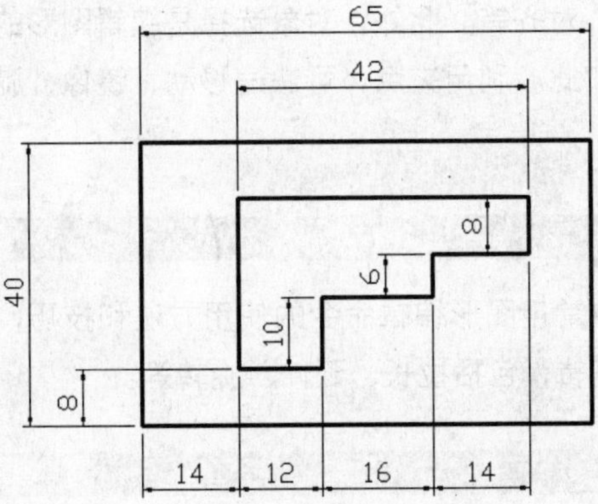

（a）练习1

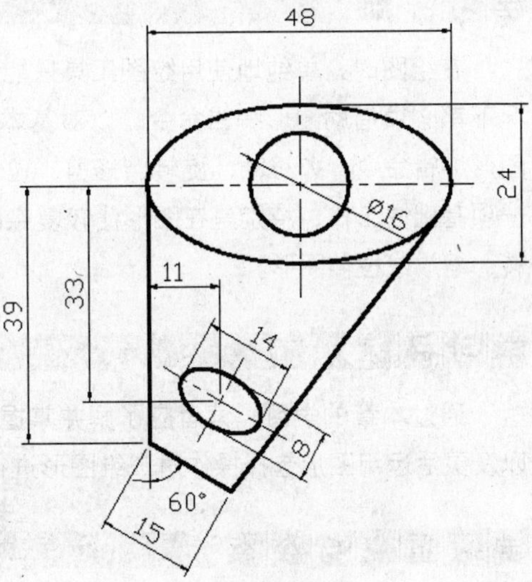

（b）练习2

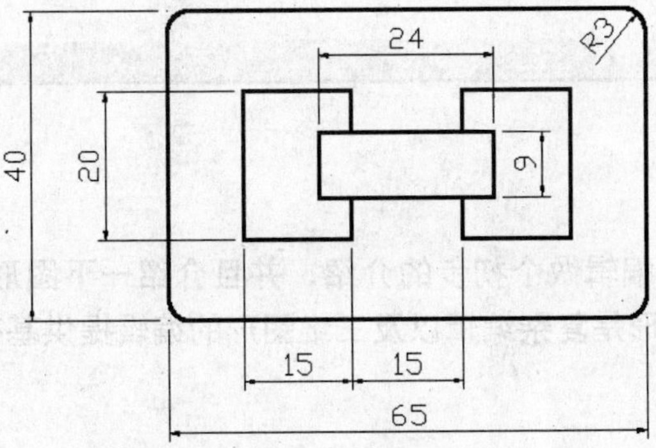

（c）练习3

图2-90　练习

第3章 二维图形的初级编辑

学习导航

在绘图时，单纯地使用绘图工具只能绘制一些简单图形。为了获得所需图形，在很多情况下都必须借助图形编辑命令，以对基本图形对象进行加工。在AutoCAD中，提供了丰富的图形编辑命令，如移动、旋转、修剪、拉长、复制、对齐等。此外，对象选择是编辑图形的一项基础性工作，特别是在图形比较复杂时，更是如此。利用夹点，可快速移动、镜像、旋转、缩放或拉伸图形。

学习目标

通过本章的学习，读者应了解并掌握AutoCAD中常用图形编辑命令的使用方法和技巧，以及灵活运用图形选择操作对二维图形进行简单的编辑，包括拉长、延伸、旋转等。

学习重点与难点

- □ 图形对象的选择方法
- □ 图形大小的编辑
- □ 图形位置的编辑

本章将对二维图形的编辑做个初步的介绍，并且介绍一下图形对象的选择及简单的编辑方法，这将为图形是复杂编辑以及三维图形的编辑提供基础。

3.1 选择对象

要编辑对象，必须首先选择对象，因此正确快速地选择对象是进行图形编辑的基础。其中，要选择单个对象，直接单击对象就可以了。下面重点介绍选择多个对象的方法，以及改变选择集（所有被选择的对象将组成一个选择集）的方法。

3.1.1 常用选择方法

在AutoCAD 2012中，选择“工具”→“选项”命令，打开“选项”对话框，可确定模式、修改拾取框的大小等。选择对象的方法有单击对象选择、利用矩形窗口或交叉窗口选择。可以选择新创建的对象，也可以选择以前的图形对象，还可以添加或删除对象。选择对象的命令是SELECT。

1. 选择单个对象

绘图时，经常会出现单个对象的不合理或者需要对某一个单个对象进行编辑，这时需要对单个对象进行选择。选择单个图形对象，可以使用点选的方式进行选择，即直接在绘图区中单击图形对象，可选择该图形对象，如图3-1所示为选择一段圆弧。如果连续单击其他对象则可同时选择多个对象，如图3-2所示。

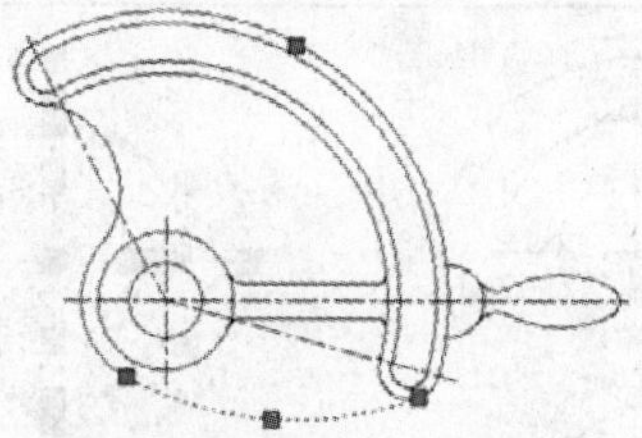

图3-1　选择单个对象

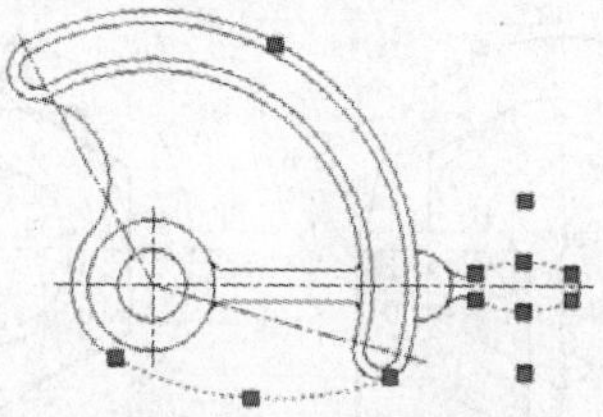

图3-2　连续单击其他对象

2. 选择多个对象

有的时候仅仅每次选择一个对象，影响设计效率。当要选择的对象比较多而且又比较集中的时候，可用下面的几种方式进行选择。

（1）框选对象

在选择多个图形对象时，可以使用框选的方法进行选择。框选方法有多种，比较常见的就是矩形框选和交叉框选。下面分别进行详细的讲解。

- 矩形框选。矩形框选是指按住鼠标左键不放向右上方或右下方进行拖动，此时在绘图区中将出现一个矩形方框，释放鼠标后，被方框完全包围的对象将会被选择，具体操作过程如下：在需要选择的图形对象的左上方单击，如图3-3所示；呈对角拖动鼠标，在图形对象的右下方单击结束选择，如图3-4所示。
- 交叉框选。交叉框选的方法与矩形框选类似，两者的区别在于选择图形对象的方向相反。交叉框选是将鼠标光标移至图形对象的右侧，按住鼠标左键不放向左上方或左下方拖动鼠标，此时在绘图区中将出现一个虚线显示的方框，释放鼠标后，与方框相交和被方框完全包围的对象都将被选择，具体操作过程如下：在需要选择图形对象的右上方单击，如图3-5所示；呈对角拖动鼠标，在图形对象的左下方单击鼠标结束选择，完后的效果如图3-6所示。

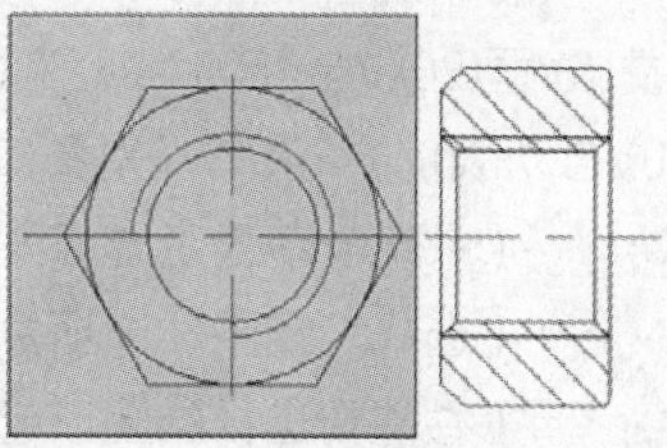

图3-3　矩形框选

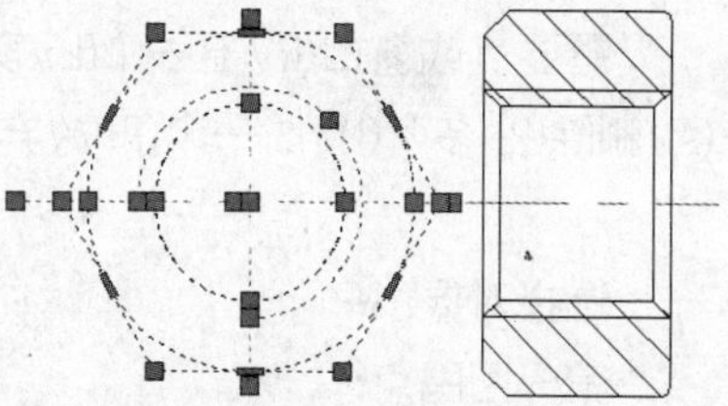

图3-4　框选效果图

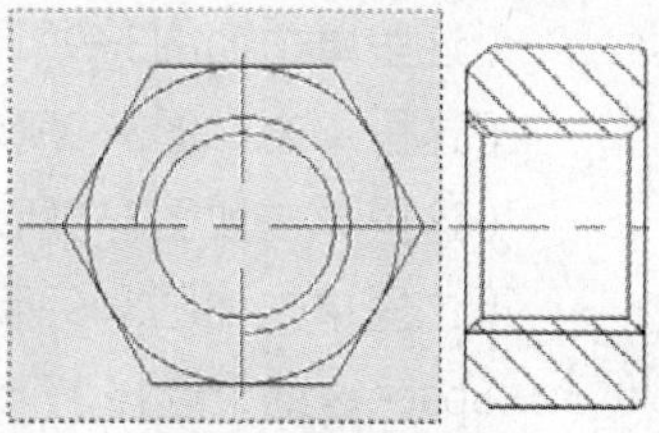

图3-5　交叉框选

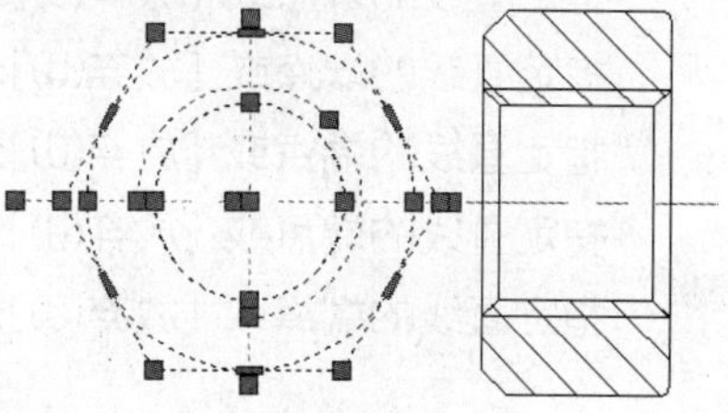

图3-6　框选效果图

注意

矩形框选的矩形框是由细实线构成的，而交叉框选的矩形框是由虚线构成的，而且它们的颜色也不相同。矩形框选和交叉框选未完全覆盖某一个对象时，选择的结果是不同的，读者可以自己体会一下，图3-7和图3-8的对比给出了结论。当用矩形框选时，只有将对象全部选择时才能选中；交叉框选选择时，沾边即可选中。

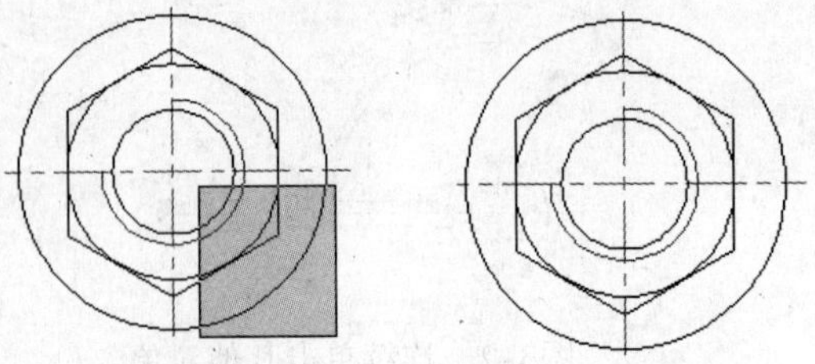

（a）矩形框选　（b）框选结果

图3-7　矩形框选及结果

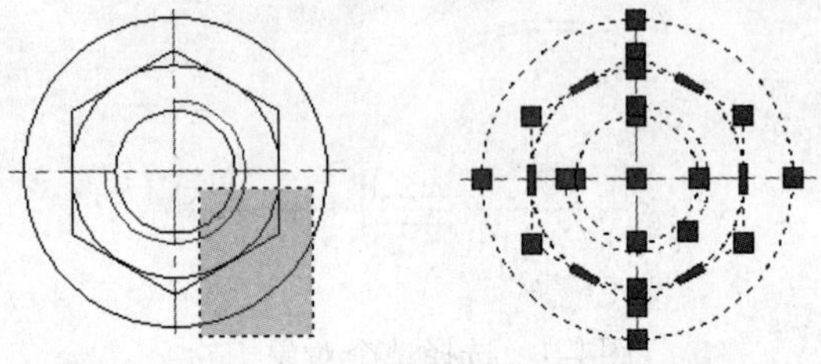

（a）交叉框选　（b）框选结果

图3-8　交叉框选及结果

（2）围选对象

在选择比较复杂的图形对象时，推荐使用围选对象的方式来进行选择，此方式自主性强。围选对象方式包括圈围和圈交两种。

- 圈围对象。圈围对象相对于其他选择方式来说更实用，它是一种多边形窗口的选择方式，可以构造任意形状的多边形，并且多边形框呈实线显示，完全包含在多边形区域内的对象均被选中。在命令行中执行SELECT命令，具体操作过程如下：

命令: SELECT　（执行SELECT命令并按Space键）

选择对象: ?　（输入“?”符号）

无效选择　（系统自动显示）

需要点或窗口(W)/上一个(L)/窗交(C)/框(BOX)/全部(ALL)/栏选(F)/圈围(WP)/圈交(CP)/编组(G)/添加(A)/删除(R)/多个(M)/前一个(P)/放弃(U)/自动(AU)/单个(SI)/子对象(SU)/对象(O)

（系统自动显示选择方式）

选择对象: WP　（选择“圈围”选项并按Space键）

第一圈围点:　（在需要选择的图形起始位置单击，这里单击如图3-9所示的A点，作为第1个圈围点）

指定直线的端点或 [放弃(U)]:　（这里单击如图3-9所示的B点，作为第2个圈围点）

指定直线的端点或 [放弃(U)]:　（这里单击如图3-9所示的C点，作为第3个圈围点）

指定直线的端点或 [放弃(U)]:　（这里单击如图3-9所示的D点，作为第4个圈围点）

指定直线的端点或 [放弃(U)]:　（这里单击如图3-9所示的E点，作为第5个圈围点）

指定直线的端点或 [放弃(U)]:　（这里单击如图3-9所示的F点，作为第6个圈围点，并按Space键结束选择）

指定直线的端点或 [放弃(U)]: 找到22个

（提示选择了22个对象，虚线显示的中间部分为被选择的对象，完后的效果如图3-10所示）

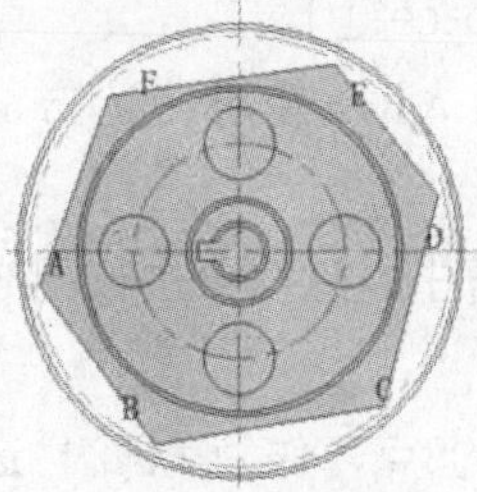

图3-9　圈围对象

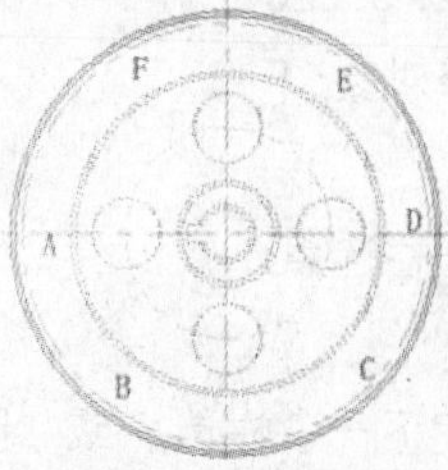

图3-10　效果图

- 圈交对象。圈交方式类似于交叉框选，不同的是圈交对象是绘制一个任意闭合但不能与选择框自身相交或相切的多边形，多边形框呈虚线显示，选择完毕后与多边形框相交或被其完全包围的对象都会被选择。在命令行中执行SELECT命令，具体操作过程如下：

命令：SELECT　　（执行SELECT命令并按Space键）
选择对象：?　　（输入"?"符号）
无效选择　　（系统自动显示）
需要点或窗口(W)/上一个(L)/窗交(C)/框(BOX)/全部(ALL)/栏选(F)/圈围(WP)/圈交(CP)/编组(G)/添加(A)/删除(R)/多个(M)/前一个(P)/放弃(U)/自动(AU)/单个(SI)/子对象(SU)/对象(O)
（系统自动显示选择方式）
选择对象：CP　　（选择"圈交"选项并按Space键）
第一圈交点：　　（在需要选择的图形附近单击，如这里单击如图3-11所示的A点，作为第1个圈交点）
指定直线的端点或 [放弃(U)]：　　（这里单击如图3-11所示的B点，作为第2个圈交点）
指定直线的端点或 [放弃(U)]：　　（这里单击如图3-11所示的C点，作为第3个圈交点）
指定直线的端点或 [放弃(U)]：　　（这里单击如图3-11所示的D点，作为第4个圈交点）
指定直线的端点或 [放弃(U)]：　　（这里单击如图3-11所示的E点，作为第5个圈交点）
指定直线的端点或 [放弃(U)]：　　（这里单击如图3-11所示的F点，作为第6个圈交点并按Space键结束选择）
指定直线的端点或 [放弃(U)]：找到21个（提示选择了21个对象，虚线显示的对象为被选择的对象，完后的效果如图3-12所示）

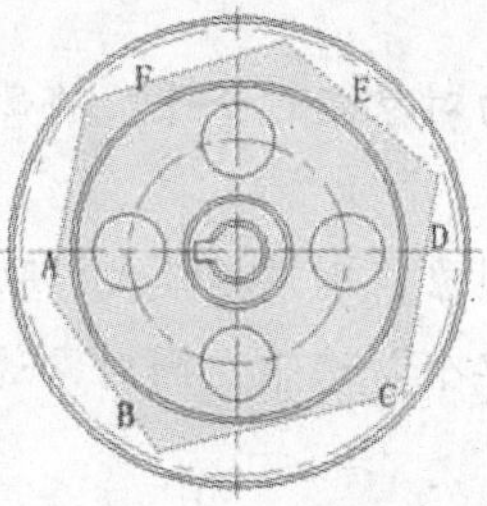

图3-11　圈交对象

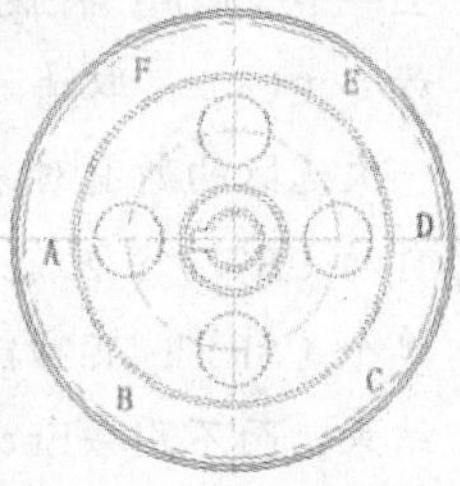

图3-12　效果图

（3）栏选对象

在选择连续性图形对象时，可以使用栏选对象的方式。该方式是通过绘制任意折线来选择对象，凡是与折线相交的图形对象都会被选择。在命令行中执行SELECT命令，具体操作过程如下：

命令: SELECT （执行SELECT命令，并按Space键）
选择对象: F （输入选择方法，这里输入F，使用栏选方法，并按Space键）
第一栏选点: （在需要选择的图形附近单击，这里单击如图3-13所示的A点，作为第1个栏选点）
指定下一个栏选点或 [放弃(U)]: （这里单击如图3-13所示的B点，作为第2个栏选点）
指定下一个栏选点或 [放弃(U)]: （这里单击如图3-13所示的C点，作为第3个栏选点）
指定下一个栏选点或 [放弃(U)]: （这里单击如图3-13所示的D点，作为第4个栏选点，并按Space键结束选择）
指定下一个栏选点或 [放弃(U)]: 找到 11 个
（提示选择了11个对象，虚线显示的对象为被选择的对象，完后的效果如图3-14所示）

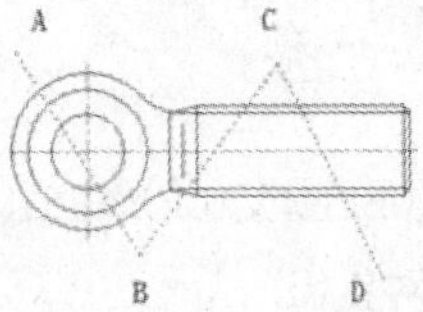

图3-13 栏选点

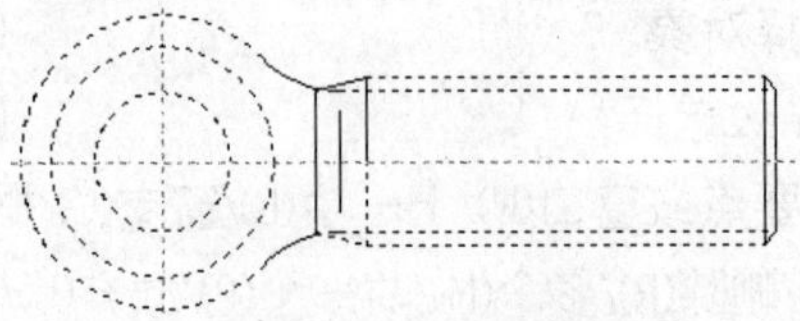
图3-14 选择效果

从图3-13和图3-14中可以看出，只要与栏选线相交的图形对象即被选中，否则都是选不中的对象。

命令提示行中的其余选项，也都有着不同的意义，下面对其进行介绍。

- 上一个（L）：可选取图形窗口内可见对象中最后创建的对象，无论使用几次该选项，都只有一个对象被选中。
- 全部（ALL）：用来选取图形中没有被锁定、关闭或冻结的图层上的所有对象。
- 编组（G）：使用组名字来选择一个已定义的对象编组。
- 添加（A）：通过设置PICKADD系统变量把对象加入到选择中，设1（默认）则后面所选择的对象均加入到选择中，设0则最近所选择的对象均加入到选择中。
- 删除（R）：可从选择对象中移除已选取的对象，只需单击要移除的对象即可。
- 多个（M）：可以选取多个点但不醒目显示对象，这样可加速选择对象。
- 上一个（P）：将最近的选择设置为当前选择。
- 放弃（U）：取消最近的对象选择操作，如最后一次选取的对象超过一个，将删除最后一次选取的所有对象。
- 自动（AU）：功能为自动选取对象，一旦第一次拾取一个对象，则“框模式”取消。
- 单个（SI）：其功能与其他选项配合使用，但提前使用“单个”选项，则对象选取自动结束，而不用按Enter键。

3.1.2 其他选择方法

除了前面介绍的几种选择对象方法外，还有其他一些选择方法，如快速选择和对象编组选择、过滤选择等。

1. 快速选择对象

在AutoCAD中，需要选择具有某些共同特点的对象时，可以利用“快速选择”对话框，根据所选择对象的图层、线型、颜色、图案填充等项的要求和特征来进行选择。调用该命令的方法如下：

- 在“常用”选项卡的“实用工具”组中，单击“快速选择”按钮。
- 在命令行中执行QSELECT命令。

执行上述任意一种命令后，都将弹出如图3-15所示的“快速选择”对话框。使用该对话框，可以对图形对象进行快速选择。

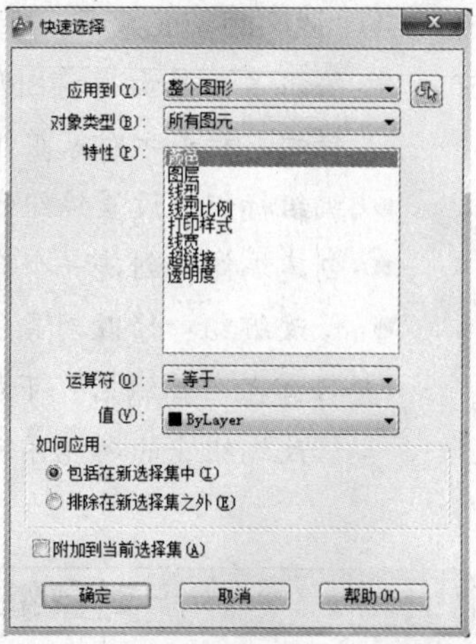

图3-15 “快速选择”对话框

边学边练 018 快速选择对象

01 打开“皮带轮.dwg”图形文件（光盘:\原始文件\第3章\皮带轮.dwg），效果如图3-16所示。

02 在命令行中执行QSELECT命令，弹出“快速选择”对话框。在该对话框的“应用到”下拉列表中选择“整个图形”选项，在“特性”列表框中选择“图层”选项，并且选择“运算符”为“=”，“值”选择“尺寸标注”，如图3-17所示。

03 完成设置后，单击“确定”按钮关闭对话框，返回到绘图区，图中所有符合设置的对象都被选取，如图3-18所示。

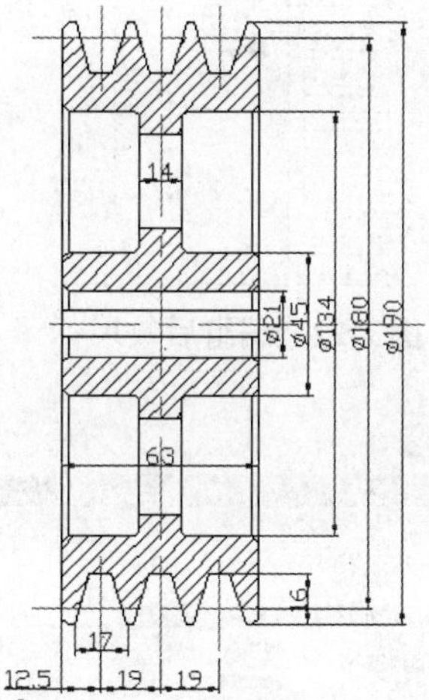

图3-16 效果图

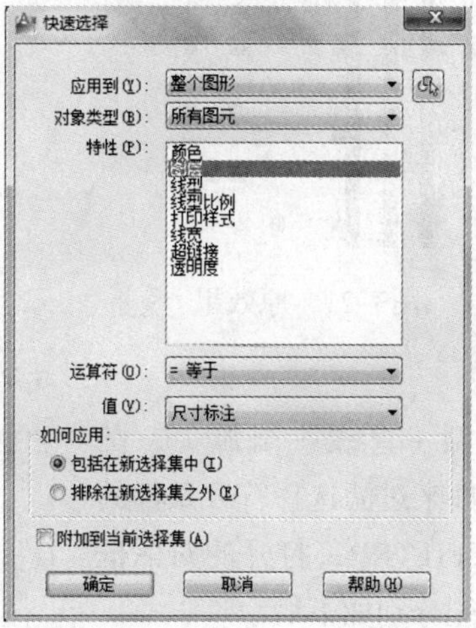

图3-17 “快速选择”对话框

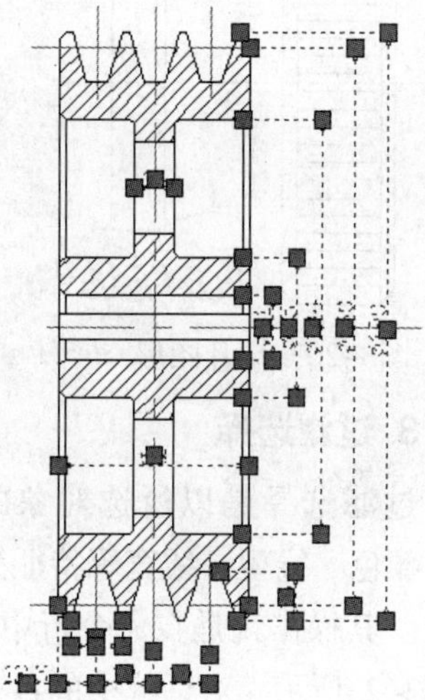

图3-18 选择效果

2. 对象编组

对象编组是已命名的对象选择集，一个对象可以是多个编组成员，并与图形一起保存。其操作是在命令行中输入GROUP，这时系统会弹出如图3-19所示的“对象编组”对话框。将图形对象进行编组来创建一种选择集，会使编辑对象更灵活。也可以使用“对象编组”对话框“修改编组”选项组中的选项修改编组中的单个对象或对象编组本身。

各个选项的功能如下所示。

- 编组名：显示当前图形中已有的对象编组名字，“可选择的”栏表示对象编组是否可选。
- 编组标识：设置编组的名称和说明。
- 创建编组：创建一个有名或无名的新组等。
- 修改编组：修改对象编组中单个成员或对象编组本身，只有在“编组名”下拉列表中选择了一个对象编组时，修改编组中的功能才可以使用。

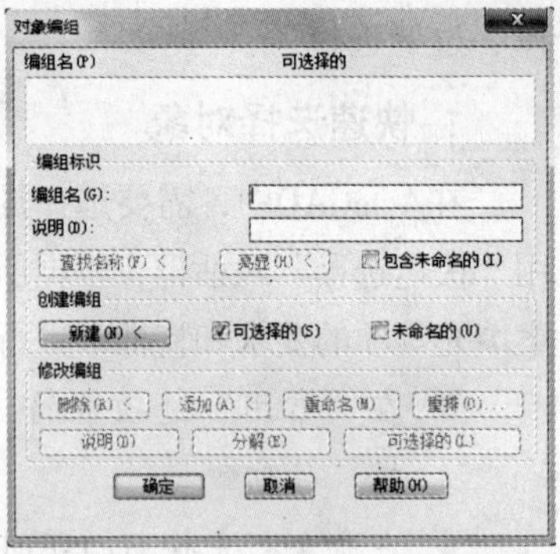

图3-19 “对象编组”对话框

边学边练 019 对象编组

01 启动AutoCAD 2012，单击快速访问工具栏中的“打开”按钮，弹出“选择文件”对话框，选择“滚花螺母.dwg”图形文件（光盘:\原始文件\第3章\滚花螺母.dwg），然后单击“打开”按钮，如图3-20所示。

02 框选绘图区中的所有对象，单击右键，选择“组”→“组”命令。从图3-21中可以看出编组以前的选择效果。

03 如图3-22所示为编组以后的效果。

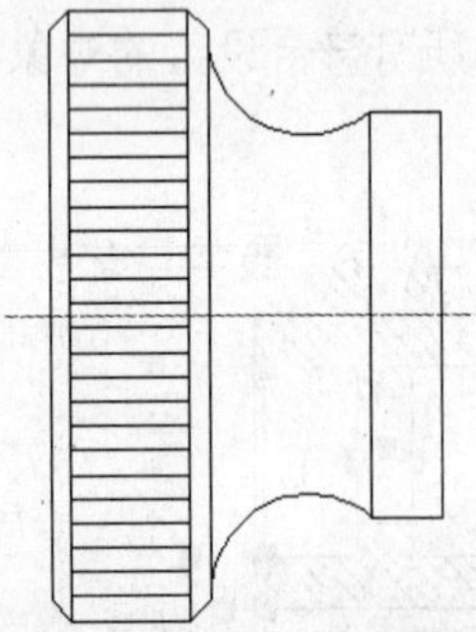

图3-20 打开图形

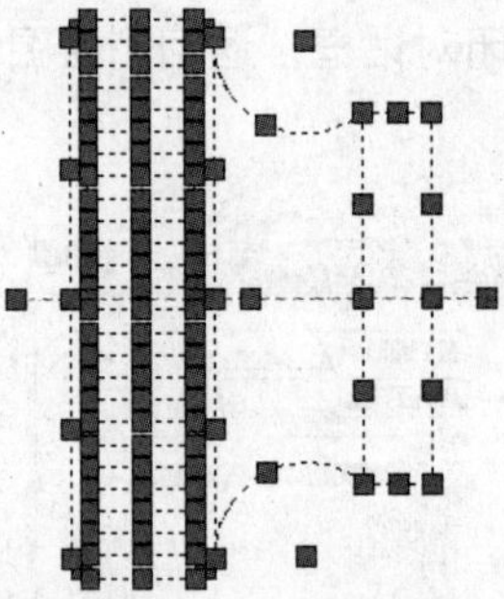

图3-21 原效果

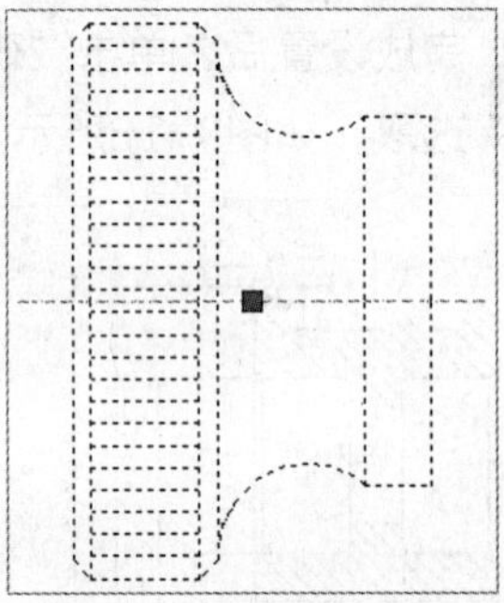

图3-22 编组后效果

3. 过滤选择

过滤选择是以所选对象的类型（直线、圆弧）、图层、颜色、线型、线宽等特征为条件来过滤选择符合条件的对象。其操作就是在命令行中输入FILTER，打开的对话框如图3-23所示。对话框中的各项功能分别如下所示。

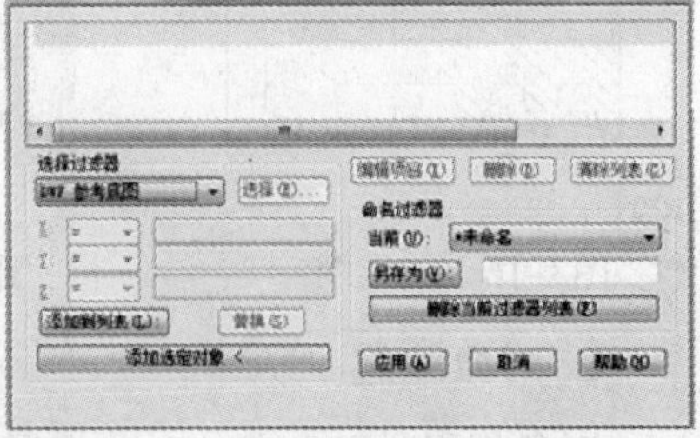

图3-23 “对象选择过滤器”对话框

- 选择过滤器：设置选择过滤器，包括“类型选择”、“对象特性”、“关系运算”、“添加到列表”、“替换”、“添加对象”等。
- 编辑项目：单击该按钮，能编辑过滤器列表框中选中的项目。
- 删除：单击该按钮，能删除过滤器列表框中选择的项目。

- 清除列表：单击该按钮，能删除过滤器列表框中选中的所有项目。
- 命名过滤器：选择已命名的过滤器，包括“当前”、“另存为”、“删除当前过滤器列表”等。

边学边练 020 过滤选择

01 启动AutoCAD 2012，单击快速访问工具栏中的“打开”按钮，弹出“选择文件”对话框，选择“过滤.dwg”图形文件（光盘:\原始文件\第3章\过滤.dwg），然后单击“打开”按钮，如图3-24所示。

02 在命令行中输入FILTER，在“选择过滤器”下拉列表框中选择“**开始OR”，单击“添加到列表”按钮，将其添加到过滤器列表框中，表示以下各项目为“或”的关系。

03 同样的方法分别添加“圆”，“**结束OR”到过滤器列表框中。完成的添加为：

**开始OR
对象=圆
**结束OR

04 单击“应用”按钮，用框选方法选择所有图形。系统将过滤出满足条件的对象并选中，如图3-25所示的两圆弧被选中。

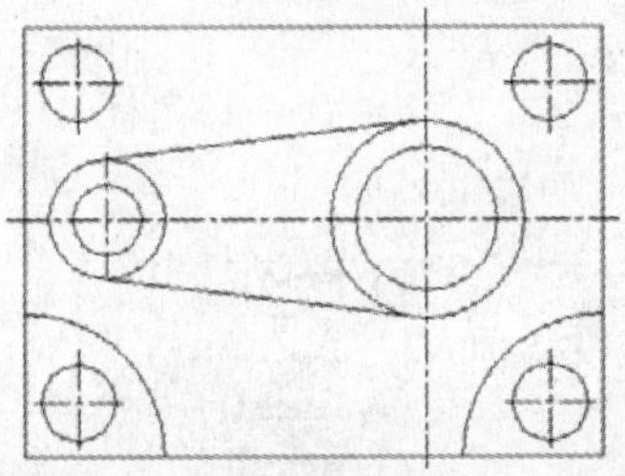
图3-24 原图

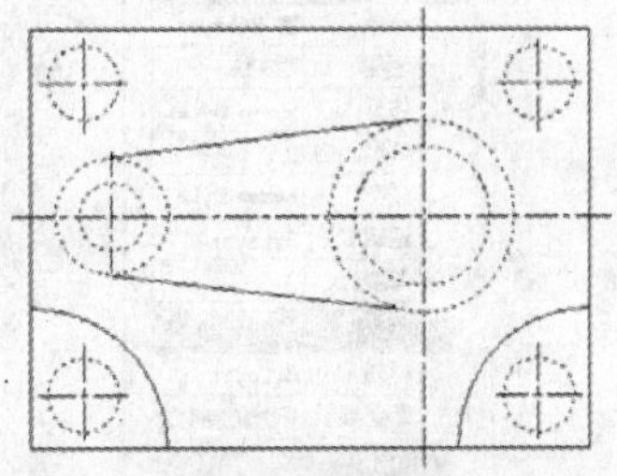
图3-25 效果图

3.1.3 在选择集中增加和删除对象

用户在编辑图形过程中，常常不能一次选中所需要的图形对象，所以需要在选择集中增加和删除对象。要增加对象，可直接单击对象或利用矩形窗口、交叉窗口选择要加入的对象；要删除对象，可按住Shift键，再从选择集中选择要删除的对象。

在选择集中增加和删除对象的过程如下：图3-26为交叉框选对象的范围；图3-27为选择的效果；图3-28是将A从选择中删除，然后选择B为选择对象。

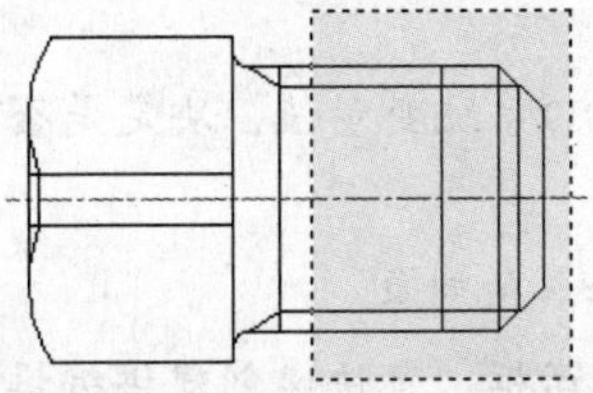
图3-26 选择对象

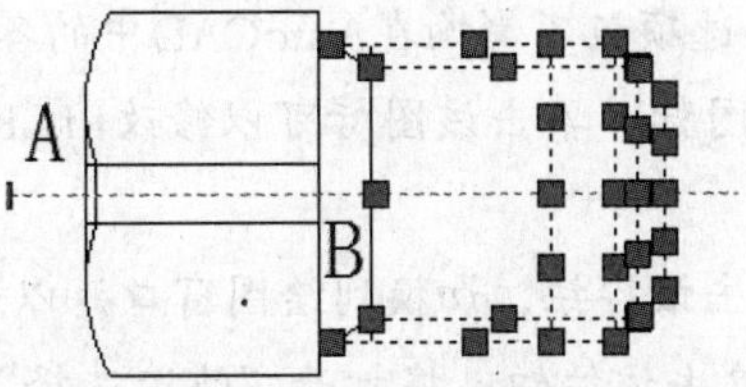

图3-27 选择效果

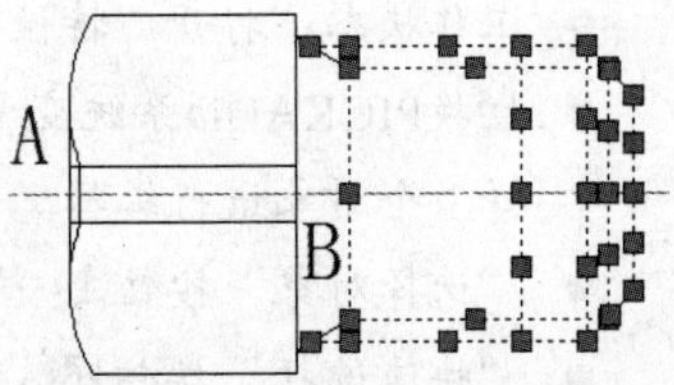

图3-28 删除和添加

3.2 特性与特性匹配

对象特性包含一般特性和几何特性。一般特性包括对象的颜色、线型、图层及线宽等，几何特性包括对象的尺寸和位置。这两个特性可以在“特性”选项板和“特性匹配”选项板中设置和修改。

3.2.1 “特性”选项板

对于该命令的执行可以有以下方式：

- 选择菜单栏中的“修改”→“特性”命令。
- 单击“标准”工具栏中的“特性”命令图标。
- 在命令行中输入PROPERTIES。

利用上述任何一种方式均可执行特性命令，这时系统会弹出如图3-29所示的选项板。左图为无选择状态，右图为选择状态。右键单击“特性”选项板的标题栏，弹出如图3-30所示的快捷菜单，用户可根据需要进行选择。

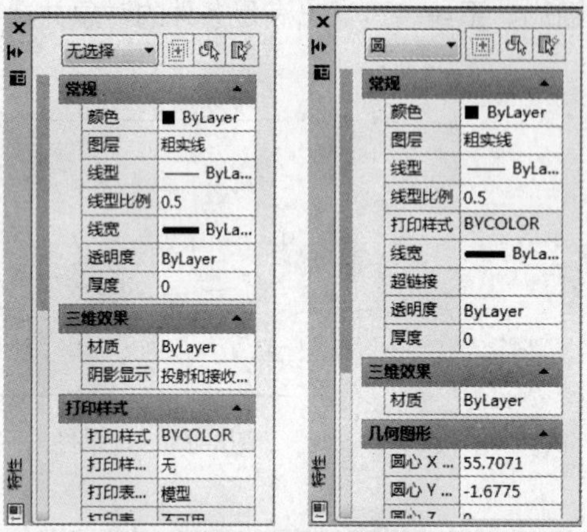

图3-29 “特性”选项板

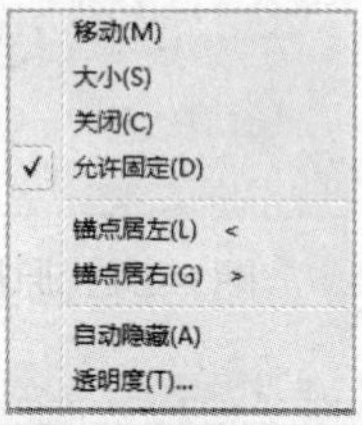

图3-30 快捷菜单

在“特性”选项板中，显示了当前所选对象的所有特性和特性值。当选中多个对象时，将显示它们的共有特性。“特性”选项板的具体功能如下所示。

- 对象类型：选择一个对象后，窗口内列出该对象的全部特性和当前设置；选择同一类型的多个对象后，则窗口内列出这些对象的共有特性和当前设置；选择不同类型的多个对象时，则窗口内只列出这些对象的基本特性和当前设置，如颜色、图层、线型、线型比例、打印样式、线宽等。
- 工作状态：打开“特性”选项板不影响在AutoCAD中的各种操作。
- 切换PICKADD系统变量图标：单击该图标可以修改PICKADD系统变量值，决定是否选择多个对象进行编辑。
- “选择对象”按钮：单击该按钮，切换到绘图窗口，以选择其他对象。
- “快速选择”按钮：单击该按钮，将打开“快速选择”对话框，可快速创建供编辑用的选择集。

- 特性栏：双击对象的特性栏，可显示该特性所有可能的取值。
- 修改特性值：修改所选对象的特性时，可直接输入新值、从下拉列表中选择值、通过对话框改变值，或利用“选择对象”按钮在绘图区改变坐标值。

3.2.2　特性匹配

特性匹配是将一个对象的某些或所有特性都复制到其他一个或多个对象中，可复制的特性有颜色、图层、线型、线型比例、线宽、厚度和打印样式、尺寸标注、文本和阴影图案等。执行特性匹配的方式有：

- 在菜单栏中选择“修改”→“特性匹配”命令。
- 在“标准”工具栏中单击“特性匹配”命令图标。
- 在命令行中输入MATCHPROP。

边学边练 021　特性匹配

01 启动AutoCAD 2012，打开“特性匹配.dwg”文件（光盘:\原始文件\第3章\特性匹配.dwg），如图3-31所示。在命令行中输入MATCHPROP，执行特性匹配命令。

02 命令行中提示选择源对象，这里选择正六边形为源对象，选择上面的圆形为目标对象。

03 按Enter键确定特性匹配并退出命令，最终完成的效果如图3-32所示。

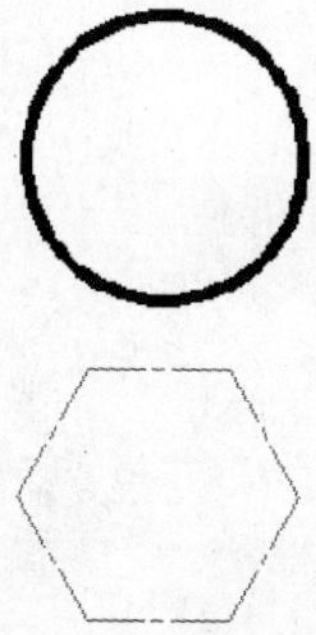

图3-31　原图

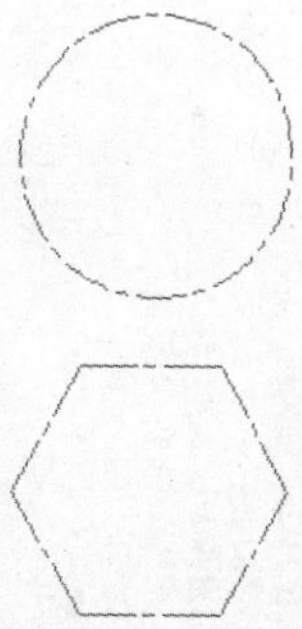

图3-32　匹配后

命令提示行中的“设置（S）”，其功能是打开“特性设置”对话框。在对话框中选中一个或多个复选框，可指定相应要复制的特性。

对话框“基本特性”选项组中的选项功能如下所示。

- 颜色：用于将目标对象的颜色改为源对象的颜色。
- 图层：用于将目标对象所在的图层改为源对象所在的图层，适用于所有对象。
- 线型：用于将目标对象的线型改为源对象的线型，“点”、“多行文字”等对象除外。
- 线型比例：用于将目标对象的线型比例改为源对象的线型比例，“属性”、“多行文字”等除外。
- 线宽：用于将目标对象的线宽改为源对象的线宽，适用于所有对象。

- 厚度：用于将目标对象的厚度改为源对象的厚度，适用于“圆弧”、“属性”、“圆”、“直线”、“点”、“文字”等对象。
- 打印样式：用于将目标对象的打印样式改为源对象的打印样式，适用于所有对象。

对话框“特殊特性”选项组中的选项功能与“基本特性”选项组中的作用类似，基本都是将目标对象的特性更改为源对象的特性。

3.2.3 “快捷特性”选项板

通过前面介绍的方式选择图形对象时，在绘图区会弹出一个“快捷特性”选项板，在该选项板中可以对图形对象的特性进行相关设置，如颜色、图层、线型、旋转等特性。下面进行详细的讲解。

边学边练 022 快捷特性

01 打开“快捷特性.dwg”图形文件（光盘:\原始文件\第3章\快捷特性.dwg），选择如图3-33所示的图形对象。

02 双击图形中的填充线。在绘图区弹出“快捷特性”选项板，在该选项板中可以对圆的颜色、图层和线型等特性进行设置。单击“颜色”选项，在该栏右侧的下拉列表中选择“绿色”选项；其余选项选择系统默认，如图3-34所示。这样即可将原来的蓝色填充线效果变成现在的绿色效果。

03 设置完成后，按Esc键退出选择并关闭“快捷特性”选项板，效果如图3-35所示（光盘:\最终文件\第3章\快捷特性.dwg）。

图3-33　原图

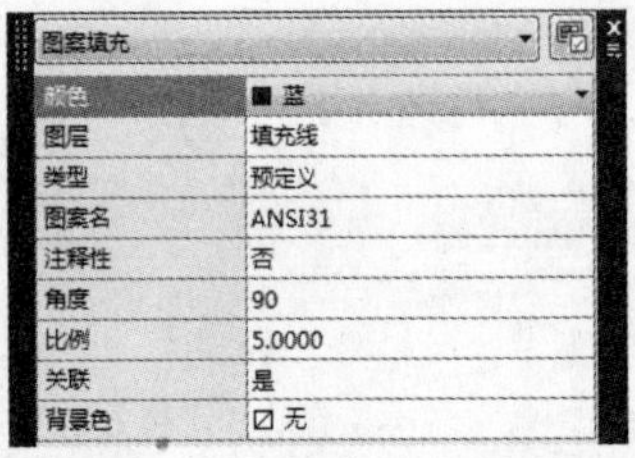

图3-34　“快捷特性”选项板

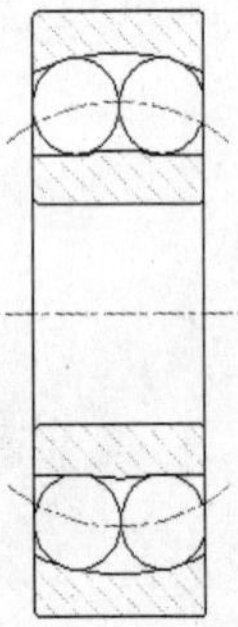

图3-35　效果图

3.3 编辑图形位置

在绘制图形时，图形的位置直接关系到绘图的效果，此时用户可以通过AutoCAD提供的改变图形对象位置的方法，将图形移动或旋转到合适的位置。

3.3.1 移动图形

移动命令也就是把单个对象或多个对象从一个位置移动到另一个位置，但不会改变对象的方位和大小，调用该命令的方法如下：

- 在"常用"选项卡的"修改"组中，单击"移动"按钮。
- 在命令行中执行MOVE或M命令。
- 选择图形对象后右击，在弹出的快捷菜单中选择"移动"命令。

边学边练 023 移动图形

01 打开"移动.dwg"图形文件（光盘:\原始文件\第3章\移动.dwg），效果如图3-36所示。

02 上半部分图形下移，在命令行中执行M命令，具体操作过程如下：

命令：M	（执行MOVE命令）
选择对象：指定对角点：找到 35个	（框选如图3-36所示的上半部分图形）
选择对象：	（按Space键结束选择对象）
指定基点或 [位移(D)] <位移>:	（捕捉被移动对象的基点，选中上半部分的任意一点为基点）
指定第二个点或<使用第一个点作为位移>：35	（将鼠标移向下方并输入35）

03 移动后的效果如图3-37所示（光盘:\最终文件\第3章\移动.dwg）。

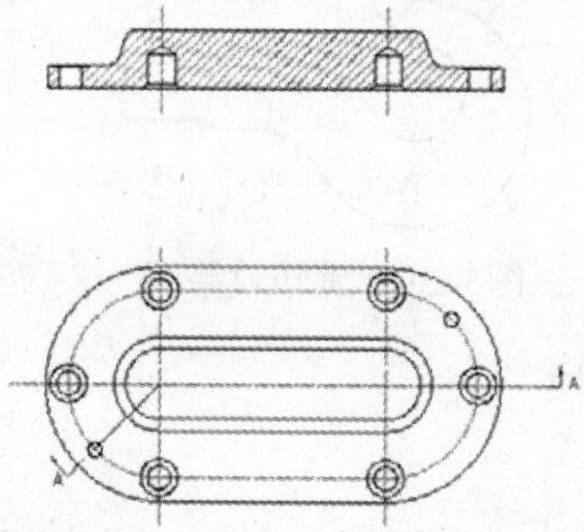

图3-36 原图形

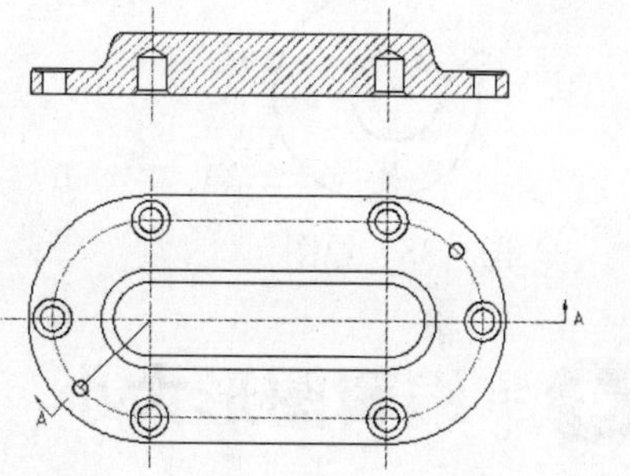

图3-37 效果图

注意

在移动图形对象的过程中，用户可以开启对象捕捉、正交、极轴追踪等功能，方便捕捉基点，这样可以使移动位置更加准确。

3.3.2 旋转图形

使用旋转命令，可以将图形对象调整到合适的位置。它可以指定一个中心点，然后通过这个中心点旋转对象到指定的角度。调用该命令的方法如下：

- 在"常用"选项卡的"修改"组中，单击"旋转"按钮。
- 在命令行中执行ROTATE或RO命令。
- 选择图形对象后右击，在弹出的快捷菜单中选择"旋转"命令。

边学边练 024 旋转图形

01 打开“旋转.dwg”图形文件（光盘:\原始文件\第3章\旋转.dwg），效果如图3-38。

02 在命令行中执行RO命令，旋转图形中的钩子，具体操作过程如下：

命令：RO （执行ROTATE命令）
UCS 当前的正角方向： ANGDIR=逆时针 ANGBASE=0
（系统显示当前UCS坐标）
选择对象： 指定对角点： 找到13个 （框选要旋转的对象，如图3-38所示）
选择对象： （按Space键结束选择对象）
指定基点： （捕捉图形中的一点作为旋转参考点，这里单击A点，如图3-39所示）
指定旋转角度，或 [复制(C)/参照(R)] <0>：（指定旋转角度或按住鼠标不放拖动-90°）

03 旋转后的效果如图3-39所示（光盘:\最终文件\第3章\旋转.dwg）。

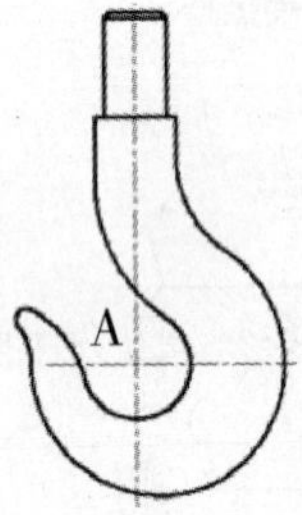

图3-38 原图

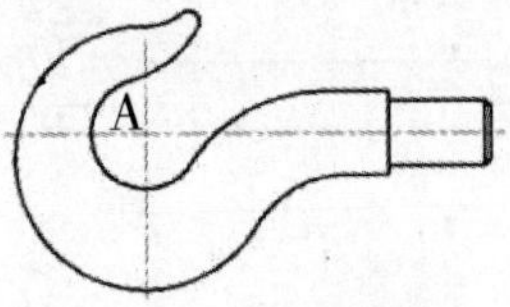

图3-39 旋转效果图

3.4 编辑图形大小

在绘制图形对象的过程中，可以通过拉伸、拉长、缩短和延伸等命令更改图形大小，这也是机械图形设计必须使用的编辑命令。下面分别进行讲解。

3.4.1 拉伸图形

使用拉伸命令，可以将所选择的图形对象按照规定的方向和角度进行拉伸或缩短，并且被选对象的形状会发生变化。调用该命令的调用方法如下：

- 在“常用”选项卡的“修改”组中，单击“拉伸”按钮。
- 在命令行中执行S或STRETCH命令。

边学边练 025 拉伸图形

01 打开“拉伸.dwg”图形文件（光盘:\原始文件\第3章\拉伸.dwg）。

02 在命令行中执行S命令，具体操作过程如下：

命令：S	（执行STRETCH命令）
以交叉窗口或交叉多边形选择要拉伸的对象...	（系统提示）
选择对象:指定对角点:找到6个	（以交叉选择方式选择图形右侧部分，如图3-40所示）
选择对象:	（按Space键结束选择对象）
指定基点或 [位移(D)] <位移>:	（这里选择右侧竖直边的中点）
指定第二个点或 <使用第一个点作为位移>: 5	（向正右方移动鼠标，输入第二个点的距离为5，按Space键确认并退出命令）

03 拉伸后的效果如图3-41所示（光盘:\最终文件\第3章\拉伸.dwg）。

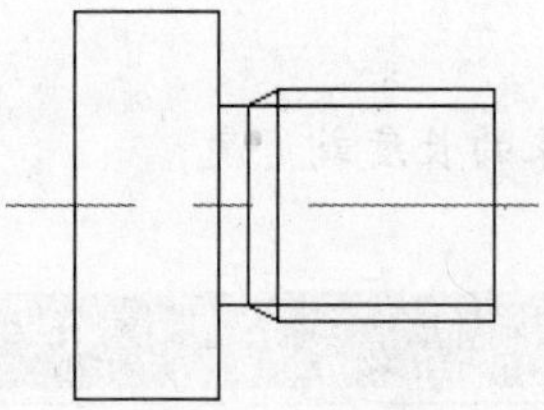

图3-40　原图

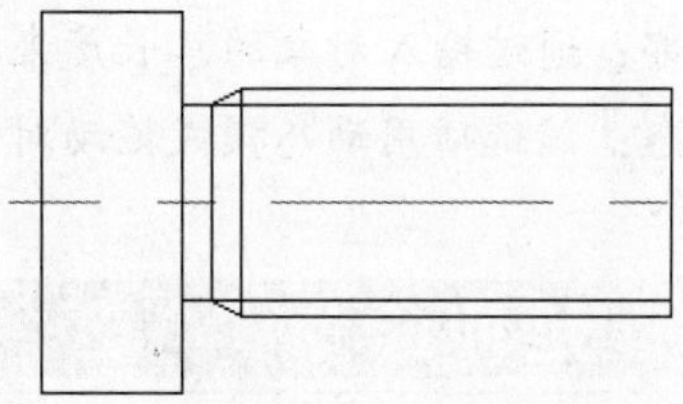

图3-41　拉伸后图形

拉伸必须通过框选或围选的方式进行选择，圆、椭圆和块无法进行拉伸。拉伸命令既可以拉伸实体，又可以移动实体。若选择的对象全部在选择窗口内，则拉伸命令可以将对象从基点移动到终点；若选择对象只有部分在选择窗口内，则拉伸命令可以对实体进行拉伸。

3.4.2　拉长图形

拉长命令在编辑直线、圆弧、多段线、椭圆弧和样条曲线时经常使用，它可以拉长或缩短线段，以及改变弧的角度。调用该命令的方法如下：

- 在“常用”选项卡的“修改”组中，单击“拉长”按钮。
- 在命令行中执行LENGTHEN命令。

边学边练 026　拉长图形

01 打开“拉长.dwg”图形文件（光盘:\原始文件\第3章\拉长.dwg）。

02 完成图形水平中心线处右侧的端点。在命令行中执行LENGTHEN命令，具体操作过程如下：

命令：LENGTHEN	（执行LENGTHEN命令）
选择对象或[增量(DE)/百分数(P)/全部(T)/动态(DY)]：de	（选择“增量”选项）
输入长度增量或 [角度(A)] <0.0000>：10	（选择图3-42中水平中心线右侧的点）
选择要修改的对象或 [放弃(U)]:	

选择要修改的对象或 [放弃(U)]: （按Space键退出命令）

03 拉长后的效果如图3-43所示（光盘:\最终文件\第3章\拉长.dwg）。

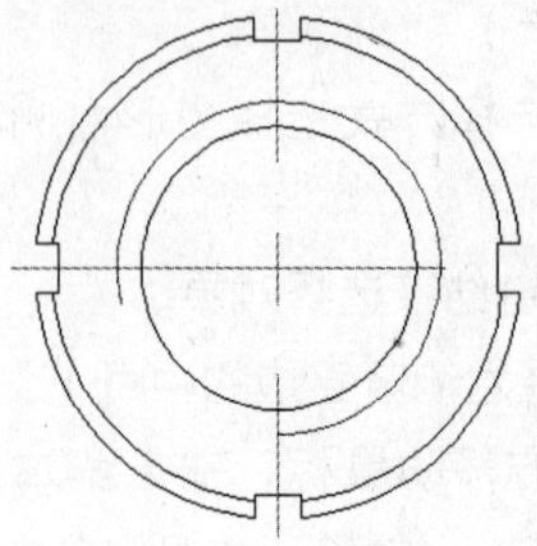
图3-42 原图

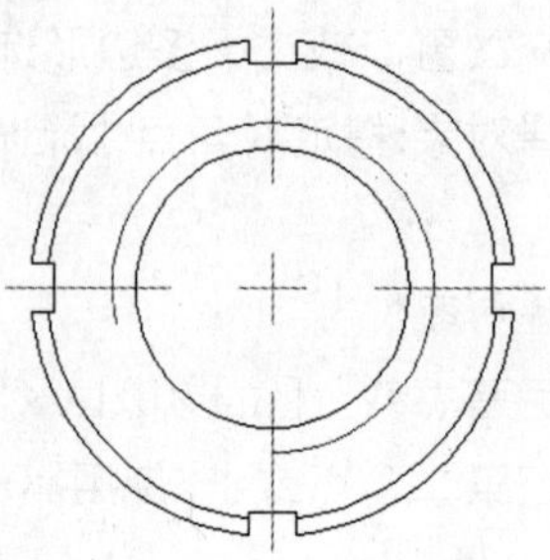
图3-43 拉长后效果图

在执行命令过程中，各选项含义如下所示。

- 百分数：通过输入百分比来改变对象的长度或圆心角大小。
- 全部：通过输入对象的总长度来改变对象的长度。
- 动态：该选项用动态模式拖动对象的一个端点来改变对象的长度或角度。

3.4.3 延伸命令

延伸命令用于将延伸对象的端点延伸到指定的边界，这些边界可以是直线、圆弧等。调用该命令方法如下：

- 在“常用”选项卡的“修改”组中，单击“修剪”按钮旁的按钮，然后单击“延伸”按钮。
- 在命令行中执行EXTEND或EX命令。

边学边练 027 延伸图形

01 打开“延伸.dwg”图形文件（光盘:\原始文件\第3章\延伸.dwg）。

02 在命令行中执行EX命令，将图形中的A线延伸到B线，具体操作过程如下：

命令: EX （执行EXTEND命令）
当前设置:投影=UCS，边=无 选择边界的边... （系统提示）
选择对象或 <全部选择>: 找到 1 个 （选择如图3-44所示的A线）
选择对象: 找到 1 个，总计 2 个 （选择如图3-44所示的B线）
选择对象: （按Space键结束对象的选择）
选择要延伸的对象，或按住 Shift 键选择要修剪的对象，或[栏选(F)/窗交(C)/投影(P)/边(E)/放弃(U)]:e （选择“边”选项，并按Space键确认）
输入隐含边延伸模式 [延伸(E)/不延伸(N)] <不延伸>: E
（选择“延伸”选项并按Space键确认）

选择要延伸的对象，或按住Shift键选择要修剪的对象，或[栏选(F)/窗交(C)/投影(P)/边(E)/放弃(U)]:　　　　　　　　　　（选择“A线”）

选择要延伸的对象，或按住Shift键选择要修剪的对象，或[栏选(F)/窗交(C)/投影(P)/边(E)/放弃(U)]:　　　　　　　　　　（按Space键退出延伸命令）

03 延伸后的效果如图3-45所示（光盘:\最终文件\第3章\延伸.dwg）。

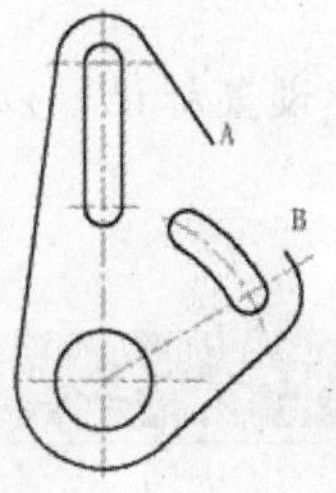

图3-44　原图

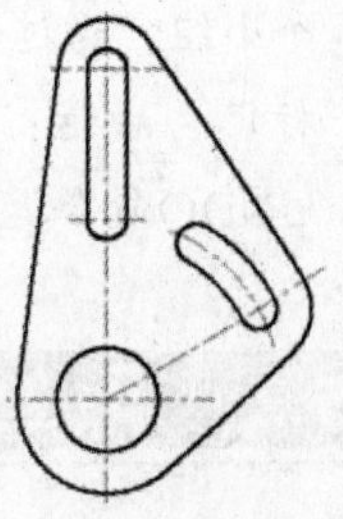
图3-45　延伸后

3.5 放弃和重做

在对图形对象进行编辑的过程中，如遇到错误操作或不需要的操作时，可以执行放弃或重做操作，取消错误或不需要的操作。

3.5.1　放弃

放弃命令也就是取消操作步骤，使用该命令可以一步一步地取消本次进入AutoCAD后进行的所有操作。调用该命令的方法如下：

- 在快速访问工具栏中，单击“放弃”按钮。
- 按Ctrl+Z组合键。
- 在命令行中执行UNDO命令。

执行上述命令后，放弃如图3-46所示图形的上一步绘图操作，具体操作过程如下：

命令: UNDO　　　（执行UNDO命令）

当前设置：自动=开，控制=全部，合并=是

（系统提示）

输入要放弃的操作数目或　[自动(A)/控制(C)/开始(BE)/结束(E)/标记(M)/后退(B)]　<1>:　1

（按Space键，确认执行取消上一步操作命令）

RECTANG　　　（系统提示取消上一步操作绘制“矩形”，完成后的效果如图3-47所示）

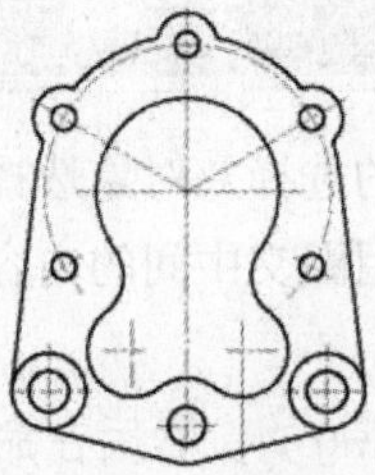
图3-46　原图

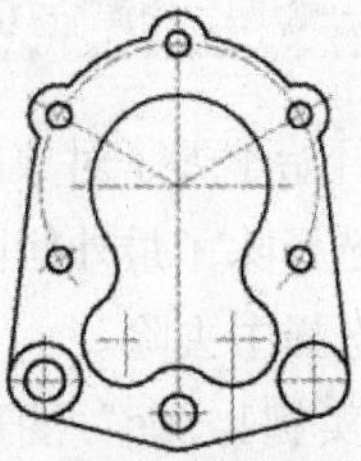
图3-47　撤销

在执行命令过程中，各选项含义如下所示。

- 自动：选择该选项后，系统提示“输入UNDO自动模式［开（ON）/关（OFF）］<开>：”，设为ON，则可以将同一菜单项后的几条命令执行UNDO命令返回。
- 控制：该选项用于允许用户设置保留多少恢复信息。
- 开始、结束：这两个选项联合使用，用户可以通过“开始”选项将一系列命令定义为一个小组，通过“结束”选项定义组的结束部位。
- 标记、后退：这两个选项联合使用，用户可以在编辑过程中设置标记，以后可以执行UNDO命令返回标记位置。

3.5.2 重做

重做命令的前提条件是先执行放弃命令，这样用户在执行重做命令时才会生效，重做命令与放弃命令的操作恰好相反。重做命令可以重复执行上一步操作，操作比较简单，调用该命令的方法如下：

- 在快速访问工具栏中，单击“重做”按钮。
- 按Ctrl+Y组合键。
- 在命令行中执行REDO命令。按Space键，系统将自动执行重做命令。

执行上述命令后，重做如图3-48所示图形，具体操作过程如下：

```
命令：REDO          （执行REDO命令）
ERASE               （系统提示重做上一步操作绘制ERASE，完成后的效果如图3-49所示）
```

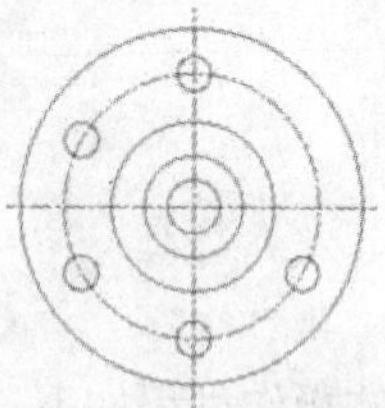

图3-48　原效果

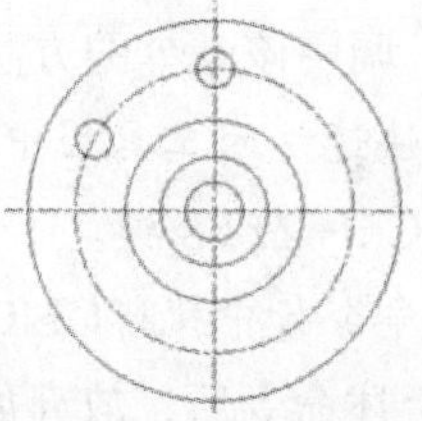

图3-49　重做

3.6 实例应用

下面用几个实例来复习本章学习的内容。

3.6.1 实例1：选择对象

在本章开始学习了对象的选择，下面通过一个实例来介绍对象的选择及对象选择的删除等命令，目标是选择除了最外侧圆及两条中心线以外的所有对象。这里用圈交中间的内容，然后将两条中心线从选择中去除。

01 打开“实例1.dwg”图形文件（光盘:\原始文件\第3章\实例1.dwg），然后在命令行中输入select执行选择命令，具体操作如下：

命令: SELECT （执行SELECT命令并按Space键）
选择对象: ? （输入"?"符号）
无效选择 （系统自动显示）
需要点或窗口(W)/上一个(L)/窗交(C)/框(BOX)/全部(ALL)/栏选(F)/圈围(WP)/圈交(CP)/编组(G)/添加(A)/删除(R)/多个(M)/前一个(P)/放弃(U)/自动(AU)/单个(SI)/子对象(SU)/对象(O)
（系统自动显示选择方式）
选择对象: CP （选择"圈围"选项并按Space键）
第一圈围点: （在需要选择的图形起始位置单击，这里单击如图3-50所示的A点，作为第1个圈围点）
指定直线的端点或 [放弃(U)]: （这里单击如图3-50所示的B点，作为第2个圈交点）
指定直线的端点或 [放弃(U)]: （这里单击如图3-50所示的C点，作为第3个圈交点）
指定直线的端点或 [放弃(U)]: （这里单击如图3-50所示的D点，作为第4个圈交点）
指定直线的端点或 [放弃(U)]: （这里单击如图3-50所示的E点，作为第5个圈交点）
指定直线的端点或 [放弃(U)]: （这里单击如图3-50所示的F点，作为第6个圈交点并按Space键结束选择）
指定直线的端点或 [放弃(U)]: 找到22个
（提示选择了22个对象，虚线显示的中间部分为被选择的对象，完后的效果如图3-51所示）

02 按住Shift键并选择两条中心线，这样可将两条中心线从选择集中删除，完成的最终选择效果如图3-52所示（光盘:\最终文件\第3章\实例1.dwg）。

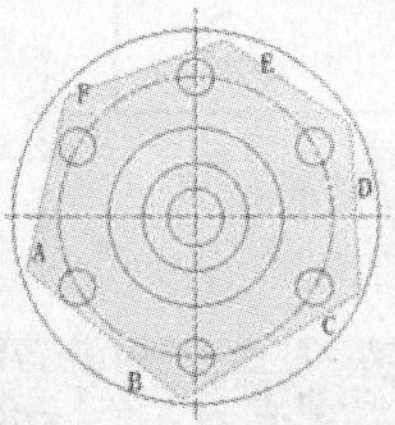

图3-50 圈交对象

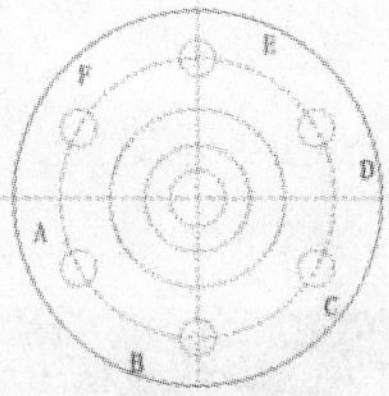

图3-51 效果图

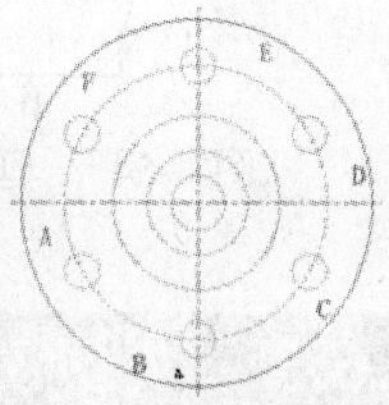

图3-52 最终效果

3.6.2 实例2：旋转和延伸对象

接下来通过一个简单的实例来再熟悉一下旋转和延伸的命令。效果是将如图3-53所示的B处的直线延伸到C处，并将图像旋转180°。

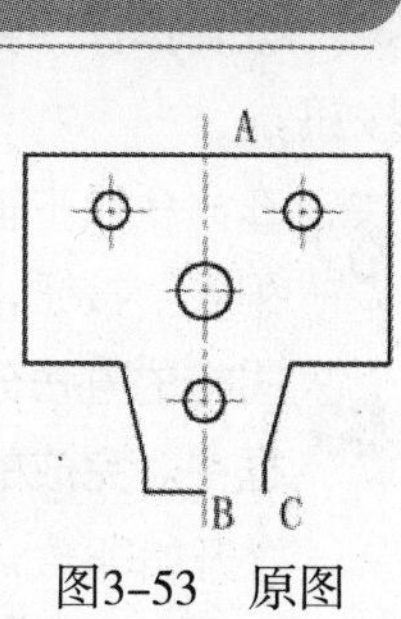

图3-53 原图

01 打开"实例2.dwg"图形文件（光盘:\原始文件\第3章\实例2.dwg），效果如图3-53所示。首先对图形进行延伸操作。

02 在命令行中执行EX命令，将图形中的B线延伸到C线，具体操作过程如下：

命令: EX （执行EXTEND命令）
当前设置：投影=UCS，边=无
选择边界的边... （系统提示）

选择对象或 <全部选择>: 找到25 个　　（框选绘图区中的所有对象）
单击右键
选择对象: 找到 1 个，总计 25 个　　（选择图示B处的水平线）
在直线靠近C处单击。连续单击直到直线延伸到C处，注意在直线的右侧单击。

03 延伸后的效果如图3-54所示。在命令行中执行RO命令，旋转图形中的所有对象，具体操作过程如下：

命令: RO　　（执行ROTATE命令）
UCS 当前的正角方向: ANGDIR=逆时针 ANGBASE=0
　　（系统显示当前UCS坐标）
选择对象: 指定对角点: 找到25 个　　（框选要旋转的对象）
选择对象:　　（按Space键结束选择对象）
指定基点:　　（捕捉图形中的一点作为旋转参考点，这里单击A点，如图3-54所示）
指定旋转角度，或 [复制(C)/参照(R)] <0>: （指定旋转角度或按住鼠标不放拖动180°）

04 旋转后的效果如图3-55所示（光盘:\最终文件\第3章\实例2.dwg）。

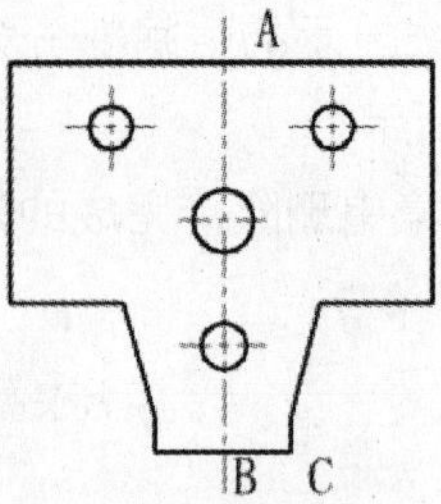

图3-54 延伸效果

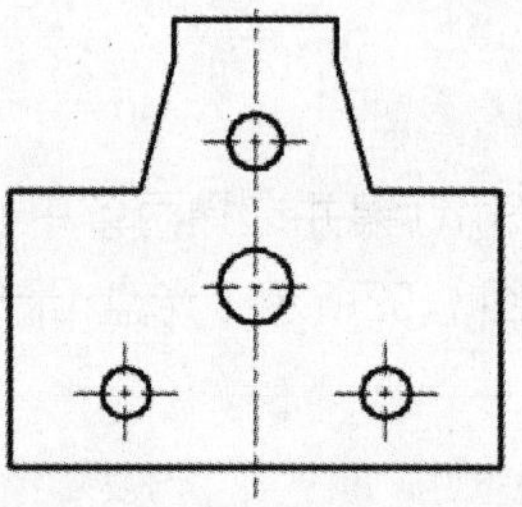
图3-55 旋转效果

3.6.3 实例3：过滤选择

对象的选择方法有多种，下面进行过滤选择的复习。

01 启动AutoCAD 2012，单击快速访问工具栏中的“打开”按钮，弹出“选择文件”对话框，选择“实例3.dwg”图形文件（光盘:\原始文件\第3章\实例3.dwg），然后单击“打开”按钮。

02 在命令行中输入FILTER，在“选择过滤器”下拉列表框中选择“**开始OR”，单击“添加到列表”按钮，将其添加到过滤器列表框中，表示以下各项目为“或”的关系。

03 同样的方法分别添加“图层”，并选择object图层为对象，添加“**结束OR”到过滤器列表框中。完成的添加为：

**开始OR
图层=object
**结束OR
添加设置如图3-56所示。

04 单击“应用”按钮，用窗口选择方法选择所有图形。系统将过滤出满足条件的对象并选中。如图3-57所示为object图层上的所有对象被选中。

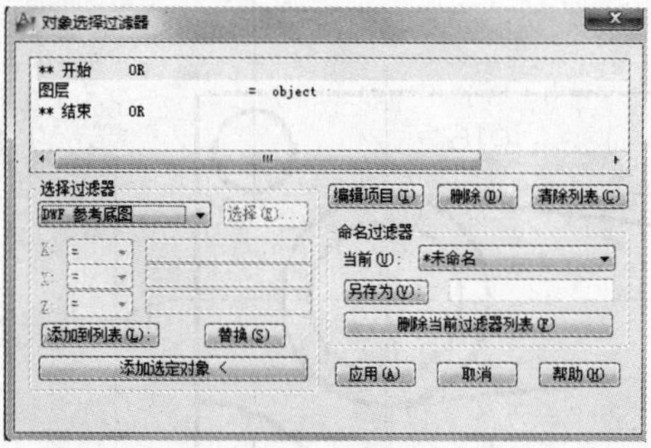

图3-56　设置

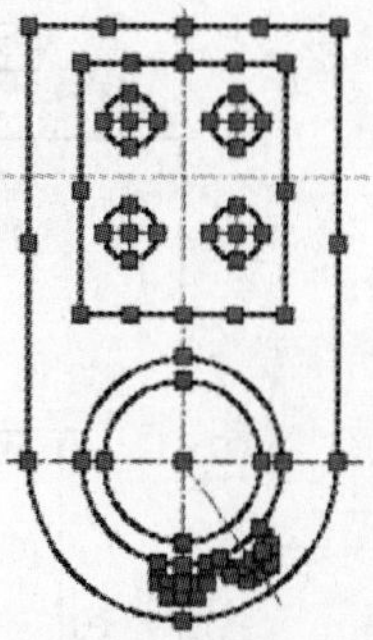

图3-57　效果图

3.7 本章小结

本章主要介绍了利用AutoCAD进行二维图形的简单编辑。首先介绍图形对象的选择，然后介绍图形被选中后进行拉伸、拉长和延伸的编辑，还可以对图形进行旋转、移动等位置的编辑。通过本章学习，读者应该对AutoCAD编辑图形有一个初步的认识。本章主要的内容可归结为以下几点：

（1）介绍了常规的图形对象选择方法，包括单个对象和多个对象。

（2）学习了一些不太常用的图形对象选择方法，包括过滤等。

（3）学习了图形位置的编辑。

（4）学习了图形大小的编辑。

（5）学习了命令的放弃与重做。

3.8 课后练习

通过这几章的学习，读者应该能掌握简单图形的绘制方法了。以下几个练习可以帮助读者熟悉前面学过的命令（见图3-58）。

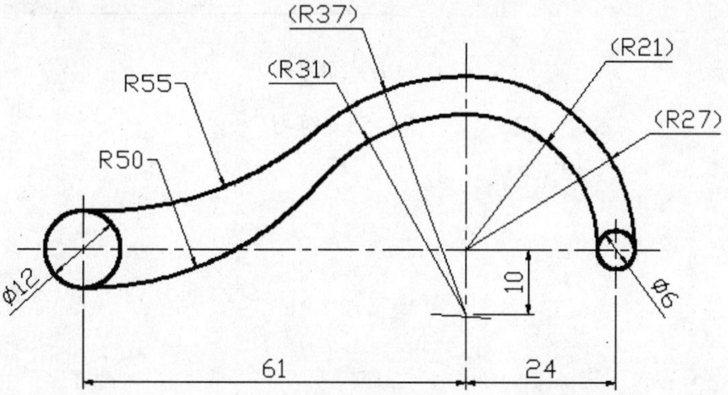

（a）练习1

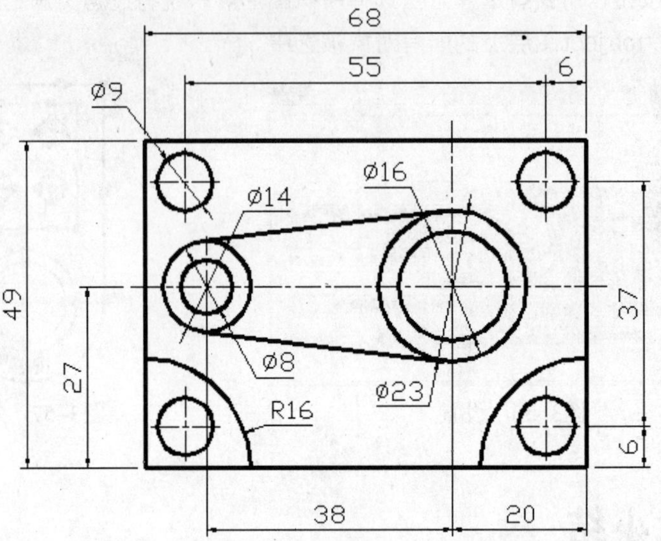

（b）练习2

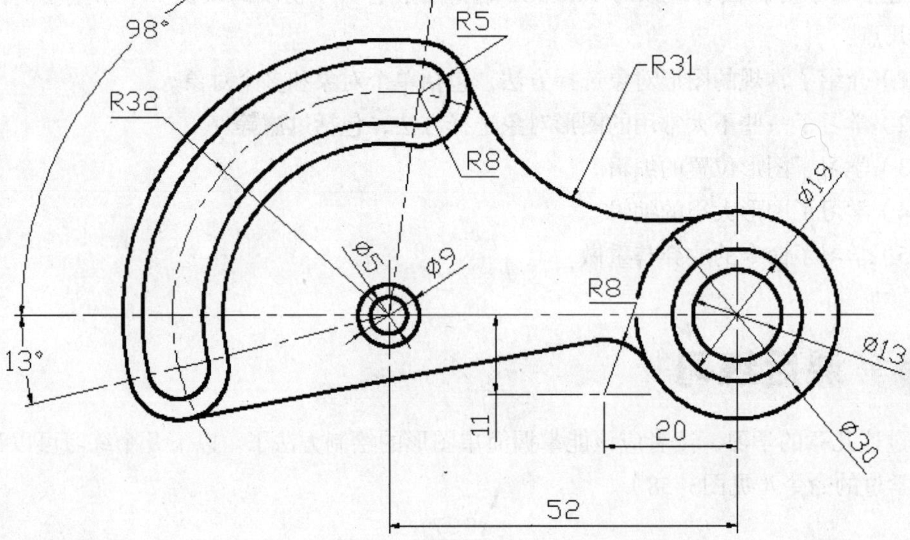

（c）练习3

图3-58　练习

第4章 二维图形的高级编辑

学习导航

通过上一章的学习，读者对二维图形的编辑有了一个初步的了解，掌握了简单的二维图形的编辑，如图形对象的选取、图形大小的变换、图形位置的变换等。本章将继续对二维图形的编辑进行讲解。希望通过这两章的学习，读者能够掌握所有二维图形的编辑。

学习目标

通过本章的学习，读者应了解并掌握AutoCAD中常用的、较复杂的图形编辑命令的使用方法和技巧，以及灵活运用对象夹点移动、旋转、对齐、缩放和拉伸对象的方法，并且能够对图形进行高级编辑。

学习重点与难点

- □ 删减类命令
- □ 复制类命令
- □ 夹点的编辑
- □ 打断、倒角等命令

前面介绍了图形对象的基本编辑知识，本章将继续讲解编辑图形的相关知识。本章介绍的编辑图形的操作方法更常用，读者应重点掌握。

4.1 删减类命令

删减类命令主要是配合辅助线等使用的命令，当绘制的线条对整个设计无关紧要时，可以将其删除。当绘制的线条多于想要的效果时，可以对其进行修剪。这些都是删减类命令，通过这些命令的使用，可以使图形更加精确合理。

4.1.1 删除

绘图时，为了方便起见，经常会使用一些中间阶段的对象，如各种辅助线。绘图结束后，应将这些对象及时删除。要删除对象，可以直接选择需删除的对象，然后按Del键。

删除操作是一个常用的操作，调用该命令的方法如下：

- 在“常用”选项卡的“修改”组中，单击“删除”按钮。
- 显示菜单栏，选择“修改”→“删除”命令。
- 在命令行中执行ERASE或E命令。

“恢复”命令能恢复最近一次由ERASE、BLOCK、WBLOCK命令从图形中删除的对象。调用命令的方法如下：

- 在菜单栏中选择“编辑”→“放弃”命令。
- 在“修改”工具栏中单击“放弃”命令图标。
- 在命令行中执行UNDO命令。

边学边练 028 删除命令

01 打开“删除.dwg”图形文件（光盘:\原始文件\第4章\删除.dwg），效果如图4-1。首先选中右侧图形中的标注“7”，在命令行中输入M，然后将其移动到左边图幅中。

02 移动后的效果如图4-2所示。在命令行执行ERASE命令，具体操作过程如下：

命令：ERASE （执行ERASE命令）
选择对象： 找到 1 个 （选择绘图区中要删除的对象，即右侧的视图，如图4-2所示）
选择对象： （按Space键删除所选对象，并结束该命令）

03 删除后的效果如图4-3所示（光盘:\最终文件\第4章\删除.dwg）。

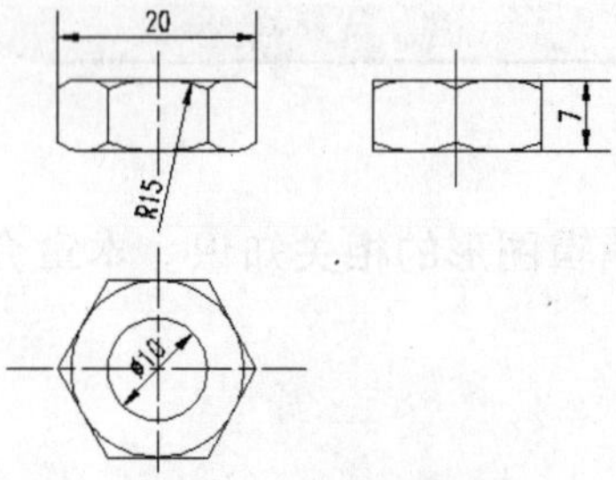

图4-1 原效果图

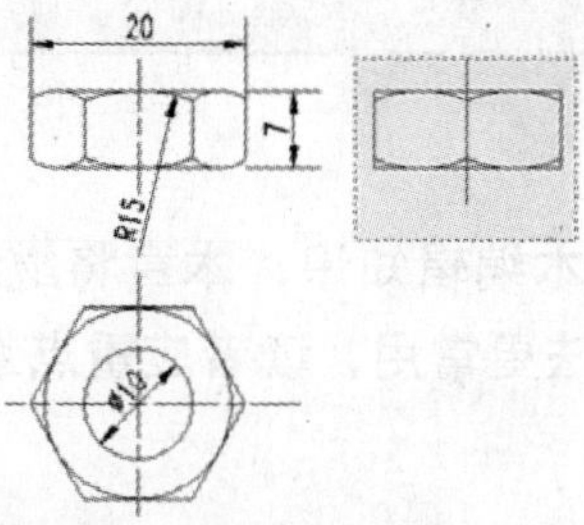

图4-2 移动后效果

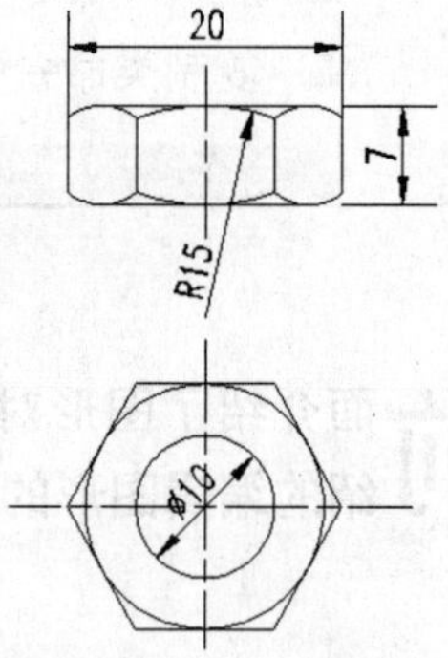

图4-3 最终效果

4.1.2 修剪

为了使绘图区中的图形显示得更标准，应该将多余的线段进行修剪，被修剪的对象可以是直线、圆、弧、多段线、样条曲线和射线等。剪切边也同时是被剪切边。选择要修剪的对象，系统将以剪切边为边界，将被修剪对象上位于拾取点一侧的部分剪切掉。调用该命令的方法如下：

- 在“常用”选项卡的“修改”组中，单击“修剪”按钮。
- 显示菜单栏，选择“修改”→“修剪”命令。
- 在命令行中执行TRIM或TR命令。

边学边练 029 修剪命令

01 打开“修剪.dwg”图形文件（光盘:\原始文件\第4章\修剪.dwg），在命令行执行TRIM命令，具体操作过程如下：

命令：TRIM　　　　　　　　　　（执行TRIM命令）

当前设置:投影=UCS，边=无（系统提示）

选择剪切边...　　　　　　　　（系统提示）

选择对象或 <全部选择>:　　（框选绘图区中的所有对象）

选择对象:　　　　　　　　　　（按Space键，结束对象的选择）

选择要修剪的对象，或按住 Shift 键选择要延伸的对象，或[栏选(F)/窗交(C)/投影(P)/边(E)/删除(R)/放弃(U)]:　　　　（依次选择需要修剪的对象，这里选择图4-4中比图4-5多出的线）

选择要修剪的对象，或按住 Shift 键选择要延伸的对象，或[栏选(F)/窗交(C)/投影(P)/边(E)/删除(R)/放弃(U)]:　　　　（按照相同的方法修剪其他线段）

选择要修剪的对象，或按住Shift键选择要延伸的对象，或 [栏选(F)/窗交(C)/投影(P)/边(E)/删除(R)/放弃(U)]:　　　　（按Space键结束修剪操作）

02 绘制完成后的效果如图4-5所示（光盘:\最终文件\第4章\修剪.dwg）。

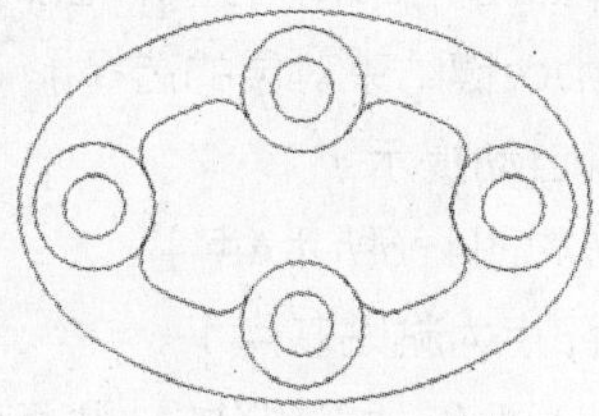

图4-4　原效果图

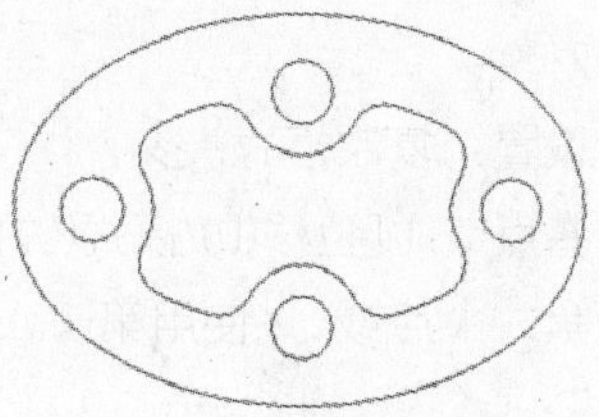

图4-5　修剪后效果

在执行命令的过程中，各选项含义如下。

- 全部选择：按Space键可快速选择所有可见的几何图形，用做剪切边或边界边。
- 栏选：使用栏选的方式一次性选择多个需进行修剪的对象。
- 窗交：使用框选的方式一次性选择多个需进行修剪的对象。
- 投影：指定修剪对象时AutoCAD使用的投影模式，该选项常在三维绘图中应用。
- 边：确定是在另一对象的隐含边处修剪对象，还是仅修剪对象到与它在三维空间中相交的对象处。
- 删除：直接删除选择的对象。
- 放弃：撤销上一步修剪操作。

在命令行中执行TRIM的过程中，按住Shift键可转换为执行延伸（EXTEND）命令，如在选择要修剪的对象时，某线段未与修剪边界相交，则按住Shift键后单击该线段，可将其延伸到最近的边界。

4.2 复制类命令

工程图中难免会出现一些大小相同的，位置不同或位置对称的图形，这时如果再重新绘制该图形，就会降低设计效率。在绘制相同或相似的图形对象时，使用复制命令，不但可以提高绘图速度，同时也可以提高绘图质量。复制类命令包括复制、偏移、镜像和阵列。

4.2.1 复制

对象的复制主要是指已有部分图形，然后使用COPY和OFFSET命令生成一个或多个相同（相似）的图形。通过复制命令，可以复制一个或多个已有图形对象到指定的位置，调用该命令的方法如下：

- 在“常用”选项卡的“修改”组中，单击“复制”按钮。
- 显示菜单栏，选择“修改”→“复制”命令。
- 在命令行中执行COPY或CO命令。

边学边练 030 复制命令

01 打开“复制.dwg”图形文件（光盘:\原始文件\第4章\复制.dwg）。在命令行执行COPY命令，将整个轴复制下来与齿轮进行配合：

命令：COPY　　（执行COPY命令）
选择对象：找到49个　　（选择如图4-6所示的整个轴部分）
选择对象：　　（按Space键结束对象的选择）
当前设置：复制模式=多个　　（系统自动提示）
指定基点或 [位移(D)/模式(O)] <位移>：　　（单击如图4-6所示A点）
指定第二个点或 <使用第一个点作为位移>：from　　（选择B点为粘贴基点）
<位移>　　（输入@2.5,0，即选择的粘贴点离B点距离为（@2.5,0））

按Enter键完成复制命令。

02 复制完成后，将齿轮处多余的线条修剪掉。完成的最终效果如图4-7所示（光盘:\最终文件\第4章\复制.dwg）。

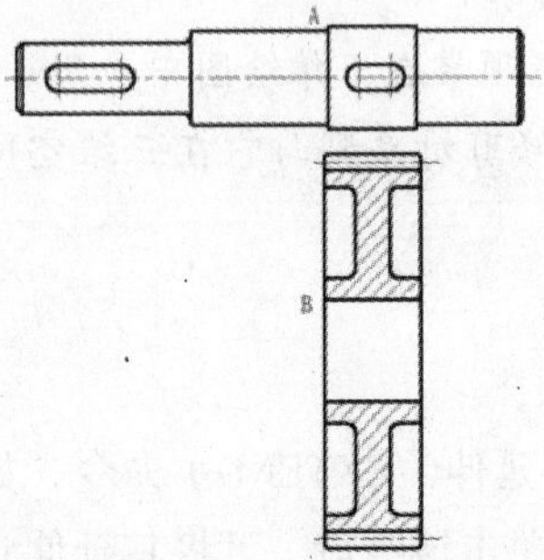

图4-6　原效果图

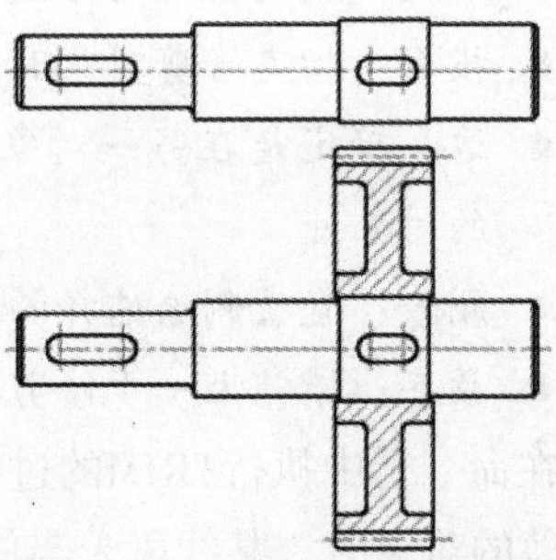

图4-7　复制修剪后效果

4.2.2 偏移

使用“偏移”命令（OFFSET）可以创建一个与选定对象类似的新对象，并把它放在原对象的内侧或外侧。它与复制是类似的，不同的是偏移要输入新旧两图形的具体距离即偏移值。偏移对象可以是直线、圆弧、圆、椭圆和椭圆弧、二维多段线、构造线、射线和样条曲线等。

使用该复制类命令时应注意以下几点。

- 只能偏移直线、圆和圆弧、椭圆和椭圆弧、多边形、二维多段线、构造线和射线、样条曲线，不能偏移点、图块、属性和文本。
- 对于直线、射线、构造线等对象，将平行偏移复制，直线的长度保持不变。
- 对于圆和圆弧、椭圆和椭圆弧等对象，偏移时将同心复制。
- 多段线的偏移将逐段进行，各段长度将重新调整。

各种图形偏移后的效果如图4-8所示。调用该命令的方法如下：

- 在“常用”选项卡的“修改”组中，单击“偏移”按钮。
- 显示菜单栏，选择“修改”→“偏移”命令。
- 在命令行中执行OFFSET或O命令。

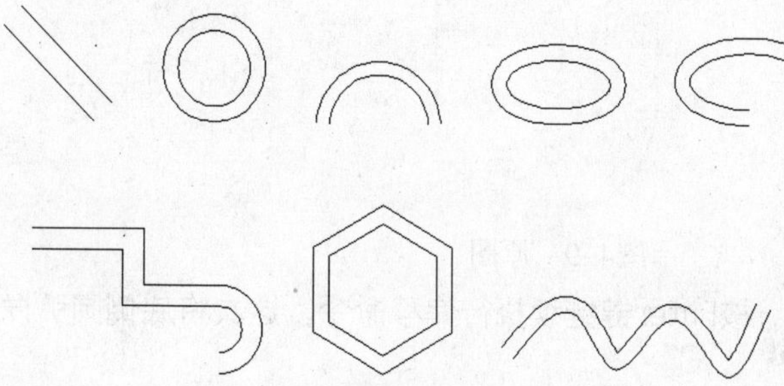

图4-8　各种图形偏移后的效果

边学边练 031　偏移命令

01 打开“偏移.dwg”图形文件（光盘:\原始文件\第4章\偏移.dwg），在命令行执行OFFSET命令，具体操作过程如下：

```
命令： OFFSET                                           （执行OFFSET命令）
当前设置： 删除源=否  图层=源  OFFSETGAPTYPE=0          （系统提示当前设置状态）
指定偏移距离或 [通过(T)/删除(E)/图层(L)] <通过>: 0.75
                                                        （输入偏移距离0.75，按Space键）
选择要偏移的对象，或 [退出(E)/放弃(U)] <退出>:           （选择如图4-9所示的AB线）
指定要偏移的那一侧上的点，或 [退出(E)/多个(M)/放弃(U)] <退出>:
                                                        （向左移动鼠标并单击）
选择要偏移的对象，或 [退出(E)/放弃(U)] <退出>:           （选择图4-9中的CD线）
指定要偏移的那一侧上的点，或 [退出(E)/多个(M)/放弃(U)] <退出>:
                                                        （向右移动鼠标并单击）
命令：                                                  （按Space键结束命令）
命令： OFFSET                                           （执行OFFSET命令）
当前设置： 删除源=否  图层=源  OFFSETGAPTYPE=0          （系统提示当前设置状态）
指定偏移距离或 [通过(T)/删除(E)/图层(L)] <40.0000>: 9.25
                                                        （输入偏移距离9.25，按Space键）
选择要偏移的对象，或 [退出(E)/放弃(U)] <退出>:           （选择如图4-9所示的AB线）
指定要偏移的那一侧上的点，或 [退出(E)/多个(M)/放弃(U)] <退出>:
                                                        （向左移动鼠标并单击）
选择要偏移的对象，或 [退出(E)/放弃(U)] <退出>:           （选择如图4-9所示的CD线）
指定要偏移的那一侧上的点，或 [退出(E)/多个(M)/放弃(U)] <退出>:
```

（向右移动鼠标并单击）

（按Space键结束命令）

02 完成的直线偏移效果如图4-10所示。

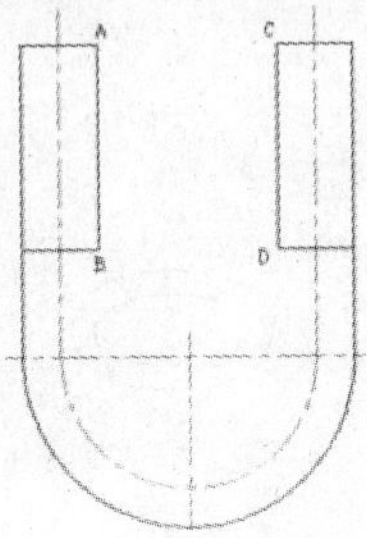

图4-9　原图

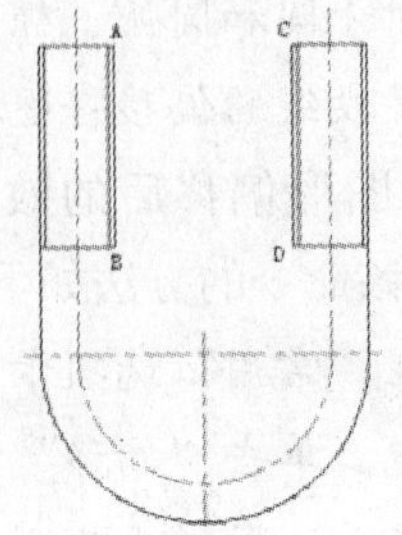

图4-10　偏移直线效果

03 按Enter键继续执行偏移命令，这次将底侧圆弧向上偏移10：

命令：OFFSET　（执行OFFSET命令）

当前设置：删除源=否　图层=源　OFFSETGAPTYPE=0　（系统提示当前设置状态）

指定偏移距离或 [通过(T)/删除(E)/图层(L)] 〈通过〉：10　（输入偏移距离10，按Space键）

选择要偏移的对象，或 [退出(E)/放弃(U)] 〈退出〉：　（选择如图4-9所示的下侧圆弧线）

指定要偏移的那一侧上的点，或 [退出(E)/多个(M)/放弃(U)] 〈退出〉：

（向上移动鼠标并单击）

选择要偏移的对象，或 [退出(E)/放弃(U)] 〈退出〉：　（按Space键结束命令）

偏移圆弧后的效果如图4-11所示。

04 在命令行中执行EX命令，将图4-9中B点和D点向下延伸，直到如图4-11所示的圆弧的上侧，使它们相接。具体操作过程如下：

命令：EX　（执行EXTEND命令）

当前设置:投影=UCS，边=无　选择边界的边...　（系统提示）

选择对象或 〈全部选择〉：找到18个　（选择如图4-9所示的AB线）

选择对象：找到1个，总计18个

连续向下单击，直到AB线与下面的圆弧相接，按Space键退出延伸命令。同样的方法将CD线进行延伸。

05 延伸后的效果如图4-12所示（光盘:\最终文件\第4章\偏移.dwg）。

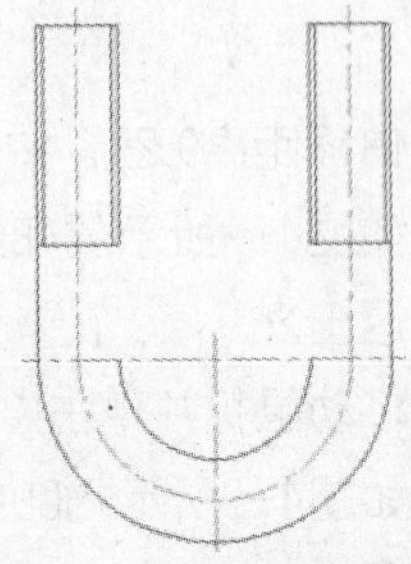

图4-11　偏移圆弧后效果

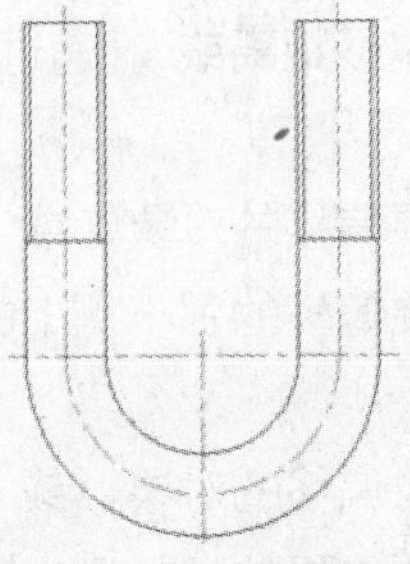

图4-12　延伸后效果

在执行OFFSET命令的过程中，各选项含义如下。

- 通过：指定通过一个已知点的方法偏移图形对象。
- 删除：指定是否在执行偏移操作后删除源图形对象，当前是什么状态可以通过执行OFFSET命令时命令行的提示来判断。如果选择“删除源=否”，则不删除源对象；反之如果选择“删除源=是”，则会在执行偏移操作后只保留偏移图形而删除源对象。
- 图层：指定是在源对象所在图层执行偏移操作还是在当前图层执行偏移操作，如果选择“图层=源”，则表示在源对象所在图层执行偏移操作；反之如果选择“图层=当前”，则表示在当前图层执行偏移操作。
- OFFSETGAPTYPE：控制偏移闭合多段线时处理线段之间潜在间隙方式的系统变量，其值有0、1、2三个：0表示通过延伸多段线填充间隙，1表示用圆角弧线段填充间隙（每个弧线段半径等于偏移距离），2表示用倒角直线段填充间隙（到每个倒角的垂直距离等于偏移距离）。

如果偏移的对象是直线，则偏移后的直线大小不变；如果偏移的对象是圆或矩形等，则偏移后的对象将被放大或缩小。在实际应用中，此命令一般用来偏移直线。

4.2.3　镜像

使用“镜像”命令（MIRROR）可以围绕用两点定义的镜像轴来镜像和镜像复制图形，从而创建对称图形。调用该命令主要有如下几种方法：

- 在“常用”选项卡的“修改”组中，单击“镜像”按钮。
- 显示菜单栏，选择“修改”→“镜像”命令。
- 在命令行中执行MIRROR或MI命令。

边学边练 032　镜像命令

01 打开“镜像.dwg”图形文件（光盘:\原始文件\第4章\镜像.dwg），在命令行执行mirror命令，镜像AB的下半部分，具体操作过程如下：

命令：MIRROR　（执行MIRROR命令）
选择对象：　指定对角点：　找到22个　（选择绘图区中的所有图形对象）
选择对象：　（按Space键结束对象选择）
指定镜像线的第一点：　（单击如图4-13所示的A点）
指定镜像线的第二点：　（单击如图4-13所示的B点）
是否删除源对象？[是(Y)/否(N)]　<N>：　（按Space键不删除源对象，并结束镜像命令）

02 完成后的效果如图4-14所示（光盘:\最终文件\第4章\镜像.dwg）。

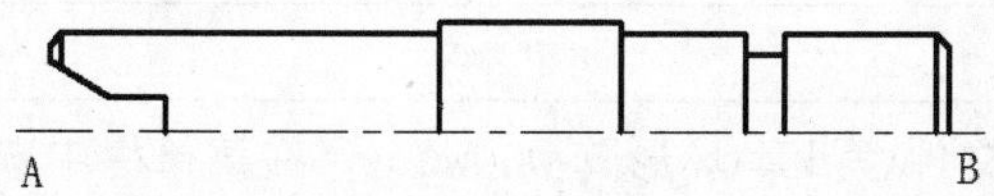

图4-13　原图

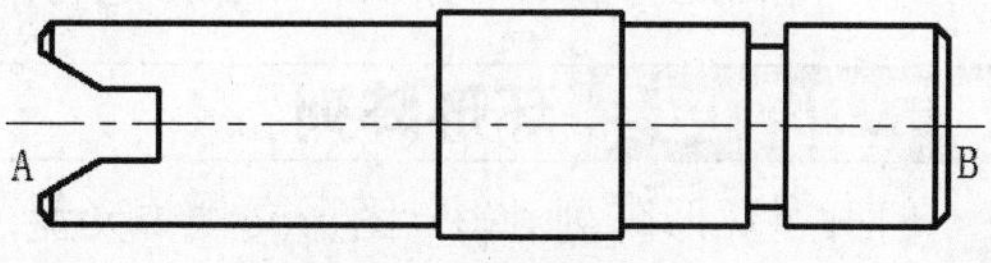

图4-14　镜像效果

注意

在命令行询问是否删除源对象时，默认情况下是选择“否”选项，表示不删除源对象；选择“是”选项，表示删除源对象。

4.2.4 阵列

在AutoCAD中，使用ARRAY命令可以矩形或环形阵列复制图形，且阵列复制的每个对象都可单独进行编辑。

阵列命令可以将被阵列的源对象按一定的规则复制多个并进行排列。阵列后可以对其中的一个或者几个图形对象分别进行编辑而不影响其他对象。

1. 矩形阵列

矩形阵列是指阵列后的图形外形轮廓和矩形相同。

边学边练 033 矩形阵列

01 打开“矩形阵列.dwg”图形文件（光盘:\原始文件\第4章\矩形阵列.dwg），如图4-15所示。

02 在命令行输入AR执行阵列命令，在命令行中输入R执行矩形阵列命令，继续点击回车，对照命令提示行，分别输入行数和列数中输入3行和4列，在命令行中输入S执行间距命令，在行距离提示行中输入-10，在列距离提示行中输入13点击回车。

03 返回绘图区，最终效果如图4-16所示（光盘:\最终文件\第4章\矩形阵列.dwg）。

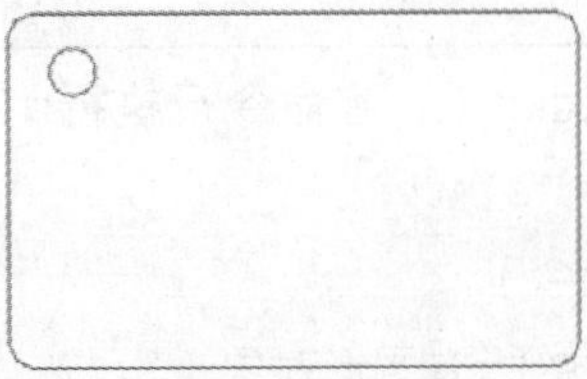

图4-15 原图

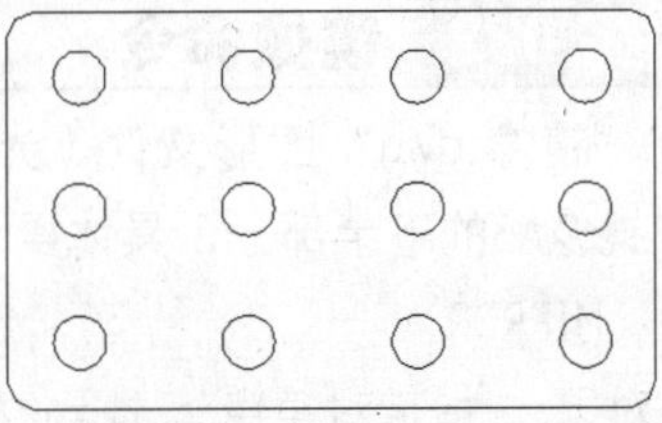

图4-16 矩形阵列后

注意

在矩形阵列中，行偏移和列偏移有正负之分。默认情况下，若行偏移为正值，则行添加在上面；反之，则添加在下面。若列偏移为正值，则列添加在右侧；反之，则列添加在左侧。

2. 环形阵列

环形阵列是将图形对象以一个圆形进行阵列复制。

边学边练 034 环形阵列

01 打开“环形阵列.dwg”图形文件（光盘:\原始文件\第4章\环形阵列.dwg），在菜单栏中选择“修改”→“阵列”→“环形阵列”命令。

02 系统提示选择要阵列的对象，选择图4-17所示的圆C及中心线为阵列对象，按Enter键，选择图4-17中的圆心A为阵列中心点。在接下来的提示行中输入8，在角度提示中输入360°，按Enter键确定。

03 完成的环形阵列如图4-18所示（光盘:\最终文件\第4章\环形阵列.dwg）。

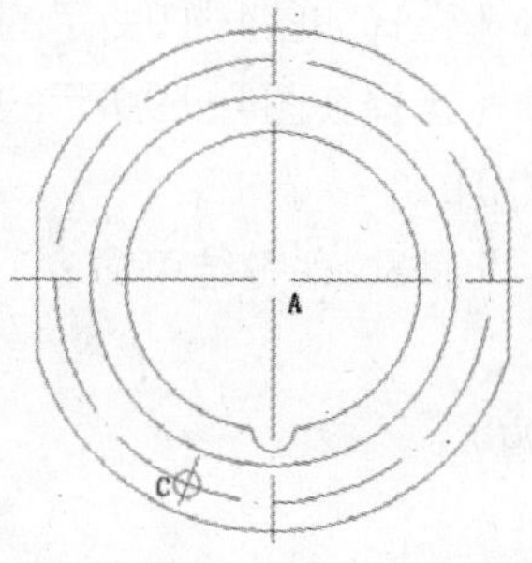

图4-17　原图

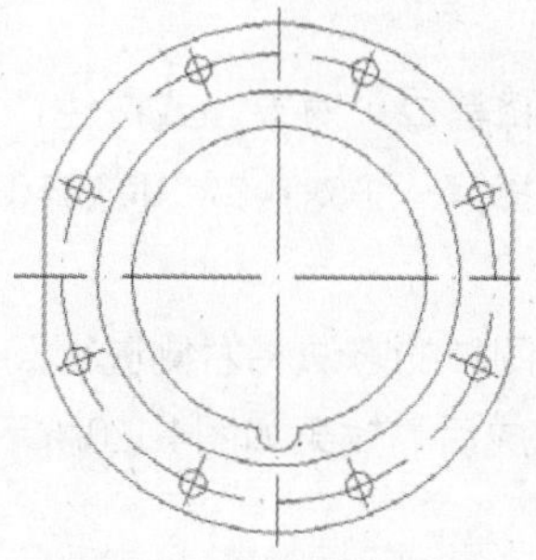

图4-18　环形阵列后

4.3 圆角与倒角命令

在设计某些产品或零件时，为了美观和安全，可对边缘进行圆角或倒角操作。在使用AutoCAD　2012绘制这类图形对象时，可以使用相关命令快速进行圆角或倒角处理。

4.3.1　圆角

圆角命令是将两条相交的直线通过一个圆弧连接起来。若要圆角的两个对象位于同一图层中，那么圆角线将位于该图层。否则，圆角线将位于当前图层中。调用该命令的方法如下：

- 在“常用”选项卡的“修改”组中，单击“圆角”按钮。
- 显示菜单栏，选择“修改”→“圆角”命令。
- 在命令行中执行FILLET或F命令。

边学边练 035　圆角命令

01 打开“圆角.dwg”图形文件（光盘:\原始文件\第4章\圆角.dwg）。在命令行执行FILLET命令，具体操作过程如下：

命令：FILLET　（执行FILLET命令）
当前设置：模式=修剪，半径=0.0000　（系统提示当前圆角设置）
选择第一个对象或　[放弃(U)/多段线(P)/半径(R)/修剪(T)/多个(M)]：R
（选择“半径”选项，按Space键）
指定圆角半径　<0.0000>:8　（输入圆角半径8，按Space键）
选择第一个对象或　[放弃(U)/多段线(P)/半径(R)/修剪(T)/多个(M)]：M

（选择“多个”选项，按Space键）

选择第一个对象或 [放弃(U)/多段线(P)/半径(R)/修剪(T)/多个(M)]:

（选择如图4-19所示的a线）

选择第二个对象，或按住 Shift 键选择要应用角点的对象:（选择如图4-19所示的b线）

选择第一个对象或 [放弃(U)/多段线(P)/半径(R)/修剪(T)/多个(M)]:

（选择如图4-19所示的b线）

选择第二个对象，或按住 Shift 键选择要应用角点的对象:（选择如图4-19所示的c线）

选择第一个对象或 [放弃(U)/多段线(P)/半径(R)/修剪(T)/多个(M)]:

（按Space键结束命令）

用同样的方法将右侧进行倒角。

02 完成后的效果如图4-20所示（光盘:\最终文件\第4章\圆角.dwg）。

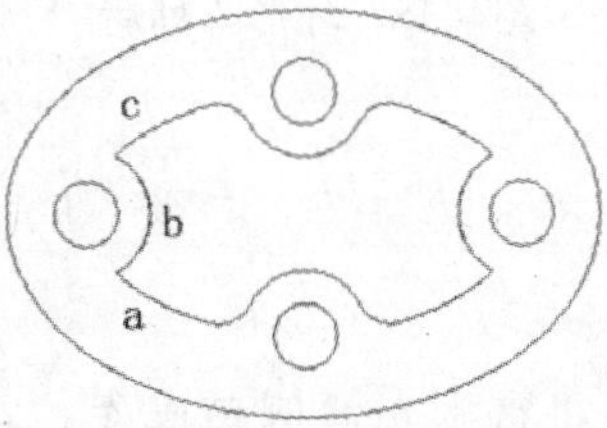

图4-19 原图

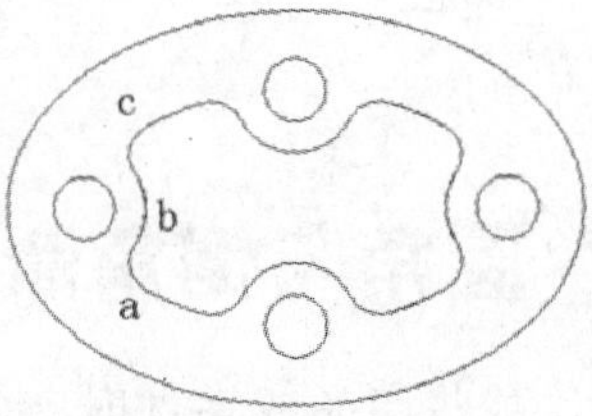

图4-20 倒圆角后

4.3.2 倒角

倒角命令用于将两条非平行直线或多段线做出有斜度的倒角，调用该命令主要有如下几种方法：

- 在“常用”选项卡的“修改”组中，单击“圆角”按钮右侧的按钮，在弹出的下拉列表中选择“倒角”命令。
- 显示菜单栏，选择“修改”→“倒角”命令。
- 在命令行中执行CHAMFER或CHA命令。

边学边练 036 倒角命令

01 打开“倒角.dwg”图形文件（光盘:\原始文件\第4章\倒角.dwg），在命令行执行CHAMFER命令，具体操作过程如下：

命令: CHAMFER （执行CHAMFER命令）

（“修剪”模式） 当前倒角距离1=0. 0000，距离 2=0. 0000

（系统提示当前倒角设置）

选择第一条直线或 [放弃(U)/多段线(P)/距离(D)/角度(A)/修剪(T)/方式(E)/多个(M)]: D

（选择“距离”选项，按Space键）

指定第一个倒角距离 <0. 0000>: 3 （输入第一个倒角距离3，然后按Space键）

指定第二个倒角距离　<3.0000>:　　　　（按Space键）

选择第一条直线或　[放弃(U)/多段线(P)/距离(D)/角度(A)/修剪(T)/方式(E)/多个(M)]:　M

（选择“多个”选项，按Space键）

选择第一条直线或　[放弃(U)/多段线(P)/距离(D)/角度(A)/修剪(T)/方式(E)/多个(M)]:

（选择如图4-21所示的a线）

选择第二条直线，或按住　Shift　键选择要应用角点的直线:

（选择如图4-21所示的b线）

选择第一条直线或　[放弃(U)/多段线(P)/距离(D)/角度(A)/修剪(T)/方式(E)/多个(M)]:

（选择如图4-21所示的c线）

选择第二条直线，或按住　Shift　键选择要应用角点的直线:

（选择如图4-22所示的d线）

选择第一条直线或　[放弃(U)/多段线(P)/距离(D)/角度(A)/修剪(T)/方式(E)/多个(M)]:

（按Space键结束命令）

同样的方法将右侧的两个角进行倒角。

02 完成后的效果如图4-22所示（光盘:\最终文件\第4章\倒角.dwg）。

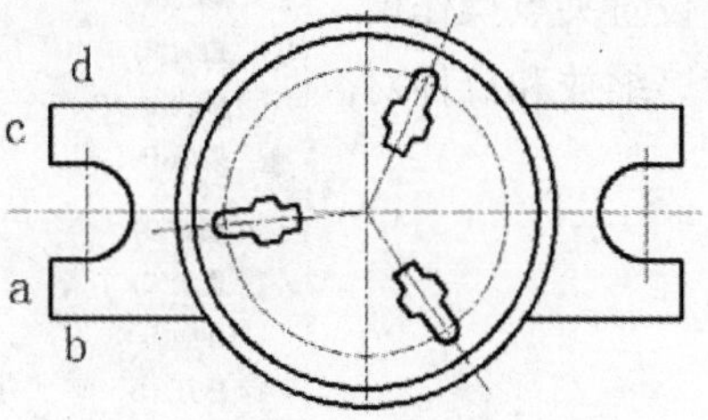

图4-21　原图

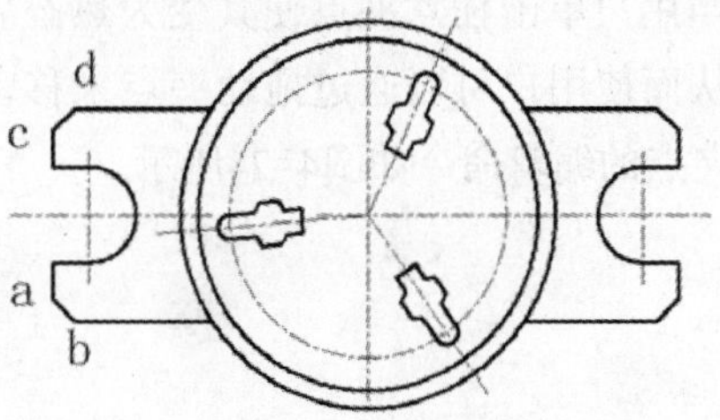

图4-22　倒角后

在执行命令的过程中，各选项含义如下。

- 多段线：选择该选项，可对由多段线组成的图形的所有角同时进行倒角。
- 角度：以指定一个角度和一段距离的方法来设置倒角的距离。
- 修剪：设置修剪模式，控制倒角处理后是否删除原角的组成对象，默认为删除。
- 多个：选择该项，可连续对多组对象进行倒角处理，直至结束命令为止。

4.4 使用夹点编辑图形

夹点就是绘图对象上的控制点。当选中对象后，在对象上将显示若干个小方块，这些小方块用来标记被选中对象的夹点。默认情况下，夹点始终是打开的，其显示的颜色和大小可以进行设置。不同的对象，用来控制其特征的夹点的位置和数量是不同的，如图4-23所示。

在AutoCAD 2012中，夹点是一种集成的编辑模式，实用性强，可以对对象进行拉伸、移动、旋转、缩放和镜像操作，为绘制图形提供一种方便快捷的编辑途径。

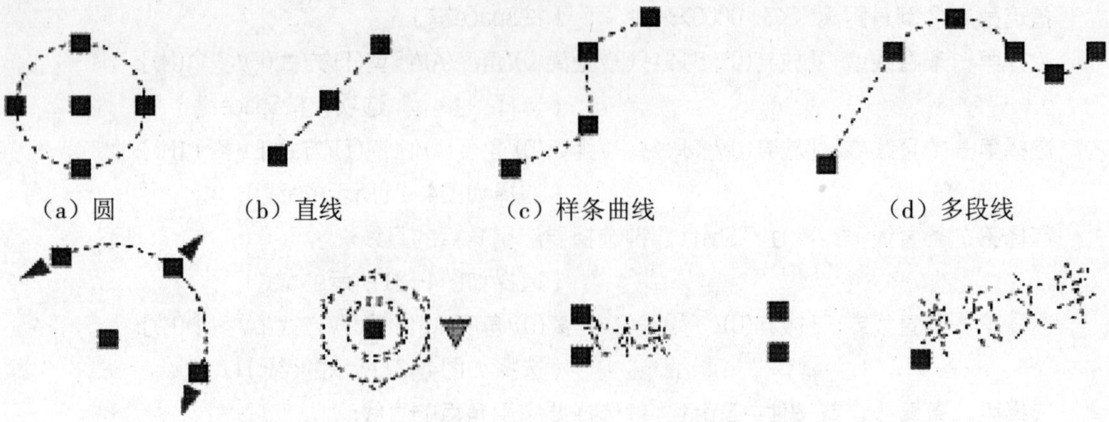

（a）圆　（b）直线　（c）样条曲线　（d）多段线

（e）圆弧　（f）块　（g）多行文字　（h）单行文字

图4-23　不同图形夹点显示

夹点的状态有如下两种。

- 热态：是指被单击激活的夹点。在热态下，用户可以直接通过拖动夹点来编辑对象。
- 冷态：是指未被单击激活的夹点。

当用户单击任意夹点使其变为热态后，还允许用户设置夹点操作模式，从而使用户可以通过拖动夹点来移动、镜像、旋转、缩放和拉伸对象。夹点的编辑命令如图4-24所示。

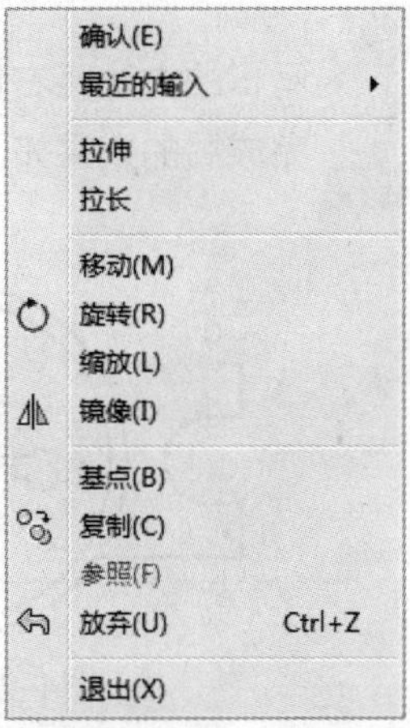

图4-24　夹点编辑

4.4.1　拉伸对象

在不执行任何命令的情况下选择对象，会显示其夹点。单击其中一个夹点，则该夹点就被当做拉伸的基点，如图4-25所示。

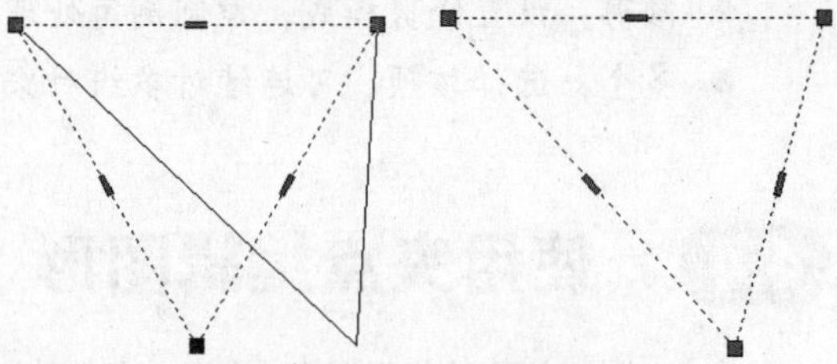

图4-25　拉伸对象

命令行显示如下提示信息：

拉伸

指定拉伸点或[基点（B）/复制（C）/放弃（U）/退出（X）]:

默认情况下，指定拉伸点后将把对象拉伸或移动到新的位置，其他选项含义如下。

- 基点（B）：重新指定拉伸基点。
- 复制（C）：允许指定一系列的拉伸点，以实现多次拉伸。
- 放弃（U）：取消上一步操作。
- 退出（X）：退出当前操作。

4.4.2　移动对象

移动对象仅是位置上的平移，对象的大小和方向不会被改变。要准确地移动对象，可使用捕捉模式、坐标、夹点和对象捕捉模式。利用夹点编辑模式确定基点后，在命令行提示下输入MO进入移动模式，命令行显示信息为：

移动

指定拉伸点或[基点（B）/复制（C）/放弃（U）/退出（X）]:

通过输入点的坐标或拾取点的方式指定平移对象的目的点后，即可以基点为平移起点，以目的点为平移终点，将所选对象平移到新位置，如图4-26所示。

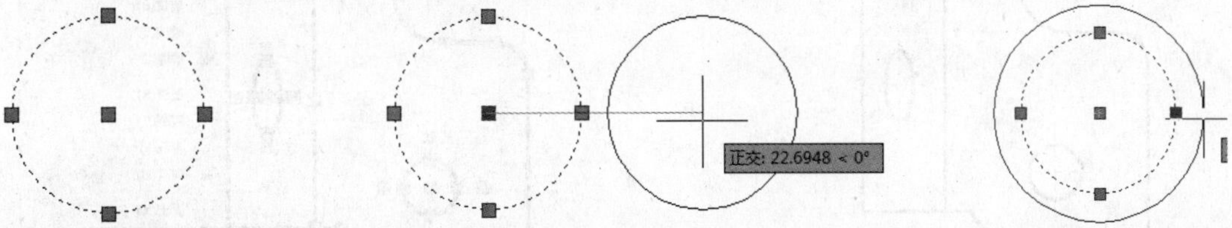

（a）原图　（b）移动圆心夹点　（c）移动夹点

图4-26　夹点移动

4.4.3　旋转对象

在夹点编辑模式下，指定基点后，在命令行提示下输入RO进入旋转模式，则命令行会显示旋转信息。

默认状况下，输入旋转的角度值或通过拖动方式指定了旋转角度后，即可将对象绕基点旋转指定的角度。选择“旋转”夹点模式后，AutoCAD提示如下：

指定旋转角度或[基点(B)/复制(C)/放弃(U)/参照(R)/退出(X)]:

4.4.4　缩放对象

在夹点编辑模式下指定基点后，在命令行提示下输入SC进入缩放模式，命令行会提示“比例缩放”。

在默认情况下，指定了缩放的比例因子后，将相对于基点进行缩放对象的操作。当比例因子大于1时，放大对象；当比例因子为小于1的正数时为缩小对象。选择“缩放”夹点模式后，AutoCAD提示如下。

指定比例因子或[基点(B)/复制(C)/放弃(U)/参照(R)/退出(X)]:

4.4.5　镜像对象

在夹点编辑模式下指定基点后，在命令行输入MI进入镜像模式，命令行将提示“镜像”。

指定了镜像对称线上的第二点以后，将以基点作为镜像线上的第一个点，新指定的点为镜像线上的第二个点，对对象进行镜像操作并删除原对象。

边学边练 037 镜像对象

01 打开“夹点镜像dwg”图形文件（光盘:\原始文件\第4章\夹点镜像.dwg），如图4-27所示。选中图形对象，然后单击如图4-28所示的夹点A，等它变红色以后单击右键，在快捷菜单中选择“镜像”命令。

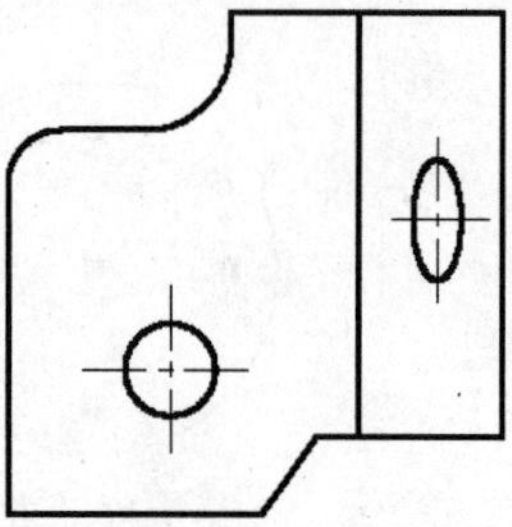

图4-27　原图

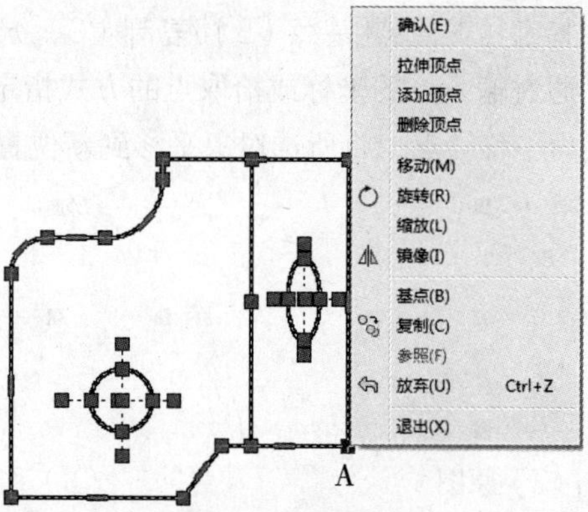

图4-28　镜像夹点

02 选择“镜像”命令后，在命令行中输入C，表示复制原对象。与之前学过的镜像命令一样，镜像操作需要一条镜像中心线。这里选择的用于单击右键的A点即默认为镜像的第一点，然后需要选择第二个镜像点，这里选择它正上方的点作为第二个镜像点。选择效果如图4-29所示。

03 选择好第二个镜像点后按Enter键，完成的镜像效果如图4-30所示。

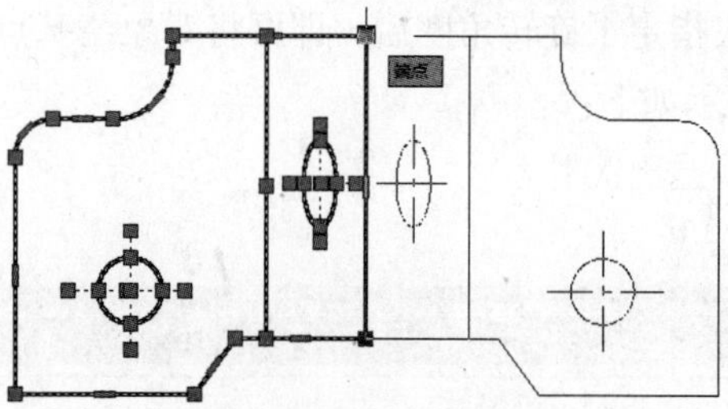

图4-29　选择镜像点

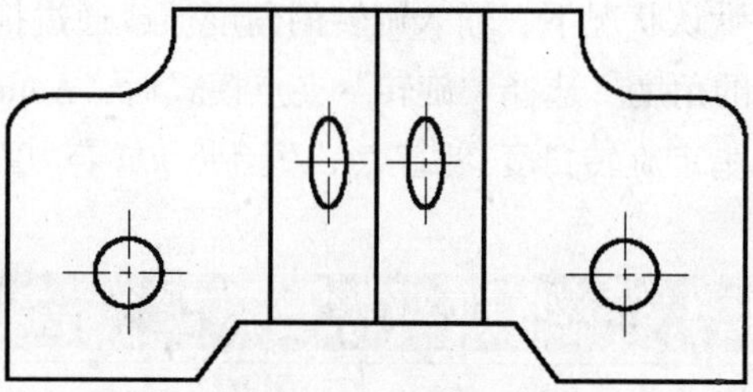

图4-30　镜像效果

4.5 对象的打断、合并与分解

在绘制工程图时，有时候要选择的某个对象位于一个组或一个整体中，而对这个整体进行选择或编辑又比较麻烦，这时需要将这个整体分解。相反，有时候为了便于编辑较零碎的对象，会将它们合并。下面对这类命令做简单的介绍。

4.5.1 打断对象

打断对象主要有两种方式，下面分别介绍。

1. 将对象打断于一点

将对象打断于一点是指将整条线段分离成两条独立的线段，但线段之间没有空隙。调用该命令的方法如下：

- 在“常用”选项卡的“修改”组中，单击▼按钮，在弹出的下拉列表中单击“打断于点”按钮。
- 在命令行中执行BREAK或BR命令。

执行上述命令后，具体操作过程如下：

命令：BREAK	（执行BREAK命令）
选择对象：	（选择要打断的对象）
指定第二个打断点或　[第一点(F)]：F	（系统自动执行“第一点”选项）
指定第一个打断点：	（在对象上要打断的位置单击）
指定第二个打断点：@	（系统自动输入@符号，表示第二个打断点与第一个打断点为同一点。对象将无缝断开，并退出命令）

2. 以两点方式打断对象

以两点方式打断对象是指在对象上创建两个打断点，使对象以一定的距离断开。调用该命令的方法如下：

- 在“常用”选项卡的“修改”组中，单击“打断”按钮。
- 显示菜单栏，选择“修改”→“打断”命令。
- 在命令行中执行BREAK或BR命令。

执行上述命令后，具体操作过程如下：

命令：BREAK	（执行BREAK命令）
选择对象：	（选择要打断的对象）
指定第二个打断点或　[第一点(F)]:f	（系统自动执行“第一点”选项）
指定第一个打断点：	（在对象上要打断的位置单击）
指定第二个打断点：	（在对象上要打断的另一位置单击）

如图4-31和图4-32所示分别表示将图形对象打断于一点与打断于两点的效果。

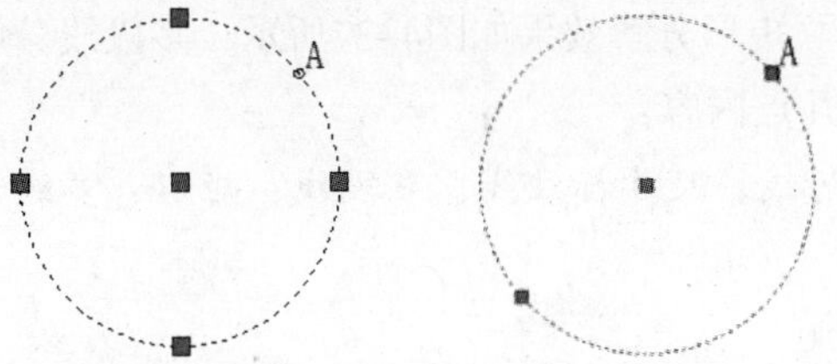

（a）原图　　（b）将对象打断于一点

图4-31　打断于一点

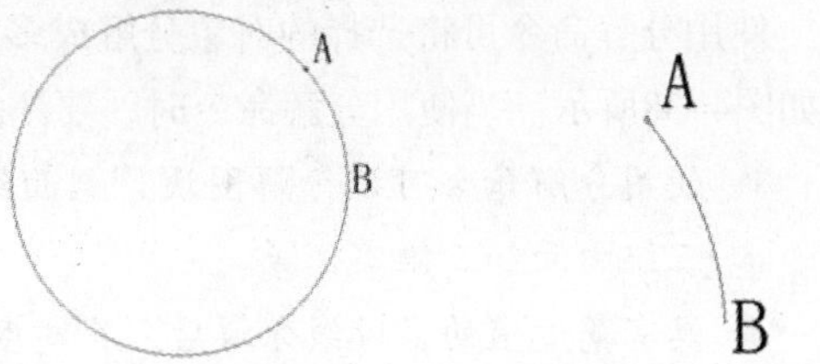

（a）原图　　（b）打断于两点

图4-32　打断于两点

4.5.2　合并对象

为了更好地绘制图形，可以把类似的图形进行合并（合并后的图形也可以进行分解）。

合并图形是指将相似的图形对象合并为一个对象，可以合并的对象包括圆弧、椭圆弧、直线、多段线和样条曲线等，调用该命令的方法如下：

- 在“常用”选项卡的“修改”组中，单击▾按钮，在弹出的下拉列表中单击“合并”按钮。
- 显示菜单栏，选择“修改”→“合并”命令。
- 在命令行中执行JOIN或J命令。

对于直线的合并，可以将多条在同一直线方向上的线段合并成一条直线。如图4-33和图4-34所示分别为两段同一条线上的两个线段的合并前后效果。

图4-33 合并前

图4-34 合并后

边学边练 038 合并对象

01 打开“合并.dwg”图形文件（光盘:\原始文件\第4章\合并.dwg），在命令行执行JOIN命令，具体操作过程如下：

命令：J	（执行JOIN命令）
选择源对象:	（选择如图4-35所示的圆弧）
选择圆弧，以合并到源或进行 [闭合(L)]: L	（选择“闭合”选项）
已将圆弧转换为圆	（系统提示）

02 完成后的效果如图4-36所示（光盘:\最终文件\第4章\合并.dwg）。

图4-35 原图

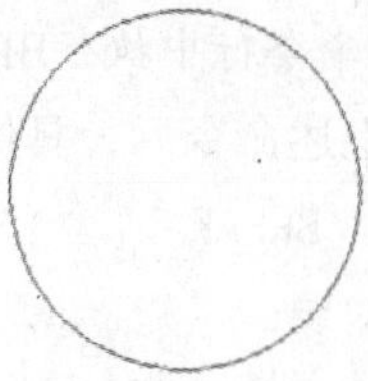

图4-36 合并后

4.5.3 分解对象

使用分解命令可将选择的对象分解成多个对象。矩形分解效果如图4-37所示，多段线分解效果如图4-38所示。当使用分解命令时，要注意以下几点内容：

- 使用分解命令可以分解图块、剖面线、平行线、尺寸标注线、多段线、矩形、多边形、三维曲面和三维实体等。
- 具有宽度值的多段线分解后，其宽度值变为0。
- 带有属性的图块分解后，其属性值将被还原为属性定义的标记。

分解对象命令的调用方法有如下几种：

- 在“常用”选项卡的“修改”组中，单击“分解”按钮。
- 显示菜单栏，选择“修改”→“分解”命令。
- 在命令行中执行EXPLODE命令。

执行上述命令后，具体操作过程如下：

命令：EXPLODE　　（执行EXPLODE命令）
选择对象：找到 1 个　　（选择需要分解的对象）
选择对象：　　（按Space键结束对象的选择，并自动显示分解后的效果）

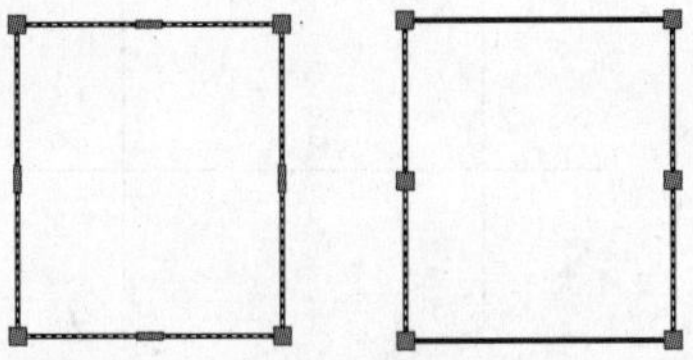

图4-37　矩形对象分解前后

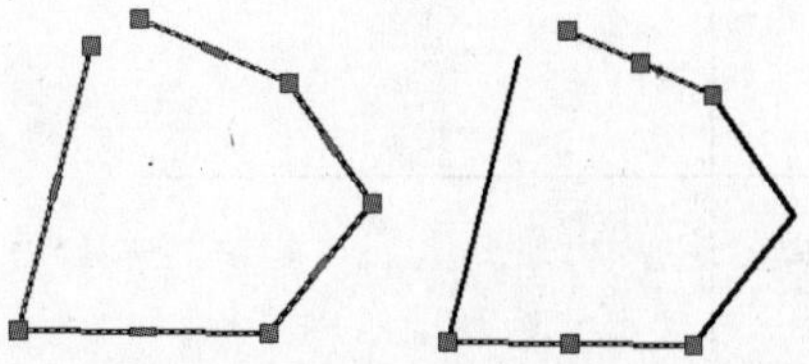

图4-38　多段线分解前后

4.6 实例应用

下面用几个实例来复习一下本章学习的二维图形高级编辑的内容。

4.6.1　实例1：绘制连接件

下面绘制如图4-39所示的图形对象。

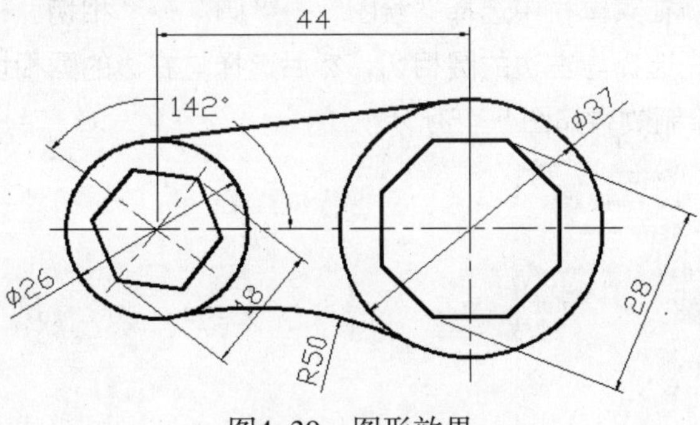

图4-39　图形效果

01 新建一个名为“实例1.dwg”的图形文件，在命令行中输入L执行直线绘制命令，在绘图区的空白处单击一点作为直线的起点，打开正交命令，将鼠标移向右方并在命令行中输入80。然后在靠近直线左端点距离15处绘制一条竖直的直线，长度为30，并将中点置于刚才绘制的水平线上。完成的直线绘制效果如图4-40所示。

02 下面进行竖直中心线的偏移。在命令行中输入O执行偏移命令，具体过程如下：

命令： OFFSET　　（执行OFFSET命令）
当前设置： 删除源=否　图层=源　OFFSETGAPTYPE=0　　（系统提示当前设置状态）
指定偏移距离或[通过(T)/删除(E)/图层(L)]<通过>：44　　（输入偏移距离44，按Space键）
选择要偏移的对象，或[退出(E)/放弃(U)]<退出>:　　（选择如图4-40所示的竖直中心线）
指定要偏移的那一侧上的点，或[退出(E)/多个(M)/放弃(U)]　<退出>:
（向右移动鼠标并单击）

选择要偏移的对象，或 [退出(E)/放弃(U)] <退出>:　　（按Space键结束命令）

03 完成的直线偏移效果如图4-41所示。然后在命令行中输入C执行圆的绘制命令，选择左边的交点为圆心，并且在命令行中输入半径为13，按Enter键完成圆的绘制，效果如图4-42所示。

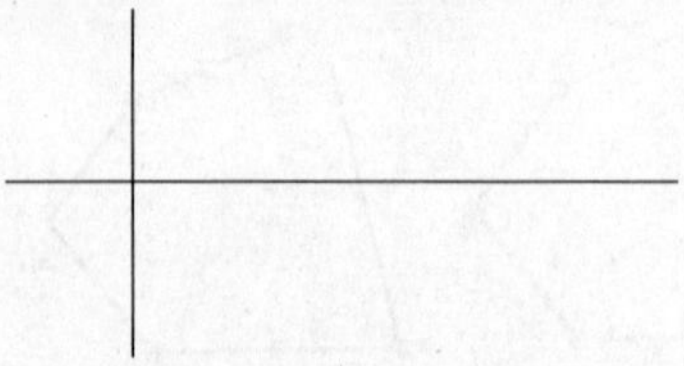

图4-40　绘制直线

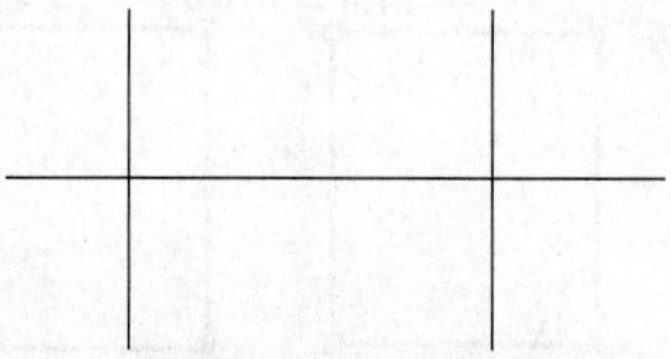

图4-41　偏移效果

04 用同样的方法，以右侧交点为圆心绘制一个半径为18. 5的圆，完成的效果如图4-43所示。

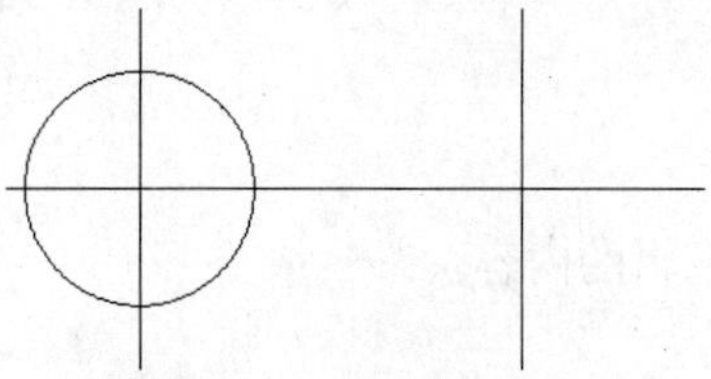

图4-42　圆绘制

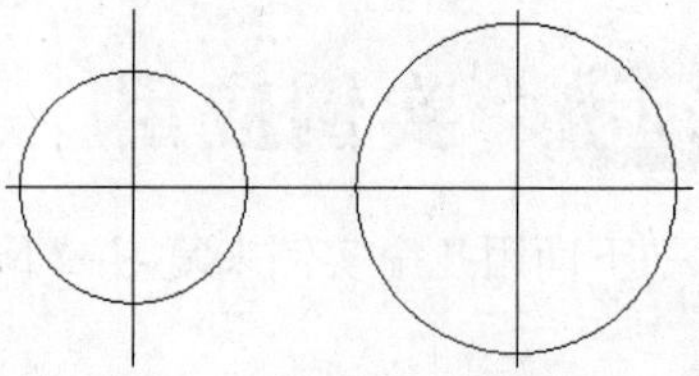

图4-43　继续绘制圆

05 设置对象捕捉。右键单击状态栏中的“对象捕捉”命令图标□，在弹出的快捷菜单中选择“设置”命令，系统弹出如图4-44所示的对话框，参照图进行设置。

06 下面进行圆的绘制。在菜单栏中选择“绘图”→“圆”→“相切、相切、半径”命令。用这种方式画圆时，首先选择与左边的圆相切，然后选择与右边的圆相切，最后在命令行中输入圆的半径50，完成的圆绘制效果如图4-45所示。

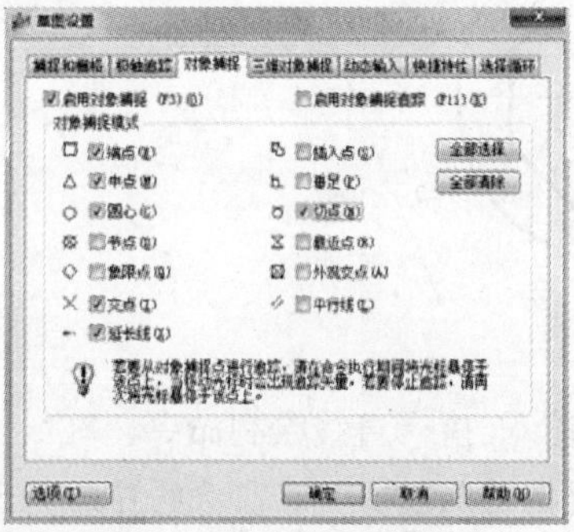

图4-44　对象捕捉设置

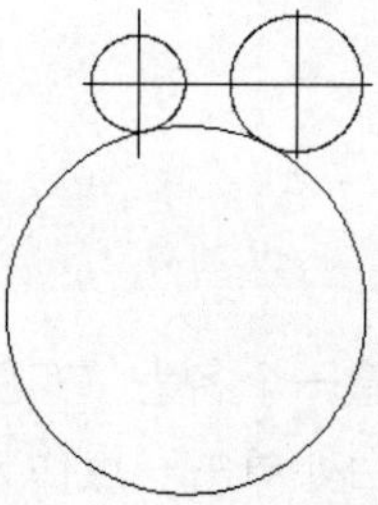

图4-45　圆的绘制

07 下面进行圆的修剪。在命令行执行TRIM命令，具体操作过程如下：

命令：TRIM　　（执行TRIM命令）

当前设置:投影=UCS，边=无　　（系统提示）

选择剪切边. . .　　（系统提示）

选择对象或 <全部选择>:　　（框选绘图区中的所有对象）

选择对象:　　（按Space键，结束对象的选择）

选择要修剪的对象，或按住 Shift 键选择要延伸的对象，或[栏选(F)/窗交(C)/投影(P)/边(E)/删除(R)/放弃(U)]:　　（依次选择需要修剪的对象，这里选择如图4-45所示的

大圆的下半部分为剪掉对象）

选择要修剪的对象，或按住Shift键选择要延伸的对象，或 [栏选(F)/窗交(C)/投影(P)/边(E)/删除(R)/放弃(U)]: （按Space键结束修剪操作）

08 修剪完成的效果如图4-46所示。然后在命令行中输入L命令，绘制上面连接两个圆的直线。将鼠标放在左边圆附近，等圆上出现切点符号时单击；同样的方法在右侧圆上捕捉切点，完成最终的直线绘制，效果如图4-47所示。

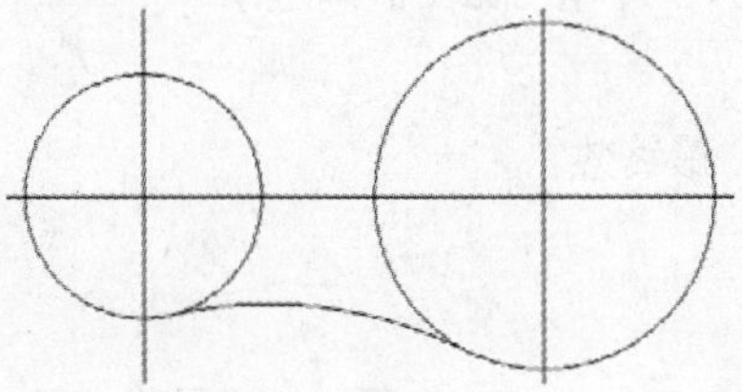

图4-46 修剪对象

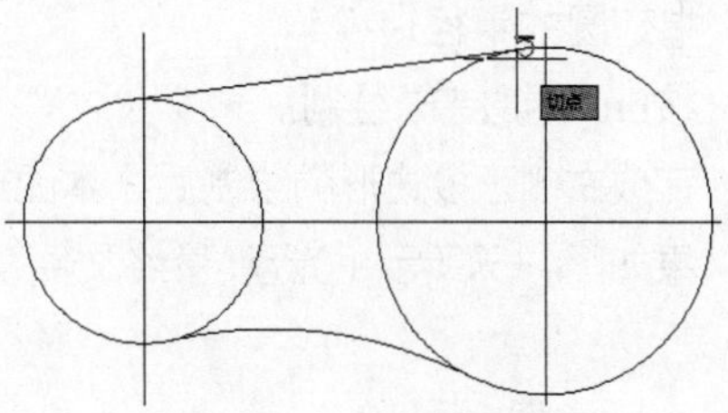

图4-47 绘制直线

09 在命令行中执行POL命令，具体操作过程如下：

命令：POL （执行POLYGON命令）
输入边的数目 <4>: 6 （输入6，并按Space键确定）
指定正多边形的中心点或 [边(E)]: （单击如图4-47所示的左侧圆的圆心）
输入选项 [内接于圆(I)/外切于圆(C)] <I>: I （选择"内接于圆"选项，并按Space键）
指定圆的半径：9 （输入9，按Space键确定）
按Enter键完成绘制。

10 绘制完成的正多边形效果如图4-48所示。在命令行中执行RO命令，旋转刚才绘制的正六边形，具体操作过程如下：

命令：RO （执行ROTATE命令）
UCS 当前的正角方向：ANGDIR=逆时针 ANGBASE=0
（系统显示当前UCS坐标）
选择对象：指定对角点：找到1个 （这里选择刚才绘制的正六边形为旋转对象）
选择对象： （按Space键结束选择对象）
指定基点： （选择正六边形的中心即圆心作为基点）
指定旋转角度，或 [复制(C)/参照(R)] <0>: （指定旋转角度或按住鼠标不放拖动-8°）
旋转后的效果如图4-49所示。

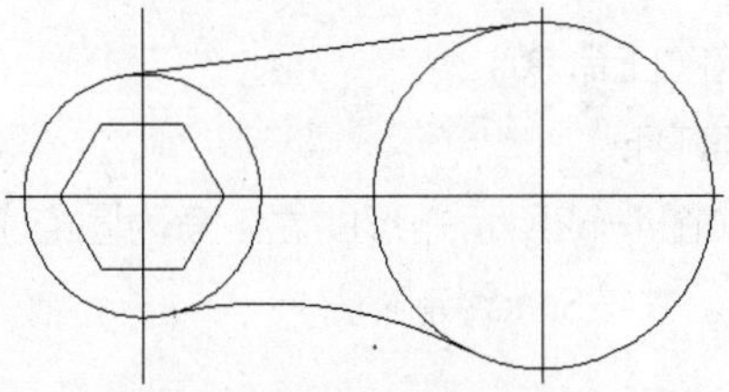

图4-48 多边形绘制

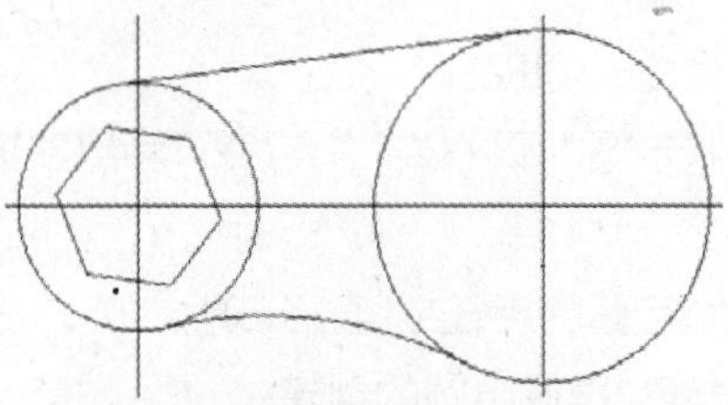

图4-49 旋转对象

11 绘制右侧的正多边形。在命令行中执行POL命令，具体操作过程如下：

命令：POL （执行POLYGON命令）
输入边的数目 <4>：8 （输入8，并按Space键确定）
指定正多边形的中心点或 [边(E)]： （单击如图4-49所示的右侧圆的圆心）
输入选项 [内接于圆(I)/外切于圆(C)] <I>：I （选择“内接于圆”选项，并按Space键）
指定圆的半径：14 （输入14，按Space键确定）
按Enter键完成绘制。

12 完成右侧正多边形的绘制后，本图形到此就绘制完成了，最终效果如图4-50所示（光盘:\最终文件\第4章\实例1.dwg）。

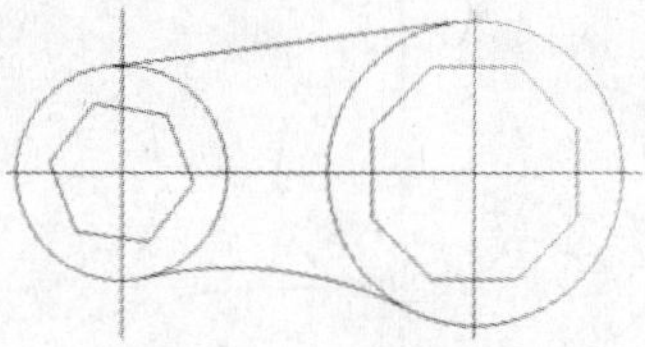
图4-50 最终效果

4.6.2 实例2：绘制底板

下面绘制某一机器上的一个底板，效果如图4-51所示。这个图的绘制用到较多的命令，如阵列、修剪等。通过本例的学习，我们将更熟悉二维图形的编辑。

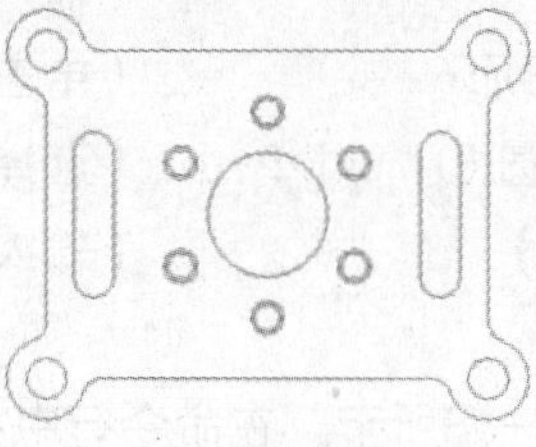
图4-51 底板效果图

01 新建“底板.dwg”图形文件，在命令行中执行REC命令，具体操作过程如下：

命令：REC （执行REC命令）
指定第一个角点或 [倒角(C)/标高(E)/圆角(F)/厚度(T)/宽度(W)]：
（在绘图区的任意位置单击）
指定另一个角点或 [面积(A)/尺寸(D)/旋转(R)]：D
（输入长宽分别为1100和80，并按Space键，效果如图4-52所示）

02 完成的绘制效果如图4-52所示。在命令行中输入C执行画圆命令，具体操作过程如下：

命令：CIRCLE （执行CIRCLE命令）
指定圆的圆心或[三点(3P)/两点(2P)/相切、相切、半径(T)]：
（捕捉如图4-52所示矩形的左上角为圆心）
指定圆的半径或[直径(D)] <0>：5 （输入5，并按Space键确认）
按Esc键退出圆的创建。

03 完成的绘制效果如图4-53所示。

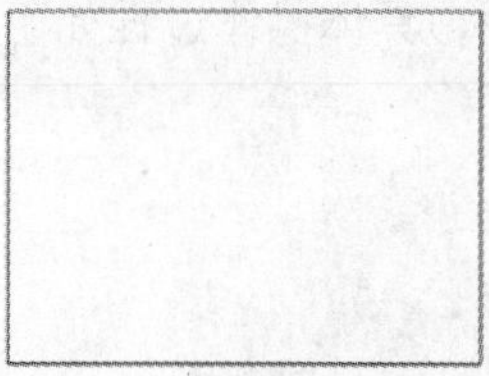

图4-52　绘制矩形

图4-53　绘制圆

04 下面执行圆的偏移命令。在命令行执行OFFSET命令，具体操作过程如下：

命令：OFFSET　（执行OFFSET命令）
当前设置：删除源=否　图层=源　OFFSETGAPTYPE=0　（系统提示当前设置状态）
指定偏移距离或［通过(T)/删除(E)/图层(L)］<通过>：5　（输入偏移距离5，按Space键）
选择要偏移的对象，或［退出(E)/放弃(U)］<退出>：　（选择如图4-53所示的圆）
指定要偏移的那一侧上的点，或［退出(E)/多个(M)/放弃(U)］<退出>：
（向外移动鼠标并单击）

按Space键结束命令，完成的偏移效果如图4-54所示。

05 在命令行执行mirror命令，镜像刚才创建的两个圆，具体操作过程如下：

命令:MIRROR　（执行MIRROR命令）
选择对象：指定对角点：找到2个　（选择绘图区刚才创建的两个圆）
选择对象：　（按Space键结束对象选择）
指定镜像线的第一点：　（单击如图4-55所示的矩形的上边的中点A点）
指定镜像线的第二点：　（单击如图4-55所示的矩形的下边的中点B点）
是否删除源对象？[是(Y)/否(N)] <N>：　（按Space键，不删除源对象并结束镜像命令）

完成的镜像效果如图4-56所示。

图4-54　偏移对象

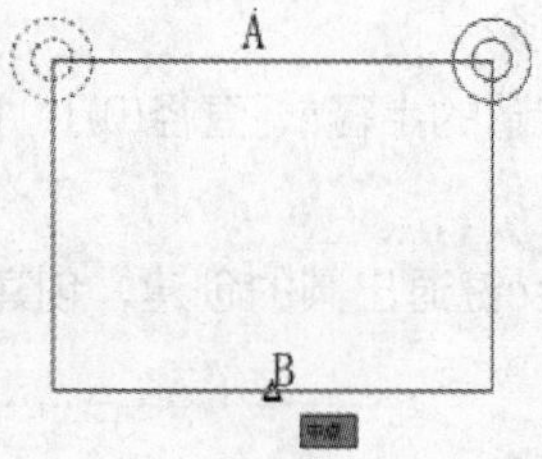

图4-55　选择镜像点

06 用同样的镜像方法将矩形的上方两个角点处的圆镜像到下方的两个角点。操作不再赘述，完成的镜像效果如图4-57所示。

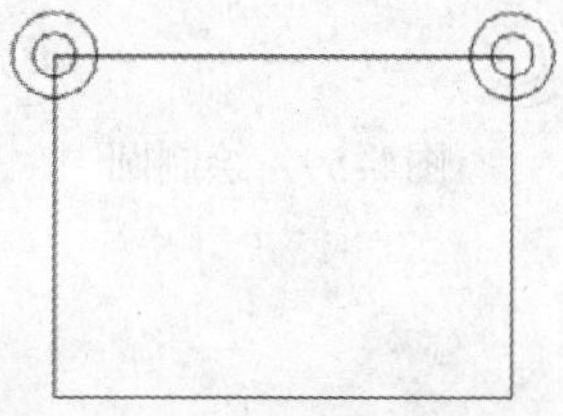

图4-56　镜像效果

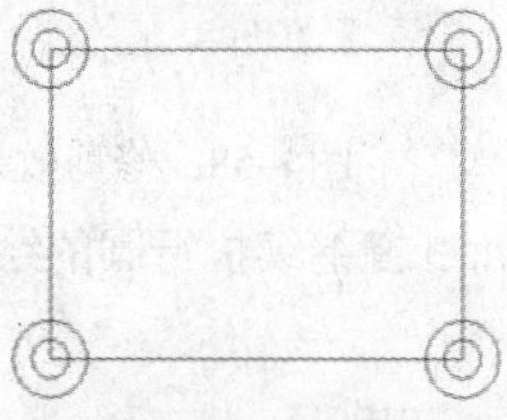

图4-57　镜像效果

07 下边进行矩形4个角点处多余线条的修剪。在命令行执行TRIM命令，具体操作过程如下：

命令：TRIM （执行TRIM命令）
当前设置:投影=UCS，边=无 （系统提示）
选择剪切边... （系统提示）
选择对象或 <全部选择>：（框选绘图区中的所有对象）
选择对象：（按Space键，结束对象的选择）
选择要修剪的对象，或按住Shift键选择要延伸的对象，或[栏选(F)/窗交(C)/投影(P)/边(E)/删除(R)/放弃(U)]：（依次选择需要修剪的对象，这里选择图4-57中比图4-58多出的线）
选择要修剪的对象，或按住Shift键选择要延伸的对象，或[栏选(F)/窗交(C)/投影(P)/边(E)/删除(R)/放弃(U)]：（按照相同的方法修剪其他线段）
选择要修剪的对象，或按住Shift键选择要延伸的对象，或 [栏选(F)/窗交(C)/投影(P)/边(E)/删除(R)/放弃(U)]：（按Space键结束修剪操作）

修剪的效果如图4-58所示。

注意

修剪命令也可以这样操作：单击“修剪”命令图标，然后交叉选中绘图区中所有对象。在绘图区中任意处单击右键，然后单击要删掉的直线部分，依次选取即可依次删除。

08 下面创建中间的大圆。在命令行中输入C执行画圆命令，具体操作过程如下：

命令：CIRCLE （执行CIRCLE命令）
指定圆的圆心或[三点(3P)/两点(2P)/相切、相切、半径(T)]：FROM
（选择基点偏移方式寻找圆心）
基点：（单击矩形左侧边的中点。注意，对象捕捉中要设置捕捉中点）
<偏移> （输入@55，0，按Enter键）
指定圆的半径或[直径(D)] <0>：15
（输入15，并按Space键确认）

按Esc键退出圆的创建，创建效果如图4-59所示。

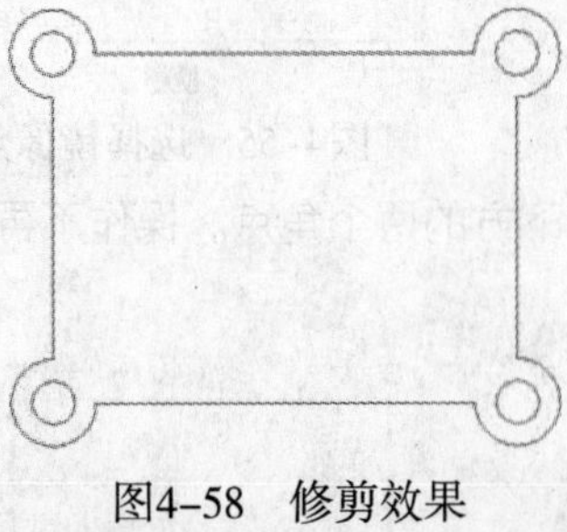
图4-58 修剪效果

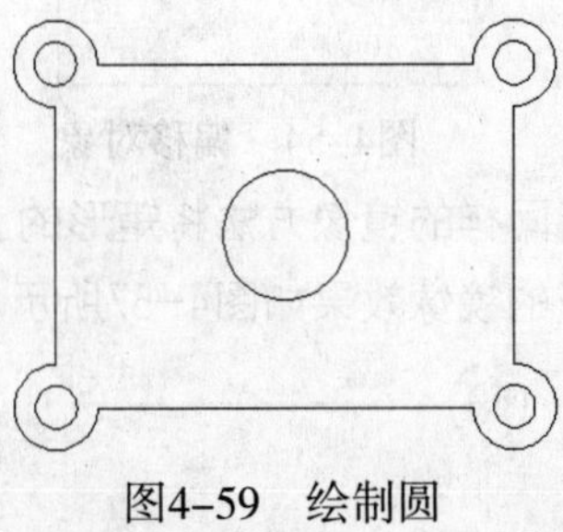
图4-59 绘制圆

09 按Enter键继续执行圆的绘制命令，具体操作过程如下：

命令：CIRCLE （执行CIRCLE命令）

指定圆的圆心或[三点(3P)/两点(2P)/相切、相切、半径(T)]：FROM
（选择基点偏移方式寻找圆心）
基点：（单击矩形左侧边的中点。注意，对象捕捉中要设置捕捉中点）
<偏移>（输入@55，25，按Enter键）
指定圆的半径或[直径(D)] <0>：4
（输入4，并按Space键确认）

按Esc键退出圆的创建，创建效果如图4-60所示。

10 下面进行小圆内的正六边形的绘制。在命令行中执行POL命令，具体操作过程如下：

命令：POL（执行POLYGON命令）
输入边的数目 <4>：6（输入6，并按Space键确定）
指定正多边形的中心点或 [边(E)]：（单击如图4-60所示的小圆的圆心）
输入选项 [内接于圆(I)/外切于圆(C)] <I>：I（选择"内接于圆"选项，并按Space键）
指定圆的半径：3.5（输入3.5，按Space键确定）

按Enter完成绘制，效果如图4-61所示。

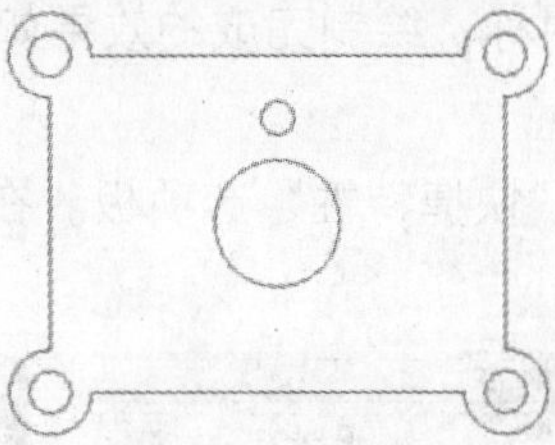

图4-60　绘制小圆

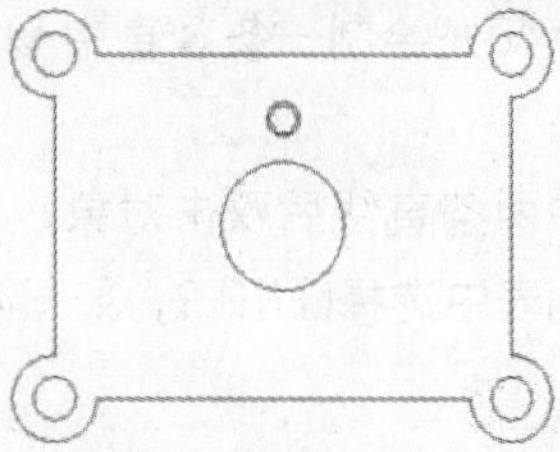

图4-61　绘制正六边形

11 在菜单栏中选择"修改"→"阵列"→"环形阵列"命令，系统提示选择要阵列的对象。选择如图4-61所示的小圆和上步创建的内部的正六边形，按Enter键，选择图4-61的矩形中心的圆的圆心为阵列中心点。在接下来的提示行中输入6，在角度数值中输入360°。按Enter键，完成的阵列效果如图4-62所示。

12 绘制两侧带圆角的矩形。在命令行中执行REC命令，具体操作过程如下：

命令：REC（执行REC命令）
指定第一个角点或 [倒角(C)/标高(E)/圆角(F)/厚度(T)/宽度(W)]：F
（选择"宽度"选项，并按Space键）
指定矩形的圆角 <0.0000>：5（输入5，并按Space键）
指定第一个角点或 [倒角(C)/标高(E)/圆角(F)/厚度(T)/宽度(W)]：FROM
基点：（选择大矩形左侧边中点）
偏移（@7，20）
指定另一个角点或 [面积(A)/尺寸(D)/旋转(R)]：（@10，-40）
命令：（按Space键）

完成的矩形效果如图4-63所示。

13 用同样的方法，同样的尺寸在大矩形的右侧创建一个带圆角的矩形。绘制完成后，图形效果如图4-64所示。

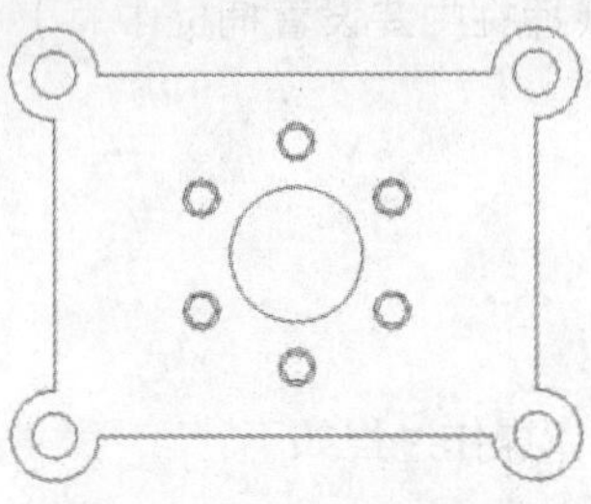

图4-62　环形阵列

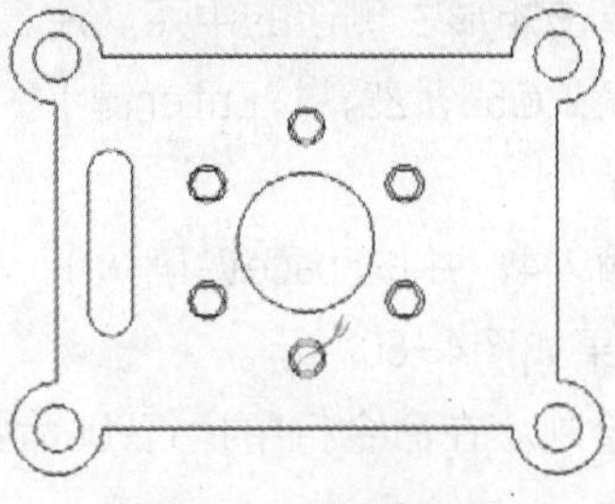

图4-63　创建矩形

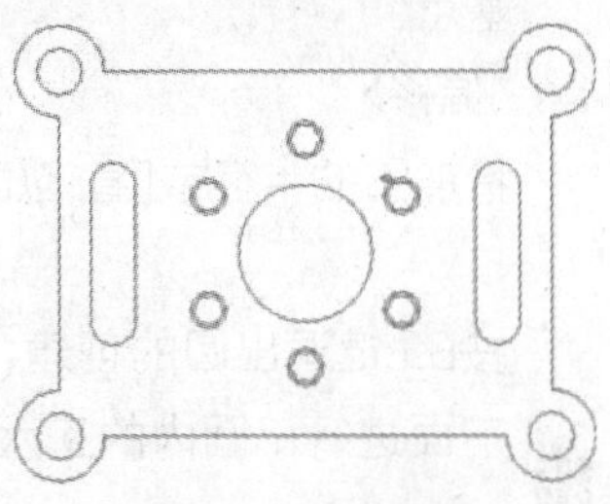

图4-64　最终效果

4.6.3　实例3：绘制小垫圈

下面绘制一个小垫圈。希望通过本实例的学习，能对前面的命令做一个系统的复习，包括修剪、偏移等。

01 在命令行中输入L执行直线绘制命令。先绘制一条水平中心线，长度为200，然后在距其左侧端点40处绘制一条竖直中心线，长度75，关于水平中心线对称，绘制完成的效果如图4-65所示。

02 选中两条直线后双击对象，系统将会弹出如图4-66所示的“快捷特性”选项板。在线型下拉列表中选择CENTER，如图4-66所示。

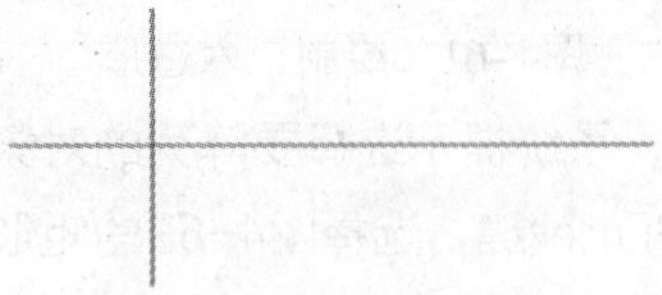

图4-65　绘制直线

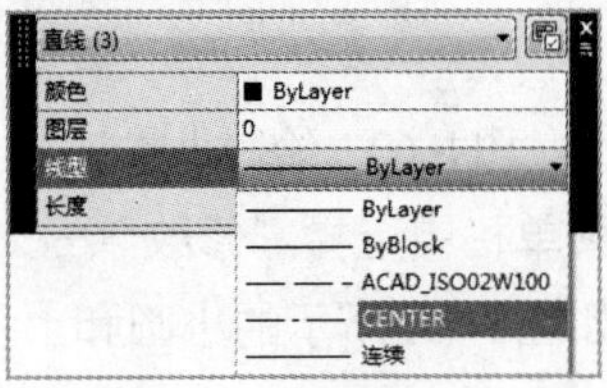

图4-66　选择线型

03 下面进行直线的偏移。在命令行执行OFFSET命令，具体操作过程如下：

命令：OFFSET　（执行OFFSET命令）

当前设置：删除源=否　图层=源　OFFSETGAPTYPE=0　（系统提示当前设置状态）

指定偏移距离或 [通过(T)/删除(E)/图层(L)] <通过>: 12　（输入偏移距离12，按Space键）

选择要偏移的对象，或 [退出(E)/放弃(U)] <退出>:　（选择如图4-67所示的水平中心线）

指定要偏移的那一侧上的点，或 [退出(E)/多个(M)/放弃(U)] <退出>:

（向上移动鼠标并单击）

按Esc键再按Enter键继续执行偏移命令。

指定偏移距离或 [通过(T)/删除(E)/图层(L)] <通过>: 20　（输入偏移距离20，按Space键）

选择要偏移的对象，或 [退出(E)/放弃(U)] <退出>:　（选择如图4-67所示的水平中心线）

指定要偏移的那一侧上的点，或 [退出(E)/多个(M)/放弃(U)] <退出>:

（向下移动鼠标并单击，按Space键结束命令）

同样的方法将竖直中心线向右分别平移49.5和99，完成的偏移效果如图4-68所示。

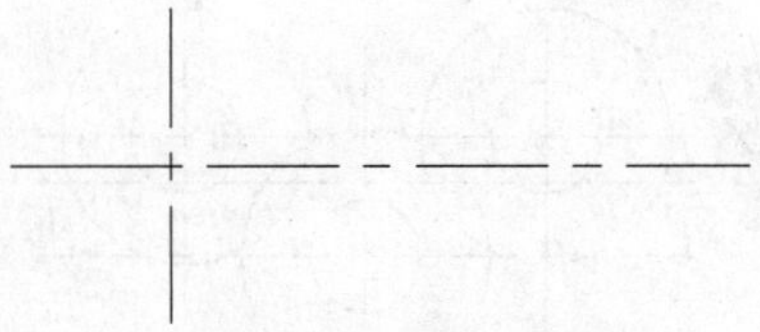

图4-67　线型变换后

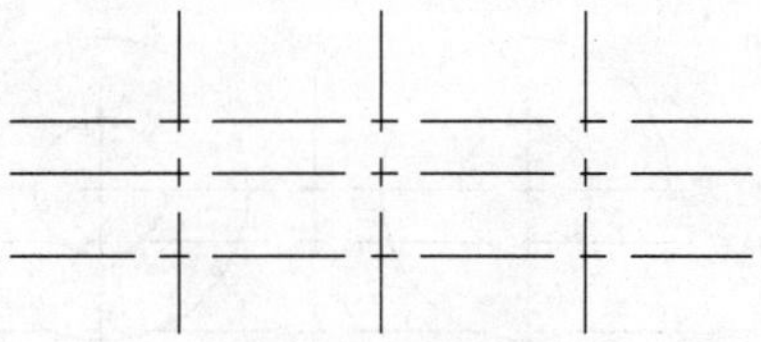

图4-68　偏移后

04 在命令行中输入C执行画圆命令，具体操作过程如下：

命令：CIRCLE　　（执行CIRCLE命令）

指定圆的圆心或[三点(3P)/两点(2P)/相切、相切、半径(T)]:

（捕捉如图4-68所示的左上角交点为圆心）

指定圆的半径或[直径(D)] <0>: 15　　（输入15，并按Space键确认）

按Esc键退出圆的创建，完成的绘制效果如图4-69所示。

05 下面进行圆的偏移。在命令行执行OFFSET命令，具体操作过程如下：

命令：OFFSET　　（执行OFFSET命令）

当前设置：删除源=否　图层=源　OFFSETGAPTYPE=0　　（系统提示当前设置状态）

指定偏移距离或[通过(T)/删除(E)/图层(L)] <通过>: 19　　（输入偏移距离19，按Space键）

选择要偏移的对象，或[退出(E)/放弃(U)] <退出>:　　（选择如图4-69所示的圆）

指定要偏移的那一侧上的点，或[退出(E)/多个(M)/放弃(U)] <退出>:

（向外移动鼠标并单击）

按Esc键退出偏移命令，完成的偏移效果如图4-70所示。

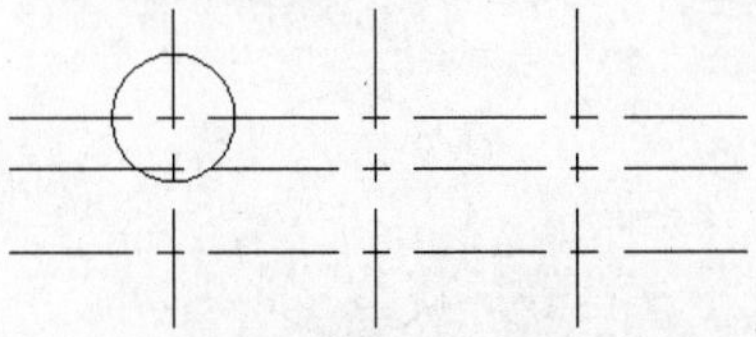

图4-69　绘制圆

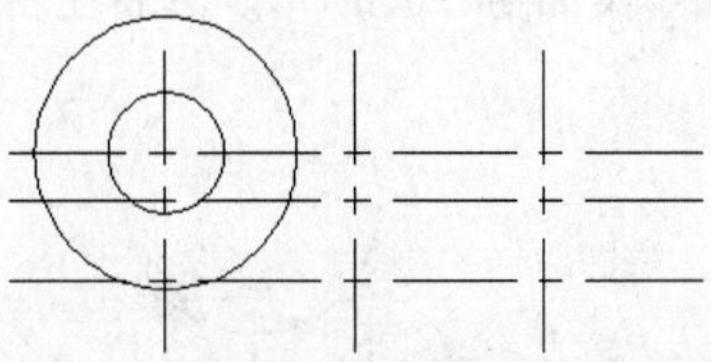

图4-70　偏移

06 在命令行执行mirror命令，镜像前两步中创建的圆，具体操作过程如下：

命令：MIRROR　　（执行MIRROR命令）

选择对象：指定对角点：找到2个　（选择绘图区中刚才创建的两个圆）

选择对象：　　（按Space键结束对象选择）

指定镜像线的第一点：　　（中间竖直中心线与上水平线的交点）

指定镜像线的第二点：　　（中间竖直中心线与下水平线的交点）

是否删除源对象？[是(Y)/否(N)] <N>:　　（按Space键不删除源对象，并结束镜像命令）

完成的镜像效果如图4-71所示。

07 用相同的方法创建两个同心圆，圆心是中间竖直中心线与下面的水平中心线的交点，圆的半径分别为15和34，完成创建的效果如图4-72所示。

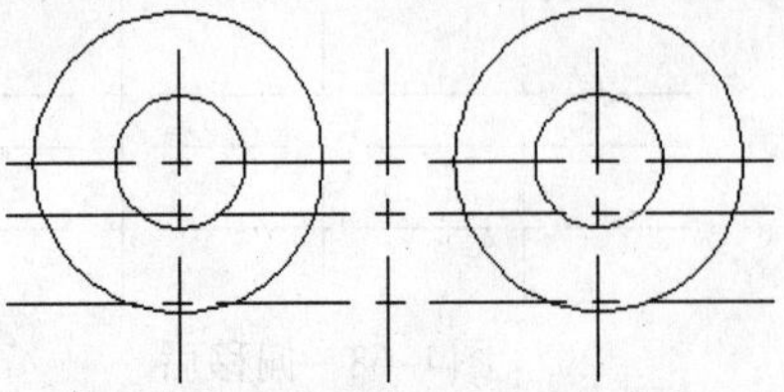

图4-71　镜像效果

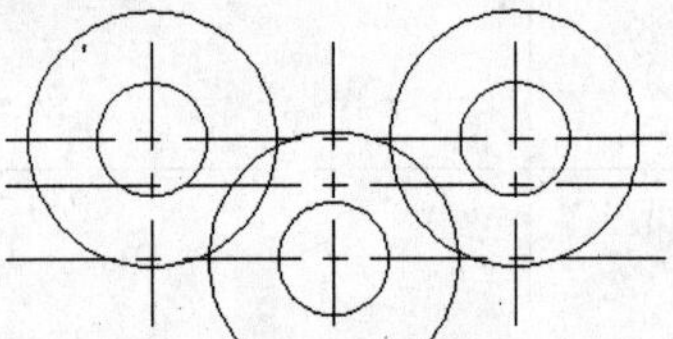

图4-72　圆的创建

08 在菜单栏中右键单击对象捕捉命令图标，在弹出的快捷菜单中选择“设置”命令，系统弹出如图4-73所示的对话框。在对话框中勾选“切点”选项，将其他选择去掉。

09 在菜单栏中选择“绘图”→“圆”→“相切、相切、半径”命令，先将鼠标放于左上方的大圆上，等到出现切点符号时单击；同样，选择右上方的大圆，然后在命令行中输入半径53，完成的绘制效果如图4-74所示。

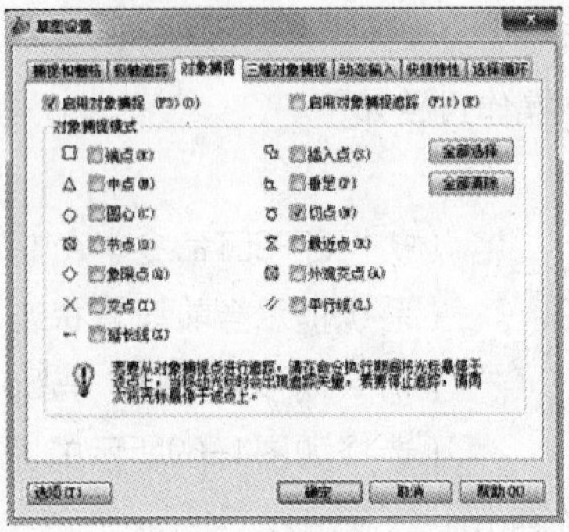

图4-73　设置捕捉点

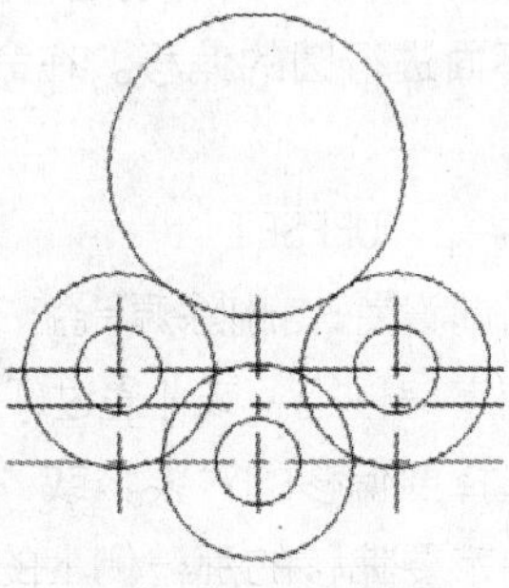

图4-74　绘制圆

10 用同样的创建一个圆，这个圆与左上方和下方的大圆相切，圆的半径为42，完成的创建效果如图4-75所示。然后在右下方创建半径为34的圆，如图4-76所示。

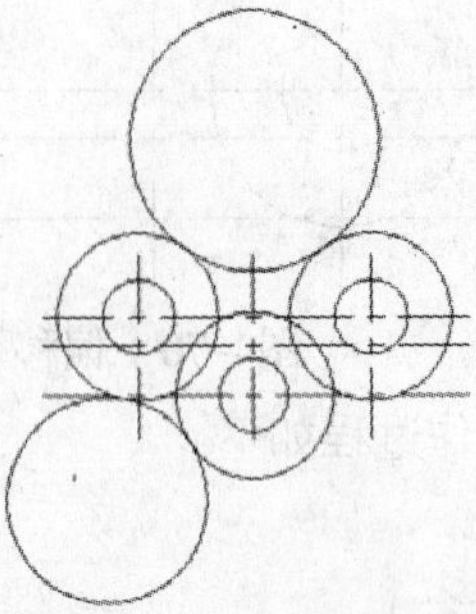

图4-75　绘制相切圆

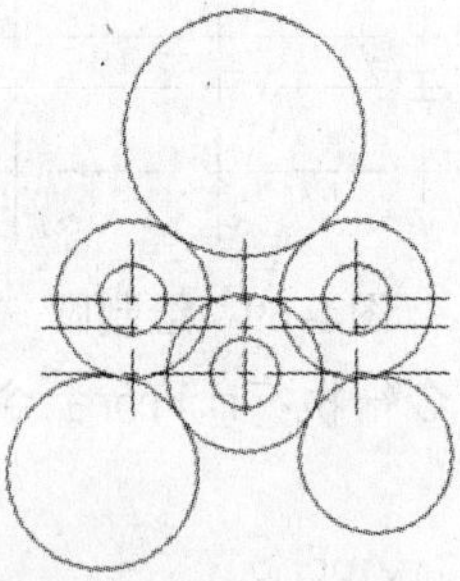

图4-76　绘制圆

11 下面将多余的线条删除。在命令行中输入TRIM执行修剪命令，选择绘图区中的所有对象，然后在绘图区的任何位置右键单击，选择要修剪掉的线条。依次操作即可将不需要的线条删除，完成的修剪结果如图4-77所示。

12 将交点、圆心、端点等常用点设置为捕捉模式。然后在命令行中输入C，以两条中间的中心线的交点为圆心绘制圆，半径为15，完成的绘制效果如图4-78。

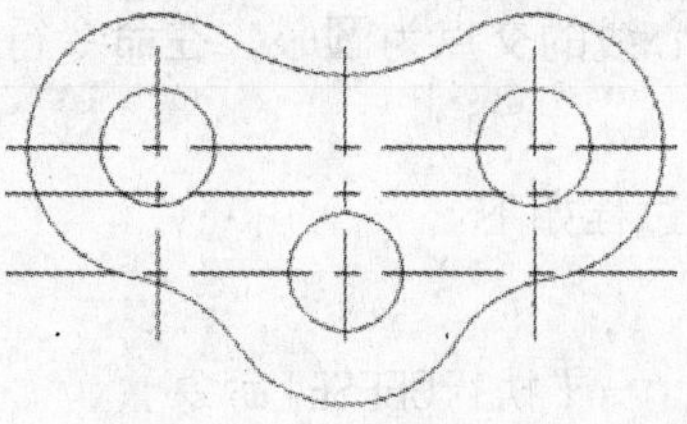

图4-77　修剪效果

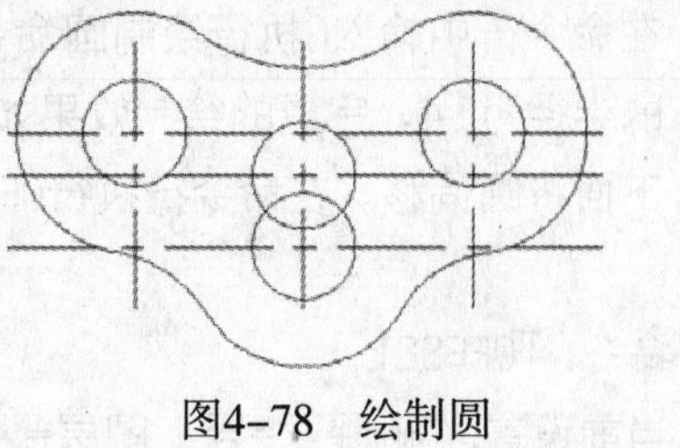

图4-78　绘制圆

13 用两条竖直的线将中间的两个小圆连接起来，与两个圆的交点均为切点，完成的绘制效果如图4-79所示。

14 用之前修剪的方法将两个圆上的多余圆弧修剪掉，修剪为如图4-80所示的效果。

15 完成的最终效果如图4-81所示。

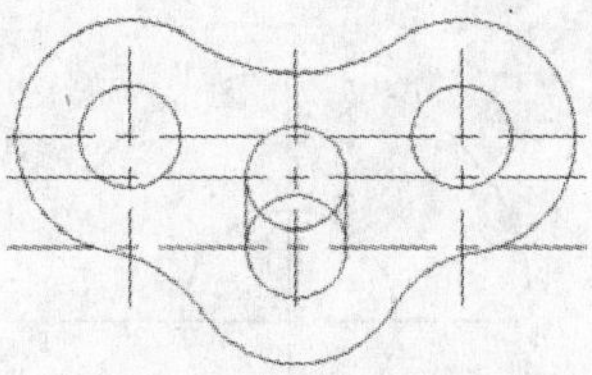

图4-79　绘制切线

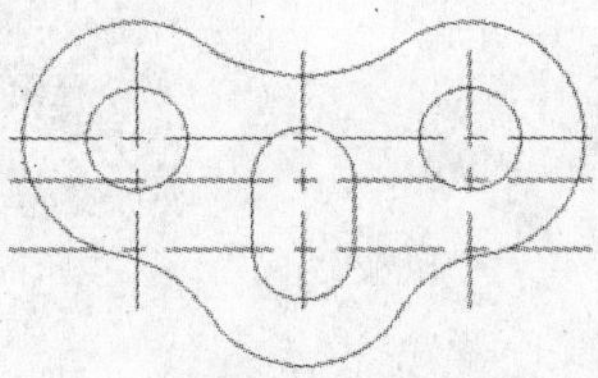

图4-80　修剪效果

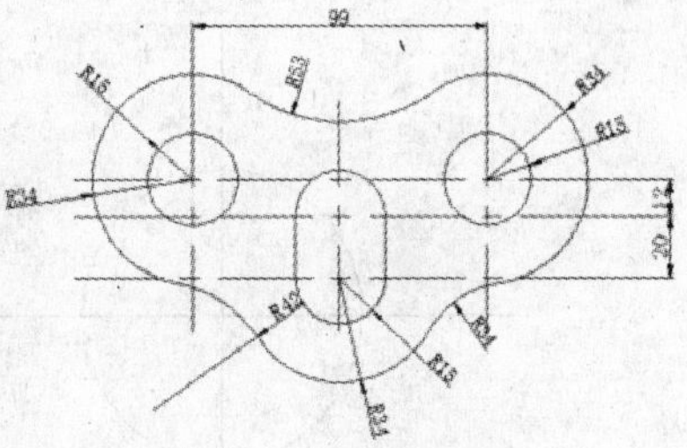

图4-81　最终效果

4.6.4　实例4：绘制小铁片

用阵列、修剪等命令绘制如图4-82所示的图形对象。

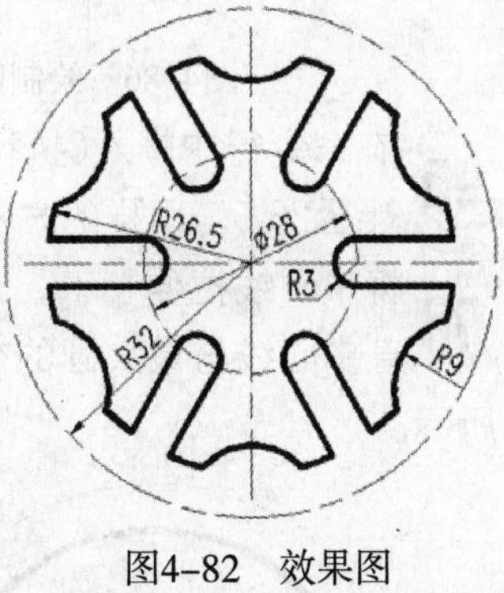

图4-82　效果图

01 从图形中可以看到一个图形在一个环形上阵列，所以首先绘制出这个这个形状。在命令行中输入L执行直线绘制命令，绘制两条正交的中心线，长度均为60，完成的效果如图4-83所示。

02 双击绘制的两条直线，系统会弹出“快捷特性”选项板，如图4-84所示。在“线型”下拉列表中选择ACAD_JSO08W100，按Enter键完成线型的修改，完成的修改效果如图4-85所示。

图4-83　绘制直线

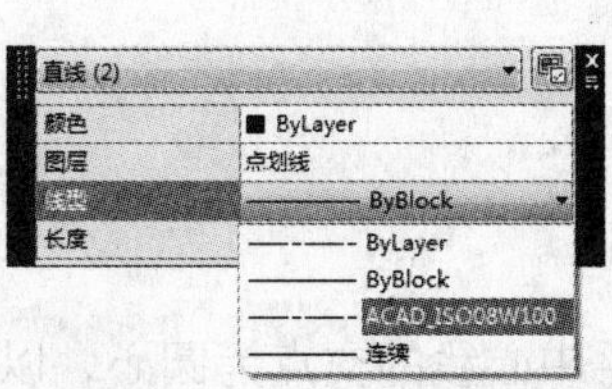

图4-84　修改线型

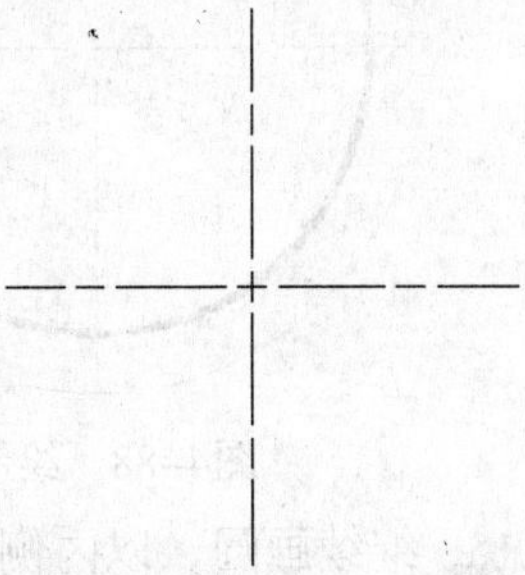

图4-85　修改效果

03 在命令行中输入C执行绘制圆命令，这里选择两条中心线的交点为圆心，在命令行中输入圆的半径为14，完成的绘制效果如图4-86所示。

04 下面将圆偏移。在命令行执行OFFSET命令，具体操作过程如下：

命令：OFFSET （执行OFFSET命令）
当前设置：删除源=否 图层=源 OFFSETGAPTYPE=0 （系统提示当前设置状态）
指定偏移距离或 [通过(T)/删除(E)/图层(L)] <通过>：18 （输入偏移距离18，按Space键）
选择要偏移的对象，或 [退出(E)/放弃(U)] <退出>： （选择如图4-86所示的圆）
指定要偏移的那一侧上的点，或 [退出(E)/多个(M)/放弃(U)] <退出>：
（向外移动鼠标并单击）

按Esc键退出偏移命令，完成的偏移效果如图4-87所示。

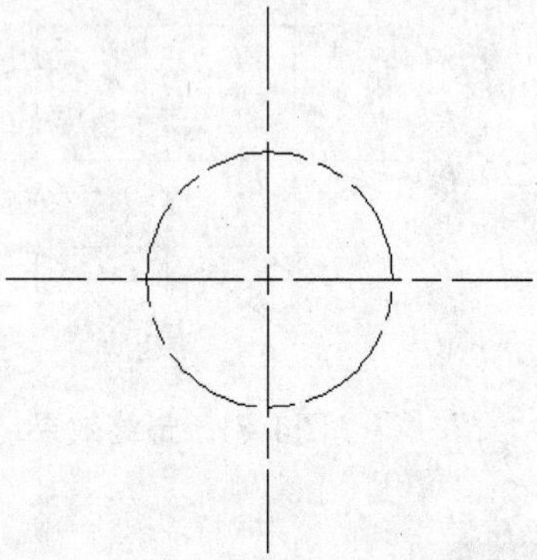
图4-86 绘制圆

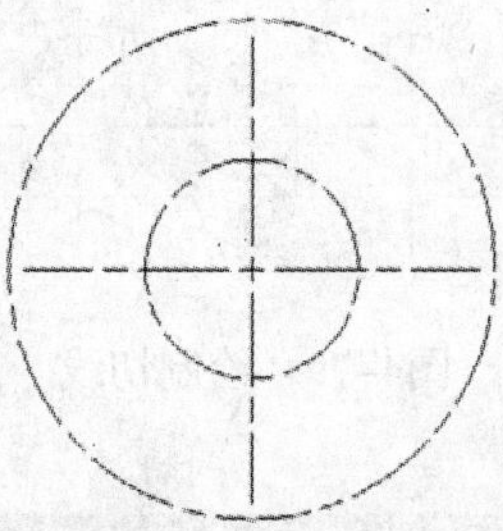
图4-87 偏移对象

05 在命令行中输入C执行圆的绘制命令，选择两条中心线的交点为圆心，在命令行中输入半径26.5。同样的方法双击此线，将该线的图层更改为“轮廓”，效果如图4-88所示。

06 将中心线拉伸一下，让它与外侧的圆相交。然后在命令行中输入C执行画圆命令，以竖直中心线与最大圆的交点为圆心，在命令行中输入半径为9，完成的绘制效果如图4-89所示。

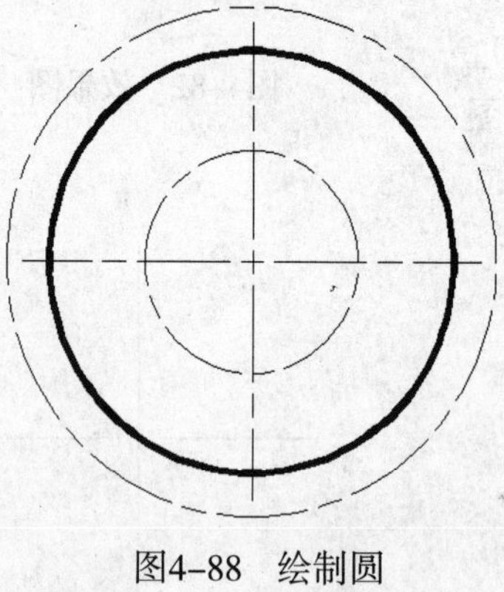
图4-88 绘制圆

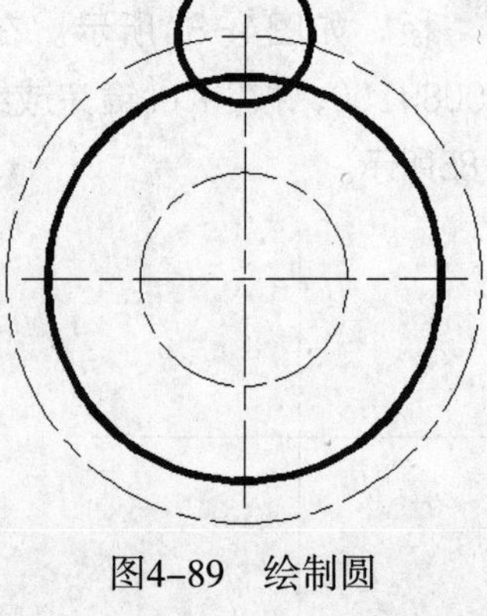
图4-89 绘制圆

07 继续画圆，以内侧小圆与水平中心线的交点为圆心，以3为半径绘制圆，完成的绘制效果如图4-90所示。

08 与前几个例子类似，再次设置“切点”为捕捉点，然后打开对象捕捉模式，在圆的正上、正下方右侧绘制两条水平切线，完成的绘制效果如图4-91所示。

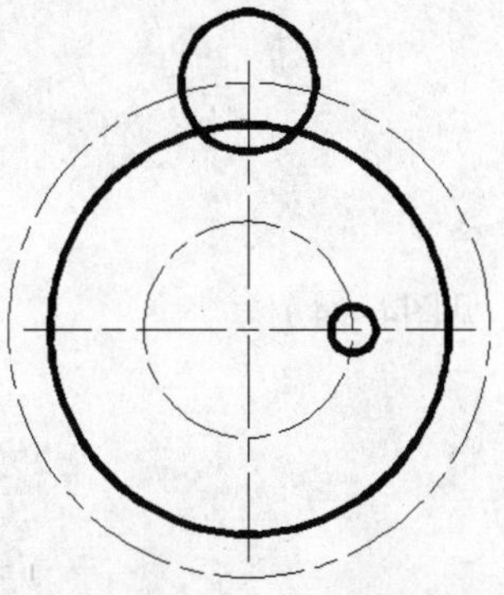

图4-90　绘制圆

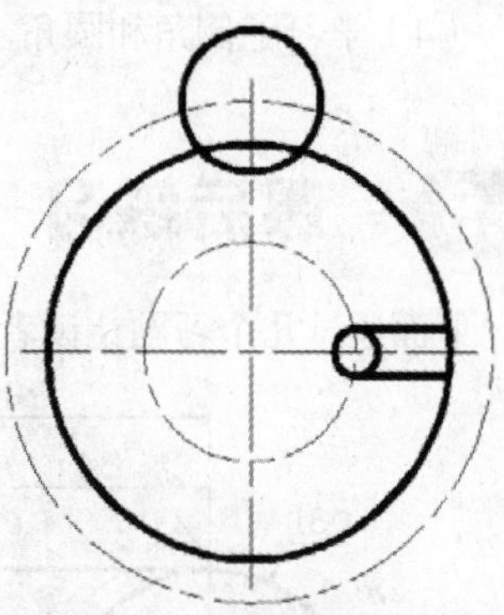

图4-91　绘制切线

09 在菜单栏中选择“修改”→“阵列”→“环形阵列”命令，系统提示选择要阵列的对象时，选择如图4-91所示的外侧的较大圆和小圆以及小圆处的两条切线。按Enter键，选择图4-91中两条中心线的交点为阵列中心。在接下来的提示行中输入6，在角度值中输入360°。按Enter键确定，完成的阵列效果如图4-92所示。

10 选择刚才阵列的对象，在菜单栏中选择“修改”→“分解”命令，将它们分解，便于下一步的修剪。

11 在命令行中输入TRIM执行修剪命令，选中绘图区中的所有对象，在绘图区的任何空白处单击右键，再单击要删除的对象，这样要删除的对象就会被修剪掉。如此连续单击，即可依次将多余的线条删除，完成的修剪效果如图4-93所示。至此本实例的创建全部完成。

图4-92　阵列效果

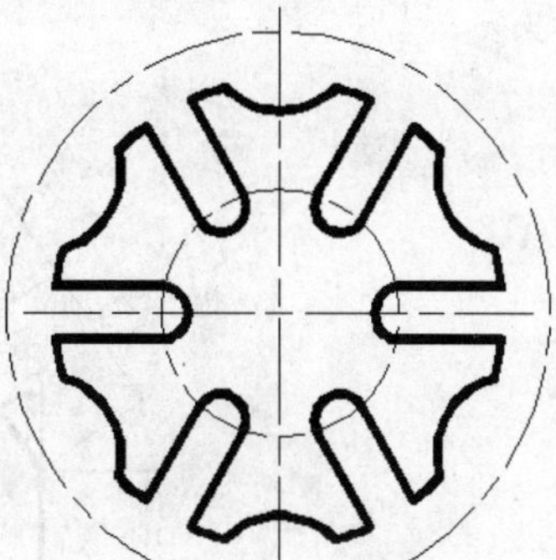

图4-93　完成的修剪效果

4.7 本章小结

本章讲述了利用AutoCAD进行二维图形的高级编辑，操作比较复杂。通过本章的学习，读者应该对AutoCAD编辑图形有一个系统的提高。希望读者可以结合实例熟练掌握二维图形的编辑，这对以后的学习会非常有帮助。本章的主要内容可以归结为以下几点：

（1）介绍了删除和删减等删减类命令。

（2）学习了镜像、阵列和偏移等复制类命令。

（3）学习了利用夹点对图形的编辑。

（4）学习了倒角和圆角。

4.8 课后练习

下面通过几个习题让读者体会一下二维图形的绘制与编辑（见图4-94）。

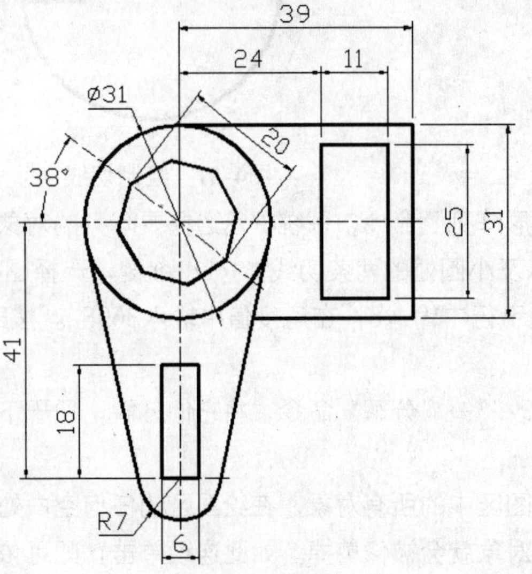

（a）练习1

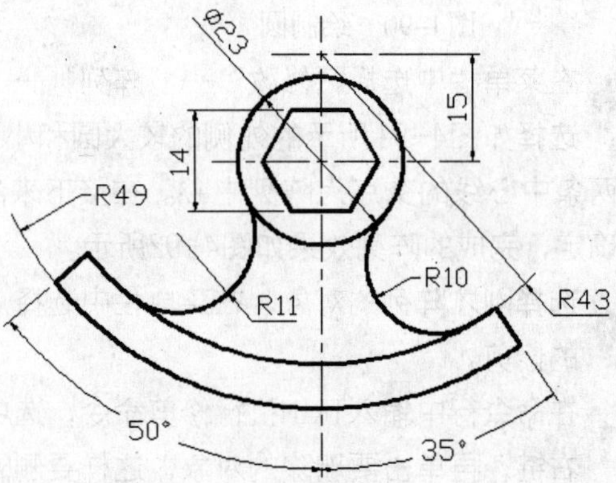

（b）练习2

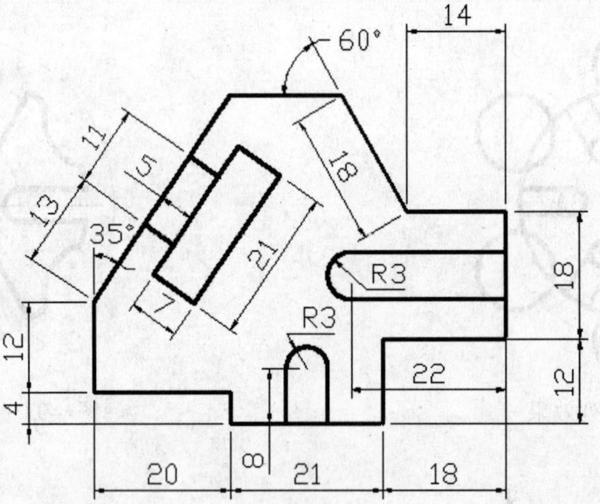

（c）练习3

图4-94 练习

第5章 图层管理

学习导航

为了便于编辑及统一管理图形中的线条、尺寸等，AutoCAD提供了图层工具。在AutoCAD 2012中，所有图形对象都具有图层、颜色、线型和线宽等基本属性。用户可以用不同的图层、颜色、线型和线宽绘制不同的对象，并且能很方便地控制对象的显示方式，提高绘制复杂图形的效率和准确性。

学习目标

通过本章的学习，读者应该明确图层的概念及图层的作用，能学会创建、编辑图层等操作，并且能在实际绘图中真正体会到图层的优点。

学习重点与难点

- □ 图层的概念及作用
- □ 图层的编辑
- □ 图层的创建
- □ 控制图层状态

在学习了绘制和修改图形的基本操作后，本章将介绍图层的相关知识。利用图层，可以有效地管理图形对象。

5.1 创建图层

5.1.1 图层的概念

图层是用来管理图形文件的。将类似的图形文件放置在同一个图层上，既方便管理，又便于后期的编辑修改。系统默认有一个名为0的图层。

1. 图层的意义

工程图中的组成部分，可以按照特征分为几大类，比如基准线、轮廓线、剖面线、尺寸线、文字和标注等。不同形式的图线有着不同的含义，可用以识别图样的结构特征。所以，确定一个图形对象，除了必须给出它的几何数据外，还要给出它的线型、线宽、颜色和状态等非几何数据。

一张完整的图样是由许多基本的图形对象构成的，而其中的大部分对象都具有相同的线型、线宽、颜色和状态。同时在工程图样中，很多不同行业的图形往往存在着很多共性，例如建筑物的平面图、电路布置图、管线布置图等。为了让图样表达得更清楚，方便相关专业提取信息并便于管理，最好能对这些图形有一个更好的区分。

根据图形的线型、线宽、颜色和状态等对图形进行分类，将有相同性质的内容归为一类，并对同一类共有属性进行描述，减小重复性的工作，这就是所说的图层。图层的合理应用对提高设计质量有着至关重要的作用。

2. 图层的性质

了解了图层的意义以后，接下来介绍图层的性质。图层具有以下性质：

- 一幅图形最多可以包含32000个图层，这些图层都具有相同的图限、坐标系和缩放比例因子。每个图层上可以绘制的图形对象不受限制。
- 每一个图层都有图层名，以便在命令中引用图层时使用。图层名字最多可以由255个字符组成，这些字符可以包括数字、字母、专用符合等。
- 每一个图层被指定带有颜色号、线型名、线宽和打印样式。对于新图层，系统都有默认的颜色号（7号）、线型名（实线）、线宽（0.25mm）。
- 每一幅工程图中包含多个图层，但是只能设置一个“当前层”。用户只能在当前层上绘图，并且使用当前层的颜色、线型和线宽。所以，在绘图前要选择好相应的图层。
- 图层可以被打开或关闭、解冻或冻结、锁定或解锁。

5.1.2 创建新图层

使用图层绘图时，0层是系统自动创建的图层。新对象的各种特性将默认随层。默认情况下，新建的图层名称为“图层1”，以后创建的图层名称依此类推。新建图层的方法如下：

- 在“常用”选项卡的“图层”组中，单击“图层特性”按钮，打开“图层特性管理器”选项板，单击“新建图层”按钮。
- 显示菜单栏，选择“格式”→“图层”命令，打开“图层特性管理器”选项板，单击“新建图层”按钮。
- 在命令行中执行LAYER或LA命令。

边学边练 039 创建新图层

01 通过以上几种命令一种打开“图层特性管理器”选项板，如图5-1所示。

02 在选项板中单击“新建图层”按钮。在右侧列表中将出现一个名称为“图层1”的新图层。新图层的各种特性默认为与“0”层的状态、颜色、线型及线宽等设置相同，如图5-2所示。

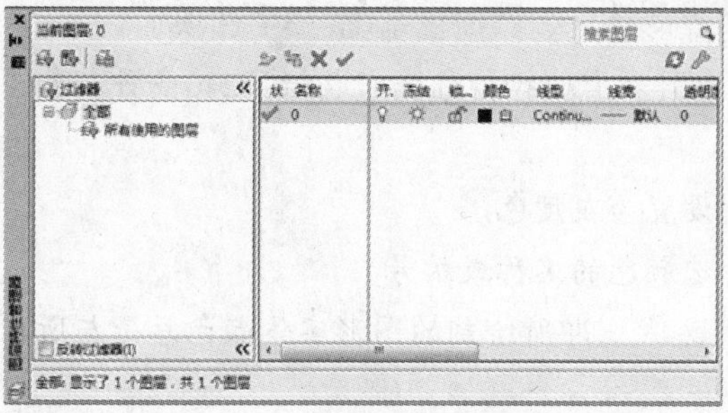

图5-1　图层特性管理器

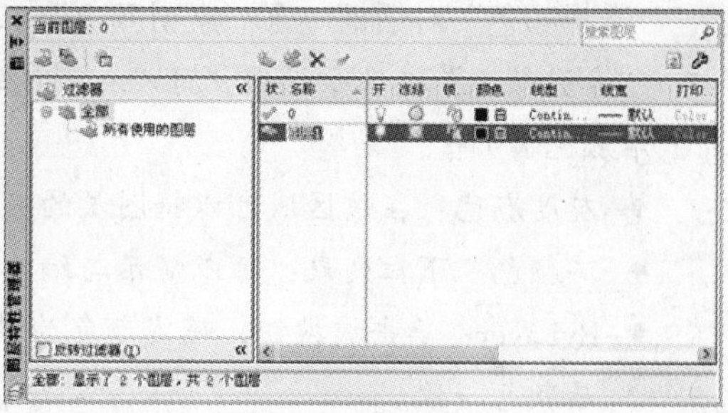

图5-2　新建图层

接下来对图层进行设置或修改。

首先，命名图层的方法如下：

- 选择需要重命名的图层，按F2键。
- 选择需要重命名的图层，单击其图层名称，使其进入可编辑状态。
- 在选择的图层上右击，从弹出的快捷菜单中选择“重命名图层”命令。

执行上述操作后，直接输入需要的新图层名称，完成后按Enter键确认即可。

5.1.3　设置图层颜色

一般设置图层颜色主要用于区分对象的类别，因此在同一个图形中，不同的对象可以使用不同的颜色。设置图层颜色特性时，一般都在AutoCAD提供的7种标准颜色中进行选择，即红色、黄色、绿色、青色、蓝色、紫色和白色。

边学边练 040　设置图层颜色

01 在菜单栏中单击“格式”→“图层”命令，打开“图层特性管理器”选项板。

02 选择要修改颜色特性的图层，单击右侧列表框中的“颜色”栏下的■白图标，弹出“选择颜色”对话框，在其中选择需要的颜色，这里单击“蓝色”图块，然后单击“确定”按钮，如图5-3所示。

03 返回“图层特性管理器”选项板，即可看到该图层的颜色由原来的白色变成了蓝色，如图5-4所示。

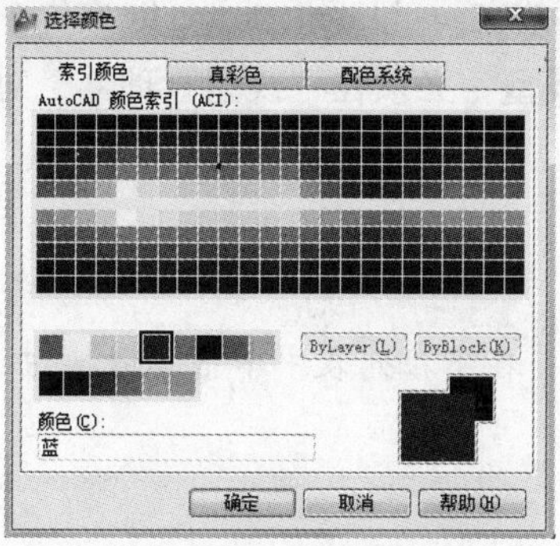

图5-3　选择颜色

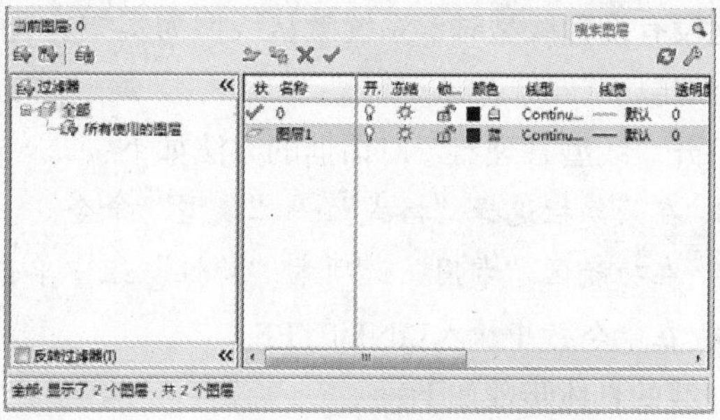

图5-4　颜色设置

“选择颜色”对话框包含“索引颜色”、“真彩色”、“配色系统”3个选项卡。

- “索引颜色”选项卡：用户可以在颜色的索引表中选择颜色。它包括了240多种颜色，标准颜色有9种。
  - ◆ 灰度颜色：在该区域可以将图层的颜色设置为灰度色。
  - ◆ “颜色”下拉列表：可以显示与编辑所选颜色的名称或编号。
  - ◆ ByLayer：单击该按钮，确定颜色为随层方式。即所绘制的图形实体颜色总是与所在图层颜色一致。
  - ◆ ByBlock：单击该按钮，确定颜色为随块方式。
- “真彩色”选项卡和“配色系统”选项卡：如果需要使用索引颜色以外的颜色，可以使用“真彩色”和“配色系统”选项卡，如图5-5和5-6所示。

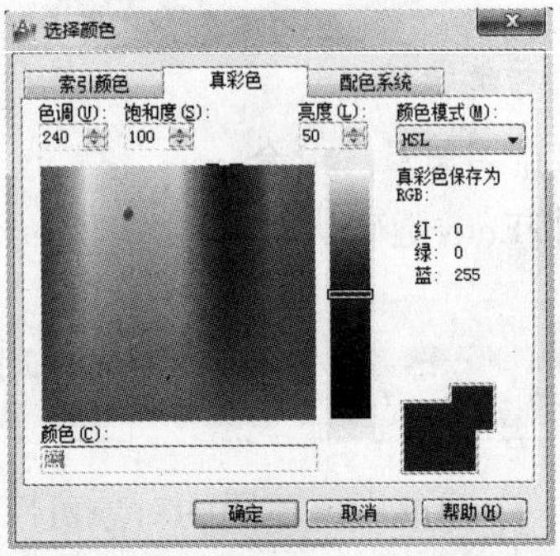

图5-5 “真彩色”选项卡

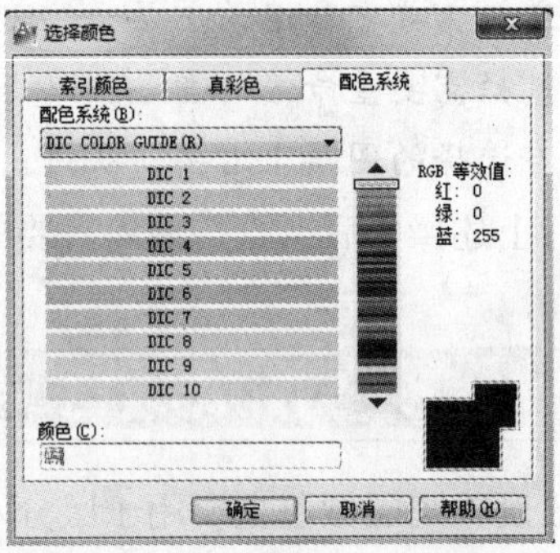

图5-6 “配色系统”选项卡

5.1.4 设置线型

图形中基本元素的线条组成和显示方式称为线型，如实线、虚线和点划线等。在AutoCAD 2012中，既有简单的线型，也有非常复杂的线型。这些线型可以满足不同地区、不同标准使用。默认情况下，新建图层的线型特性是Continuous，但是在绘制图形时，常常需要使用不同的线型来表示不同的对象。

1. 加载线型

绘制不同的对象时，用户可以使用不同的线型。如果给每一个图层指定一种线型，绘制在该图层上的所有图线就都使用该线型。AutoCAD把多种线型都存放在acad.lin和acadiso.lin文件中。当用户还没有设置线型时，系统默认线型为实线。若要使用新线型，必须在“线型管理器”对话框中进行加载。

打开“线型管理器”对话框的方法如下：

- 在菜单栏选择“格式”→“线型”命令。
- 在功能区“常用”选项卡“特性”组中单击“线型”，在下拉列表中单击其他按钮。
- 在命令行中输入LINETYPE。

加载的具体步骤如下：

01 执行上述命令后，打开“线型管理器”对话框，如图5-7所示。在对话框中单击“加载”按钮，就会出现“加载或重载线型”对话框，如图5-8所示。

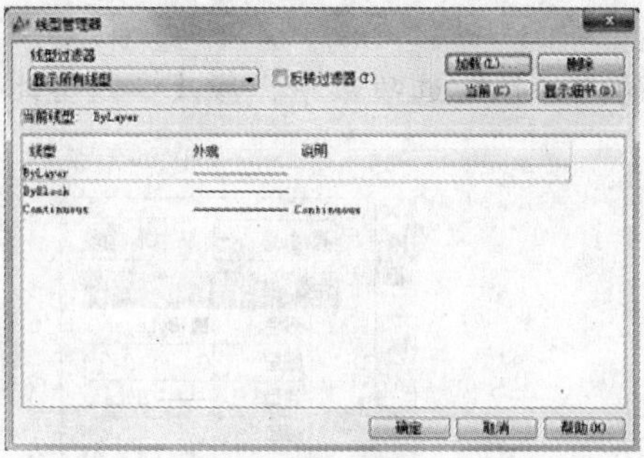

图5-7 “线型管理器”对话框

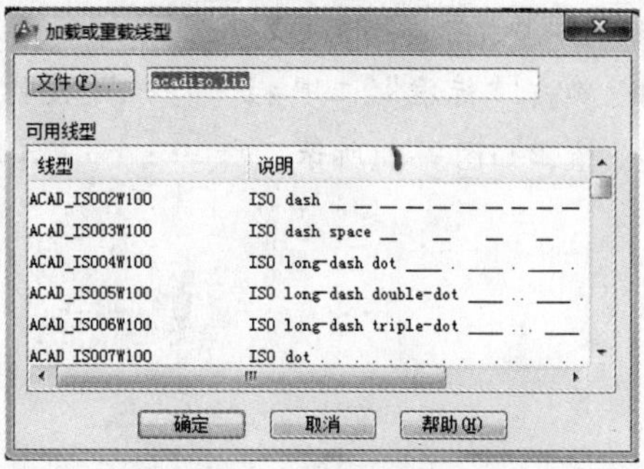

图5-8 选择线型

02 在“加载或重载线型”对话框中单击所需线型名，再单击“确定”按钮，返回“线型管理器”对话框，在线型列表中就可以看到选择的线型被加载。

03 单击“确定”按钮，关闭“线型管理器”对话框，完成线型加载。

注意

如果想同时指定多个线型且这些线型名是连续排列的，则可以按住Shift键，然后单击第一个和最后一个线型名；如果线型名不连续，则可以按住Ctrl键，分别单击要加载的线型名。被选中的线型名将高亮显示。

2. 设置线型

加载线型后，在“图层特性管理器”选项板中将新加载的线型赋给每一个图层。具体的操作步骤如下：

01 首先打开如图5-1所示的“图层特性管理器”选项板。

02 在“图层特性管理器”选项板中选择一个图层，单击该图层的初始线型名称，弹出“选择线型”对话框，如图5-9所示。

03 在此对话框中选择已加载的线型，再单击“确定”按钮，返回“图层特性管理器”选项板。

04 在“图层特性管理器”选项板中可以查看完成的线型设置。

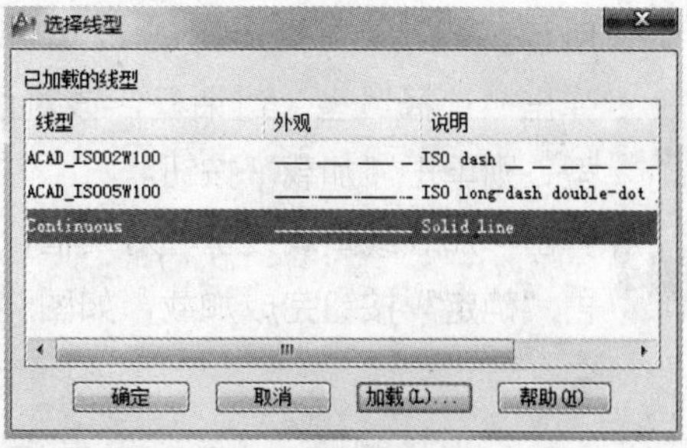

图5-9 选择线型

3. 设置比例

AutoCAD除了提供实线线型外，还提供了大量的非连续线型，这些线型包括点划线、虚线等。用户可以用Ltscale命令来更改线型的短线间隔和点的相对比例（线型比例的默认值为1）。一般情况下，线型比例和绘图比例相协调，如果绘图比例为1:20，则线型比例应该设置为20。

设置线型比例的方法如下：

- 在“线型管理器”对话框中单击“显示细节”按钮，打开“详细信息”选项组，用户可以在“全部比例因子”文本框中输入线型比例值，如图5-10所示。
- 在命令提示符下输入Ltscale命令，命令行提示：

输入新型比例因子<XXX>:

- 单击“标准”工具栏“特性”按钮，在弹出的“特性”选项板中，修改“线型比例”值，如图5-11所示。

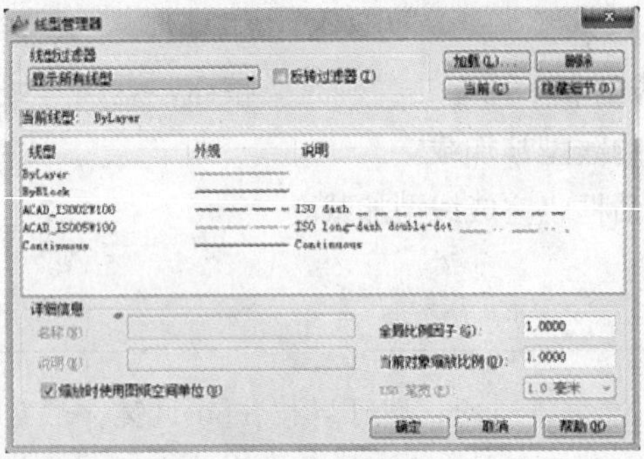

图5-10 设置比例

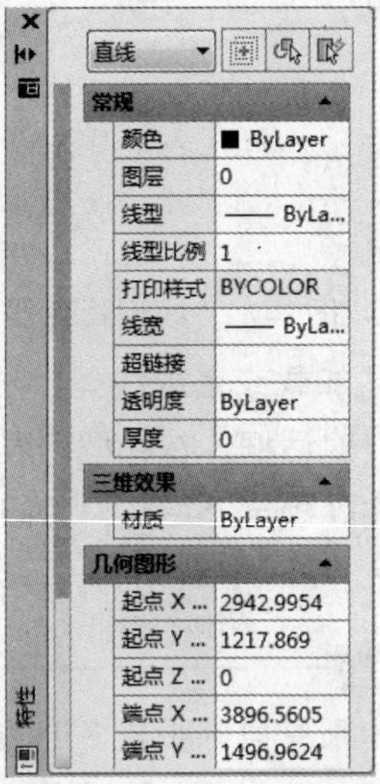

图5-11 “特性”选项板

边学边练 041 设置线型

01 新建一个“.dwg”图形文件。显示菜单栏，选择“格式”→“图层”命令，打开“图层特性管理器”选项板。

02 选择要修改线型特性的图层，单击右侧列表框中“线型”栏下的Contin... 图标，如图5-12所示。

03 弹出“选择线型”对话框，该对话框中列出了当前已加载的线型。若列表框中没有所需线型，则单击“加载”按钮。

04 弹出“加载或重载线型”对话框，选择需要加载的线型，这里选择ACAD_ISO08W100线型，单击“确定”按钮完成加载，如图5-13所示。

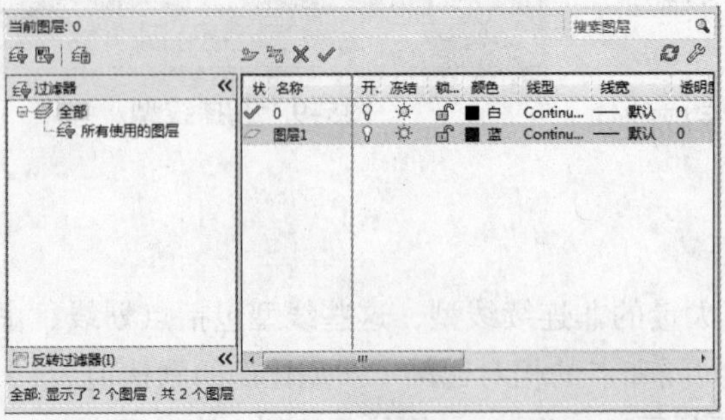

图5-12 图层选择

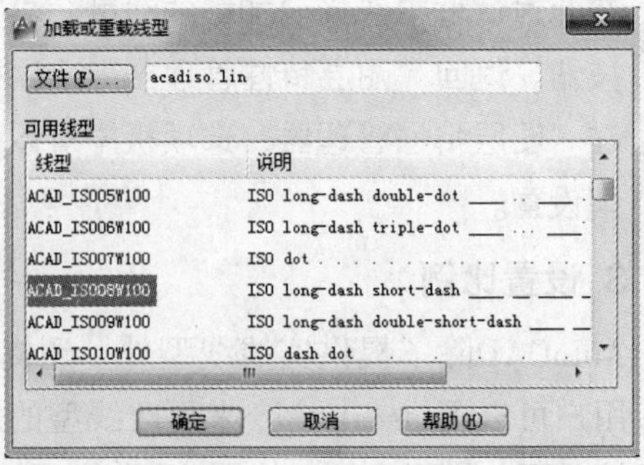

图5-13 线型加载

05 返回“选择线型”对话框，选择刚才加载的ACAD_ISO08W100线型，单击“确定”按钮完成设置，如图5-14所示。

06 返回“图层特性管理器”选项板，即可看到线型由原来的Continuous变成了刚才设置的线型，如图5-15所示。

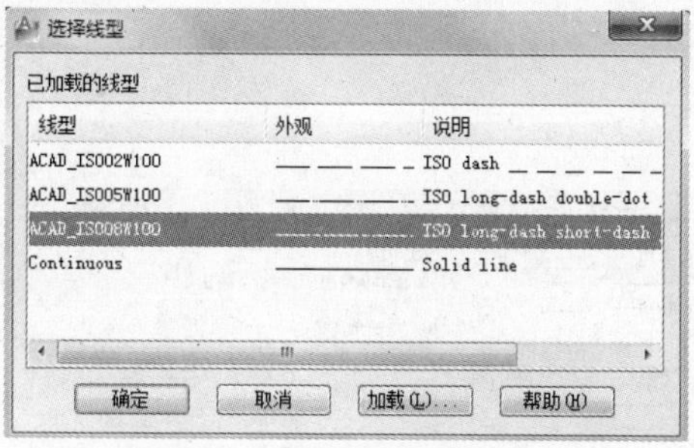

图5-14　选择线型

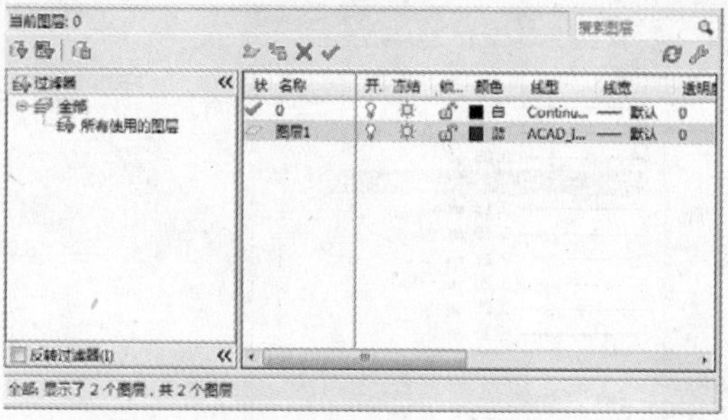

图5-15　设置完成

5.1.5　设置线宽

在AutoCAD中，用户可以为每一个图层的线条设置实际的线宽，从而使图形中的线条保持固定的宽度。为不同的图层定义线宽之后，无论是图形预览还是打印输出，这些线宽均按实际状况显示。

1. 设置线宽的方式

设置线宽的方式如下：

- 在菜单栏选择“格式”→“线宽”命令。
- 单击功能区“常用”选项卡“特性”组中的线宽按钮 0.05 mm 。
- 在“图层特性管理器”选项板中单击图层中的线宽标志。

2. 设置线宽的步骤

（1）方法1

01 选择“格式”→“图层”命令，打开“图层特性管理器”选项板。

02 单击与层名相应的“线宽”标志，系统将打开“线宽”对话框，如图5-16所示。用户可以直接从该对话框的线宽列表中选择一种符合制图要求的线宽。

03 单击“确定”按钮，即可将线宽值赋给所选图层。

（2）方法2

01 选择“格式”→“线宽”，打开“线宽设置”对话框。通过调整线宽比例，使图形中的线宽显示的更宽或更窄，如图5-17所示。

02 “线宽设置”对话框中的主要选项如下所示。

- 线宽：用于选择线条的宽度。
- 调整显示比例：调整滑块，选择线宽显示比例。
- 列出单位：设置线宽单位，可用“毫米”或“英寸”。
- 显示宽度：用于设置是否在窗口中按照实际线宽来显示图形。
- 默认：用于设置默认线宽值。

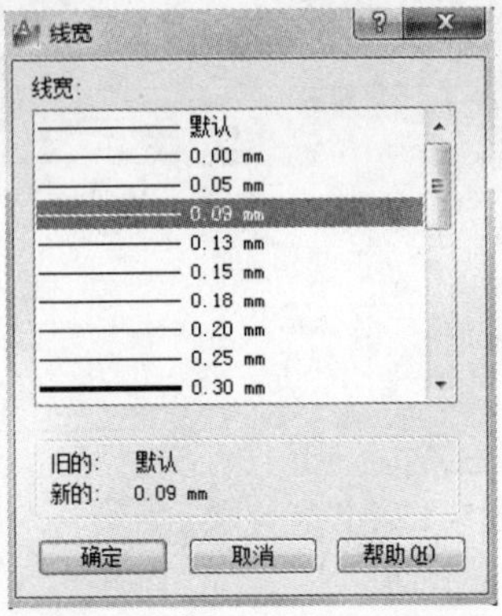

图5-16 “线宽”对话框

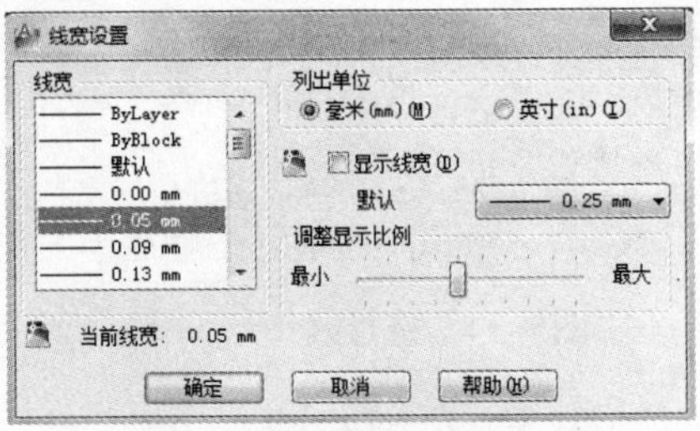

图5-17 “线宽设置”对话框

边学边练 042 设置线宽

01 在菜单栏中选择“格式”→“图层”命令，打开“图层特性管理器”选项板。

02 选择要修改线宽特性的图层，单击列表框中“线宽”栏下的—— 默认图标，弹出“线宽”对话框，在“线宽”列表框中选择需要的线宽，这里选择0.50mm线宽，然后单击“确定”按钮，如图5-18所示。

03 返回“图层特性管理器”选项板，即可看到线宽由原来的—— 默认变成了0.50mm，如图5-19所示。

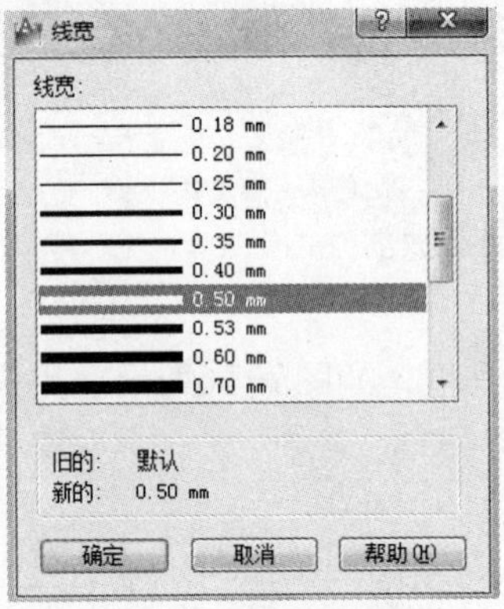

图5-18 选择线宽

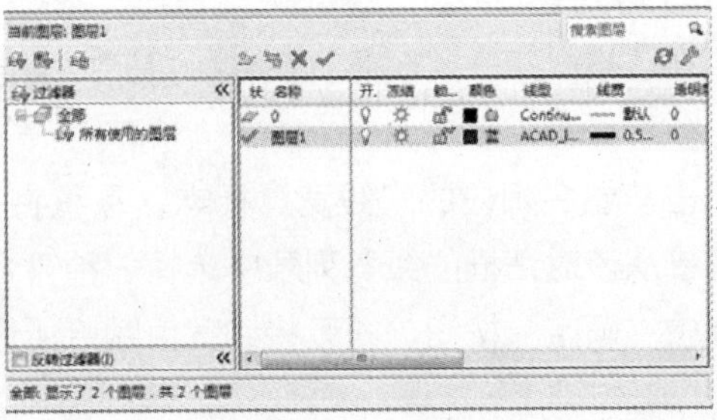

图5-19 设置完成

5.2 管理图层

在AutoCAD中，使用“图层特性管理器”选项板不仅可以创建图层、设置图层特性，还可以对图层进行管理，如图层的切换、重命名、删除，以及图层的显示控制等。

5.2.1 设置当前图层

当前图层就是当前正在使用的图层。若需要在某个图层上绘制图形对象，就应将该图层设置为当前图层。将图层设置为当前图层的方法如下：

- 在“图层特性管理器”选项板中，选择需设置为当前的图层，单击“置为当前”按钮。
- 在“图层特性管理器”选项板中，在需设置为当前图层的图层上右击，从弹出的快捷菜单中选择“置为当前”命令。
- 在“图层特性管理器”选项板中，直接双击需置为当前图层的图层。
- 在“常用”选项卡的“图层”组中，单击“图层”下拉按钮，在弹出的下拉列表中选择所需的图层，也可将需要的图层设置为当前图层。

5.2.2 重命名当前图层

为图层重命名有助于图层的管理，并且可以更好地区分图层。双击图层名称，当图层变成如图5-20所示的效果时，即可在里面输入新图层名字。

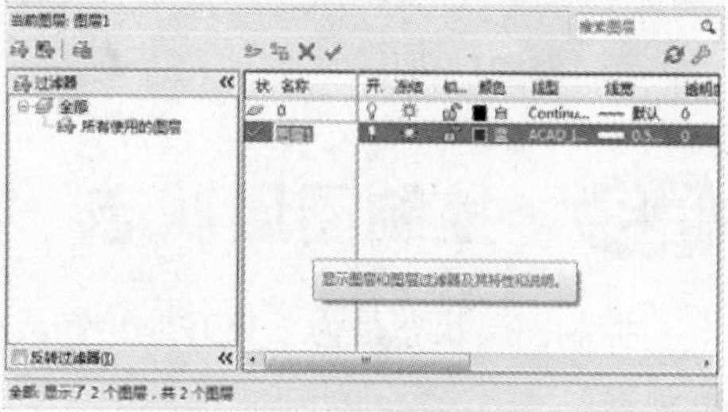

图5-20 重命名图层

重命名图层的其他方法如下：

- 在“图层特性管理器”选项板中，选择需要重命名的图层，按F2键，然后输入图层名称并按Enter键确认。
- 在“图层特性管理器”选项板中，选择需要重命名的图层，单击其图层名称，使其呈可编辑状态，此时输入图层名称，按Enter键确认。
- 在选择的图层上右击，从弹出的快捷菜单中选择“重命名图层”命令，输入名称后按Enter键确认。

5.2.3 删除当前图层

在管理图层的过程中，用户可以将不需要的图层删除。删除图层的方法如下：

- 在“图层特性管理器”选项板中，选择需要删除的图层，单击“删除图层”按钮。
- 在选择的图层上右击，从弹出的快捷菜单中选择“删除图层”命令。

注意

在删除图层时，0层、默认层、当前层、含有实体的层和外部引用依赖层是不能被删除的。

5.2.4 改变图形所在图层

在绘制图形的过程中，可以将某图层上的图形对象改变到其他图层上，节省修改时间。

边学边练 043 改变图形所在图层

01 打开“图层更改.dwg”图形文件（光盘:\原始文件\第5章\图层更改.dwg），在绘图区选择需要改变图层的图形对象，这里选择红色的中心线，如图5-21所示。

02 在“常用”选项卡的“图层”组中，单击“图层”下拉按钮，在弹出的下拉列表中选择目标图层，这里选择“粗实线”图层，如图5-22所示。

03 按Esc键取消图形对象的选择状态，如图5-23所示，此时红色的中心线已被更改到“粗实线”图层上（光盘:\最终文件\第5章\图层更改.dwg）。

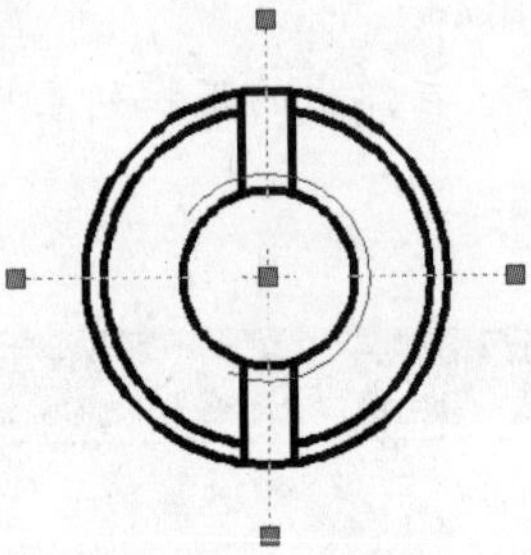

图5-21　原图

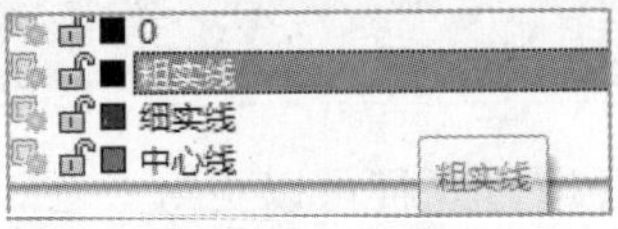

图5-22　图层更改

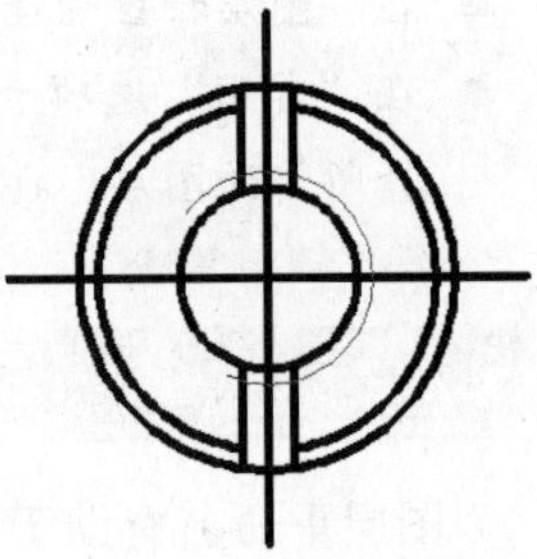

图5-23　更改效果

5.3 控制图层状态

控制图层状态是为了更好地绘制或编辑图形，包括图层的打开与关闭、冻结与解冻、锁定与解锁等。

5.3.1 打开与关闭图层

被关闭图层上的对象不仅不会显示在绘图区中，也不能被打印出来。关闭图层的方法如下：

- 在“常用”选项卡的“图层”组中，单击“图层”下拉按钮，在弹出的下拉列表中单击需要关闭的图层前的图标，使其变成图标，如图5-24所示。
- 打开“图层特性管理器”选项板，在右侧列表框中“开”栏下单击图标，使其变成图标，如图5-25所示。

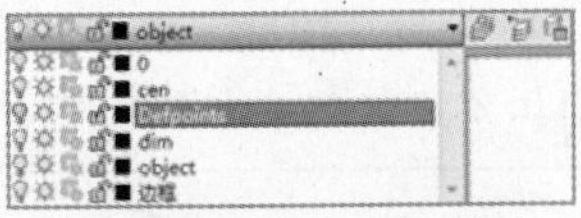

图5-24　方式1

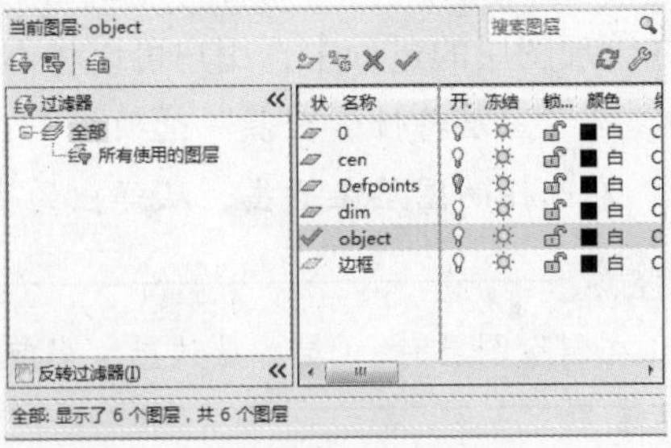

图5-25　方式2

在完成图形对象的编辑后，即可将隐藏的图层打开，方法如下：

- 在“常用”选项卡的“图层”组中，单击“图层”下拉按钮，在弹出的下拉列表中单击需要打开的图层前的图标，使其变成图标。
- 打开“图层特性管理器”选项板，在右侧列表框中“开”栏下单击图标，使其变成图标。

5.3.2 冻结与解冻图层

冻结图层有利于减少系统重生成图形的时间，当然也可以将冻结后的图层解冻；但当前图层不能被冻结。

冻结图层的方法如下：

- 在“常用”选项卡的“图层”组中，单击“图层”下拉按钮▼，在弹出的下拉列表中单击需要冻结的图层前的图标，使其变成图标。
- 打开“图层特性管理器”选项板，在右侧列表框中“冻结”栏下单击图标，使其变成图标。

解冻图层的方法如下：

- 在“常用”选项卡的“图层”组中，单击“图层”下拉按钮▼，在弹出的下拉列表中单击需要解冻的图层前的图标，使其变成图标。
- 打开“图层特性管理器”选项板，在中间列表框中“冻结”栏下单击图标，使其变成图标。

注意

冻结图层与关闭图层的区别：可见性，冻结的图层与关闭的图层是相同的，可操作性：冻结的图形对象不参加图形处理过程中的运算，而关闭的图层上的图形对象参加运算。所以，在工程设计中往往在设计时冻结不需要的图层，这样可以大大加快系统重新生成图形的速度。

5.3.3 锁定与解锁图层

在绘制复杂的图形对象时，可以将不需要编辑的图层锁定。虽然被锁定的图层中的图形对象仍显示在绘图区上，但是不能对其进行编辑操作。

锁定图层的方法如下：

- 在“常用”选项卡的“图层”组中，单击“图层”下拉按钮▼，在弹出的下拉列表中单击需要锁定的图层前的图标，使其变成图标。
- 打开“图层特性管理器”选项板，在右侧列表框中“锁定”栏下单击图标，使其变成图标。

类似的解锁图层的方法如下：

- 在“常用”选项卡的“图层”组中，单击“图层”下拉按钮▼，在弹出的下拉列表中单击需要冻结的图层前的图标，使其变成图标。
- 打开“图层特性管理器”选项板，在右侧列表框中“锁定”栏下单击图标，使其变成图标。

注意

锁定图层不影响图形的显示状况，并且还可以在锁定图层上绘制新图形对象、使用查询命令和对象捕捉命令；只是不能够对锁定图层上的图形进行编辑。

边学边练 044 改变图层状态

01 打开“图层状态.dwg”图形文件（光盘:\原始文件\第5章\图层状态.dwg），在菜单栏上选择“格式”→“图层”命令，系统显示本图形对象的图层，如图5-26所示。

02 在图层的“开”栏中单击“粗实线”行，使图标变成图标，这样即执行了关闭“粗实线”图层的命令。在绘图区中我们看到，图形中的所有标注已经不再显示。

03 在“冻结”栏中单击“虚线”图层行，使图标变成图标，这样即完成了“虚线”图层的冻结。在绘图区可以看到，图形中的虚线已经不再显示。

04 在“锁定”栏中单击“标注”图层行，使图标变成图标，这样即完成了“标注”图层的锁定。在绘图区可以看到，图形中粗实线变灰，此时不能再对其进行编辑。完成的图层状态控制如图5-27所示。

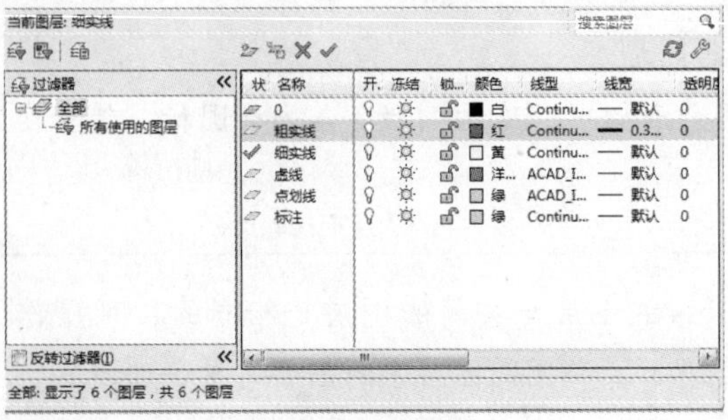

图5-26 图层

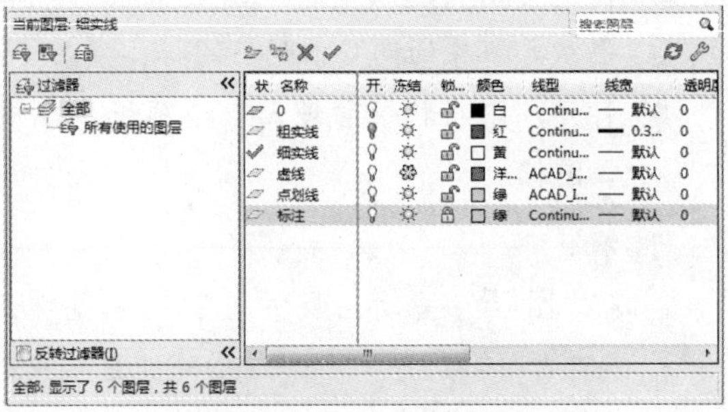

图5-27 完成设置

5.4 新建图纸集

图纸集是一个有序命名集合，其中的图纸来自几个图形文件。调用该命令的方法如下：

- 单击“菜单浏览器”按钮，在弹出的菜单中选择“新建”→“图纸集”命令。
- 在命令行中执行NEWSHEETSET命令。

边学边练 045 新建图纸集

01 单击“菜单浏览器”按钮，在弹出的菜单中选择“新建”→“图纸集”命令，弹出“创建图纸集－开始”对话框。

02 在“使用以下工具创建图纸集”选项组中，任意选择一种图纸集创建方式，在下方显示相应选项的含义解释。这里单击“样例图纸集”单选按钮，如图5-28所示，单击“下一步”按钮。

03 弹出“创建图纸集－图纸集样例”对话框。在“选择一个图纸集作为样例”单选按钮下的列表框中选择一种图纸集样例，系统默认选择Architectural Imperial Sheet Set图纸集样例，这里保持默认设置，单击“下一步”按钮，如图5-29所示。

04 弹出“创建图纸集－图纸集详细信息”对话框。在“新图纸集的名称”文本框中输入图纸集的名称，系统默认名称为“新建图纸集（1）”，然后单击“下一步”按钮，如图5-30

所示。

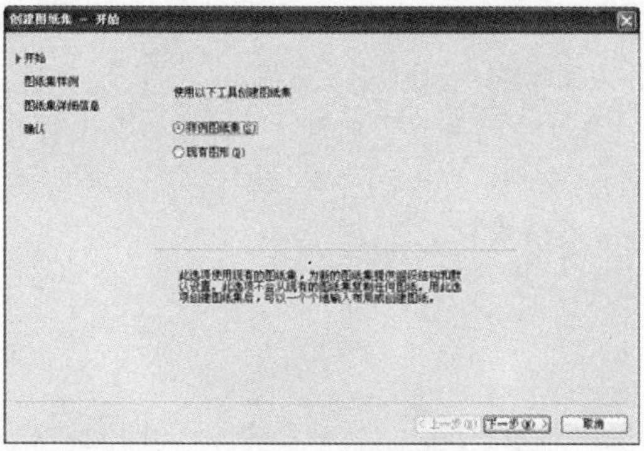

图5-28　创建图纸集

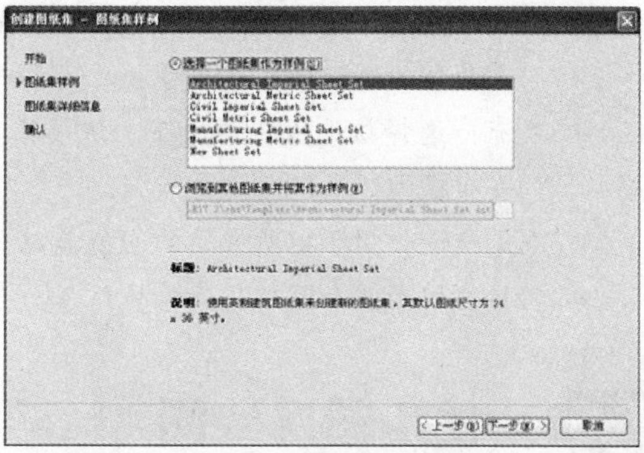

图5-29　选择图纸样例

05 弹出“创建图纸集 - 确认”对话框。该对话框显示图纸集所包含的所有内容。用户可以对所建立的图纸集进行一次总体确认，若正确则单击“完成”按钮，如图5-31所示。

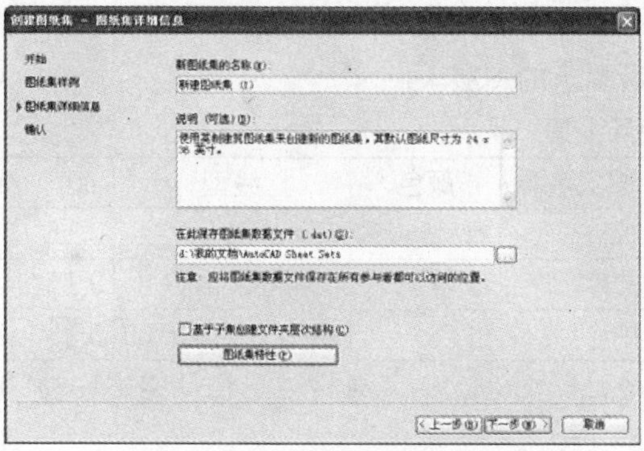

图5-30　设置新图纸集名称

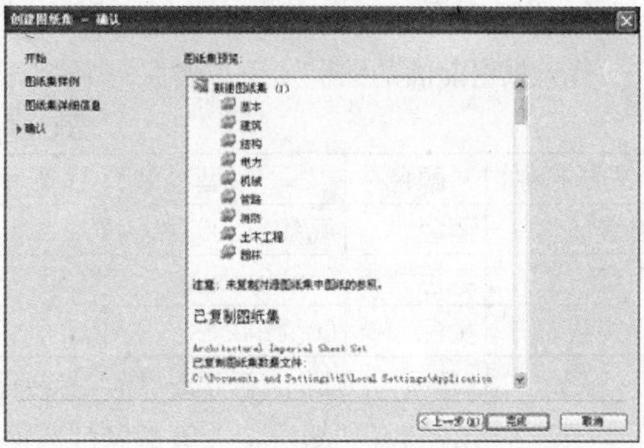

图5-31　图纸集信息预览

06 打开“图纸集管理器”选项板。在“图纸集管理器”选项板中相应的图纸集名称上右击，在弹出的快捷菜单中选择“新建图纸”命令，如图5-32所示。

07 弹出“新建图纸”对话框。在“编号”文本框中输入图纸的编号，如A-1；在“图纸标题”文本框中输入图纸的标题，如输入“平面图”；则该图纸文件名为“A-1平面图”。单击“确定”按钮，如图5-33所示，返回“图纸集管理器”选项板。双击新建的图纸名称，根据所设置的图纸数据打开图纸样式。

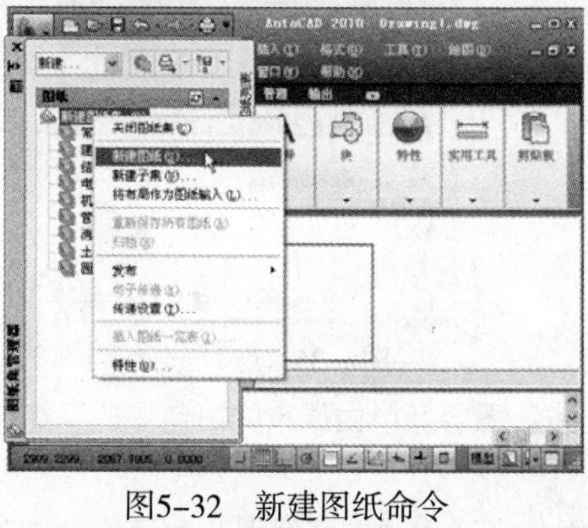

图5-32　新建图纸命令

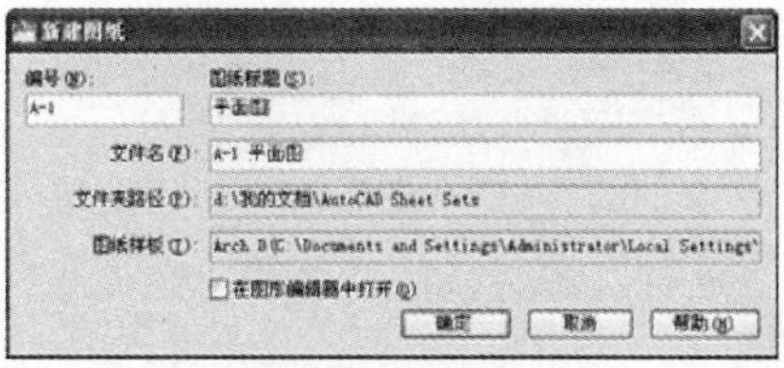

图5-33　信息设置

在“图纸集管理器”选项板上右击，弹出的快捷菜单中部分选项的含义如下所示。

- 新建图纸：用于新建绘图的图纸。
- 新建子集：用于新建下一级图纸集。AutoCAD 2012允许图纸集下再建子图纸集。
- 将布局作为图纸输入：用于把已有的布局作为图纸输入、打开、使用。
- 发布：选择该选项，弹出下一级子菜单。选择其中的命令，可对选择的图纸集进行相应的发布操作。
- 电子传递：用于把所选择的图纸集以电子格式传递给其他用户。
- 特性：用于显示图纸集的特性信息。

5.5 使用图层绘图

通过前几节对图层的介绍，读者应该掌握了图层的功能和创建方法，然后就可以使用图层来辅助绘制及管理图形了。下面就结合实例来综合介绍图层的用法。

1. 建立图层

首先根据前面的图层知识，建立一个如表5-1所要求的图层。

表5-1 图层设置

图层名称	颜色	线型	线宽/mm	图层名称	颜色	线型	线宽/mm
虚线	蓝色	ACAD_ISO02W100	0.15	标注	绿色	Continuous	0.15
粗实线	红色	Continuous	0.30	文字	绿色	Continuous	0.15
细实线	黄色	Continuous	0.15	中心线	红色	ACAD_ISO04W100	0.15

01 启动AutoCAD 2012，新建一个“图层绘图.dwg”文件。在菜单栏中选择“格式”→“图层”命令，打开“图层特性管理器”选项板。

02 单击“新建图层”按钮，新建一个图层，在“名称”栏下的文本框中输入文本“中心线”，按Enter键确认，如图5-34所示。

03 选择“中心线”图层，单击右侧列表框中的“颜色”栏下的■白图标，弹出“选择颜色”对话框，在其中选择需要的颜色。这里单击“红色”图块，如图5-35所示，然后单击“确定”按钮。

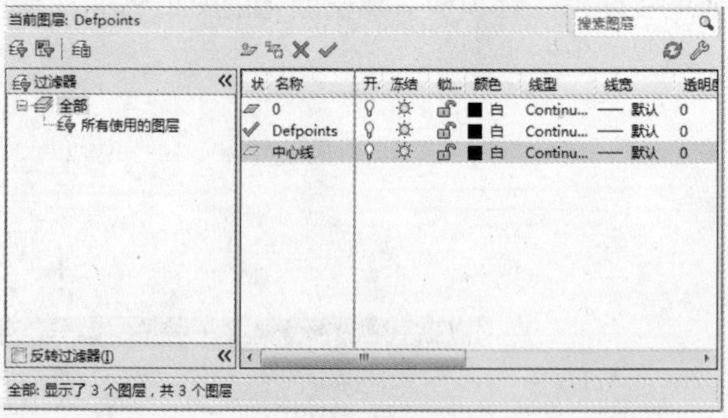

图5-34 新建图层

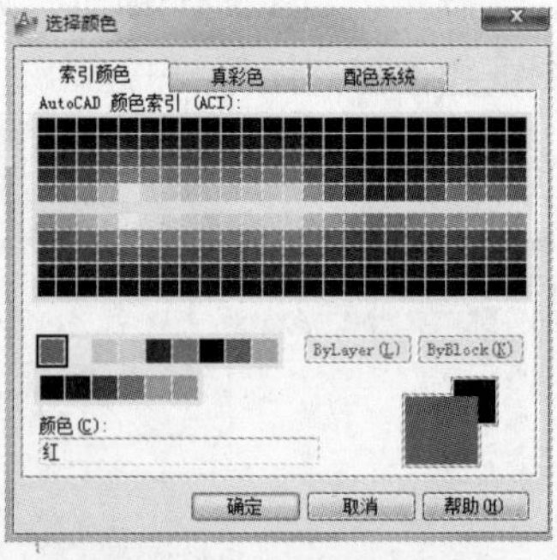

图5-35 颜色选择

04 返回“图层特性管理器”选项板，即可发现“中心线”图层颜色由原来的白色变成了红色。

05 然后单击中间列表框中“线型”栏下的Contin...图标，弹出“选择线型”对话框。该对话框中列出了当前已加载的线型，若列表框中没有所需线型，则单击“加载”按钮。

06 弹出“加载或重载线型”对话框，在“可用线型”列表框中选择ACAD_ISO04W100线型，如图5-36所示，单击“确定”按钮完成加载。

07 返回“选择线型”对话框，选择ACAD_ISO04W100线型，如图5-37所示，单击“确定”按钮完成设置。

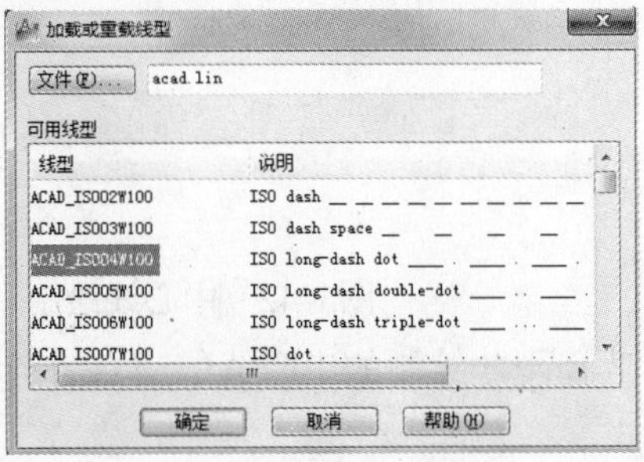

图5-36 线型选择

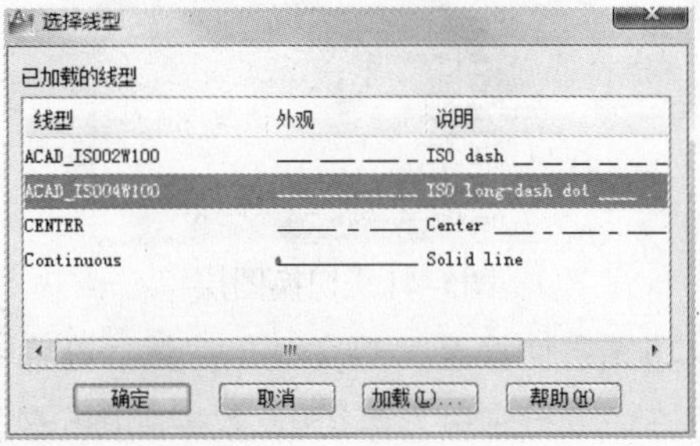

图5-37 加载完成

08 返回“图层特性管理器”对话框，即可看到线型由原来的Continuous变成了ACAD_ISO04W100线型。

09 然后单击中间列表框中“线宽”栏下的—— 默认 图标，弹出“线宽”对话框。在“线宽”列表框中选择0.15mm线宽，如图5-38所示，然后单击“确定”按钮。

10 返回“图层特性管理器”选项板，即可看到线宽由原来的—— 默认 变成了0.15mm线宽，如图5-39所示。

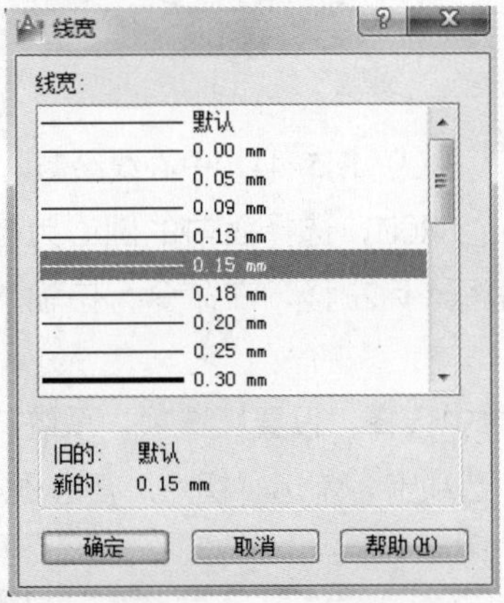

图5-38 线宽选择

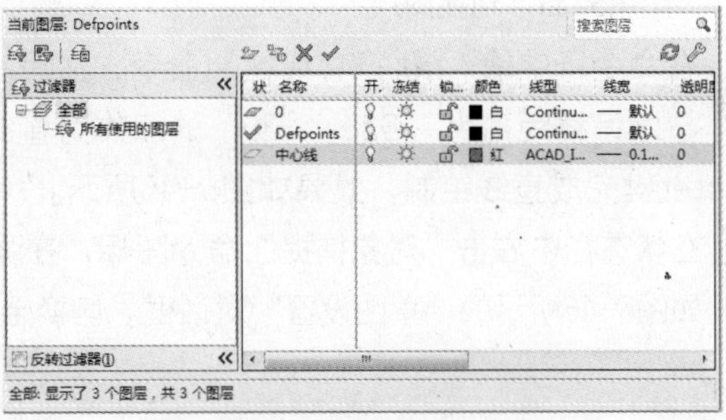

图5-39 图层特性管理器

11 按照相同的方法，根据表5-1中的图层特性参数，对各图层进行设置，完成后的效果如图5-40所示。

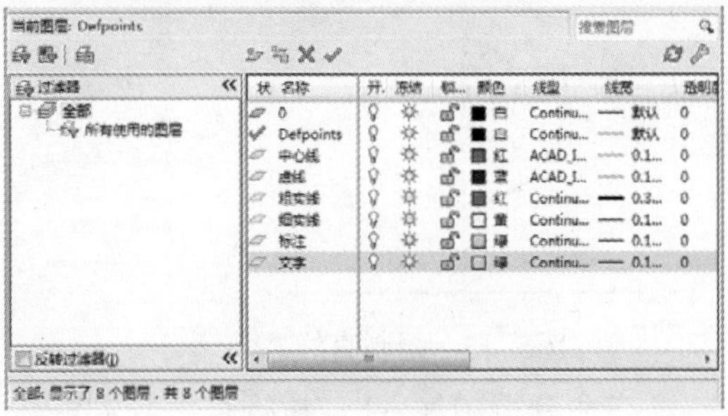

图5-40 图层设置

2. 绘制图形

01 单击“常用”选项卡“图层”组中的“图层”下拉按钮，如图5-41所示，将当前图层切换至“中心线”，将其线型比例设置为0.1。

02 在命令行中输入L，执行直线绘制命令。

在绘图区中任意空白处单击作为直线的起点，将鼠标上移，并在命令行中输入50。按两次

Enter键，继续直线绘制命令，绘制一条中心线，使它与刚才绘制的线垂直相交并离刚才绘制的线的上端点20，效果如图5-42所示。

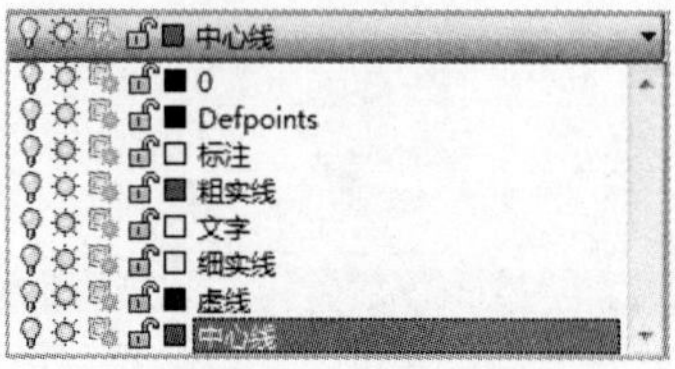

图5-41　切换图层

图5-42　中心线绘制

03 将图层切换至“粗实线”，然后在命令行中输入C，选择刚才绘制的中心线的交点为圆心，在命令行中输入半径8，效果如图5-43所示。

04 在命令行中输入O执行偏移命令，将刚才绘制的圆向外偏移8的距离，完成的绘制效果如图5-44所示。

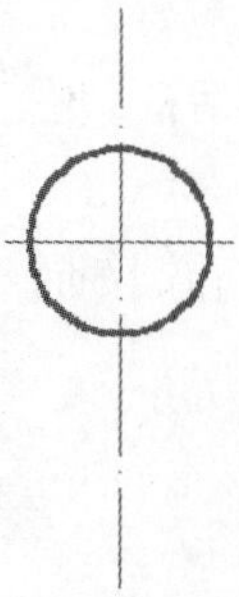
图5-43　切换图层

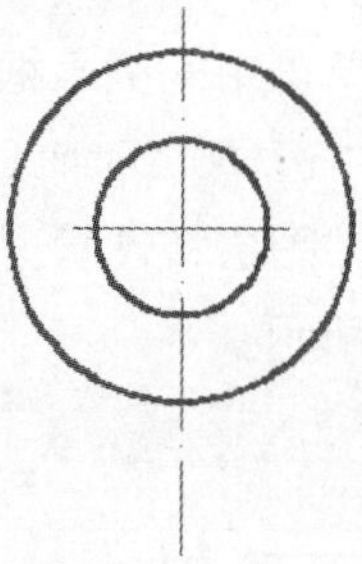
图5-44　中心线绘制

05 在命令行中输入L执行直线绘制命令，然后在命令行中输入FROM，选择之前的圆心为基点，与之偏移距离为“@28，-29”的点作为直线起点。然后将鼠标左移，在命令行中输入56，按Enter键完成直线绘制，效果如图5-45所示。

06 在状态栏中右击“对象捕捉”命令图标，在弹出的快捷菜单中选择“设置”选项，系统将弹出如图5-46所示的“草图设置”对话框。切换至“对象捕捉”选项卡，勾选“切点”复选框。

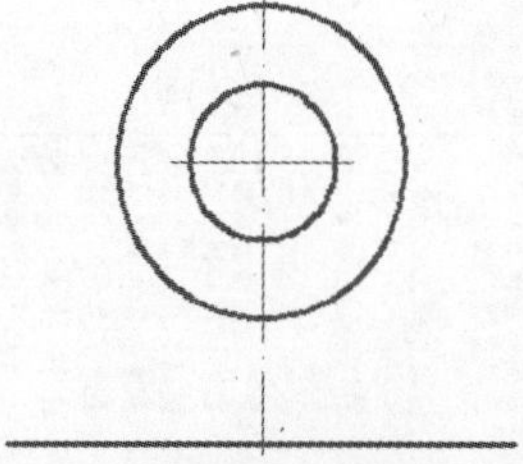
图5-45　绘制直线

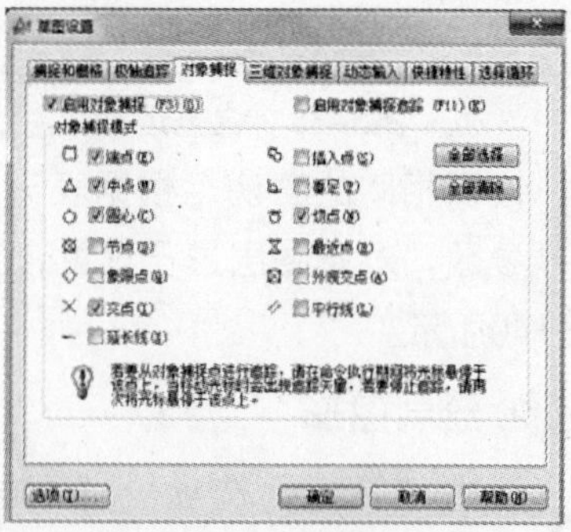

图5-46　对象捕捉设置

07 在命令行中输入L，执行直线绘制命令。捕捉下面一条直线的左侧端点作为本次绘制的起点，然后将鼠标从左下方放在圆上，等到圆与直线交界处出现切点符号时单击，这样即可捕捉到切点，完成的绘制效果如图5-47所示。同样绘制右侧直线，如图5-48所示。

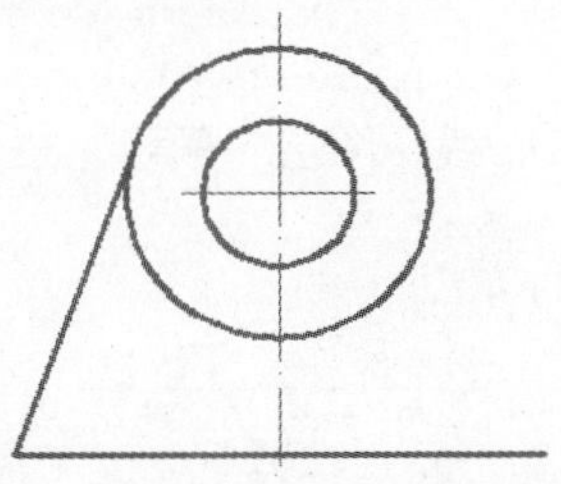

图5-47　绘制直线

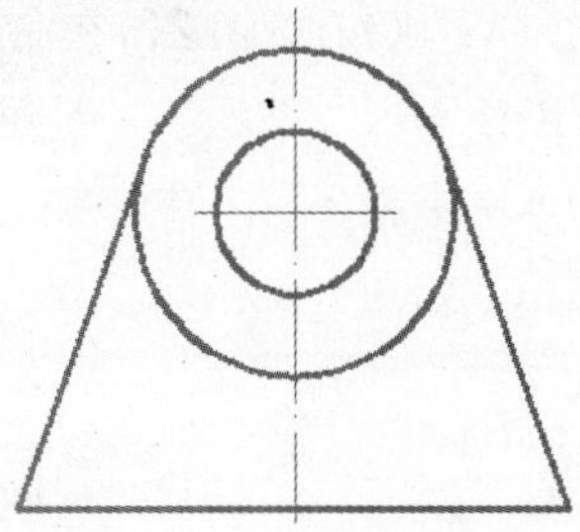

图5-48　绘制直线

08 在命令行中输入O，选择之前绘制的最底侧的直线为偏移对象，在命令行中输入偏移距离为17，将鼠标移向上方单击。完成的偏移效果如图5-49所示。

09 选中刚才偏移后的直线，然后将“虚线”图层置为当前图层，这样该直线就更改至“虚线”图层，完成的效果如图5-50所示。

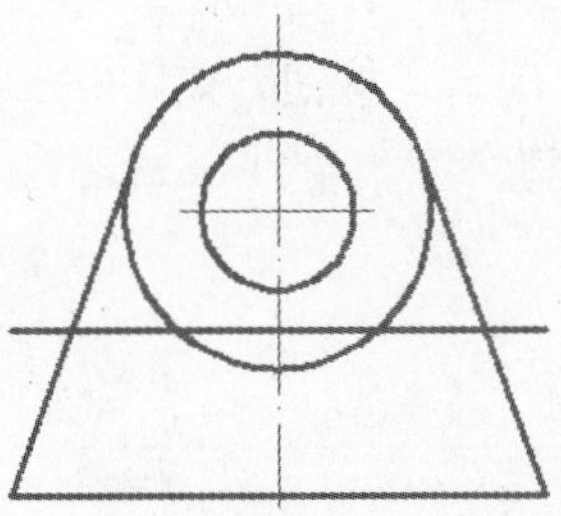

图5-49　偏移效果

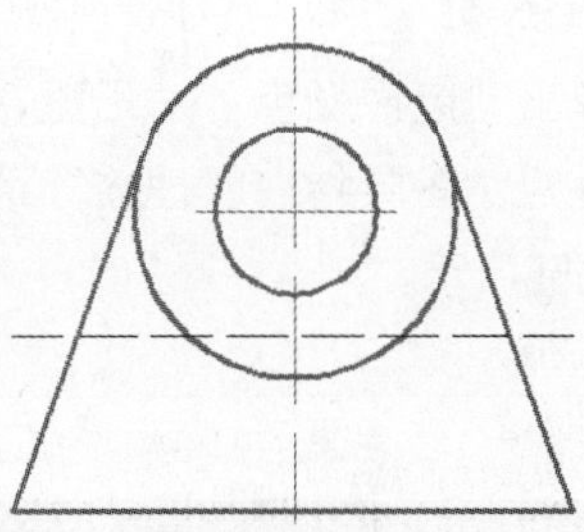

图5-50　更改图层

10 在命令行中输入TRIM执行修剪命令。选中绘图区中的所有对象，然后在绘图区空白处单击鼠标右键，然后单击要修剪掉的线对象。完成的修剪效果如图5-51所示。至此，本实例绘制完成。

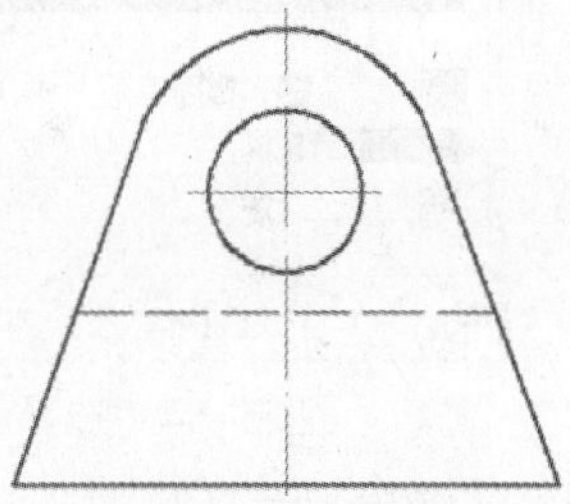

图5-51　绘制效果

5.6 实例应用

下面用几个实例来练习本章学习的图层，同时学习利用图层进行图形的创建。

5.6.1 实例1：创建图层

首先，通过创建如表5-2所示的图层，来练习图层各个内容的设置。

表5-2　图层设置

图层名称	颜色	线型	线宽/mm	图层名称	颜色	线型	线宽/mm
标注	绿色	Continuous	0.15	文字	绿色	Continuous	0.15
标准件	白色	Continuous	0.20	轴线	白色	Continuous	0.15
轮廓线	白色	Continuous	0.30	组件	青色	Continuous	0.15
剖面线	蓝色	Continuous	默认	中心线	红色	CENTER	0.15

01 启动AutoCAD 2012，在命令行中执行layer命令，打开“图层特性管理器”选项板，单击“新建图层”按钮，新建图层，如图5-52所示。

02 输入图层新名称“中心线”，按Enter键确认，然后单击“中心线”图层“颜色”栏下■白图标，如图5-53所示。

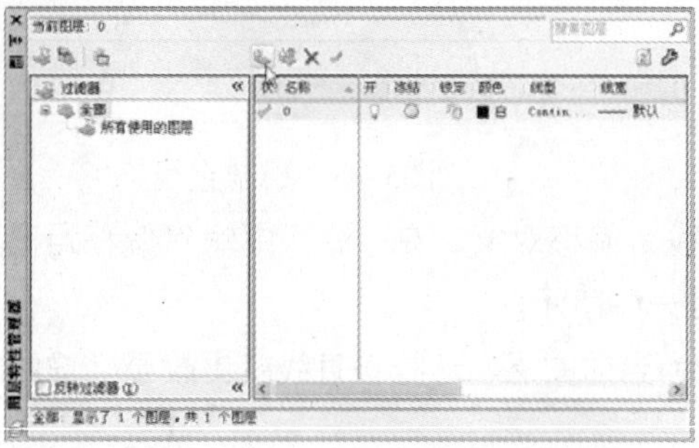

图5-52 “图层特性管理器”对话框

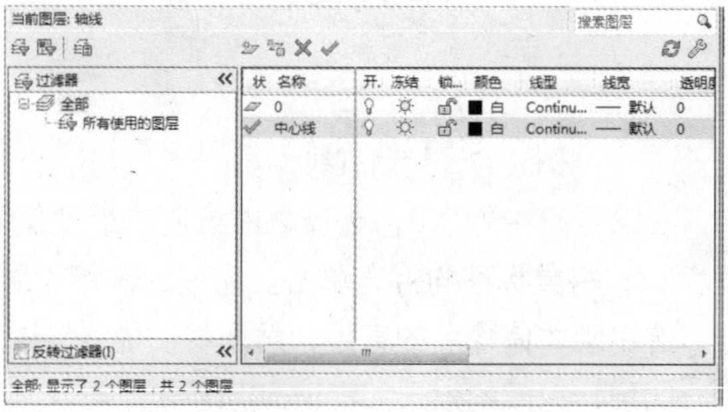

图5-53 新建图层

03 弹出“选择颜色”对话框，单击“红色”图块，然后单击“确定”按钮，如图5-54所示。返回“图层特性管理器”选项板，单击“中心线”图层“线型”栏下的 Contin... 图标，如图5-55所示。

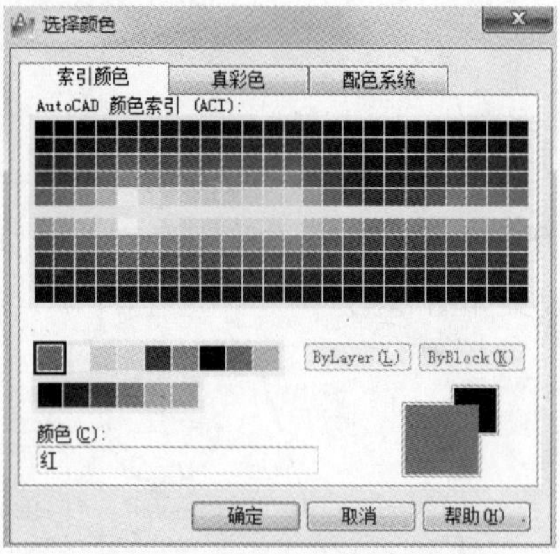

图5-54 选择颜色

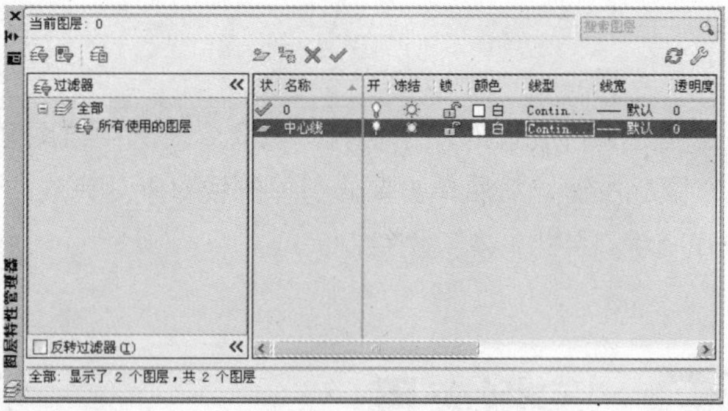

图5-55 设置效果

04 弹出“选择线型”对话框。单击“加载”按钮，弹出“加载或重载线型”对话框，选择CENTER线型，单击“确定”按钮完成加载，如图5-56所示。

05 返回“选择线型”对话框，选择CENTER线型，如图5-57所示，然后单击“确定”按钮。

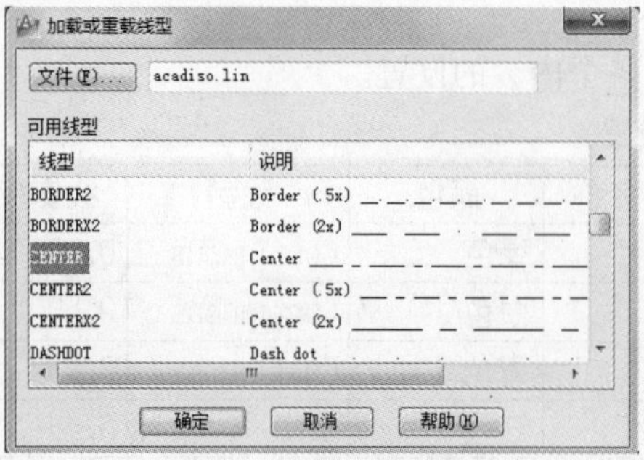

图5-56 选择线型

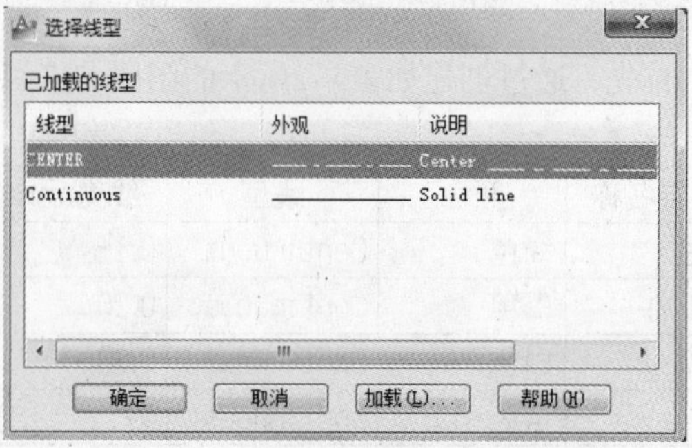

图5-57 加载线型

06 返回“图层特性管理器”选项板，新建图层“轴线”。单击“轴线”图层“线宽”栏下的 —— 默认 图标，如图5-58所示。

07 弹出“线宽”对话框，在“线宽”列表框中选择0.15mm线宽，然后单击“确定”按钮，如图5-59所示。

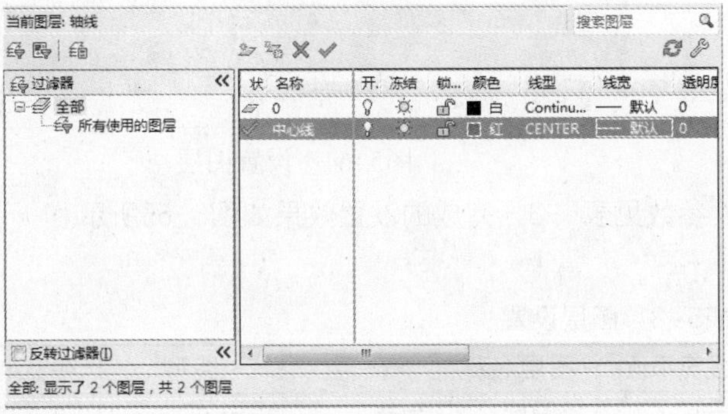

图5-58　选择线宽

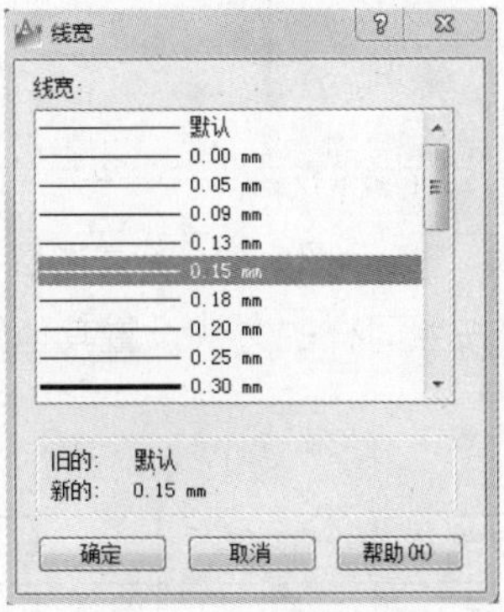

图5-59　设置线宽

08 返回“图层特性管理器”选项板，根据表5-2对各图层进行设置，设置完成后效果如图5-60所示。

09 选择“中心线”图层，单击“置为当前”按钮，将其设置为当前图层，如图5-61所示，然后关闭“图层特性管理器”选项板，并保存图形文件为“实例1.dwg”（光盘:\最终文件\第5章\实例1.dwg）。

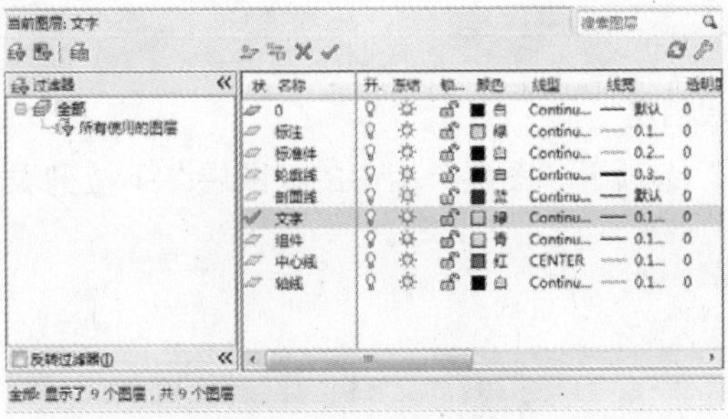

图5-60　设置完成

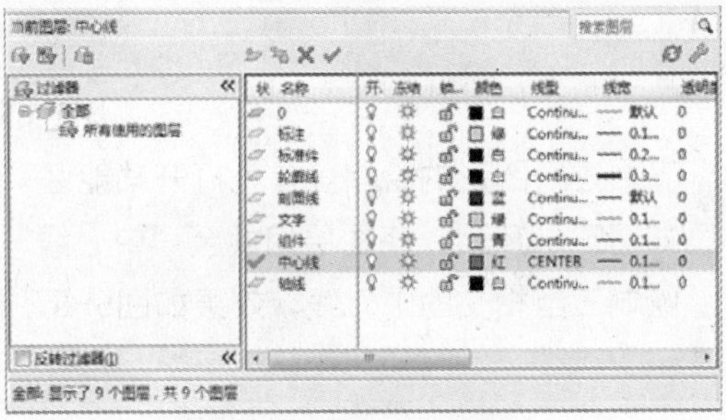

图5-61　设置当前层

5.6.2　实例2：绘制立板

下面绘制如图5-62所示的图形。

01 启动AutoCAD 2012，新建一个名为“实例2.dwg”的文件。在命令行中执行layer命令，打开“图层特性管理器”选项板。单击“新建图层”按钮，新建图层“中心线”，如图5-63所示。

02 按照上一个实例的方法设置本图层颜色为红色，线型为CENTER，线宽为0.15mm，其余选择默认。完成的设置如图5-64所示。

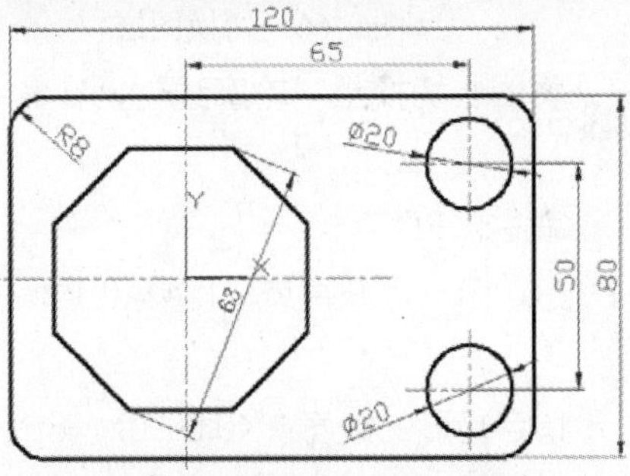

图5-62　效果图

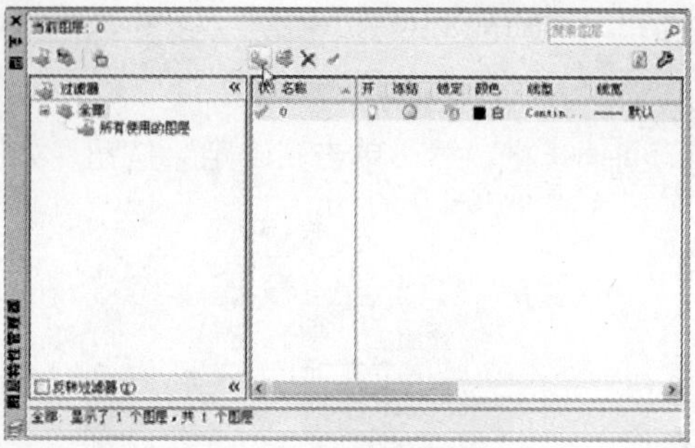

图5-63　新建图层

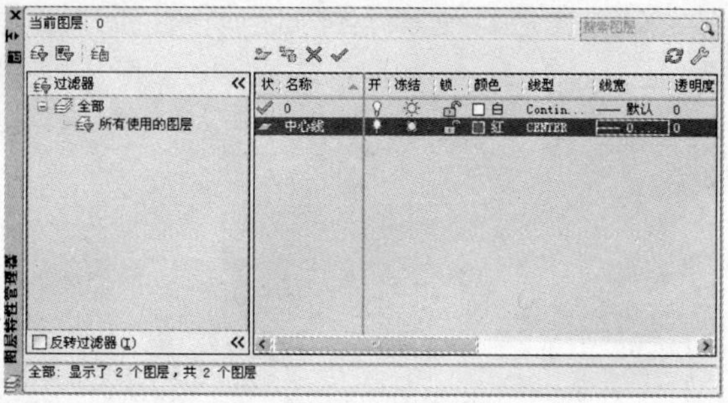

图5-64　设置图层

03 按照同样的方法设置其他图层，相关参数见表5-3，完成的设置效果如图5-65所示。

表5-3　图层设置

图层名称	颜色	线型	线宽/mm	图层名称	颜色	线型	线宽/mm
标注线	蓝色	Continuous	默认	轮廓线	白色	Continuous	0.3
虚线	白色	Acad_ISO02W100	0.15	中心线	红色	CENTER	0.15

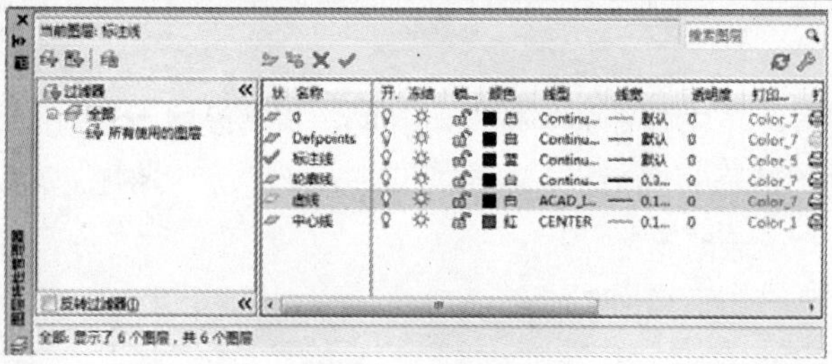

图5-65　图层创建

04 下面进行图形的绘制。首先打开功能区“常用”选项卡“图层”组中的“图层”下拉列表，如图5-66所示，将图层切换至“中心线”。

05 绘制三组相交的中心线，效果如图5-67所示。

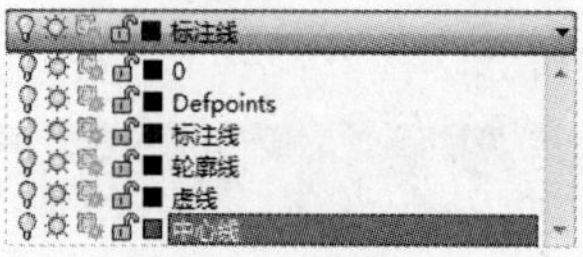

图5-66　切换图层

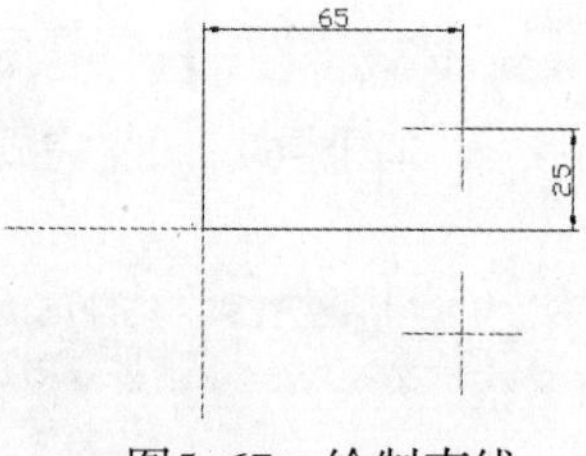

图5-67　绘制直线

06 将图层切换至“轮廓线”，在命令行中执行REC命令，具体操作过程如下：

命令：REC　（执行REC命令）

指定第一个角点或 [倒角(C)/标高(E)/圆角(F)/厚度(T)/宽度(W)]: W

（选择“宽度”选项，并按Space键）

指定矩形的线宽 <0.0000>：8　（输入8，并按Space键）

指定第一个角点或 [倒角(C)/标高(E)/圆角(F)/厚度(T)/宽度(W)]：FROM

基点：　（选择如图5-68所示的A点）

<偏移>:@-40,40　　（输入@-40，40）
指定另一个角点或 [面积(A)/尺寸(D)/旋转(R)]: @120，-80　（输入@120，-80）
命令:　　（按Space键）

按Esc键退出矩形绘制，完成的绘制效果如图5-68所示。

07 保持图层在“轮廓线”，在命令行中输入C，分别选择右侧的两个中心线的交点为圆心，输入半径均为10。完成的绘制效果如图5-69所示。

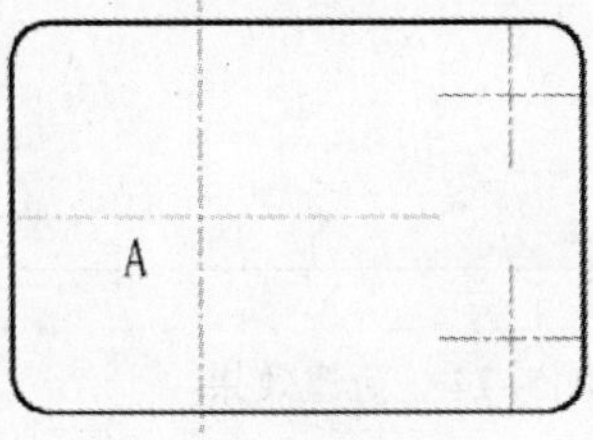

图5-68　矩形效果

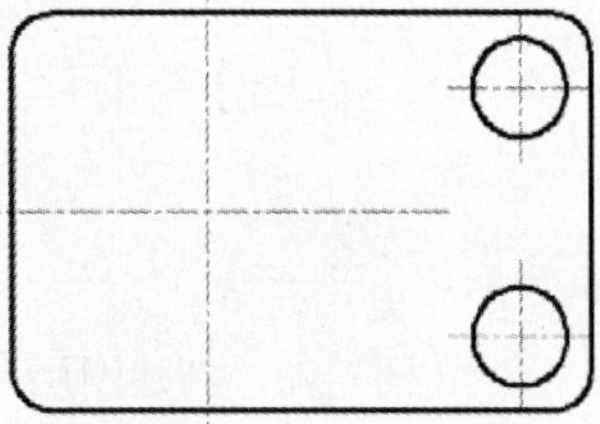
图5-69　绘制圆

08 下面进行正八边形的绘制。在命令行中执行POL命令，具体操作过程如下：

命令:POL　　（执行POLYGON命令）
输入边的数目 <4>: 8　　（输入8，并按Space键确定）
指定正多边形的中心点或 [边(E)]:　　（单击如图5-69所示的左侧的中心线交点）
输入选项 [内接于圆(I)/外切于圆(C)] <I>: I　（选择“内接于圆”选项，并按Space键）
指定圆的半径: 31.5　　（输入31.5，按Space键确定）

09 按Enter完成绘制，效果如图5-70所示。

10 将图层切换至“标注线”，并对图形的尺寸进行标注（标注知识会在后续的章节中陆续讲到）。完成的绘制效果如图5-71所示。

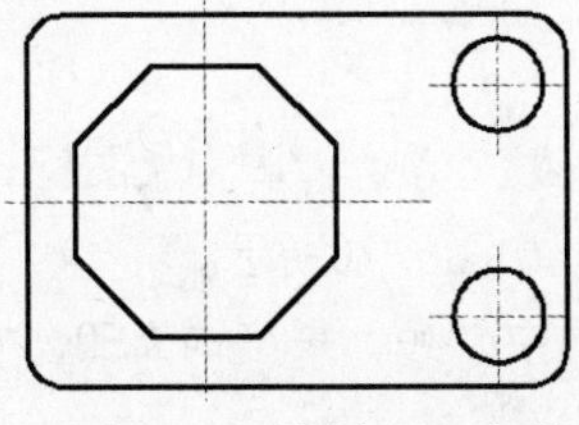
图5-70　绘制正八边形

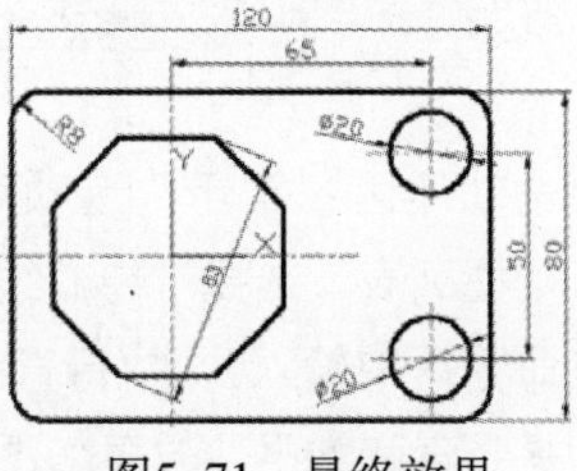

图5-71　最终效果

5.6.3 实例3：绘制小圆螺母

用之前学过的图层知识和绘图知识绘制如图5-72所示的图形。

从图中可以看出，图中有多种线型及线宽，所以这里要先建立图层；然后利用圆、修剪、阵列等命令绘制图形。

01 启动AutoCAD 2012，新建一个名为“实例3.dwg”的文件。在命令行中执行LAYER命令，打开“图层特性管理器”选项板，单击“新建图

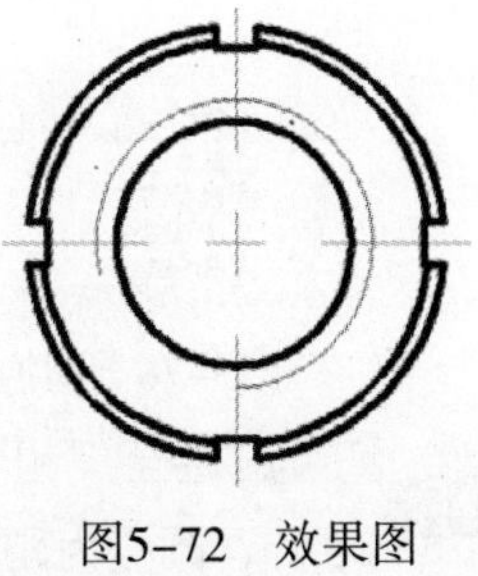
图5-72　效果图

层”按钮新建图层，如图5-73所示。

02 按照之前方法设置本图层颜色为红色，线型为CENTER，线宽为0.15mm，其余图层状态选择默认。完成的设置如图5-74所示。

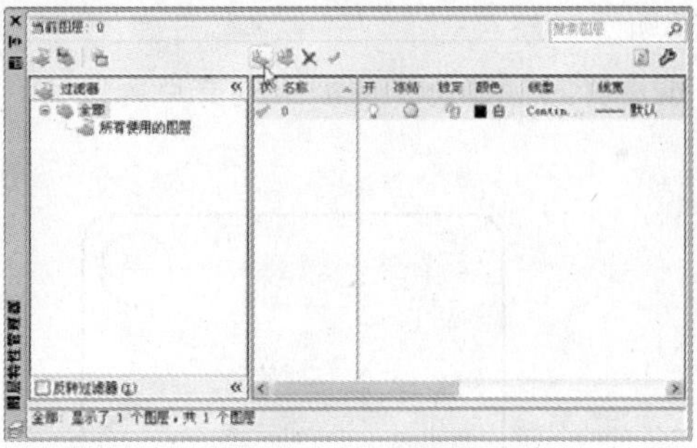

图5-73　新建图层

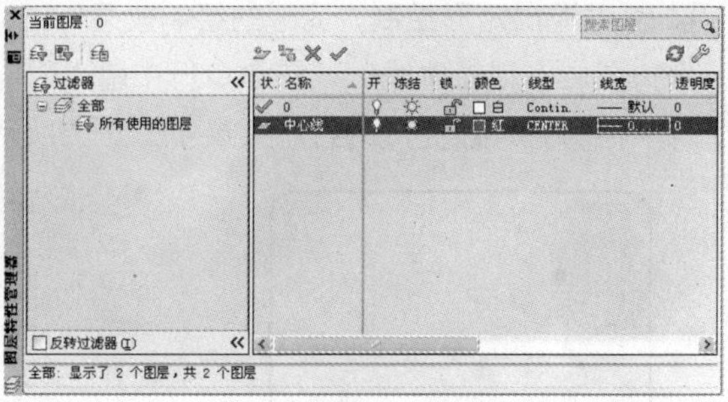

图5-74　新建效果

03 继续设置其他图层，图层的相关参数见表5-4，完成的设置效果如图5-75所示。

表5-4　图层设置

图层名称	颜色	线型	线宽/mm	图层名称	颜色	线型	线宽/mm
细实线	蓝色	Continuous	默认	粗实线	白色	Continuous	0.3
虚线	白色	Acad_ISO02W100	0.15	中心线	红色	CENTER	0.15
标注	蓝色	Continuous	默认				

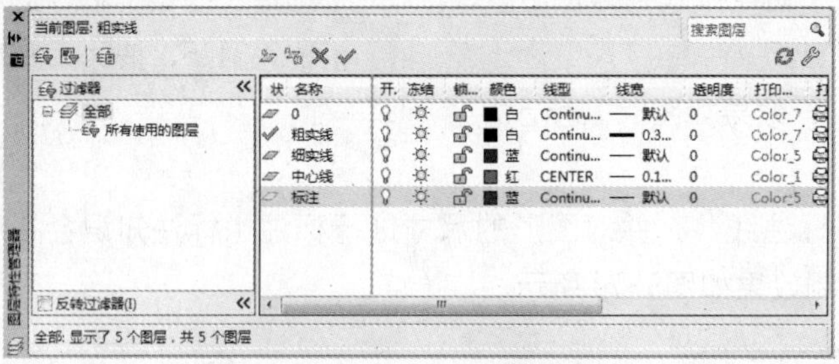

图5-75　图层设置效果

04 单击功能区“常用”选项卡“图层”组的图标，打开其下拉列表，选择“中心线”，将当前层切换至“中心线”，如图5-76所示。

05 在命令行中输入L，执行直线绘制命令。绘制两条垂直相交的中心线，长度均为50，方向分别是竖直和水平，效果如图5-77所示。

图5-76　切换图层

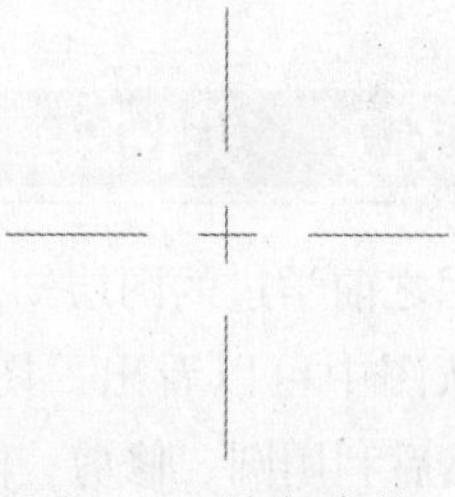

图5-77　绘制直线

06 切换图层至“粗实线”，然后在命令行中输入C执行圆绘制命令，在命令行中输入半径为12.75，圆心为刚才绘制的两条中心线的交点，效果如图5-78所示。

07 在命令行执行OFFSET命令，具体操作过程如下：

命令：OFFSET （执行OFFSET命令）
当前设置：删除源=否 图层=源 OFFSETGAPTYPE=0 （系统提示当前设置状态）
指定偏移距离或 [通过(T)/删除(E)/图层(L)] <通过>: 2.25 （输入偏移距离2.25，按Space键）
选择要偏移的对象，或 [退出(E)/放弃(U)] <退出>: （选择如图5-78所示的圆）
指定要偏移的那一侧上的点，或 [退出(E)/多个(M)/放弃(U)] <退出>:
（向外移动鼠标并单击）
命令： （按Space键结束命令）
命令：OFFSET （执行OFFSET命令）
当前设置：删除源=否 图层=源 OFFSETGAPTYPE=0 （系统提示当前设置状态）
指定偏移距离或 [通过(T)/删除(E)/图层(L)] <2.25>: 8.25 （输入偏移距离8.25，按Space键）
选择要偏移的对象，或 [退出(E)/放弃(U)] <退出>: （继续选择如图5-78所示的圆）
指定要偏移的那一侧上的点，或 [退出(E)/多个(M)/放弃(U)] <退出>:
（向外移动鼠标并单击）
命令： （按Space键结束命令）
命令：OFFSET （执行OFFSET命令）
当前设置：删除源=否 图层=源 OFFSETGAPTYPE=0 （系统提示当前设置状态）
指定偏移距离或 [通过(T)/删除(E)/图层(L)] <8.25>: 9.75 （输入偏移距离9.75，按Space键）
选择要偏移的对象，或 [退出(E)/放弃(U)] <退出>: （继续选择如图5-78所示的圆）
指定要偏移的那一侧上的点，或 [退出(E)/多个(M)/放弃(U)] <退出>:
（向外移动鼠标并单击）

偏移以后的效果如图5-79所示。

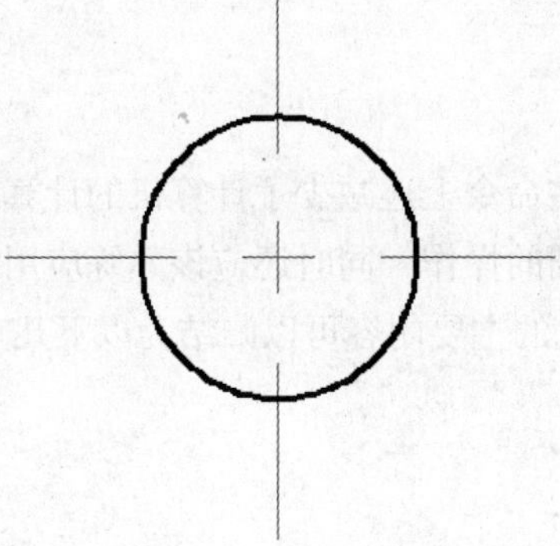

图5-78 画圆

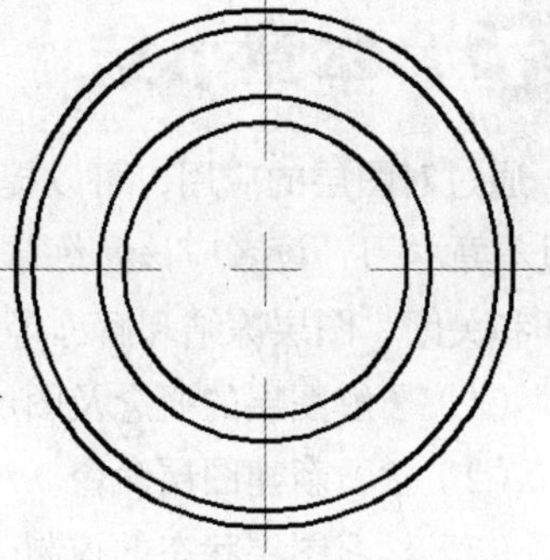

图5-79 偏移效果

08 在命令行中输入L执行直线绘制命令，然后在命令行中输入FROM，选择中心线的交点为基点，在命令行中输入偏移（@0，20.5）为直线起点。将鼠标移向右方，在命令行中输入2.25后单击，然后将鼠标移向上方并输入5。绘制完成的效果如图5-80所示。

09 在命令行中输入MIRROR执行镜像命令，选择刚才绘制的直线作为镜像对象，选择竖直的中心线作为镜像中心线，按Enter键完成镜像，镜像后的效果如图5-81所示。

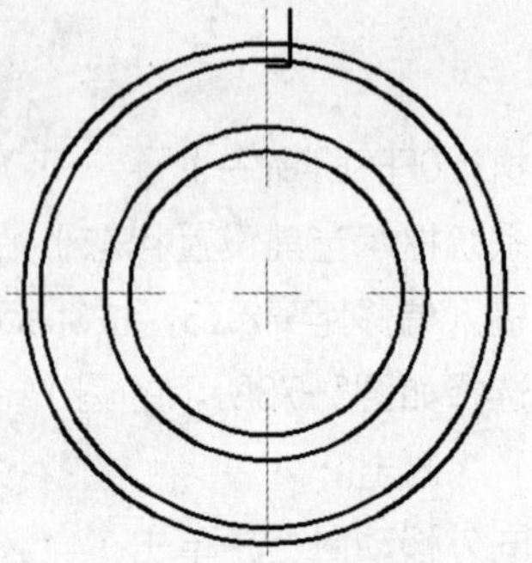

图5-80 绘制效果

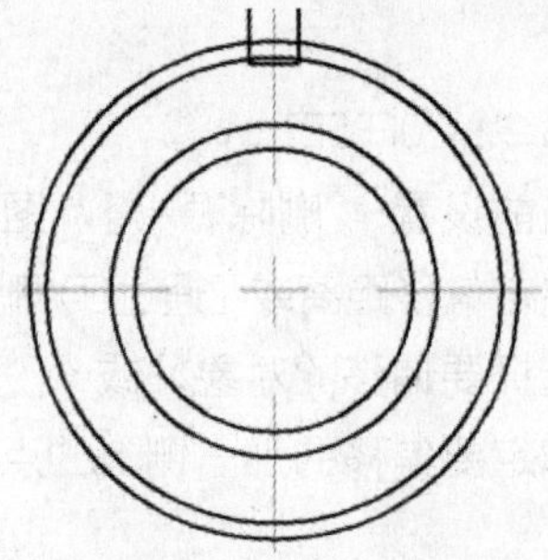

图5-81 镜像效果

10 在菜单栏中选择“修改”→“阵列”→“环形阵列”命令，选择刚才创建的直线为阵列对象，选择中心线的交点为阵列中心，输入阵列个数为4，角度为360°，完成的阵列效果如图5-82所示。

11 在命令行中输入TRIM执行修剪命令，将多余的线条修剪掉。然后将内侧第二个圆换成“细实线”层，完成的效果如图5-83所示。

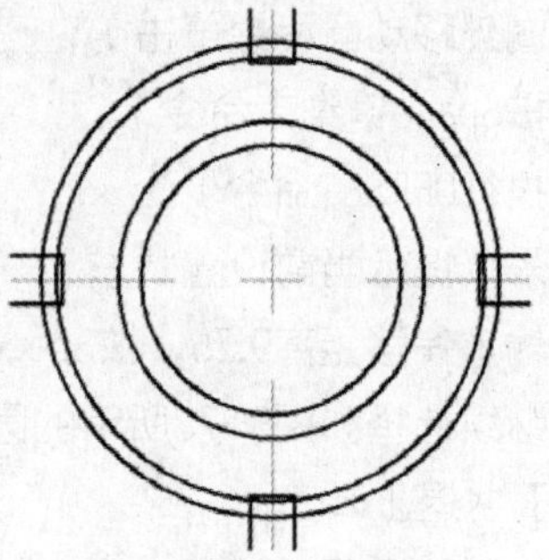

图5-82 阵列效果

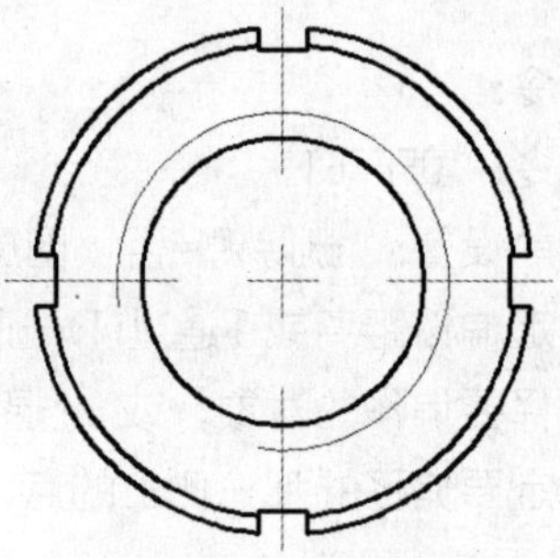

图5-83 修剪效果

5.7 本章小结

通过对图层的应用，可以提高绘图效率和准确性，在某些命令上还减少了计算机的计算量。通过本章学习，读者应该熟练掌握图层的创建、重命名等基础的操作，同时还应该熟练应用图层打开和关闭、图层冻结和解冻等图层状态控制命令。本章研究的主要内容可以归结为以下几点：

（1）了解图层的概念及图层的用途。

（2）学习新建图层命令。

（3）学习图层状态的控制，包括冻结、关闭等状态。

（4）学习图层管理的相关内容。

5.8 课后练习

下面给出几个图形，读者通过对这几个图形的练习，可以提高图层的用法（见图5-84）。

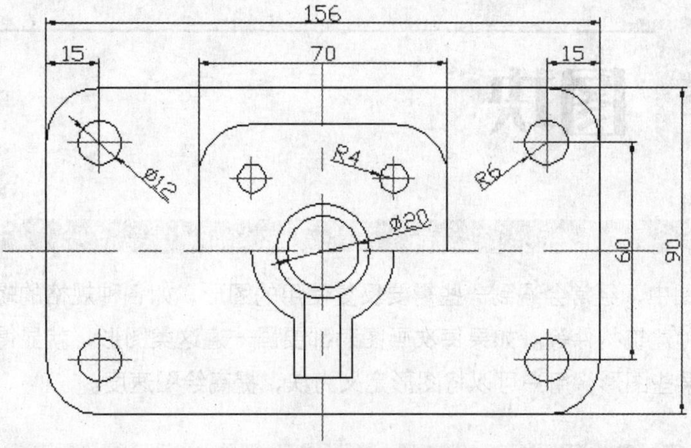

（a）练习1

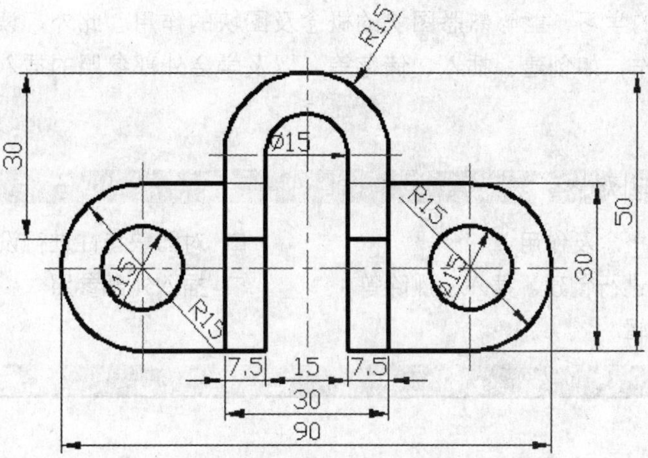

（b）练习2

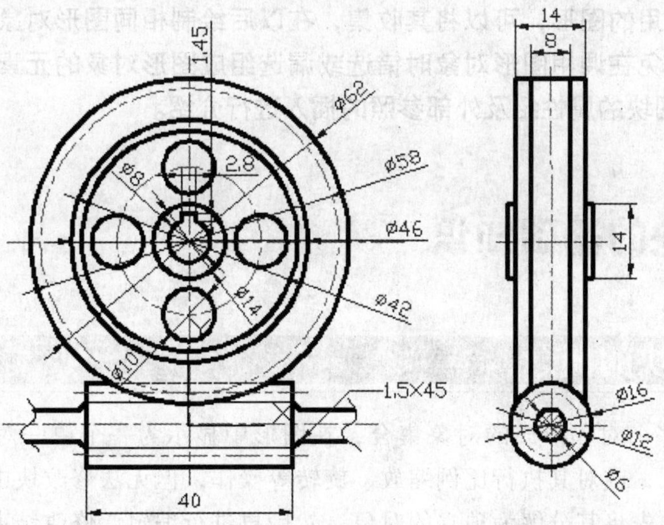

（c）练习3

图5-84　练习

第6章 图块

学习导航

在工程制图中，经常会遇到一些需要反复使用的图形，如各种规格的螺栓、螺母、轴、弹簧，以及各种建筑构件等。如果每次画图时都要画一遍这类图形，就显得太麻烦了。为了能够重复使用某些图形，用户可以将图形定义为块，提高绘图速度。

学习目标

通过本章的学习，能够熟悉图块的概念及图块的作用。此外，读者必须能够独立的对图块进行操作，如创建、插入、储存等，以及学会外部参照的插入和图块属性的设置等命令。

学习重点与难点

- □ 图块的概念及作用
- □ 对图块进行创建、插入、删除等基本编辑
- □ 对图块特性进行设置、修改
- □ 插入外部参照

对需要经常使用的图形，可以将其收集，在以后绘制相同图形对象时，就可以直接调用。为了避免在调用图形对象时错选或漏选组成图形对象的元素，可以将其定义为图块。本章将对图块的属性绍及外部参照的插入进行介绍。

6.1 图块的基础知识

6.1.1 图块的概念

块是一个或多个对象形成的对象集合，在图形中显示为一个单一对象。块定义以后，可以在图形中插入，或对其执行比例缩放、旋转等操作，但无法修改块中的对象。如果要编辑块中对象，必须先将其分解为独立的对象，然后再进行编辑。修改结束后若重定义成块，AutoCAD将会自动根据块修改后的定义，更新该块的所有引用。图6-1和图6-2分别为定义图块前后的效果。

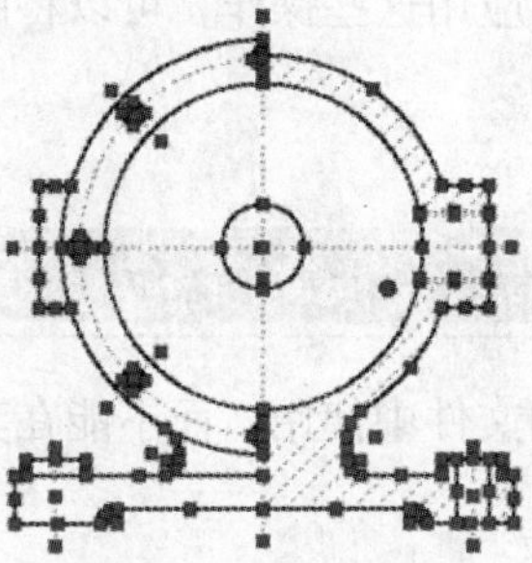
图6-1 定义图块前

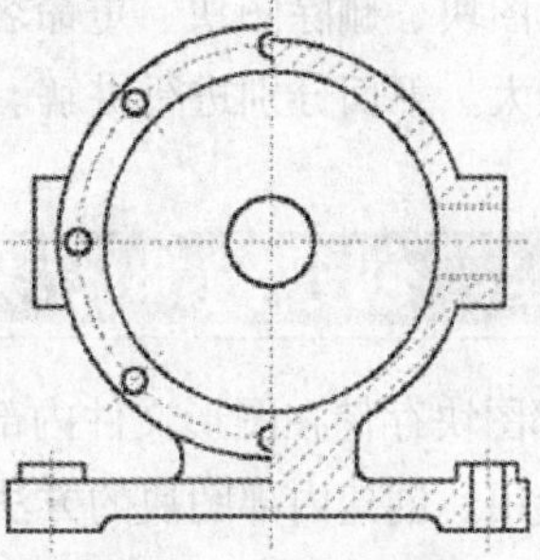
图6-2 定义图块后

6.1.2 图块的特点及分类

在使用AutoCAD进行绘图的过程中，经常需要绘制一些重复出现的图形。如果把这些图形做成图块并以文件的形式保存于计算机中，当需要调用时再将其调出，可以避免大量的重复工作，从而提高工作效率。

另外，在绘图的过程中，若要保存图形中的每一个相关信息，会占用大量的空间。若把这些相同的图形先定义成一个块，然后再插入所需的位置，可以节省大量的存储空间。

AutoCAD还允许为图块创建文字信息属性，并可以在插入图块时指定是否显示这些属性。

1. 图块的特点

- 提高设计速度。将经常使用的图形创建成块，当需要这些图形对象时将它们插入到图形文件中，可以减少不必要的重复劳动。
- 节省计算机空间。在图形中插入块是对块的引用，不管块有多么复杂，在图形中只保留块的引用信息和该块的定义，可以减少图形的存储空间。
- 方便图形的修改。一幅工程图的最终设计完成需要经过不断的修改，此时只需对块进行修改，图中插入的所有该块都会自动改动。
- 可以添加属性。可以把文字信息等添加到图块中。

2. 图块的分类

- 内部图块：内部图块只能存在于定义该块的图形中，而其他图形文件不能使用该图块。
- 外部图块：外部图块作为一个图形文件单独存储在磁盘等媒介上，可以被其他图形引用，也可以单独被打开。

注意

图块的操作一般是首先创建块，包括命名新图块、选择图形对象、确定插入点；其次是插入块到指定的位置。

6.2 图块操作

图块的操作主要有创建内部图块、创建外部图块、插入单个图块、插入多个图块、通过设计中心插入图块、删除图块、重命名图块和分解图块等。通过综合应用这些操作，可以将图块作用发挥到最大。下面分别进行讲解。

6.2.1 创建内部图块

内部图块存储在图形文件内部，因此只能在存储了该图块的文件中使用，而不能在其他图形文件中使用。创建内部图块的方法如下：

- 在“常用”选项卡的“块”组中单击“创建”按钮。
- 显示菜单栏，选择“绘图”→“块”→“创建”命令。
- 在命令行中执行BLOCK或B命令。

执行上述命令后，系统将打开“块定义”对话框，如图6-3所示。

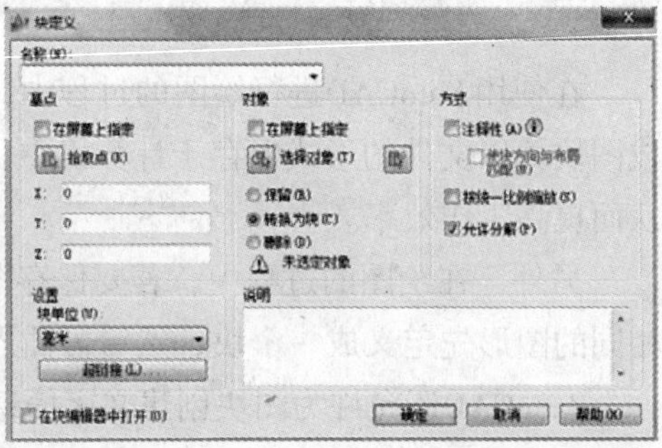

图6-3 “块定义”对话框

这个对话框中各个项目的含义如下所示。

- 名称：输入要定义的块的名字。
- 基点：设置块的插入基点。既可以单击“拾取点”按钮，直接在绘图窗口指定插入点；也可以通过输入X、Y、Z坐标值来插入基点。
- 对象：可以指定新块中包含的对象，以及创建块以后是否保留选定的对象，或将其转换成块。
    - ◆ 单击“选择对象”按钮，切换到绘图窗口，选择需要创建的对象。
    - ◆ 单击“快速选择”按钮，打开“快速选择”对话框，使用该对话框定义选择集，如图6-4所示。
    - ◆ 单击“保留”单选按钮，则被定义为图块的源对象仍然以原格式保留在绘图区中。
    - ◆ 单击“转换为块”单选按钮，则在定义内部图块后，绘图区中被定义为图块的源对象同时被转换为图块。
    - ◆ 单击“删除”单选按钮，则在定义内部图块后，将删除绘图区中被定义为图块的源对象。
- 说明：输入与块有关的文字说明。
- “超链接”按钮：打开“插入超链接”对话框，可以插入超链接文档，如图6-5所示。

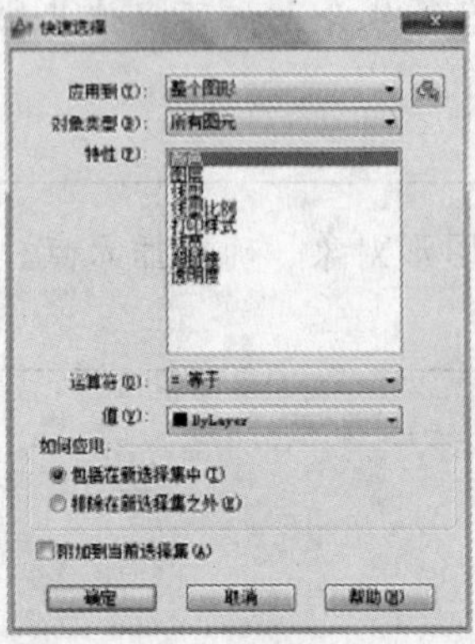

图6-4 “快速选择”对话框

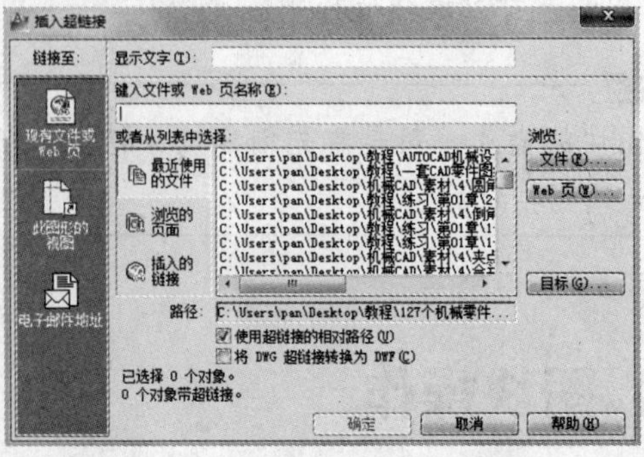

图6-5 “插入超链接”对话框

边学边练 046　创建内部图块

01 打开"内部块.dwg"图形文件（光盘:\原始文件\第6章\内部块.dwg），在命令行执行BLOCK命令，弹出"块定义"对话框。

02 在"名称"文本框中输入要定义的图块名称，这里输入文本"块1"，单击"对象"选项组中的"选择对象"按钮，如图6-6所示。

03 返回绘图区，选择绘图区中需要定义为块的图形，这里选择绘图区中所有的图形对象，如图6-7所示。

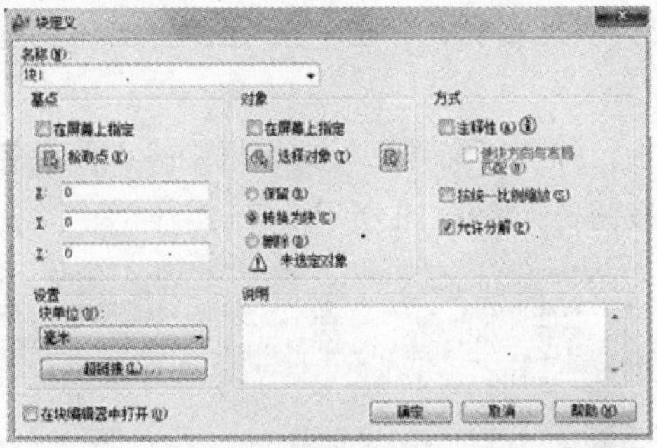

图6-6　创建块

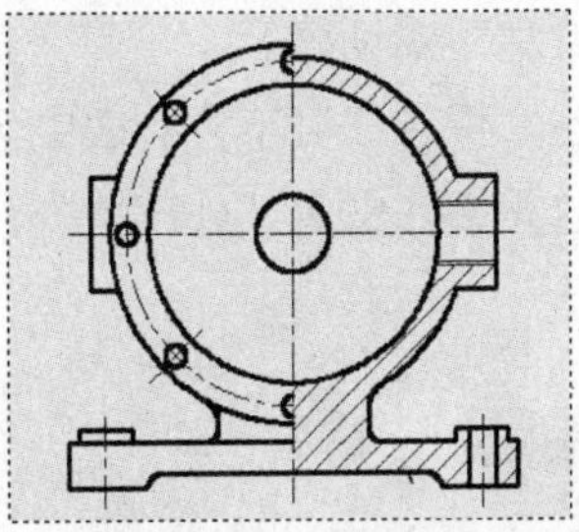

图6-7　选择对象

04 按Space键，单击"基点"选项组中的"拾取点"按钮，返回绘图区，指定一点作为图块的基点。这里单击如图6-8所示的圆心点O。

05 返回"块定义"对话框，此时在"名称"文本框右侧将显示系统为该图块创建的图标，在"设置"选项组的"块单位"下拉列表中可以选择通过设计中心拖放块到绘图区时的缩放单位。这里保持默认设置。

06 在"说明"文本框中输入该图块的说明文字，也可不输入。单击"确定"按钮，即完成该图块的定义，如图6-9所示。

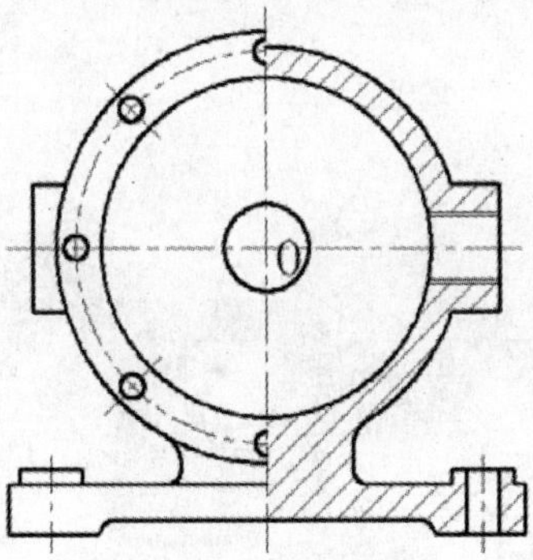

图6-8　选择基点

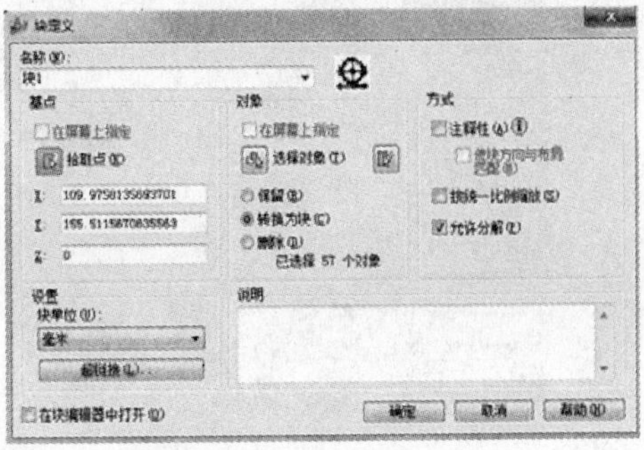

图6-9　设置图块信息

6.2.2　创建外部图块

外部图块与内部图块恰恰相反，它是以文件的形式保存到计算机中的，随时都可以对其进行调整。在命令行中执行WBLOCK或W命令，即可开始创建外部块。

边学边练 047 创建外部图块

01 打开“外部块.dwg”图形文件（光盘:\原始文件\第6章\外部块.dwg），在命令行执行WBLOCK命令，弹出“写块”对话框。

02 在“源”选项组中单击“对象”单选按钮，在“对象”选项组中单击“选择对象”按钮，返回绘图区中选择需定义为块的图形，这里选择绘图区中的所有图形。

03 按Space键返回对话框，在“基点”选项组中单击“拾取点”按钮，返回绘图区，单击如图6-10所示的圆心O点。

04 在“目标”选项组中的“文件名和路径”下拉列表框右侧，单击…按钮，弹出“浏览图形文件”对话框。

05 在“保存于”下拉列表中选择桌面作为保存地址，并在“文件名”文本框中输入图块名称，这里输入文本“外部块”，然后单击“保存”按钮，如图6-11所示。

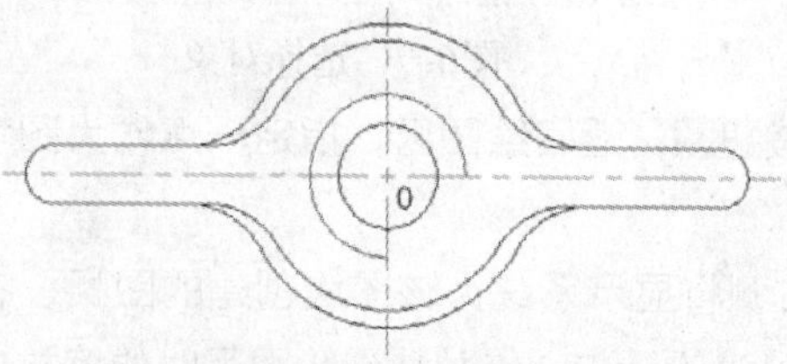

图6-10　选择基点

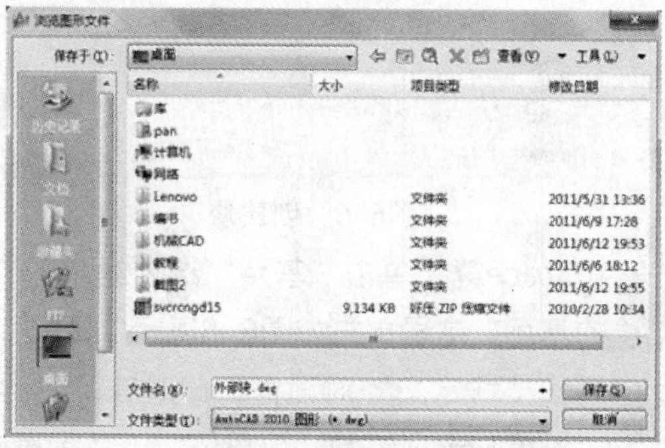

图6-11　设置保存信息

06 返回“写块”对话框，单击“确定”按钮，如图6-12所示。图块保存后即可在保存的位置看到外部图块，如图6-13所示。

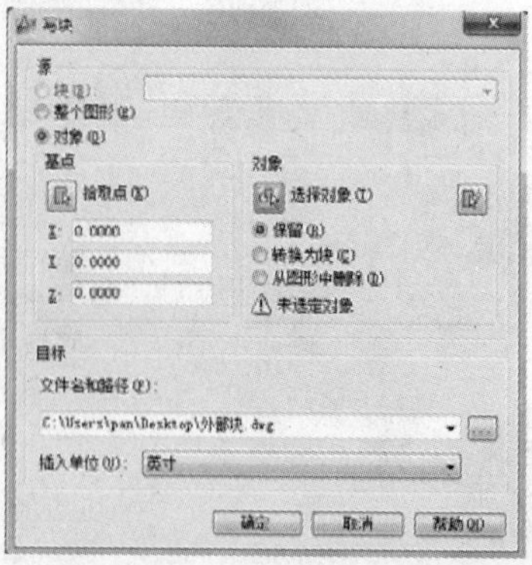

图6-12　选择对象

图6-13　保存成功

6.2.3　插入单个图块

图块创建完成后，就可以在图形中反复使用。将块插入到图形中操作简单，就像在文档中插入图片一样，在插入图块的过程中，还可以对块进行编辑，包括旋转和缩放等。

图块创建完毕后，在绘制图形过程中就可以将其插入需要的位置。插入单个内部图块与外部图块的方法完全一样，方法如下：

- 在“常用”选项卡的“块”组中单击“插入”按钮。
- 显示菜单栏，选择“插入”→“块”命令。
- 在命令行中执行INSERT或DDINSERT命令。

边学边练 048　插入图块

01 启动AutoCAD 2012，在命令行执行INSERT命令，弹出“插入”对话框。

02 单击“名称”下拉列表框右侧的“浏览”按钮，弹出“选择图形文件”对话框。在“查找范围”下拉列表中选择图块的目标位置，这里选择“桌面”选项，在“名称”列表框中选择“外部块.dwg”图形文件，然后单击“打开”按钮，如图6-14所示。

03 返回“插入”对话框，单击“确定”按钮，如图6-15所示，在绘图区中指定插入点即可插入图块。

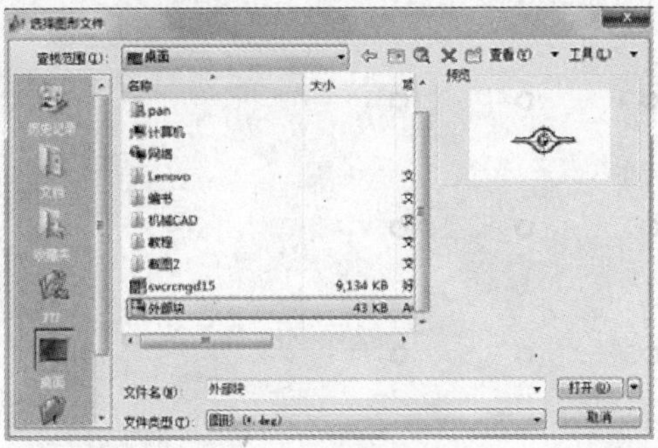

图6-14　插入文件

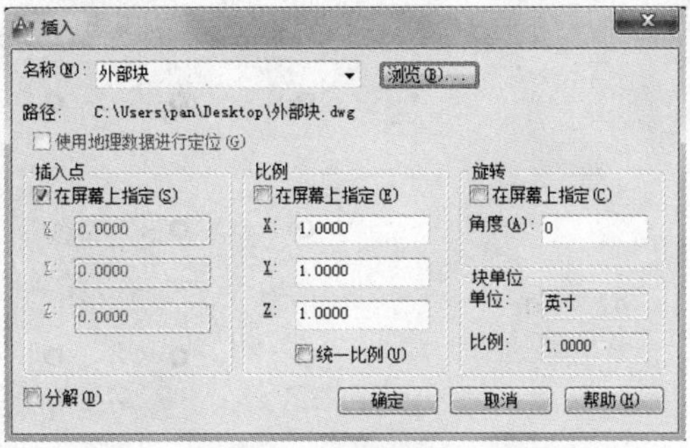

图6-15　编辑插入点

> **注意**
>
> 若要插入内部图块，在“插入”对话框的“名称”下拉列表中选择需要的图块名称，然后单击“确定”按钮即可，但该操作必须在保存内部图块的图形文件中进行。

6.2.4　插入多个图块

若要一次插入多个相同的图块，可以使用阵列、定数等分和定距等分方式来插入。

1. 阵列方式插入多个图块

阵列方式是在需要插入多个相同的图块时，以矩形阵列的方式插入到图形中的，在命令行中执行MINSERT命令即可。

边学边练 049　阵列方式插入多个图块

01 打开“圆环.dwg”图形文件（光盘:\原始文件\第6章\圆环.dwg）。在命令行中输入MINSERT命令，具体操作过程如下：

命令：MINSERT　　　　　　　　　（执行MINSERT命令）

输入块名或　[?]:环　　　　　　（输入外部图块的路径及名称，这里直接采用内部

图块，所以直接按Space键）

单位：毫米 转换：1.0000 （系统自动显示）

指定插入点或 [基点(B)/比例(S)/X/Y/Z/旋转(R)]:

（在绘图区中单击指定第一个图块的插入点）

输入 X 比例因子，指定对角点，或 [角点(C)/XYZ(XYZ)] <1>:

（X方向上不缩放，默认为1。直接按Space键）

输入 Y 比例因子或 <使用 X 比例因子>: （使用X方向的缩放比例，直接按Space键）

指定旋转角度 <0>: 0 （输入旋转角度，这里输入0，并按Space键）

输入行数 (---) <1>: 4 （指定阵列行数，这里输入4，并按Space键）

输入列数 (|||) <1>: 6 （指定阵列列数，这里输入6，并按Space键）

输入行间距或指定单位单元 (---):30 （指定阵列的行间距，这里输入30，并按Space键）

指定列间距 (|||): 30 （指定阵列的列间距，这里输入30，并按Space键）

02 阵列方式插入图块的效果如图6-16所示（光盘:\最终文件\第6章\圆环.dwg）。

图6-16 阵列插入

2. 定数等分方式插入多个图块

使用定数等分方式插入图块时，只能插入内部图块，而不能插入外部图块。以定数等分方式插入多个图块，要在命令行中执行DIVIDE命令。

边学边练 050 定数等分方式插入多个图块

01 打开“粗糙度.dwg”图形文件（光盘:\原始文件\第6章\粗糙度.dwg），在命令行中输入DIVIDE命令，具体操作过程如下：

命令: DIVIDE （执行DIVIDE命令）

选择要定数等分的对象: （选择绘图区中的直线，如图6-17所示）

输入线段数目或 [块(B)]: B （选择“块”选项，插入图块，并按Space键）

输入要插入的块名: 路灯 （指定要插入的图块的名称，这里输入“路灯”，并按Space键）

是否对齐块和对象? [是(Y)/否(N)] <Y>: N （指定是否将图块与所选对象对齐，这里选择“否”选项，并按Space键）

输入线段数目: 7 （指定要将所选对象等分的线段数，这里输入

7，并按Space键）

02 定数等分方式插入图块的效果如图6-18所示（光盘:\最终文件\第6章\粗糙度.dwg）。

图6-17 要等分的直线

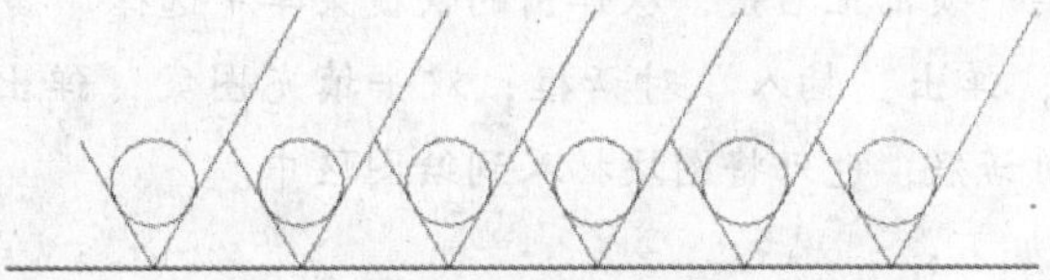

图6-18 效果图

3. 定距等分方式插入多个图块

以定距等分方式插入多个图块与以定数等分方式插入多个图块的方法类似，在命令行中执行MEASURE命令即可。

边学边练 051 定距等分方式插入多个图块

01 打开“定距等分.dwg”图形文件（光盘:\原始文件\第6章\定距等分.dwg），在命令行中输入MEASURE命令，具体操作过程如下：

命令：MEASURE	（执行MEASURE命令）
选择要定距等分的对象:	（选择被等分的圆，如图6-19所示）
指定线段长度或 [块(B)]: B	（选择“块”选项，并按Space键）
输入要插入的块名：螺母	（输入要插入的块的名称螺母，并按Space键）
是否对齐块和对象？[是(Y)/否(N)] <Y>：Y	（指定是否将图块与所选对象相对齐，这里选择“是”选项，并按Space键）
指定线段长度：100	（输入间隔长度100，按Space键）

02 定数等分方式插入图块的效果如图6-20所示（光盘:\最终文件\第6章\定距等分.dwg）。

图6-19 等分圆

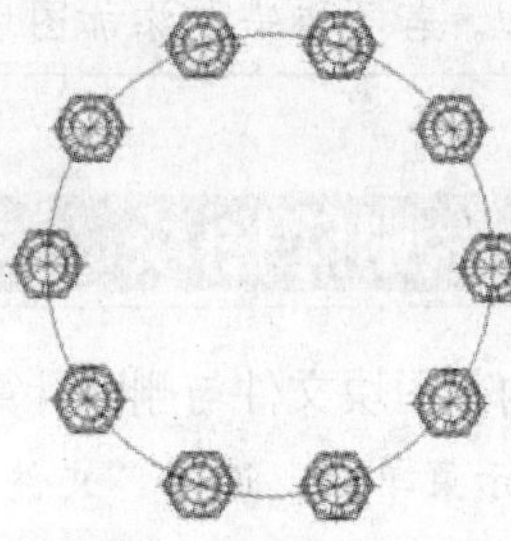

图6-20 等分效果

4. 通过设计中心插入块

在AutoCAD中，设计中心为用户提供了一种管理图形的有效手段。使用设计中心，用户可以很方便地重复利用和共享图形。设计中心是AutoCAD绘图的一项特色，它包含了多种图块，可方便地将这些图块应用到图形中。打开“设计中心”选项板的方法如下：

- 在“视图”选项卡的“选项板”组中单击“设计中心”按钮。
- 显示菜单栏，选择“工具”→“选项板”→“设计中心”命令。
- 按Ctrl＋2组合键。

执行上述命令后，都将打开“设计中心”选项板，在其中调用图块的方法如下：

- 将图块直接拖动到绘图区中，按照默认设置将其插入，如图6-21所示。
- 在内容区域中的某个项目上右击，从弹出的快捷菜单中选择“插入为块”命令。
- 双击相应的图块，弹出“插入”对话框；双击填充图案，弹出“边界图案填充”对话框。通过这两个对话框，也可将图块插入到绘图区中。

“设计中心”的特点如下：

- 浏览本地及网络中的图形文件，查看图形文件中的对象（如块、外部参照、图像、图层、文字样式、线型等），将这些对象插入、附着、复制和粘贴到当前图形中。
- 在本地和网络驱动器上查找图形。例如，可以按照特定图层名称或上次保存图形的日期来搜索图形。
- 打开图形文件，或者将图形文件以块方式插入到当前图形中。
- 可以在大图标、小图标、列表和详细资料等显示方式之间切换。

如图6-22所示为“设计中心”的块插入效果。

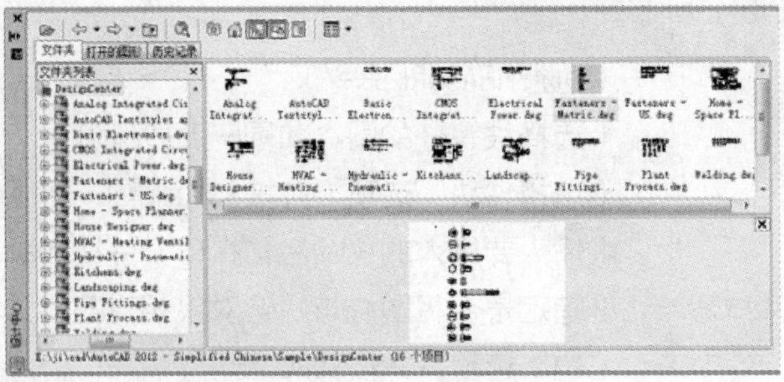

图6-21　选择图块

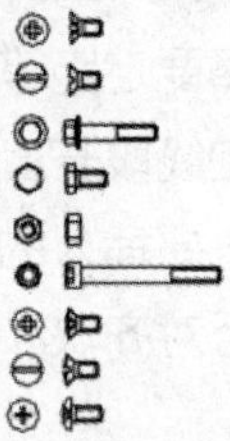

图6-22　图块插入

注意

将“设计中心”选项板中的图块添加到绘图区后，该选项板不会关闭，还可根据需要继续添加。若不再需要添加图块，可单击选项板左上角的“关闭”按钮，关闭该选项板。

6.2.5　删除图块

删除内部图块文件与删除计算机中的其他文件一样简单，方法如下：

- 显示菜单栏，选择“文件”→“图形实用工具”→“清理”命令。
- 在命令行中执行PURGE命令。

边学边练 052　删除内部图块

01 在命令行中执行PURGE命令，弹出“清理”对话框，单击“查看能清理的项目”单选按钮。

02 在“图形中未使用的项目”列表框中双击“块”选项，显示当前图形文件中的所有内部图块。选择要删除的图块，然后单击“清理”按钮，如图6-23所示。

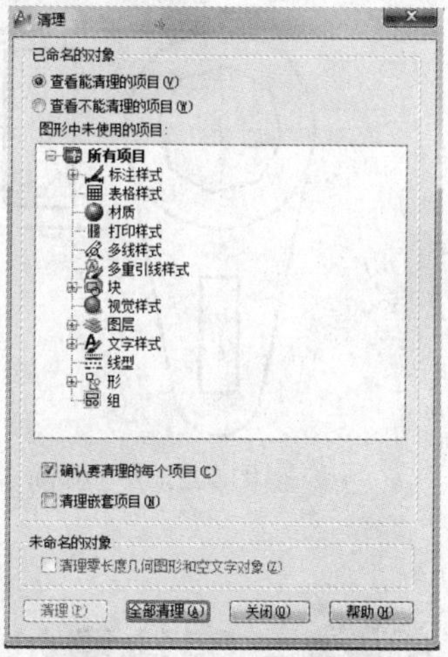

图6-23 “清理”对话框

6.2.6 重命名图块

对于内部图块文件，可直接在保存目录中进行重命名，其方法比较简单。在命令行中执行RENAME或REN命令，可对内部图块进行重命名。

边学边练 053 重命名图层

01 在命令行中执行RENAME命令，弹出“重命名”对话框，在左侧的“命名对象”列表框中选择“块”选项。

02 此时“项目”列表框中即显示当前图形文件中的所有内部块。选择要重命名的图块，在下方的“旧名称”文本框中会自动显示该图块的名称，在“重命名为”按钮右侧的文本框中输入新的名称，然后单击“重命名为”按钮确认重命名操作，如图6-24所示。

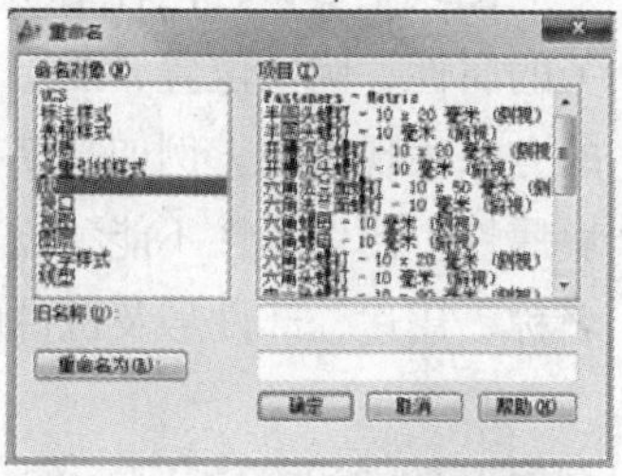

图6-24 “重命名”对话框

03 单击“确定”按钮关闭“重命名”对话框。可在该对话框中继续选择要重命名的图块，进行相关操作，最后单击“确定”按钮关闭对话框。

6.2.7 分解图块

由于插入的图块是一个整体，因为绘图需要，有时需要将其分解，这样才能使用各种编辑命令对其进行编辑。分解图块的方法如下：

- 在“常用”选项卡的“修改”组中单击“分解”按钮。
- 显示菜单栏，选择“修改”→“分解”命令。
- 在命令行中执行EXPLODE或X命令。

执行上述命令后，按Enter键即可分解图块。图块被分解后，它的各个组成元素将变为单独的对象，然后即可对各个组成元素进行编辑。

如果插入的图块是以等比例方式插入的，则分解后它将成为原始对象组件；如果插入图块时在X、Y、Z轴方向上设置了不同的比例，则图块可能被分解成未知的对象。

> **注意**
>
> 多段线、矩形、多边形和填充图案等对象也可以使用EXPLODE命令进行分解，但直线、样条曲线、圆、圆弧和单行文字等对象不能被分解，使用阵列命令插入的块也不能被分解。

如图6-25和图6-26所示分别为图块分解前和分解后的效果。

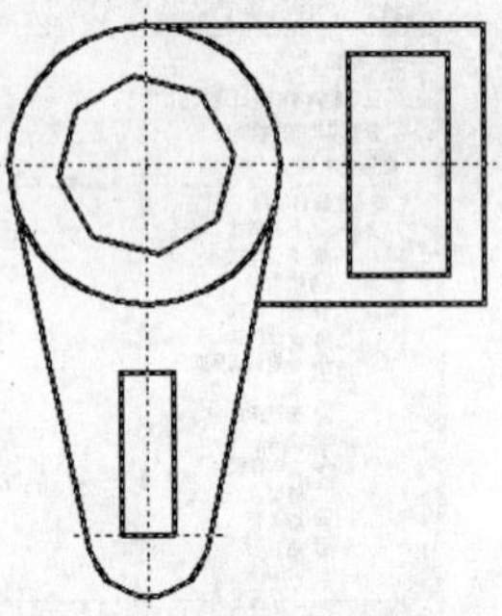

图6-25　分解前

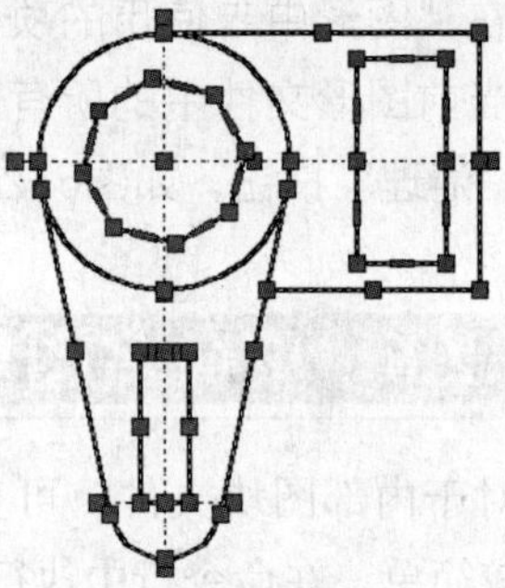

图6-26　分解后

6.3 图块属性

图块主要包含两种信息：图形信息和非图形信息。图形信息是和图形对象的集合特征直接相关的属性，例如位置、图层、线型和颜色等。非图形信息是不能通过图形表示，而是由文本标注的方法表现出来，例如日期、表面粗糙度值、设计者和材料等，我们把这种附加的文字信息称为块属性。图块属性不能独立存在及使用，只有在块的插入过程中才会出现。图块属性可以是块的名称、用途、部件号及机件的型号等。

6.3.1　定义属性

属性是包含在块定义中的对象，它包括标记（标识属性的名称）、插入块时显示的提示、值的信息、文字样式、位置和任何可选模式。定义属性的方法如下：

- 在“常用”选项卡的“块”组中，单击“块”旁边的按钮▾，在弹出的下拉列表中单击“定义属性”按钮。
- 在“插入”选项卡的“属性”组中单击“定义属性”按钮。
- 在命令行中执行ATTDEF或ATT命令。

边学边练 054　定义图块属性

01 打开“图块属性.dwg”图形文件（光盘:\原始文件\第6章\图块属性.dwg），将其创建为内部图块。

02 在命令行中执行ATTDEF命令，弹出“属性定义”对话框，在“属性”选项组的“标记”文本框中输入“吊钩”，在“提示”文本框中输入“吊钩”，在“默认”文本框中输入“吊钩”。

03 在“文字设置”选项组的“对正”下拉列表中选择“左对齐”选项，在“文字高度”文本框中输入10，如图6-27所示，然后单击“确定”按钮。

04 返回绘图区，在图块的左边位置单击，定义属性后的图块效果如图6-28所示（光盘:\最终文件\第6章\图块属性.dwg）。

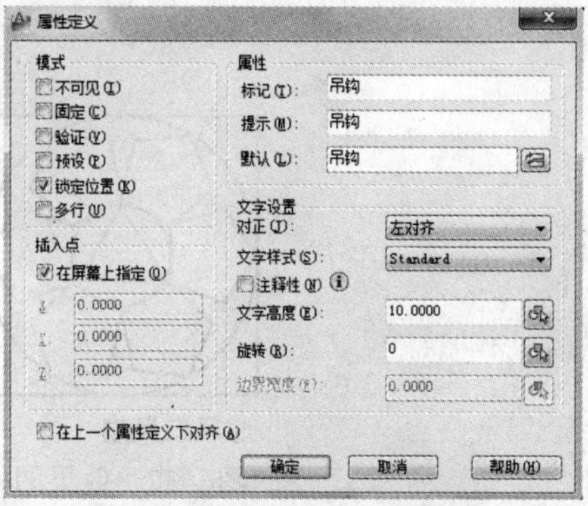

图6-27　“属性定义”对话框

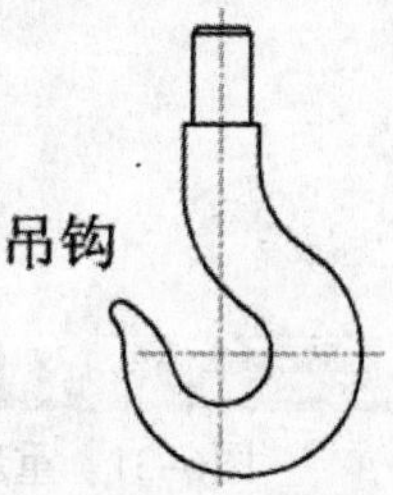

图6-28　图块效果

“属性定义”对话框的“模式”选项组用于设置属性的模式，部分复选框的含义如下。

- “不可见”复选框：插入图块并输入图块的属性值后，该属性值不在图中显示出来。
- “固定”复选框：定义的属性值是常量，在插入图块时，属性值将保持不变。
- “验证”复选框：在插入图块时，系统将对用户输入的属性值给出校验提示，以确认输入的属性值是否正确。
- “预设”复选框：在插入图块时，将直接以图块默认的属性值插入。

6.3.2　编辑属性

图块插入完成后，由于种种原因，可能需对某些属性值进行修改。

边学边练 055　编辑属性

01 打开“编辑属性.dwg”图形文件（光盘:\原始文件\第6章\编辑属性.dwg），用定义内部块的方法将属性与图块重新定义为一个新的图块，命名为“通风口”，如图6-29所示。定义时，选择如图6-30所示的左下角点作为基点。

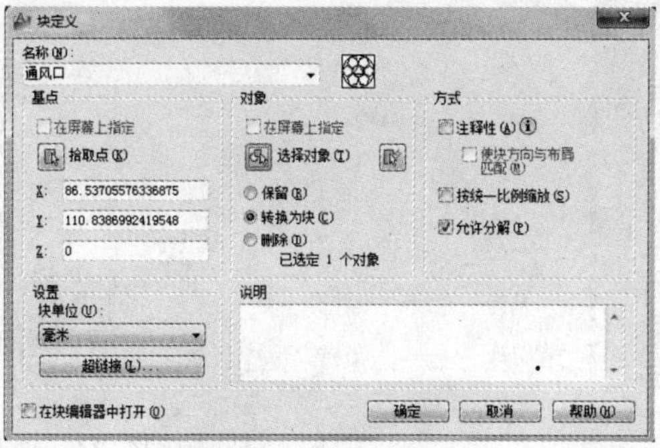

图6-29　定义块

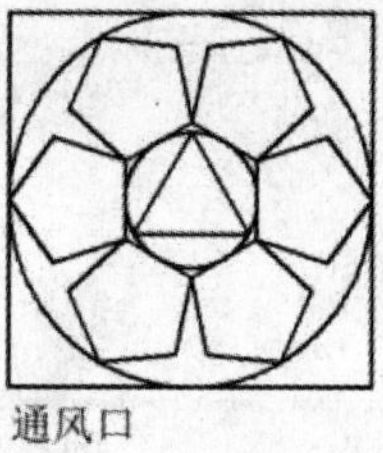

图6-30　选择基点

02 单击“确定”按钮，弹出“编辑属性”对话框，在第一个文本框中输入“通风口风扇”，单击“确定”按钮，如图6-31所示。

03 返回绘图区，即可看到编辑属性后的效果，如图6-32所示（光盘:\最终文件\第6章\编辑属性.dwg）。

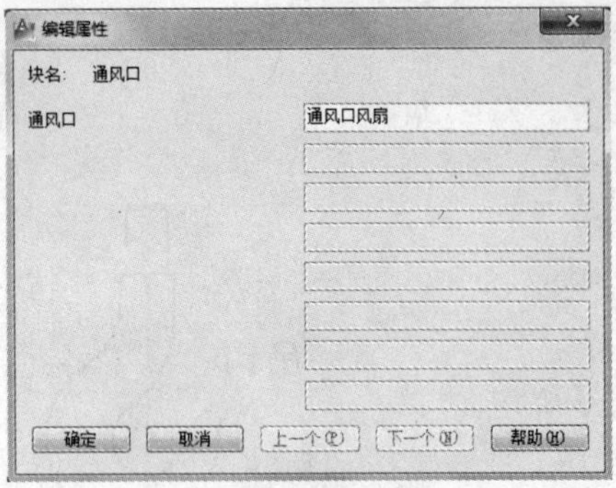

图6-31 重新定义图块

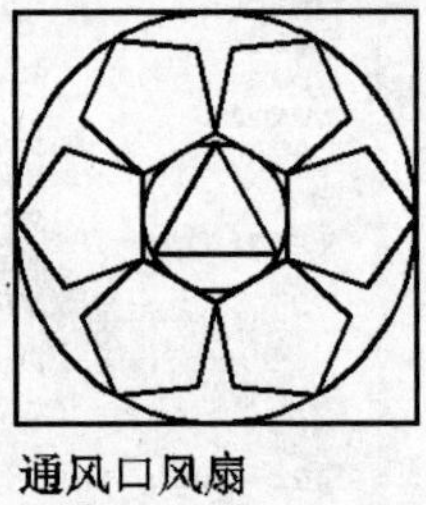

图6-32 效果图

6.3.3 插入带属性的图块

在创建带有属性的图块时，需要同时选择块属性作为图块的成员对象。带有属性的图块创建完成后，即可在插入图块时为其指定相应的属性值，插入带属性的图块有以下两种方法：

- 在“常用”选项卡的“块”组中单击“插入”按钮。
- 在命令行中执行INSERT或I命令。

边学边练 056 插入带属性图块

01 打开“滚针轴承.dwg”图形文件（光盘:\原始文件\第6章\滚针轴承.dwg），在命令行中执行INSERT命令。

02 弹出“插入”对话框，在“名称”下拉列表中选择要插入的图块“滚针轴承”，其他参数保持默认设置，如图6-33所示。

03 单击“确定”按钮，返回绘图区，在需要插入图块的位置单击，即指定插入带属性图块的插入点。

04 插入带属性图块的效果如图6-34所示（光盘:\最终文件\第6章\滚针轴承.dwg）。

图6-33 插入块

图6-34 效果图

> **注意**
>
> 在执行命令的过程中，命令行显示“输入属性值：”时，也可以更改图块属性值。

6.3.4 修改属性

插入带属性的图块后，如觉得属性值不符合自己的要求，也可以对其进行修改，方法如下：

- 在“常用”选项卡的“块”组中单击“编辑属性”按钮。
- 在“插入”选项卡的“属性”组中单击“编辑属性”按钮。
- 在命令行中执行DDATTE或ATE命令。

若执行前两种命令修改图块属性值，需要选择定义了属性的图块，打开“增强属性编辑器”对话框，在“属性”选项卡中选择文字属性，然后在下面的“值”文本框中编辑块中定义的属性值，如图6-35所示。

若在命令行中执行DDATTE命令修改图块属性值，需要在选择定义了属性的图块后打开“编辑属性”对话框，如图6-36所示。在该对话框中为属性图块指定新的属性值，但不能编辑文字选项或其他特性。

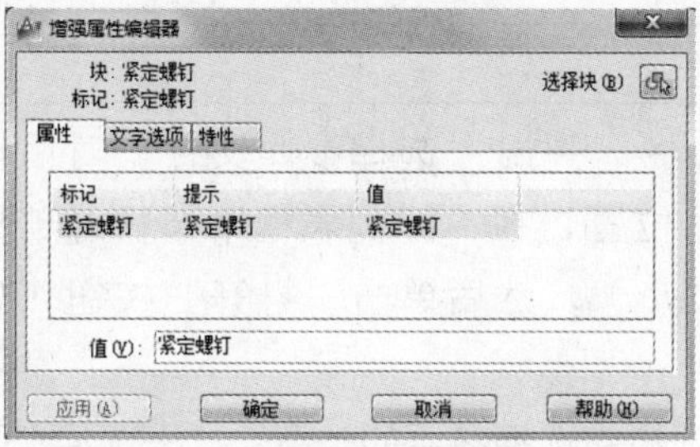

图6-35 “增强属性编辑器”对话框

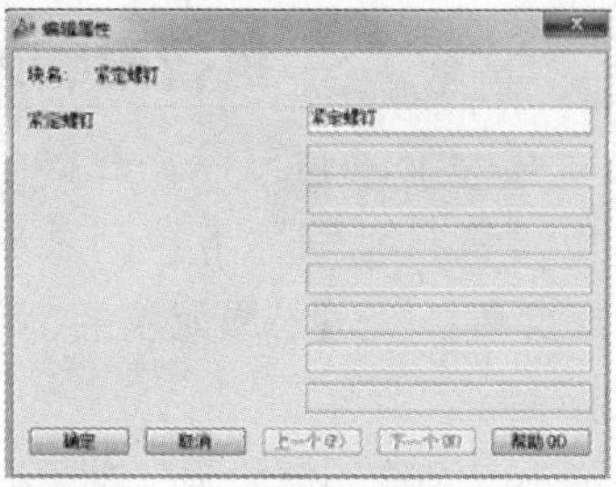

图6-36 “编辑属性”对话框

边学边练 057 修改图块属性

01 打开“紧定螺钉.dwg”图形文件（光盘:\原始文件\第6章\紧定螺钉.dwg），效果如图6-37所示。在命令行中执行DDATTE命令，选择绘图区中的图块。

02 弹出“编辑属性”对话框，在第一个文本框中输入“方头平肩紧定螺钉”，然后单击“确定”按钮，如图6-38所示。

03 返回绘图区，即可看到修改属性后的效果，如图6-39所示（光盘:\最终文件\第6章\紧定螺钉.dwg）。

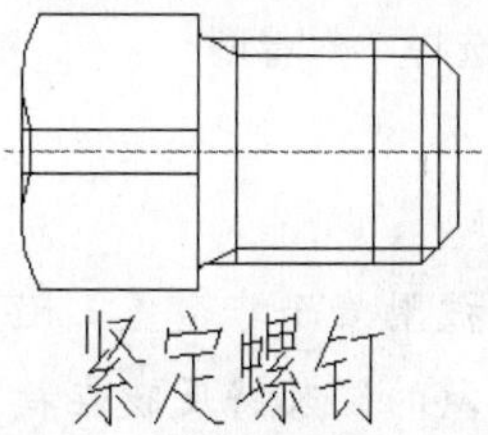

图6-37 原效果

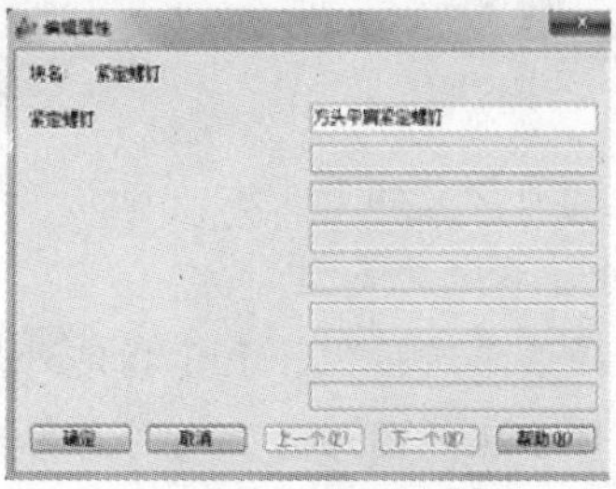

图6-38 修改属性

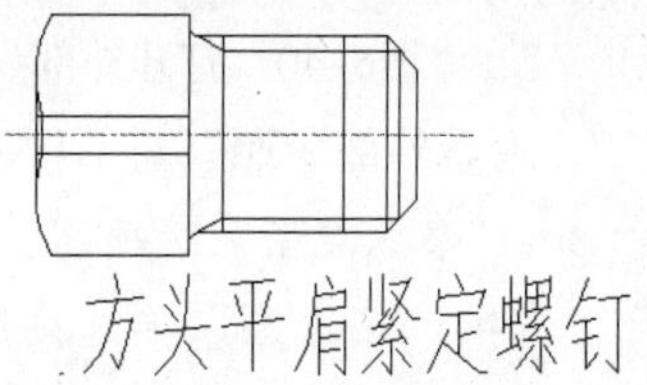

图6-39 修改后效果

在“增强属性编辑器”对话框中，单击“选择块”按钮，可以在绘图区选择另外一个需编辑的属性图块。返回该对话框修改属性后，单击“应用”按钮，即可更改图块属性。通过该方法，可以在不关闭“增强属性编辑器”对话框的情况下连续编辑多个属性块。

6.4 外部参照

外部参照与图块有着相似的地方，但是外部参照与图块也有很大的区别：图块一旦被插入，将会作为图形中的一部分，与原来的图块没有任何联系，它不会随原来图块文件的改变而改变；而外部参照被插入到某一个图形文件中，虽然也会显示，但不能直接编辑，它只是起链接作用，将参照图形链接到当前图形。

6.4.1 附着外部参照

附着外部参照也就是将存储在外部媒介上的外部参照链接到当前图形中的一种操作。调用该命令的方法如下：

- 在“插入”选项卡的“参照”组中，单击“附着”按钮。
- 在命令行中执行XATTACH或ATTACH命令。

边学边练 058 执行附着外部参照命令

01 新建一个.dwg文件，在命令行中执行XATTACH命令，弹出“选择参照文件”对话框。在“查找范围”下拉列表中选择外部参照的具体位置，在中间列表框中选择外部参照的图形文件（光盘:\原始文件\第6章\附着外部参照.dwg），然后单击“打开”按钮，如图6-40所示。

02 弹出“附着外部参照”对话框。在“参照类型”选项组中选择参照的类型，这里选择“附着型”单选按钮；然后按照插入图块的方法指定外部参照的插入点、缩放和旋转角度等参数，单击“确定”按钮，如图6-41所示。

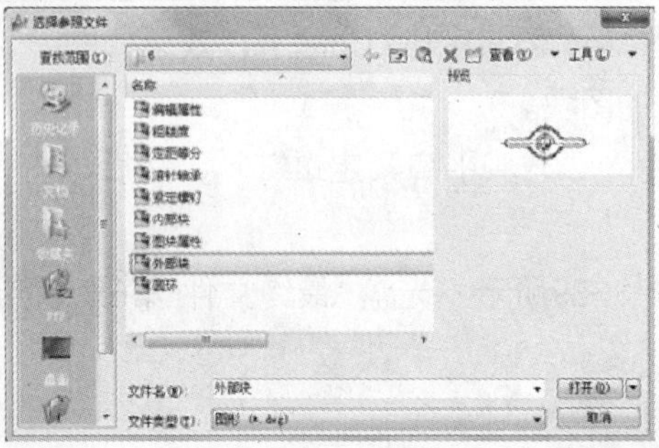

图6-40 打开外部参照

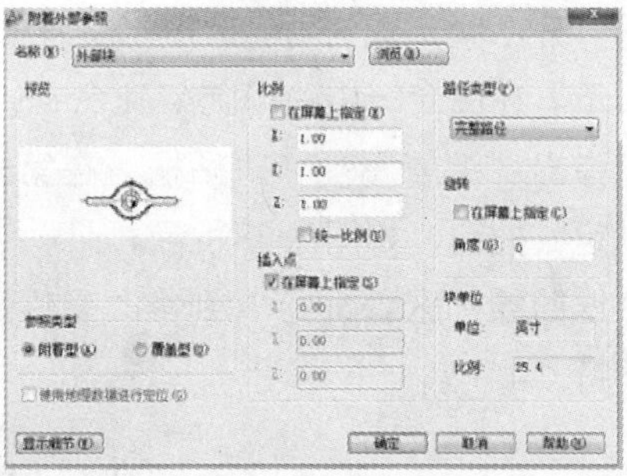

图6-41 选择“附着型”

“附着外部参照”对话框中部分选项含义如下所示。

- “参照类型”选项组：指定外部参照的类型。
  - “附着型”单选按钮：选择该单选按钮，表示指定外部参照将被附着而非覆盖。附着外部参照后，每次打开外部参照原图形时，对外部参照文件所做的修改将反映在插入的外部参照图形中。
  - “覆盖型”单选按钮：选择该单选按钮，表示指定外部参照为覆盖型，当图形作为外部参照被覆盖或附着到另一个图形时，任何附着到该外部参照的嵌套覆盖图将被忽略。

- “路径类型”下拉列表框：指定外部参照的保存路径。在设置为“相对路径”之前，必须保存当前图形。

注意

用其他方式也能打开外部参照。在菜单栏上选择“工具”→“选项板”→“外部参照”命令，在选项板上方单击“附着DWG按钮”，也可打开“选择参照文件”对话框。

6.4.2　剪裁外部参照

将外部参照插入到图形中后，可以通过剪裁命令满足用户的绘图需要。调用该命令的方法如下：

- 在“插入”选项卡的“参照”组中，单击“剪裁”按钮。
- 在命令行中执行XCLIP或CLIP命令。

边学边练 059　剪裁外部参照

01 使用附着外部参照的方法，附着“剪裁外部参照.dwg”图形文件（光盘:\原始文件\第6章\剪裁外部参照.dwg），如图6-42所示。

02 在命令行中执行XCLIP命令，剪裁六角螺母外部参照的左视图，具体操作过程如下：

命令：XCLIP　　（执行XCLIP命令）
选择对象：找到1个　　（选择整个文件）
选择对象：　　（确认对象的选择）
输入剪裁选项[开(ON)/关(OFF)/剪裁深度(C)/删除(D)/生成多段线(P)/新建边界(N)] <新建边界>:
外部模式 - 边界外的对象将被隐藏　（按Space键，默认选择“新建边界”选项）
指定剪裁边界或选择反向选项:[选择多段线(S)/多边形(P)/矩形(R)/反向剪裁(I)]　<矩形>:
（按Space键，默认选择“矩形”方式选择边界）
指定第一个角点：指定对角点　（框选需要保留部分的图形对象，这里选择右侧的视图）

03 剪裁外部参照后的效果如图6-43所示。

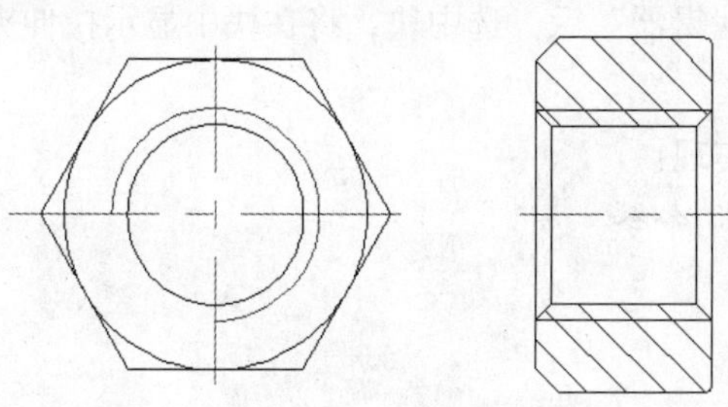

图6-42　原文件

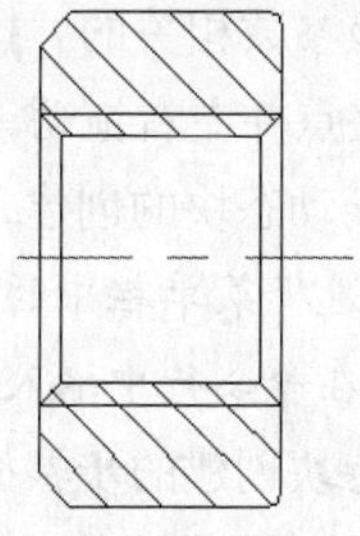

图6-43　剪裁效果

04 剪裁外部参照后，选择外部参照，单击如图6-44所示的向上箭头，可以进行反向剪裁边界操作，效果如图6-45所示（光盘:\最终文件\第6章\剪裁外部参照.dwg）。

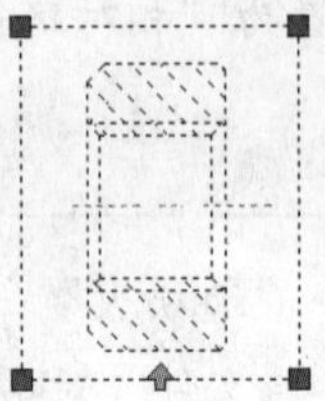

图6-44　反向剪裁

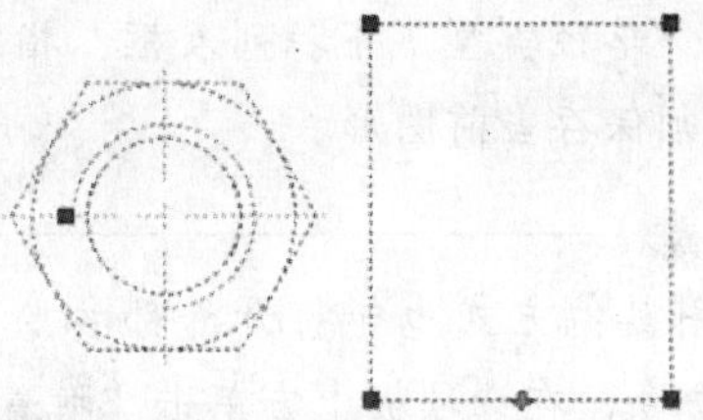

图6-45　反向剪裁效果图

6.4.3　绑定外部参照

绑定外部参照是指将外部参照定义转换为标准的内部图块。如果将外部参照绑定到正在打开的图形中，则外部参照及其所依赖的对象将成为当前图形中的一部分。调用该命令的方法是在命令行中执行XBIND命令，弹出“外部参照绑定”对话框，如图6-46所示，在该对话框的“外部参照”列表框中选择需要绑定的选项，单击“添加”按钮，将其添加到“绑定定义”列表框中，单击“确定”按钮即可绑定相应的外部参照。

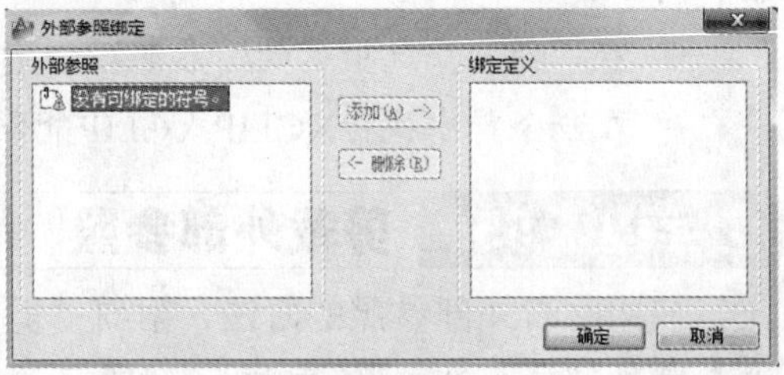

图6-46　“外部参照绑定”对话框

> **注意**
>
> 在“外部参照绑定”对话框的“绑定定义”列表框中，选择要取消绑定的外部参照图形，然后单击“删除”按钮，即可取消外部参照的绑定。

6.5 创建和使用动态块

以前，要定义各种规格的螺钉、螺母，必须创建多个图块。如果图块的外观有些区别，用户就需要分解图块来编辑其中的几何图形。在AutoCAD 中，利用动态块功能，用户能够直接编辑块图形外观而不需要分解它们。所谓动态块，实际上就是定义了参数及其关联动作的块。使用动态块时，用户可以通过自定义夹点或其他自定义特性直接编辑块图形外观，而不需要分解它们。

例如，首先在“块编辑器”中为该块定义了一个标有“距离”的“线性参数”，然后定义了一个与该参数相关的“拉伸动作”。退出“块编辑器”后，选中块，将在块中显示拉伸夹点。单击拉伸夹点并左右拖动，即可拉伸图形。

对于动态块的创建，可以有以下两种方法实现：

- 选择菜单栏中的“工具”→“块编辑器”命令。
- 在命令行中输入BEDIT。

动态块创建的步骤如下：

01 按照前面介绍的方法创建普通块。

02 选择“工具”→“块编辑器”命令，打开块编辑器。

03 设置动态参数，然后利用属性面板设置该参数的相关属性。

04 对于大部分动态参数来说，设置好动态参数后，还应设置控制该动态的参数和选定图形元素的动作。

05 保存块定义并退出块编辑器。

表6-1所示为参数、夹点和动作之间的关系。

表6-1　参数、夹点和动作之间的关系

参数类型	尖点形状	说明	可与参数关联的动作
点	■	定义一个X和Y位置	移动、拉伸
线性	▶	定义两个固定点之间的距离。编辑块参照时，约束夹点沿预置角度移动	移动、缩放、拉伸、阵列
极轴	■	定义两个固定点之间的距离和角度。可以使用夹点和“特性”选项板共同更改距离值和角度值	移动、缩放、拉伸、极轴拉伸、阵列
XY	■	定义距参数基点的X距离和Y距离	移动、缩放、拉伸、阵列
旋转	●	定义旋转基点、半径和默认角度	旋转
翻转	➡	定义投影线	翻转
对齐	▶	定义X和Y位置及一个角度。对齐参数总是应用于整个块，并且无需与任何动做关联。对齐参数允许块参照自动围绕一个点旋转，以便与图形中的另一对象对齐，对齐参数会影响块参照的旋转特性	无（此动作隐含在参数中）
可见性	▼	控制块中对象的可见性。可见性参数总是应用于整个块，并且无须与任何动作相关联。在图形中单击夹点可以显示块参照中所有可见性状态列表	无（此动作是隐含的，并且受可见性状态的控制）
查寻	▼	与查寻动作相关联，定义一个查寻特性列表。在块编辑器中，查寻参数显示为带有关联夹点的文字。编辑块参照时，单击该夹点将显示一个可用值列表	查寻
基点	■	在动态块参照中相对于该块中的几何图形定义一个基点。该参数无法与任何动作相关联，但可以归属于某个动作的选择集	无

要使块成为动态块，必须首先为块添加参数，然后添加与参数相关联的动作。例如，如果希望拉伸或缩放块中的局部图形，通常应为块增加用来标识长度的线性参数，然后再增加与线性参数关联的拉伸动作。图6-47和图6-48所示是为动态块设置参数，以及动作和对动态块进行拉伸的效果。

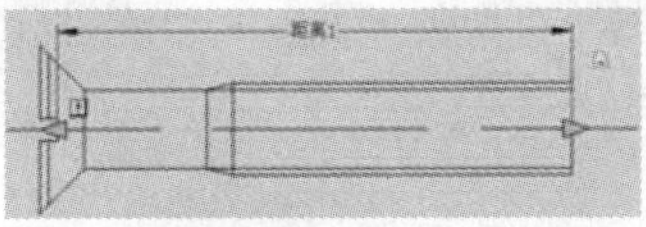

图6-47　创建参数及动作

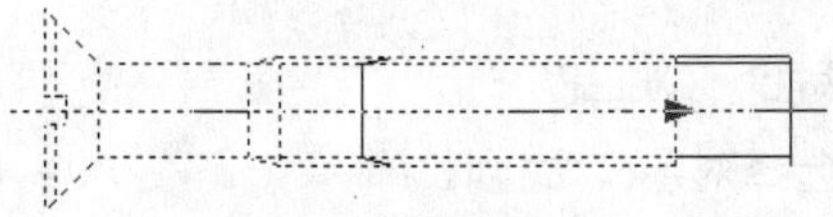

图6-48　拉伸块

6.6 实例应用

下面用几个实例来讲述一下本章学习的图块内容，同时学习图块的创建、图块的插入等操作。

6.6.1 实例1：剪裁图块

下面通过一个实例来复习图块的基础知识。首先是创建图块，然后练习一下对图块的剪裁。

01 打开“底座.dwg”（光盘:\原始文件\第6章\底座.dwg）图形文件。在命令行输入WBLOCK，执行外部块创建命令，系统弹出如图6-49所示的对话框。更改外部块名称为“实例1”，选择基准点为如图6-50所示的中间中心线的交点，创建对象为整个图形。将其保存于桌面。

图6-49 创建外部块

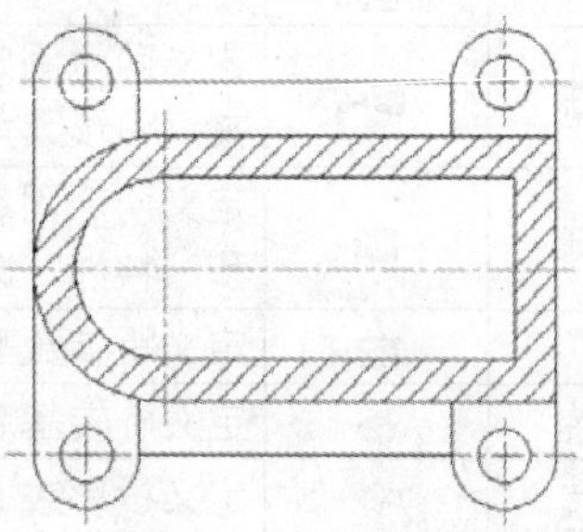

图6-50 选择基点

02 新建一个名为“实例1-剪裁.dwg”图形文件。在命令行输入XATTACH，执行外部参照附着命令。选择“实例1”后单击“打开”按钮，系统弹出如图6-51所示对话框。在对话框的“参照类型”选项组中选择“附着型”，单击“确定”按钮，完成的附着效果如图6-52所示。

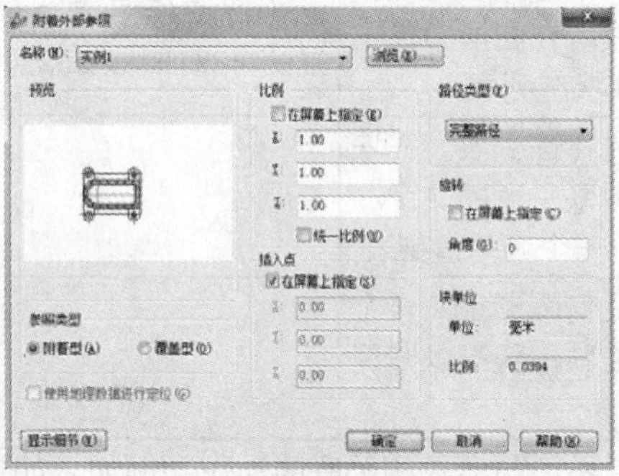

图6-51 附着外部参照

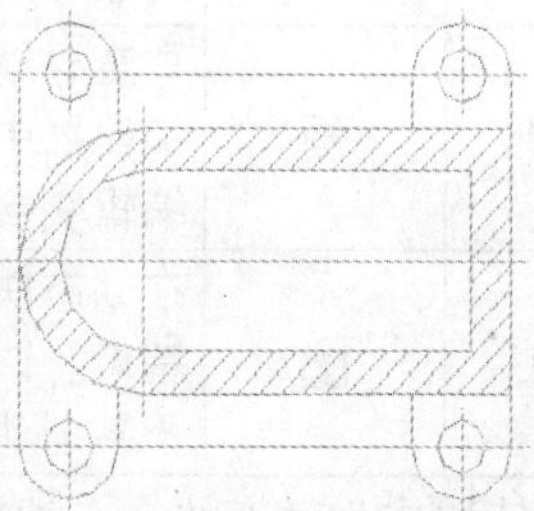

图6-52 附着外部参照效果

03 在命令行中执行XCLIP命令，具体操作过程如下：

命令：XCLIP （执行XCLIP命令）
选择对象：找到1个 （选择整个底座）
选择对象： （确认对象的选择）
输入剪裁选项[开(ON)/关(OFF)/剪裁深度(C)/删除(D)/生成多段线(P)/新建边界(N)] <新建边界>:
（按Space键，默认选择“新建边界”选项）
输入剪裁选项[开(ON)/关(OFF)/剪裁深度(C)/删除(D)/生成多段线(P)/新建边界(N)] <新建边界>:

外部模式-边界外的对象将被隐藏　　（按Space键，默认选择“新建边界”选项）

指定剪裁边界或选择反向选项:[选择多段线(S)/多边形(P)/矩形(R)/反向剪裁(I)]　<矩形>:

（按Space键，默认选择“矩形”方式选择边界）

指定第一个角点：　指定对角点　　（矩形框选需要保留部分的图形对象，这里选择底座的上半部分）

04 剪裁“实例1”外部参照后的效果如图6-53所示（光盘:\最终文件\第6章\实例1-剪裁.dwg）。

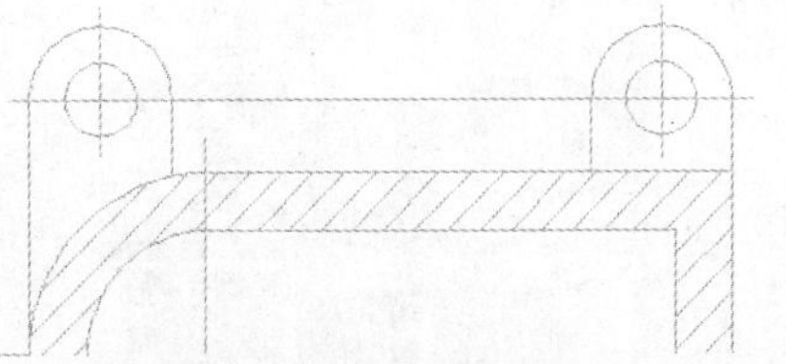

图6-53　剪裁效果图

6.6.2　实例2：插入图块

接下来继续用实例对图块的内容进行讲解，这里介绍的是图块的创建及插入。

01 打开“军舰救生符号1.dwg”图形文件（光盘:\原始文件\第6章\军舰救生符号1.dwg），并在命令行中执行W命令，弹出“写块”对话框。单击“对象”选项组中的“选择对象”按钮，如图6-54所示。

02 返回绘图区，此时鼠标光标变成□形状，框选绘图区中的所有图形对象，如图6-55所示，按Space键返回“写块”对话框。

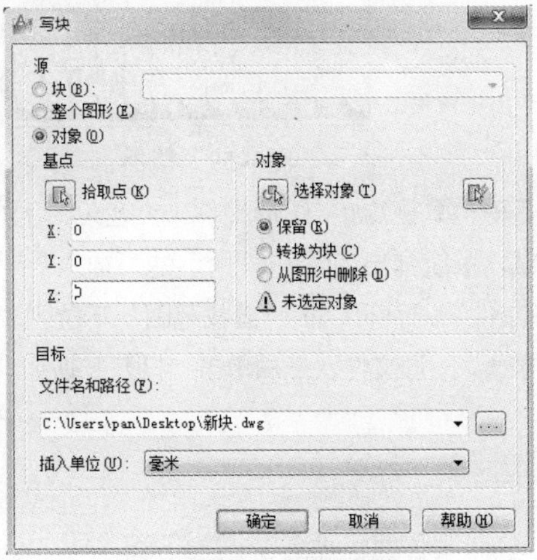

图6-54　“写块”对话框

图6-55　定义对象

03 单击“基点”选项组中的“拾取点”按钮，返回绘图区，单击如图6-56所示的左上角点A，然后按Space键，返回“写块”对话框。

04 单击“目标”选项组中的...按钮，如图6-57所示，弹出“浏览图形文件”对话框，在“保存于”下拉列表中选择“桌面”选项，在“文件名”文本框中输入“军舰救生符号.dwg”，单击“确定”按钮，如图6-58所示，返回“写块”对话框，单击“确定”按钮，完成外部块的创建。

图6-56　选择点

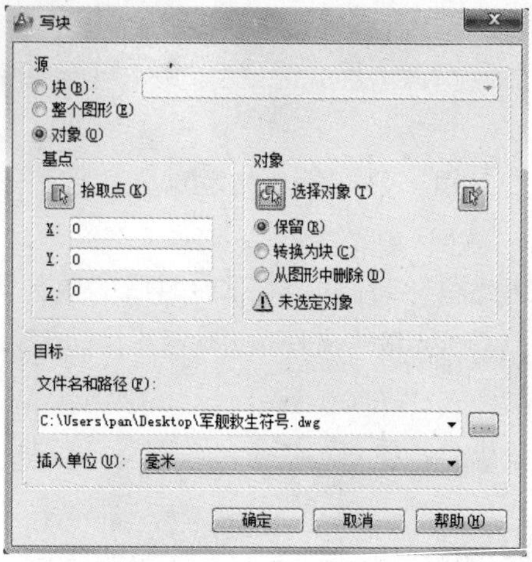

图6-57　保存块

05 打开“楼梯.dwg”图形文件（光盘:\原始文件\第6章\楼梯.dwg），如图6-59所示，用同样的方法将其创建为外部块，并且放于桌面上。

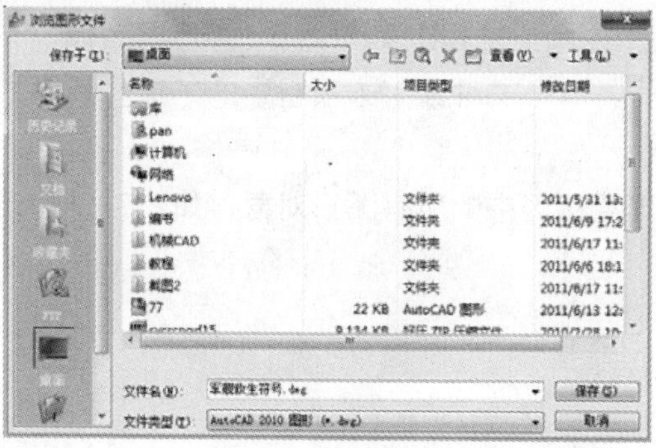

图6-58　路径

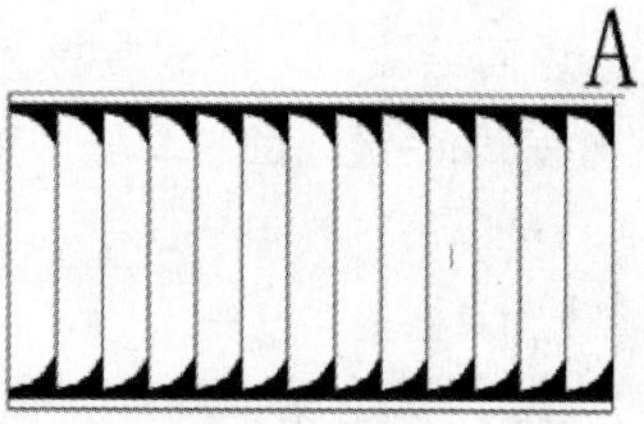

图6-59　楼梯

06 下面进行图块插入，首先插入“军舰救生符号”。打开“军舰.dwg”图形文件（光盘:\原始文件\第6章\军舰.dwg），如图6-60所示。在命令行中输入I，系统弹出如图6-61所示的“插入”对话框。单击“浏览”按钮，如图6-62所示，弹出“选择图形文件”对话框，在“查找范围”下拉列表中选择“桌面”选项，在“名称”列表框中选择“军舰救生符号”图形文件，然后单击“打开”按钮。

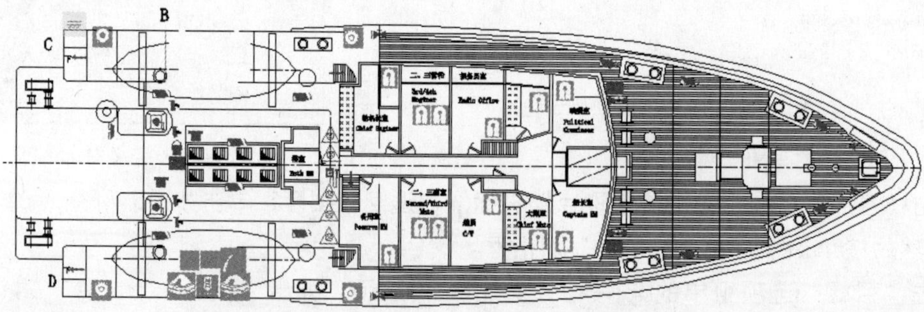

图6-60　军舰效果图

07 打开文件以后，命令行提示选定插入点，这里选择基点插入的方式。首先在命令行中输入FROM，执行偏移命令，选择如图6-60所示的B点为基点，然后在命令行中输入偏移值为“@1，1”，按Enter键完成块的插入，插入效果如图6-63所示。

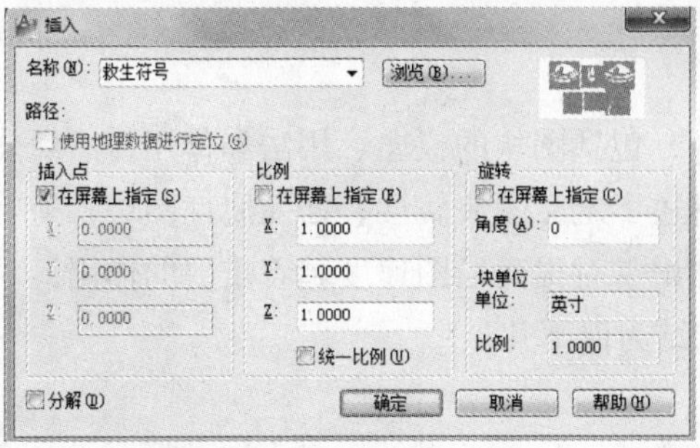

图6-61 “插入”对话框

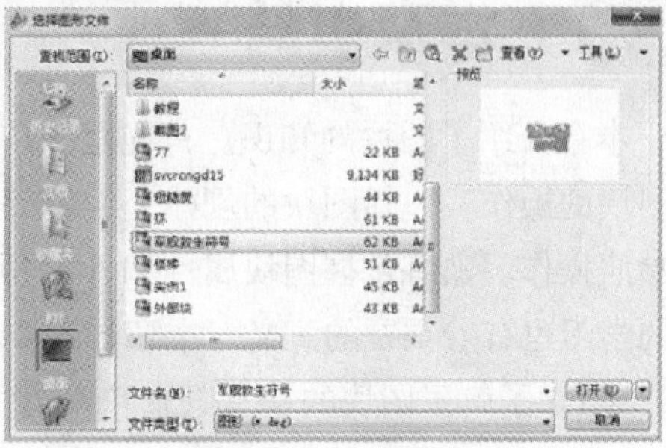

图6-62 浏览文件

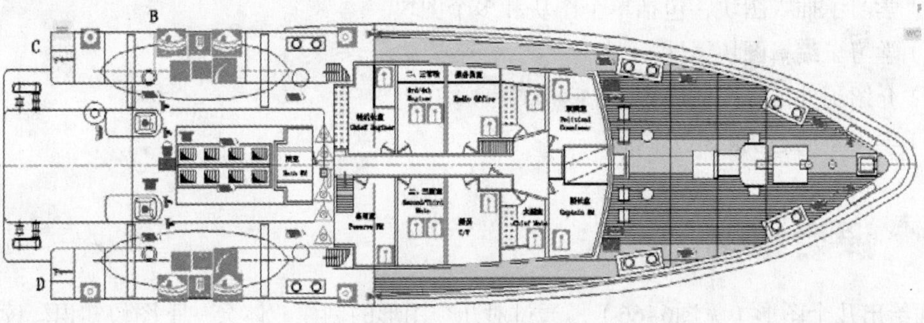

图6-63 插入效果

08 用同样的方法插入楼梯。首先在命令行中输入I执行插入命令，找到桌面后打开“楼梯”块。然后选择插入点，这里选择“楼梯”块的基点A与“军舰.dwg”图形中的C点重合，插入效果如图6-64所示。

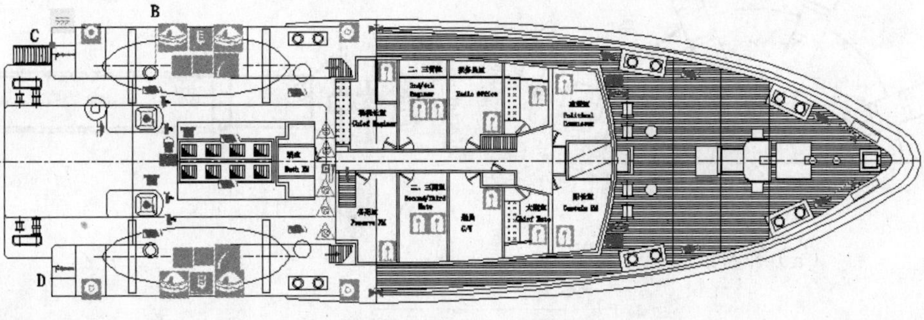

图6-64 插入一侧楼梯

09 再次插入楼梯，这次插入的地方是下方的D处，完成的插入效果如图6-65所示（光盘:\最终文件\第6章\军舰.dwg）。

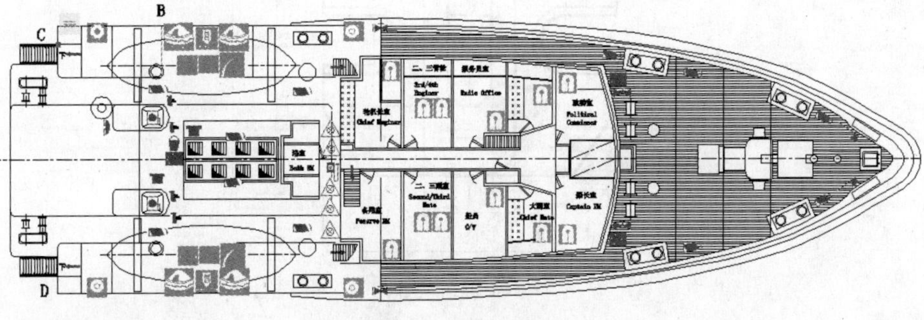

图6-65 最终效果

6.7 本章小结

本章介绍了图块的知识。首先是图块的基础内容，包括图块的概念、用法和作用；然后介绍了图块的操作，包括图块的创建、编辑等；接下来讲述了定义图块属性、插入属性图块和剪裁外部参照操作。熟练掌握图块属性和外部参照的相关知识，对提高绘图速度起着重要的作用，对以后的学习也有着重要的意义。本章的主要内容可以归结为以下几点：

（1）了解了图块的基本概念和作用。

（2）学习了两种图块的创建方法。

（3）学习了插入图块，包括单个图块和多个图块。

（4）学习了编辑图块属性。

（5）介绍了外部参照的内容。

（6）学习了动态块的相关内容。

6.8 课后练习

下面给出几个图形（见图6-66），通过对几个图形的创建，体会一下图块知识。读者可以尝试插入多个图块的方法实现图形的创建，同时通过对图形的绘制来复习前面章节所学习的知识。

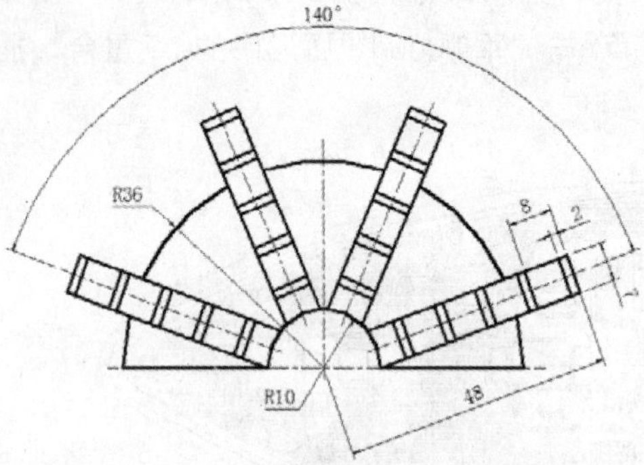

（a）练习1

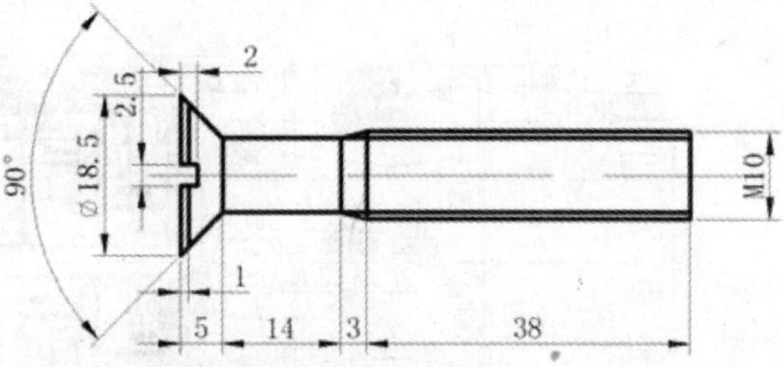

（b）练习2

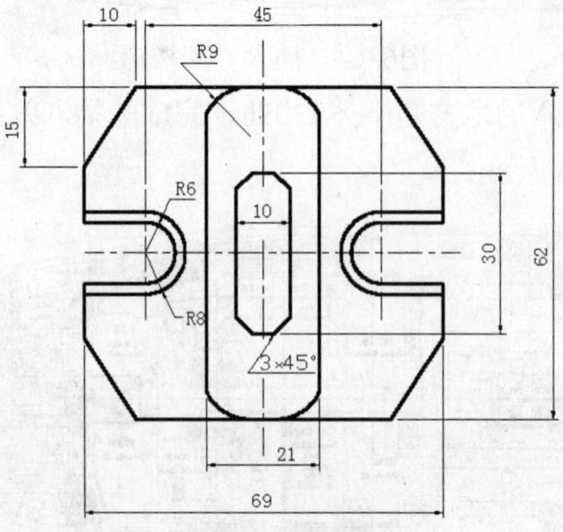

（c）练习3

图6-66　练习

第7章 图案填充

学习导航

工程图中的截面图和特殊的图形需要添加一些填充，这样才能准确表达它们的效果。图案填充是一种使用指定线条图案来充满指定区域的图形对象，常常用于表达剖面和不同类型物体对象的外观纹理等，被广泛用于绘制机械图、建筑图、地质构造图等图形。

学习目标

通过对本章的学习，应该掌握图案填充的要点、填充的步骤等，当然这些都建立在了解图案填充的概念的基础上。另外，还要注意图案填充的问题，最后还应该掌握图案的编辑。

学习重点与难点

- □ 图案填充的概念
- □ 创建及编辑图案填充
- □ 图案填充中应该注意的问题

在AutoCAD中，可采用对封闭区域图案填充的方法来绘制剖面线。创建图案填充有两种方法：一是使用“工具选项板”窗口来创建图案填充；二是使用“图案填充和渐变色”对话框来创建图案填充。本章将学习图案填充的相关知识。

7.1 图案填充基础

7.1.1 关于图案填充

在工程图、建筑图中，要画出剖视图、断面图，就得在剖面图和断面图上填充图案，这样才能表示出断面、剖面的效果。

为图形进行图案填充前，首先需要创建填充边界。图案填充边界可以是圆、矩形等任何一个封闭对象，也可以是由直线、多段线、圆弧等对象首尾相连而形成的封闭区域。

创建填充边界后，可以避免填充到不需要填充的图形区域。调用图案填充命令的方法如下：

- 在“常用”选项卡的“绘图”组中，单击“图案填充”按钮▦。
- 在“常用”选项卡的“绘图”组中，单击右下角的▾按钮，在弹出的下拉列表中单击“渐变色”按钮▦。

- 显示菜单栏，选择“绘图”→“图案填充”或“渐变色”命令。
- 在命令行中执行BHATCH命令。

图7-1和图7-2所示为两个图案填充的效果。

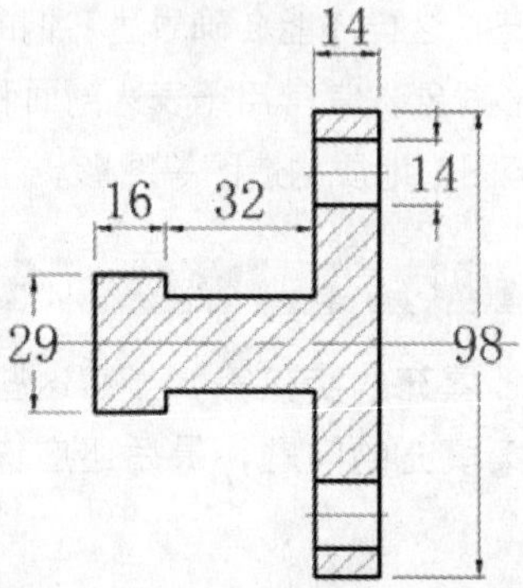

图7-1 剖视图填充

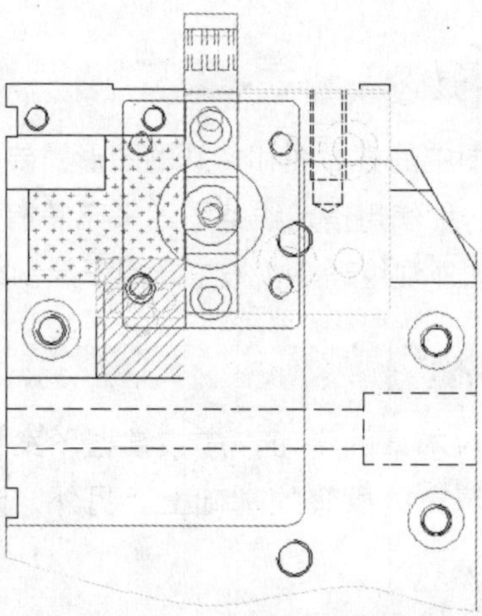

图7-2 某机器局部图案填充

7.1.2 “图案填充”选项卡

执行上述命令后，都将弹出“图案填充和渐变色”对话框，如图7-3所示。单击该对话框右下角的⊙按钮，展开对话框，如图7-4所示，即可创建填充边界。

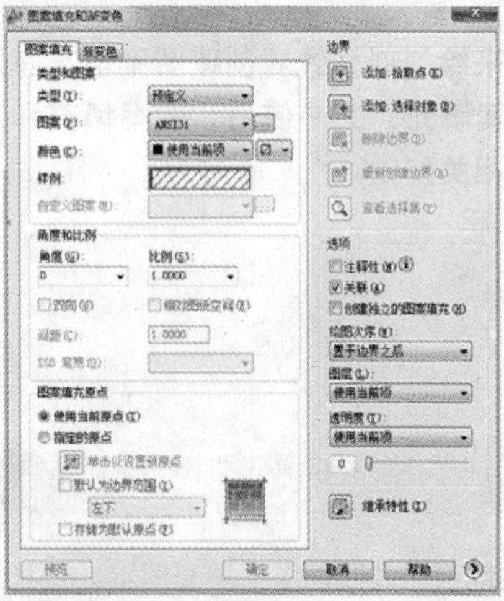

图7-3 “图案填充和渐变色”对话框

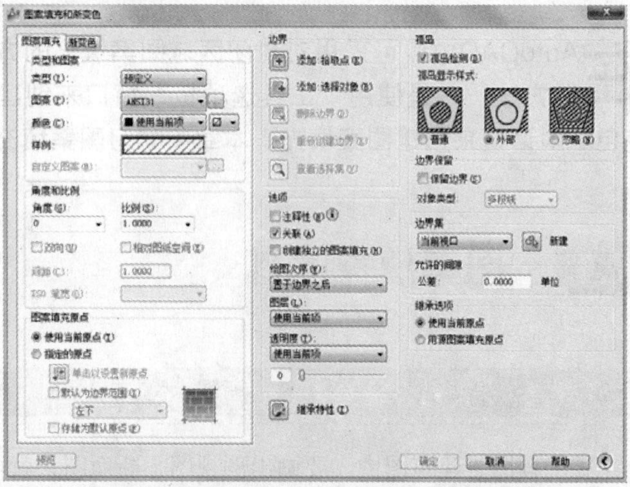

图7-4 展开图

创建填充边界时，相关选项一般都保持默认设置。如果对填充方式有特殊要求，才对相应选项进行设置，其中各选项的含义如下。

- “孤岛检测”复选框：指定是否把在内部边界中的对象包括为边界对象。这些内部对象称为孤岛。
- 孤岛显示样式：用于设置孤岛的填充方式。当指定填充边界的拾取点位于多重封闭区域内部时，需要选择一种填充方式。

- ◆ 选择“普通”单选按钮，将从最外层的外边界向内边界填充，第一层填充，第二层不填充，第三层填充，如此交替进行，直到选择边界被填充完毕为止。效果与其上方的图形效果相同。
- ◆ 选择“外部”单选按钮，将只填充从最外层边界向内第一层边界之间的区域。效果与其上方的图形效果相同。
- ◆ 选择“忽略”单选按钮，则忽略内边界，最外层边界的内部将被全部填充。效果与其上方的图形效果相同。

- “对象类型”下拉列表：用于控制新边界对象的类型。如果选择“保留边界”复选框，则在创建填充边界时，系统会将边界创建为面域或多段线，同时保留源对象。可以在其下拉列表中选择将边界创建为多段线还是面域；如果取消选择该复选框，则系统在填充指定的区域后将删除这些边界。
- “边界集”选项组：指定使用当前视口中的对象还是使用现有选择集中的对象作为边界集。单击“选择新边界集”按钮，可以返回绘图区选择作为边界集的对象。
- “允许的间隙”选项组：将几乎封闭一个区域的一组对象视为一个闭合的图案填充边界。默认值为0，表示对象封闭以后该区域无间隙。

“图案填充”选项卡“类型和图案”选项组中部分项目的意义如下。

- 类型：设置填充的图案类型，在下拉列表中包括预定义、用户定义、自定义3个选项。“预定义”选项提供了几种常用的填充图案。“用户定义”是使用当前线型定义的图案。“自定义”是定义在AutoCAD填充图案以外的其他文件中的图案。
- 图案：在下拉列表中列出了可用的预定义图案。只有选择了“预定义”类型，该项才能使用。单击按钮...，则打开“填充图案选项板”对话框，其中有ANSI标准图案、ISO标准图案、其他预定义、自定义4个选项卡，效果如图7-5和图7-6所示。在这些图案中，比较常用的有用于绘制剖面线的ANSI31样式和用于单色填充的SOLID样式等。AutoCAD提供实体填充和几十种行业标准填充图案，还提供了14种符合ISO标准的填充图案，可用它们来区分对象的部件或表现对象的材质。当选择ISO图案时，可指定笔宽。笔宽确定图案中的线宽。

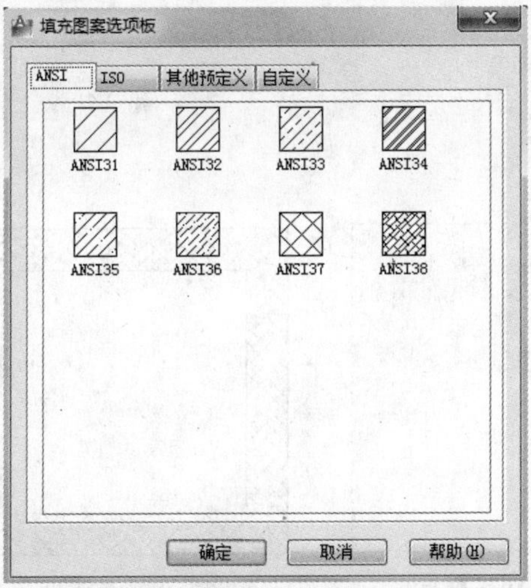

图7-5　ANSI选项卡

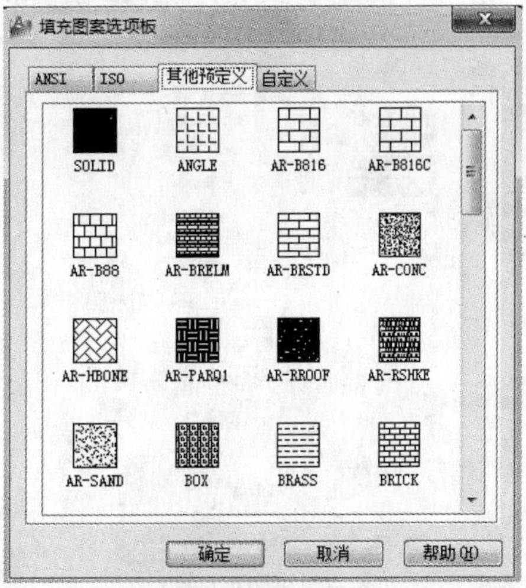

图7-6　“其他预定义”选项卡

- 样例：显示选中的图案样式。单击显示的图案样式，同时会打开“填充图案选项板”对话框。
- 自定义图案：只有在“类型”中选择了“自定义后”选项，此项才是可选的，其他同预定义。

7.2 创建填充图案

对工程图的剖面和断面进行绘制时，确定了填充边界以后，即可进行图案填充的创建，本节将介绍填充图案的创建。

7.2.1 创建填充区域

填充区域，顾名思义即填充边界内部的区域。选择填充区域，可以通过拾取封闭区域中的一点或拾取封闭对象两种方法进行。

1. 拾取填充点

拾取的填充点必须在一个或多个封闭图形内部，AutoCAD会自动通过计算找到填充边界。

边学边练 060 拾取填充点

01 打开“相框.dwg”图形文件（光盘:\原始文件\第7章\相框.dwg），在命令行中执行BHATCH命令，弹出“图案填充和渐变色”对话框。

02 在该对话框中单击“边界”选项组中的“添加：拾取点”按钮，如图7-7所示，返回绘图区，在如图7-8所示的环形区域内，单击需要填充图案区域中的一点。

03 按Space键，返回“图案填充和渐变色”对话框。为了更好地查看效果，在“比例”文本框中输入0.2，单击“确定”按钮关闭对话框，可以看到绘图区中的环形已填充了图案，效果如图7-9所示（光盘:\最终文件\第7章\相框.dwg）。

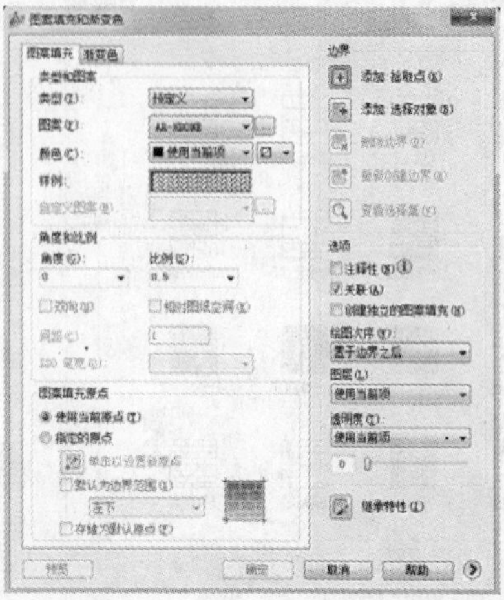

图7-7 “图案填充”对话框

图7-8 选择区域

图7-9 填充效果

2. 拾取填充对象

拾取的填充对象可以是一个封闭对象，如矩形、圆、椭圆和多边形等；也可以是多个非封闭对象，但是这些非封闭对象必须互相交叉或相交围成一个或多个封闭区域。

边学边练 061　拾取填充对象

01 打开“填充对象.dwg”图形文件（光盘:\原始文件\第7章\填充对象.dwg），在命令行中执行BHATCH命令，弹出“图案填充和渐变色”对话框。

02 单击“边界”选项组中的“添加：选择对象”按钮，返回绘图区，选择右下角的圆形为填充对象，如图7-10所示。

03 按“Space”键，返回“图案填充和渐变色”对话框，为了更好地查看效果，在“比例”文本框中输入50，单击“确定”按钮关闭对话框，可以看到绘图区中右下角的圆中已填充了图案，效果如图7-11所示（光盘:\最终文件\第7章\填充对象.dwg）。

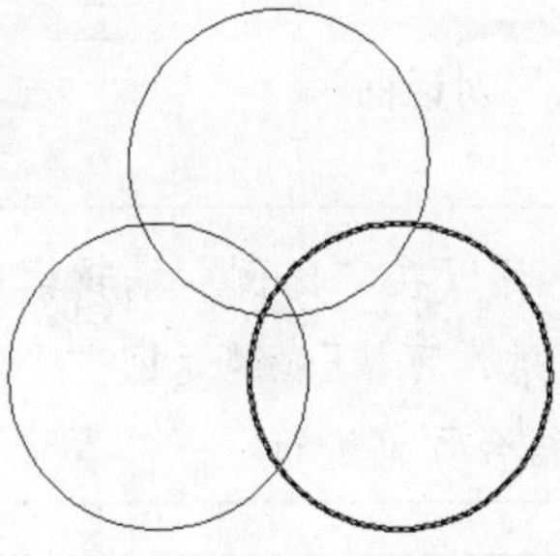

图7-10　选择对象

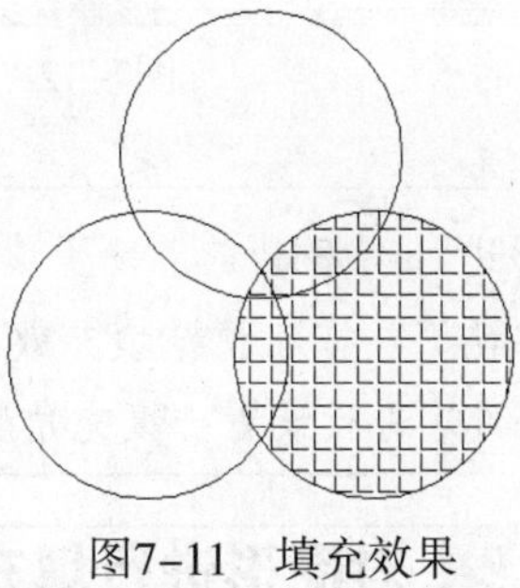

图7-11　填充效果

注意

如果拾取的多个封闭区域呈嵌套状，则系统默认填充外围图形与内部图形之间进行布尔相减后的区域。

7.2.2　创建填充图案

不同工程图需要的填充图也不同。为了满足广大用户的需要，AutoCAD设置了多种填充图案，读者可以随意选择各种系统提供的填充图案，也可以自定义填充图案。

下面详细讲解为对象创建填充图案的方法步骤，具体操作如下：

01 在命令行中执行BHATCH命令，弹出“图案填充和渐变色”对话框，在“类型”下拉列表框中设定图案填充类型，默认采用“预定义”图案类型。

02 单击“图案”下拉列表框右侧的按钮，弹出“填充图案选项板”对话框。在该对话框中有4个选项卡供用户选择，如图7-12所示，设置完成后单击“确定”按钮，返回“图案填充和渐变色”对话框。

03 在“角度”下拉列表中选择填充图案的倾斜角度，在“比例”下拉列表中指定填充图案的放大比例，该比例根据用户绘图的大小而定，若当前绘图比例较大，则可设置较大的图案填充比例。

04 单击对话框“边界”选项组中的“添加：拾取点”按钮，在绘图区选择填充区域，然后按Space键返回对话框。单击“预览”按钮返回绘图区，预览填充图案后的效果，按Esc键返回对话框，然后单击“确定”按钮完成填充。

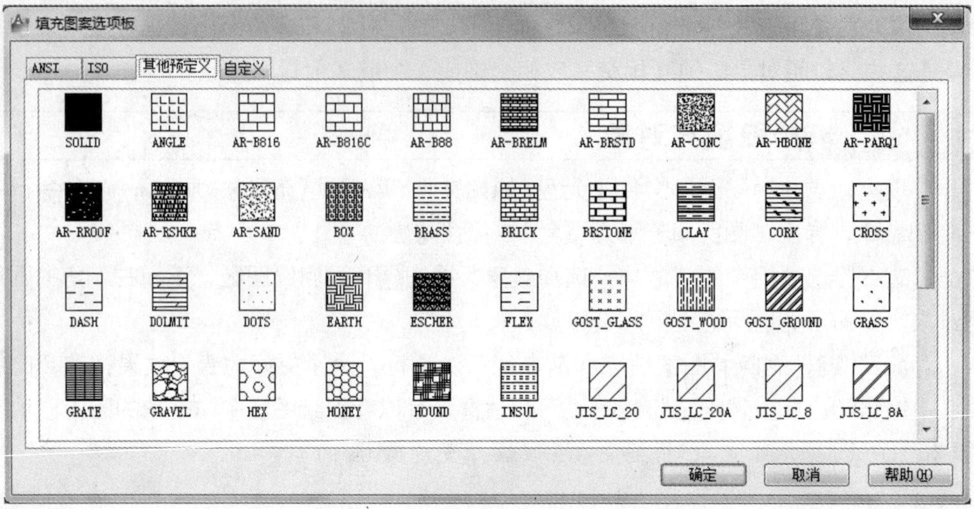

图7-12 “填充图案选项板”对话框

注意

在对图形进行图案填充、设置填充比例时，用户可以在“比例”编辑框表中输入比例值后，单击“预览”按钮预览填充效果。若效果不满意，可按Esc键返回“图案填充和渐变色”对话框，再次进行设置。填充角度的设置也可以结合预览进行。

边学边练 062 对图形进行填充

01 效果如图7-13所示，打开“填充图案.dwg”图形文件（光盘:\原始文件\第7章\填充图案.dwg），在命令行中执行BHATCH命令，弹出“图案填充和渐变色”对话框。

02 单击“类型和图案”选项组中的…按钮，弹出“填充图案选项板”对话框。切换至ANSI选项卡，在中间列表框中选择需要的填充图案，这里选择ANSI31选项，然后单击“确定”按钮，如图7-14所示。

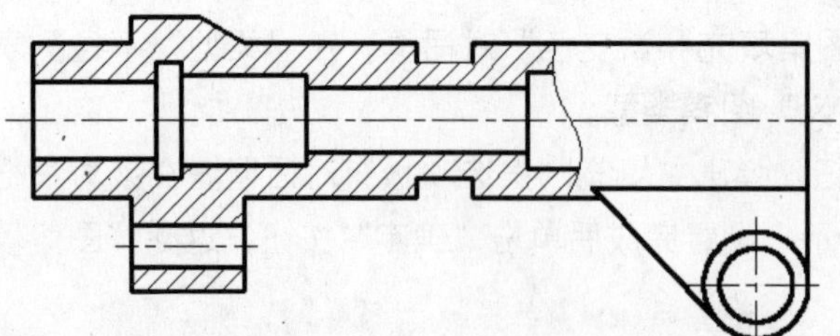

图7-13 填充效果

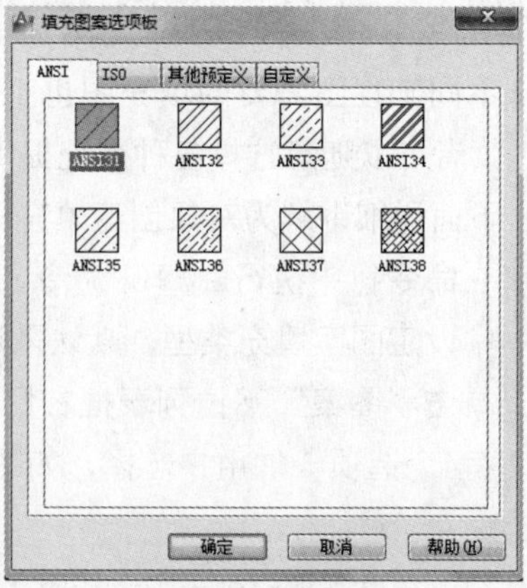

图7-14 图案选择

03 单击“边界”选项组中的“添加：拾取点”按钮，返回绘图区，在如图7-15所示的3个封闭区域位置单击。

04 按Space键返回对话框，在“比例”文本框中输入1，在“角度”文本框内输入0，单击“确定”按钮返回绘图区，即可看到填充后的平面图效果，如图7-16所示（光盘:\最终文件\第7章\填充图案.dwg）。

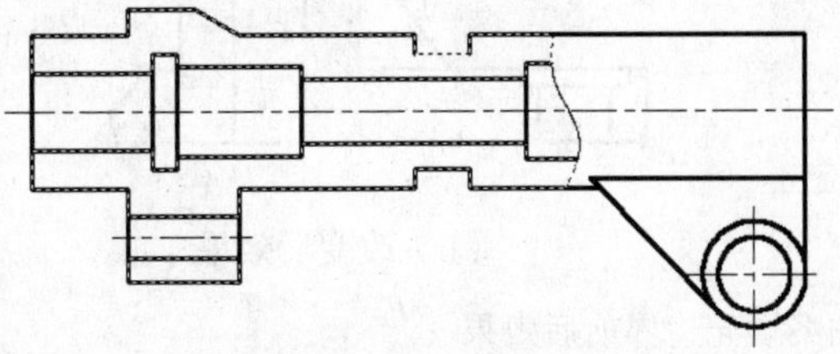

图7-15　原效果图

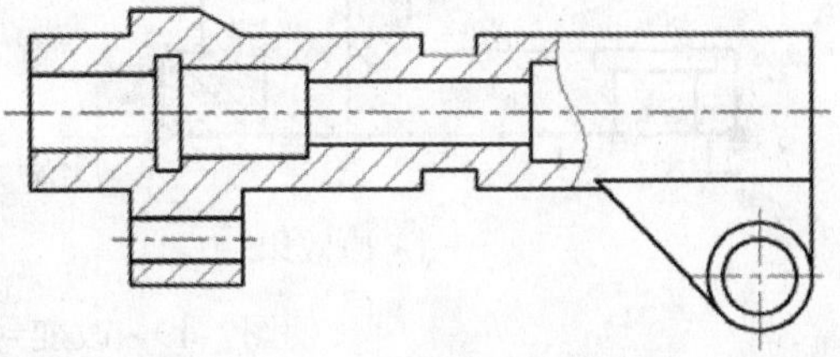

图7-16　填充后效果

在AutoCAD 2012中，使用“工具选项板”选项板可快速填充图案。要启动“工具选项板”选项板，可选择“工具”→“选项板”→“工具选项板”命令，或按Ctrl+3组合键。

执行上述两个命令中的任意一个，系统弹出如图7-17所示的选项板，这时读者可以根据自己的需要选择系统所提供的填充图案，如图7-18所示为某图形填充前后的效果。

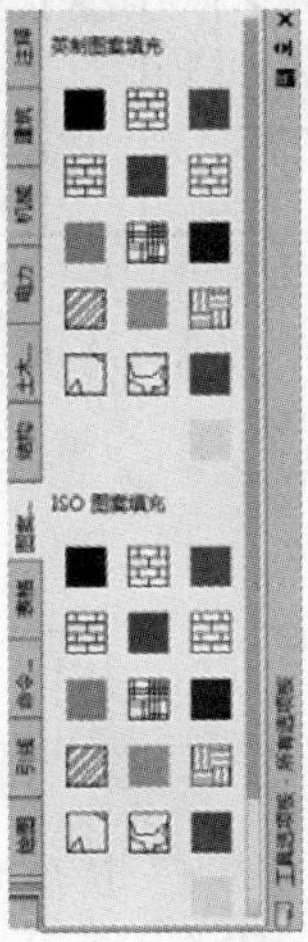

图7-17　“工具选项板”选项板

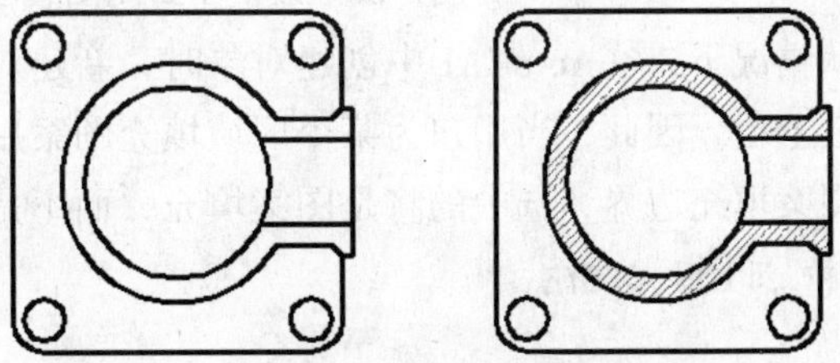

图7-18　填充图案前后效果

7.3 编辑填充图案

图案的填充与绘制图形类似，都需要反复改动。如果对图形的填充图案不满意，可以对其进行编辑，使其达到更理想的效果。编辑填充图案操作包括改变图案填充边界、快速编辑填充图案、分解图案、设置填充图案的可见性、修剪填充图案等。下面分别进行讲解。

图案填充是一种特殊的图形对象，因此其编辑的方法也不同于普通对象。要启动编辑图案填充命令，可选择“修改”→“对象”→“图案填充”命令，或直接在命令行中输入HE。

7.3.1 改变图案填充边界

默认情况下，图案填充与其边界是关联的。因此，改变图案填充边界后，如果图案填充边界仍是封闭图形，图案填充会自动进行调整。图7-19所示为改变填充边界前后的效果。

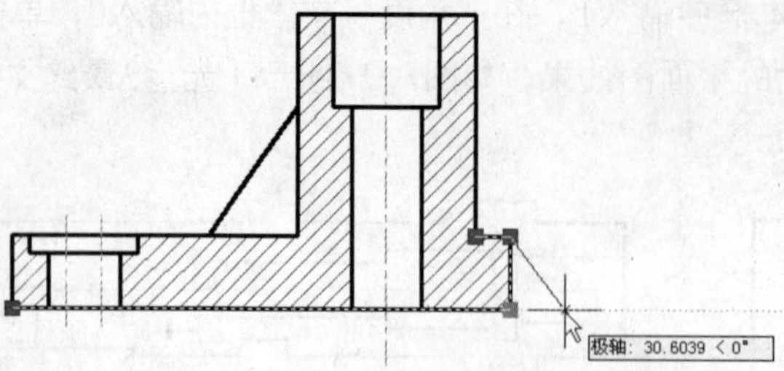

（a）原效果

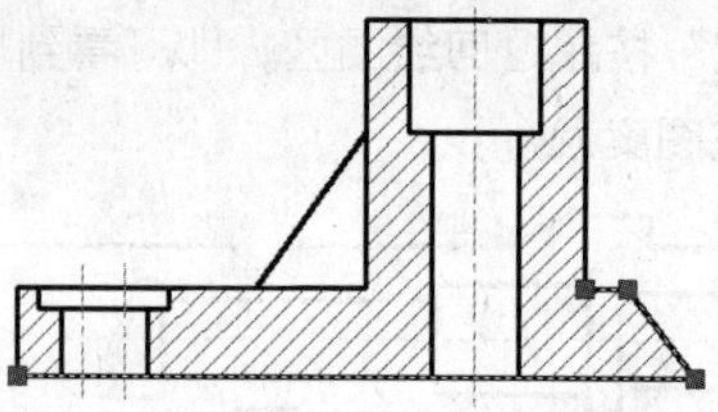

（b）改变后效果

图7-19　改变封闭图案填充边界前后效果

改变图案填充边界后，如果图案填充边界不再是封闭图形，图案填充将不会自动进行调整。图7-20所示的是改变填充边界但不封闭的效果。

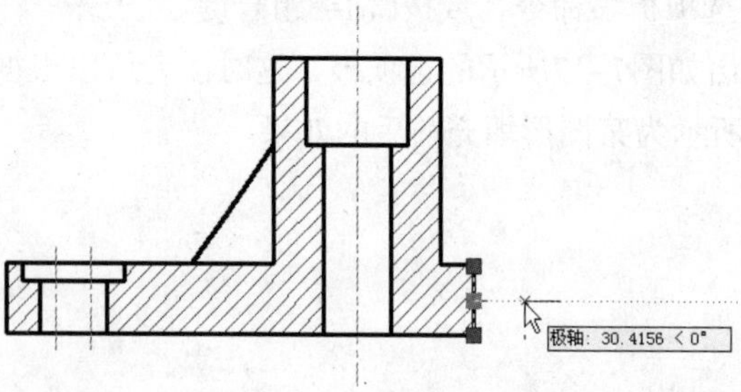

（a）原效果

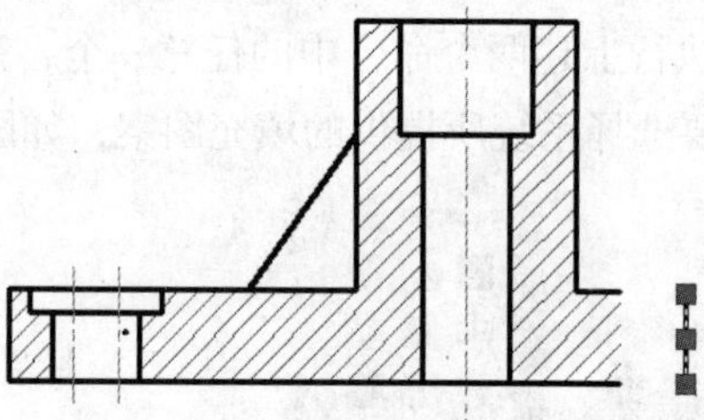

（b）改变后效果

图7-20　改变不封闭图案填充边界前后效果

默认情况下，在AutoCAD中创建对象时，新建对象总是处于最上层。因此，当用户为某个区域填充图案后，如果单击图案填充边界，选中的将是图案填充，而不是图案填充边界，如图7-21所示。

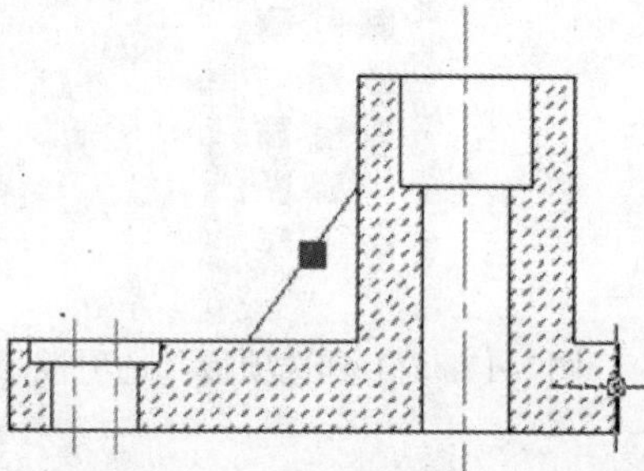

图7-21　先选择填充图案

7.3.2　快速编辑填充图案

快速编辑填充图案可以有效地提高绘图效率，调用该命令的方法如下：

- 直接在填充的图案上双击。
- 在命令行中执行HATCHEDIT或HE命令。

边学边练 063　快速编辑图案填充

01 打开“图案编辑.dwg”图形文件（光盘:\原始文件\第7章\图案编辑.dwg），如图7-22所示，在命令行中执行HATCHEDIT命令，具体操作过程如下：

命令:HATCHEDIT　　　　　　（执行HATCHEDIT命令）

选择关联填充对象：　　　　(选择填充区域上要编辑的填充图案，然后按Space键)

02 双击如图7-22所示的下侧的填充图案，系统弹出如图7-23所示的“快捷特性”选项板。单击“图案名”后面的按钮，弹出“图案填充和渐变色”对话框，单击“类型和图案”选项组中的按钮，弹出“填充图案选项板”对话框，切换至ISO选项卡，在列表框中选择ISO08W100选项，然后单击“确定”按钮，如图7-24所示。

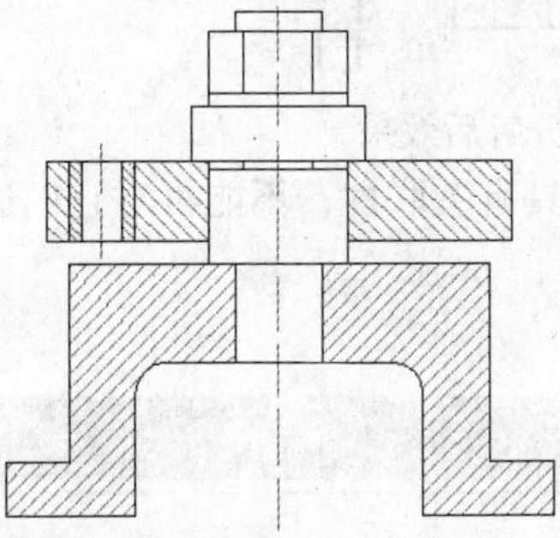

图7-22　原图

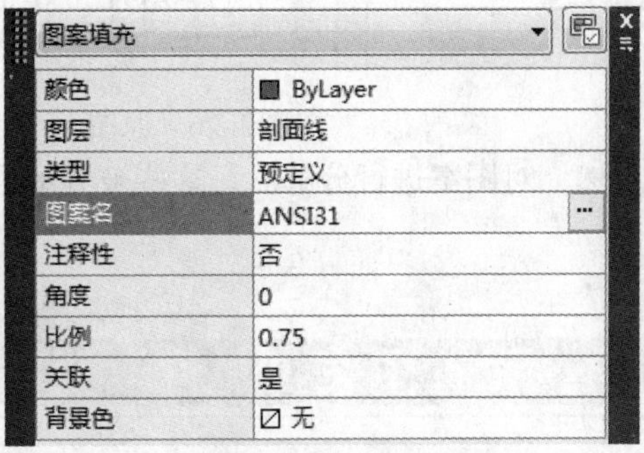

图7-23　选择图案

03 比例等设置保持不变，然后单击”确定”按钮，完成图案填充编辑。然后双击上方外侧3个封闭区域进行编辑，图案保持不变，比例更改为1，角度更改为0，返回绘图区即可看到完成填充的效果，如图7-25所示(光盘:\最终文件\第7章\图案编辑.dwg)。

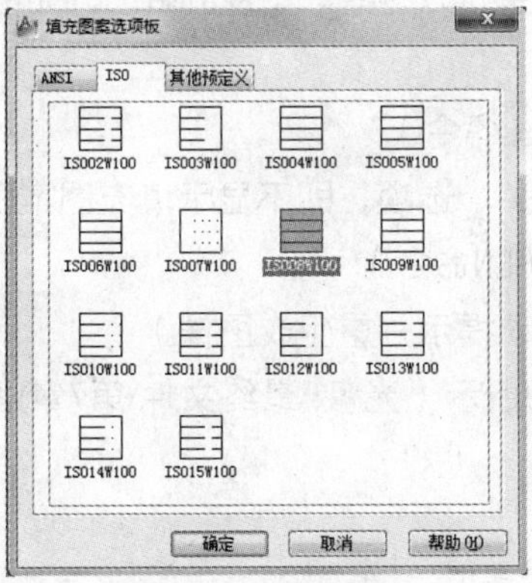

图7-24　选择图案

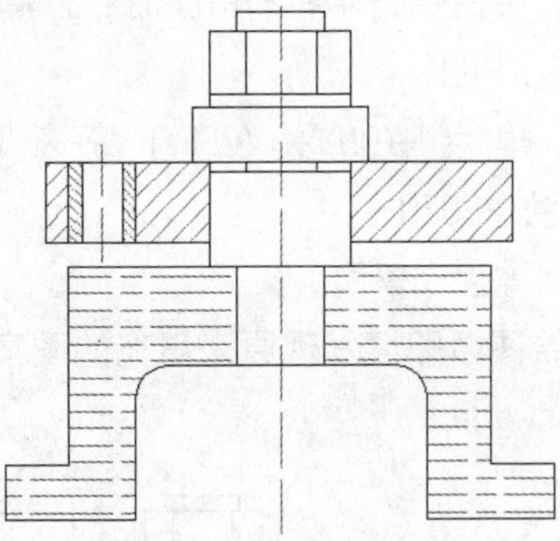

图7-25　最终效果

7.3.3　分解填充图案

为了满足编辑需要，可以将整个填充图案进行分解。调用分解命令的方法如下：

- 选择要分解的图案，在“常用”选项卡的“修改”组中，单击“分解”按钮。
- 在命令行中执行EXPLODE命令。

边学边练 064　分解填充图案

01 打开“分解图案.dwg”图形文件(光盘:\原始文件\第7章\分解图案.dwg)，如图7-26所示。在命令行中执行EXPLODE命令，其命令行操作过程如下：

命令：EXPLODE　　　　(执行EXPLODE命令)

选择对象：找到 1 个　　　　(选择整个填充图案)

选择对象:　　　　　　　　　　　　　　　　（按Space键确认选择）

02 选择刚分解的图案，即可发现原来整体的对象变成了单独的线条，如图7-27所示（光盘:\最终文件\第7章\分解图案.dwg）。

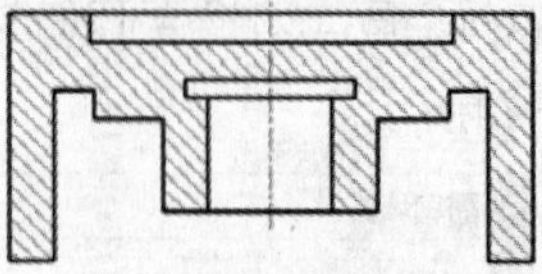

图7-26　原图

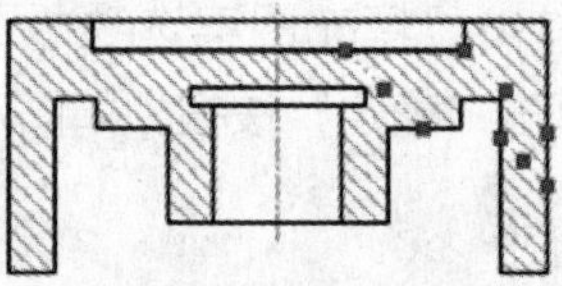

图7-27　分解后效果

很显然，对图案进行分解后，这些被分解了的线条不再具有关联性，不能再对它们进行图案编辑操作。

7.3.4　设置图案可见性

在绘制较大的图形时，需要花费较长时间来等待图形中的填充图案生成，此时可关闭“填充”模式，从而提高显示速度。

边学边练 065　设置图案可见性

01 打开“图案可见性.dwg”图形文件（光盘:\原始文件\第7章\图案可见性.dwg），如图7-28所示，在命令行中执行FILL命令，具体操作过程如下。

命令: FILL　　　　　　　　　　　　　　　（执行FILL命令）
输入模式[开(ON)/关 (OFF)] <开>: OFF　　　（选择“关”选项，即不显示填充图案）
命令: REGEN　　　　　　　　　　　　　　（执行REGEN命令）
正在重生成模型　　　　　　　　　　　　　（系统自动提示并重生成图像）

02 在绘图区即可发现原来填充的图案隐藏了，如图7-29所示（光盘:\最终文件\第7章\图案可见性.dwg）。

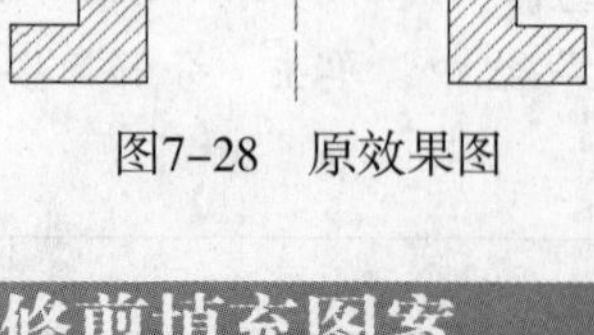

图7-28　原效果图

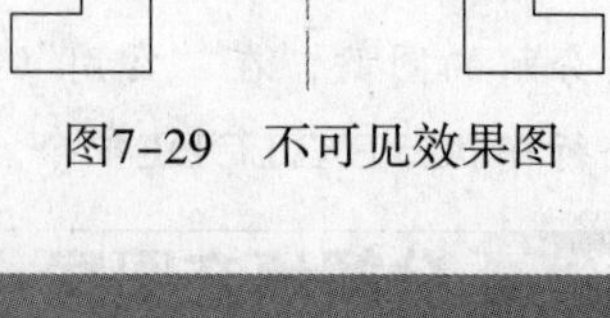

图7-29　不可见效果图

7.3.5　修剪填充图案

在有的工程图中，图案填充后，需要对填充图案进行修剪。修剪填充图案与修剪图形对象方法一样，调用该命令的方法如下：

- 在“常用”选项卡的“修改”组中，单击“修剪”按钮。
- 显示菜单栏，选择“修改”→“修剪”命令。
- 在命令行中执行TRIM或TR命令。

执行TRIM命令后，具体操作过程如下：

命令：TRIM　　（执行TRIM命令）
当前设置:投影=UCS，边=无　　（系统显示当前修剪设置）
选择剪切边...　　（系统提示选择修剪边界）
选择对象：找到 1个　　（选择其中一个图形对象）
选择对象：找到 1 个，总计 2 个　　（选择另一个图形对象）
选择对象：　　（按Space键结束选择对象）
选择要修剪的对象，或按住 Shift 键选择要延伸的对象，或 [投影(P)/边(E)/放弃(U)]:
（选择要修剪的图形对象）
选择要修剪的对象，或按住 Shift 键选择要延伸的对象，或 [投影(P)/边(E)/放弃(U)]:
（修剪完成后，按Space键结束命令）

边学边练 066 修剪设置图案

01 打开“修剪图案.dwg”图形文件（光盘:\原始文件\第7章\修剪图案.dwg），在命令行中执行HATCHEDIT命令，具体操作过程如下：

命令：HATCHEDIT　　（执行HATCHEDIT命令）
选择关联填充对象：　　（选择沙发罩的填充图案，然后按Space键）

02 弹出“图案填充和渐变色”对话框，单击“类型和图案”选项组中的按钮，弹出“填充图案选项板”对话框，切换至“其他预定义”选项卡，在列表框中选择ANSI31选项，利用“添加：选择对象”的方法对图形进行填充。然后单击“确定”按钮，如图7-30所示。

03 返回“图案填充和渐变色”对话框，在“角度”文本框中输入0，在“比例”文本框中输入1，然后单击“确定”按钮，返回绘图区即可看到设置效果，如图7-31所示。

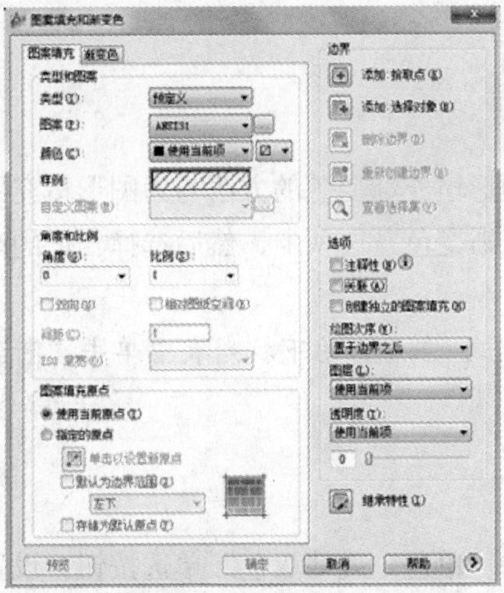

图7-30 “图案填充编辑”对话框

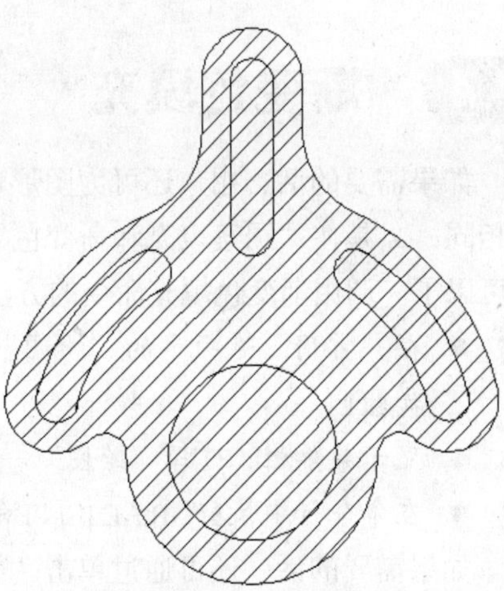

图7-31 选择图案

04 在命令行中执行TRIM命令，具体操作过程如下：

命令：TRIM　　　　　　　　　（执行TRIM命令）
当前设置:投影=UCS，边=无　　（系统显示当前修剪设置）
选择剪切边...　　　　　　　　（系统提示选择修剪边界）
选择对象：找到 1个　　　　　（选择填充区域中的填充图案）
选择对象：　　　　　　　　　（按Space键结束选择对象）
选择要修剪的对象，或按住 Shift 键选择要延伸的对象，或 [投影(P)/边(E)/放弃(U)]:
　　　　　　　　　　　　　　（选择要修剪的图形对象，这里选择如图7-32所示的图案）
选择要修剪的对象，或按住 Shift 键选择要延伸的对象，或 [投影(P)/边(E)/放弃(U)]:
　　　　　　　　　　　　　　（修剪完成后，按Space键结束命令）

05 修剪完毕后，效果如图7-33所示（光盘:\最终文件\第7章\修剪图案.dwg）。

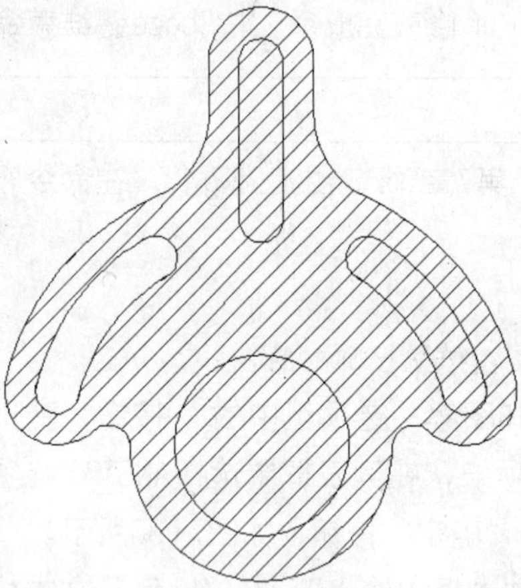
图7-32　修剪效果1

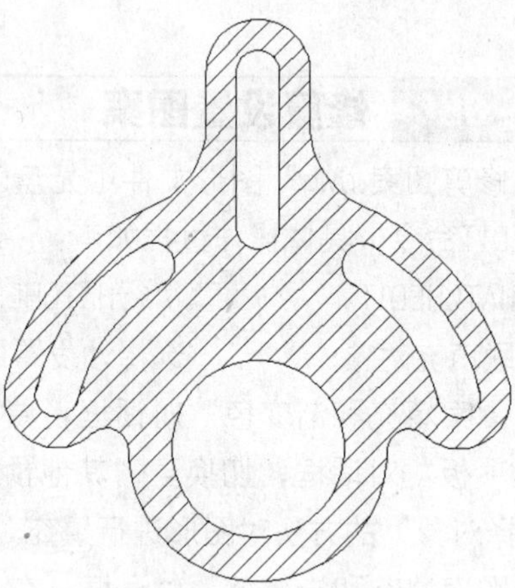
图7-33　最终效果

7.4 渐变色填充

如果需要的话，用户还可为图形填充渐变色。为图形填充渐变色的方法与为图形填充图案完全相同，只是在“图案填充和渐变色”对话框中打开“渐变色”选项卡，然后选择合适的渐变色就可以了。调用渐变色填充命令的方法如下：

- 在“常用”选项卡的“绘图”组中，单击▾按钮，在弹出的下拉列表中单击“渐变色”按钮。
- 显示菜单栏，选择“绘图”→“渐变色”命令。
- 在命令行中执行GRADIENT命令。

如果需要的话，还可通过单击“颜色”选项组中的“单色”或“双色”单选按钮，设置渐变色为由深至浅的单色填充，或者由一种颜色过渡到另外一种颜色的双色填充。如图7-34和图7-35所示为“渐变色”选项卡及图形效果。

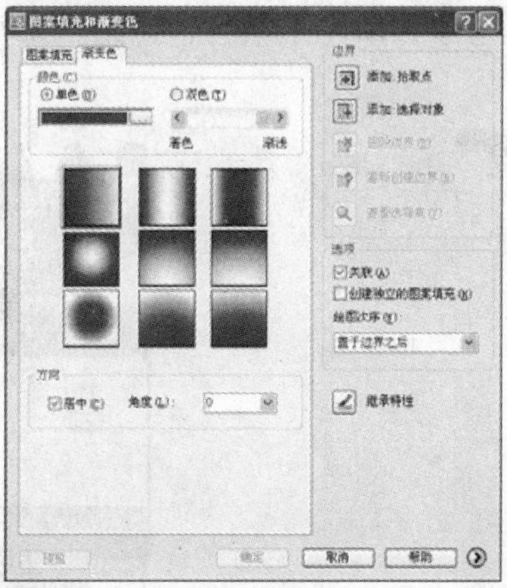

图7-34　“渐变色”选项卡

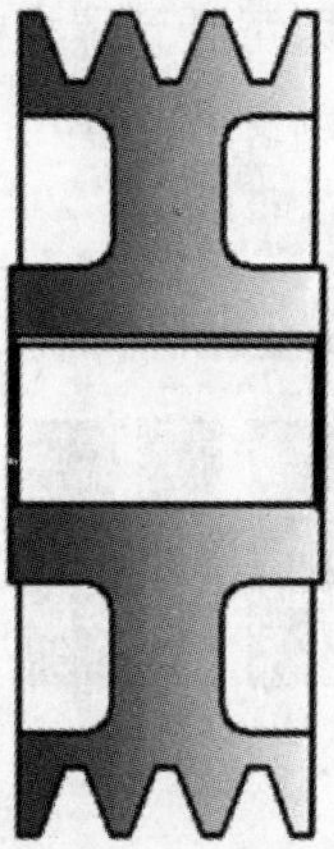
图7-35　图形效果

1. 填充单色渐变色

单色渐变填充是指从一种定义颜色到白色或黑色之间的过渡渐变。

边学边练 067　单色渐变填充

01 打开“单色渐变色.dwg”图形文件（光盘:\原始文件\第7章\单色渐变色.dwg），在命令行中执行GRADIENT命令，弹出“图案填充和渐变色”对话框，切换至“渐变色”选项卡。

02 在“颜色”选项组中单击“单色”单选按钮，然后单击其下方的[...]按钮，弹出“选择颜色”对话框，默认显示“索引颜色”选项卡。

03 在中间的色彩列表框中可以选择具体颜色，这里直接在“颜色”下拉列表中选择“蓝”。然后单击“确定”按钮，如图7-36所示。

04 返回“图案填充和渐变色”对话框，单击“边界”选项组中的“添加：拾取点”按钮，返回绘图区，选择齿轮外侧部分的图形，如图7-37所示。

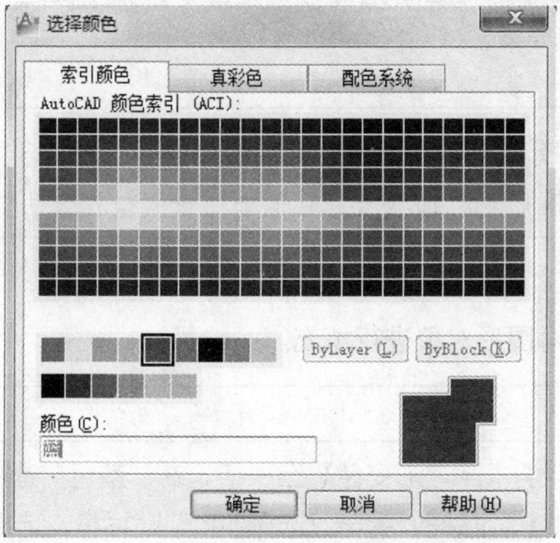

图7-36　选择颜色

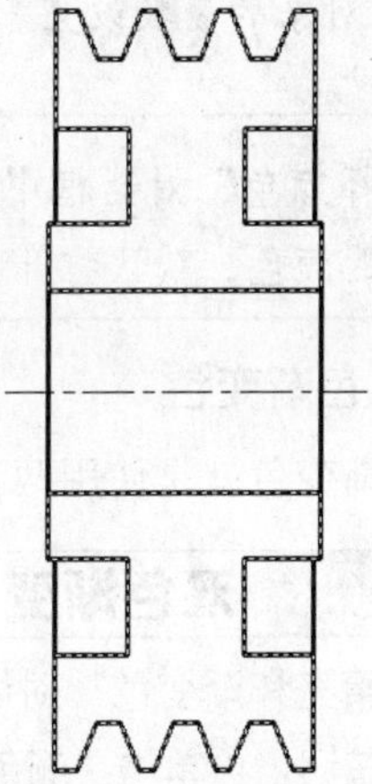
图7-37　选择区域

05 按Space键，返回“图案填充和渐变色”对话框，在中间列表中单击需要的填充样式，这里单击第三排第一个填充样式，拖动上方的控制条来调整“明”和“暗”，然后单击“确定”按钮，如图7-38所示。

06 返回绘图区，即可看到螺栓前面的图形对象被填充了颜色，如图7-39所示（光盘:\最终文件\第7章\单色渐变色.dwg）。

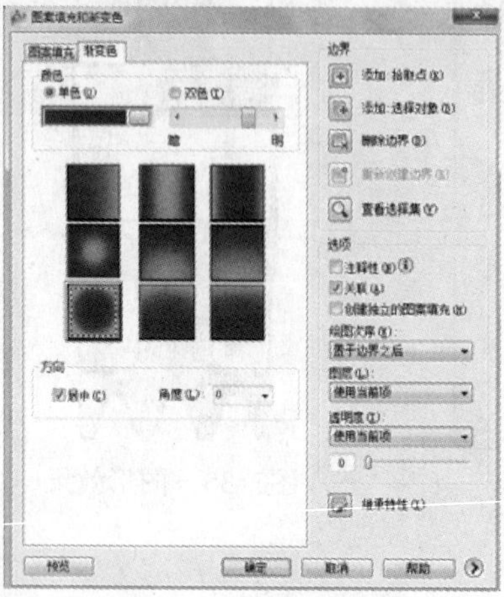

图7-38 选择颜色

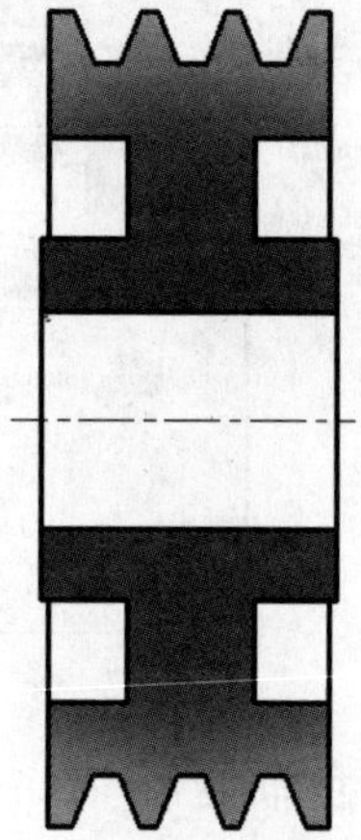

图7-39 效果图

在“渐变色”选项卡中，部分选项的含义如下。

- “居中”复选框：选择该复选框，可以创建对称性的渐变；取消选择此复选框，则渐变填充将朝左上方变化，创建出光源从对象左边照射的图案效果。
- “删除边界”按钮：若用户选择了多个填充区域，则单击该按钮，可删除其中部分填充区域。
- “查看选择集”按钮：单击此按钮，可返回绘图区查看填充区域。
- “关联”复选框：控制填充图案是否与填充边界关联，即当改变填充边界时，填充图案是否也随着改变。一般保持选中状态。
- “绘图次序”下拉列表：指定图案填充的绘图顺序。图案填充可以放在边界之后、边界之前、前置或后置。
- “继承特性”按钮：在绘图区中选择已填充好的填充图案，在下次进行图案填充时继承所选对象的参数设置。

注意

在“选择颜色”对话框中有“索引颜色”、“真彩色”、“配色系统”3个选项卡供用户设置合适的颜色，默认打开的是“真彩色”选项卡，其他选项卡的操作方法与之类似。

2. 填充双色渐变色

填充双色渐变色就是使用两种颜色对图形对象进行填充。

边学边练 068 双色渐变填充

01 在“图案填充和渐变色”对话框中，切换至“渐变色”选项卡，在“颜色”选项组中单击“双色”单选按钮，再单击“颜色1”上的[...]按钮，弹出“选择颜色”对话框，选择第一种颜色。

02 单击“颜色2”上的[...]按钮，弹出“选择颜色”对话框，选择第二种颜色。返回“渐变色”选项卡，选择填充区域后，再设置颜色显示样式和其他参数，最后单击“确定”按钮返回绘图区，即可查看填充双色渐变色的效果。这里继续选择上一例中的齿轮作为对象。选择“蓝色”为颜色1，选择“红色”为颜色2，如图7-40所示，进行双色渐变色填充后的效果如图7-41所示。

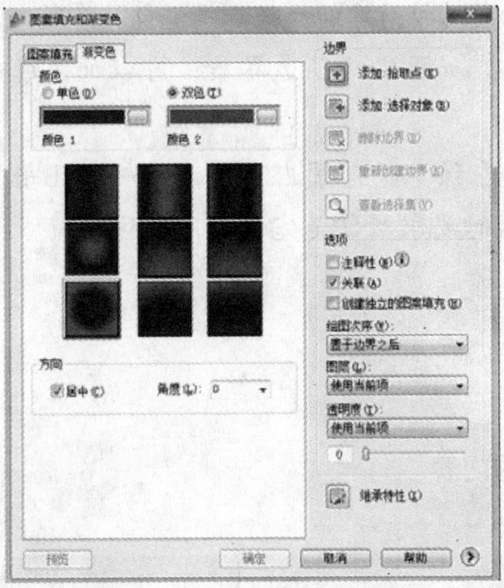

图7-40　双色渐变色设置

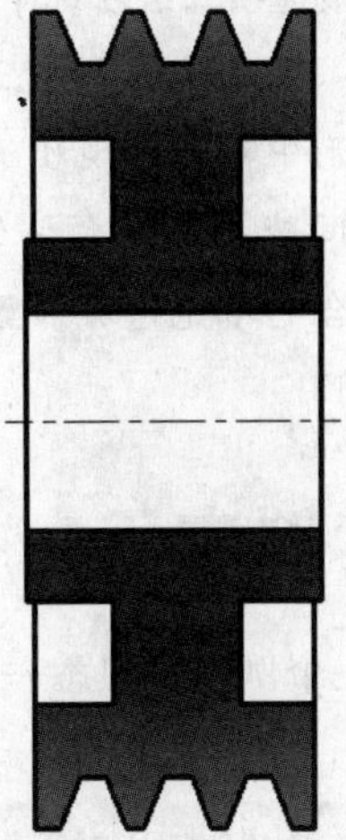

图7-41　填充效果

7.5 设置孤岛和边界

单击“图案填充和渐变色”对话框右下角的图标，系统弹出如图7-4所示的展开的“图案填充”对话框。在“孤岛”选项组中，可设置孤岛的显示样式。

- 孤岛，即位于选择范围内的封闭区域。选中“孤岛检测”复选框，有3种样式供选择，其填充效果如图7-42所示。
  - ◆ 普通：由外部边界向内填充。如遇到岛边界，则断开填充直到碰到内部的另一个边界为止。对于嵌套的岛，采用填充与不填充的方式交替进行。该项为默认值。
  - ◆ 外部样式：仅填充最外部的区域，而内部的所有岛都不填充。
  - ◆ 忽略：忽略所有的边界对象，直接进行填充。

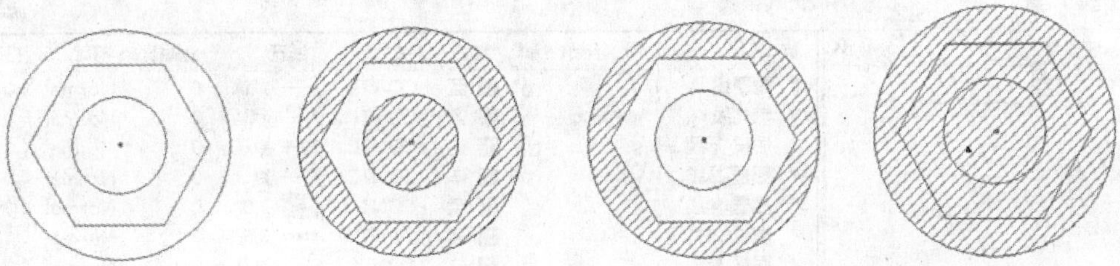

（a）原图　（b）普通　（c）外部　（d）忽略

图7-42　孤岛检测样式实例

- 对于文本、尺寸标注等特殊对象，在确定填充边界时也会选择它们，可以将它们作为填充边界的一部分。AutoCAD填充时，就会把这些对象作为孤岛而断开，如图7-43所示。
- 保留边界：控制是否将图案填充时检测的边界保留。
- 对象类型：设置是否将边界保留为对象，以及保留的

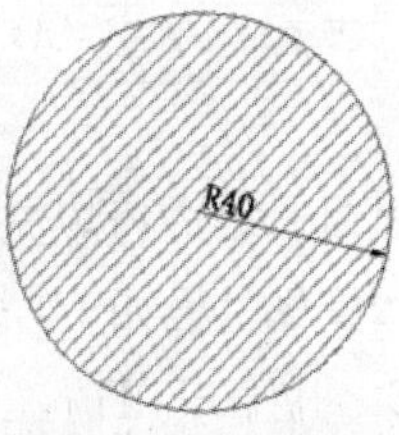

图7-43　填充区域有尺寸标注的实例

类型。该选项只有在选中了保留边界的复选框后才能生效。类型包括多段线、面域。

- 边界集：用于定义填充边界的对象集。如果定义了边界集，可以加快填充的执行，在复杂的图形中可以表现出速度的差异。
- 允许的间隙：设置允许的间隙大小。在该参数范围内，可以将一个几乎封闭的区域看做一个闭合的填充边界。默认值为0，这时要求对象是完全封闭的区域。

7.6 实例应用

下面通过几个例子来熟悉一下本章所学的内容。

7.6.1 实例1：填充对象1

利用前面所学的内容完成如图7-44所示的填充效果。

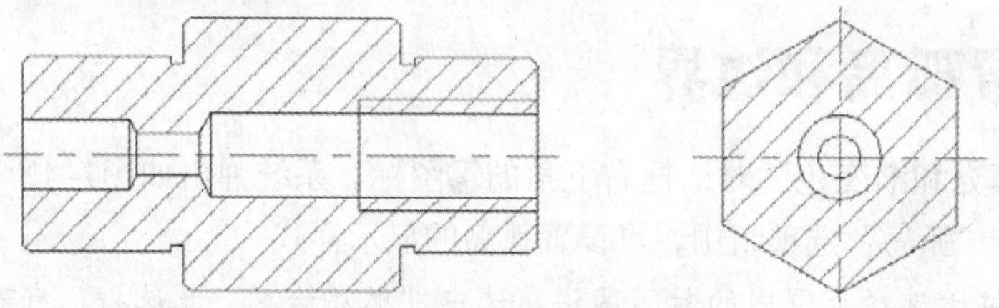

图7-44 填充效果

01 启动AutoCAD 2012，打开“实例1.dwg”文件（光盘:\原始文件\第7章\实例1.dwg）。在命令行中执行layer命令，打开“图层特性管理器”选项板，单击“新建图层”按钮，新建“填充线”图层，图层颜色选择“蓝”，线型选择CONTINUOUS，线宽设置为默认，如图7-45所示。

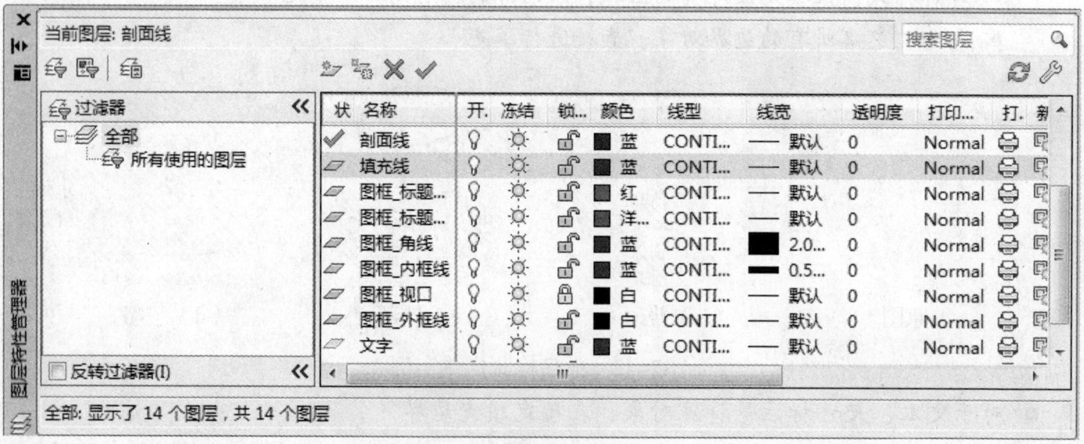

图7-45 创建图层

02 下面对对象进行填充。首先将图层切换至“填充线”层，在命令行中执行HATCHEDIT命令，具体操作过程如下：

命令：HATCHEDIT （执行HATCHEDIT命令）

选择关联填充对象： （选择填充区域上要编辑的填充图案，然后按Space键）

03 弹出“图案填充和渐变色”对话框，单击“类型和图案”选项组中的[...]按钮，弹出“填充图案选项板”对话框。切换至ANSI选项卡，在列表框中选择AISI31选项，然后单击“确定”按钮，如图7-46所示。

04 首先对左侧视图进行填充。选择要填充的区域，单击右键选择“确定”后返回“图案填充和渐变色”对话框，在“比例”文本框中输入1，在“角度”文本框中选择0。然后单击“确定”按钮返回绘图区，即可看到完成填充的效果，如图7-47所示。

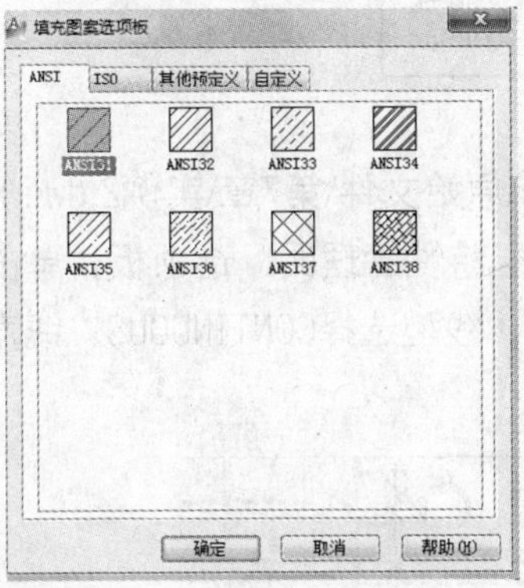

图7-46　选择图案

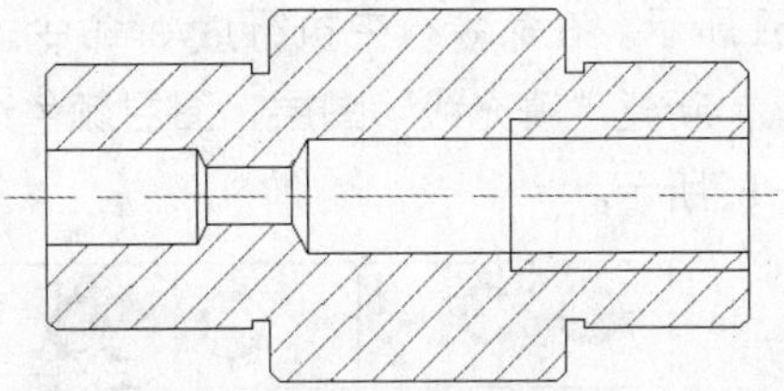

图7-47　填充效果

05 按Enter键继续执行图案填充命令。在弹出的“图案填充和渐变色”对话框中单击⊙按钮，在弹出的右侧区域中选择“孤岛”选项组中的“外部”，如图7-48所示。然后在“样例”后的图案上单击，系统弹出“填充图案选项板”对话框，将其切换至ANSI选项卡，选择ANSI31，其余设置保持不变。选择图形右侧最外侧的区域，右击选择“确定”，完成的填充效果如图7-49所示。

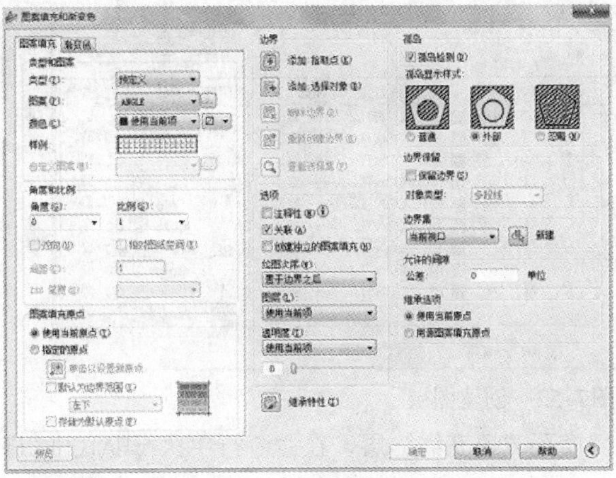

图7-48　设置孤岛

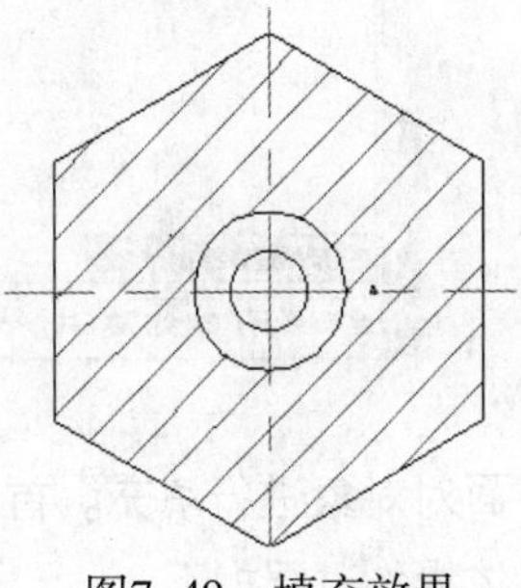

图7-49　填充效果

06 至此完成图形对象的填充，效果如图7-44所示（光盘:\最终文件\第7章\实例1.dwg）。

7.6.2　实例2：填充对象2

利用前面所学的内容完成如图7-50所示的填充效果。

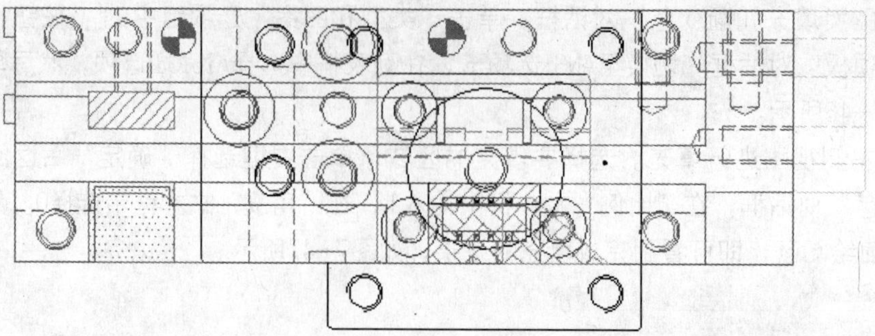

图7-50　填充效果图

01 启动AutoCAD 2012，打开“实例2.dwg”文件（光盘:\原始文件\第7章\实例2.dwg），效果如图7-51所示。在命令行中执行layer命令，打开“图层特性管理器”选项板，单击“新建图层”按钮，新建“填充线”图层，图层颜色选择“红”，线型选择CONTINUOUS，线宽设置为默认，如图7-52所示。

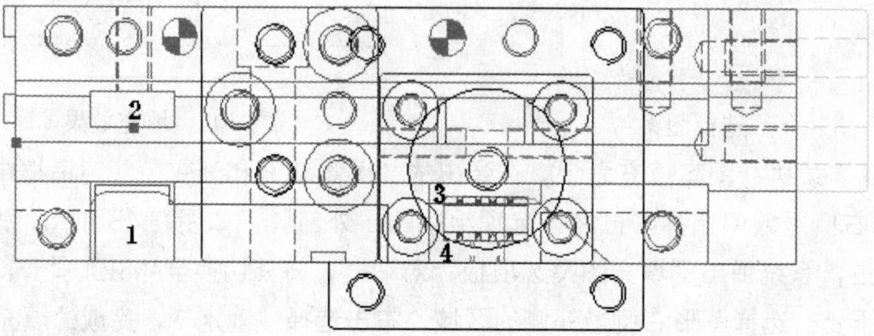

图7-51　效果图

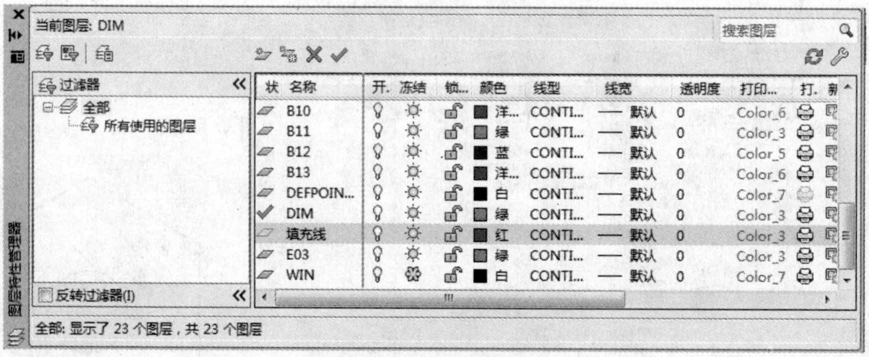

图7-52　创建图层

02 下面对对象进行填充。首先将图层切换至“填充线”层，在命令行中执行HATCHEDIT命令，具体操作过程如下：

命令：HATCHEDIT　　　　　　（执行HATCHEDIT命令）

选择关联填充对象：　　　　　（选择填充区域上要编辑的填充图案，然后按Space键）

03 弹出“图案填充和渐变色”对话框，单击“类型和图案”选项组中的按钮，弹出“填充图案选项板”对话框，切换至“其他预定义”选项卡，在列表框中选择DOTS选项，然后单击“确定”按钮，如图7-53所示。选择的填充区域为图7-51中的区域1。填充角度选择5，填充效果如图7-54所示。

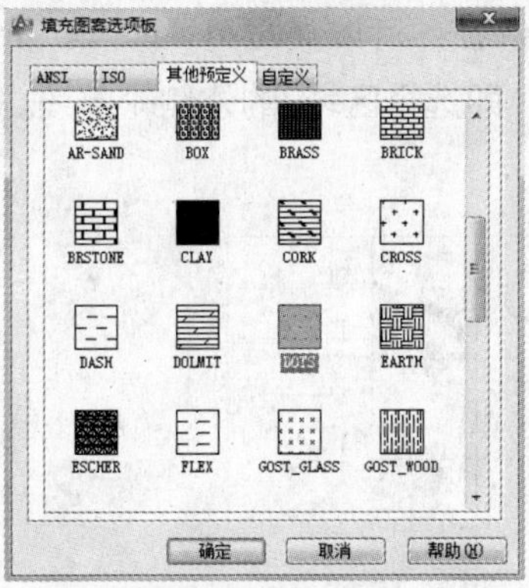

图7-53　图案选择

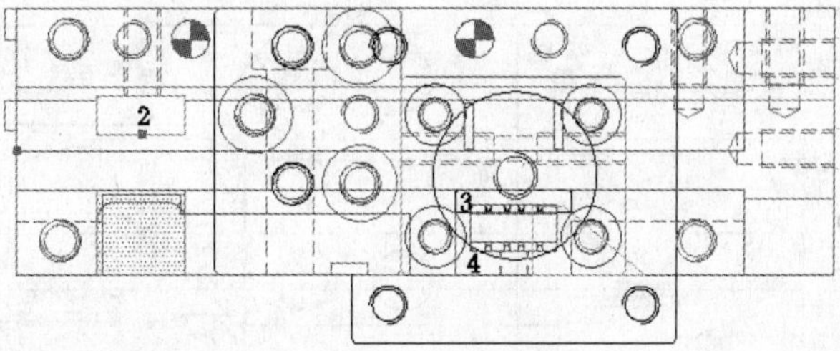

图7-54　填充效果

04 下面进行区域4的填充，在命令行中输入HATCHEDIT命令，系统弹出“图案填充与渐变色”对话框，单击“类型和图案”选项组中的[...]按钮，弹出“填充图案选项板”对话框。切换至“其他预定义”选项卡，在列表框中选择AR-HBONE选项，然后单击“确定”按钮，如图7-55所示。选择的填充区域为图7-51中的区域4，填充角度选择0.2，单击“添加：选择对象”按钮，选择区域4外侧的轮廓线，填充后效果如图7-56所示。

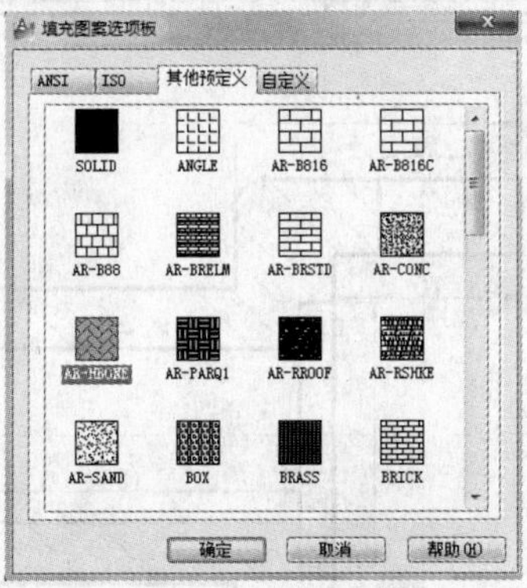

图7-55　选择填充图案

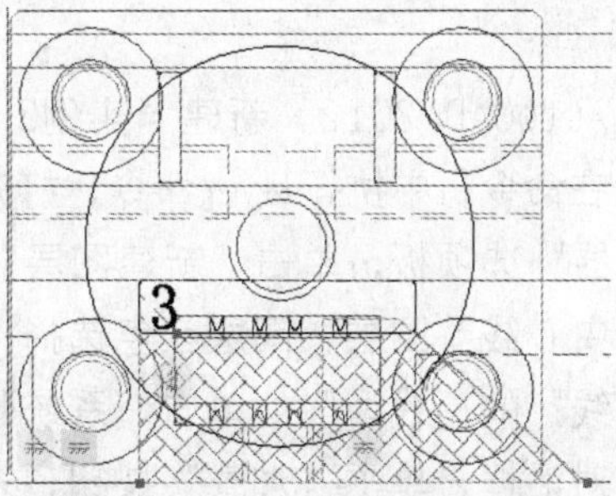

图7-56　填充效果

05 选中刚才填充的对象，在菜单栏中选择“修改”→“分解”命令，将刚才的填充对象分解。在命令行中输入TRIM执行修剪命令，将刚才填充的多出区域4的对象删除。效果如图7-57所示。

06 然后对区域2和区域3进行填充，选择的填充图案是ANSI选项卡中的ANSI31，如图7-58所示。填充比例为设置1，填充角度为设置0。

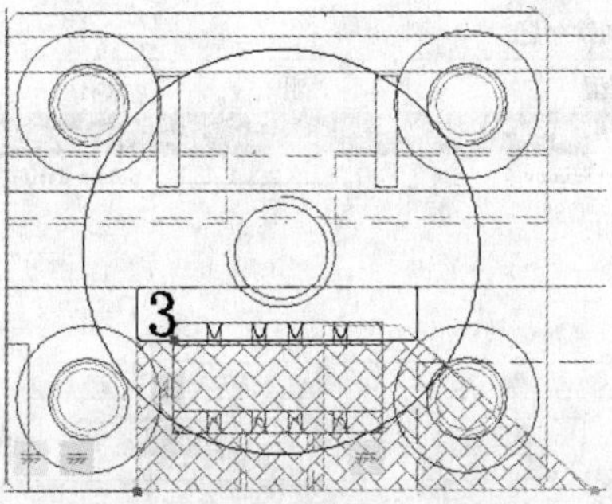

图7-57　修剪效果

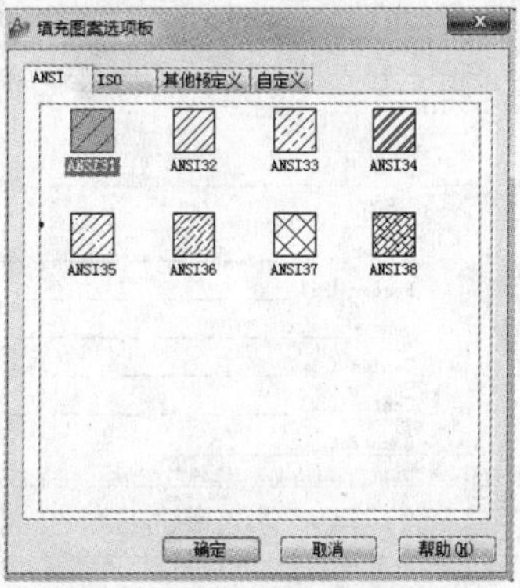

图7-58　选择填充图案

07 这里填充的时候要分开，因为选择区域的方式不同。对于区域2，可以直接用“添加：拾取点”的方式选择；对于区域3，用“添加：选择对象”方式，即选择区域3的外侧轮廓线。完成的最终填充效果如图7-59所示。

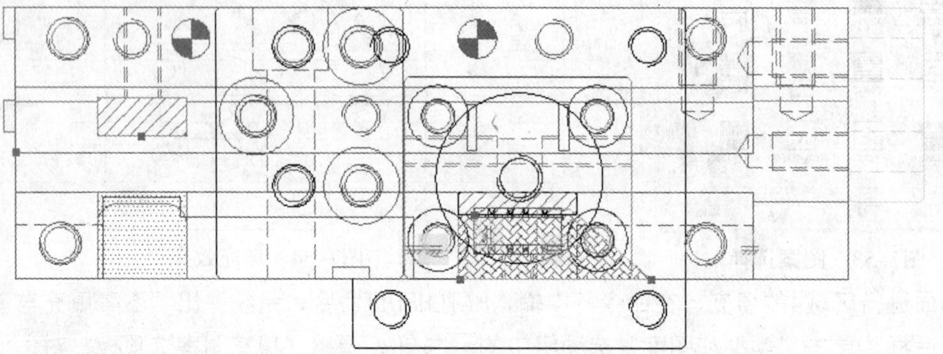

图7-59　填充效果

7.6.3　实例3：绘制图形

利用之前学习的内容绘制效果如图7-60所示的图形。

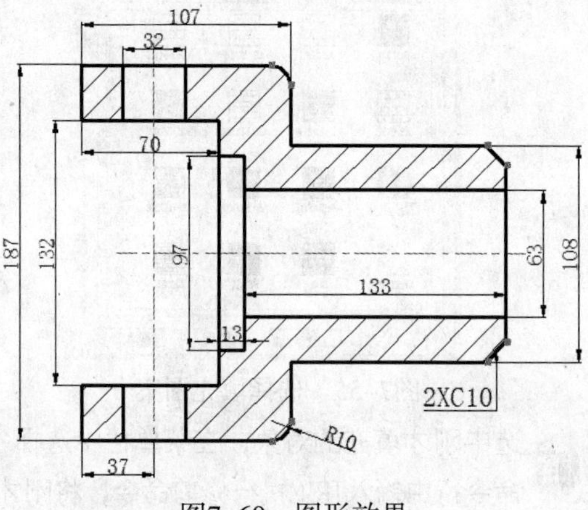

图7-60　图形效果

01 启动AutoCAD 2012，新建“实例3.dwg”文件。在命令行中执行layer命令，打开“图层特性管理器”选项板，单击“新建图层”按钮，新建“中心线”图层，图层颜色选择“红”；在“中心线”的“线型”处单击，系统弹出“选择线型”对话框，单击“加载”按钮，系统弹出“加载或重载线型”对话框，这里选择CENTER线型，效果如图7-61所示；单击“确定”按钮完成加载，效果如图7-62所示。

02 线宽选择默认，同时设置其他几个图层，完成的图层效果如图7-63所示。

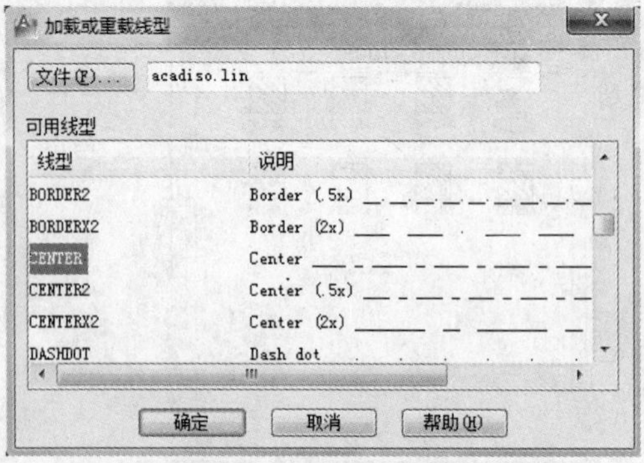

图7-61　选择线型

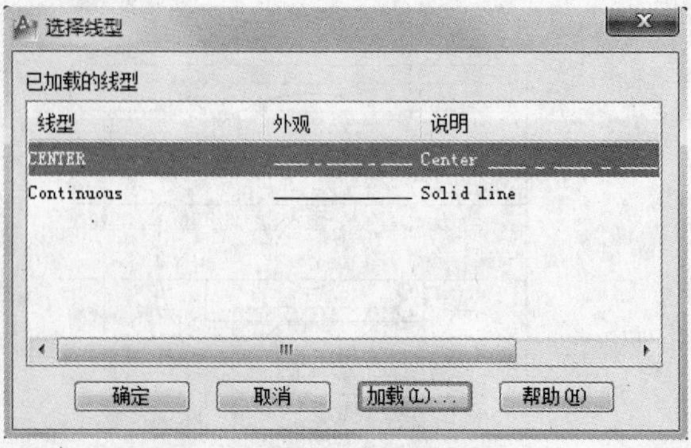

图7-62　加载效果

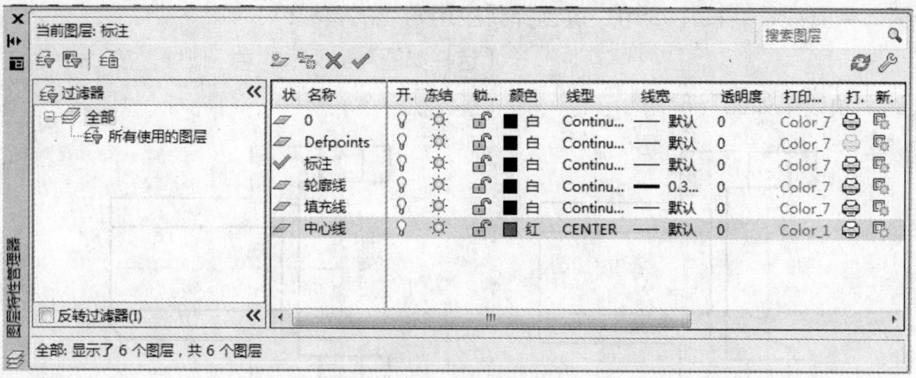

图7–63　图层效果图

03 将图层切换至“中心线”，绘制两条中心线，长度分别为210和220，效果如图7–64所示。

04 将图层切换至“轮廓线”，在命令行中输入L执行直线绘制命令，并且在命令行中输入FROM，选择刚才绘制的水平中心线的左端点作为基点，偏移为“@–18，66”的点作为直线的起点，将鼠标移向右方并在命令行中输入70，按Enter键完成直线的绘制，效果如图7–65所示。

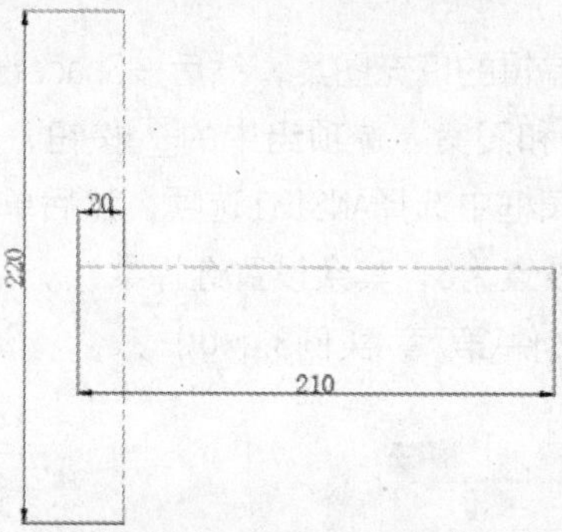

图7–64　绘制效果

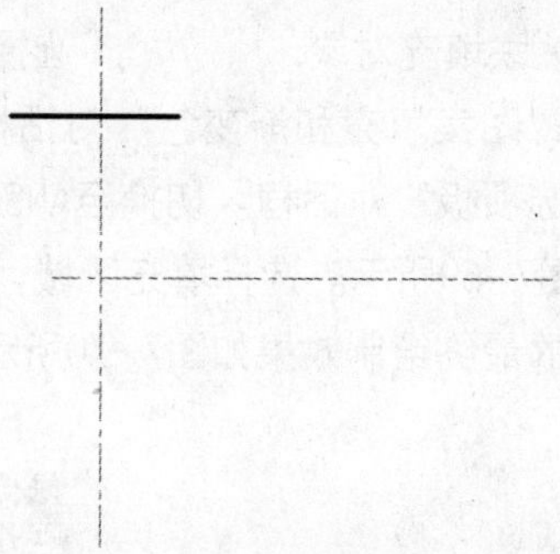

图7–65　绘制直线效果

05 按照同样的方法绘制如图7–66所示的图形。

06 下面进行倒角操作。在命令行执行CHAMFER命令，具体操作过程如下：

命令：CHAMFER　　　　　　　　　　（执行CHAMFER命令）
（“修剪”模式）当前倒角距离 1 = 0.0000，距离 2 = 0.0000 // 系统提示当前倒角设置
选择第一条直线或 [放弃(U)/多段线(P)/距离(D)/角度(A)/修剪(T)/方式(E)/多个(M)]：D
　　　　　　　　　　　　　　　　　（选择“距离”选项，按Space键）
指定第一个倒角距离 <0.0000>：10　　　（输入第一个倒角距离10，然后按Space键）
指定第二个倒角距离 <10.0000>：　　　　（按Space键）
选择第一条直线或 [放弃(U)/多段线(P)/距离(D)/角度(A)/修剪(T)/方式(E)/多个(M)]：M
　　　　　　　　　　　　　　　　　（选择“多个”选项，按Space键）
选择第一条直线或 [放弃(U)/多段线(P)/距离(D)/角度(A)/修剪(T)/方式(E)/多个(M)]：
　　　　　　　　　　　　　　　　　（选择如图7–66所示的最右侧线）

选择第二条直线，或按住 Shift 键选择要应用角点的直线：

（选择如图7-67所示的右下侧线，按Space键结束命令）

完成的倒角效果如图7-67所示。

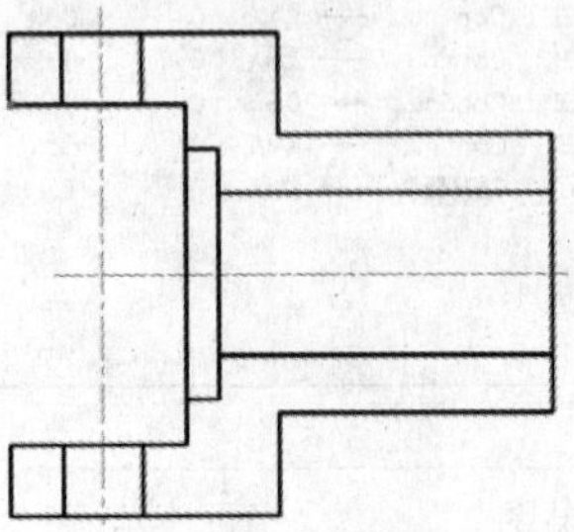
图7-66　绘制效果

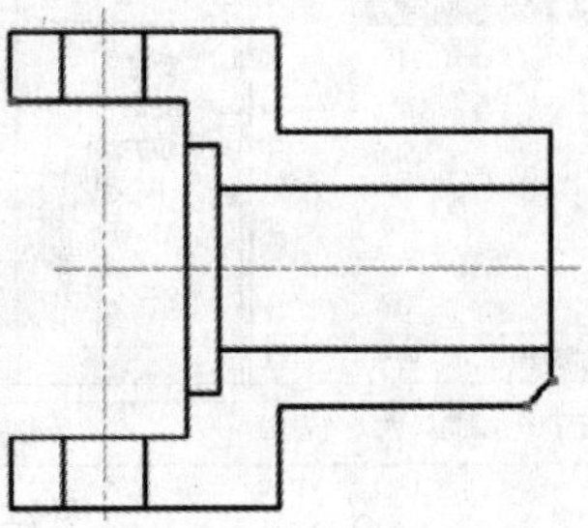
图7-67　倒角效果

07 用类似的方法创建另一个倒角，倒角距离为10，完成的创建效果如图7-68所示。

08 下面对对象进行填充。首先将图层切换至“填充线”，在命令行中执行HATCHEDIT命令，具体操作过程如下：

命令：HATCHEDIT　　　　（执行HATCHEDIT命令）

选择关联填充对象：　　　（选择填充区域上要编辑的填充图案，然后按Space键）

09 弹出“图案填充和渐变色”对话框，单击“类型和图案”选项组中的...按钮，弹出“填充图案选项板”对话框。切换至ANSI选项卡，在列表框中选择ANSI31选项，然后单击“确定”按钮，如图7-69所示。选择填充区域，填充“比例”设置为3，其余设置选择默认。

10 完成的最终绘制效果如图7-70所示（光盘:\最终文件\第7章\实例3.dwg）。

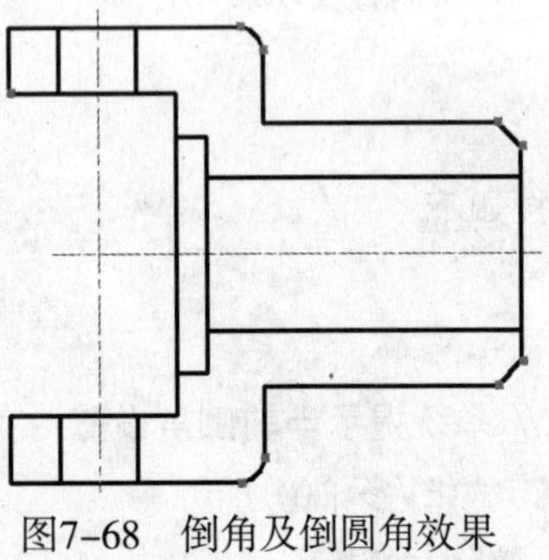
图7-68　倒角及倒圆角效果

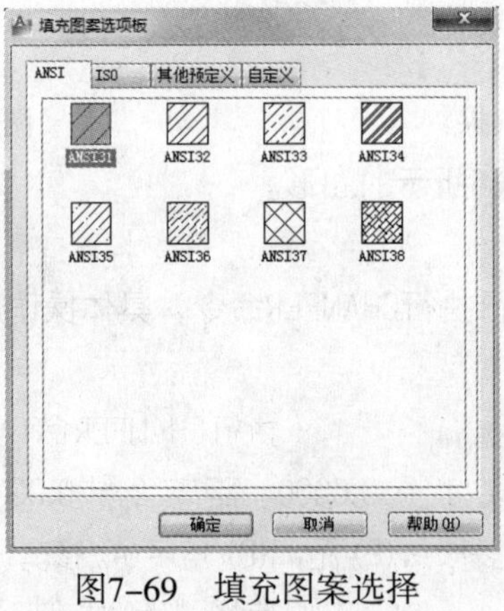

图7-69　填充图案选择

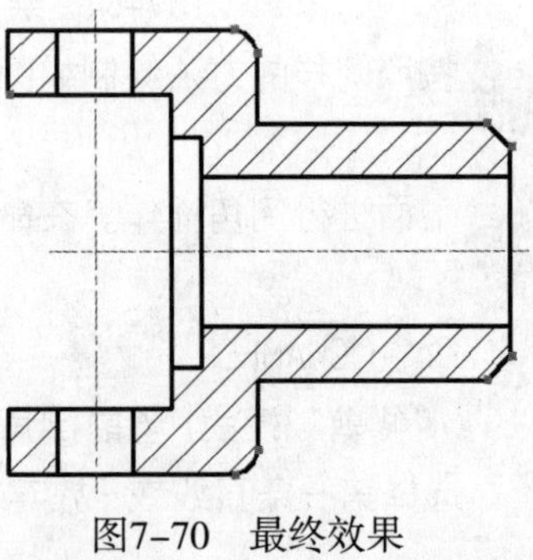
图7-70　最终效果

7.7 本章小结

本章主要介绍了图案填充的相关内容和面域等知识。通过本章的学习，读者应该了解图案填充在工程中的应用。图案的创建包含了很多内容，包括图案边界的选择、填充图案的选择等。希望通过对这些内容的学习，大家能熟练应用图案填充，同时为后续复杂图形的绘制打下坚实的基础。本章主要内容可以归结为以下几点：

（1）了解了图案填充的概念及主要作用。

（2）掌握了图案填充的方法及填充过程中应该注意的问题。

（3）学会了创建图案填充边界及图案。

（4）学习了编辑图案填充。

（5）学习了渐变色填充。

（6）学习了孤岛设置。

7.8 课后练习

下面给出几个图形（见图7-71），通过对几个图形的创建，体会图案填充的相关内容，同时也可以练习之前所学的图形绘制及编辑的相关命令，包括圆等基本线条的绘制，以及修剪、复制、镜像等简单的图形编辑命令。

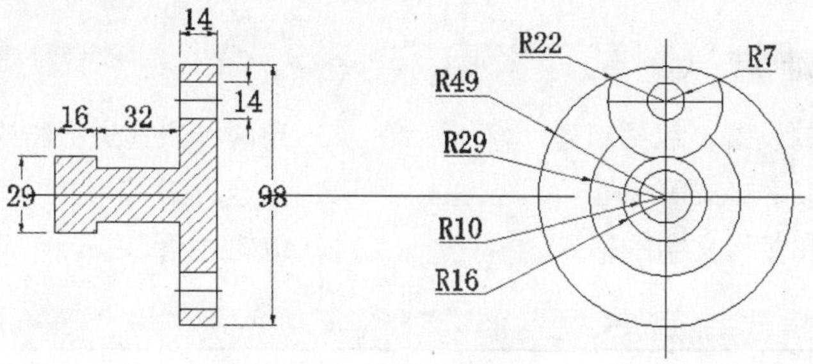

（a）练习1

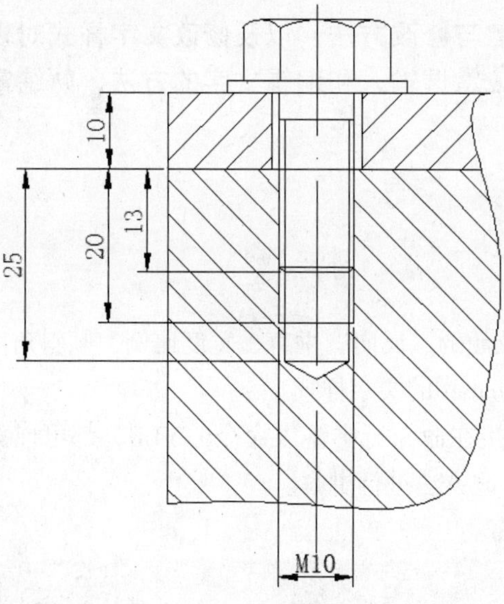

（b）练习2

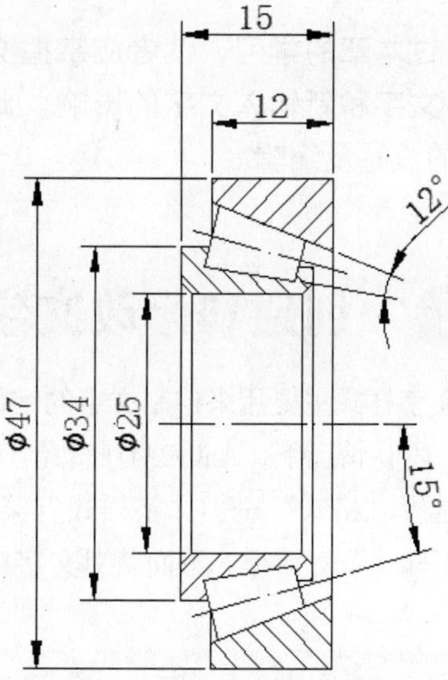

（c）练习3

图7-71　练习

第8章 创建文字说明及表格

学习导航

对于一幅完整的工程图来说，文字说明是必须的，如技术要求、标题栏等，这时就需要AutoCAD中的文本输入功能。本章将介绍文本格式的设置、文本输入等操作，使读者能独立创建文字说明。本章还将介绍表格的创建及编辑等相关内容。

学习目标

通过本章的学习，应该掌握使用文字说明的要点及它的重要性，同时还应熟悉技术要求、标题栏等的相关规定。对文字说明，首先应该学会创建新文字样式的方法及各种文字样式，学会特殊符号的输入，并学会创建表格及编辑表格。

学习重点与难点

- □ 文字样式的设置，包括新建、修改、删除文字样式等
- □ 单行文字和多行文字的输入
- □ 用两种方式进行特殊符号的输入
- □ 创建表格
- □ 编辑表格

通过本章的学习，读者应掌握文字样式的创建与修改方法，以及修改文字样式对现有文字和新输入文字的影响。此外，读者还应掌握输入和编辑文字的方法，熟练掌握表格的设置及编辑。

8.1 创建和修改文字样式

文字样式主要用来控制文字的字体、高度，以及颠倒、反向、垂直、宽度比例、倾斜角度等效果。默认情况下，AutoCAD自动创建了一个名为Standard的文字样式。

选择“格式”→“文字样式”菜单命令，或直接在命令行中输入命令STYLE，都可以打开“文字样式”对话框。下面就对文字样式的创建及修改方法进行讲解。

8.1.1 创建文字样式

在使用AutoCAD的文字进行文字注释之前，需要对文字样式的字体、字号、倾斜角度、方向和其他文字特性进行相关设置，这也是保证文字说明能满足要求所必须的。调用“文字样式”命

令的方法如下：

- 在“常用”选项卡的“注释”组中，单击旁边的按钮，在弹出的下拉列表中单击“文字样式”按钮。
- 在“注释”选项卡的“文字”组中，单击其右下角的按钮。
- 在命令行中执行STYLE或ST命令。

边学边练 069 新建文字样式

01 利用上述几种方法打开“文字样式”对话框，单击“新建”按钮，弹出“新建文字样式”对话框。在该对话框“样式名”文本框中输入样式名称，这里输入“机械设计”，如图8-1所示，然后单击“确定”按钮。

02 返回“文字样式”对话框，在“字体”选项组中的“字体名”下拉列表中选择“宋体”选项，在“高度”文本框中输入8，如图8-2所示。然后单击“应用”按钮，再单击“关闭”按钮，保存设置并关闭对话框，完成创建名为“机械设计”的新文字样式。

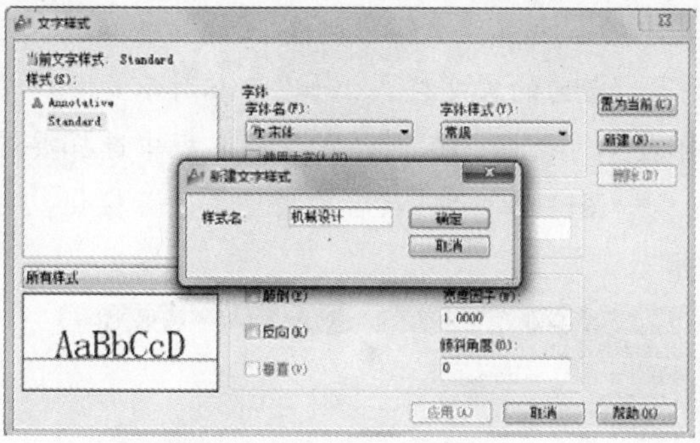

图8-1 新建文字样式

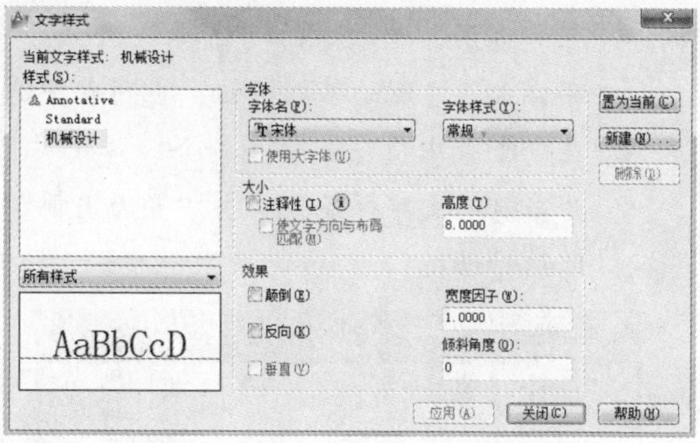

图8-2 设置文字高度等信息

“文字样式”对话框中各个选择都有着具体的意义，部分选项含义如下所示。

- “删除”按钮：删除指定的文本样式。
- 当前文字样式：显示当前正在使用的文字样式名称。
- 样式：显示图形中所有的文字样式。列表框中包括已定义的样式名并默认显示选择的当前样式。
- 样式列表过滤器（所有样式）：可以在该下拉列表中指定在样式列表中显示所有样式还是仅显示使用中的样式。
- 预览：位于样式列表过滤器下方，随着字体的改变和效果的修改而动态显示样例文字的预览效果。
- “字体名”下拉列表：该下拉列表中列出了AutoCAD自带的字体。
- “使用大字体”复选框：用于选择是否使用大字体。选择该复选框，则为使用“大字体”。
- “大字体”下拉列表：显示了所有的大字体文字样式名称，用于选择大字体文件。用户可从中选择一个样式，使其成为当前样式。
- “高度”文本框：输入字体的高度。如果用户在该文本框内指定了文字的高度，则使用Text（单行文字）命令时，系统将不提示“指定高度”选项。
- “颠倒”复选框：选择该复选框，可以将文字进行上下颠倒显示。该选项只影响单行文字。

- “反向”复选框：选择该复选框，可以将文字进行首尾反向显示。该选项只影响单行文字。
- “宽度因子”文本框：设置字符间距。输入小于1.0的值，将紧缩文字；输入大于1.0的值，则加宽文字。
- “倾斜角度”文本框：用于指定文字的倾斜角度。
- “应用”按钮：将对文本样式应用于当前文本。
- “关闭”：关闭当前对话框。

特别要注意的是，在设置文字倾斜的时候，指定文字倾斜角度时，如果角度值为正数，则其方向是向右倾斜；如果角度值为负数，则其方向是向左倾斜。

8.1.2 应用文字样式

在AutoCAD 2012中，如果要应用某个文字样式，需将文字样式设置为当前文字样式，方法如下：

- 在“常用”选项卡的“注释”组中，单击其中的▾按钮，在弹出的下拉列表中单击“文字样式”右侧的下拉按钮，在列表中选择要置为当前的文字样式，如图8-3所示。
- 在命令行中执行STYLE命令，弹出“文字样式”对话框，在“样式”列表框中选择要置为当前的文字样式，单击“置为当前”按钮，如图8-4所示。然后单击“关闭”按钮，关闭该对话框。

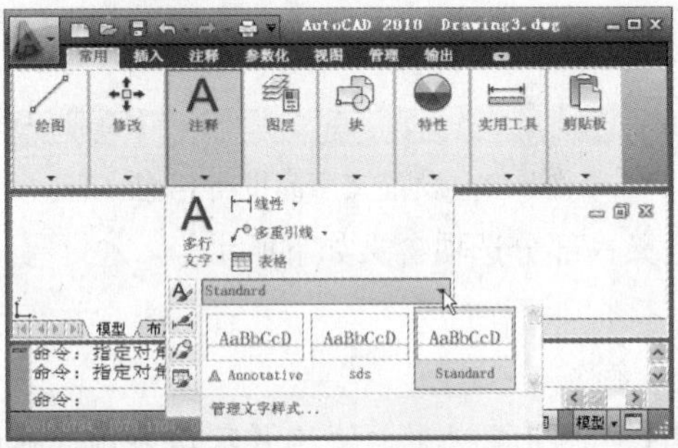

图8-3 打开文字样式

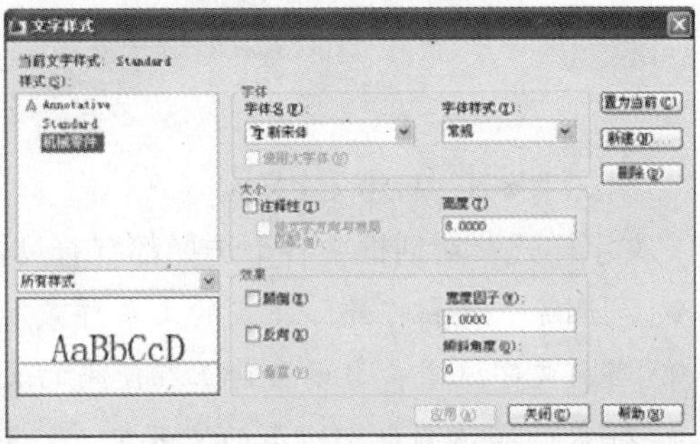

图8-4 应用文字样式

8.1.3 重命名文字样式

与图层设置类似，文字样式的名字也可以修改。在文字样式的使用过程中，如果对文字样式名称不满意，可以对其进行重命名操作，以方便查看使用，但系统默认的Standard文字样式不能进行重命名操作。重命名文字样式有以下两种方式：

- 在命令行中执行STYLE命令，弹出“文字样式”对话框，在“样式”列表框中右击要重命名的文字样式，在弹出的快捷菜单中选择“重命名”命令，如图8-5所示。此时被选择的文字样式名称呈可编辑状态，输入新的文字样式名称，按Enter键，确认重命名操作。
- 在命令行中执行RENAME命令，弹出“重命名”对话框，在“命名对象”列表框中选择“文字样式”选项，在“项目”列表框中选择要修改的文字样式名称，如图8-6所示。然后在下方的空白文本框中输入新的名称，单击“确定”按钮或“重命名为”按钮即可。

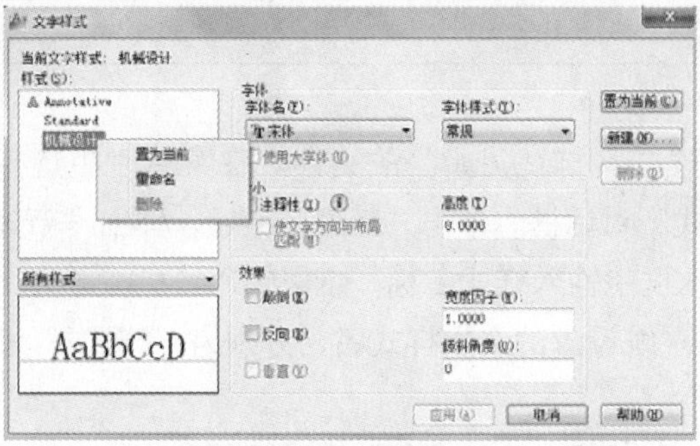

图8-5　重命名方法1

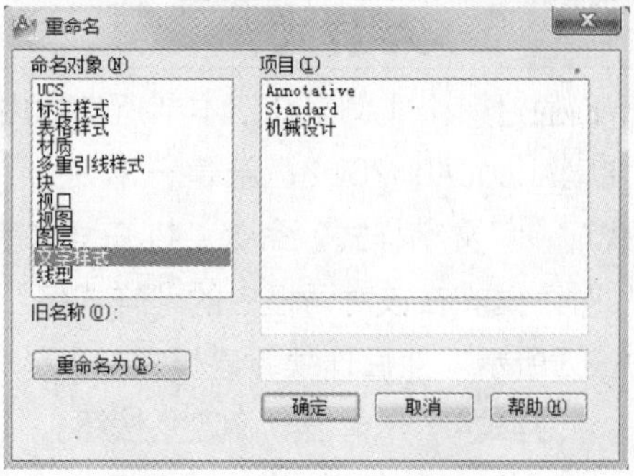

图8-6　重命名方法2

对于图层、标注样式、线型等，都可以通过使用RENAME命令对其进行重命名。这个命令非常简单方便。

8.1.4　删除文字样式

如果对已创建的文字样式不满意，可以对其进行删除。删除方法有两种，具体操作如下：

- 在命令行中执行STYLE命令，弹出“文字样式”对话框，如图8-7所示。在“样式”列表框中选择要删除的文字样式，单击“删除”按钮，弹出如图8-8所示的“acad警告”对话框，单击“确定”按钮，即可删除当前选择的文字样式，返回“文字样式”对话框。然后单击“关闭”按钮，关闭该对话框。

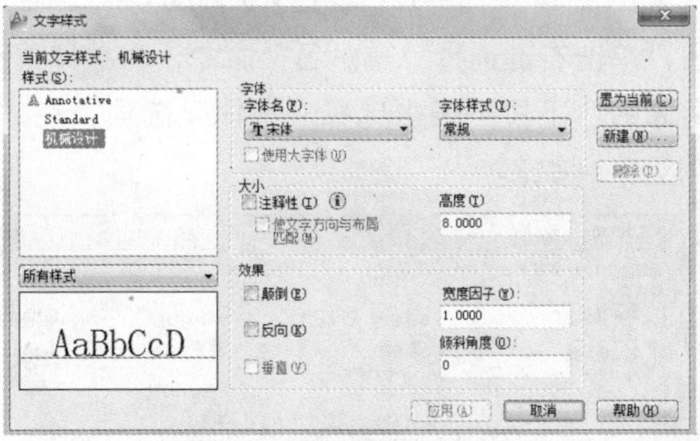

图8-7　选择删除对象

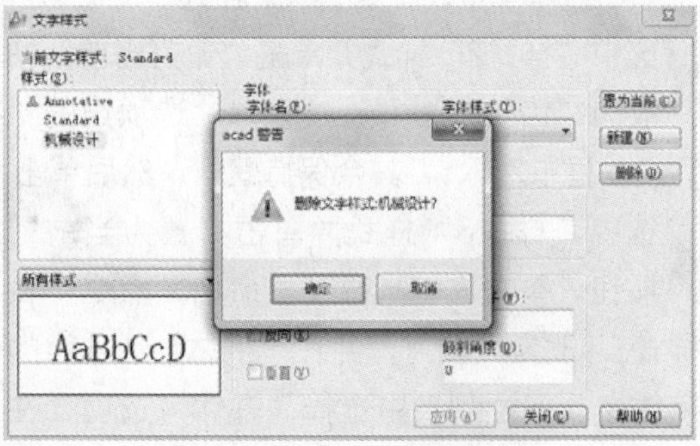

图8-8　提示信息

- 在命令行中执行PURGE命令，弹出如图8-9所示的“清理”对话框。单击“查看能清理的项目”单选按钮，在“图形中未使用的项目”列表框中双击“文字样式”选项展开此项，将显示当前图形文件中的所有文字样式。选择要删除的文字样式，然后单击“清理”按钮即可，如图8-10所示。

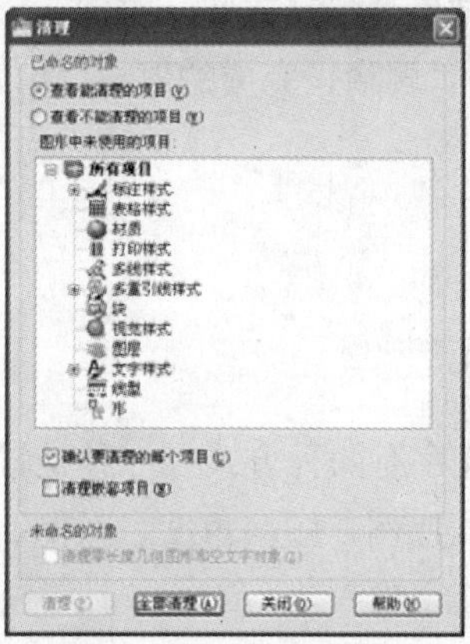

图8-9　“清理”对话框

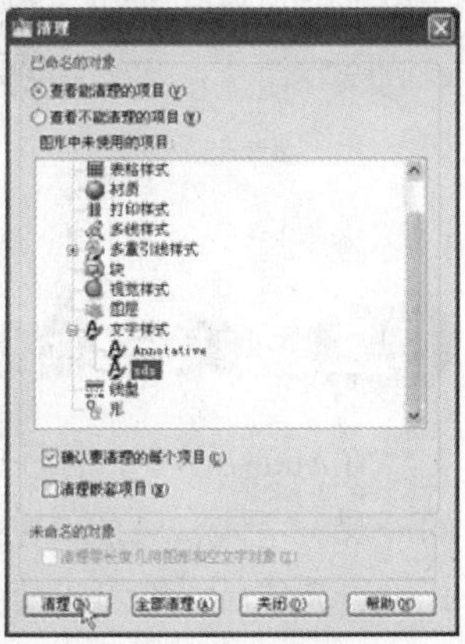

图8-10　清理文字样式

自我强化 文字样式

下面通过一个实例来介绍本节所学的内容。

01 启动AutoCAD 2012，新建一个名为“新建文字样式.dwg”的文件。在菜单栏中选择“格式”→“文字样式”命令，打开“文字样式”对话框。单击“新建”按钮，弹出“新建文字样式”对话框。在该对话框中的“样式名”文本框中输入样式名称，这里输入“机械零件图”，如图8-11所示。然后连续新建样式并默认使用系统设置的文本样式名，分别为“样式2”、“样式3”、“样式4”，单击“确定”按钮。

02 选中“机械零件图”样式并单击“置为当前”按钮，在“字体”选项组的“字体名”下拉列表中选择“宋体”选项，在“高度”文本框中输入20，其余保持默认，如图8-12所示，然后单击“应用”按钮。

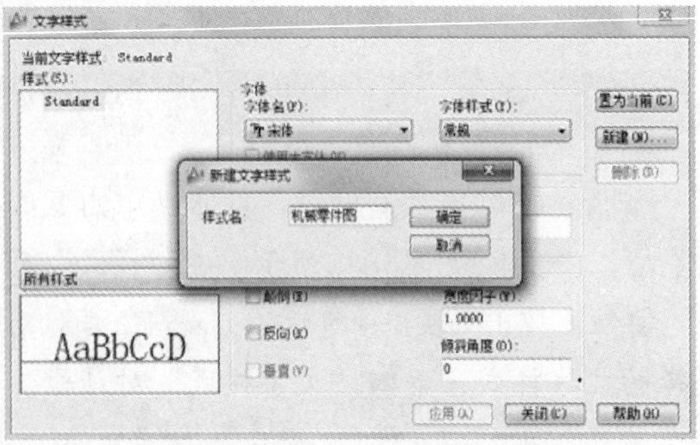

图8-11 新建文字样式

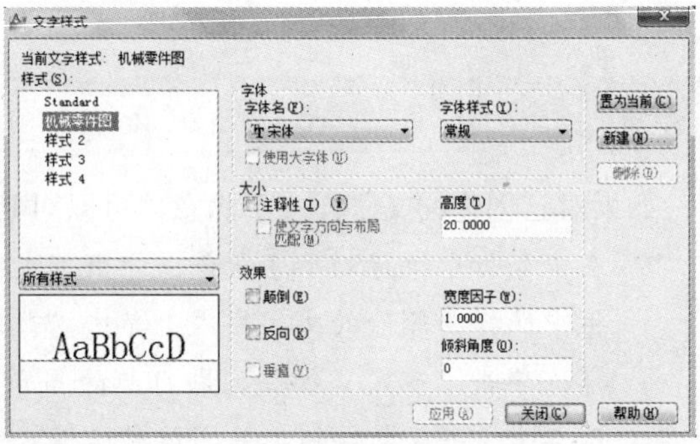

图8-12 设置文字高度

03 选中“样式2”样式并单击“置为当前”按钮，单击右键选择“重命名”命令，将“样式2”改为“齿轮”，并在“字体”选项组的“字体名”下拉列表中选择“宋体”选项，在“高度”文本框中输入5，其余保持默认，然后单击“应用”按钮。

04 选中“样式3”样式并单击“置为当前”按钮，单击右键选择“重命名”命令，将“样式3”改为“轴”，并在“字体”选项组的“字体名”下拉列表中选择“宋体”选项，在“高度”文本框中输入15，其余保持默认，然后单击“应用”按钮。右键单击“样式4”选择“删除”命令，将“样式4”删除，完成的效果如图8-13所示。

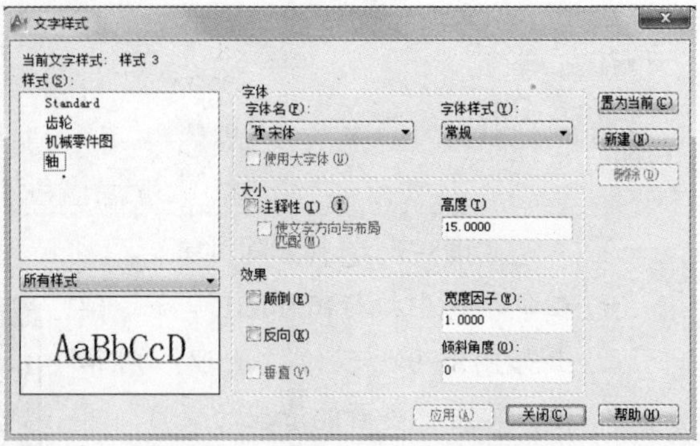

图8-13 最终文字样式效果

8.2 文字输入

在AutoCAD中，标注文字有两种方式：一种是输入单行文字，另一种是输入多行文字。文字的外观（字体、尺寸、宽度比例、倾斜角度、颠倒、反向等）可通过文字样式来定义。对文字样式设置完成后，即可进行文字输入。

8.2.1 输入与编辑单行文字

单行文字主要用来创建简短的文字项目，如标题栏中的信息等。用“单行文字”命令输入文本时，每行文字都是一个独立的对象；而使用多行文字时，多行文字注释作为一个整体“块”出现。输入单行文字是指在输入文字信息时，用户可以创建一行或多行文字，其中每行文字都是独立的文字对象，并且可以对其进行相应的编辑操作，如重定位、调整格式或进行其他修改等。如图8-14所示为单行文字效果。

中文版AutoCAD 2012

图8-14 单行文字效果

1. 输入单行文字

单行文字主要用于不需要多种字体和多行文字的简短输入，输入单行文字的方法如下：

- 在“常用”选项卡的“注释”组中，单击“多行文字”右侧的下拉按钮，在其下拉列表中单击“单行文字”按钮A。
- 在“注释”选项卡的“文字”组中，单击“多行文字”右侧的下拉按钮，在其下拉列表中单击“单行文字”按钮A。
- 在命令行中执行DTEXT或TEXT命令。

边学边练 070 输入单行文字

01 启动AutoCAD 2012，新建一个名为“输入单行文字.dwg”的文件，在命令行中输入DTEXT命令，具体操作过程如下：

命令：DTEXT （执行DTEXT命令）
当前文字样式："Standard" 文字高度：2.5000 注释性：否
（系统提示当前文字样式设置）
指定文字的起点或 [对正(J)/样式(S)]： （在绘图区指定一点作为起点）
指定高度 <2.5000>：5 （指定文字高度，这里输入文字高度值为5）
指定文字的旋转角度<0>： （按Space键确认旋转角度为0）

02 绘图区内出现如图8-15所示的文字输入框，这里输入单行文字“硬质合金铣削刀具”，然后连续两次按Enter键结束单行文字的输入，完成后的效果如图8-16所示。

图8-15 文字输入框

硬质合金铣削刀具

图8-16 文字效果

在执行命令及文字编辑过程中，会出现一些命令，部分含义如下所示。

- 对齐：指定输入文本基线的起点和终点，使输入的文本在起点和终点之间重新按比例设置文本的字高，并均匀放置在两点之间。
- 中间：指定一个坐标点，确定文本的高度和文本的旋转角度，把输入的文本中心和高度中心放在指定坐标点。

- 右：将文本右对齐，起始点在文本的右侧。
- 左上：指定标注文本左上角点。
- 中上：指定标注文本顶端中心点。
- 右上：指定标注文本右上角点。
- 左中：指定标注文本左端中心点。
- 正中：指定标注文本中央的中心点。
- 右中：指定标注文本右端中心点。
- 左下：指定标注文本左下角点，确定与水平方向的夹角为文本的旋转角度，则过该点的直线就是标注文本中最低字符的基线。
- 中下：指定标注文本底端的中心点。
- 右下：指定标注文本右下角点。

需要注意的是在输入单行文字时，如果输入的符号显示为?，则表示由于当前字体库中没有该符号，只需将当前字体设置为txt.shx即可。

2. 编辑单行文字

输入单行文字后，还可以对其特性和内容进行编辑，有以下两种方法：

- 双击需要编辑的单行文字，待文字呈可输入状态时，输入正确的文字内容即可。
- 在命令行中输入DDEDIT或ED命令。

边学边练 071 编辑单行文字

01 打开“编辑单行文字.dwg”图形文件（光盘:\原始文件\第8章\编辑单行文字.dwg），在命令行中执行DDEDIT命令，具体操作过程如下：

命令：DDEDIT	（执行DDEDIT命令）
选择注释对象或 [放弃(U)]:	（选择需要编辑的文字，如图8-17所示）
选择注释对象或 [放弃(U)]:	（输入正确的文本“中间轴的技术要求”）
选择注释对象或 [放弃(U)]:	（连续两次按Enter键结束该命令，效果如图8-18所示）

图8-17 选择文字对象

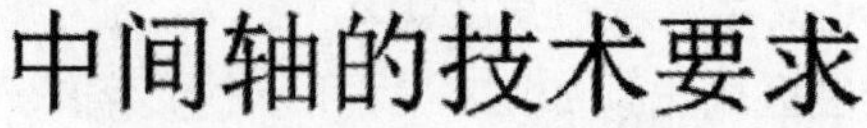

图8-18 编辑完成效果图

02 选择“中间轴的技术要求”文字，按Ctrl+1组合键，打开“特性”选项板，在“常规”栏的“颜色”下拉列表中选择“蓝”选项，在“线宽”下拉列表中选择“默认”选项，在“文字”栏的“旋转”文本框中输入-20，如图8-19所示。

03 单击“特性”选项板的“关闭”按钮✖，关闭该选项板，返回绘图区，按Esc键取消文字的选择状态。

04 此时可以看到单行文字的位置和颜色等都发生了变化，编辑后的效果如图8-20所示（光盘:\最终文件\第8章\编辑单行文字.dwg）。

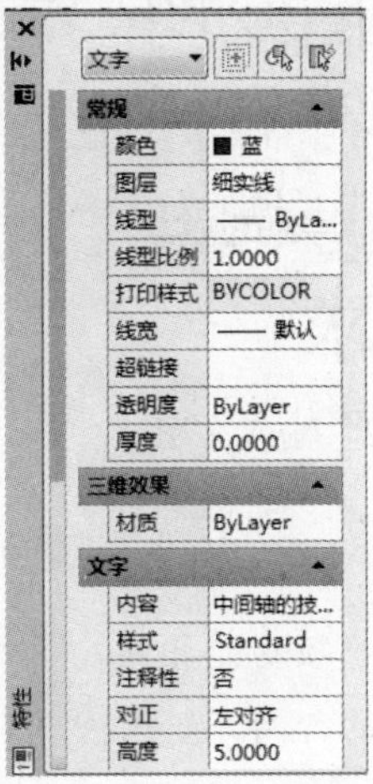

图8-19 “特性”选项板

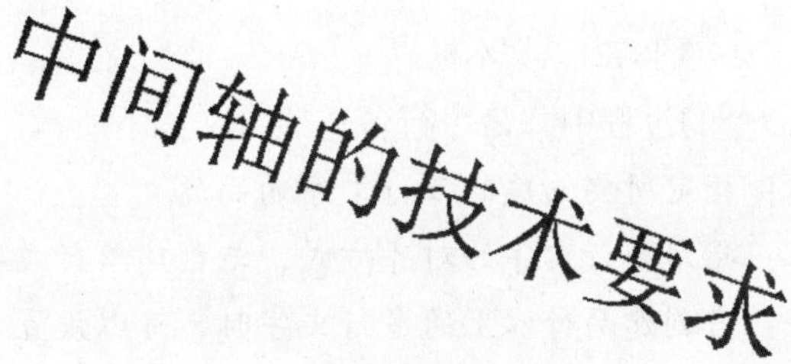

图8-20 编辑效果

8.2.2 输入与编辑多行文字

输入多行文字是指在输入文字信息时，可以将若干文字段落创建为单个多行文字对象。当然，多行文字也是可以进行编辑的。

1. 输入多行文字

多行文字适用于较多或较复杂的文字注释，调用该命令的方法如下：

- 在“常用”选项卡的“注释”组中，单击“多行文字”按钮A。
- 在“注释”选项卡的“文字”组中，单击“多行文字”按钮A。
- 在命令行中执行MTEXT、MT或T命令。

边学边练 072 输入多行文字

01 启动AutoCAD 2012，新建一个名为“输入多行文字.dwg”的文件。在命令行中执行T命令，具体操作过程如下：

命令：T （执行T命令）
当前文字样式："Standard" 当前文字高度：2.5 （系统显示当前文字样式及文字高度）
指定第一角点： （在绘图区任意位置拾取一点）
指定对角点或 [高度(H)/对正(J)/行距(L)/旋转(R)/样式(S)/宽度(W)]：
（呈对角拖动鼠标，绘制文本框）

02 系统自动启动“文字编辑器”选项卡，绘图区内出现如图8-21所示的文本框。在文本框中输入需要创建的文字，这里输入“机械制图绘图要求”，并按Enter键换行。

03 按照相同的方法，输入如图8-22所示的文本内容，在“文字编辑器”选项卡的“关闭”中单击“关闭文字编辑器”按钮，退出多行文字输入状态，返回绘图区，即可看到输入文字后的效果，如图8-23所示。

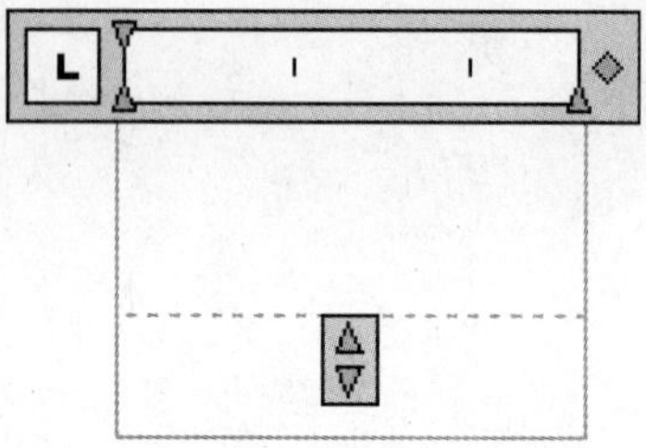

图8-21　文本框

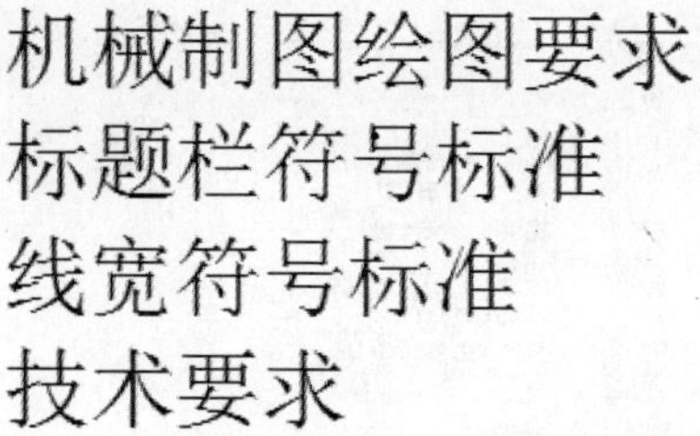

图8-22　输入文字

在执行命令的过程中，命令行各选项含义如下所示。

- 高度：指定所要创建的多行文字的高度。
- 对正：指定多行文字的对齐方式，与创建单行文字时的该选项功能相同。
- 行距：当创建两行以上的多行文字时，可以设置多行文字的行间距。
- 旋转：设置多行文字的旋转角度。
- 样式：指定多行文字要采用的文字样式。
- 宽度：设置多行文字所能显示的单行文字宽度。

2. 编辑多行文字

输入多行文字后，如发现输入的文字内容有误或需要添加某些特殊内容时，可以对输入的文本进行编辑，方法有以下4种。

- 在菜单栏中选择“修改”→“对象”→“文字”→“编辑”命令。
- 选择要编辑的多行文字，右击，在弹出的快捷菜单中选择“编辑多行文字”命令。
- 双击需要编辑的多行文字。
- 在命令行中执行MTEDIT、DDEDIT或ED命令。

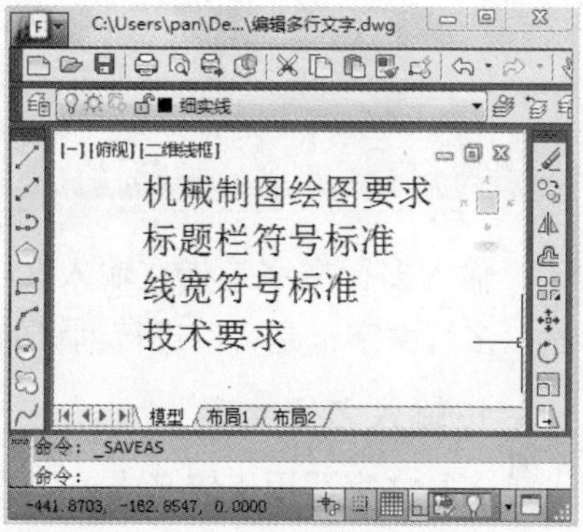

图8-23　文本效果图

边学边练 073　编辑多行文字

01 打开“编辑多行文字.dwg”图形文件（光盘:\原始文件\第8章\编辑多行文字.dwg），如图8-24所示，在命令行中执行ED命令，具体操作过程如下：

命令：ED	（执行ED命令）
选择注释对象或 [放弃(U)]:	（选择要编辑的多行文字对象，并自动打开“文字编辑器”选项卡，此时可以对文字内容进行修改，在文本框中选择第一行文本内容，在“文字编辑器”选项卡的“格式”组中，单击I按钮，然后单击U按钮，再单击后面的颜色选项，将文字对象设置为红色，如图8-25所示。按照相同的方法设置其他文字）
选择注释对象或 [放弃(U)]:	（在“文字编辑器”选项卡的“关闭”组中，单击“关闭文字编辑器”按钮✕，退出编辑多行文字）

02 返回绘图区，多行文字编辑后的效果如图8-26所示（光盘:\最终文件\第8章\编辑多行文字.dwg）。

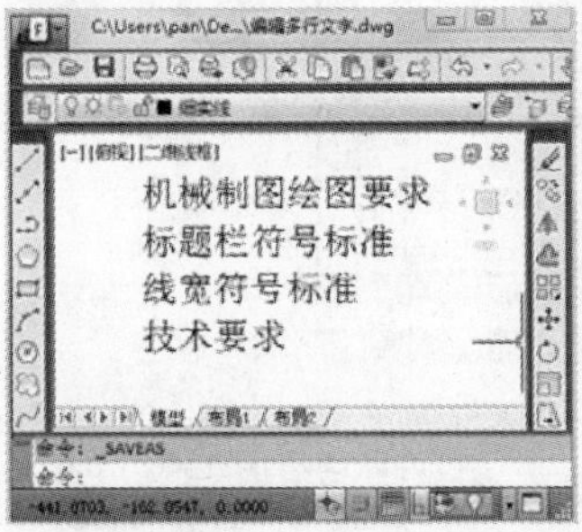

图8-24 原效果图

图8-25 选择字体更改

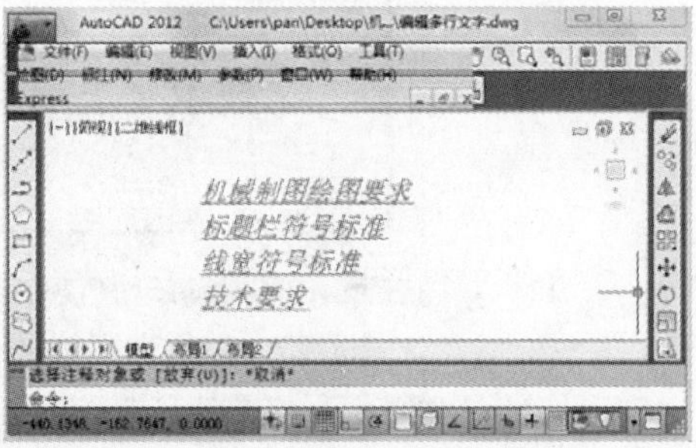

图8-26 更改后效果

注意

双击需要编辑的文字，系统直接进入编辑状态。另外，编辑一个文字对象后，系统将继续提示“选择注释对象或［放弃（U）］：”，用户可以继续编辑其他文字，直至按Enter键或Esc键退出命令为止。

自我强化 文字练习

01 启动AutoCAD 2012，新建“文字练习.dwg”图形文件。在命令行中输入DTEXT命令，具体操作过程如下：

命令：DTEXT （执行DTEXT命令）

当前文字样式："Standard" 文字高度：2.5000 注释性：否 （系统提示当前文字样式设置）

指定文字的起点或 [对正(J)/样式(S)]: （在绘图区指定一点作为起点）

指定高度 <2.5000>: 5 （指定文字高度，这里输入文字高度值为5）

指定文字的旋转角度<0>: （按Space键确认旋转角度为0）

输入“技术要求”几个字，效果如图8-27所示。

02 下面进行多行文字的输入。在命令行中执行T命令，具体操作过程如下：

命令：T （执行T命令）

当前文字样式："Standard" 当前文字高度：2.5 （系统显示当前文字样式及文字高度）

指定第一角点： （在绘图区任意位置拾取一点）

指定对角点或 [高度(H)/对正(J)/行距(L)/旋转(R)/样式(S)/宽度(W)]: （呈对角拖动鼠标，绘制文本框）

输入如图8-28所示的“技术要求”下面的文字。

03 下面对刚才创建的多行文字进行编辑。双击多行文字，系统弹出如图8-29所示的工具栏。选中多行文字中的所有内容，打开 宋体 下拉列表，选择“华文仿宋”字体；单击**B**，对字体进行加粗；单击 ByLayer ，在下拉列表中选择“红色”。

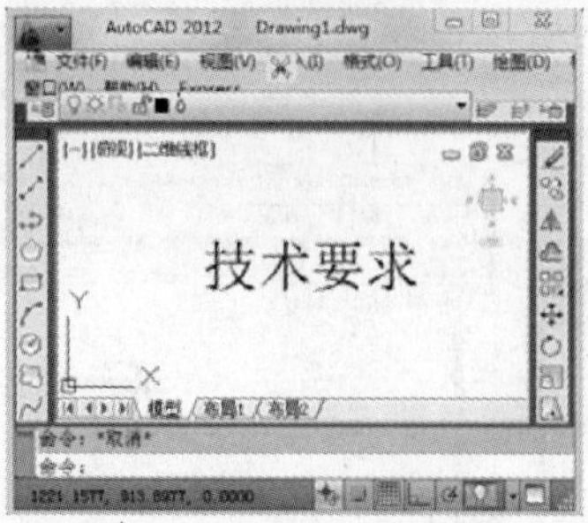

图8-27　单行文字效果

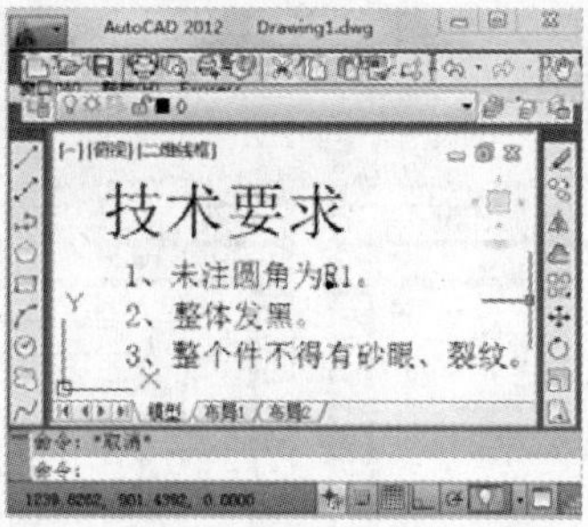

图8-28　多行文字

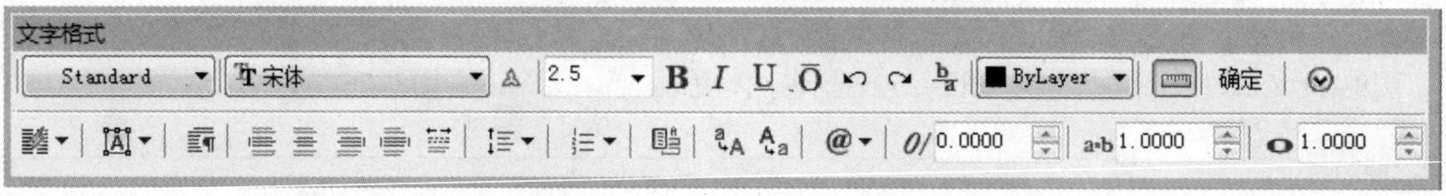

图8-29　“文字格式”工具栏

04 返回绘图区，最终效果如图8-30所示（光盘:\最终文件\第8章\文字练习.dwg）。

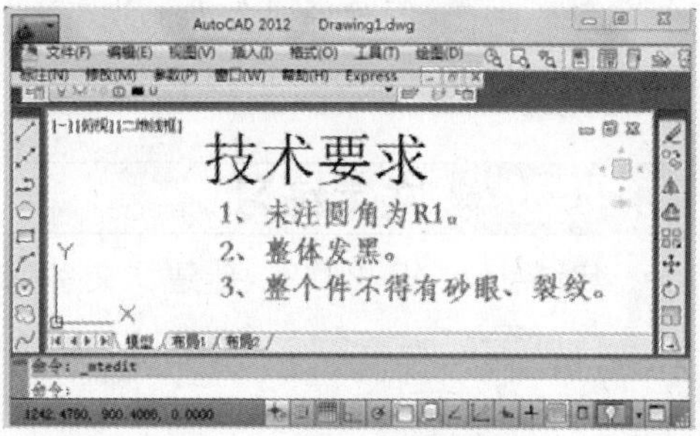

图8-30　最终效果图

8.3 查找与替换

与Word文档类似，在输入的文字内容过多时，为了避免出现错别字，用户可以通过AutoCAD的查找与替换功能对其进行检测，调用该命令的方法如下：

- 在“注释”选项卡的“文字”组中，在“查找文字”文本框中输入要查找的文本，然后单击按钮。
- 双击需要查找与替换的文本，启动“文字编辑器”选项卡，在“工具”组单击“查找和替换”按钮。
- 在命令行中执行FIND命令。

边学边练 074　查找与替换文本

01 打开“查找与替换.dwg”图形文件（光盘:\原始文件\第8章\查找与替换.dwg），如图8-31所示，在命令行中执行FIND命令，弹出“查找和替换”对话框。

02 在“查找内容”文本框中输入“消”，在“替换为”文本框中输入“销”，在“查找位置”下拉列表中选择“整个图形”选项，如图8-32所示，然后单击“查找”按钮。

03 此时绘图区的多行文字呈灰底显示，查找到的字呈墨绿底显示。单击“替换”按钮，系统将弹出如图8-33所示的对话框，单击“确定”按钮。

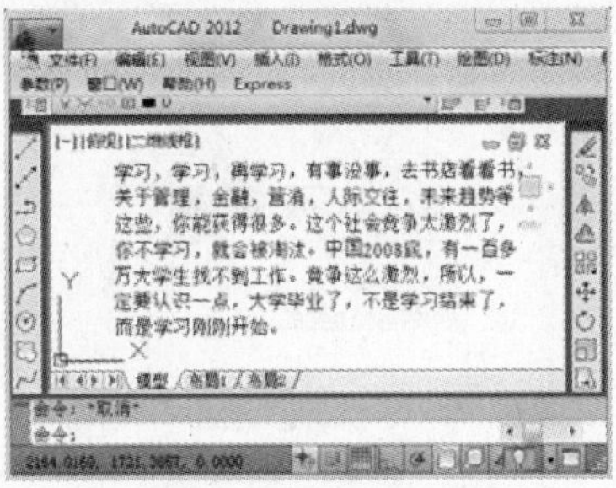

图8-31　原文本

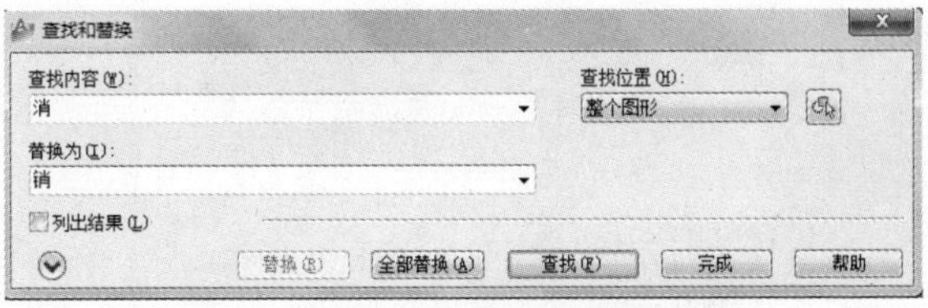

图8-32　查找文本

04 返回“查找和替换”对话框，单击“完成”按钮。在绘图区中可以看到文字中的“消”被替换成“销”，效果如图8-34所示（光盘:\最终文件\第8章\查找与替换.dwg）。

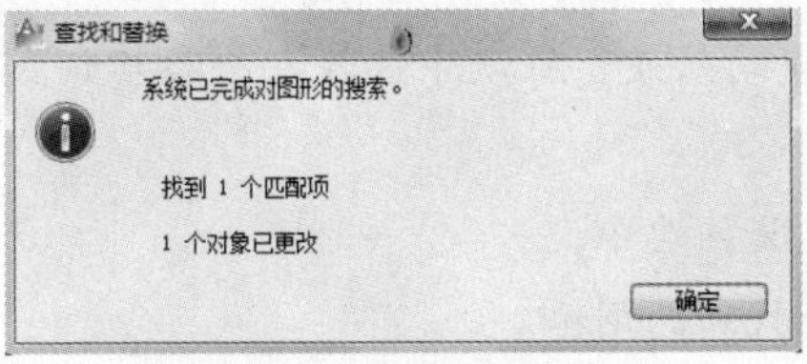

图8-33　查找和替换提示

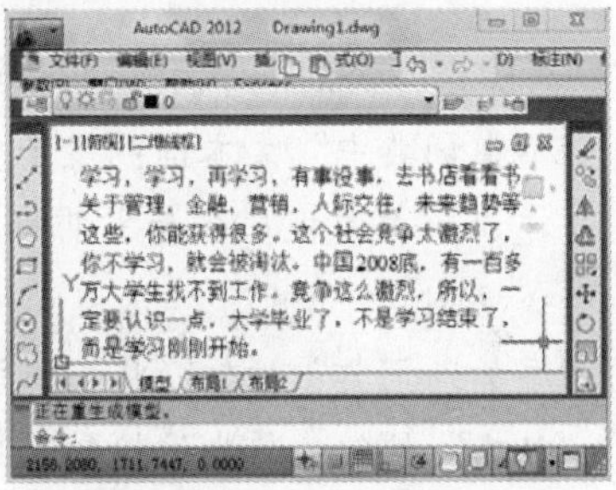

图8-34　最终效果文本

8.4 检查

有时候，人为输入文本准确率不是那么高。为了提高文本的准确度，输入文本内容后，可以使用AutoCAD提供的拼写检查功能对其进行检查，如果文本中出现错误，系统会建议对其进行修改。调用该命令的方法如下：

- 在“注释”选项卡的“文字”组中，单击“拼写检查”按钮。
- 双击需要进行拼写检查的文本，启动“文字编辑器”选项卡，在“拼写检查”组中单击“拼写检查”按钮。
- 在命令行中执行SPELL命令。

边学边练 075　拼写检查

01 打开某图形文件文件后，在命令行中执行SPELL命令，弹出“拼写检查”对话框。效果如图8-35所示。

02 单击“开始”按钮，系统自动进行拼写检查，如果某一个单词拼写错误，系统会在“不在词典中”文本框中显示错误的单词，在“建议”文本框中给出与原单词最接近的修改单词。在其下方的列表框中，系统还提供了很多建议修改方式供用户选择。用户选择相应方案后单击“全部修改”按钮。

03 此时会弹出如图11-36所示的对话框，提示拼写检查完成。单击“确定”按钮，返回“拼写检查”对话框，单击“关闭”按钮。

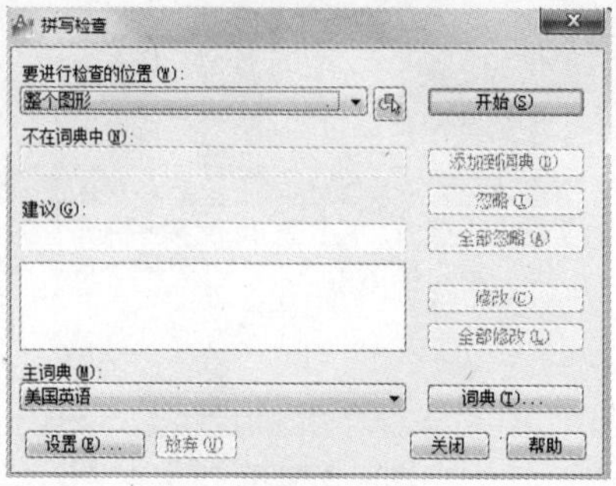

图8-35　查找结果

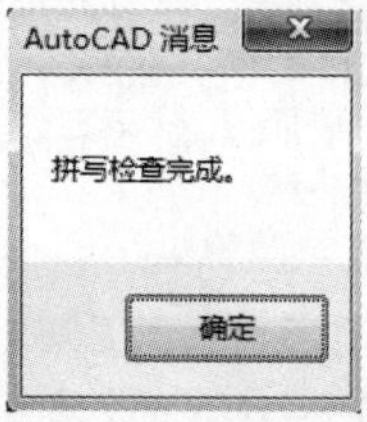

图8-36　提示信息

04 返回绘图区，即可看到文本中错误的单词被修改成正确的单词。

“拼写检查”对话框中各选项的含义如下所示。

- “不在词典中”文本框：显示查找到的拼写有误的单词。
- “建议”文本框：显示当前词典中建议的替换词列表，可从中选择一个替换词或输入一个替换词。
- “添加到词典”按钮：将当前词语添加到自定义词典中。
- “忽略”按钮：单击该按钮，将不更改当前查找到的词语。
- “全部忽略”按钮：单击该按钮，将跳过所有与当前词语相同的词语。
- “修改”按钮：单击该按钮，将以“建议”文本框中的词语替换拼写有误的词语。
- “全部修改”按钮：单击该按钮，将以“建议”文本框中的词语替换所有与当前词语相同的词语。

8.5 输入特殊符号

在AutoCAD中，工程图的标注不仅仅需要数值，有时需要输入一些特殊字符，如上划线、下划线、度数、±、ϕ等。用户可以通过AutoCAD提供的控制符进行输入。

1. 通过控制码或统一码输入特殊符号

在标注文字说明时，如需输入下划线（_）、度（°）和正负符号（±）等特殊符号，用户可以使用相应的控制码输入，其控制码的输入和说明如表8-1所示。

表8-1　控制码

控制码	特殊字符	说明
%%p	±	正负符号
%%0	‾	上划线
%%c	ϕ	直径符号
%%d	°	度
%%u	_	下划线

边学边练 076　控制码的输入

01 启动AutoCAD 2012，在命令行中输入DTEXT命令，具体操作过程如下：

命令：DTEXT　　　　　　　　　　　　　　（执行DTEXT命令）
当前文字样式：" Standard"　文字高度：2.5000　注释性：否
　　　　　　　　　　　　　　　　　　　（系统提示当前文字样式设置）
指定文字的起点或 [对正(J)/样式(S)]:　　　（在绘图区指定一点作为起点）
指定高度 <2.5000>:　　　　　　　　　　（按Space键，保存默认文字高度不变）
指定文字的旋转角度 <0>:　　　　　　　　（按Space键，保存默认文字旋转角度）

02 绘图区内出现文字输入框，输入"%%p0.02"，然后连续两次按Enter键结束单行文字输入，完成后的效果如图8-37所示。

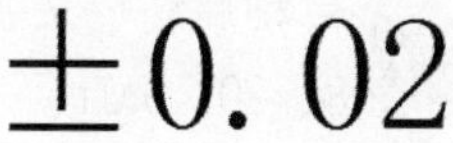

图8-37　效果文本

2. 通过"文字编辑器"选项卡插入特殊符号

在输入多行文字时，在"文字编辑器"选项卡的"插入"组中单击"符号"按钮@，也可以插入特殊符号。

边学边练 077　特殊符号的输入

01 在命令行中执行T命令，具体操作过程如下：

命令：T　　　　　　　　　　　　　　　　（执行T命令）
当前文字样式："Standard"　当前文字高度：2.5　（系统显示当前文字样式及文字高度）
指定第一角点:　　　　　　　　　　　　　（在绘图区任意位置拾取一点）
指定对角点或 [高度(H)/对正(J)/行距(L)/旋转(R)/样式(S)/宽度(W)]:
　　　　　　　　　　　　　　　　　　　（呈对角拖动鼠标，绘制文本框）

02 启动"文字编辑器"选项卡，绘图区内出现文本框。在文本框中输入需要创建的文字，这里输入如图8-38所示的文本内容。

03 将鼠标光标定位到插入位置后，在"文字编辑器"选项卡的"插入"组中，单击"符号"按钮@，在弹出的下拉列表中选择"正/负"选项和"度数"选项，如图8-39所示。返回绘图区，即可看到在文字说明中插入了"±"和"°"特殊符号，效果如图8-40所示。

图8-38　文字

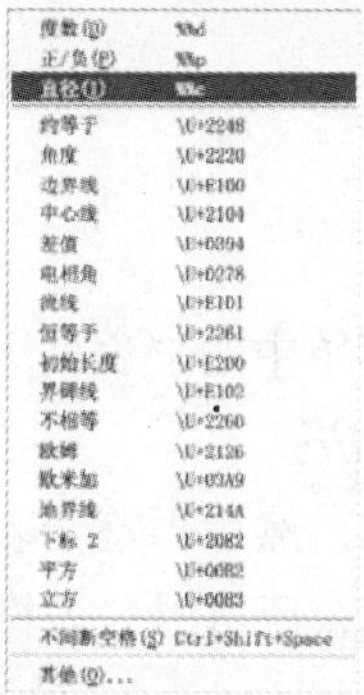

图8-39　符号列表

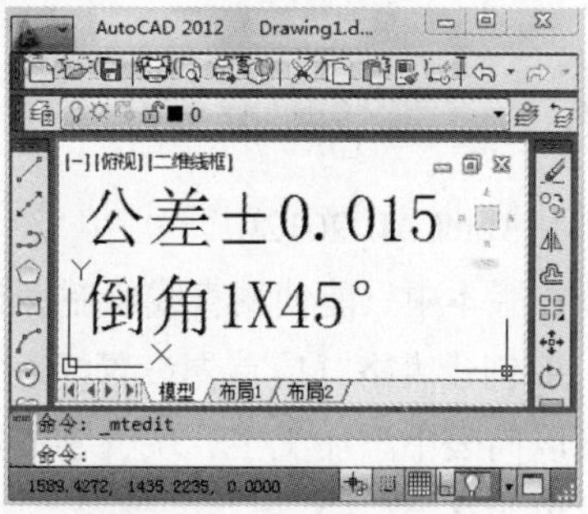

图8-40　特殊符号效果

自我强化 输入特殊符号

下面进行特殊符号输入的练习。

01 启动AutoCAD 2012，在命令行中执行T命令，具体操作过程如下：

命令：T （执行T命令）
当前文字样式："Standard" 当前文字高度:2.5 （系统显示当前文字样式及文字高度）
指定第一角点： （在绘图区任意位置拾取一点）
指定对角点或 [高度(H)/对正(J)/行距(L)/旋转(R)/样式(S)/宽度(W)]:
（呈对角拖动鼠标，绘制文本框）

02 自动启动“文字编辑器”选项卡，绘图区内出现如图8-41所示的文本框，在其中输入文字8、20、0.01。

03 将所有文字内容输入完毕后，将光标定位在8后面，单击“符号”按钮，在弹出的下拉菜单中单击“其他”，打开“字符映射表”对话框，在“字体”下拉列表中选择字体为“宋体”，如图8-42所示。

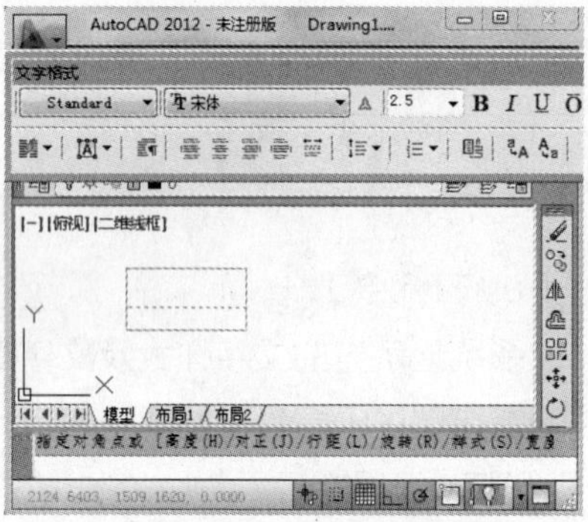

图8-41 文本框

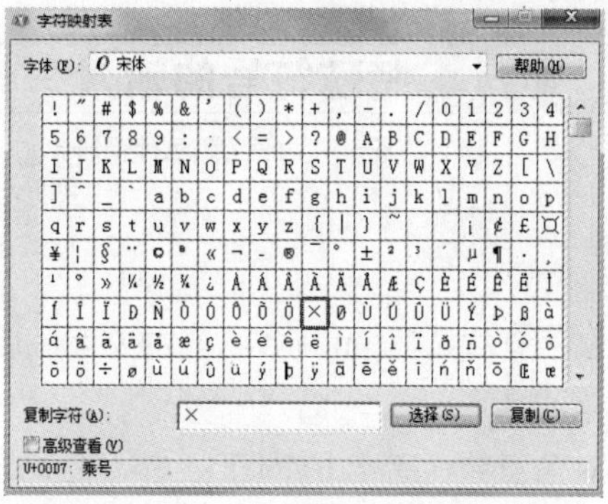

图8-42 “字符映射表“对话框

04 在符号列表中选择“X”符号，单击“选择”按钮后，再单击“复制”按钮。返回文字编辑区，单击右键，在快捷菜单中选择“粘贴”选项。

05 用同样的方法在符号选区中选择“直径”选项和“正/负”选项，加载完特殊符号后退出文字编辑，完成的最终效果如图8-43所示。

8XΦ20±0.01

图8-43 最终效果图

8.6 创建表格

在AutoCAD 2012中，利用“绘图”菜单中的“表格”命令，可以方便地创建表格，这改变了在以往版本中只能使用直线绘制表格的方法。

要创建表格，应首先设置好表格样式，然后再基于表格样式创建表格。创建表格后，用户不但可以向表中添加文字、块、字段和公式，还可以对表格进行其他编辑，如插入或删除行或列、合并单元格等。

8.6.1　设置表格样式

AutoCAD提供了设置表格样式命令。设置表格样式的目的是为了使创建出的表格更符合需要，从而方便后期对表格进行编辑。AutoCAD默认创建了一个名为Standard的表格样式，用户可直接对该表格样式的参数进行修改，也可创建新的表格样式。设置表格样式有以下3种方式：

- 在“注释”选项卡的“表格”组中，单击右下角的↘按钮。
- 显示菜单栏，选择“格式”→“表格样式”命令。
- 在命令行中执行TABLESTYLE或TS命令。

边学边练 078　设置表格样式

01 启动AutoCAD 2012，在菜单栏中选择“格式”→“表格样式”命令，弹出“表格样式”对话框。

02 单击“新建”按钮，弹出“创建新的表格样式”对话框。在“新样式名”文本框中输入新的表格样式名称，这里输入“拨叉标题栏”，在“基础样式”下拉列表中选择作为新表格样式的基础样式，系统默认选择Standard样式，如图8-44所示。

03 单击“继续”按钮，弹出“新建表格样式：拨叉标题栏”对话框，在“常规”选项组的“表格方向”下拉列表中选择表格标题的显示方式，默认选择“向下”选项，这里保持默认不变。其余设置也选择默认效果。

04 在“单元样式”下拉列表中选择“标题”选项，在其下方的“常规”、“文字”和“边框”选项卡中可以设置“标题”选项的常规特性、文字特性和边框特性等，这里在“常规”选项卡 “特性”选项组的“填充颜色”下拉列表中选择“蓝”选项，如图8-45所示。

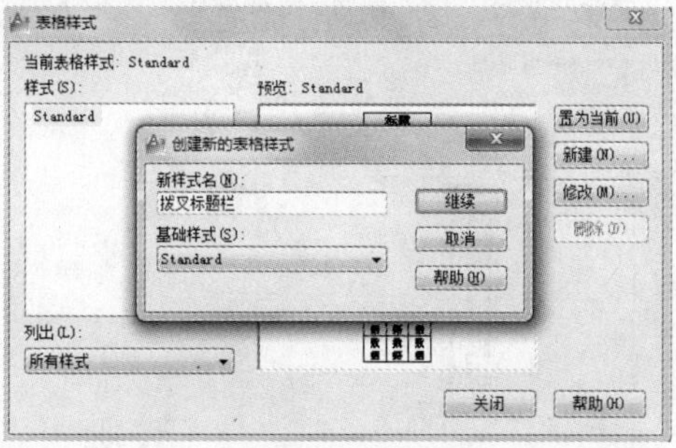

图8-44　“创建新的表格样式”对话框

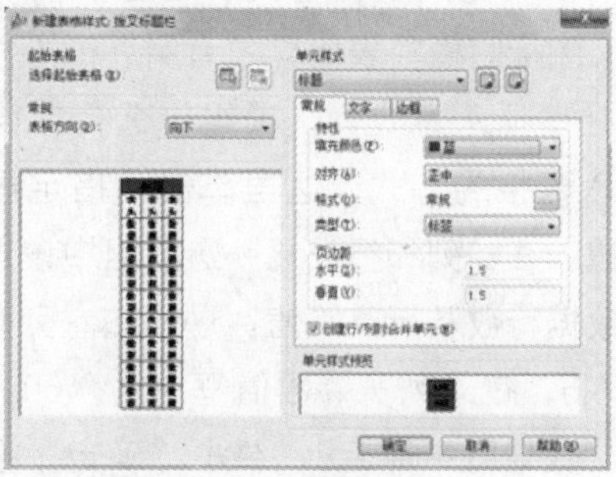

图8-45　设置“标题”样式

05 在“文字”选项卡中，单击“特性”选项组“文字样式”右侧的…按钮，弹出“文字样式”对话框。在“字体名”下拉列表中选择“宋体”选项，单击“应用”按钮，再单击“置为当前”按钮和“关闭”按钮，关闭对话框，如图8-46所示。

06 在“单元样式”选项组中对其他选项进行设置，这里设置“表头”和“数据”的“对齐”方式均为“正中”，“数据”的“文字高度”为5，然后单击“确定”按钮。

07 返回“表格样式”对话框，此时该对话框右侧的预览框中显示了新创建的表格样式。单击“置为当前”按钮，即可将其设置为当前表格样式，然后单击“关闭”按钮完成操作，如图8-47所示。

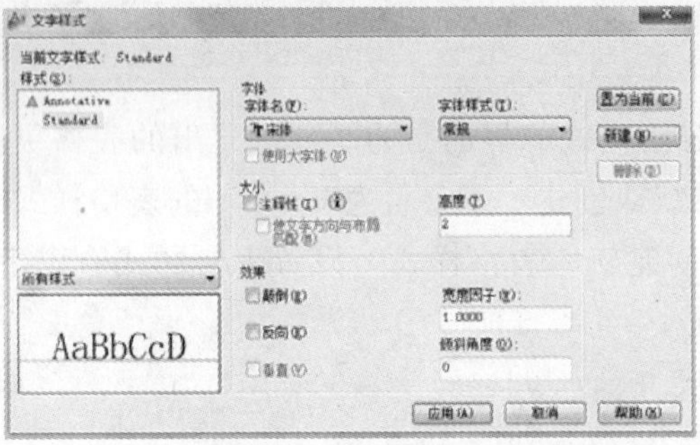

图8-46　字体设置

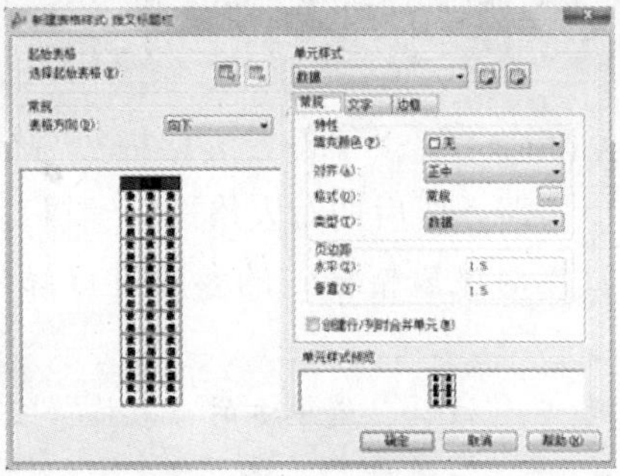

图8-47　设置效果

8.6.2　插入表格

表格样式设置完成以后，就可根据该表格样式创建表格，并输入相应的表格内容。插入表格有以下4种方式：

- 在“常用”选项卡的“注释”组中，单击“表格”按钮。
- 在“注释”选项卡的“表格”组中，单击“表格”按钮。
- 显示菜单栏，选择“绘图”→“表格”命令。
- 在命令行中执行TABLE命令。

边学边练 079　插入表格

01 启动AutoCAD 2012，在“常用”选项卡的“注释”组中，单击“表格”按钮，弹出“插入表格”对话框。在“表格样式”下拉列表中选择需要使用的表格样式，这里以插入刚创建的“拨叉图标题栏”表格样式为例进行操作。

02 在“插入方式”选项组中选择在绘图区中插入表格的方式，这里单击“指定插入点”单选按钮。在“列和行设置”选项组中设置列数、列宽、数据行数及行高等值，这里在“列数”数值框中输入5，在“列宽”数值框中输入60，在“数据行数”数值框中输入8，单击“确定”按钮，如图8-48所示。

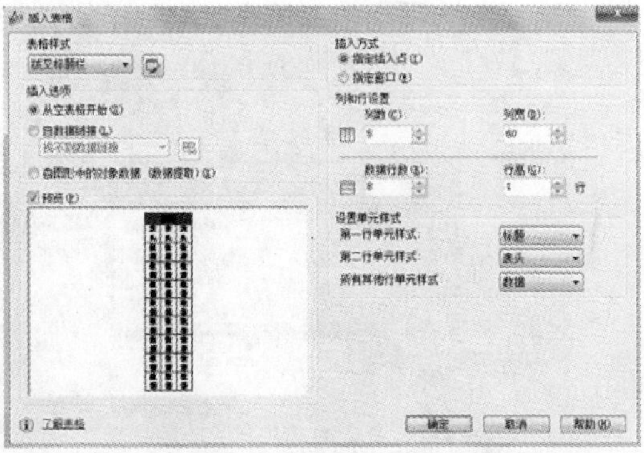

图8-48　设置表格参数

03 返回绘图区，此时鼠标光标处出现即将要插入的表格样式。在绘图区中任意拾取一点作为表格的插入点插入表格，插入图表的效果如图8-49所示。

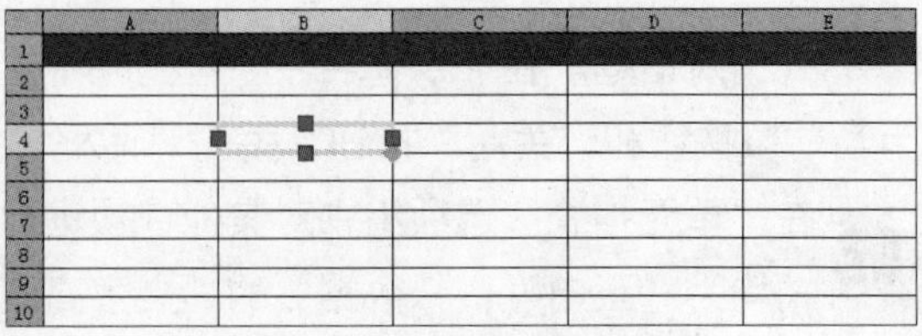

图8-49　插入表格效果图

04 若要在其他单元格中输入内容，可按键盘上的方向键在各个单元格之间切换，鼠标光标选择到哪个单元格，该单元格即会呈不同颜色显示并有闪烁的鼠标光标，此时即可输入相应的内容。

"插入表格"对话框中各选项含义如下。

- 表格样式：可在该下拉列表中选择表格样式。通过单击"启动'表格样式'对话框"按钮，可以创建新的表格样式。
- "从空表格开始"单选按钮：创建可以手动填充数据的空表格。
- "自数据链接"单选按钮：从外部电子表格中的数据创建表格。
- "预览"框：显示当前表格样式的样例。
- "指定插入点"单选按钮：用于指定表格左上角的位置。如果表格样式将表格的方向设置为由下而上读取，则插入点位于表格的左下角。
- "指定窗口"单选按钮：用于指定表格的大小和位置。选择该单选按钮以后，行数、列数、列宽和行高取决于窗口的大小，以及列和行的设置。
- "列"数值框：该数值框用于设置表格的列数。
- "列宽"数值框：该数值框用于设置插入表格每一列的宽度值。
- "数据行"数值框：该数值框用于设置插入表格时总的数据行。
- "行高"数值框：该数值框用于设置插入表格每一行的高度值。
- "第一行单元样式"下拉列表框：该下拉列表框用于设置表格中第一行的单元样式。默认情况下，使用"标题"单元样式。
- "第二行单元样式"下拉列表框：该下拉列表框用于设置表格中第二行的单元样式。默认情况下，使用"表头"单元样式。
- "所有其他行单元样式"下拉列表框：该下拉列表框用于设置表格中所有其他行的单元样式。默认情况下，使用"数据"单元样式。

自我强化　减速器标题栏

减速器标题栏创建方法如下。

01 启动AutoCAD 2012，选择"格式"→"表格样式"命令，弹出"表格样式"对话框。单击"新建"按钮，打开"创建新的表格样式"对话框，在"新样式名"文本框中输入新的表格样式的名称，这里输入"减速器标题栏"，在"基础样式"下拉列表中选择作为新表格样式的基础样式，系统默认选择Standard样式，如图8-50所示，单击"继续"按钮。

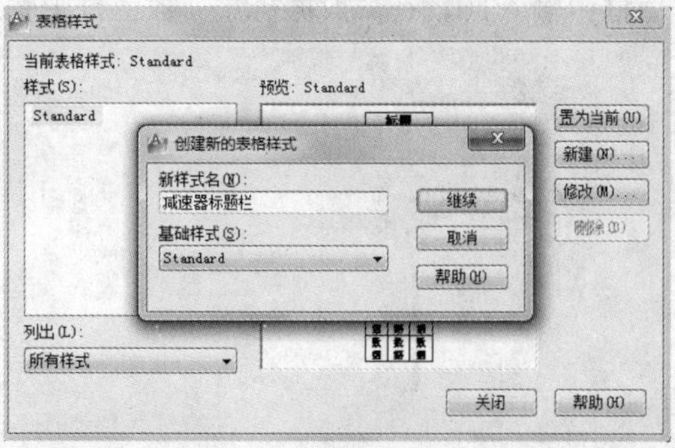

图8-50　新建表格样式

02 弹出"新建表格样式：减速器标题栏"对话框，如图8-51所示。在"常规"选项组中的"表格方向"下拉列表中选择表格标题的显示方式，默认选择"向下"选项，这里保持默认不变。

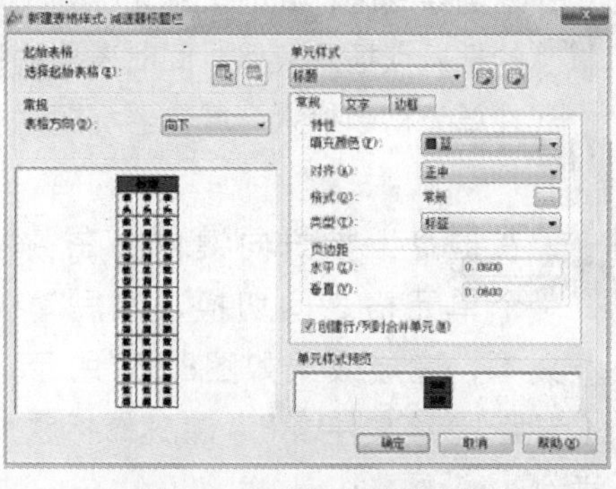

图8-51　设置标题样式

03 在"单元样式"下拉列表中选择"标题"选项，切换至"文字"选项卡，在"文字颜色"下拉列表中选择"蓝"选项，字体高度设置为4。

04 在“单元样式”下拉列表中选择“表头”选项，切换至“文字”选项卡，在“文字高度”文本框中输入2，在“文字颜色”下拉列表中选择“红”选项，如图8-52所示。

05 在“单元样式”下拉列表中选择“数据”选项，切换至“文字”选项卡，在“文字高度”文本框中输入1.8，在“文字颜色”下拉列表中选择“红”选项，单击“确定”按钮，如图8-53所示。

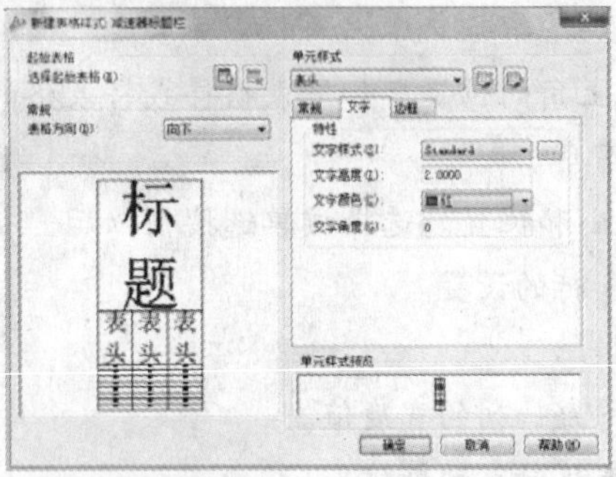
图8-52 设置表头样式

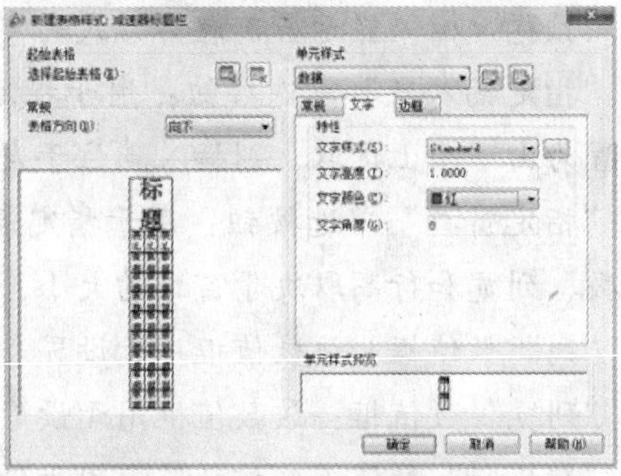
图8-53 设置数据样式

06 返回“表格样式”对话框，此时，在右侧的预览框中显示了新创建的表格样式。单击“置为当前”按钮，即可将其设置为当前表格样式。然后单击“关闭”按钮完成操作。

07 在“常用”选项卡的“注释”组中，单击“表格”按钮▦，弹出“插入表格”对话框，如图8-54所示。在“表格样式”下拉列表中选择需要使用的表格样式，这里选择前面创建的“减速器标题栏”表格样式。 在“插入方式”选项组中选择在绘图区中插入表格的方式，这里单击“指定插入点”单选按钮；在“列和行设置”选项组的“列数”数值框中输入5，在“列宽”数值框中输入10，在“数据行数”数值框中输入5，如图8-55所示，单击“确定”按钮。

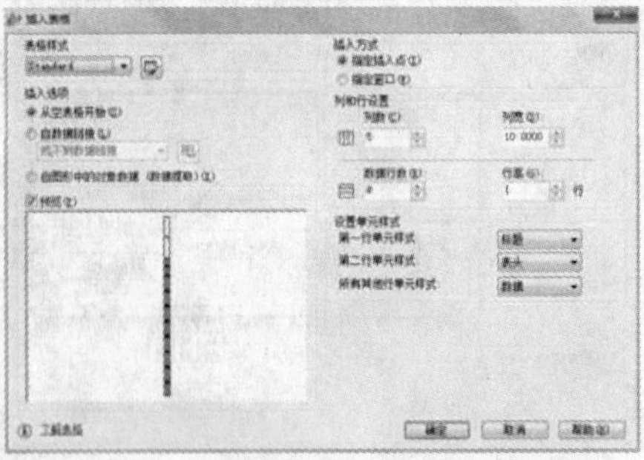
图8-54 表格样式

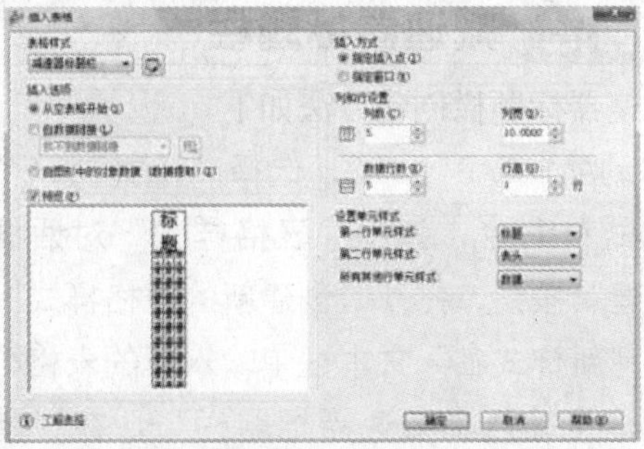
图8-55 表格相关设置

08 返回绘图区，此时鼠标光标处出现将要插入的表格样式。在绘图区中任意拾取一点作为表格的插入点插入表格，同时表格的标题单元格中出现闪烁的光标。

09 在单元格中输入“减速器标题栏”，按Enter键确认，如图8-56所示。

10 在键盘上按方向键依次在各个单元格之间切换，然后输入文本，完成效果如图8-57所示（光盘:\最终文件\第8章\减速器标题栏.dwg）。

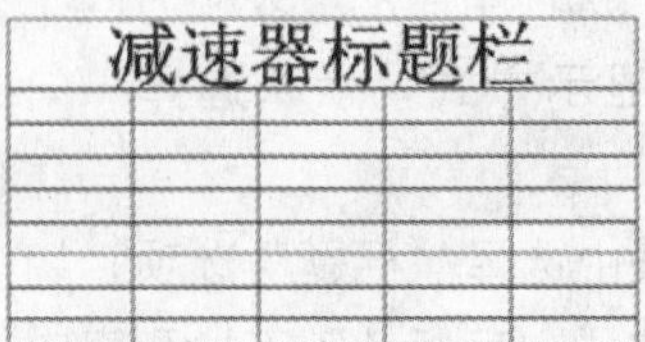

图8-56 标题效果

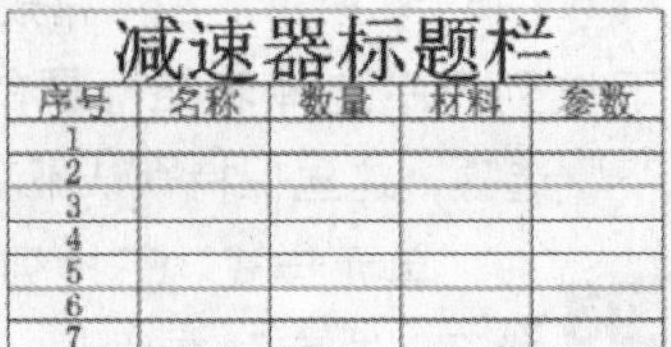

图8-57 输入内容

8.7 编辑表格

当创建的表格不能满足实际绘图需要时，可以修改表格样式，也可以直接编辑表格与单元格，对于多余的表格样式还可以将其删除，以满足实际需要。

编辑表格时，首先要选定表格及单元格。要选择整个表格，可直接单击表线，或利用选择窗口选择整个表格；表格被选中后，表格框线将显示为断续线，并显示了一组夹点。要选择一个单元格，可直接在该单元格中单击，此时将在所选单元格四周显示夹点。如图8-58所示为选择效果。

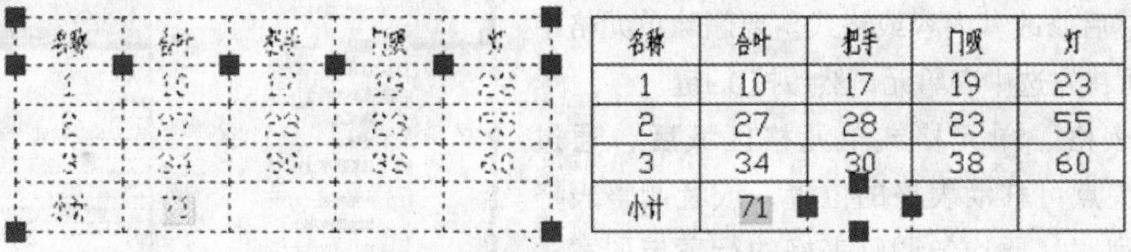

名称	合叶	把手	门吸	灯
1	10	17	19	23
2	27	28	23	55
3	34	30	38	60
小计	71			

图8-58 选择表格及单元格

要选择单元格区域，可首先在单元格区域的左上角单元格中单击，然后向单元格区域的右下角单元格中拖动；或者在单击单元格区域中某个角点的单元格后，按住Shift键，在单元格区域中所选单元格的对角单元格中单击。如图8-59所示为选中多个单元格效果。

名称	合叶	把手	门吸	灯
1	10	17	19	23
2	27	28	23	55
3	34	30	38	60
小计	71			

图8-59 选择多个单元格

如果要取消单元格选择状态，可以按Esc键。另外，无论当前是否选择表格或单元格，均可直接单击选择。

8.7.1 修改和删除表格样式

修改表格样式与删除表格样式的操作均比较简单，下面分别进行讲解。

1. 修改表格样式

如图8-60所示，打开“表格样式”对话框，在“样式”列表框中选择需修改的表格样式，单击“修改”按钮，弹出“修改表格样式”对话框，其中的参数与“新建表格样式”对话框的选项含义完全相同，这里不做过多讲解。

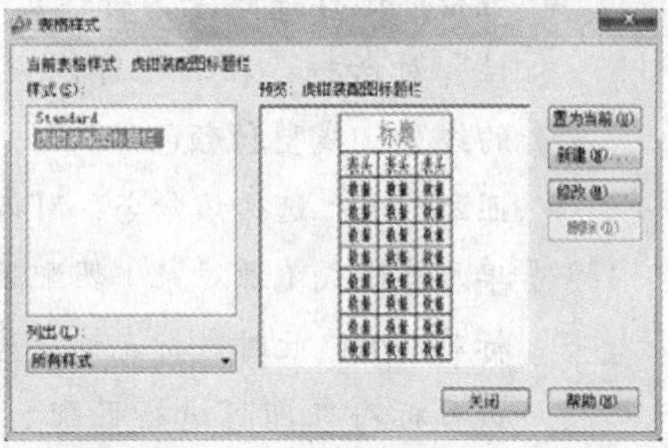

图8-60 “表格样式”对话框

2. 删除表格样式

打开“表格样式”对话框，在“样式”列表框中选择需要删除的表格样式，然后单击“删除”按钮，即可删除所选的表格样式。需要注意的是，当前表格样式不能被删除。

8.7.2 编辑表格和单元格

在修改表格样式后仍不能满足需要时，可以直接对表格与单元格进行编辑。

1. 编辑表格

选择整个表格，右击，在弹出的快捷菜单中选择相应命令，可以对表格进行各种编辑，如图8-61所示。

要编辑表格内容，只需双击单元格进入文字编辑状态，然后修改其内容或格式。要删除单元格中的内容，可首先选中表单元，然后按Del键。

选中表格、单元格或单元格区域后，通过拖动不同夹点可移动表格的位置，或者调整表格的行高与列宽。要均匀调整表格的行高与列宽，可在选中表格后右击表格，然后从弹出的快捷菜单中选择“均匀调整列大小”或“均匀调整行大小”命令。

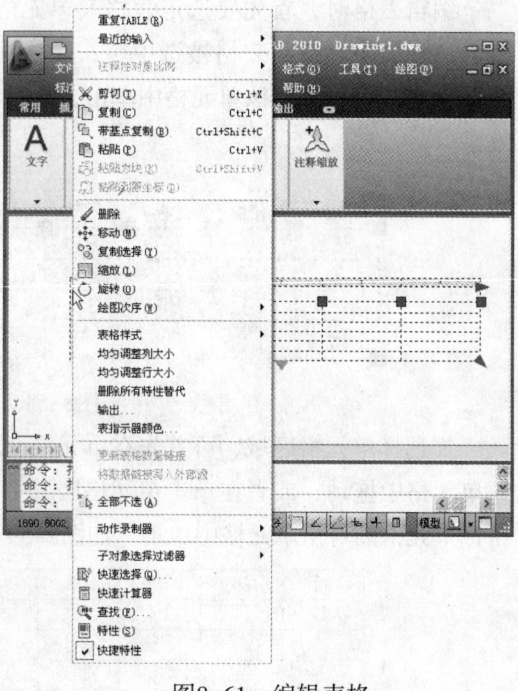

图8-61 编辑表格

> **注意**
>
> 选择表格后，在表格的四周、标题行上会显示出许多夹点。通过拖动这些夹点，可以方便地对表格进行编辑。

2. 编辑单元格

选择表格中的某个单元格，右击，在弹出的如图8-62所示的快捷菜单中选择相应的命令，可以对单元格进行编辑。

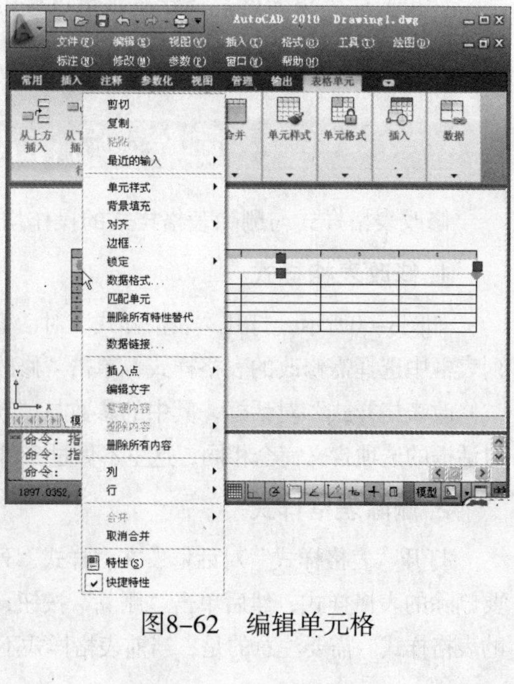

图8-62 编辑单元格

在右击单元格弹出的快捷菜单中，几个常用选项的含义如下所示。

- 对齐：选择其子菜单中的相应命令，可以设置单元格中内容的对齐方式。
- 边框：选择该命令，将弹出“单元边框特性”对话框，在其中可以设置单元格边框的线宽、线型和颜色等特性。
- 匹配单元：选择该命令，可以用当前选中的单元格格式（源对象）匹配其他单元格（目标对象），此时鼠标光标变为刷子形状，单击目标对象即可进行匹配，这与“特性匹配”操作性质是相同的。

- 插入点：在其子菜单中选择“块”命令，将打开“在表格单元中插入块”对话框，在其中可以选择需要插入到表格中的块，并可以设置块在单元格中的对齐方式、插入比例及旋转角度等参数。
- 合并：当选择多个连续的单元格后，选择其子菜单中的相应命令，可以全部合并单元格，或按行或按列合并单元格。

表格中的夹点等的操作具体方法及作用，如图8-63所示。

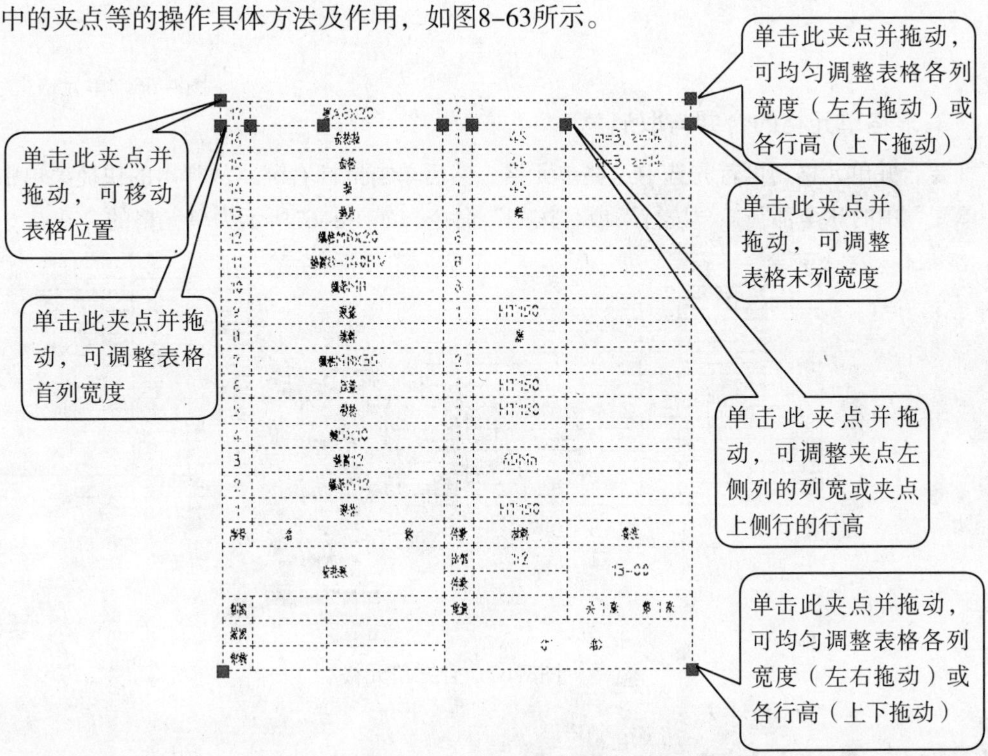

图8-63　表格各夹点的不同用途

要在某个单元格的左侧、右侧插入列，或其上方、下方插入行，可首先选中单元格，然后单击鼠标右键，从弹出的快捷菜单中选择“插入列”→“右”/“左”，或者“插入行”→“上”/“下”。要删除行或列，可首先选中这些行或列，然后单击鼠标右键，从弹出的快捷菜单中选择“删除列”或“删除行”。图8-64和图8-65为插入效果。

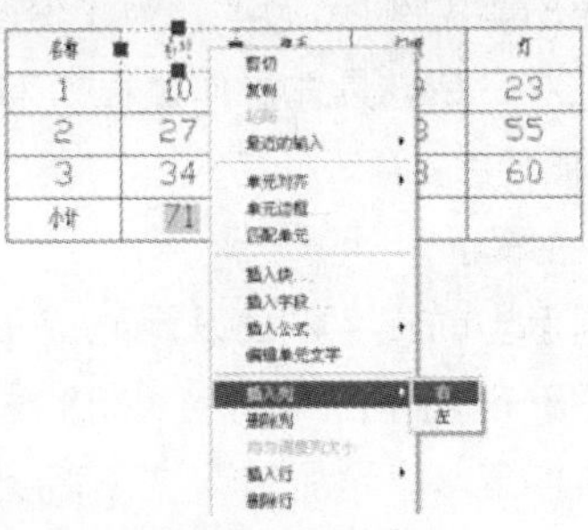

图8-64　插入列

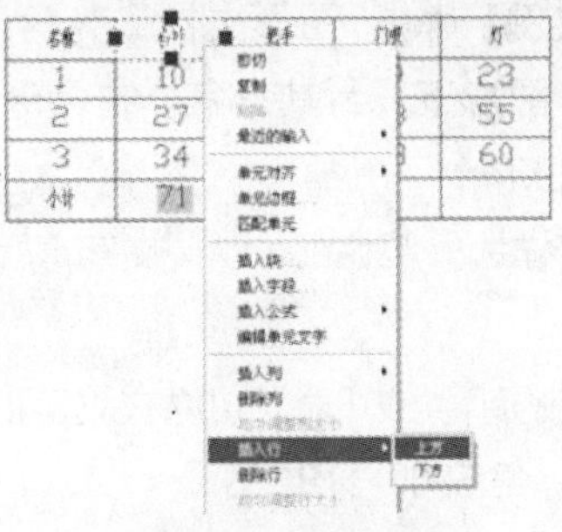

图8-65　插入行

同Word中的表格类似，单元格中的文字有很多的对齐方式。要调整表格内容对齐方式，可首先选中要调整的单元格或单元格区域，然后单击鼠标右键，从弹出的快捷菜单中选择“单元对齐”子菜单中的相应选项。

要调整表格边框，可首先选中要调整边框的表单元，然后单击鼠标右键，从弹出的快捷菜单中选择“单元边框”，并在打开的“单元边框特性”对话框中进行相应的设置。如图8-66所示为单元格中文字的对齐方式的选择。

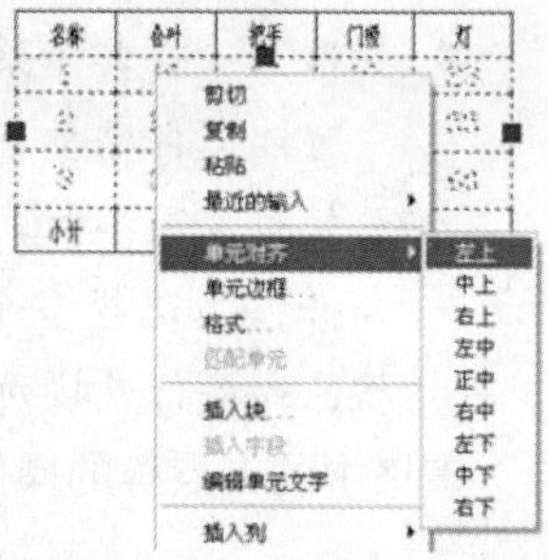

图8-66　单元格文字对齐方式

3. 表格单元格的合并与取消

要合并单元格，可首先选中这些单元格，然后单击鼠标右键，从弹出的快捷菜单中选择“合并单元”中的“全部”、“按行”或“按列”命令。如图8-67所示为单元格的合并。

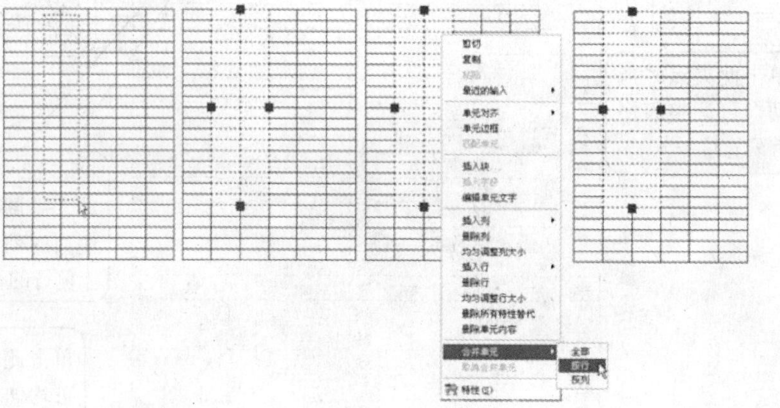

图8-67　合并单元格

8.8 实例应用

下面通过几个例子来熟悉本章所学的内容。

8.8.1　实例1：文字训练

01 打开“实例1.dwg”图形文件（光盘:\原始文件\第8章\实例1.dwg），为了使图形对象意义明显，在其图形下方为其命名。在命令行中执行DTEXT命令，具体操作过程如下：

命令：DTEXT　　（执行DTEXT命令）

当前文字样式："Standard"　文字高度：2.5000　注释性：否

（系统提示当前文字样式设置）

指定文字的起点或 [对正(J)/样式(S)]:　　（在如图8-68所示的中间的大矩形框内输入文字）

指定高度 <2.5000>：8　　（指定文字高度，这里输入文字高度值8）

指定文字的旋转角度<0>:　　（按Space键确认旋转角度为0）

02 绘图区内出现文字输入框，输入“摩擦片”，然后连续两次按Enter键结束单行文字的输入，效果如图8-69所示。

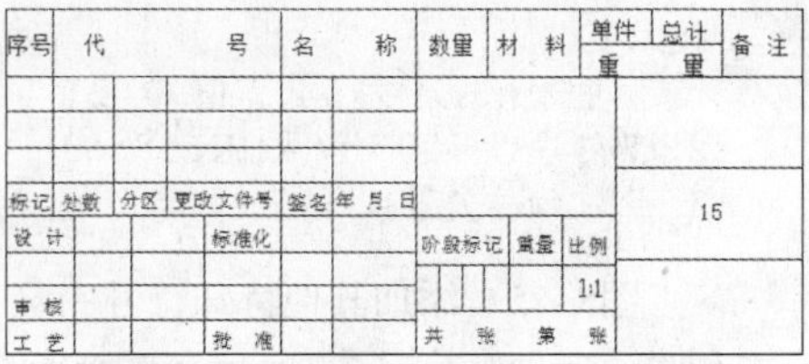

图8-68　选择文本输入位置

图8-69　文字输入效果

03 完成命名后，在图形对象的右下方创建技术说明。在命令行中执行T命令，具体操作过程如下：

命令：T　　　　　　　　　　　　　　　　（执行T命令）
当前文字样式："Standard" 当前文字高度：2.5　（系统显示当前文字样式及文字高度）
指定第一角点：　　　　　　　　　　　　　（单击如图8-70所示的A点作为第一角点）
指定对角点或 [高度(H)/对正(J)/行距(L)/旋转(R)/样式(S)/宽度(W)]：
　　　　　　　　　　　　　　　　　　　　（呈对角拖动鼠标绘制输入框，如图8-71所示）

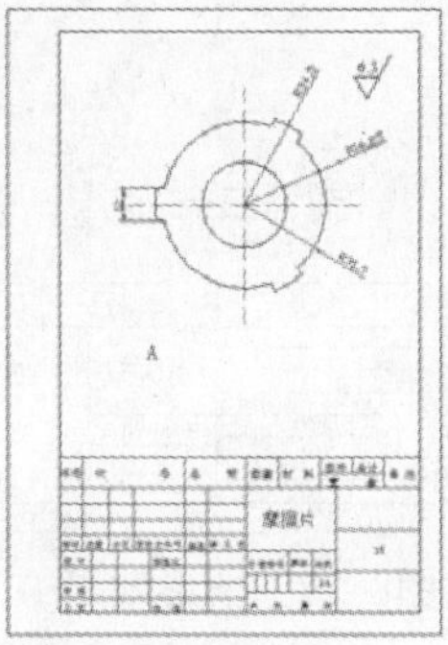

图8-70　选择插入点

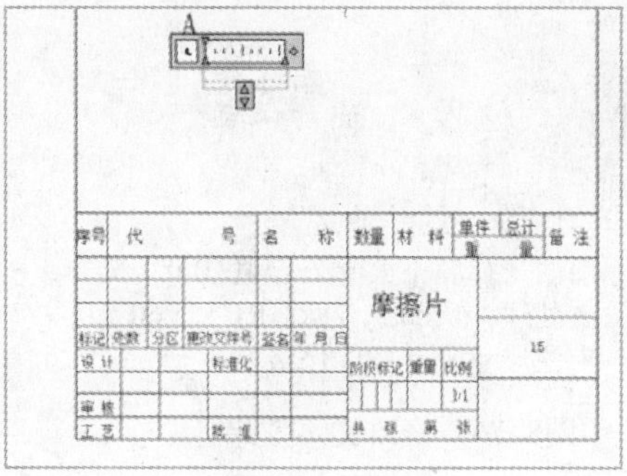

图8-71　文本框

04 自动启动“文字编辑器”选项卡，绘图区内出现文本框。在文本框中输入“技术要求”文本后，按Enter键换行，按照相同的方法输入如图8-72所示的文本内容。

05 在“文字编辑器”选项卡的“插入”组中单击“符号”按钮@，从弹出的下拉列表中选择“其他”选项，弹出“字符映射表”对话框，如图8-73所示。

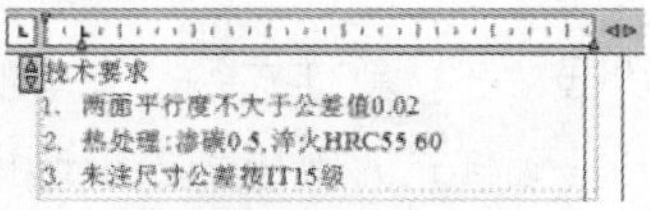

图8-72　输入文字

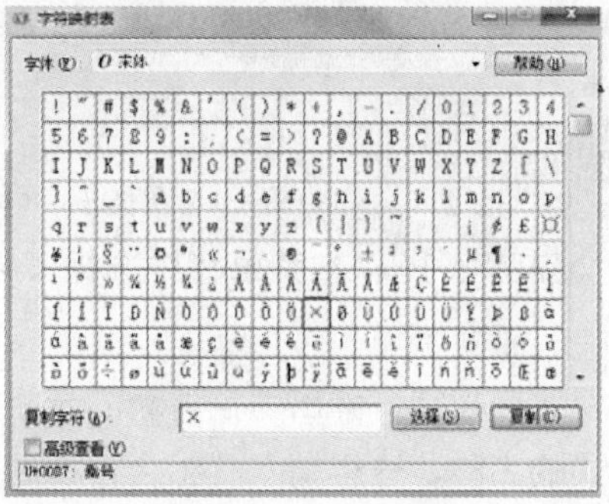

图8-73　输入符号

06 在“字体”下拉列表中选择“宋体”选项，在其下方的列表框中选择“~”字符，单击“选择”按钮，再单击“复制”按钮，单击✕按钮关闭该对话框。

07 将鼠标光标定位到文本“55”后，按Ctrl+V组合键粘贴刚才复制的字符，如图8-74所示。按照相同的方法插入如图8-75所示的其他特殊符号。

技术要求
1. 两面平行度不大于公差值0.02
2. 热处理:渗碳0.5, 淬火HRC55~60
3. 未注尺寸公差按IT15级

图8-74　添加特殊符号

技术要求
1. 两面平行度不大于公差值±0.02
2. 热处理:渗碳0.5, 淬火HRC55~60
3. 未注尺寸公差按IT15级

图8-75　添加其他特殊符号

08 选择“技术要求”文本，在“文字编辑器”选项卡的“格式”组中，将颜色由蓝色变换为红色，并且将字号变为7号，如图8-76所示。

09 编辑完文字后，在“文字编辑器”选项卡的“关闭”组中，单击“关闭文字编辑器”按钮✖，退出多行文字的输入，返回绘图区，最终效果图如图8-77所示。

技术要求
1. 两面平行度不大于公差值±0.02
2. 热处理:渗碳0.5, 淬火HRC55~60
3. 未注尺寸公差按IT15级

图8-76　修改文字效果

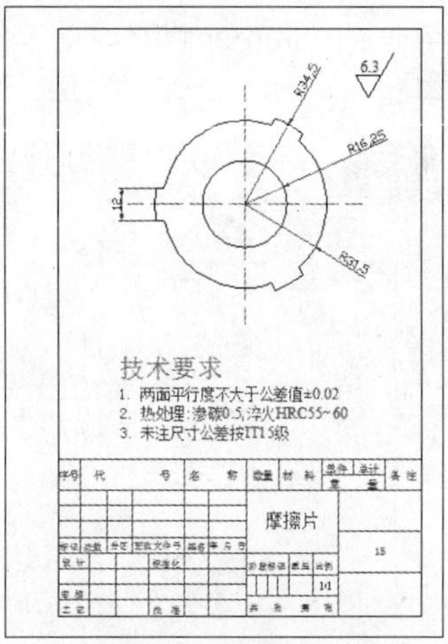

图8-77　图形效果

8.8.2　实例2：标题栏创建

下面利用之前学过的知识创建一个如图8-78所示的标题栏。

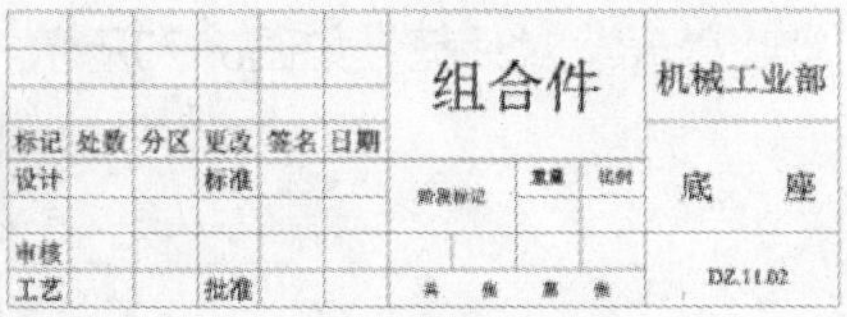

图8-78　标题栏效果

01 启动AutoCAD 2012，在菜单栏中选择“格式”→“表格样式”命令，弹出“表格样式”对话框。

02 单击“新建”按钮，弹出“创建新的表格样式”对话框，在“新样式名”文本框中输入新的表格样式的名称，这里输入“组合件标题栏”，在“基础样式”下拉列表中选择作为新表格样式的基础样式，系统默认选择Standard样式，如图8-79所示。

03 单击“继续”按钮，弹出“新建表格样式：组合件标题栏”对话框，在“常规”选项组中的“表格方向”下拉列表中选择表格标题的显示方式，默认选择“向下”选项，这里保持默认不变。

04 在“单元样式”下拉列表中选择“标题”选项，在其下方的“常规”、“文字”和“边框”选项卡中可以设置“标题”选项的常规特性、文字特性和边框特性等。这里在“常规”选项卡“特性”选项组“文字颜色”下拉列表中选择“蓝”选项，如图8-80所示。

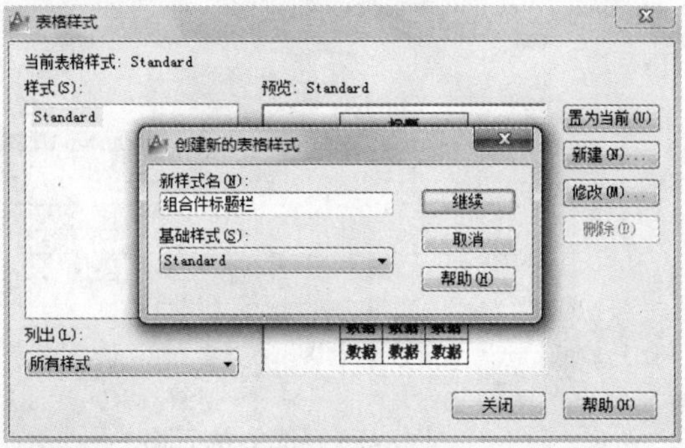

图8-79　“创建新的表格样式”对话框

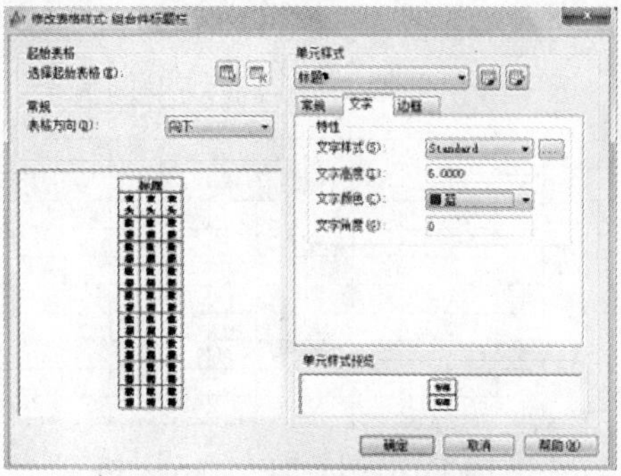

图8-80　设置“标题”样式

05 在“文字”选项卡中，单击“特性”选项组“文字样式”右侧的按钮，弹出“文字样式”对话框。在“字体名”下拉列表中选择“宋体”选项，单击“应用”按钮，再单击“置为当前”按钮和“关闭”按钮，关闭对话框，如图8-81所示。

06 在“单元样式”选项组中对其他选项进行设置。这里设置“表头”和“数据”的对齐方式均为“正中”，“数据”的文字高度为4.5，颜色均选择“蓝”，然后单击“确定”按钮。

07 返回“表格样式”对话框，在该对话框左侧的预览框中显示了新创建的表格样式。单击“置为当前”按钮，即可将其设置为当前表格样式。单击“关闭”按钮完成操作，如图8-82所示。

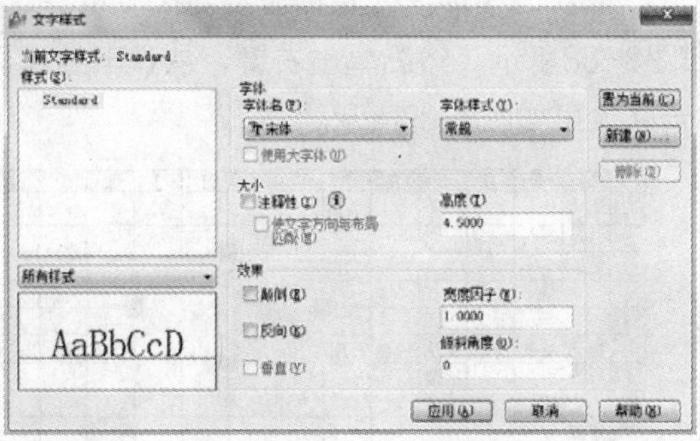

图8-81　字体设置

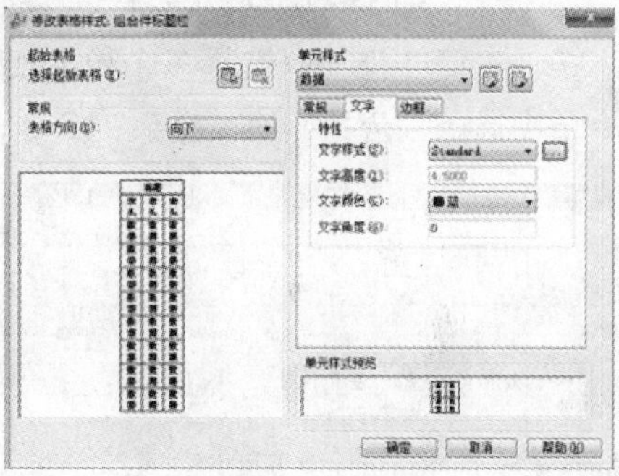

图8-82　设置效果

08 在功能区“常用”选项卡的“注释”组中，单击“表格”按钮，弹出“插入表格”对话框。在“表格样式”下拉列表中选择需要使用的表格样式，这里选择前面创建的“组合件标题栏”表格样式。在“插入方式”选项组中选择在绘图区中插入表格的方式，这里单击“指定插入点”单选按钮。在“列和行设置”选项组中的“列数”数值框中输入13，在“列宽”数值框中输入16，在“数据行数”数值框中输入10，在“第一行单元样式”和“第二行单元样式”后面均选择“数据”选项，如图8-83所示，单击“确定”按钮。

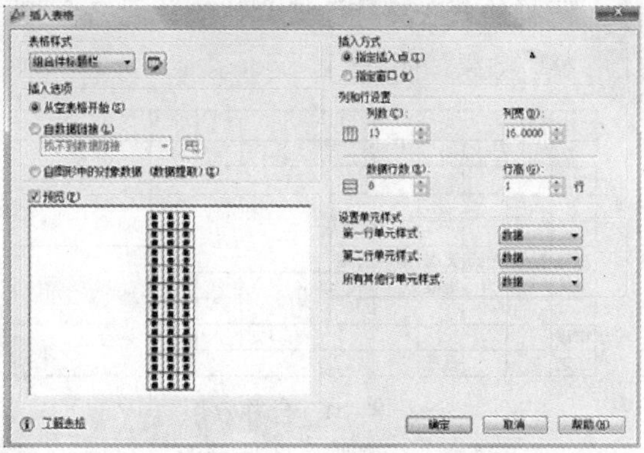

图8-83　设置表格

09 返回绘图区，此时鼠标光标处出现将要插入的表格样式。在绘图区中任意拾取一点作为表格的插入点插入表格，如图8-84所示。

10 选中第一列最后一行，效果如图8-85所示。

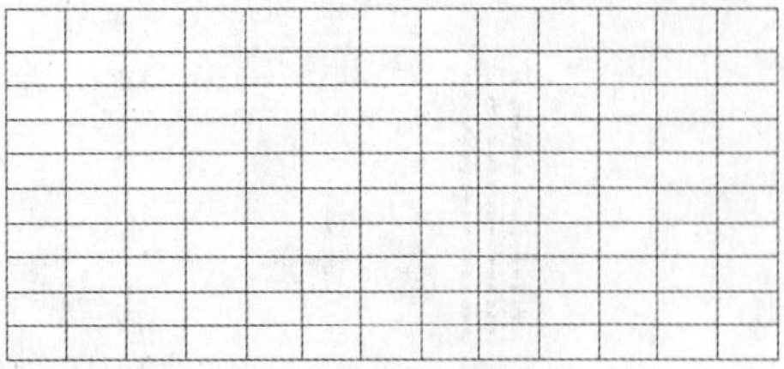

图8-84　插入表格

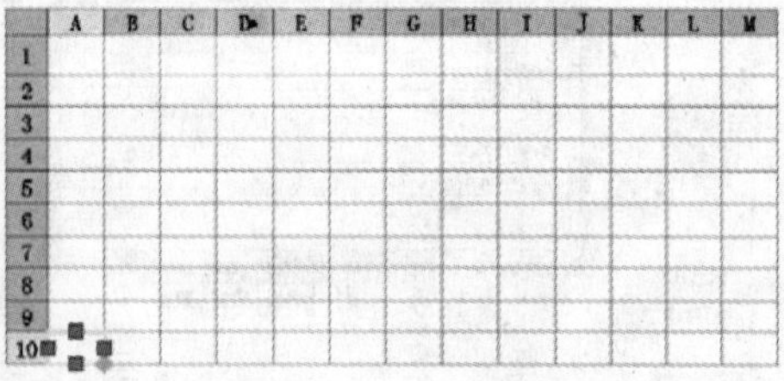

图8-85　选中单元格

11 在刚才选中的单元格中输入“工艺”两个字，效果如图8-86所示。然后继续按照相同方式在单元格中输入如图8-87所示的文字。

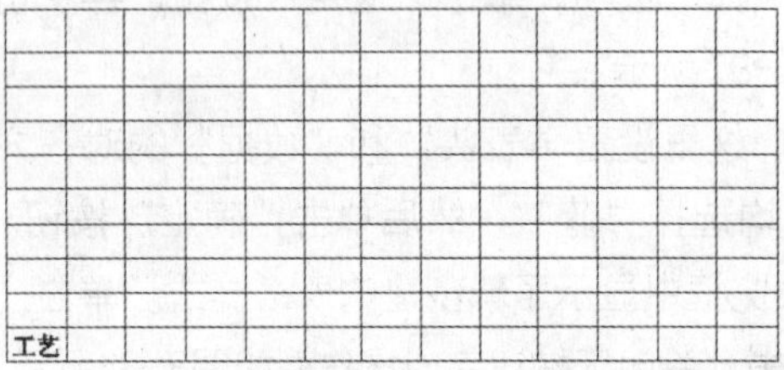

图8-86　输入文字

图8-87　继续输入文字

12 按住左键并拖动以选择多个单元格，效果如图8-88所示。然后单击右键，从弹出的快捷菜单中选择“合并”→“全部”命令，完成的合并效果如图8-89所示。

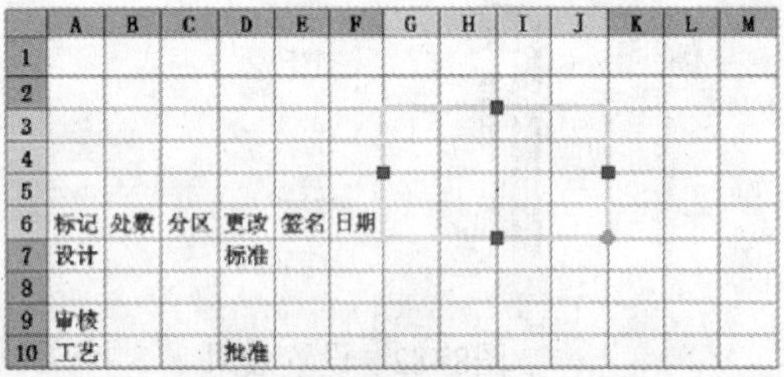

图8-88　选择单元格

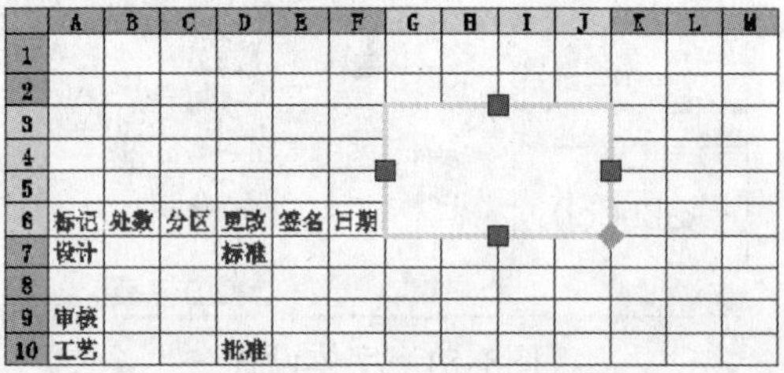

图8-89　合并效果

13 同样的方法将其他该合并的单元格合并，合并后的效果如图8-90所示。选择第一个单元格，效果如图8-91所示。

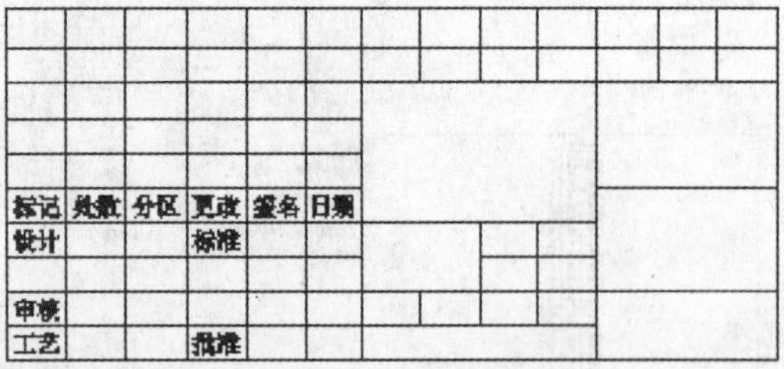

图8-90　合并效果

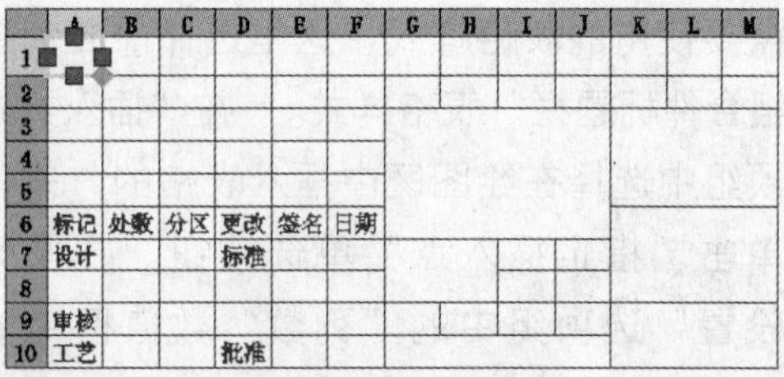

图8-91　选择单元格

14 单击右键，在弹出的快捷菜单中选择“行”→“删除”命令。用同样的方法将下面一行也删除，删除以后的效果如图8-92所示。继续输入文字，注意设置文字的高度，完成的输入效果如图8-93所示（光盘:\最终文件\第8章\实例2.dwg）。

标记	处数	分区	更改	签名	日期		
设计			标准				
审核							
工艺			批准				

图8-92　删除效果

						组合件	机械工业部
标记	处数	分区	更改	签名	日期		
设计			标准			阶段标记 重量 比例	底　座
审核							
工艺			批准			共 张 第 张	DZ.11.02

图8-93　输入文字

8.9 本章小结

本章主要介绍了文字样式的设置、文字的输入等命令，同时对如何输入特殊符号进行了学习，这在工程图设计中是必不可少的，本章的学习对以后装配图的绘制有非常重要的意义。此外，本章还介绍了表格的相关命令及内容。要进行表格的设计，首先要创建表格的样式，以后就可以进行表格的插入。如果在操作过程中有不合适的地方，可以通过修改表格来满足要求。通过本章的学习，读者应该能熟练掌握标题栏和明细栏等表格的创建。本章研究的主要内容可以归结为以下几点：

（1）学习了文字格式的设置，包括文字格式的修改、删除等。

（2）学习了单行文字及多行文字的输入和编辑。

（3）介绍了特殊符号的输入方式。

（4）学习了表格样式设置及创建表格。

（5）学习了编辑表格。

8.10 课后练习

下面给出几个图形（见图8-94），通过对这几个图形的创建，体会一下本章中的内容；同时，读者也可以对图形的其他命令进行练习。

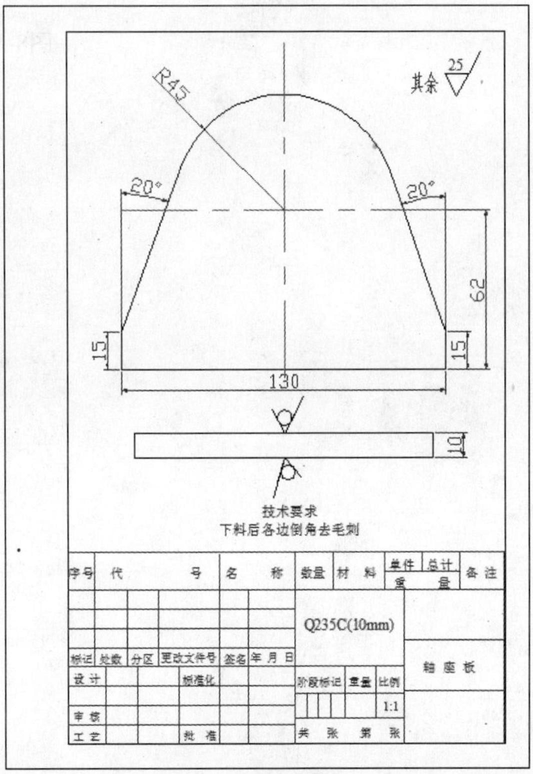

（a）练习1

名称	合叶	把手	门吸	灯
1	10	17	19	23
2	27	28	23	55
3	34	30	38	60
小计	71			

标题				
序号	名称	数量	材料	备注
1				
2				
3				
4				
5				

（b）练习2

17	销A6×20	2		
16	齿轮轴	1	45	m=3, z=14
15	齿轮	1	45	m=3, z=14
14	轴	1	45	
13	垫片	1	纸	
12	螺柱M8×20	6		
11	垫圈8-140HV	8		
10	螺母M8	8		
9	泵盖	1	HT150	
8	填料		麻	
7	螺柱M8×35	2		
6	压盖	1	HT150	
5	带轮	1	HT150	
4	键5×10	1		
3	垫圈12	1	65Mn	
2	螺母M12	1		
1	泵体	1	HT150	
序号	名　称	件数	材料	备注

齿轮泵		比例	1:2	13-00
		件数		
制图		重量		共 1 张　第 1 张
描图		（厂　名）		
审核				

（c）练习3

图8-94　练习

第9章 尺寸标注（上）

学习导航

尺寸是工程图中的一项重要内容，它描述设计对象各组成部分的大小及相对位置关系，是实际生产的重要依据。正确的尺寸标注可使生产顺利完成，而错误的尺寸标注将导致生产次品甚至废品，给企业带来严重的经济损失。AutoCAD提供了强大的尺寸标注功能，用户可以利用AutoCAD制作各种符合规范的尺寸标注，也可以方便地修改标注内容和样式。

学习目标

通过本章的学习，读者应能根据现有国家标准创建符合要求的尺寸标注样式，并熟悉尺寸标注的各种组成元素，以及使用各种尺寸标注命令标注不同尺寸的方法。

学习重点与难点

- □ 尺寸标注的组成
- □ 尺寸标注的主要命令
- □ 尺寸标注的一般步骤
- □ 独立完成简单的尺寸标注

尺寸标注是为了让查看图形对象的阅读者能一目了然地知道图形对象的具体大小，使图形表现得更清楚。同时，图形的标注还可以对图纸统一管理。本章将详细讲解尺寸标注的方法。

9.1 尺寸标注入门

尺寸标注是图形设计中的一个重要步骤，是机械加工的依据。能否最终将图形信息以图形传递给读者，靠的就是尺寸标注及文字说明。如图9-1和图9-2所示分别为二维图形及三维图形的标注效果。

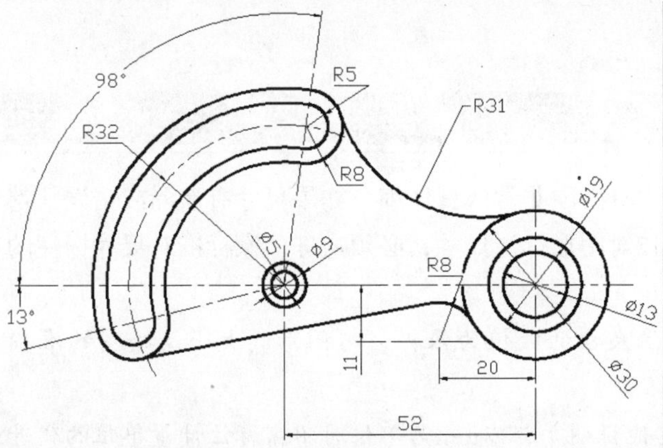

图9-1 二维图形尺寸标注

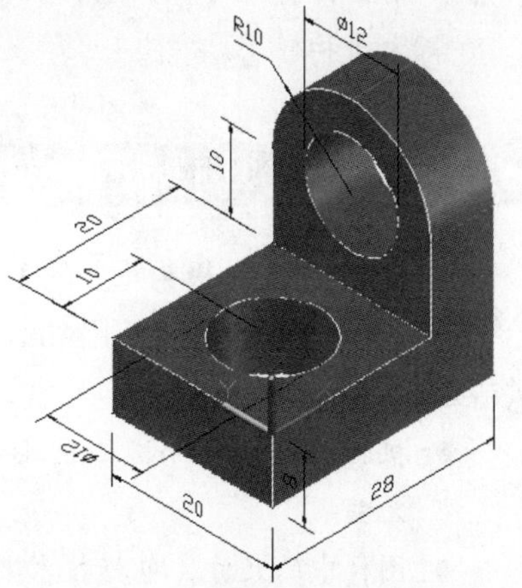

图9-2 三维图形尺寸标注

9.1.1 尺寸标注的组成

一个完整的尺寸标注由尺寸文本、尺寸线、尺寸界线和尺寸箭头组成，效果如图9-3所示。

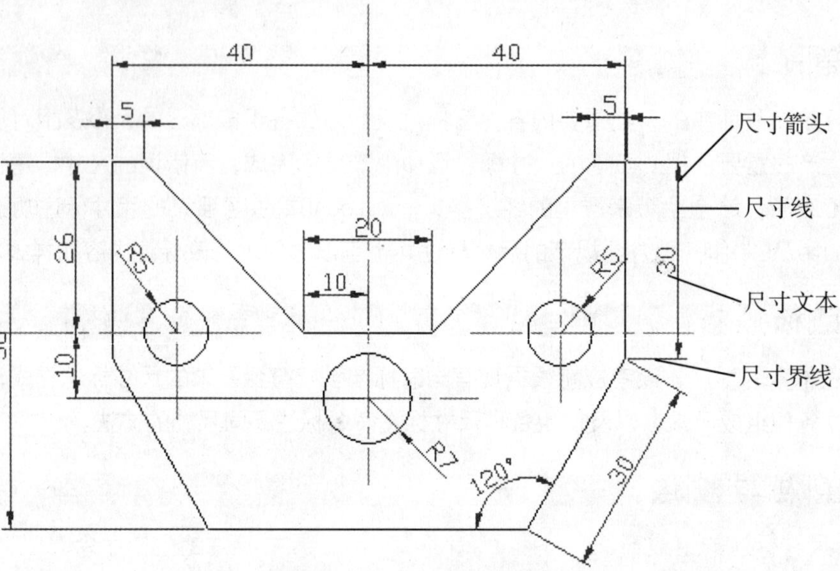

图9-3 尺寸标注的组成

组成尺寸标注的各部分选项含义如下所示。

- 尺寸界线：也称投影线，用于标注尺寸的界限，由图样中的轮廓线、轴线或对称中心线引出。标注时，尺寸界线从所标注的对象上自动延伸出来，它的端点与所标注的对象接近但并未连接到对象上。
- 尺寸线：通常与所标注对象平行，放在两尺寸界线之间，用于指示标注的方向和范围。通常尺寸线为直线，与标注的线段平行，而角度标注尺寸线则为一段圆弧。
- 标注文字：通常位于尺寸线上方或中断处，用以表示所选标注对象的具体尺寸大小。在进行尺寸标注时，AutoCAD会自动生成所标注对象的尺寸数值，用户也可对标注文字进行修改、添加等编辑操作。
- 箭头：在尺寸线两端，用以表明尺寸线的起始位置，用户可为标注箭头指定不同的尺寸大小和样式。

9.1.2 尺寸标注的规定

标注尺寸是一项极为重要的工作，标注时必须非常认真仔细。如果尺寸有遗漏或错误，都会给生产带来困难和损失。使用AutoCAD 2012对图形标注尺寸，必须遵守国家标准对尺寸标注的有关规定。

- 机件的真实大小应以图形上所标注尺寸的数值为依据，与图形的大小及绘图的准确度无关。
- 图样中的尺寸（包括技术要求和其他说明），以mm为单位时不需标注计量单位的代号或名称；如采用其他单位，则必须注明相应的计量单位的代号或名称。

- 图样中所注的尺寸，为该图样所示机件的最后完工尺寸，否则应另加说明。
- 机件的每一尺寸，一般只标注一次，并应标注在反映该结构最清晰的图形上。

了解了尺寸标注的组成元素以后，在对图形对象进行尺寸标注前，还必须了解国家在机械制图方面对尺寸标注的相关规定。

- 标注制造零件所需要的全部尺寸，不重复、不遗漏，尺寸排列整齐，并符合设计和工艺的要求。
- 每个尺寸一般只标注一次，尺寸数值为零件的真实大小，与所绘图形的比例及准确性无关。尺寸标注以mm为单位，若采用其他单位，则必须注明单位名称。
- 标注文字中的字体按照国家标准书写，图样中的字体为仿宋体，字号分1.8、2.5、3.5、5、7、10、14和20等8种，其字体高度应按$\sqrt{2}$的比率递增。
- 字母和数字分A型和B型，A型字体的笔画宽度（d）与字体高度（h）符合d=h/14，B型字体的笔画宽度与字体高度符合d=h/10。在同一张图样上，只允许选用一种形式的字体。
- 字母和数字分直体和斜体两种，但在同一张图样上只能采用一种书写形式，常用的是斜体。

9.1.3 尺寸标注的类型与操作

AutoCAD提供了线性、半径、直径和角度的基本标注类型，可以用于水平、垂直、对齐、旋转、坐标、基线或连续等标注。图9-4中列出了几种简单的示例。

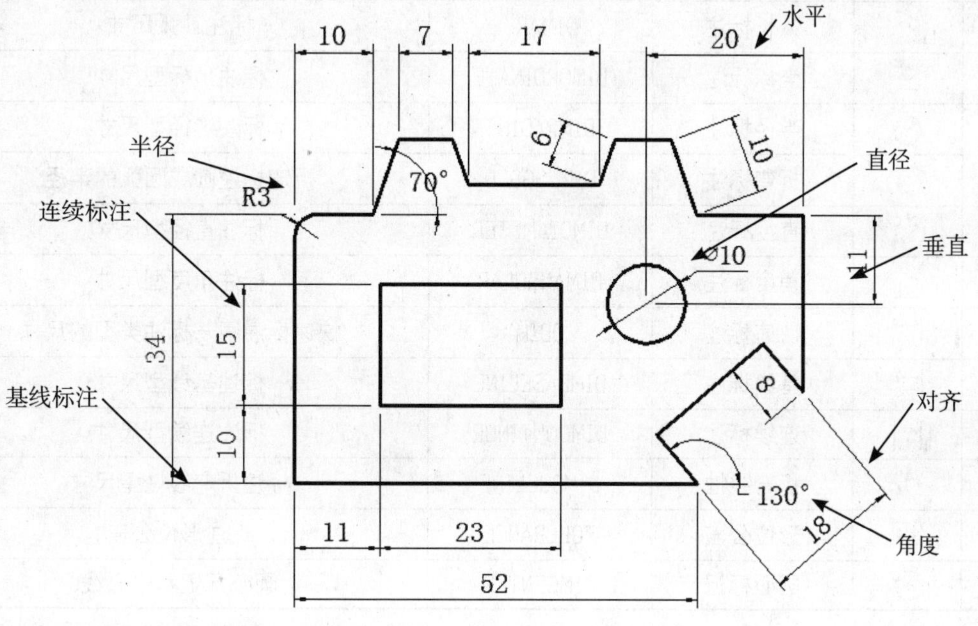

图9-4 尺寸标注的实例

在AutoCAD中，用户可以利用以下方式调用尺寸标注命令，为图形进行尺寸标注。

- “标注”工具栏中的按钮，如图9-5所示。

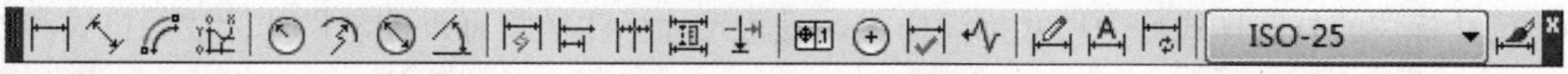

图9-5 “标注”工具栏

- “标注”菜单，如图9-6所示。

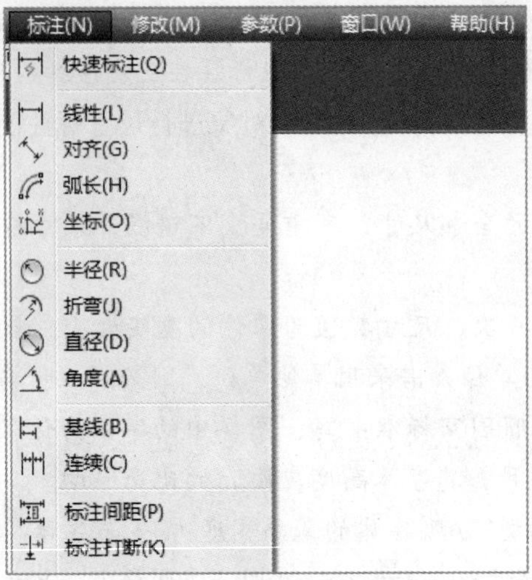

图9-6 “标注”菜单

AutoCAD提供了14种尺寸标注方法，用以测量对象。其标注方式的功能特点如表9-1所示。

表9-1 AutoCAD尺寸标注方式

序号	按钮	功能	命令	用途
1		线性标注	DIMLINEAR	标注水平、垂直或旋转线型标注
2		对齐标注	DIMALIGNED	标注对齐型尺寸
3		弧长标注	DIMARC	标注圆弧尺寸
4		坐标标注	DIMORDINATE	标注坐标型尺寸
5		半径标注	DIMRADIUS	标注半径型尺寸
6		折弯标注	DIMJOGGED	折弯标注圆或圆弧的半径
7		直径标注	DIMDIAMETER	标注直径型尺寸
8		角度标注	DIMANGULAR	标注角度型尺寸
9		快速标注	QDIM	快速标注同一标注类型的尺寸
10		基线标注	DIMBASELINE	标注基线型尺寸
11		连续标注	DIMCONTINUE	标注连续型尺寸
12		折弯线性	DIMJOGLINE	标注折弯线性型尺寸
13		形位公差	TOLERANCE	标注形位公差
14		圆心标记	DIMCENTER	圆心标记和中心线

9.2 创建与设置尺寸标注样式

尺寸标注的外观样式称为尺寸标注样式。设置尺寸标注样式可以控制尺寸标注的格式和外观，建立和强制执行图形的绘图标准，并有利于对标注格式及用途进行修改。

AutoCAD默认有一个ISO-25的标注样式，但有时不能满足标注需要。在对图形对象进行标注前，应先创建新的尺寸标注样式，然后要把其设置为当前样式才能使用；创建的多余的尺寸标注样式，也可以将其删除。本节重点介绍使用“标注样式管理器”对话框创建和设置标注格式。

9.2.1　创建新的尺寸标注样式

创建新的尺寸标注样式操作在“标注样式管理器”对话框中进行，打开该对话框的方法如下：

- 在“常用”选项卡的“注释”组中，单击▾按钮，在弹出的下拉列表中单击“标注样式”按钮。
- 在“注释”的选项卡“标注”组中，单击“标注样式”按钮。
- 显示菜单栏，选择“格式”→“标注样式”命令。
- 在命令行中执行ddim、d、DIMSTYLE或DIMSTY命令。

执行上述命令后，系统会弹出如图9-7所示的对话框。

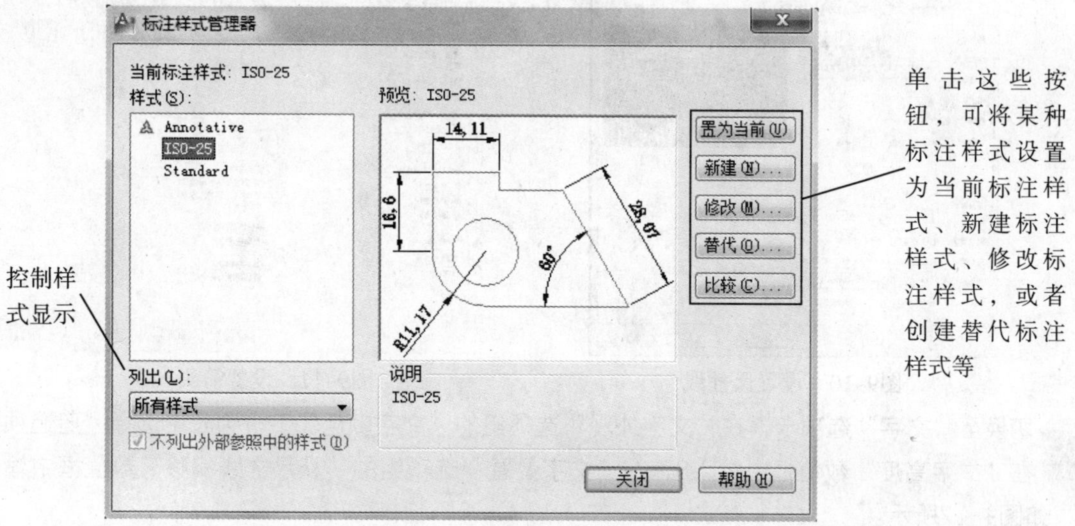

图9-7 “标注样式管理器”对话框

图9-8所示为创建或修改标注样式的基本步骤框架图。

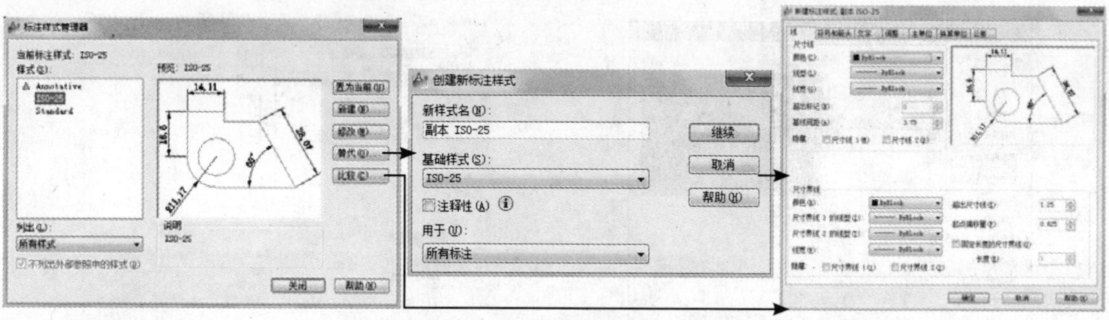

图9-8　新建标注样式基本流程

边学边练 080　创建尺寸标注样式

01 启动AutoCAD 2012，在“常用”选项卡的“注释”组中，单击▾按钮，在弹出的下拉列表中单击“标注样式”按钮，弹出“标注样式管理器”对话框。

02 单击“新建”按钮，弹出“创建新标注样式”对话框。在“新样式名”文本框中输入标注样式的名称，这里输入文本“机械图形”，如图9-9所示，单击“继续”按钮。

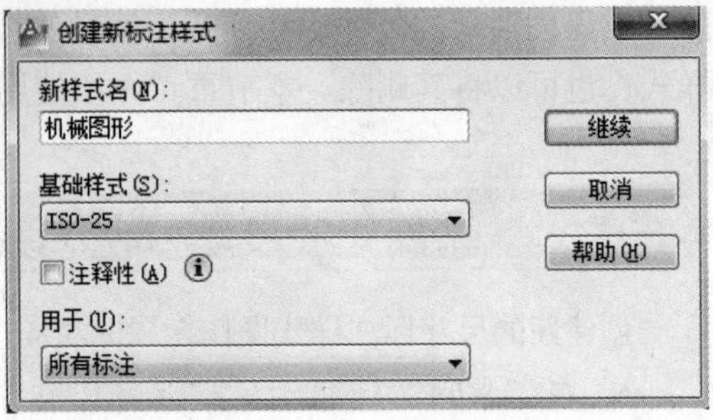

图9-9　创建新标注样式

03 弹出“新建标注样式：机械图形”对话框。切换至“线”选项卡，在“尺寸界线”选项组的“颜色”下拉列表中选择“蓝”选项，在“超出尺寸线”数值框中输入1，在“起点偏移量”数值框中输入1，如图9-10所示。

04 切换至“符号和箭头”选项卡，在“箭头”选项组的“第一个”下拉列表中选择“实心闭合”选项，在“箭头大小”数值框中输入5，如图9-11所示。

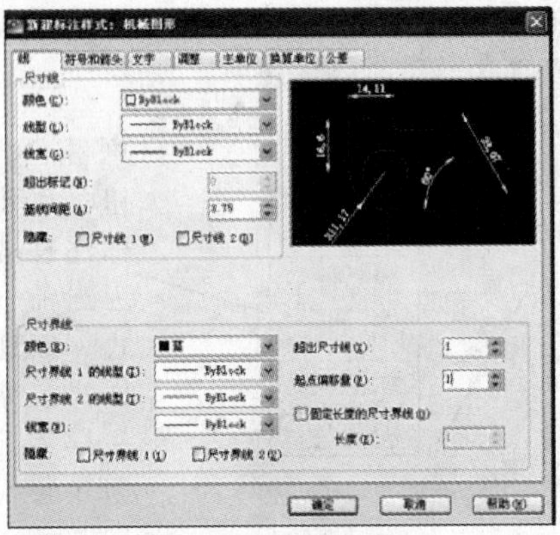

图9-10　设置尺寸线

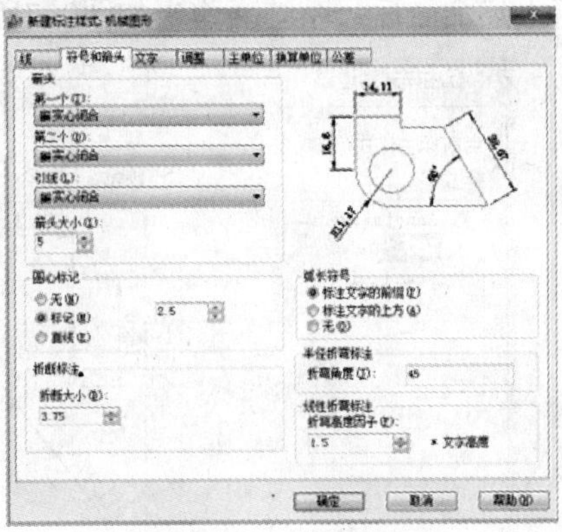

图9-11　设置箭头

05 切换至“文字”选项卡，在“文字外观”选项组的“文字颜色”下拉列表中选择“蓝选项，在“文字高度”数值框中输入8，在“文字位置”选项组的“从尺寸线偏移”数值框中输入1，如图9-12所示。

06 切换至“主单位”选项卡，在“线性标注”选项组的“精度”下拉列表中选择0选项，然后单击“确定”按钮完成设置，如图9-13所示。

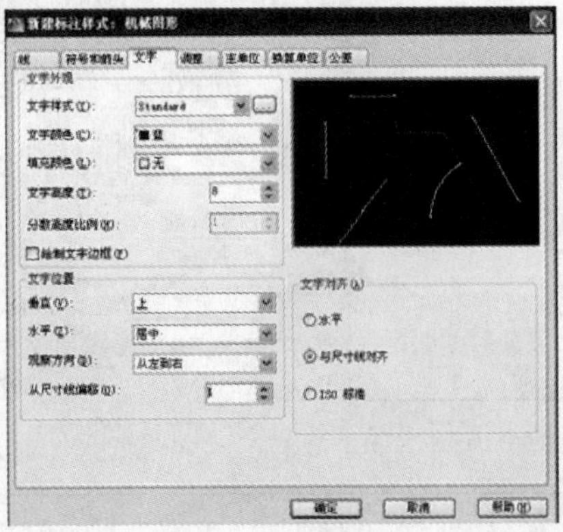

图9-12　设置文字

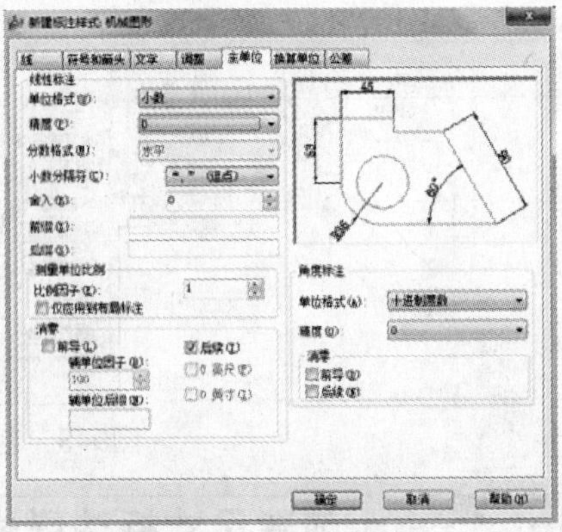

图9-13　设置精度

9.2.2 “新建标注样式”对话框

“新建标注样式”对话框中有多个选项卡，其中比较难理解的参数的含义介绍如下。

1. 设置直线样式

“线”选项卡包括“尺寸线”和“尺寸界线”两个选项组，用于编辑尺寸线和尺寸界线的样式。当设置了新样式的名称、基础样式和适用范围后，单击“继续”按钮，打开如图9-14所示的对话框，切换至“直线”选项卡。下面分别对其中是主要设置进行介绍。

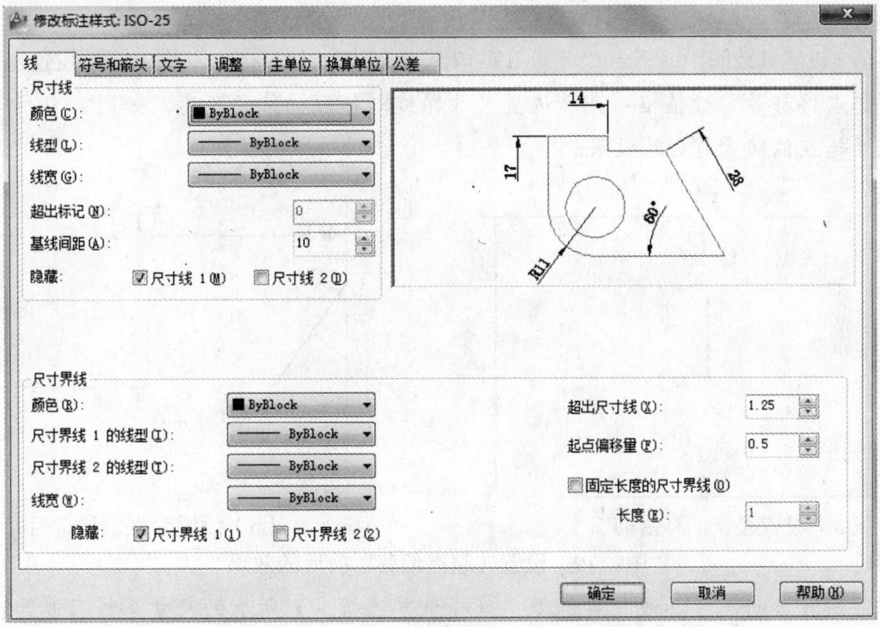

图9-14　标注样式“直线”选项卡

- “超出标记”数值框：用于设置尺寸线超出尺寸界线的距离，一般为0。如图9-15所示为“超出标记”设置前后的效果。

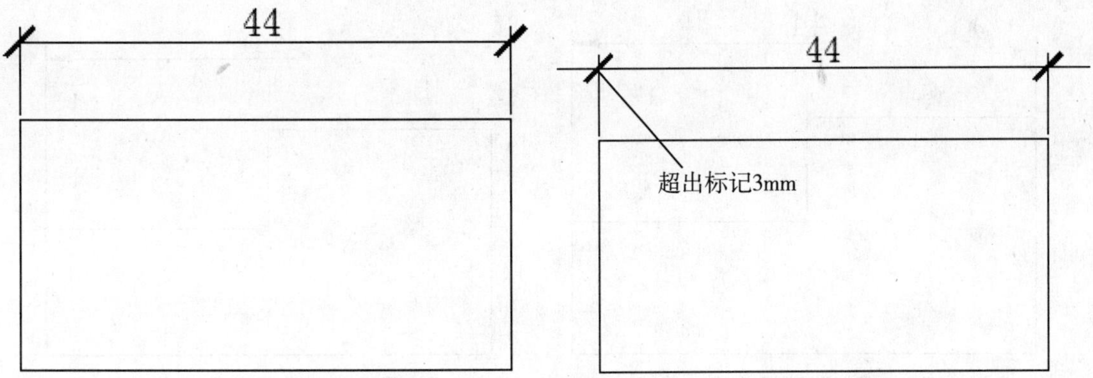

（a）设置前　　　　（b）设置后

图9-15　设置“超出标记”效果前后

- “基线间距”数值框：用于设置使用基线标注命令时尺寸线之间的间距。如图9-16所示为设置基线间距的效果。

● “超出尺寸线”数值框：用于设置尺寸界线超出尺寸线的距离。如图9-17和图9-18所为设置超出尺寸线前后的效果。

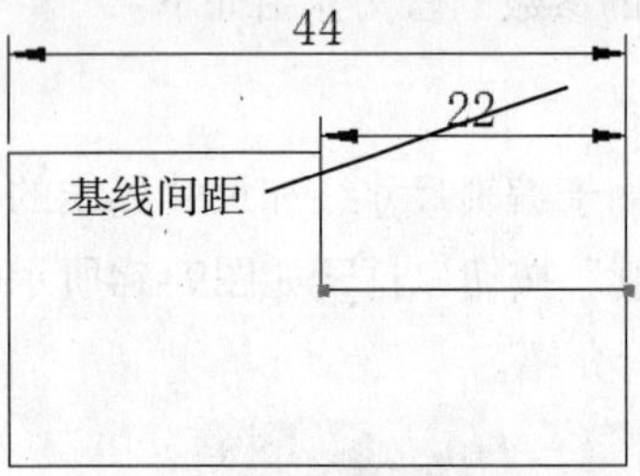

图9-16　设置基线间距

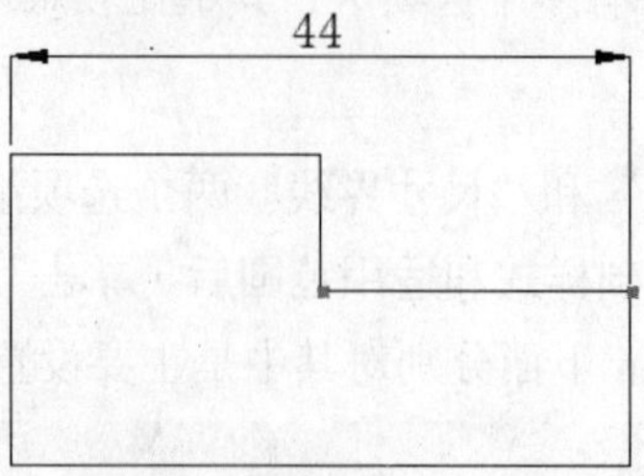

图9-17　未设置超出尺寸线

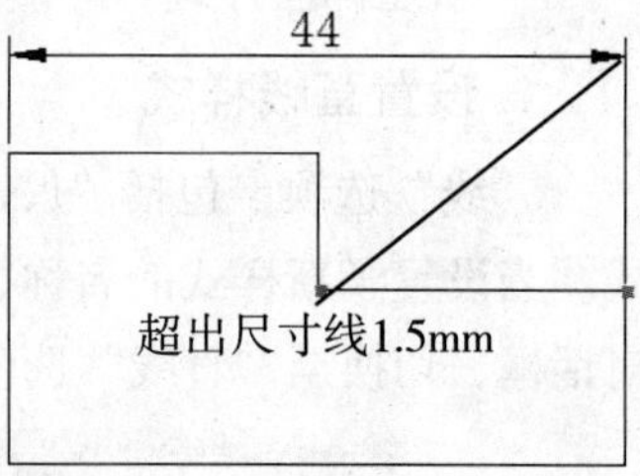

图9-18　设置超出尺寸线

● “起点偏移量”数值框：用于设置尺寸界线与标注对象的距离。如图9-19所示的效果为设置起点偏移量前后的效果。

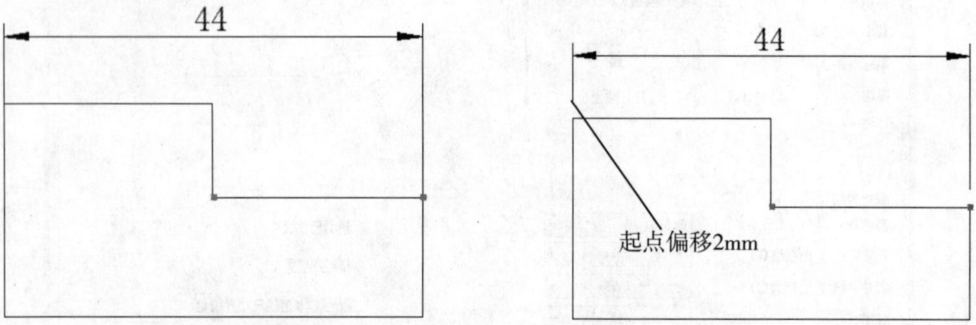

（a）设置起点偏移量前　　（b）设置起点偏移量后

图9-19　设置“起点偏移”前后的效果

● “固定长度的尺寸界线”复选框：选择该复选框，则所有的尺寸界线只能为在“长度”数值框中设定的长度。

● “隐藏”选项组：选择该选项组中的两个复选框，可隐藏尺寸界线的左端或右端。如图9-20和图9-21所示为隐藏尺寸线和尺寸界线的效果。

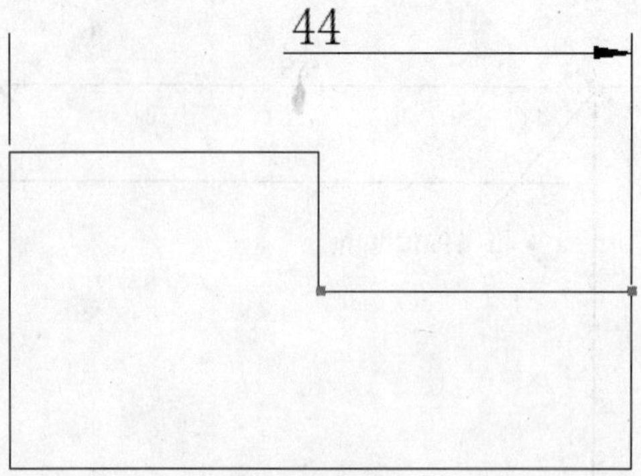

图9-20　隐藏尺寸线

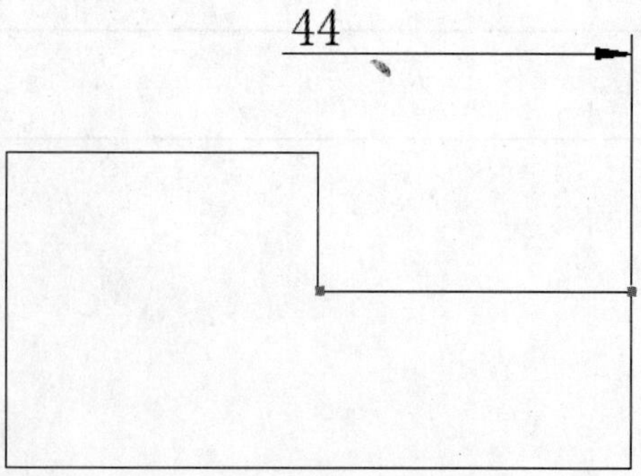

图9-21　隐藏尺寸界线

2. 设置箭头和箭头样式

“符号和箭头”选项卡主要用于设置符号和箭头的样式，包括“箭头”、“圆心标注”、“弧长符号”和“半径标注折弯”等多个选项组，如图9-22所示。使用“符号和箭头”选项卡可以设置尺寸线和引线箭头的大小、圆心标记、符号的位置等。通常情况下，同一个图形中的尺寸线的箭头应该保持一致。

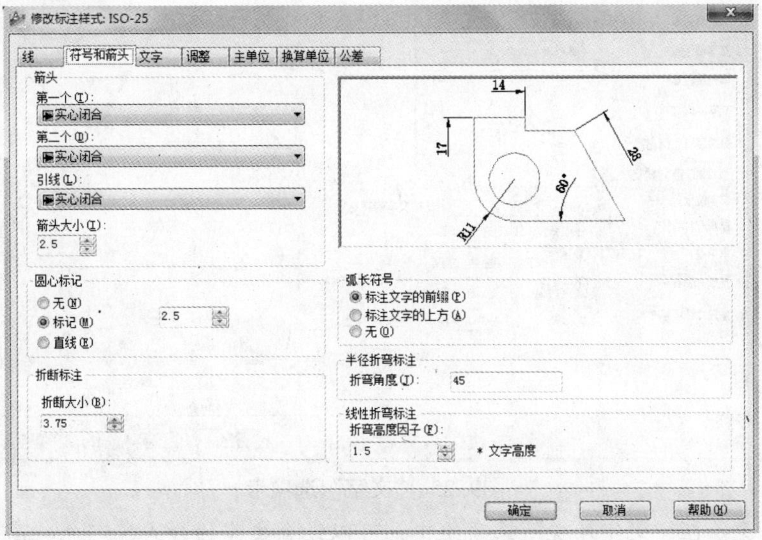

图9-22 “符号和箭头”选项卡

实际上，“箭头”只是一个代号称呼。为了满足不同类型的图形标注需要，AutoCAD中提供了20多种箭头样式，可以用短划线、点或其他标记代替尺寸箭头，用户也可以根据自己的需要在列表中选择箭头。

- “第一个”和“第二个”下拉列表：用于选择尺寸标注两端的箭头样式。如图9–23所示为箭头的形式。
- “引线”下拉列表框：用于选择引线标注的箭头样式。
- “圆心标记”选项组：用于设置圆心标记的类型和大小，默认选择“标记”单选按钮。如图9–24所示为圆心标记。

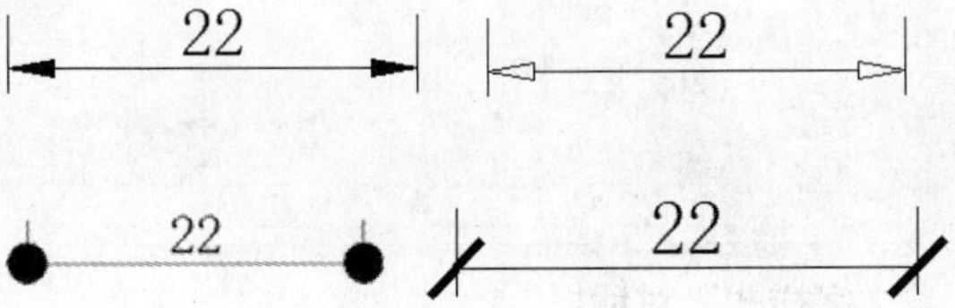

图9–23　箭头的形式

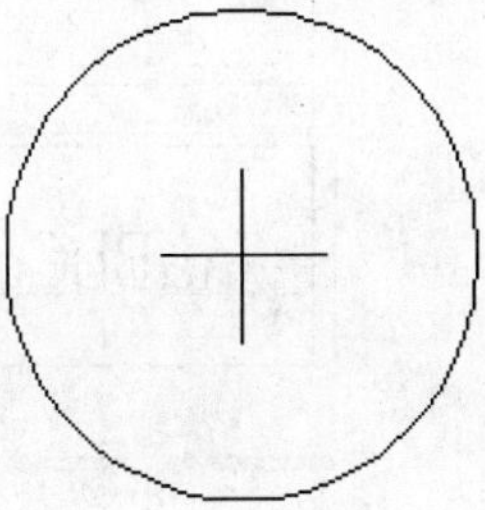

图9–24　圆心标记

- “弧长符号”选项组：用于设置标注弧长时需要标注的弧长符号位置，以及有无弧长符号。
- “半径折弯标注”选项组：设置用DIMJOGGED命令折弯标注圆或圆弧半径时折弯的角度。

3. 设置文字样式

“文字”选项卡主要用于设置标注中文字的样式，包括“文字外观”、“文字位置”和“文字对齐”3个选项组，如图9–25所示。

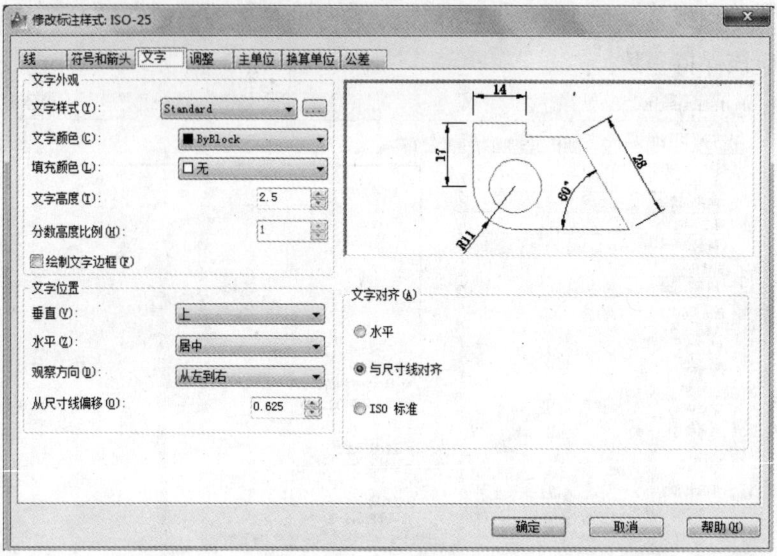

图9-25 “文字”选项卡

- 文字外观：在“文字外观”选项组中，可以设置文字的样式、颜色、高度和分数高度比例，以及文字的边框等。
    - ◆ 文字样式：从下列列表中选择标注的文字样式。也可以单击其后面的...符合，打开“文字样式”对话框，从中选择文字样式或新建文字样式，如图9-26所示。

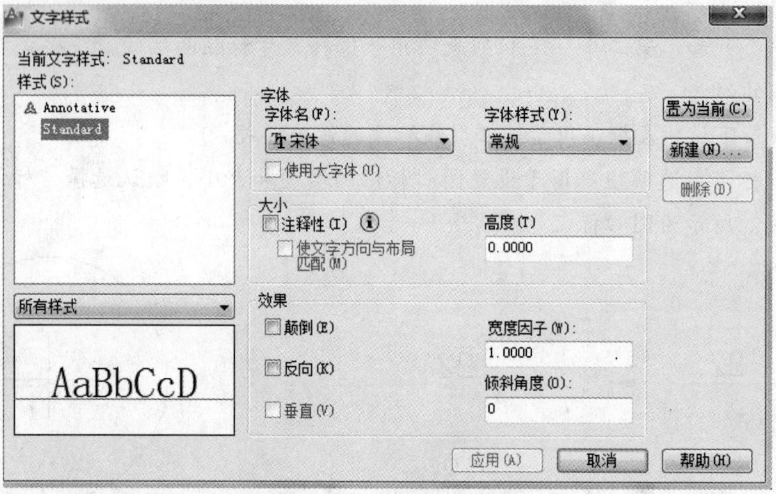

图9-26 “文字样式”对话框

    - ◆ 文字颜色：设置标注文字的颜色。
    - ◆ 文字高度：设置文字的高度。
    - ◆ “分数高度比例”数值框：用于设置分数形式字符与其他字符的比例。
    - ◆ “绘制文字边框”复选框：选中该复选框，则可为标注的文字添加边框。
- 文字位置：在“文字位置”选项组中，可以设置文字的垂直、水平位置和距离尺寸线的偏移量等。
    - ◆ “垂直”和“水平”下拉列表框：用于设置文字在尺寸线上的对齐位置，如图9-27所示为文字“垂直”的3种形式，如图9-28所示为文字“水平”的4种形式。

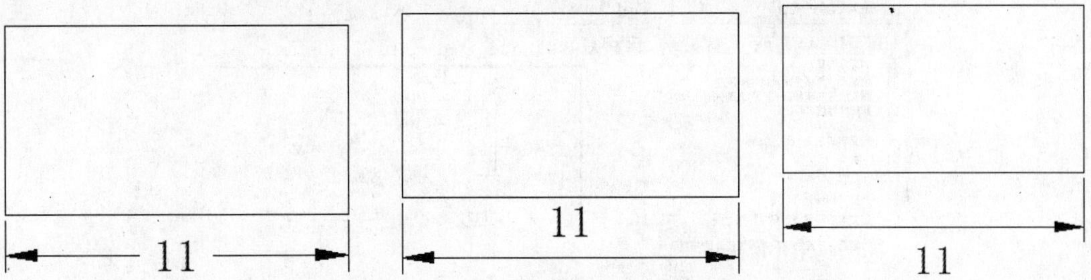

图9-27　文字垂直位置的几种形式

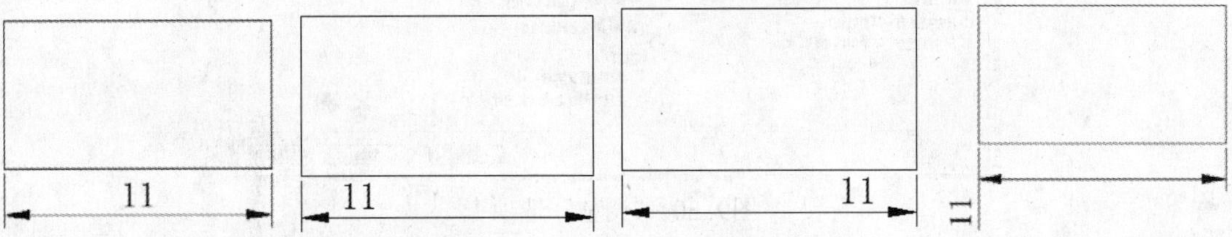

图9-28　文字水平位置的3种形式

◆ “从尺寸线偏移”数值框：在该数值框中可设置标注文字与尺寸线之间的距离，一般保持默认设置。

● 文字对齐：在“文字对齐”选项组中，可以设置标注文字是保持尺寸水平还是与尺寸线对齐，效果如图9-29所示。

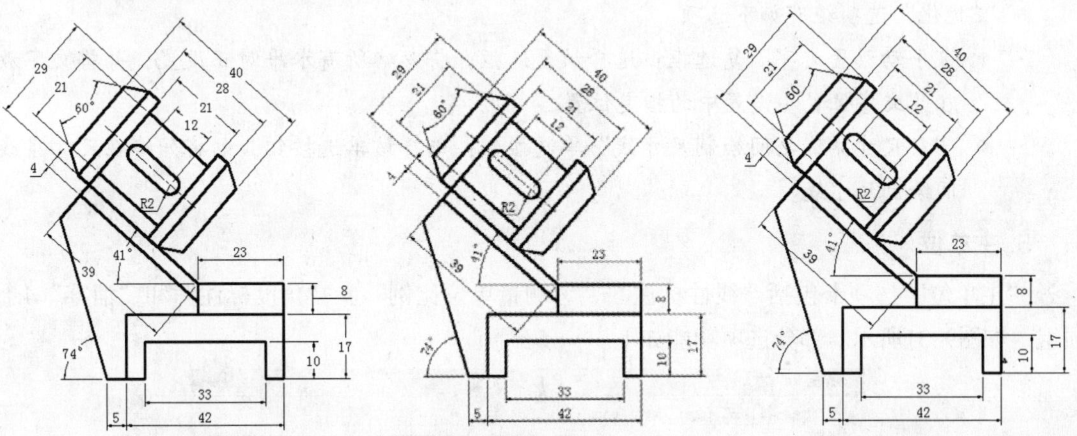

（a）尺寸水平　　（b）与尺寸线对齐　　（c）ISO标准

图9-29　文字对齐方式

4. 调整

“调整”选项卡包括“调整选项”、“文字位置”、“标注特性比例”和“优化”4个选项组，如图9-30所示。

● “调整选项”选项组：用于设置基于尺寸界线之间可用空间的文字和箭头位置。当两条尺寸界线间的距离足够时，则把文字和箭头放在尺寸界线之间；当距离不足时，则按“调整选项”选项组中的设置放置文字和箭头。

● “文字位置”选项组：用于设置标注文字的显示位置。

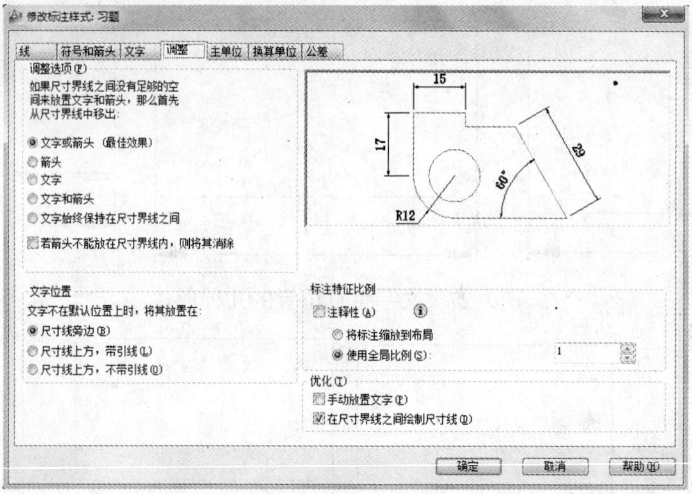

图9-30 “调整”选项卡

- “标注特征比例”选项组有如下选项。
  - ◆ “使用全局比例”单选按钮：选择该单选按钮，并在其右侧数值框中输入比值，从而所有以该标注样式为基础的尺寸标注都将按该比例放大相应倍数。
  - ◆ “将标注缩放到布局”单选按钮：选择该单选按钮，则可根据模型空间视口比例设置标注比例。
- “优化”选项组有如下选项。
  - ◆ “手动放置文字”复选框：选择该复选框，将忽略所有水平对正设置，并将文字放置在“文字位置”设置中的指定位置。
  - ◆ “在尺寸界线之间绘制尺寸线”单选按钮：选择该单选按钮，则将始终在尺寸界线之间绘制尺寸线。

5. 主单位

“主单位”选项卡包括“线性标注”、“测量单位比例”、“角度标注”和“消零”4个选项组，如图9-31所示。部分选项功能如下。

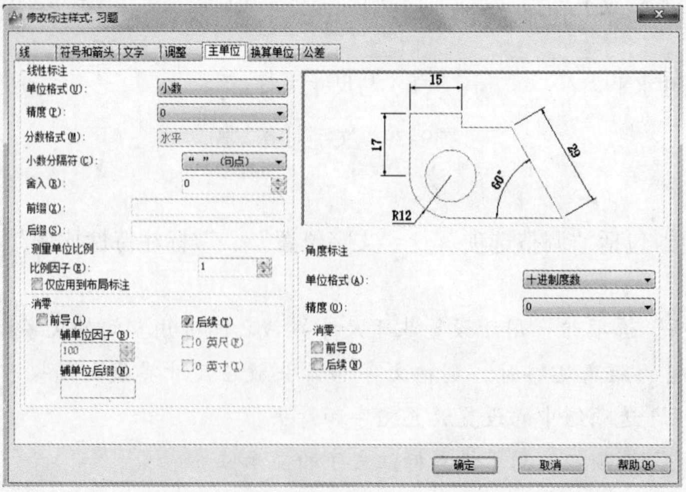

图9-31 “主单位”选项卡

● “线性标注”选项组：设置线性标注的单位格式、精度及标注文字的前缀和后缀。如图9–32所示为分数的格式，如图9–33所示为小数分隔符的形式。

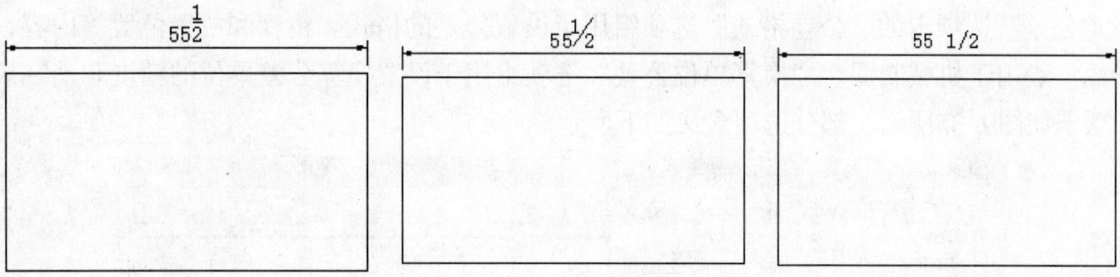

（a）水平　　（b）对角　　（c）非堆叠

图9–32　分数格式

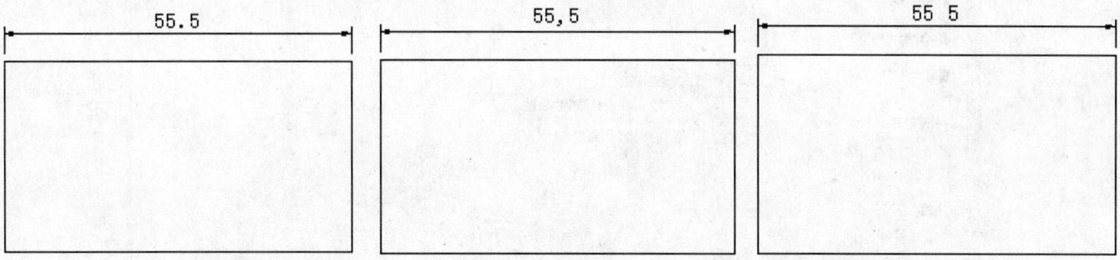

（a）句号　　（b）逗号　　（c）空格

图9–33　小数的分隔符

● “角度标注”选项组：设置角度标注的当前单位格式和精度等。

6. 换算单位

“换算单位”选项卡中，只有选择“显示换算单位”复选框后，该选项卡中的其他选项才能被激活。“换算单位”选项卡如图9–34所示。该选项卡中部分选项功能如下所示。

● “换算单位”选项组：用于设置除角度之外标注的换算单位格式、精度和前后缀等。
● “消零”选项组：用于设置换算单位的消零规则。
● “位置”选项组：用于设置换算单位的位置。

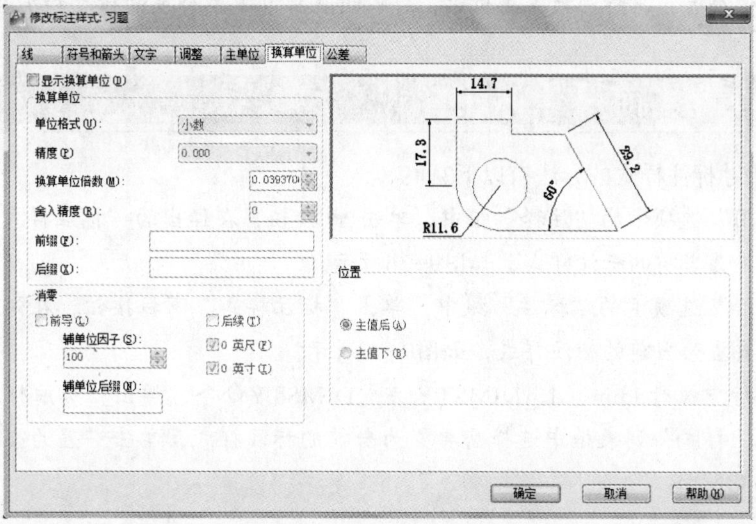

图9–34　“换算单位”选项卡

7. 公差

“公差”选项卡的“公差格式”选项组用于设置公差的格式、精度和放置位置等内容，该部分参数一般用于机械制图。“换算单位公差”选项组用于设置换算公差单位的精度和消零规则。该选项卡如图9-35所示，部分选项含义如下所示。

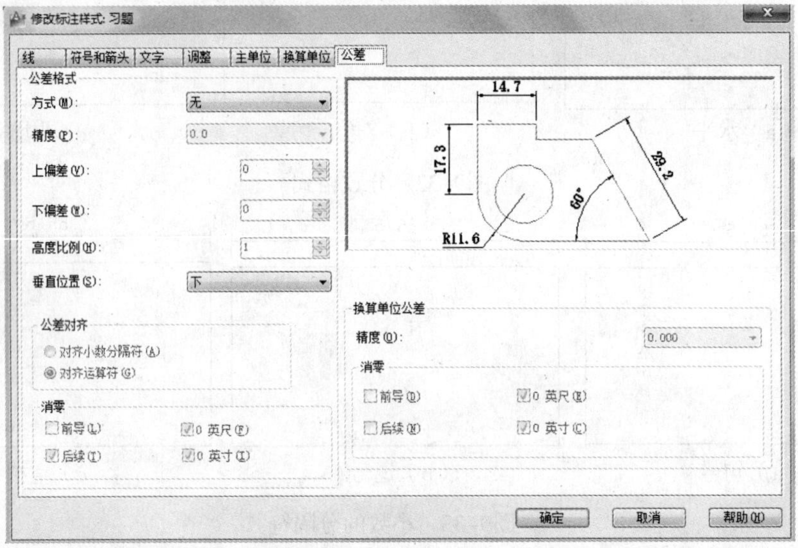

图9-35 “公差”选项卡

- 方式：确定以何种方式标注公差，包括“无”、“对称”、“极限偏差”、“极限尺寸”、“基本尺寸”选项。
- 精度：设置尺寸公差的精度。
- 高度比例：确定公差文字的高度比例因子。
- 垂直位置：控制公差文字相对于尺寸文字位置，包括“下”、“中”、“上”3种方式。
- 消零：设置是否消除公差值的前导或后续的零。
- 换算单位公差：当标注换算单位时，可以设置换算单位公差的精度和是否消零。

9.2.3 设置当前尺寸标注样式

设置当前尺寸标注样式的方法有以下3种：

- 在“常用”选项卡的“注释”组中，单击按钮，在弹出的“标注样式”下拉列表中选择需要置为当前的标注样式，如图9-36所示。
- 在“注释”选项卡的“标注”组中，单击“标注样式”下拉按钮，在弹出的下拉列表中选择需要置为当前的标注样式，如图9-37所示。
- 在命令行中执行ddim、d、DIMSTYLE或DIMSTY命令，弹出“标注样式管理器”对话框，在“样式”列表框中选择需要置为当前的标注样式，单击“置为当前”按钮即可，如图9-38所示。

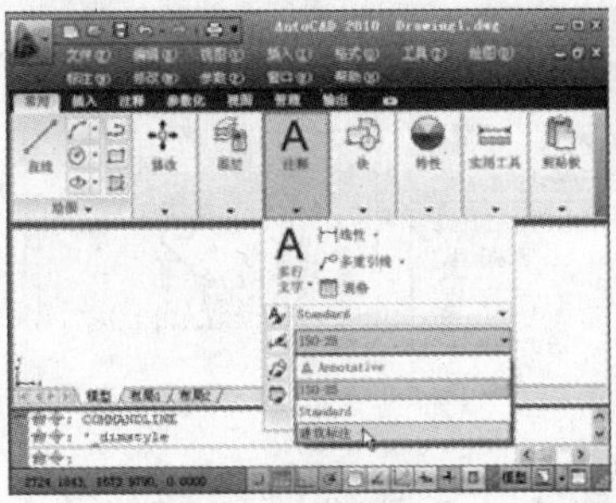

图9-36　方式1

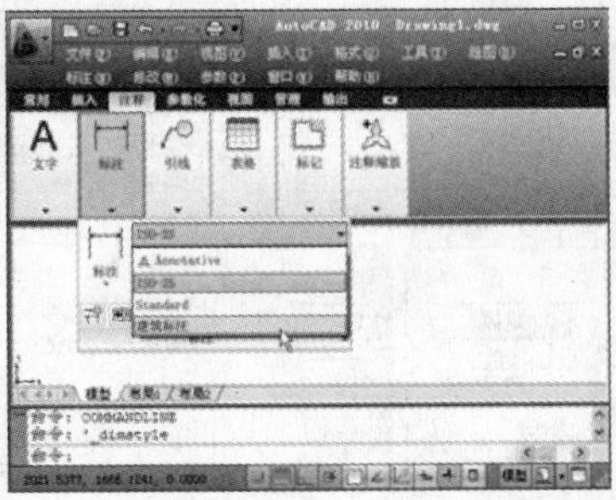

图9-37　方式2

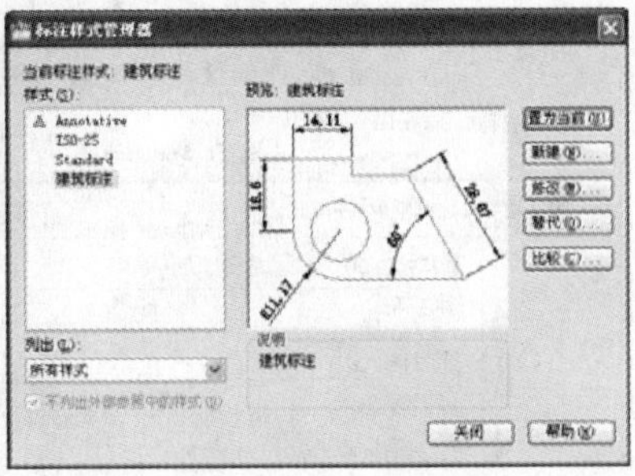

图9-38　方式3

9.2.4　删除尺寸标注样式

在“标注样式管理器”对话框左侧的“样式”列表框中右击需要删除的标注样式名称，在弹出的快捷菜单中选择“删除”命令，即可删除多余的尺寸标注样式，如图9-39所示；或者选中后直接按Del键删除。

在删除尺寸标注样式时，置为当前的尺寸标注样式不能被删除。若不小心误选择了当前标注样式并执行了删除命令，系统会弹出如图9-40所示的提示对话框，提示用户无法删除该标注样式。此时只需单击“关闭”按钮，然后返回“标注样式管理器”对话框中再次选择需要删除的标注样式即可。

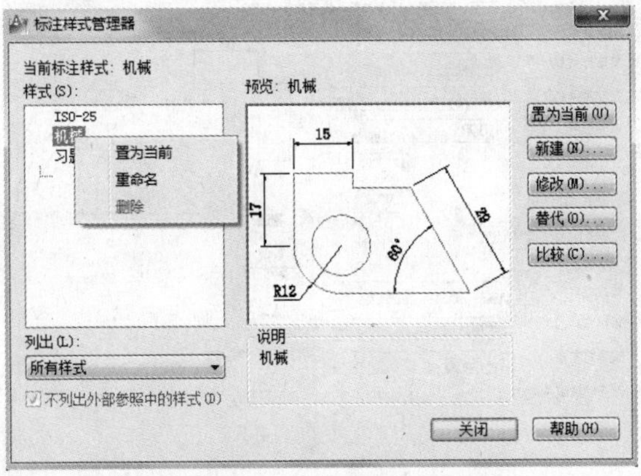

图9-39　选中要删除的对象

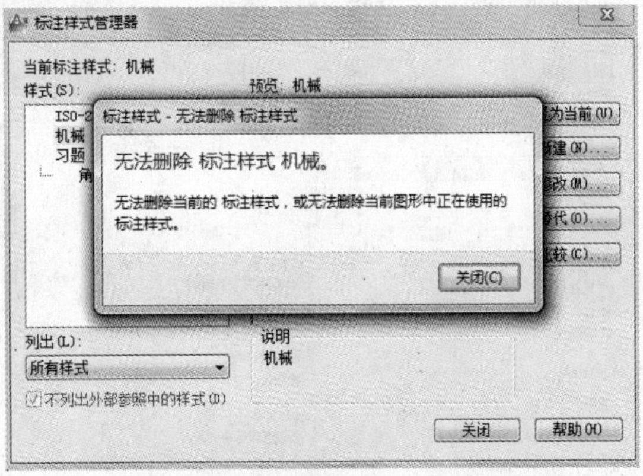

图9-40　提示信息

边学边练 081　标注样式的设置

01 启动AutoCAD 2012，在菜单栏中选择“格式”→“标注样式”命令，系统弹出“标注样式管理器”对话框。

02 在对话框中单击“新建”按钮，弹出“创建新标注样式”对话框。在“新样式名”文本框中输入标注样式的名称，这里输入文本“标注样式”，如图9-41所示，单击“继续”按钮。

03 弹出“新建标注样式：标注样式”对话框，切换至“线”选项卡，在“尺寸线”选项组的“线宽”下拉列表中选择0.13mm选项，在“基线间距”下拉列表中选择5选项，在“超出尺寸线”数值框中输入1，在“起点偏移量”数值框中输入1，如图9-42所示。

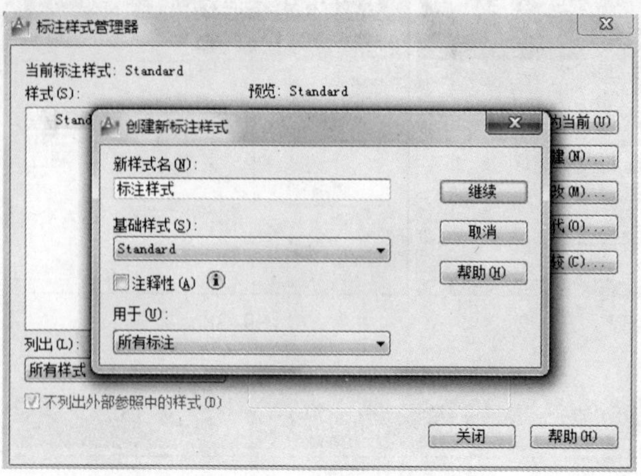

图9-41 输入新建标注样式名称

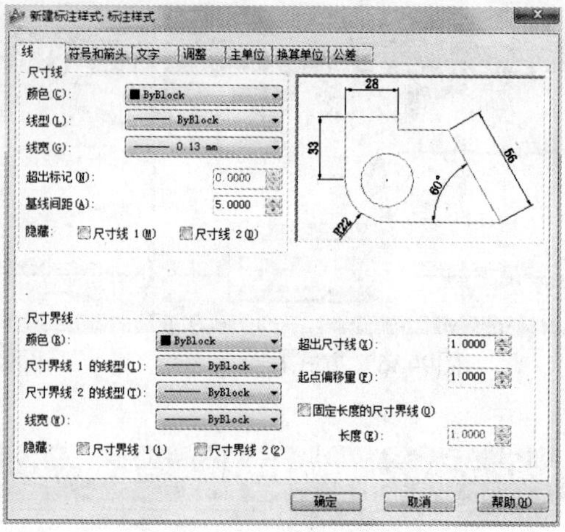

图9-42 设置标注线

04 切换至“符号和箭头”选项卡，在“箭头大小”数值框中输入10，在“圆心标记”选项组中单击“标记”单选按钮，如图9-43所示。

05 切换至“文字”选项卡，在“文字外观”选项组的“文字高度”数值框中输入12，在“文字对齐”选项组中单击“ISO标准”单选按钮。在“从尺寸线偏移”数据框中输入1，如图9-44所示。

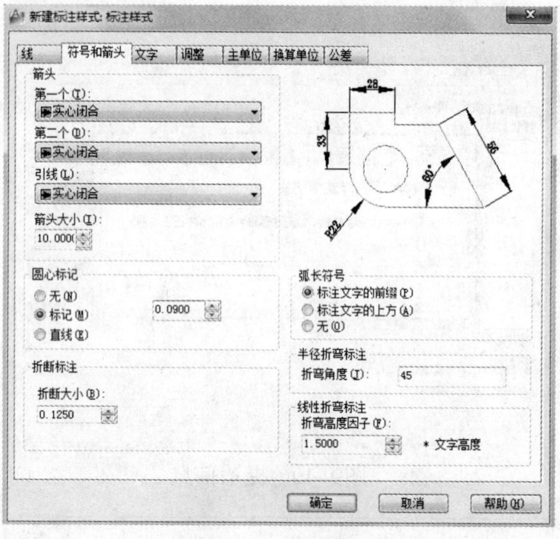

图9-43 设置箭头

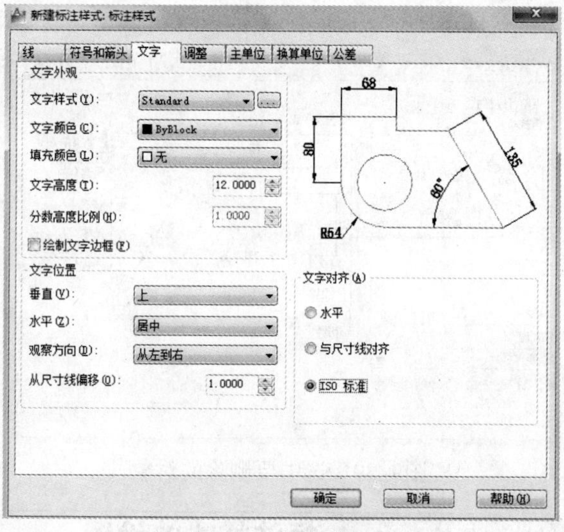

图9-44 设置文字

06 切换至“调整”选项卡，在“文字位置”选项组中选择“尺寸线旁边”单选按钮，在“优化”选项组选择“在尺寸界线之间绘制尺寸线”复选框，如图9-45所示。

07 切换至“主单位”选项卡，在“线性标注”选项组的“精度”下拉列表框中选择0选项，在“小数分隔符”下拉列表中选择“句点”选项，如图9-46所示，单击“确定”按钮。

08 返回“标注样式管理器”对话框，在“样式”列表框中选择“标注样式”选项，然后单击“置为当前”按钮，再单击“关闭”按钮完成标注样式的设置，保存该图形文件并命名为“标注样式”（光盘:\最终文件\第9章\标注样式.dwg）。

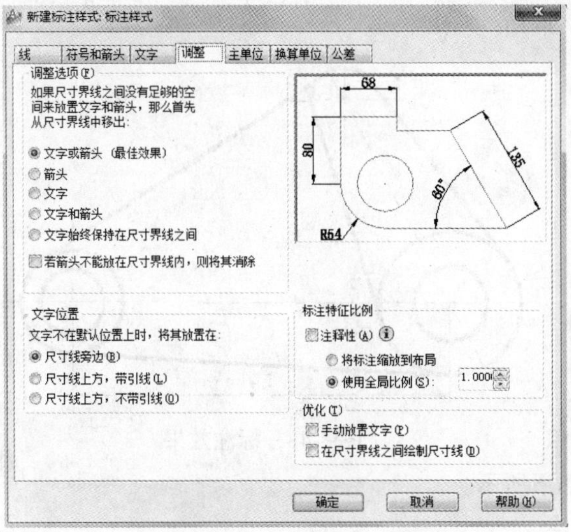

图9-45 “调整”选项

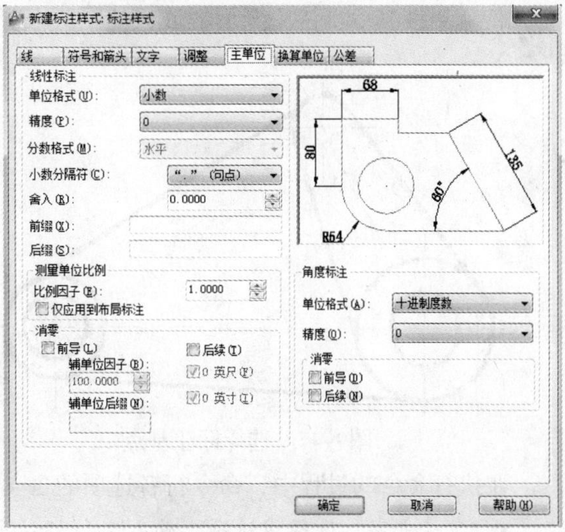

图9-46 “主单位”设置

9.3 标注线性尺寸

学习了尺寸标注的相关概念及设置方法和其他基础知识后，本节将介绍图形的线性标注。

9.3.1　线性标注

线性标注主要有3种类型：水平标注、垂直标注、对齐标注。线性标注命令主要用于标注水平或垂直方向上的尺寸，调用该命令的方法如下：

- 在“常用”选项卡的“注释”组中，单击“线性”按钮，在弹出的下拉列表中选择“线性”选项。
- 在“注释”选项卡的“标注”组中左侧的下拉列表中选择“线性”选项。
- 显示菜单栏，选择“标注”→“线性”命令。
- 在命令行中执行DIMLINEAR或DIMLIN命令。

边学边练 082　线性标注

01 打开“线性标注.dwg”图形文件（光盘:\原始文件\第9章\线性标注.dwg），在命令行中执行DIMLIN命令，具体操作过程如下：

命令：DIMLIN　　　　　　　　　（执行DIMLIN命令）

指定第一条尺寸界线原点或 <选择对象>:

　　　　　　　　　　　　　　　（单击要标注线段的一端，这里单击如图9-47所示的A点）

指定第二条尺寸界线原点:　　　（单击要标注线段的一端，这里单击如图9-47所示的B点）

指定尺寸线位置或[多行文字(M)/文字(T)/角度(A)/水平(H)/垂直(V)/旋转(R)]:

　　　　　　　　　　　　　　　（向上移动鼠标到适合位置并单击鼠标）

标注文字 =59　　　　　　　　　（系统提示标注尺寸）

02 使用线性命令标注完成后的效果如图9-48所示。

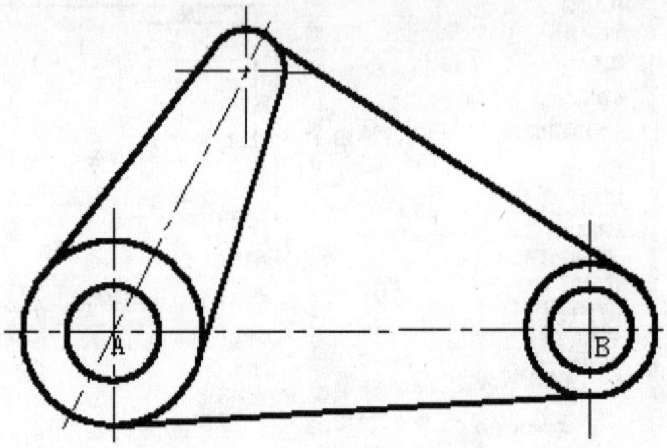

图9-47 选择标注基点

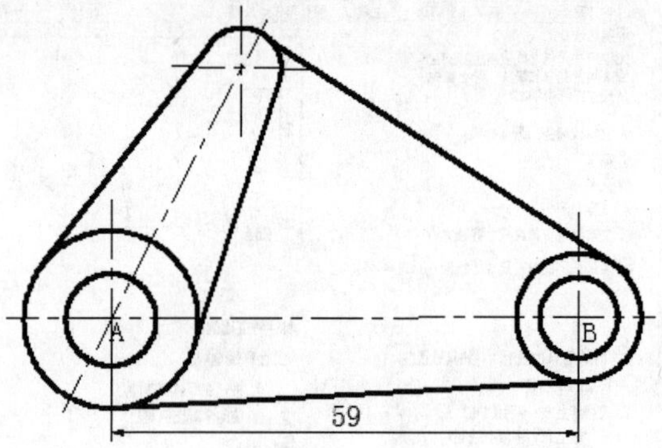

图9-48 标注效果

在执行命令的过程中，命令行各选项的含义如下所示。

- 多行文字：选择该选项，输入多行标注文字。
- 文字：选择该选项，输入单行标注文字。
- 角度：选择该选项，可输入标注文字方向与标注端点连线之间的夹角，默认为0°，保持平行。
- 水平：选择该选项，表示只标注两点之间的水平距离。
- 垂直：选择该选项，表示只标注两点之间的垂直距离。
- 旋转：选择该选项，在标注过程中设置尺寸线的旋转角度。

9.3.2 基线标注

基线标注是自同一基线处测量的多个标注，即创建自相同基线的一系列相关标注。在创建基线标注之前，需要创建线性标注、对齐标注或角度标注。调用该命令方法如下：

- 在“注释”选项卡的“标注”组中，单击按钮，在弹出的下拉列表中选择“基线”选项。
- 显示菜单栏，选择“标注”→“基线”命令。
- 在命令行中执行DIMBASELINE或DIMBASE命令。

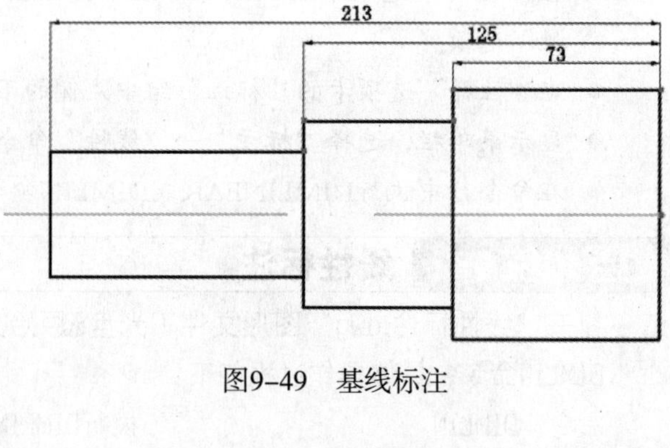

图9-49 基线标注

如图9-49所示为基线标注的效果。

边学边练 083 基线标注

01 打开“基线标注.dwg”图形文件（光盘:\原始文件\第9章\基线标注.dwg），在命令行中执行DIMBASE命令，具体操作过程如下：

命令：DIMBASE （执行DIMBASE命令）

选择基准标注: （选择如图9-50所示的最左侧竖线作为基准标注）
指定第二条尺寸界线原点或 [放弃(U)/选择(S)] <选择>:
（单击第二条延伸原点，这里单击如图9-50所示的内侧一条竖线上的点）
标注文字=14 （系统提示标注尺寸）
指定第二条尺寸界线原点或 [放弃(U)/选择(S)] <选择>:
（单击下一条延伸原点，这里单击如图9-50所示的右侧紧挨着的台阶处的点）
标注文字=26 （系统提示标注尺寸）
指定第二条尺寸界线原点或 [放弃(U)/选择(S)] <选择>:
（单击下一条延伸原点，这里单击如图9-50所示的右侧的台阶处的点）
标注文字=42 （系统提示标注尺寸）
指定第二条尺寸界线原点或 [放弃(U)/选择(S)] <选择>:
（单击下一条延伸原点，这里单击如图9-50所示的右侧的台阶处的点）
标注文字=56 （系统提示标注尺寸）
指定第二条尺寸界线原点或 [放弃(U)/选择(S)] <选择>:
（单击下一条延伸原点，这里单击如图9-50所示的右侧的台阶处的点）
标注文字=65 （系统提示标注尺寸）
指定第二条尺寸界线原点或 [放弃(U)/选择(S)] <选择>:
（按Space键确认）
选择基准标注: （按Space键退出基线标注命令）

02 使用基线命令标注完成后的效果如图9-51所示（光盘:\最终文件\第9章\基线标注.dwg）。

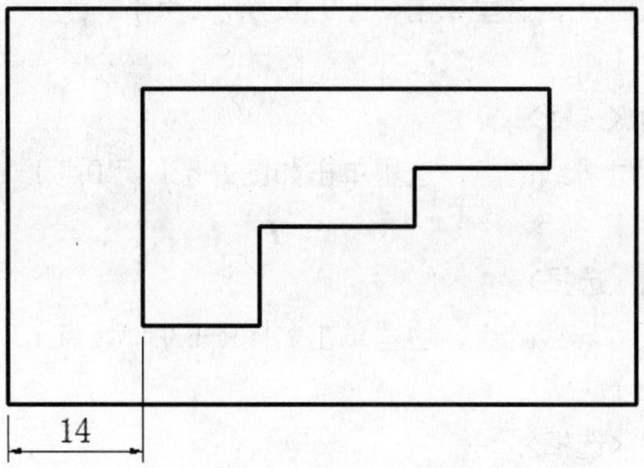

图9-50 选择标注基点

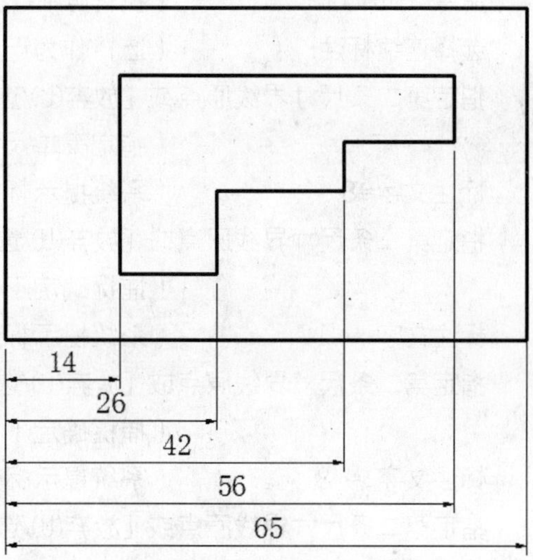

图9-51 基线标注效果

9.3.3 连续标注

连续标注是首尾相连的多个标注。它与基线标注一样，都是从一个尺寸界线处测量的、从同一个基准面或基准线引出的标注，效果如图9-52所示。在创建连续标注之前，必须先进行线性标注、对齐标注或角度标注等。调用该命令的方法如下：

- 在“注释”选项卡的“标注”组中，单击[图标]按钮，在弹出的下拉列表中选择“连续”选项。
- 显示菜单栏，选择“标注”→“连续”命令。
- 在命令行执行DIMCONTINUE或DIMCONT命令。

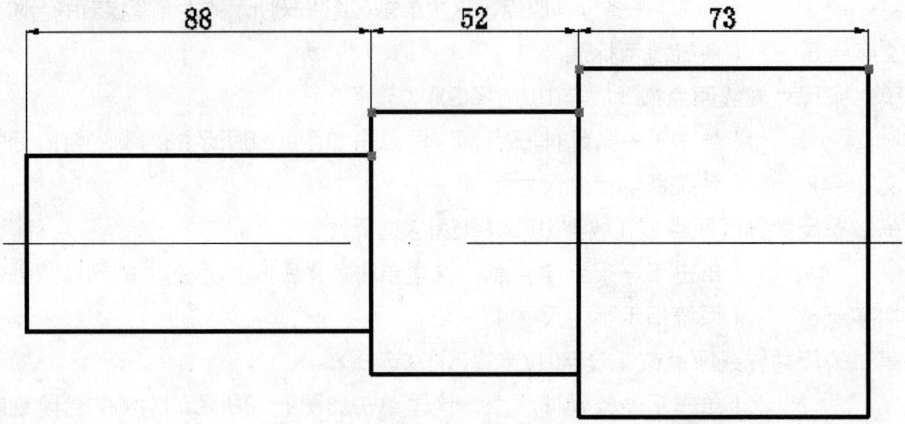

图9-52　连续标注

边学边练 084 连续标注

01 打开“连续标注.dwg”图形文件（光盘:\原始文件\第9章\连续标注.dwg），在命令行中执行DIMCONT命令，具体操作过程如下：

命令：DIMCONT　　　　　　（执行DIMCONT命令）
选择连续标注:　　　　　　（选择作为连续标注的尺寸标注，如图9-53所示的AB线）
指定第二条尺寸界线原点或 [放弃(U)/选择(S)] <选择>:
　　　　　　　　　　　　（指定第二尺寸界线的点，这里单击如图9-53所示C点）
标注文字=8　　　　　　　（系统提示标注尺寸）
指定第二条尺寸界线原点或 [放弃(U)/选择(S)] <选择>:
　　　　　　　　　　　　（捕捉确定下一条尺寸界线的点，这里单击如图9-53所示D点）
标注文字 = 17　　　　　（系统提示标注尺寸）
指定第二条尺寸界线原点或 [放弃(U)/选择(S)] <选择>:
　　　　　　　　　　　　（捕捉确定下一条尺寸界线的点，这里单击如图9-53所示E点）
标注文字 = 8　　　　　　（系统提示标注尺寸）
指定第二条尺寸界线原点或 [放弃(U)/选择(S)] <选择>:
　　　　　　　　　　　　（捕捉确定下一条尺寸界线的点，这里单击如图9-53所示F点）
标注文字 = 13　　　　　（系统提示标注尺寸）
指定第二条尺寸界线原点或 [放弃(U)/选择(S)] <选择>:
　　　　　　　　　　　　（按Space键结束命令）
选择连续标注:　　　　　　（按Space键退出连续标注命令）

02 使用连续标注命令完成后的效果如图9-54所示（光盘:\最终文件\第9章\连续标注.dwg）。

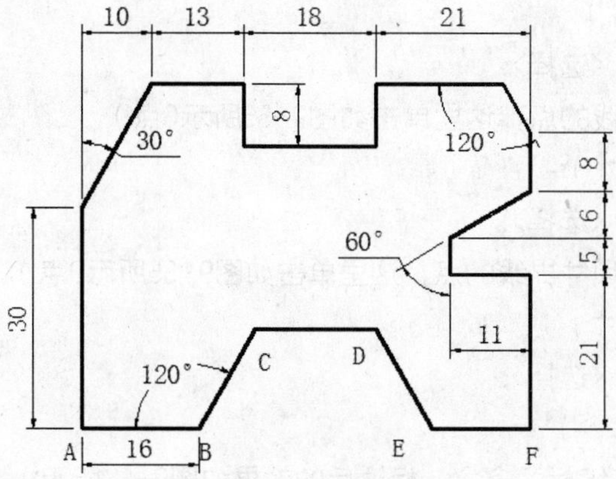

图9-53　选择第一个标注

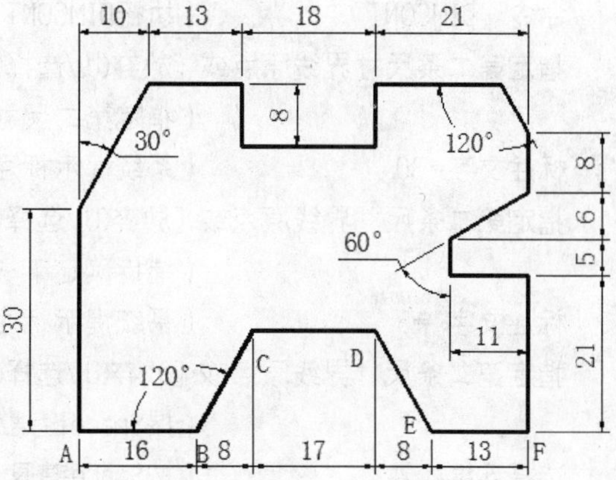

图9-54　标注效果

自我强化　轴标注

下面通过一个实例练习一下本节内容。

01 打开"轴标注.dwg"图形文件（光盘:\原始文件\第9章\轴标注.dwg），在命令行中执行DIMLIN命令，具体操作过程如下：

命令：DIMLIN　　　　　　　　　（执行DIMLIN命令）

指定第一条尺寸界线原点或 <选择对象>:

　　　　　　　　　　　　　　　（单击要标注线段的一端，这里单击如图9-55所示的A点）

指定第二条尺寸界线原点:　　　（单击要标注线段的一端，这里单击如图9-55所示的B点）

指定尺寸线位置或[多行文字(M)/文字(T)/角度(A)/水平(H)/垂直(V)/旋转(R)]:

　　　　　　　　　　　　　　　（向下移动鼠标到适合位置并单击）

标注文字=5　　　　　　　　　　（系统提示标注尺寸，标注后的效果如图9-56所示）

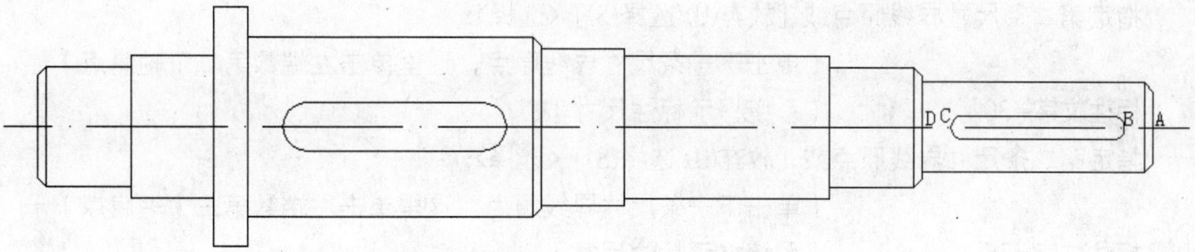

图9-55　选择标注点

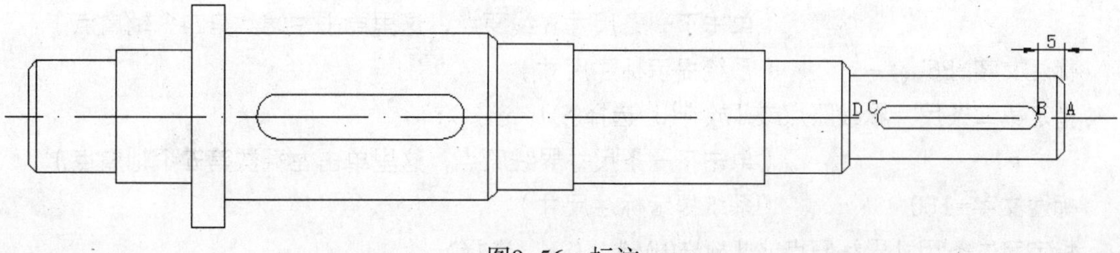

图9-56　标注

02 在命令行中执行DIMCONT命令，具体操作过程如下：

命令：DIMCONT　　　　（执行DIMCONT命令）
指定第二条尺寸界线原点或 [放弃(U)/选择(S)] <选择>:
　　　　　　　　　　（指定第二尺寸界线的点，这里单击如图9-55所示C点）
标注文字=30　　　　（系统提示标注尺寸）
指定第二条尺寸界线原点或 [放弃(U)/选择(S)] <选择>:
　　　　　　　　　　（捕捉确定下一条尺寸界线的点，这里单击如图9-55所示D点）
标注文字 =5　　　　（系统提示标注尺寸）
指定第二条尺寸界线原点或 [放弃(U)/选择(S)] <选择>:
　　　　　　　　　　（按Space键结束命令）
选择连续标注:　　　（按Space键退出连续标注命令，标注后的效果如图9-57所示）

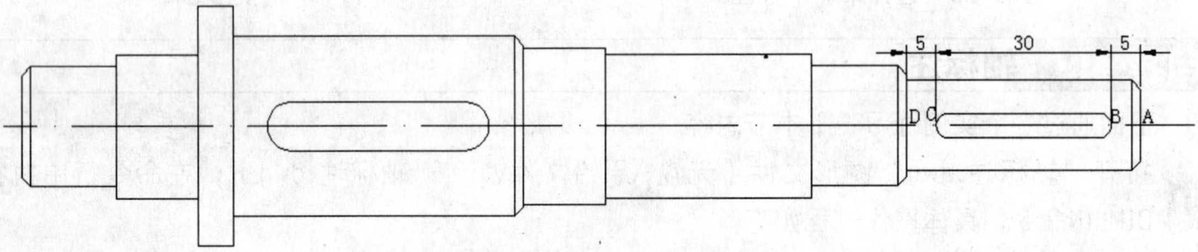

图9-57　连续标注效果

03 再在命令行中执行DIMLINEAR命令，标注轴的上测尺寸，标注后的效果如图9-58所示，然后在命令行中执行DIMBASE命令，具体操作过程如下：

命令: DIMBASE　　　　（执行DIMBASE命令）
指定第二条尺寸界线原点或 [放弃(U)/选择(S)] <选择>:
　　　　　　　　　　（单击第二条尺寸界线原点，这里单击左端第一个轴肩点）
标注文字=16　　　　（系统提示标注尺寸）
指定第二条尺寸界线原点或 [放弃(U)/选择(S)] <选择>:
　　　　　　　　　　（单击下一条尺寸界线原点，这里单击左端数第二个轴肩点）
标注文字=30　　　　（系统提示标注尺寸）
指定第二条尺寸界线原点或 [放弃(U)/选择(S)] <选择>:
　　　　　　　　　　（单击下一条尺寸界线原点，这里单击左端数第三个轴肩点）
标注文字=36　　　　（系统提示标注尺寸）
指定第二条尺寸界线原点或 [放弃(U)/选择(S)] <选择>:
　　　　　　　　　　（单击下一条尺寸界线原点，这里单击左端数第四个轴肩点）
标注文字=86　　　　（系统提示标注尺寸）
指定第二条尺寸界线原点或 [放弃(U)/选择(S)] <选择>:
　　　　　　　　　　（单击下一条尺寸界线原点，这里单击左端数第五个轴肩点）
标注文字=100　　　　（系统提示标注尺寸）
指定第二条尺寸界线原点或 [放弃(U)/选择(S)] <选择>:

（单击下一条尺寸界线原点，这里单击左端数第六个轴肩点）
标注文字=135　（系统提示标注尺寸）
指定第二条尺寸界线原点或 [放弃(U)/选择(S)] <选择>:
（单击下一条尺寸界线原点，这里单击左端数第七个轴肩点）
标注文字=151　（系统提示标注尺寸）
指定第二条尺寸界线原点或 [放弃(U)/选择(S)] <选择>:
（单击下一条尺寸界线原点，这里单击左端数第八个轴肩点）
标注文字=191　（系统提示标注尺寸）
指定第二条尺寸界线原点或 [放弃(U)/选择(S)] <选择>:
（按Space键确认）
选择基准标注:　（按Space键退出基线标注命令）

04 全部完成标注后的效果如图9-59所示（光盘:\最终文件\第9章\轴标注.dwg）。

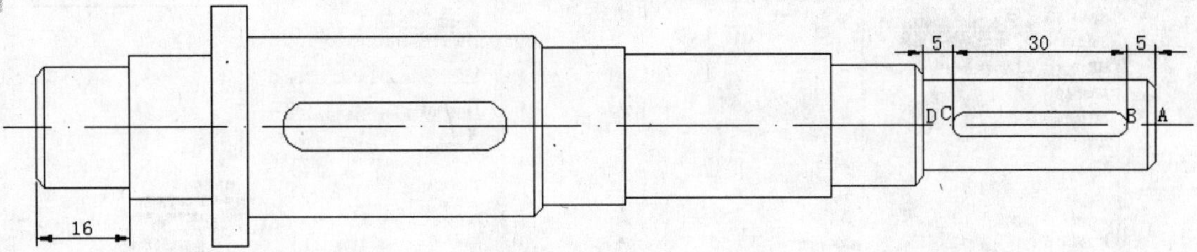

图9-58　标注线性尺寸

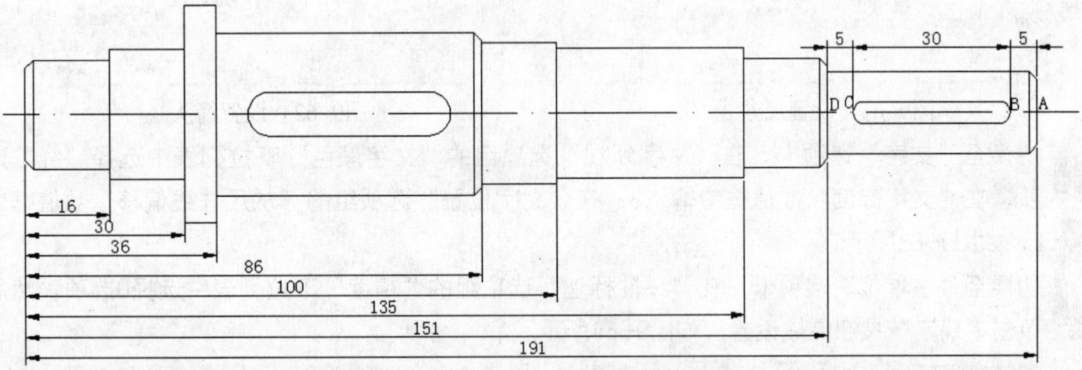

图9-59　最终标注效果图

9.4 实例应用

下面通过几个例子来熟悉一下标注样式的创建及删除等操作，同时能够进行线性标注。

9.4.1　实例1：创建标注样式

01 启动AutoCAD 2012，打开“实例1.dwg”文件（光盘:\原始文件\第9章\实例1.dwg）。在菜单栏中选择“格式”→“标注样式”命令，弹出“标注样式管理器”对话框。

02 单击“新建”按钮，弹出“创建新标注样式”对话框，在“新样式名”文本框中输入标注样式的名称，这里输入文本“标注图形”，如图9-60所示，单击“继续”按钮。

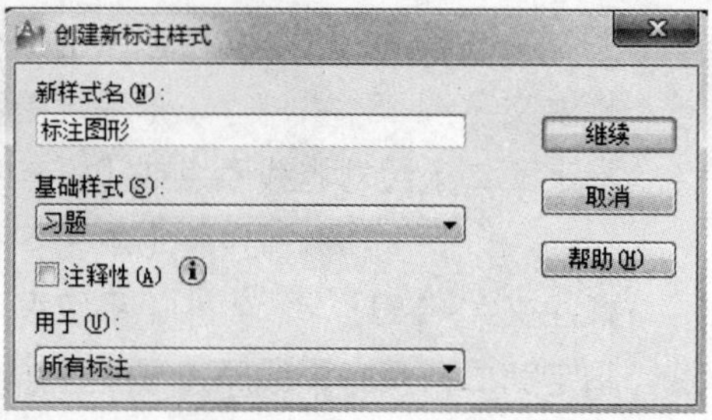

图9-60　新建标注样式

03 弹出“新建标注样式：标注图形”对话框，切换至“线”选项卡，在“尺寸线”选项组的“颜色”下拉列表中可以选择“红”选项，在“尺寸界线”选项组的“颜色”下拉列表中选择“红”选项，在“超出尺寸线”数值框中输入1，在“起点偏移量”数值框中输入1，如图9-61所示。

04 切换至“符号和箭头”选项卡，在“箭头”选项组的“第一个”下拉列表中选择“实心闭合”选项，在“箭头大小”数值框中输入1.5，如图9-62所示。

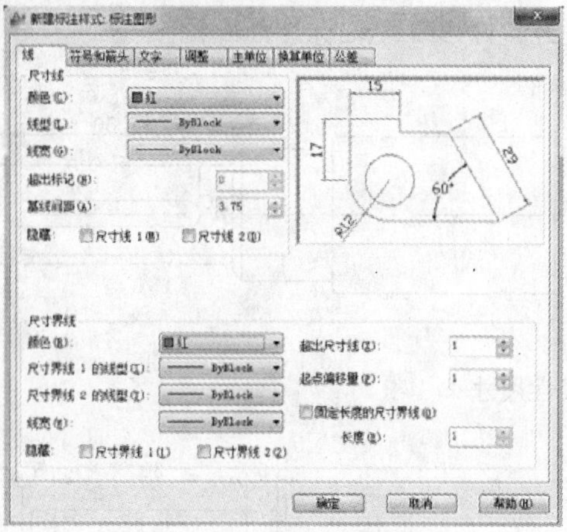

图9-61　设置尺寸线

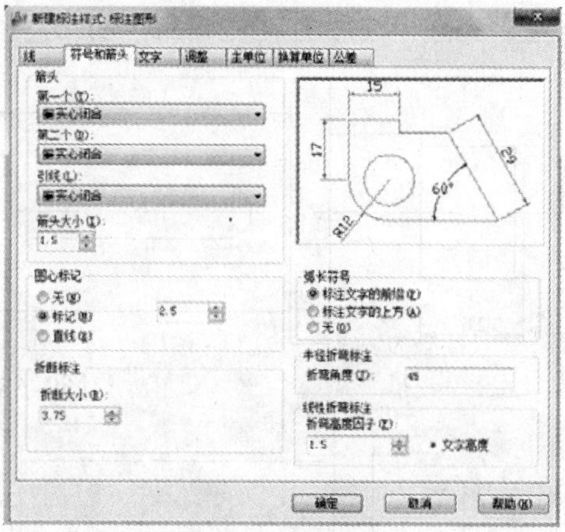

图9-62　设置箭头

05 切换至“文字”选项卡，在“文字外观”选项组的“文字颜色”下拉列表中选择“红”选项，在“文字高度”数值框中输入3；在“文字位置”选项组的“从尺寸线偏移”数值框中输入1，如图9-63所示。

06 切换至“主单位”选项卡，在“线性标注”选项组的“精度”下拉列表中选择0选项，然后单击“确定”按钮完成设置，如图9-64所示。

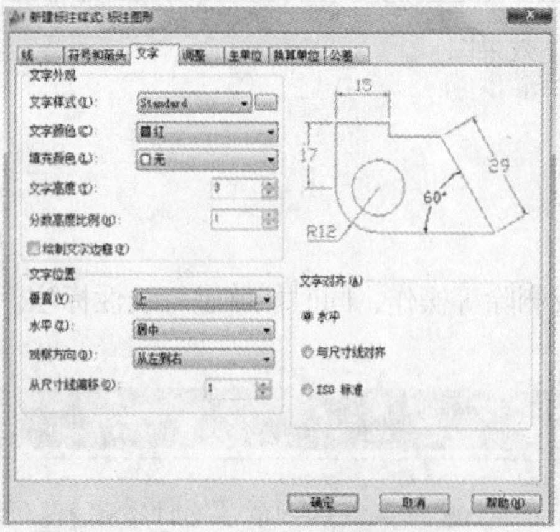

图9-63　设置文字

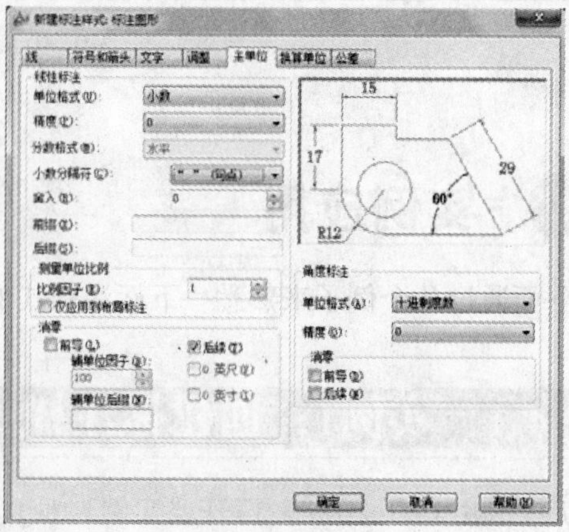

图9-64　设置文字精度

9.4.2　实例2：线性标注简单图形

下面通过如图9-65所示的图形效果来介绍一下图形标注的步骤。

01 启动AutoCAD 2012，打开“实例2.dwg”文件（光盘:\原始文件\第9章\实例2.dwg）。在菜单栏中选择“格式”→“标注样式”命令，弹出“标注样式管理器”对话框。

02 单击“新建”按钮，弹出“创建新标注样式”对话框，在“新样式名”文本框中输入标注样式的名称，这里输入文本“标注简单图形”，如图9-66所示，单击“继续”按钮。

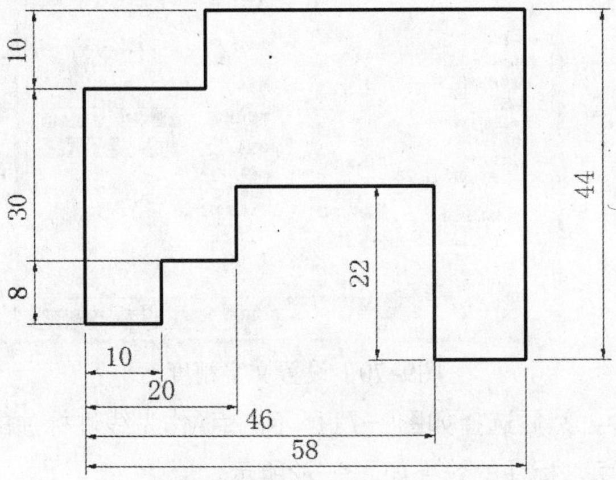

图9-65　标注效果

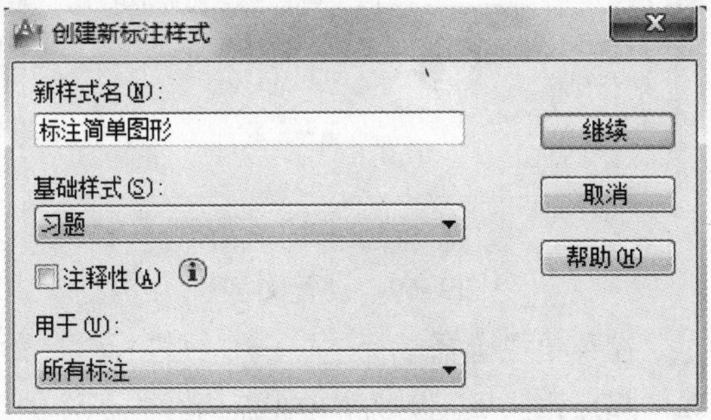

图9-66　新建标注样式

03 弹出“新建标注样式：标注简单图形”对话框，切换至“线”选项卡，在“尺寸线”选项组的“颜色”下拉列表中选择“蓝”选项，在“尺寸界线”选项组的“颜色”下拉列表中选择“蓝”选项，在“超出尺寸线”数值框中输入1，在“起点偏移量”数值框中输入1.2，如图9-67所示。

04 切换至“符号和箭头”选项卡，在“箭头”选项组的“第一个”下拉列表中选择“实心闭合”选项，在“箭头大小”数值框中输入1.3，如图9-68所示。

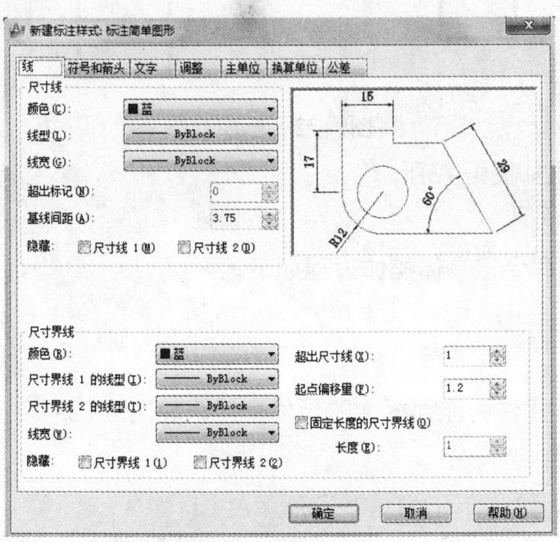

图9-67　设置尺寸线

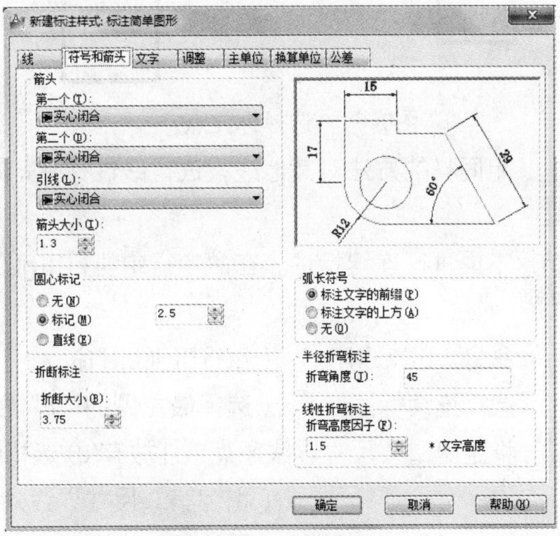

图9-68　设置箭头

05 切换至“文字”选项卡，在“文字外观”选项组的“文字颜色”下拉列表中选择“蓝”选项，在“文字高度”数值框中输入2.6，在“文字位置”选项组的“从尺寸线偏移”数值框中输入1，如图9-69所示。

06 切换至“主单位”选项卡，在“线性标注”选项组的“精度”下拉列表中选择0选项，然后单击“确定”按钮完成设置，如图9-70所示。

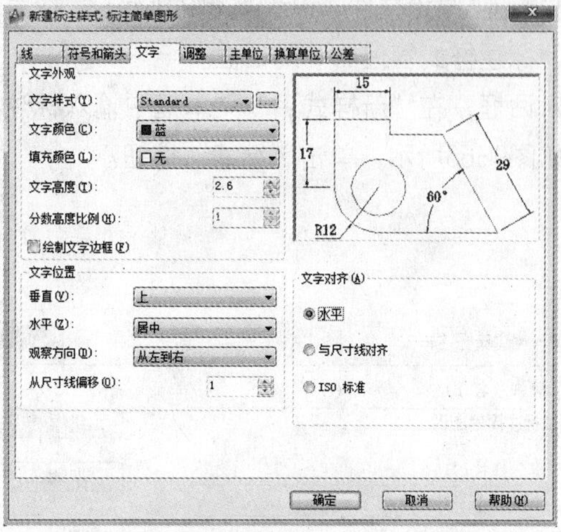

图9-69 设置文字

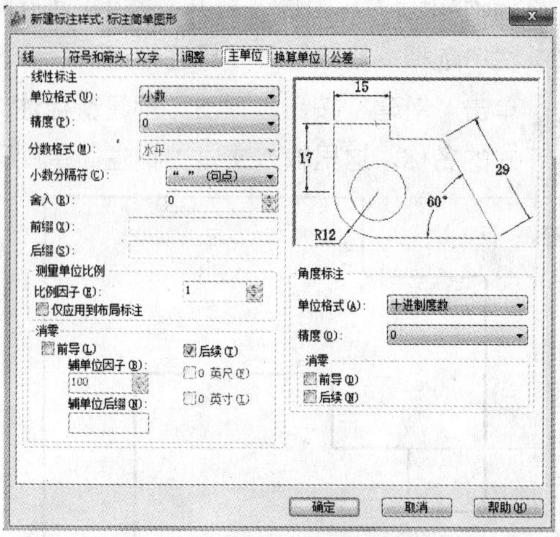

图9-70 设置文字精度

07 在菜单栏选择“标注”→“线性标注”命令，然后选择如图9-71所示的点A作为线性标注的起点，选择图9-72中的B点为线性标注的终点，标注的效果如图9-72所示。

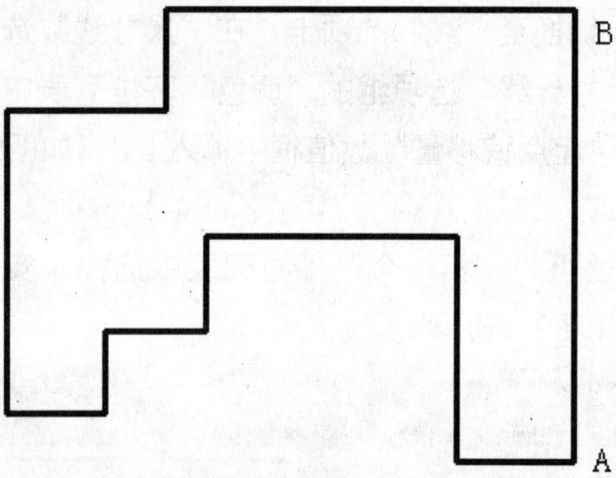

图9-71 选择标注点

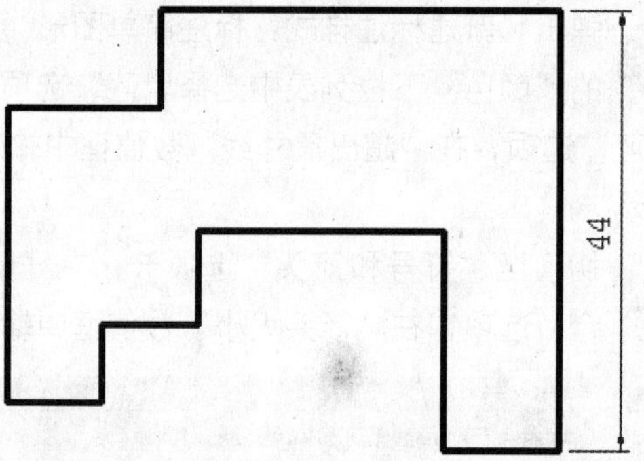

图9-72 标注效果

08 用同样的方法对其他线段进行线性标注，效果如图9-73所示。

09 下面进行连续标注。在命令行中执行DIMCONT命令，具体操作过程如下：

命令：DIMCONT　　（执行DIMCONT命令）

选择连续标注：　　（选择最左侧的“8”的标注作为连续标注的尺寸标注，如图9-73所示）

指定第二条尺寸界线原点或 [放弃(U)/选择(S)] <选择>:

（指定第二尺寸界线的点，这里单击如图9-73所示A点）

标注文字=30　　（系统提示标注尺寸）

指定第二条尺寸界线原点或 [放弃(U)/选择(S)] <选择>:

（捕捉确定下一条尺寸界线的点，这里单击如图9-73所示B点）

标注文字 = 10　　　　　　　　（系统提示标注尺寸）
　　　　　　　　　　　　　　（按Space键结束命令）
选择连续标注:　　　　　　　　（按Space键退出连续标注命令）

10 标注的效果如图9-74所示。然后在命令行中执行DIMBASE命令，具体操作过程如下：

命令: DIMBASE　　　　　　　　（执行DIMBASE命令）
选择基准标注　　　　　　　　（选择如图9-73所示的最左下角的水平尺寸“10”）
指定第二条尺寸界线原点或 [放弃(U)/选择(S)] <选择>:
　　　　　　　　　　　　　　（单击第二条延伸原点，这里单击相邻的轴肩点C）
标注文字=20　　　　　　　　（系统提示标注尺寸）
指定第二条尺寸界线原点或 [放弃(U)/选择(S)] <选择>:
　　　　　　　　　　　　　　（单击下一条延伸原点，这里单击轴肩点D）
标注文字=46　　　　　　　　（系统提示标注尺寸）
指定第二条尺寸界线原点或 [放弃(U)/选择(S)] <选择>:
　　　　　　　　　　　　　　（单击下一条延伸原点，这里单击轴肩点E）
标注文字=58　　　　　　　　（系统提示标注尺寸）
指定第二条尺寸界线原点或 [放弃(U)/选择(S)] <选择>:
　　　　　　　　　　　　　　（按Space键确认）

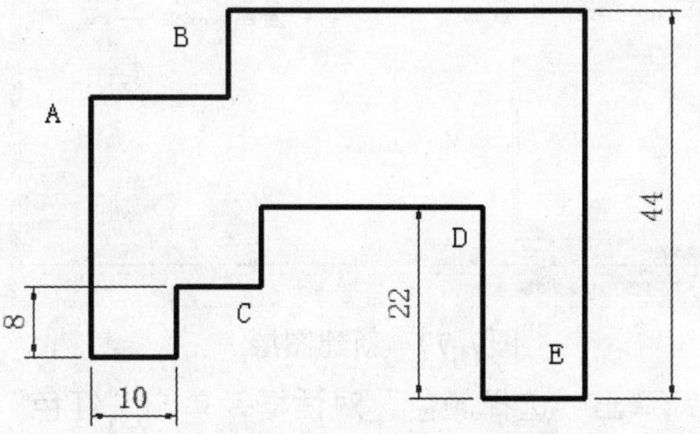

图9-73　线性标注

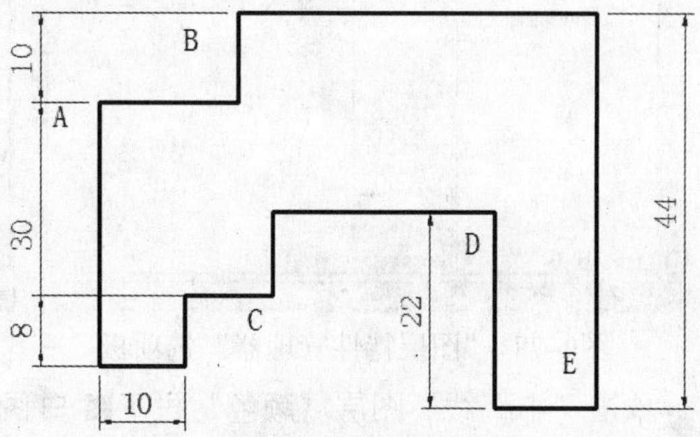

图9-74　基线标注

11 标注的效果如图9-75所示。将辅助的几个字母进行删除，完成最后的标注效果如图9-76所示（光盘:\最终文件\第9章\实例2.dwg）。

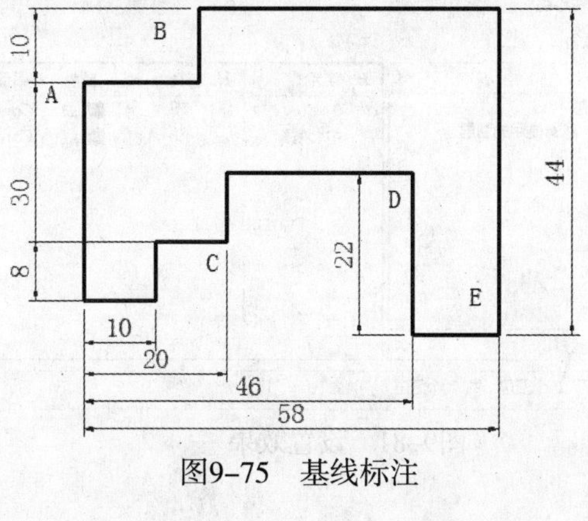

图9-75　基线标注

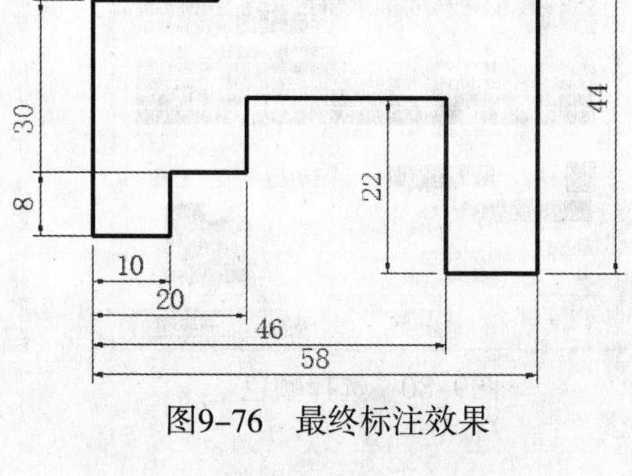

图9-76　最终标注效果

9.4.3 实例3：线性标注复杂图形

下面首先绘制一个如图9-77所示的图形，然后对其标注，熟悉创建一个图形的基本流程。

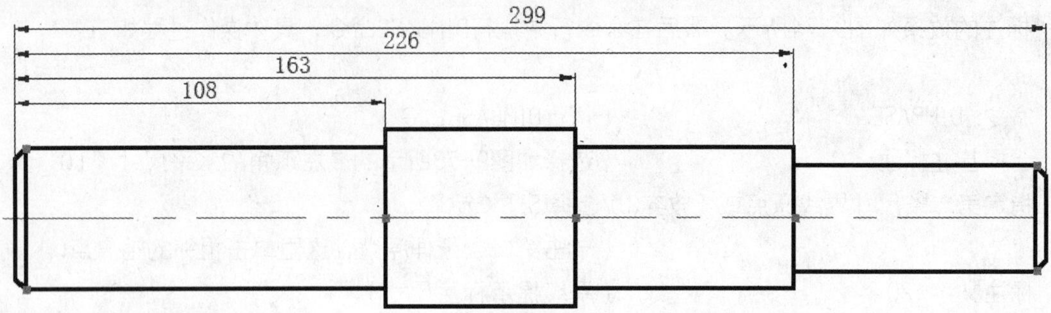

图9-77　效果图

1. 绘制图形

01 启动AutoCAD 2012，新建“实例3.dwg”文件。在命令行中执行LAYER命令，打开“图层特性管理器”选项板。单击“新建图层”按钮，新建图层，如图9-78所示。

02 输入图层新名称“中心线”，按Enter键确认，如图9-79所示。

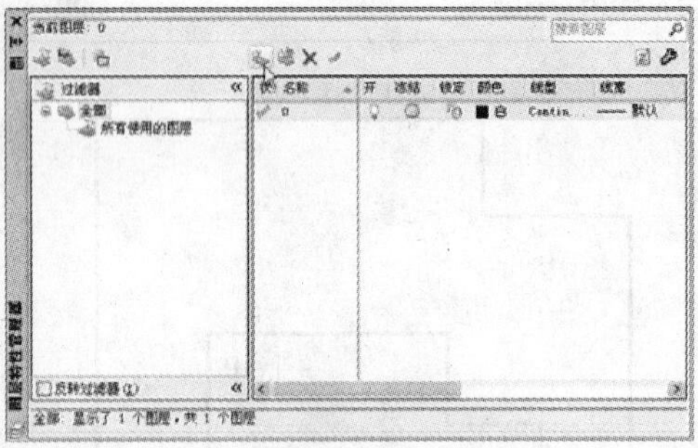

图9-78　“图层特性管理器”选项板

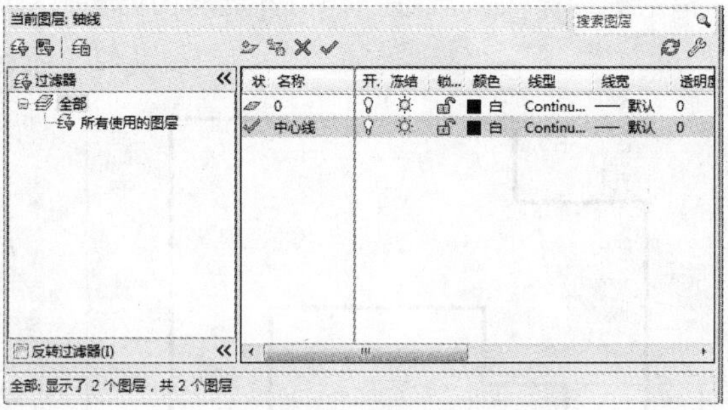

图9-79　新建图层

03 单击“中心线”图层“颜色”栏下■ 白图标，弹出“选择颜色”对话框，单击“红色”图块，然后单击“确定”按钮，如图9-80所示。返回“图层特性管理器”选项板，单击“中心线”图层“线型”栏下的 Contin... 图标，如图9-81所示。

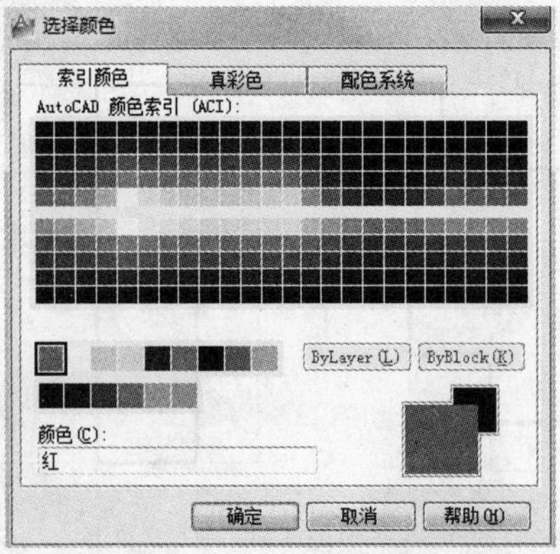

图9-80　选择颜色

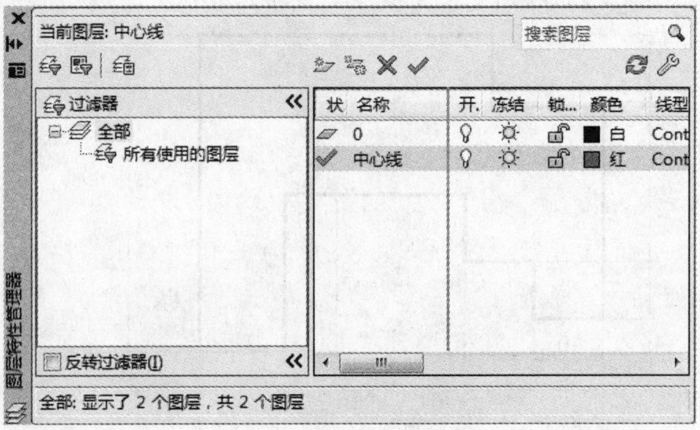

图9-81　设置效果

04 弹出“选择线型”对话框，单击“加载”按钮，弹出“加载或重载线型”对话框，选择CENTER线型，单击“确定”按钮完成加载，如图9-82所示。

05 返回“选择线型”对话框，选择CENTER线型，如图9-83所示，然后单击“确定”按钮。

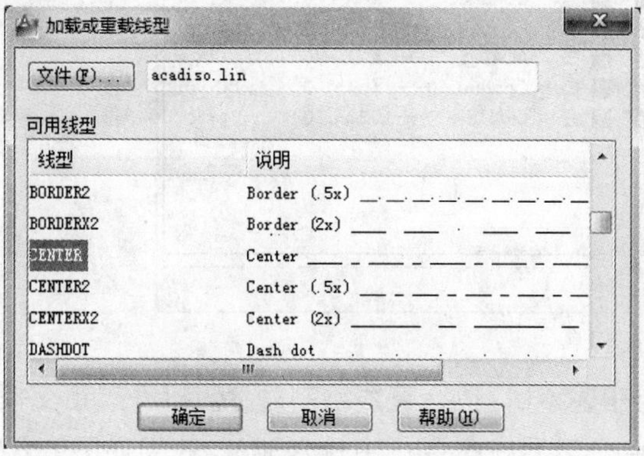

图9-82　选择线型

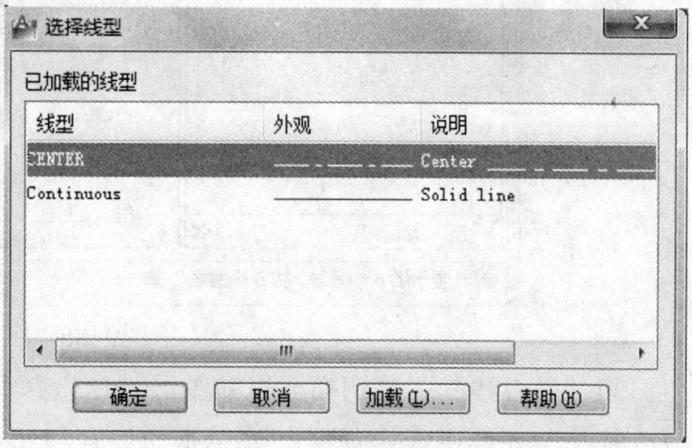

图9-83　加载线型

06 返回“图层特性管理器”选项板，单击“轴线”图层“线宽”栏下的—— 默认 图标，如图9-84所示。

07 弹出“线宽”对话框，在“线宽”列表框中选择0.15mm线宽，然后单击“确定”按钮，如图9-85所示。

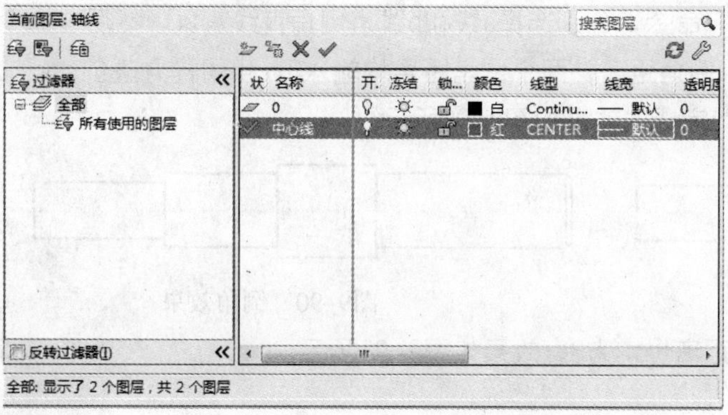

图9-84　选择线宽

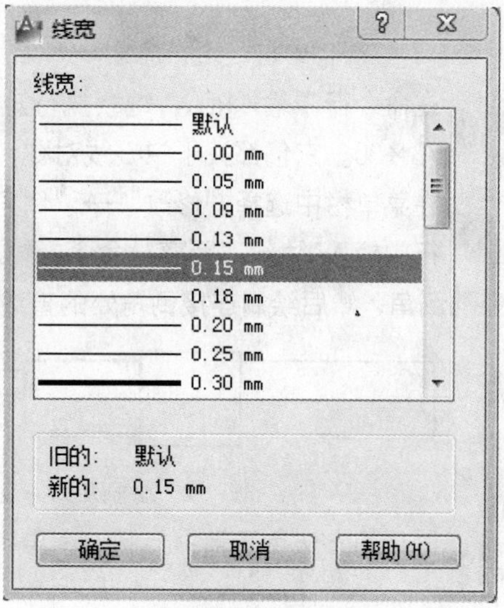

图9-85　设置线宽

08 返回“图层特性管理器”选项板，根据如表9-2所示的图层特性对各图层进行设置，设置完成后效果如图9-86所示。

表9-2　图层设置

图层名称	颜色	线型	线宽/mm	图层名称	颜色	线型	线宽/mm
标注	蓝色	Continuous	默认	文字说明	白色	Continuous	默认
虚线	白色	ACAD_ISO0W200	默认	中心线	红色	CENTER	0.15
轮廓线	白色	Continuous	0.30				

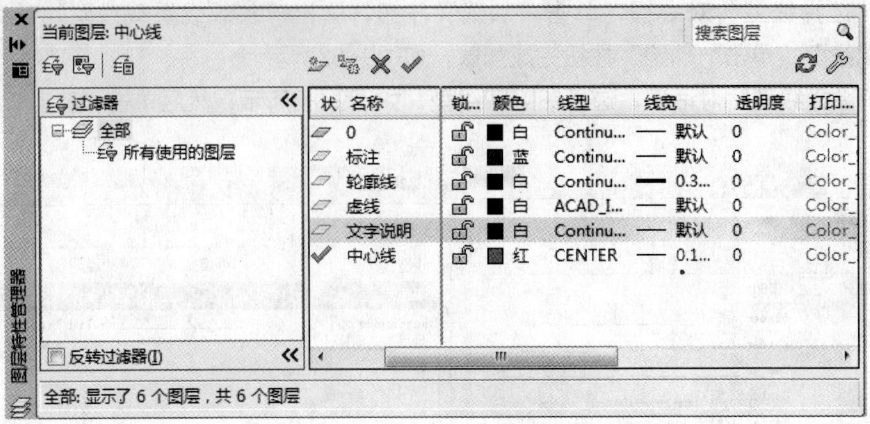

图9-86　图层设置

09 将“中心线”图层切换至当前图层。在命令行中输入L，执行直线绘制命令。打开“正交模式”，在绘图区中任意一处单击作为直线起点，然后在命令行中输入300，效果如图9-87所示。将图层切换至“轮廓线”，在命令行中输入REC，执行矩形绘制命令。在命令行中输入FROM，选择中心线左侧端点为基点，然后在命令行中输入“@5，20”作为矩形的一个角点，再输入“@108，-40”作为矩形的另一个角点。按Enter键完成绘制，效果如图9-88所示。

图9-87　绘制直线

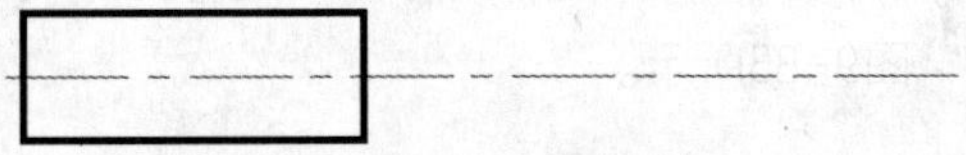

图9-88　绘制矩形

10 在命令行中输入REC，继续执行矩形，在右侧绘制矩形，矩形尺寸分别为55×50，63×40，73×30。它们都关于中心线对称，完成的效果如图9-89所示。

11 在菜单栏中选择“修改”→“倒角”命令，分别选择a线和b线为倒角直线对象，然后在命令行中输入D执行“距离”命令，输入倒角距离，两个倒角距离均输入3。用同样方法创建a和c处的倒角，然后绘制连接倒角处的直线，完成的效果如图9-90所示。

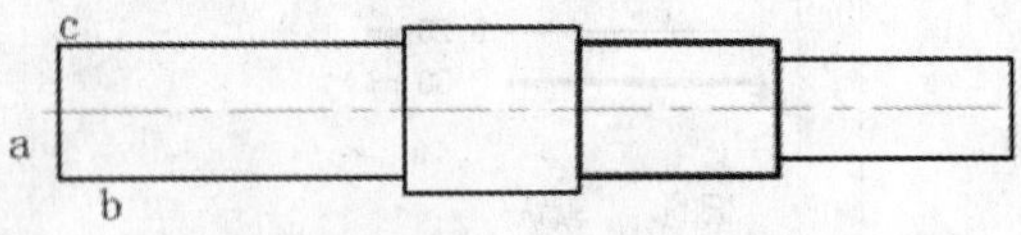

图9-89　绘制矩形

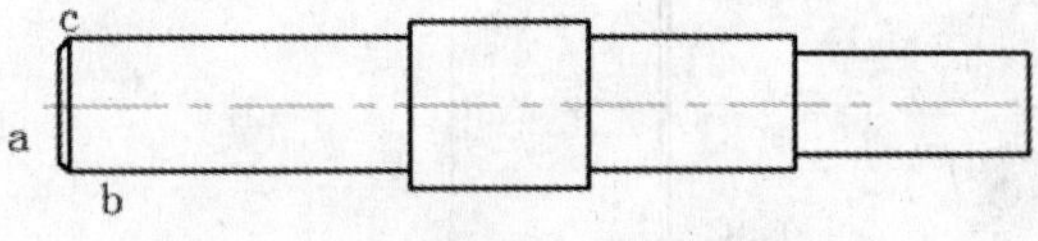

图9-90　倒角效果

12 同样的方法创建轴另一侧的倒角，距离也均为3，效果如图9-91所示。

2. 标注图形

01 在菜单栏中选择“格式”→“标注样式”命令，弹出“标注样式管理器”对话框。单击“新建”按钮，弹出“创建新标注样式”对话框，在“新样式名”文本框中输入标注样式的名称，这里输入文本“轴”，如图9-92所示，单击“继续”按钮。

02 弹出“新建标注样式：轴”对话框，切换至“线”选项卡，在“尺寸线”选项组的“颜色”下拉列表中可以选择“蓝”选项，在“尺寸界线”选项组的“颜色”下拉列表中选择“蓝”选项，在“超出尺寸线”数值框中输入1.25，在“起点偏移量”数值框中输入0.5，设置“基线间距”为3.75，如图9-93所示。

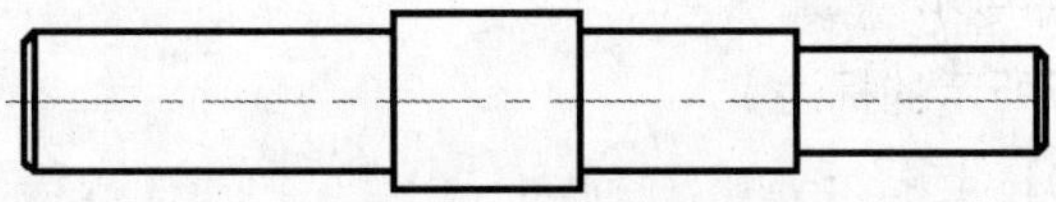

图9-91 创建倒角

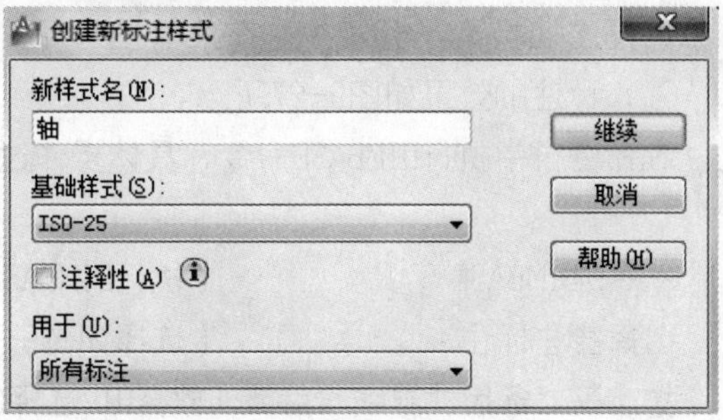

图9-92 创建标注样式

03 切换至“符号和箭头”选项卡，在“箭头”选项组的“第一个”下拉列表中选择“实心闭合”选项，在“箭头大小”数值框中输入4，如图9-94所示。

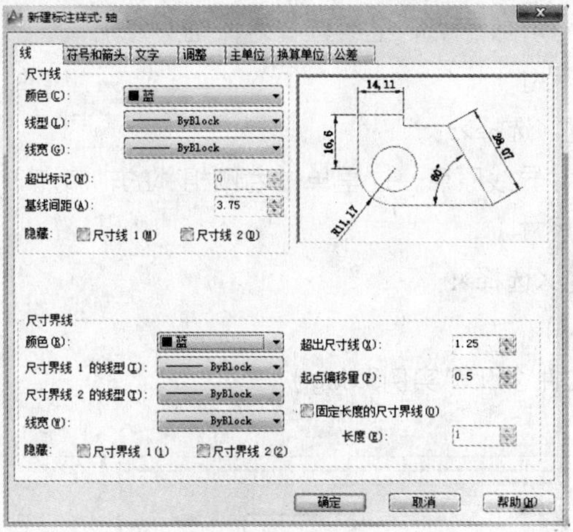

图9-93 设置尺寸线

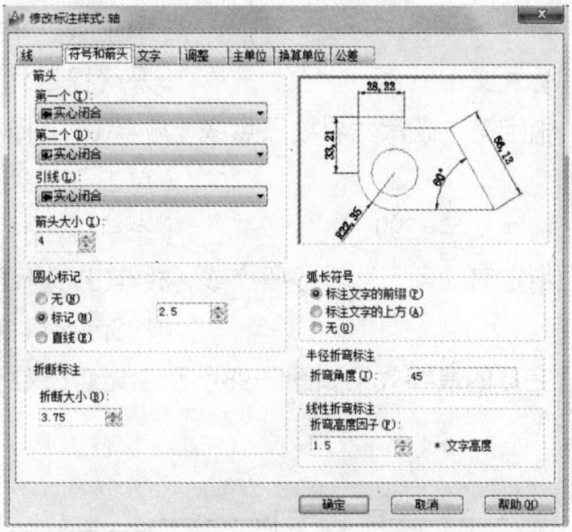

图9-94 设置箭头

04 切换至“文字”选项卡，在“文字外观”选项组的“文字颜色”下拉列表中选择“蓝”选项，在“文字高度”数值框中输入5；在“文字位置”选项组的“从尺寸线偏移”数值框中输入1.5，如图9-95所示。

05 切换至“主单位”选项卡，在“线性标注”选项组的“精度”下拉列表中选择0选项，然后单击“确定”按钮完成设置，如图9-96所示。

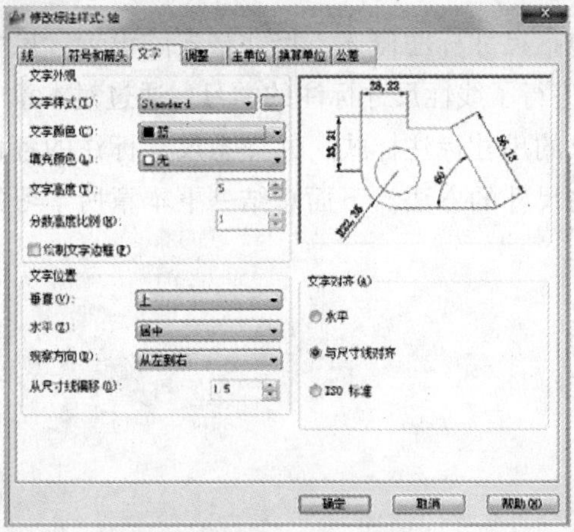

图9-95 设置文字

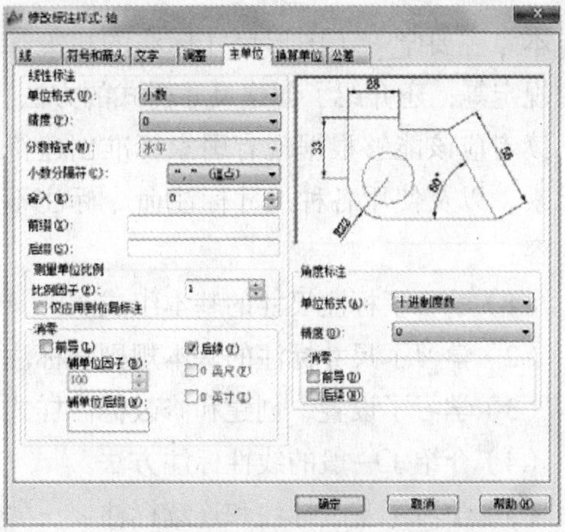

图9-96 设置文字精度

06 将图层切换至“标注”，在菜单栏选择“标注”→“线性标注”命令，对图形进行线性标注，标注的效果如图9-97所示。

07 在命令行中执行DIMBASE命令，具体操作过程如下：

命令：DIMBASE　　　　　　　（执行DIMBASE命令）
选择基准标注　　　　　　　（选择如图9-97所示的标注）
指定第二条尺寸界线原点或 [放弃(U)/选择(S)] <选择>:
　　　　　　　　　　　　　（单击第二条尺寸界线原点，这里单击相邻的右侧的轴肩点）
标注文字=163　　　　　　　（系统提示标注尺寸）
指定第二条尺寸界线原点或 [放弃(U)/选择(S)] <选择>:
　　　　　　　　　　　　　（单击下一条尺寸界线原点，继续选择右侧轴肩点）
标注文字=226　　　　　　　（系统提示标注尺寸）
指定第二条尺寸界线原点或 [放弃(U)/选择(S)] <选择>:
　　　　　　　　　　　　　（单击下一条尺寸界线原点，这里单击右侧相邻的轴肩点）
标注文字=299　　　　　　　（系统提示标注尺寸）
指定第二条尺寸界线原点或 [放弃(U)/选择(S)] <选择>:
　　　　　　　　　　　　　（按Space键确认）

08 完成的最终效果如图9-98所示（光盘:\最终文件\第9章\实例3.dwg）。

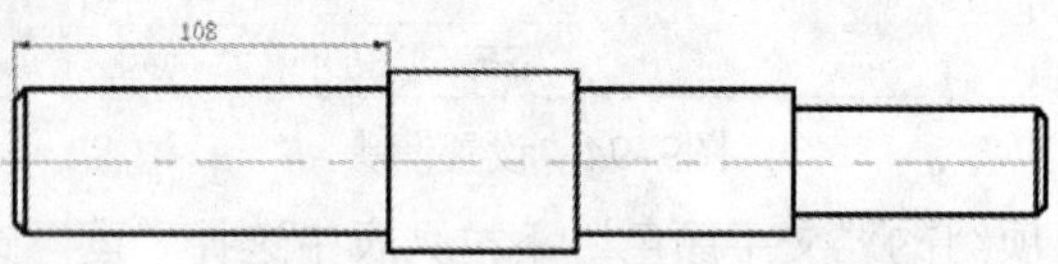

图9-97　线性标注

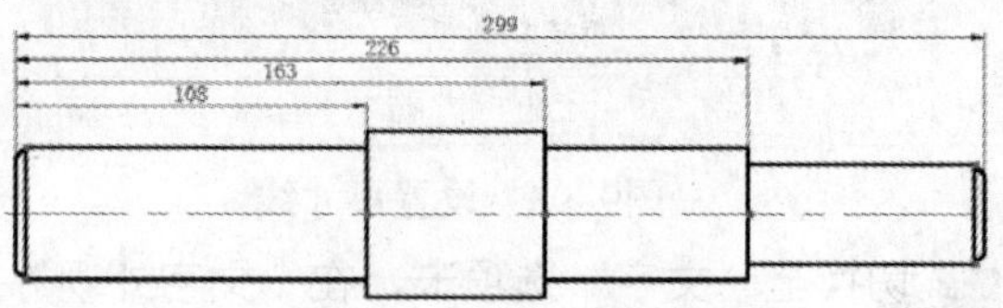

图9-98　标注效果

9.5 本章小结

本章主要学习了图形尺寸标注的相关知识，包括尺寸标注概述、尺寸格式的设置、尺寸标注的规定等；还介绍了创建尺寸样式的方法，最后进行了线性尺寸标注的学习。通过对本章的学习，读者应该能够根据现有国家标准创建符合要求的尺寸标注样式，并熟悉尺寸标注的各种组成元素，以及使用各种尺寸标注命令标注不同标注尺寸的方法。下面总结一下本章所学习的主要内容：

（1）学习了标注尺寸的基本组成。
（2）学习了尺寸标注的基本规则和标注步骤。
（3）学习了设置、创建和修改标注样式。
（4）介绍了一般的线性标注方法。
（5）学习了基线标注和连续标注。

9.6 课后练习

下面给出几个图形（见图9-99）。通过对几个图形的标注，复习图形尺寸标注的诸多内容，同时读者也可以对图形的其他命令进行练习。

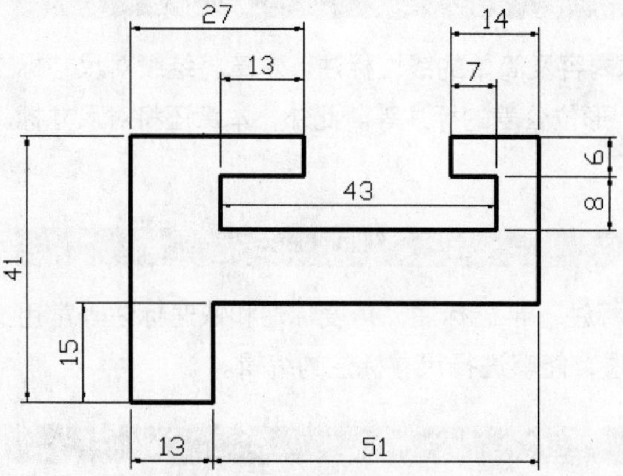

（a）练习1

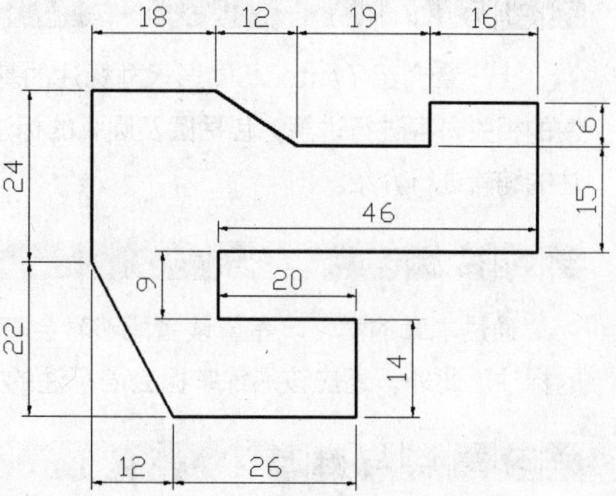

（b）练习2

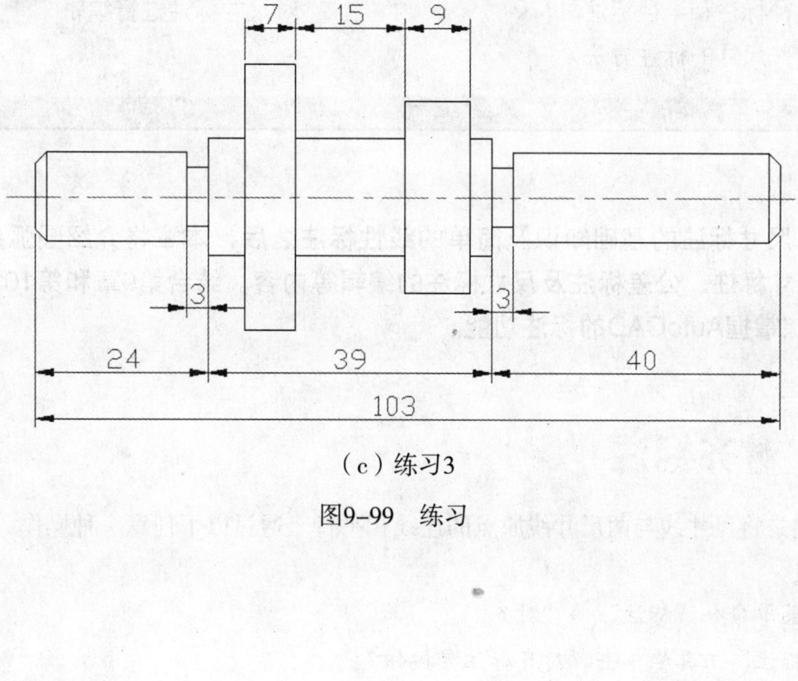

（c）练习3

图9-99　练习

第10章 尺寸标注（下）

学习导航

上一章介绍了AutoCAD图形尺寸标注的基本内容及简单的线性标注，本章将继续对尺寸标注的相关内容进行讲解，包括圆及圆弧的标注、形位公差的标注等。此外，本章还将对尺寸标注的编辑进行介绍。

学习目标

通过本章的学习，希望读者能够学会直径标注、半径标注、角度标注和快速标注等常用的标注。此外，还应该熟练掌握公差标注的方法，能够进行尺寸标注的编辑。

学习重点与难点

- □ 对齐标注
- □ 公差标注
- □ 直径标注和半径标注
- □ 对尺寸标注进行编辑
- □ 特殊尺寸的标注方法

在学习了尺寸标注的基础知识及简单的线性标注之后，本章将介绍圆弧尺寸标注、特殊性尺寸标注、公差标注及尺寸标注的编辑等内容。结合第9章和第10章的内容，读者应该能熟练掌握AutoCAD的标注功能。

10.1 对齐标注

对齐标注是将尺寸线与两尺寸线原点的连线相平行。通过以下任意一种操作，都可以对图形进行对齐标注。

- 选择菜单命令“标注”→“对齐”。
- 在“标注”工具栏单击“对齐标注”按钮。
- 在命令行输入DIMALIGNED命令。

边学边练 085 对齐标注

01 启动AutoCAD 2012，打开“对齐标注.dwg”的文件（光盘:\原始文件\第10章\对齐标注.dwg），效果如图10-1所示。

02 激活状态栏中的“对象捕捉”模式，在菜单栏选择“标注”→“对齐”命令，命令行操作如下：

指定第一条尺寸界线原点或<选择对象>：　　（选择A点）
指定第二条尺寸界线原点或<选择对象>：　　（选择B点）
指定尺寸线位置或【多行文字（M）/文字（T）/角度（A）】：
（选择AB左侧适当位置，得到尺寸标注）

03 用同样的方法创建CD标注，完成的标注效果如图10-2所示。

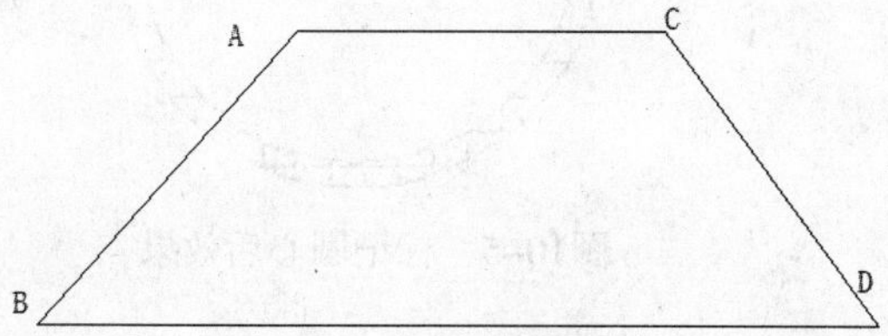

图10-1　原效果图

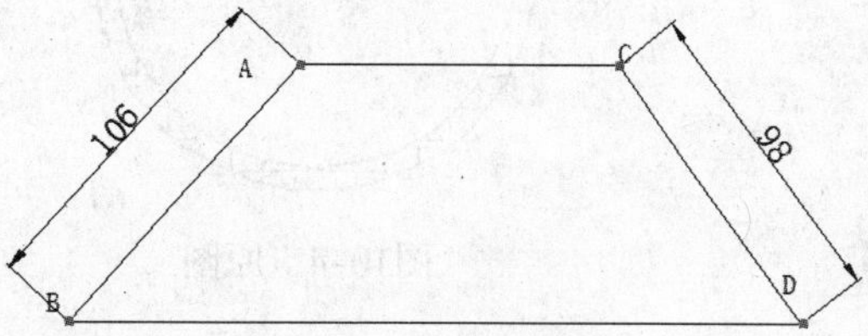

图10-2　线性标注效果

10.2 圆及圆弧类尺寸标注

圆及圆弧类尺寸标注包括圆心标注、半径标注、直径标注和弧长标注等，下面分别进行讲解。

10.2.1　圆心标注

圆心标注命令用于标注圆或圆弧的圆心。单击“标注”工具栏中的“圆心标记”工具，然后在图样中单击圆或圆弧，即可将圆心标记放在圆或圆弧的圆心。要修改圆心标记的类型和大小，可打开“修改标注样式”对话框，然后在“符号和箭头”选项卡的“圆心标记”选项组中设置，如图10-3所示为圆心标注效果。调用该命令的方法如下：

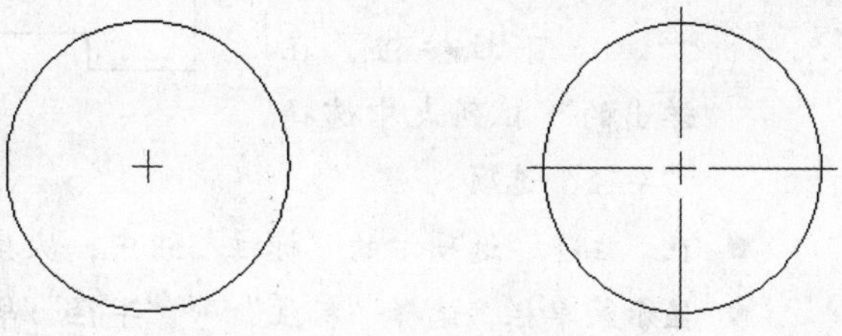

图10-3　圆心标注效果

- 在“注释”选项卡的“标注”组中，单击右侧的▾按钮，在弹出的下拉列表中单击“圆心标记”按钮。
- 显示菜单栏，选择“标注”→“圆心标记”命令。
- 在命令行中执行DIMCENTER命令。

边学边练 086　圆心标注

01 启动AutoCAD 2012，打开“圆心标注.dwg”图形文件（光盘:\原始文件\第10章\圆心标注.dwg），效果图如10-4所示。在命令行中执行DIMCENTER命令，具体操作过程如下：

命令：DIMCENTER　　（执行DIMCENTER命令）
选择圆弧或圆：　　（选择外侧的大圆，如图10-4所示）

02 圆心标注完成后，效果如图10-5所示（光盘:\最终文件\第10章\圆心标注.dwg）。

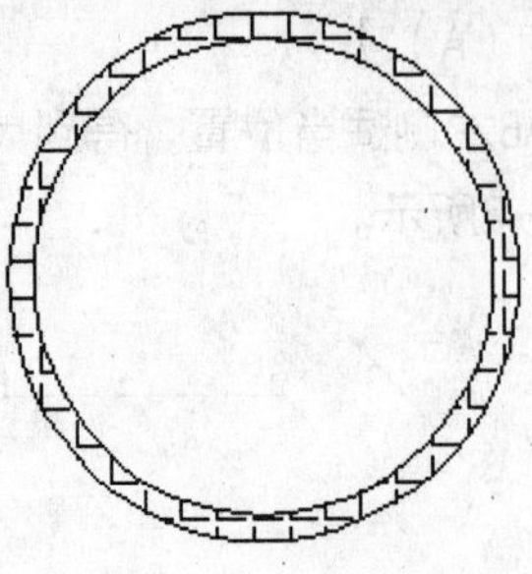

图10-4　原图

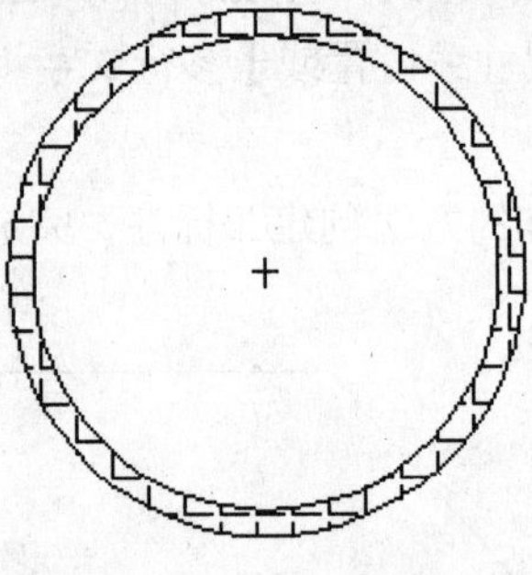

图10-5　标记圆心后效果

10.2.2　半径标注和直径标注

半径和直径的标注方法类似，主要用于标注圆和圆弧。它们与线型标注类似，只不过针对的对象是圆和圆弧。图10-6所示为图形的圆和圆弧标注。

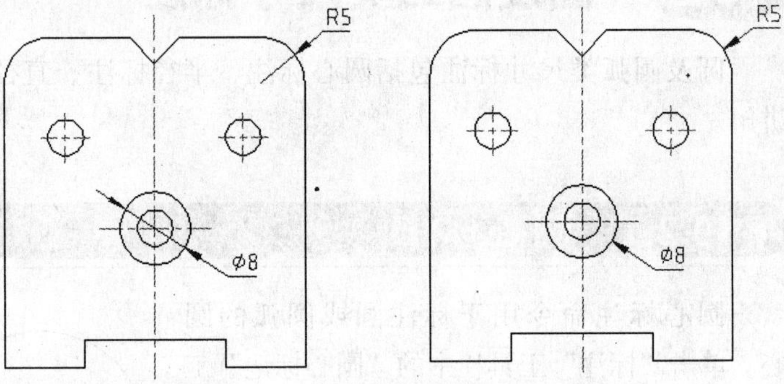

图10-6　直径标注和半径标注效果

1. 半径标注

半径标注命令的调用方法如下：

- 在“常用”选项卡的“注释”组中，单击 线性 下拉按钮，在弹出的下拉列表中选择“半径”选项。
- 在“注释”选项卡的“标注”组中，从其左侧的下拉列表中选择“半径”选项。
- 显示菜单栏，选择“标注”→“半径”命令。
- 在命令行中执行DIMRADIUS或DIMRAD命令。

边学边练 087　半径标注

01 打开“半径标注.dwg”图形文件（光盘:\原始文件\第10章\半径标注.dwg），在命令行中执行DIMRADIUS命令，具体操作过程如下：

命令: DIMRADIUS　（执行DIMRADIUS命令）
选择圆弧或圆:　（选择如图10-7所示的右侧的圆弧）
标注文字 =23　（系统提示将标注的尺寸）
指定尺寸线位置或 [多行文字(M)/文字(T)/角度(A)]:　（移动鼠标，使尺寸线处于合适位置；这里移动到上方，单击鼠标完成标注）

02 半径标注完成后，效果如图10-8所示（光盘:\最终文件\第10章\半径标注.dwg）。

图10-7　需要标注的半径

图10-8　半径标注效果

2. 直径标注

直径标注命令的调用方法如下：

- 在“常用”选项卡的“注释”组中，单击 线性 下拉按钮，在弹出的下拉列表中选择“直径”选项。
- 在“注释”选项卡的“标注”组中，从其左侧的下拉列表中选择“直径”选项。
- 显示菜单栏，选择“标注”→“直径”命令。
- 在命令行中执行DIMDIAMETER或DIMDIA命令。

边学边练 088　直径标注

01 打开“直径标注.dwg”图形文件（光盘:\原始文件\第10章\直径标注.dwg），在命令行中执行DIMDIAMETER命令，具体操作过程如下：

命令: DIMDIAMETER　　（执行DIMDIAMETER命令）
选择圆弧或圆:　　（选择右上方外侧的大圆，如图10-9所示）
标注文字＝46　　（显示标注效果）
指定尺寸线位置或 [多行文字(M)/文字(T)/角度(A)]:　　（指定尺寸线位置并单击完成标注）

02 利用相同的方法对内侧的圆进行标注。直径标注完成后，效果如图10-10所示（光盘:\最终文件\第10章\直径标注.dwg）。

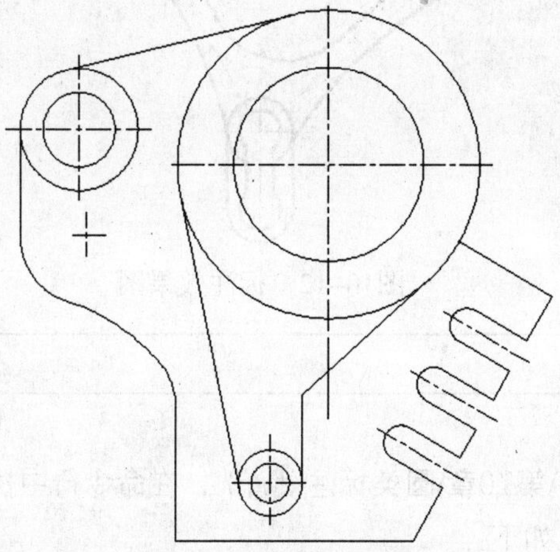

图10-9　原效果图

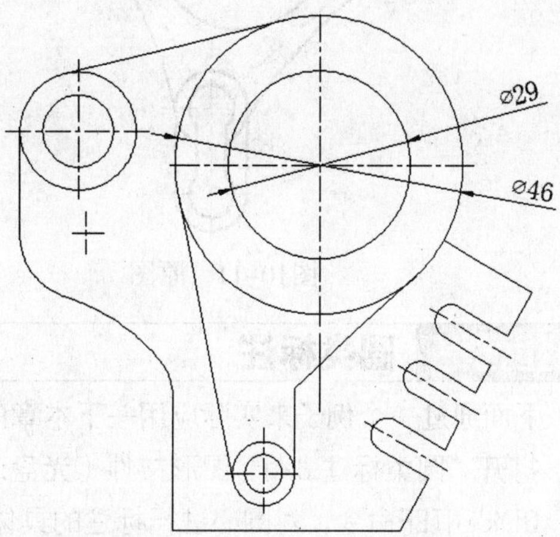

图10-10　直径标注

10.2.3 弧长标注

弧长标注用于测量圆弧或多段线圆弧段的距离，用法包括测量凸轮的距离和电缆的长度。为区别是线性标注还是弧长标注，默认情况下弧长标注将显示一个圆弧符号⌒。调用该命令的方法如下：

- 在“常用”选项卡的“注释”组中，单击线性下拉按钮，在弹出的下拉列表中选择“弧长”选项。
- 在“注释”选项卡的“标注”组中，从其左侧的下拉列表中选择“弧长”选项。
- 显示菜单栏，选择“标注”→“弧长”命令。
- 在命令行中执行DIMARC命令。

边学边练 089 弧长标注

01 打开“弧长标注.dwg”图形文件（光盘:\原始文件\第10章\弧长标注.dwg），在命令行中执行DIMARC命令，具体操作过程如下：

命令：DIMARC　　（执行DIMARC命令）
选择弧线段或多段线圆弧段：　（选择如图10-11所示的上方的弧线）
指定弧长标注位置或 [多行文字(M)/文字(T)/角度(A)/部分(P)/]：87
标注文字 = 87　　（显示标注效果；指定尺寸线位置，并按Space键结束命令）

02 弧长标注完成后，效果如图10-12所示（光盘:\最终文件\第10章\弧长标注.dwg）。

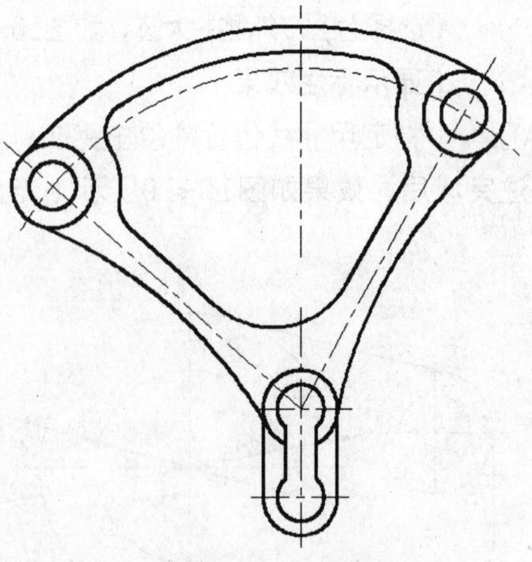

图10-11　原图

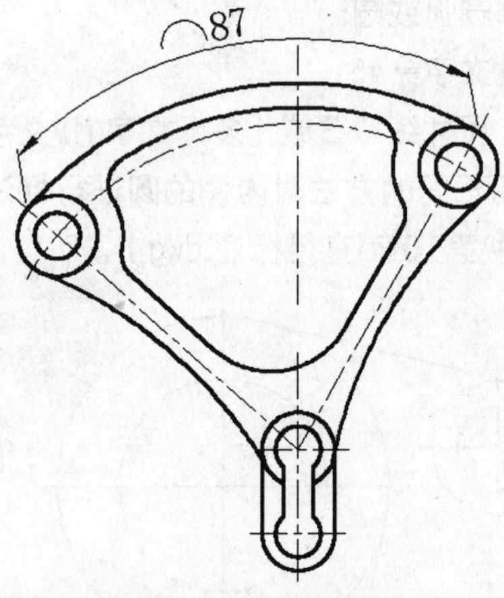

图10-12　标注效果图

自我强化 圆类标注

下面通过一个例子来实际应用一下本章的内容。

01 打开“圆类标注.dwg”图形文件（光盘:\原始文件\第10章\圆类标注.dwg），在命令行中执行DIMCENTER命令，对圆心进行标注的具体操作过程如下：

命令：DIMCENTER （执行DIMCENTER命令）
选择圆弧或圆：　（选择如图10-13所示的上方和右方的两个圆，标注后的效果如图10-14所示）

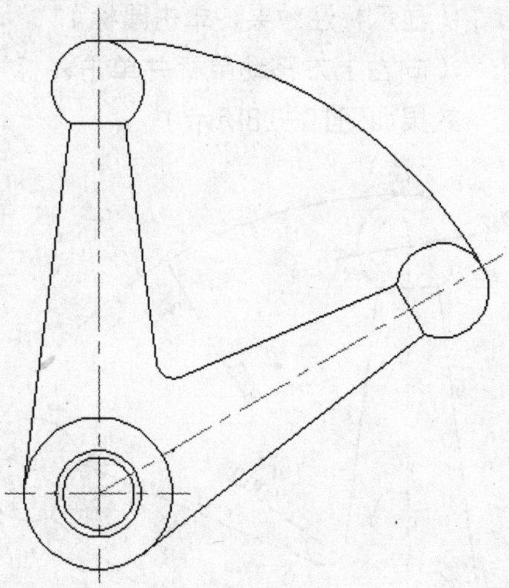

图10-13　选择圆

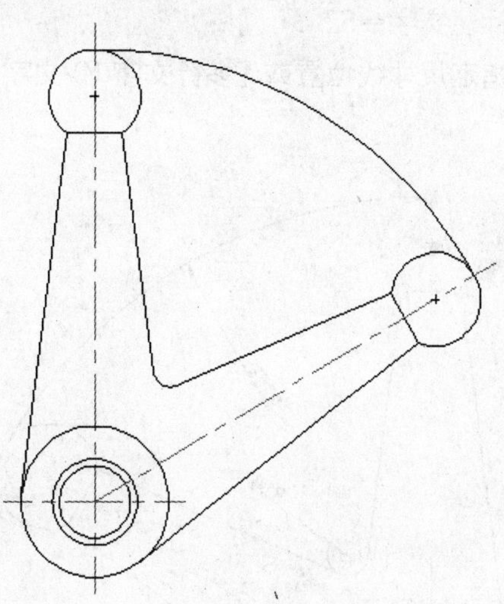

图10-14　标注圆心

02 在命令行中执行DIMRADIUS命令，具体操作过程如下：

命令: DIMRADIUS	（执行DIMRADIUS命令）
选择圆弧或圆:	（选择如图10-15所示的大圆弧）
标注文字 =10	（系统提示将标注的尺寸，单击鼠标）
指定尺寸线位置或 [多行文字(M)/文字(T)/角度(A)]:	（移动鼠标，使尺寸线处于合适位置，这里移动到内侧，按Space键完成标注）

用同样的方法对内侧的小圆弧进行标注，标注后的效果如图10-16所示。

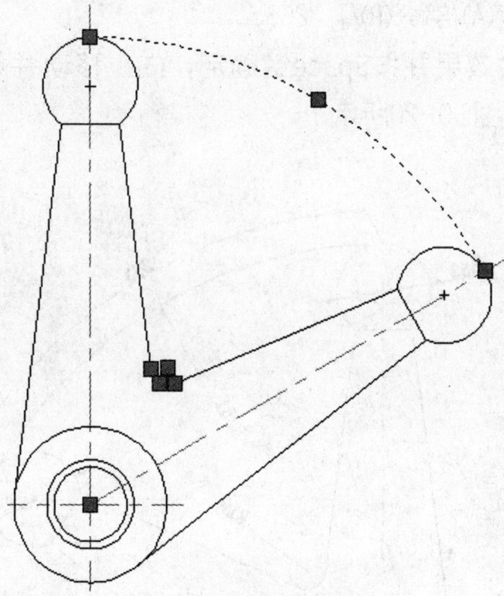

图10-15　选择圆弧

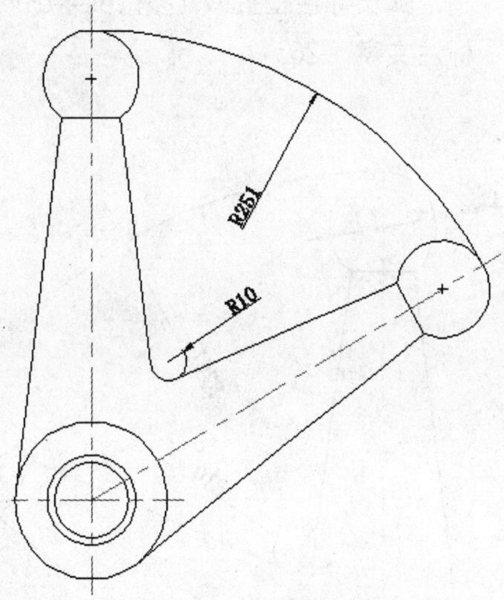

图10-16　标注圆弧

03 在命令行中执行DIMDIAMETER命令，具体操作过程如下：

命令: DIMDIAMETER	（执行DIMDIAMETER命令）
选择圆弧或圆:	（选择如图10-17所示的圆）

标注文字＝52　　　　　　　　　　　　　　　　（显示标注效果，单击鼠标）

指定尺寸线位置或 [多行文字(M)/文字(T)/角度(A)]:　（向左上方移动鼠标并单击，标注后的效果如图10-18所示）

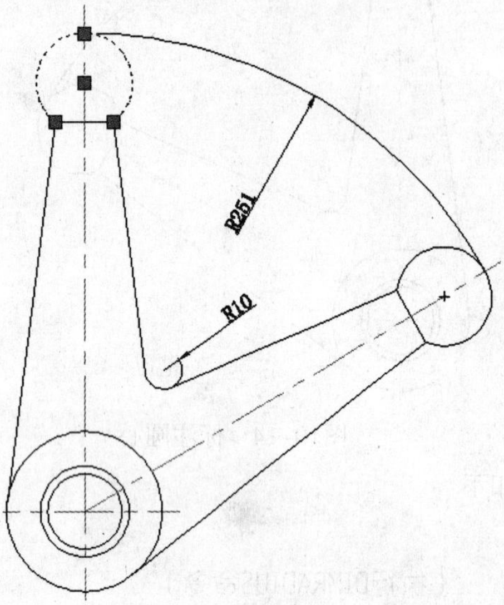

图10-17　选择圆

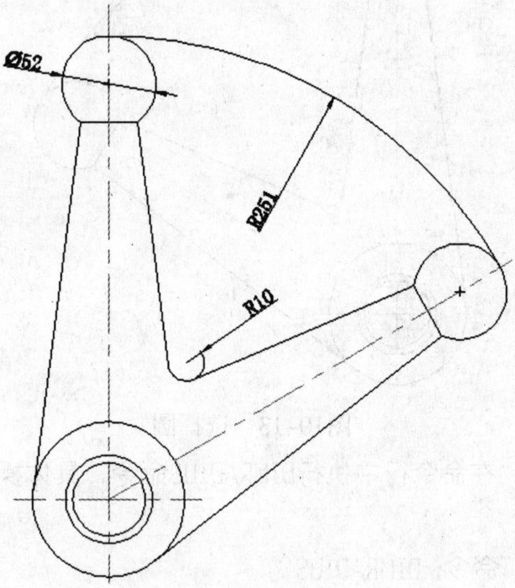

图10-18　标注圆

04 用同样的方法对图中的其他圆进行标注，标注效果如图10-19所示。然后在命令行中执行DIMARC命令，具体操作过程如下：

命令：DIMARC　　　　　　　　（执行DIMARC命令）

选择弧线段或多段线圆弧段：　　（选择如图10-19所示的最上方弧线）

指定弧长标注位置或 [多行文字(M)/文字(T)/角度(A)/部分(P)/]：263

标注文字 =263　　　　　　　　（显示标注效果并按Space键确定，向上移动并单击鼠标，效果如图10-20所示）

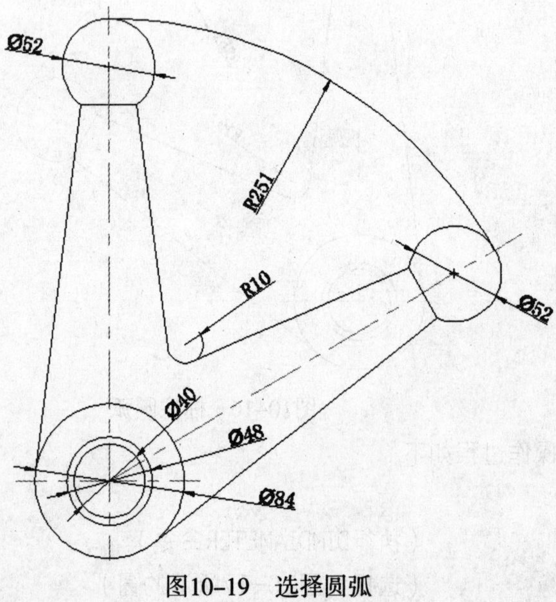

图10-19　选择圆弧

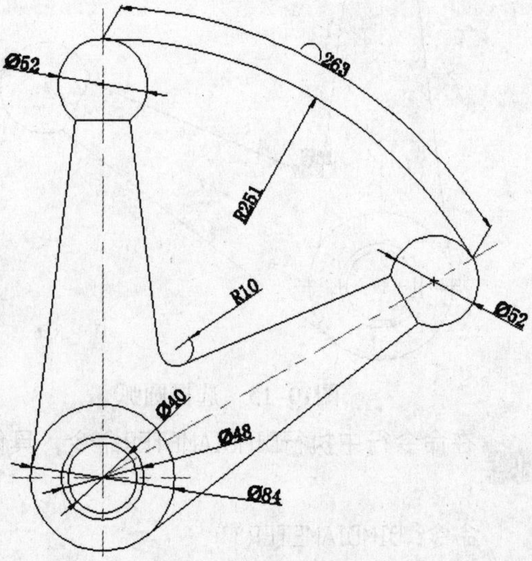

图10-20　标注弧长

10.3 标注特殊尺寸

这里所说的特殊尺寸标注包括角度标注、坐标标注、快速标注、引线标注和折弯标注等，下面将分别进行讲解。

10.3.1 角度标注

角度标注命令用于精确测量并标注直线、多段线、圆、圆弧，以及点和被测对象之间的夹角。调用该命令的方法如下：

- 在“常用”选项卡的“注释”组中，单击“线性”按钮，在弹出的下拉列表中选择“角度”选项。
- 在“注释”选项卡的“标注”组中，在其左侧的下拉列表中选择“角度”选项。
- 显示菜单栏，选择“标注”→“角度”命令。
- 在命令行中执行DIMANGULAR命令。

角度的标注有很多类型，它们的标注效果如图10-21所示。

- 圆：给圆的一部分进行角度标注，此时圆心被作为角度的顶点，选择圆时的第一个单击点作为角度起点，还需指定圆上的第二个点作为角度端点。
- 圆弧：对选择的圆弧进行角度标注。
- 指定顶点：指定的第一点为角度顶点，其他两点为角度端点。
- 直线：通过选择组成角度的两条直线进行角度标注。两条直线必须能够相交，但不一定有交点。

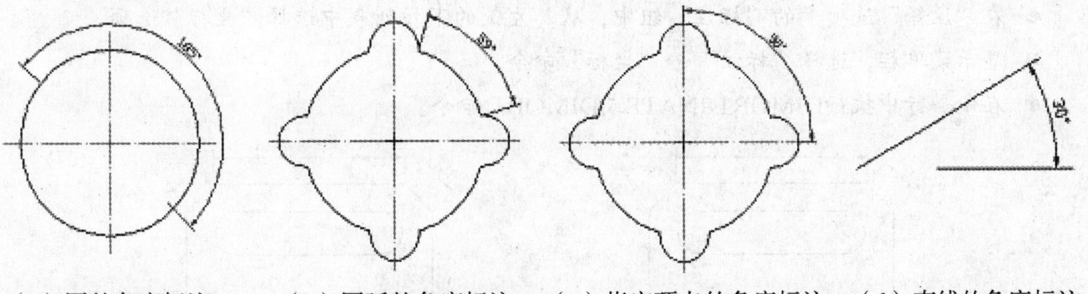

（a）圆的角度标注　（b）圆弧的角度标注　（c）指定顶点的角度标注　（d）直线的角度标注

图10-21　角度标注类型

边学边练 090　角度标注

01 启动AutoCAD，打开“角度标注.dwg”图形文件（光盘:\原始文件\第10章\角度标注.dwg），在命令行中执行DIMANGULAR命令，具体操作过程如下：

```
命令：DIMANGULAR                                  （执行DIMANGULAR命令）
选择圆弧、圆、直线或<指定顶点>：                   （单击如图10-22所示的a线）
选择第二条直线：                                   （单击如图10-22所示的b线）
指定标注弧线位置或［多行文字（M）/文字（T）/角度（A）］：
                                                  （确定尺寸线位置，这里在右方单击）
标注文字=57°。                                    （系统提示）
```

02 角度标注完成后，效果如图10-23所示（光盘:\最终文件\第10章\角度标注.dwg）。

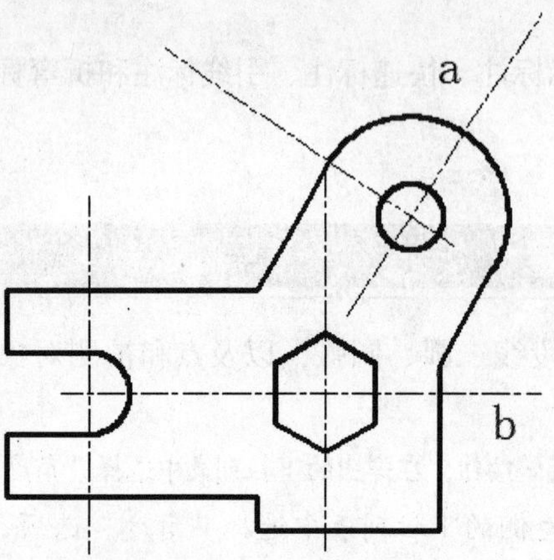

图10-22　选择夹角边

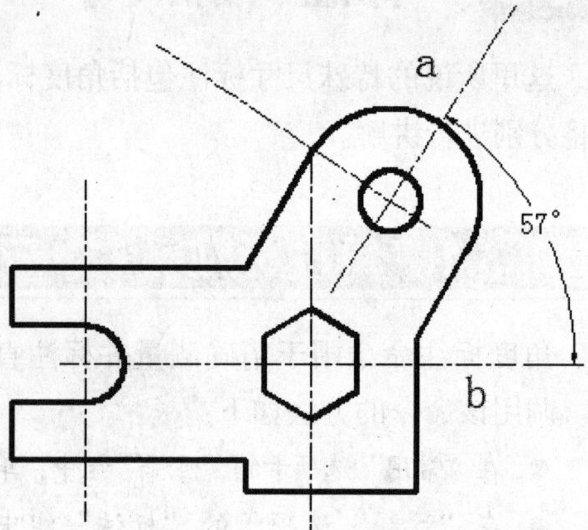

图10-23　角度标注效果

10.3.2　坐标标注

利用坐标标注命令可以基于当前UCS标注任意点的X与Y坐标。执行该命令并选择希望标注的点后，沿X轴方向移动光标将标注X坐标，沿Y轴方向移动光标将标注Y坐标。坐标标注命令用于自动测量和标注一些特殊点的X、Y轴的坐标值。使用坐标标注命令，可以保持特征点与基准点的精确偏移量，从而避免增大误差，效果如图10-24所示。调用该命令的方法如下：

- 在“常用”选项卡的“注释”组中，单击 线性 按钮，在弹出的下拉列表中选择“坐标”选项。
- 在“注释”选项卡的“标注”组中，从其左侧的下拉列表中选择“坐标”选项。
- 显示菜单栏，选择“标注”→“坐标”命令。
- 在命令行中执行DIMORDINATE或DIMORD命令。

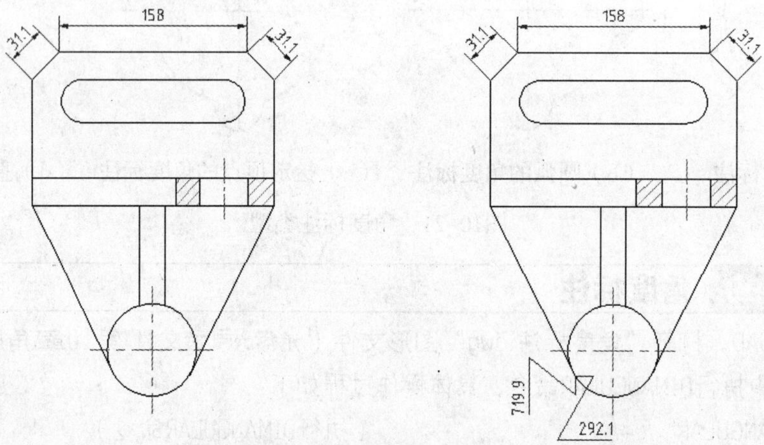

图10-24　坐标标注效果

边学边练 091　坐标标注

01 打开“坐标标注.dwg”图形文件（光盘:\原始文件\第10章\坐标标注.dwg），在命令行中执行DIMORDINATE命令，具体操作过程如下：

命令：DIMORDINATE（执行DIMORDINATE命令）
指定点坐标：　　　　（指定标注点所在的位置，这里单击如图10-25所示的最大圆的圆心点）
指定引线端点或 [X 基准(X)/Y 基准(Y)/多行文字(M)/文字(T)/角度(A)]:
　　　　　　　　　　（指定尺寸标注点的位置，这里向左移动鼠标并单击）
标注文字=138　　　　（显示标注效果）
单击回车继续执行坐标标注命令
指定点坐标：　　　　（指定标注点所在的位置，这里继续单击如图10-25所示的最大圆的圆心点）
指定引线端点或 [X 基准(X)/Y 基准(Y)/多行文字(M)/文字(T)/角度(A)]:
　　　　　　　　　　（指定尺寸标注点的位置，这里向下移动鼠标并单击）
标注文字=90　　　　（显示标注效果）

按Esc键完成创建。

02 这样即可把该点的两个坐标标注出来。坐标标注完成后，效果如图10-26所示（光盘:\最终文件\第10章\坐标标注.dwg）。

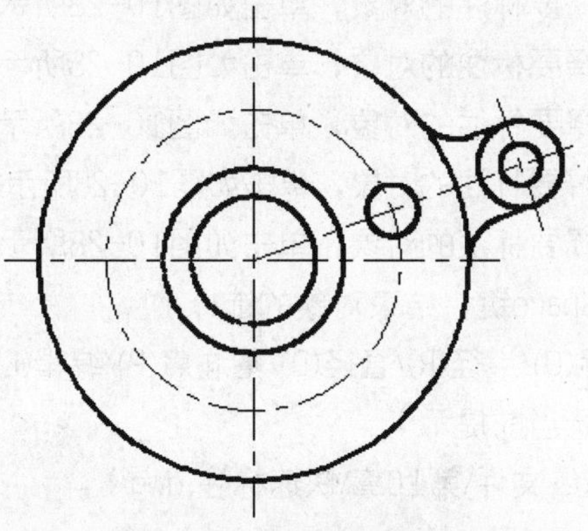

图10-25　选择大圆圆心点

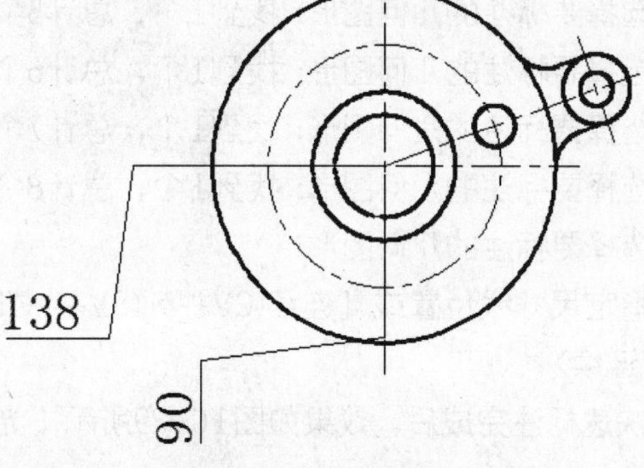

图10-26　坐标标注

在执行命令过程中，命令行各选项含义如下所示。

- X基准：系统自动测量X坐标值，并确定引线和标注文字的方向。
- Y基准：系统自动测量Y坐标值，并确定引线和标注文字的方向。
- 多行文字：通过输入多行文字的方式输入多行标注文字。
- 文字：通过输入单行文字的方式输入单行标注文字。
- 角度：输入设置标注文字方向与X（Y）轴的夹角，默认为0°、水平或者垂直。
- 水平：只标注两点之间的水平距离。
- 垂直：只标注两点之间的垂直距离。

10.3.3　快速标注

使用快速标注功能，可以快速创建成组的基线、连续、阶梯和坐标标注，快速标注多个圆、圆弧及编辑现有标注的布局。快速标注命令可以一次标注多个标注形式相同的图形对象，如图10-27所示为快速标注效果。调用该命令的方法如下：

- 在“注释”选项卡的“标注”组中，单击“快速标注”按钮。
- 显示菜单栏，选择“标注”→“快速标注”命令。
- 在命令行中执行QDIM命令。

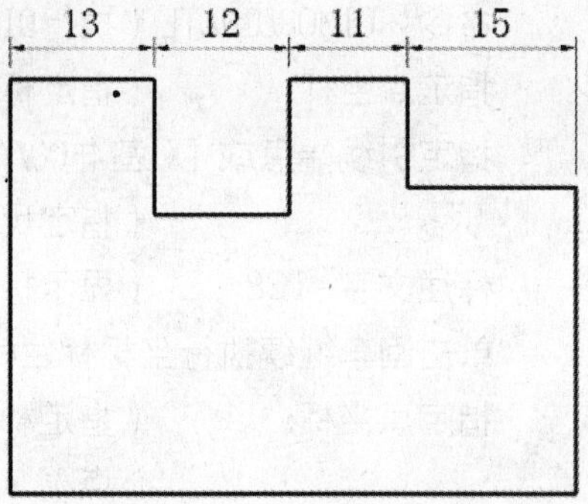

图10-27 快速标注效果

边学边练 092 快速标注

01 打开“快速标注.dwg”图形文件（光盘:\原始文件\第10章\快速标注.dwg），在命令行中执行QDIM命令，具体操作过程如下：

命令: QDIM （执行QDIM命令）
关联标注优先级 = 端点 （系统自动显示）
选择要标注的几何图形: 找到1个 （选择要标注的对象，单击如图10-28所示的A点）
选择要标注的几何图形: 找到1个，总计2个（选择要标注的对象，单击如图10-28所示B点）
选择要标注的几何图形: 找到1个，总计3个（选择要标注的对象，单击如图10-28所示C点）
选择要标注的几何图形: 找到1个，总计4个（选择要标注的对象，单击如图10-28所示D点）
选择要标注的几何图形: 找到1个，总计5个（选择要标注的对象，单击如图10-28所示E点）
选择要标注的几何图形: 找到1个，总计6个（选择要标注的对象，单击如图10-28所示F点）
选择要标注的几何图形: 找到1个，总计7个（选择要标注的对象，单击如图10-28所示G点）
选择要标注的几何图形: 找到1个，总计8个（选择要标注的对象，单击如图10-28所示H点）
选择要标注的几何图形: （按Space键，结束对象的选择）
指定尺寸线位置或 [连续(C)/并列(S)/基线(B)/坐标(O)/半径(R)/直径(D)/基准点(P)/编辑(E)/设置(T)] <连续> （系统当前提示）

02 快速标注完成后，效果如图10-29所示（光盘:\最终文件\第10章\快速标注.dwg）。

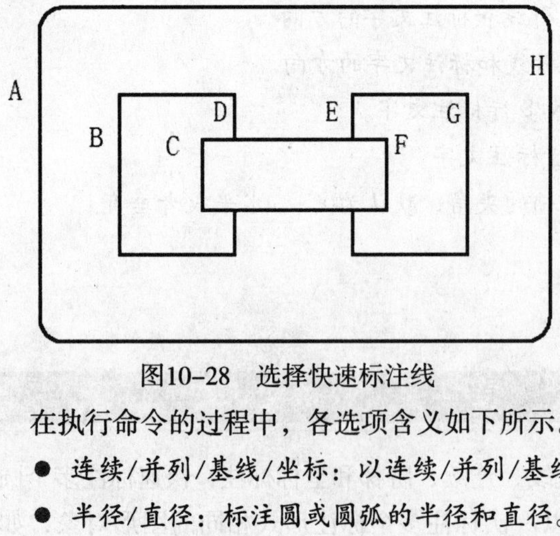

图10-28 选择快速标注线

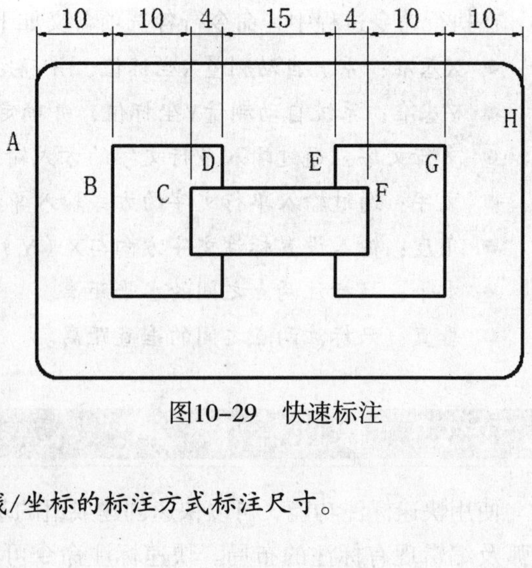

图10-29 快速标注

在执行命令的过程中，各选项含义如下所示。

- 连续/并列/基线/坐标：以连续/并列/基线/坐标的标注方式标注尺寸。
- 半径/直径：标注圆或圆弧的半径和直径。
- 基准点：以“基线”或“坐标”方式标注时指定基点。

● 编辑：尺寸标注的编辑命令。用于增加或减少尺寸标注中尺寸界线的端点数目。
● 设置：设置关联标注优先级。

10.3.4 引线标注

引线标注常用于标注某对象的说明信息，通常不标注尺寸等数字信息，只标注文字信息。在AutoCAD中，使用引线标注可以指示一个特征，然后给出关于它的信息。引线标注由带箭头的直线或样条曲线组成，并有注释文字写在引线末端，但是不能测量距离。图10-30所示为引线标注的效果。

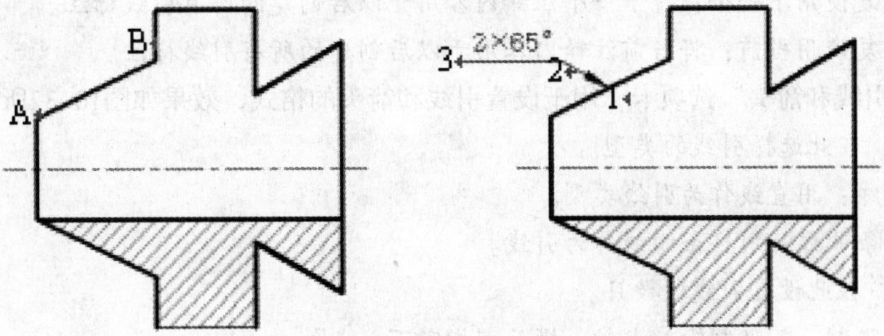

图10-30 引线标注效果

1. 单一引线标注

● 在菜单栏选择“标注”→“引线”命令。
● 单击“标注”工具栏的“快速引线”按钮。
● 在命令行输入QLEADER命令。

利用引线标注，读者可以标注一些解释、说明等，也可以为引线附着块参照和特征控制框等。

在使用引线命令时，默认情况下命令行提示“指定第一个引线点或[设置（S）]<设置>：”，这时如果直接按Enter键，即可打开“引线设置”对话框，如图10-31所示。用户可以利用该对话框设置“注释”、“引线和箭头”和“附着”选项。

（1）“注释”选项卡 可以定义附着在引线上内容的类型。

● 注释类型：有5个类型。
  ◆ 多行文字：使用多行文字编辑器输入注释内容。
  ◆ 复制对象：复制当前图形中的对象作为注释内容。可以选择文字、多行文字、形位公差标注、块等作为复制对象。
  ◆ 公差：注释内容是形位公差。将显示“形位公差”对话框，在其中进

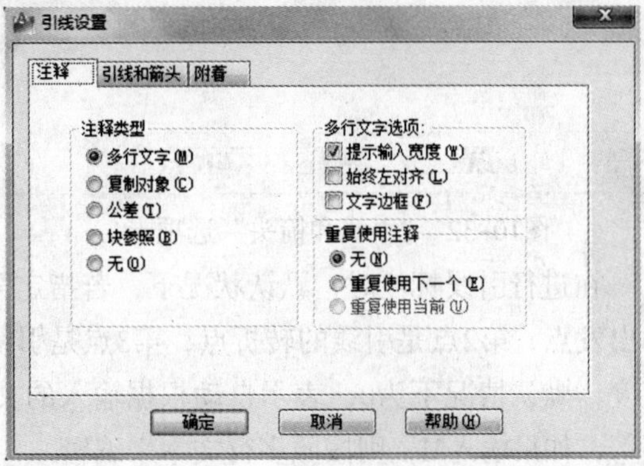

图10-31 “引线设置”对话框

行有关设置。

◆ 块参照：使图形中已定义的块为注释内容。

◆ 无：不重复使用注释内容。

● 多行文字选项：当选择了“多行文字”作为注释，则应再次对它进行设置。

◆ 提示输入宽度：是否提示指定多行文字的宽度。

◆ 始终左对齐：是否将多行文字左对齐。

◆ 文字边框：是否给注释文字加一个边框。

● 重复使用注释：用于设置是否重复使用注释。

◆ 无：不重复使用注释内容。

◆ 重复使用下一个：将下一个注释内容用于以后创建的所有引线标注。

◆ 重复使用当前：将当前注释内容用于以后创建的所有引线标注。

（2）“引线和箭头”选项卡　用于设置引线和箭头的格式，效果如图10-32所示。

● 引线：在此选择引线的类型。

◆ 直线：用直线作为引线类型。

◆ 样条曲线：用样条曲线作为引线。

● 点数：在此设置引线段数目。

◆ 无限制：不限制输入点数，提示“指定下一点”。

◆ 最大值：在此输入允许的点数，应取大于1的整数。

● 箭头：选择引线端箭头的形式，可以用自己定义的块作为箭头。

● 角度约束：设置第1段和第2段引线的角度，以免与别的图形对象干涉。

（3）“附着”选项卡　设置引线和多行文字注释之间的位置关系，只有在“注释”选项卡上选定“多行文字”时，该项才可使用，效果如图10-33所示。

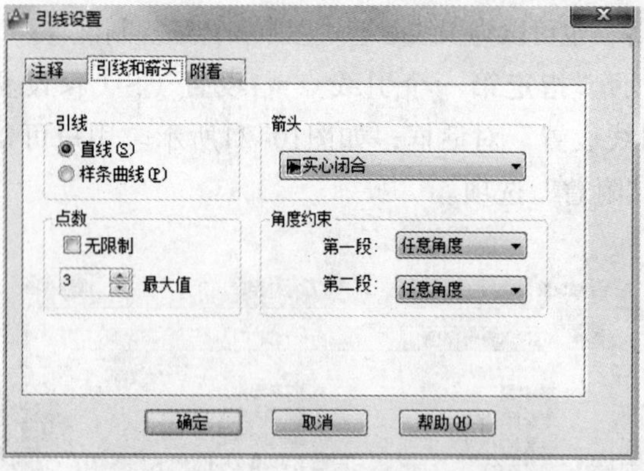

图10-32 “引线和箭头”选项卡

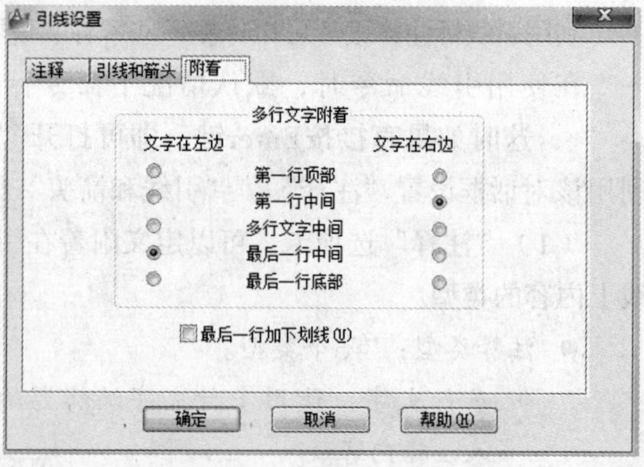

图10-33 “附着”选项卡

在进行引线标注时，默认状况下，若指定第1点，则必须指定第2和第3点。其中第1点是引线的出发点，第2点是引线的转折点，第3点是引线的终点（可以多设置几个点）。然后指定文字的宽度，默认情况下为0，表示自动根据输入的文字多少确定宽度。随后输入文字（默认为单行文字），如果输入M，则按照多行文本来编辑。

边学边练 093　单一引线标注

01 打开“单一引线标注.dwg”图形文件（光盘:\原始文件\第10章\单一引线标注.dwg），在命令行中执行QLEADER命令，效果如图10-34所示。

02 在命令行提示“指定第一个引线点或 [设置(S)] <设置>:”时，按Enter键打开“引线设置”对话框，如图10-31所示。

03 在“注释”选项卡中选用默认设置；在“引线和箭头”选项卡中的“箭头”下拉列表中选择“无”，其他选择默认设置；在“附着”选项卡中选择“最后一行加下划线”复选框，然后单击“确定”按钮。

04 在命令行提示“指定第一个引线点或 [设置(S)] <设置>:”时，指定第一个引线点，在“指定下一点”提示下指定下一点，然后再指定最后一点。出现“指定文字宽度<0>”时直接按Enter键。

05 在“输入注释文字中的第一行<多行文字（M）>：”提示下直接按Enter键，弹出“文字格式”对话框，用“宋体”输入“6X%%c10”，单击“确定”按钮完成操作。最终效果如图10-35所示。

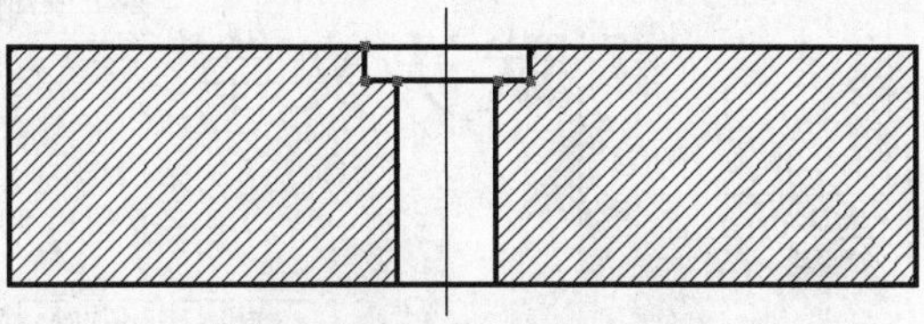

图10-34　原效果

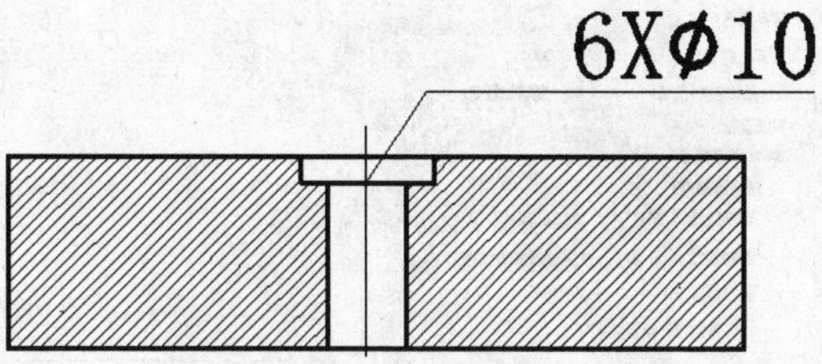

图10-35　引线标注

2. 多重引线标注

设置多重引线样式的方法如下：

- 在“注释”选项卡的“引线”组中，单击其右下角的↘按钮。
- 显示菜单栏，选择“格式”→“多重引线样式”命令。

边学边练 094　设置多重引线样式

01 在菜单栏中选择“格式”→“多重引线样式”命令，在弹出的对话框中单击“新建”命令。弹出“创建新多重引线样式”对话框。在“新样式名”文本框中输入文本“多重引线格式1”，如图10-36所示，单击“继续”按钮。

02 弹出“修改多重引线样式：多重引线格式1”对话框。切换至“引线格式”选项卡，在“常规”选项组的“类型”下拉列表中选择“直线”选项，在“颜色”下拉列表中选择“蓝”选项，在“箭头”选项组的“大小”数值框中输入10，如图10-37所示。

03 切换至“内容”选项卡，在“文字选项”选项组中的“文字颜色”下拉列表中选择“红”选项，在“文字高度”数值框中输入15，如图10-38所示，单击“确定”按钮。

04 返回“多重引线样式管理器”对话框，在“样式”列表框中选择“多重引线格式1”选项，单击“置为当前”按钮，再单击“关闭”按钮，如图10-39所示。

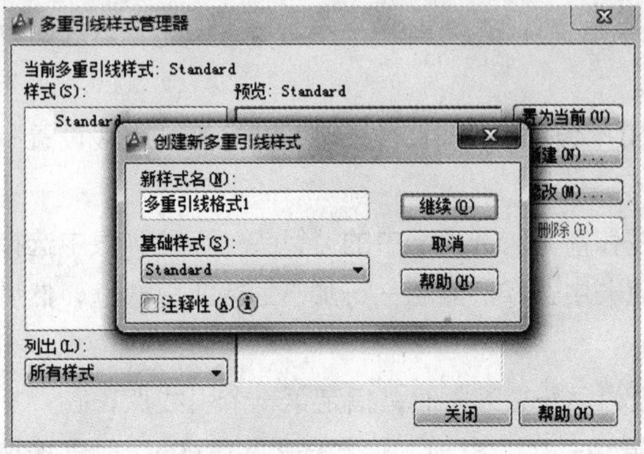

图10-36　设置新样式

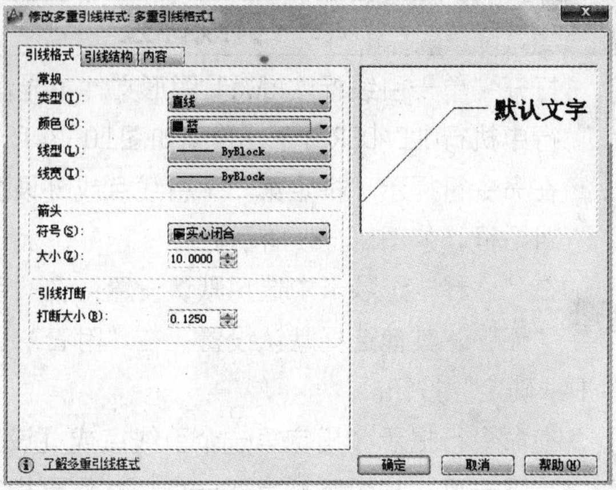

图10-37　设置箭头

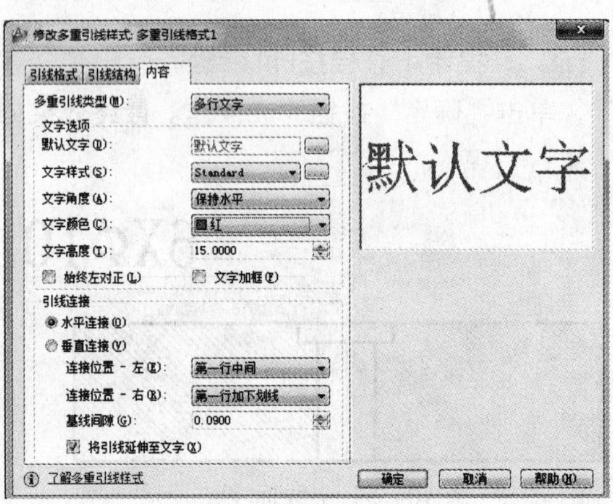

图10-38　设置文字

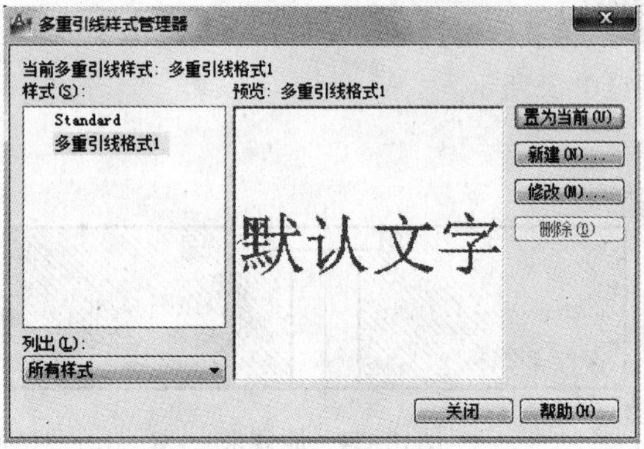

图10-39　最终样式

创建多重引线标注的方法如下：

- 在“常用”选项卡的“注释”组中，单击“多重引线”按钮。
- 在“注释”选项卡的“引线”组中，单击“多重引线”按钮。
- 显示菜单栏，选择“标注”→“多重引线”命令。
- 在命令行中执行MLEADER命令。

边学边练 095　创建多重引线标注

01 打开“多重引线标注.dwg”图形文件（光盘:\原始文件\第10章\多重引线标注.dwg），效果如图10-40所示。在命令行中执行MLEADER命令，具体操作过程如下：

命令：MLEADER （执行MLEADER命令）

指定引线箭头的位置或 [引线基线优先(L)/内容优先(C)/选项(O)] <引线基线优先>:

（指定引线的端点，这里单击如图10-40所示的中心线与下方内侧圆弧的交点）

指定引线基线的位置:

（指定引线的终点，在文本框中输入文本“拉簧”，单击绘图区空白处完成标注）

02 多重引线标注完成后，效果如图10-41所示（光盘:\最终文件\第10章\多重引线标注.dwg）。

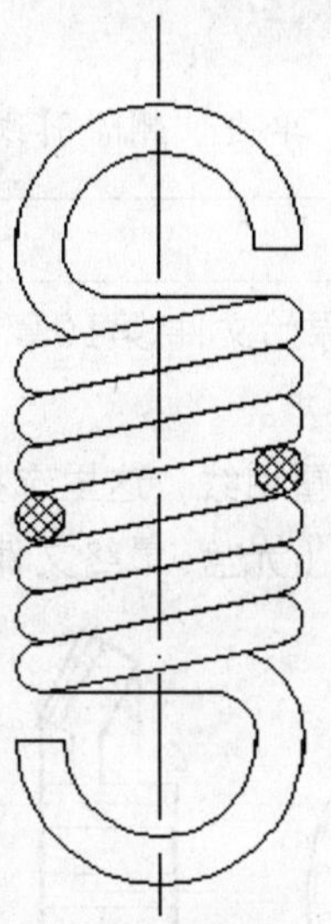

图10-40 原效果

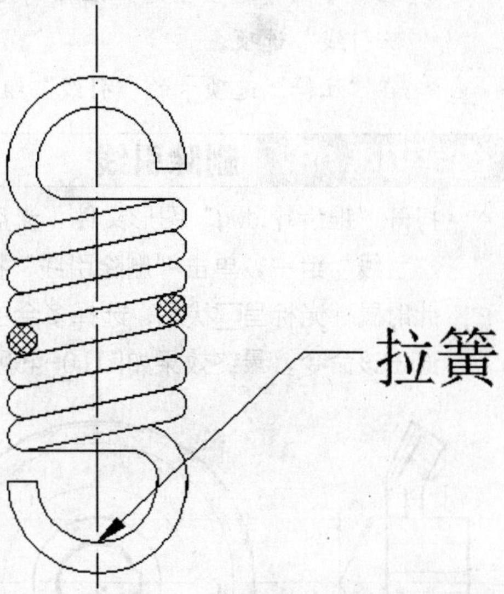

图10-41 引线效果

3. 添加引线

添加引线可以将多条引线附着到同一文本，也可以均匀隔开并快速对齐多个文本。调用该命令的方法如下：

- 在“常用”选项卡的“注释”组中，单击“多重引线”按钮，在弹出的下拉列表中选择“添加引线”选项。
- 在“注释”选项卡的“引线”组中，单击“添加引线”按钮。

边学边练 096 添加引线

01 打开“拉簧.dwg”图形文件（光盘:\原始文件\第10章\拉簧.dwg），在“注释”选项卡的“引线”组中，单击“添加引线”按钮。

02 此时鼠标光标呈□状态，选择需添加的多重引线，单击如图10-42所示的拉簧上方的对应点，按Esc键退出该命令，其最终效果如图10-43所示（光盘:\最终文件\第10章\拉簧.dwg）。

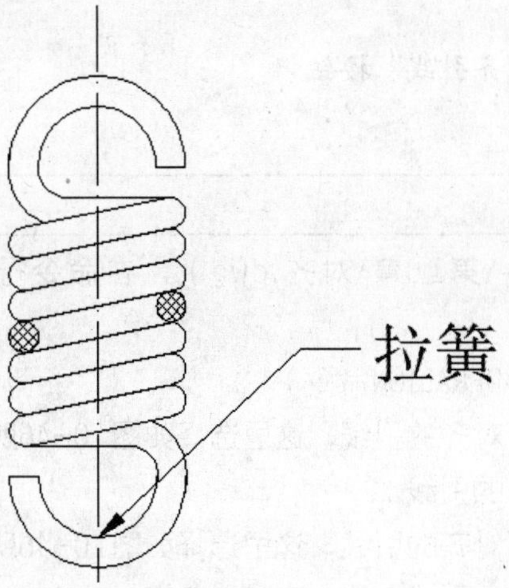

图10-42 原效果

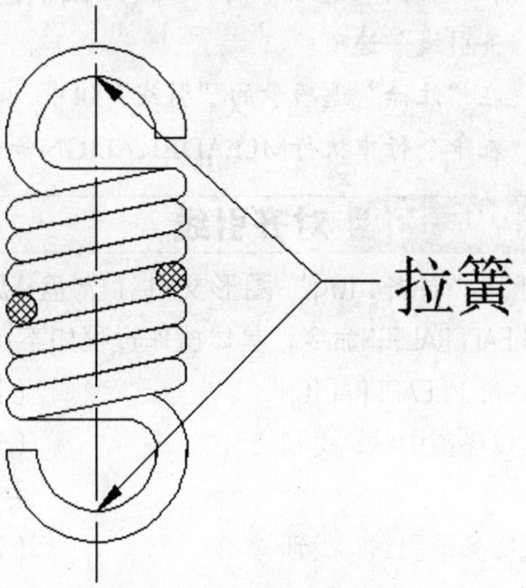

图10-43 添加引线后

4. 删除引线

一张图纸中引线过多，会影响整个图形的效果，所以删除多余的引线是必要的，调用删除引线命令的方法如下：

- 在“常用”选项卡的“注释”组中，单击 多重引线 按钮，在弹出的下拉列表中选择“删除引线”选项。
- 在“注释”选项卡的“引线”组中，单击“删除引线”按钮。

边学边练 097 删除引线

01 打开“锥齿轮.dwg”图形文件（光盘:\原始文件\第10章\锥齿轮.dwg），在“注释”选项卡的“引线”组中，单击“删除引线”按钮。

02 此时鼠标光标呈□状态，选择多余的多重引线，这里选择如图10-44所示的引线。按Space键退出该命令，最终效果如图10-45所示（光盘:\最终文件\第10章\锥齿轮.dwg）。

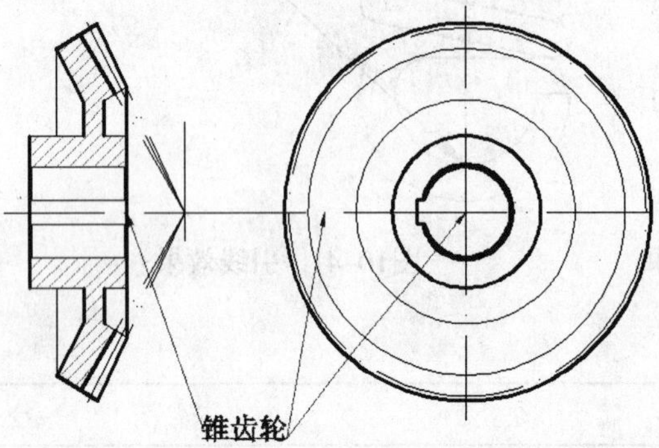

图10-44 原效果图

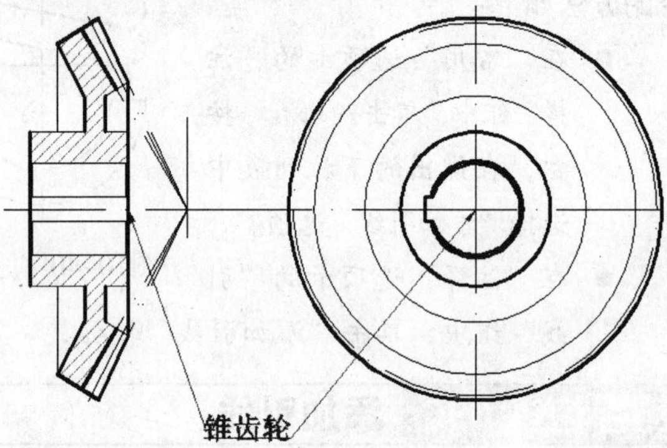

图10-45 删除引线后

5. 对齐引线

对齐引线命令可以沿指定的线对齐若干多重引线对象，水平基线将沿指定的不可见的线放置，箭头将保留在原来放置的位置。调用该命令的方法如下：

- 在“常用”选项卡的“注释”组中，单击 多重引线 按钮，在弹出的下拉列表中选择“对齐引线”选项。
- 在“注释”选项卡的“引线”组中，单击“对齐引线”按钮。
- 在命令行中执行MLEADERALIGN命令。

边学边练 098 对齐引线

01 打开“对齐.dwg”图形文件（光盘:\原始文件\第10章\对齐.dwg），在命令行中执行MLEADERALIGN命令，具体操作过程如下：

命令：MLEADERALIGN （执行MLEADERALIGN命令）

选择多重引线：找到 1 个 （选择需要对齐的引线，这里选择如图10-46所示的标注“轴承”的引线）

选择多重引线：找到 2 个 （选择需要对齐的引线，这里选择如图10-46所示的标注“端盖”的引线）

选择多重引线：找到 3 个 （选择需要对齐的引线，这里选择如图10-46所示的标注“齿轮”的引线）

选择多重引线： （按Space键确认）

当前模式：使用当前间距　　　　　　　　（系统自动显示当前模式）

选择要对齐到的多重引线或 [选项(O)]：（选择被对齐的引线，这里选择图中标注“轴”的引线）

指定方向：<正交 开> <正交 关>　　　（指定对齐方向，这里在其上方单击）

02 对齐引线标注完成后，效果如图10-47所示（光盘:\最终文件\第10章\对齐.dwg）。

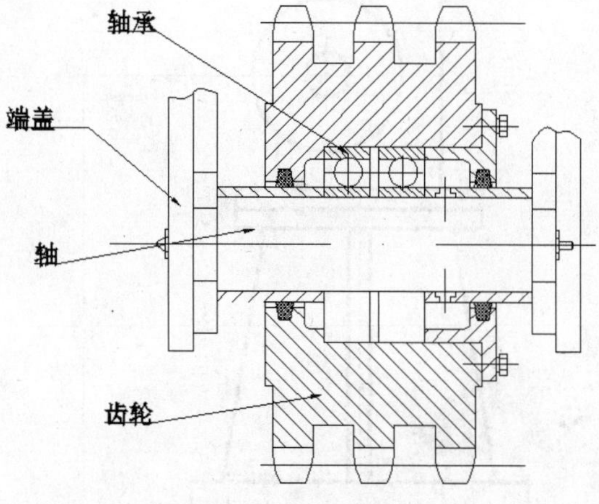

图10-46　原效果

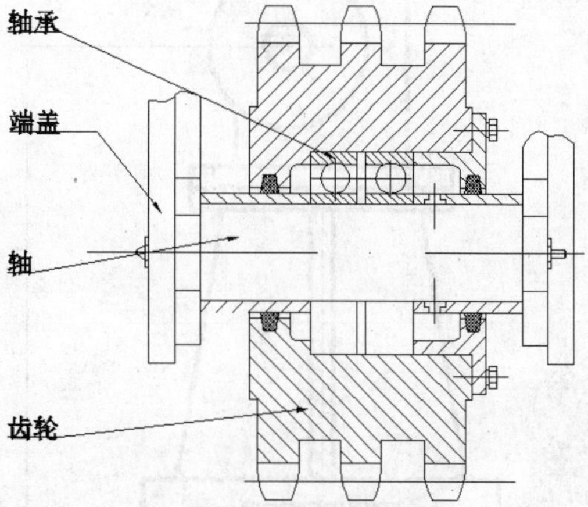

图10-47　对齐后效果

10.3.5　折弯标注

当圆或圆弧的半径过大，不宜通过圆心位置标注直径或半径时，可采用折弯标注方式标注半径。使用折弯命令标注半径时，应在选择希望标注的圆弧或圆后，依次指定圆心的替代位置，以及两个折弯的位置。一般情况下，显示的标注对象小于被标注对象的实际长度时，通常使用折弯线标注表示，如图10-48所示为折弯标注效果。该命令的调用方法如下：

- 在“常用”选项卡的“注释”组中，单击按钮，在弹出的下拉列表中选择“折弯”选项。
- 在“注释”选项卡的“标注”组中，单击“标注，折弯标注”按钮。
- 显示菜单栏，选择“标注”→“折弯线性”命令。
- 在命令行中执行DIMJOGLINE命令。

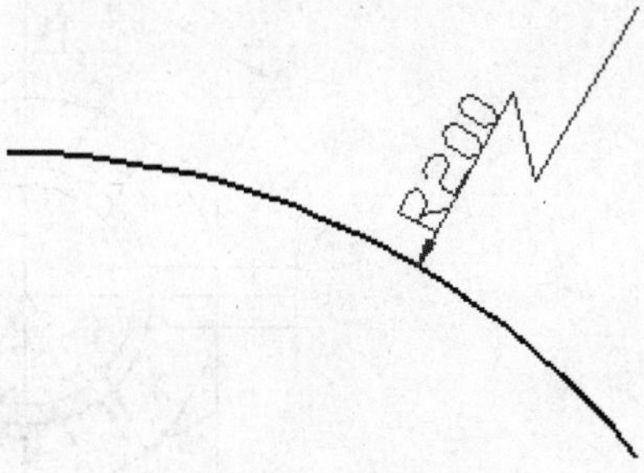

图10-48　折弯标注效果

边学边练 099　折弯标注

01 打开“折弯标注.dwg”图形文件（光盘:\原始文件\第10章\折弯标注.dwg），在命令行中执行DIMJOGLINE命令，具体操作过程如下：

命令：DIMJOGLINE　　　　　　　　（执行DIMJOGLINE命令）

选择要添加折弯的标注或 [删除(R)]：　　（选择需要折弯的线性标注或对齐标注，这里选择如图10-49所示的线性标注）

指定折弯位置（或按 Enter 键）: （指定折弯线的位置，这里任选一点）

02 对线性标注进行折弯操作后，效果如图10-50所示（光盘:\最终文件\第10章\折弯标注.dwg）。

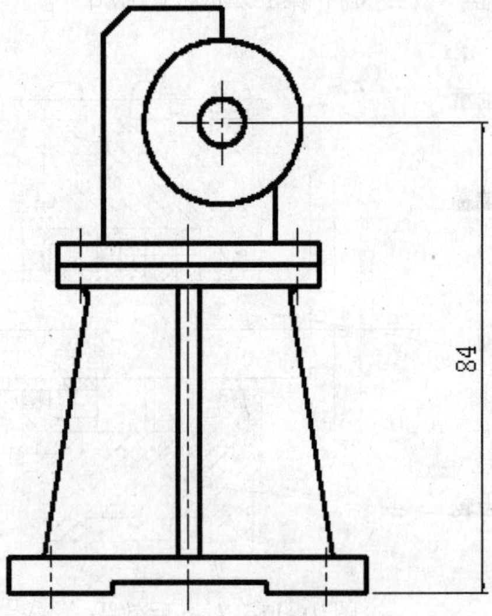

图10-49 原标注效果

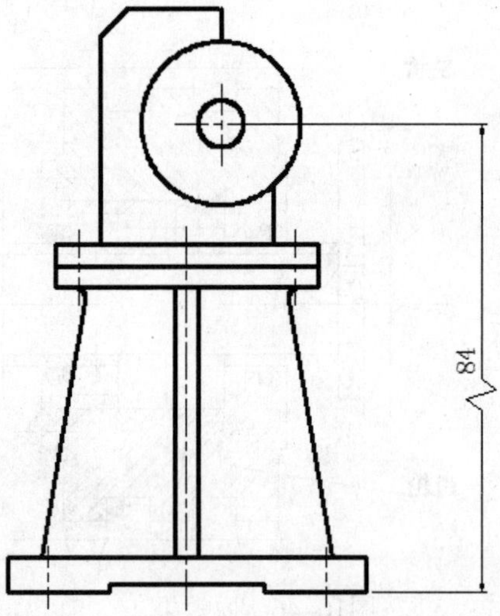

图10-50 折弯效果

自我强化 开槽六角螺母

下面通过一个实例来综合讲解一下本节所学习的标注内容，包括多重引线标注、折弯标注等。希望通过本例，读者能更熟练应用这些命令。本实例利用本节所学内容标注出如图10-51所示的效果。

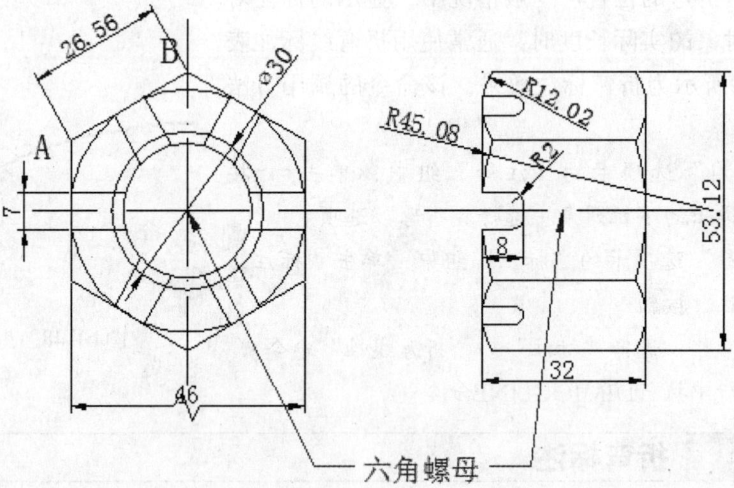

图10-51 标注效果

01 打开“开槽六角螺母.dwg”图形文件（光盘:\原始文件\第10章\开槽六角螺母.dwg），效果如图10-52所示。在命令行中执行DIMLINEAR命令，具体操作过程如下：

命令：DIMLINEAR （执行DIMLINEAR命令）

指定第一条尺寸界线原点或 <选择对象>:

（单击要标注线段的一端，这里单击如图10-52所示的A处的线）

指定第二条尺寸界线原点：（单击要标注线段的一端，这里单击如图10-52所示的B处的线）

指定尺寸线位置或[多行文字(M)/文字(T)/角度(A)/水平(H)/垂直(V)/旋转(R)]:

（向下移动鼠标到适合位置并单击鼠标）

标注文字 =46　　（系统提示标注尺寸）

02 标注效果如图10-53所示。然后在命令行中执行DIMJOGLINE命令，具体操作过程如下：

命令：DIMJOGLINE　　（执行DIMJOGLINE命令）

选择要添加折弯的标注或 [删除(R)]:　　（选择需要折弯的线性标注或对齐标注，这里选择如图10-53所示的线性标注）

指定折弯位置（或按 ENTER 键）:　　（指定折弯线的位置，这里单击线性标注的右侧一点，标注后的效果如图10-54所示）

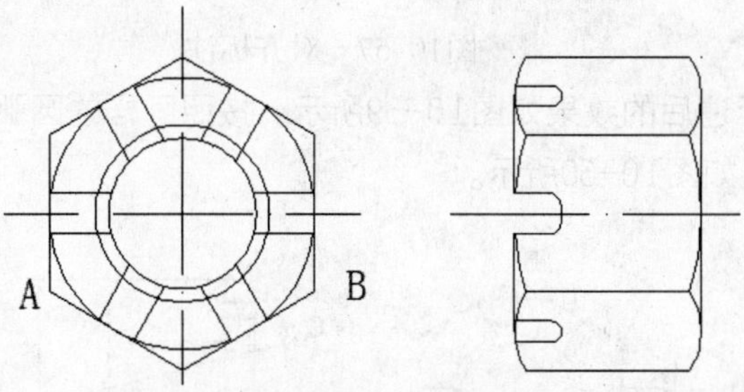

图10-52　原效果

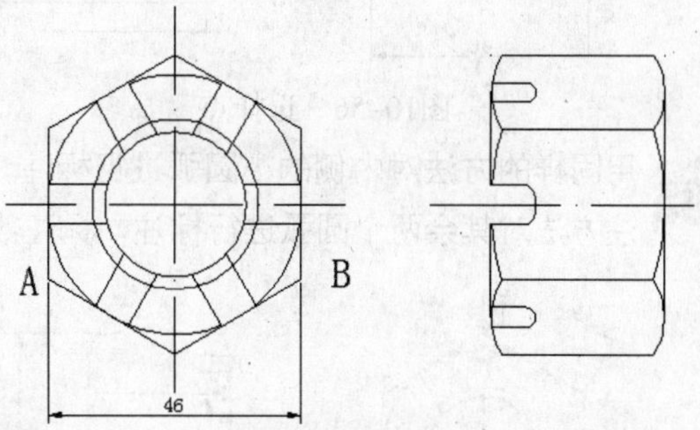

图10-53　线性标注

03 按照之前的线性标注的方法对图中其余地方进行线性标注，标注效果如图10-55所示。

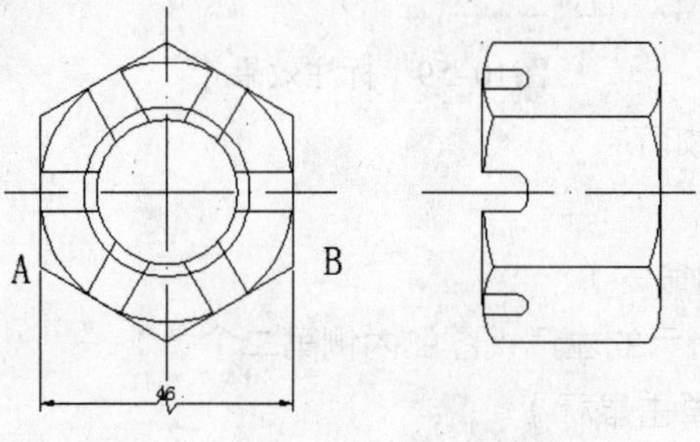

图10-54　折弯效果

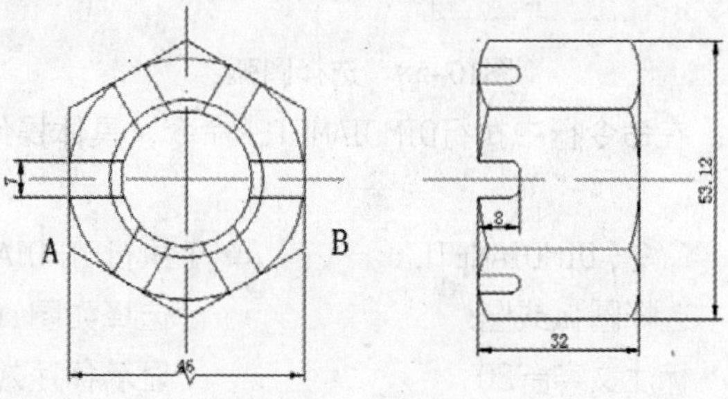

图10-55　线性标注

04 选择菜单栏中“标注”→“对齐”命令，执行对齐标注命令。具体操作如下：

命令：_dimaligned

指定第一个尺寸界线原点或 <选择对象>:　　（选择如图10-56所示的A点）

指定第二条尺寸界线原点：　　（选择如图10-56所示的B点）

指定尺寸线位置或　　（在左上方处单击）

[多行文字(M)/文字(T)/角度(A)]:　　（按Enter键）

标注文字 = 26.56

05 完成的对齐标注如图10-57所示。下面进行半径的标注。在命令行中执行DIMRADIUS命令，具体操作过程如下：

命令：DIMRADIUS　　（执行DIMRADIUS命令）
选择圆弧或圆：　　（选择如图10-58所示的大圆弧）
标注文字 =45.08　　（系统提示将标注的尺寸，单击鼠标）
指定尺寸线位置或 [多行文字(M)/文字(T)/角度(A)]:　　（移动鼠标使尺寸线处于合适位置，这里移动到外侧，按Space键完成标注）

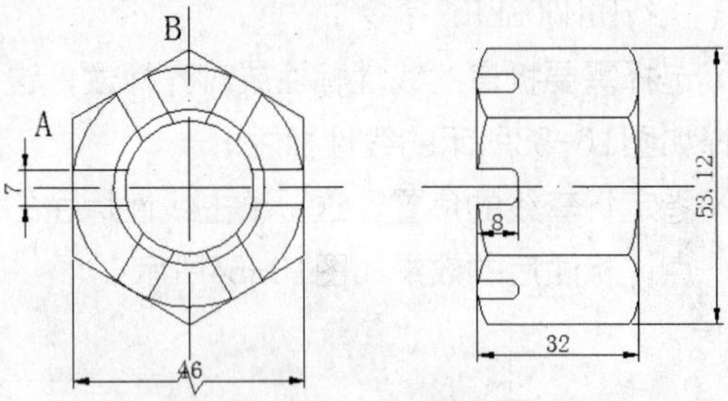

图10-56　选择点

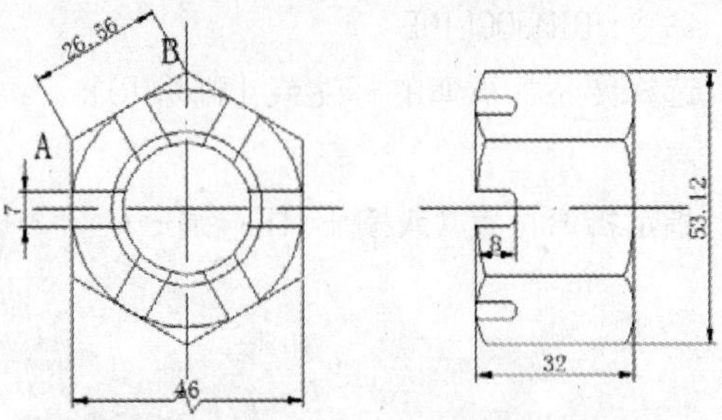

图10-57　对齐标注

06 用同样的方法对内侧的小圆弧进行标注，标注后的效果如图10-59所示。按照同样的圆弧标注方法对其余两个圆弧进行标注，标注效果如图10-60所示。

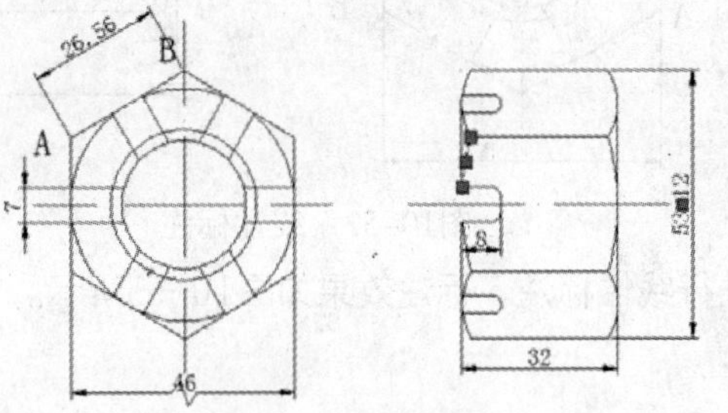

图10-58　选择圆弧

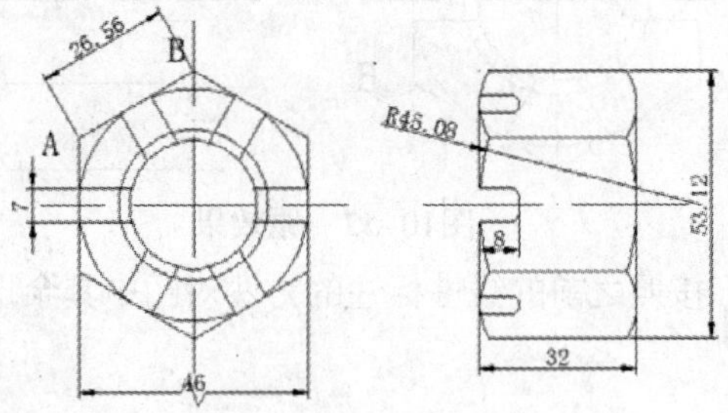

图10-59　标注效果

07 在命令行中执行DIMDIAMETER命令，具体操作过程如下：

命令：DIMDIAMETER　　（执行DIMDIAMETER命令）
选择圆弧或圆：　　（选择如图10-60所示的左侧视图的内侧第二个圆）
标注文字＝30　　（显示标注效果，单击鼠标）
指定尺寸线位置或 [多行文字(M)/文字(T)/角度(A)]:
　　（向左上方移动鼠标并单击，标注后的效果如图10-61所示）

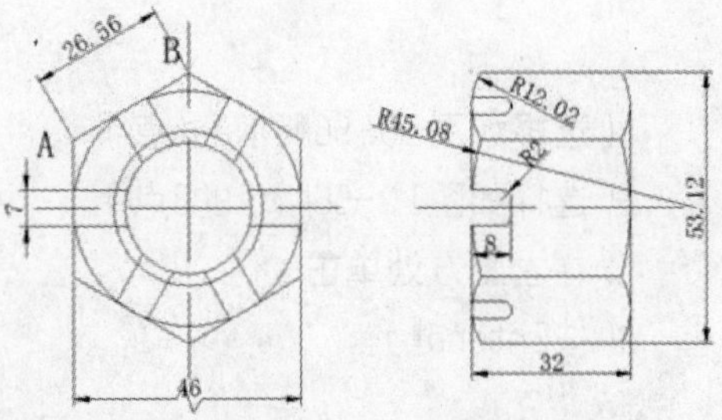

图10-60　半径标注

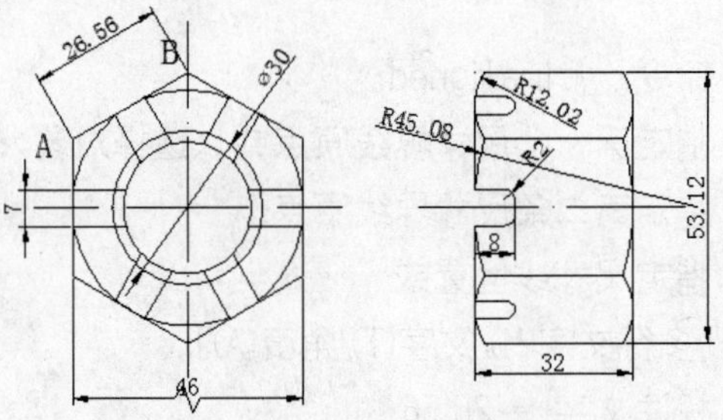

图10-61　直径标注

08 在菜单栏中选择“格式”→“多重引线样式”命令，单击“新建”按钮，弹出“创建新多重引线样式”对话框。在“新样式名”文本框中输入文本“六角螺母”，如图10-62所示，单击“继续”按钮。弹出“修改多重引线样式：六角螺母”对话框，在“箭头”选项组的“大小”数值框中输入4，“颜色”设置为“蓝”，如图10-63所示。

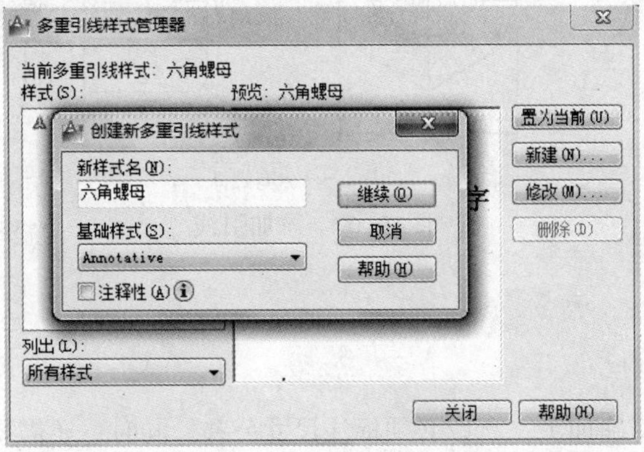

图10-62 新建引线样式

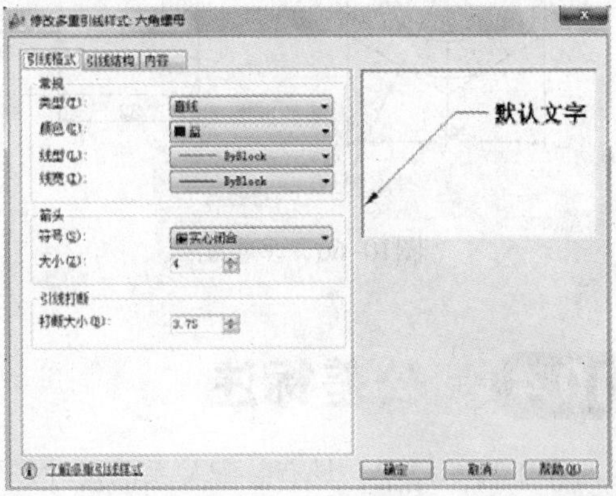

图10-63 引线格式

09 切换至“内容”选项卡，在“文字选项”选项组的“文字颜色”下拉列表中选择“蓝”选项，在“文字高度”数值框中输入4，如图10-64所示，单击“确定”按钮。

10 返回“多重引线样式管理器”对话框，在“样式”列表框中选择“六角螺母”选项，单击“置为当前”按钮，再单击“关闭”按钮，如图10-65所示。

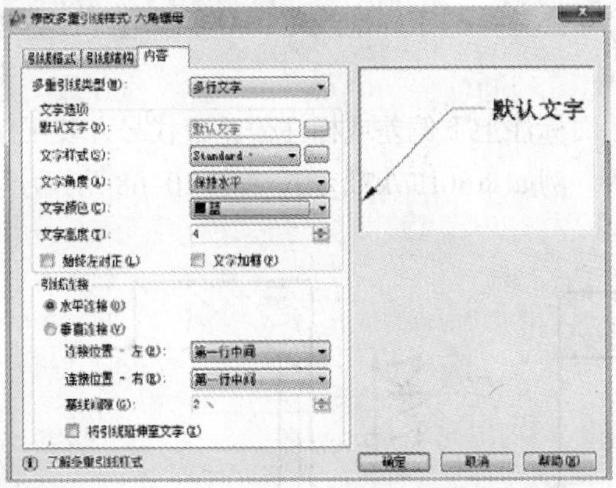

图10-64 设置文字

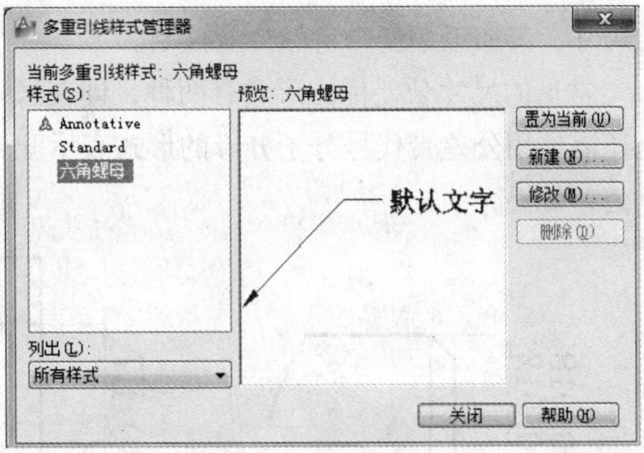

图10-65 最终效果

11 返回绘图区，在命令行中执行MLEADER命令，具体操作过程如下：

命令：MLEADER　　（执行MLEADER命令）

指定引线箭头的位置或 [引线基线优先(L)/内容优先(C)/选项(O)] <引线基线优先>:

（指定引线的端点，这里单击如图10-66所示的左侧圆的圆心）

指定引线基线的位置：　（指定引线的终点，在文本框中输入文本“六角螺母”，单击绘图区中的空白位置确定）

12 完成的效果如图10-66所示。在“注释”选项卡的“引线”组中，单击“添加引线”按钮，此时鼠标光标呈□状态。选择需添加的多重引线，单击如图10-66所示的右侧视图上中心处的某一点，按Esc键退出该命令，其最终效果如图10-67所示（光盘:\最终文件\第10章\六角螺母.dwg）。

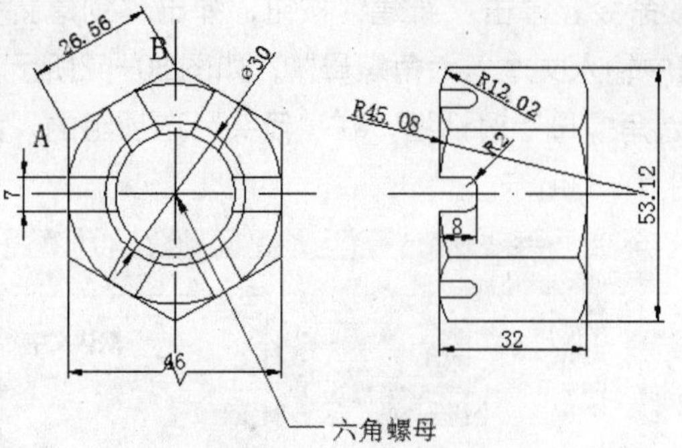

图10-66　多重引线

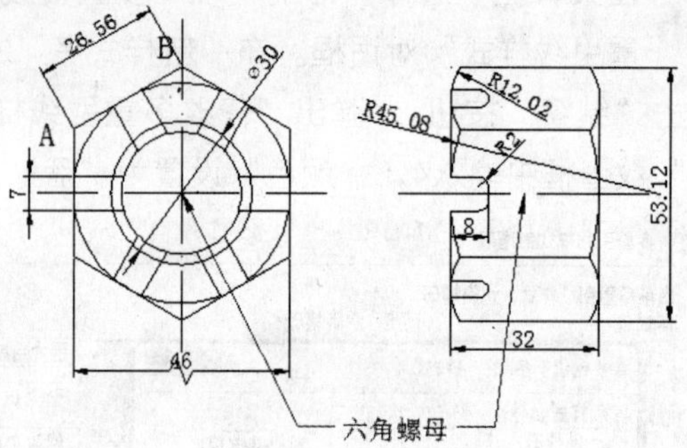

图10-67　添加引线

10.4 公差标注

在工程图样中，具有装配关系的尺寸需要精确加工，所以必须标注尺寸公差。同时，还需要标注形位公差，因为它是评定产品质量的一项重要指标。

10.4.1　尺寸公差标注

尺寸公差就是尺寸误差的允许范围。尺寸公差取值是否恰当，直接影响着机件的加工成本和使用性能。所以，每一张零件图、装配图都要标注尺寸公差。国家标准规定：对于没有标注公差的尺寸，其加工精度由自然公差控制。

常见的尺寸公差标注形式有两种，即在尺寸的后面标注上下偏差或标注公差带代号，装配图上还需要用公差带代号分子分母的形式表示配合关系，例如φ30H7/k7形式。如图10-68所示为尺寸公差效果。

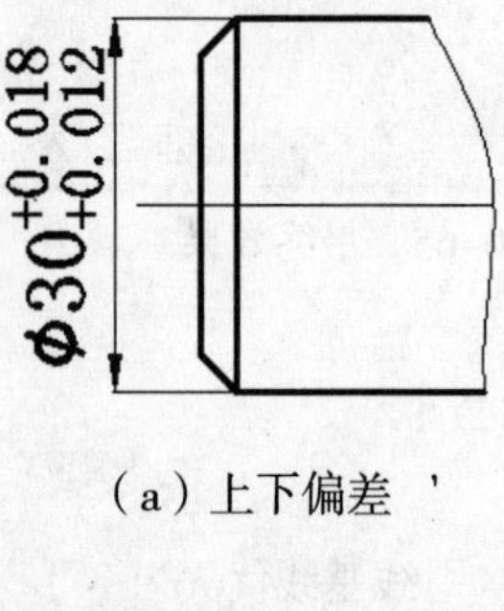

（a）上下偏差

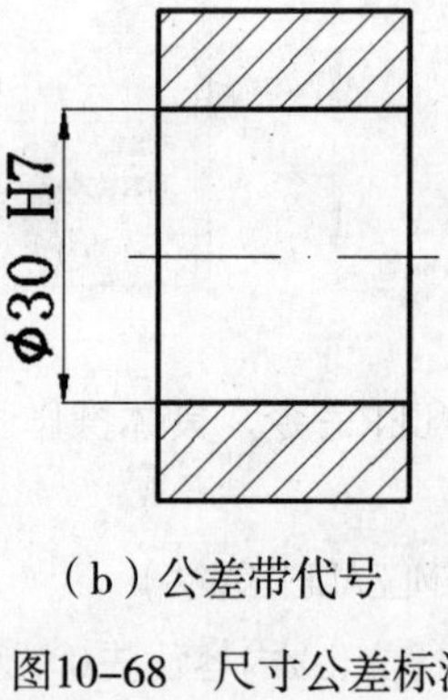

（b）公差带代号

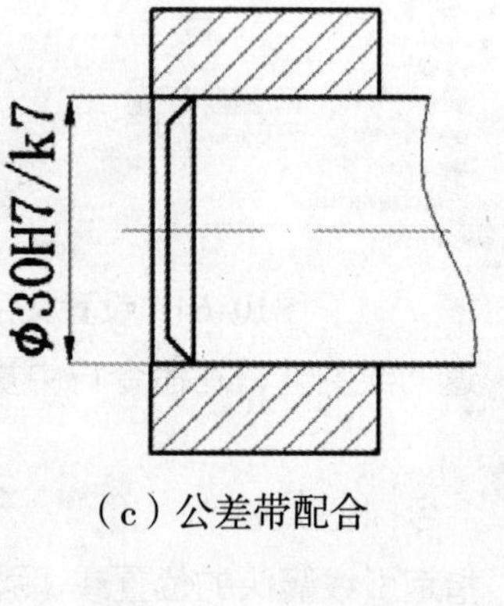

（c）公差带配合

图10-68　尺寸公差标注

边学边练 100　尺寸公差标注

01 打开“尺寸公差.dwg”的文件（光盘:\原始文件\第10章\尺寸公差.dwg），选择菜单栏“格式”→“标注样式”命令，系统弹出“标注样式管理器”对话框。单击“新建”按钮，弹出“创建新标注样式”对话框，在“新样式名”文本框里输入“尺寸公差”，效果如图10-69所示。

02 单击“继续”按钮，弹出“新建标注样式：尺寸公差”对话框。在“主单位”选项卡中，设置“单位格式”为“小数”，“精度”为0，“小数分隔符”为“句点”，“舍入”为0，“比例因子”为1，在“消零”选项组中选择“后续”，在“前缀”文本框中输入“%%C”，其余选择默认设置，效果如图10-70所示。

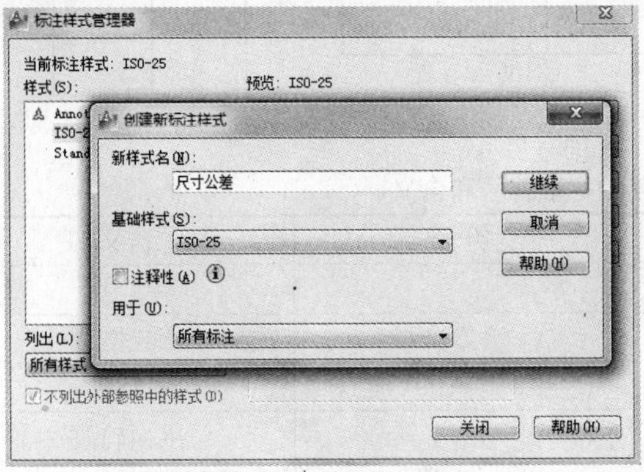

图10-69　新建标注样式

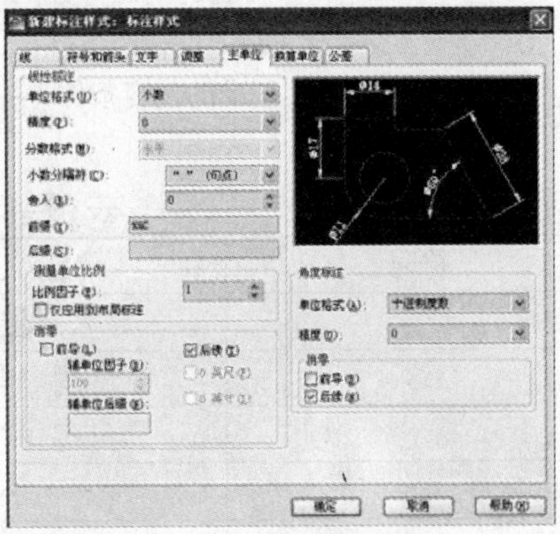

图10-70　设置主单位

03 在“公差”选项卡中，设置“方式”为“极限偏差”，“精度”为0.000，“高度比例”为0.7，“垂直位置”为“中”，“上偏差”为+0.025，“下偏差”为0，其他选项不进行设置。

04 单击“确定”按钮，在“标注样式管理器”对话框中单击“置为当前”按钮，再单击“关闭”退出设置。在菜单中选择“标注”→“线性标注”命令，对轴进行尺寸公差标注，如图10-71所示。

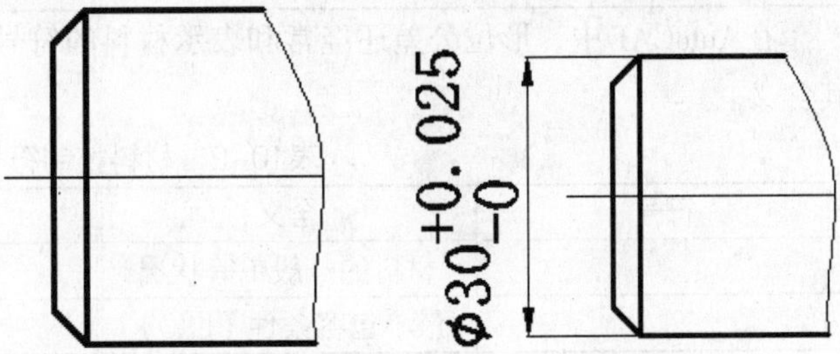

（a）原图　　（b）标注后

图10-71　标注尺寸公差

10.4.2　形位公差标注

形位公差是指零件的实际形状和实际位置相对理想形状和理想位置的允许变动量。形位公差包括形状形位公差和位置形位公差，一般用于机械设计领域，是指导生产、检验产品和控制质量的技术依据。如果形位公差不能完全控制，则装配件不能正确装配。另一方面，过度吻合的形位公差又会由于额外的制造费用而造成浪费。

AutoCAD提供了一个标注公差的命令，但由于形位公差符号都带有引线，所以用快速引线标注命令可同时标注出引线和形位公差。

形位公差显示了特征的形状、轮廓、方向、位置和跳动的偏差。在AutoCAD中，通过特征控制框来显示标注的所有公差信息。图10-72所示为形位公差框架中各个项目的意义。

1. 符号

形位公差的标注样式通常由引线、形位公差代号、直径代号、形位公差值、材料状况、基准代号等组成。表10-1所示为国家规定的各种形位公差的标准符号及其含义。

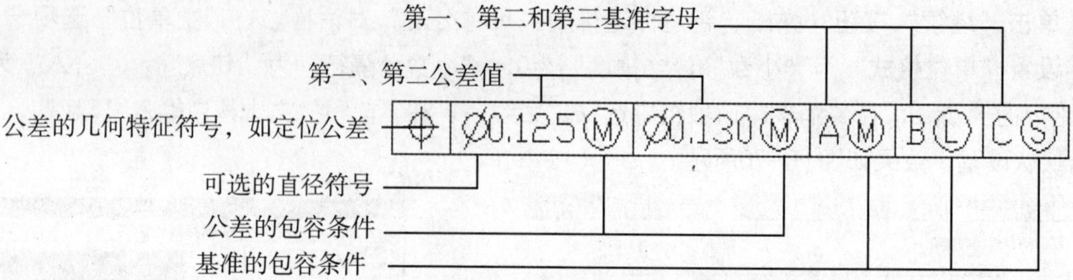

图10-72　形位公差

表10-1　形位公差的标准符号和含义

符号	含义	符号	含义
.....	定位	.....	平坦度
◎	同心轴	○	圆或圆面
.....	对称	–	直线度
//	平行	.....	平面轮廓
⊥	垂直	.....	直线轮廓
∠	角度	↗	圆跳动
.....	柱面度	.....	全跳动

在AutoCAD中，形位公差还经常和表示材料的符号连用，表10-2所示为部分材料控制符号及其含义。

表10-2　材料控制符号和含义

符号	含义	符号	含义
.....	材料的一般中等状况	.....	材料的最小状况
.....	最小包容条件（LMC）	.....	材料的最大状况

2. 对话框

打开“形位公差”对话框的方法如下：

- 在“注释”选项卡的“标注”组中，单击▾按钮，在弹出的下拉列表中单击“公差”按钮⊞。
- 显示菜单栏，选择“标注”→“形位公差”命令。
- 在命令行中执行TOLERANCE命令。

执行上述命令后，将弹出如图10-73所示的“形位公差”对话框。

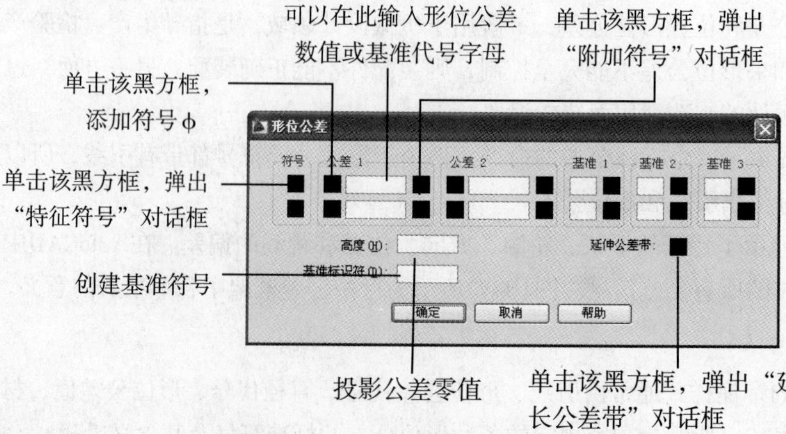

图10-73　“形位公差”对话框

“形位公差”对话框中各选项含义分别如下所示。

- “符号”选项组：单击黑色的方块，弹出如图10-74所示的“特征符号”对话框，在其中可以选择形位公差符号。
- “公差1”和“公差2”选项组：单击黑色的方块，设置形位公差样式。每个选项下对应3个框，第1个黑色框设定是否选用直径符号φ，第2个空白框设置形位公差值，第3个黑色框设置附加符号。
- “基准1”、“基准2”和“基准3”选项组：第1个空白框设置形位公差的基准代号，单击第2个黑色块可以弹出如图10-75所示的“附加符号”对话框，设置附加符号。
- “高度”文本框：该选项设置特征控制框的投影形位公差零值。
- “延伸公差带”选项：该选项用于插入延伸形位公差带符号。
- “基准标识符”文本框：该选项用于插入由参照字幕组成的基准标识符。

图10-74　公差特征符号

图10-75　选择包容条件

10.4.3　指引标注形位公差

单击引线命令图标，在图形区域单击鼠标右键，然后单击“设置”，弹出“引线设置”对话框，打开“注释”选项卡，单击“公差”，如图10-76所示。

设置完“引线和箭头”选项卡后，单击“确定”按钮，节可以在命令行提示下完成形位公差的标注。

边学边练 101　指引标注形位公差

01 打开“形位公差.dwg”文件（光盘:\原始文件\第10章\形位公差.dwg）。在菜单栏选择“标注”→“快速标注”命令。

02 在图形区域中单击鼠标右键，选择“确定”，弹出“引线设置”对话框，如图10-76所示。打开“注释”选项卡，单击“公差”单选按钮，然后单击“确定”按钮，关闭对话框。

03 依次单击引线的3个点，创建引线，这时系统自动弹出“形位公差”对话框。

04 单击“符号”选项栏中方黑框，在“符号”对话框中选择同轴度符号。单击“公差1”文本框前的黑框，显示出直径符号，在其中输入0.020，在“基准1”中输入A。

05 单击“确定”按钮，即完成如图10-77所示的形位公差标注。

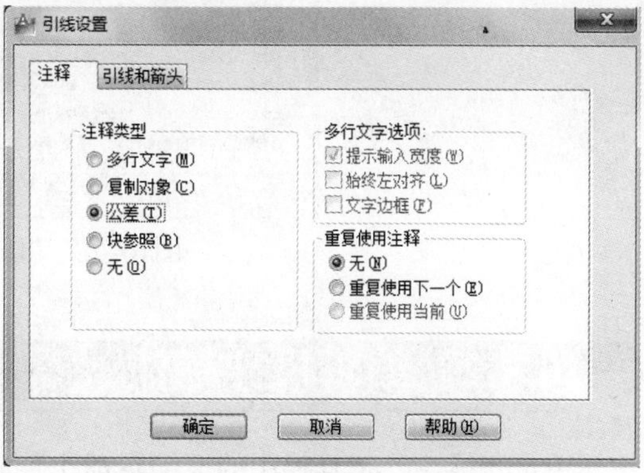

图10-76　“引线设置”对话框

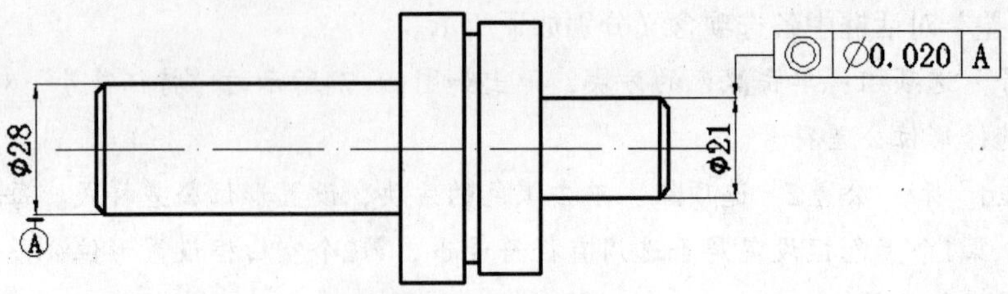

图10-77　形位公差标注

10.5 编辑标注

尺寸标注编辑，是指对已经标注的尺寸标注位置、文字设置、文字内容、格式样式、标注样式等做出改变的过程。AutoCAD提供了很多编辑尺寸标注的方式，如编辑命令、夹点编辑，等等。其中夹点编辑是修改标注最快、最简单的方法。

10.5.1 修改标注样式

标注可以通过标注样式来修改，这也是最简单、效率最高的修改方式。因为通过修改样式，可以使得整个图形的标注发生改变。

尺寸标注的各个组成部分，如文字的大小、箭头的形式等，都可以通过修改标注样式来修改。标注样式修改后，所有与此样式关联的尺寸标注都将发生变化。在“标注样式管理器”对话框中，单击“修改”按钮，系统将打开“修改标注样式”对话框，如图10-78所示。

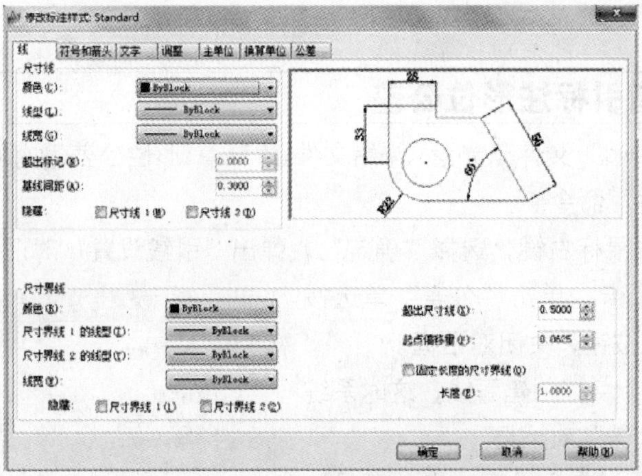

图10-78　“修改标注样式”对话框

10.5.2 编辑尺寸标注

单击“标注”工具栏中的“编辑标注”命令图标，可编辑尺寸标注，也可以倾斜尺寸界线、旋转标注文本或者修改标注内容等。

执行“编辑标注”命令后，系统将在命令行提示中给出如下选项。

- 默认（H）：选择该项可以移动标注文字到默认位置。
- 新建（N）：选择该项可以在打开的“文字格式”面板中修改标注内容。
- 旋转（R）：选择该项可以旋转标注文字。
- 倾斜（O）：选择该项可以倾斜尺寸界线。该选项与“标注”→“倾斜”菜单命令功能完全相同。

10.5.3 利用夹点编辑标注

对于图形的标注可以进行拉伸编辑。在菜单栏选择“修改”→“拉伸”命令或在命令行中输入ATRETCH，均可以执行拉伸命令。使用命令时，必须使用交叉窗口和交叉多边形选择标注。文字移出尺寸界线则不需要拆分尺寸线，尺寸线将被重新连接。当图形具有不同方向的尺寸时，如图10–79所示，拉伸图形的顶点，则会同时拉伸与该顶点相关的尺寸。

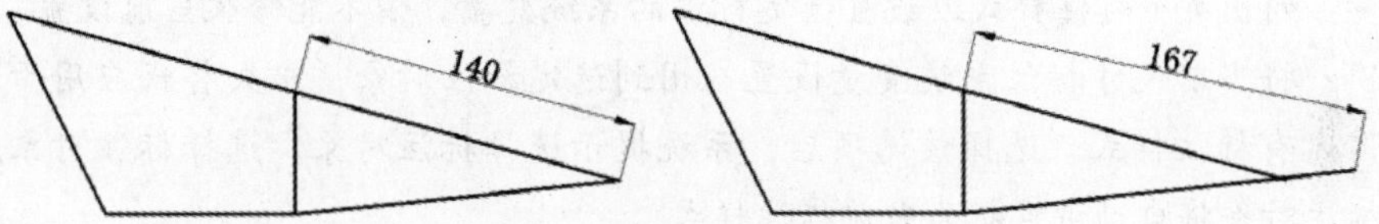

图10–79 拉伸夹点编辑标注

拉伸标注的步骤如下：

01 选择菜单栏中的“修改”→“拉伸”命令。

02 使用交叉选择窗口，选择所有要拉伸的标注。

03 指定位移的基点。

04 指定位移的第二点。

在AutoCAD中，标注的尺寸与标注的对象是相互关联的。所谓尺寸关联，就是指所标注尺寸与被标注对象有关联关系。如果标注的尺寸值是按自动测量值标注，且尺寸标注是按尺寸关联模式标注的，则改变被标注对象的大小后，相应的标注尺寸也将发生变化。

10.5.4 更新标注与重新关联标注

通常情况下，尺寸标注和样式是相关联的，因此当标注样式修改后，标注被自动更新。不过，如果希望使用当前标注样式更新图形中的尺寸标注，可按如下方法进行。

1. 更新标注

更新标注一般是在某个尺寸标注不符合要求时使用，调用该命令的方法如下：

- 在“注释”选项卡的“标注”组中，单击“更新”按钮。
- 显示菜单栏，选择“标注”→“更新”命令。

- 在命令行中执行DIMSTYLE命令。

更新命令的具体使用如下：

命令：DIMSTYLE （单击"更新"按钮后命令行显示该命令）
当前标注样式：Standard　注释性：否 （提示当前标注样式）
输入标注样式选项[注释性(AN)/保存(S)/恢复(R)/状态(ST)/变量(V)/应用(A)/?] <恢复>：apply
（提示系统自动选择了"应用"选项）
选择对象：找到 1 个 （选择要更新的尺寸标注）
选择对象： （按Space键结束命令）

执行命令过程中，各选项的含义如下所示。

- 保存：将标注系统变量的当前设置保存到标注样式。
- 恢复：将尺寸标注系统变量设置恢复为选择的标注样式设置。
- 状态：显示所有标注系统变量的当前值，并自动结束DIMSTYLE命令。
- 变量：列出某个标注样式或设置选定标注的系统变量，但不能修改当前设置。
- 应用：将当前尺寸标注系统变量设置应用到选定标注对象，永久替代应用于这些对象的任何现有标注样式。选择该选项后，系统提示选择标注对象。选择标注对象后，所选择的标注对象将自动被更新为当前标注样式。

2. 重新关联标注

重新关联标注的作用是，修改图形时标注将根据图形的变化自动进行修改。调用该命令的方法如下：

- 在"注释"选项卡的"标注"组中，单击▼按钮，在弹出的下拉列表中单击"重新关联"按钮。
- 显示菜单栏，选择"标注"→"重新关联标注"命令。
- 在命令行中执行DIMREASSOCIATE命令。

重新关联标注命令的使用方法如下：

命令：DIMREASSOCIATE （执行DIMREASSOCIATE命令）
选择要重新关联的标注 ... （系统自动提示）
选择对象：找到 1 个 （选择需要关联的标注）
选择对象： （按Space键确认）
选择弧或圆<下一个>： （选择需要关联的图形）

10.5.5 编辑标注的文字和位置

1. 文字

对于标注文字，可以通过以下方法来编辑：选择菜单栏上的"修改"→"特性"命令，在弹出的"特性"选项板"文字替代"文本框中输入或编辑标注文字。在"特性"选项板"文本替代"文本框中输入的文字总是替代在"测量单位"文本框中显示的实际标注测量值。

也可以在命令行直接输入DDEDIT，然后选中要编辑的文本，输入新文本即可。图10-80所示为编辑标注文字的过程。

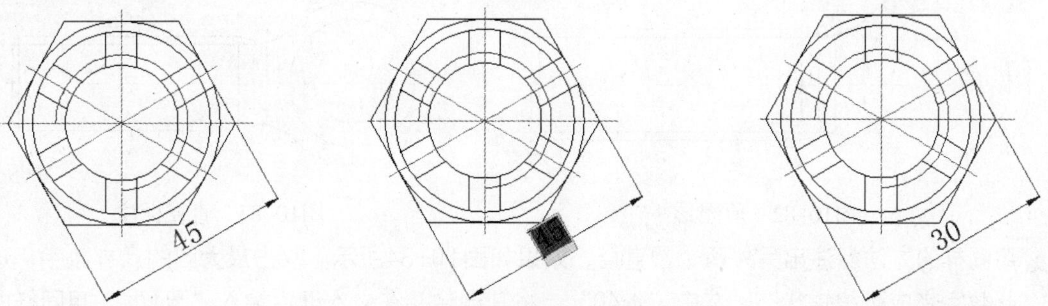

（a）原图　　（b）选择编辑对象　　（c）更改效果

图10-80　编辑标注文字

2. 位置

编辑尺寸标注文字位置的方法有以下3种：

- 在“注释”选项卡的“标注”组中，单击▼按钮，在弹出的下拉列表中单击第二排的按钮。
- 显示菜单栏，选择“标注”→“对齐文字”命令，在其子菜单中选择相应命令。
- 在命令行中执行DIMTEDIT命令。

执行DIMTEDIT命令后，具体操作过程如下：

命令：DIMTEDIT　　（执行DIMTEDIT命令）
输选择标注:　　（选择要修改的标注）
标注文字指定新位置或 [左对齐(L)/右对齐(R)/居中(C)/默认(H)/角度(A)]:
（为标注文字指定新位置并按Space键确认）

图10-81所示是编辑标注文字位置的前后效果。

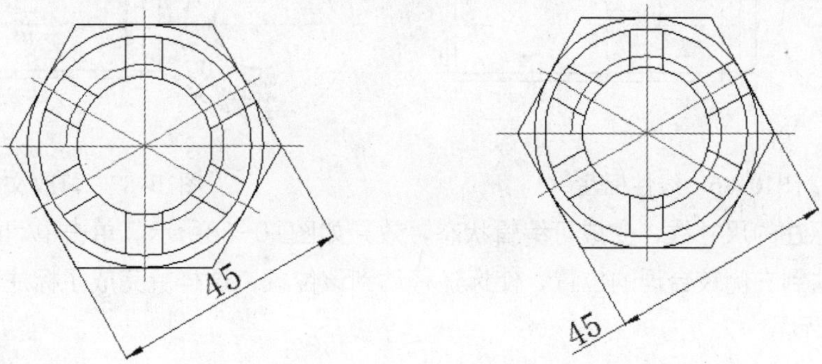

（a）原图　　（b）更改位置后

图10-81　编辑标注文字位置

边学边练 102　编辑标注

01 打开“编辑标注.dwg”文件（光盘:\原始文件\第10章\编辑标注.dwg），效果如图10-82所示。在菜单栏选择“标注”→“直径标注”命令，选择左边最外侧的圆进行直径标注。标注效果如图10-83所示。

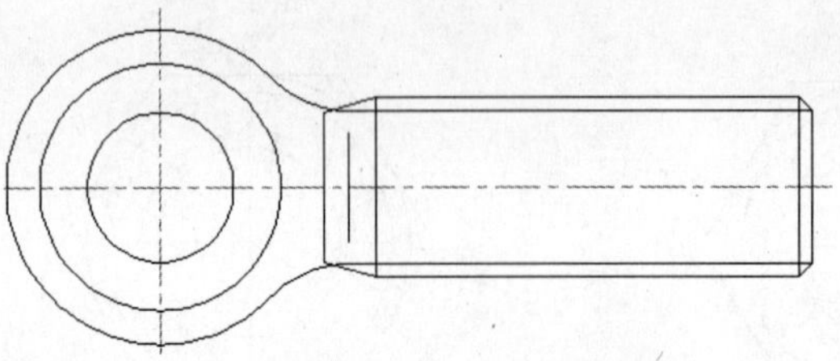

图10-82　原图形

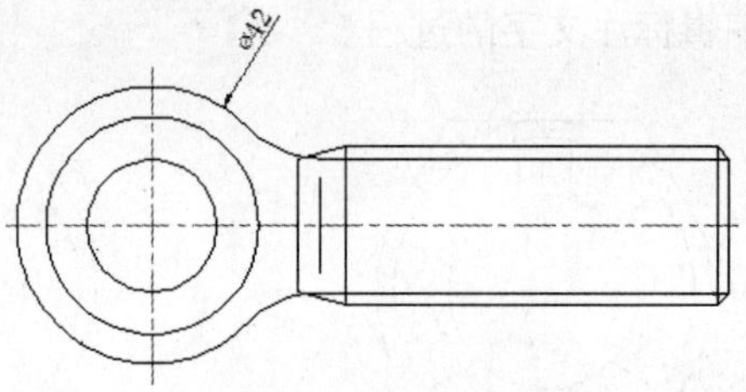

图10-83　直径标注

02 用同样的方法标注出另外两个圆直径，效果如图10-84所示。双击最大圆的尺寸数字，这时此数字变成可编辑状态，选中“ф40”，将其删除并在文本框中输入“圆1”。用同样的方法改变其余两个圆的标注，效果如图10-85所示。

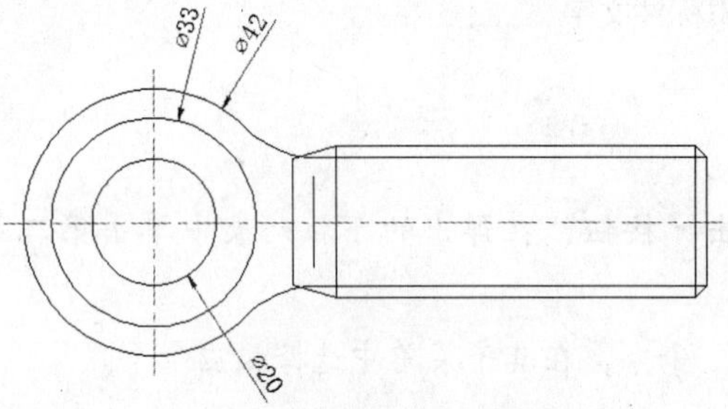

图10-84　标注圆

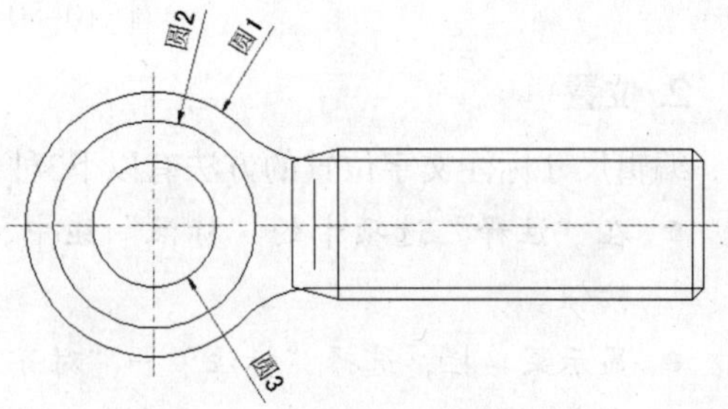

图10-85　更改标注文字

03 在菜单栏选择“标注”→“线性”命令，选择右侧的最上和最下两条线进行标注，效果如图10-86所示。然后双击刚刚标注的“24”，它立刻变为可编辑状态，在“24”的前面输入“%%c”，单击“确定”按钮完成编辑，效果如图10-87所示。

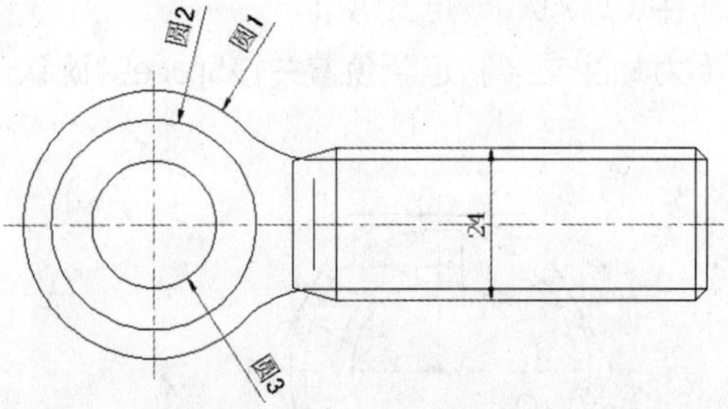

图10-86　线性标注

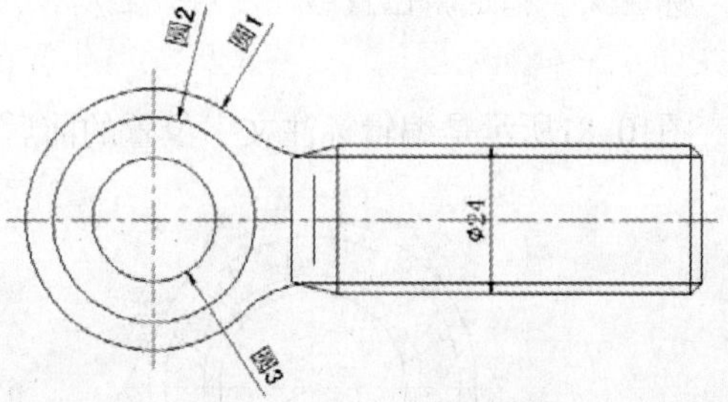

图10-87　修改文字

04 选中刚才标注的尺寸线，变成可编辑状态，效果如图10-88所示。单击中间的夹点，按住左键将它拖动到右侧较合理的位置，使标注移动到该位置，这样就完成了标注位置的改变，效果如图10-89所示。

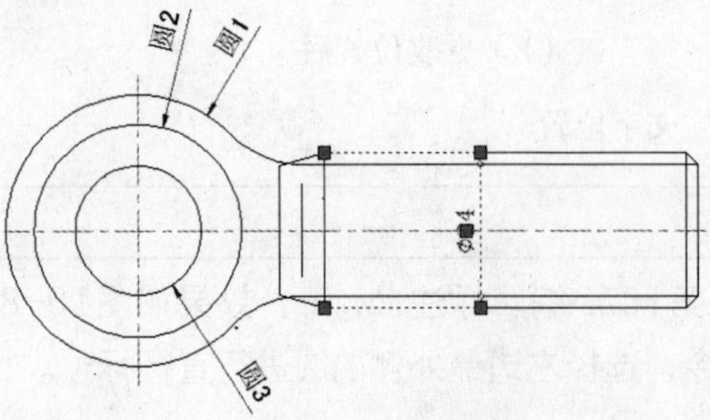

图10-88　选择标注

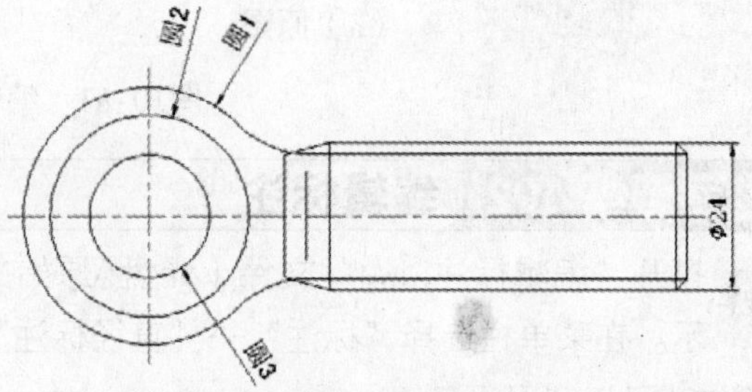

图10-89　编辑位置

10.6 实例应用

下面通过几个例子来熟悉一下本章所学的内容，包括公差等较复杂的标注及标注的编辑等知识。

10.6.1　实例1：综合标注1

最终标注效果如图10-90所示。

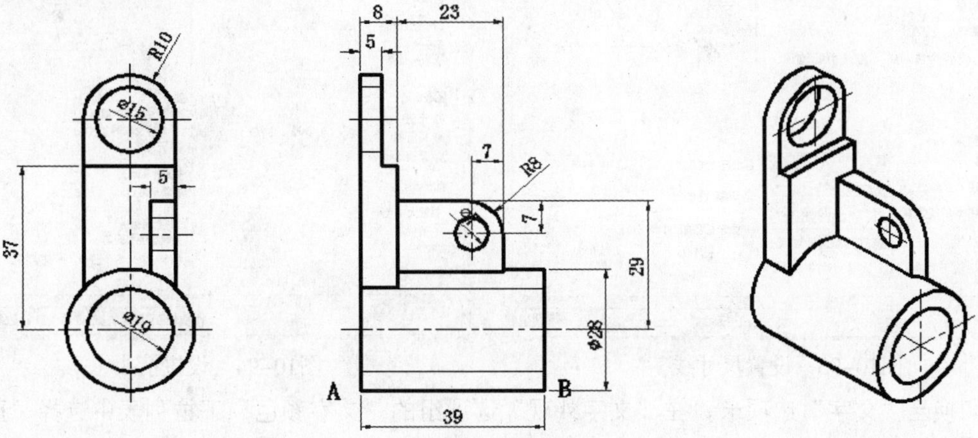

图10-90　标注效果

1. 创建标注样式

01 启动AutoCAD 2012，打开“实例1.dwg”文件（光盘:\原始文件\第10章\实例1.dwg），如图10-91所示。在菜单栏中选择“格式”→“标注样式”命令，弹出“标注样式管理器”对话框。

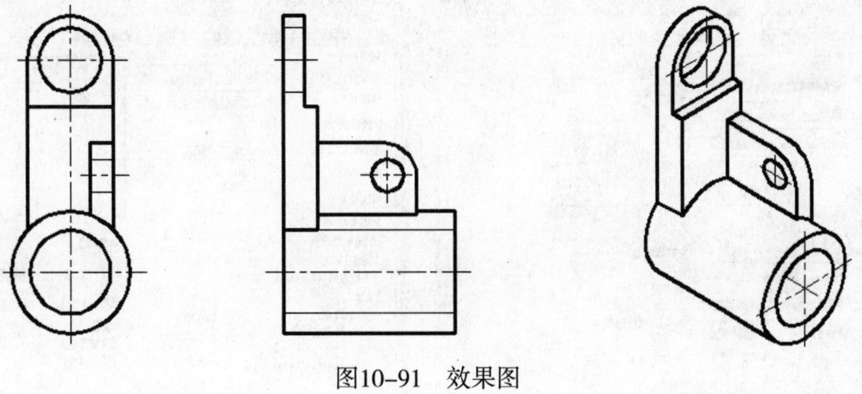

图10-91　效果图

02 单击“新建”按钮，弹出“创建新标注样式”对话框，在“新样式名”文本框中输入标注样式的名称，这里输入文本“实例1”，如图10-92所示，单击“继续”按钮。

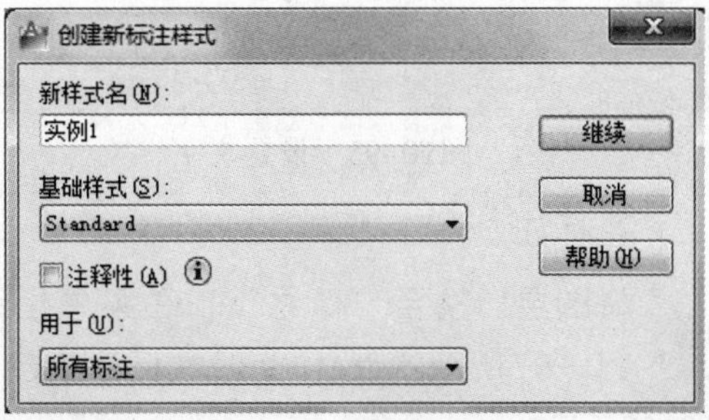

图10-92　新建标注样式

03 弹出“新建标注样式：实例1”对话框，切换至“线”选项卡，在“尺寸线”选项组的“颜色”下拉列表中选择“蓝”选项，在“尺寸界线”选项组的“颜色”下拉列表中选择“蓝”选项，在

“超出尺寸线”数值框中输入1，在“起点偏移量”数值框中输入1，如图10-93所示。

04 切换至“符号和箭头”选项卡，在“箭头”选项组的“第一个”下拉列表中选择“实心闭合”选项，在“箭头大小”数值框中输入2，如图10-94所示。

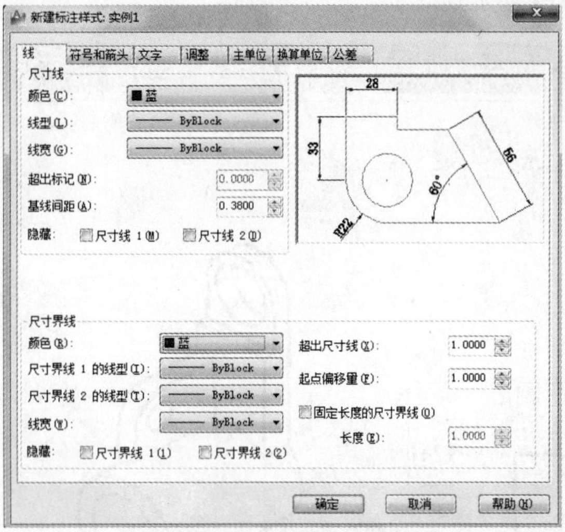

图10-93 设置尺寸线

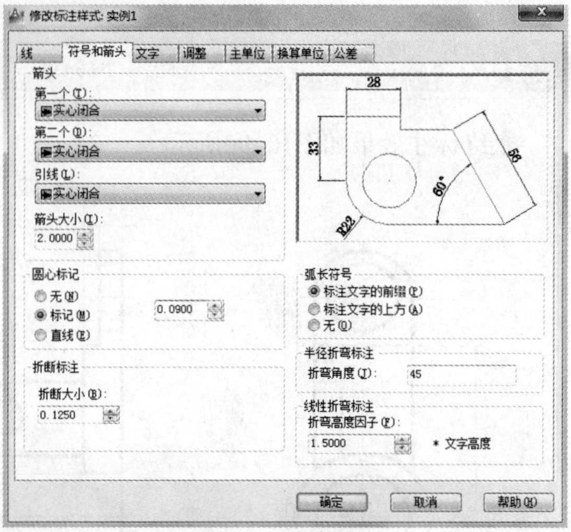

图10-94 设置箭头

05 切换至“文字”选项卡，在“文字外观”选项组的“文字颜色”下拉列表中选择“蓝”选项，在“文字高度”数值框中输入3，在“文字位置”选项组的“从尺寸线偏移”数值框中输入1，如图10-95所示。

06 切换至“主单位”选项卡，在“线性标注”选项组的“精度”下拉列表中选择0选项，然后单击“确定”按钮完成设置，如图10-96所示。

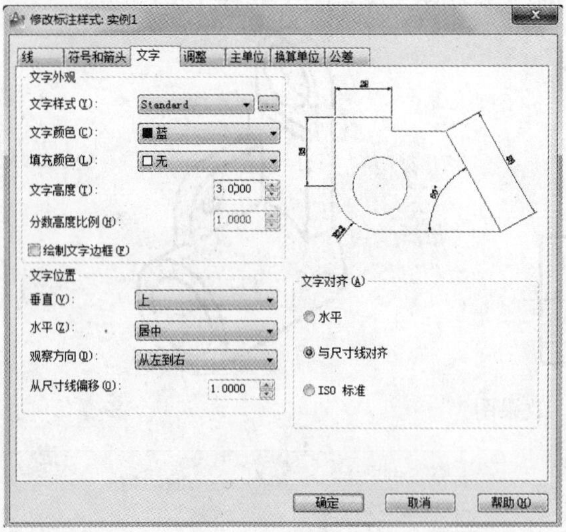

图10-95 设置文字

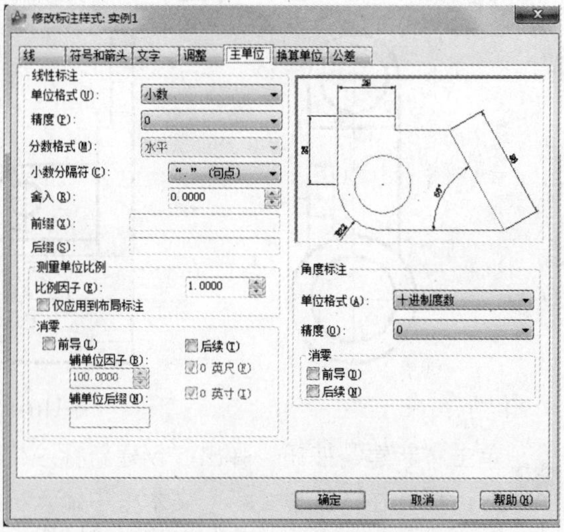

图10-96 设置文字精度

2. 标注

01 将图层切换至“标注”，在菜单栏选择“标注”→“线性标注”命令，然后选择如图10-97所示的点A作为线性标注的起点，选择点B作为线性标注的终点。标注的效果如图10-98所示。

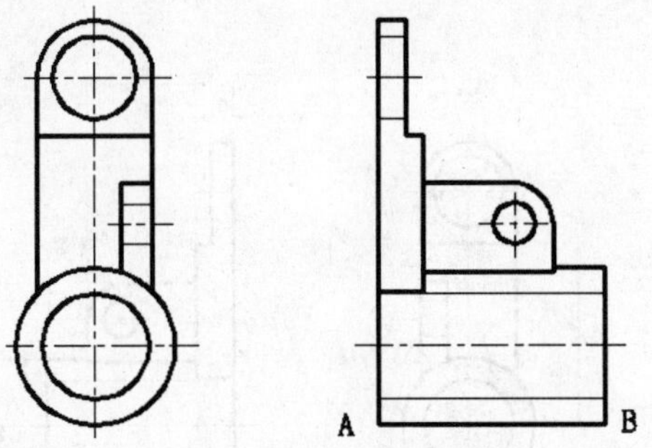

图10-97　选择标注点

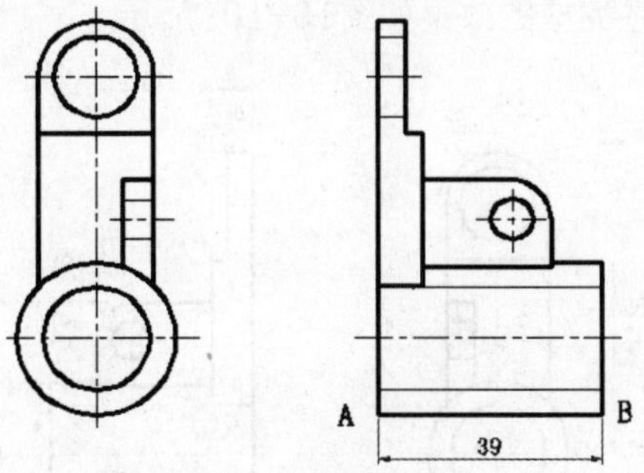

图10-98　标注效果

02 用同样的方法对其他线性尺寸进行标注，效果如图10-99所示。

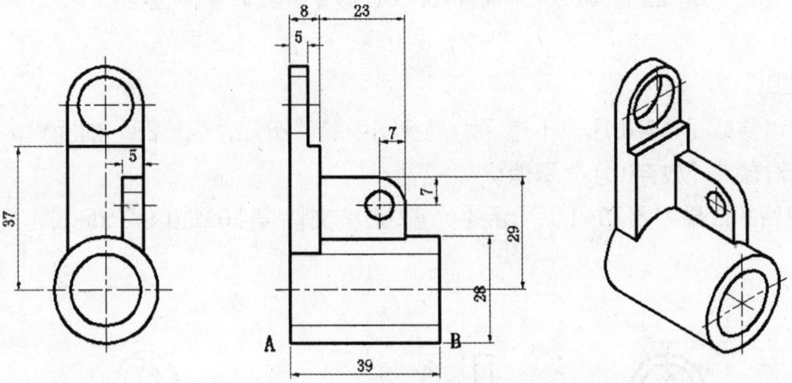

图10-99　线性标注效果

03 下面进行半径标注。在命令行中执行DIMRADIUS命令，具体操作过程如下：

命令：DIMRADIUS　（执行DIMRADIUS命令）
选择圆弧或圆：　(选择如图10-99所示第二个视图中的圆弧）
标注文字 =8　（系统提示将标注的尺寸）
指定尺寸线位置或 [多行文字(M)/文字(T)/角度(A)]:　（移动鼠标使尺寸线处于合适位置，这里移动到上方，单击鼠标完成标注）

同样方法对第一个视图中的圆弧进行标注，标注文字=10，标注完成的效果如图10-100所示。

04 下面进行直径标注。在命令行中执行DIMDIAMETER命令，具体操作过程如下：

命令：DIMDIAMETER　（执行DIMDIAMETER命令）
选择圆弧或圆：　（选择如图10-100中第一个视图中的下方内侧的圆）
标注文字＝19　（显示标注效果）
指定尺寸线位置或 [多行文字(M)/文字(T)/角度(A)]:　（指定尺寸线位置并单击完成标注）

05 用同样的方法对前两个视图中的其余圆进行标注，尺寸分别为15和7。

06 标注完成的效果如图10-101所示。

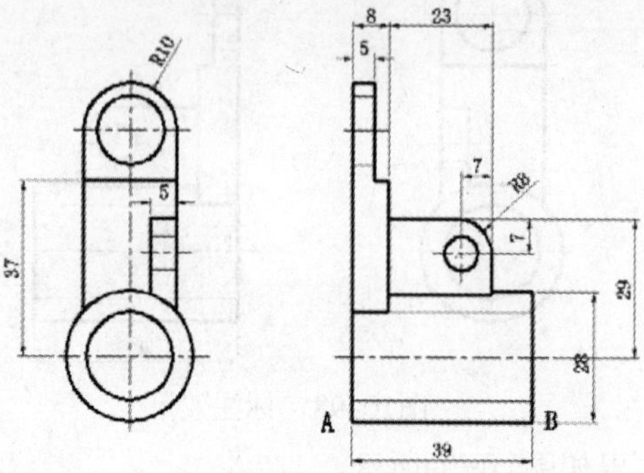

图10-100　半径标注

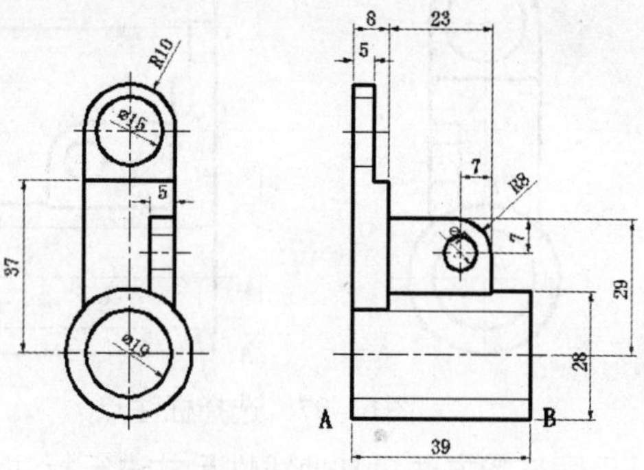

图10-101　直径标注

07 下面进行标注的编辑。在命令行中执行DDEDIT命令。具体操作过程如下：

```
命令: DDEDIT
选择注释对象或 [放弃(U)]:  （选择右侧视图中的“28”，在“28”前面输入“%%c”）
选择注释对象或 [放弃(U)]: *取消*
```

08 编辑完成后的效果如图10-102所示（光盘:\最终文件\第10章\实例1.dwg）。

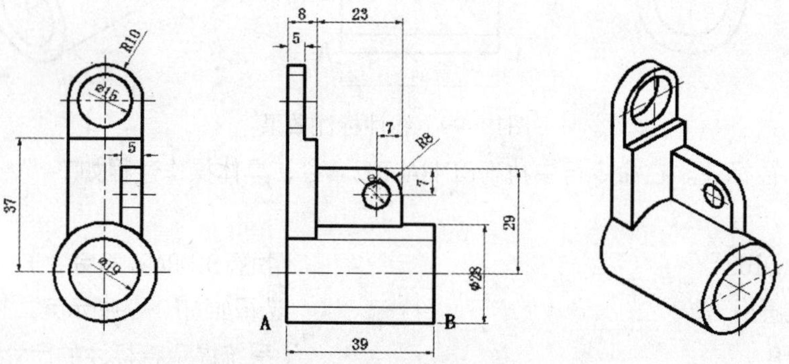

图10-102　最终效果

10.6.2　实例2：综合标注2

最终标注效果如图10-103所示。

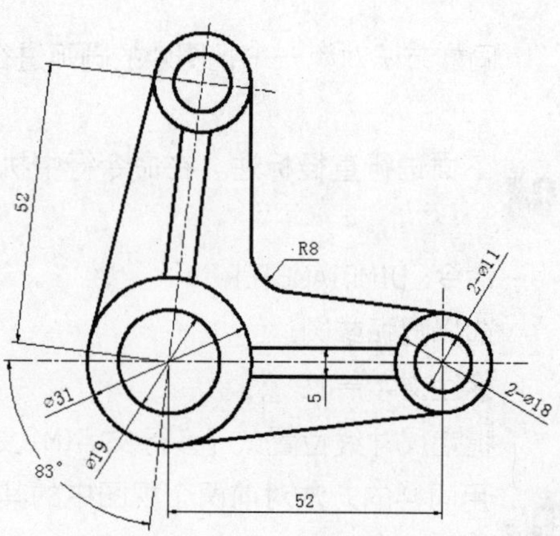

图10-103　标注效果

01 启动AutoCAD 2012，打开“实例2.dwg”文件（光盘:\原始文件\第10章\实例2.dwg），如图10-104所示。在菜单栏中选择“格式”→“标注样式”命令，弹出“标注样式管理器”对话框。

02 单击“新建”按钮，弹出“创建新标注样式”对话框，在“新样式名”文本框中输入标注样式的名称，这里输入文本“实例2”，如图10-105所示，单击“继续”按钮。

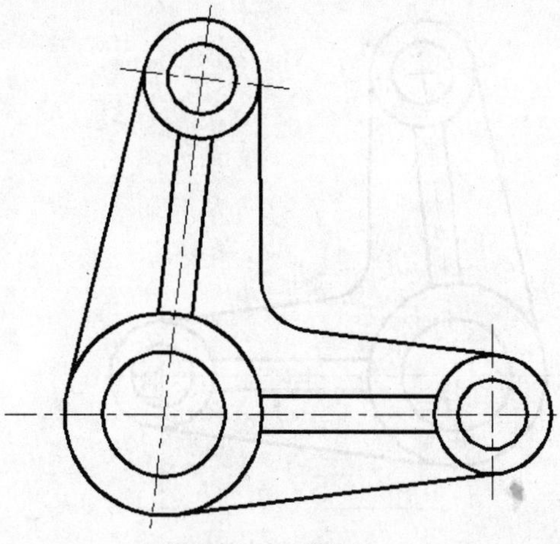

图10-104　原图

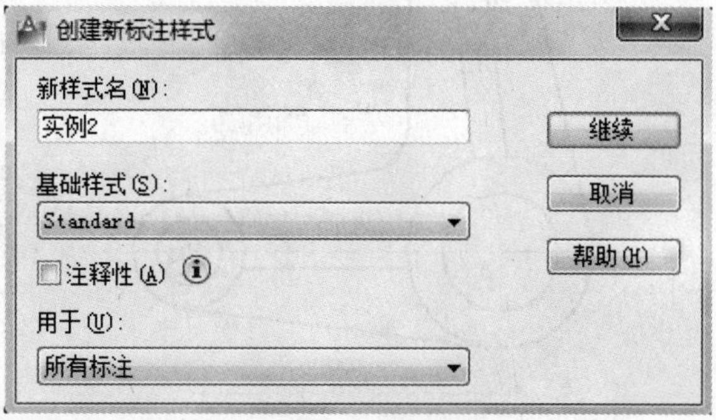

图10-105　新建标注样式

03 弹出“新建标注样式：实例2”对话框，切换至“线”选项卡，在“尺寸线”选项组的“颜色”下拉列表中选择“红”选项，在“尺寸界线”选项组的“颜色”下拉列表中选择“红”选项，在“超出尺寸线”数值框中输入1，在“起点偏移量”数值框中输入1。切换至“符号和箭头”选项卡，在“箭头”选项组的“第一个”下拉列表中选择“实心闭合”选项，在“箭头大小”数值框中输入3。切换至“文字”选项卡，在“文字外观”选项组的“文字颜色”下拉列表中选择“红”选项，在“文字高度”数值框中输入5，在“文字位置”选项组的“从尺寸线偏移”数值框中输入1。切换至“主单位”选项卡，在“线性标注”选项组的“精度”下拉列表中选择0选项，然后单击“确定”按钮完成设置，如图10-106所示。

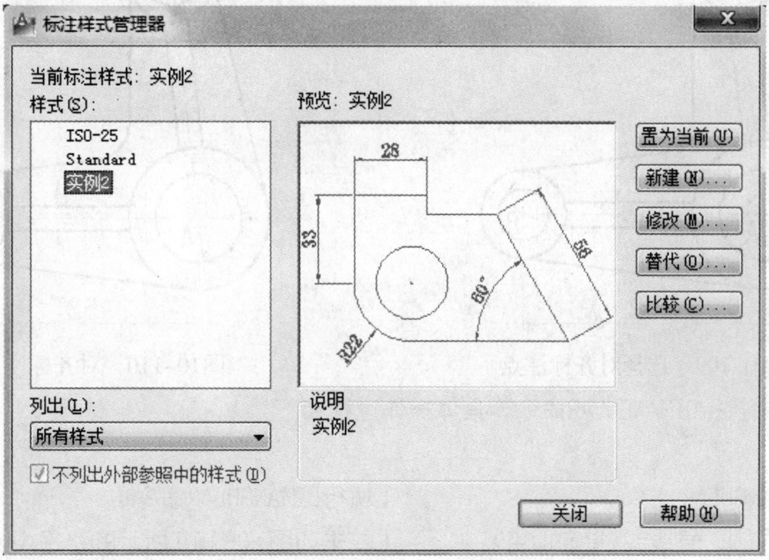

图10-106　标注样式

04 将图层切换至“标注”，选择菜单栏“标注”→“线性标注”命令，然后选择如图10-107所示的点A作为线性标注的起点，选择点B作为线性标注的终点，标注的效果如图10-107所示。

05 用同样的方法标注筋板的厚度，标注效果如图10-108所示。

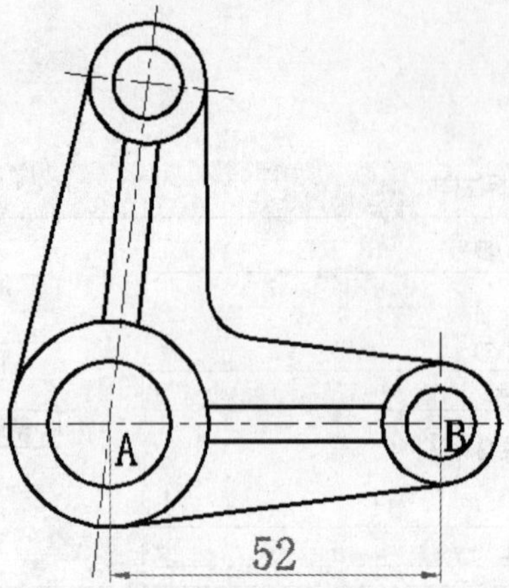

图10-107 线性标注

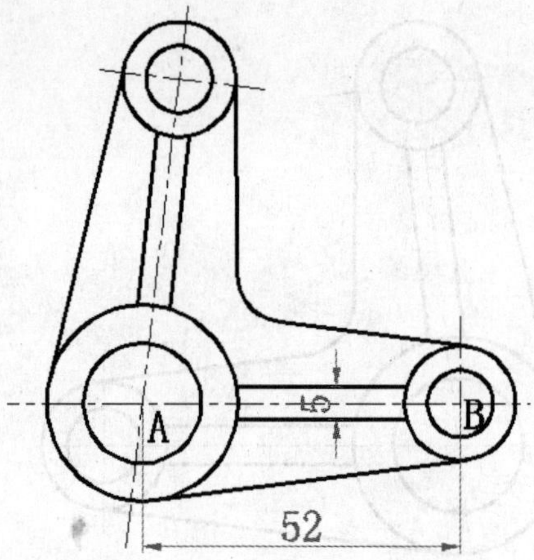

图10-108 继续线性标注

06 打开“对象捕捉”模式，选择菜单栏“标注”→“对齐”命令。具体操作过程如下：

指定第一条尺寸界线原点或<选择对象>： （选择如图10-109所示的A点）
指定第二条尺寸界线原点或<选择对象>： （选择如图10-109所示的C点）
指定尺寸线位置或［多行文字（M）/文字（T）/角度（A）］：（选择AC左侧适当位置，得到尺寸标注如图10-110所示）

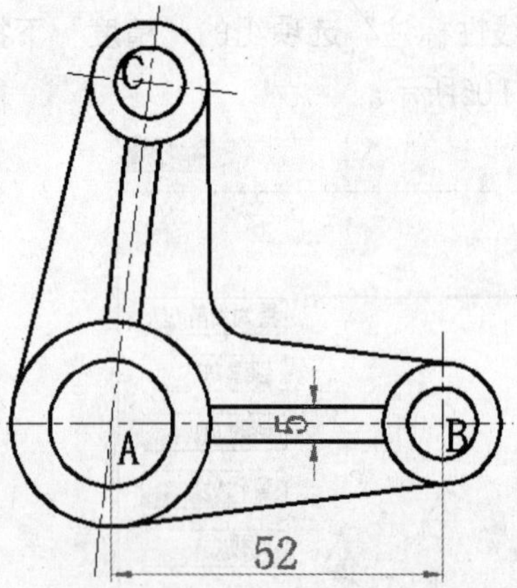

图10-109 选择对齐标注点

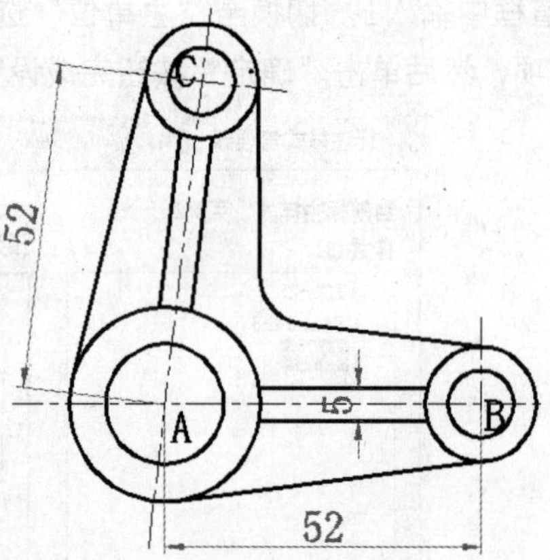

图10-110 对齐标注

07 在命令行中执行DIMANGULAR命令，具体操作过程如下：

命令：DIMANGULAR （执行DIMANGULAR命令）
选择圆弧、圆、直线或<指定顶点>： （单击如图10-111所示的水平中心线D）
选择第二条直线： （单击如图10-111所示的近似竖直的中心线E）
指定标注弧线位置或［多行文字（M）/文字（T）/角度（A）］：
（确定尺寸线位置，这里在右方单击）
标注文字=83°。 （系统提示）

08 角度标注完成后，效果如图10-112所示。

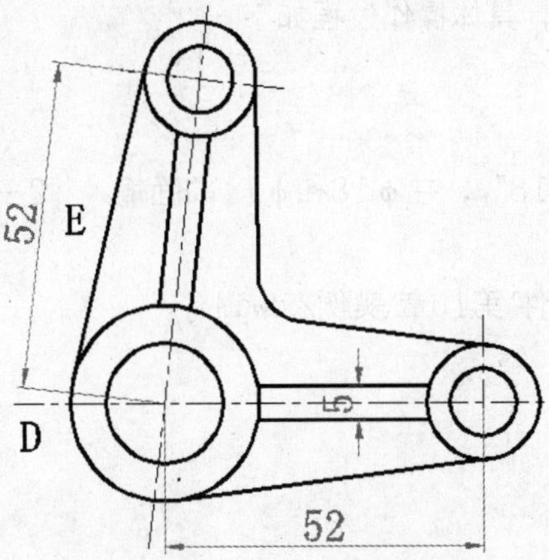

图10-111　选择夹角边

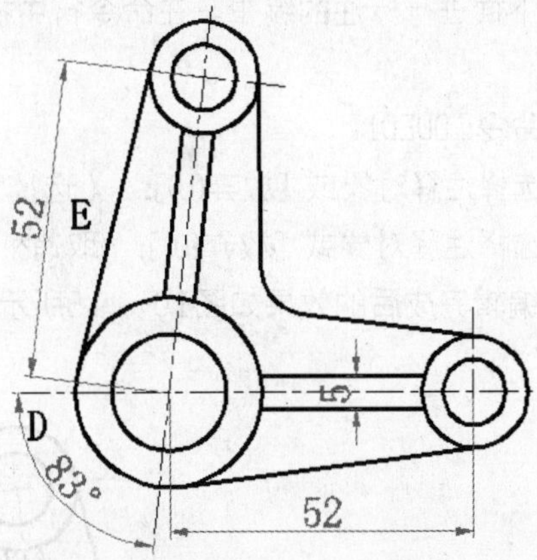

图10-112　角度标注效果

09 下面进行半径标注。在命令行中执行DIMRADIUS命令，具体操作过程如下：

命令：DIMRADIUS　（执行DIMRADIUS命令）
选择圆弧或圆：　（选择如图10-113所示右上方的圆弧）
标注文字 =8　（系统提示将标注的尺寸）
指定尺寸线位置或［多行文字(M)/文字(T)/角度(A)]：　（移动鼠标使尺寸线处于合适位置，这里移动到上方，单击鼠标完成标注）

标注完成的效果如图10-113所示。

10 下面进行直径标注。在命令行中执行DIMDIAMETER命令，具体操作过程如下：

命令：DIMDIAMETER　（执行DIMDIAMETER命令）
选择圆弧或圆：　（选择如图10-114所示的左下方的大圆）
标注文字＝31　（显示标注效果）
指定尺寸线位置或［多行文字(M)/文字(T)/角度(A)]：　（指定尺寸线位置并单击完成标注）

用同样的方法对前两个视图中的其余圆进行标注，尺寸分别为19、11和18。标注完成的效果如图10-114所示。

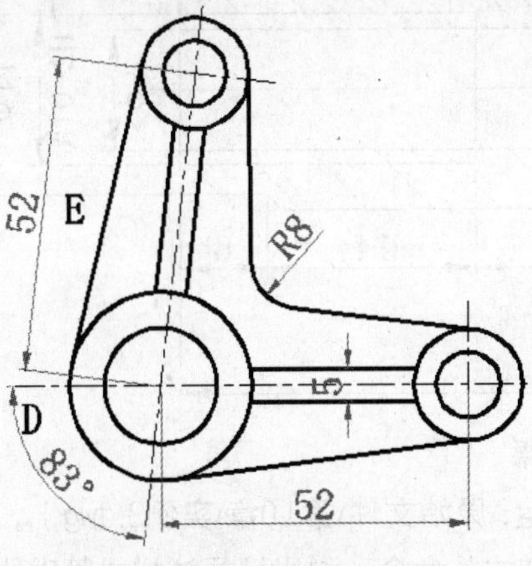

图10-113　标注半径

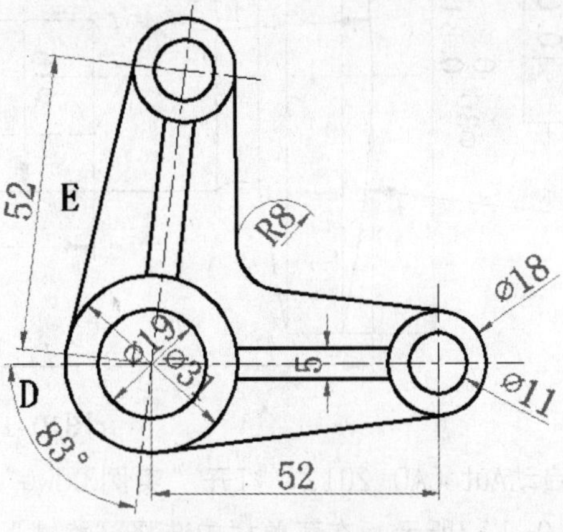

图10-114　标注直径

11 下面进行标注的编辑。在命令行中执行DDEDIT命令，具体操作过程如下：

命令: DDEDIT
选择注释对象或 [放弃(U)]: （选择右侧视图中的“18”，在ϕ18和ϕ11前面输入“2—”）
选择注释对象或 [放弃(U)]: *取消*

12 编辑完成后的效果如图10-115所示（光盘:\最终文件\第10章\实例2.dwg）。

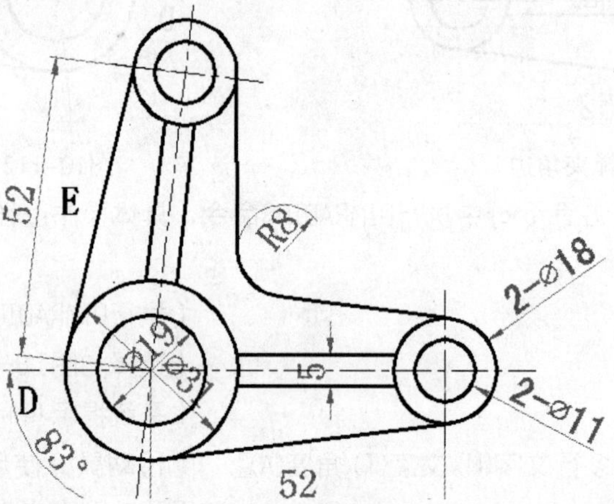

图10-115　最终效果

10.6.3　实例3：综合标注3

最终标注效果如图10-116所示。

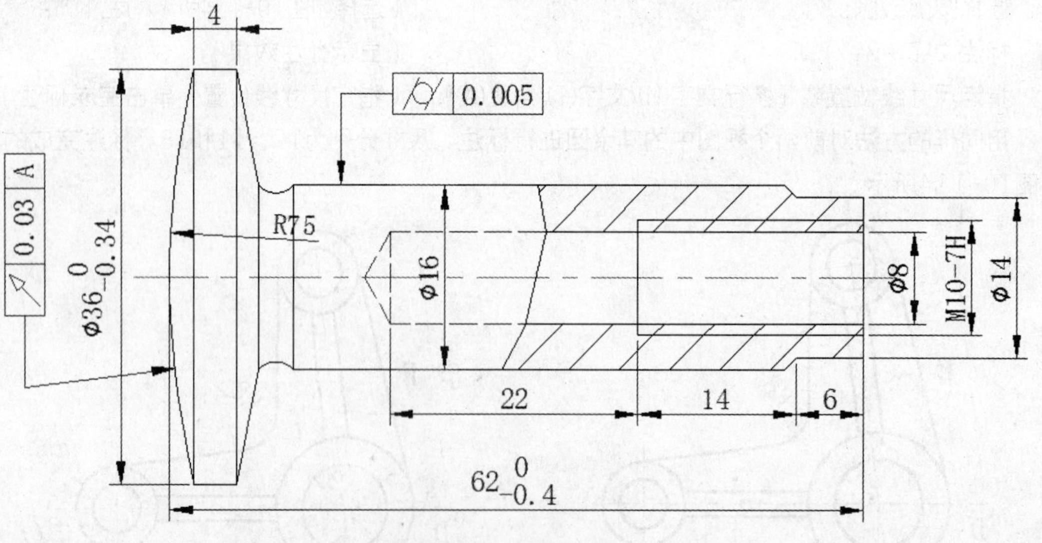

图10-116　标注效果

01 启动AutoCAD 2012，打开“实例3.dwg”文件（光盘:\原始文件\第10章\实例3.dwg），如图10-117所示。在菜单栏中选择“格式”→“标注样式”命令，弹出“标注样式管理器”对话框。

02 单击“新建”按钮，弹出“创建新标注样式”对话框，在“新样式名”文本框中输入标注样式的名称，这里输入文本“实例3”，如图10-118所示，单击“继续”按钮。

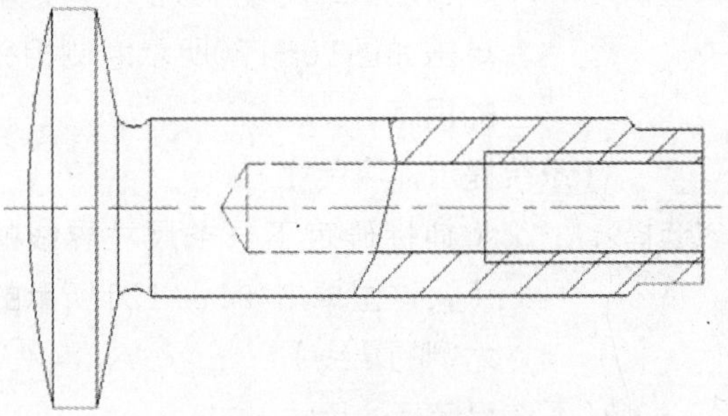

图10-117　打开效果

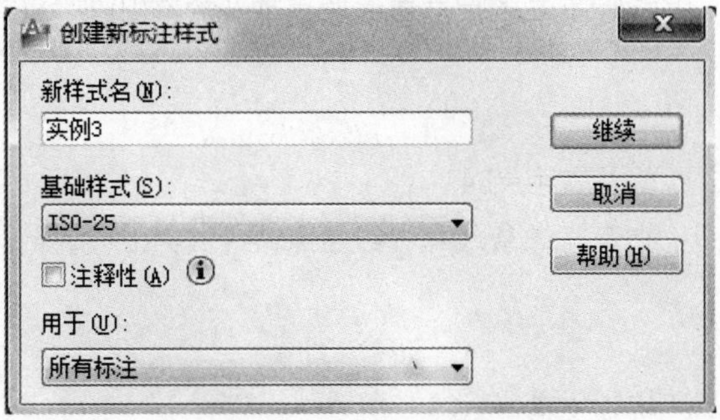

图10-118　新建标注样式

03 弹出“新建标注样式：实例3”对话框，切换至“线”选项卡，在“尺寸线”选项组的“颜色”下拉列表中选择“蓝”选项，在“尺寸界线”选项组的“颜色”下拉列表中选择“蓝”选项，在“超出尺寸线”数值框中输入1，在“起点偏移量”数值框中输入1。切换至“符号和箭头”选项卡，在“箭头”选项组的“第一个”下拉列表中选择“实心闭合”选项，在“箭头大小”数值框中输入2.5。切换至“文字”选项卡，在“文字外观”选项组的“文字颜色”下拉列表中选择“蓝”选项，在“文字高度”数值框中输入2.25，在“文字位置”选项组的“从尺寸线偏移”数值框中输入1。切换至“主单位”选项卡，在“线性标注”选项组的“精度”下拉列表中选择0.00选项，然后单击“确定”按钮完成设置，如图10-119所示。

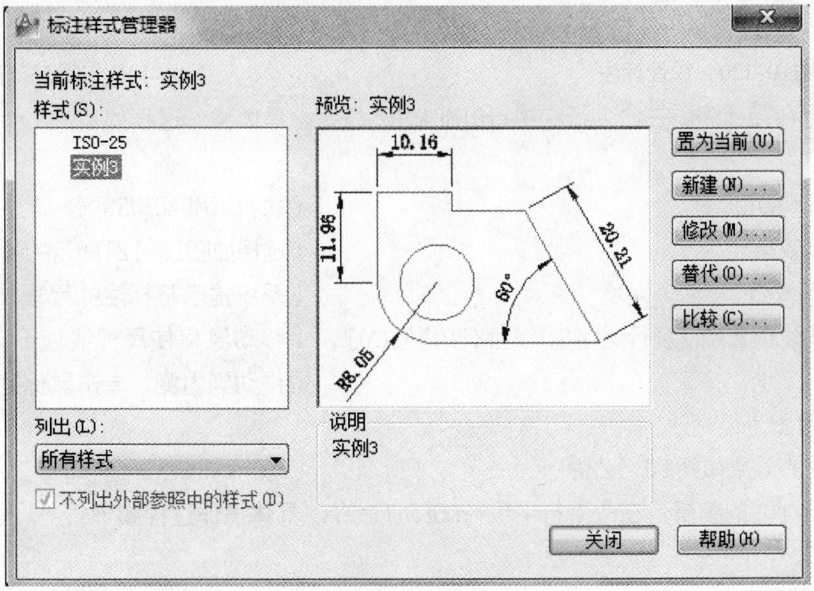

图10-119　标注样式

04 将图层切换至“标注”，在菜单栏选择“标注”→“线性标注”命令，然后对图形中的线性尺寸进行标注，效果如图10-120所示。

05 下面进行连续标注。在命令行中执行DIMCONT命令，具体操作过程如下：

命令:DIMCONT （执行DIMCONT命令）
选择连续标注: （选择最下面的“22”的标注作为连续标注的尺寸标注，如图10-120所示）
指定第二条尺寸界线原点或 [放弃(U)/选择(S)] <选择>: （指定第二尺寸界线的点，这里单击如图10-120所示右侧相邻的拐点）
标注文字=14 （系统提示标注尺寸）
指定第二条尺寸界线原点或 [放弃(U)/选择(S)] <选择>: （捕捉确定下一条尺寸界线的点，这里单击如10-121所示的右侧的端线）
标注文字 = 6 （系统提示标注尺寸）
（按Space键结束命令）
选择连续标注: （按Space键退出连续标注命令）
标注的效果如图10-121所示。

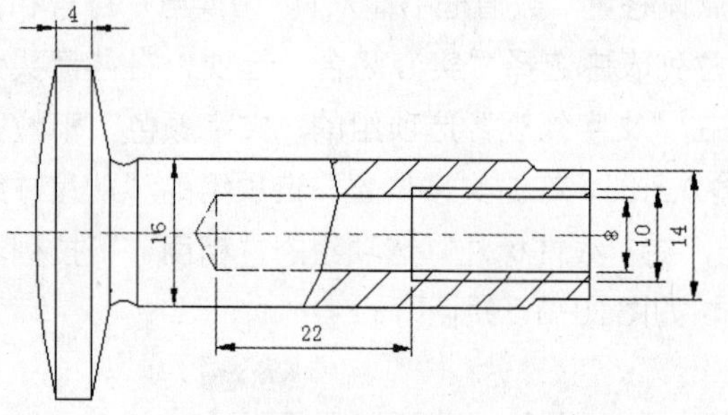

图10-120 线性标注

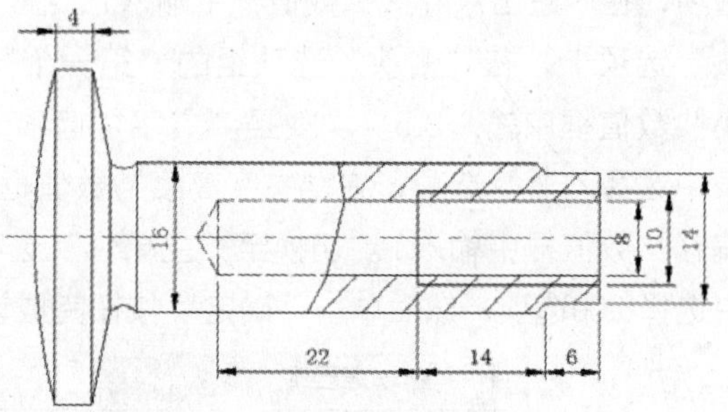

图10-121 连续标注

06 下面进行半径标注。在命令行中执行DIMRADIUS命令，具体操作过程如下：

命令: DIMRADIUS （执行DIMRADIUS命令）
选择圆弧或圆: （选择如图10-121所示的最左端大圆弧）
标注文字 =75 （系统提示将标注的尺寸）
指定尺寸线位置或 [多行文字(M)/文字(T)/角度(A)]: （移动鼠标使尺寸线处于合适位置，这里移动到内侧，单击鼠标完成标注）
单击Esc退出半径标注
标注完成的效果如图10-122所示。

07 下面进行标注的编辑。在命令行中执行DDEDIT命令。具体操作过程如下：

命令: DDEDIT
选择注释对象或 [放弃(U)]: （选择最右侧的标注“14”，在“14”前面加上“%%c”）
选择注释对象或 [放弃(U)]: *取消*
用同样的方法将标注中的“8”改为“%%c8”，将“10”改为“M10-7H”，将“16”改为“%%c16”，修改后的效果如图10-123所示。

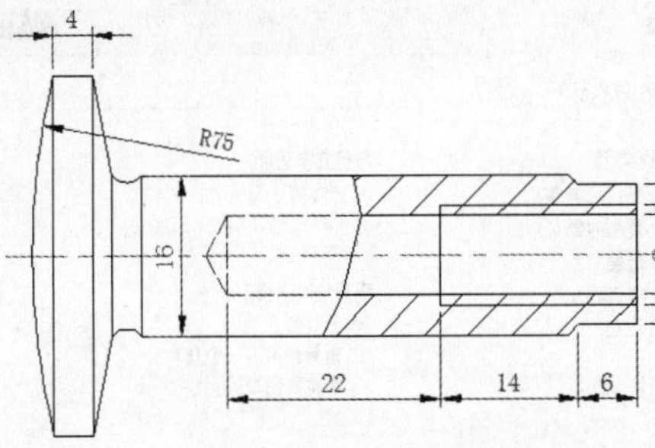

图10-122　半径标注

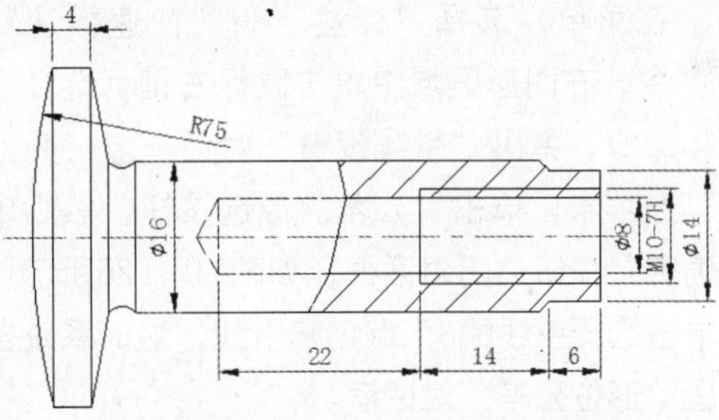

图10-123　编辑标注文字

08 继续进行线性标注。共标注两个尺寸，分别为工件的长和宽，尺寸分别为62和36。标注的效果如图10-124所示。

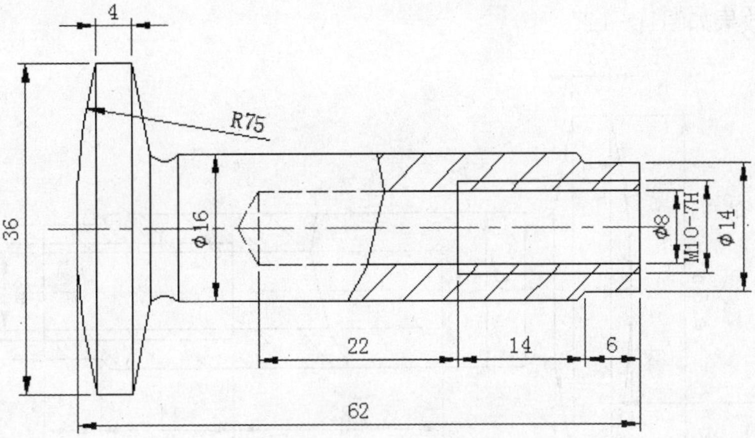

图10-124　线性标注

09 首先对“62”进行编辑。双击该尺寸后，系统进入修改状态，这时在先将文本框中的62删掉，输入“620^-0.4”。再选中“0^-0.4”，如620 -0.4效果，然后单击文本工具栏中的$\frac{b}{a}$符号，使它们叠加，完成的编辑效果为$62^{0}_{-0.4}$，这样就完成了对尺寸“62”的编辑。同样的方法对尺寸“34”进行编辑，在“34”对应的文本框中输入“%%c340^-0.34”，完成的效果为$\phi 36^{0}_{-0.34}$。最终效果如图10-125所示。

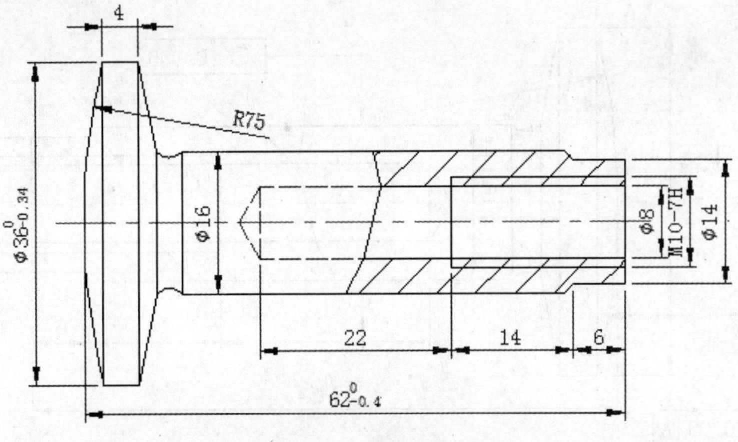

图10-125　编辑标注

10 在菜单栏选择“标注”→“快速标注”命令，在图形区域中单击鼠标右键，选择“确定”命令，弹出“引线设置”对话框。打开“注释”选项卡，单击“公差”单选按钮，然后单击“确定”按钮关闭对话框，如图10-126所示。依次单击选择引线的3个点创建引线，这时系统自动弹出“形位公差”对话框。

11 单击“符号”选项栏中间黑框，在“符号”对话框中选择第三行第三列的符号。在“公差1”中输入0.03，在“基准1”中输入“A”。按Enter键，标注效果如图10-127。

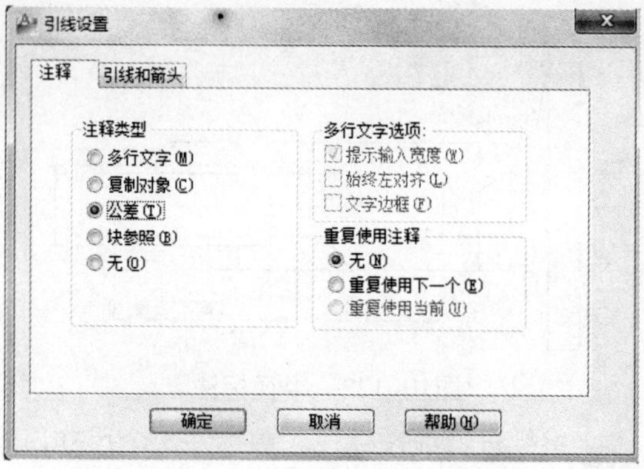

图10-126 “引线设置”对话框

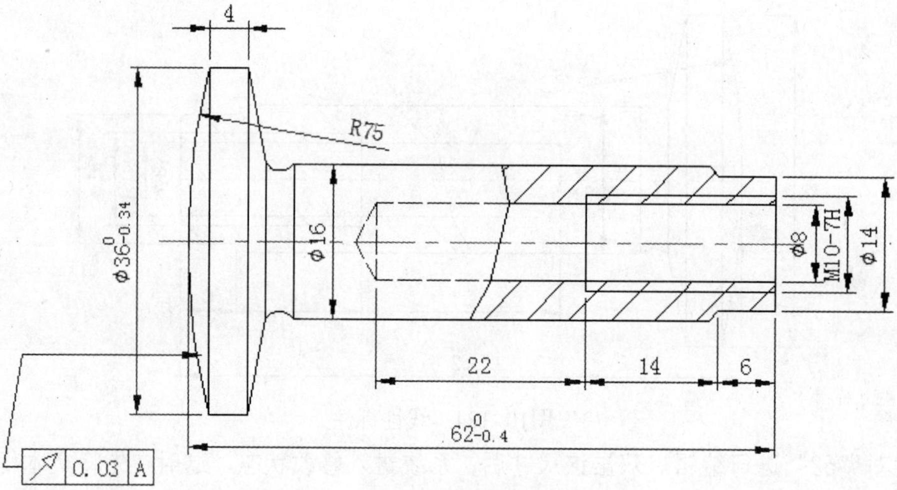

图10-127 形位公差标注

12 用同样的方法标注出上方的形位公差，至此图形标注完毕，效果如图10-128所示（光盘:\最终文件\第10章\实例3.dwg）。

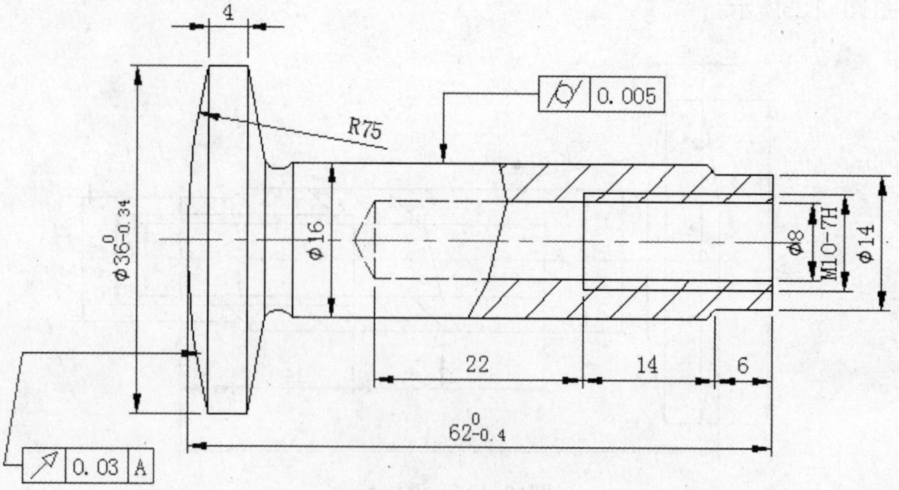

图10-128 最终效果

10.7 本章小结

本章继续对图形的标注进行了讲解，包括圆弧类图形的标注、特殊标注、公差标注及标注的编辑等。至此，图形的标注已经介绍完毕。通过这两章的学习，读者应该能熟练掌握各类工程图的标注。下面总结一下本章所学习的主要内容：

（1）学习了对齐标注。

（2）介绍了直径标注和半径标注。

（3）学习了特殊尺寸的标注方法。

（4）学习了公差标注。

（5）讲解了尺寸标注的编辑。

10.8 课后练习

下面给出几个图形（见图10–129）。通过对这几个图形的标注，复习一下图形尺寸标注的诸多内容，同时读者也可以对图形的其他命令进行练习。

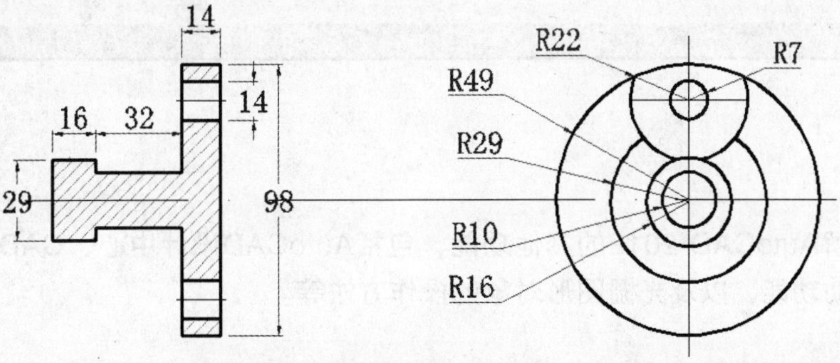

（a）练习1

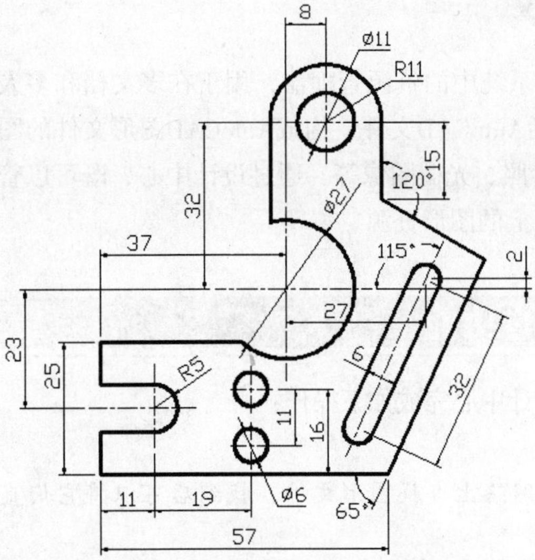

（b）练习2

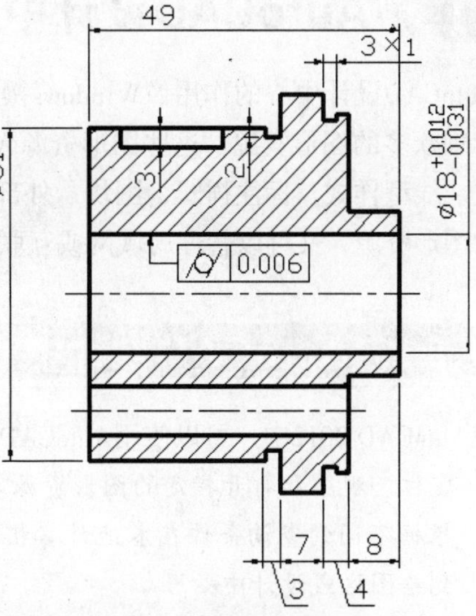

（c）练习3

图10–129 练习

第11章 AutoCAD 2012的其他功能

学习导航

本章将对之前没介绍到的AutoCAD的一些功能进行讲解，包括CAD设计中心、CAD标准、查询功能、辅助功能、光栅图像等功能。

学习目标

通过本章的学习，希望读者能够了解CAD设计中心、CAD标准，同时学会CAD查询、光栅图像等功能的操作。

学习重点与难点

- □ AutoCAD设计中心和CAD标准
- □ CAD的辅助功能
- □ CAD的查询功能
- □ CAD的其他功能

本章将讲解AutoCAD 2012的其他功能，包括AutoCAD设计中心、CAD标准、查询功能、辅助功能，以及光栅图形对象的操作方法等。

11.1 AutoCAD设计中心

AutoCAD设计中心的作用像Windows操作系统中的资源管理器，用于在多文档和多人协同环境下管理众多的图形资源。这些图形资源包括AutoCAD文件、构成AutoCAD图形文件的图层、文件样式、线型样式、标注样式、图块、外部参照、光栅图像等。通过设计中心，既可以管理本地机上的图形资源，又可以管理局域网或互联网上的图形资源。

11.1.1 AutoCAD设计中心的功能

在AutoCAD 2012中，可以使用AutoCAD设计中心完成如下操作：

- 定位、观察和打开指定的图形资源。
- 根据不同的查询条件在本地计算机和网络上查找图形文件，找到后可以将它们直接加载到绘图区或设计中心。
- 浏览不同的图形文件，包括当前打开的图形和Web站点上的图形库。
- 能够将图块、外部参照等内容插入到当前文件中，也能够将其他文件的图层、文本样式、尺寸样式等迅速复制到当前文件中。

- 通过控制显示方式来控制设计中心选项板的显示效果，还可以在选项板中显示与图形文件相关的扫描信息和预览图像。

11.1.2 启动AutoCAD设计中心

打开设计中心的方法如下：

- 选择菜单命令“工具”→“选项板”→“设计中心”。
- 单击“标准”工具栏“设计中心”按钮

效果如图11-1所示。

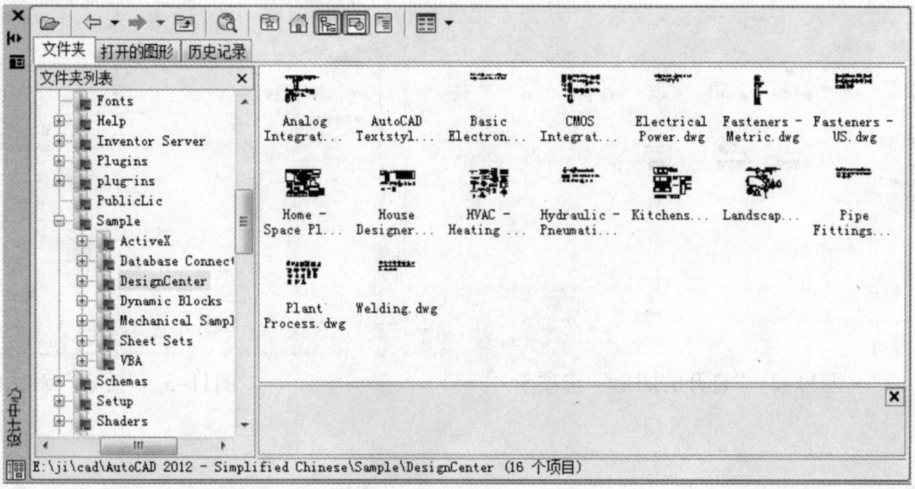

图11-1 “设计中心”选项板

默认状况下，启动AutoCAD设计中心后，“设计中心”选项板处于浮动状态。可以通过拖动“设计中心”选项板的边框来调整窗口的大小，也可以通过调整“设计中心”选项板中各区域之间的分割线来改变各显示区域大小。

在“设计中心”选项板中，用户可以使用选项卡和工具栏来选择和观察设计中心的图形。

1. 选项卡

- 文件夹：显示设计中心的资源。
- 打开的图形：用于显示在当前AutoCAD环境中打开的所有图形，其中包括最小化的图形。此时单击某个文件图标，就可以看到该图形相关的设置，如图层、线型、文字样式、块及尺寸样式等，如图11-2所示。
- 历史记录：用于显示用户最近访问过的文件，包括这些文件的完整路径。

2. 工具栏

- “加载”按钮：单击该按钮，可打开“加载”对话框。用户利用该对话框可以从Windows的桌面、收藏夹或通过Internet加载图形文件。
- “收藏夹”按钮：单击该按钮，可以在文件夹列表中显示Favorites/Autodesk文件夹（在此称为收藏夹）中的内容，同时在树状视图中显示该文件夹。

- “主页”按钮：单击该按钮，可以快速定位到DesignCenter文件夹中。该文件夹位于AutoCAD 2012\Sample目录下。
- “树状图切换”按钮：单击该按钮，可以显示或隐藏树状视图。
- “预览”视图：单击该按钮，可以打开或关闭预览窗口，以确定是否显示预览图像。
- “说明”按钮：打开或关闭说明栏，可以确定是否显示文字说明。打开说明栏后，单击选项板中的图形文件，如果该图形文件包含有文字描述信息，则在说明栏显示出图形文件的文字描述信息。如果图形文件没有文字描述信息，则说明栏为空。
- “视图”按钮：用于确定选项板所显示内容的显示格式。
- “搜索”按钮：用于快速查找对象。单击该按钮，将打开“搜索”对话框，效果如图11-3所示。

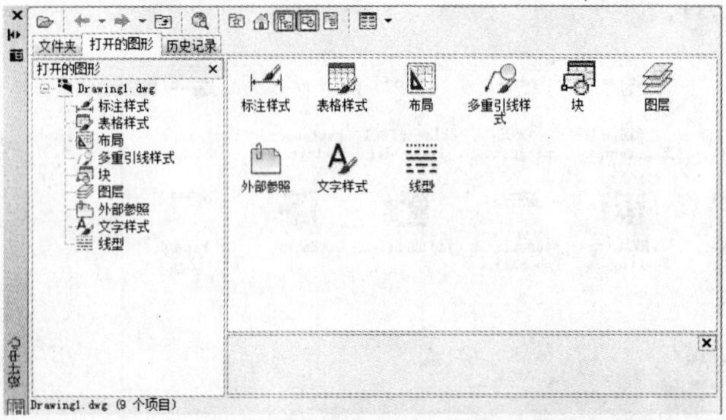

图11-2 “打开的图形”选项卡

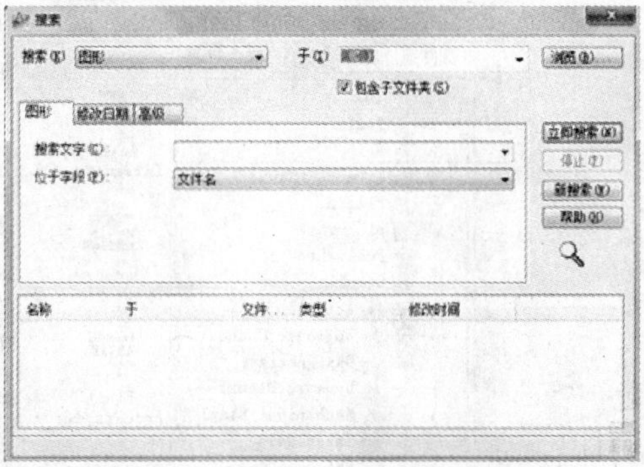

图11-3 “搜索”对话框

11.2 CAD标准

在实际工程中，每一个企业或者每一个项目，通常都有一套自己的CAD制图标准（CAD Standard）。这些标准为所有AutoCAD文档规定了统一的图层结构、线型、文本样式、尺寸样式，使得不同工作人员绘制的图形都具有统一的格式，有利于图纸的阅读、交流和共享。为了方便制定绘图标准，并且使所有图纸都符合标准。AutoCAD 2012提供了CAD标准的配置、检查和转换功能。

11.2.1 CAD标准的概念

AutoCAD 2012对图层结构、线型、文本样式、尺寸样式等标准规定，都保存在后缀名为“*.dws”的标准文件中。在绘图过程中，将图形文件与指定的DWS标准文件关联，可以检查当前图形的图层结构、线型、文本样式、尺寸样式等是否符合DWS文件中规定的标准。如果不符合DWS文件规定的标准，可以通过标准转换使图形文件中的非标准样式转换为标准样式。

CAD标准其实就是为命名对象（如图层及文本样式）定义了一个公共特性集。所有用户在绘制图形时，都应严格按照这个约定来创建、修改、应用CAD图形。可以依据图形中使用的命名对象来创建CAD标准，比如图层、文本样式、线型和标注样式等。

在定义了一个标准之后，可以样板文件的形式存储这个标准，并可以将一个标准文件与多个图形文件相关联，从而检查CAD图形文件是否与标准文件一致。

11.2.2　创建CAD标准文件

如果要创建CAD标准，先创建一个定义有图层、标注样式、线型和文本样式的文件，然后以样板的形式存储起来。CAD标准文件的扩展名为“.dws”。创建了一个具有上述条件的图形文件后，如果要以该文件作为标准文件，可选择菜单命令“文件”→“另存为”，打开“图形另存为”对话框。在“文件类型”下拉列表中选择“AutoCAD图形标准（*.dws）”，然后单击“保存”按钮，这时就会生成一个和当前图形文件同名、扩展名为.dws的标准文件。

11.2.3　关联标准文件

在使用CAD标准文件检查图形文件前，应该将该图形文件与标准文件关联起来。此时，把要被检查的图形文件作为当前图形，然后选择“工具”→“CAD标准”→“配置”命令，打开“配置标准”对话框，如图11-4所示。

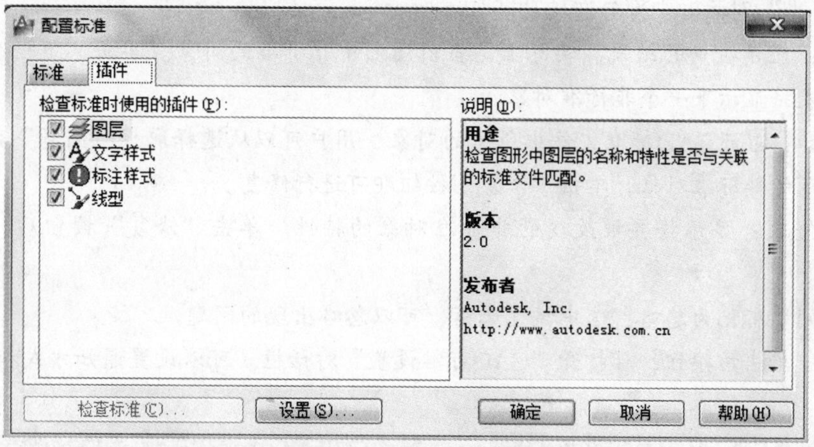

图11-4　“配置标准”对话框

在“配置标准”对话框中包含“标准”和“插件”两个选项卡。如果当前还没有建立相互关联，那么“标准”选项卡的“与当前图形关联的标准文件”列表将是空白的。要选择和当前图形建立关联的标准文件，可单击按钮，打开“选择标准文件”对话框，然后选择一个CAD标准文件，单击“打开”按钮即可将其添加到“配置标准”对话框中。重复该操作，用户还可以加载更多的CAD标准文件。

11.2.4　使用CAD标准检查图形

在“配置标准”对话框中，可以单击“检查标准”按钮，或选择菜单栏中“工具”→“CAD标准”→“检查”命令，使用CAD标准检查图形，此时系统将打开“检查标准”对话框，如图11-5所示。如果当前图形没有相应的标准文件，那么系统将弹出如图11-6所示的提示信息，这时单击

“确定”后系统弹出“配置标准”对话框，需要添加标准文件。

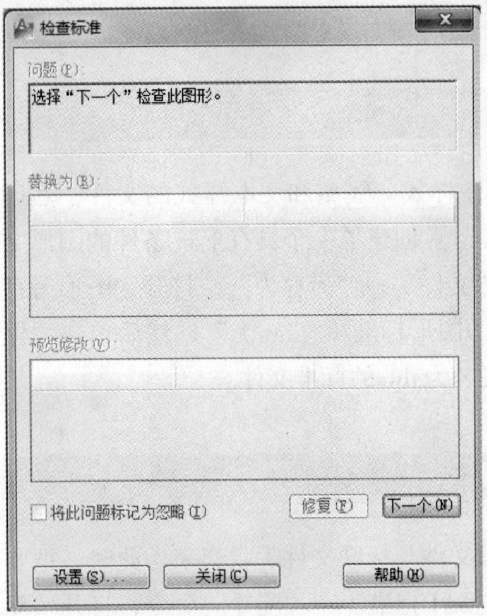

图11-5 “检查标准”对话框

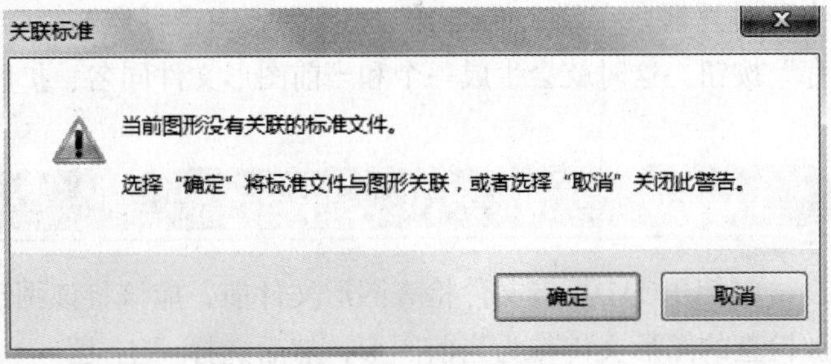

图11-6 提示信息

“检查标准”对话框中部分选项功能如下所示。

- 问题：显示检查的结果，实际上是当前图形中非标准的对象。单击“下一个”按钮后，该列表将显示下一个非标准对象。
- 替换为：显示CAD标准文件中所有的对象，用户可以从选择取代“问题”列表中出现的有问题的非标准对象，单击“修复”按钮即可进行修复。
- 预览修改：显示将要被改变的非标准对象的特性。单击“修复”按钮后，该列表将会变化。
- 将此问题标记为忽略：选中该复选框，可以忽略出现的问题。
- 设置：单击该按钮，可打开“CAD标准设置”对话框。可以设置通知方式和检查标准。

11.2.5 转换图层

在AutoCAD 2012 中，使用“图形转换器”可以转换图层，实现图形的标准化和规范化。“图层转换器”对话框能够转换当前图形中的图层，使之与其他图形的图层结构或CAD标准文件相匹配。例如，如果打开一个与本单位图层结构不一致的图形时，可以使用“图层转换器”转换图层名称和熟悉，以符合本单位的图形标准。

选择菜单命令“工具”→“CAD标准”→“图层转换器”，打开“图层转换器”对话框，如图11-7所示，其中部分选项功能如下所示。

- 转换自：显示当前图形中即将被转换的图层结构，可以在列表框中选择，也可以通过“选择过滤器”来选择。
- 转换为：显示可以将当前图形的图层转换成的图层名称。单击“加载”按钮，打开“选择图形文件”对话框，可以从中选择作为图层标准的图形文件，并将该图层结构显示在

"转换为"列表框中。单击"新建"按钮，打开"新图层"对话框，可以从中创建新的图层作为转换匹配图层，新建的图层也会显示在"转换为"列表框中。

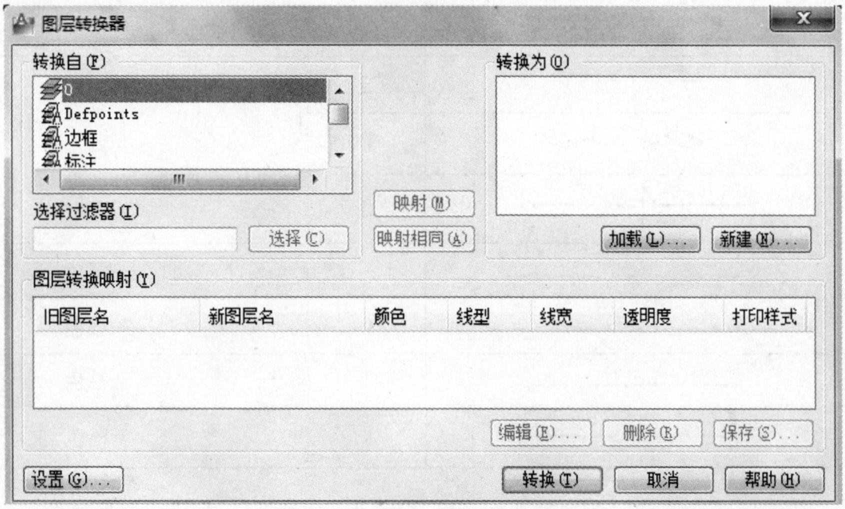

图11-7 "图层转换器"对话框

- 映射：可以将在"转换自"列表框中选中的图层映射到"转换为"列表框中，并且当图层被映射后，将从"转换自"列表框中删除。
- 映射相同：将"转换自"列表框中和"转换为"列表框中名称相同的图层进行转换映射。
- 图层转换映射：显示已经映射的图层名称和相关的特性值。当选中一个图层后，单击"编辑"按钮，将打开"编辑图层"对话框，可以从中修改转换后的图层特性。单击"删除"按钮，可以取消该图层的转换映射，该图层将重新显示在"转换自"列表框中。单击"保存"按钮，将打开"保存图层映射"对话框，可以将图层转换关系保存到一个标准配置文件"*.dws"中。

11.2.6 CAD标准（GB/T17450—1998）

1. 图形组别

为了便于机械工程的CAD制图需要，一般将技术制图GB/T17450—1998中规定的8种线型分为5组，如表11-1所示，一般优先采用第4组。

表11-1 技术制图图线组别

组别	1	2	3	4	5	一般用途
线宽（mm）	2.0	1.4	1.0	0.7	0.5	粗实线、粗点划线
	1.0	0.7	0.5	0.35	0.25	细实线、波浪线、双折线、虚线、细点划线、双点划线

2. 图线颜色

屏幕上显示图形，一般按照表11-2中提供的颜色显示，并要求相同类型的图线应采用同样的颜色。

表11-2 技术制图图线颜色

图线类型			用途
粗实线		A	绿色
细实线		B	白色
波浪线		C	
折断线		D	
虚线		F	黄色
细点划线		G	红色
粗点划线		I	棕色
双点划线		K	粉色

11.3 工具选项板

“工具选项板”选项板是AutoCAD 2004中增加的功能，经过改进，这个功能现在更加强大。

11.3.1 “工具选项板”选项板的组成

默认状况下，选择“工具”→“选项板”→“工具选项板”菜单命令，打开“工具选项板”选项板。它由“结构”、“土木工程”、“电力”、“机械”等8个选项卡组成，如图11-8所示。通过“工具选项板”选项板可以看出，AutoCAD 2012所涉及的应用领域已经非常广泛。

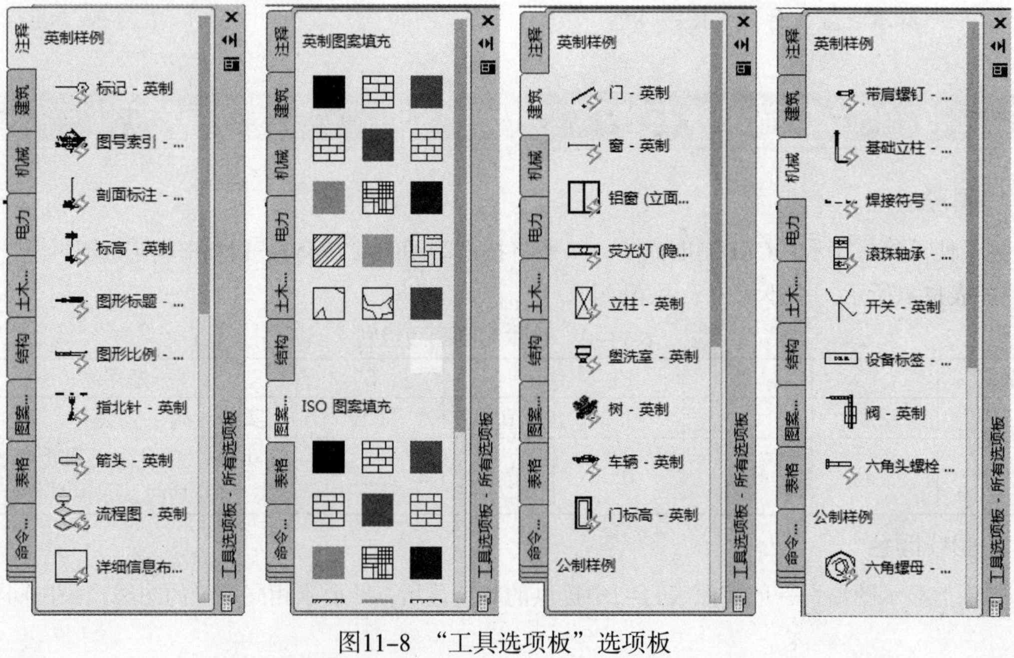

图11-8 “工具选项板”选项板

11.3.2　控制“工具选项板”选项板显示

拖动“工具选项板”选项板，可以使其处于浮动状态，并可将其拖放到窗口的任何位置。这时，标题栏显示的方向也随“工具选项板”选项板的位置不同而发生变化。当“工具选项板”选项板处于浮动状态时，可以在其标题栏上单击“特性”按钮，从弹出的快捷菜单中选择“透明”命令，并使用打开的“透明”对话框来设置“工具选项板”的透明度。当“透明级别”设置为最大值时，就可以清楚地观察到位于“工具选项板”下面的图形，如图11-9所示。

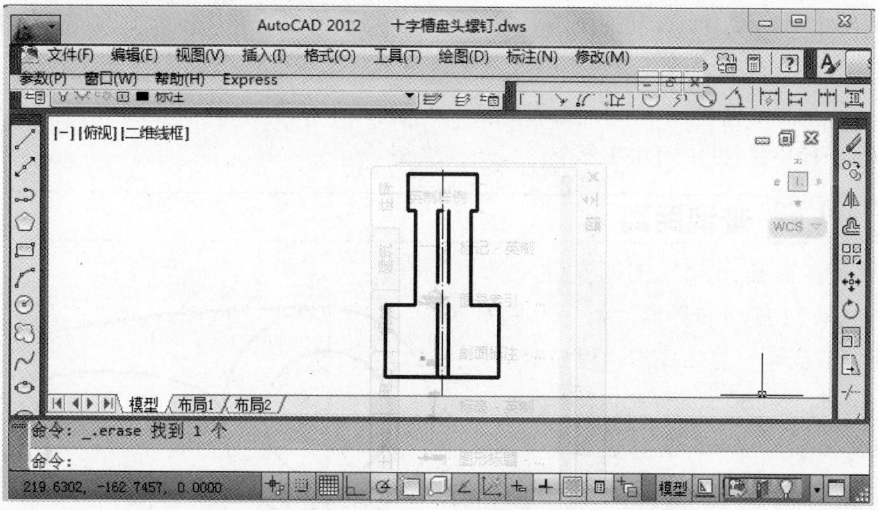

图11-9　设置透明度以后可以观察下面的图形

11.3.3　使用工具选项板中的内容

在AutoCAD 2012中可以像使用AutoCAD设计中心窗口中的内容一样，使用“工具选项板”选项板中的内容。只要在“工具选项板”选项板中选择需要插入图形的选项，然后直接拖放到绘图区中即可。图11-10为一个示意图。

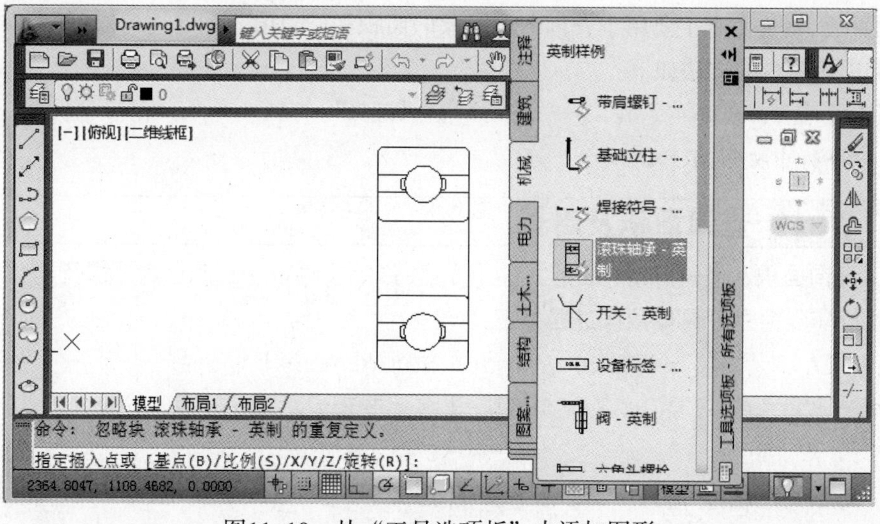

图11-10　从“工具选项板”中添加图形

11.4 查询对象

AutoCAD提供的查询对象功能用于查询图形对象，包括查询距离、查询面积及周长、查询点坐标、查询时间和状态、查询对象列表，以及查询对象质量特性等。

11.4.1 查询距离

查询距离命令主要用于查询指定两点间的长度值与角度值，调用该命令的方法如下：

- 在"常用"选项卡的"实用工具"组中，单击"距离"按钮。
- 显示菜单栏，选择"工具"→"查询"→"距离"命令。
- 在命令行中执行DI或DIST命令。

边学边练 103 查询距离

打开"查询距离.dwg"图形文件（光盘:\原始文件\第11章\查询距离.dwg），在命令行中执行DIST命令，具体操作过程如下：

命令：DIST　　　　（执行DIST命令）

指定第一点：　　　　（单击查询距离的第一点，这里单击如图11-11所示的A点）

指定第二点：　　　　（单击查询距离的另一点，这里单击如图11-11所示的B点）

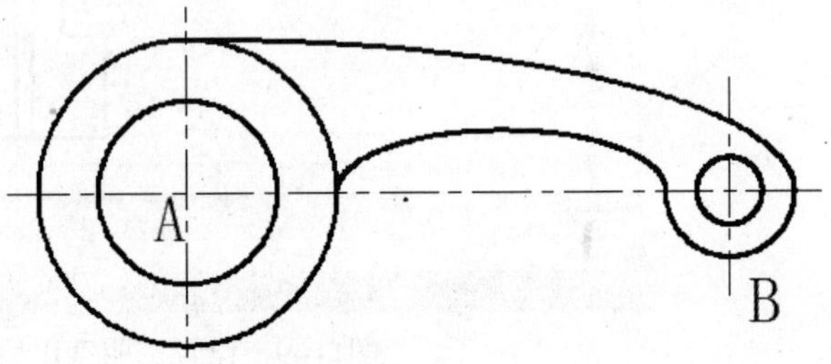

图11-11　查询距离

距离 = 60.0530，XY 平面中的倾角 = 0，　与 XY 平面的夹角 = 0

X 增量 = 60.0530，　Y 增量 = 0.0000，　Z 增量 = 0.0000　　　（显示查询结果）

11.4.2 查询周长和面积

查询面积及周长命令主要用于查询图形对象的面积和周长值，同时还可对面积及周长进行加减运算，调用该命令的方法如下：

- 显示菜单栏，选择"工具"→"查询"→"面积"命令。
- 在命令行中执行AREA命令。

边学边练 104 查询面积及周长

打开"查询面积及周长.dwg"图形文件（光盘:\原始文件\第11章\查询面积及周长.dwg），在命令行中执行AREA命令，具体操作过程如下：

命令：AREA　　　　（执行AREA命令）

指定第一个角点或[对象(O)/加(A)/减(S)]：　（捕捉要查询对象的一点，这里单击如图11-12所示的A点）

指定下一个角点或按 ENTER 键全选：　（捕捉下一角点，这里单击如图11-12所示的B点）

指定下一个角点或按 ENTER 键全选：　（捕捉下一角点，这里单击如图11-12所示的C点）

指定下一个角点或按 ENTER 键全选：　（捕捉下一角点，这里单击如图11-12所示的D点）
指定下一个角点或按 ENTER 键全选：　（捕捉下一角点，这里单击如图11-12所示的E点）
指定下一个角点或按 ENTER 键全选：　（捕捉下一角点，这里单击如图11-12所示的F点）
指定下一个角点或按 ENTER 键全选：　（捕捉下一角点，这里单击如图11-12所示的G点）
指定下一个角点或按 ENTER 键全选：　（捕捉下一角点，这里单击如图11-12所示的H点）
指定下一个角点或按 ENTER 键全选：　（确认指定的所有点，按Space键确认）
区域 = 1401.1765，周长 = 171.2558　（系统提示查询结果并结束该命令）

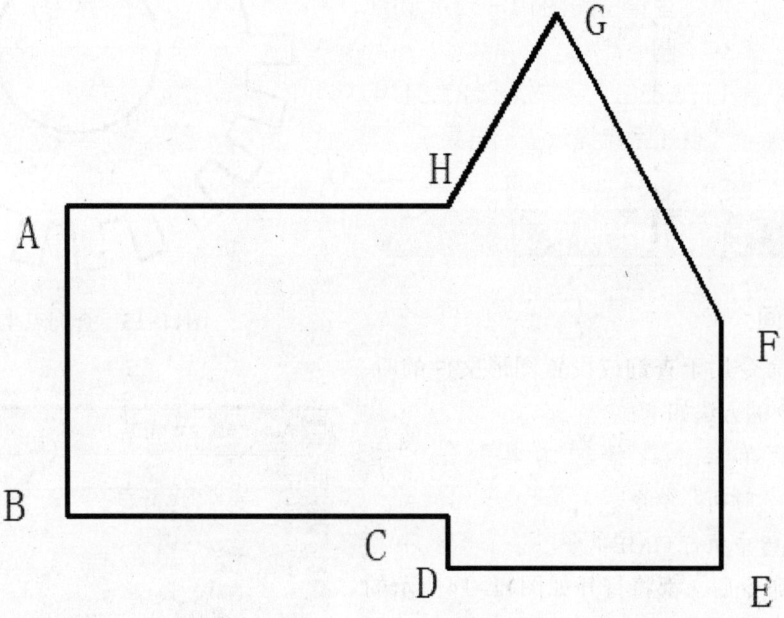

图11-12　查询对象

在执行命令的过程中，命令行各选项含义如下所示。

- 对象：用于查询圆、椭圆、样条曲线、多段线、多边形、面域、实体和一些开放性的首尾相连能成为封闭图形等图形的面积和周长。
- 加：选择该项后，继续定义新区域但应保持总面积平衡。“加”选项计算各个定义区域和对象的面积、周长，也计算所有定义区域和对象的总面积。
- 减：从总面积中减去指定面积。

要特别注意的是，对于线宽大于0的多段线，系统将按其中心线来计算面积和周长。

11.4.3　查询点坐标

查询点坐标命令主要用于查询指定点的坐标，调用该命令的方法如下：

- 在“常用”选项卡的“实用工具”组中，单击其右下角的▾按钮，在弹出的下拉列表中单击“点坐标”按钮。
- 显示菜单栏，选择“工具”→“查询”→“点坐标”命令。
- 在命令行中执行ID命令。

边学边练 105　查询点坐标

打开“查询点坐标.dwg”图形文件（光盘:\原始文件\第11章\查询点坐标.dwg），在命令行中执行ID命令，具体操作过程如下：

命令：ID　　　　　　（执行ID命令）
指定点：　　　　　　（单击需要查询的点，这里单击如图11-13所示的圆心点A）
指定点：X = 1176.8321　　Y = 121.5414　　Z = 0.0000　　　　（系统提示查询结果）

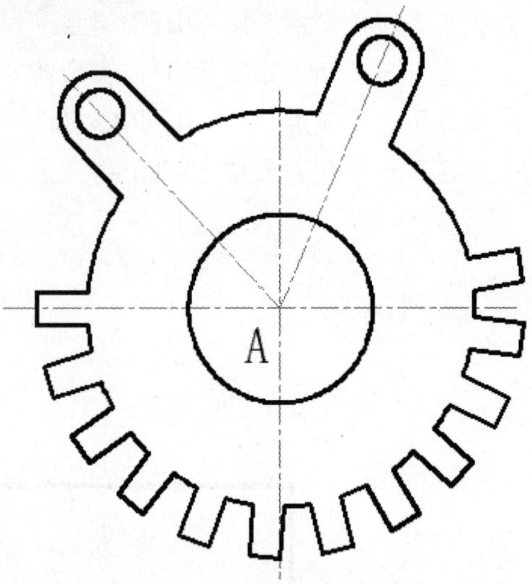

图11-13　查询点坐标

11.4.4　查询时间和状态

1. 查询时间

查询时间命令用于查询或设置图形文件的时间，调用该命令的方法如下：

- 显示菜单栏，选择“工具”→“查询”→“时间”命令。
- 在命令行中执行TIME命令。

执行上述命令后，都将打开如图11-14所示的文本窗口，在该窗口中即可查看当前时间、创建时间、上次更新时间、累计编辑时间、消耗时间计时器和下次自动保存时间等信息。

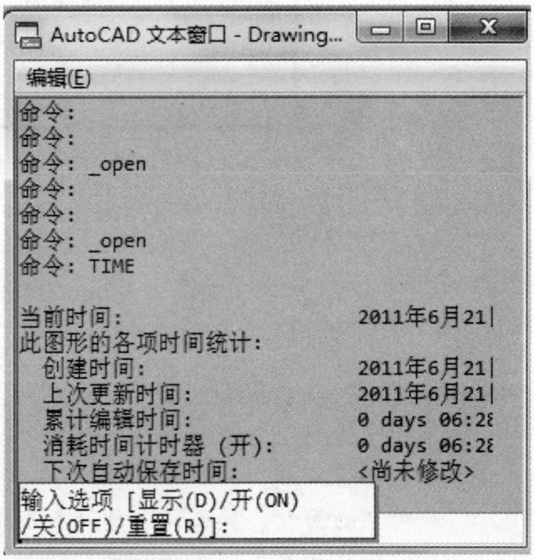

图11-14　查询时间

在执行命令的过程中，命令行各选项含义如下所示。

- 显示：重复显示上述时间信息，并自动适时更新时间信息。
- 开：打开用户计时器。
- 关：关闭用户计时器。
- 重置：将用户计时器复位清零。

2. 查询状态

查询状态命令主要用于查询当前图形中对象的数目和当前空间中各种对象的类型等信息，调用该命令的方法如下：

- 显示菜单栏，选择“工具”→“查询”→“状态”命令。
- 在命令行执行STATUS命令。

执行上述命令后，都将打开如图11-15所示的文本窗口，在该窗口中即可查看在执行查询状态命令后，窗口中显示的当前空间类型、布局、图层、颜色、线型、材质、图形界限、图形中的对象的个数，以及对象捕捉模式等信息。

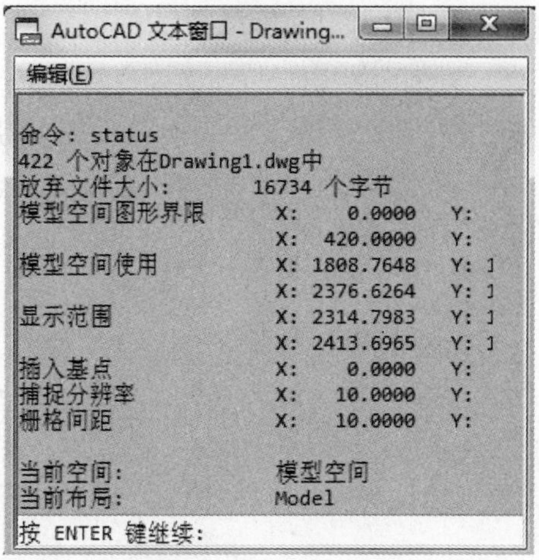

图11-15 查询状态

11.4.5 其他查询功能

1. 查询对象列表

查询对象列表命令主要用于查询AutoCAD图形对象各个点的坐标值、长度、宽度、高度、旋转、面积、周长，以及所在图层等信息，调用该命令的方法如下：

- 显示菜单栏，选择“工具”→“查询”→“列表”命令。
- 在命令行中执行LIST命令。

查询列表具体操作过程如下：

命令：LIST （执行LIST命令）

选择对象：指定对角点：（选择要查询对象列表的对象，这里选择如图11-16所示图形区域中所有对象）

找到24 个

选择对象：（按Space键，打开如图11-17所示的文本窗口，显示图形对象的相关信息）

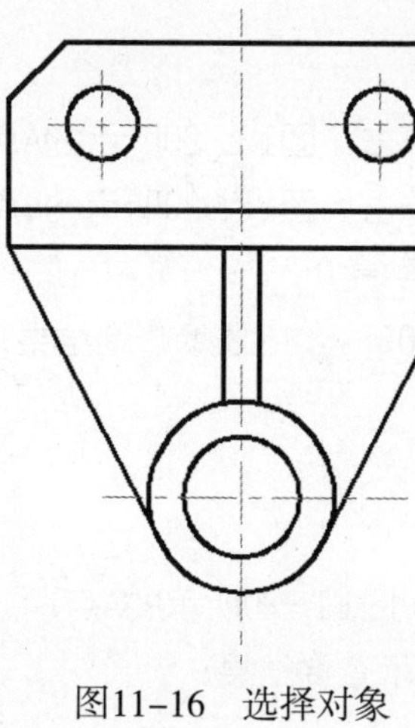

图11-16 选择对象

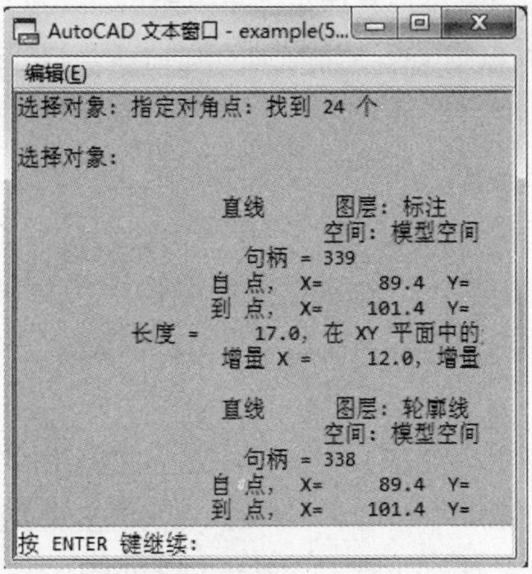

图11-17 查询对象列表

2. 查询面域/质量特性

查询面域/质量特性命令主要用于查询所选对象（实体或面域）的质量、体积、边界框、惯性矩、惯性积和旋转半径等特征，并询问用户是否将分析结果写入文件。调用该命令的方法如下：

- 显示菜单栏，选择"工具"→"查询"→"面域/质量特性"命令。
- 在命令行中执行MASSPROP命令。

执行上述命令后，具体操作过程如下：

命令：MASSPROP　（执行MASSPROP命令）

选择对象：指定对角点：找到 1 个　（选择要查询面域/质量特性的对象，选择如图11-18所示的对象）

选择对象：　（按Space键打开如图11-19所示的文本窗口，显示图形对象的相关信息）

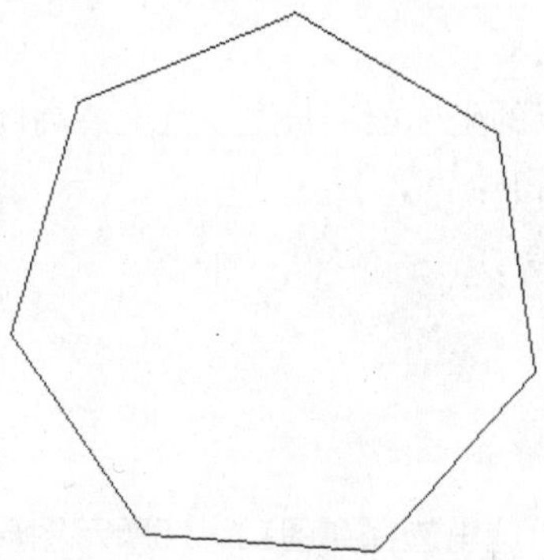

图11-18　选择对象

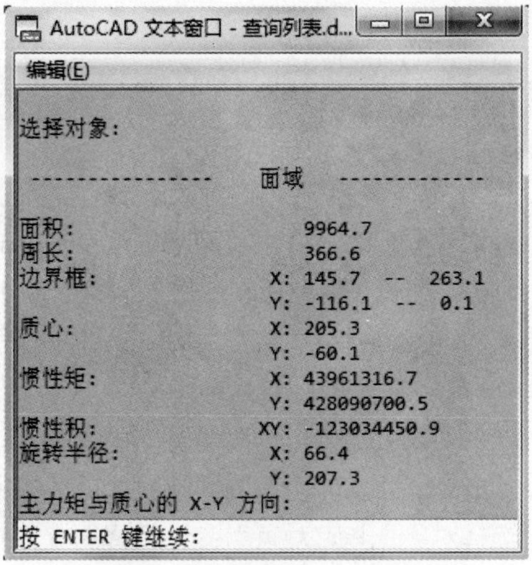

图11-19　查询面域/质量特性

自我强化　查询练习

01 打开"查询练习.dwg"图形文件（光盘:\原始文件\第11章\查询练习.dwg），在命令行中执行DIST命令，具体操作过程如下：

命令：DIST　(执行DIST命令)

指定第一点：　(单击查询距离的第一点，这里单击如图11-20所示的A点)

指定第二点：　(单击查询距离的另一点，这里单击如图11-20所示的B点)

距离 =53.3156，XY 平面中的倾角 = 0，　与 XY 平面的夹角 = 0

X 增量 = 53.3156，　Y 增量 = 0.0000，　Z 增量 = 0.0000　(显示查询结果)

02 在命令行中执行ID命令，具体操作过程如下：

命令：ID　(执行ID命令)

指定点：　(单击需要查询的点，这里单击如图11-20所示的A点)

X = 102.2133　Y = 143.3959　Z = 0.0000　(系统提示查询结果)

03 在命令行中执行STATUS命令，打开如图11-21所示的文本窗口，查看完相关信息后单击该文本窗口右上方“关闭”按钮☒，关闭该文本窗口，最后关闭图形文件。

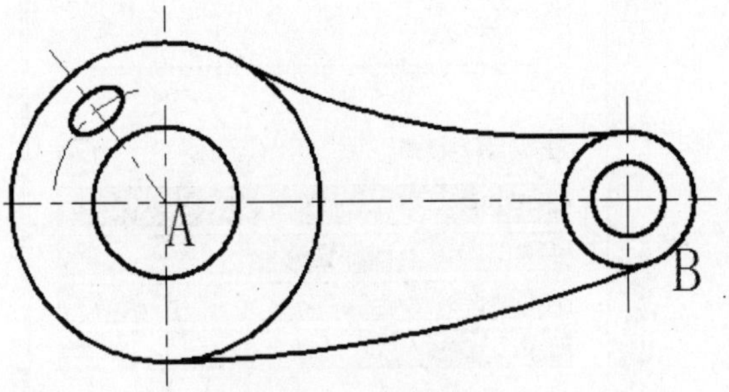

图11-20 查询距离

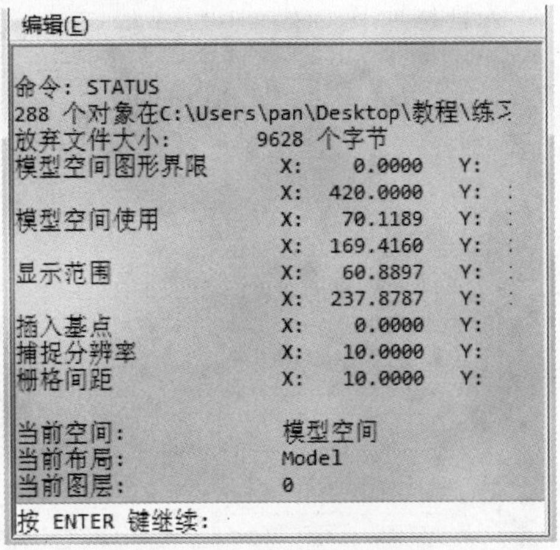

图11-21 查询状态

11.5 辅助功能

下面讲解AutoCAD提供的辅助功能，包括计算器、核查、修复，以及删除图形中不使用的对象等。

11.5.1 计算器

在AutoCAD中，可以运用计算器直接计算表达式的值。打开快速计算器的方法如下：

- 在“常用”选项卡的“实用工具”组中，单击“快速计算器”按钮。
- 显示菜单栏，选择“工具”→“选项板”→“快速计算器”命令。
- 按Ctrl+8组合键。
- 在命令行中执行QUICKCALC命令。

执行上述命令后，都将打开如图11-22所示的“快速计算器”选项板，其中各按钮的含义如下所示。

- “清除”按钮：单击该按钮，可清除输入的所有内容。
- “清除历史记录”按钮：单击该按钮，可清除所有的计算记录。
- “将值粘贴到命令行”按钮：在命令提示下，将值粘贴到输入框中。如果在命令执行过程中以透明方式使用快速计算器，则在计算器底部，此按钮将替换为“应用”按钮。
- “获取坐标”按钮：用于获取用户在图形中单击的某个点的坐标。
- “两点之间的距离”按钮：用于获取用户在对象上单击的两个点之间的距离。
- “由两点定义的直线的角度”按钮：用于获取用户在对象上单击的两个点之间的角度。

● “由四点定义的两条直线的交点”按钮✕：用于获取用户在对象上单击的四个点的交点。

在选项板中，还有其他4个栏用于计算，如图11-23所示，各栏的功能如下所示。

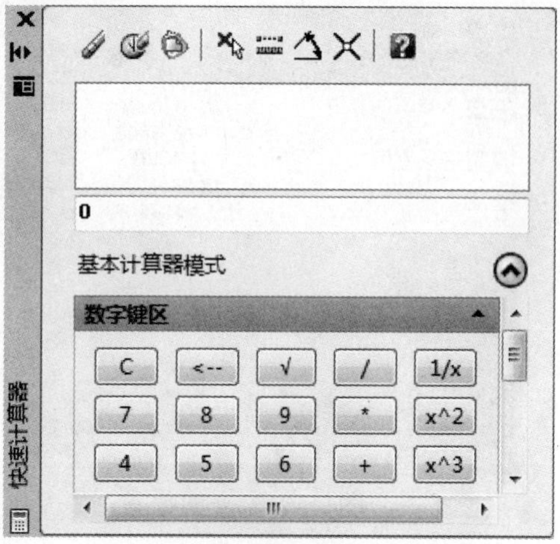

图11-22 “快速计算器”选项板

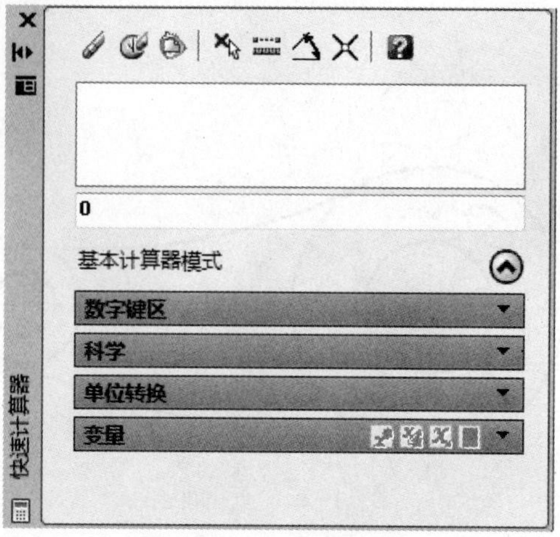

图11-23 4个计算栏

● “数字键区”栏：提供可供用户输入算术表达式的数字和符号的标准计算器键盘。输入值和表达式后，单击等号（=）即可计算表达式。
● “科学”栏：计算通常与科学和工程应用相关的三角、对数、指数和其他表达式。
● “单位转换”栏：将测量单位从一种单位类型转换为另一种单位类型。单位转换区域只接受不带单位的小数值。
● “变量”栏：提供对预定义常量和函数的访问，可以定义并存储其他常量和函数。

在命令行中执行CAL命令后，在出现的“>> 表达式：”的提示信息后输入需要计算的表达式，系统也会计算出表达式的值。

11.5.2 核查和修复

1. 核查

核查功能主要用于对图形对象进行更正和检测错误，调用该命令的方法如下：

● 显示菜单栏，选择“文件”→“图形实用程序”→“核查”命令。
● 在命令行中执行AUDIT命令。

执行上述命令后，具体操作过程如下：

命令：AUDIT （执行AUDIT命令）
是否更正检测到的任何错误？[是(Y)/否(N)] <N>：Y （选择“是”选项）
核查表头 （系统自动核查表头）
核查表 （系统自动核查表）
第 1 阶段图元核查 （系统进行第1阶段图元核查）
阶段 1 已核查 100个对象 （系统提示核查的对象数）

第 2 阶段图元核查　　（系统进行第2阶段图元核查）
阶段 2 已核查 100个对象　　（系统提示核查的对象数）
核查块　　（系统自动核查块）
已核查 1 个块　　（系统提示核查的块数）
共发现 0 个错误，已修复 0 个　　（系统提示核查和修复结果）
已删除 0 个对象　　（系统提示删除结果）

2. 修复

修复功能主要用于更正图形中部分错误数据，调用该命令的方法如下：

- 显示菜单栏，选择“文件”→“图形实用程序”→“修复”命令。
- 在命令行中执行RECOVER命令。

边学边练 106　修复图形

01 启动AutoCAD 2012，在命令行中执行RECOVER命令，弹出“选择文件”对话框，在“查找范围”下拉列表中选择需要修复文件的路径，在其下方的列表框中选择要修复的图形文件，然后单击“打开”按钮，如图11-24所示。

02 系统自动对图形文件进行修复并打开如图11-25所示的文本窗口，显示修复过程和结果。

03 修复完毕后，系统自动弹出“修复完成”提示对话框，提示修复完成。单击“确定”按钮，完成对图形的修复。

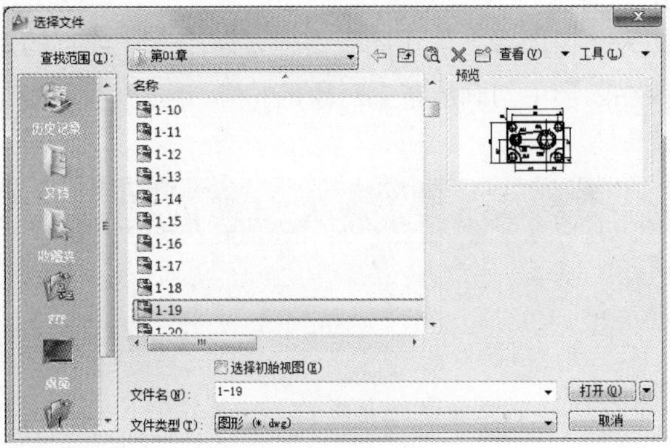

图11-24　打开文件

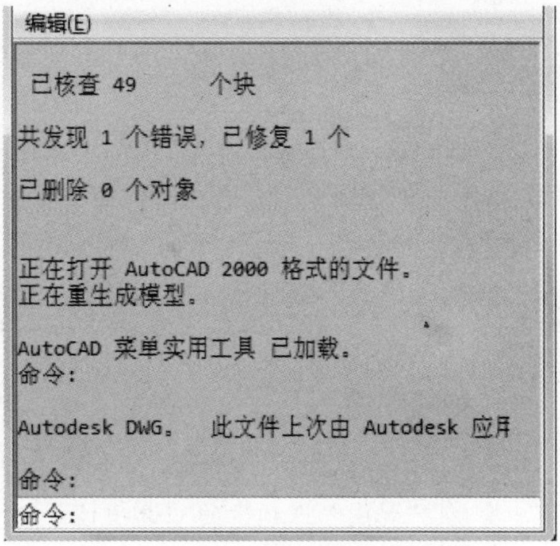

图11-25　提示信息

11.5.3　删除图形中的对象

图形中的不用对象，可以将其删除，调用该命令的方法如下：

- 显示菜单栏，选择“文件”→“图形实用程序”→“清理”命令。
- 在命令行中执行PURGE命令。

执行上述命令后，都将弹出如图11-26所示的“清理”对话框。在中间的列表框中选择要清理的对象，然后单击“清理”按钮，即可将选择的对象清除。

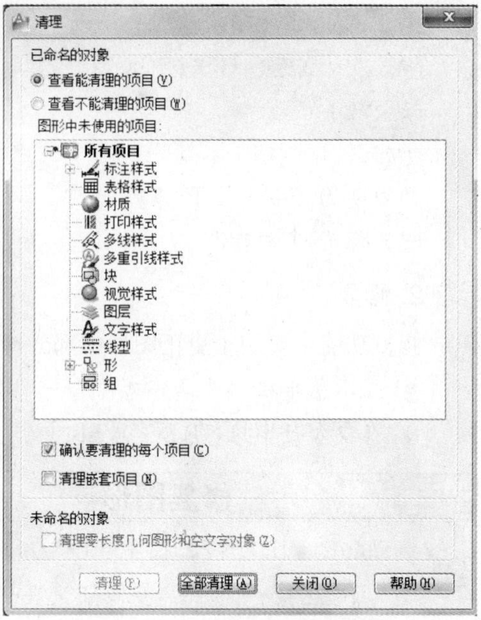

图11-26 “清理”对话框

“清理”对话框中各选项的含义如下所示。

- “查看能清理的项目”单选按钮：切换树状图以显示当前图形中可以清理的对象的概要。
- “查看不能清理的项目”单选按钮：列出当前图形中未使用的、可被清理的对象。可以通过单击加号或双击对象类型列出任意对象类型的项目，然后通过选择要清理的项目来清理项目。
- “确认要清理的每个项目”复选框：清理项目时弹出“确认清理”对话框。
- “清理嵌套项目”复选框：从图形中删除所有未使用的对象，即使这些对象包含在其他未使用的命名对象中或被这些对象所参照。弹出“确认清理”对话框，可以取消或确认要清理的项目。

11.6 光栅图像

在AutoCAD中，可以在AutoCAD绘图区中插入光栅图像。光栅图像由像素即小方块或点的矩形方格组成。使用光栅图像，可代替一个对象或在图形中勾画出某个对象的轮廓。

11.6.1 加载及卸载图像

1. 加载图像

在图形中加载光栅图像的方法有以下3种：

- 在“视图”选项卡的“选项板”组中，单击“外部参照选项板”按钮。
- 显示菜单栏，选择“插入”→“外部参照”命令。
- 在命令行中执行IMAGEATTACH命令。

边学边练 107 加载光栅图像

01 在命令行中执行IMAGEATTACH命令，弹出“选择参照文件”对话框，如图11-27所示。在其中选择需要的图片，单击“打开”按钮，弹出“附着图像”对话框，单击“确定”按钮，如图11-28所示。

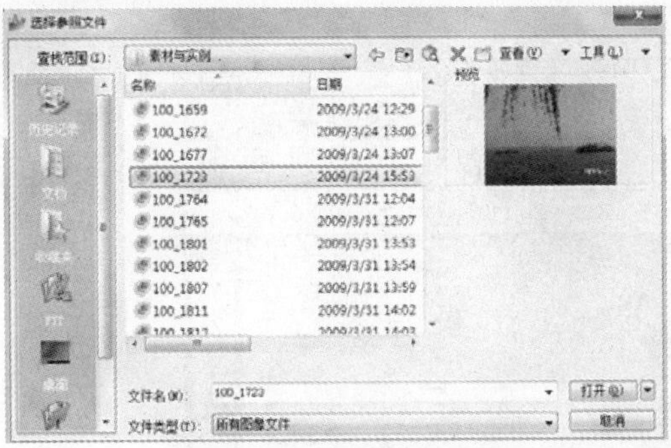

图11-27　选择参照文件

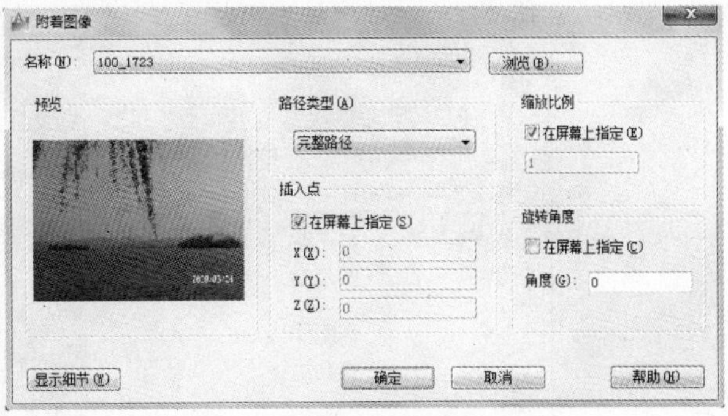

图11-28　附着图像

02 返回绘图区，命令行提示“指定插入点 <0,0>：”时，在绘图区任意位置单击作为插入点，提示“指定缩放比例因子或 [单位（U）] <1>：”时，按Space键确定缩放比例为1，光栅图像加载完成后的效果如图11-29所示。

图11-29　加载效果

2. 卸载图像

卸载光栅图像有以下两种方法：

- 在“插入”选项卡的“参照”组中，单击其右下角的“外部参照”按钮，弹出“外部参照”选项板，在其中卸载光栅图像即可。
- 在命令行中执行ERASE命令。

边学边练 108　卸载光栅图像

01 继续对上一加载实例进行操作。在“插入”选项卡的“参照”组中，单击其右下角的按钮，弹出“外部参照”选项板。

02 在“文件参照”栏中选择需要卸载的光栅图像，然后在其上方右击，从弹出的快捷菜单中选择“卸载”命令，如图11-30所示，即可卸载光栅图像。

图11-30　卸载

11.6.2　调整图像

调整光栅图像的操作包括调整图像的亮度、对比度、淡入度，以及显示质量等，以使图像更符合图形文件的要求。

1. 调整亮度、对比度和淡入度

调整图像的亮度、对比度和淡入度可在“图像调整”对话框中进行。打开该对话框的方法如下：

- 显示菜单栏，选择“修改”→“对象”→“图像”→“调整”命令。
- 在命令行中执行IMAGEADJUST命令。

执行上述命令后，将弹出如图11-31所示的“图像调整”对话框。在对话框的“亮度”选项组、“对比度”选项组和“淡入度”选项组中拖动滑块或在其后的文本框中输入相应的数值后，单击“确定”按钮，即可对图像的亮度、对比度和淡入度进行调整。在“图像调整”对话框中，单击“重置”按钮，可将亮度、对比度和淡入度的各个参数恢复到设置前的参数，然后再对各个参数进行重新设置。

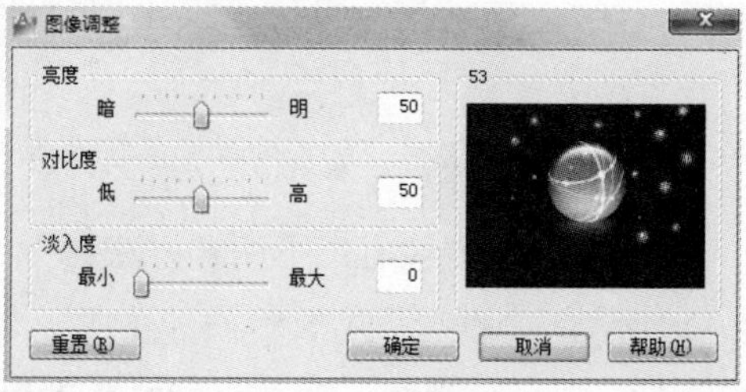

图11-31　调整图像

2. 调整图像显示质量

为了不影响加载的光栅图像的显示时间，可以对图像显示质量进行设置。调整图像显示质量的方法如下：

- 显示菜单栏，选择“修改”→“对象”→“图像”→“质量”命令。
- 在命令行中执行IMAGEQUALITY命令。

执行上述命令后，具体操作过程如下：

命令：IMAGEQUALITY　（执行IMAGEQUALITY命令）

输入图像质量设置 [高(H)/草稿(D)] <高>：d　（选择“草稿”选项，生成较低质量的图像显示，然后按Space键即可）

自我强化　挂画

01 打开“挂画.dwg”图形文件（光盘:\原始文件\第11章\挂画.dwg），在命令行中执行IMAGEATTACH命令，弹出“选择参照文件”对话框，选择名为100_1812（光盘:\原始文件\第11章\100_1812.jpg）的图片，单击“打开”按钮，如图11-32所示。弹出“附着图像”对话框，单击“确定”按钮，如图11-33所示。

图11-32　浏览

图11-33　加载

02 返回绘图区，命令行提示“指定插入点 <0,0>：”时，单击如图11-34所示的A点为插入点，提示“指定缩放比例因子或 [单位(U)] <1>：”时，输入1并按Space键确定。光栅图像加载完毕后，可对图像进行拉伸及裁剪操作。裁剪是选中图像后单击右键，选择“裁剪”命令，建立新边界。加载后的效果如图11-35所示。

图11-34　加载位置

图11-35　加载后效果

03 在命令行中执行IMAGEADJUST命令，选择刚加载的光栅图像，弹出“图像调整”对话框，在“亮度”选项组的文本框中输入50，在“对比度”选项组后的文本框中输入50，在“淡入度”选项组后的文本框中输入0，然后单击“确定”按钮，如图11-36所示。

04 返回绘图区，即可查看调整图像后的效果，如图11-37所示（光盘:\最终文件\第11章\挂画.dwg）。

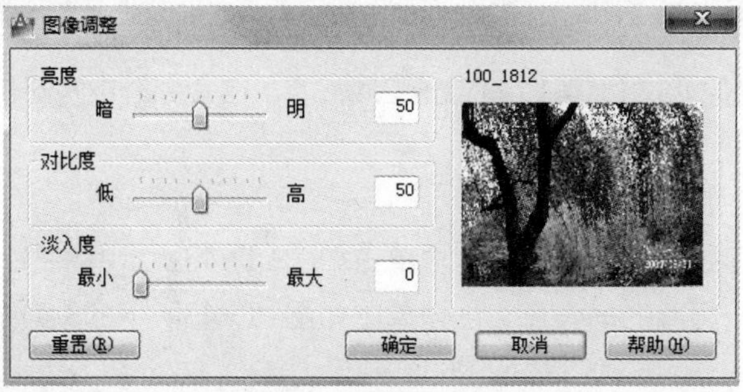

图11-36　调整图像

图11-37　最终效果

11.7 实例应用

下面通过几个例子来熟悉一下本章所学的内容。

11.7.1 实例1：用工具选项板加载图形

利用AtuoCAD的工具选项板加载如图11-38所示的六角圆柱体立柱。

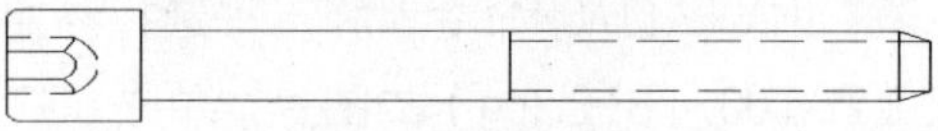

图11-38 加载效果

01 启动AutoCAD 2012，新建一个名为“实例1.dwg”文件。在菜单栏中选择“工具”→“选项板”→“工具选项板”命令，弹出“工具选项板”选项板，如图11-39所示，然后将其切换至“机械”栏，如图11-40。

02 单击机械列表框中的六角圆柱体立柱，如图11-41所示。此时命令行提示指定插入点，这时在绘图区合适的位置点击即可插入图形，如图11-42所示。

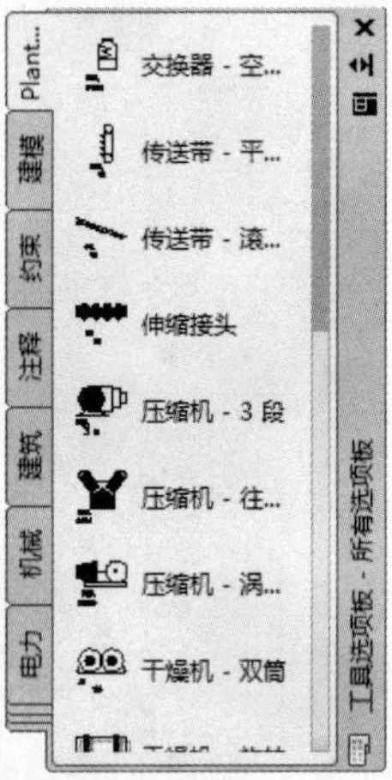

图11-39 工具选项板

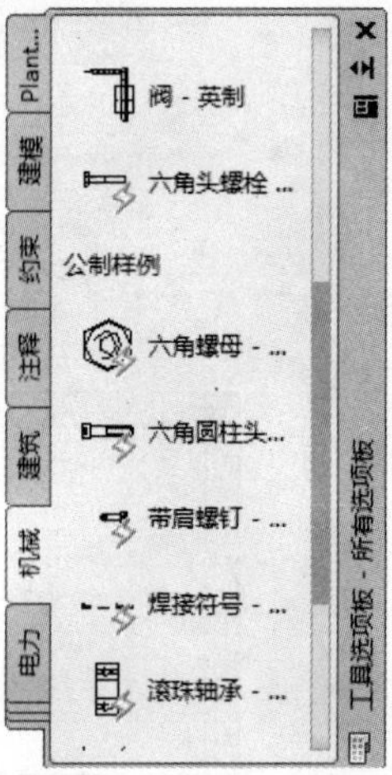

图11-40 “机械”栏

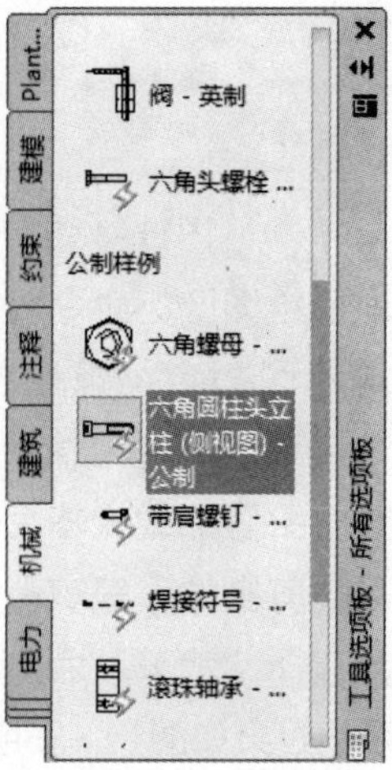

图11-41 选择对象

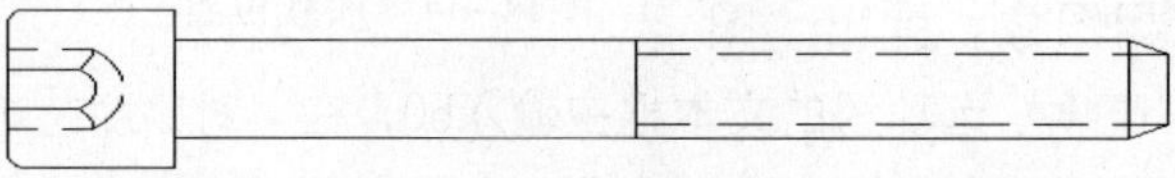

图11-42 加载效果

11.7.2 实例2：查询综合训练

01 打开“实例2.dwg”图形文件（光盘:\原始文件\第11章\实例2.dwg），在命令行中执行DIST命令，具体操作过程如下：

命令：DIST　　　　　　　（执行DIST命令）

指定第一点：　　　　　　（单击查询距离的第一点，这里单击如图11-43所示的A点）

指定第二点：　　　　　　（单击查询距离的另一点，这里单击如图11-43所示的B点）

距离 = 93.0260，XY 平面中的倾角 = 0，与 XY 平面的夹角 = 0

距离 = 93.0260，XY 平面中的倾角 = 0，与 XY 平面的夹角 = 0 （显示查询结果）

02 在命令行中执行ID命令，具体操作过程如下：

命令：ID　　　　　　　　　　（执行ID命令）
指定点：　　　　　　　　　　（单击需要查询的点，这里单击如图11-43所示的C点）
指定点：X = 645.8040　　Y = 114.5469　　Z = 0.0000（系统提示查询结果）

03 在命令行中执行STATUS命令，打开如图11-44所示的文本窗口，查看完相关信息后单击该文本窗口右上方“关闭”按钮☒，关闭该文本窗口，最后关闭图形文件。

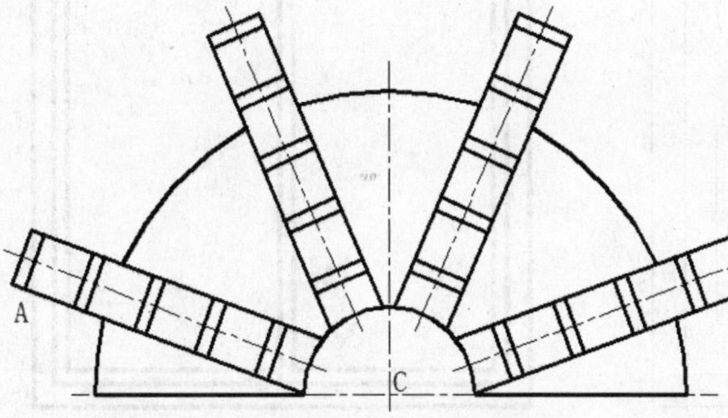

图11-43　状态距离

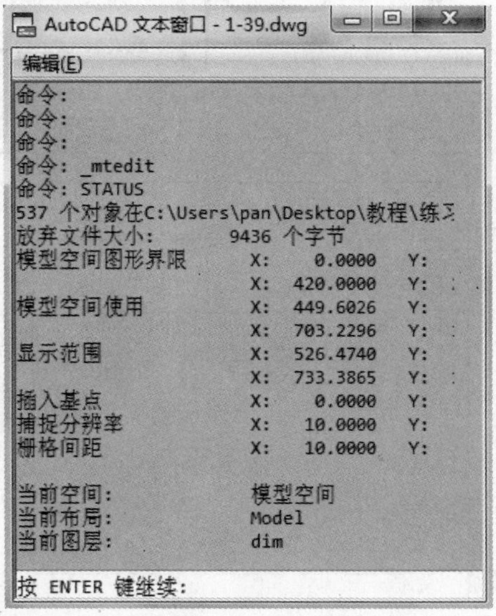

图11-44　查询信息

11.8 本章小结

本章讲述了AutoCAD的辅助功能，作为前面章节的补充。主要有查询功能，包括设计中心、CAD标准、工具选项板、查询时间、坐标、状态等；还包括计算功能；最后讲解了光栅图像相关的功能。通过本章的学习，读者应该更深入地了解了AutoCAD。下面总结一下本章所学习的主要内容：

（1）学习了AutoCAD设计中心和CAD标准。

（2）介绍了AutoCAD工具选项板。

（3）学习了AutoCAD的查询功能。

（4）熟练掌握AutoCAD的辅助功能。

11.9 课后练习

本章对AutoCAD的辅助功能做了介绍，下面通过几个练习来继续学习本章内容。

（1）如图11-45（a）所示，利用查询功能查询AB之间的距离，同时查询一下A点的坐标及该图形的状态。

（2）利用加载命令，在图11-45（b）的电视机屏幕处加载一副图画，并且利用裁剪命令将其修整为与屏幕大小相同。

（3）如图11-45（c）所示，利用工具选项板加载“建筑”板块中的“铝窗”，熟悉一下“工具选项板的”应用。

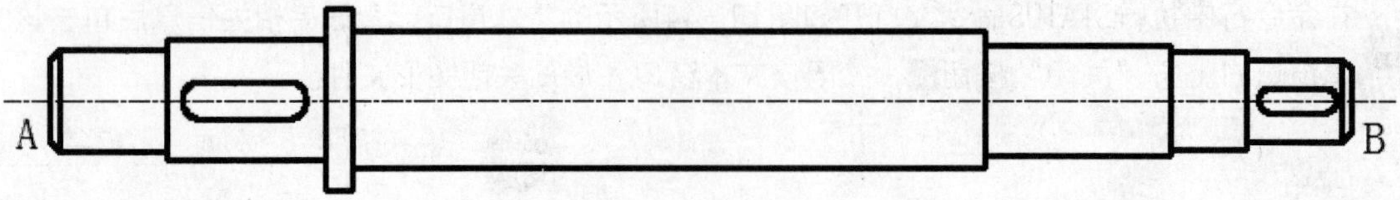

（a）练习1

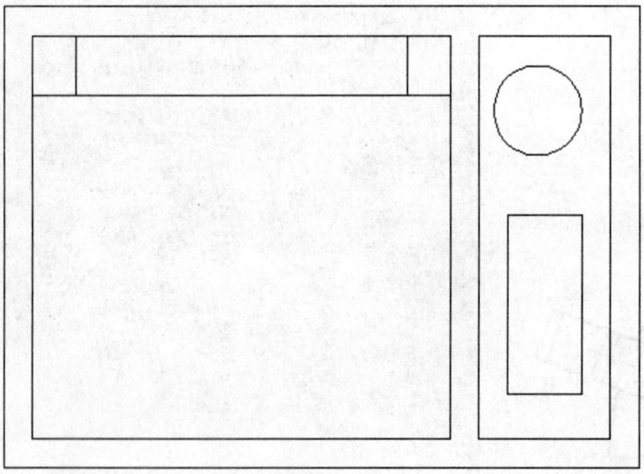

（b）练习2

（c）练习3

图11-45　练习

第12章 绘制常见机械零件图

学习导航

本章将对前面学的所有知识内容进行综合的应用，绘制一些常见的较为简单的零件，熟悉和巩固前面所学的内容。

学习目标

通过本章的学习，读者应该能够熟练掌握零件图的绘制方法和绘制步骤，并且能够独立绘制零件图。

学习重点与难点

- □ 零件图的绘制技巧
- □ 零件图的绘制方法
- □ 绘制零件图

通过本章的学习和实际训练，要求读者能够熟练掌握利用AutoCAD 绘制工程图的整个作图过程。本章将详细介绍几种典型机械零件图的具体绘制步骤。

12.1 拉伸弹簧类零件

弹簧在机械结构中是常用的零件之一，下面介绍一下它的绘制。

1. 图层设置

01 启动AutoCAD 2012，新建名为“拉伸弹簧.dwg”的文件。在菜单栏中选择“格式”→“图层”命令，弹出“图层特性管理器”选项板。单击“新建图层”按钮，如图12-1所示。

02 输入新图层名称“细实线”，按Enter键确认。然后单击“细实线”图层“线型”选项下的Contin...图标，如图12-2所示。

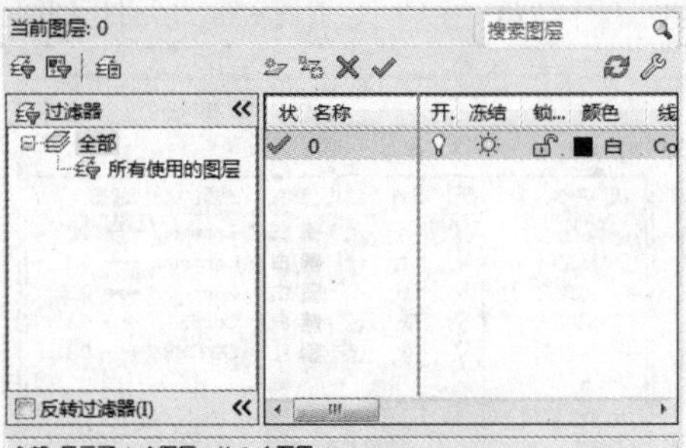

图12-1 新建图层

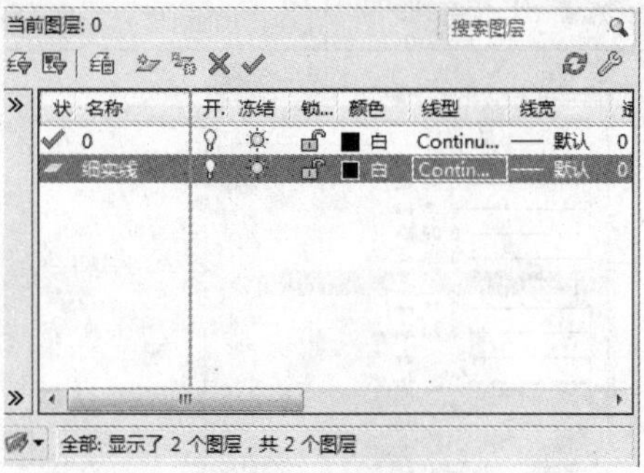

图12-2 更改线型

03 弹出“选择线型”对话框，如图12-3所示。单击“加载”按钮，弹出“加载或重载线型”对话框，可以根据自己的需要添加线型，比如CENTER、ACAD_ISO04W100等常用线型。加载界面如图12-4所示。

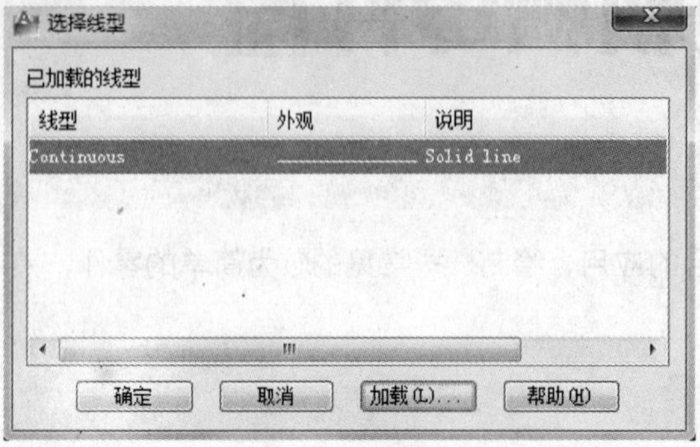

图12-3 线型选择

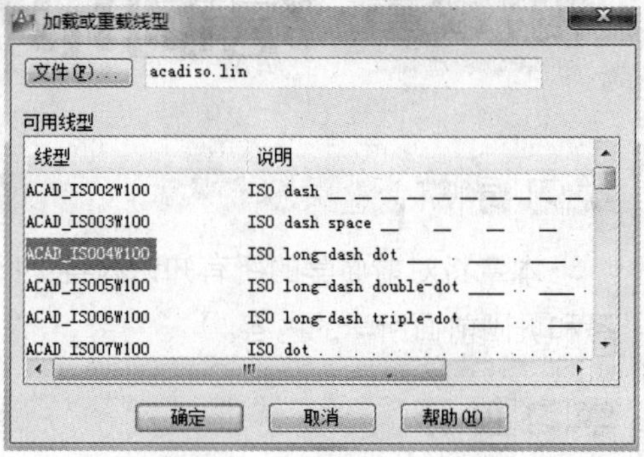

图12-4 加载线型

04 返回“选择线型”对话框，在“已加载的线型”列表框中选择Continuous选项，然后单击“确定”按钮，如图12-5所示。

05 返回“图层特性管理器”选项板，单击“细实线”图层“线宽”选项下的—— 默认 图标，如图12-6所示。

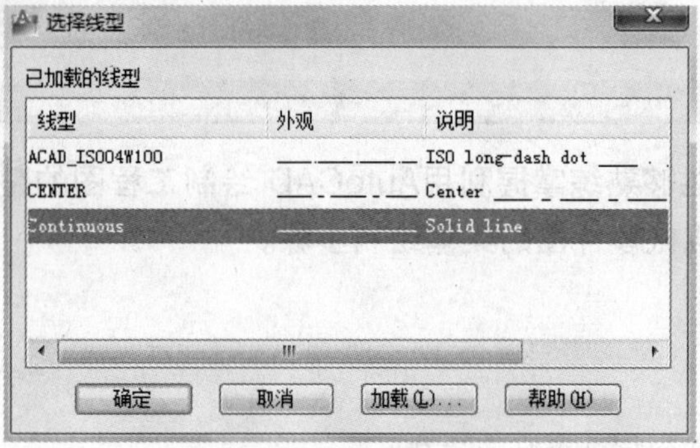

图12-5 选中线型

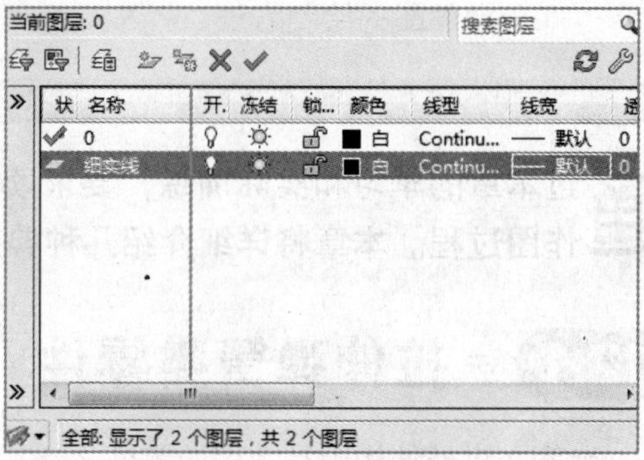

图12-6 设置线宽

06 弹出“线宽”对话框，在“线宽”列表框中选择0.15mm选项，然后单击“确定”按钮，如图12-7所示。按照相同的方法，创建并设置如表12-1所示的其他图层的特性，效果如图12-8所示。

表12-1 图层设置

图层名称	颜色	线型	线宽/mm	图层名称	颜色	线型	线宽/mm
细实线	白色	Continuous	0.15	粗实线	白色	Continuous	0.3
标注	白色	Continuous	0.15	中心线	红色	CENTER	0.15

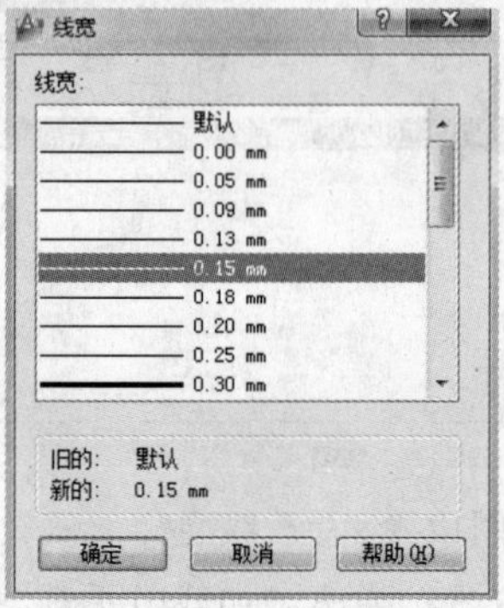

图12-7 选择线宽

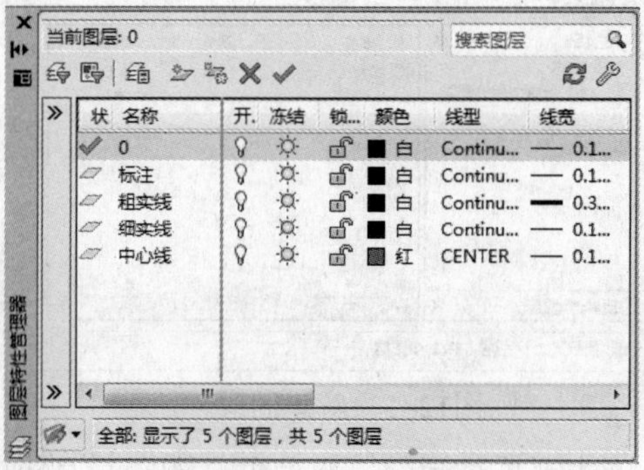

图12-8 图层设置完成

07 双击“中心线”图层，使其成为当前图层，如图12-9所示。然后单击“关闭”按钮✖，关闭“图层特性管理器”选项板。

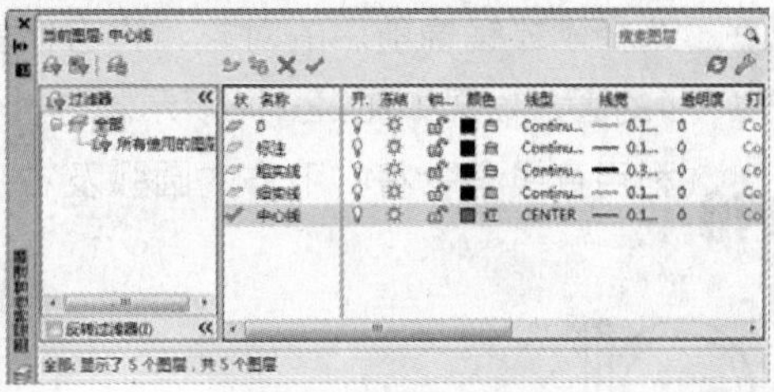

图12-9 置为当前

2. 绘制图形

01 单击状态栏中的“正交模式”按钮和“对象捕捉”按钮，使它们都变为打开状态。在命令行中执行L命令，绘制长为260的水平中心线，然后在距其左端点22处绘制一条被水平线垂直平分的竖直中心线，长度为50，效果如图12-10所示。

02 在命令行中执行O命令，将水平中心线向上和向下偏移，距离均为20。将垂直中心线向右偏移200，效果如图12-11所示。

图12-10 绘制中心线

图12-11 偏移效果

03 首先将图层切换至“粗实线”，然后在命令行中输入C绘制圆。以左侧竖直中心线与中间水平线的交点为圆心，以18为半径绘制圆， 然后将其向外平移4的距离，效果如图12-12所示。

04 打开对象捕捉设置里面的交点捕捉，然后在圆心的右方、圆与中间中心水平线的交点处向下绘制两条直线，长度为20。然后在圆的竖直水平线右侧2处，绘制竖直直线，将内外两个圆连接起来，效果如图12-13所示。

图12-12 绘制及偏移圆

图12-13 绘制直线

05 在命令行中输入C，执行绘制圆命令。选择圆心的位置为在最下方的水平中心线上，在刚才绘制的两条直线的中间，半径为2，效果如图12-14所示。

06 在命令行中输入TRIM，选中绘图区中的所有对象，单击右键，然后用左键选取该修剪掉的线条，绘制效果如图12-15所示。

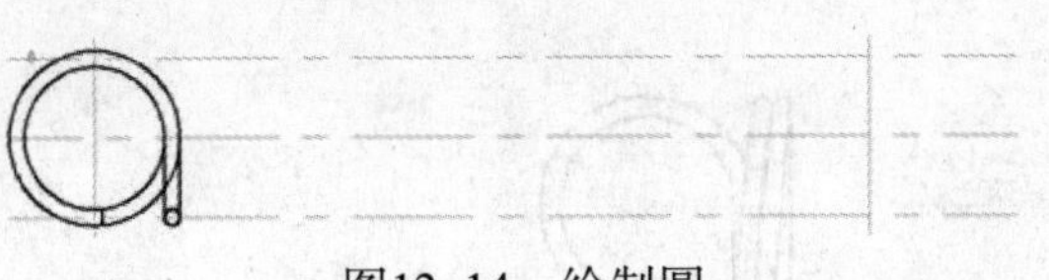

图12-14 绘制圆

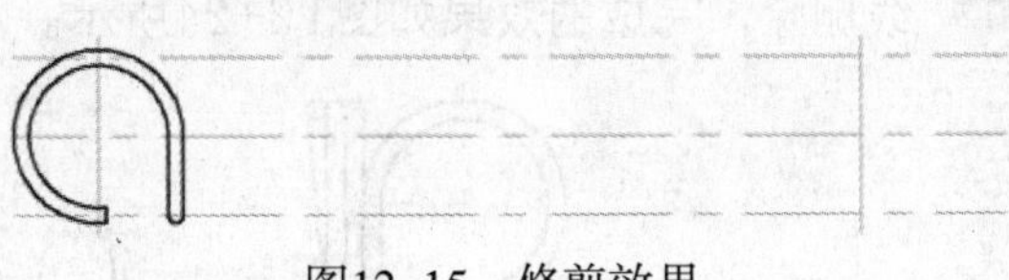

图12-15 修剪效果

07 选择图形的右下半部分，单击右键，选择“复制选择”命令，选择一个基点，在正右方4处粘贴，效果如图12-16所示。

08 选择“修改”→“镜像”命令，选择刚才复制后的图形为镜像对象，选择的镜像对称线为中间的水平中心线，完成的镜像效果如图12-17所示。

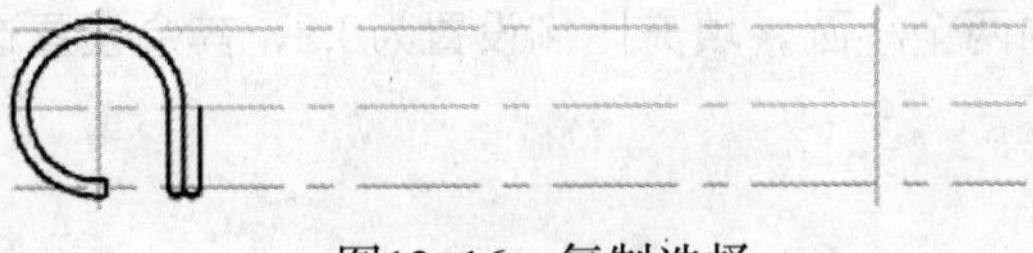

图12-16 复制选择

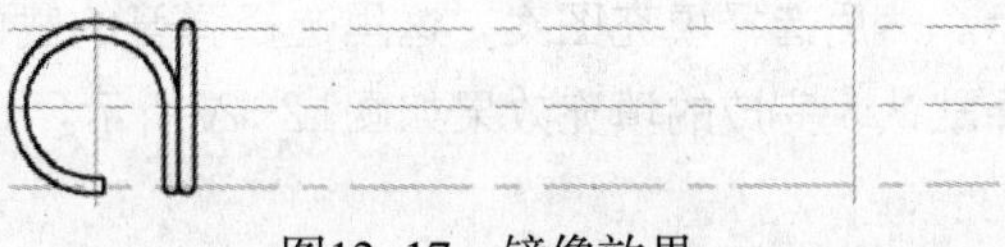

图12-17 镜像效果

09 选择刚才镜像前后的对象，将它们复制并在向右4处粘贴。然后在上方右侧绘制一个直径为4的圆，效果如图12-18所示。

10 利用直线命令将右下方的圆弧及右上方的圆的右侧进行相切连接，效果如图12-19所示。

图12-18　复制效果

图12-19　绘制直线

11 在命令行中输入C执行绘制圆命令，再输入FROM，选择基点，这里选择绘图区中最右下角的圆弧的圆心为基点，然后在命令行中输入“@144，0”，在命令行输入半径2，绘制的效果如图12-20所示。

12 将刚才绘制的圆镜像到上方的水平中心线上，镜像线选择中间的水平中心线，然后将刚才的圆复制到右方4处，用线条将它们连接起来，效果如图12-21所示。

图12-20　绘制圆

图12-21　绘制圆及直线

13 将最后绘制的两条斜线及两个圆向右在距离4的地方复制，效果如图12-22所示。

14 将最左侧的竖直中心线向右平移100的距离，然后将最初绘制的左边的最大圆环似的线条镜像到右方，选择的镜像中心为刚才偏移以后的直线对象，完成的镜像效果如图12-23所示。

图12-22　复制效果

图12-23　镜像效果

15 在命令行中输入TRIM，将右侧多余的线条进行修剪，然后将上一步中创建的竖直中心线删除，完成的效果如图12-24所示。

图12-24　修剪删除效果

16 将图层切换至“细实线”。选择“绘图”→“图案填充”命令，系统会弹出“图案填充和渐变色”对话框，如图12-25所示。单击“样例”后面的图案，系统弹出“填充图案选项板”对话框，里面提供了多种填充图案，这里选择ANSI选项卡中的ANSI31，效果如图12-26所示。然后选择填充图案，这里选择弹簧的截面处的两个小圆，填充比例设置为0.2，其余设置选择默认，完成的填充效果如图12-27所示。

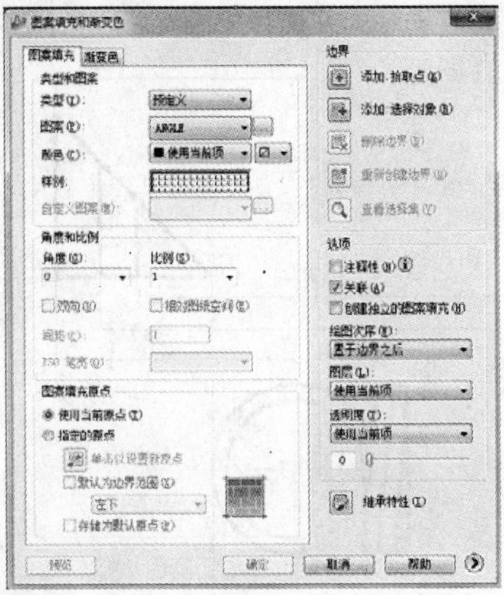

图12-25 “图案填充和渐变色”对话框

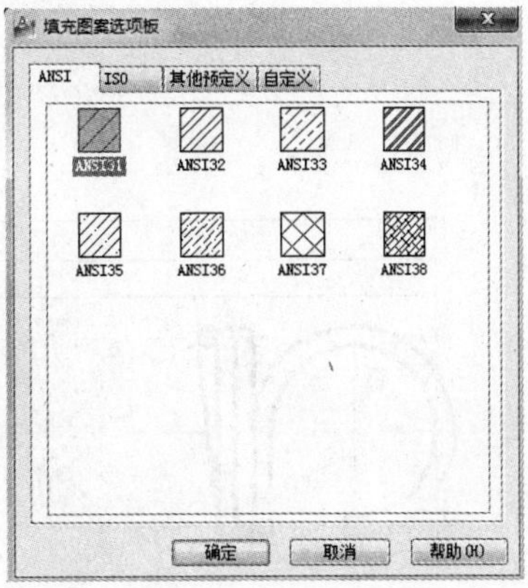

图12-26 选择图案

17 将图层切换至“粗实线”。在命令行中输入L，执行直线绘制命令，在图形最右侧点正上方的50处向右绘制直线，具体尺寸如图12-28所示。

图12-27 填充效果

图12-28 绘制线条

3. 标注图形

01 选择“格式”→“标注样式”命令，系统弹出“标注样式管理器”对话框。单击“新建”按钮，在“新样式名”文本框中输入“弹簧”，效果如图12-29所示。

02 单击“继续”按钮，系统弹出“新建标注样式”对话框，在这里将“文字颜色”设置为“蓝”，“文字高度”设置为4，“箭头大小”设置为3，主单位“精度”设置为0，其余选项选择默认，然后单击“确定”按钮，再单击“置为当前”按钮完成标注样式的新建，效果如图12-30所示。

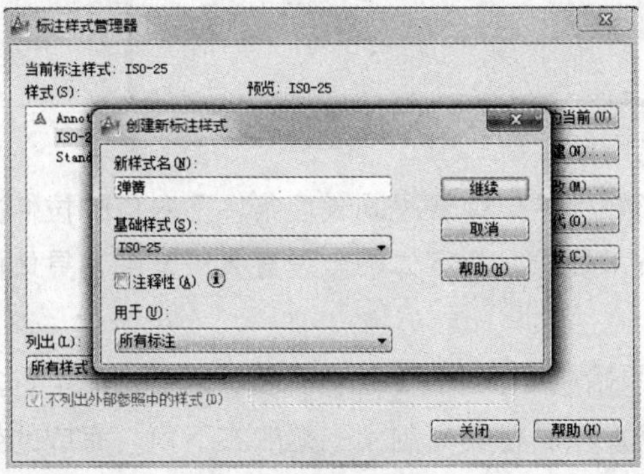

图12-29 新建标注样式

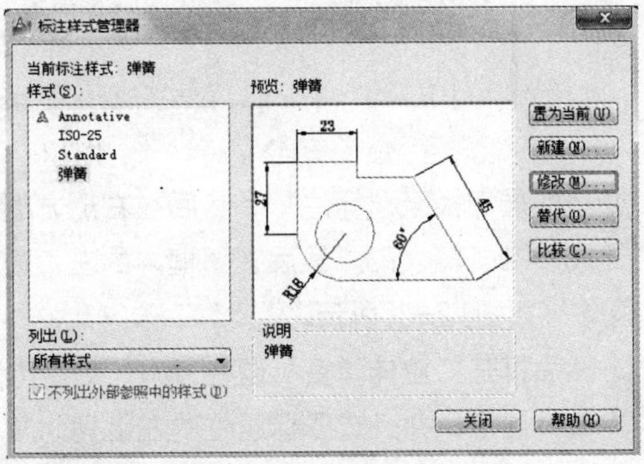

图12-30 标注样式效果

03 将图层切换至“标注”，选择“标注”→“线性标注”命令，对图形中的一些线性尺寸进行标注。用同样的方法进行半径标注，效果如图12-31所示。

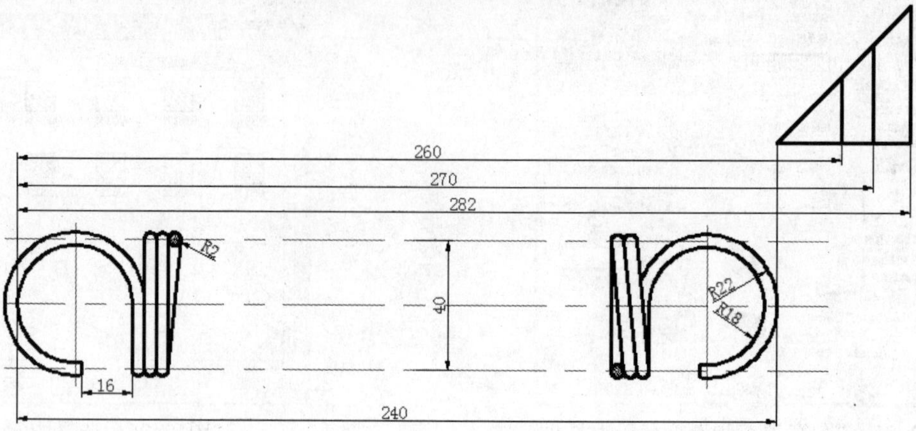

图12-31　标注效果

04 将图层切换至“粗实线”，然后在图形外侧绘制一个320×230的矩形框，效果如图12-32所示。

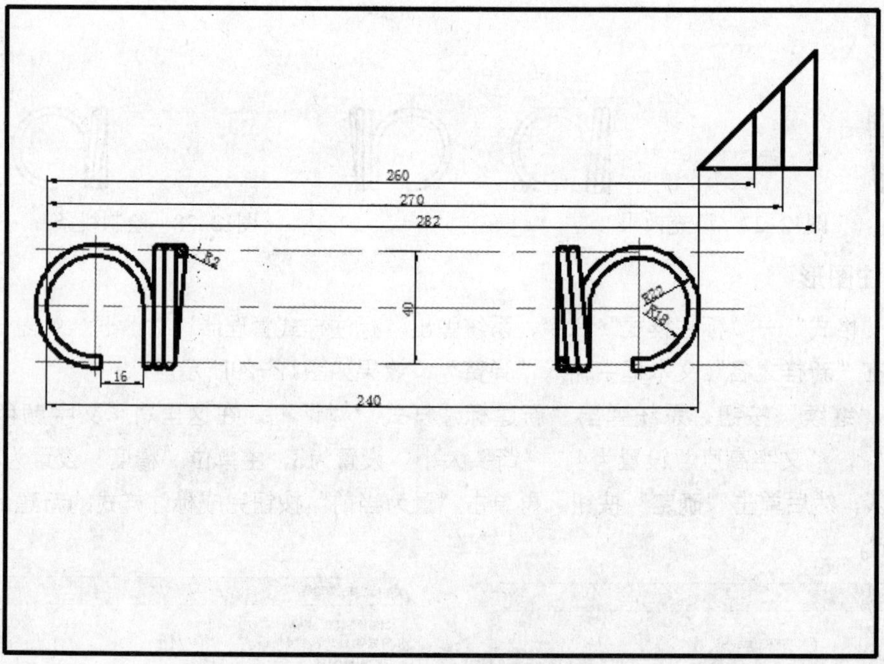

图12-32　绘制图框

05 将图层切换至“标注”，然后在右上方的三角形处标注出弹簧不同长度条件下对应的拉伸力P0、P1、P2、P3。然后在图框内的左下方写下技术要求，将字体颜色设置为“蓝”，具体内容及效果如图12-33所示。

06 然后打开“拉伸弹簧标题栏.dwg”文件（光盘:\原始文件\第12章\拉伸弹簧标题栏.dwg），复制标题栏，并且选择标题栏的左上角为复制基点，然后将其复制到图框的右下角，完成的效果如图12-34所示。至此本图例绘制完成（光盘:\最终文件\第12章\拉伸弹簧.dwg）。

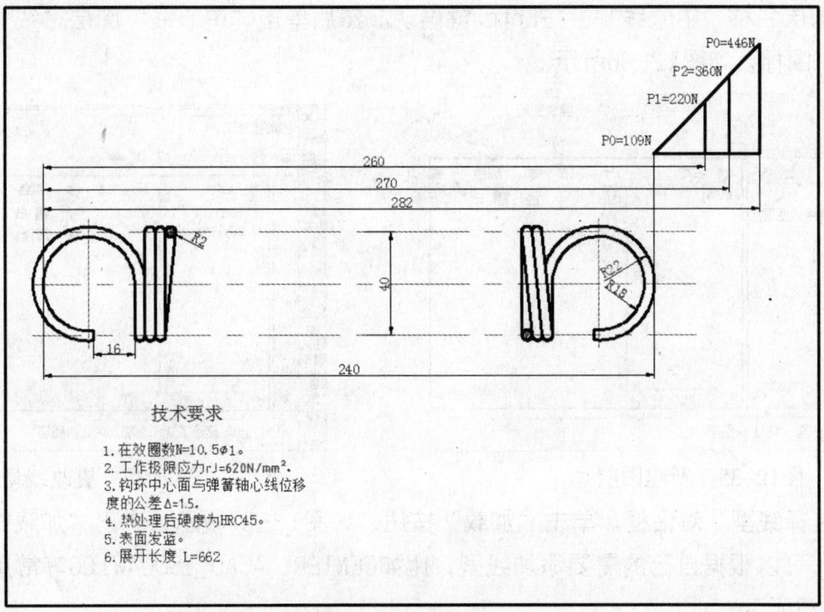

图12-33 技术要求

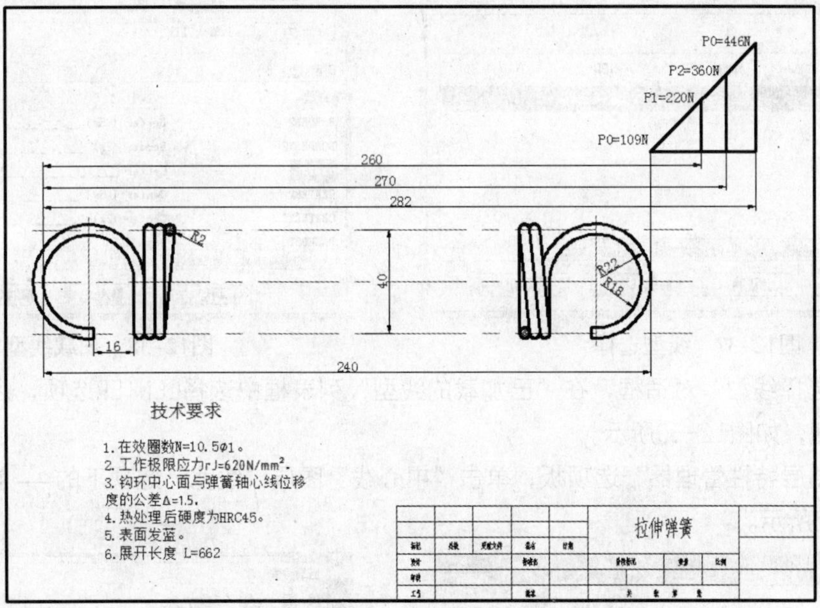

图12-34 最终效果

12.2 联轴器类零件

联轴器类零件在机械传动中具有连接、支撑等重要作用，下面学习这一类型零件的创建。

1. 图层设置

01 启动AutoCAD 2012，新建名为“半联轴器.dwg”的文件，在菜单栏中选择“格式”→“图层”命令，弹出“图层特性管理器”选项板，单击“新建图层”按钮，如图12-35所示。

02 输入新图层名称“中心线”，按Enter键确认。然后单击“中心线”图层“线型”选项下的Contin... 图标，如图12-36所示。

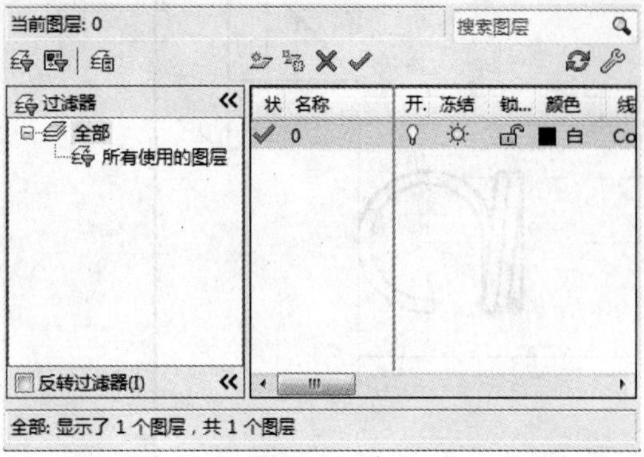

图12-35 新建图层

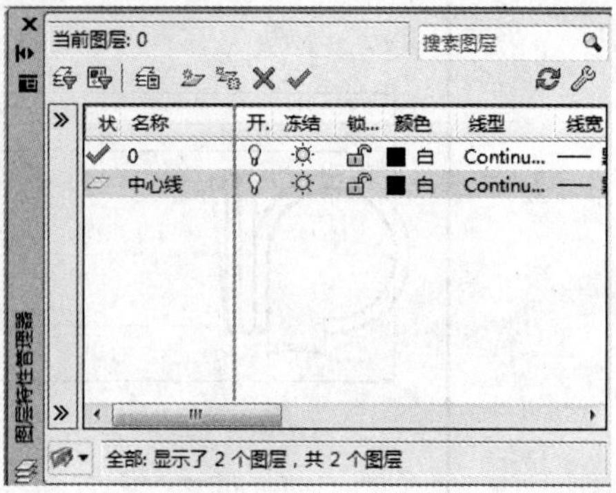

图12-36 更改线型

03 弹出“选择线型”对话框，单击“加载”按钮，如图12-37所示，弹出“加载或重载线型”对话框，可以根据自己的需要添加线型，比如CENTER、ACAD_ISO04W100等常用线型。加载界面如图12-38所示。

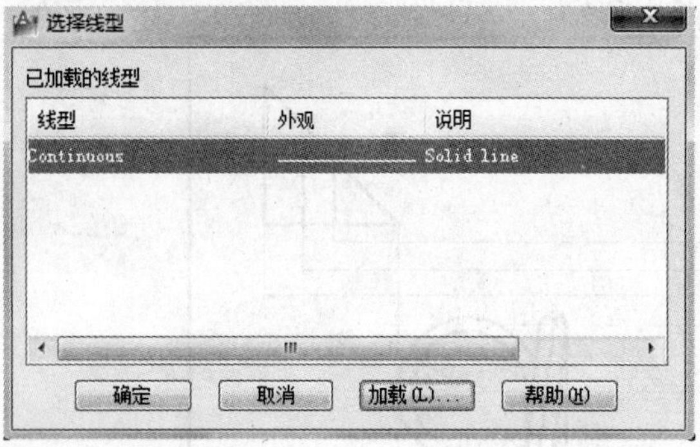

图12-37 线型选择

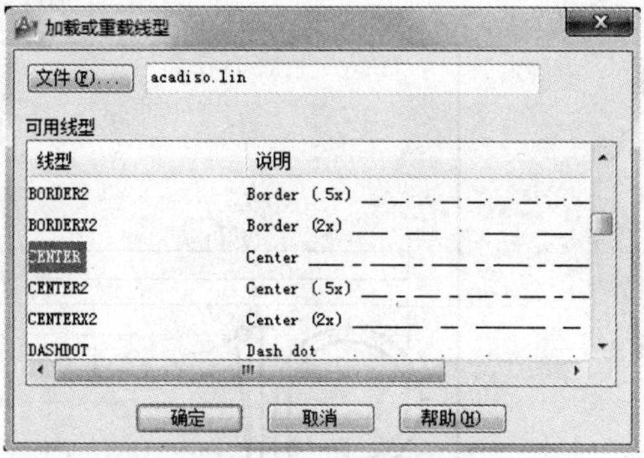

图12-38 加载线型

04 返回“选择线型”对话框，在“已加载的线型”列表框中选择CENTER选项，然后单击“确定”按钮，如图12-39所示。

05 返回“图层特性管理器”选项板，单击“中心线”图层“线宽”选项下的—— 默认图标，如图12-40所示。

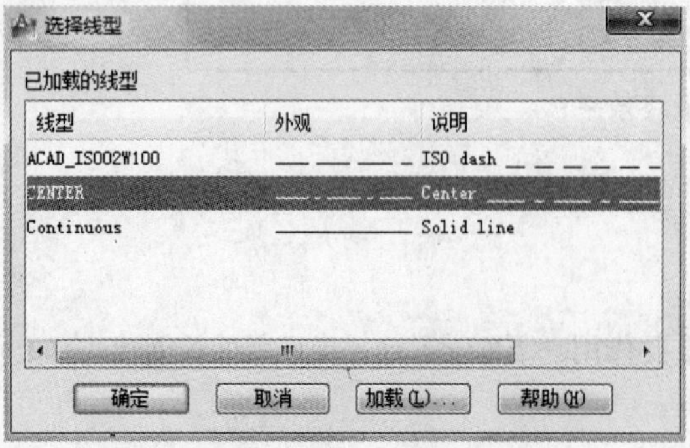

图12-39 选中线型

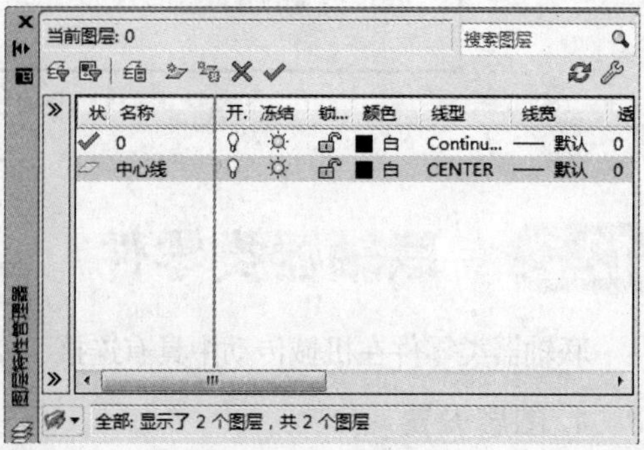

图12-40 选择线宽

06 弹出“线宽”对话框，在“线宽”列表框中选择0.15mm选项，单击“确定”按钮，如图12-41所示。然后将图层颜色设置为“红”，按照相同的方法，创建并设置如表12-2所示的其他图层的特性，效果如图12-42所示。

表12-2　图层设置

图层名称	颜色	线型	线宽/mm	图层名称	颜色	线型	线宽/mm
细实线	白色	Continuous	默认	粗实线	白色	Continuous	0.3
虚线	白色	ACAD_ISO02W100	默认	中心线	红色	CENTER	0.15
标注	蓝色	Continuous	默认	填充	白色	Continuous	默认

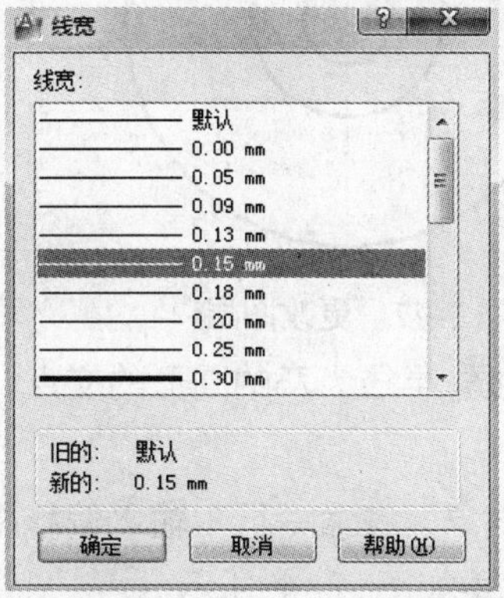

图12-41　选择线宽

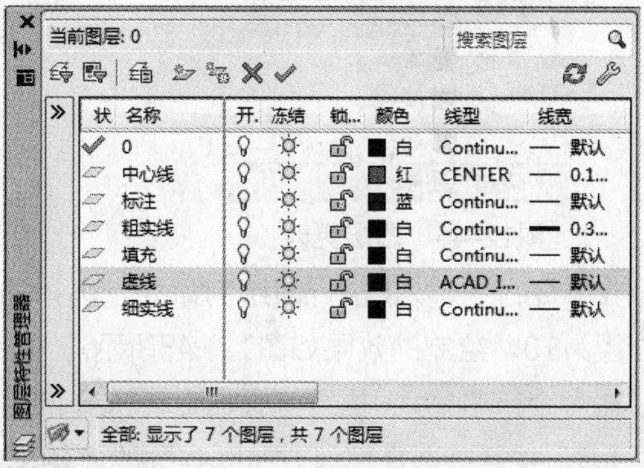

图12-42　图层设置完成

07 双击“中心线”图层，使其成为当前图层，如图12-43所示，然后单击“关闭”按钮，关闭“图层特性管理器”选项板。

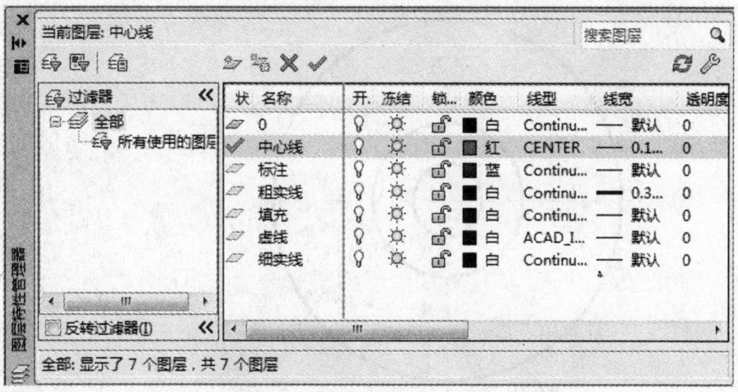

图12-43　置为当前

2. 绘制图形

01 单击状态栏中的“正交模式”按钮以及“对象捕捉”按钮，使它们都变为打开状态。将图层切换至“中心线”，在命令行中执行L命令，绘制长240的水平中心线，然后绘制一条与其等长并且垂直平分的中心线，绘制的效果如图12-44所示。

02 将图层切换至“粗实线”，在命令行中输入C执行圆绘制命令，然后在命令行中输入半径21，圆心选择中心线交点。用同样的方法绘制出同心的半径为45、75、105的圆，效果如图12-45所示。

图12-44　绘制中心线

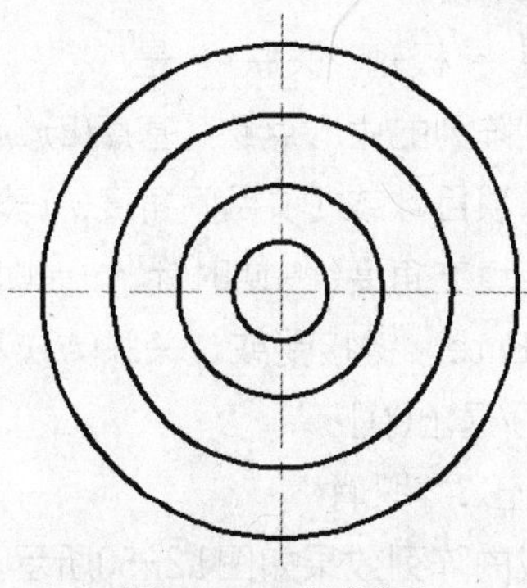

图12-45　绘制圆

03 选中半径为75的圆，然后在功能区中单击“图层”下拉列表框，弹出如图12-46所示的下来列表，选择“中心线”，这样就完成了已绘制图形的图层修改，效果如图12-47所示。

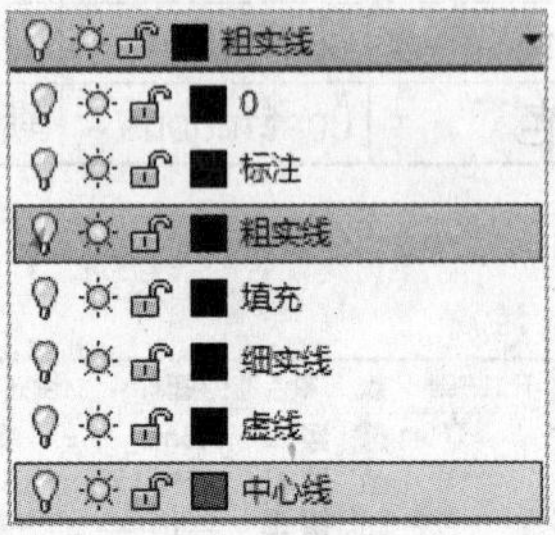

图12-46　图层更改

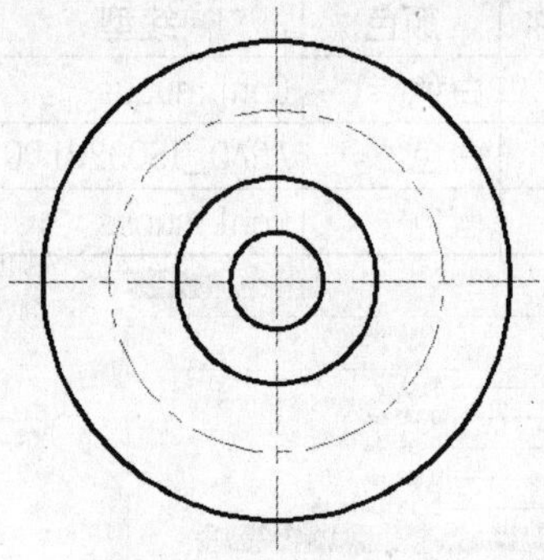
图12-47　更改图层

04 在命令行中输入C执行圆绘制命令，选择的圆心为竖直中心线与半径为75的圆形的交点，半径为10，绘制的效果如图12-48所示。

05 在命令行中输入O执行偏移命令，选择刚才绘制的圆为偏移对象，在命令行中输入偏移距离为9，并且在选择偏移方向时在圆的外侧单击，完成的偏移效果如图12-49所示。

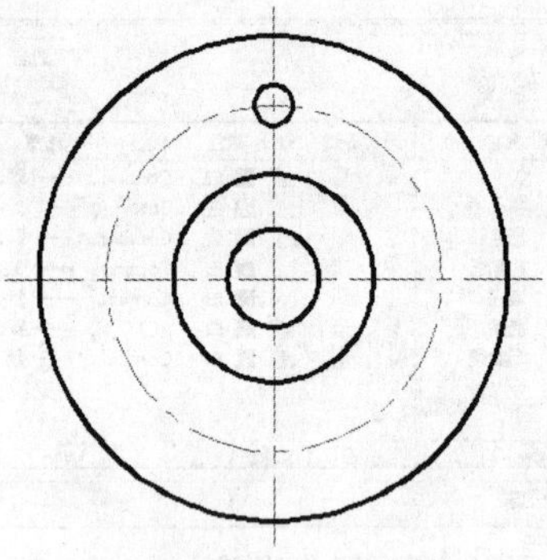
图12-48　绘制圆

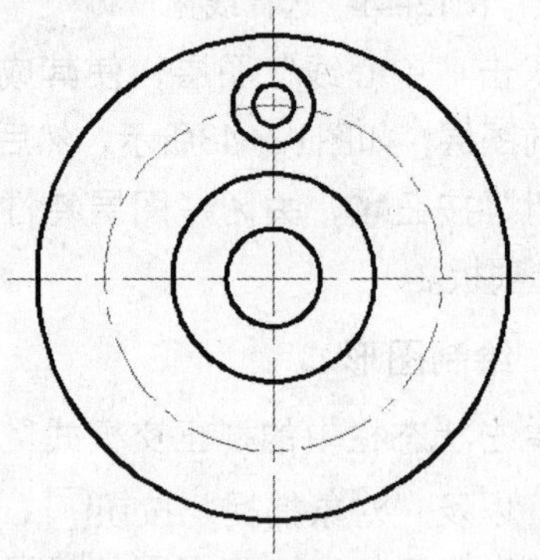
图12-49　偏移

06 选择菜单栏上的“修改”→“阵列”→“环形阵列”命令，执行环形阵列命令，具体操作如下：

选择对象：找到 1 个

选择对象：找到 1 个，总计 2 个　　（选择刚才绘制及偏移的圆）

选择对象：

类型 = 极轴　关联 = 是

指定阵列的中心点或 [基点(B)/旋转轴(A)]:　　（选择最初的中心线的交点）

输入项目数或 [项目间角度(A)/表达式(E)] <4>: 6　　（输入数目为6）

指定填充角度(+=逆时针、-=顺时针)或 [表达式(EX)] <360>:　（阵列角度为360°）

按 Enter 键接受或 [关联(AS)/基点(B)/项目(I)/项目间角度(A)/填充角度(F)/行(ROW)/层(L)/旋转项目(ROT)/退出(X)]

<退出>: *取消*　　（按Esc键退出）

完成的阵列效果如图12-50所示。

07 下面进行键槽的创建。在命令行中输入L执行直线绘制命令，绘制一条长度为12的直线，被竖直中心线平分，并且这条直线在距离水平中心线的距离为24.3的上方。然后再绘制竖直线将其与下方的圆弧连接起来，并利用修剪命令将多余的线条删除，完成的最终效果如图12-51所示。

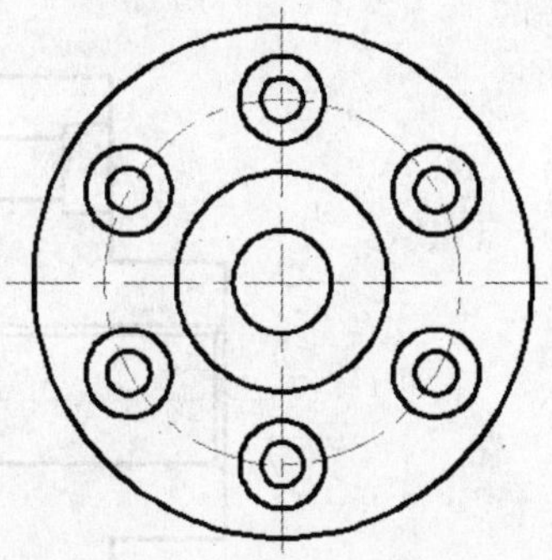

图12-50 阵列效果

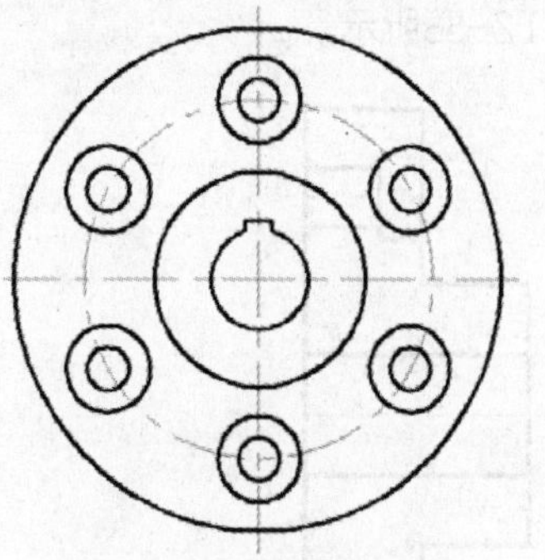

图12-51 创建键槽

08 本视图绘制完成，下面绘制另一个视图。首先将图层切换至“中心线”，以水平中心线的正左方100处为起点向左绘制长度为100的中心线。

09 将图层切换至“粗实线”，在命令行中输入L执行直线绘制命令，选择刚才绘制的水平中心线的右侧端点为起点，向上绘制直线105。将鼠标移向左方，在命令行中输入42并按Enter键。然后向下绘制长度60，向左绘制长度38，向下绘制长度90，向右绘制长度38，向下绘制长度60，再向右绘制长度42，向上绘制长度105，效果如图12-52所示。

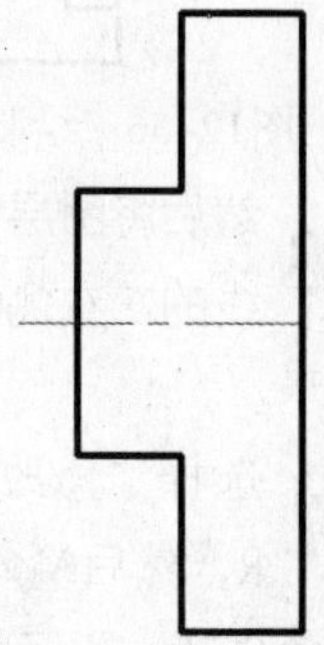

图12-52 绘制直线

10 在命令行中输入O命令，将水平中心线向上及向下各偏移75的距离，然后用夹点调整一下偏移后的中心线，效果如图12-53所示。

11 以上方水平中心线为对称中心线，然后绘制一个台阶孔，上方直径为38，深度为16，下方的直径为20，绘制完成的效果12-54所示。

12 然后将刚才绘制的对象以最初的水平中心线为中心线镜像，效果如图12-55所示。

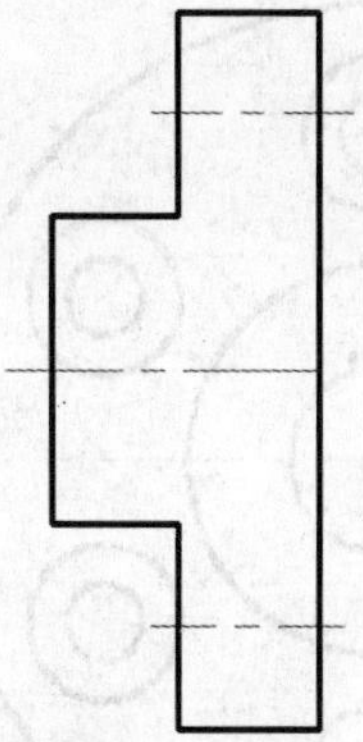

图12-53 偏移

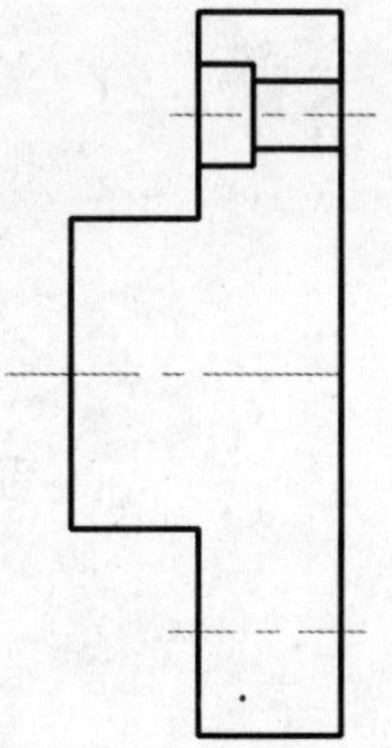

图12-54 绘制直线

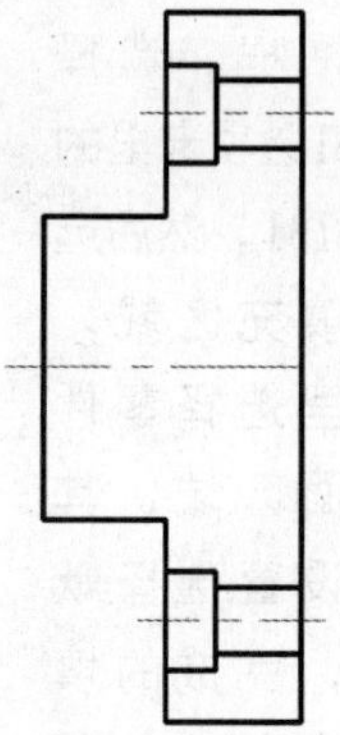

图12-55 镜像效果

13 在最初的水平中心线上方和下方各21处绘制两条水平直线，效果如图12-56所示。

14 命令行中输入O执行偏移命令，将上一步创建的上方的水平线向上平移3.3的距离，并对两条线创建倒角，倒角的距离为3.3X3.3，然后将多余的线条删除。完成的效果如图12-57所示。

15 将图层切换至“中心线”，在距离左侧竖直线20处，绘制一条竖直中心线，完成的效果如图12-58所示。

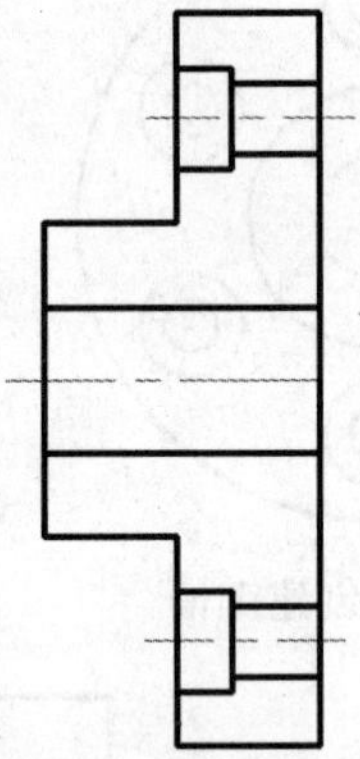

图12-56　绘制直线

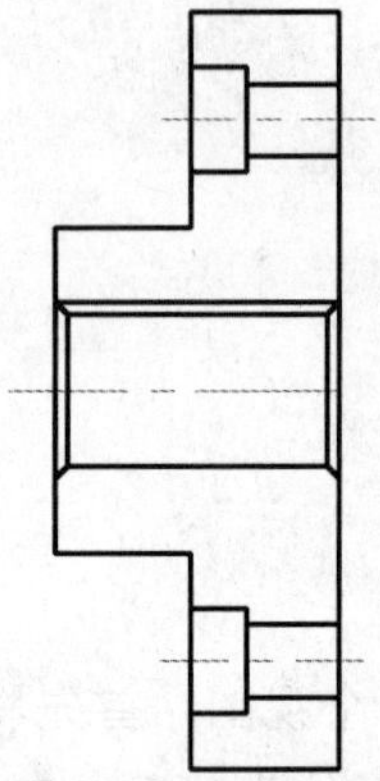

图12-57　偏移及倒角

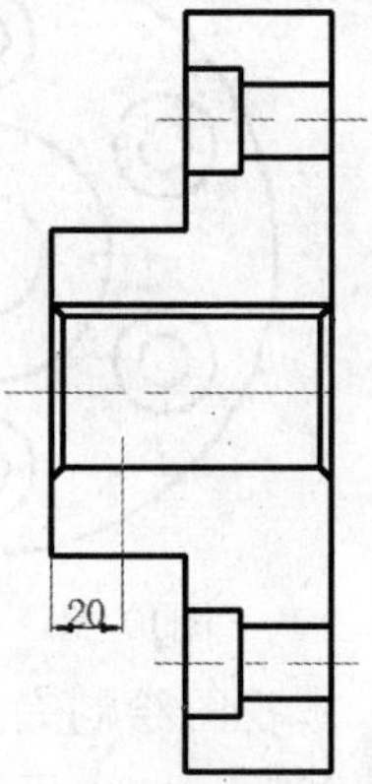

图12-58　绘制中心线

16 然后将图层切换至“粗实线”，在刚才绘制的中心线的左右侧6.5处各绘制一条直线，效果如图12-59所示。

17 选择“修改”→“圆角”命令，在命令行中输入R，然后输入圆角半径3，选择A处的两条线，完成圆角创建。用同样的方法创建B、C以及上方对应位置处的圆角，效果如图12-60所示。

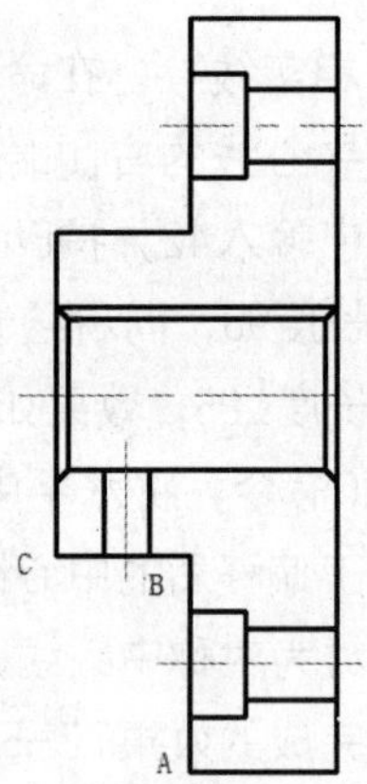

图12-59　绘制直线

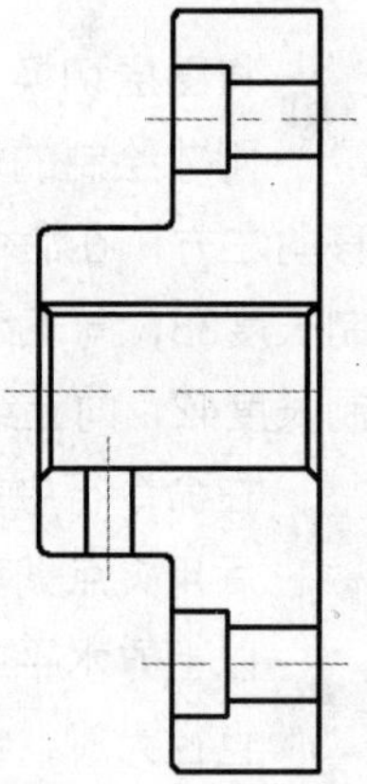

图12-60　圆角操作

18 将图层切换至“填充”，选择“绘图”→“图案填充”命令，系统弹出“图案填充和渐变色”对话框。在对话框中的“样例”后面的图案处单击，系统弹出“填充图案选项板”对话框，选择ANSI选项卡里的ANSI31，然后选择填充区域，这里选择零件截面区域，其余设置选择默认，完成的填充效果如图12-61所示。

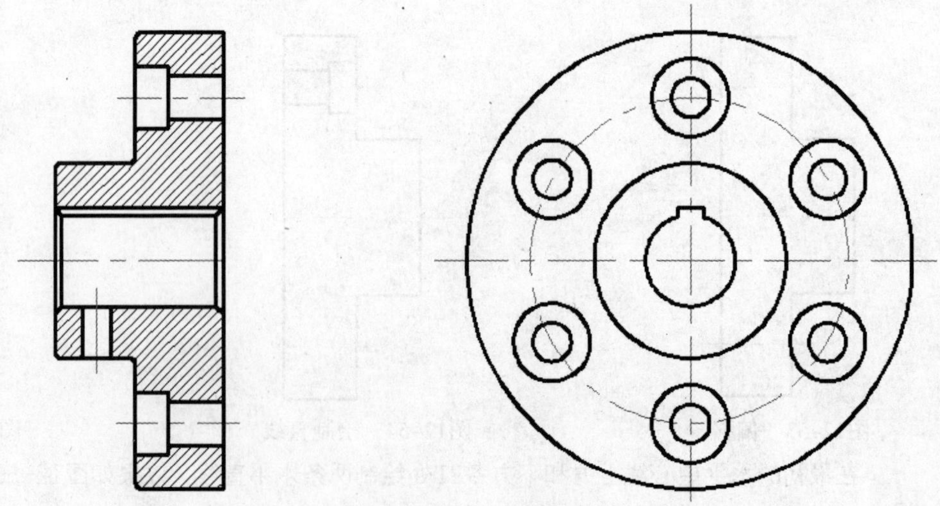

图12-61　填充效果

3. 标注图形

01 选择“格式”→“标注样式”命令，系统弹出“标注样式管理器”对话框。单击“新建”按钮，在“新样式名”文本框中输入“半联轴器”，效果如图12-62所示。

02 单击“继续”按钮，系统弹出“新建标注样式”对话框，在这里将“文字颜色”设置为“蓝”，“文字高度”设置为6，“箭头大小”设置为4，主单位“精度”设置为0.0，其余选项选择默认，然后单击“确定”按钮，再单击“置为当前”按钮完成标注样式的新建，效果如图12-63所示。

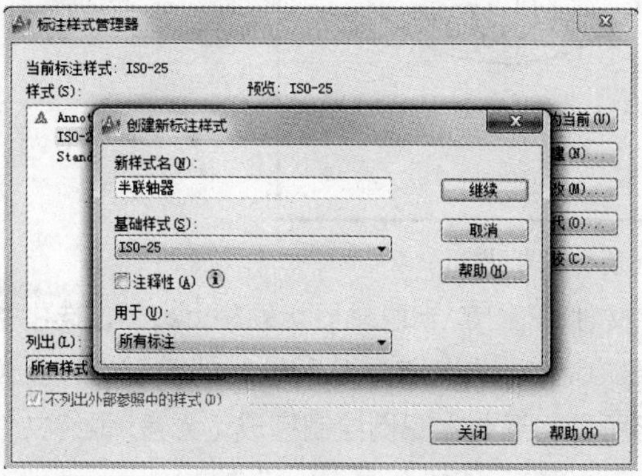

图12-62　新建标注样式

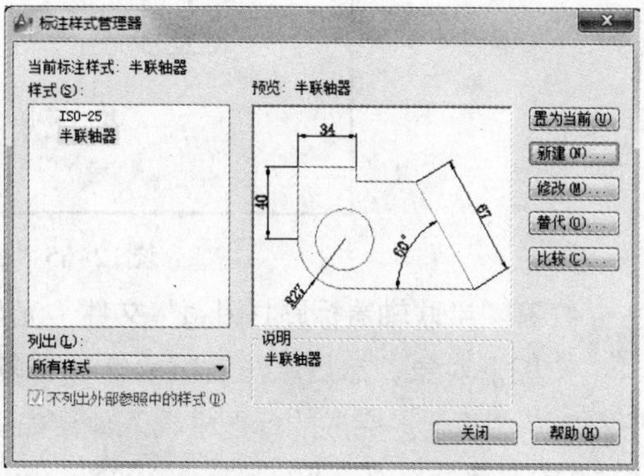

图12-63　标注样式效果

03 将图层切换至“标注”，选择“标注”→“线性标注”命令，对图形中的一些线性尺寸进行标注，同时利用“标注”→“半径”标注方式对图形中的一些圆弧尺寸进行标注，完成的标注效果如图12-64所示。

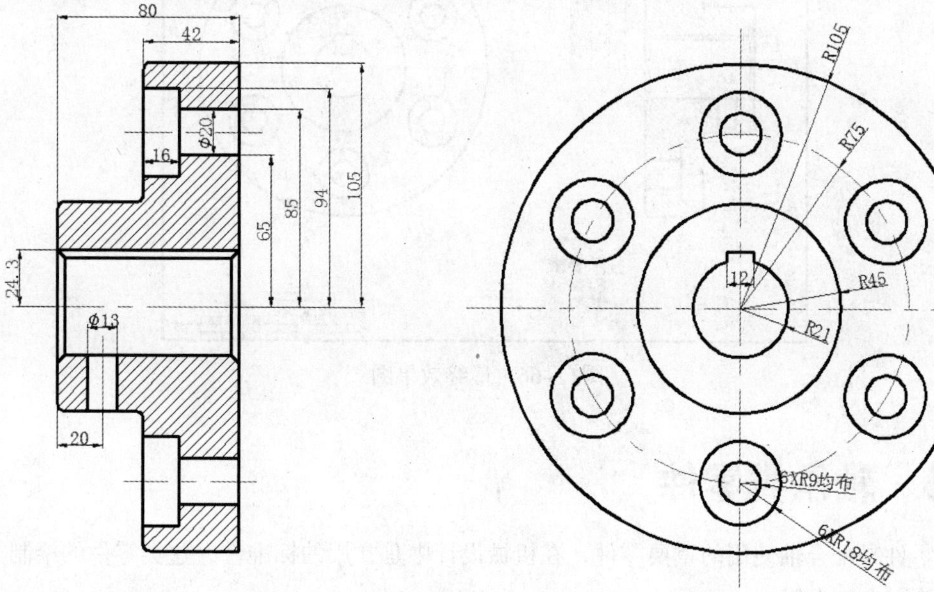

图12-64　标注效果

04 将图层切换至“粗实线”，然后绘制一个340×470的矩形框，将图形放在矩形框中间。将图层切换至“标注”，在绘图区输入技术要求的相关内容，完成的效果如图12-65所示。

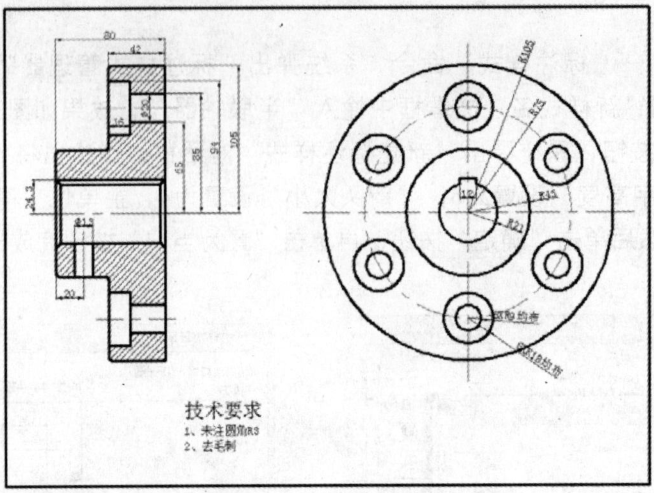

图12-65　添加边框及技术要求

05 打开“半联轴器标题栏.dwg”文件（光盘:\原始文件\第12章\半联轴器标题栏.dwg），选中整个图形对象，然后单击右键，选择“复制选择”命令，将其复制到所绘制的图形中，使之与右下角相重合。完成的标题栏插入效果如图12-66所示，至此本图例绘制完成（光盘:\最终文件\第12章\半联轴器.dwg）。

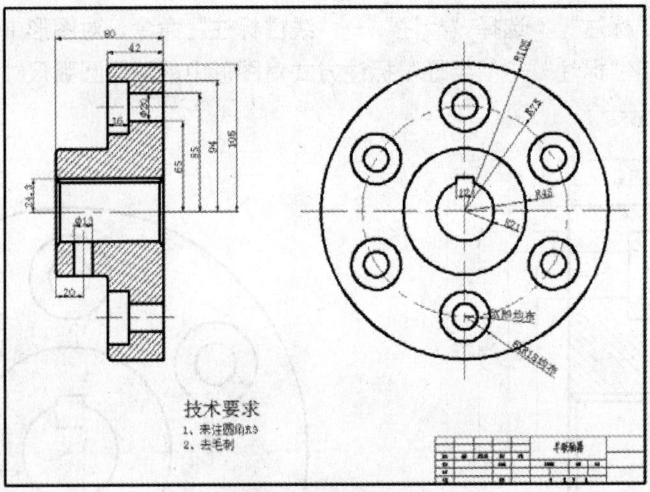

图12-66　最终效果图

12.3 轴承类零件

轴承零件是配合轴使用的重要零件，在机械设计中是常用的标准件，这类零件的绘制方法与其他零件绘制方法类似。

01 启动AutoCAD 2012，新建名为“轴承.dwg”的文件，在菜单栏中选择“格式”→“图层”命令，弹出“图层特性管理器”选项板，如图12-67所示。

02 参照之前几个实例中的方法，创建如表12-3所示的图层，完成的创建效果如图12-68所示。

表12-3 图层设置

图层名称	颜色	线型	线宽/mm	图层名称	颜色	线型	线宽/mm
细实线	白色	Continuous	默认	粗实线	白色	Continuous	0.3
虚线	白色	Continuous	默认	中心线	红色	CENTER	0.15
标注	蓝色	Continuous	默认	填充	白色	Continuous	默认

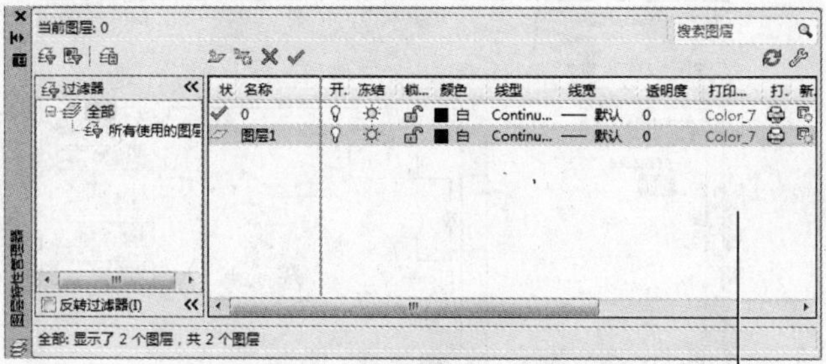

图12-67 图层特性管理器

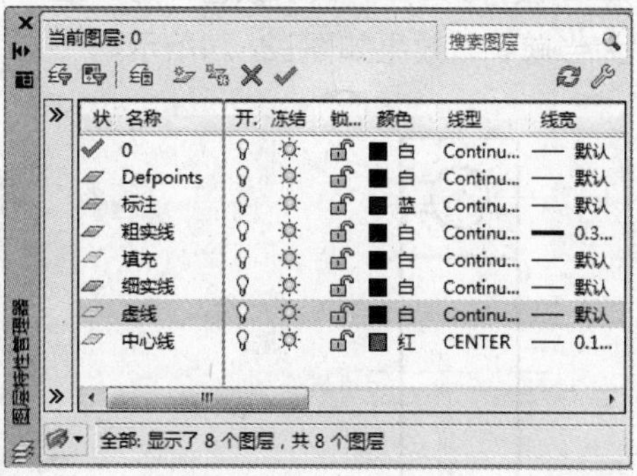

图12-68 图层设置

03 将图层切换至“中心线”，将“正交”模式打开，在绘图区中绘制一条长25的水平中心线。然后将该中心线向上和下均平移23的距离，在上、下两条中心线处绘制两条长20的竖直中心线，使它们相互垂直平分，完成的绘制效果如图12-69所示。

04 将图层切换至“粗实线”，绘制如图12-70所示尺寸的线条，这里要注意图形的对称线。

05 继续绘制图形，利用直线及圆命令绘制出圆及直线效果，然后利用修剪命令绘制出如图12-71所示的效果。

06 选择上两步创建的图形对象，然后选择“修改”→“镜像”命令，选择中间的水平中心线为镜像中心，完成的镜像效果如图12-72所示。

图12-69 绘制中心线

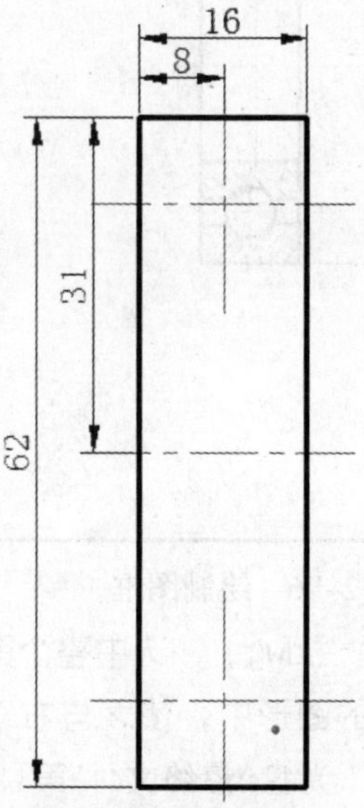

图12-70 绘制线条

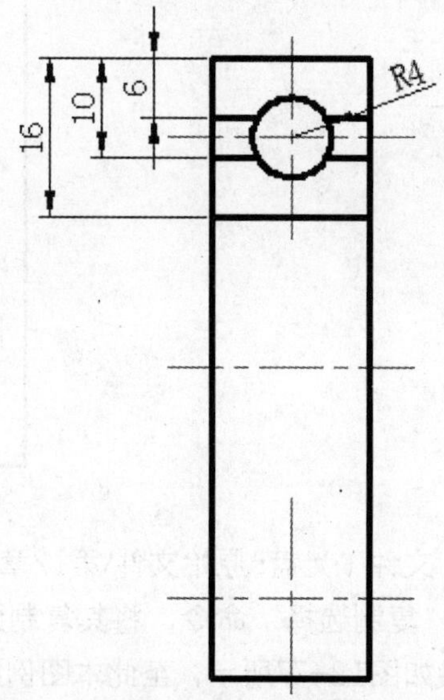

图12-71 绘制图形

图12-72 镜像效果

07 将图层切换至“填充”，选择“绘图”→“图案填充”命令，这里选择的填充图案为ANSI31，填充区域为轴承的内外环，但要注意内圈和外圈填充的具体设置有区别，完成的填充效果如图12-73所示。

08 选择“格式”→“标注样式”命令，新建一个名为“轴承”的标注样式，设置标注“文字高度”为3，“文字颜色”为“蓝”，“箭头大小”为2，主单位“精度”为0，然后将其“置为当前”，效果如图12-74所示。

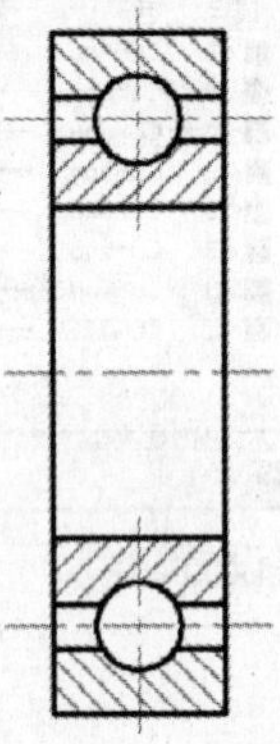

图12-73 填充

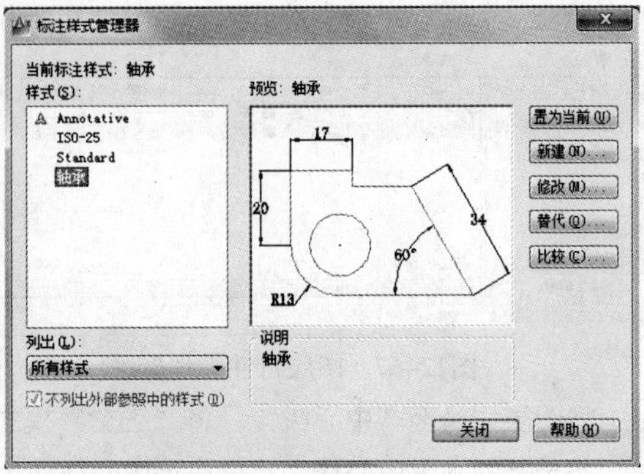

图12-74 标注样式

09 将图层切换至“标注”，然后选择“标注”→“线性标注”和“标注”→“直径”命令，对轴承的尺寸进行标注，完成效果如图12-75所示。

10 将图层切换至“粗实线”，绘制一个高120、宽90的矩形，使其包围在图形周围，完成的效果如图12-76所示。

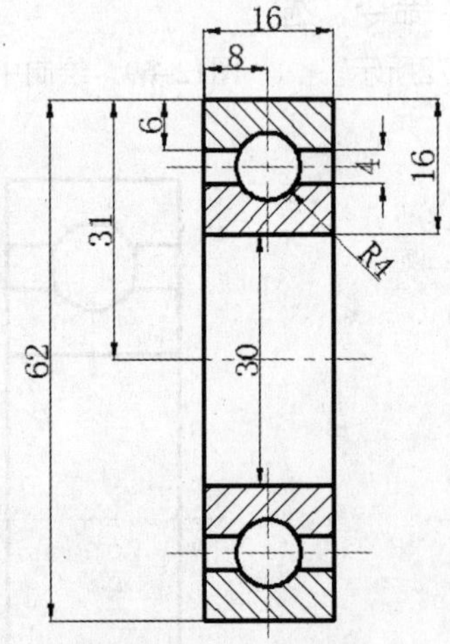

图12-75 标注效果

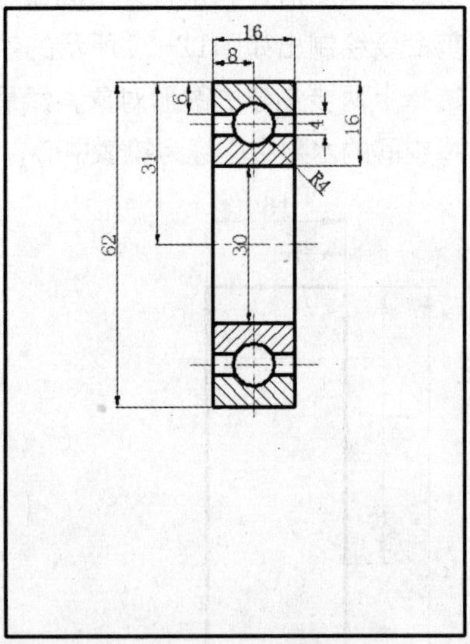

图12-76 绘制图框

11 打开“轴承标题栏.dwg”文件（光盘:\原始文件\第12章\轴承标题栏.dwg），选中整个图形对象，然后单击右键选择“复制选择”命令，将其复制到所绘制的图形中，使之与右下角相重合，完成的标题栏插入效果如图12-77所示，至此本图例绘制完成（光盘:\最终文件\第12章\轴承.dwg）。

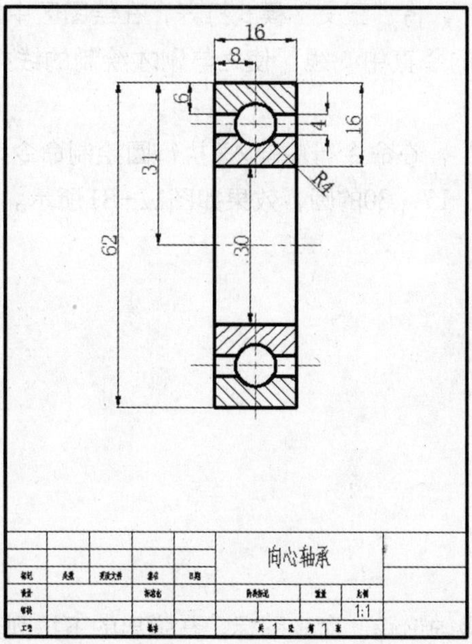

图12-77　最终效果

12.4 离合器类零件

离合器是非常常用的零件，下面将介绍这类零件的绘制方法。

01 启动AutoCAD 2012，新建名为“离合器.dwg”的文件，在菜单栏中选择“格式”→“图层”命令，弹出“图层特性管理器”选项板，如图12-78所示。

02 参照之前几个实例中的方法，创建如表12-4所示的图层，完成的创建效果如图12-79所示。

表12-4　图层设置

图层名称	颜色	线型	线宽/mm	图层名称	颜色	线型	线宽/mm
细实线	白色	Continuous	0.15	粗实线	白色	Continuous	0.3
文字标注	蓝色	Continuous	默认	中心线	红色	CENTER	0.15
标注	白色	Continuous	0.15				

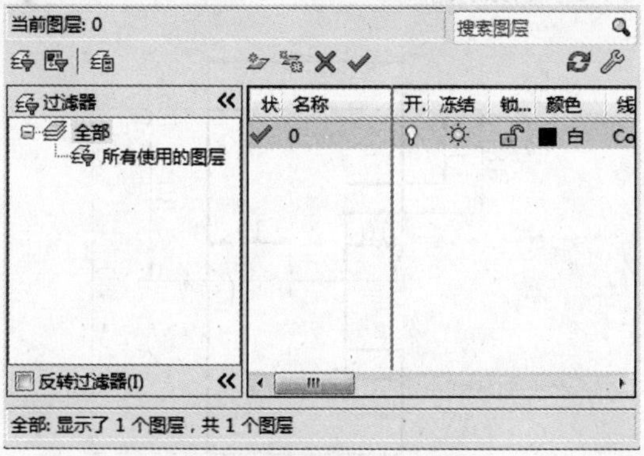

图12-78　图层特性管理器

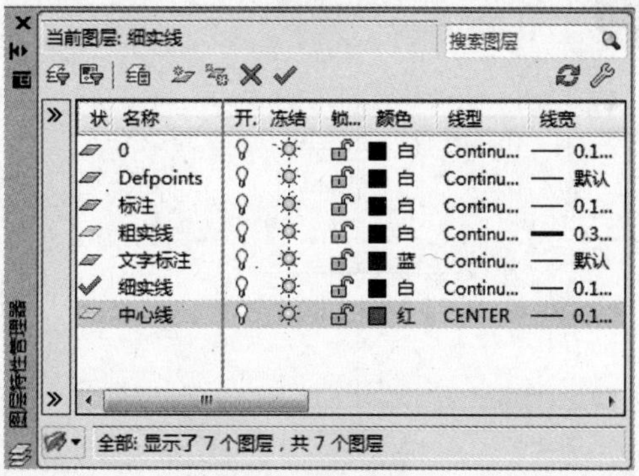

图12-79　图层

03 将图层切换至“中心线”，将“正交”模式打开，在绘图区中绘制一条长80的水平中心线。然后再绘制一条长为80的竖直中心线，使之与刚才绘制的线相互垂直平分，绘制效果如图12-80所示。

04 将图层切换至“粗实线”，在命令行中输入C执行圆绘制命令，以刚才绘制的中心线的交点为圆心，绘制半径为15、17、30的圆，效果如图12-81所示。

图12-80　绘制中心线

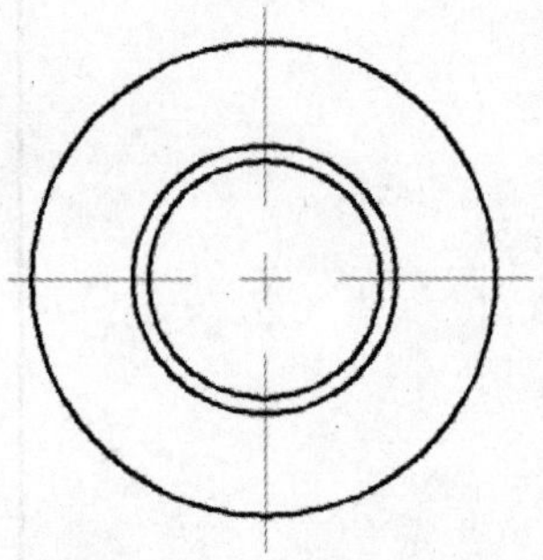

图12-81　绘制圆效果

05 右键单击状态栏里的“极轴追踪”命令图标，在弹出的下拉列表中选择45°。然后左键单击“极轴追踪”，绘制如图12-82所示的直线。

06 选择“修改”→“修剪”命令，选中绘图区中的所有对象，单击右键后在用左键选择要修剪掉的对象。完成的修剪效果如图12-83所示。

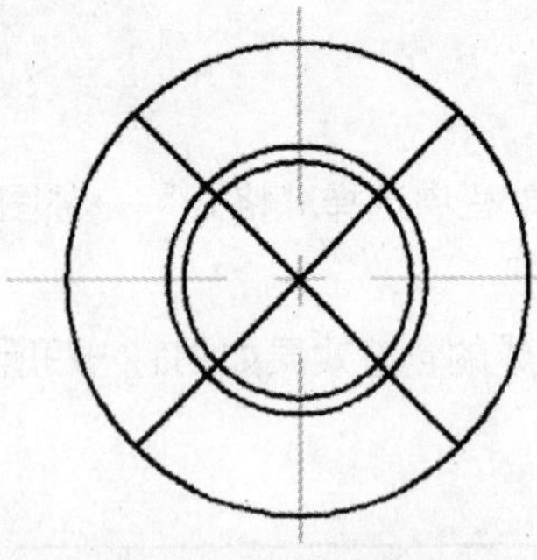

图12-82　绘制直线

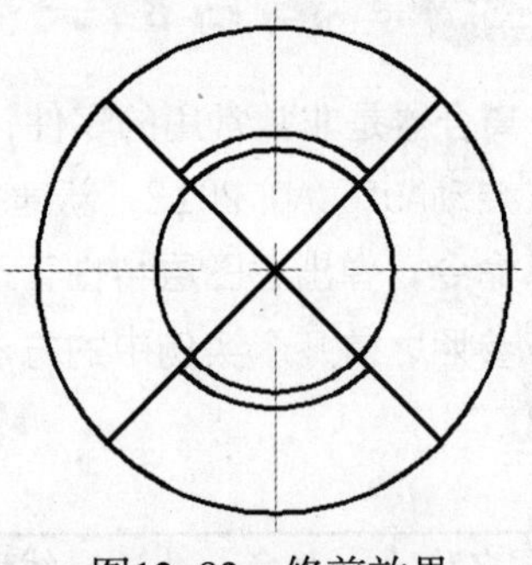

图12-83　修剪效果

07 将图层切换至“中心线”，绘制两条相互垂直平分的水平及竖直的中心线，水平中心线长45，竖直中心线长80，效果如图12-84所示。

08 将图层切换至“粗实线”，绘制如图12-85所示尺寸的线条。

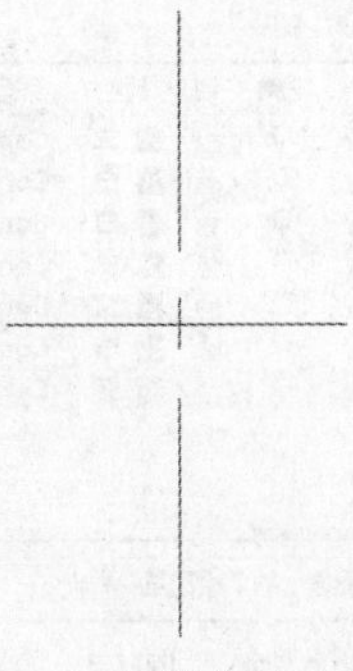

图12-84　绘制中心线

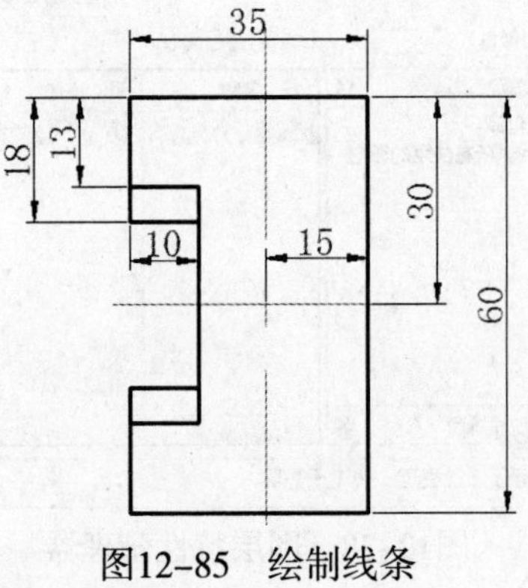

图12-85　绘制线条

09 绘制两条水平线，它们分布在水平中心线上下的15处，完成的绘制效果如图12-86所示。

10 同样的方法在竖直中心线的两侧绘制两条直线，它们距离竖直中心线的距离为5，上下两处共四条直线，绘制效果如图12-87所示。

11 下面进行倒角的创建，倒角的尺寸为2×2，位置在内侧且在第10步中创建的水平线的右端点处，完成的倒角效果如图12-88所示。

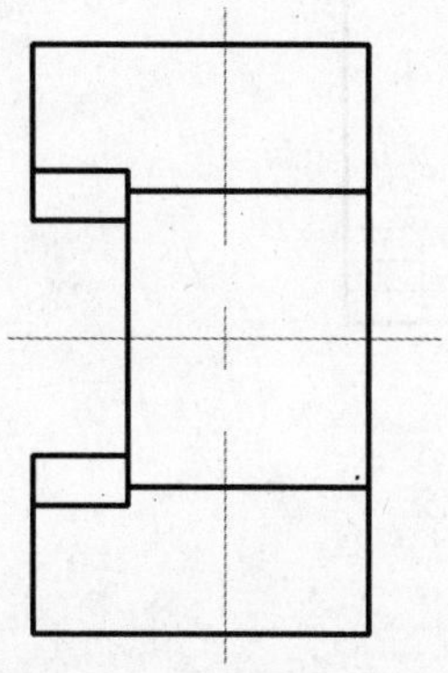

图12-86　绘制直线

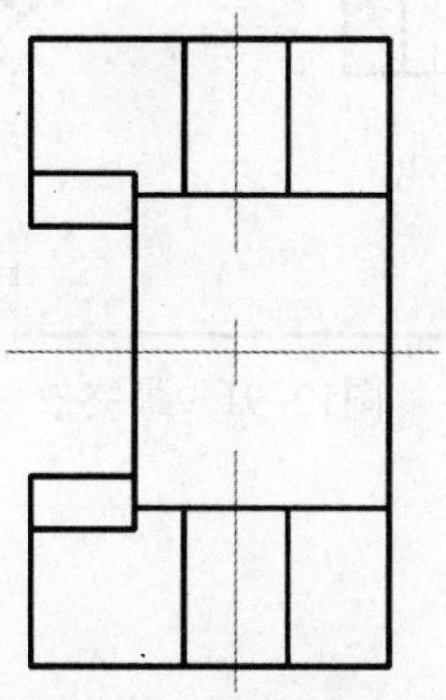

图12-87　绘制直线

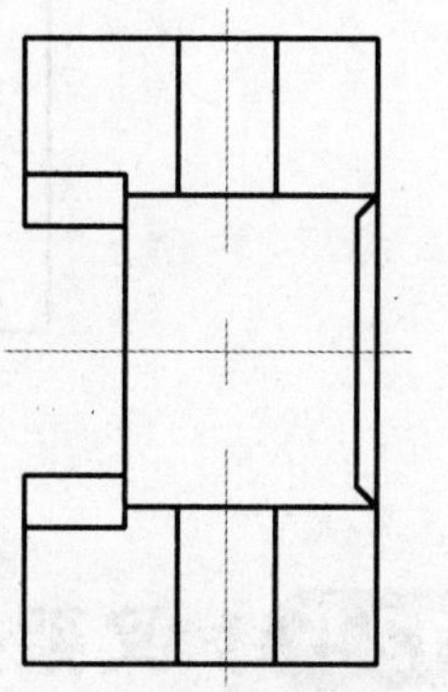

图12-88　创建倒角

12 将图层切换至“填充”，然后选择“绘图”→“图案填充”命令，在弹出的对话框中“样例”后面的图案处单击，选择ANSI选项卡中的ANSI31，再用“添加：拾取点”方法选取填充图案，其余设置选择默认，完成的效果如图12-89所示。

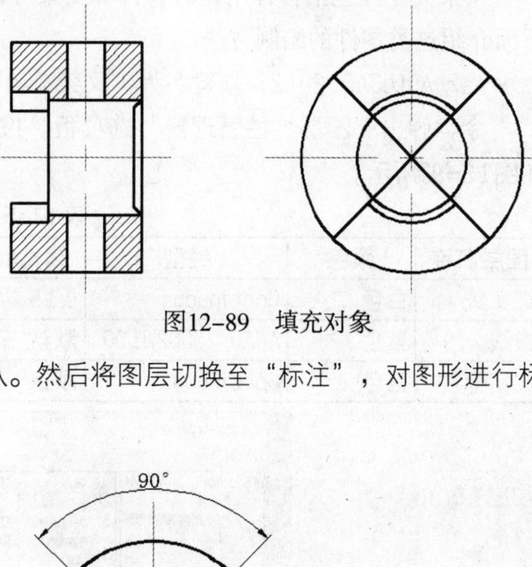

图12-89　填充对象

13 然后进行标注样式的创建，标注“文字颜色”为“白”，“文字高度”为5，“箭头大小”为4，主单位“精度”为0，其余选择默认。然后将图层切换至“标注”，对图形进行标注，效果如图12-90所示。

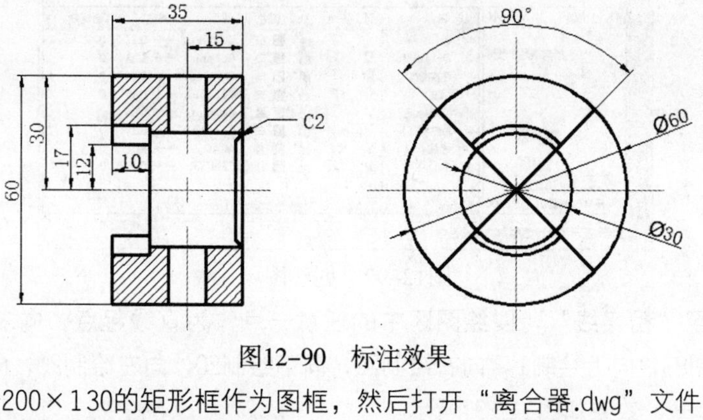

图12-90　标注效果

14 首先绘制一个200×130的矩形框作为图框，然后打开“离合器.dwg”文件（光盘:\原始文件\第12章\离合器标题栏.dwg），并将其复制到本图形中，效果如图12-91，至此本图例绘制完成（光盘:\最终文件\第12章\离合器标题栏.dwg）。

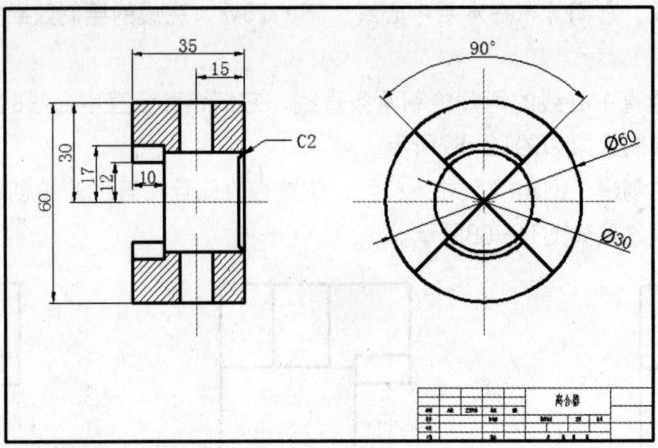

图12-91　最终效果

12.5 叉架类零件

叉架类零件包括各种用途的叉杆和支架零件。一般由支撑部分、工作部分和连接部分组成。下面介绍这类零件的绘制方法。

01 启动AutoCAD 2012，新建名为“叉架.dwg”的文件。在菜单栏中选择“格式”→“图层”命令，弹出“图层特性管理器”选项板。按照如表12-5所示的参数进行图层设置，设置效果如图12-92所示。

表12-5　图层设置

图层名称	颜色	线型	线宽/mm	图层名称	颜色	线型	线宽/mm
细实线	白色	Continuous	0.15	粗实线	白色	Continuous	0.3
虚线	蓝色	ACAD_ISO02W100	默认	中心线	红色	CENTER	0.15
文字标注	蓝色	Continuous	默认	填充	白色	Continuous	0.15

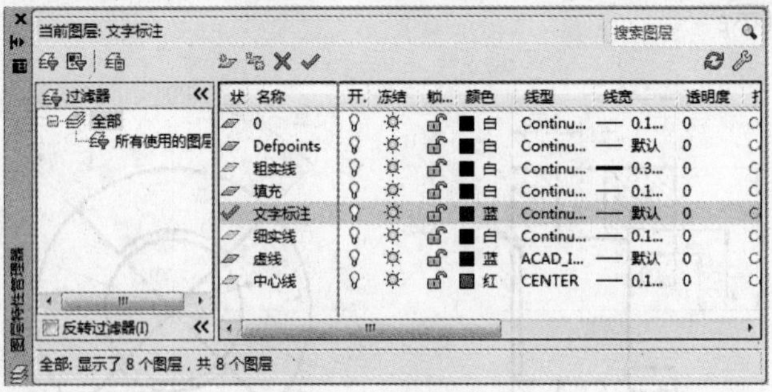

图12-92　创建图层

02 将图层切换至“粗实线”，以绘图区中的任意一点作为直线起点，向左绘制8，向上绘制32，向右绘制83，向上绘制1，向右绘制20，向下绘制20，向左绘制20，向上绘制1，再将其与最初的点连接起来，效果如图12-93所示。

03 在绘制的图形内部继续绘制线条，具体尺寸及绘制效果如图12-94所示。

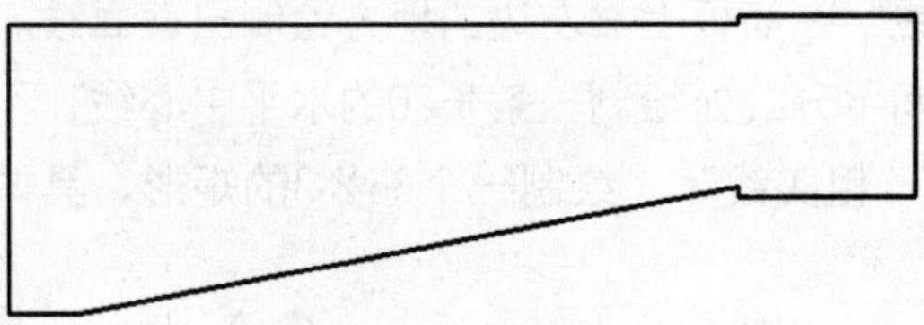

图12-93　绘制直线

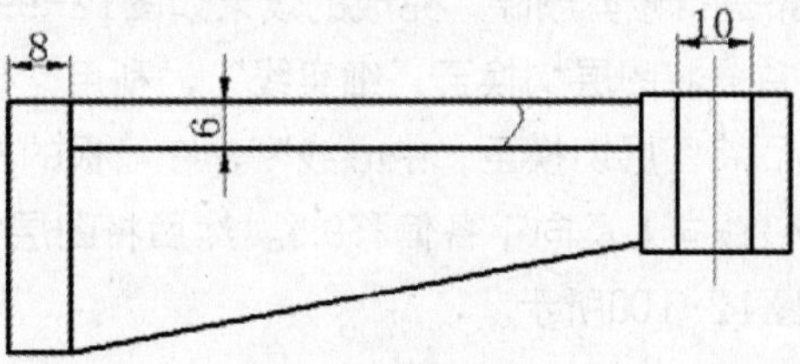

图12-94　绘制线条

04 将图层切换至“虚线”，继续在图形中绘制线条对象。绘制出一个虚线矩形框，具体尺寸为29×5，位置为如图12-95所示的A处。然后继续绘制虚线，并绘制出中心线，具体尺寸及效果如图12-95所示。

05 下面进行图案填充。首先将图层切换至“填充”，然后选择“绘图”→“图案填充”命令，依然选择最常用的ANSI31为填充图案，选择右侧的局部剖视位置为填充区域，完成的填充效果如图12-96所示。

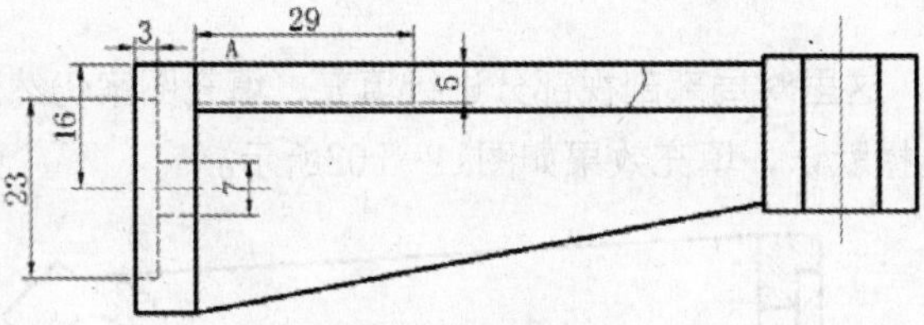

图12-95　绘制虚线

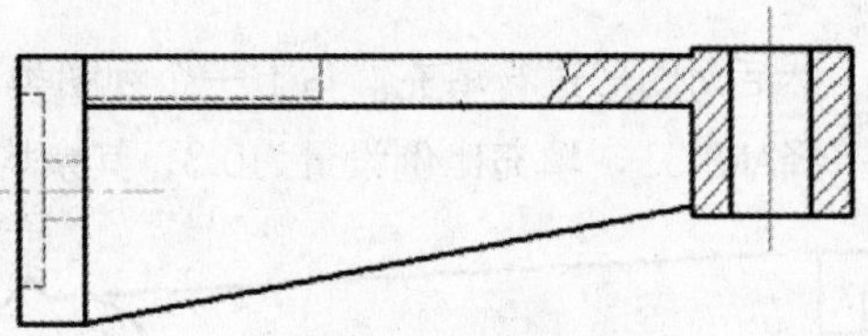

图12-96　填充效果

06 下面进行另一个视图的绘制。首先将图层切换至“中心线”，绘制两条长为30的竖直及水平中心线，使它们相互垂直平分。然后将图层切换至“粗实线”，在刚才绘制的竖直中心线左侧93处绘制竖直直线，长度为45，具体的位置关系如图12-97所示。

07 以右侧的中心线的交点为圆心绘制两个同心圆，半径分别为5和10。然后在左侧绘制线条，以最初的左侧的长45的竖直线的下端点为直线起点向右绘制长度为8的直线，再向上方绘制20，然后向右绘制直线，使之与半径为10的圆相切。用同样的方法以长度为45的直线上端点为直线的起点向右绘制长度为8的直线，然后捕捉切点，将刚才绘制直线的终点与右侧的半径为10的圆相切（打开对象捕捉中的“切点”），以刚才连接的起始点为起点向下绘制20，再向右绘制使之与右侧的圆相交，完成的效果如图12-98所示。

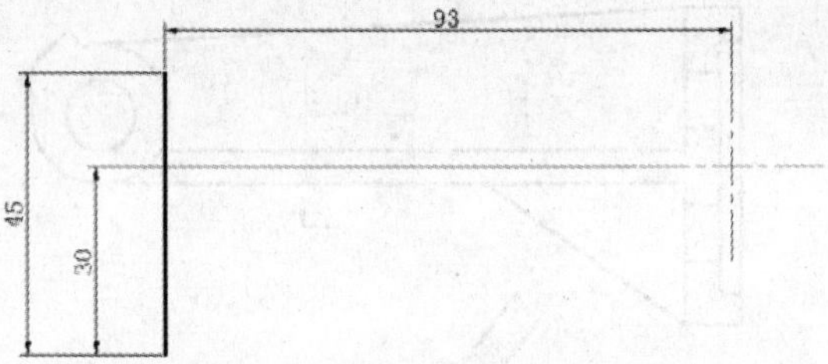

图12-97　绘制中心线及直线

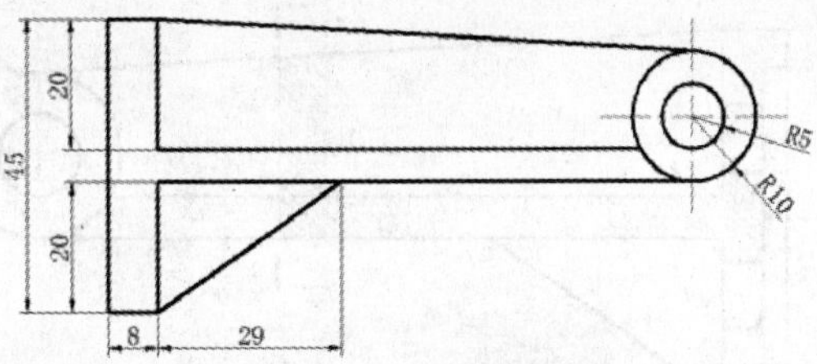

图12-98　绘制线条

08 将图层切换至“中心线”层，启动极轴追踪，追踪角度为45°，然后以右侧的中心线的交点为起点向右上方45°处绘制一条长12的直线。将图层切换至“粗实线”，以刚才绘制的直线的终点为再次绘制直线的起点，向左上及右下方45°处各绘制5，再与之前绘制的中心线平行的方向上绘制直线，使之与圆相交。用同样的方法绘制向两侧3的地方绘制虚线，然后将所有多余的线条进行修剪删除，完成的效果如图12-99所示。

09 首先将图层切换至“细实线”，利用“样条曲线”在筋板上靠左边的地方绘制出截面线。然后将图层切换至“中心线”，在筋板的左方中间平分线处绘制一条长20的水平中心线，再将该中心线向上及向下各偏移9.5。然后将图层切换至“粗实线”，绘制一个36×3的矩形，具体位置如图12-100所示。

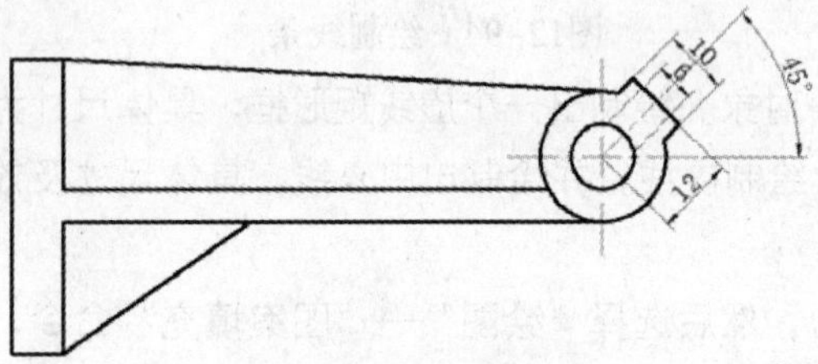

图12-99　绘制线条

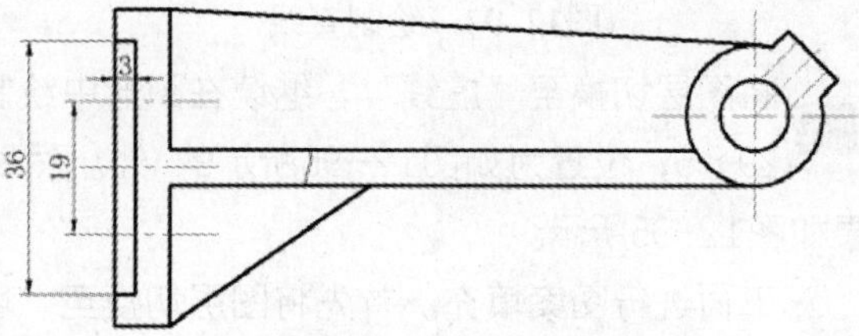

图12-100　绘制中心线

10 在上一步偏移后的两条中心线两侧距离为4处各绘制两条直线，效果如图12-101所示。

11 然后对图形进行填充。与上一个视图类似，这里对局部剖视部分进行填充，填充图案仍然选择ANSI31，填充比例设置为0.3，其余均选择默认，填充效果如图12-102所示。

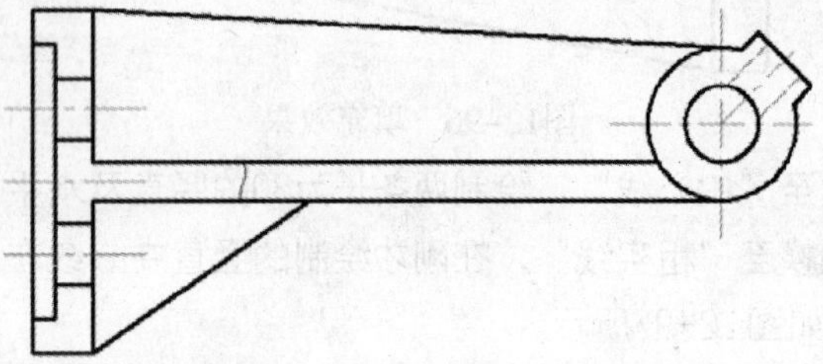

图12-101　绘制孔效果

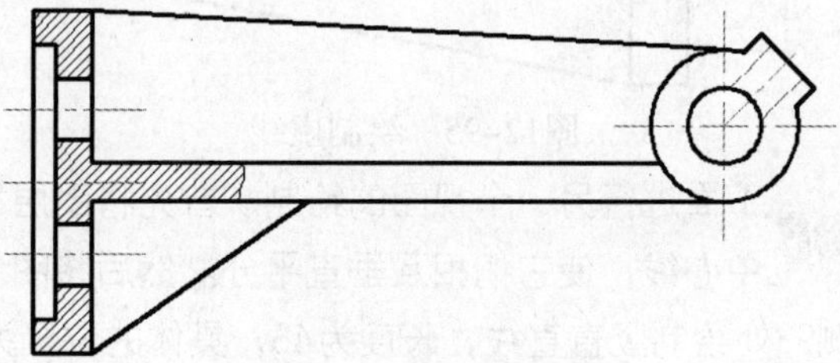

图12-102　填充效果

12 下面对图形的中间部位进行剖视的绘制，具体的尺寸大约在筋板的中间靠右处，剖切后的具体尺寸如图12-103所示。完成剖切后对其进行填充，效果如图12-103所示。

13 用同样的方法创建如图12-104所示的剖视效果。

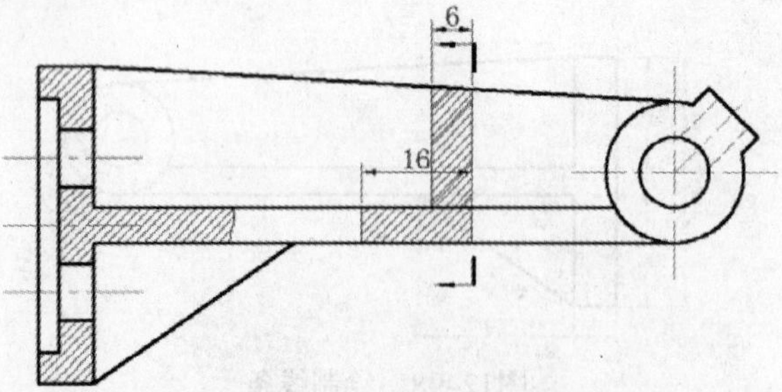

图12-103　剖视效果1

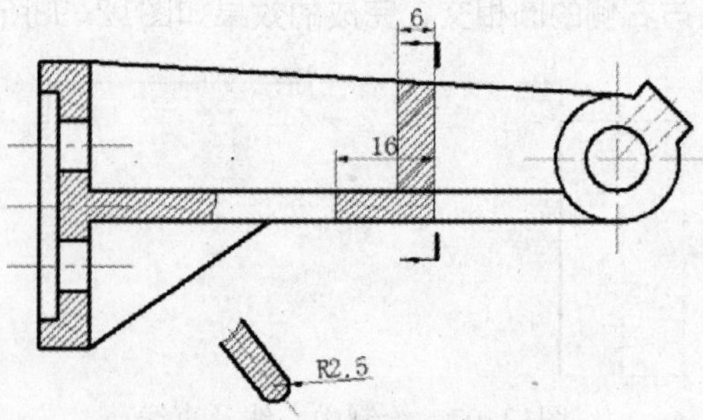

图12-104　剖视效果2

14 在本视图右上方的圆处创建A向视图符号，然后将A向视图绘制出来，效果如图12-105所示。

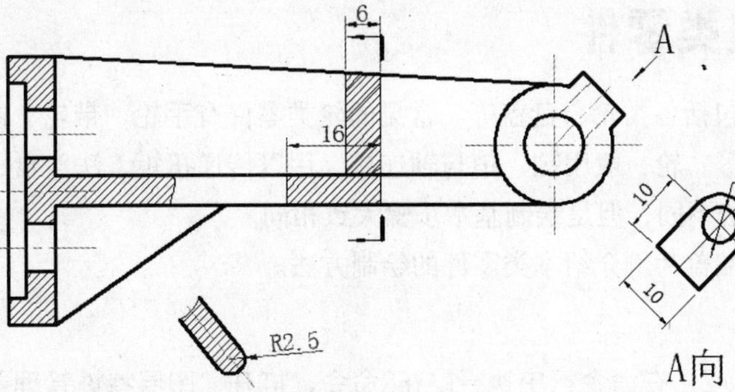

图12-105　A向视图

15 利用标注命令对各个视图进行标注，具体标注效果如图12-106所示。

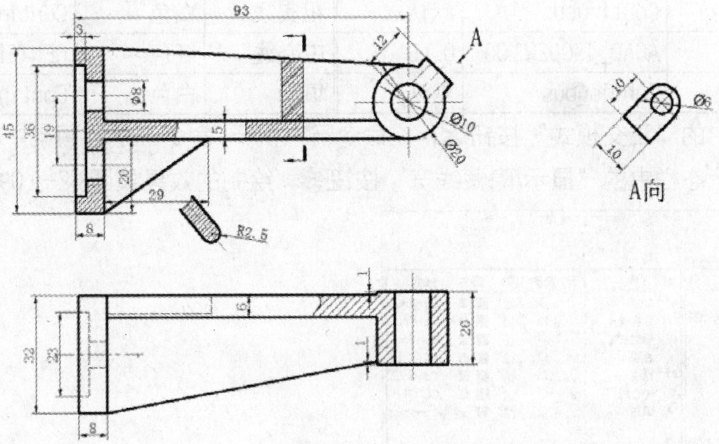

图12-106　标注

16 首先将图层切换至“粗实线”，绘制一个150×230的矩形框作为图框，然后打开“叉架标题栏.dwg”文件（光盘:\原始文件\第12章\叉架标题栏.dwg），将标题栏复制到本实例中，完成的最终效果如图12-107，至此本实例创建完成（光盘:\最终文件\第12章\叉架.dwg）。

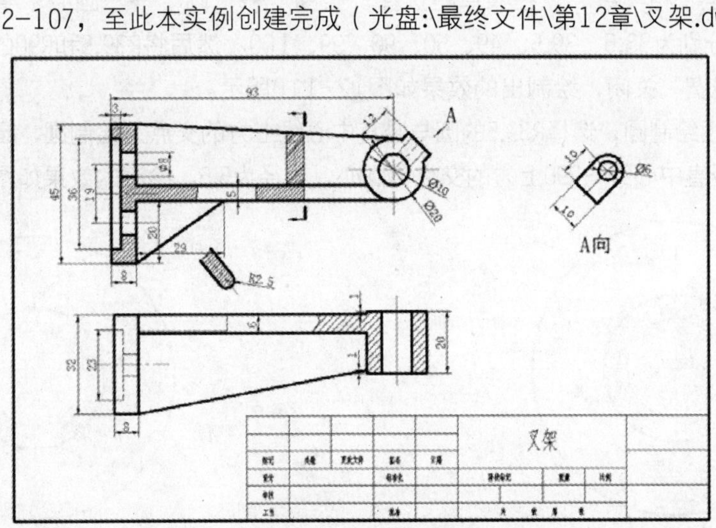

图12-107　最终效果

12.6 盘盖类零件

盘盖类零件主要包括各类轮、盘盖等。常见的轮类零件有手轮、带轮、链轮等，常见的盘盖零件有法兰盘、端盖等。轮一般用键、销与轴连接，用以传递扭矩。法兰盘、端盖用于支撑、定位、密封等。它们用法不同，但是绘制基本步骤大致相同。

下面我们以一个端盖为例介绍本类零件的绘制方法。

1. 绘制图形

01 启动AutoCAD 2012，在命令行中执行LAYER命令，打开“图层特性管理器”选项板，按照表12-6创建如图12-108所示的图层，并切换至“中心线”为当前层。

表12-6 图层设置

图层名称	颜色	线型	线宽/mm	图层名称	颜色	线型	线宽/mm
细实线	蓝色	Continuous	默认	粗实线	白色	Continuous	0.3
虚线	白色	ACAD_ISO02W100	0.15	中心线	红色	CENTER	0.15
标注	蓝色	Continuous	默认	填充	白色	Continuous	默认

02 单击状态栏中的“正交模式”按钮，在命令行中执行L命令，绘制两条中心重合的长220的直线。单击状态栏中的“显示/隐藏线宽”按钮，绘制的效果如图12-109。

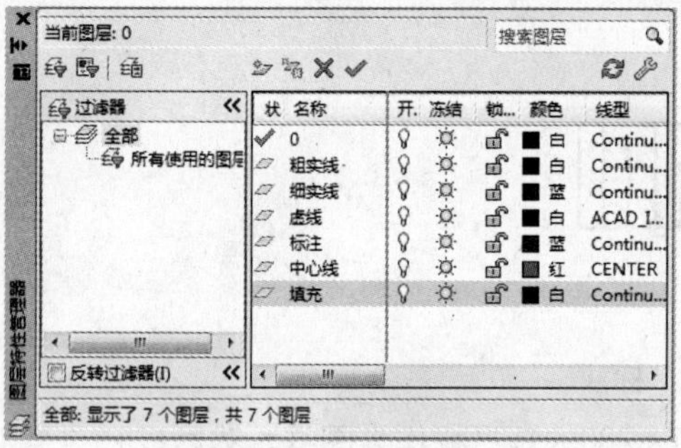

图12-108 创建图层

图12-109 绘制中心线

03 将图层切换至“粗实线”，在菜单栏选择“绘图”→“圆”→“圆心、半径”方式画圆，画的圆半径分别为33.5、39.5、49、50、90、99、100。然后将R39.5和R90的圆更改到“中心线”层，并将“线宽”关闭，绘制出的效果如图12-110所示。

04 按Enter键继续绘制圆，选择R39.5的圆与竖直中心线上方的交点为绘制圆，圆的半径为2.5。同样的方法以竖直中心线与R90上方的交点为圆心，半径为5.5，绘制的效果如图12-111所示。

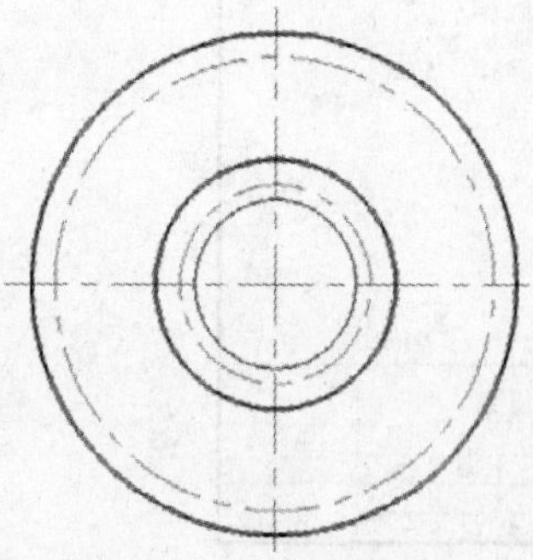

图12-110 绘制的圆效果图

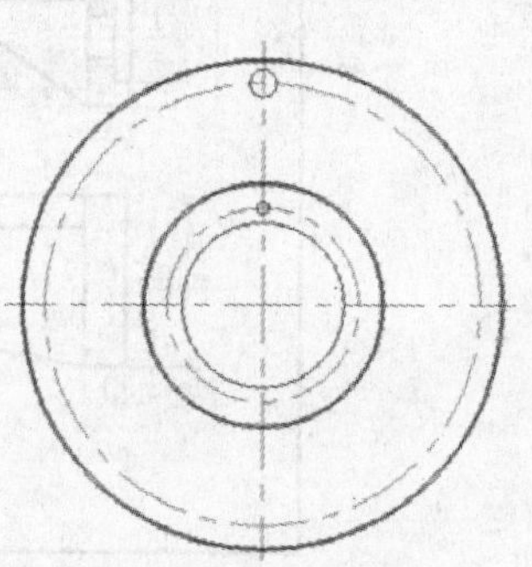

图12-111 绘制圆

05 选择菜单栏中的“修改”→“阵列”－“环形阵列”命令，选择刚才创建的R5.5的圆为阵列对象，选择中心线的交点为阵列中心，阵列个数为8，角度为360°，完成的阵列效果如图12-112所示。

06 用同样的方法，将R2.5的圆阵列，阵列个数为2，阵列中心与上一步的阵列中心相同，完成的阵列效果如图12-113所示。

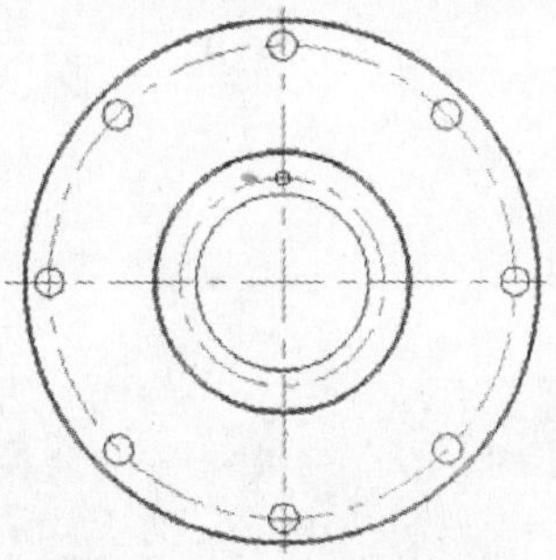
图12-112　环形阵列

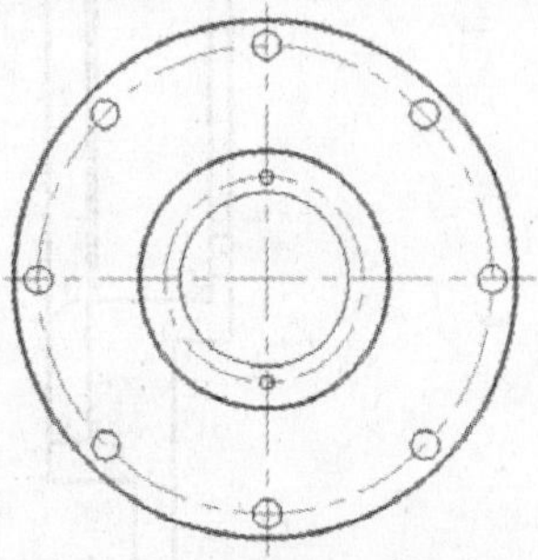
图12-113　继续环形阵列

07 将图层切换至“中心线”，在命令行中输入L执行直线绘制命令。以距离在前几步中绘制的水平中心线的最左端端点110的地方为直线的起点，向左绘制一条长度为30的直线，效果如图12-114所示。

08 将图层切换至“粗实线”，在命令行中输入L执行直线绘制命令。以刚才创建的短水平中心线的左端点为直线起点，向下绘制一条长度为50的线，再向右绘制7，向下绘制50，向右绘制5，向上绘制32.5，向右绘制11，向上绘制67.5，完成的绘制效果如图12-115所示。

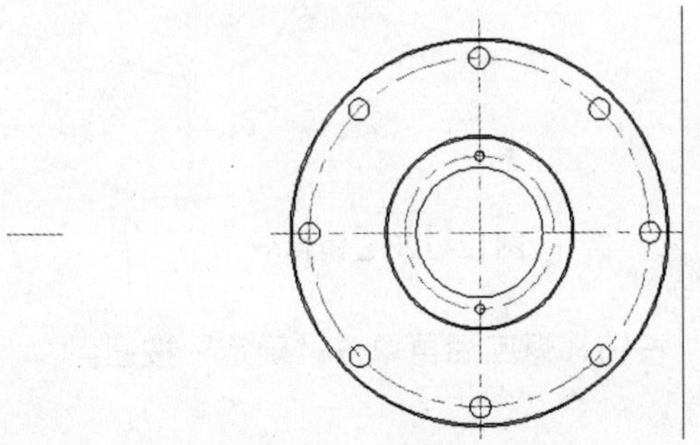
图12-114　绘制中心线

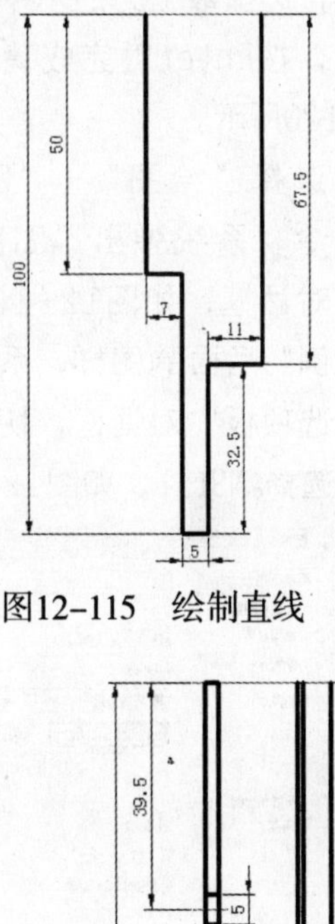

图12-115　绘制直线

09 继续绘制线条，按照如图12-116所示的尺寸进行绘制。在距离水平中心线下方39.5和90的地方首先绘制两条水平中心线，并再绘制出截面的4条直线，效果如图12-117所示。

10 选择菜单栏中的“修改”→“圆角”命令，在命令行中输入R，执行半径命令，在命令行输入1，并选择如图12-118所示的E处的相邻两条边完成圆角命令。按Enter键后继续执行圆角命令，创建F、G处的圆角，半径也均为1。选择“修改”→“倒角”命令，在命令行中输入D，输入第一倒角距离为1，按Enter键，选择A处的两条直线完成倒角。用同样的方法在B、C、D处创建相同的倒角，效果如图12-119所示。

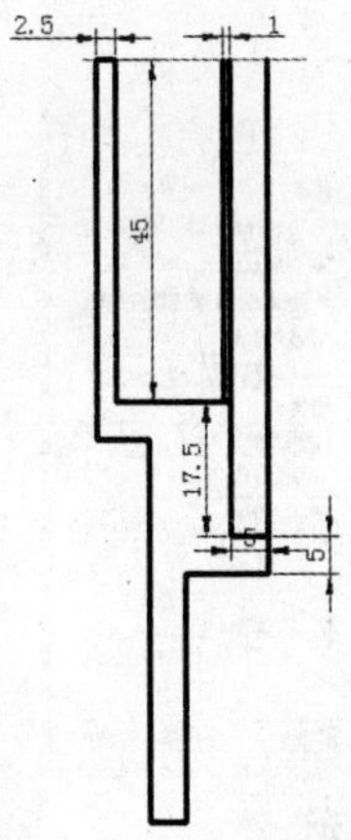

图12-116　绘制直线

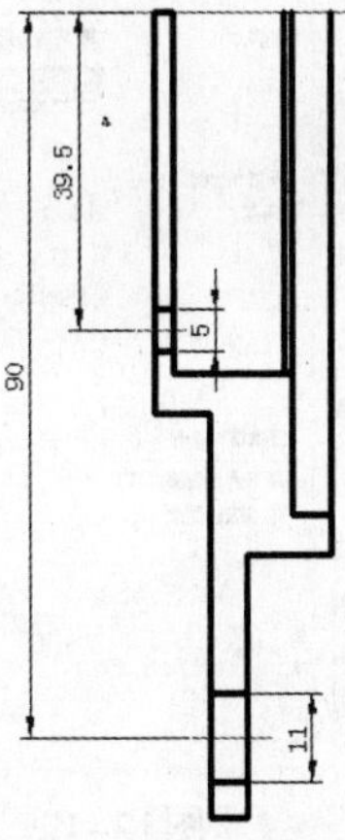

图12-117　绘制截面线条

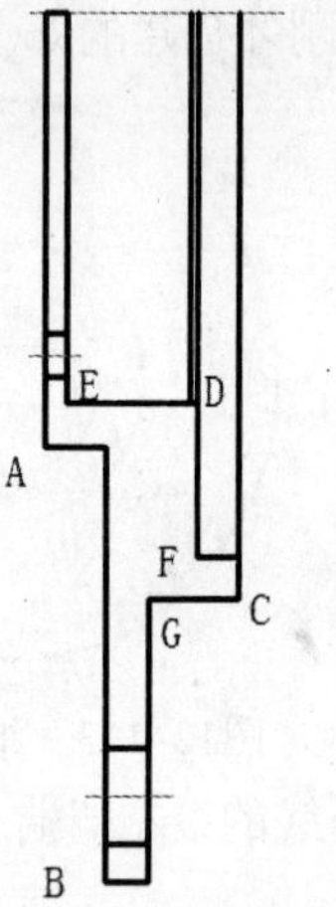

图12-118　选择边

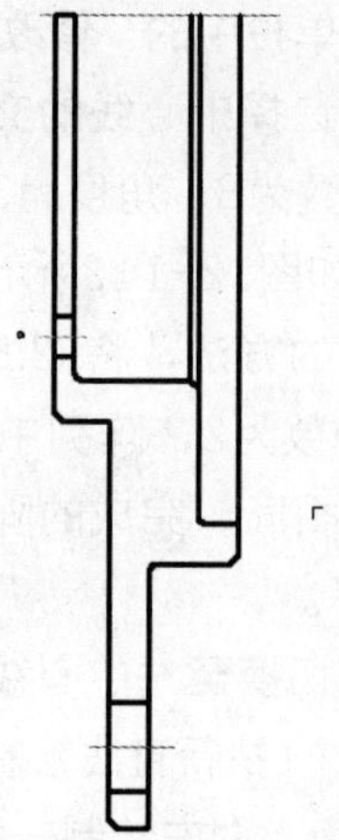

图12-119　倒角和倒圆角

11 选择“修改”→“镜像”命令，选择该视图中的所有对象，单击右键，选择最上方的水平中心线为镜像直线，按Enter键完成镜像，效果如图12-120所示。

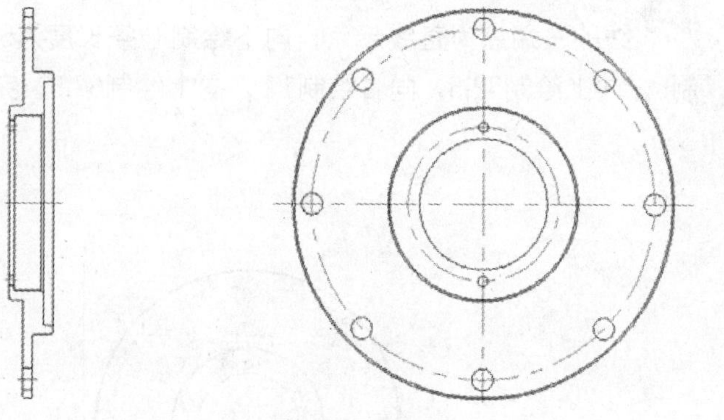

图12-120　镜像效果

12 选择“绘图”－“图案填充”命令，系统弹出“图案填充和渐变色”对话框，如图12-121所示。单击“样例”后面的图样，系统弹出“填充图案选项板”对话框，切换至ANSI选项卡，选择ANSI31，如图12-122所示。单击“确定”按钮，返回后再单击“确定”按钮。

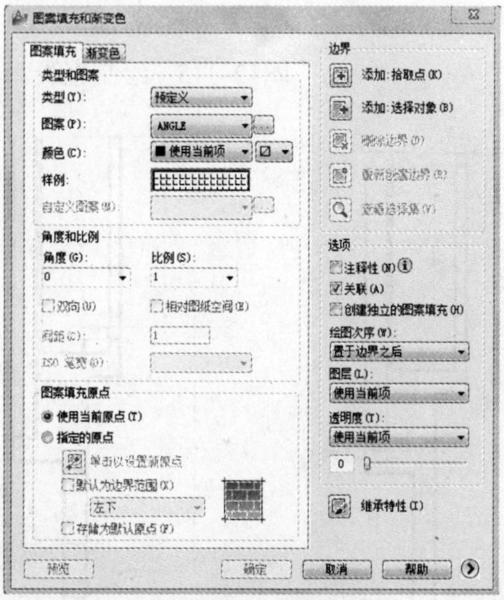

图12-121　图案填充

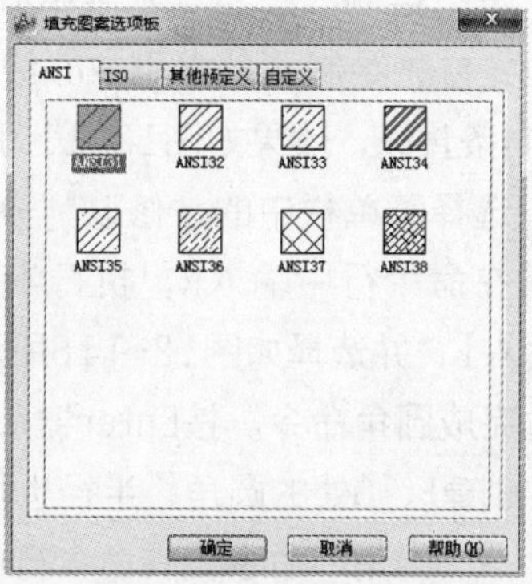

图12-122　选择图案

13 用“添加：拾取点”的方式选择填充区域，这里选择左侧视图中小孔外侧的区域，默认其余填充设置，完成的填充效果如图12-123所示。

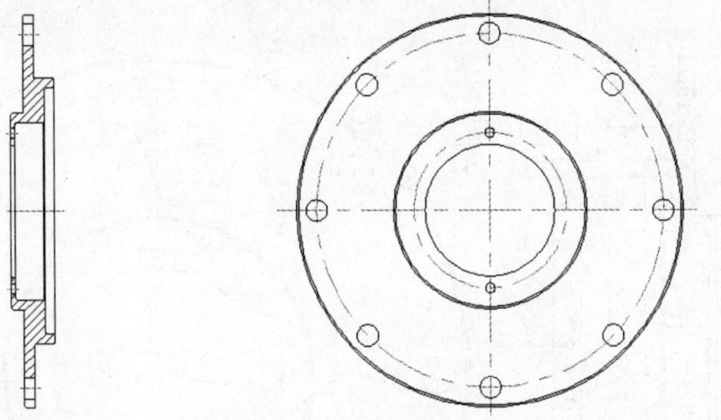

图12-123 填充效果

2. 标注图形

01 首先将图层切换至“标注”，然后选择“标注”→“线性”命令，对左侧视图的线性尺寸进行标注。再用“标注”→“直径”命令标注右侧视图中的直径尺寸，完成的初级标注如图12-124所示。

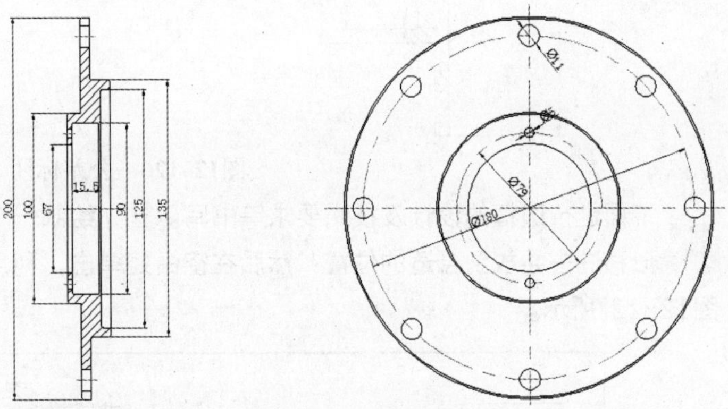

图12-124 初级标注

02 下面进行图形尺寸的修改及较复杂的标注。首先添加直径符号，分别单击左侧视图中的尺寸200、100、125，分别在这些尺寸前面加上直径符号“%%c”；将135改为“%%c135g7”，将90更改为“%%c90H7”；然后双击67，在弹出的文本框中输入“%%c67%%p0.3”，并将原来的尺寸删除；同样的方法修改15.5为“15.5%%p0.3”，将5修改为“5%%p0.5”；然后进行左侧圆角的标注，半径均为1。接下来在90的下方标出基准面A。在右侧视图中，将直径为5处的尺寸修改为“2X%%c5均布”，将直径为11处的尺寸修改为“8X%%C11均布”，然后将左侧视图向右平移70，修改结果如图12-125所示。

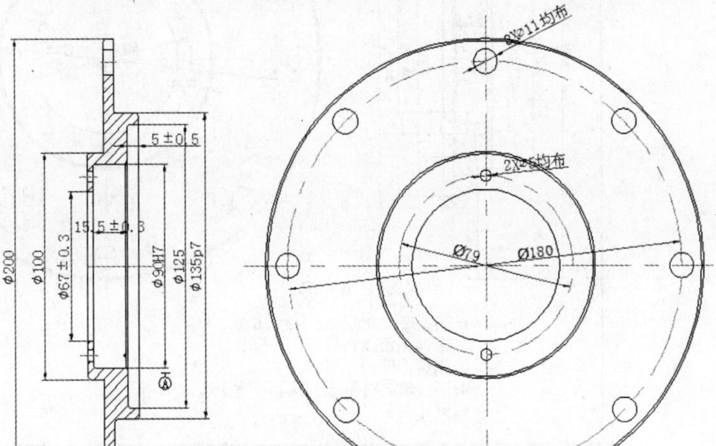

图12-125 尺寸修改

03 下面进行公差标注，标注的具体方法即选择“标注”→“公差”命令，在弹出的对话框中输入内容，然后利用多重引线进行箭头的绘制。完成的标注效果如图12-126所示。

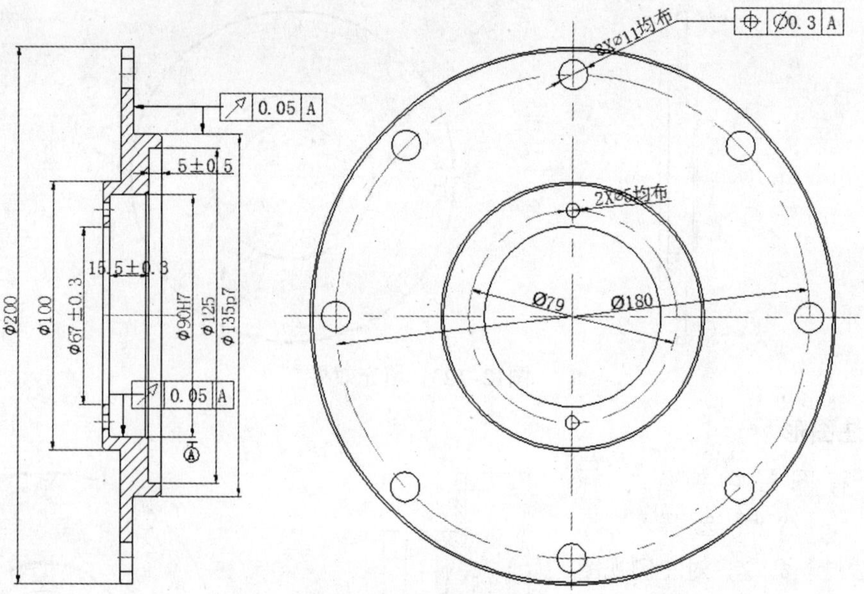

图12-126 公差标注

04 下面进行边框的设计及技术要求等书写。首先绘制一个420×297的矩形框，将刚才绘制的图形移进去并放到合适的位置；然后在空白处单击，利用多行文字工具输入技术要求，效果如图12-127所示。

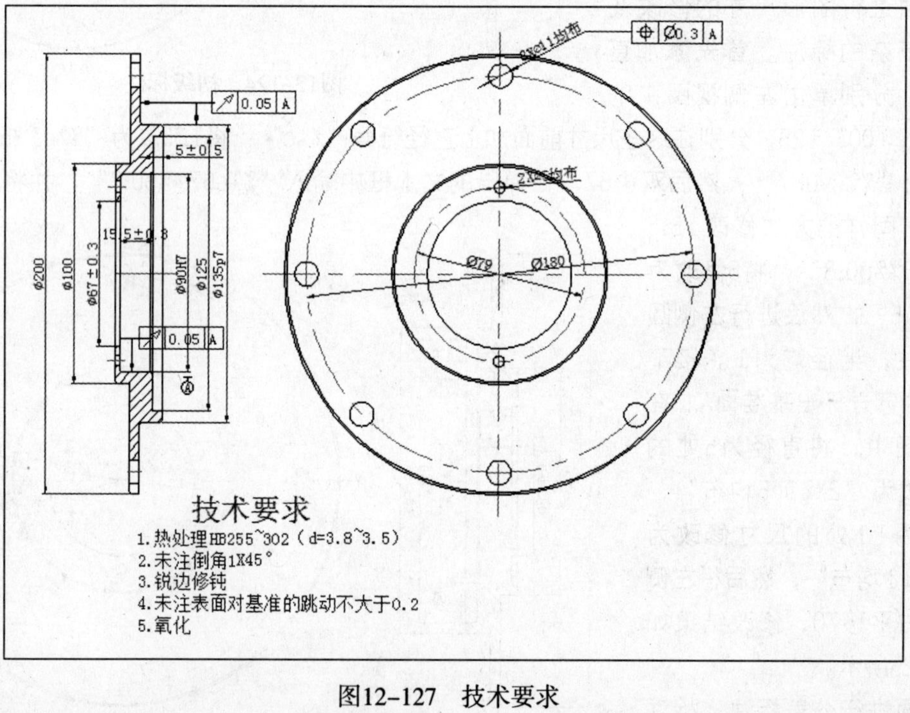

图12-127 技术要求

05 下面进行标题栏的插入。打开“端盖标题栏.dwg”文件（光盘:\原始文件\第12章\端盖标题栏.dwg），将其复制到图形的左下角。至此，本实例绘制完成（光盘:\最终文件\第12章\端盖.dwg），如图12-128所示。

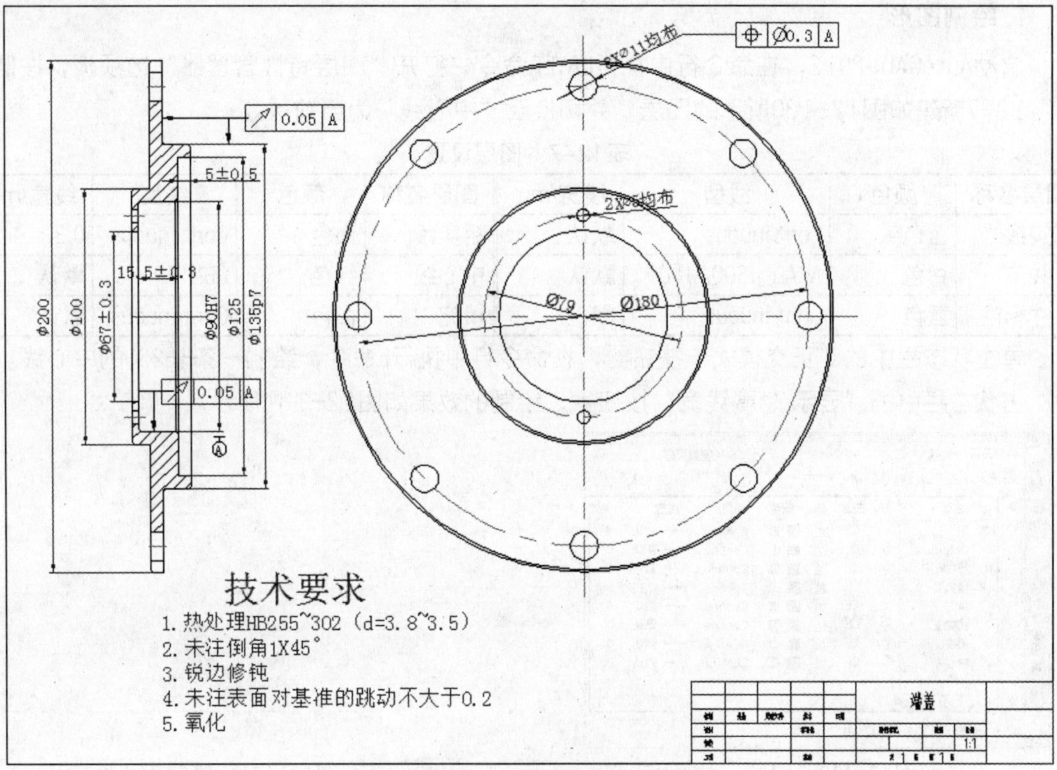

图12-128　绘制完成

12.7 轴类零件

轴类零件是机械中最常用的零件。在绘制轴类零件图时，一般用一个视图即可将各部分的相对位置表达清楚。下面以某轴为例来讲述创建轴类零件的方法，图形效果如图12-129所示。

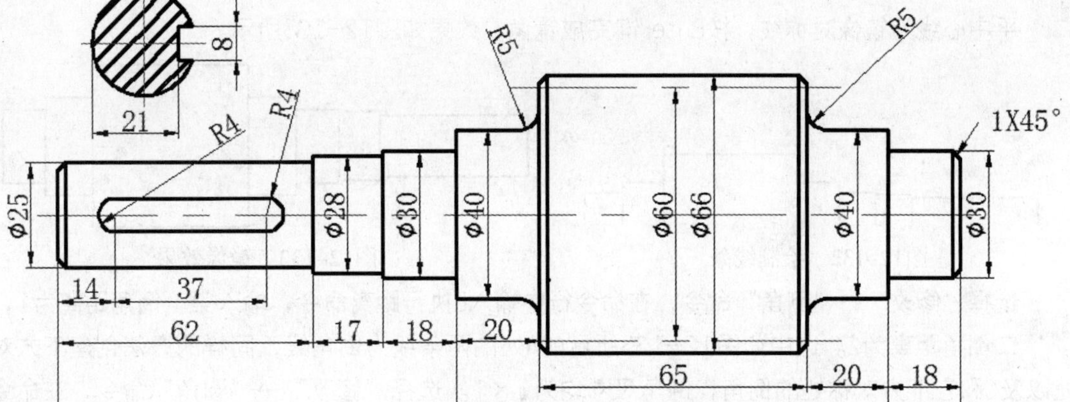

图12-129　图形效果

1. 绘制图形

01 启动AutoCAD 2012，在命令行中执行LAYER命令，打开“图层特性管理器”选项板，按照表12-7新建如图12-130所示的图层，并切换至“中心线”为当前层。

表12-7　图层设置

图层名称	颜色	线型	线宽/mm	图层名称	颜色	线型	线宽/mm
细实线	蓝色	Continuous	默认	粗实线	白色	Continuous	0.3
虚线	白色	ACAD_ISO02W100	默认	中心线	红色	CENTER	默认
尺寸标注	蓝色	Continuous	默认	填充	白色	Continuous	默认

02 单击状态栏中的“正交模式”按钮，在命令行中执行L命令，绘制一条长230的中心线。单击状态栏中的“显示/隐藏线宽”按钮，绘制的效果如图12-131所示。

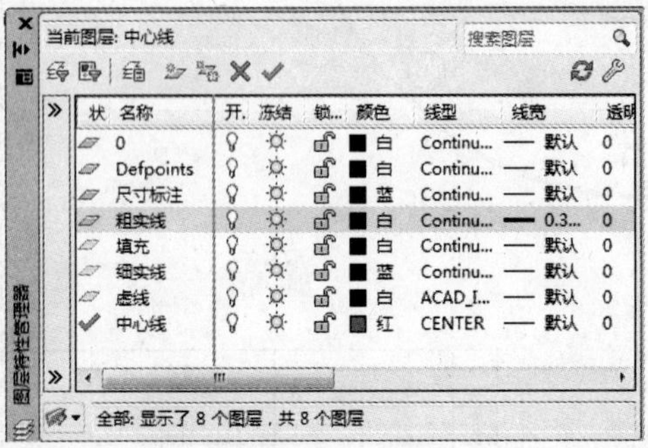

图12-130　图层

图12-131　绘制中心线

03 将图层切换至“粗实线”，在命令行输入L执行直线绘制命令，以水平中心线的左端点为直线绘制起点，在命令行中输入12.5，鼠标向上移动并按Enter键，然后将鼠标移向右侧并输入62，按Enter键后将鼠标移向上方并输入1.5，按Enter键然后输入17，按Enter键后输入1并将鼠标移向上方，按Enter键后将鼠标移向右方并输入18，按Enter键。同样的方法向上绘制5，向右绘制20，向上绘制13，向右绘制65，向下绘制13，向右绘制20，向下绘制5，向右绘制18，向下绘制15。最后将各个台阶处延伸到中心线处，完成绘制效果如图12-132所示。

04 选择“修改”→“镜像”命令，选中绘图区的所有对象，单击右键，然后选中最初绘制的水平中心线为镜像对称线，按Enter键完成镜像，效果如图12-133所示。

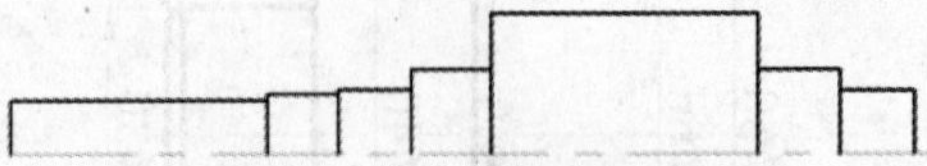

图12-132　绘制线条

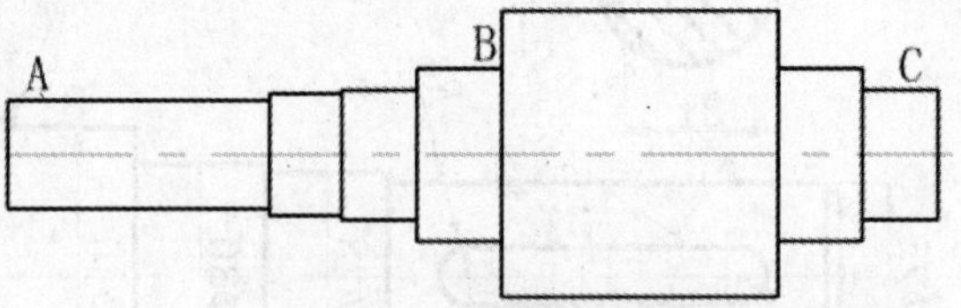

图12-133　镜像效果

05 选择“修改”→“倒角”命令，在命令行中输入D执行距离命令，输入第一倒角距离为1，第二倒角距离为2。选中如图12-133所示的A处的两条线为倒角线，同样的方法创建下方对称处以及C和它下方对称处的倒角，倒角尺寸均为1×1。选择“修改”→“圆角”命令，在命令行中输入R，再输入半径为5，单击B处拐角的两条线，用同样的方法创建下方的圆角。创建B右上方的倒角，尺寸为2×2，同样的方法创建其余3处的倒角，并用直线将倒角处连接起来，效果如图12-134所示。

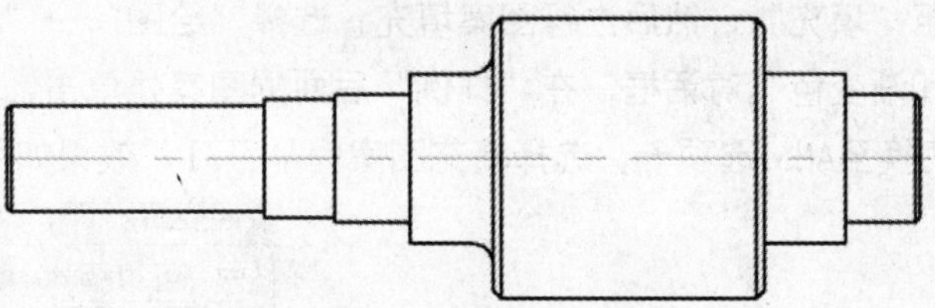

图12-134 创建倒角和倒圆角

06 下面进行键槽的创建。在命令行中输入REC执行矩形绘制命令，具体命令如下：

命令: REC （执行RECTANG命令）
指定第一个角点或 [倒角(C)/标高(E)/圆角(F)/厚度(T)/宽度(W)]: F
（选择圆角命令）
指定矩形的圆角半径 <0.0000>: 4 （圆角半径为4）
指定第一个角点或 [倒角(C)/标高(E)/圆角(F)/厚度(T)/宽度(W)]: FROM
基点: <偏移>: @10，4 （选择水平中心线的最左端点为基点）
指定另一个角点或 [面积(A)/尺寸(D)/旋转(R)]: @45，-8 （输入另一个对角点位置）
按Enter键完成创建，如图12-135所示。

07 将图层切换至“中心线”，然后在齿轮处绘制中心线，位置为距离水平中心线上下各3，绘制效果如图12-136所示。

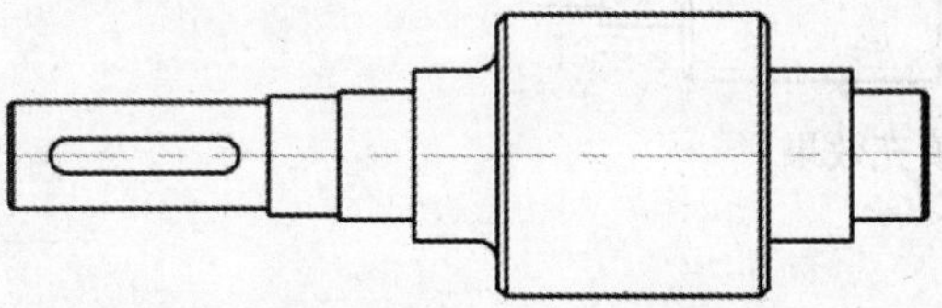

图12-135 创建键槽

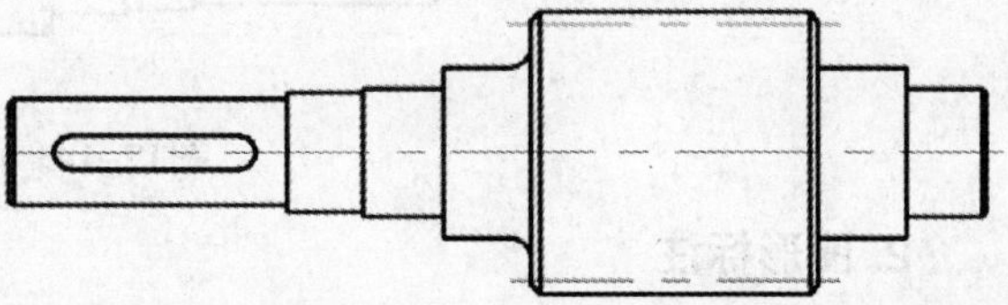

图12-136 绘制中心线

08 绘制键槽处的截面图。首先绘制两条相互垂直平分的水平和竖直中心线，长度均为30，效果如图12-137所示。

09 将图层切换至“粗实线”，在命令行中输入C，执行圆绘制命令，在命令行中输入半径为12.5，以上一步创建的中心线的交点为中心绘制圆，效果如图12-138所示。

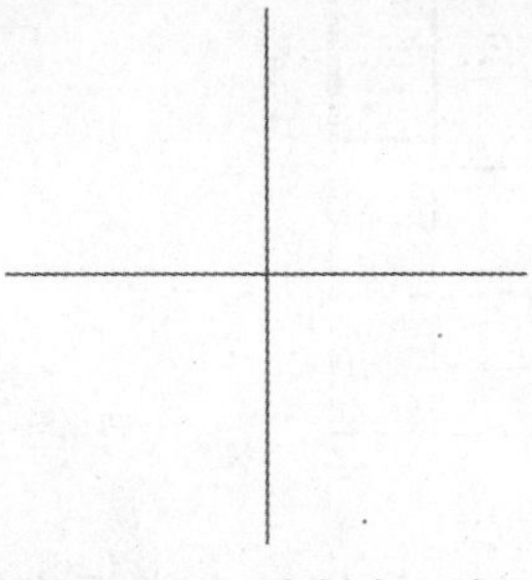

图12-137 绘制中心线

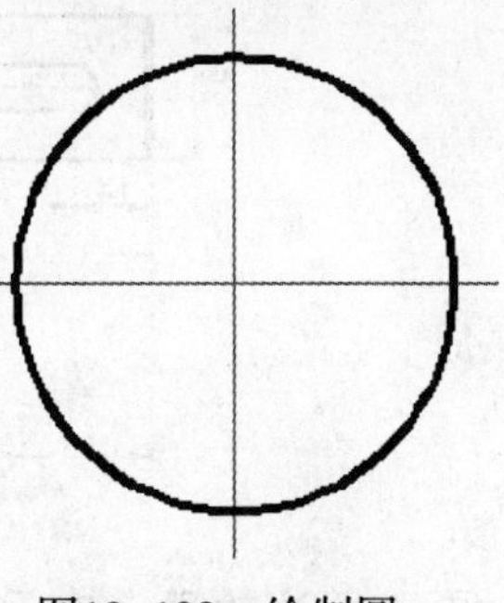

图12-138 绘制圆

10 然后绘制直线，并且通过修剪等命令，绘制出键槽的截面形状，绘制和修剪效果如图12-139所示。

11 首先将图层切换至“填充”，然后进行图案填充，选择“绘图”→“图案填充”命令，系统弹出“图案填充和渐变色”对话框，在“样例”后面的图案处单击，系统弹出“图案填充选项板”对话框，将其切换至ANSI选项卡，选择填充图案为ANSI31，效果如图12-140所示。

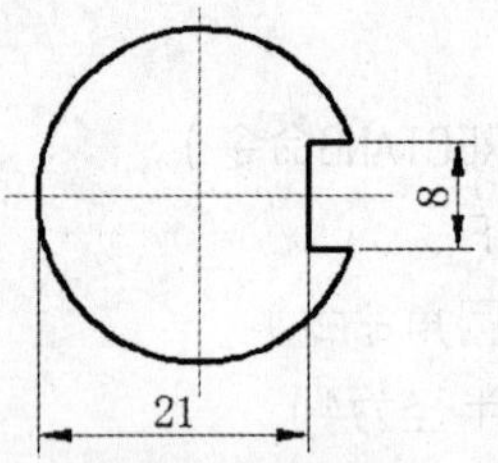

图12-139　修剪

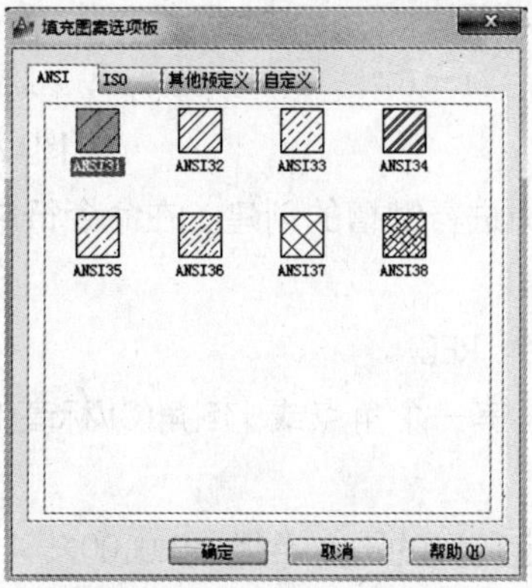

图12-140　填充图案

12 利用“添加：拾取点”选择填充区域，这里选择上一步创建的截面封闭区域，其余设置选择默认，完成的填充效果如图12-141所示。

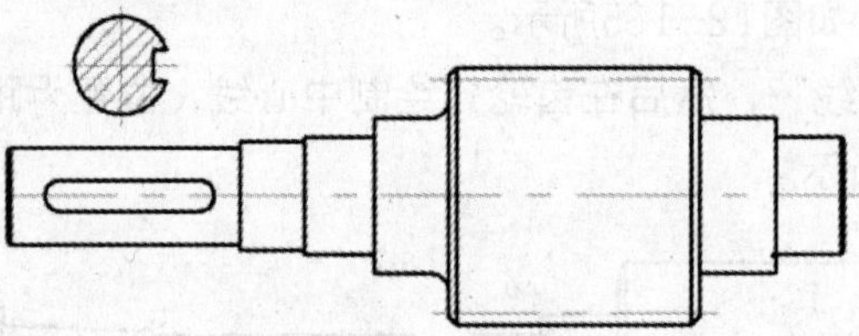

图12-141　填充效果

2. 图形标注

01 首先将图层切换至“尺寸标注”，然后选择“标注”→“线性标注”命令，标注出图形中的线性尺寸，效果如图12-142所示。

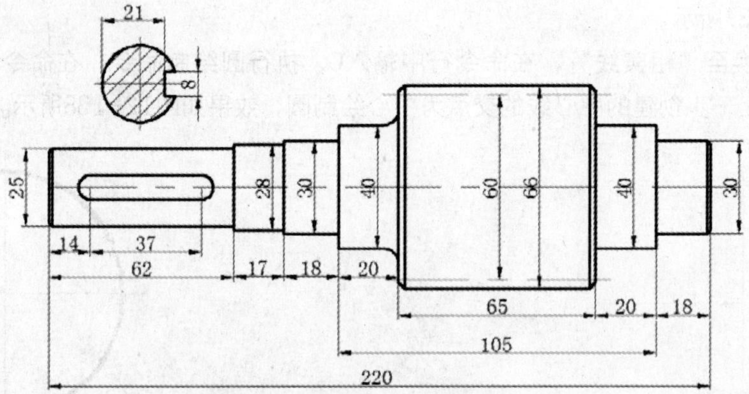

图12-142　线性标注

02 更改标注效果。在尺寸前添加直径符号，比如双击尺寸60，在弹出的文本框中输入“%%c60”，然后对其他的尺寸进行修改。选择“标注”→“半径”命令，选择几个圆角为标注对象。同时标注倒角，完成的标注效果如图12-143所示。

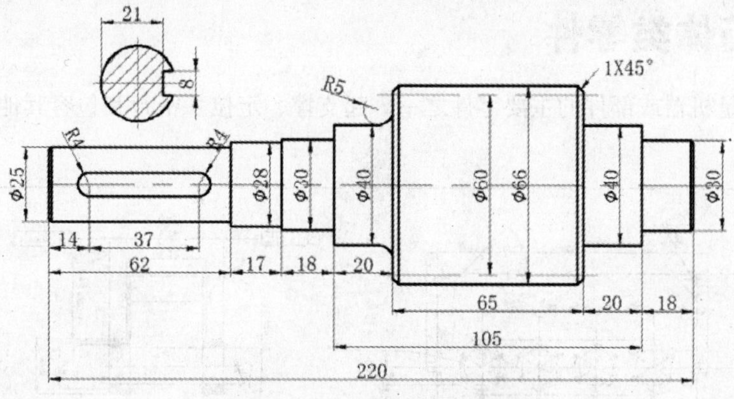

图12-143　更改标注效果

03 将图层切换至“粗实线”，然后绘制一个420×297的矩形框，将图形移动到合适的位置。在矩形框内的空白处用“多行文字”命令输入“技术要求”的内容，完成的创建效果如图12-144所示。

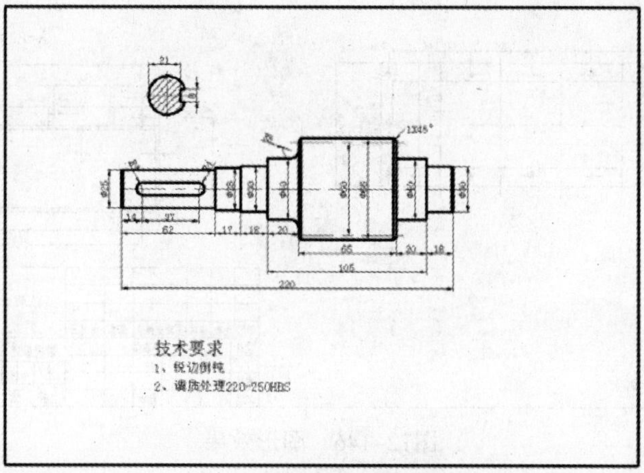

图12-144　创建技术要求

04 然后打开“轴标题栏.dwg”文件（光盘:\原始文件\第12章\轴标题栏.dwg），将其复制插入到本图形中的右下角位置，完成的效果如图12-145所示。至此本图形绘制完成（光盘:\最终文件\第12章\轴.dwg）。

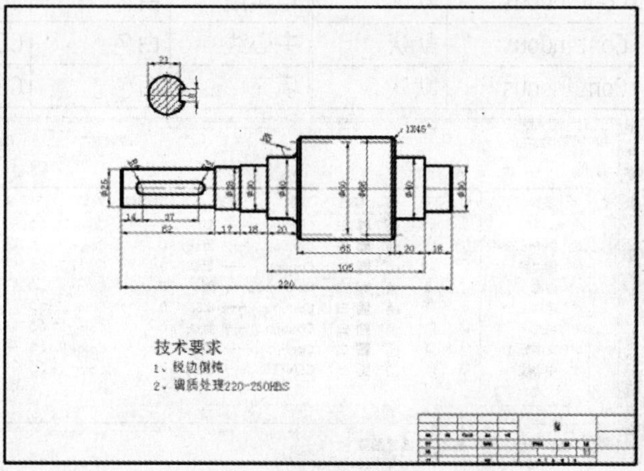

图12-145　最终效果图

12.8 箱体类零件

箱体类零件是机器或部件的主要零件之一，起支撑、定位、密封和包容其他零件的作用，如图12-146所示。

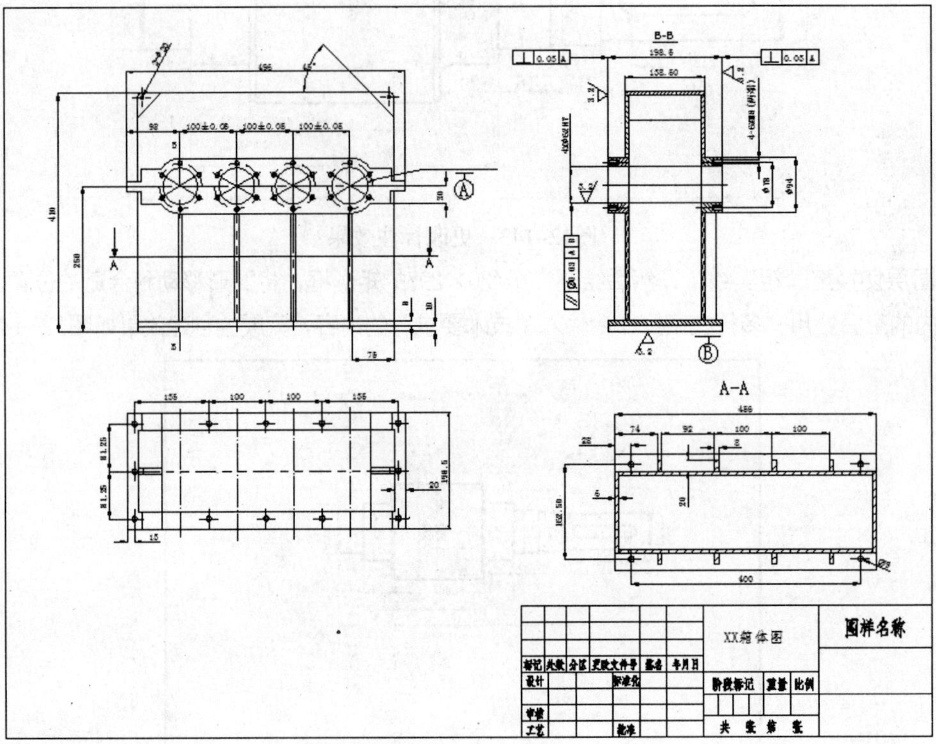

图12-146 图形效果

01 启动AutoCAD 2012，在命令行中执行LAYER命令，打开“图层特性管理器”选项板，按照表12-8新建如图12-147所示图层，并切换至“中心线”为当前层。

表12-8 图层设置

图层名称	颜色	线型	线宽/mm	图层名称	颜色	线型	线宽/mm
细实线	白色	Continuous	默认	粗实线	白色	Continuous	0.3
边框	白色	Continuous	默认	中心线	白色	CENTER	0.15
文字标注	白色	Continuous	默认	填充	白色	Continuous	默认

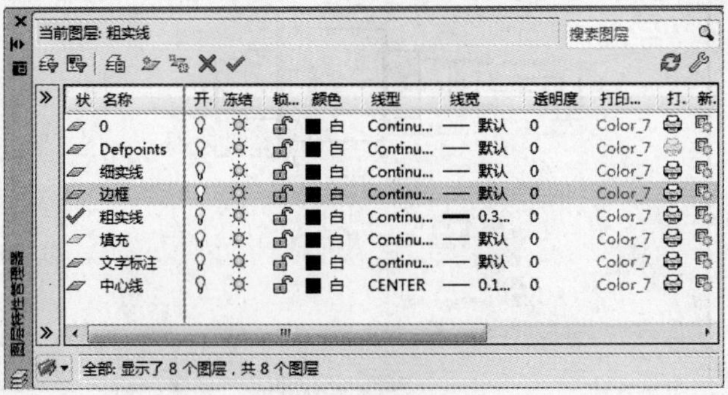

图12-147 图层效果

02 绘制出如图12-148所示尺寸的视图。绘制图形时要注意图层的切换，同时在该视图中绘制出截面线条A-A等信息。

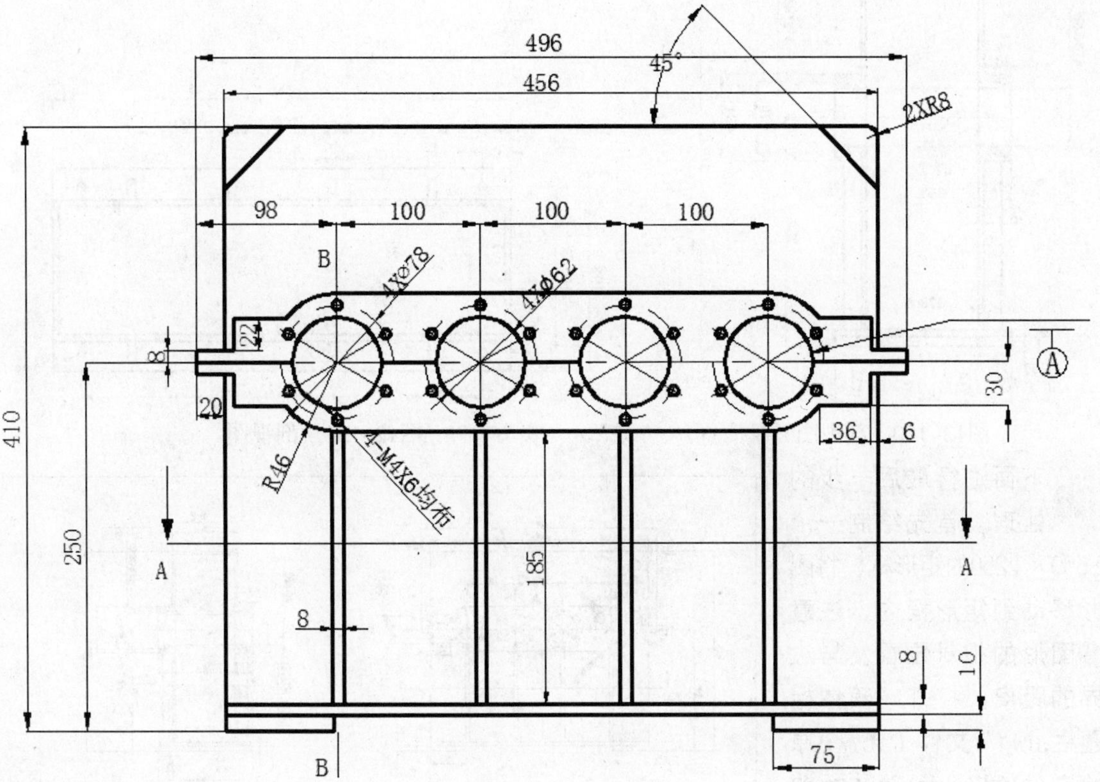

图12-148 视图1

03 利用前面介绍过的内容及绘制技巧，继续绘制第二个视图，效果如图12-149所示。

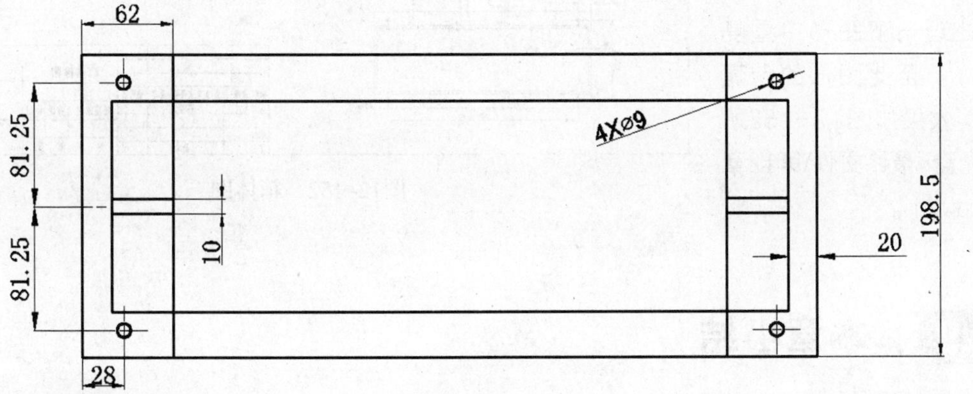

图12-149 视图2

04 下面进行剖面图的绘制，首先绘制B-B剖面图，如图12-150所示。绘制图形的时候要注意尺寸的正确性，同时图案填充时使用的是ANSI31图案，箱体与垫板的填充设置要有一定的区别。

05 用同样的方法创建另外一个剖视图A-A，效果如图12-151所示，同样要注意填充不同零件要用不同设置的填充图案。

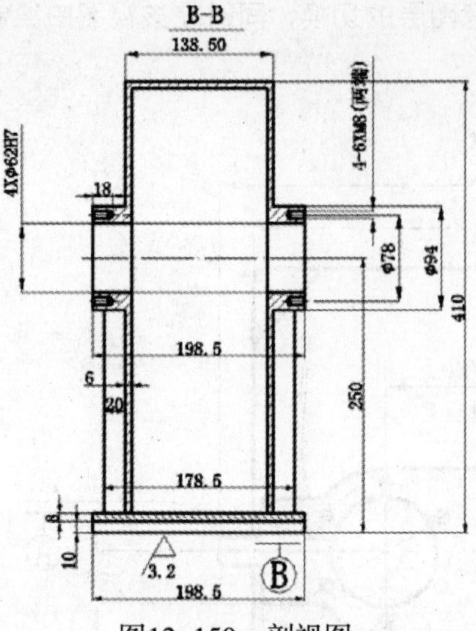

图12-150　剖视图

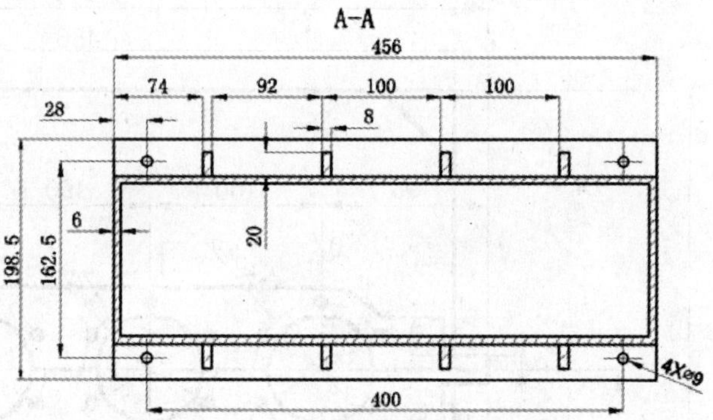

图12-151　剖视图

06 下面进行最后一步的处理。首先绘制一个1600×1250的矩形框，将图形移动到矩形框内，注意各图形的相对位置及与边界的距离。打开"箱体标题栏.dwg"文件（光盘:\原始文件\第12章\箱体标题栏.dwg），并将它复制到本图形的右下角，然后再用多行文字命令输入技术要求，处理一下图形中重复的尺寸。至此图形的创建完成，效果如图12-152所示（光盘:\最终文件\第12章\箱体.dwg）。

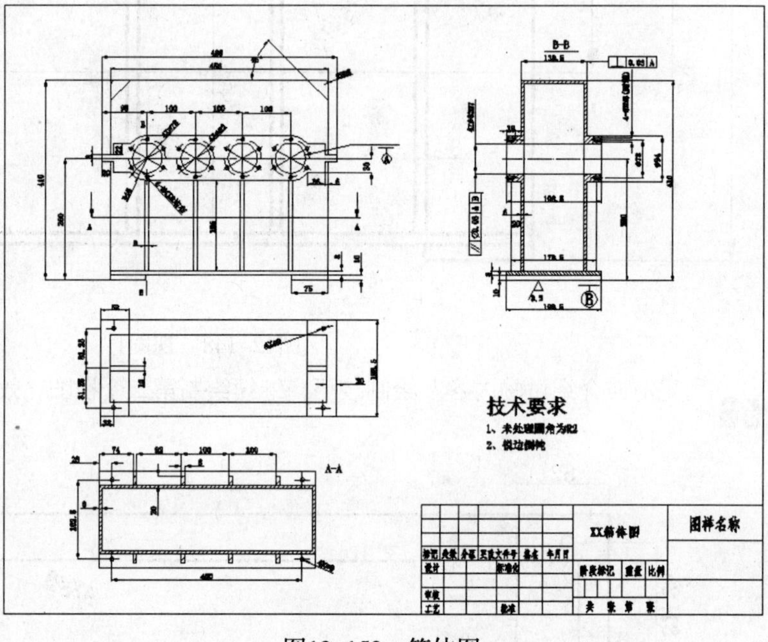

图12-152　箱体图

12.9 本章小结

本章讲解了几个实例，包括轴类、盖类、箱体类零件的绘制。通过这几个例子，对利用AutoCAD进行图形的绘制、图形的编辑、图层的管理、标注、文字等所有之前学过的知识进行了系统的复习。读者应该掌握用AutoCAD绘制零件图的步骤及注意事项，熟练掌握各类零件图的创建方法。

12.10 课后练习

下面提供几个图形供大家练习（见图12-153），读者可以感受一下零件图绘制的要领。

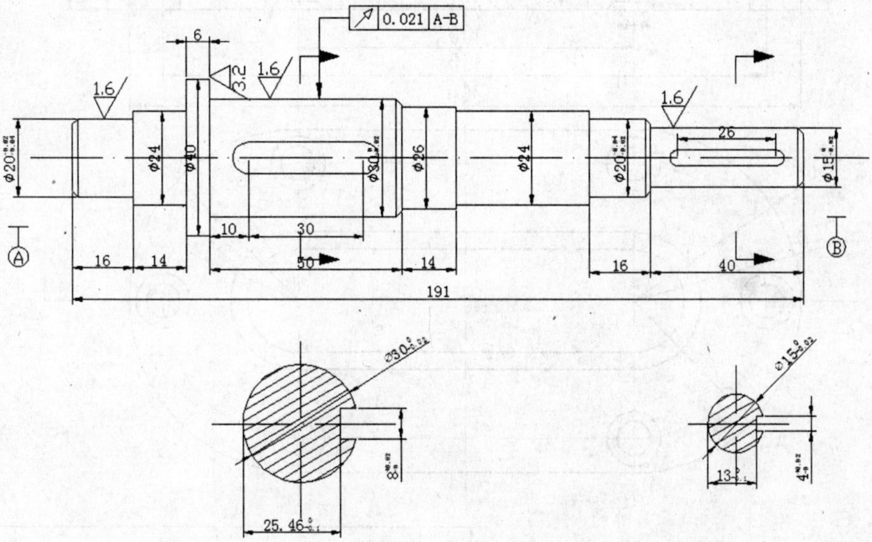

（a）练习1

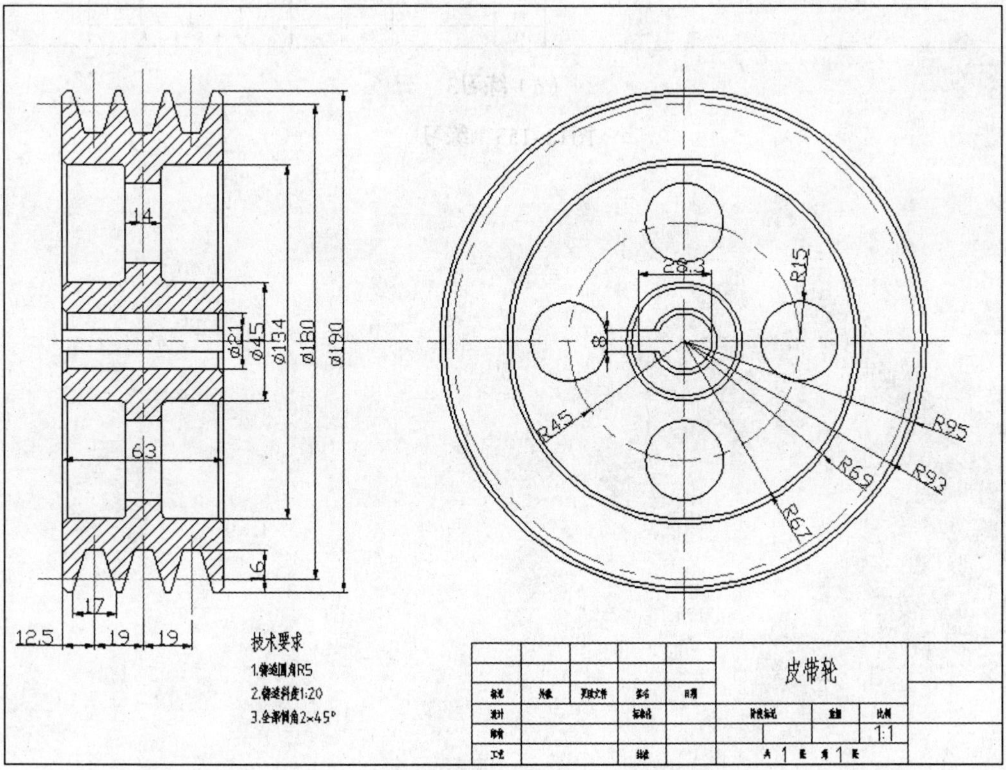

（b）练习2

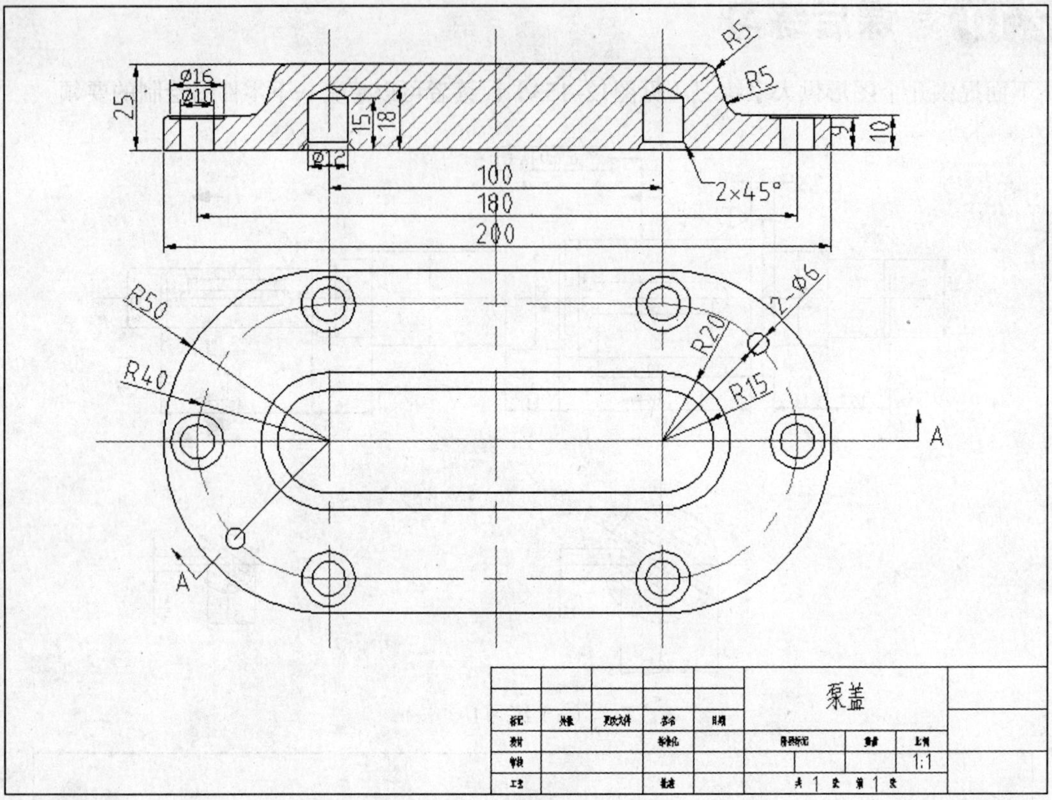

（c）练习3

图12-153　练习

第13章 绘制机械零件装配图

学习导航

本章将介绍绘制装配图的有关知识，以及绘制装配图应该注意的问题，熟悉前面所学的知识。

学习目标

通过本章的学习，读者应该能够熟练掌握机械装配图的绘制方法技巧和绘制步骤，并且能够绘制装配图。

学习重点与难点

□ 装配图的绘制要点　　□ 绘制装配图

装配图是表达机器的图样，是进行设计、装配、检验、安装、调试和维修的重要技术文件。它表达机器或部件的工作原理、性能要求、零件间的装配关系和技术要求。AutoCAD没提供专门的装配图绘制命令，可以把装配图看作是零件图的叠加或者看作一个复杂的零件图。

13.1 装配图的绘制技巧

13.1.1 绘制装配图常用的方法

绘制装配图的一般方法有两种。

（1）直接绘制装配图

这种方法与传统的绘制装配图的顺序类似，依次绘制各组成零件在装配图中的投影。为了方便绘图和看图，在绘图时，应将不同的零件绘制在不同的图层上，以便关闭或冻结某些图层，简化图形。这样的绘制方法操作比较简单，但是需要仔细观察和较强的空间思维能力。

（2）拆装法绘制装配图

这种方法是先绘制出装配图中的各个零件图，再将所有零件图创建为块，采用插入块的方式拼接装配图。拆装法绘制装配图的关键是恰当、合理地选择图块上的基点，修剪掉插入后相互干涉或多余的线条。这种方法思路清楚，不容易出错，更容易理解装配图的原理。

一般一幅完整的装配图包括以下内容。

- 一组视图：用各种表达方法准确、完整、清晰和简便地表达出机器或部件的工作原理、部件的结构、零件之间的装配关系和零件的主要形状结构。
- 必要的尺寸：装配图上应注明机器或部件有关性能、规格、安装、外形、配合和连接关系等方面的尺寸。
- 技术要求：应用文字或符号标注机器及部件的装配、检验、调试和使用等方面的要求。
- 零件编号、明细表和标题栏：说明零件名称、数量、材料、标准规格和标准代号，以及部件名称、主要责任人员名单等，供组织管理生产、备料和存档查阅之用。

13.1.2 绘制装配图的相关规定及习惯

绘制零件图的各种方法同样适用于绘制装配图。但是，由于装配图的表达对象和作用与零件图不同，所以绘制装配图还有一些规定和特殊画法，具体内容如下：

- 两零件的接触面或配合面，规定只画一条直线。两零件表面不接触时，则必须画两条线。
- 在剖视图和断面图中，相邻两个零件的剖面线方向相反，或方向一致、间隔距离不等并错开。若零件厚度小于2mm，允许用涂黑代替剖面符号。
- 对于标准件和实心件，若剖视图通过其轴线沿纵向剖切时，则这些零件按不剖切绘制，仍画外形。必要时，可以采用局部剖视。
- 在装配图中，当某些零件遮住了需要表达的其他结构和装配关系，而这些零件在其他视图上又已表达清楚时，可假想将这些零件拆去或沿结合面剖切后绘制，但应在视图上方标注“拆去零件×××”。
- 在装配图中，当需要表达运动的极限位置与运动范围，或与相关零部件安装连接关系时，可用细双点划线表示其外形轮廓。
- 为了表达较复杂传动机构的传动路线和装配关系，可按传动关系或路线沿各轴做剖切，然后依次展开在同一平面上，并标注“×－×展开”。
- 在装配图中可以单独画出某一零件的视图，但必须在所画视图上方标注该零件的视图名称。在装配图上相应的零件附近用箭头指明投影方向，并注上同样的字母。
- 对于部件中的细小结构与间隙和薄片等零件，当无法按实际尺寸画出时，允许不按实际比例将其夸大画出。

13.1.3 关于尺寸标注

装配图中一般提供非常少的尺寸。按尺寸的作用不同，可分为如下5种。

- 性能尺寸（规格尺寸）：表示机器或部件的性能和规格的尺寸，它是设计、了解和选用机器或部件的依据。

- 装配尺寸：装配尺寸是用来表示机器或部件工作精度及性能要求的尺寸，包括配合尺寸和相对位置尺寸。
- 外形尺寸：表示机器或部件的总体长、宽、高等尺寸，它是包装、运输、安装和厂房设计的依据。
- 安装尺寸：机器或部件安装在地基上或部件相连接时所需的尺寸。
- 其他重要尺寸：在机器或部件设计中，经计算或选定，但又未包括在上述几类尺寸之中的尺寸。这类尺寸在拆画零件图时不能改变。

进行装配图尺寸标注的时候，要根据实际情况调整，有的尺寸往往具有多种作用，既是外形尺寸又是安装尺寸。在对装配图标注尺寸时，需要具体分析，然后进行标注。

13.1.4　关于零件序号及明细表

零件序号及明细表在装配图中起着至关重要的作用，它可以将装配图的详细数据传递给读者。

1. 零件序号

零件序号可以使用LEADER命令来进行标注。在机械设计中，标注零件序号主要有两种方式：一种是顺序编号法，在学习过程中一般采用这种方法；另一种是分类编号法，这种编号方法需根据各行业、各工厂的具体规定来确定。

2. 明细表

明细表是机器或零部件中全部零件、零部件的详细目录。国家标准中没有统一规定明细表的内容和形式，但它通常位于标题栏的上方。明细表的内容及格式没有统一的标准，主要用于零件的序号、代号、名称、数量、材料、重量、备注等。

在填写明细栏时，零、部件序号应自下而上填写并与图形中的标注相对应。若地方不够，可将明细栏分段画在标题栏的左方。特殊情况下，装配图中也可不必画出明细栏，而是将明细栏单独编写在一张图纸上。如果装配图中标准件直接标注了规格，则明细表内只填写非标准件即可。

快速绘制明细表的方法如下：

- 事先创建空白表格对象并对其进行保存，当需要编写明细栏时，打开保存的文件，然后进行填写。
- 将明细栏的一行定义为图块，在需要创建明细栏时，用插入块的方法插入明细栏，然后进行填写。

13.2　绘制钩形压板零件装配图

下面讲述装配图创建过程中要注意的内容及绘制步骤等，本实例将用拆装法绘制如图13-1所示的效果。

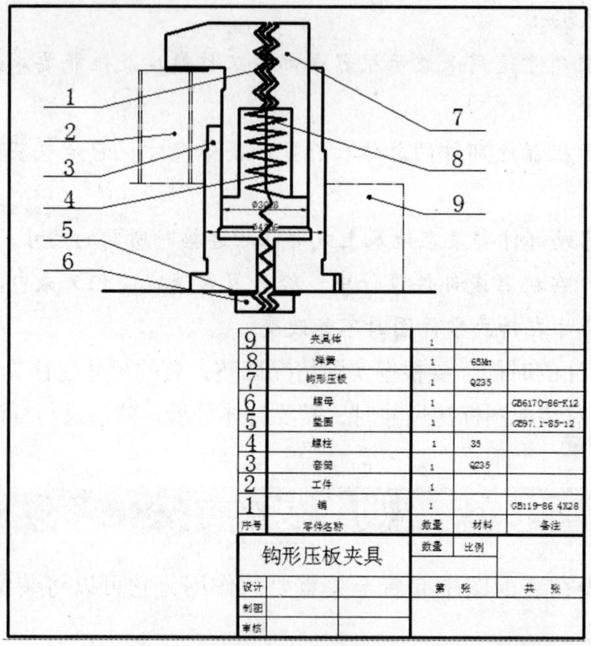

图13-1　效果图

13.2.1　绘制零件图

1. 绘制弹簧

01 首先创建常用的几个图层，然后绘制一个80×80的矩形框，并且在右下角绘制出简单的标题栏，效果如图13-2所示。

02 用多行文字工具在标题栏中输入“名称”、“件数”、“材料”，内容分别为“弹簧”、“I”、“65Mn”，注意文字的大小。然后在图框左下角处输入弹簧的相关信息，完成的效果如图13-3所示。

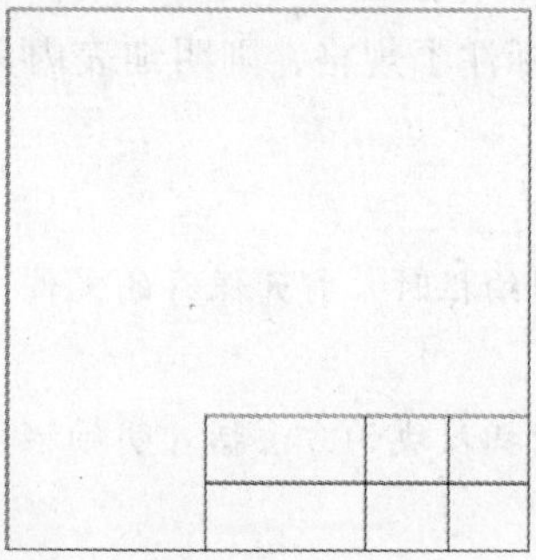

图13-2　图框

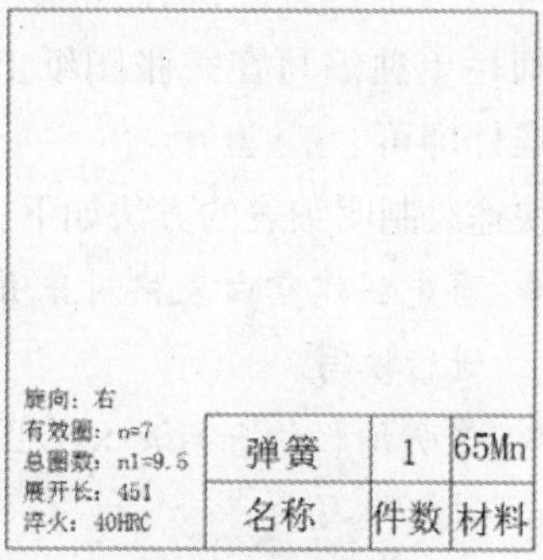

图13-3　标题栏

03 将图层切换至“中心线”，在命令行中输入L，绘制出如图13-4所示的一组直线，长度为50，间距为7.5。

04 将图层切换至“粗实线”图层，创建如图13-5所示的弹簧效果。然后利用线性标注、直径标注、标注编辑等方法对图形尺寸进行创建，效果如图13-6所示。

图13-4　创建中心线

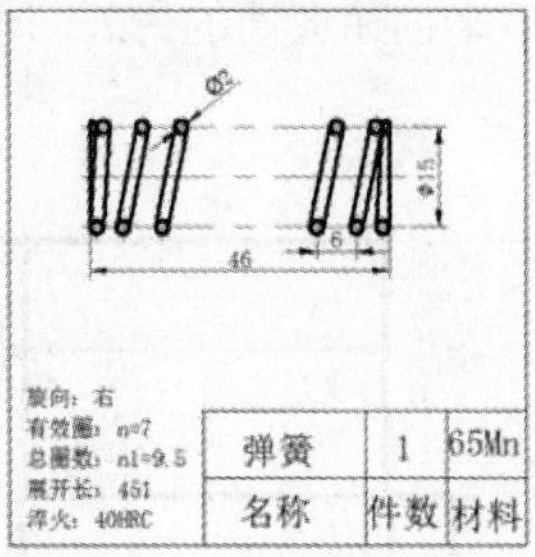

图13-5　绘制图形

05 将图形进行另存，名字为“弹簧.dwg”，这里不进行图块的创建。

2. 绘制螺柱

01 将弹簧对象内容删除，这样可以保留图层，为重新创建图层节省了时间。绘制一个120×80的图框和一个标题栏，效果如图13-6所示。

02 下面进行标题栏内容的输入，与之前弹簧的项目相同，内容分别为“螺柱”、“1”、“35”，然后进行技术要求的输入。完成的效果如图13-7所示。

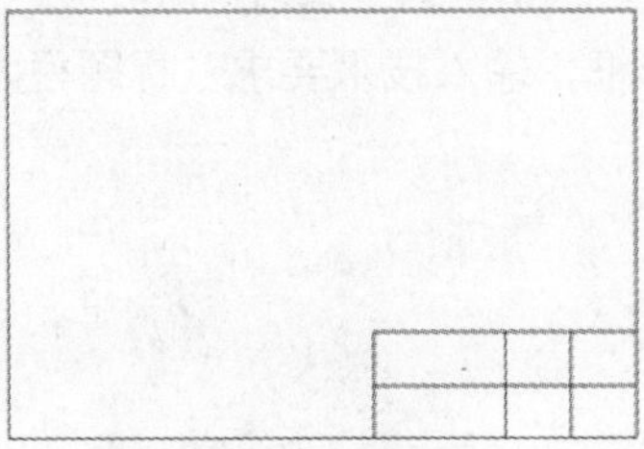

图13-6　图框

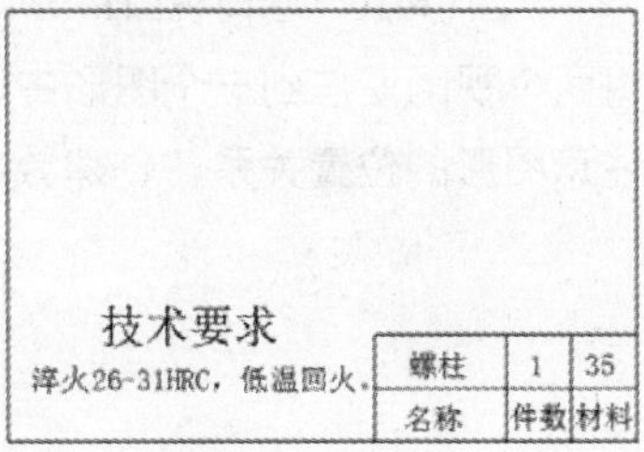

图13-7　标题栏

03 下面图形的绘制及标注，绘制的时候要注意图层的切换，标注的时候要注意标注尺寸的编辑方法。绘制的效果如图13-8所示。

04 将图形进行保存，名称为“螺柱.dwg”，效果如图13-9所示。

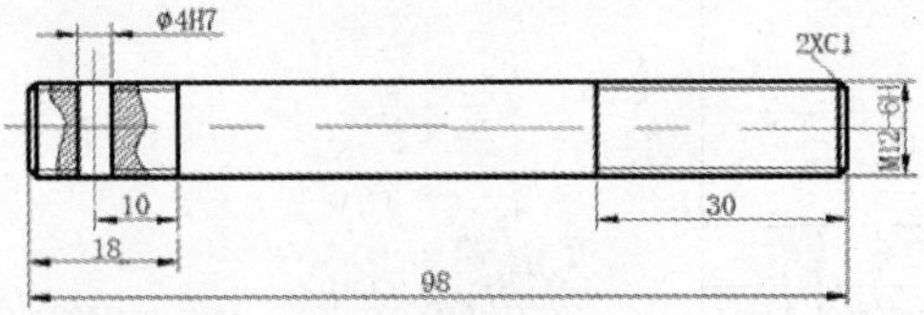

图13-8　绘制图形

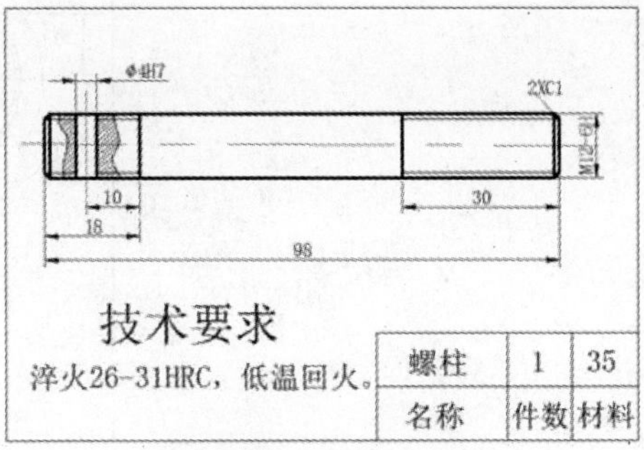

图13-9　图形效果

3. 绘制套筒

01 用绘制零件图的方法绘制出如图13-10所示的套筒图形的一个视图，并且利用各种标注方式对其进行标注，完成的绘制效果如图13-10所示。

02 接下来创建套筒的另外一个视图，效果如图13-11。

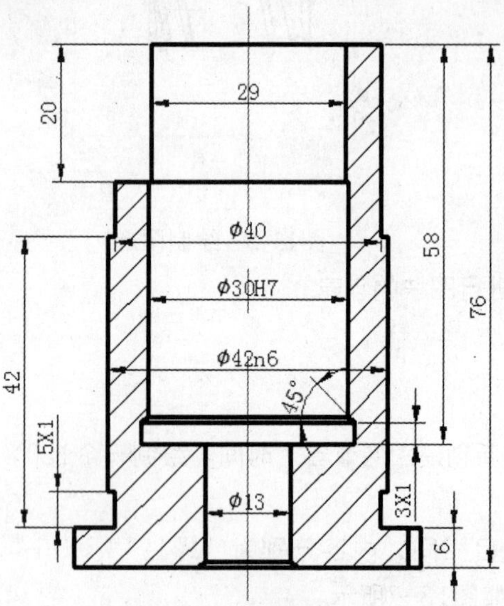

图13-10　套筒视图1

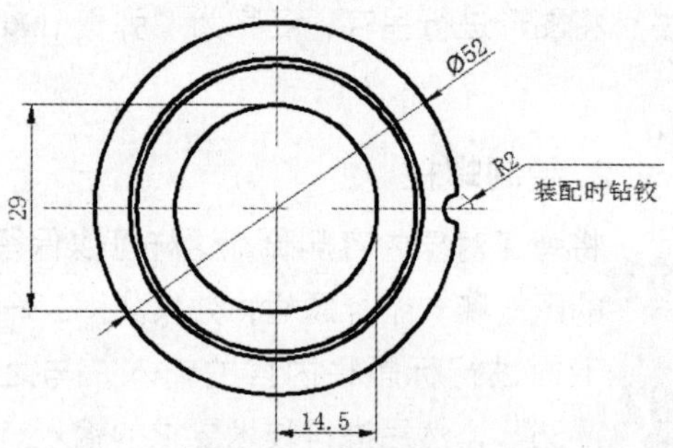

图13-11　套筒视图2

03 将两个视图汇总到一个图形中，绘制一个100×210的矩形框，输入技术要求及标题栏内容，注意图形的位置关系，创建效果如图13-12所示。

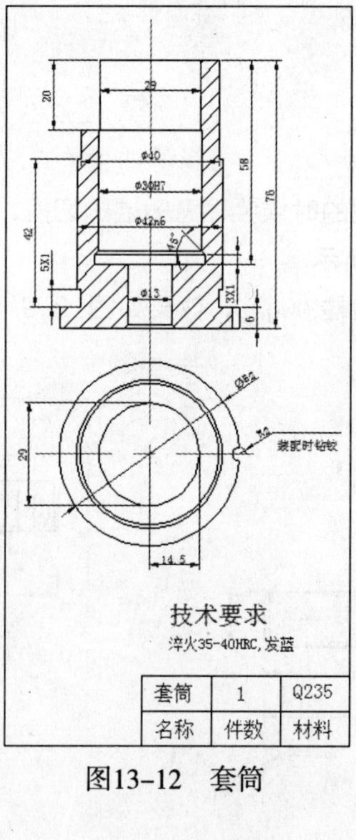

图13-12　套筒

4. 绘制钩形压板

01 现在绘制钩形压板的一个视图，绘制过程中用到了极轴追踪命令，设置追踪的角度为15°，其余绘制比较简单，效果如图13-13所示。

02 接下来绘制钩形压板的另一个视图，效果如图13-14所示。

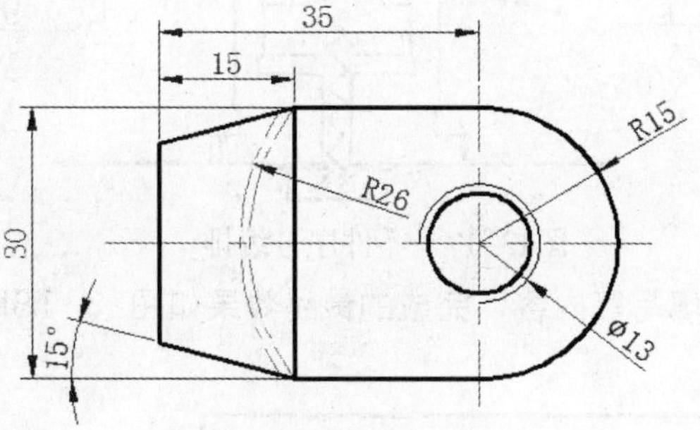

图13-13 钩形压板1

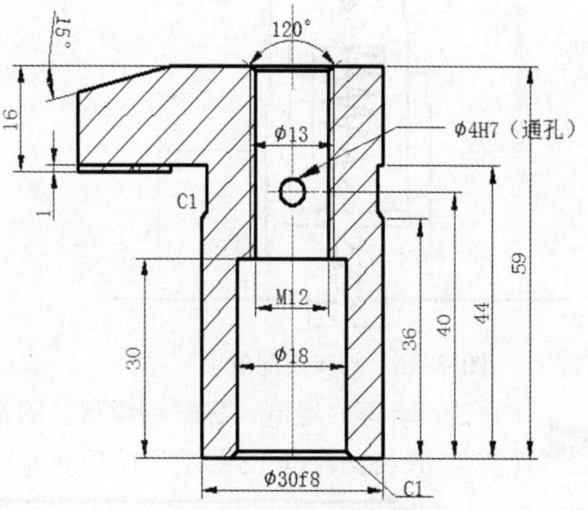

图13-14 钩形压板2

03 将两个视图放到一个图形中，然后添加边框和标题栏等内容，完成的效果如图13-15所示。

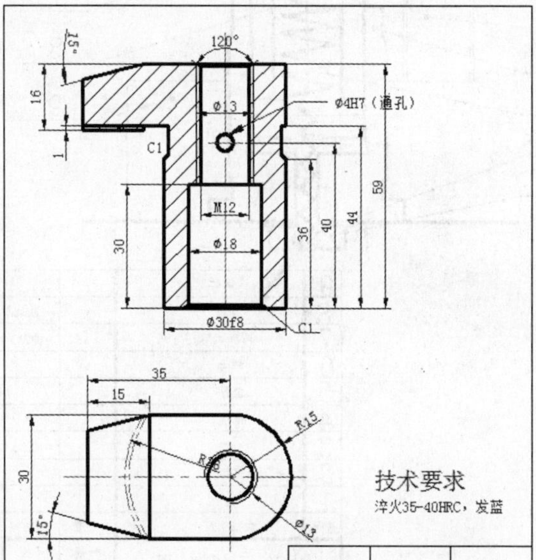

图13-15 钩形压板图

13.2.2 装配

01 首先将图形进行简单装配并将多余的线条进行删除，效果如图13-16所示。

02 下面进行零件序号的编排，注意编排时的美观性，效果如图13-17所示。

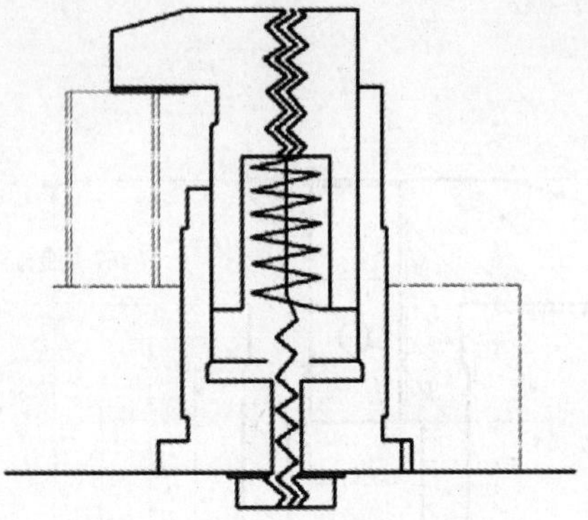

图13-16　初步装配效果

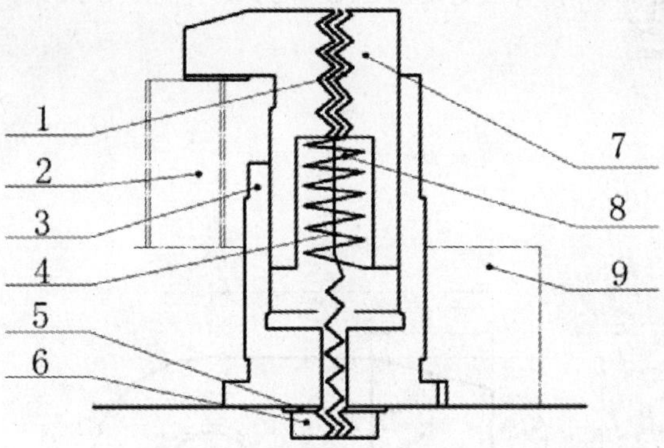

图13-17　零件序号编排

03 下面进行标题栏绘制、标题栏填写、明细栏填写等内容，完成的最终效果如图13-18所示（光盘:\最终文件\第13章\钩形压板.dwg）。

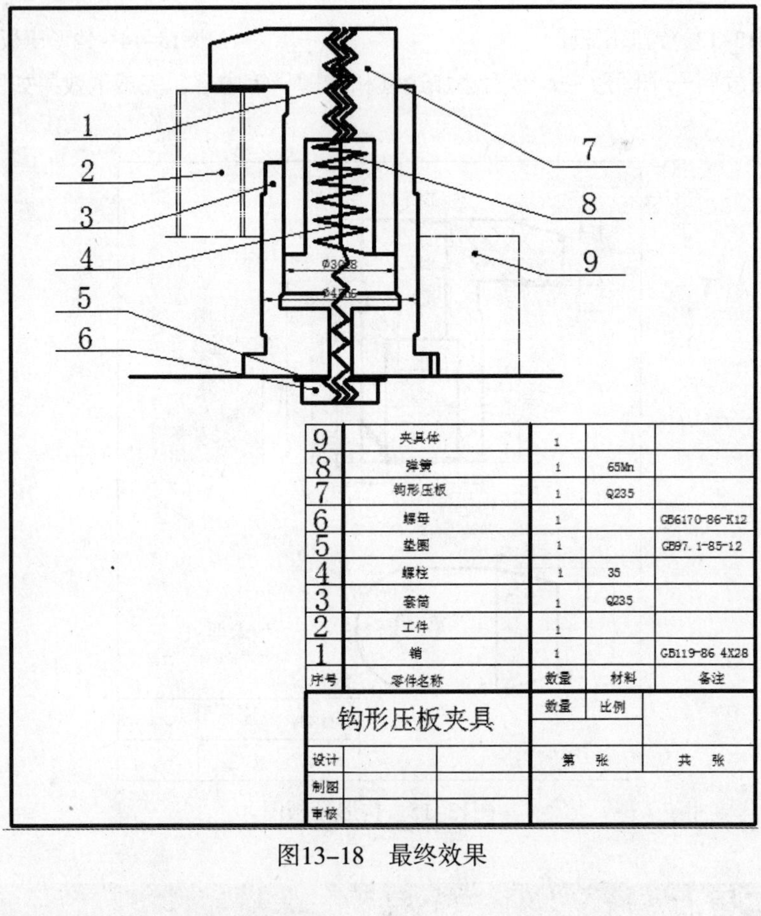

图13-18　最终效果

13.3 绘制电机滑块装配图

之前介绍了利用拆装法绘制装配图的实例，这里将继续介绍装配图的另一种绘制方法：直接绘制法，这种方法一般在结构比较简单的图形对象中可以使用。

本图将被看做一个零件图，按照绘制零件图的步骤进行，如图13-19所示。

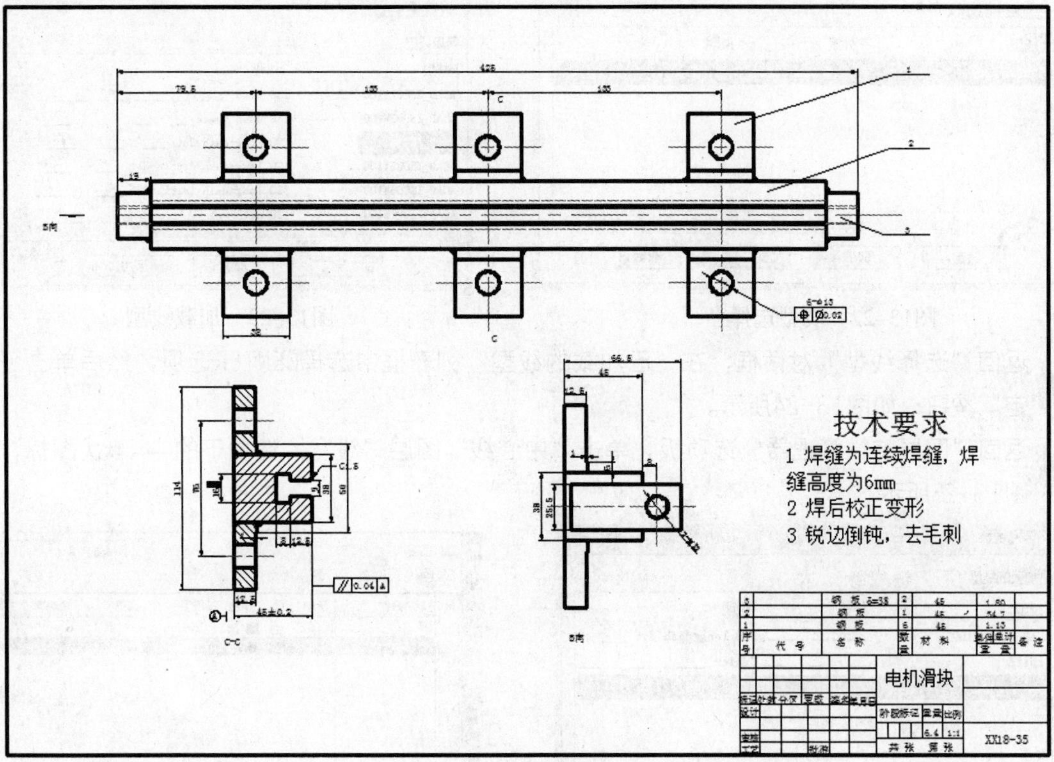

图13-19　装配图效果

1. 图层设置

01 启动AutoCAD 2012，新建名为“电机滑块.dwg”的文件，在菜单栏中选择“格式”→“图层”命令，弹出“图层特性管理器”选项板，如图13-20所示。

02 单击“新建图层”按钮，输入新图层名称“中心线”，按Enter键确认，然后单击“中心线”图层“线型”选项下的Contin...图标，如图13-21所示。

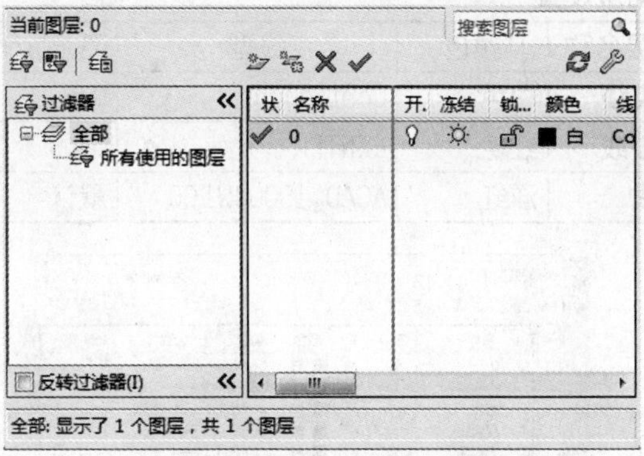

图13-20　图层特性管理器

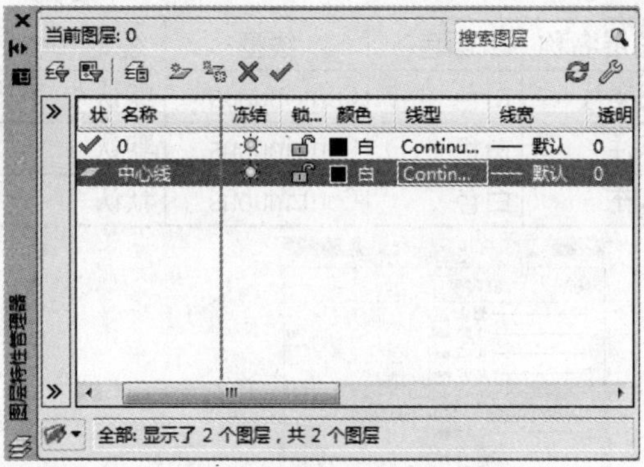

图13-21　选择更改线型

03 弹出“选择线型”对话框，如图13-22所示，单击“加载”按钮，弹出“加载或重载线型”对话框，如图13-23所示。可以根据自己的需要添加线型，比如CENTER、ACAD_ISO04W100等常用线型。

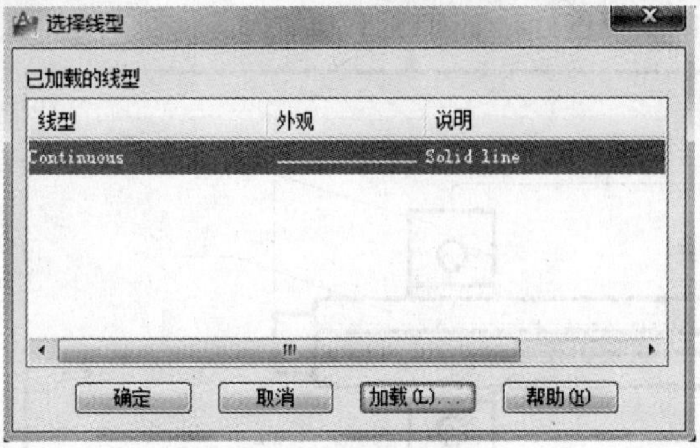

图13-22 线型选择

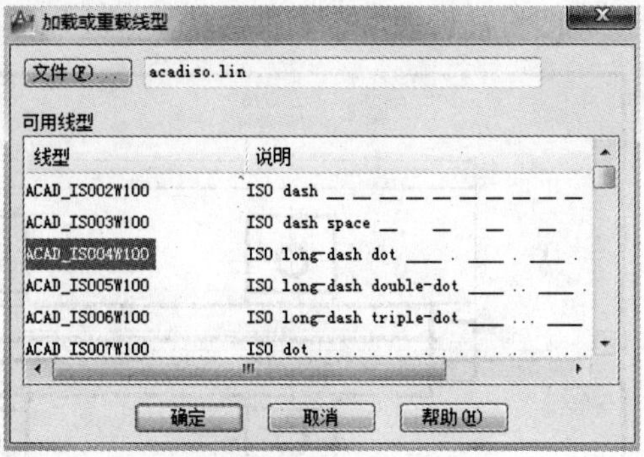

图13-23 加载线型

04 返回“选择线型”对话框，在“已加载的线型”列表框中选择CENTER选项，然后单击“确定”按钮，如图13-24所示。

05 返回“图层特性管理器”选项板，单击“中心线”图层“线宽”选项下的—— 默认 图标，如图13-25所示。

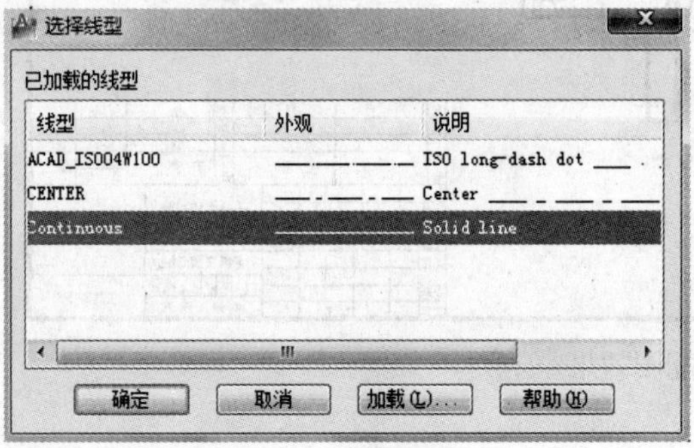

图13-24 选择线型

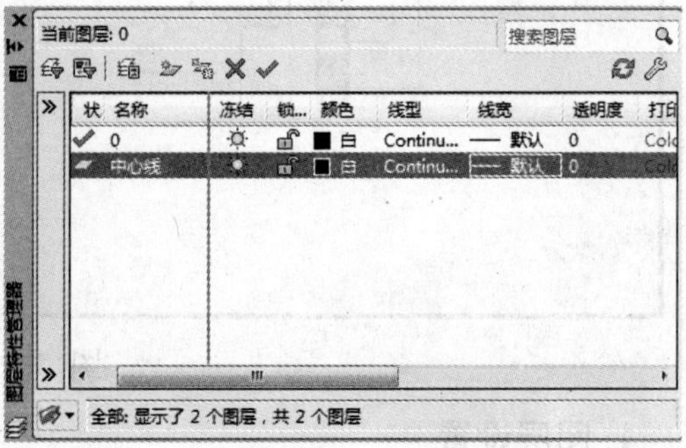

图13-25 选择线宽

06 弹出“线宽”对话框，在“线宽”列表框中选择0.15mm选项，单击“确定”按钮，如图13-26所示。图层颜色设置为“红”。按照相同的方法，创建并设置如表13-1所示的其他图层的特性，效果如图13-27所示。

表13-1 图层设置

图层名称	颜色	线型	线宽/mm	图层名称	颜色	线型	线宽/mm
细实线	白色	Continuous	默认	粗实线	白色	Continuous	0.3
标注	白色	Continuous	默认	中心线	红色	CENTER	0.15
填充	白色	Continuous	默认	虚线	洋红	ACAD_ISO04W100	默认

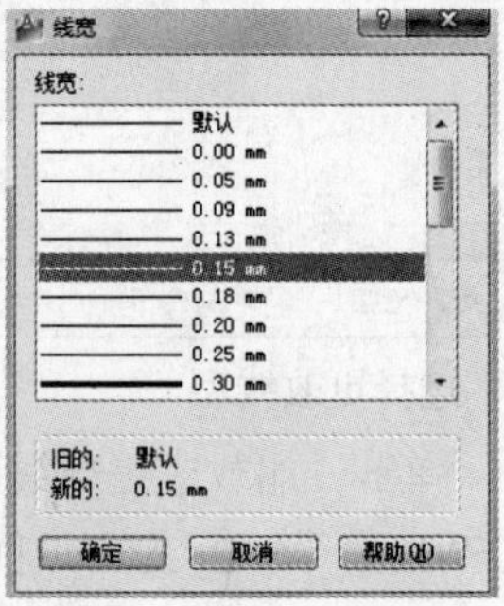

图13-26 选择线宽

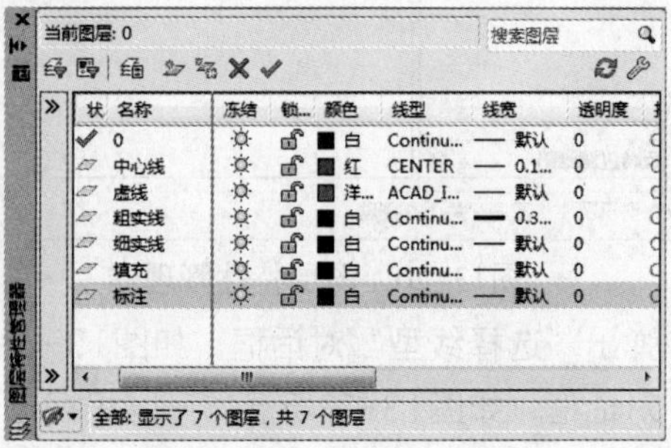

图13-27 图层设置

07 双击“中心线”图层，使其成为当前图层，如图13-28所示。然后单击“关闭”按钮 ，关闭“图层特性管理器”选项板。

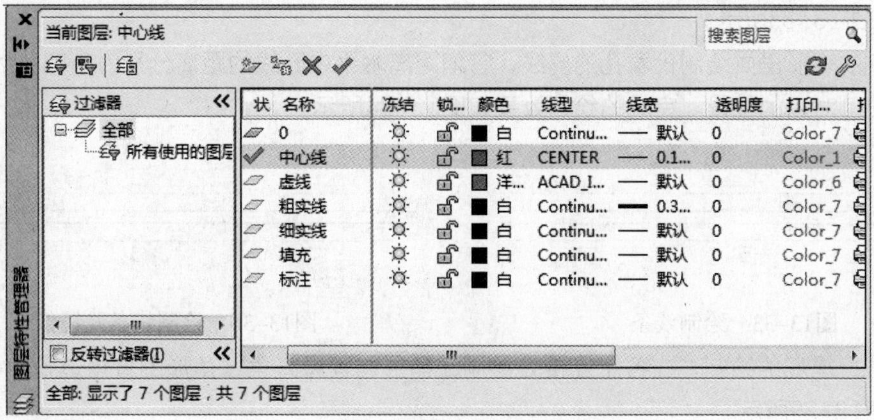

图13-28　置为当前

2. 绘制图形

01 单击状态栏中的“正交模式”按钮 以及“对象捕捉”按钮 ，使它们都变为打开状态。在命令行中执行L命令，绘制长450的水平中心线，然后在距其左端点79.5处绘制一条被水平线垂直平分的竖直中心线，长度为130。在刚才绘制的水平中心线的上下38处各绘制出6条中心线，长度为60，具体尺寸及位置如图13-29所示。

02 下面进行矩形的绘制。首先将图层切换至“粗实线”，然后以最初绘制的水平中心线的左端点为起点向上绘制直线，长度为12.75；再向右绘制19，向上绘制6.25，向右绘制387，向下绘制6.25，向右绘制19，最后向下绘制12.75。将刚才绘制的直线对象镜像到最长水平中心线的下方，然后将阶梯处的线条连接起来，完成的效果如图13-30所示。

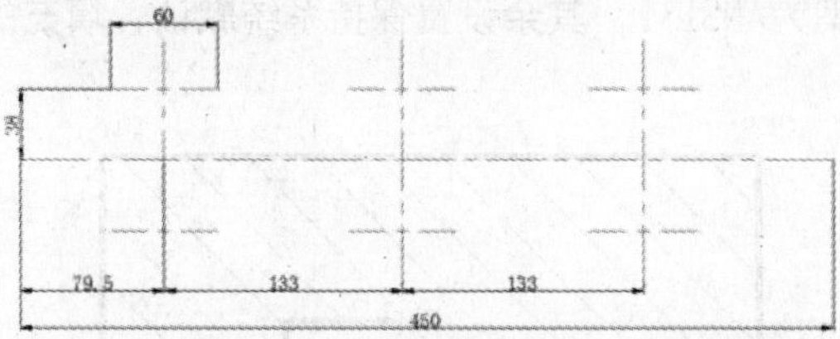

图13-29　绘制中心线

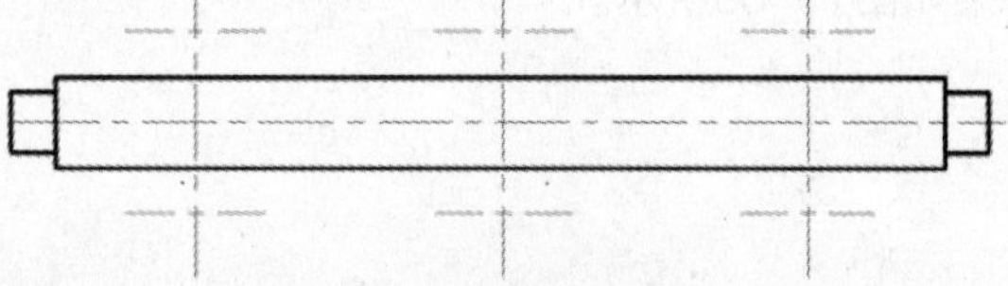

图13-30　绘制直线

03 以最左上角的中心线交点为圆心绘制圆，半径为6.5。然后再以该点为矩形中心，绘制一个38×38的矩形。再在下方32处绘制出一条直线，具体的尺寸、位置及效果如图13-31所示。

04 用复制的方法将刚才绘制的矩形、直线及圆复制到右方的两个中心线交汇处，再将它们镜像到下方对应的中心线交点的位置，创建的效果如图13-32所示。

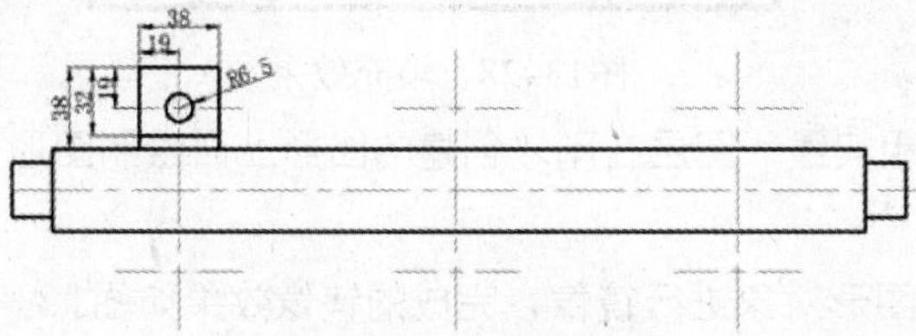

图13-31　绘制圆

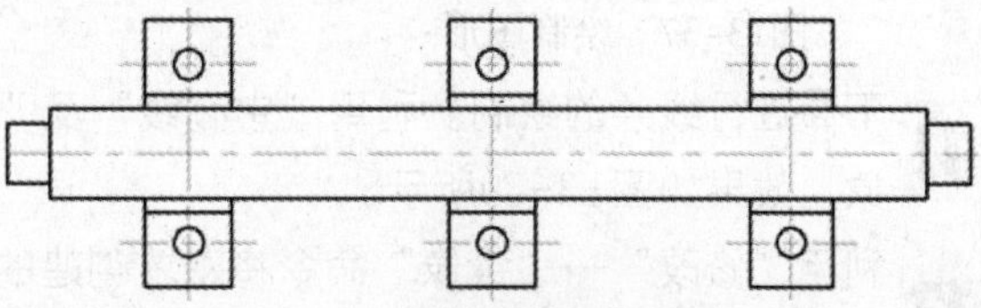

图13-32　复制及镜像效果

05 在中间矩形中绘制3条水平线，它们距中间水平线的距离分别为4.5、5.25、8，长度与中间大矩形的宽度相等。将最上面的直线放在“虚线”层上，然后将这3条直线镜像到下方。完成的效果如图13-33所示。

06 在两侧的矩形里面绘制代表孔的虚线，它们距离水平中心线的距离分别为4和5。然后将其镜像到右侧对应的位置。完成的绘制效果如图13-34所示。

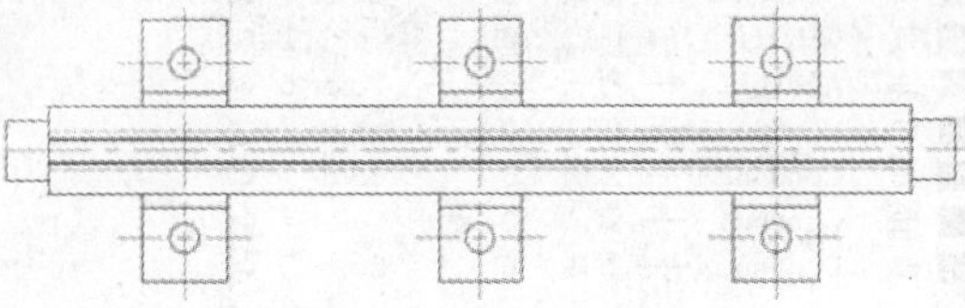
图13-33 绘制线条

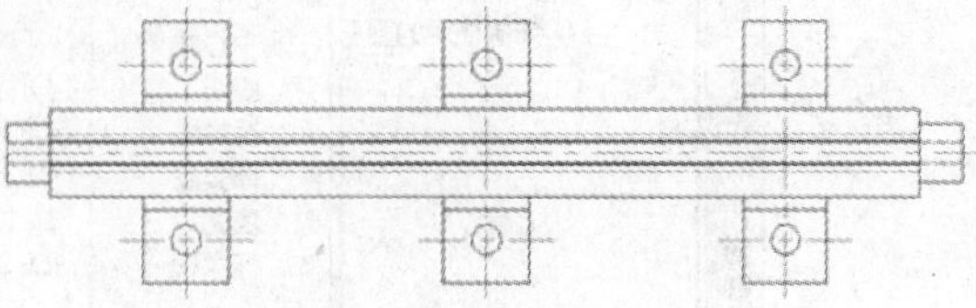
图13-34 绘制线条及镜像

07 下面进行焊点的绘制，在各个连接处绘制三角形，等腰直角三角形的直角边长为4，绘制效果如图13-35所示。

08 选择“绘图”→“图案填充”命令，然后选择填充图案为SOLID，填充区域为刚才绘制的焊点内部，其余的设置默认系统设置，完成的填充效果如图13-36所示。

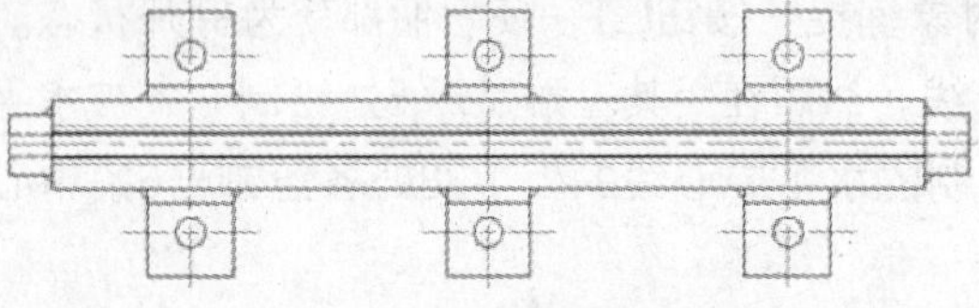
图13-35 创建焊点

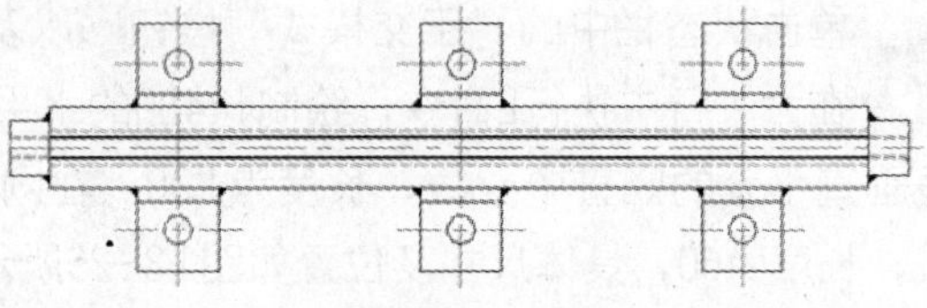
图13-36 填充

09 将图层切换至“粗实线”，绘制如图13-37所示尺寸的图形。

10 选择“修改”→“倒角”命令，在命令行中输入倒角距离为1.5，对右边中间的两个棱处倒角。然后对图形区域进行填充，选择的填充图案为ANSI31，其余设置保持系统默认，填充的效果如图13-38所示。

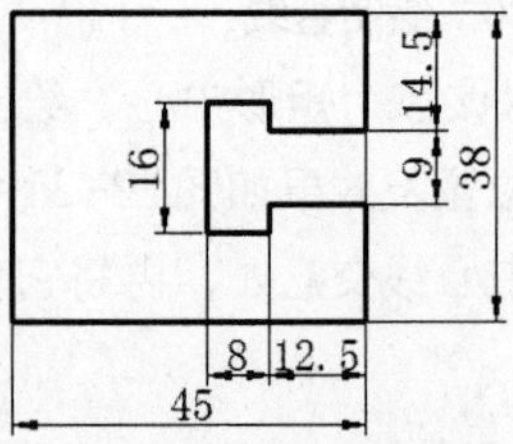

图13-37 绘制图形

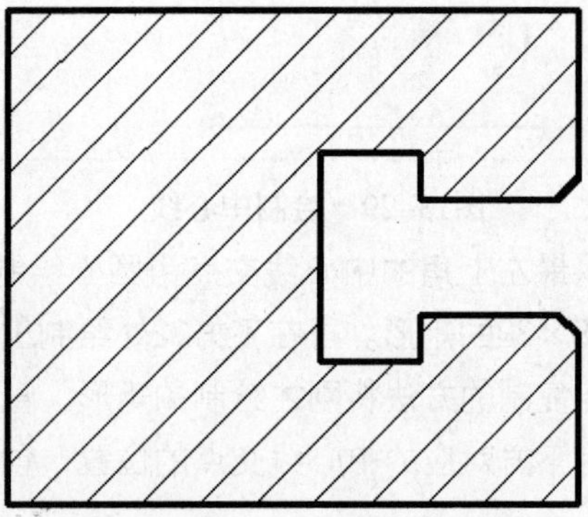
图13-38 填充效果

11 下面进行线条的绘制。利用“中心线”及“粗实线”图层在刚才创建的图形上面绘制图形对象，效果如图13-39所示。

12 利用“修改”→“镜像”命令将刚才创建的图形对象进行镜像，完成的镜像效果如图13-40所示。

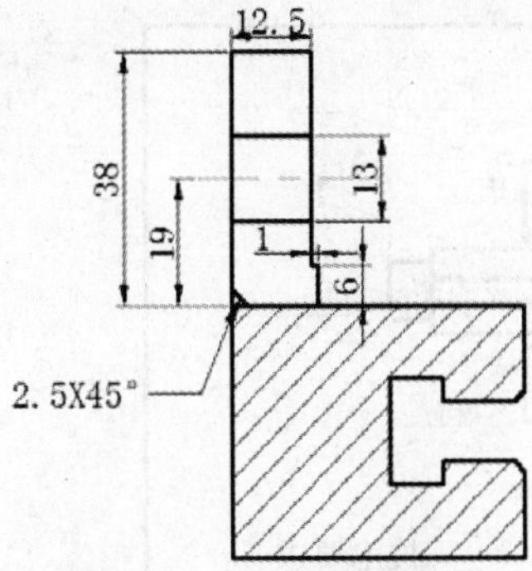

图13-39 绘制图形

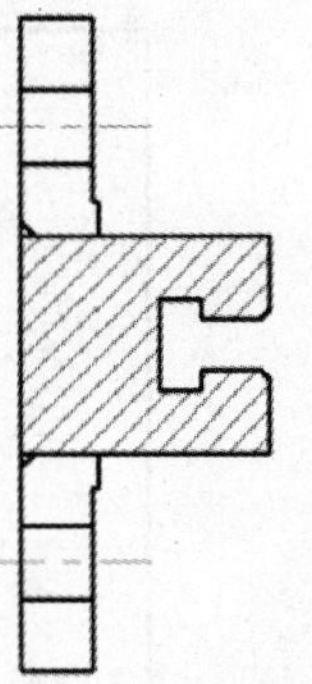

图13-40 镜像效果

13 与之前的那个视图类似，这里也进行台阶处焊点的创建，在图形中一共有两处，尺寸均为4×45。然后对焊点进行填充，填充图案及设置与之前焊点相同，完成的创建效果如图13-41所示。

14 利用“绘图”→“图案填充”命令对外侧的截面效果进行填充，选择的填充图案为ANSI31，填充角度为90°，其余选项保持系统设置，完成的填充效果如图13-42所示。

15 下面进行最后一个视图的创建，本视图与上一个视图尺寸等基本类似，所用到的命令也大概相同，这里不再详述，绘制完成的效果如图13-43所示。

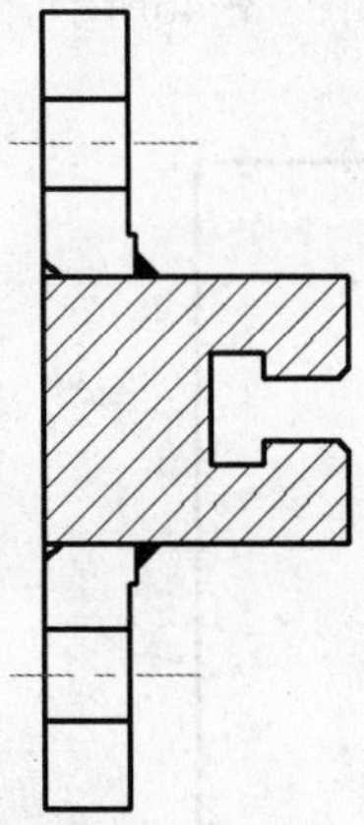

图13-41 创建焊点

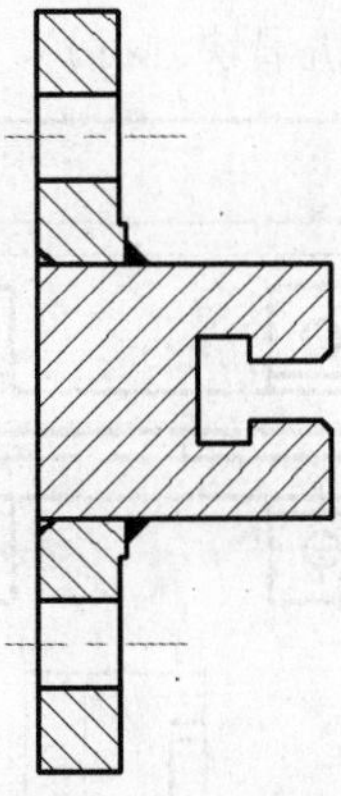

图13-42 填充效果

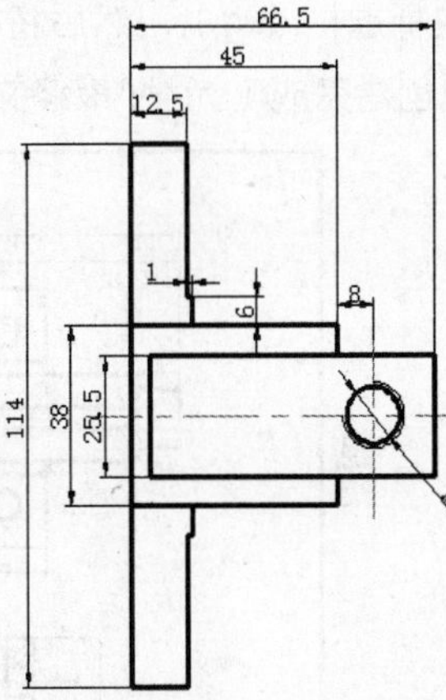

图13-43 绘制视图

3. 图形标注

01 下面进行图形的标注，首先进行标注样式的创建。选择“格式”→“标注样式”命令，新建标注样式，设置“文字高度”为4，“箭头大小”为3，“字体颜色”为“白”，主单位里“精度”设置为0.00，“小数分隔符”设置为“句点”。然后对图形进行标注，主要的难点在于对图形公差的标注，其余的标注比较简单，标注的效果如图13-44所示。

02 然后进行图形边框的绘制、技术要求的书写及零件图号的排序等，完成的效果如图13-45所示。

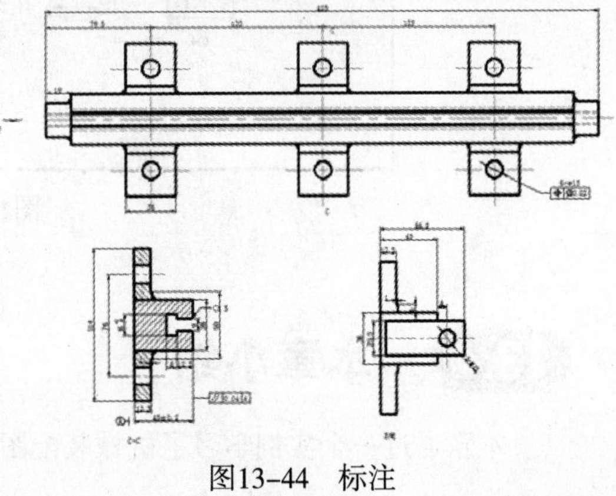

图13-44 标注

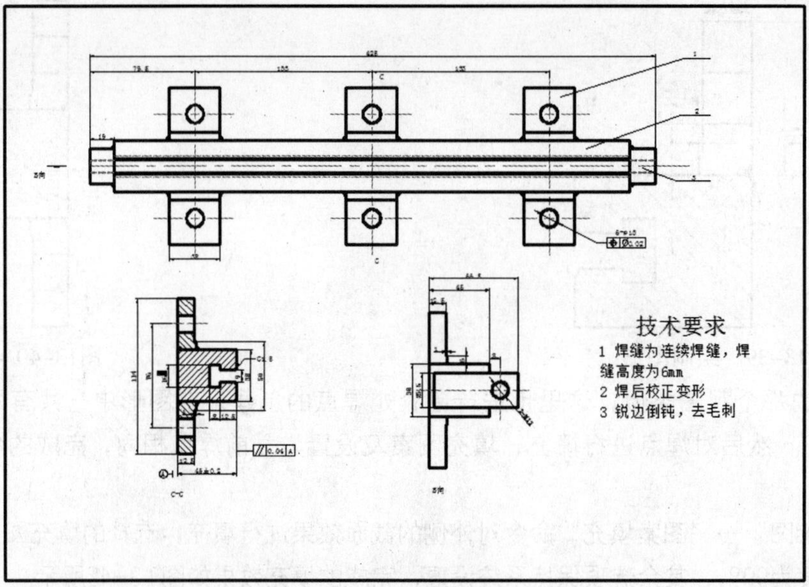

图13-45　绘制边框及书写技术要求

03 下面进行标题栏的插入，打开“电机滑块标题栏.dwg”文件（光盘:\原始文件\第13章\电机滑块标题栏.dwg），然后将标题栏的内容复制到本图形中，完成的效果如图13-46所示。至此本图例创建完成（光盘:\最终文件\第13章\电机滑块.dwg）。

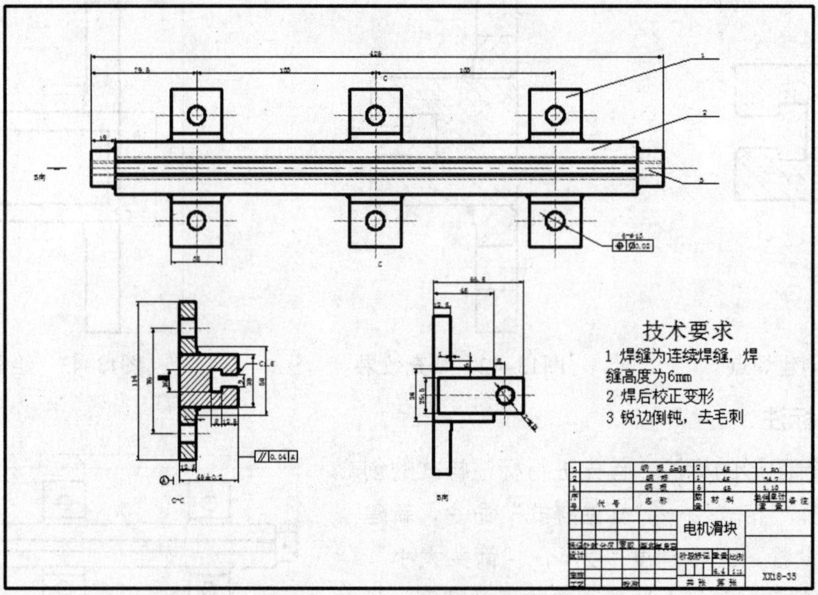

图13-46　最终效果

13.4 本章小结

本章通过一个实例学习了机械装配图的绘制注意事项及步骤。通过本实例，读者除了学会了装配图的创建的相关内容外，还对之前学过的所有二维图形命令进行了复习，这样使知识更系统。学习了本章，读者应该能独立完成装配图的创建。

13.5 课后练习

下面给出一个简单的装配图（见图13-47），希望读者可以根据所给素材及图形，将图形对象绘制出来，并且再回忆一下创建装配图的要领，仔细填写明细栏。

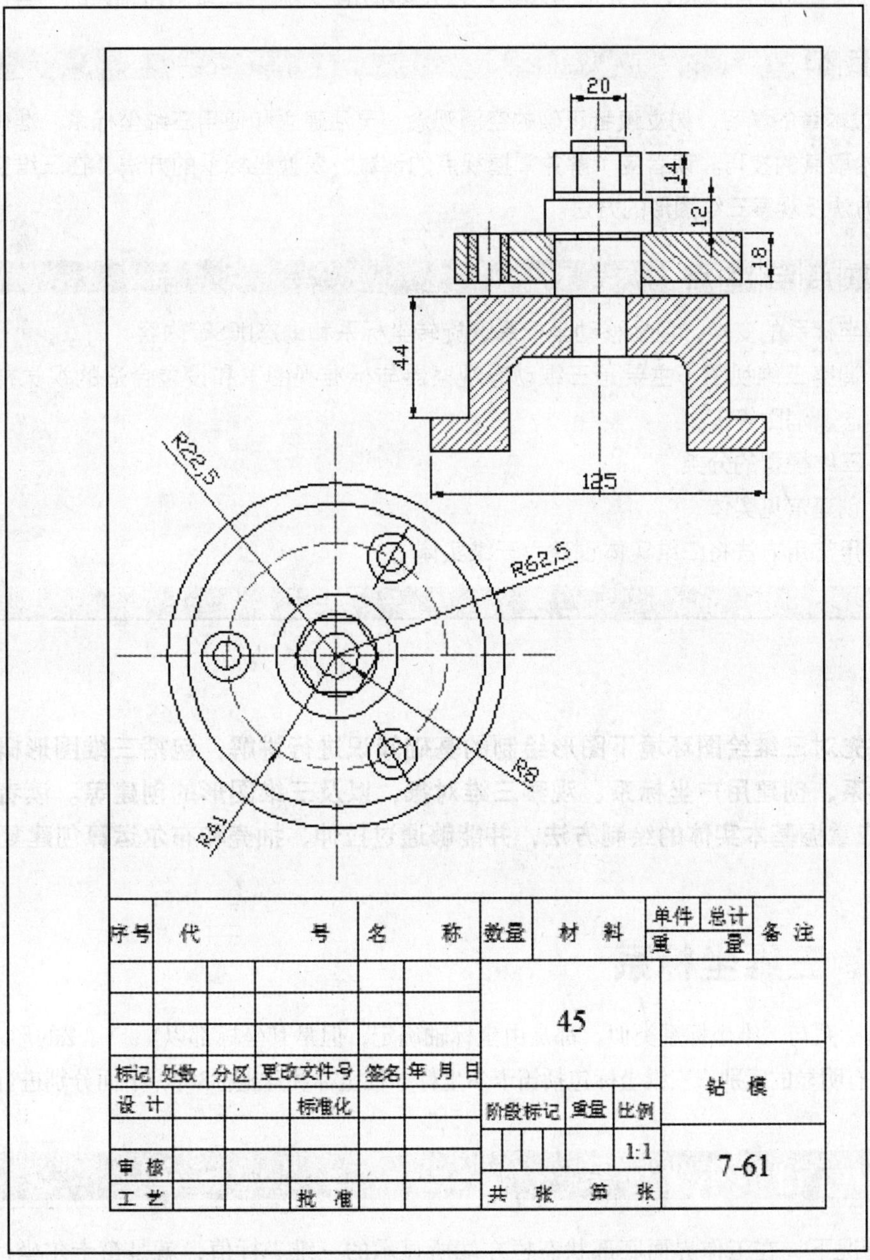

图13-47　练习

第14章 创建三维图形

学习导航

利用AutoCAD，不仅能够绘制平面图形，还可以绘制立体图形，如产品的造型图等。在实际工作中建议用户尽可能直接绘制三维图形，这样既方便又快捷。在学习三维绘图之前，要求用户树立良好的空间观念，首先能够想象，其次要求用户熟悉与三维对象相关的一些操作。

学习目标

通过本章的学习，树立读者正确的空间观念、灵活建立和使用三维坐标系、准确地在三维空间拾取点的技巧。读者应了解并掌握视点的设置、变换坐标系的方法、在三维空间中拾取点的方法及观察三维图形的方法。

学习重点与难点

- □ 坐标系的变换，包括移动坐标系、旋转坐标系和动态UCS等内容
- □ 调整三维视图（主要是三维动态观察器与标准视图）和设置合适的视觉样式（概念、消隐等）
- □ 三维模型的分类
- □ 创建常见实体
- □ 用常用方法将二维实体创建为三维实体

本章首先对三维绘图环境下图形绘制的基础知识进行讲解，包括三维图形概念、常用坐标系、创建用户坐标系、观察三维对象，以及三维图形的创建等。读者通过本章的学习，应掌握基本实体的绘制方法，并能够通过拉伸、抽壳和布尔运算创建复杂实体。

14.1 三维坐标系

三维坐标系与二维坐标系类似。都是由坐标轴确定，但是其坐标都以X、Y、Z的形式确定，这与二维绘图有明显的区别。三维坐标包括笛卡尔坐标、柱坐标和球坐标3种，下面分别进行讲解。

14.1.1 笛卡尔坐标系

正常情况下，在工作界面底部状态栏左端所显示的三维坐标值，就是笛卡尔坐标系中的数值，它准确地反映了当前十字光标的位置。在默认情况下，坐标原点在绘图区左下角，X轴以水

平向右为正方向，Y轴以垂直向上为正方向，Z轴以垂直屏幕向外为正方向。AutoCAD默认采用笛卡尔坐标系来确定形体。在进入AutoCAD绘图区时，系统会自动进入笛卡尔坐标系（世界坐标系WCS）第一象限，AutoCAD采用这个坐标系来确定图形的矢量。在三维笛卡尔坐标系中，可以通过输入点的坐标值（X，Y，Z）来确定点的位置。

在笛卡尔坐标系中，由于在绘图时需要不断进行视图的操作，判断坐标轴方向并不是很容易，因此AutoCAD提供了“右手定则”来确定Z轴方向。即要确定X轴、Y轴、Z轴的正方向，可以将右手背对屏幕，拇指所指方向为X轴正方向，食指所指方向为Y轴正方向，中指所指方向为Z轴正方向。要确定某个坐标轴的正旋转方向，可以用右手的大拇指指向该轴的正方向并弯曲其他手指，此时右手弯曲手指所指方向为正旋转方向。

14.1.2 柱坐标系

柱坐标与二维坐标系中的极坐标极为相似，除了要指定XY平面内坐标投影与X轴的夹角及到原点的距离，还要指定坐标到XY平面的Z轴距离。柱坐标系主要用于模型贴图时，定位贴纸在模型中的位置。柱坐标使用XY平面的角和沿Z轴的距离来表示，其格式如下所示。

- 绝对坐标：XY平面距离<XY平面角度，Z坐标。
- 相对坐标：@XY平面距离<XY平面角度，Z坐标。

14.1.3 球坐标系

球坐标系和柱坐标系的功能相同，都是用于对模型定位图形。使用球坐标确定点的方式是通过指定某个距当前UCS原点的距离、在XY平面中与X轴所成的角度，及其与XY平面所成的角度。球坐标的表示格式如下所示。

- XYZ距离＜与X轴的夹角＜与XY平面的夹角：如球坐标点（4＜30＜30），表示该点与坐标原点的距离为4，在XY平面中与X轴正方向的夹角为30°，与XY平面的夹角为30°。
- @XYZ距离＜与X轴的夹角＜与XY平面的夹角：如球坐标点（@4＜30＜30）表示该点相对于坐标原点的距离为4，在XY平面中与X轴正方向的夹角为30°，与XY平面的夹角为30°。

14.2 创建并设置用户坐标系

为了适用于不同用户的需要，AutoCAD具有创建用户坐标系功能。创建用户坐标系可以方便自己绘图，在创建后若不满足要求还可对其进行设置，以便达到需要的效果。

14.2.1 创建用户坐标系

创建用户坐标系对用户提高绘图效率有着重要的意义，具体操作过程如下：

命令:UCS　　　　　　　　　　　　　（执行UCS命令）
当前UCS名称:*世界*　　　　　　　　　（系统提示当前UCS名称）
输入选项[新建(N)/移动(M)/正交(G)/上一个(P)/恢复(R)/保存(S)/删除(D)/应用(A)/?/世界(W)]<世界>: N
　　　　　　　　　　　　　　　　　（选择“新建”选项，并按【Space】键）
指定新UCS的原点或[Z轴(ZA)/三点(3)/对象(OB)/面(F)/视图(V)/X/Y/Z]<0,0,0>:
　　　　　　　　　　　　　　　　　（选择其中任一选项都可创建用户坐标系）

在执行命令过程中，各选项的含义如下所示。

- 面：将UCS与三维对象的选定面对齐，UCS的X轴将与找到的第一个面上最近的边对齐。
- 对象：根据选定的三维对象定义新的坐标系。新UCS的拉伸方向（即Z轴的正方向）为选定对象的方向。但此选项不能用于三维实体、三维多段线、三维网格、视口、多线、样条曲线、椭圆、射线、构造线、引线和多行文字等对象。
- 视图：以平行于屏幕的平面为XY平面建立新的坐标系，UCS原点保持不变。
- X/Y/Z：绕指定的轴旋转当前UCS。通过指定原点和一个或多个绕X、Y或Z轴的旋转，可以定义任意方向的UCS。
- Z轴：用特定的Z轴正半轴定义UCS。通过指定新原点和位于新建Z轴正半轴上的点来定义新坐标系的Z轴方向，从而定义新的UCS。

图14-1 所示为UCS工具栏。

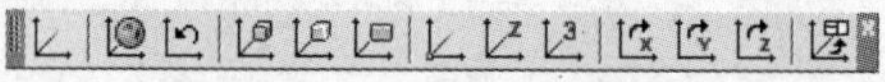

图14-1　UCS工具栏

14.2.2　编辑用户坐标系

创建完用户坐标系后，可以对坐标系进行编辑，包括移动坐标系、对齐坐标系等。

1. 移动用户坐标系

通过平移当前UCS的原点或修改Z轴深度来重新定义UCS的方式，将保持XY平面的原来方向不变。具体操作过程如下：

命令:UCS　　　　　　　　　　　　　（执行UCS命令）
当前UCS名称:*世界*　　　　　　　　　（系统提示当前UCS名称）
输入选项[新建(N)/移动(M)/正交(G)/上一个(P)/恢复(R)/保存(S)/删除(D)/应用(A)/?/世界(W)] <世界>: m
　　　　　　　　　　　　　　　　　（选择“移动”选项，并按Space键）
指定新原点或 [Z 向深度(Z)] <0,0,0>:　（指定新原点或选择“Z向深度”选项，然后在Z轴方向移动坐标即可）

2. 将UCS与对象对齐

将UCS与对象对齐后，可生成一个新的用户坐标系，调用该命令的方法如下：

- 在“视图”选项卡的“坐标”组中，单击“对象”按钮。
- 执行UCS命令，在命令行中选择“对象”选项。

执行上述命令后，具体操作过程如下：

命令：UCS （执行UCS命令）

当前 UCS 名称: *世界* （系统当前提示）

指定 UCS 的原点或 [面(F)/命名(NA)/对象(OB)/上一个(P)/视图(V)/世界(W)/X/Y/Z/Z 轴(ZA)] <世界>: OB

（选择“对象”选项，并按Space键）

选择对齐 UCS 的对象: （在对齐对象上单击作为对齐UCS的对象）

3. 将UCS与实体面对齐

将UCS与实体对象的面对齐，具体操作过程如下：

命令：UCS （执行UCS命令）

当前 UCS 名称: *没有名称* （系统当前提示）

指定 UCS 的原点或 [面(F)/命名(NA)/对象(OB)/上一个(P)/视图(V)/世界(W)/X/Y/Z/Z 轴(ZA)] <世界>:f

（选择“面”选项）

选择实体对象的面: （单击实体对象需要与UCS坐标对齐的面）

输入选项 [下一个(N)/X 轴反向(X)/Y 轴反向(Y)] <接受>: （按Space键完成设置）

4. 三点确定UCS坐标

三点确定UCS坐标的具体操作如下：

命令：UCS （执行UCS命令）

当前 UCS 名称: *没有名称* （系统当前提示）

指定 UCS 的原点或 [面(F)/命名(NA)/对象(OB)/上一个(P)/视图(V)/世界(W)/X/Y/Z/Z 轴(ZA)] <世界>:3

（输入3选项）

指定新原点 <0,0,0>: （指定新原点）

在正 X 轴范围上指定点 <1205.1331> （指定在正Z轴范围内的点）

在 UCS XY 平面的正 Y 轴范围上指定点 <1235.4563,1345.0143,0.0000>:

（指定在UCS XY 平面的正Z轴范围上的点）

在使用UCS过程中还有一些命令，下面对它们做简单介绍。

- 保存：使用当前名，那么它将被列为WORLD或UNNAMED，这取决于它是否与WCS相同，如果不相同，UCS按指定名称保存。该名称可以使用字母、数字、空格和任何未被Windows和AutoCAD用做其他用途的特殊字符，最多可以包含255个字符。
- 恢复：恢复已保存的UCS，使其成为当前UCS。但恢复已保存的UCS并不会重新建立在保存UCS时生效的观察方向。
- 删除：从已保存的用户坐标系列表中删除指定的UCS。
- 应用：当创建了多视口，并在其他视口保存了不同的UCS时，将当前UCS设置应用到指定的视口或所有活动视口。选择该选项后，将出现提示信息“拾取要应用当前UCS的视口或［所有（A）］<当前>:”，选择其中的“所有”选项，可以将当前UCS应用到所有的活动视口。
- 上一个：恢复上一个UCS。AutoCAD可以保存在图纸空间中创建的最后10个坐标系和在模型空间中创建的最后10个坐标系。重复选择“上一个”选项可以逐步返回前面使用的

UCS。

- ?：列出所有用户定义的坐标系的名称，并列出每个保存的UCS相对于当前UCS的原点以及X、Y和Z轴。如果当前UCS未命名，则被列为UNNAMED。
- 世界：将当前UCS设置为与世界坐标系相同。

14.3 AutoCAD基本模型

对于AutoCAD的三维模型，它支持3种类型的基本模型——线框模型、表面模型、实体模型。现实生活中的工程产品，都可以简化为这3种模型。

14.3.1 线框模型

线框模型完全由三维空间中的直线或曲线构成。这些线段或曲线没有粗细，而且由这些直线或曲线首尾相连形成的封闭图形也不能形成表面积；所以，线框模型既没有体积，也没有表面积。

由于线框模型没有面、体特征，仅是三维对象的轮廓，由点、直线、曲线等对象组成，所以不能进行消隐、渲染等操作。创建对象的三维线框模型，实际上是在空间中通过指定各点的三维坐标来绘制各种边线。由于构成此种模型的每条边都必须单独绘制出来，因而这种建模方式是很耗时的。

在实际工程中，通常将那些截面积与其长度相比可忽略不计的实体对象简化为线框模型，比如，在电路布置中，电器元件可以用线框模型来表达。

14.3.2 表面模型

表面模型由三维平面或三维曲面构成。显然，这些三维面形成了面积。但是，由于三维面本身是没有厚度的，所以表面模型不能形成体积，就像一个没有壁厚的盒子一样。表面模型可以通过拉伸线框模型生成。

在实际工程中，通常将那些厚度与其表面积相比可以忽略不计的实体对象简化为表面模型。例如一些大型建筑的三维效果图中，屋顶、墙面等都可以简化为表面模型。

14.3.3 实体模型

实体模型是最符合现实情况的模型表达方式，既有表面积又有体积，如实心球体、圆柱等实体模型。实体模型也是三维建模中使用最多的模型，它由基本的表面模型经过拉伸和旋转等操作生成。

实体模型具有线、面、体等特征，可进行消隐、渲染等操作，包含体积、质心、转动惯量等质量特性。用户能直接创建长方体、球体、锥体等基本立体，还可通过旋转、拉伸二维对象形成三维实体。各实体对象间可以执行各种运算操作（如对象相加、相减和求交集），从而创建各种复杂的实体对象。

如图14–2所示为3种模拟的效果。

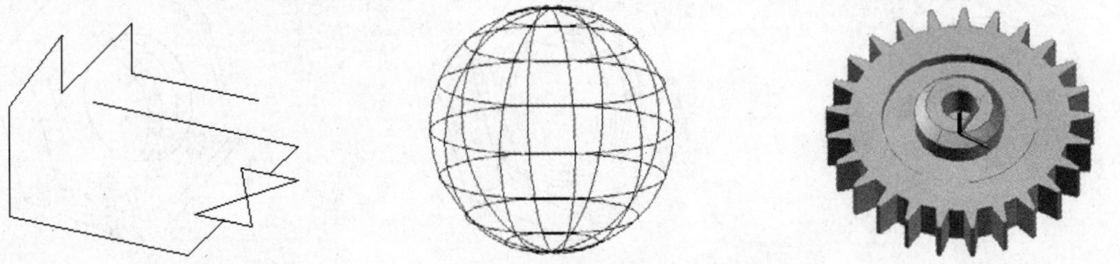

（a）线框　　（b）表面　　（c）实体

图14–2　基本模型

这3种模型之间也有一定的转换关系。但是要注意的是，线框模型不能直接拉伸成实体模型，必须首先将封闭的线框转换成表面模型，再将表面模型拉伸成实体模型。可将封闭的线框转化为闭合多段线。一旦封闭线框转化为闭合多段线，线框模型就转化为表面模型了。

14.4 视觉样式

绘制了三维图形后，可以为其设置视觉样式，以便更好地观察三维图形。AutoCAD提供了二维线框、三维线框、三维隐藏、真实和概念等多种，以便于观察图形。

14.4.1 应用视觉样式

应用视觉样式命令的方法是：显示菜单栏，选择“视图”→“视觉样式”命令，在弹出的子菜单中选择需要的视觉样式命令，如图14–3所示。

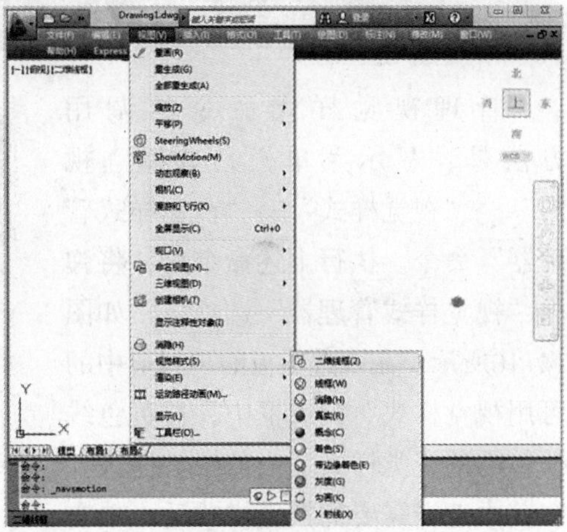

图14–3　视觉样式

其中部分视觉样式的功能如下所示。

- “二维线框”视觉样式：该样式显示用直线和曲线表示边界的对象，光栅和OLE对象、线型和线宽都是可见的，如图14–4所示。
- “线框”视觉样式：该样式显示用直线和曲线表示边界的对象，这时UCS为一个着色的三维图标，光栅和OLE对象、线型和线宽都为不可见，如图14–5所示。
- “消隐”视觉样式：该样式用三维线框表示对象，同时消隐表示后面的线。该视觉样式与选择“视图”→“消隐”命令后的效果相似，可以用于三维图形的静态观察，如图14–6所示。
- “真实”视觉样式：该样式显示着色后的多边形平面间的对象并使对象的边平滑化。若对三维实体设置了材质效果，在该视觉样式中，同时还可显示已经附着到对象上的材质效果，如图14–7所示。

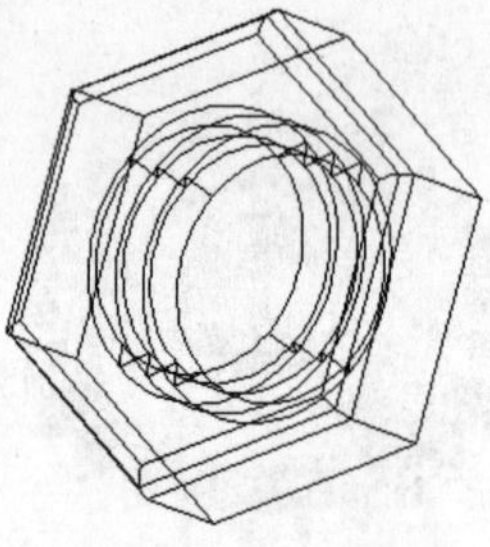

图14-4　二维线框

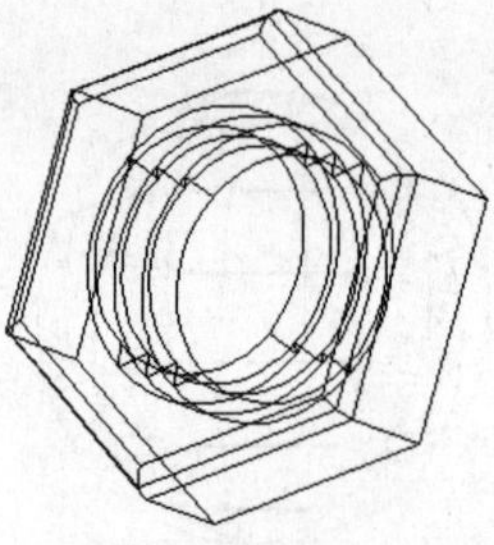

图14-5　线框

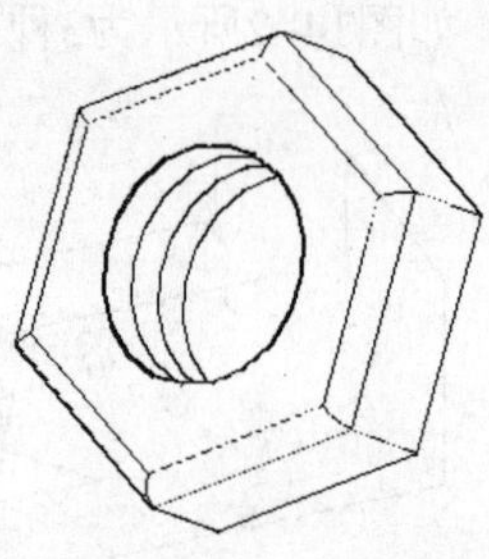

图14-6　消隐

- “概念”视觉样式：该样式显示着色后的多边形平面间的对象并使对象的边平滑化。该视觉样式缺乏真实感，但用户可以很方便地在该视觉样式中查看模型的细节，如图14-8所示。
- “X射线”：该样式与利用X光线透视物体类似，能看到里面的线条，但是有一种朦胧感觉，效果如图14-9所示。

图14-7　真实

图14-8　概念

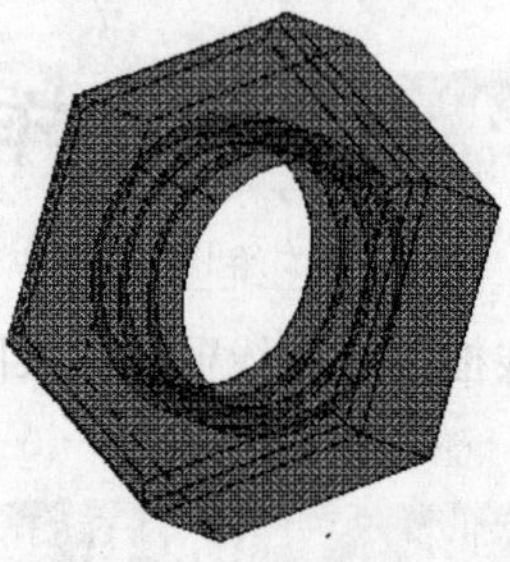

图14-9　X射线

14.4.2　管理视觉样式

管理视觉样式命令的调用方法是：显示菜单栏，选择“视图”→“视觉样式”→“视觉样式管理器”命令。执行上述命令后，将弹出“视觉样式管理器”选项板，如图14-10所示。在该选项板的“图形中的可用视觉样式”列表框中，被黄色线框包围的视觉样式为当前视觉样式，在其中选择需要的视觉样式后，单击“将选定的视觉样式应用于当前视口”按钮，可在当前视口中应用选择的视觉样式。在选项板的参数选项区中，用户可以设置选定样式的面、边和环境等参数的相关信息。在“图形中的可用视觉样式”列表框中，选择不同的视觉样式，其下的参数选项区中的参数也会有所改变。

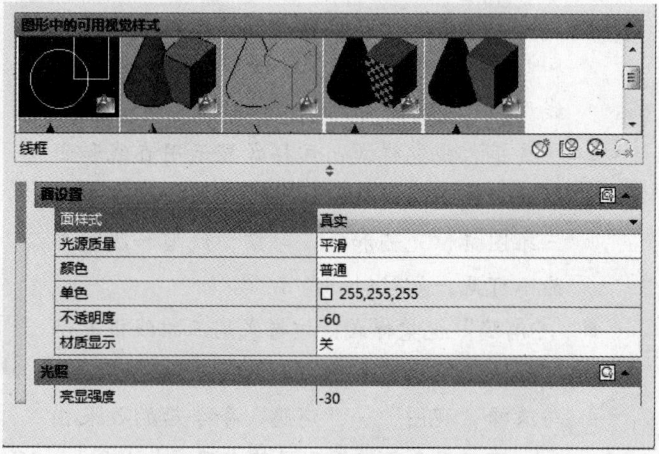

图14-10　“视觉样式管理器”选项板

14.5 观察三维模型

为了观察三维模型，AutoCAD提供了视点变换等工具。绘图时，对三维视图进行观察是必须的，对它们的操作包括预设三维视点、选择三维视图、设置视点等，下面对它们分别进行讲解。

14.5.1 预设三维视点

三维视点是指在三维空间中观察三维模型的位置，调用“预置三维视点”命令的方法如下。

- 显示菜单栏，选择“视图”→“三维视图”→“视点预设”命令。
- 在命令行中执行DDVPOINT或VP命令。

执行上述命令后，都将弹出“视点预设”对话框，如图14-11所示。其中各选项的功能如下所示。

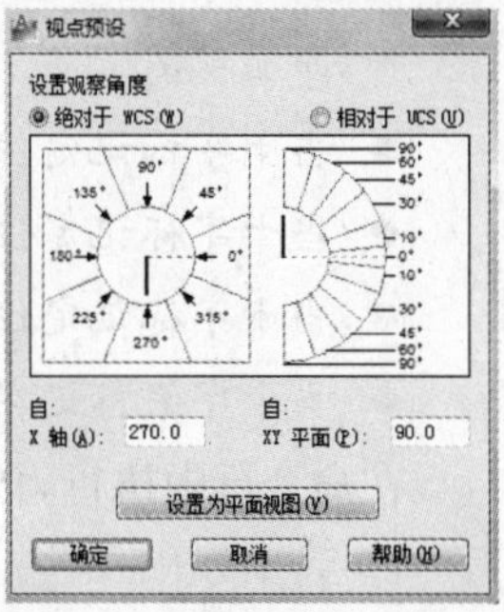

图14-11 视点预设

- ⊙绝对于 WCS(W)单选按钮：选择该单选按钮后，设置的观测方向相对于当前WCS坐标系。
- ⊙相对于 UCS(U)单选按钮：选择该单选按钮后，设置的观测方向相对于当前UCS坐标系。
- 矩形表盘：用于设置视点与X轴的夹角，当在矩形表盘内环与矩形之间的区域选取时，角度的增量为45°；当在矩形表盘内环中选取时，可得到任意角度的值。
- 半圆形表盘：用于设置视点与XY平面的夹角，当在内半圆与外半圆之间的区域选取时，可以得到图中标示的角度值；当在内半圆区域中选取时，可得到任意角度的值。
- “X轴”文本框：设置与X轴夹角的角度值。
- “XY平面”文本框：设置与XY平面夹角的角度值。
- 设置为平面视图(V)按钮：表示查看角度以相对于选定坐标系显示平面视图（XY平面）。

14.5.2 选择三维视图及设置视点

1. 选择三维视图

为了满足用户需要，AutoCAD提供了多种三维视图供选择。选择“三维视图”命令的方法是：显示菜单栏，选择“视图”→“三维视图”命令，在弹出的子菜单中选择相应的三维视图命令，如图14-12所示。

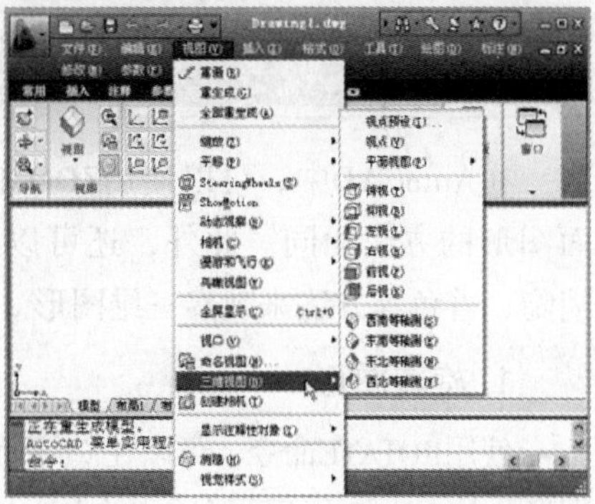

图14-12 视图选择

2. 设置视点

要从各个方向观察图形，需要不断变化视点。调用“视图”命令的方法如下：

- 显示菜单栏，选择“视图”→“三维视图”→“视点”命令。
- 在命令行中执行VPOINT命令。

执行第一种命令后，绘图区中会显示一个坐标球和三轴架，如图14-13所示，用户只需移动坐标球中的十字标记即可随意设置视图的方向。坐标球是一个展开的球体，中心点是北极（0，0，n），内环是赤道（n，n，0），整个外环是南极（0，0，-n）。坐标球中的小十字标记表示视点的方向，当用户移动小十字标记时，三轴随之改变。

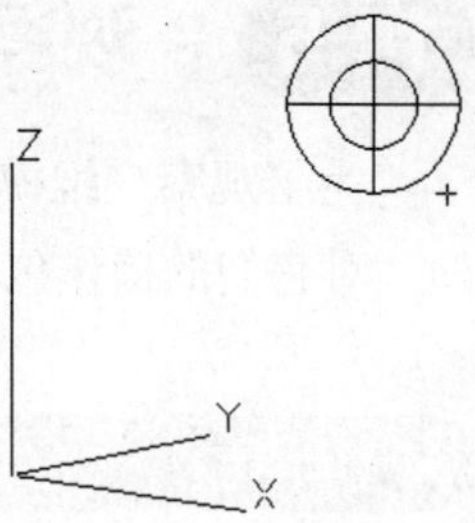

图14-13 视点设置

各种情况介绍如下：

- 当十字标记定位在坐标球的中心，视线和XY平面垂直，此时为平面视图。
- 当十字标记定位在内圆中，视线和XY平面的夹角在0° ～90° 范围。
- 当十字标记定位在内圆上，视线与XY平面呈0° 角，这便是正视图。
- 当十字标记定位在内圆与外圆之间，视线就和XY平面的角度在0° ～-90° 范围。
- 当十字架标记在外圆上或外圆外，视线与XY平面的角度为-90° 。

在命令行中执行VPOINT命令，具体操作过程如下：

命令: VPOINT	（执行VPOINT命令）
当前视图方向: VIEWDIR=0.0000,0.0000,1.0000	（系统当前提示）
指定视点或 [旋转(R)] <显示指南针和三轴架>:	（指定视点）
正在重生成模型	（系统当前提示）

在执行命令的过程中，命令行各选项的含义如下所示。

- 指定视点：在绘图区中选择任意一点都可作为视点。在确定视点位置后，AutoCAD将该点与坐标原点的连线方向作为观察方向，并显示该方向上物体的投影。
- 显示指南针和三轴架：根据显示出的指南针和三轴架确定视点。移动鼠标，使小十字光标在坐标球范围内移动，与此同时，三轴架的X、Y轴将绕Z轴旋转。
- 旋转：按指定角度旋转视点方向。选择该选项后，命令提示行出现“输入XY平面中与X轴的夹角<270>：”提示信息。完成视点方向在XY平面的投影和X轴正方向的夹角的输入后，系统会继续出现“输入与 XY 平面的夹角 <90>：”提示信息，输入视点方向与其在XY平面上投影的夹角即可。

14.5.3 观察三维图形的方法

在AutoCAD中，可以使用ZOOM或PAN命令来观察三维图形的整体或局部，其方法与观察平面图形的方法相同。此外，还可以通过旋转、消隐、着色等方法来观察三维图形。

1. 旋转图形

使用ROTATE命令，可以在XY平面内旋转三维图形，其方法与平面图形的旋转方法相同。但是，三维图形旋转后由于视点的改变，显示的效果也将发生改变。如图14-14所示为旋转观察效果。

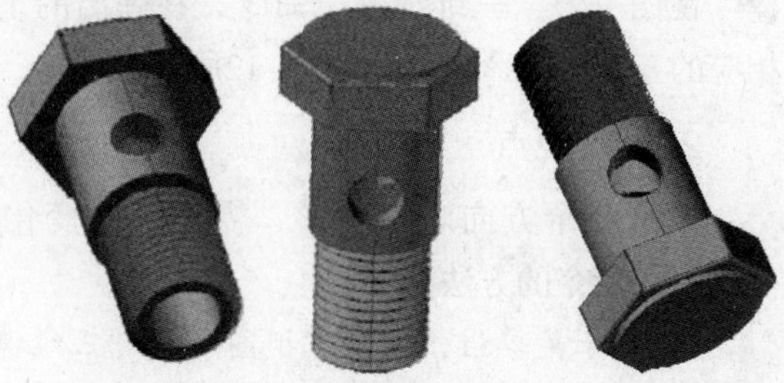
图14-14 旋转观察效果

2. 消隐图形

通过消隐图形，可将位于三维实体背面看不见的部分遮挡起来，从而使用户可以更好地观察视图。要执行消隐操作，可选择“视图”→“消隐”菜单，或直接执行HIDE命令。不过，执行消隐操作之后，绘图窗口将无法再使用ZOOM和PAN命令缩放和平移视图，直到选择“视图”→“重生成”命令重生成视图。如图14-15所示为消隐图形效果。

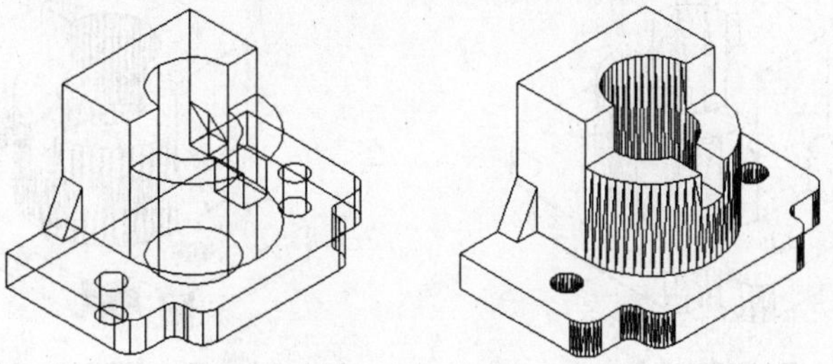

图14-15 消隐图形效果

3. 概念图形

消隐可使图形更清晰，而概念着色（VSCURRENT）可以生成更真实的模型图像。要启动VSCURRENT命令，可选择“视图”→“视觉样式”→“概念”命令，或单击“视觉样式”工具栏中的“概念”按钮。图14-16所示为概念图形效果。

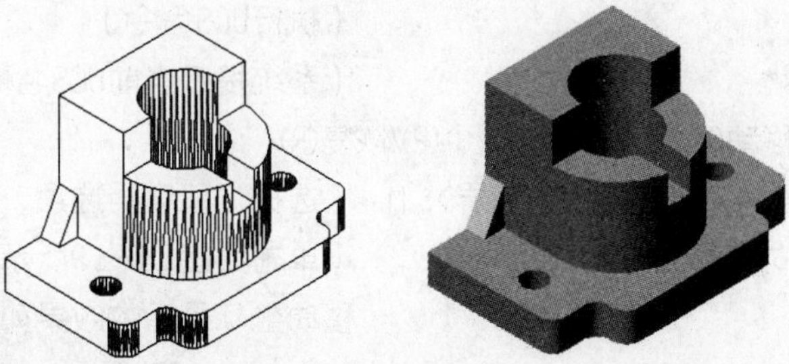

图14-16 概念图形效果

4. 改变三维图形的曲面轮廓素线

当实体中包含弯曲面时（如球体和圆柱体等），则曲面在线框模式下用线条的形式来显示，这些线条称为素线。

使用ISOLINES系统变量可以设置显示曲面所用的素线条数。ISOLINES变量的有效值范围为0～2047，默认值为4（此时系统用4条素线来表达一个曲面）。该值为0时，表示曲面没有素线，如果增加素线的条数，则会使图形看起来更接近三维实物。如图14-17所示为效果图。

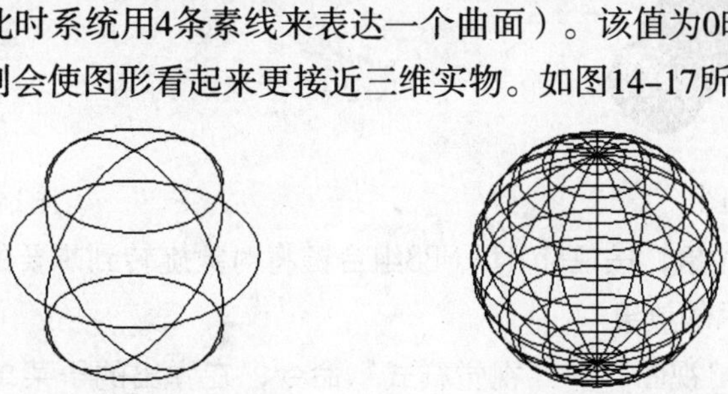

（a）ISOLINES=4　　（b）ISOLINES=16

图14-17 改变三维图形的曲面轮廓素线

5. 改变实体表面的平滑度

在执行HIDE、SHADEMODE或RENDER命令时，可通过修改FACETRES系统变量值来改变实体表面的平滑度。该变量用于设置曲面的面数，取值范围为0.01～10，默认值为0.5。值越大，实体表面越平滑。图14-18所示为改变实体表面平滑度的效果。

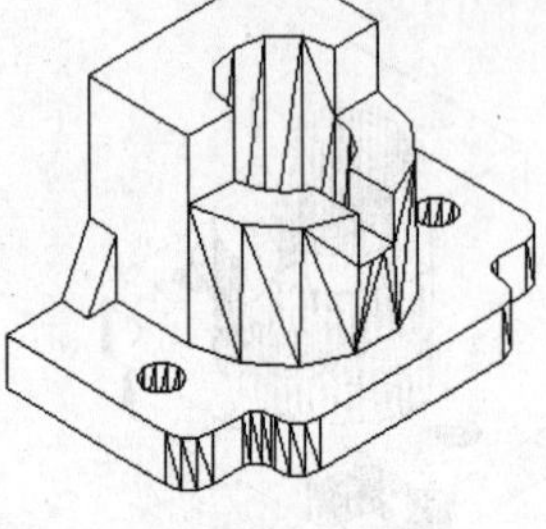

（a）FACETRES=0.5

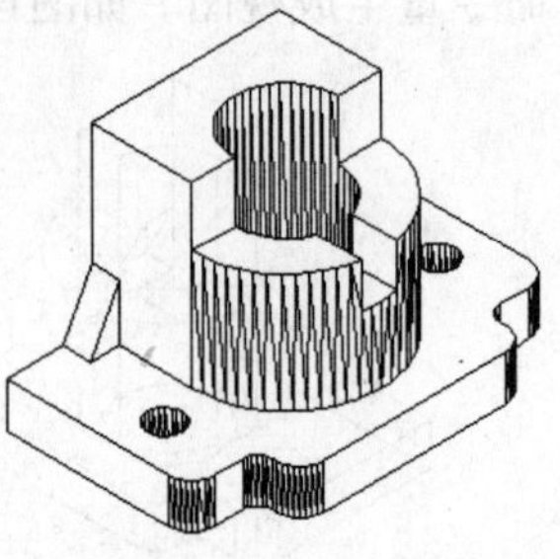

（b）FACETRES=10

图14-18　改变实体表面平滑度效果

自我强化　螺丝刀

01 打开“螺丝刀.dwg”图形对象（光盘:\原始文件\第14章\螺丝刀.dwg），效果如图14-19所示在命令行中执行UCS命令，具体操作过程如下：

命令：UCS　（执行UCS命令）

当前UCS名称:*世界*　（系统提示当前UCS名称）

输入选项[新建(N)/移动(M)/正交(G)/上一个(P)/恢复(R)/保存(S)/删除(D)/应用(A)/?/世界(W)] <世界>: M　（选择“移动”选项，并按Space键）

指定新原点或 [Z 向深度(Z)] <0,0,0>:　（单击如图14-19所示的螺丝刀底面的中心，移动坐标系后的效果如图14-20所示）

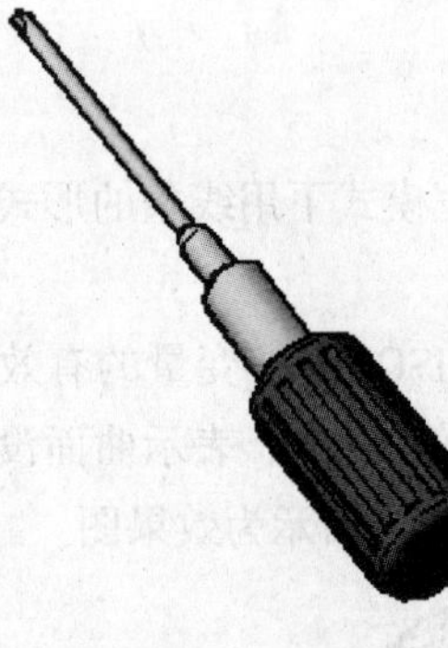

图14-19　原图

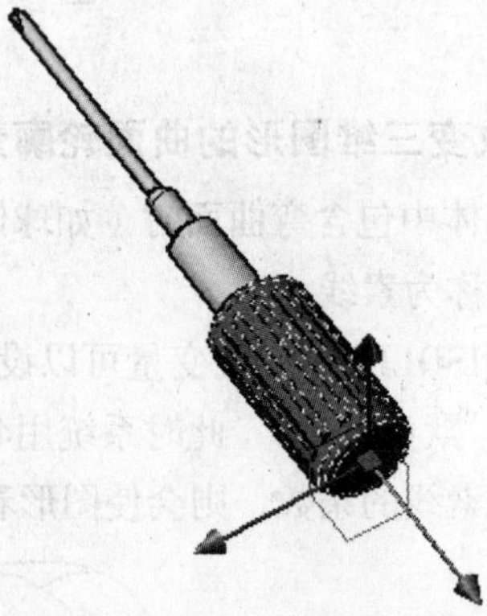

图14-20　移动

02 下面进行旋转观察对象，按住Shift+MB3组合键将对象旋转到想要的位置后放开按键，如图14-21所示为旋转后的效果。

03 显示菜单栏，选择“视图”→“视觉样式”命令，在弹出的子菜单中选择“隐藏”视觉样式，将视觉样式设置为概念视觉样式，效果如图14-22所示（光盘:\最终文件\第14章\螺丝刀.dwg）。

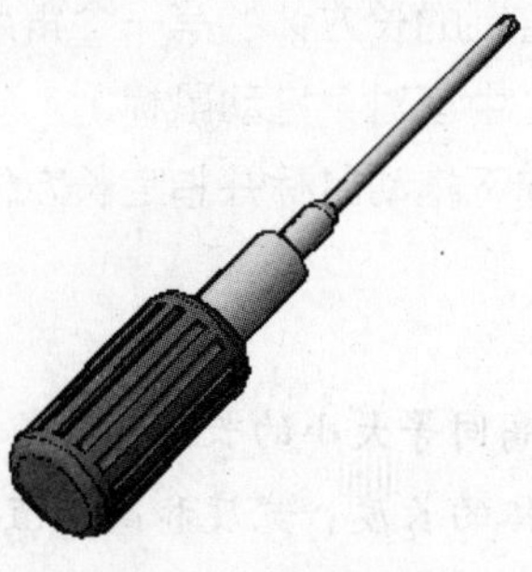

图14-21 旋转观察

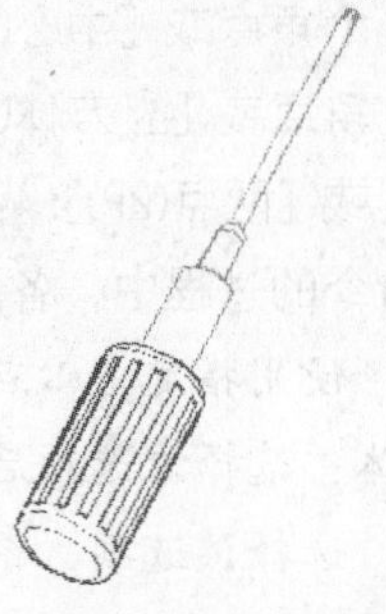

图14-22 “隐藏”模式

14.6 绘制简单实体模型

三维实体与二维对象的区别在于其内部是实心的，它表示整个对象的体积。AutoCAD 2012提供了长方体、楔体、圆柱体及圆环体等三维实体。在AutoCAD中，除了可以直接使用系统提供的命令创建多段体、长方体、球体等基本实体外，还可通过拉伸、旋转二维对象，以及实体并集、差集、交集等方法来创建各种复杂实体。

14.6.1 绘制长方体

长方体是基本的实体模型之一，使用 BOX 命令可以绘制长方体或立方体。生成长方体的方法有多种，例如可以分别指定长方体底面两个对角点，然后指定高度；也可以分别指定长方体中心点和底面的一个对角点，然后指定高度；还可以分别指定长、宽、高来绘制。如图14-23所示为长方体效果图。绘制长方体的方法如下：

（a）概念

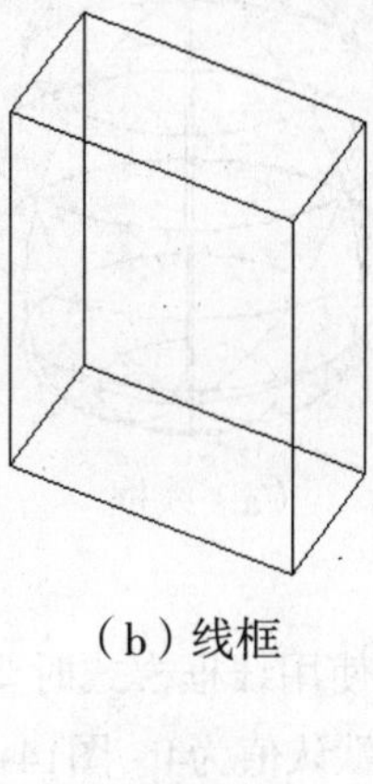

（b）线框

图14-23 长方体效果

- 显示菜单栏，选择“绘图”→“建模”→“长方体”命令。
- 在命令行中执行BOX命令。

切换视图为西南等轴测（本节的知识都将在该视图下进行讲解），执行上述命令后，具体操作过程如下：

命令：BOX （执行BOX命令）

指定第一个角点或 [中心(C)]:　　　　　（指定要绘制的长方体的第一个角点）
指定其他角点或 [立方体(C)/长度(L)]:　　（在绘图区中呈对角拖动鼠标）
指定高度或 [两点(2P)]:　　　　　　　　（向上或向下拖动鼠标并指定长方体的高度）

在执行命令的过程中，各选项含义如下所示。

- 中心：使用指定中心点的方式创建长方体。
- 立方体：选择该选项后将创建正方体，即长、宽、高同等大小的长方体。
- 长度：选择该选项，系统将提示用户分别指定长方体的长度、宽度和高度值。

14.6.2 绘制球体

使用 SPHERE 命令可以绘制球体。执行 SPHERE 命令后，只需指定球体球心坐标和球体半径或直径即可。绘制球体的方法如下：

- 显示菜单栏，选择“绘图”→“建模”→“球体”命令。
- 在命令行执行SPHERE命令。

执行上述命令后，具体操作过程如下：

命令：ISOLINES
输入 ISOLINES 的新值 <4>：8
命令：SPHERE　　　　　　　　（执行SPHERE命令）
指定中心点或 [三点(3P)/两点(2P)/相切、相切、半径(T)]:　　（指定球体的中心点）
指定半径或 [直径(D)]:5　　　　（指定球体的半径并完成绘制，这里输入5，并按Space键，效果如图14-24所示）。

这里采用的视觉样式分别为“线框”和“灰度”，如图14-24所示。

（a）线框　　　　（b）灰度

图14-24　绘制球体

一般在使用线框模式时要注意ISOLINES值，ISOLINES值合理与否也决定了线框图形的显示质量，通常默认值为4。图14-24中的值已经被改为8，这样显示出来从感观上更像球体。

14.6.3 绘制圆柱体

使用 CYLINDER 命令可以绘制圆柱体。执行 CYLINDER 命令后，需要指定圆柱体底面的中心点、底面半径及其高度。此外，使用该命令还可以绘制椭圆柱体。

圆柱体也是较常用的基本实体模型之一，绘制圆柱体的方法如下：

- 显示菜单栏，选择“绘图”→“建模”→“圆柱体”命令。
- 在命令行中执行CYLINDER命令。

执行上述命令后，具体操作过程如下：

命令：ISOLINES

输入 ISOLINES 的新值 <4>：8

命令：CYLINDER　　（执行CYLINDER命令）

指定底面的中心点或 [三点(3P)/两点(2P)/相切、相切、半径(T)/椭圆(E)]：

（指定地面中心点，这里在绘图区内任意拾取一点）

指定底面半径或 [直径(D)]：5　　（指定底面半径，这里输入底面半径值5，并按Space键）

指定高度或 [两点(2P)/轴端点(A)]：2　（指定高度，这里输入高度值2，并按Space键，效果如图14-25所示）

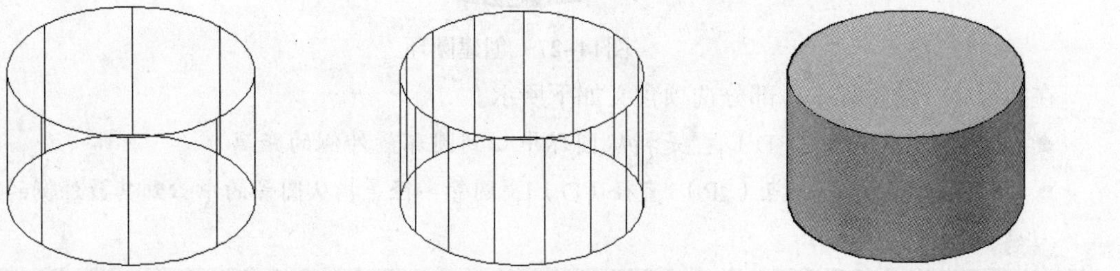

（a）ISOLINES=8　（b）ISOLINES=15　（c）灰度

图14-25　绘制圆柱效果

在执行命令的过程中，部分选项含义如下所示。

- 椭圆：绘制椭圆形圆柱体，如图14-26所示。选择该选项后，命令行中提示“指定第一个轴的端点或［中心点（C）］：”，在该提示下需要指定圆柱体底面椭圆的轴端点、第二个轴端点和椭圆柱的高度等参数。
- 轴端点：选择该选项，将以指定圆柱底面圆的轴端点方式绘制圆柱体，而不是以指定高度的方式绘制圆柱体。

（a）圆柱　（b）椭圆柱

图14-26　圆柱和椭圆柱

14.6.4　绘制圆环体

圆环体命令主要用于创建实心圆环体，绘制圆环体的方法如下：

● 显示菜单栏，选择“绘图”→“建模”→“圆环体”命令。
● 在命令行中执行TORUS或TOR命令。

执行上述命令后，具体操作过程如下：

命令：TORUS （执行TORUS命令）
指定中心点或 [三点(3P)/两点(2P)/相切、相切、半径(T)]: （指定圆环体的中心点）
指定半径或 [直径(D)] :100 （指定圆环半径，这里输入100并按Space键）
指定圆管半径或 [两点(2P)/直径(D)] :10 （指定圆管半径并完成绘制，这里输入10并按Space键，效果如图14-27所示）

图14-27 创建圆环

在执行命令的过程中，部分选项含义如下所示。

● 指定半径或 [直径（D）]：是指从圆环中心到圆环最外侧的距离。
● 指定圆管半径或 [两点（2P）/直径（D）]：圆管半径是指从圆管的中心到其最外侧的距离。

14.6.5 绘制三维多段体

使用 POLYSOLID 命令绘制多段体的方法与绘制多段线相同。默认情况下，多段体始终具有矩形截面轮廓。使用该命令还可以通过现有的直线、二维多段线、圆弧或圆创建多段体。三维多段线是作为单个对象创建的直线段相互连接而成的序列。三维多段线可以不共面，但是不能包括弧线段。绘制三维多段线的方法如下：

● 显示菜单栏，选择“绘图”→“建模”→“三维多段体”命令。
● 在命令行中执行POLYSOLID命令。

执行上述命令后，具体操作过程如下：

命令：POLYSOLID
指定起点或 [对象(O)/高度(H)/宽度(W)/对正(J)] <对象>: （选择起点）
指定下一个点或 [圆弧(A)/放弃(U)]: （选择下一点）
指定下一个点或 [圆弧(A)/放弃(U)]: a
指定圆弧的端点或 [闭合(C)/方向(D)/直线(L)/第二个点(S)/放弃(U)]:
指定下一个点或 [圆弧(A)/闭合(C)/放弃(U)]: 指定圆弧的端点或 [闭合(C)/方向(D)/直线(L)/第二个点(S)/放弃(U)]: l
指定下一个点或 [圆弧(A)/闭合(C)/放弃(U)]:
指定下一个点或 [圆弧(A)/闭合(C)/放弃(U)]: a
指定圆弧的端点或 [闭合(C)/方向(D)/直线(L)/第二个点(S)/放弃(U)]: （按Esc键退出，效果如图14-28所示）

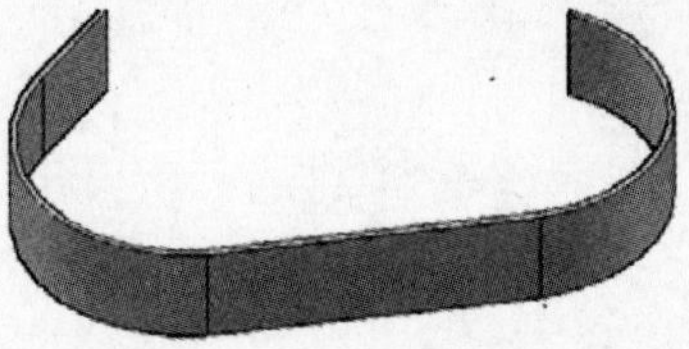

图14-28　绘制多段体

14.6.6　绘制其他常见实体

1. 绘制圆锥体

使用 CONE 命令可以绘制圆锥体。执行 CONE 命令后，需要指定圆锥体底面的中心点、底面半径及其高度。同样，使用该命令还可以绘制椭圆锥体。

还可以利用夹点功能改变圆锥体的各项参数，如选中圆锥体中的一点，沿某一方向拖动，改变圆锥体顶半径，使其值从零增大到任意值。

绘制圆锥体的方法如下：

- 显示菜单栏，选择“绘图”→“建模”→“圆锥体”命令。
- 在命令行中执行CONE命令。

执行上述命令后，具体操作过程如下：

命令：CONE　（执行CONE命令）

指定底面的中心点或 [三点(3P)/两点(2P)/相切、相切、半径(T)/椭圆(E)]：

（在绘图区内任意拾取一点）

指定底面半径或 [直径(D)]：100　（输入底面半径值，这里输入100，并按Space键）

指定高度或 [两点(2P)/轴端点(A)/顶面半径(T)]：200

（输入高度值，这里输入200，并按Space键，效果如图14-29所示）

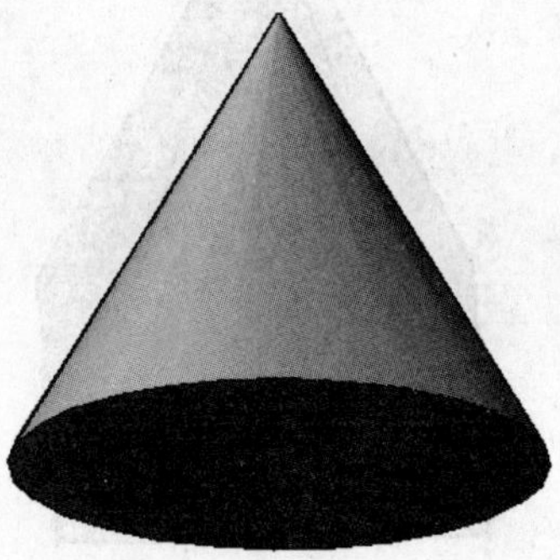

（a）圆锥

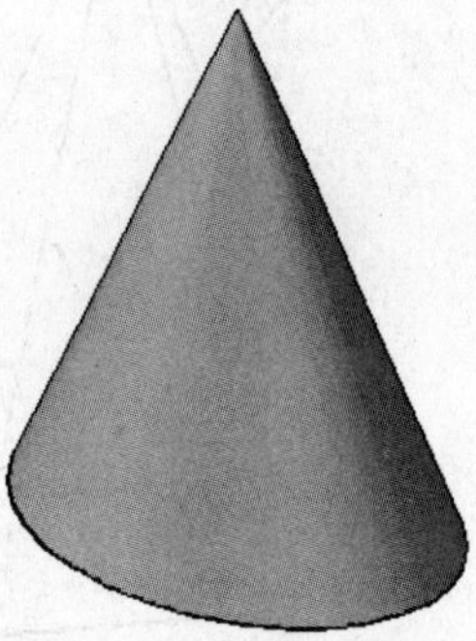

（b）椭圆锥

图14-29　圆锥体效果

2. 绘制锲体

使用 WEDGE 命令可以绘制楔体。由于楔体是长方体沿对角线切成两半后的结果，因此可以用与绘制长方体同样的方法来绘制楔体。如图14-30所示为用不同方式创建的锲体。

（a）概念

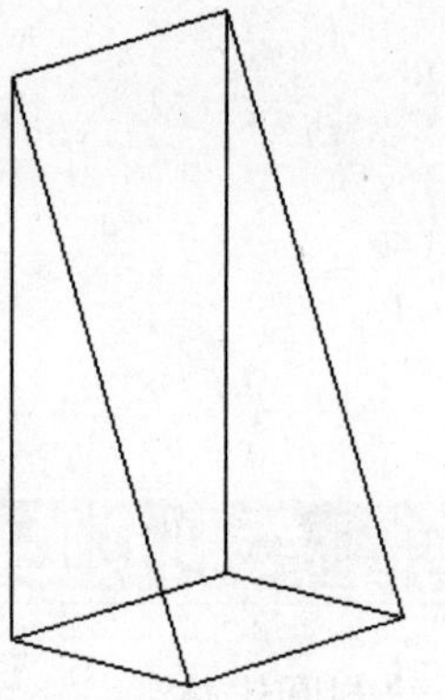
（b）线框

图14-30　用不同方式创建的楔体

3. 绘制棱锥体

绘制棱锥体的方法如下：

- 显示菜单栏，选择“绘图”→“建模”→“棱锥体”命令。
- 在命令行中执行PYRAMID或PYR命令。

执行上述命令后，具体操作过程如下：

命令：PYRAMID　（执行PYRAMID命令）
4 个侧面外切　（系统提示当前棱锥体的参数设置）
指定底面的中心点或 [边(E)/侧面(S)]:　（指定地面中心点，这里在绘图区任意位置处单击）
指定底面半径或 [内接(I)]:50　（指定地面半径，这里输入50，并按Space键）
指定高度或 [两点(2P)/轴端点(A)/顶面半径(T)]: 150　（指定棱锥体的高度，这里输入150，并按Space键，如图14-31所示）

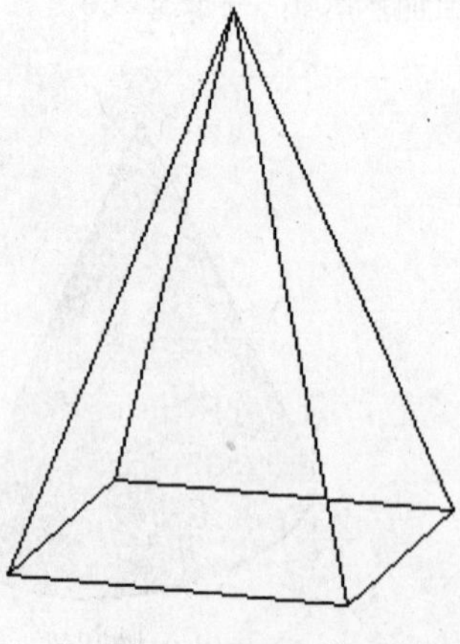
（a）线框

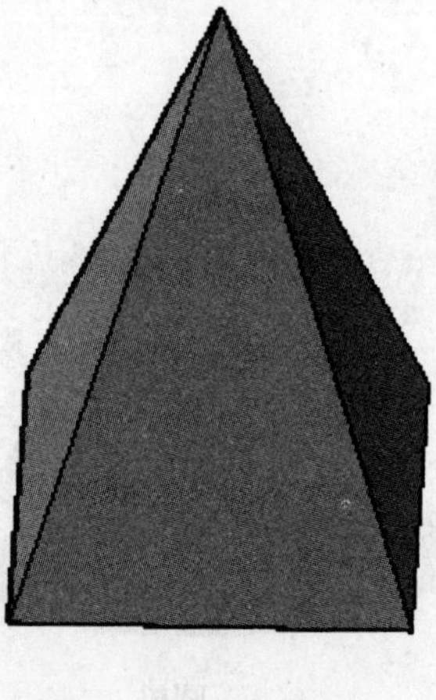
（b）灰度

图14-31　棱锥体效果

在执行命令的过程中，部分选项含义如下所示。

- 边：选择该选项后，可以通过拾取两点的方式来指定棱锥体底面边的长度。
- 侧面：用于指定棱锥体的侧面数，默认为4，可以输入3～32之间的整数。

- 内接：以指定中心点方式绘制时，默认为通过指定底面多边形外接圆的方式确认大小，如果选择“内接”选项，则可以指定棱锥体底面内接于棱锥面的底面半径，且选择该选项后，以后绘制时默认为内接，要更改需选择“外切”选项。
- 顶面半径：选择该选项后，将创建没有顶点的棱锥台。

自我强化 创建三维图形练习

下面进行三维图形创建的练习。

01 启动AutoCAD 2012，将视图切换为西南等轴测，在命令行中执行CYLINDER命令，具体操作过程如下：

命令：CYLINDER （执行CYLINDER命令）

指定底面的中心点或 [三点(3P)/两点(2P)/相切、相切、半径(T)/椭圆(E)]：

（指定地面中心点，这里在绘图区内任意拾取一点）

指定底面半径或 [直径(D)]：100 （指定底面半径，这里输入底面半径值100，如图14-32所示，并按Space键）

指定高度或 [两点(2P)/轴端点(A)]：10 （指定高度，这里输入高度值10，并按Space键，效果如图14-33所示）

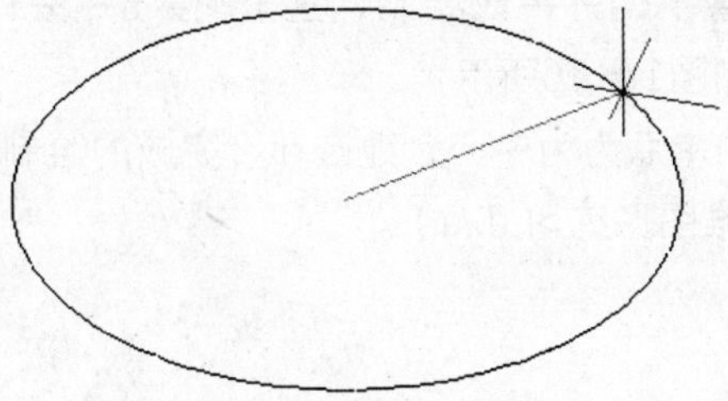

图14-32 圆柱底面效果

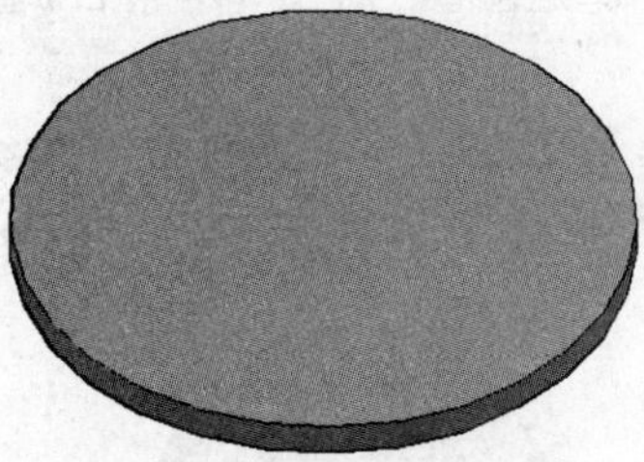

图14-33 圆柱“概念”效果

02 再次执行CYLINDER命令，具体操作过程如下：

命令：CYLINDER （执行CYLINDER命令）

指定底面的中心点或 [三点(3P)/两点(2P)/相切、相切、半径(T)/椭圆(E)]：

（这里选择圆柱体的上表面的中心）

指定底面半径或 [直径(D)]：50 （指定底面半径，这里输入底面半径值50并按Space键）

指定高度或 [两点(2P)/轴端点(A)]：100 （指定高度，这里输入高度值100，并按Space键，效果如图14-34所示）

03 下面绘制球体。在命令行中输入SPHERE，执行命令后，具体操作过程如下：

命令：SPHERE （执行SPHERE命令）

指定中心点或 [三点(3P)/两点(2P)/相切、相切、半径(T)]：

（指定球体的中心点，这里选择最上表面的中心）

指定半径或 [直径(D)]:80 （指定球体的半径并完成绘制，这里输入80，并按Space键，然后将视觉样式切换至“灰度”，效果如图14-35所示）。

图14-34　圆柱效果

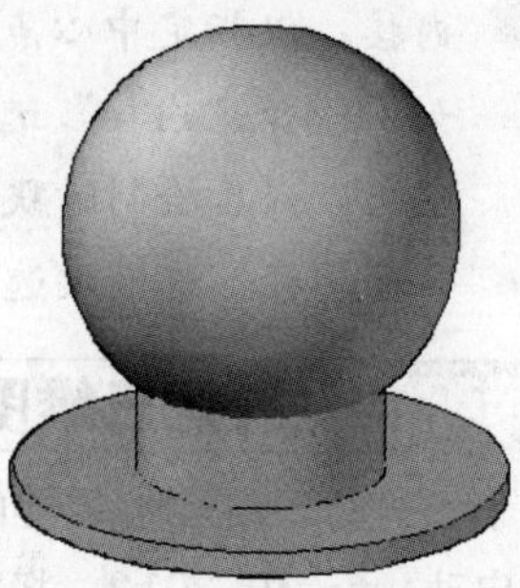
图14-35　绘制球

04 下面绘制圆环。在命令行中输入TORUS，执行命令后，具体操作过程如下：

命令：TORUS　（执行TORUS命令）
指定中心点或 [三点(3P)/两点(2P)/相切、相切、半径(T)]:　（指定圆环体的中心点，这里选择第一步绘制的圆柱形的上表面的中心）
指定半径或 [直径(D)] :100　（指定圆环半径，这里输入100并按Space键）
指定圆管半径或 [两点(2P)/直径(D)] :5　（指定圆管半径并完成绘制，这里输入5并按Space键，效果如图14-36所示）

05 用同样的方法，以第1步创建的圆柱体的下表面的中点为为中心创建圆环，完成的绘制效果如图14-37所示（光盘:\最终文件\第14章\创建三维图形练习.dwg）。

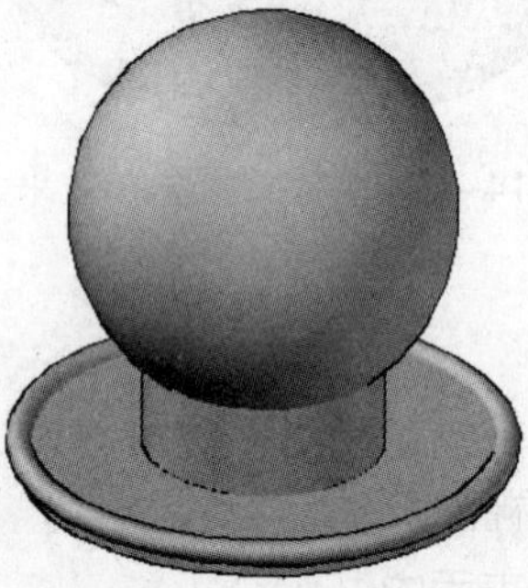
图14-36　创建圆环1

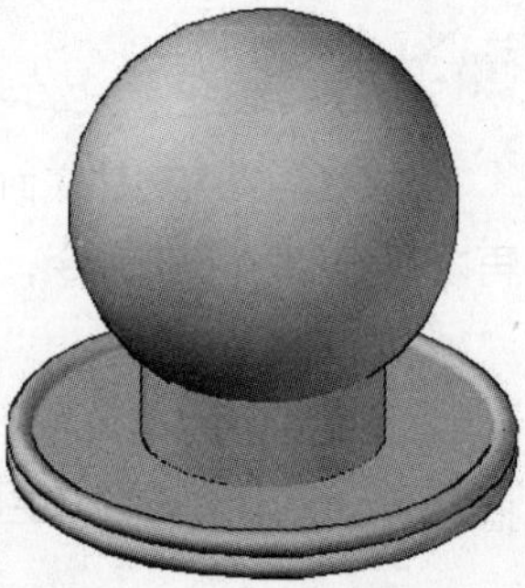
图14-37　创建圆环2

14.7 由二维图形创建三维图形

在AutoCAD 2012中，可以将部分二维对象通过特定的操作变为三维实体模型，这些特定操作包括旋转、拉伸、扫掠及放样等，下面详细讲解其操作方法。

14.7.1 通过旋转创建实体

使用“旋转”命令（REVOLVE），可以将二维对象绕某一轴旋转生成三维实体或曲面。用于旋转的二维对象可以是封闭多段线、多边形、圆、椭圆、封闭样条曲线、圆环，以及由多个对象组成的封闭区域，而且一次可以旋转多个对象。但三维对象、包含在块中的对象、有交叉或自干涉的多段线不能被旋转。

调用“旋转”命令的方法如下：

- 显示菜单栏，选择“绘图”→“建模”→“旋转”命令。
- 在命令行中执行REVOLVE或REV命令。

如图14-38所示为旋转生成的实体效果。

（a）选择旋转曲线及中轴线　　（b）旋转生成实体

图14-38　旋转效果

边学边练 109　通过旋转创建实体

01 打开“旋转.dwg”图形文件（光盘:\原始文件\第14章\旋转.dwg），在命令行中执行REVOLVE命令，具体操作过程如下：

命令: REVOLVE　（执行REVOLVE命令）
当前线框密度: ISOLINES=80　（系统提示当前线框密度）
选择要旋转的对象: 找到4个　（选择需要旋转的对象，即如图14-39所示的直线水平上方的部分）
选择要旋转的对象:　（按Space键确认对象选择）
指定轴起点或根据以下选项之一定义轴 [对象(O)/X/Y/Z] <对象>:
（选择如图14-39所示的水平线）
指定旋转角度或 [起点角度(ST)] <360>:
（指定旋转角度并完成二维对象的旋转，这里直接按Space键结束命令）

02 旋转后的效果如图14-40所示（光盘:\最终文件\第14章\旋转.dwg）。

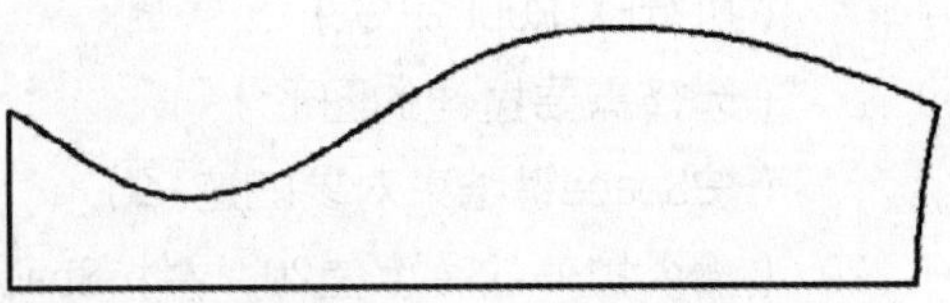

图14-39　选择旋转曲线

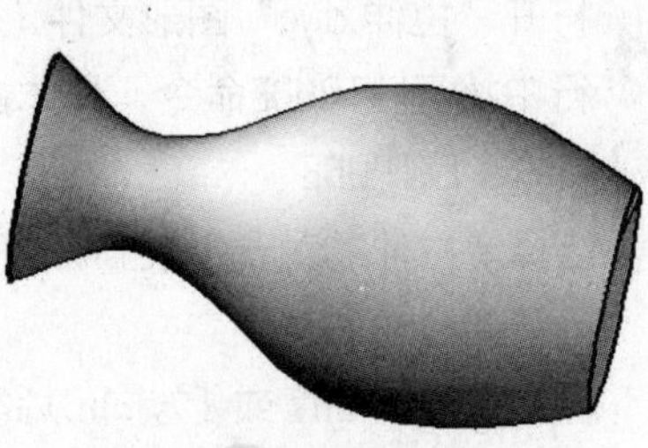

图14-40　旋转效果

在执行命令的过程中，命令行中各选项含义如下所示。

- 对象：选择现有的对象作为旋转对象时的参照轴，轴的正方向是从该对象的最近端点指向最远端点，可以是直线、线性多段线、实体或曲面的线性边。

- X/Y/Z：使用当前UCS的正向X、Y或Z轴作为旋转参照轴的正方向。
- 起点角度：指定从旋转对象所在平面开始的旋转偏移。

14.7.2 通过拉伸创建实体

拉伸命令主要用于将二维封闭图形沿指定的路径拉伸为复杂的三维实体。可以拉伸闭合的对象有多段线、多边形、矩形、圆、椭圆、闭合的样条曲线、圆环、面域等，不能拉伸三维对象、包含在块中的对象、有交叉或横断部分的多段线，以及非闭合多段线。

使用“拉伸”命令可以从对象的公共轮廓创建实体，例如齿轮或链轮。如果对象包含圆角、倒角和其他不用轮廓很难重新制作的细部图，那么拉伸尤其有用。如果使用直线或圆弧创建轮廓，需使用PEDIT的“合并”选项将它们转换为单个多段线对象，或者在使用“拉伸”命令之前将其转变为面域。

对于侧面成一定角度的零件来说，倾斜拉伸特别有用，例如铸造车间用来制造金属产品的铸模。但应避免使用过大的倾斜角度。如果角度过大，轮廓可能在达到所指定高度以前就倾斜为一个点。拉伸效果如图14-41所示。

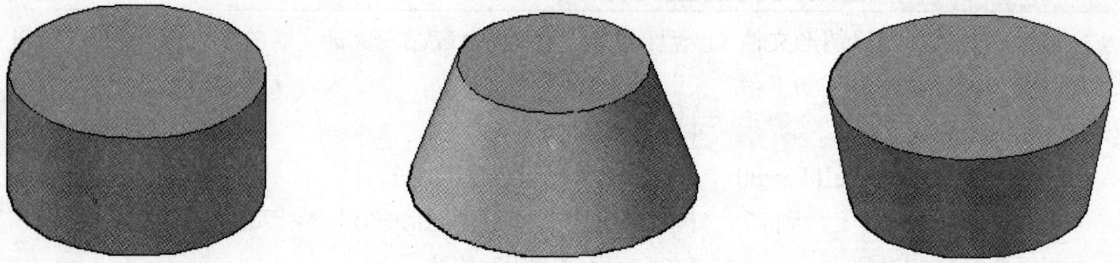

（a）直接拉伸　（b）拉伸倾角为20°　（c）拉伸倾角为-10°

图14-41　拉伸倾角效果

调用“拉伸”命令的方法如下：

- 显示菜单栏，选择“绘图”→“建模”→“拉伸”命令。
- 在命令行中执行EXTRUDE命令。

边学边练 110　通过拉伸创建实体

01 打开“拉伸.dwg”图形文件（光盘:\原始文件\第14章\拉伸.dwg），如图14-42所示，在命令行中执行EXTRUDE命令，具体操作过程如下：

命令：EXTRUDE	（执行EXTRUDE命令）
选择要拉伸的对象：找到 1 个	（选择需要拉伸的图形）
选择要拉伸的对象：	（按Space键结束对象的选择）
指定拉伸的高度或 [方向(D)/路径(P)/倾斜角(T)]：20	（输入拉伸的高度值20，并按Space键结束命令）

02 拉伸后的效果如图14-43所示（光盘:\最终文件\第14章\拉伸.dwg）。

图14-42　原图

图14-43　拉伸后效果

在执行命令的过程中，命令行各选项的含义如下。

- 方向：默认情况下，对象可以沿Z轴方向拉伸，拉伸的高度可以为正值或负值，它们表示拉伸的方向。
- 路径：通过指定拉伸路径将对象拉伸为三维实体，拉伸的路径可以是开放的，也可以是封闭的。如图14-44所示为沿路径拉伸效果。
- 倾斜角：通过指定的角度拉伸对象，拉伸的角度也可以为正值或负值，其绝对值不大于90°。默认情况下，倾斜角为0°，表示创建的实体侧面垂直于XY平面并且没有锥度。若倾斜角度为正，将产生内锥度，创建的侧面向里；若倾斜角度为负，将产生外锥度，创建的侧面则向外。

（a）拉伸对象和拉伸路径　　（b）拉伸效果

图14-44　沿路径拉伸

14.7.3　通过扫掠创建实体

扫掠的方法可以将闭合的二维对象沿指定的路径创建三维实体，调用“扫掠”命令的方法如下：

- 显示菜单栏，选择“绘图”→“建模”→“扫掠”命令。
- 在命令行中执行SWEEP命令。

边学边练 111　通过扫掠创建实体

01 打开“扫掠.dwg”图形文件（光盘:\原始文件\第14章\扫掠.dwg），如图14-45所示，在命令行中执行SWEEP命令，具体操作过程如下：

命令：SWEEP （执行SWEEP命令）

选择要扫掠的对象：找到 1 个 （选择要扫掠的对象，这里选择选择圆）

选择要扫掠的对象： （按Space键结束对象的选择）

选择扫掠路径或 [对齐(A)/基点(B)/比例(S)/扭曲(T)]： （选择扫掠路径，这里选择如图14-45所示的样条曲线）

02 扫掠后的效果如图14-46所示（光盘:\最终文件\第14章\扫掠.dwg）。

图14-45 原图

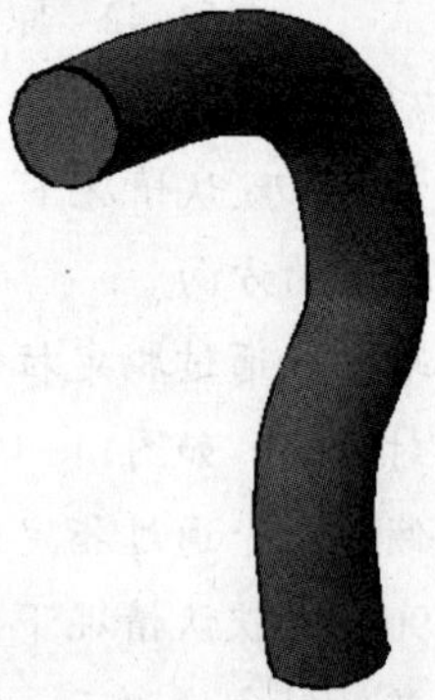

图14-46 扫掠效果

在执行命令的过程中，命令行中各选项含义如下所示。

- 对齐：指定是否对齐轮廓以使其作为扫掠路径切向的方向，默认情况下为对齐。
- 基点：指定要扫掠对象的基点。如果指定的点不在选定对象所在的平面上，则该点将被投影到该平面上，将投影点作为基点。
- 比例：指定比例因子进行扫掠操作。从扫掠路径开始到结束，比例因子将统一应用到扫掠的对象。
- 扭曲：设置被扫掠对象的扭曲角度，即扫掠对象沿指定路径扫掠时的旋转量。如果被扫掠的对象为圆，则无须设置扭曲角度。
- 扫掠命令用于绘制网格面或三维实体。如果要扫掠的对象不是封闭的图形，那么使用扫掠命令后得到的是网格面，否则得到的是三维实体。

14.7.4 通过放样创建实体

放样命令可以通过指定一系列横截面来创建新的实体或曲面。横截面可以是开放的，也可以是闭合的，通常为曲线或直线。

“放样”命令（LOFT）就是通过对包含两条或两条以上横截面曲线的一组曲线进行放样来创建三维实体或曲面，简单地说，就是将一组截面进行平滑过渡。

如果放样的截面都是开放的，那么将创建曲面；如果放样的对象都是闭合的，那么将创建实体。

调用“放样”命令的方法如下：

- 显示菜单栏，选择“绘图”→“建模”→“放样”命令。

- 在命令行中执行LOFT命令。

可以通过3种方式放样生成实体。

- 通过放样横截面放样：显示“放样设置”对话框，设置横截面上的曲面控制方法。执行完放样命令后，图形上方会出现▼，这时点击后面的下三角，系统弹出如图14-47所示的下拉列表。用户可以在其中选择放样的形式，如图14-48所示为用这种方式放样生成的效果图。

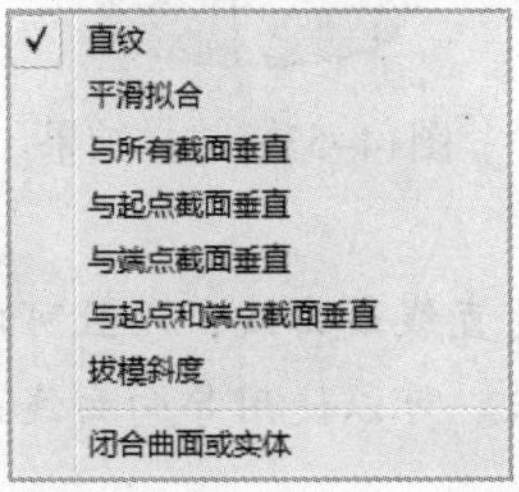

图14-47 选择放样形式

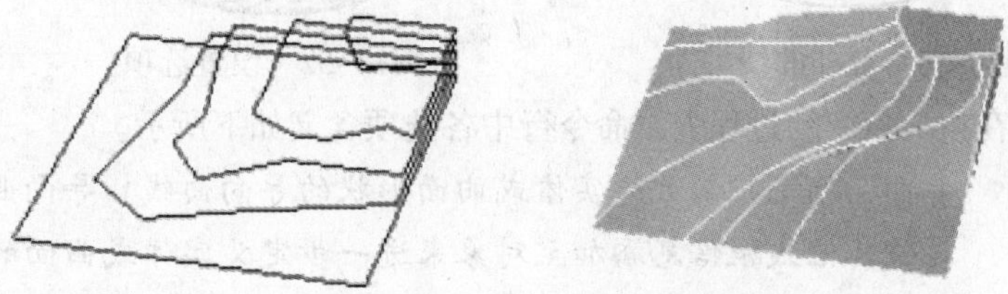

图14-48 “放样横截面”放样

- 通过导向曲线放样：利用导向曲线可以控制放样效果，导向曲线是直线或曲线，可通过将其他线框信息添加至对象来进一步定义实体或曲面的形状。如图14-49所示为通过导向曲线放样效果。
- 通过指定路径放样：按照路径对截面进行放样控制，如图14-50所示。

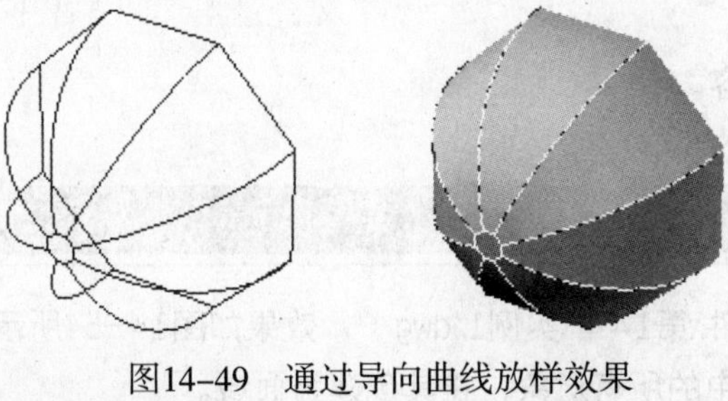

图14-49 通过导向曲线放样效果

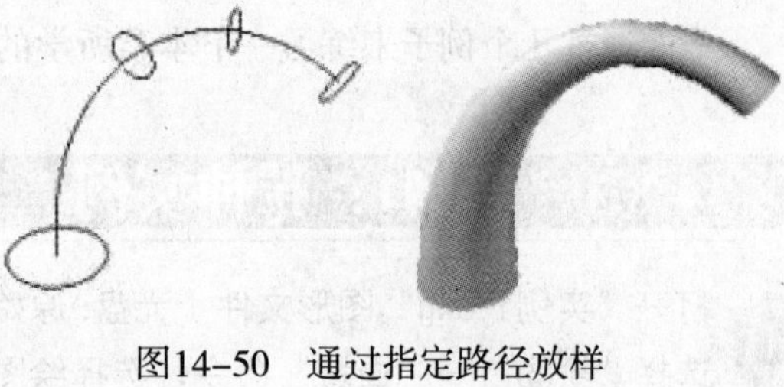

图14-50 通过指定路径放样

边学边练 112 通过放样创建实体

01 打开“放样.dwg”图形文件（光盘:\原始文件\第14章\放样.dwg），如图14-51所示，在命令行中执行LOFT命令，具体操作过程如下：

命令：LOFT	（执行LOFT命令）
按放样次序选择横截面：找到 1 个	（选择下方圆）
按放样次序选择横截面：找到 1 个，总计 2 个	（选择上方正六边形）
按放样次序选择横截面：	（按Space键结束对象的选择）
输入选项 [导向(G)/路径(P)/仅横截面(C)] <仅横截面>：	（按Space键，弹出如图14-52所示的图形及三角，单击三角选择“与起点和端点截面垂直”选项，然后单击右键选择“确认”）

02 放样后的效果如图14-53所示（光盘:\最终文件\第14章\放样.dwg）。

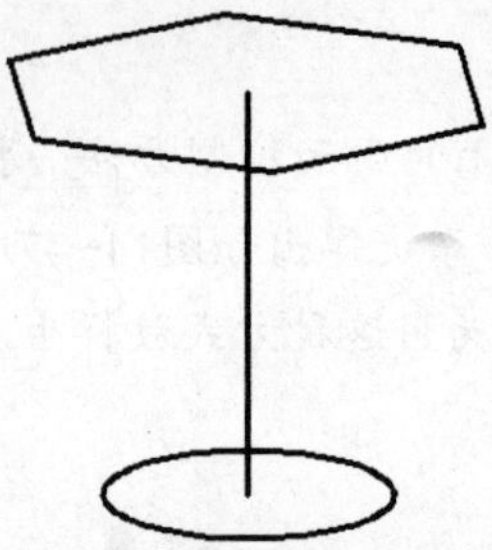

图14-51 放样曲线

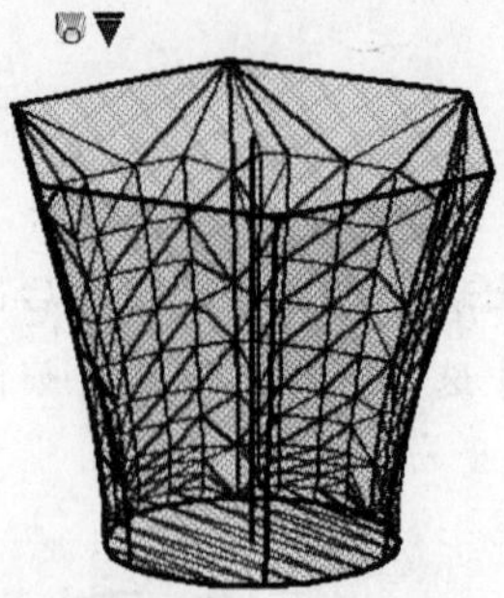

图14-52 设置选项

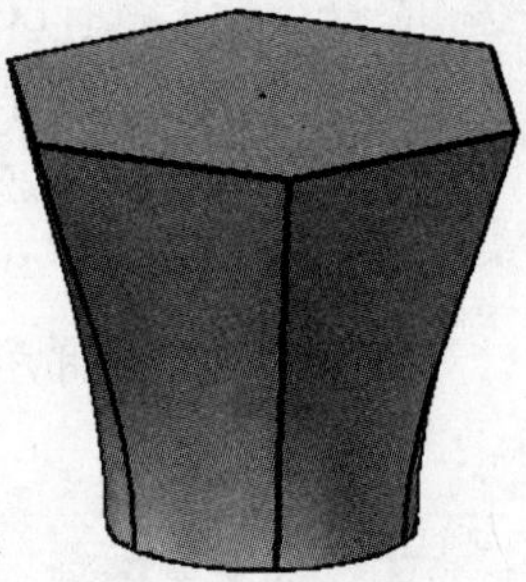

图14-53 放样结果

在执行命令的过程中，命令行中各选项含义如下所示。

- 导向：指定控制放样实体或曲面形状的导向曲线。导向曲线是直线或曲线，而且可以通过将其他线框信息添加至对象来进一步定义实体或曲面的形状。可以使用导向曲线来控制如何匹配相应的横截面，以防止出现不希望看到的效果。
- 路径：指定放样实体或曲面的单一路径。
- 仅横截面：弹出“放样设置”对话框。

14.8 实例应用

下面通过几个例子来练习一下本章所学的内容。

14.8.1 实例1：拉伸实例

01 打开“实例1.dwg”图形文件（光盘:\原始文件\第14章\实例1.dwg），效果如图14-54所示。选择“绘图”→“面域”命令，选择绘图区中的所有对象，将其创建为面域。

图14-54 效果图

02 在命令行中执行EXTRUDE命令，具体操作过程如下：

```
命令：EXTRUDE                        （执行EXTRUDE命令）
选择要拉伸的对象：找到 1 个          （选择需要拉伸的图形，这里选择图形中刚才创建的面域）
选择要拉伸的对象：                   （按Space键结束对象的选择）
指定拉伸的高度或 [方向(D)/路径(P)/倾斜角(T)]：5
                                     （输入拉伸的高度值5，并按Space键结束命令）
```

03 拉伸后将视觉样式更改为“概念”，效果如图14-55所示（光盘:\最终文件\第14章\实例1.dwg）。

图14-55　拉伸效果

14.8.2　实例2：旋转实例

01 打开“实例2.dwg”图形文件（光盘:\原始文件\第14章\实例2.dwg），效果如图14-56所示。在命令行中执行REVOLVE命令，具体操作过程如下：

命令：REVOLVE　（执行REVOLVE命令）

选择要旋转的对象：找到4个　（选择需要旋转的对象，即如图14-56所示的直线左侧部分）

选择要旋转的对象：　（按Space键确认对象选择）

指定轴起点或根据以下选项之一定义轴 [对象(O)/X/Y/Z] <对象>:

（选择如图14-56所示的竖直线）

指定旋转角度或 [起点角度(ST)] <360>：270

（指定旋转角度并完成二维对象的旋转，按Space键结束命令）

02 然后将视觉样式切换至“概念”，完成的效果如图14-57所示（光盘:\最终文件\第14章\实例2.dwg）。

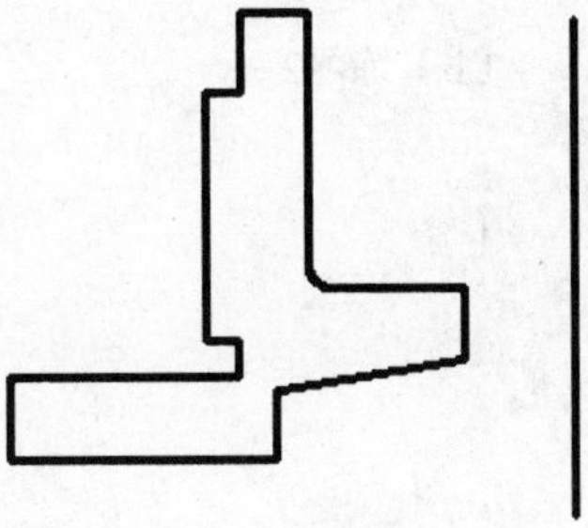

图14-56　旋转对象

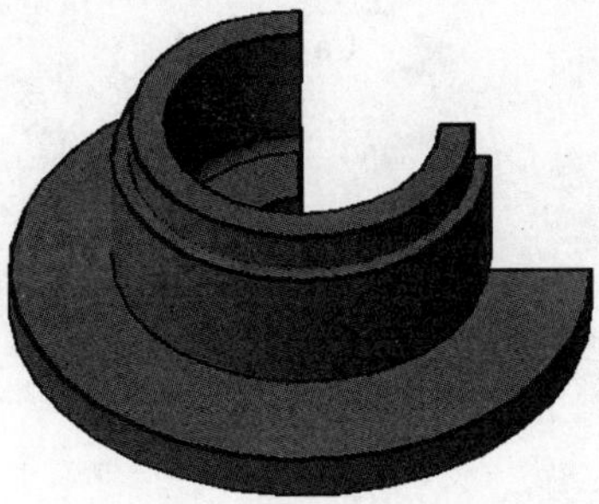

图14-57　旋转效果

14.9 本章小结

通过本章中模型分类、坐标系创建、三维对象观察等内容的学习，读者应了解并掌握视点的设置、变换坐标系的方法、在三维空间中拾取点的方法以及观察三维图形的方法。在AutoCAD

中，树立正确的空间观念、灵活建立和使用三维坐标系、准确地在三维空间拾取点是整个三维绘图的基础。此外，本章还学习了三维模型的分类、常见三维模型的创建、通过二维图形生成三维实体等主要内容，读者应该熟练掌握三维模型的创建使整个学习过程更加系统。下面总结一下本章所学习的主要内容：

（1）了解了三维绘图概念。

（2）熟悉了常用坐标系及掌握用户坐标系的设置。

（3）熟悉了三维视图的调整方法律。

（4）学习了三维图形的分类。

（5）学习了三维实体的创建。

（6）能够用常见的方法将二维图形转换为三维图形。

14.10 课后练习

下面给出几个图形，通过对几个图形的创建，熟悉一下三维图形的创建方法。

（1）通过所给素材文件，将其拉伸至图14-58（a）的效果。

（2）利用本章所学的知识内容，用3种方法创建如图14-58（b）所示的图形（用拉伸、旋转、放样等命令）。

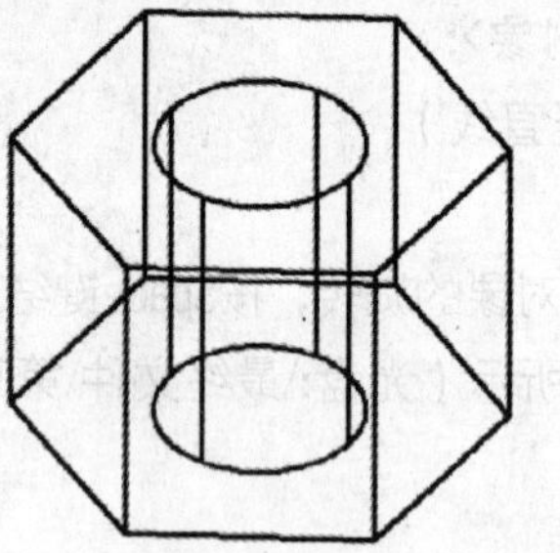

（a）练习1

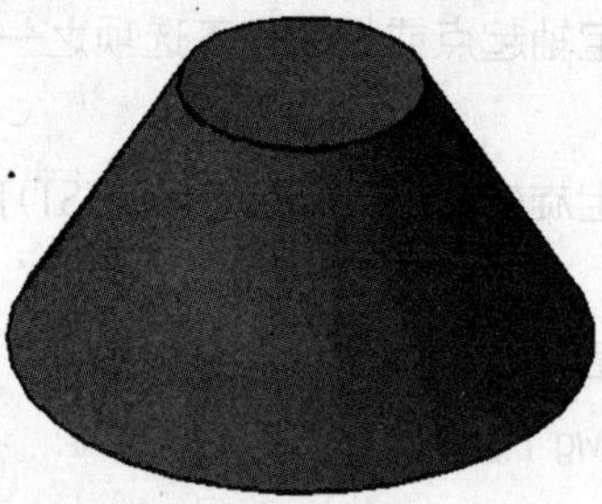

（b）练习2

图14-58　练习

第15章 编辑三维图形

学习导航

与二维图形的绘制过程类似，三维图形创建完成之后，还需要继续编辑修改才能达到最终效果。本章将对三维图形编辑的相关内容进行讲解，这些编辑命令包括三维图形的对齐、移动、镜像，三维图形的布尔运算等；此外还有三维实体编辑和面编辑等内容。

学习目标

通过本章的学习，读者应该对三维模型有更深入的了解。学习了三维编辑命令之后，能够对已创建的三维图形进行编辑修改，以达到完美的效果。

学习重点与难点

- □ 三维图形的移动、对齐、镜像等
- □ 布尔运算
- □ 绘制三维网格模型
- □ 三维实体的编辑方法
- □ 三维图形的面编辑

在AutoCAD中，不仅可以通过布尔运算创建复杂实体、对实体进行圆角与倒角等编辑，还可以利用SOLIDEDIT命令对实体的面进行编辑。应用这些编辑方法，可以将图形编辑成想要的效果。

15.1 编辑三维对象

三维图形绘制完成后，可以对其进行编辑，使最终的三维对象更满足实际需要。下面具体讲解编辑三维对象的方法。

15.1.1 移动和旋转

对于创建完成的图形，它的位置可能达不到要求，这时我们即可对它进行旋转和移动操作，使之达到最佳效果。

1. 三维移动

三维移动命令可以对三维模型的位置进行调整，但其大小不变。图15-1所示为三维图形移动效果。调用“三维移动”命令的方法如下：

- 显示菜单栏，选择“修改”→“三维操作”→“三维移动”命令。
- 在命令行中执行3DMOVE命令。

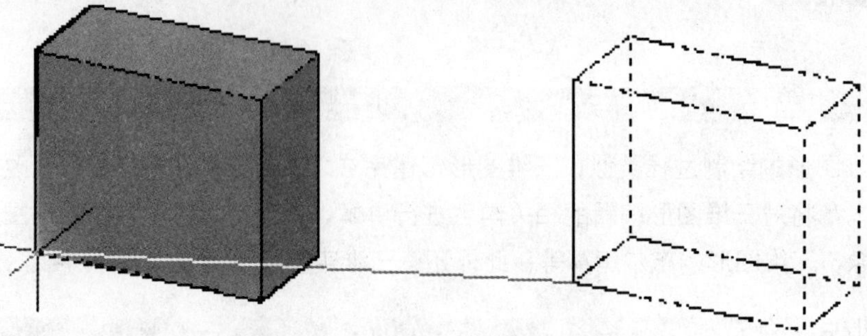

图15-1　三维图形移动效果

对图形对象进行三维移动的具体操作过程如下：

命令：3DMOVE	（执行3DMOVE命令）
选择对象：找到 1 个	（选择要移动的对象）
选择对象：	（按Space键确认选择的对象）
指定基点或 [位移(D)] <位移>：	指定第二个点或 <使用第一个点作为位移>：
正在重生成模型。	（选择基点和移动到的位置的点，完成三维模型的移动）

三维移动有两种约束方法。

- 沿轴移动：将光标悬停在夹点工具的轴句柄上，待出现对齐线时单击鼠标左键，以后拖动鼠标时对象将仅沿指定轴移动。
- 沿平面移动：将光标悬停在两条轴句柄的三角区，待两个轴句柄都变为黄色时单击鼠标左键，可将移动约束到平面上，即拖动光标时，对象将仅沿指定的平面移动。

2. 三维旋转

三维旋转命令可以使三维对象绕指定的轴进行旋转，调用“三维旋转”命令的方法如下：

- 显示菜单栏，选择“修改”→“三维操作”→“三维旋转”命令。
- 在命令行中执行3DROTATE命令。

边学边练 113　三维旋转

01 启动AutoCAD，打开“旋转图形.dwg”图形文件（光盘:\原始文件\第15章\旋转图形.dwg），在命令行中执行3DROTATE命令，具体操作过程如下：

命令：3DROTATE	（执行3DROTATE3D命令）
UCS 当前的正角方向：ANGDIR=逆时针　ANGBASE=0	（系统自动显示）
选择对象：指定对角点：找到 1 个	（选择需要进行旋转的图形对象）
选择对象：	（按Space键结束选择对象）
指定基点：	（单击绘图区右上角的指向标，这里单击“左”方向，如图15-2所示）
正在恢复执行 3DROTATE 命令。	（系统自动显示）

02 输入旋转命令后，会出现图15-3所示效果，用户可以操作三个圆来沿三个方向旋转图形，现在即可查看三维旋转后的效果，如图15-4所示（光盘:\最终文件\第15章\旋转图形.dwg）。

图15-2 原效果图

图15-3 旋转状态

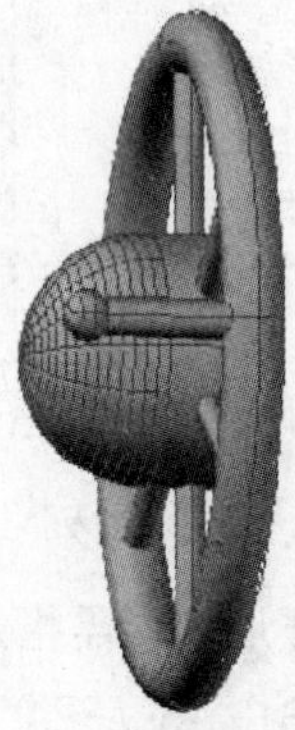
图15-4 旋转效果

15.1.2 三维阵列

三维阵列命令的使用方法与二维阵列命令基本相同，只是增加了一些参数而已。例如，创建环形阵列时应指定旋转轴，而不仅仅是旋转中心。创建矩形阵列时，除了应设置行、列间距和数量外，还应设置层间距和数量。

三维阵列包括矩形阵列和环形阵列两种。与阵列二维图形对象的方法类似，调用“三维阵列”命令的方法如下：

- 显示菜单栏，选择“修改”→“三维操作”→“三维阵列”命令。
- 在命令行中执行3DARRAY命令。

1. 矩形阵列

三维矩形阵列需要指定列数、行数及层数等参数。

边学边练 114 矩形阵列

01 打开“矩形阵列.dwg”图形文件（光盘:\原始文件\第15章\矩形阵列.dwg），如图15-5所示，在命令行输入命令3DARRAY，具体操作过程如下：

命令: 3DARRAY	（执行3DARRAY命令）
选择对象: 指定对角点: 找到 1 个	（框选绘图区中的窗口图形对象）
选择对象:	（按Space键确认对象的选择）
输入阵列类型 [矩形(R)/环形(P)] <矩形>:	（按Space键，保持默认选择）
输入行数 (---) <1>: 3	（输入要阵列的行数3，并按Space键）
输入列数 (|||) <1>: 4	（输入要阵列的列数4，并按Space键）
输入层数 (...) <1>:	（按Space键，保持默认选择）
指定行间距 (---): 1300	（输入行间距1300，并按Space键）
指定列间距 (|||): 1500	（输入列间距1500，并按Space键）

02 矩形阵列后的效果如图15-6所示（光盘:\最终文件\第15章\矩形阵列.dwg）。

图15-5　原图

图15-6　矩形阵列后

2. 环形阵列

环形阵列需指定阵列包含的角度、旋转参考轴等参数，具体操作过程如下：

命令：3DARRAY	（执行3DARRAY命令）
选择对象:	（选择要环形阵列的对象）
选择对象:	（按Space键结束选择对象）
输入阵列类型［矩形(R)/环形(P)］<矩形>:P	（选择"环形"选项，创建环形阵列）
输入阵列中的项目数目:	（设置环形阵列生成的对象数量）
指定要填充的角度（+=逆时针，-=顺时针）<360>:	（按Space键保持默认不变）
旋转阵列对象？［是(Y)/否(N)］<是>:	（按Space键旋转阵列对象）
指定阵列的中心点:	（指定环形阵列的中心点）
指定旋转轴上的第二点:	（指定环形阵列旋转参考轴上的第二点）

如图15-7和图15-8所示为环形阵列前后的效果。

图15-7　原图

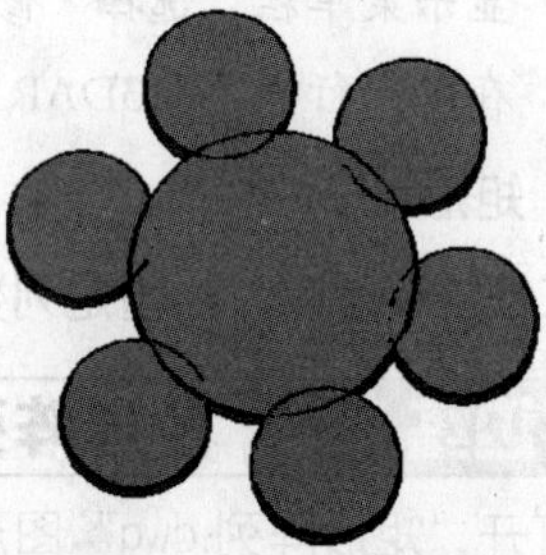

图15-8　环形阵列后

15.1.3　三维镜像

三维镜像命令可以将三维对象以指定的平面进行镜像复制，调用"三维镜像"命令的方法如下：

- 显示菜单栏，选择"修改"→"三维操作"→"三维镜像"命令。
- 在命令行中执行3DMIRROR命令。

边学边练 115　三维镜像

01 打开"镜像.dwg"图形文件（光盘:\原始文件\第15章\镜像.dwg），效果如图15-9所示。在命令行输入命令3DMIRROR，具体操作过程如下：

命令: 3DMIRROR　（执行3DMIRROR命令）

选择对象: 找到 1 个　（选择绘图区中的所有对象）

选择对象:　（按Space键确认对象的选择）

指定镜像平面（三点）的第一个点或[对象(O)/最近的(L)/Z 轴(Z)/视图(V)/XY 平面(XY)/YZ 平面(YZ)/ZX 平面(ZX)/三点(3)] <三点>:这里选择中间截面上的三个点，三点成一面

（选择镜像的平面，这里选择YZ平面）

是否删除源对象? [是(Y)/否(N)] <否>:　（按Space键完成镜像操作）

进行本操作时要打开"对象捕捉"，这样便于点的选择。

三维镜像的效果如图15-10所示（光盘:\最终文件\第15章\镜像.dwg）。

02

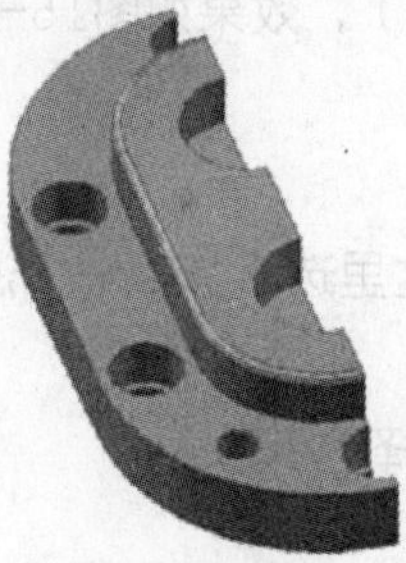

图15-9　原图

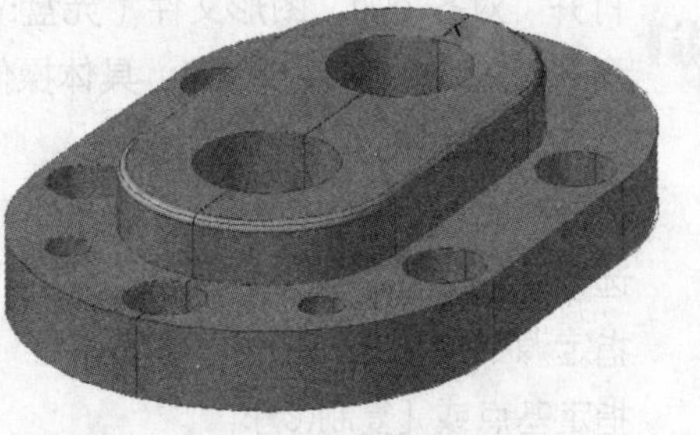

图15-10　镜像效果图

在执行命令的过程中，命令行中各选项含义如下所示。

- 对象：选择已有的圆、弧或二维多段线等对象所在的平面作为镜像平面。
- 最近的：将最后一次使用过的镜像平面定义为当前镜像平面。
- Z轴：镜像平面过指定点且与这点和另一点的连线垂直。
- 视图：使镜像平面平行于当前视图所观测的平面，并指定一个点确定镜像平面的位置。使用此选项镜像实体后，在当前视图中看不见镜像后的实体（因为二者重合），要打开其他视图才能看到镜像后实体。
- XY平面：以平行于XY平面的一个平面作为镜像平面，然后指定一个点来确定镜像平面的位置。
- YZ平面：以平行于YZ平面的一个平面作为镜像平面，然后指定一个点来确定镜像平面的位置。
- ZX平面：以平行于ZX平面的一个平面作为镜像平面，然后指定一个点来确定镜像平面的位置。
- 三点：使用所指定的3个点确定的平面作为镜像平面，这是系统默认的指定镜像平面的方式。

15.1.4　三维对齐

若要将三维空间中的两个对象按指定的方式对齐，则可使用AutoCAD的三维对齐功能，图15-11所示为对齐效果。调用该命令的方法有如下几种：

- 显示菜单栏，选择"修改"→"三维操作"→"三维对齐"命令。
- 在命令行中执行3DALIGN命令。

图15-11　对齐效果

边学边练 116　三维对齐

01 打开“对齐.dwg”图形文件（光盘:\原始文件\第15章\对齐.dwg），效果如图15-12所示。在命令行输入命令3DMIRROR，具体操作过程如下：

命令：3DALIGN　　（执行3DALIGN命令）
选择对象:找到1个　　（选择需要对齐的对象，这里选择其中一个法兰盘）
选择对象:
指定源平面和方向 ...:　　（按Space键确认对象的选择）
指定基点或 [复制(C)]:　　（指定需要对齐的基点）
……

这里选择三组对应位置点进行配对。

02 将图形对象三维对齐后的效果如图15-13所示（光盘:\最终文件\第15章\对齐.dwg）。

图15-12　原图

图15-13　对齐效果

15.2 布尔运算

AutoCAD 2012中，可以对三维基本实体进行并集、交集、差集3种布尔运算，以创建复杂实体。布尔运算对三维实体模型进行编辑计算，速度非常快，从而创建出复杂多变的形体。

15.2.1　并集运算

使用“并集”命令（UNION）可以通过组合多个实体生成一个新实体，该命令主要用于将多个相交或相接触的对象组合在一起。当组合一些不相交的实体时，其显示效果看起来还是多个实体，但实际上却被当做一个对象。调用“并集”命令的方法如下：

- 显示菜单栏，选择“修改”→“实体编辑”→“并集”命令。
- 在命令行中执行UNION命令。

边学边练 117 并集运算

01 打开“并集.dwg”图形文件（光盘:\原始文件\第15章\并集.dwg），如图15-14所示，在命令行中执行UNION命令，具体操作过程如下：

命令：UNION （执行UNION命令）
选择对象：指定对角点：找到4 个 （选择绘图区中的所有对象）
选择对象： （按Space键将所选实体合并为一个对象）

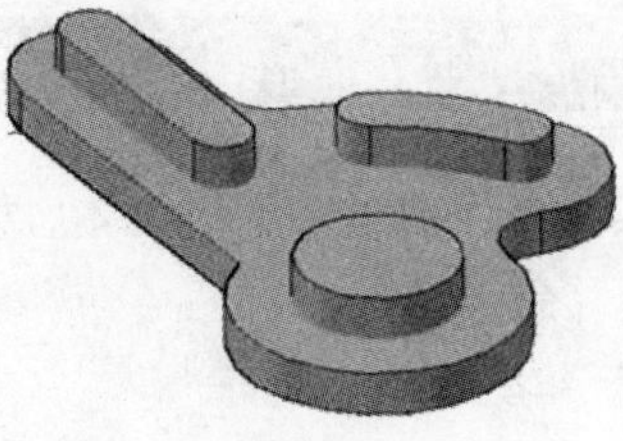
（a）灰度

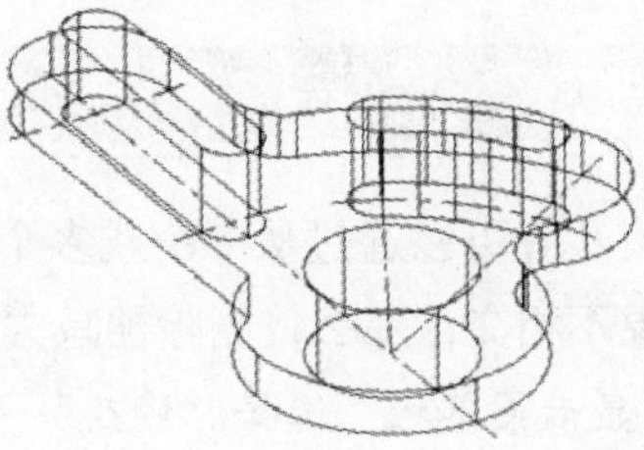
（b）线框

图15-14 原图

02 并集运算后的效果如图15-15所示（光盘:\最终文件\第15章\并集.dwg）。

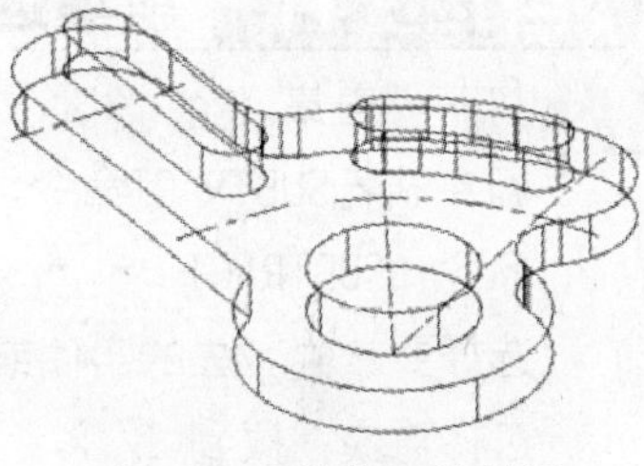

图15-15 并集运算效果

15.2.2 交集运算

使用“交集”命令（INTERSECT），可以创建一个实体，该实体是两个或多个实体的公共部分。如果所选实体对象不相交，那么进行交集运算后，所选实体对象同时被删除。调用“交集”命令的方法如下：

- 显示菜单栏，选择“修改”→“实体编辑”→“交集”命令。
- 在命令行中执行INTERSECT或IN命令。

边学边练 118 交集运算

01 打开“交集.dwg”图形文件（光盘:\原始文件\第15章\交集.dwg），如图15-16所示，在命令行中执行INTERSECT命令，具体操作过程如下：

命令：INTERSECT （执行INTERSECT命令）
选择对象：指定对角点：（分别选择最大图形和圆柱，使最大图形对象与圆柱进行相交运算）

选择对象：　　　　　　　　　　　　（按Space键结束对象的选择）

02 交集运算后的效果如图15-17所示（光盘:\最终文件\第15章\交集.dwg）。

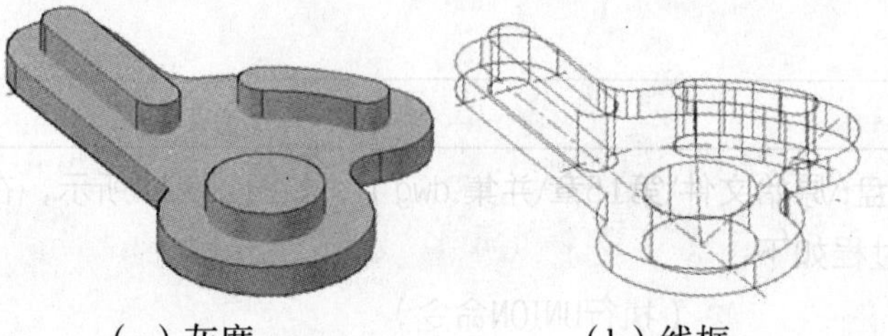

（a）灰度　　　　　　　　　（b）线框

图15-16　原图

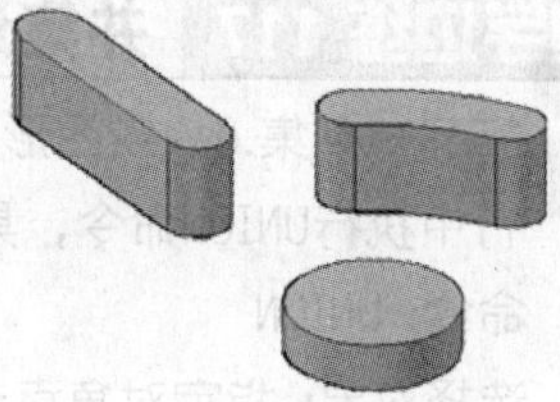

图15-17　交集运算效果

15.2.3　差集运算

差集运算可以通过从一个或多个实体中减去一个或多个实体而生成一个新的实体。如果两个实体对象不相交，那么将删除被减去的实体对象。调用“差集”命令的方法如下：

- 显示菜单栏，选择“修改”→“实体编辑”→“差集”命令。
- 在命令行中执行SUBTRACT命令。

边学边练 119　差集运算

01 打开“差集.dwg”图形文件（光盘:\原始文件\第15章\差集.dwg），如图15-18所示，在命令行中执行SUBTRACT命令，具体操作过程如下：

命令：SUBTRACT	（执行SUBTRACT命令）
选择要从中减去的实体或面域...	（选择最大的实体）
选择对象：找到 1 个	（系统提示）
选择对象：	（按Space键结束对象的选择）
选择要减去的实体或面域 ..	（选择其余3个实体）
选择对象：找到 3 个	（按Space键结束对象的选择，系统自动进行布尔差集运算）

02 差集运算后的效果如图15-19所示（光盘:\最终文件\第15章\差集.dwg）。

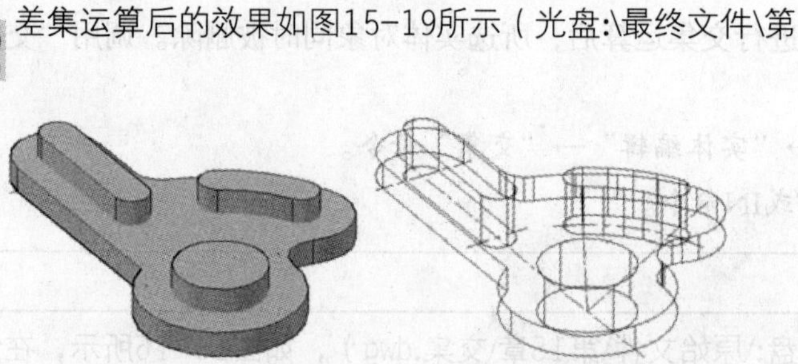

（a）灰度　　　　　　　　　（b）线框

图15-18　原图

图15-19　差集效果图

15.3 圆角和倒角

与二维图形类似，我们可以对三维图形进行倒圆角和倒斜角操作。通过倒角，可以使图形更加圆顺，达到真实效果。

使用“修改”→“圆角”菜单命令（或执行FILLET命令），可以为实体的棱边修圆角，使相邻面之间通过生成的曲面圆滑过渡。如图15-20所示为创建圆角的效果图。

使用“修改”→“倒角”菜单命令（或执行CHAMFER命令），可以为实体的棱边修倒角，该命令可应用于实体上的任何边，以在两相邻面之间生成一个平坦的过渡面。如图15-21所示为倒斜角示意图。

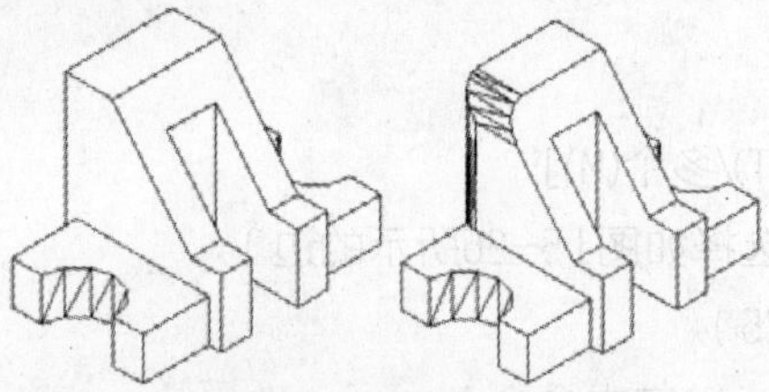

图15-20 创建圆角前后效果

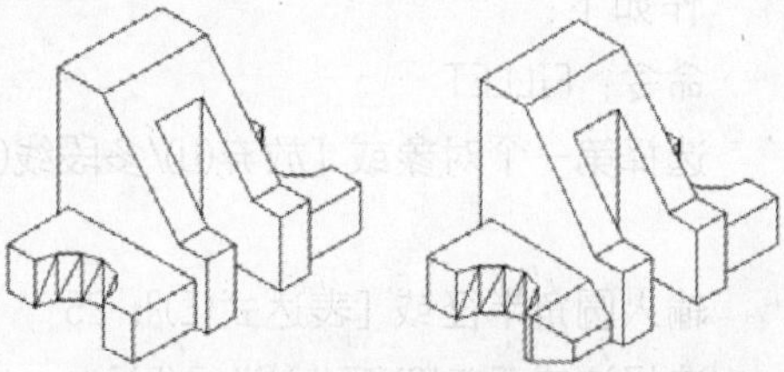

图15-21 倒斜角前后效果

边学边练 120 圆角

01 新建一个名为“圆角.dwg”的文件，将视图平面切换至XY平面，这时需要借助WCS及坐标系旋转。然后在命令行中输入L，执行直线绘制命令，在命令行中输入460，绘制效果如图15-22所示。接下来按照图15-23所示的尺寸绘制图形，绘制过程中注意图层的切换。

图15-22 绘制直线

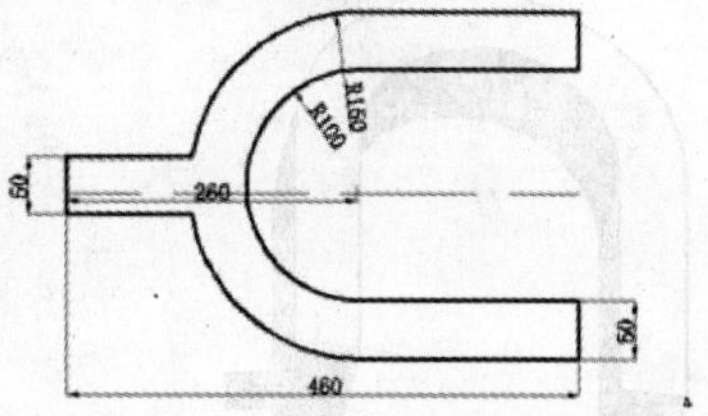

图15-23 绘制图形

02 首先将中心线删除，然后在菜单栏中选择“绘图”→“面域”命令，选择绘图区中的所有对象为面域创建对象。按Enter键完成面域创建，然后将视觉样式切换至“灰度”，完成效果如图15-24所示。

03 下面对图形进行拉伸。在命令行中执行EXTRUDE命令，具体操作过程如下：

命令：EXTRUDE　（执行EXTRUDE命令）
选择要拉伸的对象：找到 1 个　（选择需要拉伸的图形，这里选择刚才创建的面域）
选择要拉伸的对象：　（按Space键结束对象的选择）
指定拉伸的高度或 [方向(D)/路径(P)/倾斜角(T)]：80
（输入拉伸的高度值80，并按Space键结束命令）

拉伸效果如图15-25所示。

图15-24　面域创建

图15-25　拉伸对象

04 下面进行倒圆角操作。选择菜单栏中的“修改”→“圆角”命令执行圆角命令，具体操作如下：

命令：FILLET
选择第一个对象或 [放弃(U)/多段线(P)/半径(R)/修剪(T)/多个(M)]:
（这里选择如图15-26所示的边）
输入圆角半径或 [表达式(E)]: 25　（输入25）
选择边或 [链(C)/环(L)/半径(R)]:　（按Enter键完成命令）
已选定 1 个边用于圆角。　（系统显示）
创建圆角效果如图15-27所示。

05 按照同样的方法创建其余三处的圆角，半径也均为25，完成的效果如图15-28所示。

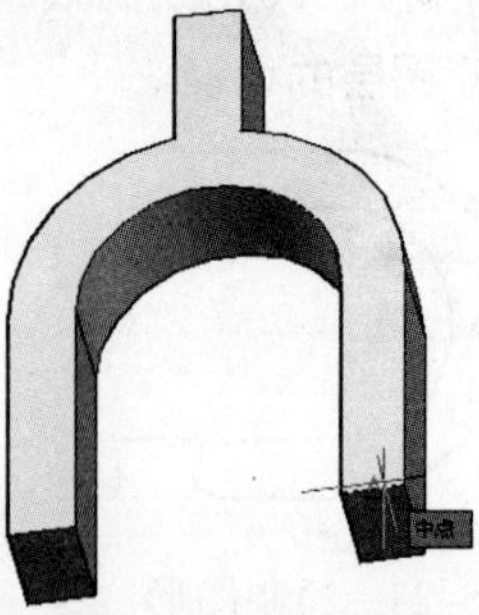

图15-26　选择边

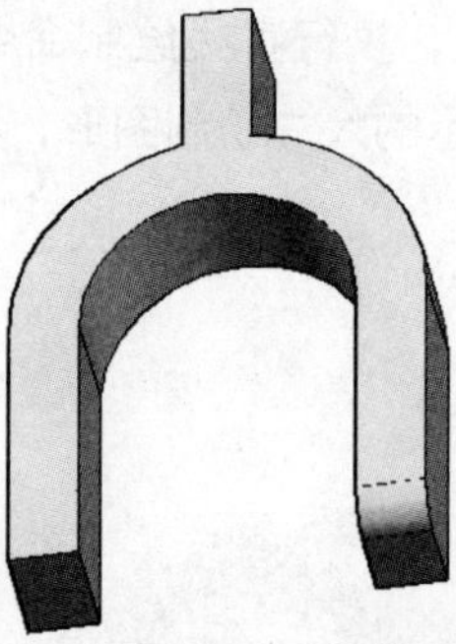

图15-27　倒圆角效果

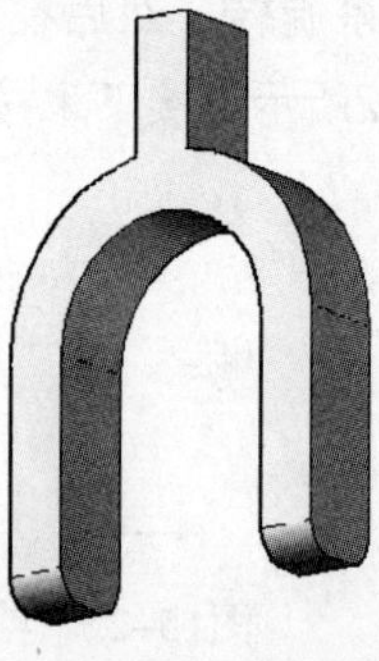

图15-28　创建其余圆角

06 单击坐标变换图标，将图形坐标切换至如图15-29所示的状态。在命令行中输入C执行画圆命令，然后在命令行中输入FROM执行偏移操作，选择的基点为如图15-29所示的下边一条边的中点（要将“对象捕捉”中的“中点”选中）。在命令行提示中输入偏移量，这里输入“@50，0”，系统会自动将圆心定位。在命令行中输入半径30，按Enter键完成圆的绘制，效果如图15-30所示。

07 在命令行中执行EXTRUDE命令，具体操作过程如下：

命令：EXTRUDE　（执行EXTRUDE命令）
选择要拉伸的对象：找到 1 个　（选择需要拉伸的图形，这里选择刚才创建的圆）
选择要拉伸的对象：　（按Space键结束对象的选择）
指定拉伸的高度或 [方向(D)/路径(P)/倾斜角(T)]: -300
（输入拉伸的高度值-300，并按Space键结束命令）

完成的拉伸效果如图15-31所示（注意坐标系的方向，然后决定是否输入负号）。

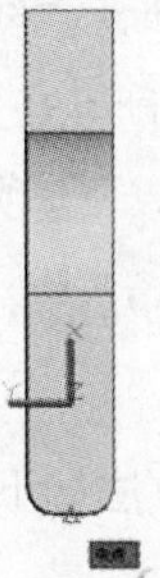
图15-29　捕捉点

图15-30　绘制圆形

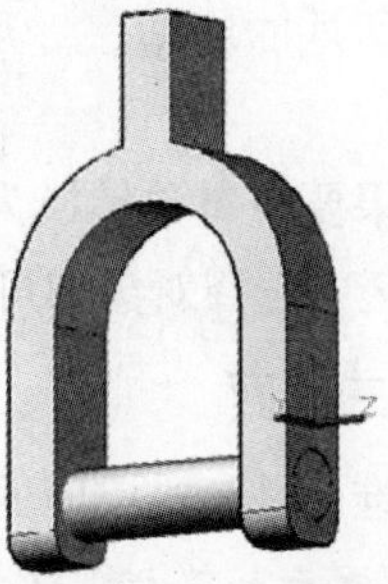
图15-31　拉伸效果

08 下面进行求差集操作。在命令行中执行SUBTRACT命令，具体操作过程如下：

```
命令：SUBTRACT                        （执行SUBTRACT命令）
选择要从中减去的实体或面域...          （选择最初创建的实体）
选择对象：找到 1 个                   （系统提示）
选择对象：                            （按Space键结束对象的选择）
选择要减去的实体或面域 ..             （选择刚才创建的圆柱）
选择对象：找到 1个                    （按Space键结束对象的选择，系统自动进行布尔差集运算）
```

09 完成的求差集效果如图15-32所示，至此本图例绘制完成（光盘:\最终文件\第15章\圆角.dwg）。

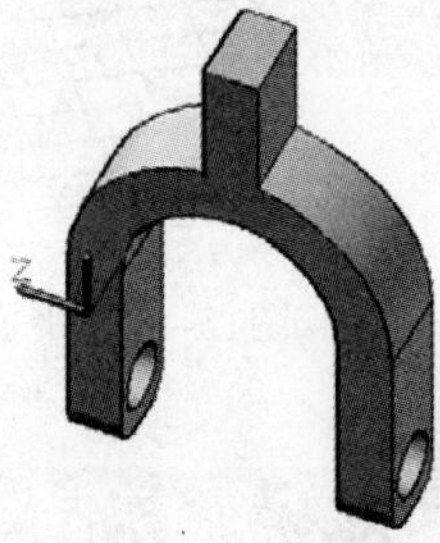
图15-32　求差集

15.4 绘制三维网格模型

三维网格模型包含对象的边界和表面，它包括平面曲面、三维面、三维网格、平移网格、旋转网格、直纹网格及边界网格，下面分别讲解其绘制方法。

15.4.1　绘制面

1. 绘制平面曲面

平面曲面命令可以创建平面曲面或将对象转换为平面对象。调用“平面曲面”命令的方法如下：

- 显示菜单栏，选择“绘图”→“建模”→“平面曲面”命令。
- 在命令行执行PLANESURF命令。

执行上述命令后，具体操作过程如下：

```
命令：PLANESURF                       （执行PLANESURF命令）
```

指定第一个角点或 [对象(O)] <对象>:（在绘图区内任意拾取一点）
指定其他角点:（可以到需要绘制的位置单击确定其他角点或输入具体的下一点相对坐标，效果如图15-33所示）

如果要将对象转换为平面曲面，可以在执行命令过程中时，选择“对象（O）”选项，然后在绘图区中选择对象即可。

2. 三维面

三维面是三维空间的表面，不仅没有厚度，也没有质量属性，调用该命令的方法如下：

- 显示菜单栏，选择“绘图”→“建模”→“网格”→“三维面”命令。
- 在命令行中执行3DFACE命令。

执行上述命令后，具体操作过程如下：

命令：3DFACE （执行3DFACE命令）
指定第一点或 [不可见(I)]: （在绘图区中指定A点）
指定第二点或 [不可见(I)]: （在绘图区中指定B点）
指定第三点或 [不可见(I)] <退出>: （在绘图区中指定C点）
指定第四点或 [不可见(I)] <创建三侧面>: （在绘图区中指定D点）
指定第三点或 [不可见(I)] <退出>: （在绘图区中指定E点）
指定第四点或 [不可见(I)] <创建三侧面>: （在绘图区中指定F点，效果如图15-34所示）

图15-33 平面曲面

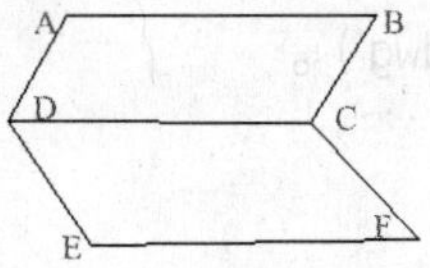

图15-34 三维面

15.4.2 绘制平移网格

平移网格命令用于创建多边形网格，此网格表示一个由轮廓曲线和方向矢量定义的基本平移曲面。调用该命令的方法如下：

- 显示菜单栏，选择“绘图”→“建模”→“网格”→“平移网格”命令。
- 在命令行中执行TABSURF命令。

边学边练 121 绘制平移网格

01 打开“平移网格.dwg”图形文件（光盘:\原始文件\第15章\平移网格.dwg），如图15-35所示，具体操作过程如下：

命令：TABSURF （执行TABSURF命令）
当前线框密度：SURFTAB1=6 （系统自动提示）
选择用做轮廓曲线的对象： （选择作为轮廓的曲线）
选择用做方向矢量的对象： （选择作为方向矢量的直线）

02 平移网格后的效果如图15-36所示（光盘:\最终文件\第15章\平移网格.dwg）。

图15-35 原图

图15-36 平移网格

15.4.3 绘制旋转网格

旋转网格是将对象绕指定的轴旋转，由旋转轨迹生成一个近似于旋转曲面的多边形网格。绘制旋转网格的方法如下：

- 显示菜单栏，选择“绘图”→“建模”→“网格”→“旋转网格”命令。
- 在命令行中执行REVSURF命令。

边学边练 122 绘制旋转网格

01 打开“旋转网格.dwg”图形文件（光盘:\原始文件\第15章\旋转网格.dwg），如图15-37所示，具体操作过程如下：

命令：REVSURF （执行REVSURF命令）
当前线框密度：SURFTAB1=6 输入20 （系统提示）
选择要旋转的对象： （选择样条圆弧）
选择定义旋转轴的对象： （选择直线）
指定起点角度 <0>：270 （输入270，按Space键）
指定包含角（+=逆时针，-=顺时针）<360>：270 （按Space键）

02 旋转网格后的效果如图15-38所示（光盘:\最终文件\第15章\旋转网格.dwg）。

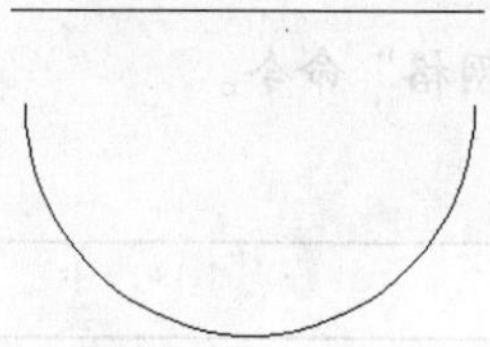

图15-37 原图

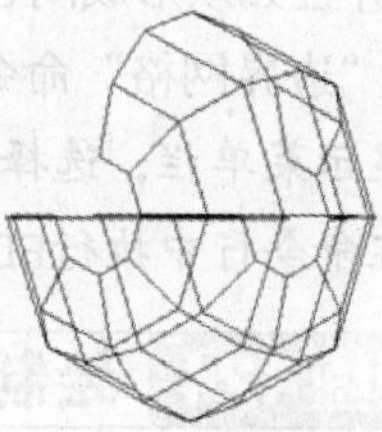

图15-38 旋转网格

旋转网格命令旋转的对象，可以是直线、圆、圆弧、椭圆、椭圆弧、闭合多段线、多边形、闭合样条曲线或圆环等。

15.4.4 绘制直纹网格

直纹网格用于在两个对象之间创建一个表示直纹曲面的2×N的多边形网格。调用“直纹网格”命令的方法如下：

- 显示菜单栏，选择“绘图”→“建模”→“网格”→“直纹网格”命令。
- 在命令行中执行REVSURF命令。、

选择的对象可以是圆、曲线、多段线、直线或点（两个对象中只能有一个是点）。如果有一个边界是闭合的，那么另一个边界必须也是闭合的。

边学边练 123 绘制直纹网格

01 打开“直纹网格.dwg”图形文件（光盘:\原始文件\第15章\直纹网格.dwg），如图15-39所示，具体操作过程如下：

命令：RULESURF	（执行RULESURF命令）
当前线框密度：SURFTAB1=20	（系统自动提示）
选择第一条定义曲线：	（选择上方圆）
选择第二条定义曲线：	（选择下方圆）

02 绘制直纹网格后的效果如图15-40所示（光盘:\最终文件\第15章\直纹网格.dwg）。

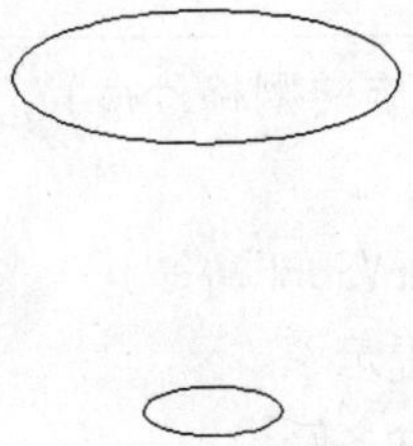

图15-39 原图

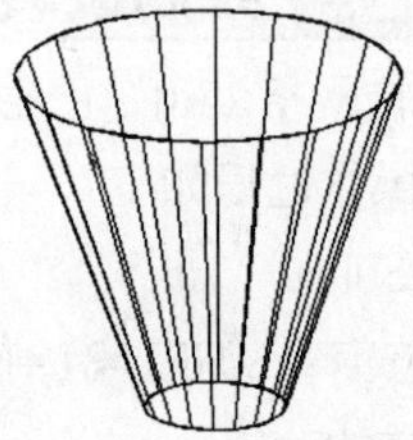

图15-40 直纹网格

15.4.5 绘制边界网格

边界网格命令用于构造一个三维多边形网格，边界可以是圆弧、直线、多段线、样条曲线和椭圆弧，并且必须形成闭合环和公共端点。

调用“边界网格”命令的方法如下：

- 显示菜单栏，选择“绘图”→“建模”→“网格”→“边界网格”命令。
- 在命令行中执行EDGESURF命令。

边学边练 124 绘制边界网格

01 打开“边界网格.dwg”图形文件（光盘:\原始文件\第15章\边界网格.dwg），如图15-41所示，具体操作过程如下：

命令：EDGESURF	（执行EDGESURF命令）
当前线框密度：SURFTAB1=6 输入20	（系统自动提示）
选择用做曲面边界的对象 1：	（选择第一条线段）
选择用做曲面边界的对象 2：	（选择第二条线段）
选择用作曲面边界的对象 3：	（选择第三条线段）

选择用作曲面边界的对象 4:　　　　　　　　　　（选择第四条线段）

（按Space键确认完成）

02 绘制边界网格后的效果如图15-42所示（光盘:\最终文件\第15章\边界网格.dwg）。

图15-41　原图

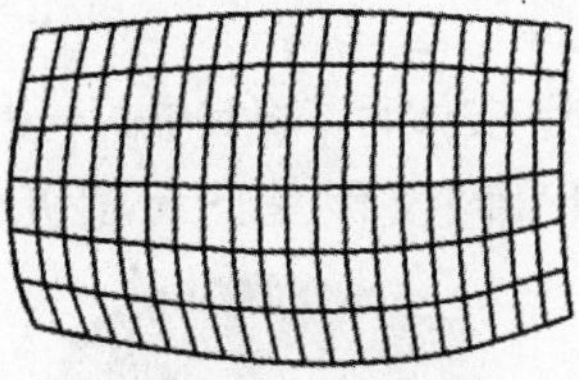

图15-42　边界网格

15.5 三维实体高级编辑

在绘制的三维实体对象不能满足绘图需要时，除了之前说过的一些编辑方法以外，还可以对其进行剖切、加厚、抽壳、分解等处理。下面分别讲解具体的操作方法。

15.5.1 剖切实体

使用“剖切”命令，可以用某一切割面来剖切实体。其中，切割面可以通过三点定义，或是平行于XY、YZ、ZX的平面，以及选择某个对象。被剖切的实体可以保留其中某一部分。如图15-43所示为剖切三维实体效果。

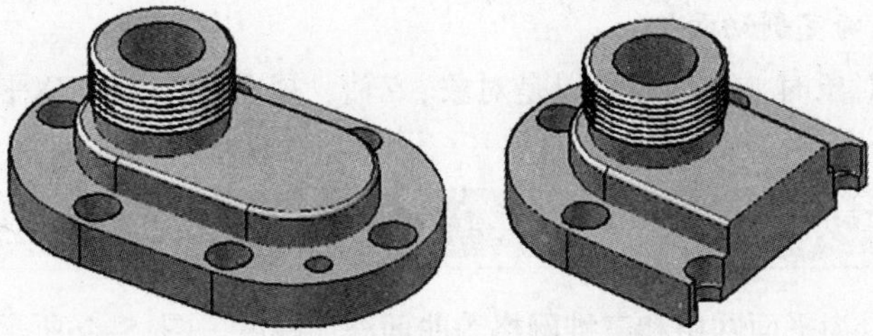

图15-43　剖切效果

调用“剖切”命令的方法如下：

- 显示菜单栏，选择“修改”→“三维操作”→“剖切”命令。
- 在命令行中执行SLICE命令。

边学边练 125　剖切实体

01 打开“剖切.dwg”图形文件（光盘:\原始文件\第15章\剖切.dwg），在命令行中执行SLICE命令，具体操作过程如下：

命令：SLICE　　　　　　　　　　（执行SLICE命令）

选择要剖切的对象：找到 1 个　　　　　　　　　　（选择如图15-44所示的对象）

选择要剖切的对象：　　　　　　　　　　（按Space键结束对象的选择）

指定切面的起点或 [平面对象(O)/曲面(S)/Z 轴(Z)/视图(V)/XY(XY)/YZ(YZ)/ZX(ZX)/三点(3)] <三点>：XY
（输入按XY平面剖切）

指定 YZ 平面上的点 <0,0,0>：（按Enter键）

在所需的侧面上指定点或 [保留两个侧面(B)] <保留两个侧面>：
（直接按Space键确认保留两个侧面）

02 剖切实体后，将其中的一半颜色改变为黄色，这样便于区别。最终效果如图15-45所示（光盘:\最终文件\第15章\剖切.dwg）。

图15-44 原图

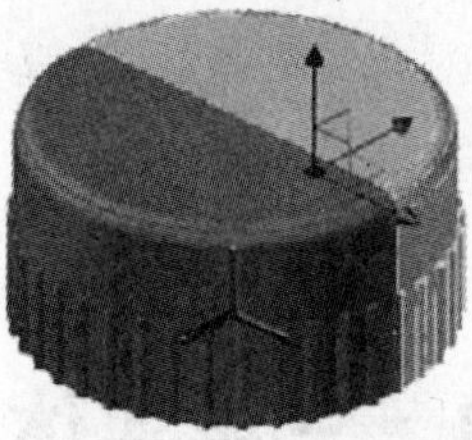

图15-45 剖切效果

在执行命令的过程中，命令行各选项含义如下所示。

- 平面对象：将剖切面与圆、圆弧、椭圆、椭圆弧、二维样条曲线或二维多段线对齐。
- 曲面：将剖切面与曲面对齐。
- Z轴：通过在平面上指定一点和在平面的Z轴上指定另一点来确定剖切平面。
- 视图：将剖切面与当前视口的视图平面对齐。指定点可确定剖切平面的位置。
- XY：将剖切面与当前UCS的XY平面对齐。指定点可确定剖切面的位置。
- YZ：将剖切面与当前UCS的YZ平面对齐。指定点可确定剖切面的位置。
- ZX：将剖切面与当前UCS的ZX平面对齐。指定点可确定剖切面的位置。
- 三点：用三点确定剖切面。

在剖切三维实体对象时，剖切面可以是对象、Z轴、视图、XY/YZ/ZX平面或三点定义的面。

15.5.2 加厚实体

加厚实体命令可以为平面网格和三维网格等曲面添加厚度。图15-46所示为图形加厚效果。

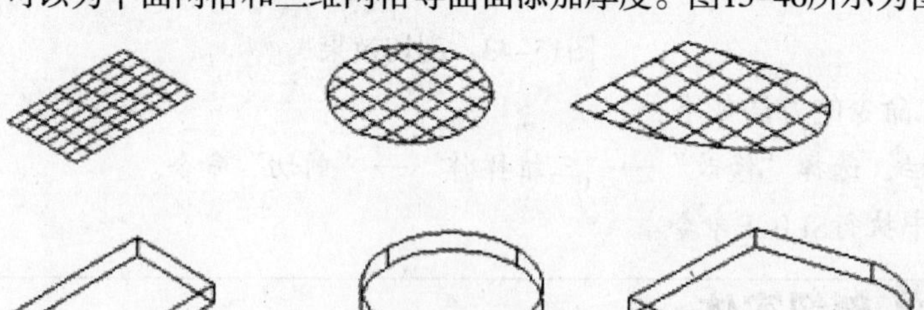

图15-46 加厚实体

调用“加厚”命令的方法如下：

- 显示菜单栏，选择“修改”→“三维操作”→“加厚”命令。
- 在命令行中执行THICKEN命令。

边学边练 126 加厚实体

01 打开"加厚体.dwg"图形文件（光盘:\原始文件\第15章\加厚体.dwg），如图15-47所示。在命令行中执行THICKEN命令，具体操作过程如下：

命令：THICKEN （执行THICKEN命令）

选择要加厚的曲面：找到 1 个 （选择需要加厚的曲面，这里选择绘图区中的平面曲面）

选择要加厚的曲面： （按Space键确认对象的选择）

指定厚度：4 （输入需要加厚的厚度，这里输入4并按Space键）

02 加厚实体后的效果如图15-48所示（光盘:\最终文件\第15章\加厚体.dwg）。

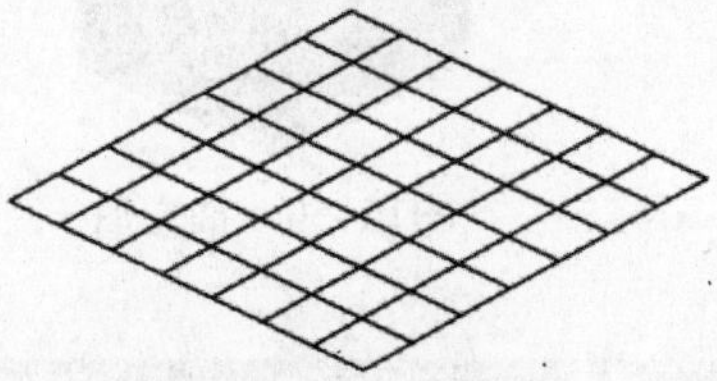

图15-47 原图

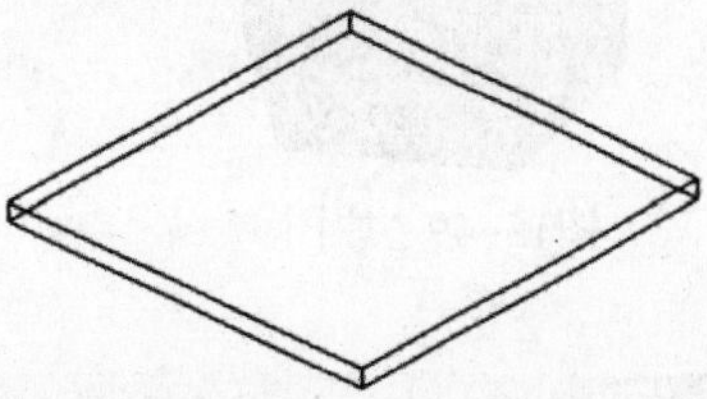

图15-48 加厚效果

15.5.3 抽壳实体

抽壳实体是指在三维实体对象中创建具有指定厚度的壁。调用"抽壳"命令的方法如下：

- 显示菜单栏，选择"修改"→"实体编辑"→"抽壳"命令。
- 在命令行中执行SOLIDEDIT命令。

边学边练 127 抽壳实体

01 打开"抽壳.dwg"图形文件（光盘:\原始文件\第15章\抽壳.dwg），如图15-49所示，在命令行中执行SOLIDEDIT命令，具体操作过程如下：

命令: SOLIDEDIT （执行SOLIDEDIT命令）

实体编辑自动检查： SOLIDCHECK=1 （系统提示）

输入实体编辑选项 [面(F)/边(E)/体(B)/放弃(U)/退出(X)] <退出>: B

（选择"体"选项，并按Space键）

输入体编辑选项 [压印(I)/分割实体(P)/抽壳(S)/清除(L)/检查(C)/放弃(U)/退出(X)] <退出>: S

（选择"抽壳"选项，并按Space键）

选择三维实体: （选择绘图区中的实体对象）

删除面或 [放弃(U)/添加(A)/全部(ALL)]: （选择上表面）

输入抽壳偏移距离: 1 （输入抽壳的偏移距离，这里输入1）

已开始实体校验。

已完成实体校验。 （系统自动显示）

输入体编辑选项[压印(I)/分割实体(P)/抽壳(S)/清除(L)/检查(C)/放弃(U)/退出(X)] <退出>:

（按Space键）

实体编辑自动检查: SOLIDCHECK=1　　　　　　　　（系统自动显示）
输入实体编辑选项 [面(F)/边(E)/体(B)/放弃(U)/退出(X)] <退出>:
　　　　　　　　　　　　　　　　　　　　　　　（按Space键结束命令）

02 抽壳实体后的效果如图15-50所示（光盘:\最终文件\第15章\抽壳.dwg）。

图15-49　原图

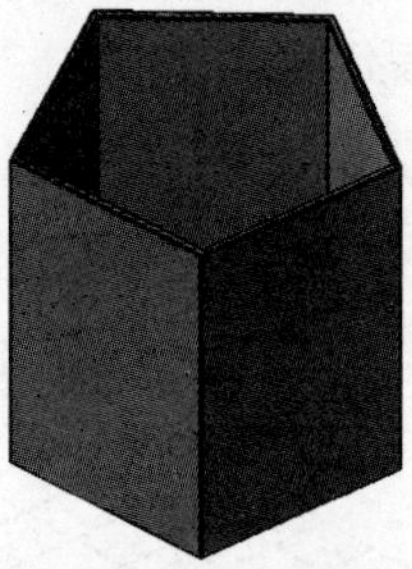
图15-50　抽壳后

15.5.4　分解实体

分解实体与分解二维对象的方法相同，调用该命令的方法如下：

- 在“常用”选项卡的“修改”组中，单击“分解”按钮。
- 显示菜单栏，选择“修改”→“分解”命令。
- 在命令行中执行EXPLODE命令。

执行上述命令后，具体操作过程如下：

命令: EXPLODE　　　　　　　　　　　　（执行EXPLODE命令）
选择对象: 找到 1 个　　　　　　　　　（选择需要分解的三维实体对象）
选择对象:　　　　　　　　　　　　　　（按Space键确认选择并完成分解操作）

图15-51所示为实体对象分解前后的效果图。

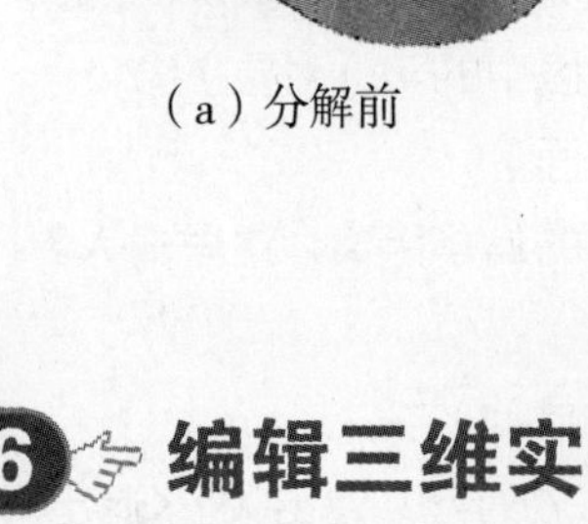
（a）分解前

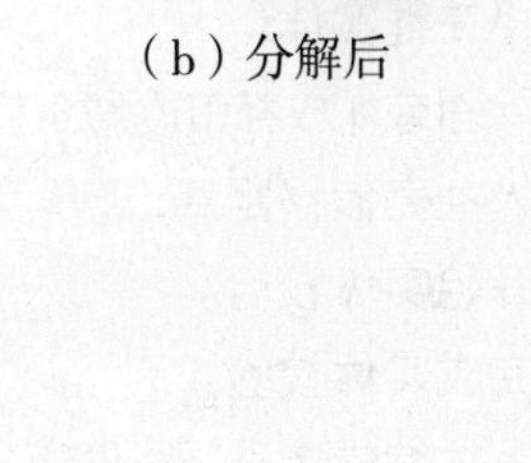
（b）分解后

图15-51　分解对象

15.6 编辑三维实体边

AutoCAD还可以对边进行编辑，下面对三维边的编辑进行讲解。

15.6.1 压印边

压印边命令可以在选择的对象上压印另一个对象，被压印的对象必须与选择对象的一个或多个面相交，这样压印边操作才能完成。调用“压印边”命令的方法如下：

- 显示菜单栏，选择“修改”→“实体编辑”→“压印边”命令。
- 在命令行中执行IMPRINT命令。

边学边练 128 压印边

01 打开“压印边.dwg”图形文件（光盘:\原始文件\第15章\压印边.dwg），如图15-52所示，在命令行中执行IMPRINT命令，具体操作过程如下：

命令：IMPRINT （执行IMPRINT命令）
设置ISOLINES=20
选择三维实体： （选择三维实体，这里选择长方体）
选择要压印的对象： （选择需要压印的对象，这里选择螺帽）
是否删除源对象 [是(Y)/否(N)] <N>: y （按Space键保持默认不变）
选择要压印的对象： （按Space键结束命令）

02 将视觉样式改变为“线框”，压印边后的效果如图15-53所示（光盘:\最终文件\第15章\压印边.dwg）。

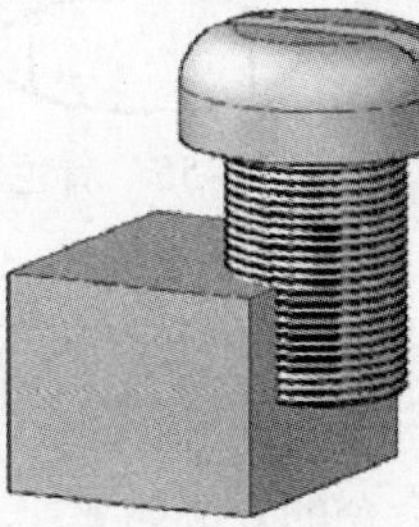
图15-52 原图

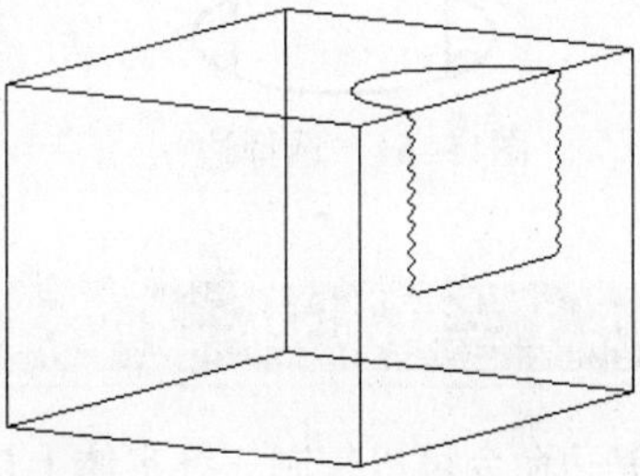
图15-53 压印边效果

15.6.2 着色边

着色边命令可以将颜色添加到实体对象的某条边上。调用“着色边”命令的方法如下：

- 显示菜单栏，选择“修改”→“实体编辑”→“着色边”命令。
- 在命令行中执行SOLIDEDIT命令。

边学边练 129 着色边

01 打开“着色边.dwg”图形文件（光盘:\原始文件\第15章\着色边.dwg），如图15-54所示，在命令行中执行SOLIDEDIT命令，具体操作过程如下：

命令：SOLIDEDIT （执行SOLIDEDIT命令）
实体编辑自动检查： SOLIDCHECK=1 （系统当前提示）
输入实体编辑选项 [面(F)/边(E)/体(B)/放弃(U)/退出(X)] <退出>: E

（选择“边”选项，按Space键）

输入边编辑选项 [复制(C)/着色(L)/放弃(U)/退出(X)] <退出>: L

（选择“着色”选项，按Space键）

选择边或 [放弃(U)/删除(R)]: （选择圆柱体的一条边，如图15-53所示）

选择边或 [放弃(U)/删除(R)]: （按Space键确认，弹出“选择颜色”对话框，选择相应的颜色，这里选择“黄色”，然后单击“确定”按钮）

输入边编辑选项 [复制(C)/着色(L)/放弃(U)/退出(X)] <退出>:

（按Space键）

实体编辑自动检查： SOLIDCHECK=1 （系统当前提示）

输入实体编辑选项 [面(F)/边(E)/体(B)/放弃(U)/退出(X)] <退出>:

（按Space键结束命令）

02 着色边后的效果如图15-55所示（光盘:\最终文件\第15章\着色边.dwg）。

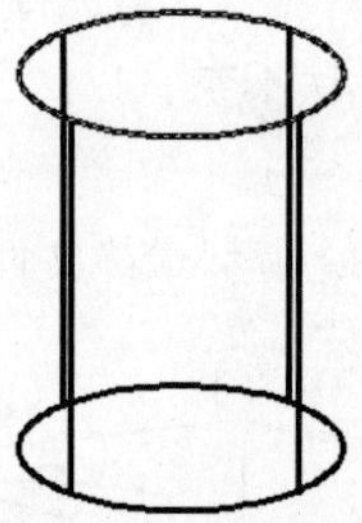

图15-54 选择边

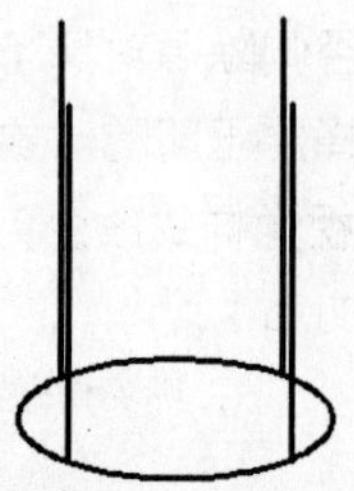

图15-55 着色边

15.6.3 复制边

复制边命令可以复制三维实体上被选择的边线。调用“复制边”命令的方法如下：

- 显示菜单栏，选择“修改”→“实体编辑”→“复制边”命令。
- 在命令行执行SOLIDEDIT命令。

边学边练 130 复制边

01 打开“复制边.dwg”图形文件（光盘:\原始文件\第15章\复制边.dwg），在命令行中执行SOLIDEDIT命令，具体操作过程如下：

命令：SOLIDEDIT （执行SOLIDEDIT命令）

实体编辑自动检查： SOLIDCHECK=1 （系统当前提示）

输入实体编辑选项 [面(F)/边(E)/体(B)/放弃(U)/退出(X)] <退出>: E

（选择“边”选项，按Space键）

输入边编辑选项[复制(C)/着色(L)/放弃(U)/退出(X)]<退出>:C （选择“复制”选项，按Space键）

选择边或 [放弃(U)/删除(R)]: （选择如图15-56所示的边）

选择边或 [放弃(U)/删除(R)]: （按Space键）

指定基点或位移: （指定所选边的中点）

指定位移的第二点：（在下方空白处单击）
输入边编辑选项 [复制(C)/着色(L)/放弃(U)/退出(X)] <退出>：（按Space键）
实体编辑自动检查：　SOLIDCHECK=1（系统当前提示）
输入实体编辑选项 [面(F)/边(E)/体(B)/放弃(U)/退出(X)] <退出>：
（按Space键结束命令）

02 复制边后的效果如图15-57所示（光盘:\最终文件\第15章\复制边.dwg）。

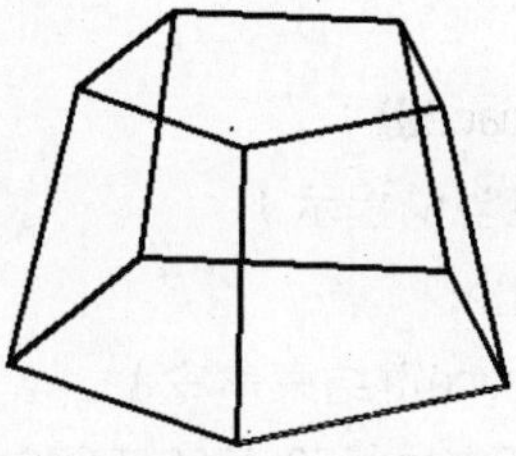

图15-56　选择边

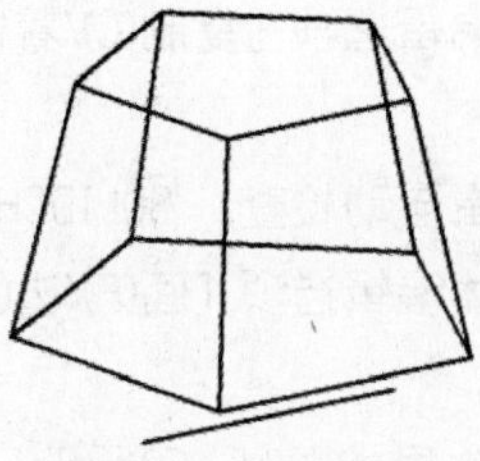

图15-57　复制效果

自我强化　边综合

下面通过一个实例来综合讲述边的编辑。

01 打开“边综合.dwg”图形文件（光盘:\原始文件\第15章\边综合.dwg），如图15-58所示，在命令行中执行IMPRINT命令，具体操作过程如下：

命令：IMPRINT（执行IMPRINT命令）
选择三维实体：（选择三维实体，这里选择圆锥体）
选择要压印的对象：（选择需要压印的对象，这里选择球体）
是否删除源对象 [是(Y)/否(N)] <N>：y（按Space键保持默认不变）
选择要压印的对象：（按Space键结束命令）

02 压印边后的效果如图15-59所示。

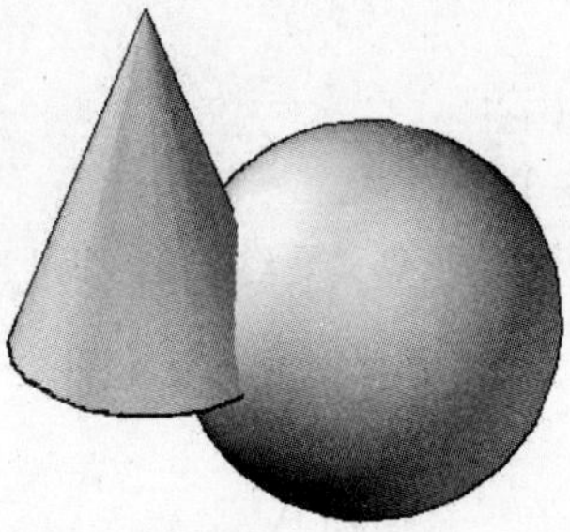

图15-58　原图

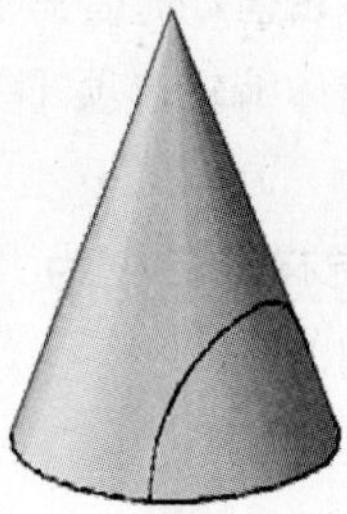

图15-59　压印边效果

03 下面进行边的复制。在命令行中执行SOLIDEDIT命令，具体操作过程如下：

命令：SOLIDEDIT（执行SOLIDEDIT命令）
实体编辑自动检查：　SOLIDCHECK=1（系统当前提示）
输入实体编辑选项 [面(F)/边(E)/体(B)/放弃(U)/退出(X)] <退出>：E

（选择“边”选项，按Space键）

输入边编辑选项[复制(C)/着色(L)/放弃(U)/退出(X)]<退出>:C

（选择“复制”选项，按Space键）

选择边或 [放弃(U)/删除(R)]: （选择如图15-59所示的压印边）

选择边或 [放弃(U)/删除(R)]: （按Space键）

指定基点或位移: （在空白处单击）

指定位移的第二点: （继续在空白处单击）

输入边编辑选项 [复制(C)/着色(L)/放弃(U)/退出(X)] <退出>:

（按Space键）

实体编辑自动检查: SOLIDCHECK=1 （系统当前提示）

输入实体编辑选项 [面(F)/边(E)/体(B)/放弃(U)/退出(X)] <退出>:

（按Space键结束命令）

04 复制边效果如图15-60所示。下面进行边的着色，在命令行中执行SOLIDEDIT命令，具体操作过程如下：

命令: SOLIDEDIT （执行SOLIDEDIT命令）

实体编辑自动检查: SOLIDCHECK=1 （系统当前提示）

输入实体编辑选项 [面(F)/边(E)/体(B)/放弃(U)/退出(X)] <退出>: E

（选择“边”选项，按Space键）

输入边编辑选项 [复制(C)/着色(L)/放弃(U)/退出(X)] <退出>: L

（选择“着色”选项，按Space键）

选择边或 [放弃(U)/删除(R)]: （选择如图15-60所示的用于复制的边）

选择边或 [放弃(U)/删除(R)]: （按Space键确认，弹出“选择颜色”对话框，选择相应的颜色，这里选择“红色”，然后单击“确定”按钮）

输入边编辑选项 [复制(C)/着色(L)/放弃(U)/退出(X)] <退出>:

（按Space键）

实体编辑自动检查: SOLIDCHECK=1 （系统当前提示）

输入实体编辑选项 [面(F)/边(E)/体(B)/放弃(U)/退出(X)] <退出>:

（按Space键结束命令）

05 将视觉样式转化为“线框“，最终效果如图15-61所示（光盘:\最终文件\第15章\边综合.dwg）。

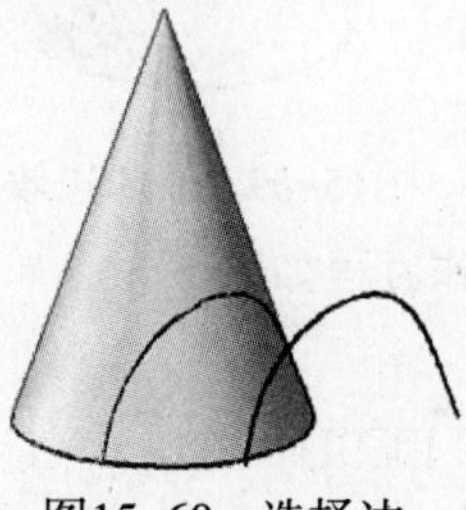

图15-60 选择边

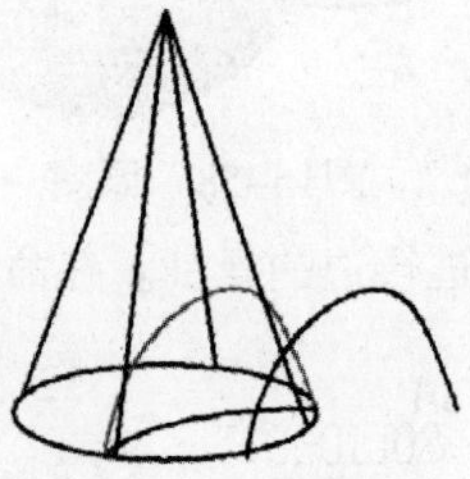

图15-61 着色边

15.7 编辑三维实体面

AutoCAD编辑三维实体面包括拉伸、移动、删除、旋转、倾斜、偏移、着色及复制面等。

15.7.1 拉伸面

拉伸命令可以将选择的三维实体对象的面按某一路径或指定高度进行拉伸。调用“拉伸面”命令的方法如下：

- 显示菜单栏，选择“修改”→“实体编辑”→“拉伸面”命令。
- 在命令行中执行SOLIDEDIT命令。

边学边练 131 拉伸面

01 打开“拉伸面.dwg”图形文件（光盘:\原始文件\第15章\拉伸面.dwg），效果如图15-62所示。在命令行中执行SOLIDEDIT命令，具体操作过程如下：

命令: SOLIDEDIT　　（执行SOLIDEDIT命令）

实体编辑自动检查:　SOLIDCHECK=1　　（系统当前提示）

输入实体编辑选项 [面(F)/边(E)/体(B)/放弃(U)/退出(X)] <退出>:F

（选择“面”选项，并按Space键）

输入面编辑选项 [拉伸(E)/移动(M)/旋转(R)/偏移(O)/倾斜(T)/删除(D)/复制(C)/颜色(L)/材质(A)/放弃(U)/退出(X)] <退出>: E　　（选择“拉伸”选项，并按Space键）

选择面或 [放弃(U)/删除(R)]: 找到一个面。　　（选择如图15-62所示的最右下方边）

选择面或 [放弃(U)/删除(R)/全部(ALL)]:　　（按Space键确认对象的选择）

指定拉伸高度或 [路径(P)]: 50　　（输入50，并按Space键）

指定拉伸的倾斜角度 <0>: 0　　（输入0，并按Space键）

已开始实体校验。

已完成实体校验。　　（系统当前提示）

输入面编辑选项[拉伸(E)/移动(M)/旋转(R)/偏移(O)/倾斜(T)/删除(D)/复制(C)/颜色(L)/材质(A)/放弃(U)/退出(X)] <退出>:　　（按Space键，默认选择）

实体编辑自动检查:　SOLIDCHECK=1　　（系统当前提示）

02 拉伸面后的效果如图15-63所示（光盘:\最终文件\第15章\拉伸面.dwg）。

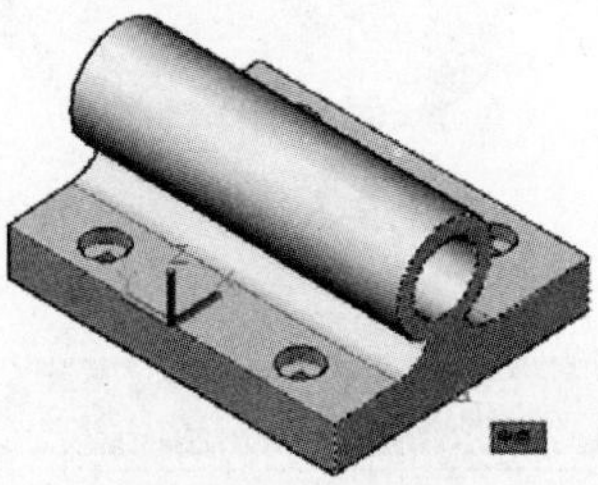

图15-62　选择面

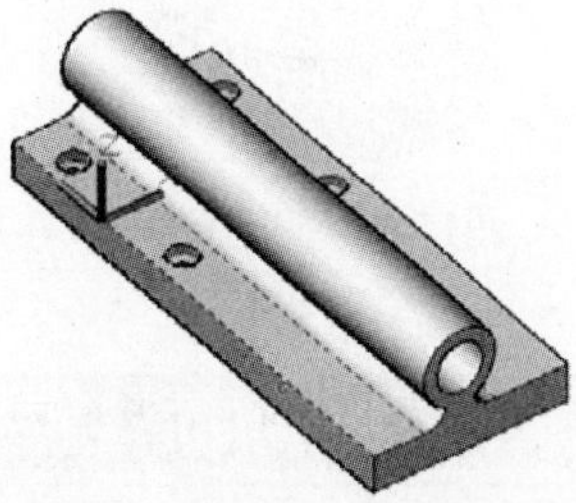

图15-63　拉伸后的面

15.7.2 移动面

移动面命令可以沿指定的距离或高度移动三维实体对象的面，调用“移动面”命令的方法如下：

- 显示菜单栏，选择“修改”→“实体编辑”→“移动面”命令。
- 在命令行中执行SOLIDEDIT命令。

边学边练 132 移动面

01 打开“移动面.dwg”图形文件（光盘:\原始文件\第15章\移动面.dwg），效果如图15-64所示。在命令行中执行SOLIDEDIT命令，具体操作过程如下：

命令：SOLIDEDIT　（执行SOLIDEDIT命令）
实体编辑自动检查：SOLIDCHECK=1　（系统当前提示）
输入实体编辑选项 [面(F)/边(E)/体(B)/放弃(U)/退出(X)] <退出>：F
（选择“面”选项，并按Space键）
输入面编辑选项 [拉伸(E)/移动(M)/旋转(R)/偏移(O)/倾斜(T)/删除(D)/复制(C)/颜色(L)/材质(A)/放弃(U)/退出(X)] <退出>：M　（选择“移动”选项，并按Space键）
选择面或 [放弃(U)/删除(R)]：找到一个面。　（选择图形中最上方的面）
选择面或 [放弃(U)/删除(R)/全部(ALL)]：　（按Space键）
指定基点或位移：　（单击一条线的中点）
指定位移的第二点：80　（将鼠标垂直向下移动，并输入80，按Space键，一定要注意坐标方向）
已开始实体校验。
已完成实体校验。　（系统当前提示）
输入面编辑选项 [拉伸(E)/移动(M)/旋转(R)/偏移(O)/倾斜(T)/删除(D)/复制(C)/颜色(L)/材质(A)/放弃(U)/退出(X)] <退出>：　（按Space键）
实体编辑自动检查：SOLIDCHECK=1　（系统当前提示）
输入实体编辑选项 [面(F)/边(E)/体(B)/放弃(U)/退出(X)] <退出>：
（按Space键结束命令）

02 移动面后的效果如图15-65所示（光盘:\最终文件\第15章\移动面.dwg）。

图15-64　选择面

图15-65　移动效果

15.7.3 删除面

删除面命令可以删除三维实体模型中指定的面，调用“删除面”命令的方法如下：

- 显示菜单栏，选择“修改”→“实体编辑”→“删除面”命令。
- 在命令行中执行SOLIDEDIT命令。

边学边练 133 删除面

01 打开“删除面.dwg”文件（光盘:\原始文件\第15章\删除面.dwg），效果如图15-66所示。在命令行中执行SOLIDEDIT命令，具体执行过程如下：

命令：SOLIDEDIT （执行SOLIDEDIT命令）
实体编辑自动检查： SOLIDCHECK=1 （系统当前提示）
输入实体编辑选项 [面(F)/边(E)/体(B)/放弃(U)/退出(X)] <退出>：F
（选择“面”选项，并按Space键）
输入面编辑选项 [拉伸(E)/移动(M)/旋转(R)/偏移(O)/倾斜(T)/删除(D)/复制(C)/颜色(L)/材质(A)/放弃(U)/退出(X)] <退出>：D （选择“删除”选项）
选择面或 [放弃(U)/删除(R)]：找到一个面。 （选择要删除的面）
选择面或 [放弃(U)/删除(R)/全部(ALL)]： （按Space键确认对象的选择）
已开始实体校验。
已完成实体校验。 （系统当前提示）
输入面编辑选项 [拉伸(E)/移动(M)/旋转(R)/偏移(O)/倾斜(T)/删除(D)/复制(C)/颜色(L)/材质(A)/放弃(U)/退出(X)] <退出>： （按Space键）
实体编辑自动检查： SOLIDCHECK=1 （系统当前提示）
输入实体编辑选项 [面(F)/边(E)/体(B)/放弃(U)/退出(X)] <退出>：
（按Space键结束命令）

02 删除面后的效果如图15-67所示（光源:\最终文件\第15章\删除面.dwg）。

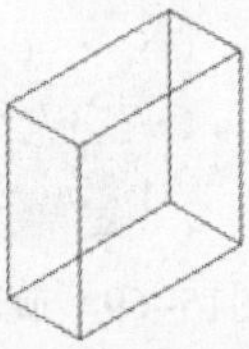

图15-66 原图

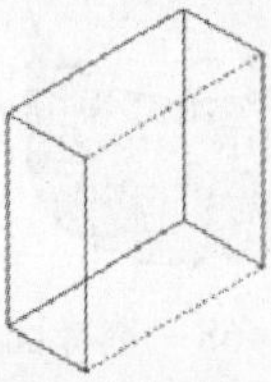

图15-67 删除面

15.7.4 旋转面

旋转面是指将一个或多个面或实体的某部分绕指定的轴进行旋转，调用“旋转面”命令的方法如下：

- 显示菜单栏，选择“修改”→“实体编辑”→“旋转面”命令。
- 在命令行中执行SOLIDEDIT命令。

边学边练 134 旋转面

01 打开“旋转面.dwg”图形文件（光盘:\原始文件\第15章\旋转面.dwg），效果如图15-68所示。在命令行中执行SOLIDEDIT命令，具体操作过程如下：

命令: SOLIDEDIT　　　　　　　　　　（执行SOLIDEDIT命令）
实体编辑自动检查: SOLIDCHECK=1　　（系统当前提示）
输入实体编辑选项 [面(F)/边(E)/体(B)/放弃(U)/退出(X)] <退出>: F
　　　　　　　　　　　　　　　　　（选择"面"选项，按Space键）
输入面编辑选项 [拉伸(E)/移动(M)/旋转(R)/偏移(O)/倾斜(T)/删除(D)/复制(C)/颜色(L)/材质(A)/放弃(U)/退出(X)] <退出>: R　　（选择"旋转"选项，并按Space键）
选择面或 [放弃(U)/删除(R)]: 找到一个面　（选择如图15-68所示的最上方的面）
选择面或 [放弃(U)/删除(R)/全部(ALL)]:　　（按Space键确认对象的选择）
指定轴点或 [经过对象的轴(A)/视图(V)/X 轴(X)/Y 轴(Y)/Z 轴(Z)] <两点>:
　　　　　　　　　　　　　　　　　（选择对象绕哪个轴旋转，这里选择图15-68示的直线）
指定旋转原点 <0,0,0>:　　　　　　　（单击如图15-68所示直线的中点）
指定旋转角度或 [参照(R)]: 30　　　　（指定旋转角度，输入30，按Space键）
已开始实体校验
已完成实体校验　　　　　　　　　　（系统当前提示）
输入面编辑选项 [拉伸(E)/移动(M)/旋转(R)/偏移(O)/倾斜(T)/删除(D)/复制(C)/颜色(L)/材质(A)/放弃(U)/退出(X)] <退出>:　　（按Space键）
实体编辑自动检查: SOLIDCHECK=1　　（系统当前提示）
输入实体编辑选项 [面(F)/边(E)/体(B)/放弃(U)/退出(X)] <退出>:
　　　　　　　　　　　　　　　　　（按Space键结束命令）

02 旋转面后的效果如图15-69所示（光盘:\最终文件\第15章\旋转面.dwg）。

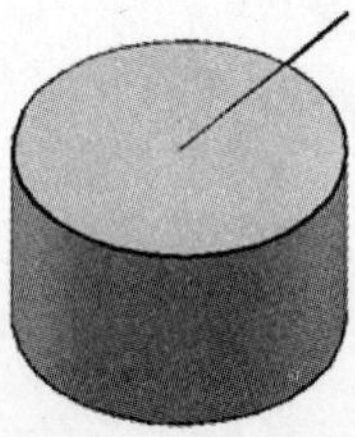

图15-68　选择面

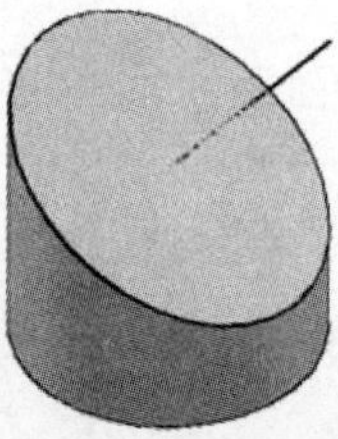

图15-69　旋转后效果

15.7.5 倾斜面

倾斜面命令可以按一个角度将面进行倾斜，倾斜角的旋转方向由基点和第二点的选择顺序决定。调用"倾斜面"命令的方法如下：

- 显示菜单栏，选择"修改"→"实体编辑"→"倾斜面"命令。
- 在命令行中执行SOLIDEDIT命令。

边学边练 135 倾斜面

01 打开"倾斜面.dwg"图形文件（光盘:\原始文件\第15章\倾斜面.dwg），效果如图15-70所示。在命令行中执行SOLIDEDIT命令，具体操作过程如下：

命令：SOLIDEDIT （执行SOLIDEDIT命令）
实体编辑自动检查： SOLIDCHECK=1 （系统当前提示）
输入实体编辑选项 [面(F)/边(E)/体(B)/放弃(U)/退出(X)] <退出>：F
（选择"面"选项，并按Space键）
输入面编辑选项 [拉伸(E)/移动(M)/旋转(R)/偏移(O)/倾斜(T)/删除(D)/复制(C)/颜色(L)/材质(A)/放弃(U)/退出(X)] <退出>：T （选择"倾斜"选项，并按Space键）
选择面或 [放弃(U)/删除(R)]：找到一个面 （选择柱体的上方表面）
选择面或 [放弃(U)/删除(R)/全部(ALL)]： （按Space键确认对象的选择）
指定基点： （选择图15-70所示的一个端点）
指定沿倾斜轴的另一个点： （单击如图15-70所示的同一水平面上的对面的端点）
指定倾斜角度：20 （指定倾斜角度，这里输入20，并按Space键）
已开始实体校验。
已完成实体校验。 （系统当前提示）
输入面编辑选项 [拉伸(E)/移动(M)/旋转(R)/偏移(O)/倾斜(T)/删除(D)/复制(C)/颜色(L)/材质(A)/放弃(U)/退出(X)] <退出>： （按Space键）
实体编辑自动检查： SOLIDCHECK=1 （系统当前提示）
输入实体编辑选项 [面(F)/边(E)/体(B)/放弃(U)/退出(X)] <退出>：
（按Space键结束命令）

02 倾斜面后的效果如图15-71所示（光盘:\最终文件\第15章\倾斜面.dwg）。

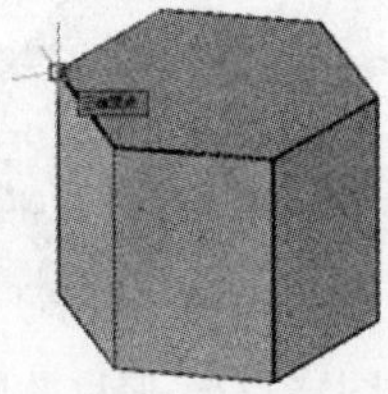
图15-70 选择面及边

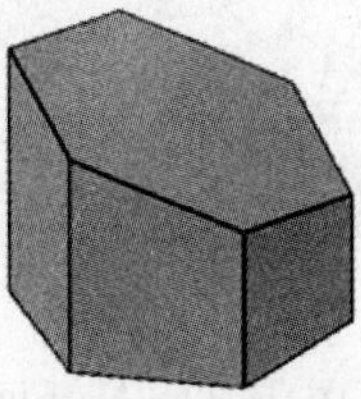
图15-71 倾斜后

15.7.6 偏移面

偏移面命令可以将选择的三维实体的面按指定的距离或点均匀地偏移。调用"偏移面"命令的方法如下：

- 显示菜单栏，选择"修改"→"实体编辑"→"偏移面"命令。
- 在命令行中执行SOLIDEDIT命令。

在偏移面时，偏移距离为正值时，增大实体尺寸或体积；偏移距离为负值时，减小实体尺寸或体积。旋转时，角度也要区分正负。

边学边练 136 偏移面 >>

01 打开"偏移面.dwg"图形文件（光盘:\原始文件\第15章\偏移面.dwg），效果如图15-72所示。在命令行中执行SOLIDEDIT命令，具体操作过程如下：

命令: SOLIDEDIT　　（执行SOLIDEDIT命令）

实体编辑自动检查: SOLIDCHECK=1　　（系统当前提示）

输入实体编辑选项 [面(F)/边(E)/体(B)/放弃(U)/退出(X)] <退出>: F

（选择“面”选项，并按Space键）

输入面编辑选项 [拉伸(E)/移动(M)/旋转(R)/偏移(O)/倾斜(T)/删除(D)/复制(C)/颜色(L)/材质(A)/放弃(U)/退出(X)] <退出>: O　　（选择“偏移”选项，并按Space键）

选择面或 [放弃(U)/删除(R)]:　　（选择如图15-72所示的面）

选择面或 [放弃(U)/删除(R)/全部(ALL)]:（按Space键确认对象的选择）

指定偏移距离: 150　　（输入150，并按Space键）

已开始实体校验

已完成实体校验　　（系统当前提示）

输入面编辑选项 [拉伸(E)/移动(M)/旋转(R)/偏移(O)/倾斜(T)/删除(D)/复制(C)/颜色(L)/材质(A)/放弃(U)/退出(X)] <退出>:　　（按Space键）

实体编辑自动检查: SOLIDCHECK=1　　（系统当前提示）

输入实体编辑选项 [面(F)/边(E)/体(B)/放弃(U)/退出(X)] <退出>:

（按Space键结束命令）

02 偏移面后的效果如图15-73所示（光盘:\最终文件\第15章\偏移面.dwg）。

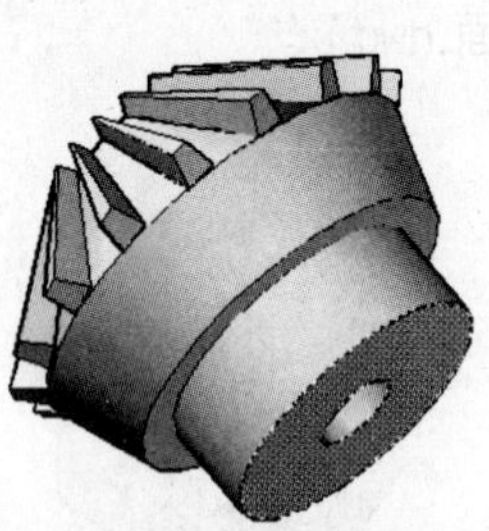

图15-72　选择面

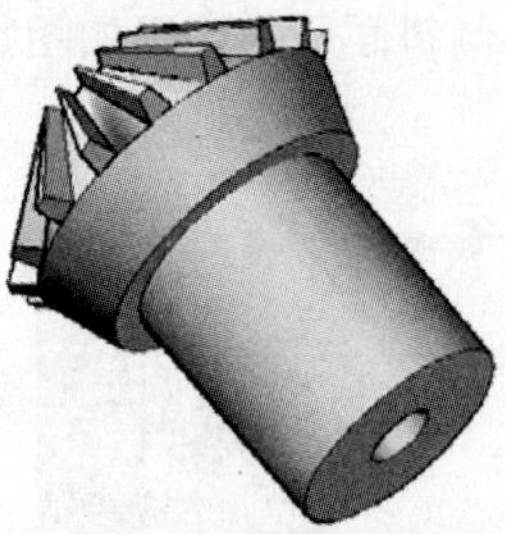

图15-73　偏移效果

15.7.7 着色面

着色面是指为选择的三维实体对象的面进行着色操作。调用“着色面”命令的方法如下：

- 显示菜单栏，选择“修改”→“实体编辑”→“着色面”命令。
- 在命令行中执行SOLIDEDIT命令。

边学边练 137 着色面

01 打开“着色面.dwg”图形文件（光盘:\原始文件\第15章\着色面.dwg），灰度效果如图15-74所示。将视觉样式切换至“线框”，效果如图15-75所示。在命令行中执行SOLIDEDIT命令，具体操作过程如下：

命令: SOLIDEDIT　　（执行SOLIDEDIT命令）

实体编辑自动检查: SOLIDCHECK=1　　（系统当前提示）

输入实体编辑选项 [面(F)/边(E)/体(B)/放弃(U)/退出(X)] <退出>: F

（选择“面”选项，并按Space键）

输入面编辑选项 [拉伸(E)/移动(M)/旋转(R)/偏移(O)/倾斜(T)/删除(D)/复制(C)/颜色(L)/材质(A)/放弃(U)/退出(X)] <退出>: L　　（选择“颜色”选项，并按Space键）

选择面或 [放弃(U)/删除(R)]: 找到一个面。（选择如图15-74所示的面）

选择面或 [放弃(U)/删除(R)/全部(ALL)]:　　（按Space键，弹出“选择颜色”对话框，在该对话框中选择红色后，单击“确定”按钮）

输入面编辑选项 [拉伸(E)/移动(M)/旋转(R)/偏移(O)/倾斜(T)/删除(D)/复制(C)/颜色(L)/材质(A)/放弃(U)/退出(X)] <退出>:　　（按Space键）

实体编辑自动检查:　SOLIDCHECK=1　　（系统当前提示）

输入实体编辑选项 [面(F)/边(E)/体(B)/放弃(U)/退出(X)] <退出>:

（按Space键结束命令）

02 着色面后的效果如图15-76所示（光盘:\最终文件\第15章\着色面.dwg）。

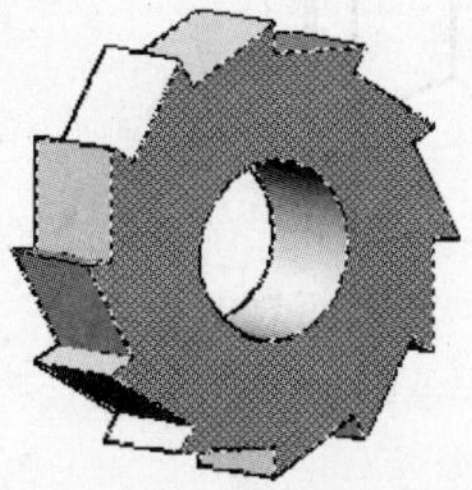

图15-74　选择面

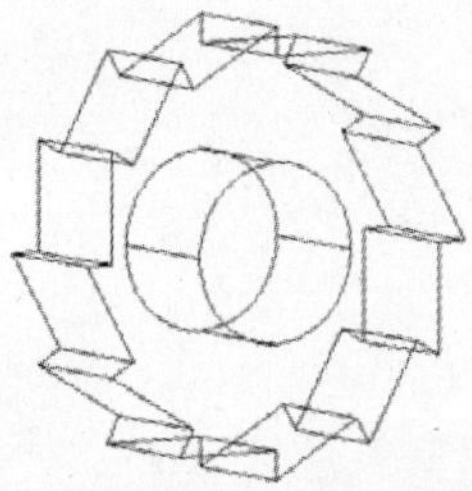

图15-75　线框模式

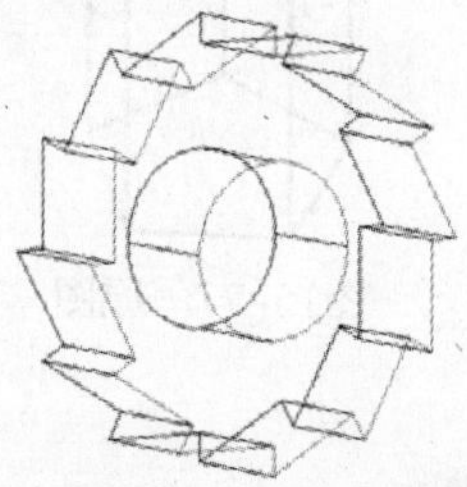

图15-76　面着色效果

15.7.8　复制面

复制面命令可以将面复制为面域或体，它与复制边的方法类似。调用“复制面”命令的方法如下：

- 显示菜单栏，选择“修改”→“实体编辑”→“复制面”命令。
- 在命令行中执行SOLIDEDIT命令。

边学边练 138　复制面

01 打开“复制面.dwg”图形文件（光盘:\原始文件\第15章\复制面.dwg），效果如图15-77所示。在命令行中执行SOLIDEDIT命令，具体操作过程如下：

命令: SOLIDEDIT　　（执行SOLIDEDIT命令）

实体编辑自动检查:　SOLIDCHECK=1　　（系统当前提示）

输入实体编辑选项 [面(F)/边(E)/体(B)/放弃(U)/退出(X)] <退出>: F

（选择“面”选项，并按Space键）

输入面编辑选项 [拉伸(E)/移动(M)/旋转(R)/偏移(O)/倾斜(T)/删除(D)/复制(C)/颜色(L)/材质(A)/放弃(U)/退出(X)] <退出>: C　　（选择“复制”选项，并按Space键）

选择面或 [放弃(U)/删除(R)]: 找到一个面。（选择需要复制的面）
选择面或 [放弃(U)/删除(R)/全部(ALL)]: （按Space键确认对象的选择）
指定基点或位移: （选择基点，这里选择所选择面底边的中点）
指定位移的第二点: （鼠标向右移动并在命令行输入20）
输入面编辑选项 [拉伸(E)/移动(M)/旋转(R)/偏移(O)/倾斜(T)/删除(D)/复制(C)/颜色(L)/材质(A)/放弃(U)/退出(X)] <退出>: （按Space键）
实体编辑自动检查: SOLIDCHECK=1 （系统当前提示）
输入实体编辑选项 [面(F)/边(E)/体(B)/放弃(U)/退出(X)] <退出>:
（按Space键结束命令）

02 复制面后的效果如图15-78所示（光盘:\最终文件\第15章\复制面.dwg）。

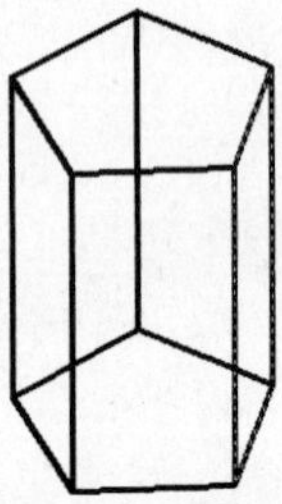

图15-77 原图

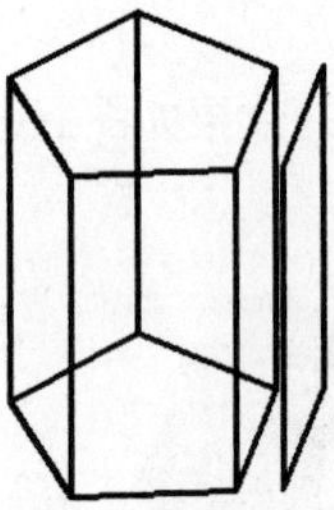

图15-78 复制面效果

15.8 实例应用

下面通过几个例子来练习一下本章所学的内容。

15.8.1 实例1：创建垫片

01 新建一个名为“实例1.dwg”的图形文件。在功能区“常用”选项卡“建模”组单击“圆柱体”按钮，在绘图区中选择任一处单击并输入半径100，输入高度10，绘制效果如图15-79所示。

02 以刚才绘制圆柱的圆心点继续绘制圆柱，这次绘制的圆柱半径为30，拉伸高度为15，拉伸方向与刚才的相同，如图15-80所示。

图15-79 绘制效果图

图15-80 绘制圆柱

03 继续绘制圆柱，这时选择的圆柱的底面圆心与最初的圆柱的圆心共面，并且距离为70，圆柱的直径为5，拉伸高度为5，与之前拉伸的方向相同。完成的绘制效果如图15-81所示。

04 环形阵列命令需指定阵列包含的角度、旋转参考轴等参数，具体操作过程如下：

命令：3DARRAY	（执行3DARRAY命令）
选择对象：	（选择要环形阵列的对象）
选择对象：	（按Space键结束选择对象）
输入阵列类型 [矩形(R)/环形(P)] <矩形>：P	（选择“环形”选项，创建环形阵列）
输入阵列中的项目数目：　6	（设置环形阵列生成的对象数量）
指定要填充的角度（+=逆时针，-=顺时针）<360>：	（按Space键保持默认值）
旋转阵列对象？ [是(Y)/否(N)] <是>:	（按Space键旋转阵列对象）
指定阵列的中心点：	（指定大圆柱底面中心）
指定旋转轴上的第二点：	（指定大圆柱顶面中心）

如图15-82所示为环形阵列的效果。

图15-81　绘制矩形

图15-82　环形阵列

05 下面进行求差集操作。在命令行中执行SUBTRACT命令，具体操作过程如下：

命令：SUBTRACT	（执行SUBTRACT命令）
选择要从中减去的实体或面域...	（选择最大的圆柱体）
选择对象：找到 1 个	（系统提示）
选择对象：	（按Space键结束对象的选择）
选择要减去的实体或面域 ..	（选择其余对象）
选择对象：找到 7 个	（按Space键结束对象的选择，系统自动进行布尔差集运算）

06 完成的最终效果如图15-83所示（光盘:\最终文件\第15章\实例1.dwg）。

图15-83　布尔运算结果

15.8.2　实例2：旋转实例

01 打开“实例2.dwg”图形文件（光盘:\原始文件\第15章\实例2.dwg），效果如图15-84所示。在命令行中执行UNION命令，具体操作过程如下：

命令：UNION	（执行UNION命令）
选择对象：指定对角点：找到2 个	（选择绘图区中的所有对象）
选择对象：	（按Space键将所选实体合并为一个对象）

02 求并集后的效果如图15-85所示。

图15-84 原图

图15-85 求并集

03 下面进行剖切。在命令行中执行SLICE命令，具体操作过程如下：

命令：SLICE （执行SLICE命令）
选择要剖切的对象：找到1个 （选择绘图区中所有对象）
选择要剖切的对象： （按Space键结束对象的选择）
指定 切面 的起点或 [平面对象(O)/曲面(S)/Z 轴(Z)/视图(V)/XY(XY)/YZ(YZ)/ZX(ZX)/三点(3)] <三点>：
（这里直接选择如图15-85所示的长度方向上的3个点组成一个面，平行于YOZ平面）
在所需的侧面上指定点或 [保留两个侧面(B)] <保留两个侧面>：
（直接按Space键确认保留两个侧面）

04 剖切实体后的效果如图15-86所示。

05 同样的方法进行另一个方向的剖切，按Enter键继续执行剖切命令。

命令：SLICE （执行SLICE命令）
选择要剖切的对象：找到2 个 （选择绘图区中所有对象）
选择要剖切的对象： （按Space键结束对象的选择）
指定 切面 的起点或 [平面对象(O)/曲面(S)/Z 轴(Z)/视图(V)/XY(XY)/YZ(YZ)/ZX(ZX)/三点(3)] <三点>：
（这里直接选择如图15-86所示的宽度方向上的3个点组成一个面，平行于XOZ平面）
在所需的侧面上指定点或 [保留两个侧面(B)] <保留两个侧面>：
（直接按Space键确认保留两个侧面）

06 剖切实体后的效果如图15-87所示。

07 选中最右下角的对象，将其删除，使用布尔求并集命令将剩余的对象进行求并集操作。完成的创建效果如图15-88（光盘:\最终文件\第15章\实例2.dwg）。

图15-86 剖切效果1

图15-87 剖切效果2

图15-88 最终效果

15.9 本章小结

本章主要介绍了三维模型的编辑命令，如最基础的移动、旋转、阵列和镜像等，以及较复杂的布尔运算、三维网路的绘制等，这些简单编辑为复杂编辑的学习打下良好的基础；然后学习了三维图形的抽壳、剖切、加厚等常用的命令，并且学习了三维边和三维面的编辑操作，包括复制、着色、偏移等命令。通过这些编辑命令的学习，大家应该熟练掌握三维模型的编辑。下面总结一下本章所学习的主要内容：

（1）学习了三维图形的移动、对齐、镜像等命令。

（2）学习了布尔运算。

（3）学习了绘制三维网格模型。

（4）学习了三维实体的编辑方法。

（5）学习了三维图形的边编辑。

（6）学习了三维图形的面编辑。

15.10 课后练习

下面给出几个图形，通过对这几个图形的创建，熟悉一下三维图形的编辑方法。

（1）回顾本章及前一章所学的知识内容，观察图15-89（a）的绘制步骤，并且参考CAD标注中的尺寸将其绘制出来。

（2）利用本章所学的知识内容，绘制如图15-89（b）所示图形，图形尺寸可以自行从素材图形中量出，并且根据尺寸绘制图形。

（3）绘制如图15-29（c）所示的效果图形。

（a）练习1

（b）练习2

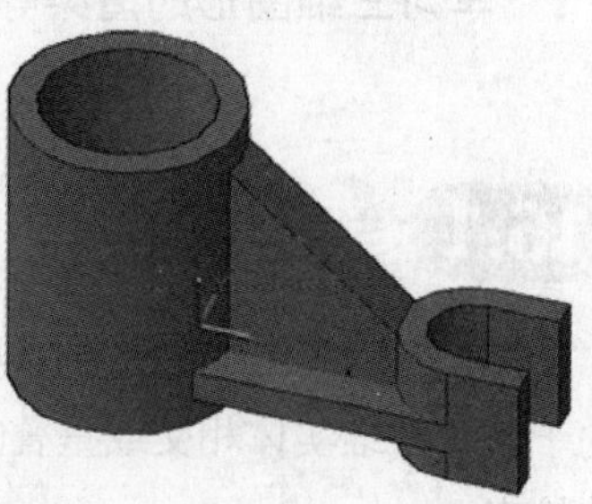

（c）练习3

图15-89　练习

第16章 渲染三维图形

学习导航

前面两章学习了三维图形的绘制及编辑，本章将学习三维图形的后续操作。在AutoCAD中，使用“视图”→“视觉样式”菜单中的命令，只能对图形进行最低级的着色处理。要得到物体真实的效果，就需要使用“视图”→“渲染”菜单中的命令，为其指定光源、环境、材质等，然后进行渲染。

学习目标

通过对本章内容的学习，读者应该掌握干涉检查、材质添加、光源效果、三维图形渲染等方面的内容。

学习重点与难点

- □ 三维图形干涉检查
- □ 三维图形的消隐、设置及使用的光源等
- □ 创建及添加材质
- □ 独立进行三维图形渲染
- □ 将三维图转换为三视图

本章将继续进行三维图形的学习。在熟悉了三维图形绘制和三维图形编辑后，本章将学习三维图形的渲染等操作。

16.1 干涉检查

使用 INTERFERE 命令，可以通过对比两组对象或一对一地检查所有实体来检查实体模型中的干涉（三维实体相交或重叠的区域），还可以对包含三维实体的块以及块中的嵌套实体进行干涉检查。

干涉检查用于检查两个或多个三维实体干涉（重叠）的情况，并可以用三维实体的重叠部分创建出新的三维实体。

下面通过图16-1 来说明该命令的操作过程。选择“修改”→“三维操作”→“干涉检查”命令，系统提示：“选择第一组对象或[嵌套选择（N）/设置（S）]：”。在该提示下，选择图16-1（a）中的球，系统继续提示：“选择第一组对象或[嵌套选择（N）/设置（S）]：”。在该提示下，选择图16-1（a）中的锥体，系统继续提示：“找到1 个，总计2 个选择第一组对象或[嵌套选择（N）/设置（S）]：”。如果在该提示下输入S，按Enter键，系统将弹出如图16-2所示的“干涉设置”对话框，它用来控制干涉对象的显示。

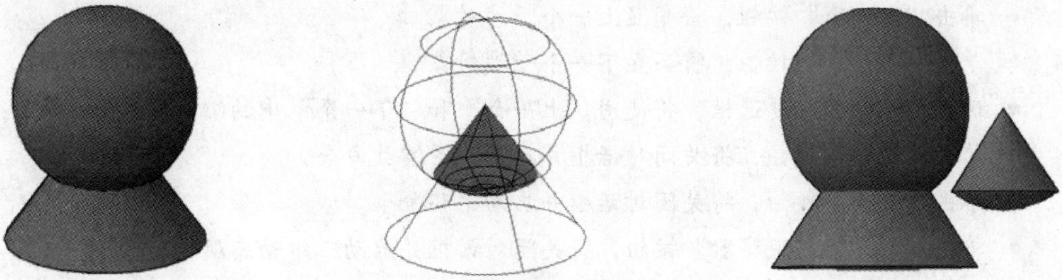

（a）原图　　（b）干涉检查　　（c）移动

图16–1　干涉检查效果

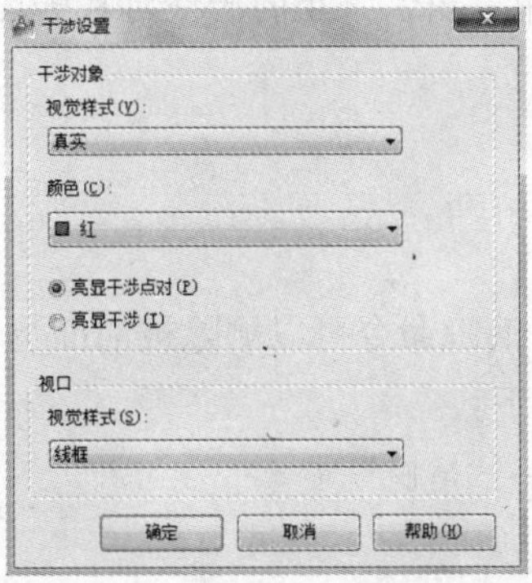

图16–2　“干涉设置”对话框

（1）“干涉对象”选项组用于指定干涉对象的视觉样式和颜色。

- “视觉样式”下拉列表用于指定干涉对象的视觉样式。
- “颜色”下拉列表用于指定干涉对象的颜色。
- 选中“亮显干涉点对”单选按钮，将亮显实体的干涉点对。
- 选中“亮显干涉”单选按钮，将亮显从干涉点对中创建的干涉对象。

（2）“视口”选项组用于指定检查干涉时的视口显示。其中的“视觉样式”下拉列表用于指定检查干涉时视口的视觉样式。

如果在“找到1个，总计2个选择第一组对象或[嵌套选择（N）/设置（S）]：”的提示下直接按Enter键，系统继续提示：“选择第二组对象或[嵌套选择（N）/检查第一组（K）]<检查>：”。在该提示下直接按Enter键后，系统生成的干涉点对以红色显示，此时会弹出如图16–3所示的“干涉检查”对话框，它可以在干涉点对象之间循环并缩放干涉对象，也可以指定关闭对话框时是否删除干涉对象。该对话框的内容如下所述。

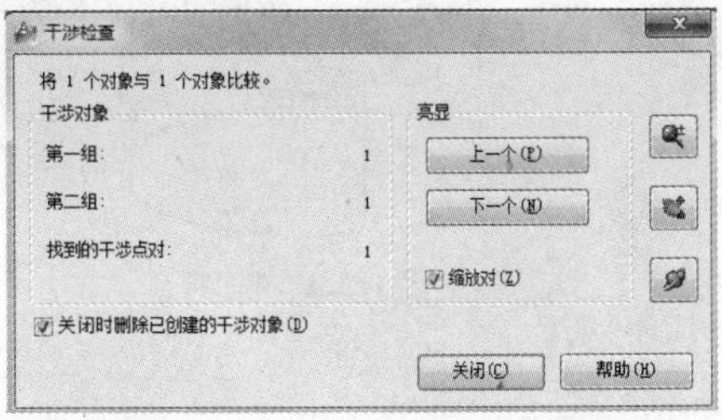

图16–3　“干涉检查”对话框

- “干涉对象”选项组中：
  - ◆ “第一组”用于显示第一组中选定的对象数目。
  - ◆ “第二组”用于显示第二组中选定的对象数目。
  - ◆ “找到的干涉点对”用于显示选定对象中找到的干涉数目。
- “亮显”选项组中：

- 单击“上一个”按钮，将亮显上一个干涉对象。
- 单击“下一个”按钮，将亮显下一个干涉对象。
- 选中“缩放对”复选框，将使用“上一个”和“下一个”中的缩放干涉对象。
- 单击“缩放”按钮，将关闭对话框并启动视图缩放命令。
- 单击“平移”按钮，将关闭对话框并启动平移命令。
- 单击“三维动态观察器”按钮，将关闭对话框并启动三维动态观察器。
- 选中“关闭时删除已创建的干涉对象”复选框，则关闭对话框后将删除干涉对象。将“关闭时删除已创建的干涉对象”选项取消，关闭该对话框，选择刚创建的干涉对象并将其从图16-1（b）中移出，产生的干涉对象如图16-1（c）所示。

16.2 图形消隐

消隐即消除本该看不见的线。消隐命令可以删除被前面物体遮掩的对象，使实体看来简洁、清晰。调用“消隐”命令的方法如下：

- 显示菜单，选择“视图”→“消隐”命令。
- 在命令行中执行HIDE命令。

边学边练 139 图形消隐

01 打开“消隐.dwg”图形文件（光盘:\原始文件\第16章\消隐.dwg），如图16-4所示，在命令行中执行HIDE命令，具体操作过程如下：

命令:HIDE　　　　　　　　（执行HIDE命令）
正在重生成模型。　　　　　（系统自动重生成模型）

02 图形消隐后的效果如图16-5所示（光盘:\最终文件\第16章\消隐.dwg）。

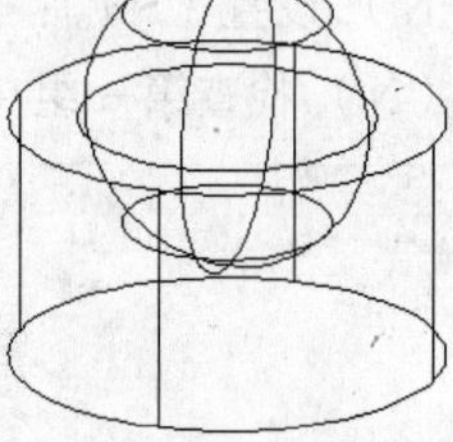

图16-4　原图

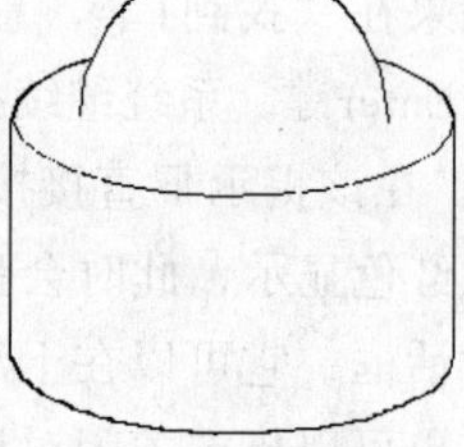

图16-5　消隐后

16.3 图形渲染

在 AutoCAD 中，用户绘制图形时，通常绝大部分时间都花在模型的线条表示上，但有时需要为产品设计团队或客户提供可以表达用户想象的照片级真实感的图像，而解决这个问题的最好方法是利用AutoCAD 的“渲染”功能。

选择“视图”→“渲染”命令，系统将弹出如图16-6 所示的“渲染”子菜单，它可以为被渲染的图形对象设置光源、材质、贴图和渲染环境等。下面介绍有关“渲染”的基本知识。

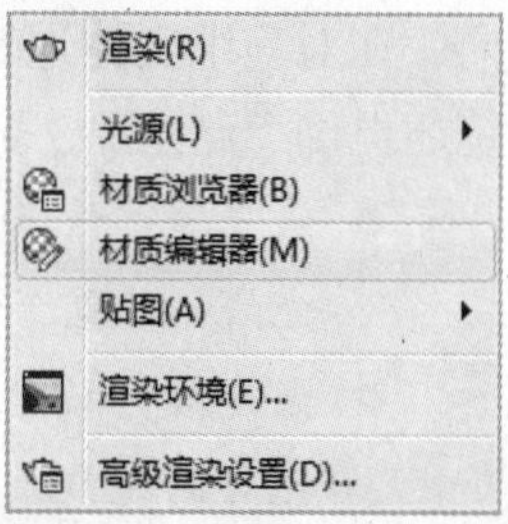

图16-6 “渲染”子菜单

16.3.1 “渲染”窗口

选择“视图”→“渲染”→“渲染”命令，系统弹出如图16-7所示的“渲染”窗口，用来显示当前图形的渲染效果和有关信息。

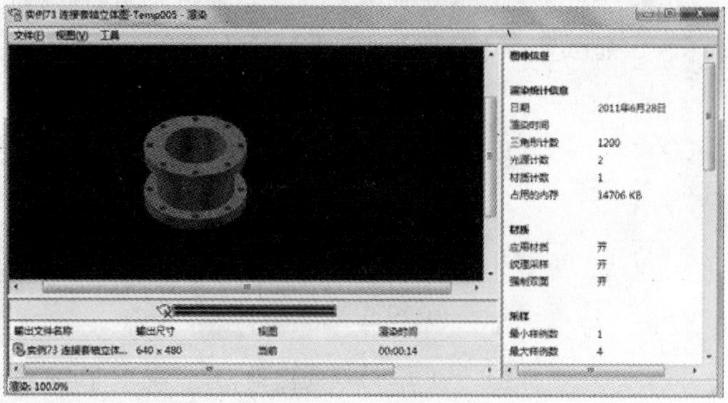

图16-7 “渲染”窗口

窗口中的各个选项主要作用分别如下：

- “文件”菜单用于保存渲染图像或关闭渲染窗口。
- “视图”菜单用于显示或关闭“状态栏”和“统计信息窗格”。
- “工具”菜单用于放大或缩小渲染图像。
- “图像”窗格位于窗口顶部，显示渲染的图像。
- “统计信息窗格”位于窗口右侧，可以从中查看有关渲染的详细信息及创建图像时使用的渲染设置。
- “历史记录”窗格位于窗口底部，提供当前模型渲染图像的近期历史记录以及渲染进度。在历史记录条目上单击鼠标右键，会弹出一个快捷菜单，可执行重新渲染、保存、删除渲染图像和记录等操作。

16.3.2 “光源”子菜单

为了提高模型的真实性，AutoCAD提供了光源功能。在渲染三维实体对象时，使用光源可以很好地模拟自然效果，使三维实体在渲染过程中充分体现出立体感。默认情况下，AutoCAD为视口提供了一个默认光源，又称环境光。默认光源来自两个平行光源，模型中所有的面均被照亮，以使其可见。模型移动时，该光源会跟随视口移动。

选择“视图”→“渲染”→“光源”命令，系统弹出如图16-8 所示的“光源”子菜单。

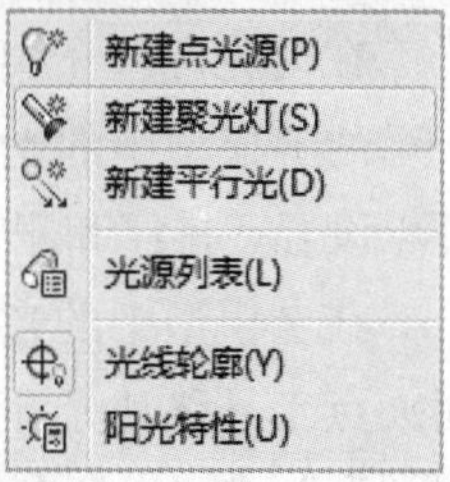

图16-8 “光源”子菜单

16.3.3 光源类型

在对三维实体进行渲染时，若没有指定使用的光源，系统会使用默认光源，该光源没有方向，在对三维实体进行渲染时，三维实体各个表面的亮度都是相同的，如图16-9（a）所示。系统还提供了点光源、聚光灯及平行光3种光源。

- 点光源：该光源与灯泡发出的光源类似，是从一点发出，向各个方向发射的光源。根据点光线的位置，实体将产生明显的阴影效果。如图16-9（b）所示就是一个点光源的效果。
- 聚光灯：该光源与点光源一样，也是从一点发出。但点光源的光线是没有方向的，但聚光灯的光线则是沿指定的方向和范围发射出圆锥形的光束。其中顶角称为聚光角，整个光锥的顶角称为照射角，在照射角和聚光角之间的光锥部分，光的强度将会产生衰减。如图16-9（c）所示就是聚光灯光源的设置效果。
- 平行光：创建该光源时，需指定该光源的起始位置和发射方向，指定后，将从指定的起始位置创建一处平行于指定方向上的平行光。如图16-9（d）所示就是平行光光源效果。

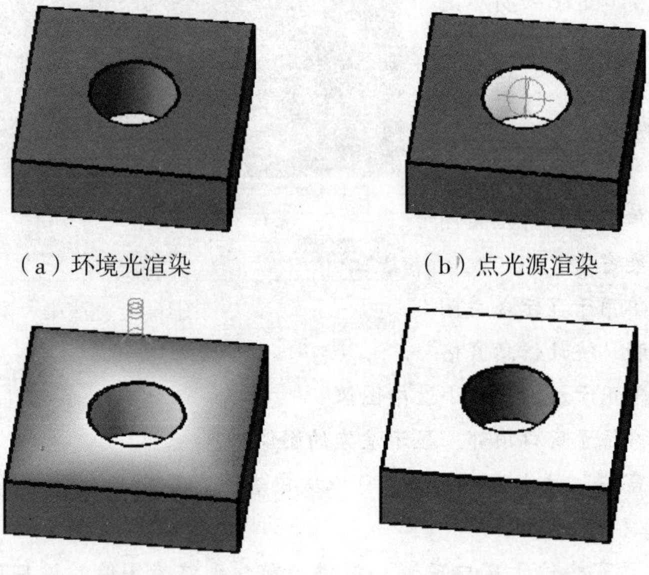

（a）环境光渲染　（b）点光源渲染

（c）聚光灯渲染　（d）平行光渲染

图16-9　各种光源的渲染效果

16.3.4　查看光源

在“光源”子菜中选择“光源列表”选项，系统会弹出如图16-10所示的“模型中的光源”选项板，它列出在图形中已创建的光源，并且可以设置、排序和删除光源。

在“模型中的光源”列表框中可以选择光源，以便在图形中选择并用夹点工具移动光源。“类型”列中列出了在图形中创建的光源。单击“类型”或“光源名称”列标题，可以对列出的光源进行排序。

选定一个或多个光源后，单击鼠标右键并从中选择“删除光源”选项，可以从图形中删除光源。双击列出的光源，显示该光源的“特性”选项板，可以修改光源的特性。

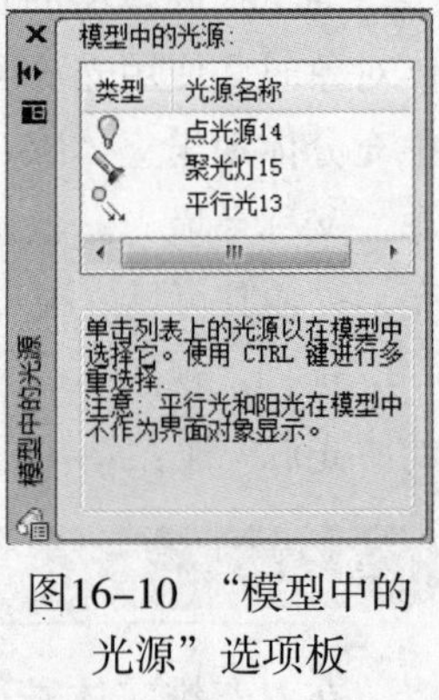

图16-10　“模型中的光源”选项板

16.3.5 阳光特性

选择“光源”子菜单中的“阳光特性”选项，系统弹出如图 16-11 所示的“阳光特性”选项板，可以设置和修改阳光的特性。

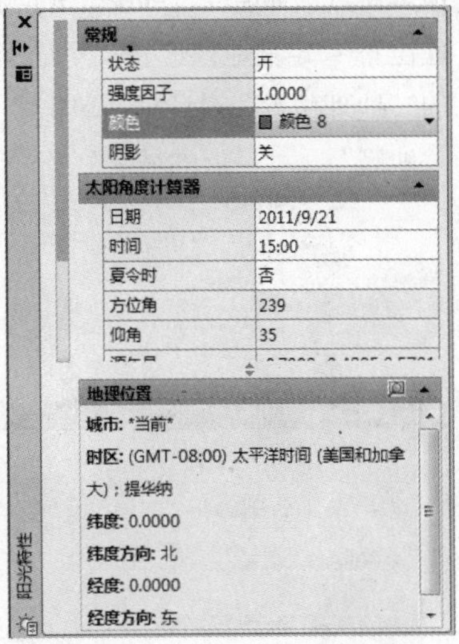

图16-11 “阳光特性”选项板

16.3.6 创建及设置光源

1. 创建光源

创建光源的方法是：单击功能区“渲染”选项卡“光源”组中的“创建光源”按钮，如图16-12所示。

图16-12 创建光源

选择下拉列表中相应的命令后，命令行会出现不同的提示，部分命令介绍如下：

- 选择“点”命令并指定光源位置后，还可对光源的名称、强度因子、状态、光度、阴影、衰减和过滤颜色进行设置。
- 选择“聚光灯”命令并指定光源位、强度、状态、照射角、阴影、衰减和颜色；确定目标位置后，还可对光源的名称、强度因子、状态、光度、聚光角、照射角、阴影、衰减和过滤颜色进行设置。
- 选择“平行光”命令并指定矢量方向后，还可对光源的名称、强度因子、状态、光度、阴影和过滤颜色进行设置。

2. 设置光源

创建光源后，若对效果不满意，还可对创建的光源进行设置，包括在“模型中的光源”选项板中进行设置和设置地理位置。

（1）查看光源列表

对三维模型创建光源后，选择“视图”→“渲染”→“光源”→“光源列表”命令，即可弹出“模型中的光源”选项板。在该选项板列表框中显示了光源名称，可查看当前图形中所有创建的光源。

（2）设置地理位置

由于太阳光受地理位置的影响，因此在使用太阳光时，还需在“地理位置”对话框中设置光源的地理位置，如经度、纬度、北向和地区等。在命令行中执行GEOGRAPHICLOCATION命令，弹出“地理位置－定义地理位置”对话框，如图16-13所示，选择“输入位置值”选项，弹出如图16-14所示的“地理位置”对话框，单击“使用地图”按钮，弹出如图16-15所示的“位置选择器”对话框，在“地区”、“最近的城市”及“时区”下拉列表中选择需要的选项，然后单击“确定”按钮即可。

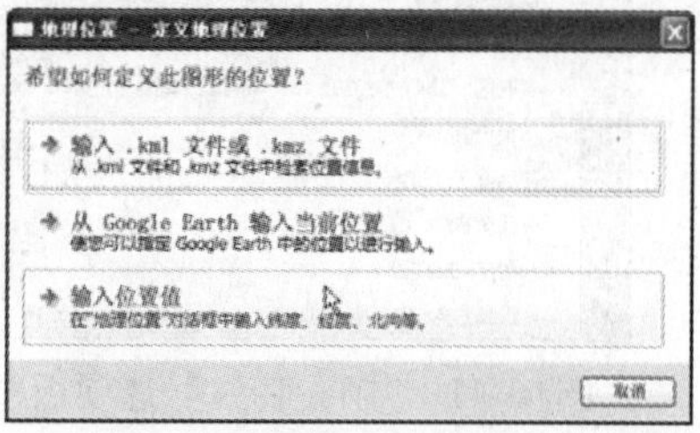

图16-13 “地理位置-定义地理位置”对话框

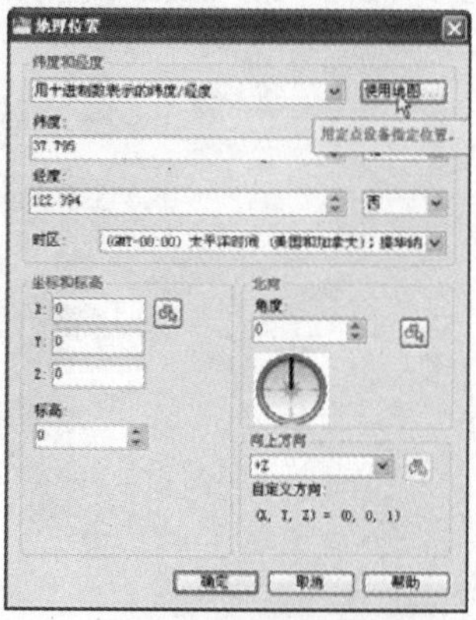

图16-14 “地理位置”对话框

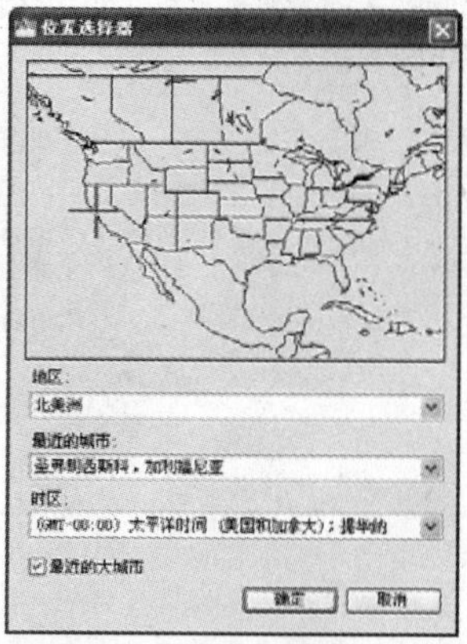

图16-15 “位置选择器”对话框

16.3.7 设置渲染对象的材质

平面图形不存在材质一说，但是对于三维图形，为了突出真实性，可以进行材料的设置。为三维模型添加合适的材质，可以增加其立体感，使整体效果更加逼真；当然，设置材质要以自然为主。在渲染实体对象时，使用材质可以增强实体的真实感。选择“视图”→“渲染”→“材质浏览器”和“材质编辑器”命令，系统将弹出如图16-16（a）和（b）所示的为“材质浏览器”选项板和“材质编辑器”选项板。

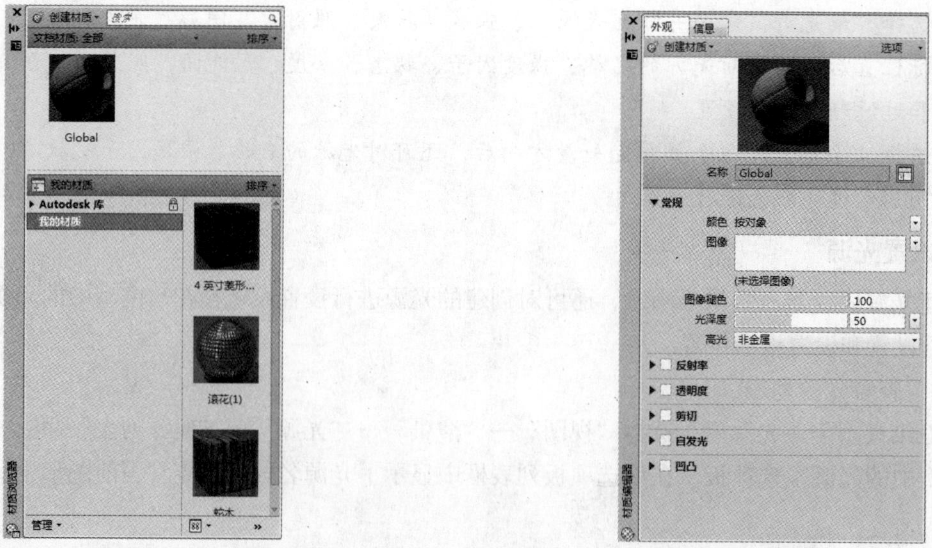

（a）“材质浏览器”选项板　　（b）“材质编辑器”选项板

图16-16 材质选项板

1. “材质浏览器”选项板

“材质浏览器”选项板中的各选项意义如下所示。

- 创建材质：用户可以通过单击“创建材质”按钮来创建所需要的材质，单击后系统会弹出一个下拉菜单，可以使用如镜子、砌石、陶瓷和混凝土等材质。
- 文档材质：该选项可以使显示的对象不同，单击后有“应用的”、“未应用的”等选项，可选取显示效果。
- 排序：选择排序的方式，包括“按名称”、“按类型”、“按材质颜色”。
- Autodesk库：提供了多种类型、多种形状、多种颜色的材质效果供读者选择。
- 我的材质：显示用户已加载的材质。

2. “材质编辑器”选项板

“材质编辑器”选项板用于编辑“材质浏览器”选项板中选定的材质，在“类型”下拉列表框选择的类型不同，材质编辑器的配置也不同。

- “类型”下拉列表用于选择材质的类型。可以在“真实”、“真实金属”、“高级”和“高级金属”4 种类型中选择其中一种。在此只有选择“真实”或“真实金属”，才可以在“样板”下拉列表用于选择材质。
- “样板”下拉列表用于在“类型”下拉列表选择了“真实”或“真实金属”后的材质选择。
- “颜色”选项用于选定材质的漫射颜色是自己选定还是随图形对象的颜色。
- “反光度”选项用于设置材质的反光度。有光泽的实体面上的亮显区域较小但显示较亮时，较暗的面可将光线反射到较多方向，从而可创建区域较大且显示较柔和的亮显。
- “不透明度”选项用于设置材质的不透明度。完全不透明的实体对象不允许光穿过其表面，不具有不透明度的对象是透明的，其取值范围为 0～100。
- “折射率”选项用于设置材质的折射率。当折射率为1.0（即空气的折射率）时，透明对象后面的对象不会失真；当折射率为 1.5 时，对象会严重失真，就像通过玻璃球看对象一样。
- “半透明度”选项用于设置材质的半透明度。半透明对象传递光线，但在对象内也会散射部分光线。半透明度值设为0.0 时，材质不透明；设为100.0 时，材质完全透明。
- “自发光”选项设置为大于0 的值时，可以使对象自身发光而不依赖于其他光源。选择“自发光”时，“亮度”不可用。
- “亮度”选项是表面所反射的光线的值，它用于衡量所感知的表面的明暗程度。选择“亮度”时，“自发光”不可用，亮度以实际光源单位指定。
- 选中“双面材质”复选框，表示将渲染正面法线和反面法线。清除后，将仅渲染正面法线。

16.3.8　设置贴图的方向

选择“视图”→“渲染”→“贴图”命令，系统将弹出如图16-17 所示的“贴图”子菜单，以调整带纹理的材质对象或面上纹理贴图的方向。

- 平面贴图：该贴图常用于面，将图像映射到对象上，就像将其从幻灯片投影器投影到二维平面上一样，图像不会失真，但是会被缩放以适合对象。
- 长方体贴图：将图像映射到类似长方体的实体上，该图像将在对象的每个面上被重复使用。
- 柱面贴图：将图像映射到圆柱形对象上，图像在柱面上沿圆周方向弯曲，但顶面和底面不会弯曲，图像的高度将沿圆柱体的轴进行缩放。
- 球面贴图：在水平和垂直两个方向上同时使图像弯曲，纹理贴图的顶边在球体的“北极”和“南极”被压缩为一个点。

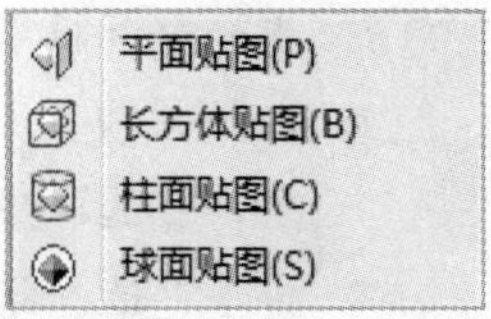

图16-17 “贴图”菜单

16.3.9 设置渲染环境

在渲染图形对象时，可以使用环境功能来设置雾化效果或背景图像。选择“视图”→“渲染”→“渲染环境”命令，系统将弹出如图16-18 所示的“渲染环境”对话框。雾化和深度设置是同一效果的两个极端，雾化为白色，而传统的深度设置为黑色，用户可以使用其中的任意一种颜色。

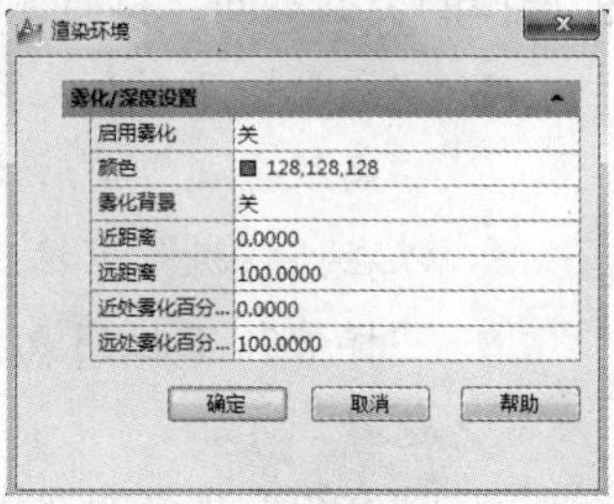

图16-18 “渲染环境”对话框

- “启用雾化”选项用于启用或关闭雾化，而不影响对话框中的其他设置。
- “颜色”选项用于指定雾化颜色。
- “雾化背景”选项用于选择在进行雾化时是否对背景进行雾化。
- “近距离”选项用于指定雾化开始处到相机的距离，“近距离”设置值不能大于“远距离”设置值。
- “远距离”选项用于指定雾化结束处到相机的距离，“远距离”设置值不能小于“近距离”设置值。
- “近处雾化百分比”选项用于指定近距离处雾化的不透明度。
- “远处雾化百分比”选项用于指定远距离处雾化的不透明度。

16.3.10 高级渲染设置

选择“视图”→“渲染”→“高级渲染设置”命令，系统将弹出如图16-19 所示的“高级渲染设置”选项板。该选项板从基本设置到高级设置被分为若干部分，各个选区功能如下：

- “渲染描述”选项区包含了影响模型获得渲染方式的设置。
- “材质”选项区用于设置是否将材质应用到图形对象中、是否采用过滤纹理贴图方式、是否渲染面的两侧。
- “采样”选项区用于通过设定采样率、过滤类型、过滤区域的大小和对比色等来控制渲染器的采样方式，从而消除渲染的锯齿效果。
- “阴影”选项区用来指定是否在渲染时计算阴影，选择阴影生成的模式，以及是否使用阴影贴图来渲染阴影。

- “光线跟踪”选项区用于通过指定着色时是否执行光线跟踪及光线折射和反射的次数等来进行着色。
- “间接发光”选项区用于控制光源特性、场景照明方式及是否进行全局照明。
- “诊断”选项区用于帮助了解图像没有按照预期效果进行渲染的原因。
- “处理”选项区用于确定色块的大小、走向及渲染所占内存的容量。
- “选择渲染预设”下拉列表列出从最低质量到最高质量的标准渲染预设选项和用户自定义的渲染选项。选择“渲染管理预设”选项，系统将弹出如图16-20所示的“渲染预设管理器”对话框，它分为“渲染预设”列表框、特性面板、命令按钮和略图查看器4部分。

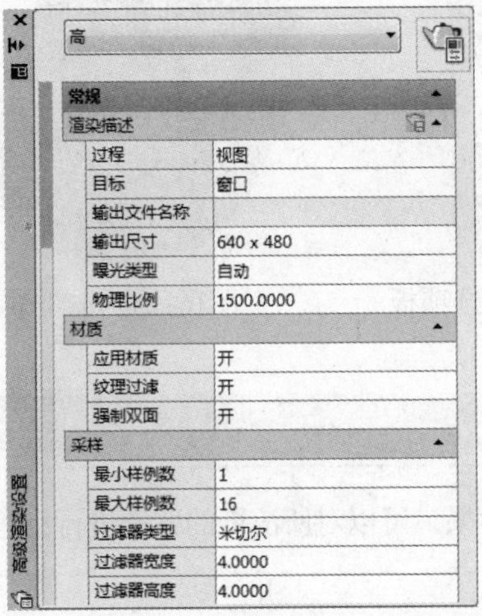

图16-19 “高级渲染设置”选项板

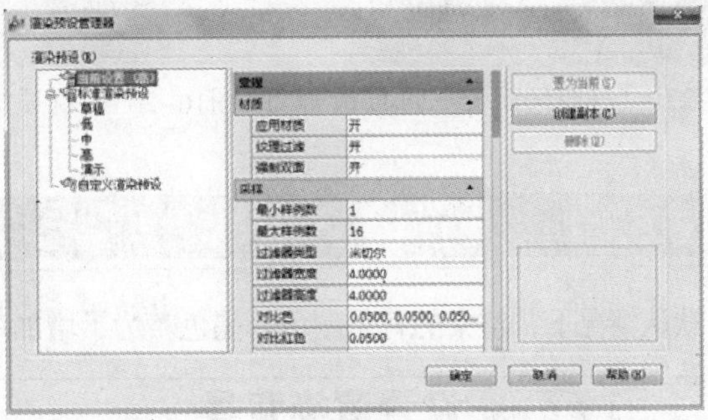

图16-20 “渲染预设管理器”对话框

自我强化 右泵盖

01 启动AutoCAD，打开“右泵盖.dwg”图形文件（光盘:\原始文件\第16章\右泵盖.dwg）。选择“视图”→“渲染”→“材质编辑器”命令，系统弹出“材质编辑器”选项板，单击“常规”栏“颜色”后面的▾，选择“编辑颜色”选项，系统弹出“选择颜色”对话框，如图16-21所示，将其切换至“索引颜色”并选择“红”。

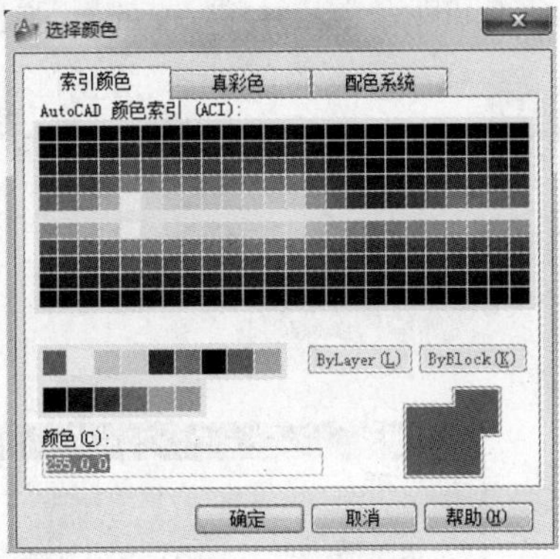

图16-21 “索引颜色”

02 继续对“常规”栏进行设置，设置“图像褪色”为100，设置“光泽度”为100，“高光”选择“金属”。“透明度”中的“数量”设置为30，“自发光”中的“过滤颜色”选择“黑白”，“亮度”选择“暗发光”并设置其数值为10，“色温”选择“自定义”选项并设置为10，其余选项选择默认。设置完成的效果如图16-22所示。

03 单击选项板中的▤，系统弹出“材质浏览器”选项板，效果如图16-23所示，这时刚才设置的效果出现在“文档材质”框中。右键单击该图形效果，在快捷菜单中选择“添加到”→“我的材质”→“我的材质”命令。

04 这时“我的材质”中出现刚才设置的效果，选择绘图区中的图形对象，然后右键单击“我的材质”中刚才添加的效果，并选择“指定给当前选择”，将视觉样式切换至“真实”，即可看见渲染效果。

05 这时就完成了渲染，效果如图16-24所示（光盘:\最终文件\第16章\右泵盖.dwg）。

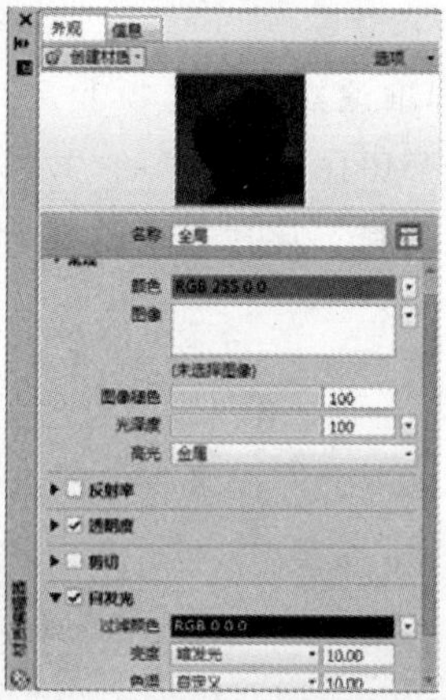

图16-22 “材质编辑器”选项板

图16-23 “材质浏览器”选项板

图16-24 渲染效果

16.3.11 设置渲染背景

默认情况下，渲染的背景颜色为黑色。为了增加渲染的效果，可以对所渲染的背影进行设置。

边学边练 140 设置渲染背景

01 打开“背景设置.dwg”图形文件（光盘:\原始文件\第16章\背景设置.dwg），在命令行中执行VIEW命令，并按Space键，弹出“视图管理器”对话框，单击“新建”按钮，如图16-25所示。

02 弹出“新建视图/快照特性”对话框，在“视图名称”文本框中输入文本“背景设置”，然后单击“确定”按钮，如图16-26所示。

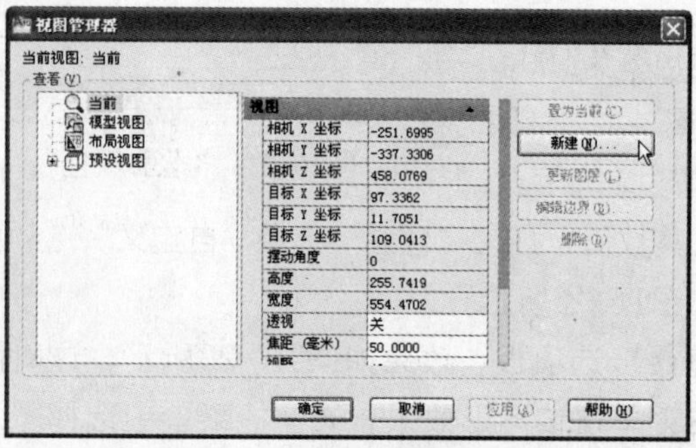

图16-25 “视图管理器”对话框

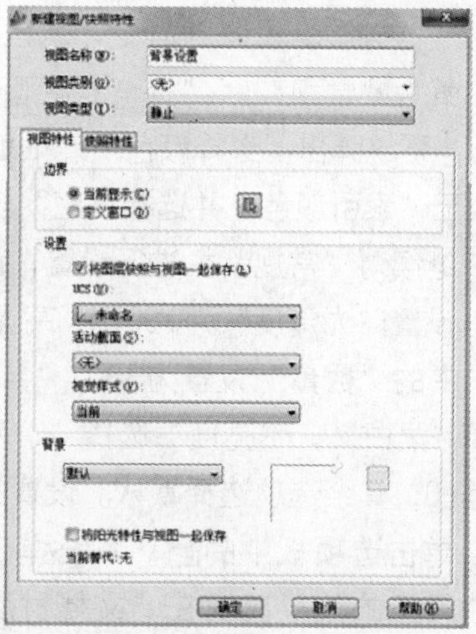

图16-26 输入名称

03 返回“视图管理器”对话框，如图16-27所示。在“常规”栏的“背景替代”下拉列表中选择需要的背景样式，这里选择“图像”选项。

04 弹出“背景”对话框，单击“浏览”按钮，弹出“选择文件”对话框，在“查找范围”下拉列表中选择图片所在位置，在中间的列表框中选择需要的图片，这里选择个人桌面图片，然后单击“打开”按钮，如图16-28所示。

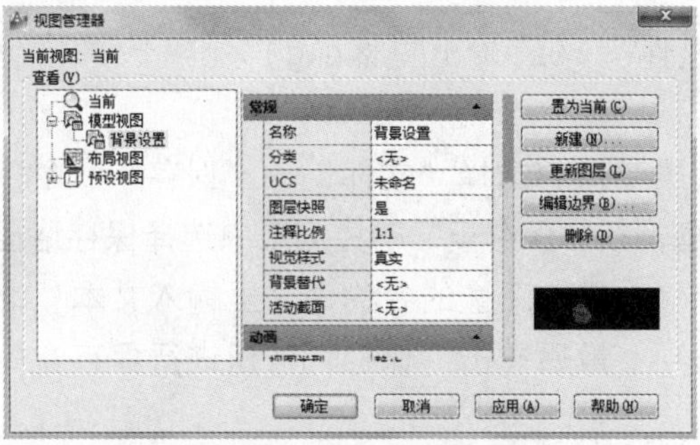

图16-27　设置背景

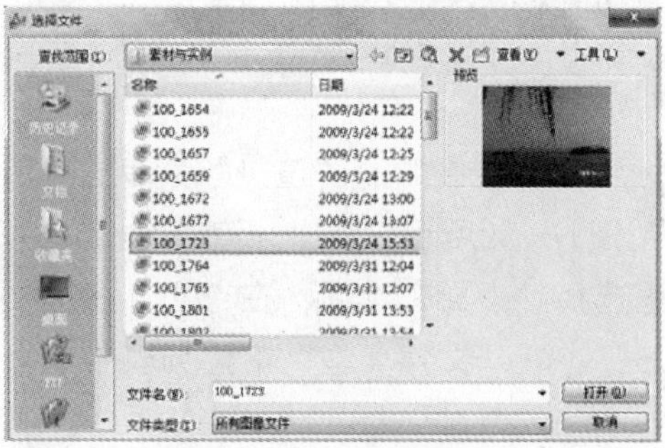

图16-28　选择图像

05 返回“背景”对话框，单击“确定”按钮，如图16-29所示，返回“视图管理器”对话框，单击“置为当前”按钮，再单击“确定”按钮，如图16-30所示。

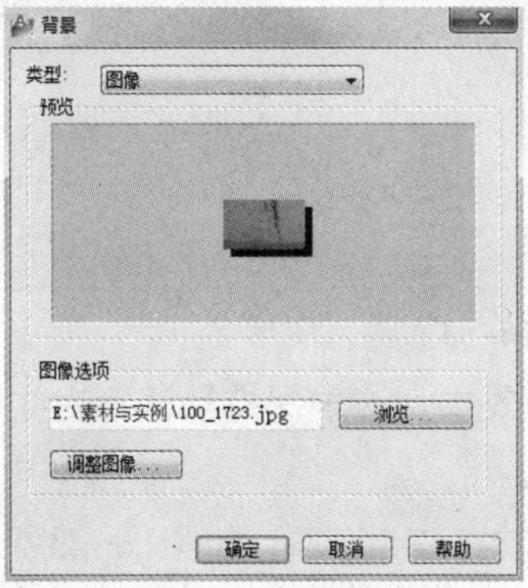

图16-29　背景添加

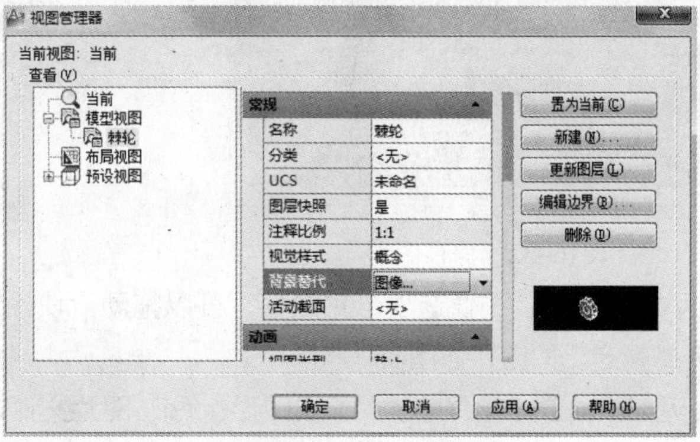

图16-30　置为当前

06 显示菜单栏，添加渲染背景后的效果如图16-31所示（光盘:\最终文件\第16章\背景设置.dwg）。

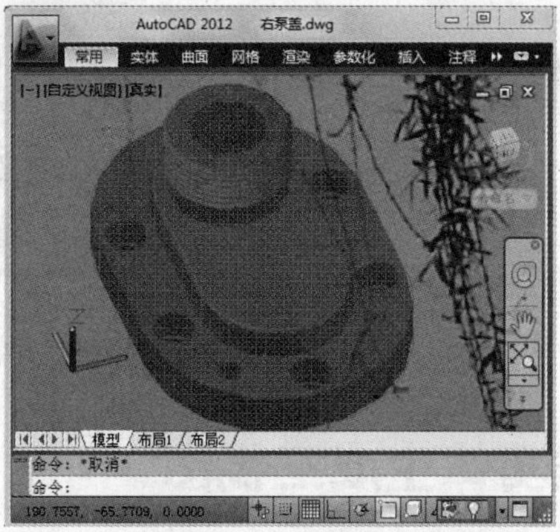

图16-31　添加背景效果

16.3.12 输出图形

渲染是为了将图形更完美化。对三维模型进行渲染后，可以将其以图片文件的格式输出并保存到计算机中。

边学边练 141 输出图形

01 打开“输出图形.dwg”图形文件（光盘:\原始文件\第16章\输出图形.dwg）。

02 选择“视图”→“渲染”命令，在弹出的渲染窗口中选择“文件”→“保存”命令，如图16-32所示，弹出“渲染输出文件”对话框，在“保存于”下拉列表中选择保存路径，这里选择“桌面”选项；在“文件名”文本框中输入保存图像的名称，这里输入文本“输出图形”；在“文件类型”下拉列表中选择JPEG选项；最后单击“保存”按钮进行保存，如图16-33所示。

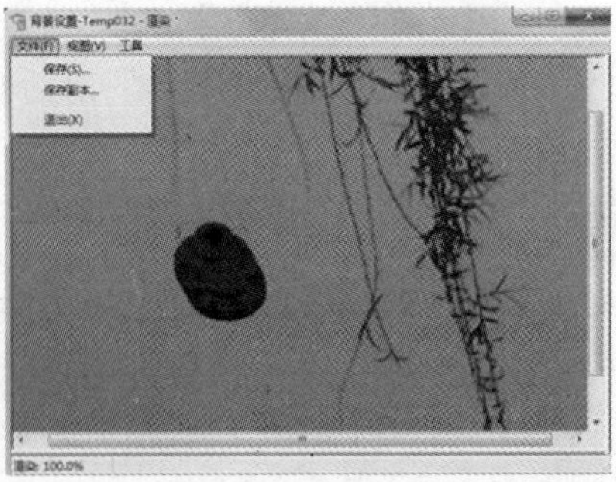

图16-32 保存图形

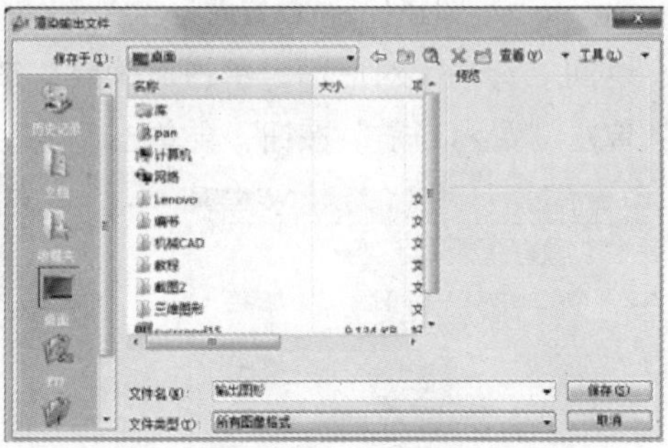

图16-33 输入图形名

03 弹出“JPEG 图像选项”对话框，可以拖动滑块设置图片的效果，这里保持默认不变并单击“确定”按钮，如图16-34所示。

04 返回桌面双击刚保存的“输出图形.jpeg”图片文件，即可将其打开并查看，如图16-35所示。

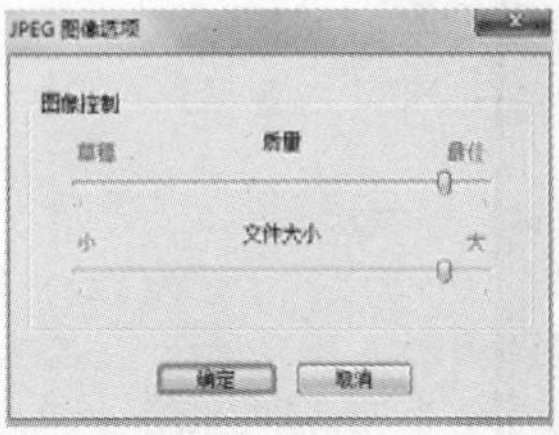

图16-34 设置图形质量

图16-35 输出图形效果

16.4 根据三维实体生成三视图

根据形体的三维实体图直接生成三视图是 AutoCAD 又一个非常实用的功能，利用这个功能，可以极大地提高工程人员绘图的效率，使得绘制复杂形体的三视图工作变得简易、快速和准确。对于一些较复杂或者需要直接用三维感官的图形，可以直接进行三维图形的绘制，然后将绘制好的三维图形转换为二维图形，而且不用重新绘制。

边学边练 142 转变三维实体为三视图

01 打开“三维转二维.dwg”图形文件（光盘:\原始文件\第16章\三维转二维.dwg），在命令行输入命令UCS，具体操作过程如下：

命令：UCS （执行UCS命令）

指定 UCS 的原点或 [面（F）/命名（NA）/对象（OB）/上一个（P）/视图（V）/世界（W）/X/Y/Z/Z 轴（ZA）] <世界>:

（单击如图16-36所示的位置）

指定 X 轴上的点或 <接受>: （按Space键确认）

02 在菜单栏中选择“视图”→“视觉样式”→“二维线框”命令，将视觉样式设置为“二维线框”，单击状态栏中的按钮，在弹出的模式缩略图上单击“布局1”缩略图，将其切换到布局1中，如图16-37所示。

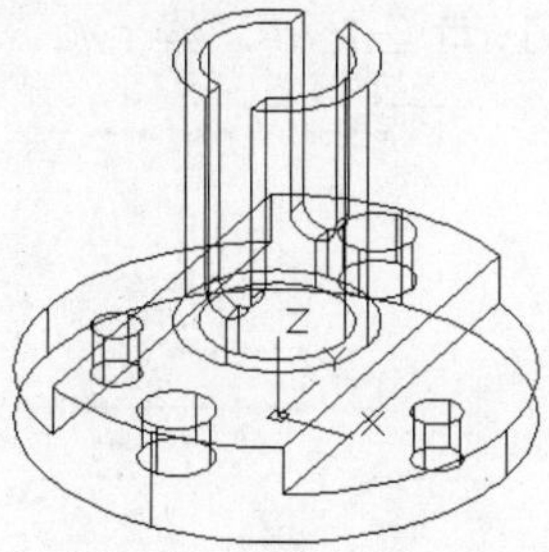

图16-36 坐标系

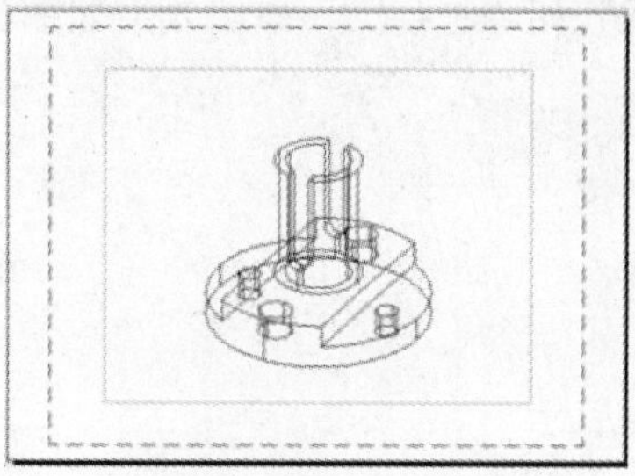

图16-37 布局视图

03 选择图形外的第一条边线，如图16-38所示，按Del键将布局中的图形删除。

04 在命令行中执行VPORTS命令，弹出“视口”对话框，在“标准视口”列表框中选择“四个：相等”选项，单击“确定”按钮，如图16-39所示。

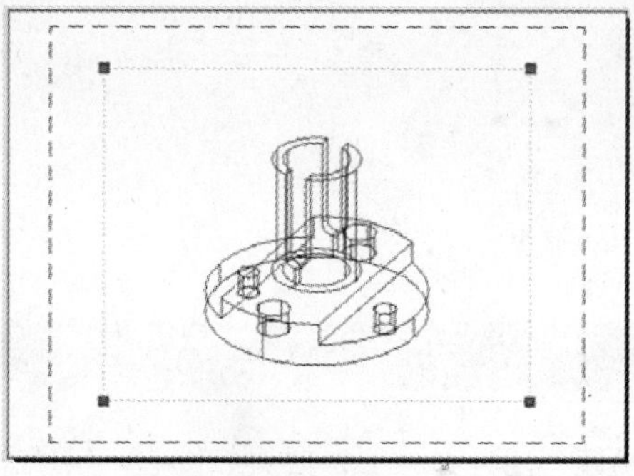

图16-38 选择边界

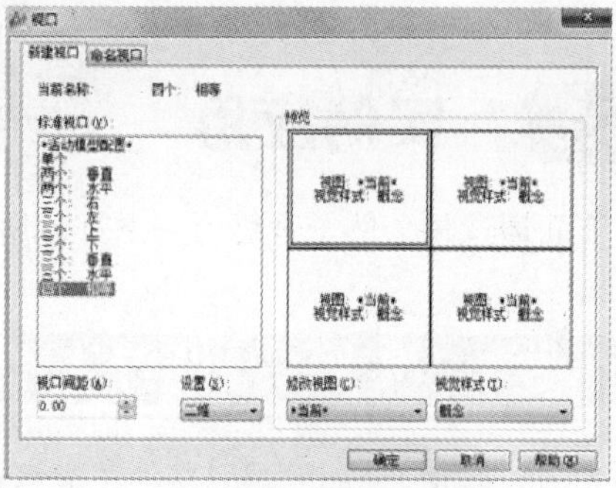

图16-39 选择视口

05 返回绘图区，在虚线框内拖动鼠标绘制一个矩形方框并释放鼠标，效果如图16-40所示。

06 双击第一个视图，在菜单栏中选择“视图”→“视觉样式”→“概念”命令，如图16-41所示，并按住Shift+MB3转动达到三维效果。

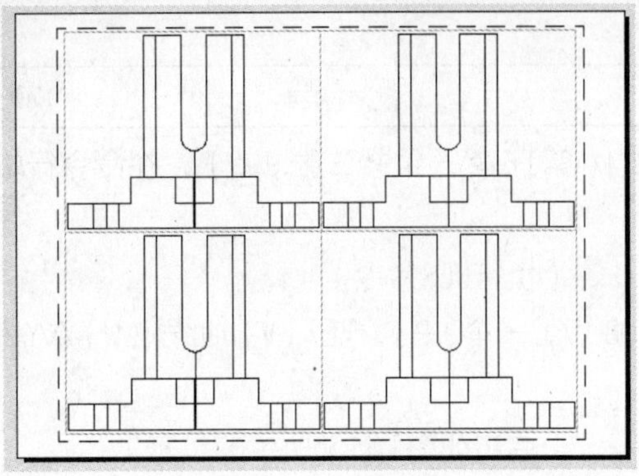

图16-40　视口

图16-41　设置视觉样式

07 选择第二个视口，在功能区“视图”选项卡的“视图”组中，单击“视图”按钮，在弹出的下拉列表中选择“前视”选项。然后再次选择第二个视口，设置后的效果如图16-42所示。

08 按照相同的方法将第三个和第四个视觉样式都设置为“线框”，将其视图分别设置为“俯视”和“左视”，最终效果如图16-43所示（光盘:\最终文件\第16章\三维转二维.dwg）。

图16-42　设置视图样式

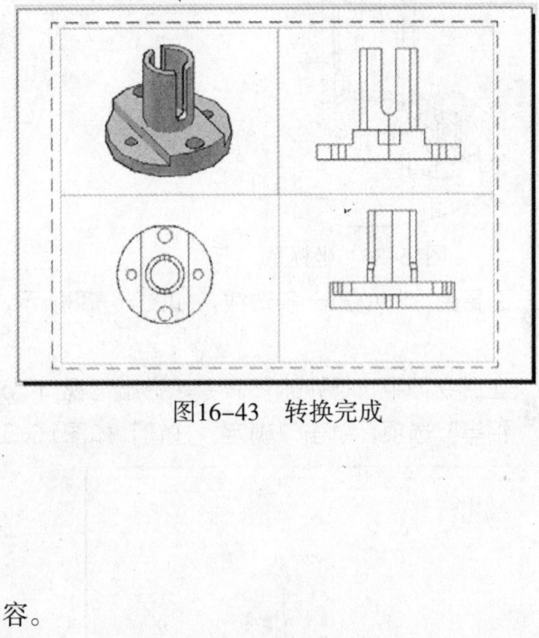

图16-43　转换完成

16.5 实例应用

下面通过几个例子来练习一下本章所学的内容。

16.5.1 实例1：设置光源

01 打开“实例1.dwg”图形文件（光盘:\原始文件\第16章\实例1.dwg），效果如图16-44所示。在命令行中执行HIDE命令，具体操作过程如下：

命令：HIDE　　　　　　　　（执行HIDE命令）

正在重生成模型。　　　　　（系统自动重生成模型，效果如图16-45所示）

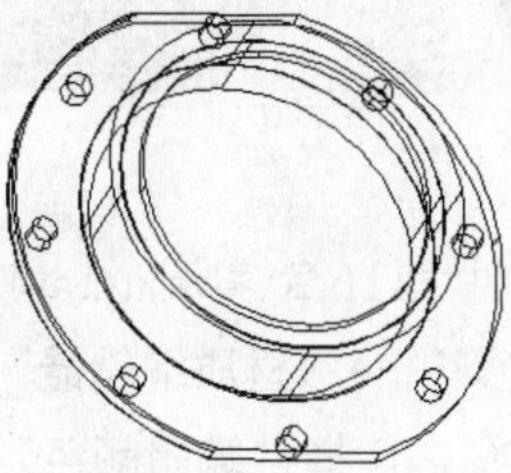
图16-44 原图

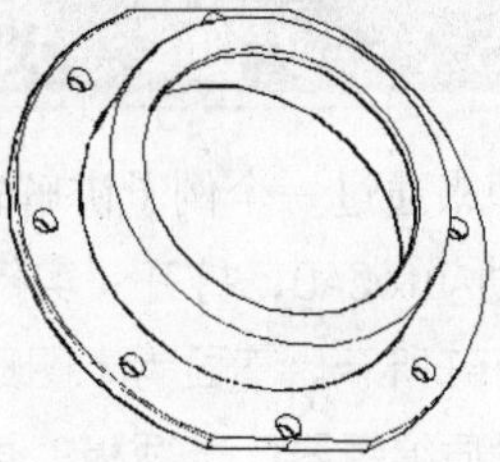
图16-45 消隐后

02 首先将视觉样式切换至“真实”，然后单击视图窗口的用户坐标系图标，将坐标系移动到如图16-46所示的底圆圆心处，并且通过坐标系的转换角度，使之达到图16-46的角度状态。

03 下面进行聚光灯光源的插入。在命令行中输入SPOTLIGHT命令，系统弹出如图16-47所示的对话框，选择“关闭默认光源”即可，命令具体操作过程如下：

命令：SPOTLIGHT （执行SPOTLIGHT命令）

指定源位置 <0,0,0>：0，0，-260 （输入位置坐标）

指定目标位置 <0,0,-10>： （在+Z方向单击）

输入要更改的选项 [名称（N）/强度因子（I）/状态（S）/光度（P）/聚光角（H）/照射角（F）/阴影（W）/衰减（A）/过滤颜色（C）/退出（X）] <退出>：（按Enter键）

单击右键选择“确认” （按Space键）

完成的光源插入效果如图16-48所示。

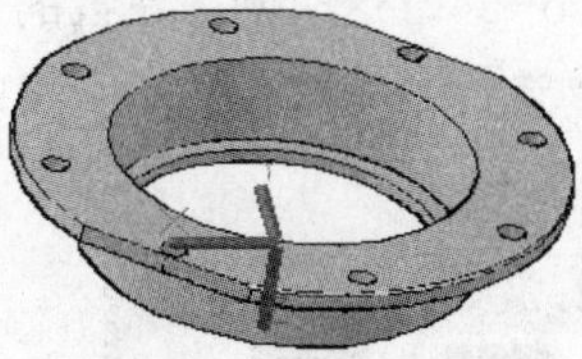
图16-46 坐标系

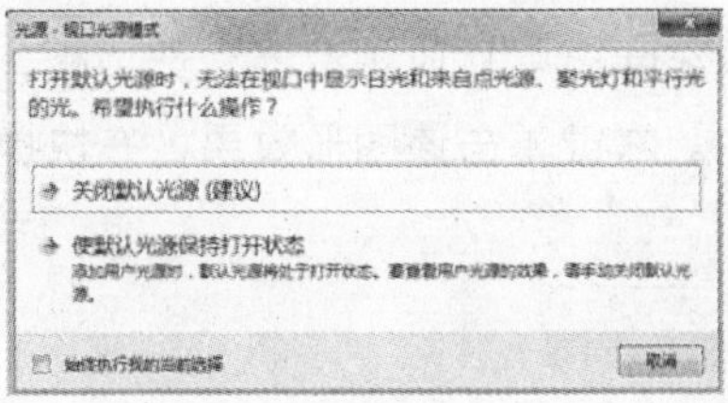

图16-47 提示信息

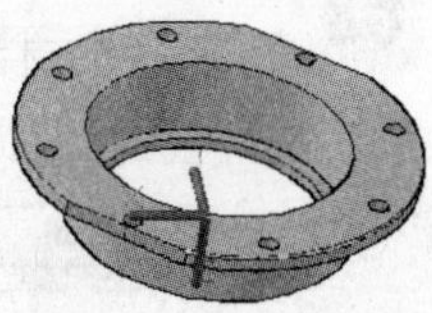
图16-48 光源效果

04 选择“视图”→“渲染”→“光源”→“阳光特性”命令，系统弹出如图16-49所示的选项板，将“状态”和“阴影”均设为“开”，“颜色”设置为“蓝”，其余选择默认。渲染效果完成，如图16-50所示（光盘:\最终文件\第16章\实例1.dwg）。

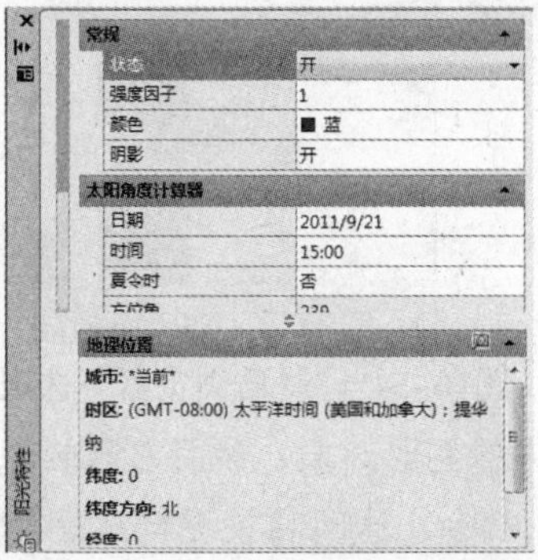

图16-49 “阳光特性”选项板

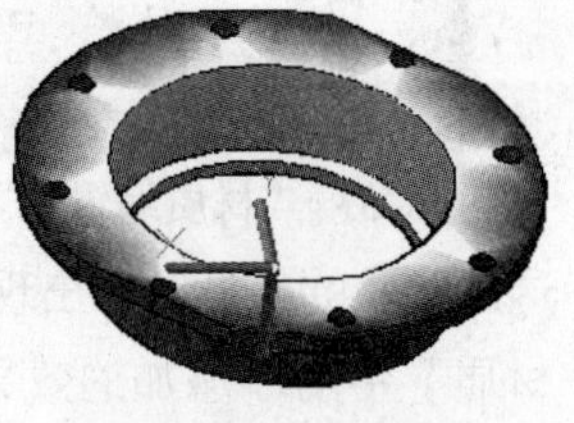
图16-50 渲染效果

16.5.2 实例2：设置背景

下面来通过一个例子讲解背景设置的主要内容。

01 启动AutoCAD，打开“实例2.dwg”图形文件（光盘:\原始文件\第16章\实例2.dwg），效果如图16-51所示。下面为本图形进行渲染。选择“视图”→“渲染”→“材质编辑器”命令，系统弹出“材质编辑器”选项板，单击的“常规”栏“颜色”后面的▾，选择“编辑颜色”选项，系统弹出“选择颜色”对话框，如图16-52所示，将其切换至“索引颜色”选项卡并选择“黄”。

02 继续对“常规”栏进行设置。设置“图像褪色”为50，设置“光泽度”为50，“高光”选择“金属”。“透明度”中的“数量”设置为70，“自发光”中的“过滤颜色”选择“黑白”，“亮度”选择“暗发光”并设置其数值为100，“色温”选择“自定义”选项并设置为100，其余选项选择默认。设置完成的效果如图16-53所示。

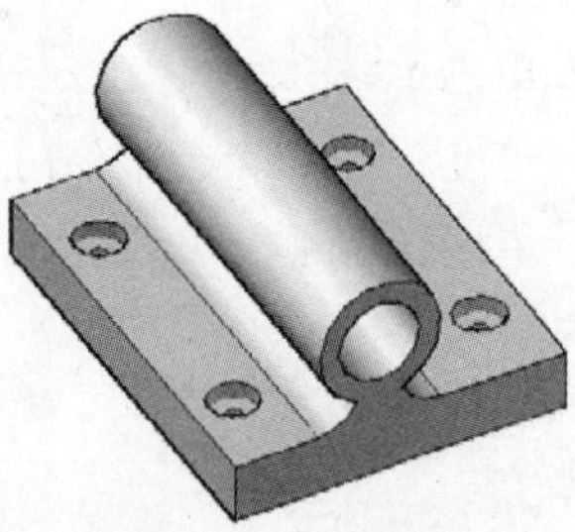

图16-51 图形效果

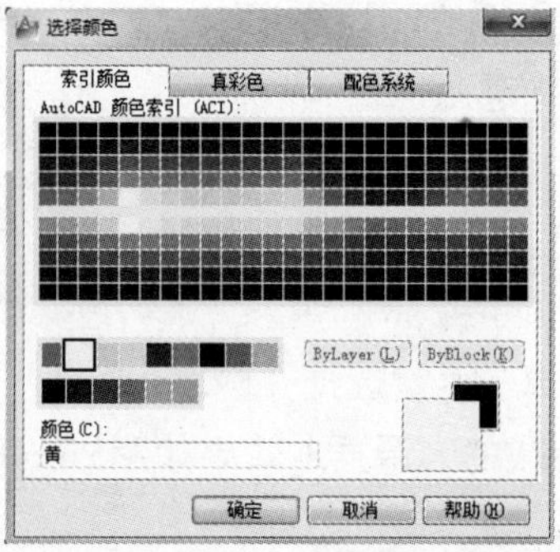

图16-52 索引颜色

03 单击选项板中的▤，系统弹出“材质浏览器”选项板，如图16-54，这时刚才设置的效果出现在“文档材质”中。右键单击该图形效果，在快捷菜单中选择“添加到”→“我的材质”→“我的材质”命令。

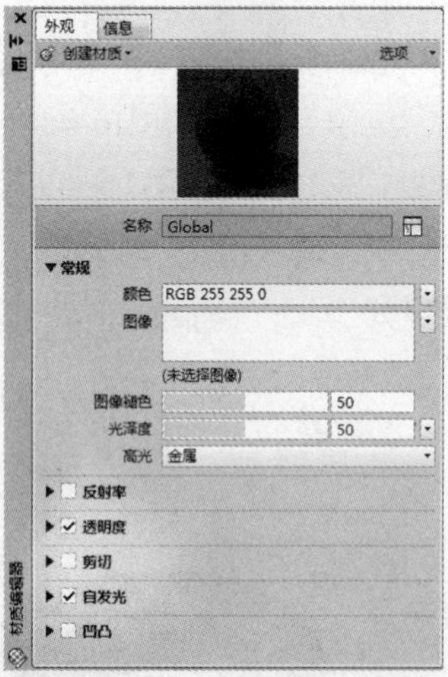

图16-53 “材质编辑器”选项卡

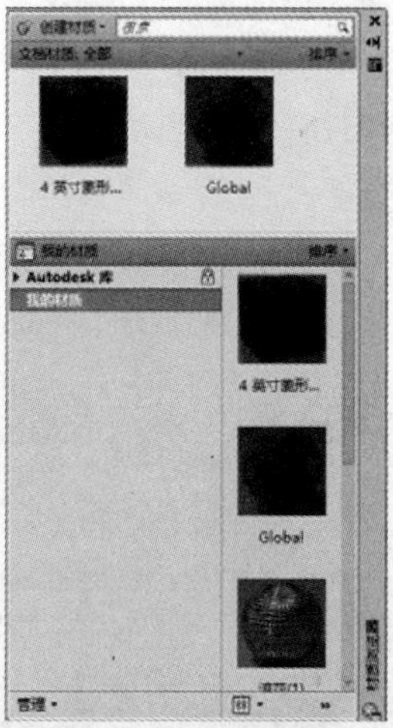

图16-54 “材质浏览器”选项卡

04 这时“我的材质”中出现刚才设置的效果，选择绘图区中的图形对象，然后右键单击“我的材质”中刚才添加的效果，并选择“指定给当前选择”命令，这时将视图样式切换至“真实”，即可看见渲染效果。

05 渲染效果如图16-55所示。在命令行中执行VIEW命令，并按Space键，弹出“视图管理器”对话框，单击“新建”按钮，如图16-56所示。

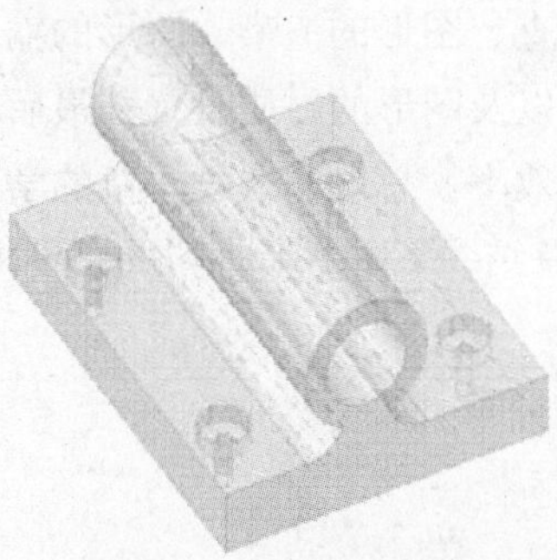

图16-55　渲染效果

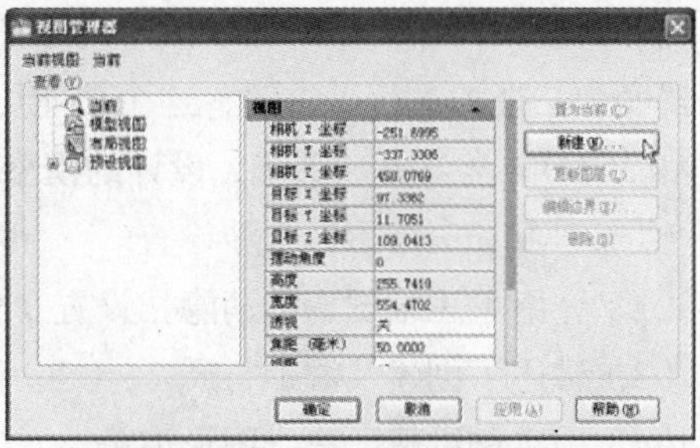

图16-56　“视图管理器”对话框

06 此时系统弹出“新建视图/快照特性”对话框，在“视图名称”文本框中输入文本“实例2”，然后单击“确定”按钮，如图16-57所示。

07 返回“视图管理器”对话框，如图16-58所示，在“常规”栏的“背景替代”下拉列表中选择需要的背景样式，这里选择“纯色”选项。

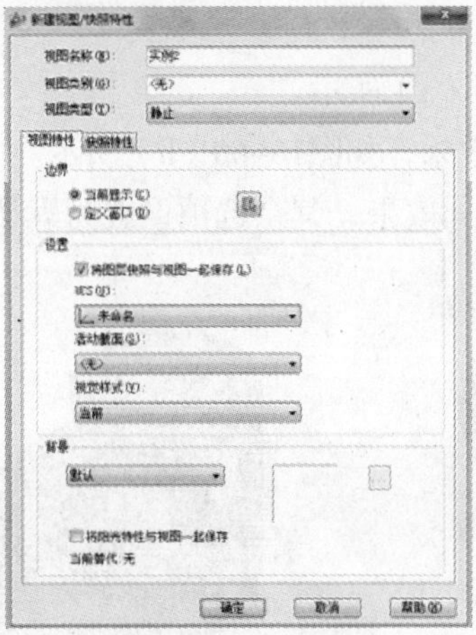

图16-57　输入名称

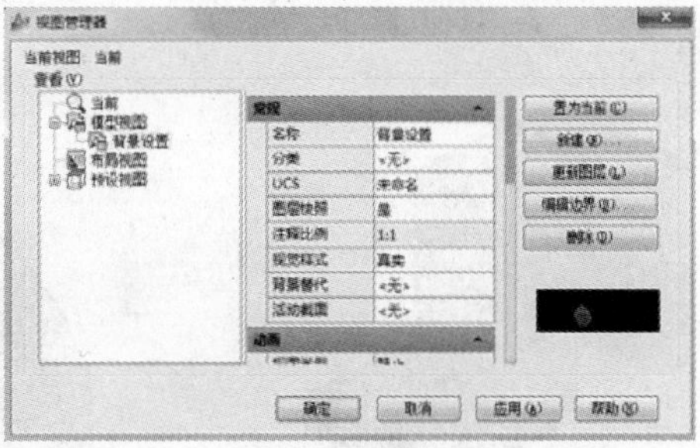

图16-58　添加背景

08 单击“置为当前”按钮，再单击“确定”按钮，完成的效果如图16-59所示（光盘:\最终文件\第16章\实例2.dwg）。

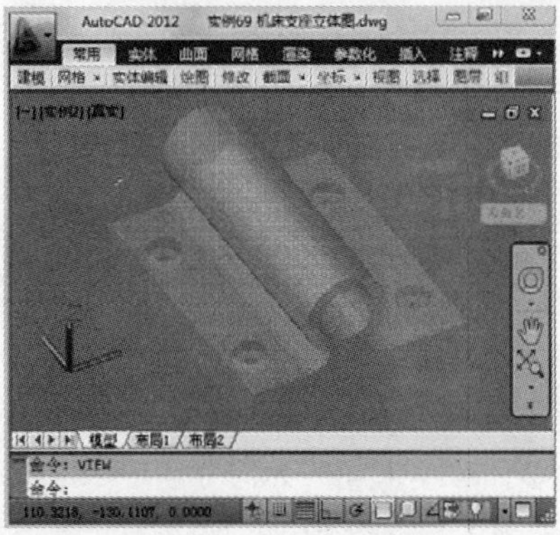

图16-59　选择图像

16.6 本章小结

本章主要介绍了三维图形的后期处理，包括图形的干涉检查、图形的渲染、图形的输出等命令；此外，渲染命令主要学习了图形对象的光源创建及设置，以及图形的材质设置；最后对三维图形转变为三视图进行了讲解，这个功能可以有效地提高设计效率。总之，通过本章的学习，可以使AtuoCAD的学习更加系统，设计的模型也更加真实。下面总结一下本章所学习的主要内容：

（1）学习了三维图形干涉检查。

（2）介绍了三维图形的消隐、设置及使用光源等。

（3）讲述了创建及添加材质。

（4）用实例讲解了三维图形渲染。

（5）学习了将三维图形转换为三视图。

16.7 课后练习

下面给出几个图形，通过对这几个图形的渲染及操作，熟悉一下本章的内容。

（1）将所给素材文件由三维转换为三视图，如图16-60（a）所示。

（2）在素材的坐标原点处添加一个点光源，观察渲染效果，如图16-60（b）所示。

（3）根据所学实例，将素材文件渲染为青色，添加金属效果，其余选项设置为默认，如图16-60（c）所示。

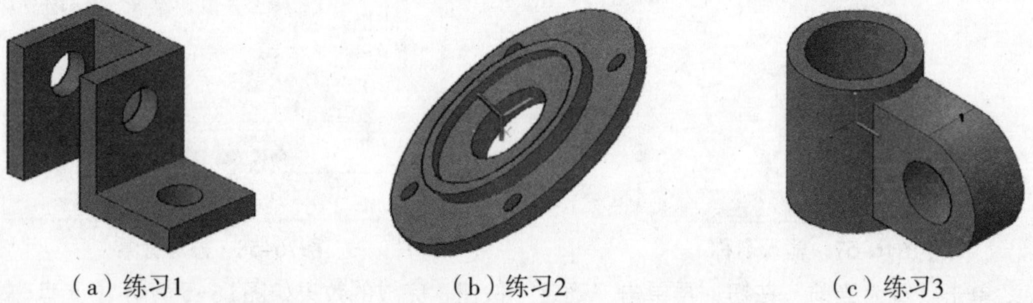

（a）练习1　（b）练习2　（c）练习3

图16-60　练习

第17章 打印及输出图形

学习导航

图形的设计及编辑等命令都是为了生成图纸，便于加工人员用其加工。下面就介绍一下图形设计完成后的操作——图形的打印与输出。

学习目标

在AutoCAD中绘图时，虽然可以直接在模型空间中打印图形，但在很多情况下，需要在图纸空间中对图形进行适当处理后再输出。通过本章的学习，读者应掌握利用图纸空间输出图形的方法，并能够根据需要创建适合自己要求的布局样板，以便提高绘图效率。

学习重点与难点

- □ 输入/输出AutoCAD图形
- □ 打印AutoCAD图形
- □ 设置及编辑打印样式

AutoCAD提供了强大的输入、输出和打印功能。既可以将其他软件设置的文件输入到AutoCAD，以实现数据的共享，还可以将图形对象输入到其他程序以及打印。

为了便于用户根据要求输出图纸，AutoCAD专门提供了一个图纸空间（默认情况下，用户是在模型空间中绘图的），用户可在该空间中安排图纸输出布局、对图形增加注释等；还可以利用图纸空间输出一个三维图形的多种视图。此外，AutoCAD还为用户提供了一组布局样板，用户可利用这些样板快速创建标准布局图。

用AutoCAD 绘制出工程图后，要将绘制好的工程图进行合理的布局（布局即打印输出工程图前进行各种设置的过程）并打印输出，以便用于生产实际。AutoCAD绘制出的图形可以直接在模型空间下布局并打印输出，也可以将图形先转换到图纸空间下进行布局然后打印输出。

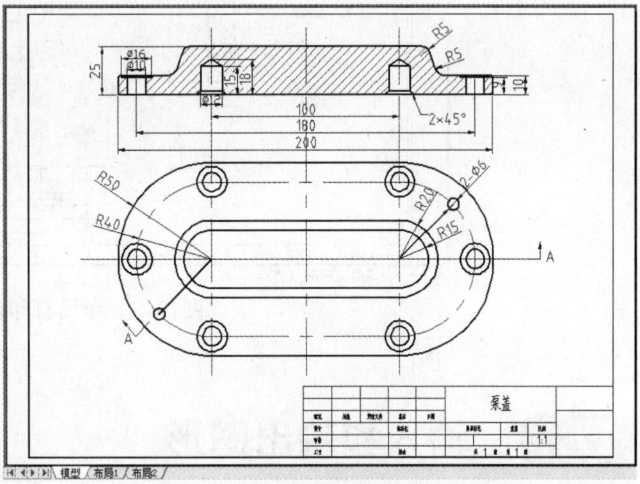

图17-1　模型空间下的打印预览

在模型空间下直接打印输出图形，首先应该对图形进行布局，布局的内容包括选择图形的打印设备、图纸的大小、打印图形的比例、图纸的方向等内容。如图17-1所示为某零件图在模型空间下进行布局后的打印预览情况。

如果要在图纸空间下打印输出图形，首先应该将图形转换到图纸空间，如图17-2所示为某零件图进入图纸空间的情况。进入图纸空间后仍需要进行布局，布局的内容与模型空间下的内容基本相同。如图17-3所示为某零件图在图纸空间下进行布局后的打印预览情况，布局完成后就可以打印输出该零件图。

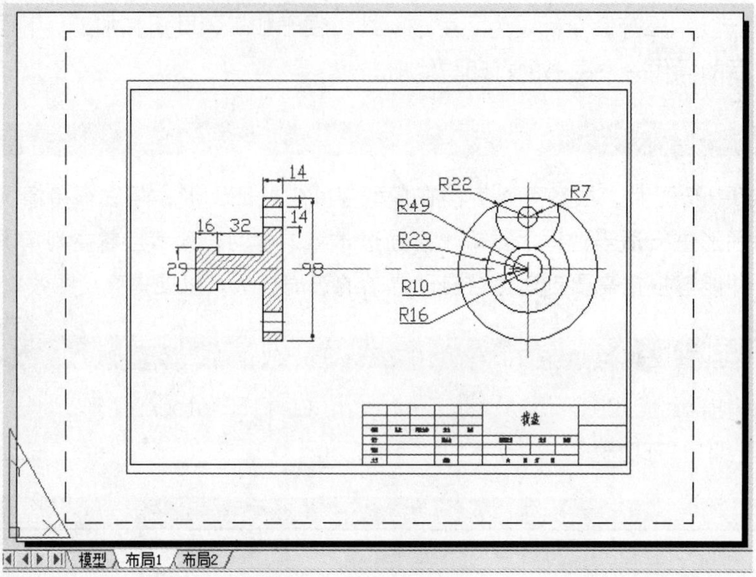

图17-2　图纸空间

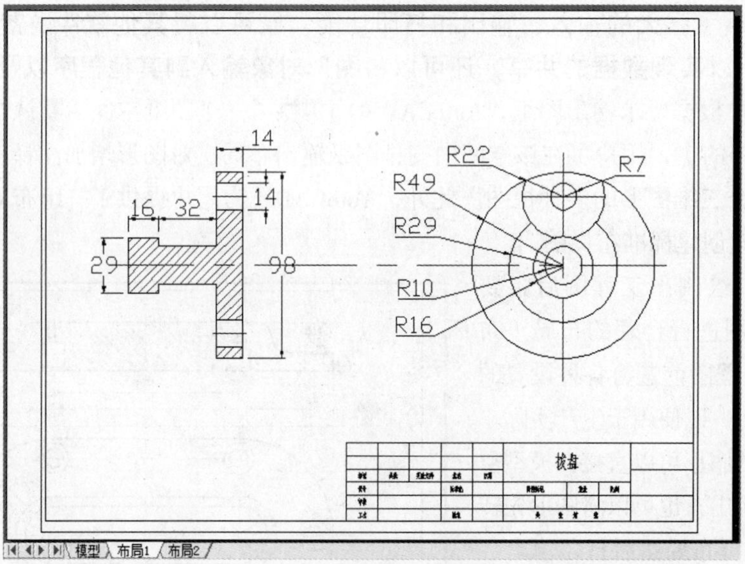

图17-3　布局打印预览

17.1 输入和输出图形

AutoCAD可以打开“.dwg”的文件，也可以输入或输出其他格式的文件。通过图形的输入与输出的转换，可以实现图形共享、转换格式等目的。

17.1.1　图形的输入

AutoCAD可以打开很多格式的文件。若输入其他格式图形文件，可在菜单栏中选择“插入”→“Windows图元文件”命令，系统会弹出如图17-4所示的对话框，可以选择输入的文件。用户还可以在“插入”菜单中选择“3D Studio”、“ACIS文件”、“OLE对象”等命令，打开相应的对话框，输入需要打开的图形文件，如图17-5所示。

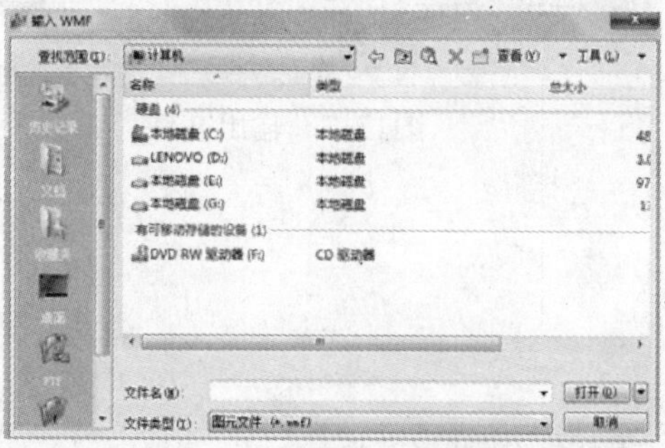

图17-4　输入文件名称

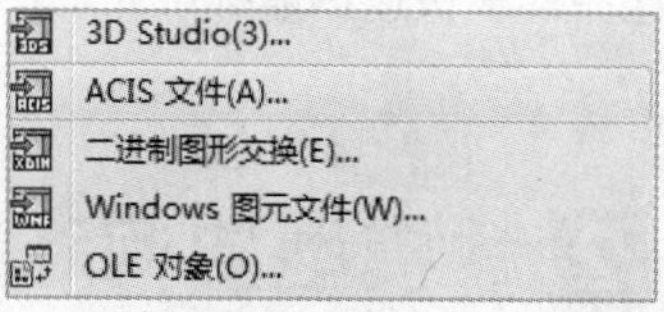

图17-5　插入其他格式文件

17.1.2　插入OLE对象

在菜单栏选择“插入”→“OLE对象”命令，或在功能区“插入”选项板“数据”组中单击“OLE对象”按钮，都将打开“插入对象”对话框，可以插入对象链接或者嵌入对象，如图17-6所示。

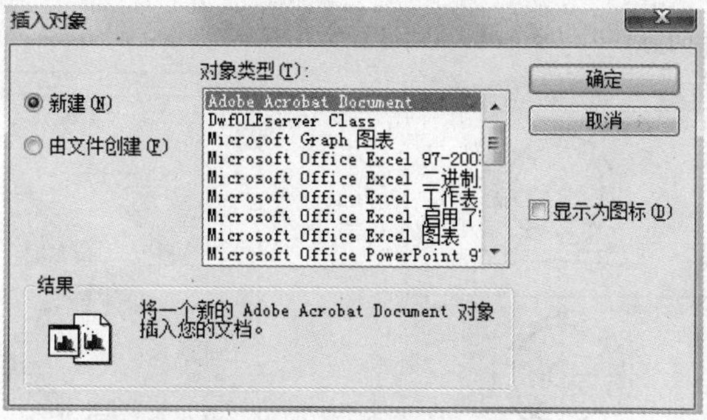

图17-6　“插入对象”对话框

17.1.3　图形的输出

在AutoCAD中，可以将编辑好的图形以多种方式输出，如“图元文件”、“ACIS”、“平版印刷”、“封装PS”、“DXX提取”、“位图”、“块”等。它的调用可以通过以下方式实现：

- 在菜单栏选择“文件”→“输出”命令。
- 在命令行中输入EXPORT命令。

执行完上述命令后，系统弹出“输出数据”对话框，如图17-7所示。

用户在“保存于”下拉列表中设置输出的路径，在“文件名”文本框中输入文件名称，在“文件类型”下拉列表中设置输出的文件类型。单击“保存”按钮，切换到绘图窗口，可以选择需要以指定格式保存的对象。

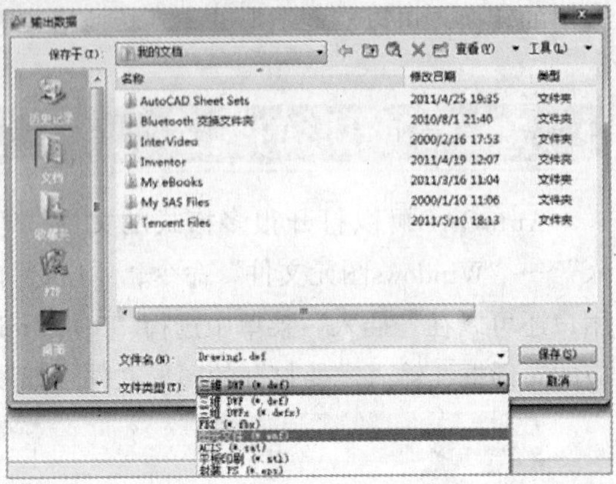

图17-7　输出文件

为了便于用户根据要求输出图纸，AutoCAD专门提供了一个图纸空间（默认情况下，用户是在模型空间中绘图的），用户可在该空间中安排图纸输出布局、对图形增加注释等，还可以利用图纸空间输出一个三维图形的多种视图。此外，AutoCAD还为用户提供了一组布局样板，用户可利用这些样板快速创建标准布局图。

17.2 模型空间和图纸空间

17.2.1 模型空间与图纸空间的比较

模型空间用于建模，是用户建立图形对象时所在的工作环境。模型即用户所绘制的图形，在模型空间中可以用二维或三维视图来表示物体，也可以创建多视口以显示物体的不同部分，如图17-8所示。在模型空间的多视口状态下，只能在当前视口绘制和编辑图形，也只能对当前视口中的图形进行打印输出。图纸空间的多视口如图17-9所示。

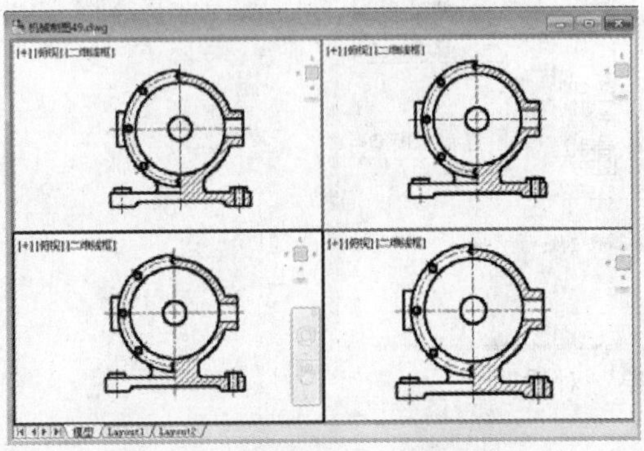

图17-8　“模型空间”的多视口

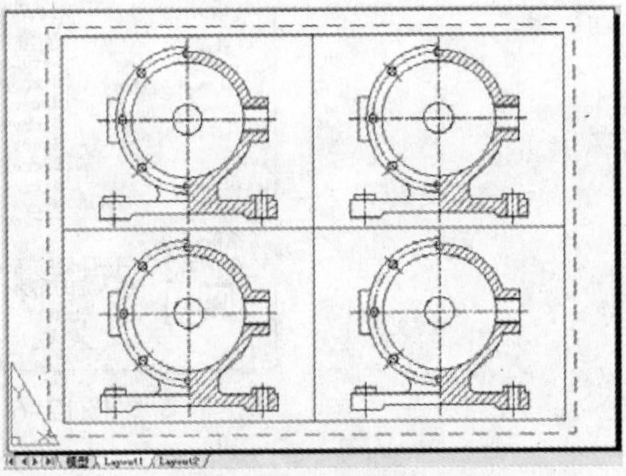

图17-9　图纸空间的多视口

17.2.2 模型空间下多视口的创建

1. 平铺视口

平铺视口是指把绘图窗口分成多个矩形区域，每个区域可以显示不同的命名视图。平铺视口也称多视口。一般默认情况下，AutoCAD 界面都是单视口，用户可以将绘图窗口分割成几个视口，即平铺视口。平铺视口具有以下特点。

- 每个视口都可以单独进行缩放和平移、设置捕捉和栅格、设置用户坐标等操作，且每个视口都可以有独立的坐标系统。
- 用户只能在当前视口（边框线为加粗显示的视口）里工作，光标在当前视口中显示为十字光标，在其他视口显示为空心箭头。
- 在某个非当前视口中单击鼠标，则该视口将切换为当前视口。
- 用户可以利用命名视图来保存任一当前视口的视图显示，也可以将保存的命名视图恢复到任一选定的当前视口。
- 层的可见性设置对所有的平铺视口均有效，不能在一个视口中关闭一个层，而在另一个视口中显示该层。

2. 平铺视口的创建

在菜单栏选择“视图”→“视口”→“新建视口”命令，系统弹出“视口”对话框，该对话框有“新建视口”和“命名视口”两个选项卡，分别如图17-10和图17-11所示。

（1）“新建视口”选项卡用于创建并设置新的平铺视口。“新名称”文本框用于输入创建的平铺视口名称；“标准视口”列表框用于显示用户可以选用的活动模型配置；“预览”框用于显示用户所选用标准视口配置的结果；“应用于”下拉列表用于设置用户所选的视口配置是用于整个屏幕还是当前视口，其中的“显示”选项表示将选定的视口配置应用于整个屏幕，“当前视口”选项表示将选定的视口配置应用于当前视口；“设置”下拉列表用于设置指定“二维”或“三维”，选择“二维”选项表示使用视口中的当前视图来初始化配置视口，选择“三维”选项表示使用正交视图来配置视口；“修改视图”下拉列表用于设置选定视口的视点（投影方向）；“视觉样式”下拉列表用于设置选定视口的图形显示方式。

（2）“命名视口”选项卡中显示已命名的视口配置，选择其中一个视口配置后，该视口配置的布局情况将显示在“预览”框中，如图17-11所示。

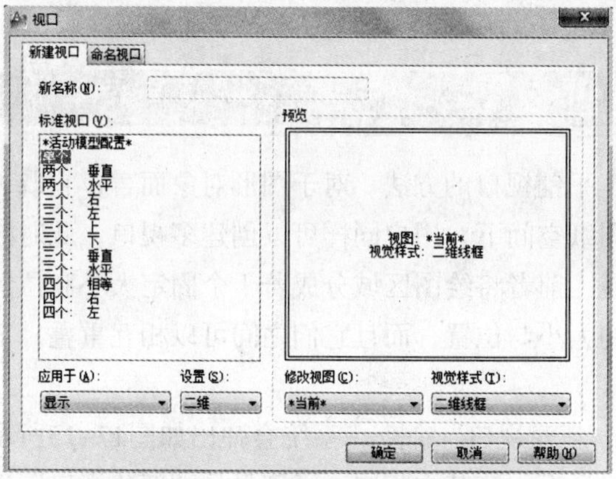

图17-10　“新建视口”选项卡

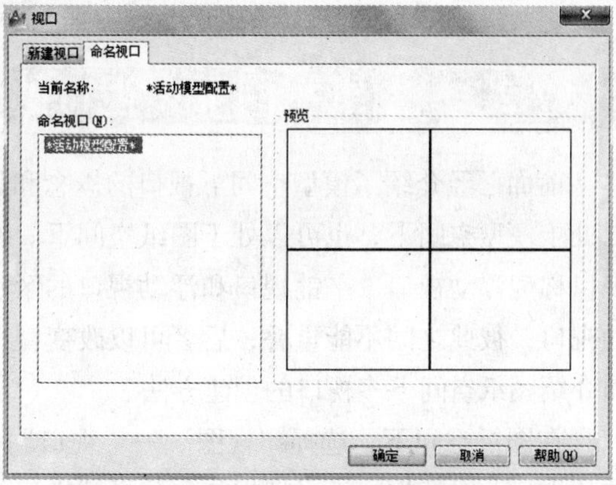

图17-11　“命名视口”选项卡

边学边练 143　创建多视口

01 打开“多视口.dwg”图形文件（光盘:\原始文件\第17章\多视口.dwg），如图17-12所示。选择“视图”→“视口”→“新建视口”命令，系统弹出如图17-13所示的对话框。

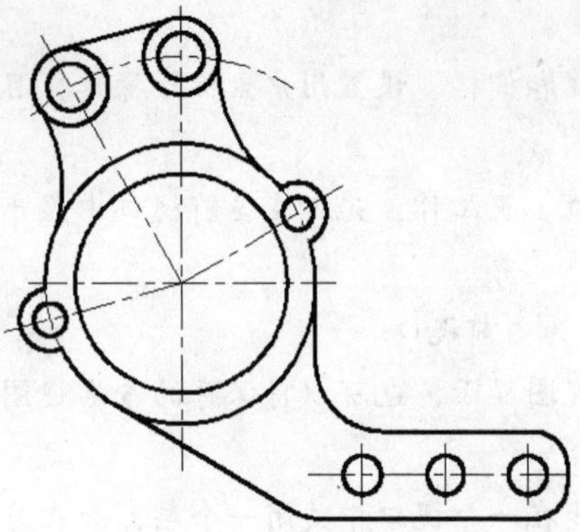

图17-12　原视图效果

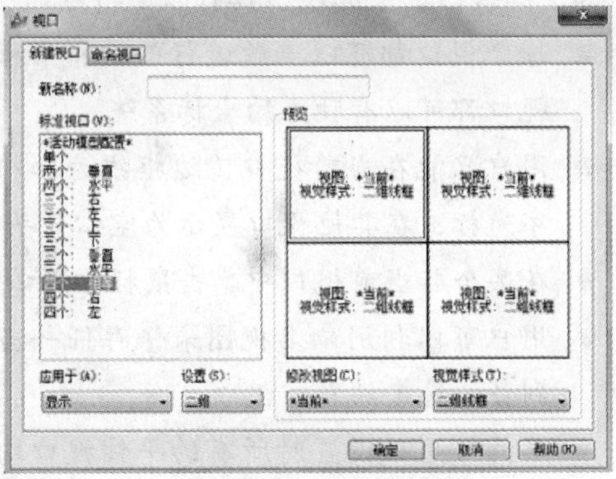

图17-13　新建视口

02 将“标准视口”设置为“四个：相等”配置，在“设置”下拉列表中选择“二维”选项，单击“确定”按钮。通过以上操作，平面图形从单一视口变为4个相同的视口，如图17-14所示（光盘:\最终文件\第17章\多视口.dwg）。

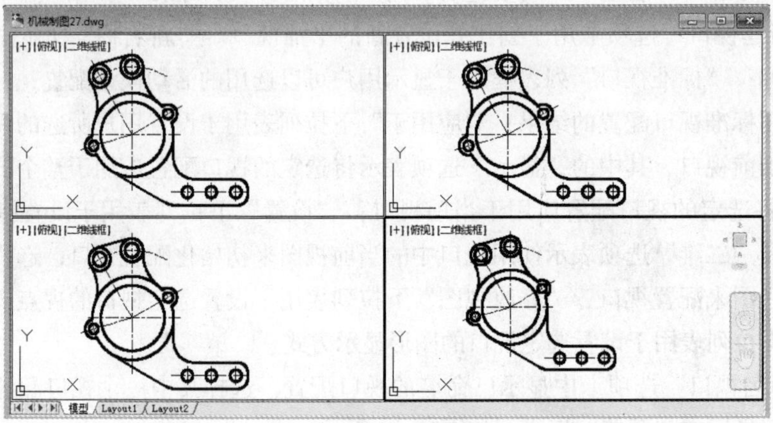

图17-14　多个视口

17.2.3　图纸空间下多视口的创建

前面已经介绍了模型空间下视口的概念和创建平铺视口的方法。对于图形对象而言，它既可以处于模型空间下，也可以处于图纸空间下。在图纸空间下，用户同样可以创建多视口，此时的视口称为浮动视口。平铺视口和浮动视口的区别是：前者将绘图区域分成若干个固定大小和位置的视口，彼此之间不能重叠；后者可以改变视口的大小与位置，而且它们之间可以相互重叠。下面介绍图纸空间下多视口的创建方法。

在图纸空间下，选择“视图”→“视口”→“新建视口”命令，系统会弹出如图17-15所示的“视口”对话框。该对话框与创建平铺视口的对话框内容基本相同，区别只是“新建视口”选项卡中的“视口间距”文本框代替了原来的“应用于”下拉列表框。在此文本框中，用户可以通过改变数值的大小来确定各浮动视口之间的距离。

在该对话框中进行创建浮动视口的各种设置后，单击对话框中的“确定”按钮，对话框消失，系统将提示：“指定第一个角点或[布满(F)]　<布满>：”。在该提示下输入浮动视口的第一个角点，系统继续提示：“指定对角点：”。在该提示下输入浮动视口的第二个角点，系统将浮动视口放置在以输入的两个角点确定的图纸空间之内。

如果用户在“指定第一个角点或[布满(F)]<布满>：”的提示下直接按Enter键，系统会将用于放置浮动视口的矩形区域充满整个图纸空间。

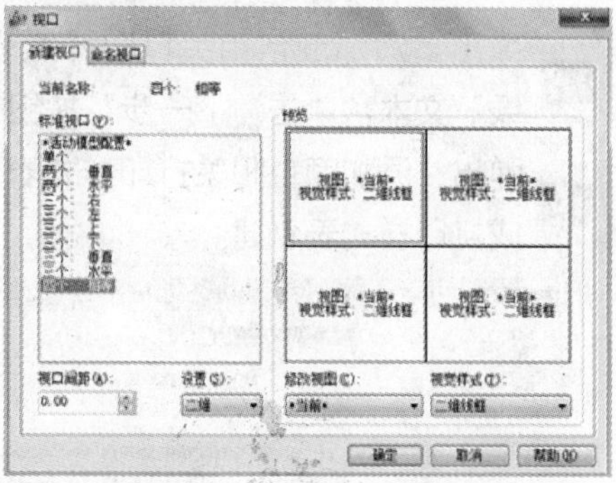

图17-15　图纸空间下的多视口

17.3 打印样式

为了使打印出的图形更符合要求，在对图形对象进行打印之前，应先创建需要的打印样式。设置打印样式后，还可以对其进行编辑。

17.3.1　创建打印样式表

要输出图形，可以选择“文件”→“打印”命令，打开“打印”对话框，然后在该对话框中设置打印设备、图纸尺寸、打印区域等参数。因为每次打印都必须重新进行设置，为避免麻烦，AutoCAD提供了打印样式表功能。通过该功能，可设置图形输出设备和输出参数（如图纸尺寸、打印比例等），并且页面设置可以保存在图形文件中。

创建打印样式表是在“打印-模型”对话框中进行的，打开该对话框的方法如下：

- 单击快速访问工具栏的“打印”按钮。
- 单击“菜单浏览器”按钮，在弹出的菜单中选择“文件”→“打印”命令。
- 直接按Ctrl+P组合键。
- 在命令行中执行PLOT命令。

边学边练 144　创建打印样式表

01 单击快速访问工具栏的“打印”按钮，弹出“打印-模型”对话框，如图17-16所示。在“打印样式表”下拉列表中选择“新建”选项。

02 弹出“添加颜色相关打印样式表-开始”对话框，选择“创建新打印样式表”单选按钮，然后单击“下一步”按钮，如图17-17所示。

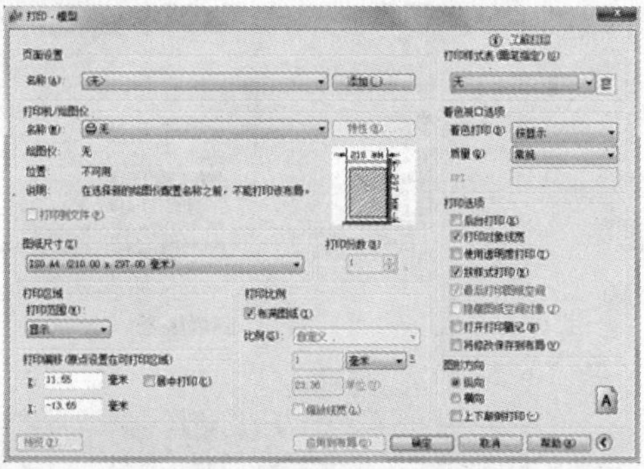

图17-16　“打印-模型”对话框

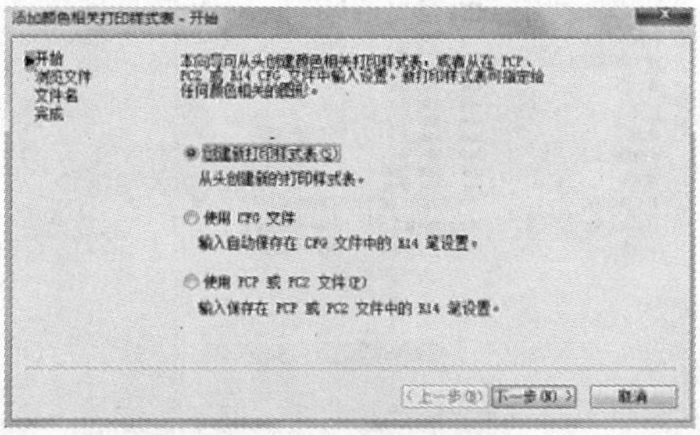

图17-17　创建新打印样式表

03 弹出“添加颜色相关打印样式表-文件名”对话框，在“文件名”文本框中输入“2号图纸”文本，单击“下一步”按钮，如图17-18所示。

04 弹出“添加颜色相关打印样式表－完成”对话框，单击“完成”按钮，如图17-19所示，完成打印样式表创建。

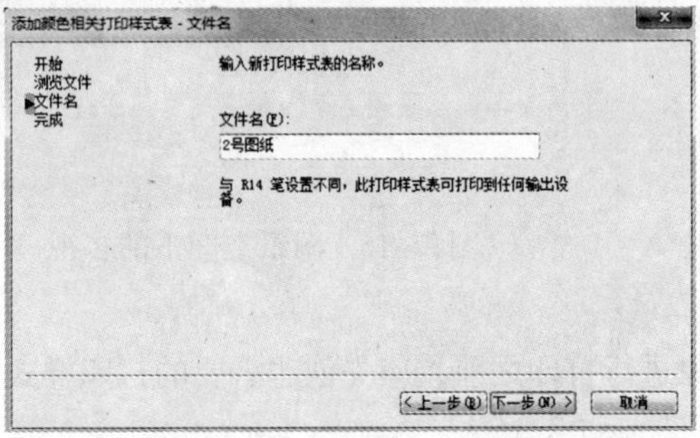

图17-18　输入文件名

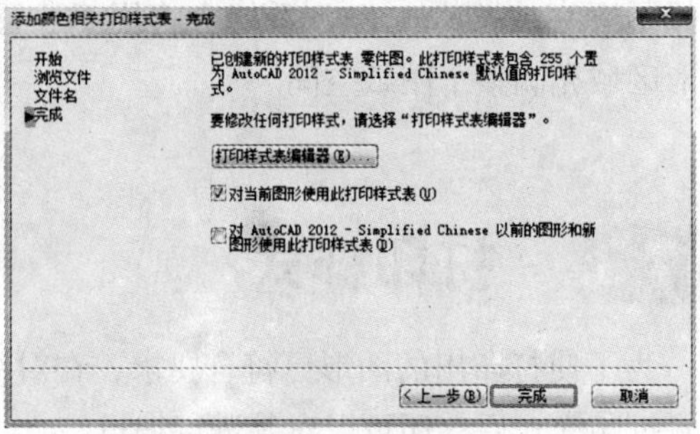

图17-19　完成创建

17.3.2　编辑打印样式表

创建打印样式表后，还可以对其进行编辑。

边学边练 145　编辑打印样式表

01 显示菜单栏，选择“文件”→“打印样式管理器”命令，弹出Plot Styles窗口，双击要修改的打印样式表，这里双击名为Grayscale.ctp的打印样式表，如图17-20所示。

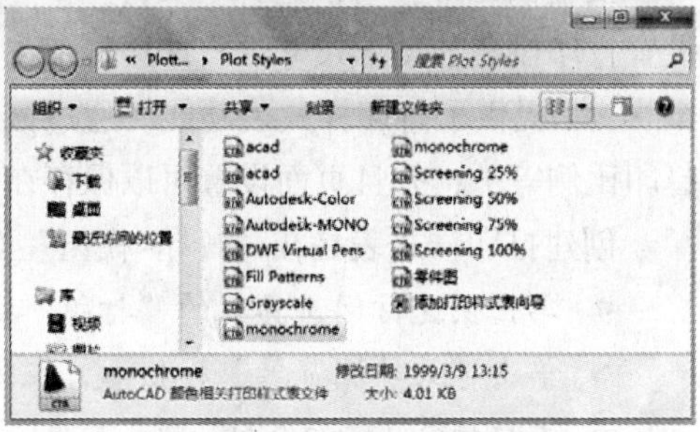

图17-20　打印样式管理器

02 弹出“打印样式表编辑器”对话框，切换至“表视图”选项卡，选择需要修改的选项，这里在“线宽”右侧的第一个下拉列表中选择“0.4000毫米”选项，如图17-21所示。

03 切换至“表格视图”选项卡，在“特性”选项组中可以设置对象打印的颜色、抖动、灰度等，这里在“颜色”下拉列表中选择“红”选项，然后单击“保存并关闭”按钮，如图17-22所示。

图17-21　设置线宽

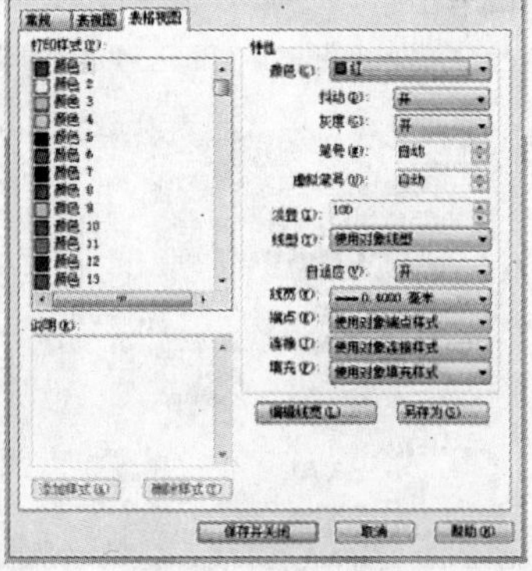

图17-22　设置颜色

“打印样式表编辑器”对话框的“表格视图”选项卡中，部分选项的含义如下所示。

- “颜色”选项：指定对象的打印颜色。打印样式颜色的默认设置为“使用对象颜色”。如果指定了打印样式颜色，在打印时该颜色将替代对象使用的颜色。
- “抖动”选项：打印机采用抖动来靠近点图案的颜色，使打印颜色看起来似乎比AutoCAD颜色索引（ACI）中的颜色要多。如果绘图仪不支持抖动，将忽略抖动设置。为避免由细矢量抖动所带来的线条打印错误，抖动通常是关闭的。关闭抖动还可以使较暗的颜色看起来更清晰。关闭抖动时，AutoCAD将颜色映射到最接近的颜色，从而导致打印时颜色范围较小，无论使用对象颜色还是指定打印样式颜色，都可以使用抖动。
- “灰度”选项：如果绘图仪支持灰度，则将对象颜色转换为灰度。如果关闭“灰度”选项，AutoCAD将使用对象颜色的RGB值。
- “笔号”选项：指定打印使用该打印样式的对象时要使用的笔。可用笔的范围为1～32。如果将打印样式颜色设置为“使用对象颜色”，或正在编辑颜色相关打印样式表中的打印颜色，则不能更改指定的笔号，其设置为“自动”。
- “虚拟笔号”选项：在1～255之间指定一个虚拟笔号。许多非笔式绘图仪都可以使用虚拟笔模仿笔式绘图仪。对于许多设备，都可以在绘图仪的前面板上对笔的宽度、填充图案、端点样式、合并样式和颜色/淡显进行设置。
- “淡显”选项：指定颜色强度，该设置确定打印时AutoCAD在纸上使用的墨的多少，有效范围为0～100。选择 0 将显示为白色，选择100将以最大的浓度显示颜色。要启用淡显，则必须将“抖动”选项设为“开”。
- “线型”选项：用样例和说明显示每种线型的列表。打印样式线型的默认设置为“使用对象线型”。如果指定一种打印样式线型，打印时该线型将替代对象的线型。
- “自适应”选项：调整线型比例以完成线型图案。如果未将“自适应”选项设置为“开”，直线将有可能在图案的中间结束。如果线型缩放比例更重要，那么应先将“自适应”选项设为“关”。
- “线宽”选项：显示线宽及其数字值的样例，可以毫米为单位指定每个线宽的数值。打印样式线宽的默认设置为“使用对象线宽”。如果指定一种打印样式线宽，打印时该线宽将替代对象的线宽。
- “端点”选项：提供线条端点样式，如柄形、方形、圆形和菱形。线条端点样式的默认设置为“使用对象端点样式”。如果指定一种直线端点样式，打印时该直线端点样式将替代对象的线端点样式。
- “连接”选项：提供线条连接样式，如斜接、斜角、圆形和菱形。线条连接样式的默认设置为“使用对象连接样式”。如果指定一种直线连接样式，打印时该直线连接样式将替代对象的线条连接样式。
- “填充”选项：提供填充样式，如实心、棋盘形、交叉线、菱形、水平线、左斜线、右斜线、方形点和垂直线。填充样式的默认设置为“使用对象填充样式”。如果指定一种填充样式，打印时该填充样式将替代对象的填充样式。
- “添加样式”按钮：向“打印样式”列表框添加新的打印样式。打印样式的基本样式为

"普通"，它使用对象的特性，不默认使用任何替代样式。创建新的打印样式后，必须指定要应用的替代样式。颜色相关打印样式表包含255种映射到颜色的打印样式，不能向颜色相关打印样式表中添加新的打印样式，也不能向包含转换表的命名打印样式表添加打印样式。

- "删除样式"按钮：从"打印样式表"列表框中删除选定样式。被指定了这种打印样式的对象将以"普通"样式打印，因为该打印样式已不再存在于打印样式表中。不能从包含转换表的命名打印样式表中删除打印样式，也不能从颜色相关打印样式表中删除打印样式。
- "编辑线宽"按钮：单击此按钮，将弹出"编辑线宽"对话框。共有28种线宽可以应用于打印样式表中的打印样式。如果存储在打印样式表中的线宽列表不包含所需的线宽，可以对现有的线宽进行编辑。不能在打印样式表的线宽列表中添加或删除线宽。

17.4 设置打印参数

对于打印来说，创建和编辑样式都是为了设置适合于自己的打印参数。打印参数的设置关系到打印图形的最终效果，其操作也是在"打印–模型"对话框中进行的，需要设置的参数如图17–23所示。下面具体讲解设置打印参数的方法。

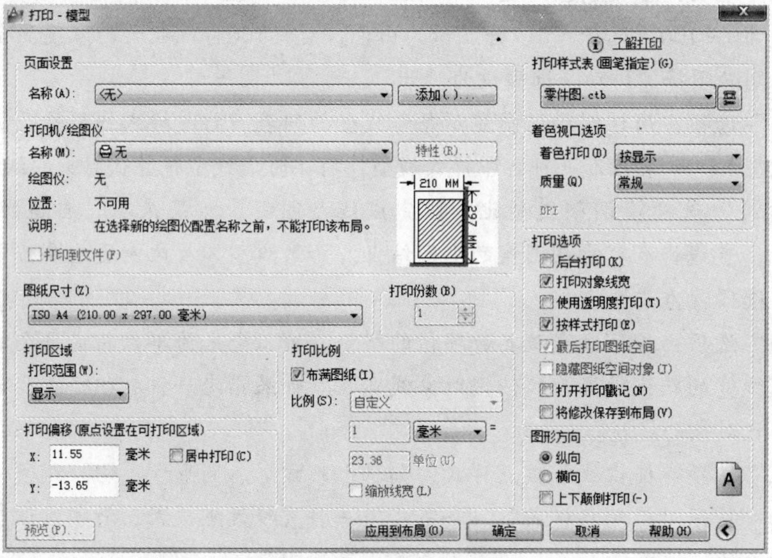

图17–23　需设置的参数

1. 设置打印区域

只打印绘图区中某部分图形对象时，可以对打印区域进行设置，在"打印区域"选项组的"打印范围"下拉列表中包含窗口、范围、图形界和显示4个选项，各选项的含义如下所示。

- "窗口"选项：用于定义要打印的区域，选择该选项后，要返回绘图区选择打印区域。
- "范围"选项：将打印图形中的所有可见对象。
- "图形界限"选项：将按照设置的图形界限，打印图形界限内的图形对象。

- “显示”选项：将打印图形中显示的所有对象。

2. 设置打印比例

打印比例的设置尤为重要，若打印比例过小，会使打印输出后的图形对象在图纸上的显示比例很小，导致看不清楚；若打印比例过大，会导致图纸无法装满图形对象，无法查看。

其中各选项含义如下所示。

- “布满图纸”复选框：选择该复选框，将缩放打印图形以布满所选图纸尺寸，并在“比例”下拉列表、“毫米”和“单位”文本框中显示自定义的缩放比例因子。
- “比例”下拉列表：指定打印的比例。
- “毫米”文本框：指定与单位数等价的英寸数、毫米数或像素数。当前所选图纸尺寸决定单位是英寸、毫米还是像素。
- “单位”文本框：指定与英寸数、毫米数或像素数等价的单位数。
- “缩放线宽”复选框：如果是在布局空间中打开的“打印”对话框，“缩放线宽”复选框将被激活。选择该复选框后，对象的线宽也会按打印比例进行缩放。取消选择该复选框，则只缩放打印图形而不缩放线宽。

3. 设置打印方向

在“打印-模型”对话框的“图形方向”选项组中可以设置图形的打印方向，其中各选项含义如下所示。

- “纵向”单选按钮：选择该单选按钮，图形以水平方向放置在图纸上。
- “横向”单选按钮：选择该单选按钮，图形以垂直方向放置在图纸上。
- “上下颠倒打印”复选框：选择该复选框，则系统会将图形旋转180° 后再进行打印。

4. 设置图纸尺寸

设置图纸尺寸即选择打印图形时的纸张大小，在如图17-23所示的“图纸尺寸”下拉列表中进行选择即可，里面提供了很多标准图纸的尺寸，用户也可以进行图纸的自定义。

5. 设置打印样式

打印样式就像一个打印模子一样，是系统预设好的样式，通过设置打印样式可间接地设置图形对象打印输出时的颜色、线型或线宽等特性。

6. 设置打印偏移

打印偏移可以控制打印输出图形对象时，图形对象位于图纸的哪个位置。“打印偏移”选项组中各选项含义如下所示。

- X文本框：指定打印原点在X轴方向的偏移量。
- Y文本框：指定打印原点在Y轴方向的偏移量。
- “居中打印”复选框：选择该复选框后，将图形打印到图纸的正中间，系统自动计算出X和Y的偏移值。

7. 打印着色

打印着色后的三维模型时，需在“着色视口选项”选项组的“着色打印”下拉列表中选择需要的打印方式。其中部分选项含义如下所示。

- 按显示：按对象在屏幕上显示的效果进行打印。
- 线框：用线框方式打印对象，不考虑它在屏幕上的显示方式。
- 消隐：打印对象时消除隐藏线，不考虑它在屏幕上的显示方式。
- 渲染：按渲染后的效果打印对象，不考虑它在屏幕上的显示方式。

17.5 保存与调用打印设置

将打印样式等设置完成后，需将其保存，便于后续调用。

1. 保存打印设置

边学边练 146 保存打印设置

01 启动AutoCAD 2012，单击快速访问工具栏的“打印”按钮，弹出“打印–模型”对话框，在对话框中设置打印参数。

02 在“页面设置”选项组中单击“添加”按钮，如图17-24所示，弹出“添加页面设置”对话框，在“新页面设置名”文本框中输入要保存的打印设置名称，这里输入“机械”，然后单击“确定”按钮，如图17-25所示。这样当保存图形文件时，即可将打印参数一起保存。

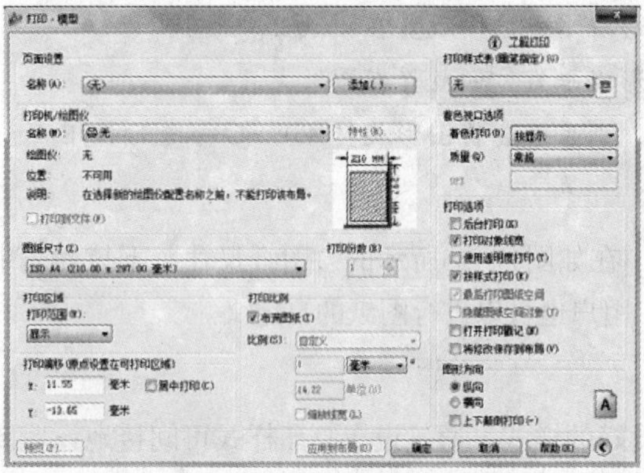

图17-24 “页面设置”对话框

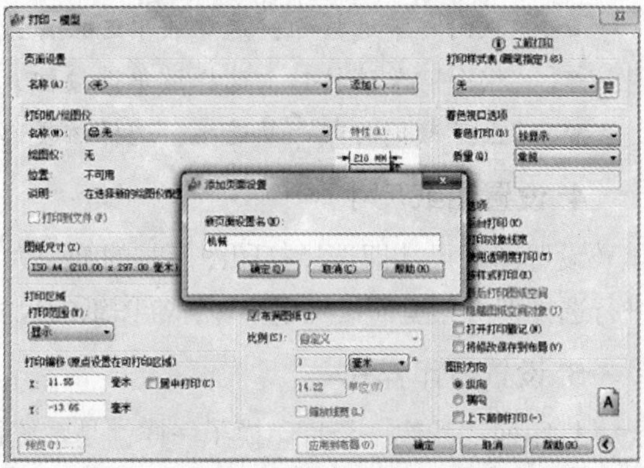

图17-25 输入名称

2. 调用打印设置

将打印设置保存到计算机中后，在需要时即可调用该设置。

边学边练 147 调用打印设置

01 启动AutoCAD 2012，单击快速访问工具栏的“打印”按钮，弹出“打印–模型”对话框。在“页面设置”选项组的“名称”下拉列表中选择“输入”选项，如图17-26所示。

02 弹出“从文件选择页面设置”对话框，选择保存了打印设置的图形文件，如图17-27所示。弹出“输入页面设置”对话框，在“页面设置”列表框中显示该图形文件中的打印设置名称，选择后单击“确定”按钮。

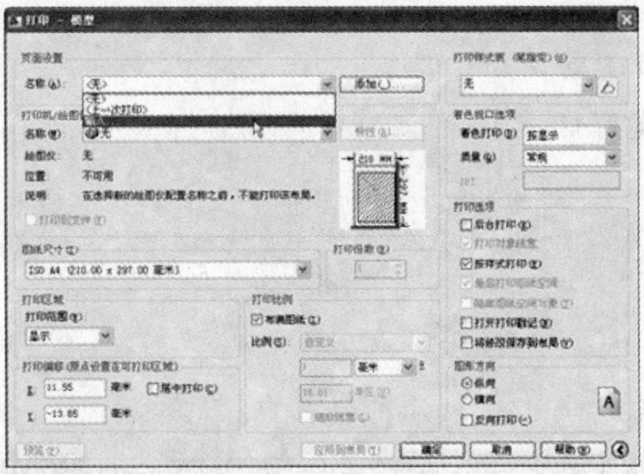

图17-26 输入打印设置

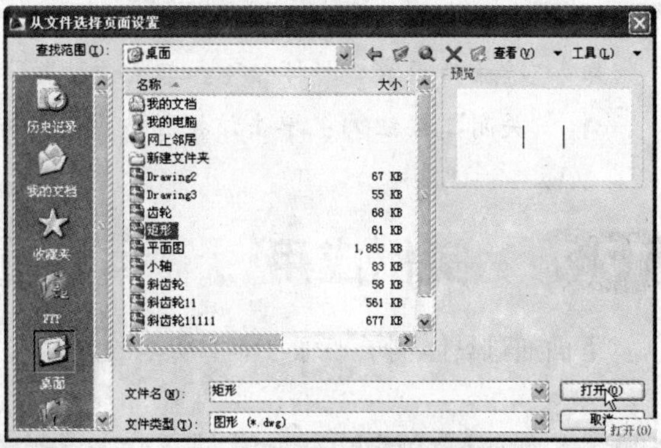

图17-27 查找文件

17.6 打印预览

打印预览的效果跟打印输出后的效果是完全相同的。

边学边练 148 打印预览

01 启动AutoCAD 2012，单击快速访问工具栏的“打印”按钮，弹出“打印–模型”对话框，对打印样式进行设置。

02 单击“预览”按钮，进入打印预览状态，效果如图17–28所示。若打印预览效果符合要求，即可单击“打印”按钮打印图形对象，如图17–29所示。

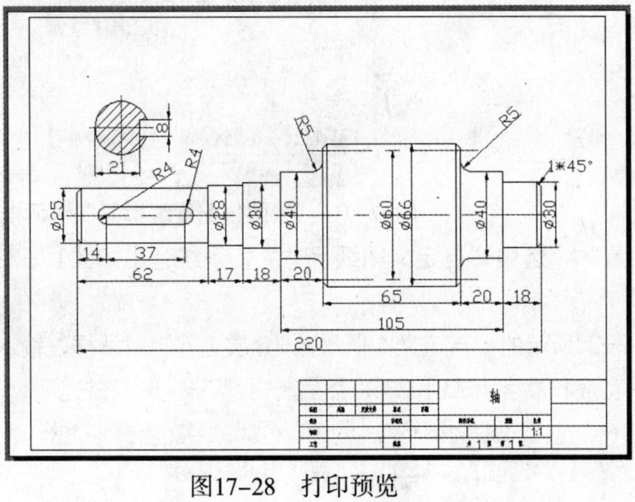

图17–28 打印预览

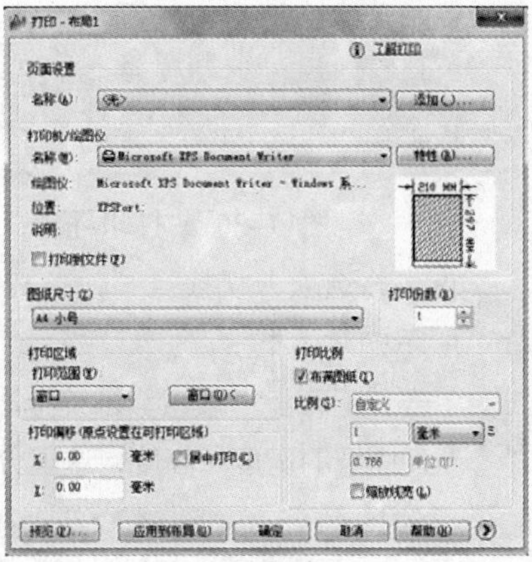

图17–29 打印设置

在打印预览状态下，工具栏各按钮功能如下所示。

- “打印”按钮：单击该按钮，可直接打印图形文件。
- “平移”按钮：该功能与视图缩放中的平移操作相同。
- “缩放”按钮：单击该按钮后，鼠标光标变成形状，按住鼠标左键向下拖动，图形文件视图窗口变小；向上拖动，图形文件视图窗口变大。
- “窗口缩放”按钮：单击该按钮，鼠标光标变成形状，框选图形文件，视图中的图形文件变大。

- "缩放为原窗口"按钮：单击该按钮，窗口还原。
- "关闭"按钮⊗：单击该按钮，退出打印预览窗口。

17.7 实例应用

下面通过具体例子来练习本章所学的内容。

17.7.1 实例1：创建图纸

创建一个宽500、高380、图纸边界为8的图纸。

01 启动AutoCAD 2012，单击快速访问工具栏的"打印"按钮，弹出"打印-模型"对话框，如图17-30所示。在"页面设置"选项组中的"名称"下拉列表中选择"输入"选项，在"打印机/绘图仪"选项组的"名称"下拉列表中选择"DWG To PDF.Pc3"。

02 单击后面的"特性"按钮，弹出"绘图仪配置编辑器"对话框，效果如图17-31所示。

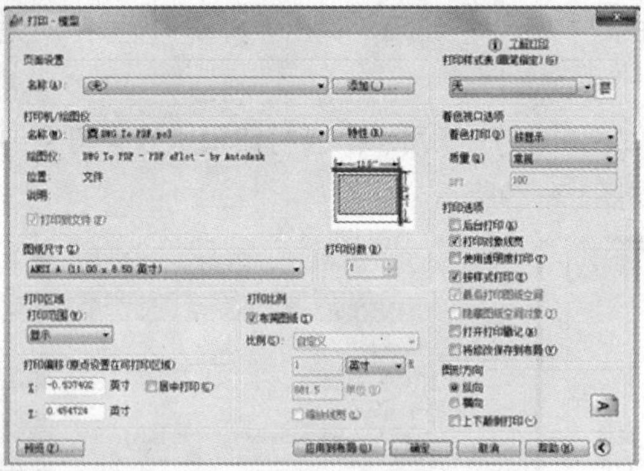

图17-30 "打印-模型"对话框

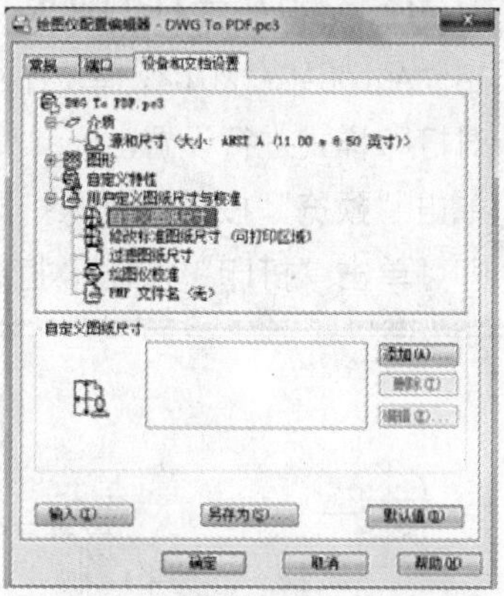

图17-31 "绘图仪配置编辑器"对话框

03 首先将选项卡切换至"设备和文档设置"，选中"自定义图纸尺寸"，系统弹出如图17-32所示的对话框。

04 单击"下一步"按钮，系统弹出如图17-33所示的"自定义图低尺寸-介质边界"对话框，输入新建图纸的宽度和高度，这里分别输入宽度和高度为500和380，然后单击"下一步"按钮。

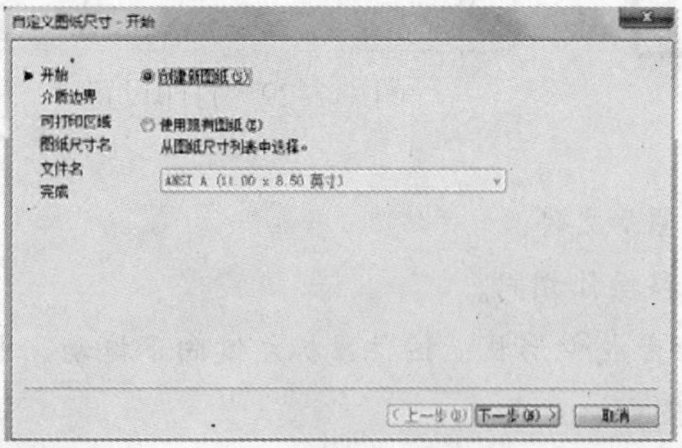

图17-32 "自定义图纸尺寸-开始"对话框

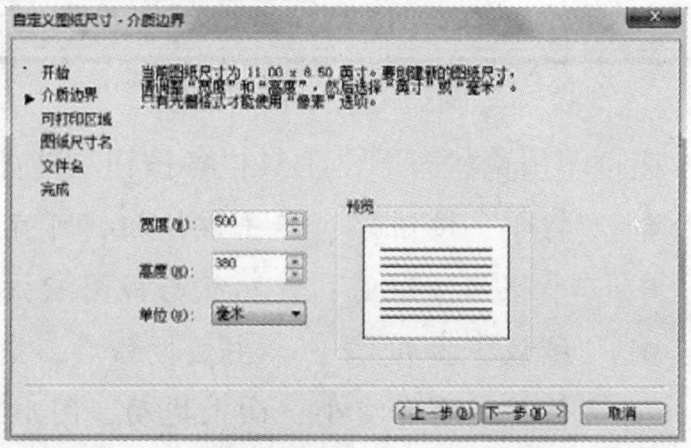

图17-33 "自定义图纸尺寸-介质边界"选项板

05 这时系统弹出如图17-34所示的对话框，进行新图纸边界余量的设置，在“上”、“下”、“左”、“右”文本框中均输入8，然后单击“下一步”按钮。

06 系统弹出“自定义图纸尺寸-图纸尺寸名”对话框，如图17-35所示，输入新图纸名称为“图纸1”。

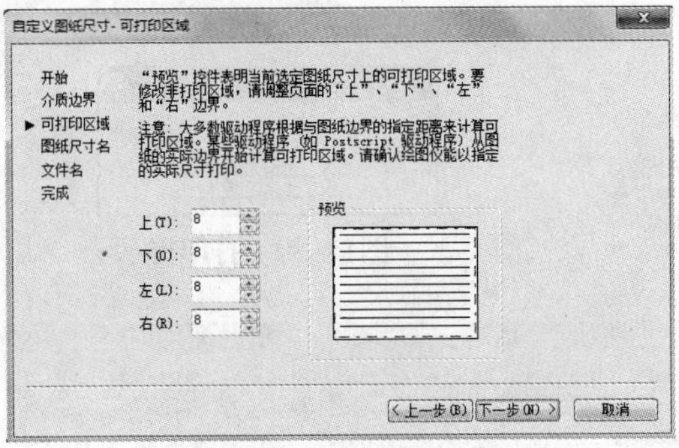

图17-34　边界设置

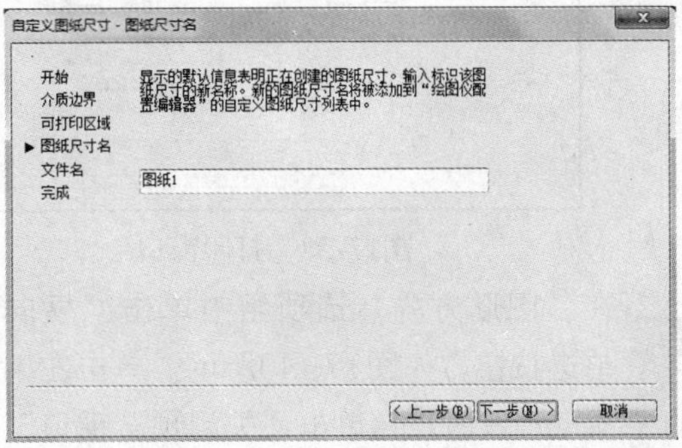

图17-35　“自定义图纸尺寸-图纸尺寸名”对话框

07 继续单击“下一步”按钮，进入如图17-36所示的“自定义图纸尺寸-文件名”对话框。这里将文件名更改为“轴”。

08 继续单击“下一步”按钮，这时进入如图17-37所示的“自定义图纸尺寸-完成”对话框。在该对话框中单击“完成”按钮，自定义图纸完成。

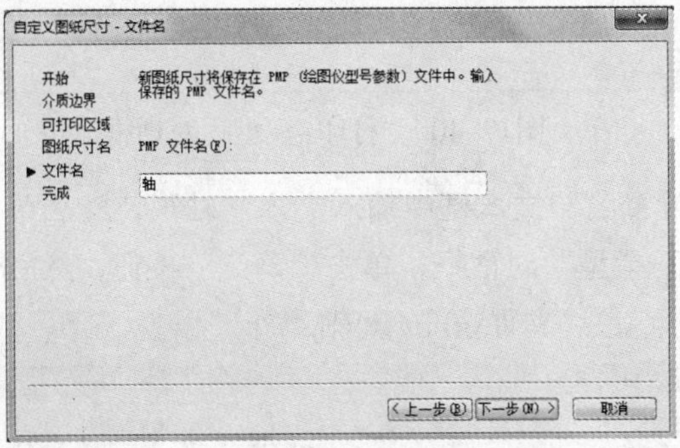

图17-36　“自定义图纸尺寸-文件名”对话框

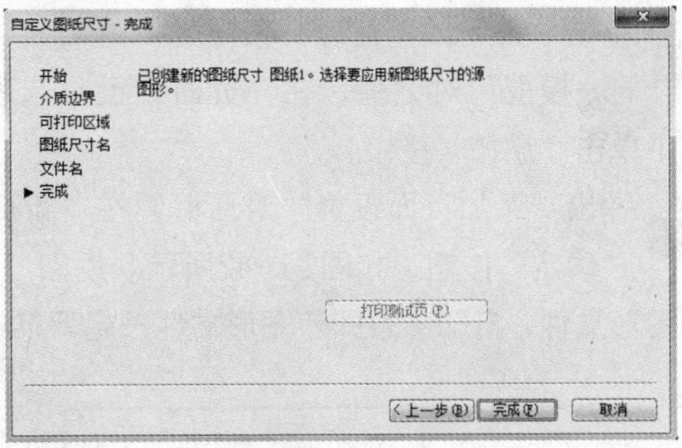

图17-37　“自定义图纸尺寸-完成”对话框

17.7.2　实例2：打印设置

01 打开“轴.dwg”图形文件（光盘:\原始文件\第17章\轴.dwg），单击快速访问工具栏的“打印”按钮，弹出“打印-模型”对话框。

02 在“打印机/绘图仪”选项组的“名称”下拉列表中选择所需的打印设备，在“图纸尺寸”下拉列表中选择A3选项。

03 在“打印区域”选项组的“打印范围”下拉列表中选择“窗口”选项，返回绘图区，绘制如图17-38所示的矩形。

04 返回“打印-模型”对话框，在“打印份数”文本框中输入5，在“打印样式表”下拉列表中选择acad.ctb选项，系统自动弹出“问题”对话框，单击“是”按钮，如图17-39所示。

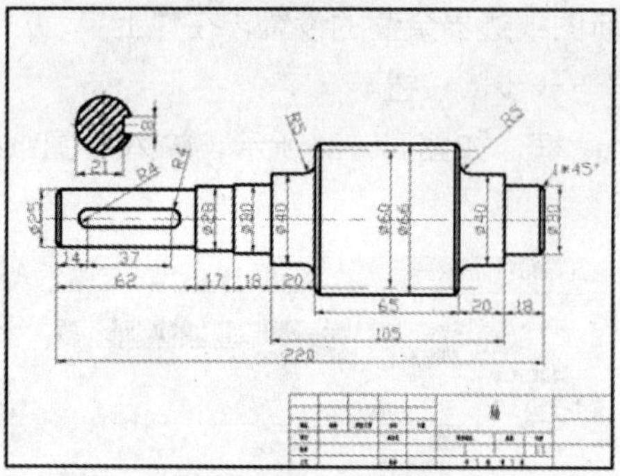

图17-38　打印窗口

图17-39　打印提示

05 在“图形方向”选项组中单击“横向”单选按钮，如图17-40所示。单击左下角的“预览”按钮，再单击“关闭预览窗口”按钮⊗。

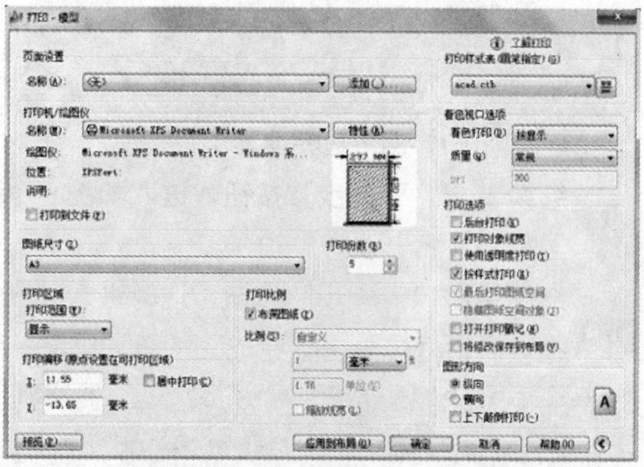

图17-40　“打印-模型”对话框

06 返回“打印-模型”对话框，在“打印偏移”选项组中选择“居中打印”复选框。再单击左下角的“预览”按钮，再次设置打印参数后的打印预览效果如图17-41所示。

07 单击“关闭预览窗口”按钮⊗，返回“打印-模型”对话框，在“页面设置”选项组中单击“添加”按钮。

08 弹出“添加页面设置”对话框，在“新页面设置名”文本框中输入文本“轴”，然后单击“确定”按钮，如图17-42所示。返回“打印-模型”对话框，单击“确定”按钮，然后保存图形文件，打印参数即随图形文件一起保存（光盘:\最终文件\第17章\轴.dwg）。

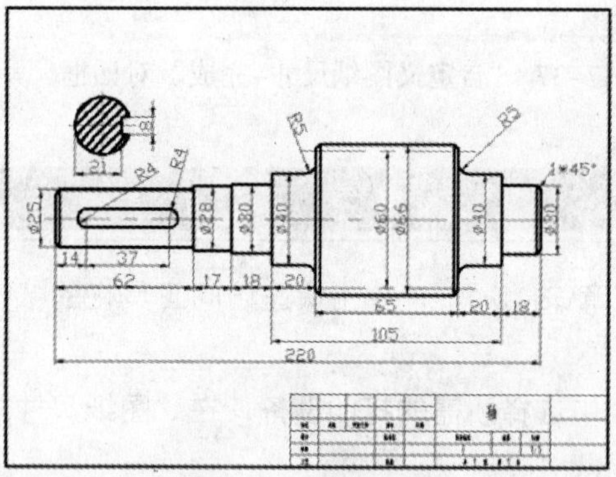

图17-41　打印预览

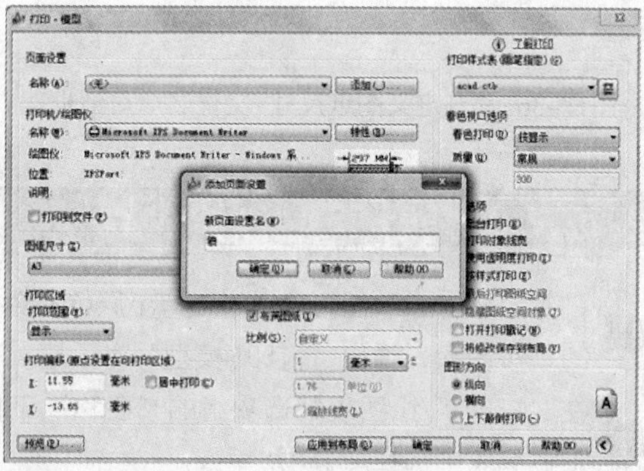

图17-42　新建页面设置

17.8 本章小结

通过本章的学习，读者掌握了在AutoCAD 2012中对图形对象的打印参数进行设置的方法。除此之外，本章还讲解了浮动视口、打印设置的保存与调用等内容。通过本章的学习，可以使读者掌握图形输入及输出方法，有利于高效地利用图形。工程图形的打印输出是绘制工程图的最后一个步骤，而打印输出前的相关设置是工程图形打印输出的关键，读者应该通过一定的实际训练来熟练掌握这些方法。下面总结一下本章所学习的主要内容：

（1）学习了输入/输出AutoCAD图形。

（2）学习了设置及编辑打印样式。

（3）用实例学习了新图纸的创建。

（4）能熟练打印AutoCAD图形。

17.9 课后练习

下面给出几个练习，熟悉一下图形输出及打印的方法。

（1）参照课后实例，新建一张宽340、高280、边界为10的图纸。

（2）通过所给素材文件，创建在图纸模式下的三视口，效果如图17–43（a）所示。

（3）通过所给素材文件，设置图形对象打印参数，要求是A4图纸，横向打印，打印5份，打印机选择Fax，并且选择居中布满图纸打印。图17–43（b）为打印预览效果。

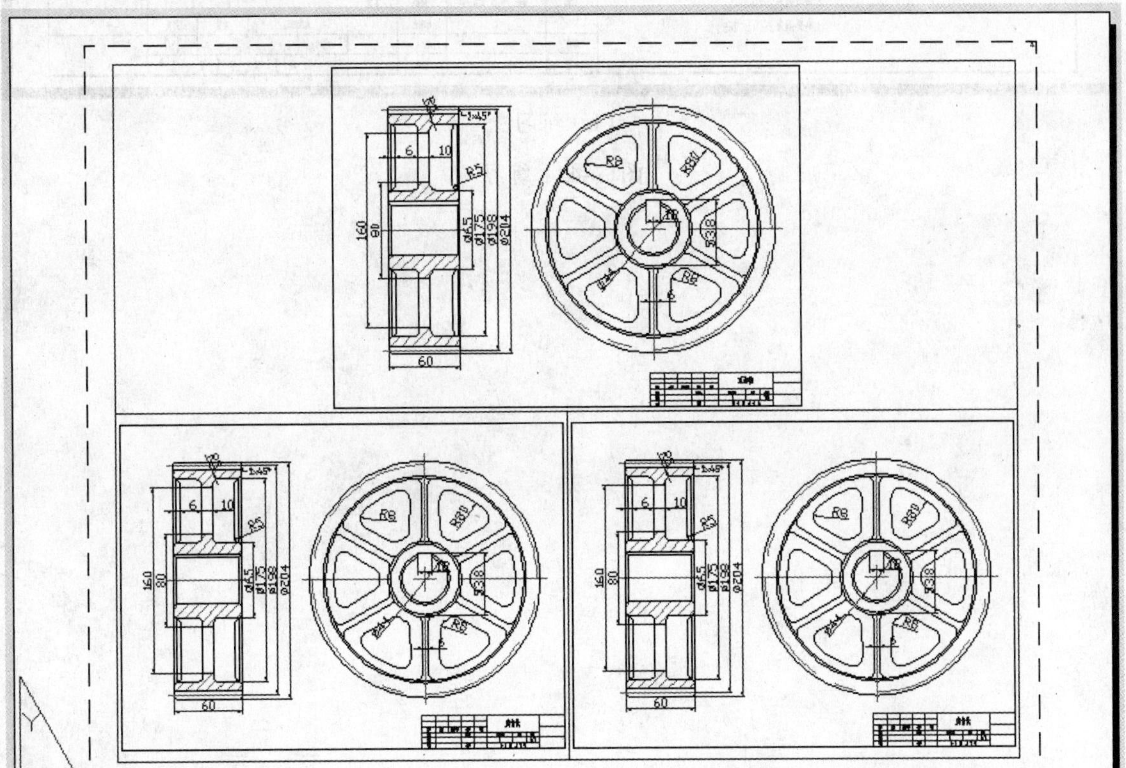

（a）练习1

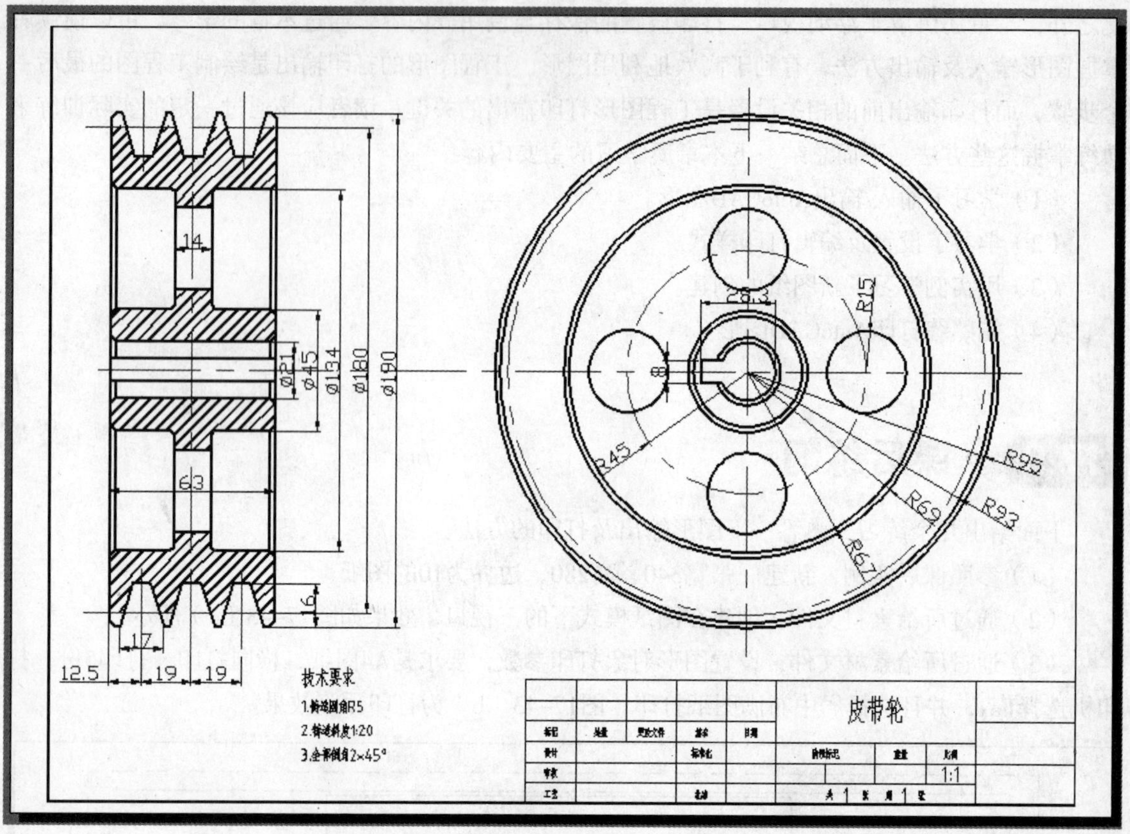

（b）练习2

图17-43　练习